Konstruktion elektrischer Maschinen

Von

Eugen Wiedemann Walter Kellenberger

Mit 512 Abbildungen

Springer-Verlag Berlin Heidelberg GmbH 1967

EUGEN WIEDEMANN, Dr. sc. techn. h. c.
Honorarprofessor an der Techn. Hochschule Darmstadt,
Vize-Direktor der AG. Brown Boveri & Cie., Baden/Schweiz

WALTER KELLENBERGER, Dr. sc. techn.
Oberingenieur in der Techn. Direktion der AG. Brown Boveri & Cie.,
Baden/Schweiz

ISBN 978-3-662-12181-8 ISBN 978-3-662-12180-1 (eBook)
DOI 10.1007/978-3-662-12180-1

Ursprünglich erschienen bei Springer-Verlag, Berlin/Heidelberg 1967
Library of Congress Catalog Card Number 66-29247

Titelnummer 1338

Vorwort

Das vorliegende Buch ist aus dem gemeinsam ausgearbeiteten und erweiterten Vorlesungsmanuskript „Konstruktion elektrischer Maschinen“ an der Technischen Hochschule Darmstadt entstanden.

Der erstgenannte Verfasser schöpfte dabei aus seiner mehr als 40-jährigen Konstruktionserfahrung bei verschiedenen europäischen Großfirmen. Der zweitgenannte bearbeitet als sein enger Mitarbeiter seit vielen Jahren die technisch-mechanischen Probleme des Elektro-Maschinenbaues und hat denn auch die diesbezüglichen Kapitel verfaßt.

Der Inhalt des Buches soll den Studierenden an Technischen Hochschulen und Ingenieurschulen vor allen Dingen das Verständnis für die elektrischen Maschinen vermitteln und ihnen, wie auch den in der Praxis stehenden Konstruktions- und Anlagen-Ingenieuren, als Nachschlagewerk dienen.

Es wurde, wo immer möglich, versucht, mit einfachen mathematischen Grundlagen auszukommen.

Das Buch behandelt die Konstruktion aller Arten von elektrischen Maschinen, mit Ausnahme von Kleinstmaschinen, deren Konstruktionsprobleme mehr feinwerktechnischer Art sind und deshalb einer ganz anderen Behandlung bedürfen.

Zahlreiche Beispiele ausgeführter Maschinen, thermische und mechanische Berechnungen mit Beispielen und viele Konstruktionszeichnungen sollen dem Leser ein getreues Bild vom heutigen Stand des Elektromaschinenbaues vermitteln.

Da die Konstruktion elektrischer Maschinen auf vielseitige Kenntnisse zurückgreifen muß (Mechanik, insbesondere Festigkeits-, Schwingungs- und Strömungslehre, Wärmelehre, Technologie, Werkstoffkunde usw.), kann das Buch viele Probleme nur aufzeigen und kurz behandeln, muß aber für ein tieferes Eindringen in die Materie auf die Spezialliteratur verweisen. Hierzu dienen die Literaturangaben im Text und ein am Schluß des Buches aufgeführtes Verzeichnis von IEC-Publikationen und Fachbüchern.

Das Buch zerfällt in drei Teile. Der erste Teil enthält allgemeine Angaben und Unterlagen für die Konstruktion, einschließlich der Baustoffe. Der zweite Teil behandelt den mechanischen Gesamtaufbau elektrischer Maschinen, der auch dem Anlagen-Ingenieur dienen dürfte. Im dritten Teil sind die eigentlichen Bauelemente elektrischer Maschinen behandelt, wobei eingehender auf Wicklungen und deren Isolation, sowie auf mechanische Probleme eingegangen wird, die für elektrische Maschinen charakteristisch sind.

Da die technische Mechanik im heutigen Elektromaschinenbau besonders im Hinblick auf Wirtschaftlichkeit, Leichtbauweise und Grenzleistungen immer mehr an Bedeutung gewinnt, wurde ihr bewußt viel Platz eingeräumt.

Wir danken den Firmen AEG, ASEA, BBC, Elin, Häny, MFO, Sécheron und SSW für die Beistellung von Zeichungen und Abbildungen, insbesondere aber der Aktiengesellschaft Brown Boveri & Cie., Baden (Schweiz) und ihrem Herrn Direktor Dr. H. Meyer für die großzügige Förderung und Unterstützung.

Unser Dank gebührt auch unseren Mitarbeitern Herrn Dr. G. Neidhöfer, Herrn Dipl.-Ing. H. Largiader, Herrn Dipl.-Ing. M. Schwarz, Herrn Dr. phil. K. Michel, Herrn Ing. E. Schneider und anderen Kollegen, vor allem aber Herrn Obering. HR. Bill, welcher das Manuskript druckreif gestaltete. Dem Springer-Verlag endlich danken wir nicht nur für die bekannt vorbildliche Drucklegung und Herausgabe, sondern auch für seine Langmut bezüglich der Bereinigung des Manuskriptes.

Baden/Wettingen (Schweiz),
im April 1967

E. Wiedemann W. Kellenberger

Inhaltsverzeichnis

Erster Teil

Allgemeine Angaben und Unterlagen für die Konstruktion elektrischer Maschinen

Zweiter Teil

Mechanischer Gesamtaufbau elektrischer Maschinen

Erster Teil

Allgemeine Angaben und Unterlagen für die Konstruktion elektrischer Maschinen

I. Einflüsse auf die Bauart

Die Bauart elektrischer Maschinen hängt grundsätzlich von verschiedenen Anforderungen ab:

A. Arbeitsweise

a) Der Generator (Stromerzeuger) — bei Gleichstrommaschinen bisweilen auch „Dynamo" genannt — ist eine Maschine, die mechanische Energie in elektrische Energie umwandelt.

b) Der Motor ist eine Maschine, die elektrische Energie in mechanische Energie umwandelt.

Generatoren und Motoren unterscheiden sich in der Bauart nicht voneinander, einzelne Maschinenarten kommen jedoch nur als Generator vor, andere nur als Motor.

c) Der Umformer ist eine Maschine oder ein Maschinensatz zur Umwandlung elektrischer Energie in Energie anderer Stromart, anderer Spannung, Frequenz oder Phasenzahl.

1. Der Einankerumformer ist ein Umformer, in dem die Umwandlung in *einem* Anker stattfindet.

2. Der Motorgenerator ist ein Umformer, der aus je einem oder mehreren unmittelbar gekuppelten Motoren und Generatoren besteht. Zwischen Motor und Generator wird Energie nur mechanisch übertragen.[1]

d) Die Blindleistungsmaschine oder der *Phasenschieber* (auch Phasenkompensator genannt) ist eine Maschine, die keiner Energieumwandlung dient, sondern durch Blindleistungsabgabe oder -aufnahme zur Regelung der Scheinleistung und damit zur Spannungs-Konstanthaltung des Netzes verwendet wird. Sie unterscheidet sich in der Bauform und in mechanischer Dimensionierung von anderen Synchron-Maschinen (Abb. 74).

B. Stromart

a) Gleichstrommaschinen. Generatoren oder Motoren, die Gleichstrom erzeugen oder durch Gleichstrom angetrieben werden.

1. Die Kommutatormaschine ist die normale Bauart von Gleichstrommaschinen, d. h. eine Gleichstrommaschine, in welcher die Stromwendung im Kommutator (Stromwender, Kollektor) erfolgt (Abb. 108).

---

[1] Kaskadenumformer, bestehend aus Asynchron- und Gleichstrommaschine mit mechanisch *und* elektrisch gekoppeltem Läufer werden kaum noch verwendet.

2. *Die Unipolar* (Homopolar)-Maschine ist eine Maschine, bei welcher die magnetischen Kraftlinien im Rotor keiner Richtungsänderung unterworfen sind und deshalb Gleichstrom in den Ankerstäben ohne Stromwendung erzeugt wird; die Stromabnahme erfolgt an der Rotoroberfläche durch Schleifringe (Abb. 116).

b) Wechselstrommaschinen (mehr- oder einphasig beliebiger Frequenz) Generatoren oder Motoren, die Wechselstrom erzeugen oder durch Wechselstrom angetrieben werden.

1. Synchronmaschinen. Man unterscheidet: Synchronmaschinen mit *ausgeprägten Polen* (Schenkelpolmaschinen). Normalerweise ist der Anker (Stator bzw. Ständer) stillstehend und die Pole sind mit der Erregerwicklung rotierend (Abb. 51a, b); nur bei kleinen Synchronmaschinen mit Niederspannung ist bisweilen der Anker rotierend, und die Stromabnahme oder -zufuhr erfolgt über Schleifringe. Maschinen dieser Bauart sind auch von Bedeutung für die Erregung von Synchronmaschinen über rotierende Gleichrichter.

Während bei den Maschinen mit ausgeprägten Polen normalerweise jeder Pol von einer eigenen Spule erregt wird, gibt es auch Sonderbauarten, (Klauenpolmaschinen, Gleichpolmaschinen und sonstige Mittelfrequenzgeneratoren) bei welchen die Pole nicht bewickelt sind. Sie haben entweder eine gemeinsame um die Welle verlaufende Erregerspule (Abb. 75) oder im Stator untergebrachte Erregerwicklungen (Abb. 77) oder Anordnungen mit Permanentmagneten (Abb. 79, 80).

Synchron-Turbomaschinen (Vollpolmaschinen) mit am Läuferumfang in Nuten verteilter Erregerwicklung (Abb. 91). Fast ausschließlich zweipolig, ausnahmsweise auch 4-polig und vereinzelt bei Wasserkraft-Generatoren mit sehr hoher Durchgangsdrehzahl oder Polumschaltbarkeit auch für höhere Polzahlen.

2. Asynchronmaschinen. Asynchrone Wechselstrom-Induktionsmaschinen — normalerweise Motoren — ohne Kommutator, von welchen nur ein Teil (normalerweise der Stator) an das Netz angeschlossen ist, während der Strom im anderen Teil (normalerweise dem Rotor) durch elektromagnetische Induktion erzeugt wird. Man unterscheidet:

Käfigrotoren (Käfigläufer), deren Wicklung aus Stäben besteht, die an den Enden durch Ringe kurzgeschlossen sind. Beim Käfigrotor unterscheidet man wiederum verschiedene Bauweisen, z. B. Tiefnutrotor, Keilnutrotor, Doppelnutrotor etc. (Abb. 231).

Gewickelte Rotoren, deren Wicklung an Schleifringe oder Zentrifugalanlasser angeschlossen ist. Die Schleifringe können dauernd aufliegende Bürsten (Regulierschleifringrotoren) oder abhebbare Bürsten und Kurzschlußvorrichtung haben (Abb. 134).

3. Wechselstrom-Kommutatormaschinen. Man unterscheidet: *Ein-* und *mehrphasige Kommutatormotoren*, einschließlich Wechselstrom-Bahnmotoren und Drehstrom-Kommutator-Generatoren (Siemens-Lydall- und Scherbius-Maschinen) (Abb. 146).

C. Drehzahlverhalten

Das Drehzahlverhalten von *Generatoren* ist im stationären Betrieb abhängig von der Antriebsmaschine.

a) Für *Motoren* unterscheidet man gemäß VDE 0530[1] § 5 bezüglich des Drehzahlverhaltens

1. Motoren mit *gleichbleibender Drehzahl.* Die Drehzahl hängt nicht von der Belastung ab, z. B. Synchronmotoren.

2. Maschinen mit *fast gleichbleibender Drehzahl* (Nebenschlußverhalten). Die Drehzahl ändert sich nur wenig mit der Belastung (z. B. Nebenschluß-Motoren und Induktionsmotoren).

3. Motoren mit *mäßig veränderlicher Drehzahl* (Doppelschlußverhalten). Hierunter fallen Motoren mit Doppelschlußwicklung, Nebenschlußmotoren sehr kleiner Leistung, Repulsionsmotoren mit Dämpferwicklung usw.

4. Motoren mit *stark veränderlicher Drehzahl* (Reihenschlußverhalten). Die Drehzahl steigt bei Entlastung stark an (z. B. Reihenschluß-Motoren).

b) Nach der Möglichkeit der *Einstellung* der Drehzahl werden unterschieden:

1. Maschinen mit nur *einer Drehzahl.*

2. Maschinen mit *mehreren Drehzahlstufen* (z. B. Synchron- und Asynchron-Maschinen mit Polumschaltung).

3. Maschinen mit *Drehzahleinstellung.* Die Drehzahl kann innerhalb eines bestimmten Bereiches eingestellt werden. Sie ist entweder fast gleichbleibend (z. B. Nebenschluß-Motoren mit Feldschwächung) oder stark veränderlich (z. B. Reihenschluß-Motoren oder Motoren in Verbindung mit Hauptstromreglern).

D. Erregungsarten

a) Für stationäre Maschinen unterscheidet man gemäß VDE 0530[1] § 4

1. Selbsterregung ist die Erregung einer Maschine durch einen Strom, den sie selbst erzeugt. Ursprünglich wurde die Selbsterregung nur bei Gleichstrommaschinen verwendet. Seit Einführung der monokristallinen Halbleiter hat sie auch Anwendung bei Synchronmaschinen gefunden.

2. Eigenerregung ist die Erregung einer Maschine durch einen Generator, der im wesentlichen diesem Zwecke dient und dessen Drehzahl an die der Hauptmaschine gebunden ist, entweder durch

mechanische Kupplung (ohne oder mit Übersetzung) oder durch elektrische Welle, oder durch

elektrische Kupplung über die Spannung des Generators.

3. Fremderregung ist die Erregung einer Maschine durch eine von ihr unabhängige Stromquelle (z. B. Erregerumformer oder Gleichrichter).

b) Bei Gleichstrommaschinen auf Bahnfahrzeugen und ähnlichen Maschinen (auf Schiffen) unterscheidet man gemäß VDE 0535[2]

[1] VDE 0530, 1963 „Elektrische Maschinen", VDE-Verlag GmbH, Berlin.

[2] VDE 0535, 1955, Regeln für elektr. Maschinen und Transformatoren auf Bahn- und anderen Fahrzeugen, VDE-Verlag GmbH, Berlin.

1. Reihenschlußerregung; Erregung durch den Ankerstrom.

Bei Feldschwächung gilt als Maß für die Erregung der Erregergrad.

Erregung ohne Anzapfungen: $\text{Erregergrad} = \frac{\text{Feldstrom}}{\text{Ankerstrom}}$.

Erregerwicklung mit Anzapfungen:

$\text{Erregergrad} = \frac{\text{stromdurchflossene Windungen}}{\text{Gesamtwindungen}}$.

Der für Nennbetrieb gültige Erregergrad (Nennerregung) wird in Prozenten angegeben.

2. Nebenschlußerregung; Erregung in Abhängigkeit von der Ankerspannung.

3. Fremderregung; Erregung durch eine fremde Stromquelle.

4. Verbunderregung; Zusammensetzung von 1. mit 2. oder 3.

E. Kühlungsarten (gemäß VDE 0530[1] § 6)

a) Selbstkühlung. Bei Selbstkühlung wird die Maschine ohne Verwendung eines Lüfters durch Luftbewegung und Strahlung gekühlt.

b) Eigenkühlung. Bei Eigenkühlung wird die Kühlluft durch einen am Läufer angebrachten oder von ihm angetriebenen Lüfter bewegt.

c) Fremdkühlung. Bei Fremdkühlung wird die Maschine entweder durch einen Ventilator gekühlt, der nicht von der Welle der Maschine angetrieben wird, oder statt durch Luft, durch ein anderes fremdbewegtes Kühlmittel.

d) Durchzugsbelüftung. Bei Durchzugsbelüftung wird die Wärme an die die Maschine durchströmende Kühlluft abgegeben, die sich ständig erneuert.

e) Oberflächenbelüftung. Bei Oberflächenbelüftung wird die Wärme von der Oberfläche der geschlossenen Maschine an das Kühlmittel abgegeben.

f) Kreislaufkühlung. Bei Kreislaufkühlung wird die Wärme über ein Zwischenkühlmittel abgeführt, das Maschine und Wärmeaustauscher im Kreislauf durchströmt.

g) Flüssigkeitskühlung. Bei Flüssigkeitskühlung werden die Maschinenteile von Wasser oder von einer anderen Flüssigkeit durchströmt oder in eine Flüssigkeit eingetaucht.

h) Direkte Gaskühlung. Bei direkter Gaskühlung werden eine oder alle Wicklungen durch Gas, z. B. Wasserstoff, gekühlt, das innerhalb der Leiter oder Spulen strömt.

i) Direkte Flüssigkeitskühlung. Bei direkter Flüssigkeitskühlung werden eine oder alle Wicklungen durch Flüssigkeit, z. B. Wasser, gekühlt, die innerhalb der Leiter oder Spulen strömt.

k) Mehrere Kühlungsarten. Mehrere Kühlungsarten nach a) bis i) können miteinander kombiniert werden.

F. Nennbetriebsarten nach VDE 0530 § 8

a) Verschiedene Arten von Nennbetrieben. Unterschieden werden die Nennbetriebe nach b) bis i), siehe Abb. 1.

b) Dauerbetrieb, S 1. Der Dauerbetrieb S 1 ist ein Betrieb mit konstantem Belastungszustand, dessen Dauer ausreicht, um das thermische Gleichgewicht zu erreichen.

---

[1] VDE 0530, 1963, „Elektrische Maschinen".

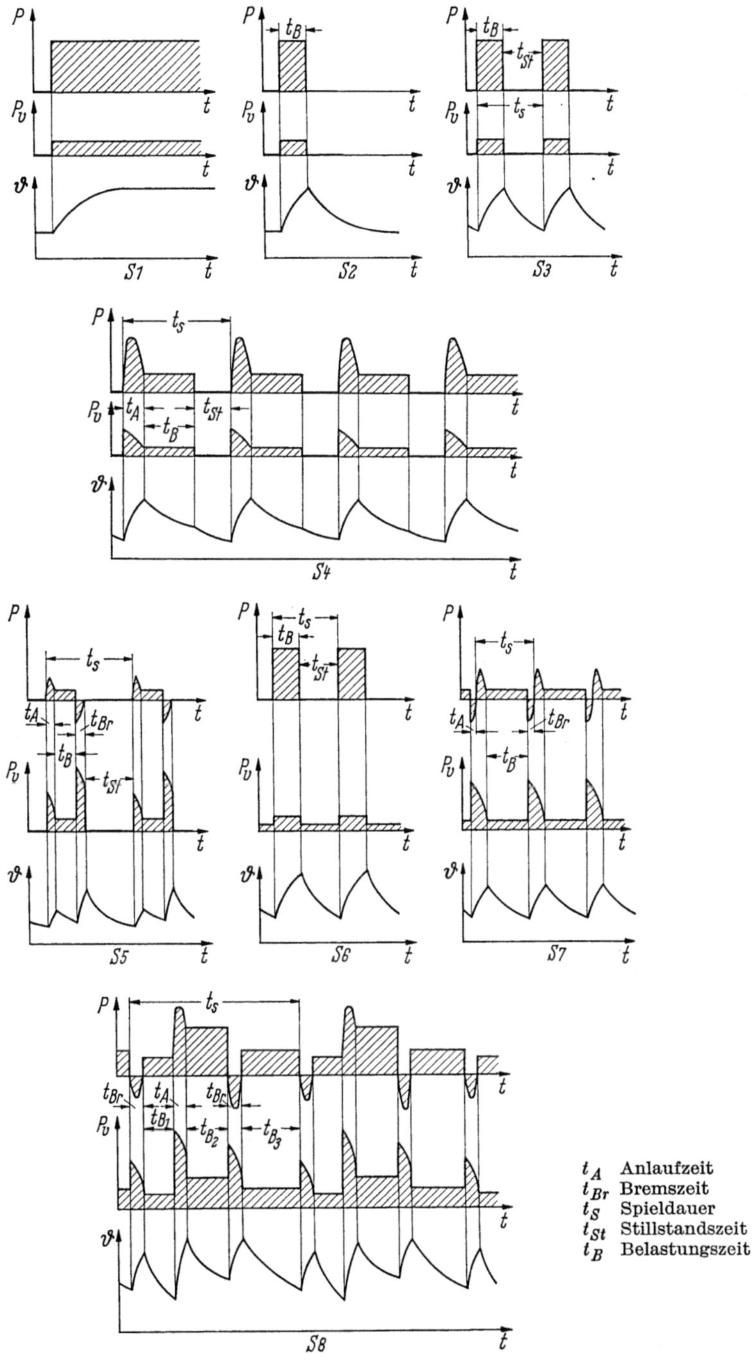

Abb. 1. Darstellung von Nennbetriebsarten
Zeitlicher Verlauf der Leistung P, der elektrischen Verluste P_v und der Temperatur ϑ.

c) Kurzzeitbetrieb, S 2. Beim Kurzzeitbetrieb ist der Betrieb mit konstantem Belastungszustand so kurz, daß das thermische Gleichgewicht nicht erreicht wird.

Die Pause, in der die Maschine nicht unter Spannung steht, ist so lang, daß die Maschine sich praktisch auf die Temperatur des Kühlmittels abkühlt. Empfohlene Werte für die Dauer des Kurzzeitbetriebes: 10, 30, 60 und 90 min.

d) Aussetzbetrieb ohne Einfluß des Anlaufes auf die Temperatur, S 3. Beim Aussetzbetrieb S 3 handelt es sich um einen Betrieb, der sich aus einer dauernden Folge von gleichartigen Spielen zusammensetzt. Jedes dieser Spiele umfaßt eine Zeit mit konstanter Belastung und eine Stillstandszeit. Diese Zeiten genügen nicht, um das thermische Gleichgewicht innerhalb eines Spieles zu erreichen, weder während der Belastungszeit noch während der Abkühlungszeit. Es wird vorausgesetzt, daß die Stromspitzen beim Anlauf die Erwärmung nicht merklich beeinflussen.

e) Aussetzbetrieb mit Einfluß des Anlaufes auf die Temperatur, S 4. Beim Aussetzbetrieb S 4 handelt es sich um einen Betrieb, der sich aus einer dauernden Folge von gleichartigen Spielen zusammensetzt. Jedes dieser Spiele umfaßt eine Anlaufzeit, eine Zeit mit konstanter Belastung und eine Stillstandszeit. Diese Zeiten genügen nicht, um das thermische Gleichgewicht innerhalb eines Spieles zu erreichen; in diesem Betrieb kommt der Stillstand des Motors nach dem Abschalten entweder durch natürlichen Auslauf oder durch eine mechanische Bremse zustande, so daß dadurch keine zusätzliche Erwärmung der Wicklungen entsteht.

f) Aussetzbetrieb mit Einfluß des Anlaufes und der Bremsung auf die Temperatur, S 5. Beim Aussetzbetrieb S 5 handelt es sich um einen Betrieb, der sich aus einer dauernden Folge gleichartiger Spiele zusammensetzt. Jedes dieser Spiele umfaßt eine Anlaufzeit, eine Zeit mit konstanter Belastung, eine Bremszeit und eine Stillstandszeit. Diese Zeiten genügen nicht, um das thermische Gleichgewicht innerhalb eines Spieles zu erreichen. In diesem Betrieb kommt die Bremsung elektrisch, beispielsweise durch Gegenstrom, zustande.

g) Durchlaufbetrieb mit Aussetzbelastung, S 6. Beim Durchlaufbetrieb S 6 handelt es sich um einen Betrieb, der sich aus einer dauernden Folge von gleichartigen Spielen zusammensetzt. Jedes dieser Spiele umfaßt eine Zeit mit konstanter Belastung und eine Leerlaufzeit. Diese Zeiten genügen nicht, um das thermische Gleichgewicht innerhalb eines Spieles zu erreichen, weder während der Belastungszeit noch während der Abkühlungszeit.

h) Ununterbrochener Betrieb mit Anlauf und Bremsung, S 7. Beim ununterbrochenen Betrieb S 7 handelt es sich um einen Betrieb, der sich aus einer dauernden Folge von gleichartigen Spielen zusammensetzt. Jedes dieser Spiele umfaßt eine Anlaufzeit, eine Zeit mit konstanter Belastung und eine Zeit mit elektrischer Bremsung (z. B. durch Gegenstrom). Die Zeiten genügen nicht, um das thermische Gleichgewicht innerhalb eines Spieles zu erreichen. Es gibt bei diesem Betrieb keinen Stillstand, die Maschine steht praktisch immer unter Spannung.

i) Ununterbrochener Betrieb mit Polumschaltung, S 8. Beim ununterbrochenen Betrieb S 8 handelt es sich um einen Betrieb, der sich aus einer dauernden Folge von gleichartigen Spielen zusammensetzt. Jedes dieser Spiele umfaßt eine Zeit konstanter Belastung mit einer zugehörigen Geschwindigkeit und unmittelbar anschließend daran eine Zeit anderer Belastung mit anderer Geschwindigkeit.

Diese Betriebsart tritt z. B. bei polumschaltbaren Induktionsmotoren auf.

G. Schutzarten

Die Schutzarten beeinflussen die Bauart elektrischer Maschinen erheblich. Sie sind in Tab. 1 bis 3 für Berührungs-Fremdkörper und Wasserschutz nach DIN 40 050 eingeteilt und bezeichnet.[1]

Das Kurzzeichen setzt sich aus einem Kennbuchstaben und zwei Kennziffern zusammen.

Der Kennbuchstabe *P* gilt für alle Schutzarten gegen Berührung und gegen Eindringen von Fremdkörpern und Wasser. Die erste Kennziffer bezeichnet die jeweilige Schutzart gegen Berühren und gegen Eindringen von Fremdkörpern (Tab. 2), die zweite die jeweilige Schutzart gegen Eindringen von Wasser in die Maschine (Tab. 3).

Außer diesen Schutzarten für Berührungs-Fremdkörper und Wasserschutz sind für Sonderfälle noch andere Schutzarten gebräuchlich, insbesondere für schlagwetter- und explosionsgeschützte Maschinen nach VDE 0170/0171.[2]

Diese sind:

a) Druckfeste Kapselung (Kurzzeichen exd): Die Teile, die explosionsfähige Gemische zünden können, sind in ein Gehäuse eingeschlossen, das bei der Explosion eines Gemisches im Innern einen bestimmten — von Art des Gemisches und eingeschlossenem Volumen abhängigen — Prüfdruck aushält und eine Übertragung der Explosion auf die das Gehäuse umgebenden Gemische verhindert.

b) Plattenschutzkapselung (Kurzzeichen exp): Die gefährdeten Teile sind in ein Gehäuse eingeschlossen, an dem Öffnungen mit besonderen Vorrichtungen (Plattenschutzpaketen) so angeschraubt sind, daß bei einer Explosion im Innern ein gefährlicher Druckanstieg vermieden und eine Übertragung der Explosion auf die das Gehäuse umgebenden Gemische verhindert ist.

c) Fremdbelüftung (Kurzzeichen exf): Die gefährdeten Teile sind in Gehäuse eingeschlossen, die von Frischluft oder von inerten Gasen (Schutzgas) unter Überdruck so durchspült werden, daß explosionsfähige Gemische, die vor der Inbetriebnahme in die Gehäuse eingedrungen sind, entfernt werden und während des Betriebes in die Gehäuse nicht eindringen.

d) Erhöhte Sicherheit (Kurzzeichen exe): Es sind besondere Maßnahmen getroffen, die die Entstehung von Funken, Lichtbogen oder gefährlichen Temperaturen an solchen Teilen verhindern sollen, an denen sie betriebsmäßig nicht auftreten.

e) Sonderschutzart (Kurzzeichen exs): Die Einleitung einer Explosion wird durch von a) bis d) abweichende Maßnahmen verhindert.[3]

---

[1] Eine entsprechende IEC-Norm ist in Vorbereitung.

[2] VDE 0170 und 0171, 1957, Vorschriften für schlagwetter- und explosionsgeschützte Betriebsmittel, VDE-Verlag GmbH, Berlin.

[3] Solche Sonderschutzarten sind z. B. in der Bundesrepublik Deutschland zulässig, wenn sie geprüft und anerkannt sind durch die Berggewerkschaftliche Versuchsstrecke Dortmund—Derne für Schlagwettersicherheit oder durch die Physikalisch-Technische Bundesanstalt (PTB) Braunschweig für Explosionssicherheit.

Tabelle 1. *Schutzarten*

Auswahl für elektrische Maschinen nach DIN 40 050, Auswahlblatt 1

Berührungsschutz	Fremdkörperschutz	Kennbuchstabe u. erste Kennziffer	Wasserschutz							
			Kein Wasserschutz	Schutz gegen Tropfwasser	Schutz gegen Tropfwasser auch bei Neigungen der Maschine bis zu 15° in allen Richtungen aus der Normallage	Schutz gegen Spritzwasser aus senkrechter Richtung und schrägen Richtungen bis herunter zu 30° über der Waagerechten	Schutz gegen Schwallwasser aus allen Richtungen	Schutz gegen Strahlwasser	Schutz gegen vorübergehende Überflutung	Schutz gegen Druckwasser
			Zweite Kennziffer bzw. zweite Kennziffer mit zusätzlichem Kennbuchstaben S							
			0	1	1 S	2	3	4	4 S	5
Kein Berührungsschutz	Kein Schutz gegen feste Fremdkörper	**P 0**	P 00 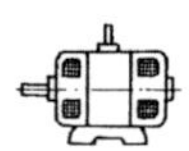	—	P 01 S 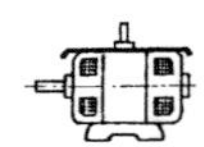	—	—	—	—	—
Schutz gegen großflächige Berührung mit der Hand	Schutz gegen große feste Fremdkörper	**P 1**	—	P 11 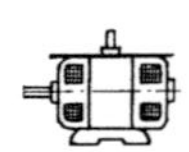	P 11 S 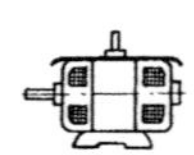	P 12 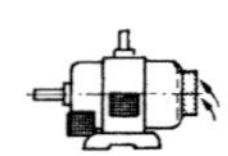	—	—	—	—

Fortsetzung S. 9

Schutz gegen Berührung mit den Fingern	Schutz gegen mittelgroße feste Fremdkörper	**P 2**	—	P 21 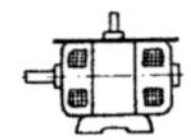	P 21 S 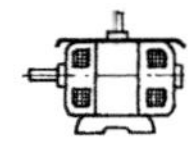	P 22 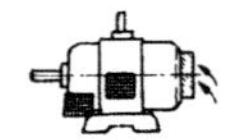	—	—	—	—
Schutz gegen Berührung mit Werkzeugen oder ähnlichem	Schutz gegen kleine feste Fremdkörper	**P 3**	—	—	—	—	P 33[1,2] 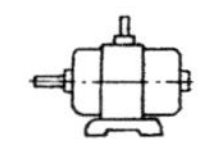	—	—	—
Schutz gegen Berührung mit Hilfsmitteln jeglicher Art	Schutz gegen Staubablagerungen im Innern	**P 4**	—	—	—	—	—	—	P 44 S[3,4] 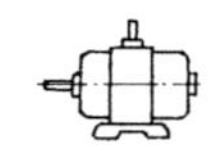	—
Schutz gegen Berührung mit Hilfsmitteln jeglicher Art	Vollkommener Schutz gegen Staub	**P 5**	—	—	—	—	—	—	—	—

[1], [2], [3], [4] s. Tab. 1, S. 10.

Fortsetzung S. 10

Tabelle 1. *(Fortsetzung)* DIN 40 050 Auswahlblatt 1

Zusatz R (Rohranschluß; kühlluftdurchströmte, geschlossene Maschine)

Die von Kühlluft durchströmte, d. h. innengekühlte Maschine hat Kühlöffnungen, die an Rohrleitungen oder Kanäle angeschlossen werden; die Rohrleitungen stehen mit dem Aufstellungsraum der Maschine nicht in Verbindung.

Beispiel: P 33 R

Zusatz W (wettergeschützt)

Die Schutzarten P..W sind für innengekühlte Maschinen mit zusätzlichen Schutzmaßnahmen für das Arbeiten im Freien unter besonderen klimatischen Bedingungen bestimmt. Für diese wettergeschützten Maschinen gelten für den Berührungs- und Fremdkörperschutz sowie den Wasserschutz die Angaben nach DIN 40 050, erweitert durch die nachstehenden Richtlinien für die konstruktive Ausführung, bei Schutzart P 23 W außerdem erweitert durch Richtlinien für die Prüfung.

Schutzart P 22 W

Richtlinien für die konstruktive Ausführung:

Durch die Kühlöffnungen eingesaugte Kühlluft wird bis zur Berührung mit den zu kühlenden Teilen Wege geführt, die eine wenigstens einmalige Umlenkung um mindestens 90° und eine Geschwindigkeitsverminderung bewirken.

Isolierte Wicklungen müssen den Beanspruchungen durch Feuchtigkeitseinflüsse bei Wechselklimaten nach DIN 50 016 (z. Z. noch Entwurf) gewachsen sein.

Eisenteile müssen gegen Rost geschützt sein.

Die Schmierstoffe für die Lager müssen der am Aufstellungsort zu erwartenden niedrigsten und höchsten Außentemperatur angepaßt sein. Das Eindringen von feinem Sand und Wasser in die Lager ist durch Abdeckungen oder entsprechende Gestaltung der Dichtungen erschwert.

Anschlußklemmenkästen sind mindestens in Schutzart P 44 ausgeführt[5].

Maschinen für Betriebsspannungen über 1000 V sind mit Stillstandsheizung ausgerüstet.

Schutzart P 23 W

Richtlinien für die konstruktive Ausführung:

Durch die Kühlöffnungen eingesaugte und ausgeblasene Kühlluft wird bis zur Berührung mit den zu kühlenden Teilen Wege geführt, die eine wenigstens dreimalige Umlenkung um mindestens 90° bewirken; dadurch ist das Eindringen von kleinen festen Fremdkörpern, grobem Staub, Regen und Schnee durch die Kühlöffnungen infolge von starkem Wind oder

---

[1] Eine unbeabsichtigte Berührung des Ventilators soll erschwert sein. Um Unfällen vorzubeugen, soll bei oberflächengekühlten Maschinen, Schutzart P 33 und höher, auf der Ansaug- und Ausblasseite die Abdeckung des Lüfters mindestens in Schutzart P 1 (erste Kennziffer) ausgeführt sein.
Kondenswasserabläufe, größter Durchmesser 8 mm, sind an der tiefsten Stelle zulässig.
Die Kondenswasserabläufe werden von der Prüfung ausgenommen.
Für schlagwettergeschützte und für explosionsgeschützte Maschinen gelten die besonderen Bestimmungen in VDE 0170/0171.

[2] Der Fremdkörperschutz nach P 33 schließt bei Maschinen den Schutz gegen groben Staub ein.

[3] Anfallendes Kondenswasser muß ablaßbar sein.

[4] Elektrische Maschinen mit verschließbaren Öffnungen können verschiedenen Schutzarten genügen, z. B. P 44 S oder P 22 entsprechend den Betriebsbedingungen.

[5] Die abweichende Schutzart P 44 für Anschlußklemmenkästen ist in der Schutzart P..W bereits enthalten und braucht deshalb zu diesem Kurzzeichen nicht besonders angegeben zu werden.

Sturm verhindert. Außerdem muß eine Erweiterung des Eintrittsweges für die Kühlluft derart angeordnet sein, daß die Luftgeschwindigkeit an dieser Stelle nicht mehr als 2,8 m/s beträgt, damit sich mitgerissene Teilchen absetzen.

An Stelle dieses Absetzraumes können herausnehmbare oder sonstwie leicht zu reinigende Filter vorgesehen sein.

Isolierte Wicklungen müssen den Beanspruchungen durch Feuchtigkeitseinflüsse bei Wechselklimaten nach DIN 50 016 (z. Z. noch Entwurf) gewachsen sein.

Eisenteile müssen gegen Rost geschützt sein.

Die Schmierstoffe für die Lager müssen der am Aufstellungsort zu erwartenden niedrigsten und höchsten Außentemperatur angepaßt sein. Das Eindringen von feinem Sand und Wasser ist durch Abdeckungen oder entsprechende Gestaltung der Dichtungen verhindert.

Anschlußklemmenkästen sind mindestens in Schutzart P 44 ausgeführt[1].

Maschinen für Betriebsspannungen über 1000 V sind mit Stillstandsheizung ausgerüstet.

Richtlinien für die Prüfung:

Beim losen Bewerfen der Maschine mit feinem Sand darf keine schädigende Einwirkung durch eingedrungenen Sand eintreten.

Die allgemeinen Richtlinien für Prüfungen nach DIN 40 060 zu P 4. (erste Kennziffer), P 5. (erste Kennziffer) und P.5 (zweite Kennziffer bzw. zweite Kennziffer mit Zusatz durch Kleinbuchstabe und Zahlenangabe) gelten nur für Maschinen bis etwa 22 kW bei 1500 U/min.

---

[1] Die abweichende Schutzart P 44 für Anschlußklemmenkästen ist in der Schutzart P..W bereits enthalten und braucht deshalb zu diesem Kurzzeichen nicht besonders angegeben zu werden.

Tabelle 2. *Berührungs- und Fremdkörperschutz*

Erste Kenn-ziffer	Schutzumfang		Erläuterungen zu		Allgemeine Richtlinien	
	Berührungs-schutz	Fremd-körper-schutz	Berührungsschutz	Fremdkörperschutz	für konstruktive Ausführung	für Prüfung
0	Kein Berührungs-schutz	Kein Schutz gegen feste Fremd-körper	Berührung unter Spannung stehender und innerer bewegter Teile ist nicht verhindert	Eindringen von festen Fremd-körpern ist nicht verhindert	Abdeckungen sind nicht erforderlich. Das Betriebsmittel oder etwaige Abdeckungen können von Öffnungen (Durchbrüchen, Maschen oder Spalten) beliebiger Größe durchbrochen sein	Keine
1	Schutz gegen großflächige Berührung mit der Hand	Schutz gegen große feste Fremd-körper	Berührung unter Spannung stehender und innerer bewegter Teile großflächig mit der Hand ist verhindert	Eindringen fester Fremdkörper über 50 mm Durchmesser ist verhindert	Das Betriebsmittel oder die Abdeckungen können von Öffnungen (Durchbrüchen, Maschen oder Spalten) bis 50 mm Durchmesser oder Breite durchbrochen sein	Eine Kugel von 52,5 mm Durchmesser darf unter Spannung stehende und innere bewegte Teile nicht berühren
2	Schutz gegen Berührung mit den Fingern	Schutz gegen mittelgroße feste Fremd-körper	Berührung unter Spannung stehender und innerer bewegter Teile mit den Fingern ist verhindert	Eindringen fester Fremdkörper über 8 mm Durchmesser ist verhindert	Das Betriebsmittel oder die Abdeckungen können von Öffnungen (Durchbrüchen, Maschen oder Spalten) bis 8 mm Durchmesser oder Breite durchbrochen sein[1]	Der Prüffinger nach VDE 0470 Ausführung C darf nirgends unter Spannung stehende und innere bewegte Teile berühren

[1] Bei schlagwettergeschützten und explosionsgeschützten elektrischen Betriebsmitteln sind Öffnungen über 8 mm Höhe und Breite (Diagonale max $8\sqrt{2}$ mm) nicht zulässig.

3	Schutz gegen Berührung mit Werkzeugen oder ähnlichem	Schutz gegen kleine feste Fremdkörper	Berührung unter Spannung stehender und innerer bewegter Teile mit Werkzeugen, Drähten oder ähnlichem über 1 mm Durchmesser ist verhindert	Eindringen fester Fremdkörper über 1 mm Durchmesser ist verhindert	Das Betriebsmittel oder die Abdeckungen dürfen keine Öffnungen haben. Spalten bis 1 mm Breite an den Trennfugen und Durchführungen von Wellen, Achsen, Bedienungselementen und Leitungen sind zulässig	Ein Draht aus federhartem Stahl von 1 mm Durchmesser darf sich nicht in die Spalten einführen lassen
4	Schutz gegen Berührung mit Hilfsmitteln jeglicher Art	Schutz gegen Staubablagerungen im Innern	Berührung unter Spannung stehender und innerer bewegter Teile mit Hilfsmitteln jeglicher Art ist verhindert	Eindringen von Staub ist nicht vollkommen verhindert; Staubablagerungen an nicht schädlichen Stellen sind zulässig	Das Betriebsmittel ist allseitig verkleidet und an Teilfugen und Durchführungen gedichtet. Als Dichtungen dienen z. B. Dichtungsschnüre, Filze, Labyrinthe, bearbeitete oder hinreichend genaue nicht bearbeitete Flächen. Luftdichter Abschluß ist nicht erforderlich	Prüfung mit Talkumstaub nach DIN 40 060 Blatt 1. Nach beendeter Prüfung dürfen nicht solche Staubablagerungen feststellbar sein, die bei leitendem Staub die Isolation derartig schädigen würden, daß die Prüfspannung nicht mehr ertragen wird. Ferner dürfen Ablagerungen auf bewegten Teilen deren Funktion nicht stören (Reibungserhöhung)
5	Schutz gegen Berührung mit Hilfsmitteln jeglicher Art	Vollkommener Schutz gegen Staub	Berührung unter Spannung stehender und innerer bewegter Teile mit Hilfsmitteln jeglicher Art ist verhindert	Eindringen von Staub ist vollkommen verhindert	Das Betriebsmittel oder die Abdeckungen dürfen keine Öffnungen haben. Spalten an den Trennfugen und Durchführungen von Wellen, Achsen, Bedienungselementen, und Leitungen sind zu dichten. Als Dichtungen dienen z. B. Dichtungsschnüre, Filze, Labyrinthe oder bearbeitete Flächen. Gehäuse können atmen. Luftdichter Abschluß ist nicht erforderlich	Prüfung mit Talkumstaub nach DIN 40 060 Blatt 1. Nach beendeter Prüfung darf kein Staub im Innern des Probestücks sichtbar sein

Tabelle 3. *Wasserschutz*

Zweite Kenn-ziffer	Schutzumfang	Erläuterungen	Allgemeine Richtlinien für konstruktive Ausführung	Allgemeine Richtlinien für Prüfung
0	Kein Wasserschutz	Einwirkung von Wasser ist nicht verhindert	Keine Schutzmaßnahmen	Keine
1	Schutz gegen Tropfwasser	Schädigende Einwirkung senkrecht fallender Wassertropfen ist verhindert	Betriebsmittel entsprechend gestaltet, oder Abdeckung oben. Öffnungen, z. B. Lüftungsöffnungen, mit entsprechenden Abdeckungen sind zulässig	Beim Betropfen mit einer Tropfbrause darf keine schädigende Einwirkung des Wassers eintreten Prüfung nach DIN 40 060 Blatt 2, P . 1 Prüfdauer 10 min[1]
1S	Schutz gegen Tropfwasser auch bei Neigungen des Gerätes oder der Maschine bis zu 15° in allen Richtungen aus der Normallage	Schädigende Einwirkung senkrecht fallender Wassertropfen muß bis zu einer Auslenkung von 15° aus der Normallage in allen Richtungen verhindert sein	Betriebsmittel entsprechend gestaltet, oder Abdeckung oben über allen zu schützenden Teilen. Öffnungen, z. B. Lüftungsöffnungen, mit entsprechenden Abdeckungen sind zulässig	Beim Betropfen mit einer Tropfbrause des um 15° in allen Richtungen gegen die Normallage geneigten Prüflings darf keine schädigende Einwirkung des Wassers eineintreten. Prüfung nach DIN 40 060 Blatt 2, P . 1 S Prüfdauer 10 min[1]
2	Schutz gegen Spritzwasser aus senkrechter Richtung und schrägen Richtungen bis herunter zu 30° über der Waagerechten	Schädigende Einwirkung von Wasser aus senkrechter Richtung und schrägen Richtungen bis herunter zu 30° über der Waagerechten ist verhindert	Betriebsmittel entsprechend gestaltet, oder Abdeckungen oben und an den Seiten. Öffnungen, z. B. Lüftungsöffnungen, mit entsprechenden Abdeckungen sind zulässig	Beim Besprengen aus senkrechter Richtung und schrägen Richtungen bis 30° über der Waagerechten darf keine schädigende Einwirkung des Wassers eintreten. Prüfung nach DIN 40 060 Blatt 2, P . 2 Prüfdauer 10 min[1]
3	Schutz gegen Schwallwasser aus allen Richtungen	Schädigende Einwirkung von Wasser beim Besprengen aus allen Richtungen ist verhindert	Betriebsmittel entsprechend gestaltet, oder Abdeckungen an allen Seiten. Öffnungen, z. B. Lüftungsöffnungen mit entsprechenden Abdekkungen sind zulässig	Beim Besprengen aus allen Richtungen darf keine schädigende Einwirkung des Wassers eintreten. Prüfung nach DIN 40 060 Blatt 2, P . 3 Prüfdauer 10 min[1]

[1] Das Einwirken des Wassers gilt als schädigend, wenn
a) eine Störung des Betriebsverhaltens des elektrischen Betriebsmittels erwartet werden kann,
b) Wasser in Leitungsumhüllungen eindringt.

Fortsetzung S. 15

Tabelle 3 *(Fortsetzung)*

Zweite Kennziffer	Schutzumfang	Erläuterungen	Allgemeine Richtlinien für konstruktive Ausführung	für Prüfung
4	Schutz gegen Strahlwasser	Schädigende Einwirkung von Wasser beim Abspritzen aus allen Richtungen ist verhindert	Betriebsmittel entsprechend gestaltet, oder Abdeckungen an allen Seiten	Beim Abspritzen mit dem Strahlrohr aus allen Richtungen darf keine schädigende Einwirkung des Wassers eintreten Prüfung nach DIN 40 060 Blatt 2, P . 4 Prüfdauer 10 min[1]
4S[2]	Schutz gegen vorübergehende Überflutung	Eindringen von Wasser bei vorübergehender Überflutung ist verhindert	Vollständige Kapselung. Spalte, Fugen und Durchführungen müssen gedichtet sein. Dichtungen für betriebsmäßig zu öffnende Deckel und Verschlüsse müssen unverlierbar sein	Beim Abspritzen mit dem Strahlrohr aus allen Richtungen darf kein Wasser eindringen. Prüfung nach DIN 40 060 Blatt 2, P . 4 S Prüfdauer 15 min Anschließend Kontrolle des Isolationszustandes des Prüflings[4]
5...[3]	Schutz gegen Druckwasser	Eindringen von Wasser unter Druck ist verhindert		Bei der vorgeschriebenen Wassersäule (m) über dem Prüfling darf in den Prüfling kein Wasser eindringen. Die Prüfdauer bis zu einer Druckdifferenz entsprechend 30 cm Wassersäule beträgt 24 Stunden, bei einer Druckdifferenz entsprechend 1 m und darüber 30 Minuten[5]

[1] Siehe Fußnote 1 Tab. 3, S. 14.

[2] Betriebsmittel mit verschließbaren Öffnungen können verschiedenen Schutzarten genügen, siehe z. B. Tab. 1.

[3] Die zulässige Wasserhöhe in Metern über dem Prüfling (Eintauchtiefe unter Wasser) wird durch den Zusatz „h . . .“ gekennzeichnet, z. B. P 55 h 3 (3 m Wassersäule über dem Prüfling). Vorzugswerte: 0,05; 0,1; 0,3; 1; 3 und 7 m.

[4] Die Prüfung gilt auch als bestanden, wenn nach beendeter Prüfung Sickerwasser an Stellen vorhanden ist, die für die Sicherheit des elektrischen Betriebsmittels unerheblich sind.

[5] Kondenswasserbildung durch Temperaturunterschiede zwischen Prüfling und Wasser ist zu verhindern.

H. Bauformen

Für die verschiedenen mechanischen Bauformen bezüglich Anordnung der Lager, Aufstellung der Gehäuse, Ausbildung der Welle usw. sind in ähnlicher Weise wie für die Schutzarten in DIN 42950 typische Bezeichnungen festgelegt. Die hauptsächlich vorkommenden Bauformen sind in den nachstehenden Tabellen angegeben.

a) Maschinen ohne Lager, waagrechte Anordnung (Tab. 4).

b) Maschinen mit Schildlagern, waagrechte Anordnung (Tab. 5).

c) Maschinen mit Schildlagern und Stehlagern, waagrechte Anordnung (Tab. 6).

d) Maschinen mit Stehlagern, waagrechte Anordnung (Tab. 7).

e) Maschinen mit Schildlagern, senkrechte Anordnung (bei Maschinen mit senkrechter Welle soll die Lagerung so bemessen sein, daß sie neben dem Läufergewicht zusätzlich noch das 0,5fache Läufergewicht aufnehmen kann). (Tab. 8).

f) Maschinen ohne Schildlager, senkrechte Anordnung (Tab. 9).

g) Kurzzeichen für Maschinenzusammenstellungen (Maschinensätze; Tab. 10).

h) Anwendungsbeispiele (Tab. 10a).

Tabelle 4. *Maschinen ohne Lager, waagrechte Anordnung (DIN 42950)*

Bauform		Erklärung				
Kurzzeichen	Bild	Lager	Stator (Gehäuse)	Welle	Allgemeine Ausführung	Befestigung oder Aufstellung
A 1	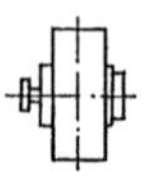	ohne Lager	ohne Füße	Flanschwelle	—	Befestigung des Stators an gekuppelter Maschine
A 2	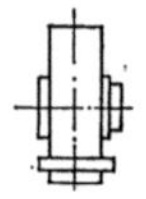	ohne Lager	mit Füßen	ohne Welle	Rotor sitzt auf fremder Welle	Aufstellung auf fremder Grundplatte oder auf Sockel[1]
A 3	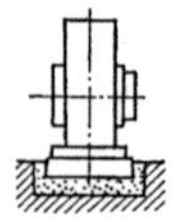	ohne Lager	mit Füßen	ohne Welle	Rotor sitzt auf fremder Welle, 2 Statorsohlplatten	Aufstellung auf den im Fundament eingebetteten Sohlplatten
A 4	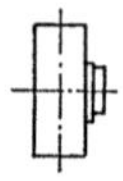	ohne Lager	ohne Füße	ohne Welle	Rotor sitzt auf fremder Welle	Befestigung des Stators an gekuppelter Maschine
A 5	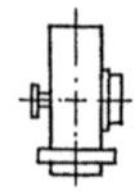	ohne Lager	mit Füßen	Flanschwelle	—	Aufstellung auf fremder Grundplatte oder auf Sockel[1]
A 6	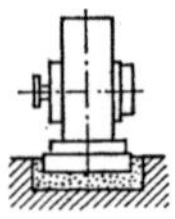	ohne Lager	mit Füßen	Flanschwelle	2 Statorsohlplatten	Aufstellung auf den im Fundament eingebetteten Sohlplatten

[1] Sockel kann an der Grundplatte oder am Lager der gekuppelten Maschine angebracht sein.

Tabelle 5. *Maschinen mit Lagerschilden, waagrechte Anordnung (DIN 42 950)*

Bauform		Erklärung					
Kurzzeichen	Bild	Lager	Stator (Gehäuse)	Welle	Allgemeine Ausführung	Befestigung oder Aufstellung	Anwendungsbeispiele und Hinweise
B 1	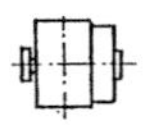	1 Lagerschild	ohne Füße	Flanschwelle	—	Befestigung des Stators an gekuppelter Maschine	für Erregermaschinen
B 2	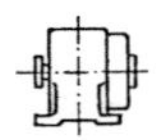	1 Lagerschild	mit Füßen	Flanschwelle	—	Aufstellung auf Unterbau[1]	für Erregermaschinen
B 3	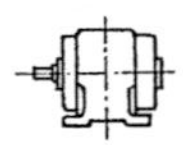	2 Lagerschilde	mit Füßen	freies Wellenende	—	Aufstellung auf Unterbau[1]	—
B 3/B 5	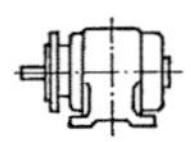	2 Lagerschilde	mit Füßen	freies Wellenende	Befestigungsflansch Form A nach DIN 42 948 liegt auf Antriebseite in Lagernähe	Aufstellung auf Unterbau[1] für Flanschanbau	für kleine Flanschdurchmesser siehe Bauform B 3 / B 14
B 3/B 14	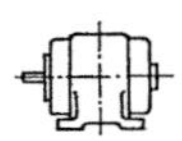	2 Lagerschilde	mit Füßen	freies Wellenende	Befestigungsflansch Form C nach DIN 42 948 liegt auf Antriebseite in Lagernähe	Aufstellung auf Unterbau[1] für Flanschanbau	für größere Flanschdurchmesser siehe Bauform B 3 / B 5
B 5	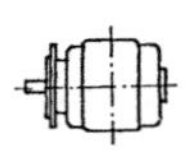	2 Lagerschilde	ohne Füße	freies Wellenende	Befestigungsflansch Form A nach DIN 42 948 liegt auf Antriebseite in Lagernähe	Flanschanbau	—
B 6	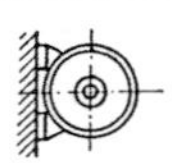	2 Lagerschilde	mit Füßen	freies Wellenende	Bauform B 3, nötigenfalls[2] Lagerschilde um 90° gedreht	Befestigung an der Wand Füße auf Antriebseite gesehen links	—

Fortsetzung S. 18

[1] z. B. Grundplatte, Steinfundament, Spannschienen, Sockel oder dgl.
[2] z. B. bei Gleitlagermaschinen.

Tabelle 5 *(Fortsetzung)*

Bauform		Erklärung					
Kurzzeichen	Bild	Lager	Stator (Gehäuse)	Welle	Allgemeine Ausführung	Befestigung oder Aufstellung	Anwendungsbeispiele und Hinweise
B 7	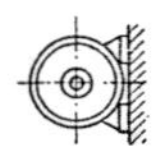	2 Lagerschilde	mit Füßen	freies Wellenende	Bauform B 3, nötigenfalls[1] Lagerschilde um 90° gedreht	Befestigung an der Wand Füße auf Antriebseite gesehen rechts	—
B 8	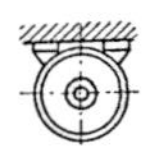	2 Lagerschilde	mit Füßen	freies Wellenende	Bauform B 3, nötigenfalls[1] Lagerschilde um 180° gedreht	Befestigung an der Decke	—
B 9	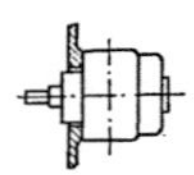	1 Lagerschild	ohne Füße	freies Wellenende	Bauform B 5 oder B 14 ohne Lagerschild (auch ohne Wälzlager) auf Antriebseite	Anbau an Gehäusestirnfläche auf Antriebseite	nur bis etwa 30 kW bei 1500 U/min
B 10	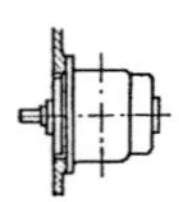	2 Lagerschilde	ohne Füße	freies Wellenende	Befestigungsflansch Form B nach DIN 42 948 liegt auf Antriebseite in Gehäusenähe, Befestigungsfläche auf Antriebseite	Flanschanbau	nur bis etwa 30 kW bei 1500 U/min
B 11	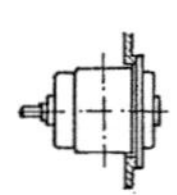	2 Lagerschilde	ohne Füße	freies Wellenende	Befestigungsflansch Form B nach DIN 42 948 liegt entgegen der Antriebseite in Gehäusenähe, Befestigungsfläche auf Antriebseite	Flanschanbau	nur bis etwa 30 kW bei 1500 U/min

[1] z. B. bei Gleitlagermaschinen

Fortsetzung S. 19

B 12	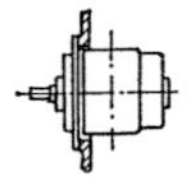	2 Lager-schilde	ohne Füße	freies Wellenende	Befestigungsflansch Form B nach DIN 42 948 liegt auf Antriebseite in Gehäusenähe, Befestigungsfläche entgegen der Antriebseite	Flanschanbau	nur bis etwa 30 kW bei 1500 U/min
B 13	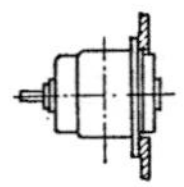	2 Lager-schilde	ohne Füße	freies Wellenende	Befestigungsflansch Form B nach DIN 42 948 liegt entgegen der Antriebseite in Gehäusenähe, Befestigungsfläche entgegen der Antriebseite	Flanschanbau	nur bis etwa 30 kW bei 1500 U/min
B 14	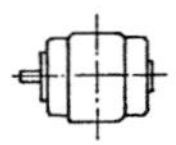	2 Lager-schilde	ohne Füße	freies Wellenende	Befestigungsflansch Form C nach DIN 42 948 liegt auf Antriebseite in Lagernähe	Flanschanbau	nur bis etwa 7,5 kW bei 1500 U/min
B 15	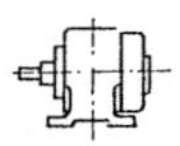	1 Lager-schild	mit Füßen	freies Wellenende	Bauform B 3 ohne Lagerschild (auch ohne Wälzlager) auf Antriebseite	Aufstellung auf Unterbau[1] Anbau an Gehäusestirnfläche auf Antriebseite	nur bis etwa 30 kW bei 1500 U/min
B 16	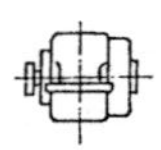	1 Lager-schild	mit Füßen etwa in Wellenhöhe	Flansch-welle	—	in Unterbau[1] eingelassen	für Generatoren
B 17	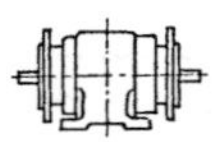	2 Lager-schilde	mit Füßen	2 freie Wellenenden	2 Befestigungsflansche Form A oder C nach DIN 42 948 in Lagernähe	Aufstellung auf Unterbau[1] Beiderseitiger Flanschanbau	—
B 20	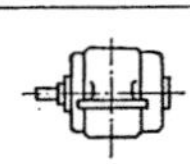	2 Lager-schilde	mit Füßen etwa in Wellenhöhe	freies Wellenende	—	in Unterbau[1] eingelassen	—

[1] z. B. Grundplatte, Steinfundament, Spannschienen, Sockel oder dgl.

Tabelle 6. *Maschinen mit Lagerschilden und Stehlagern, waagrechte Anordnung (DIN 42 950)*

Bauform		Erklärung				
Kurzzeichen	Bild	Lager	Stator (Gehäuse)	Welle	Allgemeine Ausführung	Befestigung oder Aufstellung
C 1	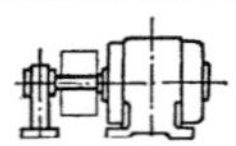	2 Lagerschilde 1 Stehlager	mit Füßen	außen gelagertes Wellenende	Lagerschildtyp (Ausführung, wenn fliegende Scheibe nicht mehr zulässig)	Aufstellung auf Unterbau[1,2] Spannschienen nicht zulässig
C 2	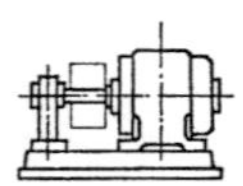	2 Lagerschilde 1 Stehlager	mit Füßen	außen gelagertes Wellenende	Lagerschildtyp. Stator und Stehlager stehen auf gemeinsamer Grundplatte	Aufstellung z. B. auf Steinfundament. Spannschienen zulässig
C 3	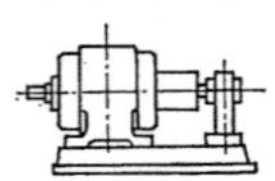	1 Lagerschild 1 Stehlager	mit Füßen	freies Wellenende	Lagerschildtyp mit sehr langem Kommutator. Stator und Stehlager stehen auf gemeinsamer Grundplatte	Aufstellung z. B. auf Steinfundament, Spannschienen zulässig
C 4	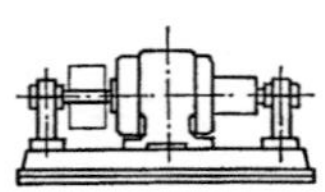	1 Lagerschild	mit Füßen	außen gelagertes Wellenende	Lagerschildtyp mit sehr langem Kommutator und breiter Riemenscheibe. Stator und Stehlager stehen auf gemeinsamer Grundplatte	Aufstellung z. B. auf Steinfundament. Spannschienen zulässig

[1] z. B. Grundplatte bzw. Grundrahmen oder Steinfundament
[2] Anwendung für sehr großen Riemen- oder Seilzug; auch für Zahnradbetrieb

Tabelle 7. *Maschinen mit Stehlagern, waagrechte Anordnung (DIN 42 950)*

Bauform		Erklärung				
Kurzzeichen	Bild	Lager	Stator (Gehäuse)	Welle	Allgemeine Ausführung	Befestigung oder Aufstellung
D 1	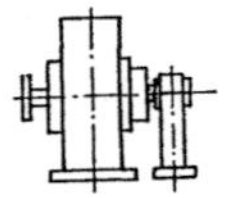	1 Stehlager	mit Füßen	Flanschwelle	—	Aufstellung auf Unterbau[1]. Spannschienen nicht zulässig
D 2	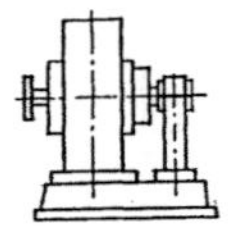	1 Stehlager	mit Füßen	Flanschwelle	Stator und Stehlager stehen auf gemeinsamer Grundplatte	Aufstellung z. B. auf Steinfundament. Spannschienen nicht zulässig
D 3	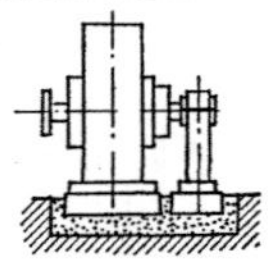	1 Stehlager	mit Füßen	Flanschwelle	2 Statorsohlplatten 1 Lagersohlplatte	Aufstellung auf den im Steinfundament eingebetteten Sohlplatten. Spannschienen nicht zulässig
D 5	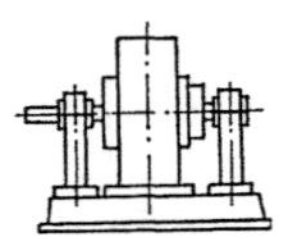	2 Stehlager	mit Füßen	freies Wellenende	Stator und Stehlager stehen auf gemeinsamer Grundplatte	Aufstellung z. B. auf Steinfundament. Spannschienen zulässig
D 6	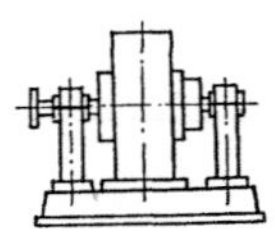	2 Stehlager	mit Füßen	Flanschwelle	Stator und Stehlager stehen auf gemeinsamer Grundplatte	Aufstellung auf Unterbau[1]. Spannschienen nicht zulässig

[1] z. B. Grundplatte bzw. Grundrahmen oder Steinfundament

Fortsetzung S. 22

Tabelle 7 *(Fortsetzung)*

Bauform		Erklärung				
Kurz-zeichen	Bild	Lager	Stator (Gehäuse)	Welle	Allgemeine Ausführung	Befestigung oder Aufstellung
D 9	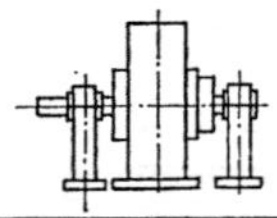	2 Stehlager	mit Füßen	freies Wellenende	—	Aufstellung auf Unterbau[1]. Spannschienen nicht zulässig
D 10	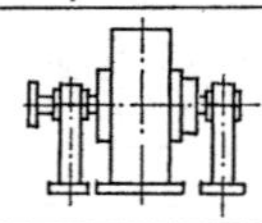	2 Stehlager	mit Füßen	Flansch-welle	—	Aufstellung auf Unterbau[1]. Spannschienen nicht zulässig
D 11	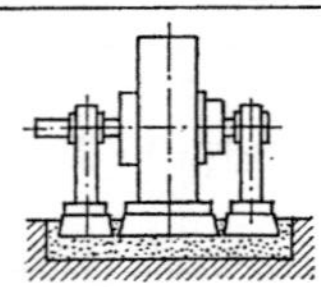	2 Stehlager	mit Füßen	freies Wellenende	2 Statorsohlplatten 2 Lagersohlplatten	Aufstellung auf den im Steinfundament eingebet-teten Sohlplatten. Spannschienen nicht zulässig
D 12	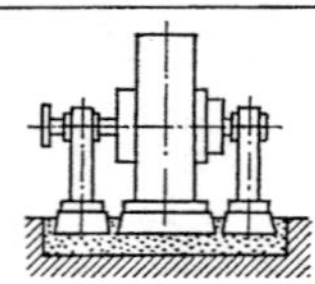	2 Stehlager	mit Füßen	Flansch-welle	2 Statorsohlplatten 2 Lagersohlplatten	Aufstellung auf den im Steinfundament eingebet-teten Sohlplatten. Spannschienen nicht zulässig
D 13	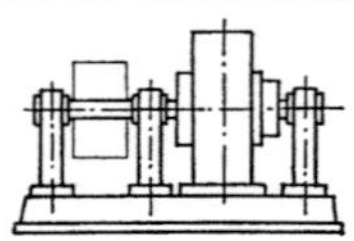	3 Stehlager	mit Füßen	außen gelagertes Wellenende	Stator und Stehlager stehen auf gemeinsamer Grundplatte	Aufstellung z. B. auf Stein-fundament[2]. Spannschienen zulässig

[1] z. B. Grundplatte bzw. Grundrahmen oder Steinfundment
[2] Anwendung für sehr großen Riemen- oder Seilzug; auch für Zahnradantrieb

Tabelle 8. *Maschinen mit Lagerschilden, senkrechte Anordnung*[1] *(DIN 42 950)*

Bauform		Erklärung					
Kurzzeichen	Bild	Lager	Stator (Gehäuse)	Welle	Allgemeine Ausführung	Befestigung oder Aufstellung	Anwendungsbeispiele und Hinweise
V 1	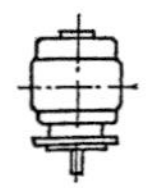	2 Lagerschilde	ohne Füße	freies Wellenende unten	Befestigungsflansch Form A nach DIN 42 948 liegt auf Antriebseite in Lagernähe	Flanschanbau unten	für kleine Flanschdurchmesser siehe Bauform V 18
V 1/V 5	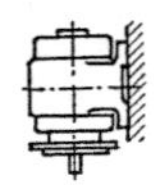	2 Lagerschilde	mit Füßen	freies Wellenende unten	Befestigungsflansch Form A oder C nach DIN 42 948 liegt auf Antriebseite in Lagernähe	Befestigung an der Wand	—
V 2	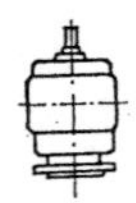	2 Lagerschilde	ohne Füße	freies Wellenende oben	Befestigungsflansch Form A nach DIN 42 948 entgegen der Antriebseite in Lagernähe	Flanschanbau unten	—
V 3		2 Lagerschilde	ohne Füße	freies Wellenende oben	Befestigungsflansch Form A nach DIN 42 948 liegt auf Antriebseite in Lagernähe	Flanschanbau oben	für kleine Flanschdurchmesser siehe Bauform V 19
V 3/V 6	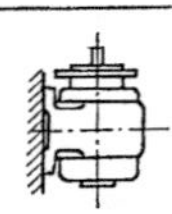	2 Lagerschilde	mit Füßen	freies Wellenende oben	Befestigungsflansch Form A nach DIN 42 948 liegt auf Antriebseite in Lagernähe	Befestigung an der Wand	—
V 4	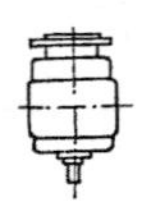	2 Lagerschilde	ohne Füße	freies Wellenende unten	Befestigungsflansch Form A nach DIN 42 948 liegt entgegen der Antriebseite in Lagernähe	Flanschanbau oben	—

[1] (bei Maschinen mit senkrechter Welle soll die Lagerung so bemessen sein, daß sie neben dem Rotorgewicht zusätzlich noch das 0,5fache Rotorgewicht aufnehmen kann.)

Fortsetzung S. 24

Tabelle 8 *(Fortsetzung)*

Bauform		Erklärung					
Kurzzeichen	Bild	Lager	Stator (Gehäuse)	Welle	Allgemeine Ausführung	Befestigung oder Aufstellung	Anwendungsbeispiele und Hinweise
V 5	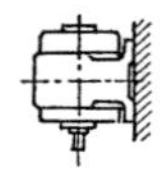	2 Lagerschilde	mit Füßen	freies Wellenende unten	—	Befestigung an der Wand	—
V 6	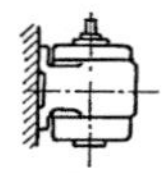	2 Lagerschilde	mit Füßen	freies Wellenende oben	—	Befestigung an der Wand	—
V 8	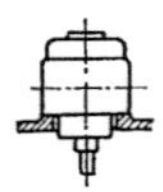	1 Lagerschild	ohne Füße	freies Wellenende unten	Bauform V 1 oder V 18 ohne Lagerschild (auch ohne Wälzlager) auf Antriebseite	Anbau an Gehäusestirnfläche auf Antriebseite	nur bis etwa 30 kW bei 1500 U/min
V 9	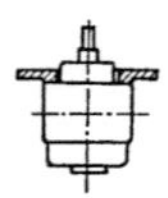	1 Lagerschild	ohne Füße	freies Wellenende oben	Bauform V 3 oder V 19 ohne Lagerschild (auch ohne Wälzlager) auf Antriebseite	Anbau an Gehäusestirnfläche auf Antriebseite	nur bis etwa 30 kW bei 1500 U/min
V 10	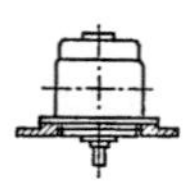	2 Lagerschilde	ohne Füße	freies Wellenende unten	Befestigungsflansch Form B nach DIN 42 948 liegt auf Antriebseite in Gehäusenähe, Befestigungsfläche auf Antriebseite	Flanschanbau	nur bis etwa 30 kW bei 1500 U/min

Fortsetzung S. 25

Tabelle 8 *(Fortsetzung)*

Bauform		Erklärung					
Kurzzeichen	Bild	Lager	Stator (Gehäuse)	Welle	Allgemeine Ausführung	Befestigung oder Aufstellung	Anwendungsbeispiele und Hinweise
V 11	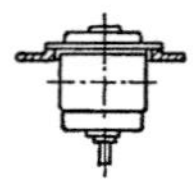	2 Lagerschilde	ohne Füße	freies Wellenende unten	Befestigungsflansch Form B nach DIN 42 948 liegt entgegen der Antriebseite in Gehäusenähe, Befestigungsfläche auf Antriebseite	Flanschanbau	nur bis etwa 30 kW bei 1500 U/min
V 12	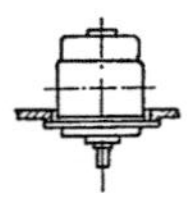	2 Lagerschilde	ohne Füße	freies Wellenende unten	Befestigungsflansch Form B nach DIN 42 948 liegt auf Antriebseite in Gehäusenähe, Befestigungsfläche entgegen der Antriebseite	Flanschanbau	nur bis etwa 30 kW bei 1500 U/min
V 13	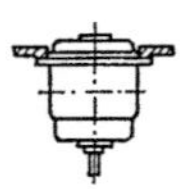	2 Lagerschilde	ohne Füße	freies Wellenende unten	Befestigungsflansch Form B nach DIN 42 948 liegt entgegen der Antriebseite in Gehäusenähe, Befestigungsfläche entgegen der Antriebseite	Flanschanbau	nur bis etwa 30 kW bei 1500 U/min
V 14	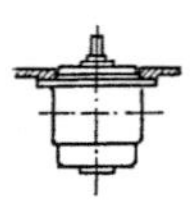	2 Lagerschilde	ohne Füße	freies Wellenende oben	Befestigungsflansch Form B nach DIN 42 948 liegt auf Antriebseite in Gehäusenähe, Befestigungsfläche auf Antriebseite	Flanschanbau	nur bis etwa 30 kW bei 1500 U/min
V 15	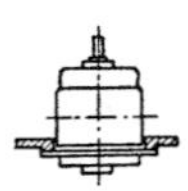	2 Lagerschilde	ohne Füße	freies Wellenende oben	Befestigungsflansch Form B nach DIN 42 948 liegt entgegen der Antriebseite in Gehäusenähe, Befestigungsfläche auf Antriebseite	Flanschanbau	nur bis etwa 30 kW bei 1500 U/min

Fortsetzung S. 26

Tabelle 8 *(Fortsetzung)*

Bauform		Erklärung					
Kurzzeichen	Bild	Lager	Stator (Gehäuse)	Welle	Allgemeine Ausführung	Befestigung oder Aufstellung	Anwendungsbeispiele und Hinweise
V 16	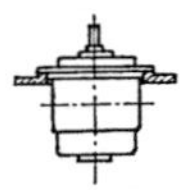	2 Lagerschilde	ohne Füße	freies Wellenende oben	Befestigungsflansch Form B nach DIN 42 948 liegt auf Antriebseite in Gehäusenähe, Befestigungsfläche entgegen der Antriebseite	Flanschanbau	nur bis etwa 30 kW bei 1500 U/min
V 17	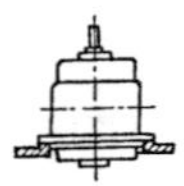	2 Lagerschilde	ohne Füße	freies Wellenende oben	Befestigungsflansch Form B nach DIN 42 948 liegt entgegen der Antriebseite in Gehäusenähe, Befestigungsfläche entgegen der Antriebseite	Flanschanbau	nur bis etwa 30 kW bei 1500 U/min
V 18	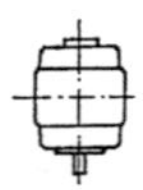	2 Lagerschilde	ohne Füße	freies Wellenende unten	Befestigungsflansch Form C nach DIN 42 948 liegt auf Antriebseite in Lagernähe	Flanschanbau	für größere Flanschdurchmesser siehe Bauform V 1
V 19	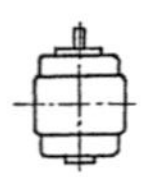	2 Lagerschilde	ohne Füße	freies Wellenende oben	Befestigungsflansch Form C nach DIN 42 948 liegt auf Antriebseite in Lagernähe	Flanschanbau	für größere Flanschdurchmesser siehe Bauform V 3
V 20	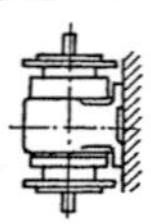	2 Lagerschilde	mit Füßen	2 freie Wellenenden	2 Befestigungsflansche Form A oder C nach DIN 42 948 liegen in Lagernähe	Befestigung an der Wand	—
V 21	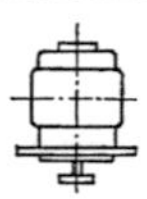	2 Lagerschilde	ohne Füße	Flanschwelle	Befestigungsflansch Form A nach DIN 42 948 liegt auf Antriebseite in Lagernähe	Flanschanbau	für größere Pumpenmotoren mit größeren Zusatzlasten

Fortsetzung S. 27

Tabelle 9. *Maschinen ohne Lagerschilde, senkrechte Anordnung*[1] *(DIN 42 950)*

Bauform		Erklärung					
Kurzzeichen	Bild	Lager: Längslager	Lager: Querlager	Stator (Gehäuse)	Welle	Allgemeine Ausführung	Befestigung oder Aufstellung
W 1	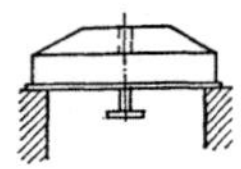	ohne	oben	mit Füßen oder ohne Füße	mit Kupplungsflansch unten	Das zweite Querlager liegt unterhalb des Kupplungsflansches und gehört zur gekuppelten Maschine. Das Gewicht des Rotors wird vom Längslager der gekuppelten Maschine getragen	
W 21[2]	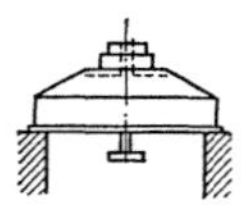	oben	oben	mit Füßen oder ohne Füße	mit Kupplungsflansch unten	Das zweite Querlager liegt unterhalb des Kupplungsflansches und gehört zur gekuppelten Maschine. Das Längslager übernimmt die Gewichte und Kräfte der gekuppelten Maschine	auf Sohlplatten, Grundring, Schachtring oder Tragsäulen nach besonderer Angabe
W 22[2]	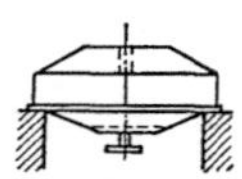	unten	oben	mit Füßen oder ohne Füße	mit Kupplungsflansch unten		
W 3	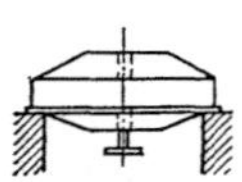	ohne	oben und unten	mit Füßen oder ohne Füße	mit Kupplungsflansch unten	Das Gewicht des Rotors wird vom Längslager der gekuppelten Maschine getragen	

[1] Vorzugsweise für Wasserkraftgeneratoren, ebenso für Pumpenmotoren und Erregermaschinen

[2] Die zweite Ziffer des Kurzzeichens bedeutet: 1 = Längslager oben
2 = Längslager unten

Fortsetzung S. 28

Tabelle 9 *(Fortsetzung)*

Bauform		Erklärung					
Kurzzeichen	Bild	Lager: Längslager	Lager: Querlager	Stator (Gehäuse)	Welle	Allgemeine Ausführung	Befestigung oder Aufstellung
W 41[1]	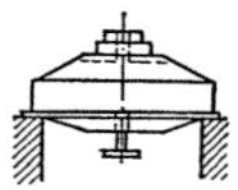	oben	oben und unten	mit Füßen oder ohne Füße	mit Kupplungsflansch unten	Das Längslager übernimmt die Gewichte und Kräfte der gekuppelten Maschine	
W 42[1]	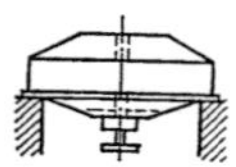	unten	oben und unten	mit Füßen oder ohne Füße	mit Kupplungsflansch unten	Das Längslager übernimmt die Gewichte und Kräfte der gekuppelten Maschine	
W 51[1]	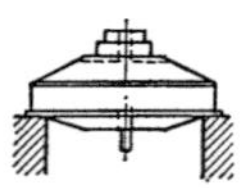	oben	oben und unten	mit Füßen oder ohne Füße	freies Wellenende unten	Zusätzliche Gewichte und Kräfte für Längs- und Querlager nach besonderer Angabe	auf Sohlplatten, Grundring, Schachtring oder Tragsäulen nach besonderer Angabe
W 52[1]	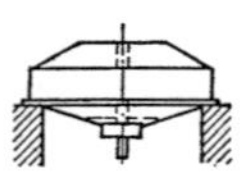	unten	oben und unten	mit Füßen oder ohne Füße	freies Wellenende unten		
W 6	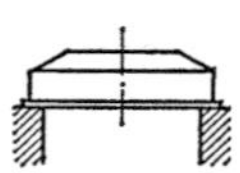	ohne	ohne	mit Füßen oder ohne Füße	ohne Welle	Welle und Lager gehören zur gekuppelten Maschine. Das Gewicht des Rotors wird vom Längslager der gekuppelten Maschine getragen	

[1] Die zweite Ziffer des Kurzzeichens bedeutet: 1 = Längslager oben
2 = Längslager unten

Fortsetzung S. 29

Tabelle 9 *(Fortsetzung)*

Bauform		Erklärung					
Kurzzeichen	Bild	Lager: Längslager	Lager: Querlager	Stator (Gehäuse)	Welle	Allgemeine Ausführung	Befestigung oder Aufstellung
W 7	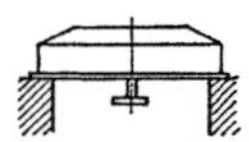	ohne	ohne	mit Füßen oder ohne Füße	mit Kupplungsflansch unten	Alle Lager gehören zur gekuppelten Maschine. Das Gewicht des Rotors wird vom Längslager der gekuppelten Maschine getragen	auf Sohlplatten, Grundring, Schachtring oder Tragsäulen nach besonderer Angabe
W 8	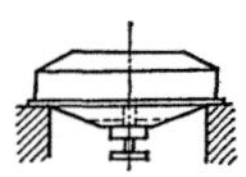	unten	unten	mit Füßen oder ohne Füße	mit Kupplungsflansch unten	Das zweite Querlager liegt unterhalb des Kupplungsflansches und gehört zur gekuppelten Maschine. Das Längslager übernimmt die Gewichte und Kräfte der gekuppelten Maschine	

Tabelle 10. *Kurzzeichen für Maschinenzusammenstellungen (Maschinensätze)*

Für die Bezeichnung von Maschinenzusammenstellungen sind die nachstehenden zusätzlichen Kennbuchstaben und Kennzeichen festgelegt.

Kennbuchstabe Kennzeichen	Erklärung	Bild
G	Maschinensätze auf gemeinsamer Grundplatte	—
S	Maschinensätze auf Sohlplatten	—
SR	Schwungrad	—
H	Kurze Doppelflanschwelle im Stehlager	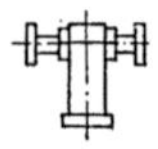
+ (Pluszeichen)	Kupplung oder zwei Wellenflansche	
— (Minuszeichen)	Durchgehende Welle	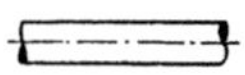

Kennzeichen von Maschinen, die auf einer gemeinsamen Grundplatte stehen, werden in eine runde Klammer gesetzt. Der Kennbuchstabe für gemeinsame Grundplatte oder Sohlplatten ist vor die Klammer zu setzen.

Tabelle 10a. *Anwendungsbeispiele von Bauformen (DIN 42 950)*

Kurzzeichen	Bild
G (B 3 + B 3)	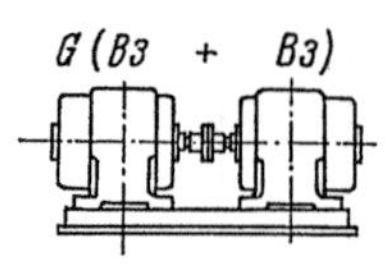
G (A 2 — D 10 + D 1 + D 1 + B 3)	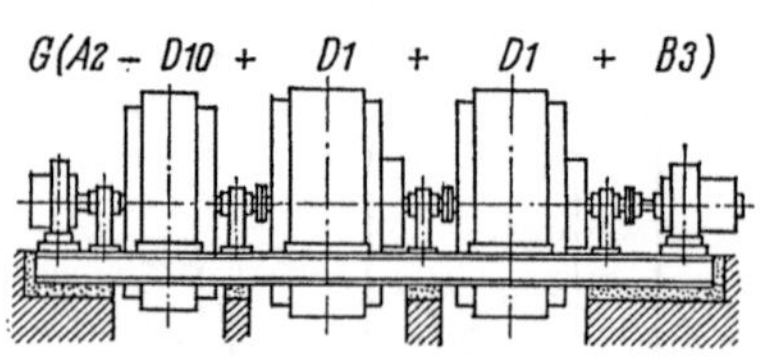
G (D 10 + D 1) + S (SR)	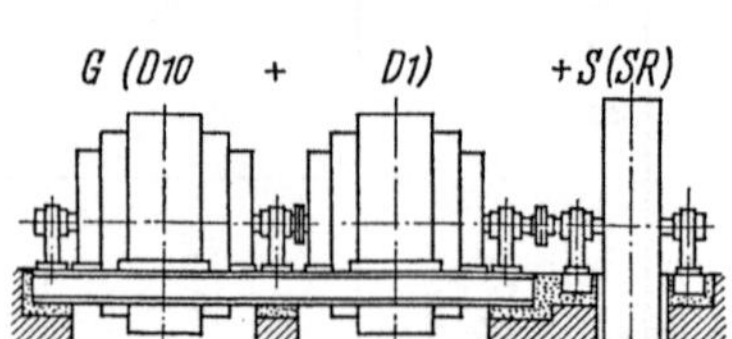

I. Antriebsarten

Die Bauarten elektrischer Maschinen sind — teils sehr weitgehend — beeinflußt von der Art des Antriebes bei Generatoren bzw. von der Art der angetriebenen Maschinen oder Apparate bei Motoren.

a) Antriebsarten für Generatoren:

1. Unmittelbarer oder mittelbarer (über Getriebe, konzentrisch oder exzentrisch, mechanisch oder hydraulisch) Antrieb durch *Dampf-* oder *Gasturbinen.* Nur horizontal, Turbine raschlaufend, Generator normal 3000 oder 1500 U/min bei 50 Hz (USA 3600 oder 1800 U/min bei 60 Hz).

2. Unmittelbarer oder mittelbarer (über Getriebe) Antrieb durch *Wasserturbinen.* Horizontal, vertikal oder schräg. Je nach Art der Wasserturbine (Francis-, Kaplan-, Rohrturbine usw.) sind noch zusätzliche Auswirkungen auf die Konstruktion zu beachten. Hierzu gehören auch Erregermaschinen, Wellengeneratoren, Tachometerdynamos und Generatoren für Reglerantrieb.

3. Unmittelbarer Antrieb durch *Kolbenmaschinen* (Dieselmotoren für stationäre Zwecke oder für dieselelektrische Antriebe von Fahrzeugen).

4. Unmittelbarer oder mittelbarer (über Getriebe) Antrieb durch *Motoren* (Umformer, Kurzschlußgeneratoren).

5. Mittelbarer Antrieb über Zahn- oder Reibgetriebe, Kardanwellen und dergleichen durch beliebig angetriebene *Fahrzeuge* (Fahrräder, Lokomotiven, Triebwagen, Kraftfahrzeuge).

6. *Pendeldynamos* für Drehmomentmessung, angetrieben durch die zu messende Maschine.

b) Antriebsarten durch Motoren:

1. Normalmotoren: Direkter Antrieb oder Antrieb über mechanische oder hydraulische Getriebe — evtl. Regelgetriebe —, Riemen- oder Seilscheibe, horizontal oder vertikal, für Arbeitsmaschinen, Werkzeugmaschinen, Gebläse, Pumpen, Fördermaschinen, Textil- und Papiermaschinen, Landwirtschaftsmaschinen oder andere elektrische Maschinen.

2. Spezialmotoren: Antrieb von Arbeitsmaschinen oder Geräten durch Spezial-Ein- oder Anbaumotoren, die organisch mit der Arbeitsmaschine zusammengebaut sind (Ventilatoren, Staubsauger, Haushaltsmaschinen, Waschautomaten, Schremm-Motoren, Rollgangs-Motoren, Getriebemotoren, Stopmotoren, Handbohrmaschinen und dgl.).

3. Antrieb von elektrischen Fahrzeugen (Straßenbahnmotoren, Vollbahnmotoren, Oberleitungs-Omnibusse, Elektrokarren und dgl.).

J. Isolationsarten

Die Art der verwendeten Isolierstoffe wirkt sich nicht nur auf die Wärmeableitung (s. Abschnitt K) und Spannungssicherheit, sondern auch unmittelbar auf die Konstruktion aus (Isolationsdicken, Kriechwege, Schutzart).

Die zur Zeit gebräuchlichen Isolierstoffe werden bezüglich ihrer Temperaturbeständigkeit in die in Tab. 11 angegebenen Klassen eingeteilt. Die Isolationsklassen sind definiert durch die höchst zulässigen Grenztemperaturen, die an einem isolierten Teil einer Maschine dauernd auftreten dürfen, ohne daß das Isoliermaterial der betreffenden Klasse innerhalb der üblichen Gebrauchsdauer der Maschine seine Funktionstüchtigkeit einbüßt. Die Materiallisten in Tab. 11 sind als Richtlinie für die Materialwahl zu verstehen und haben keinen verbindlichen Charakter (IEC-Publikation 85).

Die zulässigen Grenz-Übertemperaturen sind in Tab. 12a—c und die Temperatur-Meßverfahren in Tab. 12d zusammengestellt.

Die Tab. 12a enthält die zulässigen Grenz-Übertemperaturen für Maschinen mit Luft- oder direkter Wasserkühlung und für solche mit direkter Leiterkühlung durch Luft. Diese Grenz-Übertemperaturen gelten für Betrieb mit Kühlluft bzw. Kühlwasser, deren Eintrittstemperatur 40 °C nicht überschreitet, und für Isolierungen mit Stoffen der Klassen A, E, B, F und H.

Für Stoffe der Klasse Y sind die zulässigen Grenz-Übertemperaturen 15 °C niedriger als für Klasse A.

Falls in Maschinen mit Kreislaufkühlung die Luft oder das Gas durch Wasserkühler rückgekühlt wird, ist die Temperatur des Kühlmittels am Eintritt in die Maschine für die Bestimmung der Übertemperatur maßgebend. Jedoch darf bei Maschinen dieser Bauart (abgesehen von Turbogeneratoren) nach vorheriger Vereinbarung auch die Wassertemperatur als Bezugswert dienen. Wenn hierbei die Temperatur des Wassers beim Eintritt in den Kühler 25 °C nicht überschreitet, gelten als Grenz-Übertemperaturen um 10 °C höhere Werte als nach Tab. 12a.

Tab. 12b enthält die zulässigen Grenz-Übertemperaturen für Turbogeneratoren und Blindleistungsmaschinen mit Kreislaufkühlung durch Wasserstoff, dessen Eintrittstemperatur 40 °C nicht überschreitet, ausgenommen solche mit direkter Leiterkühlung.

Tab. 12c enthält die zulässigen Grenz-Übertemperaturen und Grenztemperaturen für Turbogeneratoren und Blindleistungsmaschinen mit Kreislaufkühlung durch Wasserstoff und direkter Leiterkühlung, wobei die Eintrittstemperatur des Kühlmittels 40 °C nicht überschreitet.

Für Maschinen, deren Aufstellungsort über 1000 m über NN liegt, gilt im allgemeinen für Maschinen mit Frischluftkühlung eine Verminderung der in Tab. 12a—c angegebenen Grenz-Übertemperaturen um 1% für je 100 m Höhenzunahme des Aufstellungsortes über 1000 m, es sei denn, die höchste Kühllufttemperatur sei für je 1000 m über Höhenlage um mindestens 5 °C niedriger als 40 °C.

Für die Erwärmungsprüfung gelten die jeweiligen Ländervorschriften, für Deutschland z. B. VDE 0530.

Für die Berechnung der Wicklungs-Übertemperatur aus der Widerstandszunahme gilt für Wicklungen aus Kupfer (und Reinaluminium) allgemein:

$$\vartheta = \frac{R_w - R_k}{R_k}(235 + \vartheta_k) + \vartheta_k - \vartheta_{kü}$$

Darin bedeutet:

ϑ	[°C]	Übertemperatur
ϑ_k	[°C]	Temperatur der kalten Wicklung
$\vartheta_{kü}$	[°C]	Temperatur des Kühlmittels
R_k	[Ω]	Wicklungswiderstand der kalten Maschine bei ϑ_k
R_w	[Ω]	Wicklungswiderstand der warmen Maschine.

Der Einbau von elektrischen Thermometern (Thermoelemente oder Widerstandselemente) in Ständerwicklungen von Wechselstrommaschinen mit Nennleistungen über 5 MVA oder mit Eisenlänge über 1 m ist üblich und teilweise Vorschrift. Er ist vom Konstrukteur vorzusehen. Die Thermometer müssen annähernd gleichmäßig über den Umfang und die Länge auf die vermutlich wärmsten Stellen verteilt sein. Sie sollen in die Nuten, aber außerhalb der Isolation eingebaut sein — bei Zwei- und Mehrschichtwicklungen zwischen zwei isolierten Spulenseiten, bei Einschichtwicklungen zwischen Spulen- bzw. Stab-Isolation und Innenseite der Nutenauskleidung am Nutengrund.

K. Erwärmung

Tab. 12a—c enthält die Grenz-Übertemperaturen für die einzelnen Wicklungsarten und übrigen Bestandteile elektrischer Maschinen abhängig von den Isolierstoffklassen nach Tab. 11. Die Grenz-Übertemperaturen nach Tab. 12a—c gelten unter der Voraussetzung, daß die Temperatur des zuströmenden, gasförmigen Kühlmittels bei Maschinen mit Frischluftkühlung und die Temperatur des umlaufenden Kühlmittels nach dem Austritt aus dem Kühler bei Maschinen mit Kreislaufkühlung 40 °C nicht überschreitet. (Für Maschinen mit unmittelbarer Wasserkühlung gelten besondere Vorschriften, z. B. VDE 0530).

Die Grenz-Übertemperaturen der *Wicklungen* nach Tab. 12a—c ergeben sich aus den für die jeweilige Isolierstoffklasse höchstzulässigen Dauertemperaturen nach Tab. 11, Spalte 1, abzüglich der Kühlmitteltemperatur von 40 °C und abzüglich eines Erfahrungswertes (5...15°) für den Unterschied zwischen der Temperatur an der der Messung nicht zugänglichen *vermutlich heißesten* Stelle der Wicklung und der praktisch meßbaren Wicklungstemperatur.

Die End-Übertemperaturen bei Nennbetrieb (Betrieb, für den die Maschine bestimmt und der auf dem Leistungsschild angegeben ist) und bei den Nennbetriebsarten (S. 4) dürfen die Grenz-Übertemperaturen nach Tab. 12a—c nicht überschreiten.

Wenn am Verwendungsort die höchste Eintrittstemperatur eines gasförmigen Kühlmittels um einen bestimmten Betrag unter 40 °C liegt, dürfen bei ausdrücklicher Vereinbarung die Grenz-Übertemperaturen nach Tab. 12a—c um diesen Betrag erhöht werden.

Für schlagwettergeschützte und explosionsgeschützte Motoren (Schutzart erhöhte Sicherheit und Schutzart druckfeste Kapselung) sind in VDE 0170/1071 spezielle Grenztemperaturen und Grenzerwärmungen festgelegt.

Tabelle 11. *Einteilung der Isolierstoffe nach Wärmebeständigkeit (IEC-Publikation 85)*

1	2	3	4	5
Klasse Grenz-temperatur	Liste	Isolierstoffe	Bindemittel, Tränk- oder Deckmittel, die vom Hersteller der Stoffe in Spalte 3 verwendet werden	Tränkmittel, die bei der Behandlung der eingebauten Isolierteile verwendet werden
Y 90 °C	Hauptliste	Baumwolle Naturseide Zellwolle Kunstseide Polyamidfaser Papier- und Papierprodukte Preßspan Vulkanfiber Holz Anilin-Formaldehyd-Kunstharz Harnstoff-Formaldehyd-Kunstharz	keine	nicht erforderlich
	Nebenliste	Polyacrylat Polyäthylen Polystyrol Polyvinylchlorid mit oder ohne Weichmacher Vulkanisierter Naturgummi	keine	nicht erforderlich
A 105 °C	Hauptliste	Baumwolle Naturseide Zellwolle Kunstseide Polyamidfaser Papier- und Papierprodukte Preßspan Vulkanfiber Holz } getränkt in Füllmasse oder getaucht in flüssigem Dielektrikum	keine	Trocknende ölmodifizierte Naturharzlacke; Schellack, Kopal und andere Naturharze; Lösungen oder Suspensionen von Zellulose-Estern und -Aethern. Tränkmittel, die in höheren Temperaturklassen aufgeführt werden. Isolieröl und synthetische dielektrische Flüssigkeiten
		Lackbehandelte Textilien auf der Basis von Baumwolle, Naturseide, Zellwolle, Kunstseide oder Polyamidfaser, lackbehandeltes Papier	trocknende ölmodifizierte Natur- oder Kunstharzlacke	
		Geschichtetes Holz	Phenol-Formaldehyd-Harz	

Fortsetzung S. 35

Tabelle 11 *(Fortsetzung)*

1	2	3	4	5
Klasse Grenz-temperatur	Liste	Isolierstoffe	Bindemittel, Tränk- oder Deckmittel, die vom Hersteller der Stoffe in Spalte 3 verwendet werden	Tränkmittel, die bei der Behandlung der eingebauten Isolierteile verwendet werden
A 105 °C		Zellulose-Azetat-Folie Azetobutyrat-Folie Vernetzte Polyester-Harze Drahtlack auf Ölharzbasis Drahtlacke auf Polyamidharzbasis	keine	
	Nebenliste	Polychloropren-Elastomere Butadien-Akrylnitril-Elastomere	keine	Oben erwähnte oder in höheren Temperaturklassen aufgeführte Produkte
E 120 °C	Hauptliste	—	—	—
	Nebenliste	Drahtlacke auf der Basis von Polyvinyl-Azetal-, Polyurethan- oder Epoxyd-Harzen	keine	Ölmodifizierter Asphalt und synthetische Harze. Vernetzte Polyester-Harze, Epoxyd-Harze. Tränkmittel, die in höheren Temperaturklassen aufgeführt werden
		Preßteile mit Zellulose-Füllstoff Baumwollschichtstoffe Papierschichtstoffe	Melamin-Formaldehyd-, Phenol-Formaldehyd- und Phenol-Furfural-Harze	
		Vernetzte Polyester-Harze Zellulose- Triazetat-Folie Polyäthylen-Terephthalat-Folie Polyäthylen-Terephthalat-Faser	keine	
		Polyäthylen-Terephthalat behandelte Textilien	ölmodifizierte Alkydharze	

Fortsetzung S. 36

Tabelle 11 *(Fortsetzung)*

1	2	3	4	5
Klasse Grenz-temperatur	Liste	Isolierstoffe	Bindemittel, Tränk- oder Deckmittel, die vom Hersteller der Stoffe in Spalte 3 verwendet werden	Tränkmittel, die bei der Behandlung der eingebauten Isolierteile verwendet werden
B 130 °C	Hauptliste	Glasfaser Asbest	keine	Ölmodifizierte Asphalt- und Kunstharzlacke vernetzte Polyester-Harze; Epoxyd-Harze. (Wenn hohe mechanische Beanspruchungen verlangt werden, können obige Stoffe als unzulänglich erscheinen und unmodifizierte Phenolharze können verwendet werden). Tränkmittel, die in höheren Temperaturklassen aufgeführt werden
		Lackbehandelte Glasfasertextilien Lackbehandelter Asbest	Ölmodifizierte Kunstharzlacke	
		Glimmerprodukte (mit oder ohne Trägermaterial)	Schellack, Asphalt oder Bitumen Verbundmasse Ölmodifizierte synthetische Harze Vernetzte Polyester-Harze Epoxyd-Harze Alkyd-Harze	
		Glasfaser-Schichtstoffe Asbest-Schichtstoffe Preßteile mit mineralischen Füllstoffen	Melamin-Formaldehyd-Harze Phenol-Formaldehyd-Harze	
	Nebenliste	Preßteile mit mineralischen Füllstoffen Polymonochlorotrifluoräthylen	Vernetzte Polyester-Harze keine	Tränkmittel, die in höheren Temperaturklassen aufgeführt werden
F 155 °C	Hauptliste	—	—	—
	Nebenliste	Glasfaser Asbest	keine	Alkyd-Harze Epoxyd-Harze vernetzte Polyester- und Polyurethan-Harze mit hoher thermischer Stabilität, Silikon-Alkyd-Phenol-Harze. Tränkmittel, die in höheren Temperaturklassen aufgeführt werden
		Lackbehandelte Glasfasertextilien Lackbehandelter Asbest Glimmerprodukte (mit oder ohne Trägermaterial)	Alkyd-Harze Epoxyd-Harze Vernetzte Polyester- und Polyurethan-Harze mit hoher therm. Stabilität Silikon-Alkyd-Harze	

Fortsetzung S. 37

Tabelle 11 *(Fortsetzung)*

1	2	3	4	5
Klasse Grenz-tempe-ratur	Liste	Isolierstoffe	Bindemittel, Tränk- oder Deckmittel, die vom Hersteller der Stoffe in Spalte 3 verwendet werden	Tränkmittel, die bei der Behandlung der eingebauten Isolierteile verwendet werden
H 180 °C	Hauptliste	Glasfaser Asbest	keine	Geeignete Silikon-Harze
		Lackbehandelte Glasfasertextilien Lackbehandelter Asbest	Geeignete Silikon-Harze Silikon-Kautschuk	
		Glimmerprodukte (mit oder ohne Trägermaterial) Glasfaser-Schichtstoffe Asbest-Schichtstoffe	Geeignete Silikon-Harze	
		Silikon-Kautschuk	keine	
	Nebenliste	—	—	—
C und bei 180 °C	Hauptliste	Glimmer Porzellan und andere keramische Stoffe Glas Quarz (N.B. Die höchste Betriebstemperatur wird begrenzt durch die phys. und techn. Eigenschaften)	keine	Anorganische Bindemittel wie Glas oder Zement
	Nebenliste	Behandelte Glasfasertextilien Behandelter Asbest Glimmerprodukte	Silikon-Harze von hoher therm. Stabilität (Grenzstabilität über 225 °C)	Silikon-Harze von hoher therm. Stabilität (Grenzstabilität über 225 °C)
		Polytetrafluoräthylen (Grenzstabilität über 250 °C)	keine	—

Tabelle 12a. *Grenz-Übertemperaturen von Maschinen, ausgenommen von Turbogeneratoren und Blindleistungsmaschinen nach Tab. 12b und 12c*

Nr.	Maschinenteil	Isolierstoffklasse der Wicklungen														
		A			E			B			F[2]			H[2]		
		I °C	II °C	III °C	I °C	II °C	III °C	I °C	II °C	III °C	I °C	II °C	III °C	I °C	II °C	III °C
1	Wechselstromwicklungen von Turbogeneratoren mit Nennleistungen von 5000 kVA und darüber Wechselstromwicklungen von Maschinen mit Schenkelpolen und Induktionsmaschinen mit Nennleistungen von 5000 kVA und darüber oder mit Kernlängen von 1 m oder mehr Die Messung mit Temperaturfühlern darf für kleinere Maschinen angewendet werden. Es gelten dann die nebenstehenden Grenz-Übertemperaturen	—	60	60[1]	—	70	70[1]	—	80	80[1]	—	100	100[1]	—	125	125[1]
2	Wechselstromwicklungen von Maschinen mit Nennleistungen kleiner als unter 1															

[1], [2] Erläuterungen s. S. 40

Fortsetzung S. 39

Tabelle 12a *(Fortsetzung)*

Nr.	Maschinenteil	Isolierstoffklasse der Wicklungen														
		A			E			B			F[2]			H[2]		
		I °C	II °C	III °C	I °C	II °C	III °C	I °C	II °C	III °C	I °C	II °C	III °C	I °C	II °C	III °C
2	Feldwicklungen von Wechsel-und Gleichstrommaschinen mit Gleichstromerregung ausgenommen Maschinen unter 3 und 4 Rotorwicklungen für Gleichstrommaschinen	[3]	60	—	[3]	75	—	[3]	80	—	[3]	100	—	[3]	125	—
3	Feldwicklungen von Vollpol-Läufern mit Gleichstromerregung	—	65	—	—	80	—	—	90	—	—	110	—	—	125	—
4	mehrlagige Feldwicklungen mit geringem Widerstand und Kompensationswicklungen	60	60	—	75	75	—	80	80	—	100	100	—	125	125	—
	einlagige Wicklungen mit freiliegenden blanken Oberflächen	65	65	—	80	80	—	90	90	—	110	110	—	135	135	—
5	dauernd kurzgeschlossene isolierte Wicklungen	60	—	—	75	—	—	80	—	—	100	—	—	125	—	—
6	dauernd kurzgeschlossene nicht isolierte Wicklungen	Die Übertemperaturen dieser Teile dürfen auf keinen Fall solche Werte erreichen, daß die Wicklung, die Isolierung oder andere benachbarte Teile gefährdet werden.														

[3]) Erläuterungen s. S. 40

Fortsetzung S. 40

Tabelle 12a *(Fortsetzung)*

Nr.	Maschinenteil	Isolierstoffklasse der Wicklungen														
		A			E			B			F[2]			H[2]		
		I °C	II °C	III °C	I °C	II °C	III °C	I °C	II °C	III °C	I °C	II °C	III °C	I °C	II °C	III °C
7	Eisenkern und andere Teile, die nicht mit den Wicklungen in Berührung sind	Die Übertemperaturen dieser Teile dürfen auf keinen Fall solche Werte erreichen, daß die Wicklung, die Isolierung oder andere benachbarte Teile gefährdet werden.														
8	Eisenkern und andere Teile, die mit den Wicklungen in Berührung sind	60	—	—	75	—	—	80	—	—	100	—	—	125	—	—
9	Kommutatoren und Schleifringe, offen oder gekapselt[5]	60	—	—	70	—	—	80	—	—	80[4]	—	—	80[4]	—	—
10	Gleitlager und Wälzlager	50	—	—	50	—	—	50	—	—	50	—	—	50	—	—
	Wälzlager mit Sonderfetten	60	—	—	60	—	—	60	—	—	60	—	—	60	—	—

I. Thermometerverfahren II. Widerstandsverfahren III. eingebaute Temperaturfühler

[1] Bei Statorwicklungen mit Nennspannungen über 11 kV und voller Isolierung gegen Erde sind die Grenz-Übertemperaturen für je 1 kV (oder Bruchteile davon), um das die Nennspannung den Wert von 11 kV überschreitet, bei Thermometermessung und bei Messung mit eingebauten Temperaturfühlern um 1,5°C zu erniedrigen. Über die zulässigen Grenz-Übertemperaturen bei Maschinen mit Nennspannungen über 17 kV sind Sondervereinbarungen zu treffen. — [2] Wenn nicht anders vereinbart, darf die Übertemperatur von Teilen von Maschinen mit Nennleistungen von 5 MVA und darüber oder mit Kernlängen von einem Meter oder mehr, die mit Stoffen der Klasse F oder H isoliert sind, die Grenz-Übertemperatur für Isolierstoffe der Klasse B nicht überschreiten. — [3] In Fällen, in denen nur das Thermometerverfahren unter Ausschluß des Widerstandsverfahrens angewendet wird, sind die für das Widerstandsverfahren angegebenen Grenz-Übertemperaturen um 10°C für Klasse A, E und B, um 15°C für Klasse F und um 20 °C für Klasse H herabzusetzen. — [4] In den Fällen, in denen Maschinenwicklungen nach Klasse F oder H isoliert sind, können die Grenz-Übertemperaturen der Kommutatoren und Schleifringe bei Wicklungsisolierungen nach Klasse F um 10°C und nach Klasse H um 20°C überschritten werden, wenn folgende Bedingungen eingehalten werden: die Übertemperatur der Isolierung der Kommutatoren und Schleifringe sowie der Isolierung der angrenzenden Wicklungsteile darf die Grenz-Übertemperatur für diese Isolierung nicht überschreiten; der Hersteller muß gewährleisten, daß die höhere Temperatur die Kommutierung nicht schädlich beeinflußt; die erreichten Temperaturen dürfen die Güte der gelöteten Verbindungen nicht beeinträchtigen. — [5] Für die Grenz-Übertemperatur ist die Isolierstoffklasse der angeschlossenen Wicklung maßgebend.

Tabelle 12b. *Grenz-Übertemperaturen für Turbogeneratoren und Blindleistungsmaschinen bei Kreislaufkühlung durch Wasserstoff, ausgenommen solche mit direkter Leiterkühlung*

Nr.	Maschinenteil		Isolierstoffklasse B °C	Isolierstoffklasse F[5] °C	Isolierstoffklasse H[5] °C
1	Stator[6]	absoluter Wasserstoffdruck 1,035 kp/cm²	80[1]	100[1]	
		absoluter Wasserstoffdruck 2,0 kp/cm²	75[1]	95[1]	
		absoluter Wasserstoffdruck 3,0 kp/cm²	70[1]	90[1]	
		absoluter Wasserstoffdruck 4,0 kp/cm²	65[1]	85[1]	
2	Rotor	a) mit Vollpolen	85[2]	105[2]	in Beratung
		b) mit Schenkelpolen und einlägiger Wicklung	90[2]	110[2]	
3	Eisenkern und andere Teile, die nicht mit den Wicklungen in Berührung sind		Die Übertemperatur dieser Teile darf auf keinen Fall solche Werte erreichen, daß die Isolierungen oder andere benachbarte Teile gefährdet werden.		
4	Eisenkern und andere Teile, die mit den Wicklungen in Berührung sind		80[3]	90[3]	in Beratung
5	Schleifringe		80[3]	80[3,4]	

[1] Messverfahren mit eingebauten Temperaturfühlern [2] Widerstandsverfahren

[3] Thermometerverfahren [4] s. Tab. 12a, Fußnote 4

[5] Wenn nicht anders vereinbart, darf die Übertemperatur von Teilen von Maschinen, die mit Stoffen der Klasse F oder H isoliert sind, die Grenz-Übertemperatur für Isolierstoffe der Klasse B nicht überschreiten.

[6] Bei Generatoren mit indirekter Kühlung durch Wasserstoff sind die Grenz-Übertemperaturen nach Tab. 12b bei Statorwicklungen mit *Nennspannungen über 11 kV* zu erniedrigen, und zwar
bei Nennspannungen ≦ 17 kV um 1°C je 1 kV (oder Bruchteile davon) über 11 kV,
bei Nennspannungen > 17 kV um weitere 0,5°C je 1 kV (oder Bruchteile davon) über 17 kV

Tabelle 12c. *Grenz-Übertemperaturen* $\vartheta_ü$ *und Grenztemperaturen* ϑ_{max} *von Maschinen mit Kreislaufkühlung und direkter Leiterkühlung, durch Gas oder Flüssigkeit*

1	2		3	4		5	
Nr.	Maschinenteil Kühlmittel		Meßverfahren	Isolierstoffklasse B		F[1]	
				$\vartheta_ü$ °C	ϑ_{max} °C	$\vartheta_ü$ °C	ϑ_{max} °C
1	Wasserstoff	beim Austritt aus der Statorwicklung	eingebaute Temperaturfühler		110		130
2	Öl oder Wasser			—	85	—	85
3	Statorwicklung		eingebaute Temperaturfühler	(80)[2]	(120)[2]	(100)[2]	(140)[2]
4	Rotorwicklung Anzahl der Zonen[3], aus denen das Kühlgas austritt		Widerstandsverfahren				
	1 und 2			60		75	
	3 und 4			65		80	
	6			70		85	
	8 und mehr			75		90	

Tabelle 12d. *Temperatur-Meßverfahren*

a) Statorwicklungen von Wechselstrommaschinen mit Nennleistungen über 5 MVA oder Eisenlängen über 1 m Ausnahme: Statorwicklungen mit einer Spulenseite je Nut	eingebaute Temperaturfühler
b) Bei Wicklungen, wo das Verfahren nach a) nicht und das Widerstandsverfahren nicht ohne weiteres durchführbar ist, z. B. Rotor-, Kompensations-, Wendepolwicklungen von sehr niedrigem Widerstand, insbesondere wenn der Widerstand der Verbindungen stark ins Gewicht fällt, sowie bei einlagigen Wicklungen	Thermometer
c) Allgemein bei allen Wicklungen, wenn nicht unter a) und b) andere Verfahren vorgesehen sind	Widerstandsverfahren

[1] Wenn nicht anders vereinbart, darf die Übertemperatur von Teilen von Maschinen, die mit Stoffen der Klasse F oder H isoliert sind, die Grenz-Übertemperatur für Isolierstoffe der Klasse B nicht überschreiten.

[2] Die in Klammer anstehenden Temperaturen für die Statorwicklung sollen die durch den Eisenkern verursachte Erwärmung begrenzen. Die Übertemperatur, gemessen durch eingebaute Temperaturfühler, gibt keinen Hinweis auf Heißpunkte der Statorwicklung. Nur die Einhaltung der Austrittstemperaturen des Kühlmittels (Nr. 1 und 2) stellt sicher, daß die zulässige Temperatur der Heißpunkte nicht überschritten wird.

[3] Die Zonen, aus denen das Kühlgas aus der Rotorwicklung austritt, werden im Bereich des Ballens sowie der Wickelköpfe gezählt. Jede Zone, aus der das Kühlgas auf zwei Wegen austritt, wird doppelt gezählt.

L. Mechanische und elektrische Belastbarkeit

a) Leistungsbegriffe. Für elektrische Maschinen gibt es verschiedene Leistungsbegriffe:

1. Die *Wirkleistung* P (mechanische Leistung) wird angegeben in Watt (W), Kilowatt (kW) oder Megawatt (MW)

$$1\ \mathrm{kW} = 1{,}3596\ \mathrm{PS} = 10\,200\ \frac{\mathrm{cm\,kp}}{\mathrm{s}}$$

Die *abgegebene* Wirkleistung bezieht sich bei Generatoren auf die Leistung an den Klemmen, bei Motoren auf die Leistung am Wellenende und bei Umformern auf die Leistung an den Klemmen des Generators.

Die *aufgenommene* Wirkleistung bezieht sich bei Generatoren auf die Leistung am Wellenende, bei Motoren auf die Leistung an den Klemmen und bei Umformern auf die Leistung an den Klemmen des Motors.

2. *Scheinleistung*

Bei verkettetem Drehstrom ist die Scheinleistung S gegeben durch das Produkt aus Spannung, Strom und $\sqrt{3}$. Die Scheinleistung wird in Voltampère (VA), Kilovoltampère (kVA) oder Megavoltampère (MVA) angegeben.

3. Die *Blindleistung* Q ergibt sich aus der Scheinleistung S und der Wirkleistung P zu

$$Q = \sqrt{S^2 - P^2} \tag{1}$$

4. Unter *Nennleistung* versteht man bei sämtlichen Motoren und Induktionsgeneratoren die Wirkleistungsabgabe, bei Synchron-Generatoren und Blindleistungsmaschinen die Scheinleistung.

5. Der *Leistungsfaktor* cosinus φ ist das Verhältnis von Wirkleistung P zu Scheinleistung S.

$$\cos\varphi = P/S. \tag{2}$$

6. Der *Wirkungsgrad* η ist das Verhältnis der abgegebenen Leistung P (an den Klemmen abgegebene Wirkleistung bei Generatoren und am Wellenende abgenommene Leistung bei Motoren) zur aufgenommenen Leistung $P + P_v$, mit P_v als Verlustleistung. Es ist

$$\eta = \frac{P}{P + P_v} = 1 - \frac{P_v}{P + P_v} \tag{3}$$

Für die Praxis (Rechenschieber) eignet sich die zweite Form in (3) besser, da P_v im allgemeinen kleiner ist.

b) Drehmomente. Das Drehmoment M bestimmt sich aus der Wirkleistung P und der Drehzahl n zu

$$M = 97\,400\,\frac{P}{n} \quad \left\{\begin{array}{l} M\ [\mathrm{cm\,kp}] \\ P\ [\mathrm{kW}]^{1} \\ n\ [\mathrm{U/min}] \end{array}\right. \tag{4a}$$

---

[1] oder $M = 71\,600\,\dfrac{P}{n} \quad \left\{\begin{array}{l} M\ [\mathrm{cm\,kp}] \\ P\ [\mathrm{PS}] \\ n\ [\mathrm{U/min}]. \end{array}\right.$

Es ist im Elektromaschinenbau vielfach üblich (z. B. bei Normen über Wellenenden, Kupplungen usw.), mit der Näherungsformel

$$M = \frac{P}{n} \quad \begin{cases} M\,[\mathrm{mkp}] \\ P\,[\mathrm{W}] \\ \mathrm{n}\,[\mathrm{U/min}] \end{cases} \tag{4b}$$

zu rechnen.

Bei Wechselstrommotoren unterscheidet man folgende Drehmomente im *asynchronen Betrieb;*

1. Anzugsmoment ist das kleinste der Momente, das der stillstehende mit Nennspannung und Nennfrequenz gespeiste Motor bei allen möglichen Rotorstellungen am Wellenende ausübt.

2. Sattelmoment ist das kleinste Moment, das der mit Nennspannung und Nennfrequenz gespeiste Motor bei Hochlauf zwischen Stillstand und Kippdrehzahl am Wellenende ausübt.

3. Kippmoment ist das größte Moment, das der mit Nennspannung und Nennfrequenz gespeiste Induktions-Motor bei Hochlauf zwischen Satteldrehzahl und Nenndrehzahl am Wellenende ausübt.

im *synchronen Betrieb:*

Kippmoment ist das größte Moment, das ein Synchron-Motor im synchronen Lauf bei Nennspannung, Nennfrequenz und Nennerregung bei langsamer Zunahme des Lastdrehmomentes am Wellenende ausüben kann, ohne außer Tritt zu fallen.

c) Strom- und Drehmoment-Überlastbarkeit, Schiefbelastbarkeit.

1. Stromüberlastbarkeit. Maschinen für Dauerbetrieb müssen im betriebswarmen Zustand ohne Beschädigungen oder bleibende Formänderungen folgende Überströme, möglichst bei Nennspannung, aushalten:

Allgemein den 1,5-fachen Nennstrom während 15 Sekunden, Gleichstrommaschinen mit kleineren Nennspannungen als 250 Volt den Kurzschlußstrom während 15 Sekunden, falls dieser geringer als der 1,5-fache Nennstrom ist.

2. Drehmomentüberlastbarkeit. Wechselstrommotoren müssen bei Nennspannung und Nennfrequenz mindestens die in Tab. 13 angegebenen Kippmomente entwickeln können.

Gleichstrommotoren müssen bei Nennspannung die für Induktionsmotoren angegebenen Kippmomente als Höchstmomente entwickeln können.

Tabelle 13. *Kippmomente, Mindestwerte für Wechselstrommotoren und Gleichstrommotoren*

Motorenart	Induktionsmotoren und Gleichstrommotoren	Synchronmotoren	
		Volltrommel-Rotor	Schenkelpol-Rotor
$\frac{\text{Kippmoment}}{\text{Nennmoment}}$	1,6	1,35	1,5

3. Schiefbelastbarkeit. Unter relativer Schieflast versteht man bei Drehstromgeneratoren das Verhältnis von Inversstrom zu Nennstrom. Schieflast verursacht zusätzlich zu den Wirbelstromverlusten, herrührend von den Oberwellen des

Luftspaltfeldes, weitere Wirbelstromverluste auf der Pol- bzw. Rotoroberfläche. Massive Pole können ca. 10 bis 15% dauernde Schieflast ertragen, lamellierte Pole mit Dämpferwicklung ca. 12 bis 18%. Für Turbogeneratoren ist nach VDE 0530 eine dauernde Schieflast von 8% bei Generatoren bis 100 MVA zugelassen, während für größere Leistung wegen der gesteigerten Ausnützung die Schieflast reduziert werden muß. Oberwellen (Gleichrichterbetrieb) haben gleiche Auswirkungen auf den Rotor wie Schieflast und verursachen außerdem höhere Zusatzverluste in der Statorwicklung.

d) Kurzschlußfestigkeit. Synchronmaschinen müssen den mechanischen Beanspruchungen durch den Stoßkurzschluß gewachsen sein. Der Nachweis hierfür kann an der leerlaufenden Maschine bei 1,05-facher Spannung bei allpoligem Kurzschluß verlangt werden. In der Praxis ist normalerweise kaum mit Klemmenkurzschlüssen, sondern nur mit Kurzschlüssen hinter dem Transformator und deshalb mit wesentlich kleineren Beanspruchungen zu rechnen. Die Bemessung muß jedoch trotzdem auf mögliche Betriebsfälle Rücksicht nehmen und für Reaktanzen erfolgen, die dem ungünstigsten Klemmenkurzschluß[1] entsprechen. Es ist üblich, die Maschinen nach Klemmenkurzschlüssen daraufhin zu prüfen, ob die Wicklungsabstützung keinen Schaden genommen hat. Maschinen, die betriebsmäßig dauernden Kurzschlüssen ausgesetzt sind (z. B. sog. Kurzschluß-Generatoren) verlangen eine extrem starke Wickelkopf-Abstützung.

Der Stoßkurzschlußstrom allpolig kurzgeschlossener Synchronmaschinen sollte normal das 15-fache des Scheitelwertes oder das 21-fache des Effektivwertes des Nennstromes nicht überschreiten. Bei großen zweipoligen Turbogeneratoren sind etwas höhere Werte üblich.

Das aus dem Stoßkurzschlußstrom, der Spannung und dem Leistungsfaktor im Kurzschluß errechnete Drehmoment wirkt wechselseitig zwischen Rotor und Stator, es „greift im Luftspalt“ an. Das auf die Welle und das Gehäuse wirkende Kurzschlußdrehmoment ist unter Berücksichtigung der zwischengeschalteten Massen und Elastizitäten zu berechnen und soll stets kleiner sein als es dem Verhältnis von Kurzschlußstrom zu Nennstrom entsprechen würde[2].

e) Mechanische Festigkeit (vgl. auch S. 413 „Allg. über mech. Beanspruchung und Sicherheit“).

1. Alle Maschinen müssen die in Tab. 14 angegebenen *Schleuderdrehzahlen* aushalten, ohne schädliche, bleibende Formänderungen an wichtigen Teilen zu erleiden. Wenn die Maschinen keiner Schleuderprobe unterzogen werden können, so wird vielfach der rechnerische Nachweis verlangt, daß die Beanspruchungen durch die Fliehkräfte bei der Schleuderdrehzahl nicht größer sind als z. B. 75% der Streckgrenze des verwendeten Materials. Dabei werden — wenn keine anderslautenden Vereinbarungen getroffen sind — konventionelle Berechnungsweisen der Beanspruchungen vorausgesetzt. Der Schleudervorgang wird in zwei oder mehreren Etappen mit Zwischenkontrollen (visuell und Dehnungsmessungen) ausgeführt. Das Hochfahren soll normalerweise so rasch erfolgen, daß die Zeit von der 0,8fachen bis zur vollen Schleuderdrehzahl n_s nicht mehr als ca. 2 min beträgt.

---

[1] Vgl. Kurzschlußberechnungen von Speichenrädern, S. 447, Wellen, S. 517 und elastisch gefederten Statoren, S. 580.

[2] Vgl. Beispiele: Welle S. 523, Stator S. 583.

Tabelle 14. *Schleuderdrehzahlen*

Nr.	1	2	3
	Maschinenart		Schleuderdrehzahl
1	Generatoren	Wasserturbinenantrieb	Durchgangsdrehzahl der Turbine, mindestens 1,8fache Nenndrehzahl
2		Dampfturbinenantrieb	1,2fache Nenndrehzahl
3		andere Antriebsart	1,2fache Nenndrehzahl
4	Motoren	für gleichbleibende Drehzahl	1,2fache Leerlaufdrehzahl
5		mit Drehzahlstufen	1,2fache höchste Leerlaufdrehzahl
6		mit Drehzahleinstellung	1,2fache höchste Leerlaufdrehzahl
7		mit Reihenschluß-verhalten	1,2fache auf dem Schild angegebene Höchstdrehzahl, mindestens 1,5fache Nenndrehzahl
8	Blindleistungs-maschinen	für gleichbleibende Drehzahl	1,2fache Nenndrehzahl
9	Fahrmotoren in Bahnfahrzeugen	allgemein	1,25fache höchstzulässige Drehzahl
10		mehrere elektrisch dauernd in Reihe geschaltete Motoren mit Einzelachsantrieb	1,35fache höchstzulässige Drehzahl
11	Hilfsmaschinen in Bahnfahrzeugen	mit Nebenschluß-verhalten	1,2fache Leerlaufdrehzahl
12		mit Reihenschluß-verhalten	1,5fache Nenndrehzahl
13	Lichtmaschinen in Bahnfahrzeugen		1,25fache höchstzulässige Drehzahl

Bei gleichmäßigem Drehzahlanstieg während 2 min entspricht dies einer Beschleunigungsleistung[1] von

$$P_b = 4{,}1 \cdot 10^{-9} GD^2 n_s \qquad \left\{ \begin{array}{ll} P_b & [\mathrm{kW}] \\ GD^2 & [\mathrm{kpm^2}] \\ n_s & [\mathrm{U/min}] \end{array} \right.$$

Für die Bestimmung der Motorleistung sind noch die Rotor-Oberflächenverluste (s. S. 63) und die Lagerreibungsverluste (s. S. 60) zu berücksichtigen.

[1] Ableitung der Formel:

$$\Delta E_{\mathrm{kin}} = \frac{\Theta}{2}\,[\omega_s^2 - (0{,}8\,\omega_s)^2] = \frac{0{,}36\,\Theta\omega_s^2}{2}$$

$$P_b = \frac{\Delta E_{\mathrm{kin}}}{\Delta t} = \frac{0{,}36\,\Theta\,\omega_s^2}{2\cdot\Delta t} = \frac{0{,}36\,GD^2\,\omega_s^2}{2\cdot\Delta t\cdot 4g}$$

($\Delta t = 2\cdot 60 = 120$ s, $\omega_s \to n_s$ s. S. 598; P_b [cm kp/s] $\to P_b$ [kW] s. S. 57).

2. Druckfestigkeit. Maschinen mit Wasserstoffkühlung: Die Gehäuse und alle übrigen zum druckfesten Abschluß der Kapselung dienenden Teile sind — unabhängig vom betriebsmäßigen Wasserstoffdruck — für einen Überdruck von 10 kp/cm² zu bemessen und vor dem Blechen einer Wasserdruckprobe von 10 kp/cm² zu unterwerfen, die nicht dem Nachweis der Dichtigkeit, sondern nur zur Überprüfung der mechanischen Festigkeit dient. In manchen Ländern wird bei hohen Betriebsdrücken die Wasserprobe durch eine Gasdruckprobe mit 1,5fachem betriebsmäßigem Gasdruck ersetzt.

Schlagwettergeschützte Motoren und explosionsgeschützte Motoren mit druckfester Kapselung: Für diese Motoren bestehen Sondervorschriften. Bemessung der Gehäuse gemäß VDE 0170/171: Bei Schlagwetterschutz für 6 bis 8 kp/cm², bei Explosionsschutz für 8 bis 10 kp/cm², bei Explosionsklasse 3 für den 1,5fachen gemessenen Explosionsdruck, mindestens aber für 8 bis 10 kp/cm².

3. Schwingungsfestigkeit. Alle Teile von Maschinen, die erzwungenen Schwingungen ausgesetzt sind, werden zweckmäßig auf ihre Eigenschwingungszahlen nachgerechnet, um mit hinreichender Sicherheit Resonanzen zu vermeiden. Die erzwungenen Schwingungen können die Frequenz der Drehzahl oder eines rationalen Vielfachen der Drehzahl haben oder mit der einfachen bzw. eines rationalen Vielfachen der elektrischen Frequenz übereinstimmen. Vgl. S. 507ff.

4. Dauerfestigkeit. Schleuder- und Druckfestigkeit haben statischen Charakter (gleichbleibendes Vorzeichen), während die Schwingungsfestigkeit periodischen Charakter hat (wechselndes Vorzeichen). Die Überlagerung beider Festigkeitsarten führt zum Begriff der Dauerfestigkeit und ist grundsätzlich maßgebend für die mechanische Dimensionierung.

M. Spannungen und Prüfspannungen

Generatoren müssen bei gegebener Nennleistung, Nenndrehzahl und Nennleistungsfaktor eine Spannung entwickeln können, die $\pm$ 5% von der Nennspannung abweicht.

Motoren müssen bei gegebener Nennleistung und Nennfrequenz mit einer Spannung betrieben werden können, die $\pm$ 5% von der Nennspannung abweicht.

Bei Betrieb mit den Grenzwerten der Spannung darf die Übertemperatur die in Tab. 12a—c angegebenen Grenzwerte bis zu 10 °C überschreiten.

Die Isolation der Wicklungen muß den Prüfspannungen für die Wicklungsprüfung und für die Windungsprüfung genügen. Bei den Prüfspannungen darf weder Überschlag noch Durchschlag auftreten.

Die üblichen Prüfspannungen für die *Wicklungsprüfung* sind zusammengestellt in Tab. 15, die Prüfspannungen für die *Windungsprüfung* in Tab. 16.

Die Klemmen von Maschinen müssen 1 Minute lang eine Prüfspannung vom 1,5-fachen der Prüfspannung für die Wicklungsprüfung aushalten, ohne daß Durchschlag oder Überschlag erfolgt.

Tabelle 15. *Prüfspannungen für die Wicklungsprüfung*

Nr.	Maschine oder Maschinenteil	Prüfspannung U_p (Effektivwert) abhängig von der Nennspannung U_N
1	Umlaufende Maschinen mit Nennleistungen unter 1 kW oder 1 kAV und Nennspannungen unter 100 V	500 V + 2 U_N
2	Umlaufende Maschinen mit Nennleistungen unter 10 000 kW oder 10 000 kVA, ausgenommen die unter Nr. 1 (siehe [2])	1 000 V + 2 U_N mindestens 1000 V (siehe [1])
3	Umlaufende Maschinen mit Nennleistungen von 10 000 kW oder 10 000 kVA und darüber[2]	
	$U_N \leqq 2000$ V	1000 V + 2 U_N
	2000 V $< U_N \leqq$ 6000 V	2,5 U_N
	6000 V $< U_N \leqq$ 17 000 V	3000 V + 2 U_N
	$U_N >$ 17 000 V	nach Sondervereinbarung[1]
4	Fremderregte Feldwicklungen von Gleichstrommaschinen	1000 V + 2 mal höchste Erregerspannung, mindestens 1500 V
5	Feldwicklungen von Synchrongeneratoren, Synchronmotoren und Blindleistungsmaschinen	
	a) Synchrongeneratoren und Blindleistungsmaschinen ohne asynchronen Anlauf	10 U_N mindestens 1500 V, höchstens 3500 V
	b) Maschinen für asynchronen Anlauf mit kurzgeschlossener oder über einen Widerstand, kleiner als dem 10fachen Feldwiderstand, geschlossener Feldwicklung[3]	10 U_N mindestens 1500 V, höchstens 3500 V
	c) Maschinen für asynchronen Anlauf, wobei der Widerstand im Feldkreis den 10fachen Wert des Feldwiderstandes erreicht oder übersteigt, oder die Feldwicklung während des Anlaufes offen bleibt, mit oder ohne Unterteilung der Feldwicklung[3]	1000 V zuzüglich des 2fachen Wertes der höchsten Spannung, die unter den gegebenen Anlaufbedingungen an den Feldklemmen oder im Falle einer Feldunterteilung an den Teilklemmen entstehen kann, mindestens 1500 V
6	Sekundärwicklungen (gewöhnliche Rotorwicklungen) von Induktionsmotoren oder synchronisierten Asynchronmotoren, falls nicht dauernd kurzgeschlossen (z. B. falls Widerstandsanlauf vorgesehen)	
	a) nicht reversierbare oder nur im Stillstand reversierbare Motoren	1000 V + 2mal Leerlauf-Stillstandspannung, gemessen zwischen den Schleifringen oder Sekundärklemmen, wenn Nennspannung an den Primärwicklungen liegt

Fußnoten s. S. 49

Tabelle 15. *Prüfspannungen für die Wicklungsprüfung (Fortsetzung)*

Nr.	Maschine oder Maschinenteil	Prüfspannung U_p (Effektivwert) abhängig von der Nennspannung U_N
6	b) Motoren, die durch Reversieren des primären Drehfeldes während des Laufes in umgekehrter Drehrichtung betrieben oder abgebremst werden können	1000 V + 4mal sekundäre Leerlauf-Stillstand-Spannung, wie unter 6a) definiert
7	Erregermaschinen (mit nachstehenden Ausnahmen)	wie für die Wicklungen, an die sie angeschlossen werden
	Erregermaschinen von Synchronmotoren und synchronisierten Asynchronmotoren, geerdet oder während des Anlaufes von Feldwicklungen abgetrennt	1000 V + 2mal Nennerregerspannung, mindestens 1500 V
	Fremderregte Feldwicklungen von Erregermaschinen	wie unter Nr. 4
8	Zusammengeschaltete Maschinensätze und Geräte	Wenn eine Prüfung an einer Gruppe von neuen zusammengeschalteten Maschinen auszuführen ist, von denen jede schon die Wicklungsprüfung bestanden hat, soll die angelegte Prüfspannung 85% der für den betreffenden Teil der Gruppe niedrigsten Prüfspannung nicht überschreiten[4]

Die Statorwicklungen von Wechselstrommaschinen mit einer Nennspannung von mehr als 10 kV werden im allgemeinen mit einem Glimmschutz innerhalb der Nut und am Nutenaustritt (Potentialsteuerung) versehen (s. auch S. 293).

[1] Für Zweiphasenwicklungen, die eine gemeinsame Klemme haben, ist als Nennspannung U_N der 1,4fache Wert der Spannung jeder einzelnen Phase in der Formel für die Prüfspannung U_p einzusetzen.

[2] Für Wicklungsprüfungen an Maschinen mit abgestufter Isolierung sind Sondervereinbarungen zu treffen.

[3] Die Spannung, die zwischen den Feldwicklungen oder deren Abschnitten unter den vorgeschriebenen Anlaufbedingungen auftritt, kann bei beliebig verringerter Speisespannung gemessen werden. Die so gemessene Spannung ist im Verhältnis der Anlauf-Speisespannung zu der verwendeten verringerten Meßspannung umzurechnen.

[4] Wenn mehrere Wicklungen einer oder mehrerer Maschinen miteinander verbunden sind, so gilt als Bezugsspannung für die Prüfspannung die höchste Spannung, die gegen Erde auftreten kann.

Die Spannungsprobe wird im allgemeinen im Lieferwerk vorgenommen. In manchen Ländern (z. B. USA) besteht die Vorschrift, daß die Spannungsprobe bei einer vorgeschriebenen Temperatur (z. B. 70 °C) vorgenommen werden muß, und daß sie mit voller Spannung zu wiederholen ist, wenn ein Teil der Wicklung am Verwendungsort eingelegt wird (z. B. Teilfugenspulen bei Wasserkraftgeneratoren). Im allgemeinen ist eine Wiederholung der Spannungsprüfung zu vermeiden und gegebenenfalls eine reduzierte Prüfspannung (80% der vollen Prüfspannung) anzuwenden.

Tabelle 16. *Prüfspannungen für die Windungsprüfung*

Nr.	1	2
	Wicklungsart	$\frac{\text{Prüfspannung}}{\text{Nennspannung}}$
1	Wicklungen, die der Wicklungsprüfung von Strang zu Strang nicht unterworfen werden (ausgenommen Gleichstromrotoren)	1,5
2	Wicklungen mit abgestufter Isolierung und betriebsmäßiger Erdung einer Klemme	1,5
3	Gleichstromrotoren und alle unter Nr. 1 und 2 nicht genannten Wicklungen	1,3

N. Schwungmoment

Im Elektromaschinenbau ist der Begriff des Schwungmomentes als Maß für die Massenträgheit üblich. Man versteht darunter das Produkt aus Gewicht und Trägheitsdurchmesser im Quadrat. Es ist

$$GD^2 = 4g\Theta \qquad \left(\Theta = \frac{GD^2}{4g} = \frac{G}{g}r_i^2\right) \qquad (5)$$

		oder
GD^2 [kp cm²]	Schwungmoment	GD^2 [Mpm²]
G [kp]	Gewicht	G [Mp]
$D = 2\cdot r_i$ [cm]	Trägheitsdurchmesser	D [m]
Θ [cm kps²]	polares Massenträgheitsmoment	Θ [mMps²]
$g = 981\ \frac{\text{cm}}{\text{s}^2}$	Erdbeschleunigung	$g = 9{,}81\ \frac{\text{m}}{\text{s}^2}$

In Tab. 17 sind für die im Elektromaschinenbau vorkommenden wichtigsten geometrischen Figuren die polaren Trägheitsradien angegeben.

Das Schwungmoment steht für gegebene Leistung und Drehzahl in direktem Zusammenhang mit der *Anlaufzeit* T_a, d. h. mit der Zeit, welche erforderlich ist, den Rotor von Stillstand auf Nenndrehzahl n zu beschleunigen, wenn das Antriebsmoment dem Nennmoment entspricht.

Tabelle 17. *Polare Trägheitsradien achsensymmetrischer Körper*

$$GD^2 = 4Gr_i^2\,; \qquad \Theta = \frac{G}{g}\,r_i^2$$

	r_i^2	r_i
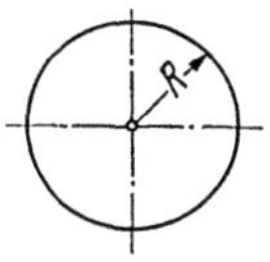	$\frac{1}{2}R^2$	$\frac{\sqrt{2}}{2}\cdot R = 0{,}707\,R$
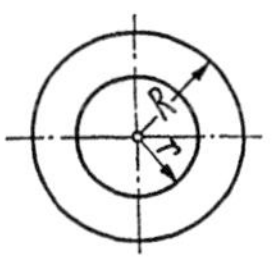	$\frac{1}{2}(R^2 + r^2)$	$\sqrt{\frac{1}{2}(R^2 + r^2)} = 0{,}707\,\sqrt{R^2 + r^2}$
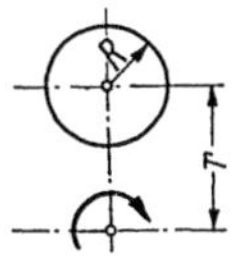	$\frac{1}{2}(R^2 + 2r^2)$	$\sqrt{\frac{1}{2}(R^2 + 2r^2)} = 0{,}707\,\sqrt{R^2 + 2r^2}$
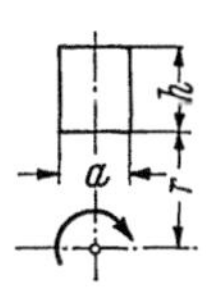	$r^2 + rh + \frac{h^2}{3} + \frac{a^2}{12}$	$\sqrt{r^2 + rh + \frac{h^2}{3} + \frac{a^2}{12}}$

Es ist[1]

$$T_a = \frac{\Theta\omega^2}{P}$$

oder

$$T_a = 9{,}81\cdot 10^{-5}\,\frac{\Theta\omega^2}{P} \tag{6a}$$

T_a [s]	Anlaufzeit
Θ [cmkps²]	Massenträgheitsmoment
$P = S\cos\varphi$ [kW]	Wirkleistung
$\omega = \frac{n\pi}{30}\left[\frac{1}{s}\right]$	Winkelgeschwindigkeit bei Nenndrehzahl n [U/min]

oder mit dem Schwungmoment in Mpm²

$$T_a = \frac{1}{4}\cdot\frac{GD^2\cdot\omega^2}{P} \tag{6b}$$

---

[1] Ableitung: Drallsatz $M = \Theta\,\frac{d\omega}{dt}$; $dt = \frac{\Theta}{M}\,d\omega$

Integration $\int\limits_0^{T_a} dt = \frac{\Theta}{M}\int\limits_0^{\omega} d\omega \rightarrow T_a = \Theta\omega/M;\ P = M\omega;\ T_a = \frac{\Theta\omega^2}{P}$

($\Theta \rightarrow GD^2$ s. S. 50); $\omega \rightarrow n$ s. S. 598).

und mit n ausgedrückt

$$T_a = 2{,}74 \cdot 10^{-3} \frac{GD^2 n^2}{P} \qquad \left\{ \begin{array}{l} GD^2 \, [\mathrm{Mpm^2}] \\ P = S \cos\varphi \, [\mathrm{kW}] \\ n \, [\mathrm{U/min}] \end{array} \right. \tag{6c}$$

Für das sogenannte natürliche Schwungmoment, d. h. Dimensionierung für eine optimale elektrische Ausnützung, welche auch den mechanischen Beanspruchungen genügt, ergeben sich für Wasserkraftgeneratoren Anlaufzeiten von

ca. 2 bis 5 s für sogenannte Schnelläufer von 1500 bis 750 U/min,
ca. 4 bis 8 s für Generatoren mit niedrigerer Drehzahl.

Neben der Anlaufzeit ist bei Wasserkraftgeneratoren der Begriff der *Trägheitskonstanten H* eingeführt. Man versteht darunter das Verhältnis der kinetischen Energie des rotierenden Teils bei synchroner Drehzahl zur Nennscheinleistung der Maschine. Man drückt sie in kWs/kVA oder mit der Beziehung $S = P/\cos\varphi$ in kWs/kW $\equiv$ s aus. Bei gegebenem Schwungmoment lauten die zwei Formen[1]

1. $$H = 1{,}37 \cdot 10^{-10} \frac{n^2 \, GD^2}{S} \qquad \left\{ \begin{array}{ll} H & [\mathrm{kWs/kVA}] \\ n & [\mathrm{U/min}] \\ GD^2 & [\mathrm{kp\,cm^2}] \\ S & [\mathrm{kVA}] \end{array} \right. \tag{7a}$$

und mit GD^2 [kpm²]

$$H = 1{,}37 \left(\frac{n}{1000}\right)^2 \frac{GD^2}{S}$$

2. $$H = 1{,}37 \cdot 10^{-10} \frac{n^2 \, GD^2 \cos\varphi}{P} \qquad \left\{ \begin{array}{ll} H & [\mathrm{s}] \\ n & [\mathrm{U/min}] \\ GD^2 & [\mathrm{kp\,cm^2}] \\ P & [\mathrm{kW}] \end{array} \right. \qquad [7\,b]$$

und mit GD^2 [kpm²]

$$H = 1{,}37 \left(\frac{n}{1000}\right)^2 \frac{GD^2 \cos\varphi}{P}$$

Die Trägheitskonstante steht mit der Anlaufzeit in der Beziehung[2]

$$H = \frac{T_a}{2} \cos\varphi \qquad \left\{ \begin{array}{l} H \, [\mathrm{s}] \\ T_a \, [\mathrm{s}] \end{array} \right. \tag{7c}$$

Die Unterbringung von größerem als dem natürlichen Schwungmoment erfordert die Verwendung unwirtschaftlich großer Durchmesser — soweit dies mit Rücksicht auf die mechanischen Beanspruchungen zulässig ist — oder die Verwendung getrennt angeordneter Zusatz-Schwungmassen.

Die von Wasserturbinenfirmen verlangten Schwungmomente für Wasserkraftgeneratoren basieren auf der Forderung, daß

---

[1] $H = \frac{E_{\mathrm{kin}}}{S} = \frac{\Theta\omega^2/2}{S} = \frac{\Theta\omega^2 \cos\varphi}{2P}$ ($\Theta \to GD^2$ s. S. 50; $\omega \to n$ s. S. 598).

[2] Nach (6a) ist $T_a = \frac{\Theta\omega^2}{P}$; nach Fußnote [1] ist $H = \Theta\omega^2 \cos\varphi / 2P$; daraus wird (7c).

a) die maximale Überdrehzahl nach einer plötzlichen Abschaltung der vollen Generatorleistung einen bestimmten Betrag — gewöhnlich ca. 130% der Nenndrehzahl — nicht überschreiten soll und

b) die Stabilität der Drehzahlregulierung unter allen Betriebsverhältnissen gewährleistet ist.

Beide Forderungen können teilweise auch mit anderen Mitteln als mit dem Schwungmoment beeinflußt werden — die erstere z. B. durch Strahlablenkung bei Peltonturbinen oder durch druckgesteuerte Nebenauslässe bei gewissen Francisturbinen, die letztere z. B. durch frequenz- oder leistungsstoßabhängige Beeinflussung der Spannungsregelung.

Für die überschlägige Dimensionierung von großen Generatorrotoren haben sich folgende empirische Näherungsformeln zur Berechnung des normalen Schwungmomentes bewährt.

1. Für Wasserkraftgeneratoren[1] mit massivem Kranz oder Kettenrotoren (viele Pole) mit Stahlblechen

$$GD^2 = aD_R^4 L$$

Polzahl	6	10	20	40
a	2,5...3	2,2...2,8	1,8...2,4	1,5...2,0

GD^2 [Mpm²] Schwungmoment
D_R [m] Außendurchmesser
L [m] Eisenlänge

2. Für Turbogeneratoren

$$GD^2 = 0{,}50\, G \cdot D_R^2$$

GD^2 [Mpm²] Schwungmoment
G [Mp] Gewicht
D_R [m] Durchmesser

O. Transport

Die Rücksicht auf die Transportmöglichkeiten beeinflußt die Konstruktion von elektrischen Großmaschinen erheblich.

Es bestehen Beschränkungen bezüglich des Transport*gewichtes* und solche bezüglich der Transport-*Abmessungen.*

Innerhalb Europa ist *Bahntransport* üblich. Straßentransport wird praktisch nur verwendet, wenn der Aufstellungsort nicht an der Schiene liegt. Schiffstransport wird — abgesehen von Ausnahmefällen — nur für Überseetransporte verwendet.

Für Straßentransport und Schiffstransport sind im einzelnen Falle gesonderte Untersuchungen nötig, ebenso für den Bahntransport auf Klein- und Schmalspurbahnen.

Für den öffentlichen Bahntransport lassen sich gewisse Normen festlegen:

[1] Gamlesaeter, K.: Elektroteknisk Tidsskrift, 78 (1965) 7.

Die zulässigen Transportgewichte ergeben sich aus dem zulässigen Achsdruck, der Achsenzahl des zu verwendenden Fahrzeuges und dem Fahrzeuggewicht.

Der zulässige Achsdruck ist in Europa festgelegt zu 16 bis 20 Tonnen je nach Streckenklasse. Außer dem zulässigen Achsdruck sind auch Grenzen für die Meterlast festgelegt. *Normalstreckenklassen* und *Meterlasten* sind für die wichtigsten europäischen Länder in Tab. 18 zusammengestellt.

Tabelle 18. *Normalstreckenklassen und Normalwerte der Meterlast*

Für die Streckenklassen	A	B	C	gelten folgende
zulässige Achslasten:	16 Mp	18 Mp	20 Mp	

Sondervereinbarungen ausgenommen, dürfen die Achs- und Meterlasten der Wagen bei den nachfolgend aufgeführten Verwaltungen nicht überschritten werden:

Verwaltung	Strecken-klasse	Meterlast Mp/m
Deutsche Bundesbahn:		
a) Strecken im Saarland	C	7,2
b) übrige Strecken	B	4,5
Deutsche Reichsbahn	B	6,4
Österreichische Bundesbahnen	B	6,4
Nationale Gesellschaft der belgischen Eisenbahnen	C	8,0
Dänische Staatsbahnen	B	6,4
Nationale Gesellschaft der französischen Eisenbahnen	B	5,4
Britische Eisenbahnen	A	—
Griechische Staatsbahnen	A	4,5
Italienische Staatsbahnen	B	6,4
Jugoslawische Staatsbahnen	A	5,6
Nationale Gesellschaft der luxemburgischen Eisenbahnen	C	7,2
Norwegische Staatsbahnen	A	5,0
Niederländische Eisenbahnen	C	5,0
Polnische Staatsbahnen	B	6,4
Rumänische Eisenbahnen	B	5,5
Schwedische Staatsbahnen	B	4,5
Schweizerische Bundesbahnen	C	7,2
Tschechoslowakische Eisenbahnen	B	4,5
Staatsbahnen der Türkischen Republik	A	3,2

Sechs- und mehrachsige Fahrzeuge gelten als Spezialtransporte, über welche mit den Bahnverwaltungen jeweils Vereinbarungen zu treffen sind. Solche Transporte machen unter Umständen mit Rücksicht auf Brücken usw. Umwege erforderlich oder sind nur zu gewissen Tageszeiten möglich.

Es stehen z. Z. in Europa *Spezialtiefgangwagen* bis zu 20 Achsen und bis zu einer Ladefähigkeit von 260 Tonnen zur Verfügung. Zum Teil haben diese Tiefladewagen die Möglichkeit zur seitlichen Verschiebung des Transportstückes.

Die zulässigen Abmessungen, welche große Rotoren oder Statoren für den Transport haben dürfen, ergeben sich aus den zulässigen Lademassen der Bahnverwaltungen, welche den Transport durchführen. Die wichtigsten *Lademaße* sind in Abb. 2 aufgezeichnet. Es ist ersichtlich, daß bei einer Achslage des Rotors oder Stators in Richtung der Fahrzeugachse ein Durchmesser von 3,2 m normal transportfähig ist und bei einer Achslage quer zur Fahrzeugachse ein Durchmesser von 4,1 m bis zu gewissen Breiten, die aus den Lademassen zu entnehmen sind. Mit Ausnahmegenehmigungen und insbesondere mit Fahrzeugen mit Seitenverschiebung sind erhebliche Breitenüberschreitungen möglich. Bei Synchronmaschinen mit ausgeprägten Polen können für den Rotortransport überdies — wenn die Konstruktion darauf von vornherein Rücksicht nimmt — einzelne Pole entfernt werden, so daß auch dadurch größere Rotordurchmesser transportfähig werden.

Die Gehäuse von Gleich- und Wechselstrommaschinen können leicht im Umfang in 2, 3, 4 oder 6 Teile zerlegt werden, so daß ihr Transport keine Schwierigkeiten bietet. Bei großen zweipoligen Wechselstromgeneratoren wird — wegen der großen Blechrückenhöhe — von dieser Möglichkeit nur in Sonderfällen Gebrauch gemacht. Sofern die Statorsegmente geblecht und gewickelt transportiert werden, muß die Statorunterteilung so gewählt sein, daß die einzelnen Segmente ganzzahlige Nutenzahlen haben. Nur in Ausnahmefällen werden Statoren von großen Wechselstrommaschinen am Aufstellungsort geblecht. Dem sich dabei ergebenden Vorteil des Wegfalles von Blechteilfugen steht der Nachteil der verlängerten Montagezeit und vor allen Dingen der mit mancherlei Nachteilen verbundene Wicklungseinbau am Aufstellungsort gegenüber.

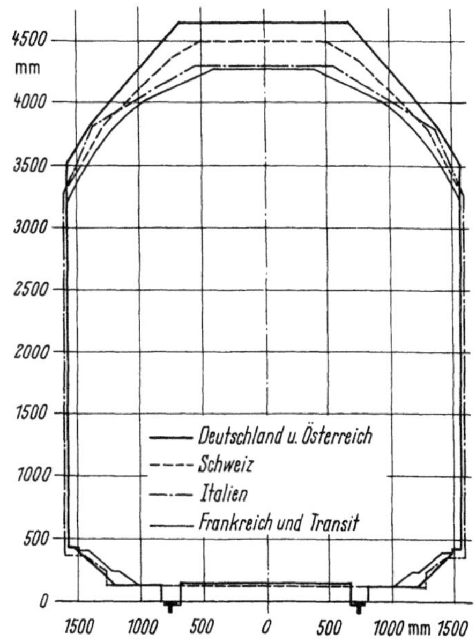

Abb. 2. Lademasse (in Millimeter)

In Abb. 3 ist als Beispiel ein Spezialgüterwagen der SBB mit einer Tragfähigkeit bis zu 262 Tonnen gezeigt. Bei diesem Fahrzeug können die Turbogeneratorgehäuse, für deren Transport das Fahrzeug speziell gebaut wurde, zwischen die je 9-achsigen Drehgestelle eingehängt und seitlich um 30 cm verschoben werden.

Abb. 3. Spezialgüterwagen der SBB

Es stehen heute in Europa eine große Zahl von Tiefgangwagen und Spezialfahrzeugen zur Verfügung, welche dem Konstrukteur große Freizügigkeit im Entwurf von Großmaschinen erlauben.

P. Vorschriften über den Bau elektrischer Maschinen

Über den Bau elektrischer Maschinen bestehen zahlreiche Regeln und Vorschriften. Die in Tab. 19 zusammengestellten Regeln und Vorschriften enthalten in

Tabelle 19. *Regeln für elektrische Maschinen in verschiedenen Ländern*

Land	Bezeichnung der Regeln bzw. Kommissionen	Rotierende elektrische Maschinen	Sonderregeln für Bahnmotoren	Sonderregeln für schlagwetter- und explosionsgeschützte Maschinen
International	IEC International Electrotechnical Commission UIC Union Internationale des Chemins de Fer	IEC 34	IEC 48 UIC 103/159	
Amerika (USA)	ASA Americal Standards Association AIEE American Institute of Electrical Engeneers	ASA C 50 AIEE 601/02	ASA C 35	
Belgien	NBN Institut Belge de Normalisation	NBN 7	NBN 51	NBN 286
Canada	CSA Canadian Standards Association	CSA C 22.2		
Dänemark	DS Dansk Standard	DS 5002		
Deutschland	VDE Verband Deutscher Elektrotechniker e. V.	VDE 0530	VDE 0535	VDE 0170 VDE 0171
Frankreich	NF Norme Française USE Union des Syndicats de l'Electricité	NF C 51-100	USE 82	NF C 20-081
Großbritannien	BS British Standards Institution	BS 2613	BS 173	BS 741
Italien	AEI Associazione Elettrotecnica Italiana	AEI 2-113	AEI 9-1	AEI 2-2
Niederlande	VEMET Voorschriften voor Electrische Maschines en Transformatoren NEN Nederlandse Norm	VEMET N 1007 NEN 3173		
Norwegen	NEK Norsk Elektroteknisk Komite	Norske Normer for Roterende Elektriske Maskiner		
Österreich	ÖVE Österreichische Vorschriften für die Elektrotechnik	ÖVE M 10		
Polen	PNE Polnische Norm für Elektrotechnik	PNE 23	PNE 37	
Rußland	AEK Allrussischer Elektrotechnischer Kongreß	AEK A 32	AEK A 37	
Schweden	SEN Svenska Elektrotekniske Normer	SEN 22	SEN 15	
Schweiz	SEV Schweizerischer Elektrotechnischer Verein	SEV 3009		
Tschechoslowakei	CSN Ceskoslovenska Normalisa cni Spolecnost ESC Elektrotechnicky Svaz Ceskoslovensky	CSN-ESC 26		
Ungarn	UEV Ungarischer Elektrotechnischer Verein	UEV		

erster Linie elektrische — und Prüfvorschriften. Aber es sind auch Vorschriften enthalten, die speziell die Konstruktion betreffen, wie Bauformen, Isolationsklassen und Erwärmungsvorschriften. Soweit in den Abschnitten A bis H solche Vorschriften verwendet wurden, sind sie in erster Linie den „Regeln für elektrische Maschinen des VDE" (0530) entnommen, welche in Übereinstimmung mit den Empfehlungen der IEC (International Electrotechnical Commission) bzw. CEI (Commission Electrotechnique Internationale) sind. Die wichtigen IEC-Empfehlungen in Form von Publikationen sind im Literaturverzeichnis angegeben.

Außer diesen Regeln und Vorschriften bestehen zahlreiche *Normen* allgemeiner Art — z. B. über Materialien und allgemeine Maschinenelemente — und spezielle Normen für elektrische Maschinen (z. B. Wellenenden, Achshöhen usw.), auf welche zum Teil in den einzelnen Abschnitten verwiesen wird.

Q. Kühlung und Verluste

Auf Seite 4 sind die Begriffserklärungen für die verschiedenen Kühlungsarten angegeben.

Da der moderne Elektromaschinenbau weitgehend auf zweckmäßigen Lösungen des Kühlungsproblems beruht, sind diese nachstehend ausführlich behandelt:

Zweck der Kühlung elektrischer Maschinen ist es, die Verluste so abzuführen, daß beim Nennbetrieb die Erwärmung der einzelnen Teile die im Abschnitt K, S. 33, oder durch andere Vorschriften gegebenen Grenzübertemperaturen nicht überschreitet.

Die in elektrischen Maschinen auftretenden Verluste werden stets in Watt [W] bzw. Kilowatt [kW] angegeben.

Zwischen der in der Wärmelehre üblichen Maßeinheit der Wärmemenge, der Kilokalorie (kcal) und den mechanischen und elektrischen Energieeinheiten bestehen folgende Beziehungen:

1 kcal = 427 mkp = 4190 Ws = 4,19 kWs = $1{,}163 \cdot 10^{-3}$ kWh
1 kWh = 860 kcal; 1 kWs = 0,239 kcal = 102 mkp; 1 mkp = 9,81 Ws.

Der Teil der aufgenommenen Wirkleistung, der in der Maschine als Wärmeverlust entsteht, muß durch die Kühlung abgeführt werden. Gemäß der Definition des Wirkungsgrades sind die *Verluste* P_v aus dem Wirkungsgrad η zu bestimmen:

$$P_v = P_g\left(\frac{1}{\eta} - 1\right) \qquad \text{oder} \qquad P_v = P_a(1 - \eta) \tag{8}$$

wenn P_g die abgegebene und P_a die aufgenommene Leistung bedeutet.

Um einen stationären Zustand zu erreichen, muß die Wärmeabfuhr gleich groß sein wie die Wärmezufuhr.

Bevor ein stationärer Zustand erreicht ist, muß einerseits die in der Wärmequelle vorübergehend gespeicherte Wärme (z. B. durch den Anlauf bei einem Kurzschlußläufermotor) so weit abgebaut werden, bis die Wärmequelle die dem stationären Betrieb entsprechende Temperatur hat. Andererseits muß den die Wärmequelle umgebenden Massen so viel Wärmemenge zugeführt werden, bis sie die Temperatur des stationären Betriebes erreicht haben.

Die Zeit T, innerhalb welcher die Maschine bzw. eine einzelne Wärmequelle die Enderwärmung erreicht, vorausgesetzt, daß sie keine Wärme abgibt, nennt man die *thermische Zeitkonstante* der Maschine bzw. der einzelnen Wärmequelle.

Für einen elektrischen Leiter berechnet sich die Zeitkonstante T [s] aus

$$T = \frac{c\gamma}{i^2 \cdot \varrho \cdot g} \vartheta \tag{9}$$

mit:

	bzw.	
ϑ [°C]	ϑ [°C]	Erwärmung
$c\left[\frac{\text{Ws}}{\text{kg °C}}\right]$	$c\left[\frac{\text{kWs}}{\text{kg °C}}\right]$	spezifische Wärme
$\frac{\gamma}{g}\left[\frac{\text{kg}}{\text{cm}^3}\right]$	$\frac{\gamma}{g}\left[\frac{\text{kg}}{\text{dm}^3}\right]$	Dichte
$i\left[\frac{A}{\text{cm}^2}\right]$	$i\left[\frac{A}{\text{mm}^2}\right]$	Stromdichte
ϱ [Ω cm]	$\varrho\left[\frac{\Omega\,\text{mm}^2}{\text{m}}\right]$	spezifischer, elektrischer Widerstand

Eine Erwärmung wird dann als kurzzeitig bezeichnet, wenn die Belastungszeit t_b im Vergleich mit der thermischen Zeitkonstante T kurz ist ($t_b \leqq 0{,}3\ T$). In diesem Falle vernachlässigt man die Wärmeabgabe an die Umgebung, wobei die Wärme in der Wärmequelle aufgespeichert wird.

Beispiel: Die Zeitkonstante eines Kupferleiters von 20 °C und einer Stromdichte von $i = 2{,}5$ A/mm² soll ermittelt werden. Die Endtemperatur soll 100 °C betragen.

Kupfer: $c = 0{,}385$ kWs/kg °C; $\frac{\gamma}{g} = 8{,}89$ kg/dm³; $\varrho = 0{,}02\ \Omega\,\text{mm}^2/\text{m}$. ($\vartheta_m = 60$ °C)

Es wird

$$T = \frac{0{,}385 \cdot 8{,}89}{2{,}5^2 \cdot 0{,}02}(100 - 20) = 2190\,\text{s} \mathrel{\hat{=}} 36\,\text{min}.$$

Die Gesamtverluste setzen sich aus einer Anzahl von Einzelverlusten zusammen. Um eine möglichst günstige Kühlung zu erzielen, ist es notwendig, diese so zu gestalten, daß jede der zahlreichen Verlustquellen entsprechend ihrem Größenanteil an den Gesamtverlusten und entsprechend der für die einzelnen Teile der Maschine zulässigen Übertemperatur an der gesamten Kühlung teilnimmt. Hierzu ist es notwendig, die Einzelverluste in ihrer Größe und in ihrem Verhältnis zu den Gesamtverlusten zu kennen.

Für die wichtigsten Maschinenarten geben die Empfehlungen der IEC für die Ermittlung des Wirkungsgrades nachstehende Aufstellung der *Einzelverluste* an:

a) Mehrphasen-Synchronmaschinen

Verluste im Erregungskreis

1. Ohmsche Verluste (I^2R) im Erregungskreis,
2. Verluste im Widerstand des Haupterregerkreises,
3. Elektrische Verluste in den Bürsten,
4. Verluste in der Erregermaschine.

Stromunabhängige Verluste

5. Eisenverluste im magnetischen Kreis,
6. Lagerverluste,
7. Totale Ventilationsverluste,
8. Bürstenreibungsverluste.

Stromabhängige Verluste

9. Ohmsche Verluste (I^2R) in der induzierten Wicklung (Statorwicklung).

Zusätzliche Lastverluste

10. Zusätzliche Eisenverluste und Verluste in anderen Metallteilen,
11. Zusätzliche Verluste in den Stromleitern.

Zu diesen einzelnen Verlusten 1. bis 11. sind folgende Erklärungen nötig:

1. und 9. Die Ohmschen Verluste (1. und 9.) in den Wicklungen sind proportional dem Quadrat des Stromes in der Wicklung und proportional dem elektrischen Widerstand ($P_v = I^2 R$). Der elektrische Widerstand ist proportional der Leiterlänge und dem spezifischen Widerstand des Wicklungsmaterials (gewöhnlich Kupfer) und umgekehrt proportional dem Leiterquerschnitt

$$R = \frac{\varrho \cdot l}{A} \left\{ \begin{array}{ll} R\,[\Omega] & \text{elektrischer Widerstand} \\ \varrho \left[\frac{\Omega\,\text{mm}^2}{\text{m}}\right] & \text{spezifischer elektrischer Widerstand} \\ l\,[\text{m}] & \text{Länge des Leiters} \\ A\,[\text{mm}^2] & \text{Leiterquerschnitt} \end{array} \right. \qquad (10)$$

Für die Bestimmung des Wirkungsgrades wird der Kupferwiderstand auf eine Temperatur von 75 °C bezogen. (Bei Isolationsklasse F und H 115 °C). Bei Wasserkühlung sollen Vereinbarungen über die Bezugstemperatur getroffen werden. Für die Vorausberechnung der Erwärmung ist für R der Widerstand bei der tatsächlich auftretenden Temperatur bei Nennlast einzusetzen. Der spezifische elektrische Widerstand wächst bei Kupfer pro 1 °C Temperaturzunahme um $6{,}77 \cdot 10^{-5}\,\Omega\,\text{mm}^2/\text{m}$

$$\varrho(\vartheta) = \varrho(20\ °\text{C}) \cdot [1 + \alpha(\vartheta - 20\ °\text{C})] \qquad (11)$$

$$\varrho(20\ °\text{C}) = 0{,}0172\ \Omega\,\text{mm}^2/\text{m} \left(\triangleq \frac{1}{58}\ \Omega\,\text{mm}^2/\text{m}\right)$$

$$\alpha = 3{,}93 \cdot 10^{-3}\ 1/°\text{C} \left(\triangleq \frac{1}{254{,}5}\ 1/°\text{C}\right)$$

2. Widerstände im Haupterregerkreis werden selten verwendet und sind nicht innerhalb der zu kühlenden Maschine, sondern getrennt hiervon angeordnet. Sie haben deshalb mit der Kühlung der Maschine nichts zu tun.

3. Für den Wirkungsgrad ist es üblich, den *Spannungsabfall für alle Bürsten* jeder Polarität zu 1 Volt für sogenannte Edelkohlen und Naturgraphitbürsten und für metallhaltige Kohlen zu 0,3 Volt einzusetzen[1]. Für die Erwärmungsberechnung der Schleifringe ist es notwendig, den tatsächlich zu erwartenden Spannungsabfall bei Nennstrom abhängig von der verwendeten Bürstenqualität einzusetzen. In Abb. 4 ist für die normal üblichen Kohlen der Spannungsabfall in Abhängigkeit der Stromdichte gezeigt.

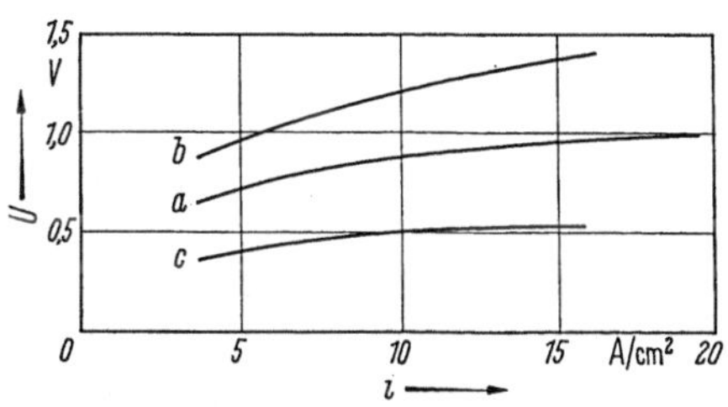

Abb. 4. Spannungsabfall in Abhängigkeit der Stromdichte für drei verschiedene Arten von Kohlebürsten.
a Graphit-, *b* Elektrographit-, *c* Metall- } Kohle

4. Für die Wirkungsgradbestimmung werden alle *Verluste* in mechanisch von der Hauptwelle *aus angetriebenen Erregermaschinen* einschließlich evtl. Getriebe-

[1] Vgl. S. 131.

verluste und einschließlich dem Feldwiderstandsverlust, aber ausschließlich der bereits in *6.* enthaltenen Lagerverluste, der in *7.* enthaltenen Ventilationsverluste und der in *8.* enthaltenen Bürstenreibungsverluste eingesetzt. Für die Erwärmung der Synchronmaschinen spielen die Erregermaschinenverluste gewöhnlich keine Rolle, da in der Regel die Erregermaschine ihr besonderes Kühlsystem hat und nicht in die Synchronmaschine eingebaut ist. Eine Ausnahme bilden manchmal wasserstoffgekühlte Phasenschieber.

5. Unter diesen Verlusten versteht man nur die Verluste bei Leerlauf, Nenndrehzahl und Nennspannung[1]. Für die Berechnung der Eisenerwärmung sind dagegen die zusätzlichen *Eisenverluste,* die unter *10.* zusammengefaßt sind, zu demjenigen Teil, der im Statorblechkörper auftritt, zuzuschlagen.

6. In die Wirkungsgradangaben werden die *Verluste aller* mit der Maschine gelieferten *Lager* einbezogen. „Die Verluste gemeinsamer Lager (z. B. für Turbinen und Generator) werden getrennt angegeben — sowohl für Radial- als auch für Axiallager — und evtl. nach besonderer Vereinbarung auf die Maschinen verteilt".[2] Lagerreibungsverluste gehen in der Regel nicht in die Kühlmittelerwärmung der elektrischen Maschinen mit ein. Meistens sind die Lager räumlich außerhalb der eigentlichen Maschine und der Anteil der Verluste, welche durch die Welle in die Maschine gelangen, ist sehr klein.

Bei großen Maschinen werden die Lagerverluste durch Ölkühler oder durch in die Lagerschalen oder in das Ölbassin eingebaute Kühlschlangen abgeführt (s. z. B. Abb. 493a). Die ungefähre Größe der *Lagerreibungsverluste* kann wie folgt bestimmt werden:

Wälzlager.

$$P = 9{,}81\,\mu F v$$

$$\left\{\begin{array}{ll} P\,[\mathrm{W}] & \text{Verlustleistung} \\ \mu\,[1] & \text{Reibungskoeffizient (Kugellager: } \mu \approx 0{,}001\ldots \\ & 0{,}002\text{, Rollenlager: } \mu \approx 0{,}002\ldots 0{,}003) \\ F\,[\mathrm{kp}] & \text{Belastung pro Lager} \\ v\left[\frac{\mathrm{m}}{\mathrm{s}}\right] & \text{Umfangsgeschwindigkeit des Lagerzapfens} \end{array}\right. \tag{12}$$

Beispiel: Motor auf 2 Pendelrollenlagern, $n = 1700$ U/min Lagerzapfendurchmesser $d = 110$ mm, Gesamtgewicht $G = 900$ kp, $\mu = 0{,}0025$.

Es ist
$$v = \omega\frac{d}{2} = \frac{n\pi}{30}\cdot\frac{d}{2} = \frac{1700\pi\, 0{,}110}{60} = 9{,}8\,\frac{\mathrm{m}}{\mathrm{s}}$$

$$F = \frac{G}{2} = \frac{900}{2} = 450 \text{ kp}$$

$$\text{und } P = 9{,}81\cdot 0{,}0025\cdot 450\cdot 9{,}8 = \underline{108 \text{ W.}}$$

Gleitlager. Reines Führungslager ohne Belastung. Es ist nur die durch die

[1] Die Ermittlung der Eisenverluste ist hier nicht behandelt. Sie gehört zur elektrischen Berechnung und ist den einschlägigen Lehrbüchern zu entnehmen.

[2] Laut CEI Publikation 41, Kapitel XI, 1963, werden die Verluste des Spurlagers vom Vertikal-Generator proportional der Gewichtsanteile vom Generator und Turbine incl. Wasserschub aufgeteilt.

Zähigkeit (Viskosität) des Schmiermittels und die Relativbewegung erzeugte Reibungswärme abzuführen.

$$P = 1{,}5 \left(\frac{n}{1000}\right)^2 \frac{d^3\, l\, \eta}{h} \tag{13}$$

P [kW] Verlustleistung
n [U/min] Drehzahl
d [cm] Lagerdurchmesser
l [cm] Lagerlänge
h $\left[\mu\text{m} = \frac{1}{1000}\,\text{mm}\right]$ Schmierschichtdicke
η [kps/m²] Dynamische Zähigkeit[1]

Beispiel: $d = 50$ cm, $l = 25$ cm, $n = 500$ U/min, $h = 380$ μm, $\eta = 0{,}0014$ kps/m²

$$P = 1{,}5 \left(\frac{500}{1000}\right)^2 \frac{50^3 \cdot 25 \cdot 0{,}0014}{380} = \underline{4{,}3\ \text{kW}}.$$

Horizontallager. Die folgende Formel hat sich für mittlere bis große Maschinen bewährt.[2]

$$P = 4{,}95 \cdot 10^{-8} \cdot d^2 \cdot l \cdot \sqrt{p \cdot \eta \cdot n^3} \tag{14}$$

P [kW] Lagerverlustleistung
d [cm] Lagerdurchmesser
l [cm] Lagerlänge
n [U/min] Drehzahl
$p = F/d \cdot l$ [kp/cm²] spezifische Lagerbelastung
η [kps/m²] dynamische Zähigkeit

In Tab. 20 sind Zahlenwerte für Lager mit den Konstanten: $p = 10$ kp/cm², $\eta = 0{,}003$ kps/m² und $l/d = 1{,}2$ angegeben.

Tabelle 20. *Horizontallager-Verluste in kW für konstante spezifische Lagerbelastung*

$p = \frac{F}{dl} = 10$ kp/cm²; $\eta = 0{,}003$ kps/m²; $l/d = 1{,}2$

d [cm]	F [to]	n [U/min]						
		100	500	750	1000	1500	3000	3600
10	1,2	—	0,12	0,2	0,3	0,6	1,7	2,2
20	4,8	0,08	0,9	1,7	2,6	5	14	18
30	10,8	0,28	3,1	5,7	8,8	15	46	60
40	19,2	0,66	7,4	14	21	38	108	142
50	30,0	1,29	14,4	26	41	75	211	276
60	43,2	2,24	24,8	46	70	129	—	—

p spezifische Lagerbelastung
F Lagerbelastung
η Dynamische Zähigkeit des Schmiermittels
d Lagerdurchmesser
l Lagerlänge
n Drehzahl

[1] Vgl. S. 85.

[2] Für große Lagerdurchmesser ($d >$ ca. 50 cm) werden in neuerer Zeit auch Segmentlager mit beweglichen Segmenten und Tragflächen parallel zur Wellenachse mit kleineren Verlusten gebaut.

Segment-Traglager (Tragfläche senkrecht zur Wellenachse). Bei Segment-Traglagern hängen die Lagerverluste zusätzlich von der Anzahl und der geometrischen Form der einzelnen Segmente und deren Lagerung ab. Für normale Verhältnisse mit Segmenten in Kreisringanordnung kann folgende einfache Näherungsformel empfohlen werden:

$$P = cD^2 \sqrt{A}\,\sqrt{p\eta n^3} = cD^2 \sqrt{F\cdot\eta\cdot n^3} \tag{15}$$

P [kW]	Lagerverlustleistung
D [cm]	Außendurchmesser
A [cm²]	Tragende Lagerfläche
p [kp/cm²]	spezifische Lagerbelastung
F [kp]	Lagerbelastung
η [kps/m²]	dynamische Zähigkeit
n [U/min]	Drehzahl

Der Koeffizient c kann aus untenstehender Tab. 21 für verschiedene Segmentzahlen und Durchmesserverhältnisse entnommen werden.

Tabelle 21. *Segmentlagerkoeffizient c*

Segmentzahl		8	10	12	14	16	18	
Durchmesser-verhältnis	$\frac{d}{D} = 0{,}5$	2,96	3,05	3,18	3,31	3,44	3,59	Faktor $\cdot 10^{-8}$
	0,6		3,27	3,33	3,43	3,53	3,62	

d innerer Lagerdurchmesser
D äußerer Lagerdurchmesser

In Tab. 22 sind Zahlenwerte für Traglager mit 12 Segmenten und den Konstanten $p = 40$ kp/cm², $\eta = 0{,}003$ kps/m² und $d/D = 0{,}5$ angegeben.

Tabelle 22. *Segmenttraglager-Verluste in kW für konstante spezifische Lagerbelastung* $p = 40$ kp/cm²; $\eta = 0{,}003$ kps/m²; $d/D = 0{,}5$; 12 Segmente

D [cm]	F [to]	n [U/min] 100	150	300	500	750	1000	
20	5,7	0,05	0,10	0,27	0,6	1,1	1,7	
40	24,9	0,44	0,81	2,3	4,9	9,0	14	
60	59,4	1,53	2,8	7,9	17	31	48	
80	110	3,7	6,8	19	41	76	117	[kW]
100	178	7,4	14	38	82	151	233	
120	263	13	24	67	144	264	407	
140	364	21	38	107	230	422	651	
160	479	31	56	159	343	630	970	

p Spezifische Lagerbelastung
F Lagerbelastung
η Dynamische Zähigkeit des Schmiermittels
d Innerer Lagerdurchmesser
D Äußerer Lagerdurchmesser
n Drehzahl

7. *Die Ventilationsverluste* zur Berechnung des Wirkungsgrades der Maschine einschließlich Erregermaschine enthalten außer der Oberflächenreibung des Ro-

tors durch die umgebende Kühlluft bzw. das Kühlgas die gesamte Leistung der in die Maschine eingebauten oder außerhalb angeordneten Ventilatoren. Das Verhältnis der Oberflächenreibungsverluste in *Wasserstoff* verschiedener Reinheit und verschiedenen Druckes zu den Werten in Luft ist aus Abb. 5 zu ersehen. Weil Oberflächenreibung und Ventilatorleistung beim Lauf in Luft und in Wasserstoff sich nicht in gleicher Weise ändern, ist eine Trennung beider Anteile für die „gesamten Ventilationsverluste" für wasserstoffgekühlte Turbogeneratoren zweckmäßig.

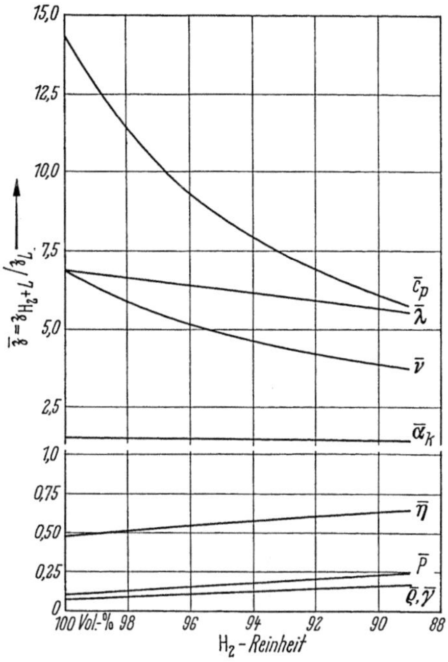

Abb. 5. Verhältniszahlen der Stoff- und Wärmeaustauscheigenschaften bei 50 °C für das Wasserstoff-Luft-Gemisch zu reiner Luft.

$\mathfrak{z}_{H_2+L}$ und $\mathfrak{z}_L$ (L = Luft) bei gleicher Temperatur (50 °C) und gleichem, beliebigem Druck. Der Verhältniswert ist druckunabhängig. Werte für $\mathfrak{z}_L$ s. Tab. 23.

- c_p spezifische Wärme bei konst. Druck
- λ Wärmeleitzahl
- ν kinematische Zähigkeit
- α_k Wärmeübergangszahl $\bar{\alpha}_k = (\bar{\lambda})^{0,22}\,(\bar{c}_p\,\bar{\varrho})^{0,78}$
- η dynamische Zähigkeit
- P Oberflächenreibungsverluste $\bar{P} = \bar{\varrho}\,(\bar{\nu})^{0,2} = (\bar{\varrho})^{0,8}\,(\bar{\eta})^{0,2}$
- ϱ Dichte
- γ spezifisches Gewicht

Auch Ventilationsstege, Kühlfahnen usw. sind in ihrer Wirkung als Ventilatoren zu betrachten. Die Leistung von Flüssigkeitspumpen (mit Öl oder Wasser) bei Verwendung teilweiser Flüssigkeitskühlung (z. B. Statorwicklungen) gelten auch als Ventilationsverluste.

Die Oberflächenreibungsverluste in elektrischen Maschinen werden verursacht durch Reibung rotierender Maschinenteile im gasförmigen Kühlmedium, ohne daß eine Gasförderung stattfindet. Diese Verluste sind insbesondere dann von Bedeutung, wenn hohe Umfangsgeschwindigkeiten und große reibende Flächen vorliegen. Bei langen rotierenden Zylindern sind die *Oberflächenreibungsverluste* proportional der reibenden Mantelfläche, und sie folgen der dritten Potenz der Umfangsgeschwindigkeit.

$$P_0 = k \cdot A \cdot v^3 \qquad \left\{ \begin{array}{l} P_0\,[\mathrm{kW}] \\ A = \pi \cdot D \cdot l\,[\mathrm{m}^2] \\ v\,[\mathrm{m/s}] \\ k\,[\mathrm{kW\,s^3/m^5}]. \end{array} \right. \tag{16}$$

Lange und schnelldrehende Turborotoren können mit solchen Zylindern verglichen werden. Für diese schwankt der Faktor k bei Rotation *in Luft von Atmo-*

Tabelle 23 (zu Abb. 5). *Stoff- und Wärmeaustauscheigenschaften von Luft für verschiedene Drücke bei 50 °C (323 °K)*

Absoluter Druck p	Dichte ϱ $\left[\frac{kg}{m^3}\right]$	Spez. Gewicht γ $\left[\frac{kp}{m^3}\right]$	Dynamische Zähigkeit η $\left[\frac{kps}{m^2}\right]$	Dynamische Zähigkeit η [P]	Kinematische Zähigkeit ν $\left[\frac{m^2}{s}\right]$	Kinematische Zähigkeit ν [St]	Wärmeleitzahl λ $\left[\frac{W}{m\ °C}\right]$	Spez. Wärme c_p $\left[\frac{Ws}{kg\ °C}\right]$	Spez. Wärmeinhalt $c_p \cdot \varrho$ $\left[\frac{Ws}{m^3\ °C}\right]$	$\varrho \cdot \nu^{0,2}$ $\left[\frac{kg}{m^{2,6}\ s^{0,2}}\right]$	$\lambda^{0,22}(c_p \cdot \varrho)^{0,78}$ $\left[\frac{Ws}{m^{2,56}\ °C}\right]$
1 kp/cm² (≙ 1 ata)	1,0576		$1{,}99 \cdot 10^{-6}$	$195 \cdot 10^{-6}$	$18{,}43 \cdot 10^{-6}$	0,1843	$26{,}6 \cdot 10^{-3}$	1007	1065	0,120	104
1,035154 kp/cm² (≙ 0,5 psig)	1,095		$1{,}99 \cdot 10^{-6}$	$195 \cdot 10^{-6}$	$17{,}80 \cdot 10^{-6}$	0,1780	$26{,}6 \cdot 10^{-3}$	1007	1103	0,123	106
2 kp/cm²	2,115		$1{,}99 \cdot 10^{-6}$	$195 \cdot 10^{-6}$	$9{,}22 \cdot 10^{-6}$	0,0922	$26{,}6 \cdot 10^{-3}$	1007	2130	0,208	178
3 kp/cm²	3,173		$1{,}99 \cdot 10^{-6}$	$195 \cdot 10^{-6}$	$6{,}14 \cdot 10^{-6}$	0,0614	$26{,}6 \cdot 10^{-3}$	1007	3195	0,288	244
4 kp/cm²	4,230		$1{,}99 \cdot 10^{-6}$	$195 \cdot 10^{-6}$	$4{,}61 \cdot 10^{-6}$	0,0461	$26{,}6 \cdot 10^{-3}$	1007	4260	0,362	306
5 kp/cm²	5,288		$1{,}99 \cdot 10^{-6}$	$195 \cdot 10^{-6}$	$3{,}69 \cdot 10^{-6}$	0,0369	$26{,}6 \cdot 10^{-3}$	1007	5325	0,433	364
6 kp/cm²	6,346		$1{,}99 \cdot 10^{-6}$	$195 \cdot 10^{-6}$	$3{,}07 \cdot 10^{-6}$	0,0307	$26{,}6 \cdot 10^{-3}$	1007	6390	0,501	419
Umrechnung auf beliebigen Druck p_x	$\varrho_{px} \approx \varrho_p \frac{p_x}{p}$	$\gamma_{px} \approx \gamma_p \frac{p_x}{p}$	$\eta_{px} \approx \eta_p$		$\nu_{px} \approx \nu_p \frac{p}{p_x}$		$\lambda_{px} \approx \lambda_p$	$(c_p)_{px} \approx (c_p)_p$	$(c_p\varrho)_{px} \approx (c_p\varrho)_p \cdot \frac{p_x}{p}$	$(\varrho \cdot \nu^{0,2})_{px} \approx (\varrho \cdot \nu^{0,2})_p \cdot \left(\frac{p_x}{p}\right)^{0,8}$	$[\lambda^{0,22}(c_p\varrho)^{0,78}]_{px} \approx [\lambda^{0,22}(c_p\varrho)^{0,78}]_p \cdot \left(\frac{p_x}{p}\right)^{0,78}$
1 at = 1 kp/cm² = = 0,96784 atm			$1\ P = 0{,}010197 \frac{kps}{m^2}$		$1\ St = 1 \frac{cm^2}{s}$			1 Ws = = 1 J			

sphärendruck je nach Oberflächenrauhigkeit zwischen den Werten von $3 \ldots 4{,}5 \cdot 10^{-6}$. In weniger übersichtlichen Gebilden — wie beispielsweise Rotoren von Synchronmaschinen mit ausgeprägten Polen — ist die rechnerische Erfassung der Oberflächenreibungsverluste sehr viel schwieriger[1]. Nur durch den gedachten Ersatz solcher Rotoren durch Zylinder erreicht man eine Abschätzung der Reibungsverluste. Für die Mantelfläche ist Gl. (16) anwendbar. Die Seitenflächen tragen — im Gegensatz zu den schlanken Turborotoren — hier bedeutend zur Verlustbildung bei. Die Reibungswirkung *zweier Seitenflächen* läßt sich beschreiben durch die Formel:

$$P_{0,s} = k_s \cdot D^2 \cdot v^3 \qquad \left\{ \begin{array}{l} P_{0,s}\,[\mathrm{kW}] \\ D\,[\mathrm{m}] \\ v\,[\mathrm{m/s}] \\ k_s\,[\mathrm{kW\,s^3/m^5}] \end{array} \right. \tag{17}$$

wobei in den praktisch vorkommenden Anwendungsfällen für k_s der Wert $2 \cdot 10^{-6}$ genommen werden kann. D ist der Zylinderdurchmesser und v bedeutet die Umfangsgeschwindigkeit im Abstand $D/2$ von der Drehachse. Zur genaueren Erfassung der Oberflächenreibungsverluste bei verwickelten Konstruktionen wird man jedoch Messungen an ausgeführten Maschinen heranziehen müssen (s. Gleichung (27), S. 70).

Für die Umrechnung der Oberflächenreibungsverluste in H_2-Atmosphäre aus denen in Luft können die Verhältniswerte

$$\overline{P} = \frac{P(\mathrm{H_2} + L)}{P(L)} = \overline{\varrho}\,\overline{\nu}^{0,2} \equiv \overline{\varrho}^{0,8}\,\overline{\eta}^{0,2}$$

von Abb. 5 verwendet werden.

Die *Ventilator-Antriebsleistung* P_L bestimmt sich aus der Fördermenge Q, der zu überwindenden Druckdifferenz p und dem Wirkungsgrad η_0 ($\approx 0{,}5$) zu

$$P_L = 98{,}1\,\frac{pQ}{\eta_0} \qquad \left\{ \begin{array}{l} P_L\,[\mathrm{kW}] \\ p\,[\mathrm{kp/cm^2}]\ {}^{2} \\ Q\,[\mathrm{m^3/s}]. \end{array} \right. \tag{18}$$

Die Fördermenge des Kühlmittels ergibt sich am einfachsten, wenn wir aus der Erfahrung annehmen, um wieviel sich das Kühlmittel erwärmen soll. Es ist ohne weiteres klar, daß z. B. eine sehr schmale, hochpolige Synchronmaschine mit niedrigem Blechrücken weniger Lufterwärmung ergibt als ein Turbogenerator. Normalerweise wird man für die Kühlmittelerwärmung in den vielen Fällen, in welchen die Vorausberechnung schwierig bzw. ungenau ist, auf Messungen an ausgeführten Maschinen zurückgreifen. Wenn solche nicht zur Verfügung stehen, können ungefähr folgende Werte angenommen werden:

Gleichstrommaschinen	15...20 °C
Asynchronmaschinen	15...20 °C
Synchronmaschinen mit ausgeprägten Polen	18...22 °C
Turbogeneratoren	25...28 °C
Bahnmotoren	25...30 °C

[1] Vgl. S. 70. [2] 1 kp/cm² ≙ 10⁴ kp/m² ≙ 10⁴ mm WS.

Die notwendige *Kühlmittelmenge* Q (Volumenstrom) ergibt sich dann zu

$$Q = \frac{P}{c_p \cdot \varrho \cdot \vartheta}, \tag{19}$$

Q [m³/s]	Kühlmittelmenge
P [kW]	Abzuführende Verlustleistung
$c_p \left[\frac{\text{Ws}}{\text{kg °C}}\right]$ bzw. $\left[\frac{\text{kWs}}{\text{kg °C}}\right]$	Spezifische Wärme bei konstantem Druck
ϱ [kg/dm³] bzw. [kg/m³] [1]	Dichte ($\varrho = \gamma/g$)
ϑ [°C]	Kühlmittelerwärmung

Das Produkt $c_p \cdot \varrho$ [Ws/dm³ °C] bzw. [kWs/m³ °C] ist für einatomige Gase annähernd konstant, wird spezifischer Wärmeinhalt genannt und ist aus Tab. 24 zu ersehen.

Tabelle 24. *Spezifische Wärmeinhalte für Gase und Flüssigkeiten bei 1 kp/cm² absolutem Druck*

	Wasserstoff	Luft	Wasser	Spindelöl (leicht und normal)
Temp. (°C)	$c_p \cdot \varrho$ [Ws/m³ °C]		$c \cdot \varrho$ [Ws/m³ °C]	
0	1236	1258	4,205.10⁶	
10	1195	1213	4,190.10⁶	
20	1157	1172	4,174.10⁶	1,6.10⁶
30	1121	1134	4,159.10⁶	
40	1088	1098	4,145.10⁶	
50	1056	1065	4,134.10⁶	
60	1026	1033	4,123.10⁶	1,7.10⁶
70	998	1004	4,110.10⁶	
80	970	976		
90	945	950		
100	920	926		

Noch schwieriger als die Vorausbestimmung der Kühlmittelerwärmung ist die Ermittlung des Druckabfalles in einer elektrischen Maschine. Elektrische Maschinen können nur in äußerst beschränktem Maße nach strömungstechnischen Grundsätzen konstruiert werden. Immerhin sind die Druckverluste in Rohrleitungen der theoretischen Untersuchung besser zugänglich. Es gelten folgende Beziehungen:

[1] Mit $g_n = 9{,}80665$ m/s² als Normalbeschleunigung lauten die Beziehungen zwischen Krafteinheit kp und Masseneinheit kg

$$1\,\text{kp} = g_n \cdot 1\,\text{kg} \approx 9{,}81\,\frac{\text{m kg}}{\text{s}^2}$$

$$1\,\text{kg} = \frac{1}{g_n} \cdot 1\,\text{kp} \approx 0{,}102\,\frac{\text{kp s}^2}{\text{m}}$$

Für die turbulente Strömung in einem Rohr mit der Rauhigkeit k gilt die Gleichung von COLEBROOK und WHITE[1]

$$\frac{1}{\sqrt{\lambda_R}} = -2 \ln\left[\frac{2{,}51}{\mathrm{Re}\sqrt{\lambda_R}} + \frac{k}{3{,}72 d}\right] \tag{20}$$

$$\left\{\begin{array}{l} \mathrm{Re} = \frac{vd}{\nu}\,[1] \\ \lambda_R\,[1] \\ k, d\,[\mathrm{m}]. \end{array}\right.$$

Darin bedeutet Re die Reynoldszahl[2] auf den hydraulischen Durchmesser[3] d des Rohres bezogen, λ_R den dimensionslosen Koeffizienten des Strömungswiderstandes und k das Maß für die Rauhigkeit der Wand des Rohres. Für gezogene Rohre aus Kupfer enthält Tab. 12, S. 139 von RICHTER[4] die Werte $k = 0{,}00135\ldots 0{,}00152$ mm. Der hydraulische Durchmesser liegt bei den zur Zeit im Elektromaschinenbau verwendeten Hohlleitern in der Größenordnung von $d = 5\ldots 15$ mm und die Strömungswiderstandszahl zwischen $\lambda_R = 0{,}03$ und $0{,}045$. Der zweite Summand in der eckigen Klammer wird mit diesen Werten klein gegenüber dem ersten, wenn $\mathrm{Re} \leqq 10^4$ ist. Da diese Voraussetzung bei den Hohlleitern meist zutrifft, bleibt der Einfluß der Rauhigkeit praktisch ohne Einfluß. Man darf also eine Strömung in glatten Rohren annehmen und kann den Berechnungen die bei glatten Rohren meist verwendete Formel von BLASIUS[5] zugrunde legen.

Nach BLASIUS gilt bei turbulenter Strömung für $2300 < \mathrm{Re} < 10\,000$ zur Bestimmung des Koeffizienten des Rohrwiderstandes

$$\lambda_R = 0{,}316\ \mathrm{Re}^{-0{,}25}. \tag{21}$$

Der *Druckabfall* p_R im *geraden* Rohr mit der Länge l, dem hydraulischen Durchmesser d, bei einer Gasgeschwindigkeit v und einer Dichte ϱ:

$$p_R = \lambda_R \frac{\varrho \cdot l}{2d} v^2. \tag{22}$$

Beide Formeln ergeben zusammen mit ausgeschriebener Reynoldszahl $\mathrm{Re} = vd/\nu$

$$p_R = 0{,}316 \left(\frac{\nu}{d}\right)^{0{,}25} \frac{\varrho}{2} \frac{l}{d} v^{1{,}75}. \tag{23}$$

Zu diesem Druckabfall im geraden Teil der Hohlleiter kommen im Rotor noch *Druckverluste* beim *Ein-* und *Austritt* des Gases hinzu. Sie sind proportional dem Quadrat der Geschwindigkeit. Der Proportionalitätsfaktor c ist ein Erfahrungswert, ermittelt aus thermischen Messungen an fertigen Maschinen und kann im

---

[1] COLEBROOK, C. F. und C. M. WHITE: The reduction of carrying capacity of pipes with age. J. Instn. civ. Engrs. London (1937/38) Heft 1, Paper Nr. 5137, S. 99–118.

[2] Vgl. S. 86. [3] Vgl. Fußnote S. 89. [4] RICHTER, H.: Rohrhydraulik. Springer 1958.

[5] BLASIUS, H.: Das Ähnlichkeitsgesetz bei Reibungsvorgängen in Flüssigkeiten. VDI-Forsch.-Heft Nr. 131, VDI-Verlag 1931.

allgemeinen mit 6 für Gase und 12 für Flüssigkeit angenommen werden. Es ist somit für den Druck, der den *Umlenkungen* Rechnung trägt, zu setzen:

$$p_U = c\,\frac{\varrho}{2}\,v^2. \tag{24}$$

Der gesamte Druckabfall ist dann

$$p = p_R + p_U = \frac{\varrho}{2}\left[0{,}316\left(\frac{\nu}{d}\right)^{0{,}25}\frac{l}{d}\,v^{1{,}75} + c\,v^2\right]. \tag{25}$$

Dieser Druckabfall p muß durch einen Gegendruck aufgebracht werden, der beim Hohlleiter im Rotor durch die Fliehkraft der Gassäule zwischen dem Ein- und Ausströmradius erzeugt wird. p ist also durch die Rotorabmessungen gegeben,

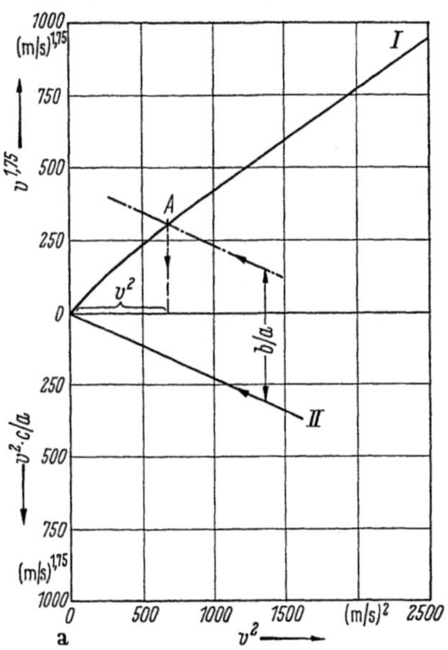

Abb. 6a. H_2-Strömung in Hohlleitern. Ermittlung der Gasgeschwindigkeit v

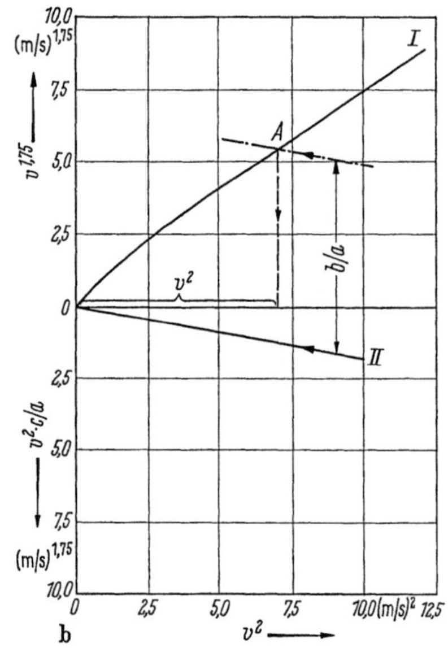

Abb. 6b. Ölströmung in Hohlleitern. Ermittlung der Ölgeschwindigkeit v

v hingegen wird gesucht. Bei der flüssigkeitsgekühlten Statorwicklung wird man den Druck in den Hohlleitern kaum größer wählen als dem statischen Druck im gleichen Gehäuse entspricht. Auch dabei ist p als gegeben zu betrachten und v gesucht.

Zur Berechnung der Geschwindigkeit v bei gegebenem Druckabfall p ist es zweckmäßig, die Abkürzungen

$$0{,}316\left(\frac{\nu}{d}\right)^{0{,}25}\frac{l}{d} = a \qquad \frac{2p}{\varrho} = b$$

zu verwenden. Es ergeben sich damit die Beziehungen

$$p = a\,\frac{\varrho}{2}\,v^{1{,}75} + c\,\frac{\varrho}{2}\,v^2$$

und folglich

$$\frac{b}{a} = v^{1{,}75} + \frac{c}{a}\,v^2. \tag{26}$$

Nun ist im allgemeinen p, d, l, ν, ϱ und c gegeben, womit auch a und b bekannt sind. Die gesuchte Geschwindigkeit läßt sich dann aus Formel (26) graphisch bestimmen.

Man wird die Werte $v^{1,75}$ und $c/a \cdot v^2$ als entgegengesetzte Ordinaten über v^2 als Abszisse in einem Koordinatensystem auftragen, vgl. Abb. 6a und 6b, Kurven *I* und *II*. Die Funktion $\frac{c}{a} v^2 (v^2)$ stellt eine Gerade *II* durch den Nullpunkt dar. Eine Parallele zu *II* im Abstand b/a schneidet die Kurve *I* in einem Punkt A. Auf der zu Punkt A gehörenden Abszisse läßt sich dann das gesuchte Geschwindigkeitsquadrat ablesen.

Beispiel 1: H_2-Strömung im Hohlleiter eines Turbogenerator-Rotors, vgl. Abb. 6a,

gegeben:
$$p = 141 \text{ kp/m}^2$$
$$d = 7{,}45 \cdot 10^{-3} \text{ m}$$
$$l = 2{,}2 \text{ m}$$
$$\nu = 9{,}22 \cdot 10^{-6} \cdot 4{,}69 = 43{,}2 \cdot 10^{-6} \text{ m}^2/\text{s (2 ata, 50 °C, 94\% H}_2 + \text{L), Tab. 23 und Abb. 5}$$
$$\varrho = \gamma/g = \frac{2{,}115}{9{,}81} \cdot 0{,}111 = 0{,}024 \text{ kp} \cdot \text{s}^2/\text{m}^4, \text{ Tab. 23 und Abb. 5}$$
$$c = 6,$$

berechnet:
$$a = 0{,}316 \left(\frac{43{,}2 \cdot 10^{-6}}{7{,}45 \cdot 10^{-3}}\right)^{0{,}25} \frac{2{,}2}{7{,}45 \cdot 10^{-3}} = 25{,}8 \left(\frac{\text{m}}{\text{s}}\right)^{0{,}25}$$
$$b = \frac{2 \cdot 141}{0{,}024} = 11\,750 \left(\frac{\text{m}}{\text{s}}\right)^2$$
$$\frac{b}{a} = \frac{11\,750}{25{,}8} = 455 \left(\frac{\text{m}}{\text{s}}\right)^{1{,}75}$$
$$\frac{c}{a} = \frac{6}{25{,}8} = 0{,}232 \left(\frac{\text{s}}{\text{m}}\right)^{0{,}25}.$$

Aus Abb. 6a entnommen
$$v^2 = 680, \text{ also } v = \sqrt{680} = \underline{26 \text{ m/s.}}$$

Kontrolle der Turbulenz:
$$\text{Re} = \frac{vd}{\nu} = \frac{26 \cdot 7{,}45 \cdot 10^{-3}}{43{,}2 \cdot 10^{-6}} = 4480 \begin{matrix} > 2\,300 \\ < 10\,000 \end{matrix}.$$

Beispiel 2: Flüssigkeitsströmung (Spindel-Öl) im Hohlleiter eines Turbogenerator-Stators (Abb. 6b), gegeben:
$$p = 2 \cdot 10^{-4} \text{ kp/m}^2$$
$$d = 5{,}18 \cdot 10^{-3} \text{ m}$$
$$l = 7{,}0 \text{ m}$$
$$\nu = 3{,}4 \cdot 10^{-6} \text{ m}^2/\text{s (40 °C)}$$
$$\varrho = \gamma/g = 88 \text{ kp s}^2/\text{m}^4$$
$$c = 12.$$

Der Rechnungsgang ist prinzipiell der gleiche wie in Beispiel 1. Es muß hier aber besonders darauf geachtet werden, daß die Strömung auch tatsächlich turbulent ist, weil bei Flüssigkeiten unter Umständen die Reynolds-Zahl unter dem kritischen Wert 2300 liegen kann, insbesondere bei sehr engen Kanälen. Die Turbulenz ist jedoch nach Möglichkeit anzustreben, weil dadurch der Temperatursprung zwischen Kupfer und Kühlmittel sehr stark reduziert wird.

berechnet:
$$a = 0{,}316 \left(\frac{3{,}4 \cdot 10^{-6}}{5{,}18 \cdot 10^{-3}}\right)^{0{,}25} \frac{7}{5{,}18 \cdot 10^{-3}} = 68{,}3 \left(\frac{\text{m}}{\text{s}}\right)^{0{,}25}$$
$$b = \frac{2 \cdot 2 \cdot 10^4}{88} = 454 \left(\frac{\text{m}}{\text{s}}\right)^2$$
$$\frac{b}{a} = \frac{454}{68{,}3} = 6{,}65 \left(\frac{\text{m}}{\text{s}}\right)^{1{,}75}$$

$$\frac{c}{a} = \frac{12}{68,3} = 0,176 \left(\frac{\text{s}}{\text{m}}\right)^{0,25},$$

graphisch ermittelt: $v^2 = 6,9 \left(\frac{\text{m}}{\text{s}}\right)^2 \quad v = \sqrt{6,9} = \underline{\underline{2,63 \frac{\text{m}}{\text{s}}}}.$

Kontrolle: $v^{1,75} + \frac{c}{a} v^2 = 2,63^{1,75} + 0,176 \cdot 6,9 = 6,65 \left(\frac{\text{m}}{\text{s}}\right)^{1,75} = \frac{b}{a}.$

Kontrolle der Turbulenz: $\text{Re} = \frac{vd}{\nu} = \frac{2,63 \cdot 5,18 \cdot 10^{-3}}{3,4 \cdot 10^{-6}} = 4010 \begin{cases} > 2\,300 \\ < 10\,000 \end{cases}.$

Für Maschinen mit ausgeprägten Polen ist es schwer, die Oberflächenreibungsverluste von den Ventilationsverlusten zu trennen, weil die Pole oder der Rotorkörper selbst mit zur Luftbeförderung dienen. *Die gesamten Ventilationsverluste* einschließlich der Lagerreibungsverluste kann man für *Maschinen* mit *ausgeprägten Polen* ungefähr mit der aus zahlreichen Versuchen ermittelten empirischen Formel

$$P_{tot} = (1,8 \ldots 2) \cdot 10^{-6} d^{3,6} \cdot l^{0,6} n^{2,3} \tag{27}$$

P_{tot} [kW]	Ventilations- und Lagerverluste
d [m]	Rotordurchmesser
l [m]	Statoreisenlänge
n [U/min]	Drehzahl

bestimmen. Die Zahl 1,8 gilt für $n < 200$, die Zahl 2 für $n > 200$.

Bei den Bestimmungen der Kühlmittelerwärmung und der Luft- bzw. Gasmenge ist der Unterschied zwischen sogenannter Druck- und Saugventilation zu beachten.

Bei Druckventilation saugt der Ventilator die Luft aus dem Freien oder bei Kreislaufkühlung aus dem Kühler an und drückt sie in die Maschine. Dabei geht die gesamte Ventilatorleistung in die Lufterwärmung ein. *Die Erwärmung der Kühlluft* errechnet sich aus Gl. (19) wie folgt:

$$\vartheta = \frac{P_L}{c_p \varrho Q} \tag{28}$$

ϑ [°C]	Vorerwärmung des Kühlmittels
P_L [kW]	Leistung des Ventilators
$c_p \varrho \left[\frac{\text{Ws}}{\text{dm}^3\,°\text{C}}\right]$ bzw. $\left[\frac{\text{kWs}}{\text{m}^3\,°\text{C}}\right]$	spezifischer Wärmeinhalt (vgl. Tab. 24)
Q [m³/s]	Kühlmittelstrom

Bei *Saugventilation* gehen die Verluste des Ventilators selbst nicht in die Temperatur des Kühlgases ein. Saugventilation ist üblich bei Fremdventilation.

8. Bürstenreibungsverluste. Die Bürstenreibungsverluste bestimmen sich wie folgt:

$$P_B = 9,81 \cdot 10^{-5} \cdot A \cdot \mu \cdot p \cdot v \tag{29}$$

P_B [kW]	Bürstenreibungsleistung
A [cm²]	Auflagefläche aller Bürsten
p [kp/cm²]	Auflagepressung der Bürsten
μ [1]	Reibungszahl der Bürstensorte
v [cm/s]	Umfangsgeschwindigkeit

Der Reibungskoeffizient kann für die drei verschiedenen Bürstenarten[1] Abb. 7 entnommen werden. Für Fälle, bei welchen diese Verluste eine große Rolle spielen — für die Dimensionierung von Schleifringen oder Kommutatoren — ist mit den genauen Werten, die von den Kohlebürstenlieferanten angegeben werden, zu rechnen.

Der Reibungskoeffizient ist nicht nur abhängig von der Umfangsgeschwindigkeit, sondern auch von der Stromdichte unter den Bürsten („Strom schmiert"). In Abb. 7 sind mittlere Stromdichten vorausgesetzt.

Die Bürstenquerschnitte sind international genormt[2]. Bei Verwendung von Schräghaltern ist nicht der Querschnitt, sondern die tatsächliche Auflagefläche der Verlustberechnung zugrunde zu legen.

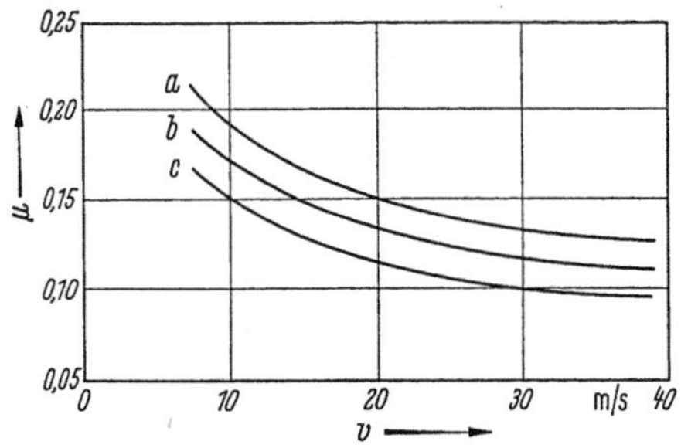

Abb. 7. Reibungskoeffizient in Funktion der Umfangsgeschwindigkeit für drei verschiedene Arten von Kohlen.

a Graphit-, *b* Elektrographit-, *c* Metall- } Kohle

Der zu verwendende Bürstendruck schwankt zwischen etwa 0,09 bis 0,45 kp/cm² und ist sowohl abhängig von der Bürstenmarke als auch von der Anzahl der parallelgeschalteten Bürsten (bei großer Anzahl parallelgeschalteter Bürsten wird man im Interesse gleichmäßiger Stromverteilung einen etwas höheren Bürstendruck verwenden), und schließlich insbesondere von eventuellen Erschütterungen des Motors. (Man wird z. B. bei Tatzlager-Bahnmotoren einen wesentlich höheren Bürstendruck verwenden als für stationäre Maschinen.)

9. Ohmsche Verluste (s. S. 59).

10. Zusätzliche Eisenverluste und Verluste in anderen Metallteilen. Die zusätzlichen Eisenverluste im magnetischen Kreis bei Belastung sind abhängig von der Streuspannung und dem Leistungsfaktor und betragen durchschnittlich ca. 20 bis 30% der Eisenleerlaufverluste. Bei der Erwärmungsberechnung sind sie mit den Verlusten unter *5.* gemeinsam zu behandeln.

Die zusätzlichen Verluste in anderen Metallteilen, insbesondere den Statorpreßplatten und Druckfingern, Wicklungsabstützungen und Wicklungsverschalungen sind der elektrischen Berechnung nur beschränkt zugänglich, da es sich um Verluste durch Wirbelströme handelt, deren Eindringstiefe in die Metalle frequenz- und widerstandsabhängig ist. Von großem Einfluß auf diese Verluste ist auch die Lage und Entfernung der Metallteile zum Streufeld, das diese Verluste verursacht. Die Behandlung dieser Verluste gehört nur beschränkt zu den Aufgaben des Konstrukteurs, wohl aber die Abführung der oftmals sehr großen und örtlich sehr konzentrierten Verluste an das Kühlmittel, so daß die Temperatur dieser Verlust-

[1] Vgl. S. 131.

[2] IEC Publication 136-1, edition 1962. Dimensions of brushes and brush-holders for electrical machinery. Part 1: Principal dimensions and tolerances.

quellen keine Schäden verursachen kann. In Abb. 8 ist die durch solche Verluste entstandene gemessene Temperaturverteilung an der Preßplatte eines Turbogenerators bei Kühlung mit Luft und mit Wasserstoff verschiedenen Druckes gezeigt.[1]

11. Zusätzliche Verluste in den Stromleitern. Diese entstehen bei den stromdurchflossenen Leitern in erster Linie durch Stromverdrängung. Sie sind proportional dem Quadrat der Frequenz und abhängig von der Leiterhöhe bzw. Form und von der Lage des einzelnen Leiters in der Nut. Um die Stromverdrängungsverluste herabzusetzen, werden verschiedene Maßnahmen verwendet. Die bekannteste ist die Unterteilung eines Leiters in mehrere Einzelleiter, die gegenseitig verdrillt sind (Röbelstab, s. Abb. 219).

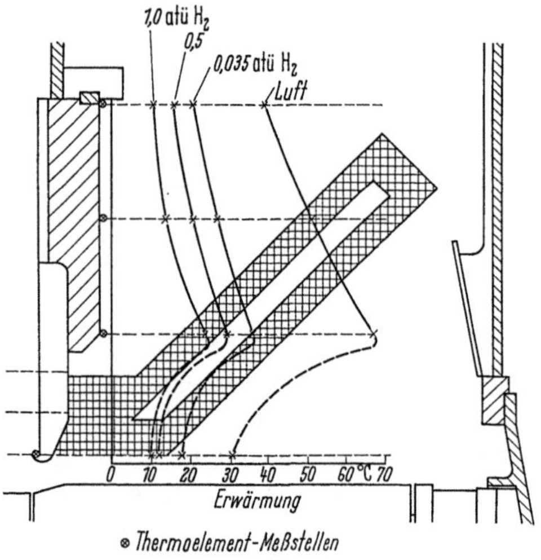

Abb. 8. Gemessene Temperaturverteilung in einer Turbogenerator-Statorpreßplatte.

b) Gleichstrommotoren und Generatoren. Für Gleichstrommotoren geben die Empfehlungen der IEC für die Ermittlung des Wirkungsgrades die nachstehende Aufstellung der Einzelverluste an:

Verluste im Erregungskreis

1. Ohmsche Verluste (I^2R) der Nebenschlußwicklung (Hauptpole),
2. Verluste des Regulierwiderstandes im Erregerstromkreis,
3. Verluste der Erregermaschine.

Stromunabhängige Verluste

4. Eisenverluste im magnetischen Kreis im Leerlauf,
5. Lagerreibungsverluste,
6. Totale Ventilationsverluste,
7. Bürstenreibungsverluste.

Stromabhängige Verluste

8. Zusätzliche Eisenverluste durch die Belastung,
9. Ohmsche Verluste (I^2R) in der Ankerwicklung,

[1] LEUKERT, W. u. H. RAYMUND: Groß-Stromerzeuger. Die Entwicklung der Starkstromtechnik bei den Siemens-Schuckertwerken. Herausgeber: SSW, Berlin 1953.

10. Ohmsche Verluste (I^2R) in Wicklungen in Serie mit der Ankerwicklung (Wendepol-, Kompensations- und Kompoundwicklung),
11. Elektrische Verluste in den Bürsten.

Zusätzliche Lastverluste

12. Zusätzliche Eisenverluste und zusätzliche Verluste in anderen Metallteilen,
13. Zusätzliche Kupferverluste in den Stromleitern,
14. Zusätzliche Bürstenverluste durch die Stromwendung.

Grundsätzlich gelten zu den einzelnen Verlusten die gleichen Bemerkungen wie für die entsprechenden Verluste für Synchronmaschinen.

Zu den zusätzlichen Lastverlusten von *12.* bis *14.* wird bei Gleichstrommaschinen — wenn keine anderen Vorschriften gemacht sind — für die Wirkungsgradbestimmung angenommen, daß sie mit dem Quadrat des Stromes ändern. Ihr totaler Wert bei Nennstrom wird angenommen zu
1% der Nennleistung für nicht kompensierte Maschinen und
0,5% der Nennleistung für kompensierte Maschinen, wobei die Definitionen der Nennleistung in den angegebenen internationalen Empfehlungen für Maschinen mit konstanter Drehzahl und für Motoren mit Drehzahländerung durch Spannungsänderung oder Feldschwächung verschieden angegeben sind.

Für die Erwärmungsberechnung sind die Verluste im einzelnen zu berechnen oder aus Messungen zu entnehmen und in ihrer wirklichen Größe einzusetzen.

c) Mehrphasen-Asynchron-Motoren und Asynchron-Generatoren. Hierfür geben die internationalen Empfehlungen nachstehende Aufteilung an:

Stromunabhängige Verluste

1. Eisenverluste im magnetischen Kreis im Leerlauf,
2. Lagerreibungsverluste,
3. Totale Ventilationsverluste,
4. Bürstenreibungsverluste.

Stromabhängige Verluste

5. Ohmsche Verluste (I^2R) in der Statorwicklung,
6. Ohmsche Verluste (I^2R) in der Rotorwicklung,
7. Elektrische Verluste in den Bürsten.

Zusätzliche Lastverluste

8. Zusätzliche Eisenverluste und zusätzliche Verluste in anderen Metallteilen.
9. Zusätzliche Kupferverluste in den Stromleitern.

Grundsätzlich gelten auch zu den Verlusten bei Asynchronmaschinen die gleichen Bemerkungen wie zu den entsprechenden Verlusten bei Synchronmaschinen.

Die Bürstenverluste (elektrische- und mechanische Verluste) sind natürlich bei Motoren mit Bürstenabhebung nicht zu berücksichtigen.

Die totalen Verluste im Rotorstromkreis — also die Summe der Verluste *6.* und eventuell *7.* zusammen mit dem kleinen Anteil der Verluste *8.* und *9.*, welche den Rotor betreffen — werden vom Schlupf abhängig wie folgt definiert:
Totale elektrische Rotorverluste = vom Rotor aufgenommene

$$\text{Leistung} \times \frac{\%\ \text{Schlupf}}{100}.$$

R. Abführung der Verlustwärme

Die Abführung der Verlustwärme an die Umgebung oder das Kühlwasser erfolgt durch:

Wärmeleitung,
Wärmestrahlung und
Konvektion (Wärmeströmung).

Jede dieser Wärmeabfuhrarten befolgt besondere Gesetze.

a) Wärmeleitung. Bei dieser Art der Wärmeabfuhr fließt ein Wärmestrom vom Ort höherer Temperatur (z. B. der Wärmequelle) zu Orten niedrigerer Temperatur (z. B. den die Wärmequelle umgebenden Massen). Das Gesetz der Wärmeleitung ist analog dem Ohmschen Gesetz.

Bezeichnet man mit $\varkappa$ die elektrische und mit λ die thermische Leitfähigkeit (Wärmeleitzahl, Wärmeleitfähigkeit), so gelten nach dem Ohmschen Gesetz und dem Widerstandsgesetz für schlanke Leiter in der Elektrotechnik die Beziehungen

$$I = \frac{U}{R} \qquad R = \frac{l}{A\varkappa} \qquad \left(\varkappa = \frac{1}{\varrho}\right) \tag{30a}$$

und entsprechende Beziehungen in der Wärmetechnik

$$P = \frac{\vartheta}{R} \qquad R = \frac{l}{A\lambda}. \tag{30b}$$

Man kann das dem Ohmschen Gesetz entsprechende Gesetz der Wärmeleitung als *Ohmsches Gesetz der Wärmeleitung* bezeichnen. Es gelten dann folgende Beziehungen:

Elektrischer Strom	Wärmestrom
$I = \frac{U A \varkappa}{l}$ [A]	$P = \frac{\vartheta A \lambda}{l}$ [W]
Elektrische Stromdichte	Wärmestromdichte
$i = \frac{I}{A} = \frac{U\varkappa}{l}$ [A/cm²][1]	$w = \frac{P}{A} = \frac{\vartheta\lambda}{l}$ [W/cm²]
Elektrische Leitfähigkeit	Thermische Leitfähigkeit
$\varkappa = \frac{1}{\varrho} = \frac{Il}{UA}$ [1/Ω cm][1]	$\lambda = \frac{Pl}{\vartheta A}$ [W/cm °C]

Der Stromstärke I entspricht also der Wärmestrom P und der Spannung U entspricht das Temperaturgefälle ϑ.

Die *Wärmeleitzahl* λ ist für viele Materialien experimentell ermittelt und für die wichtigsten Metalle in Tab. 25 und für die wichtigsten Nichtmetalle in Tab. 26 zusammengestellt. Die Wärmeleitzahlen sind — wie im Elektromaschinenbau üblich — in W/cm °C angegeben. Im allgemeinen Maschinenbau ist es üblich, die Wärmeleitfähigkeit in $\frac{\text{kcal}}{\text{mh °C}}$ auszudrücken. 1 kcal/mh °C = 0,0116 W/cm °C.

Für reine Metalle (z. B. Elektrolyt-Kupfer) ist bei normalen Temperaturen die *Wärmeleitfähigkeit* λ ungefähr proportional der elektrischen Leitfähigkeit $\varkappa$

[1] gebräuchlicher sind die Dimensionen:
i[A/mm²]; $\varkappa$[m/Ω mm²].

(Wiedemann-Franzsches Gesetz), weil beide durch die Leitungselektronen bewirkt werden, allerdings ist die Abhängigkeit von der Temperatur und die Empfindlichkeit gegen fremde Beimischungen bei der elektrischen Leitfähigkeit größer.

Tabelle 25. *Wärmeleitzahlen*[1] *λ der wichtigsten Metalle*

	λ [W/cm °C]
Gußeisen	0,3 ... 0,46
Stahlguß	ca. 0,52
Stahlguß legiert	0,27 ... 0,37
Stahl	0,4 ... 0,46
Stahl legiert	0,33 ... 0,4
Warmfester Stahl	ca. 0,16
Rostfreier Stahl	0,25 ... 0,3
Unmagnetischer Stahl	0,14 ... 0,16
Elektrolyt-Kupfer	ca. 3,9
Automaten-Kupfer	ca. 3,8
Messing	ca. 1,1
Bronze	ca. 1
Zink	ca. 1,1
Blei	ca. 0,35
Rein Aluminium	ca. 2,2
Aluminium Mangan Legierungen	ca. 1,9
Aluminium Magnesium Legierungen	ca. 1,3
Aluminium Guß Legierungen	0,95 ... 1,4

Tabelle 26. *Wärmeleitzahlen*[2] *λ wichtiger Isolierstoffe und Nichtmetalle*

	λ [W/cm °C]		λ [W/cm °C]
	gemeinsamer Faktor 10^{-2}		gemeinsamer Faktor 10^{-2}
Porzellan	1, 1 ... 1,6	Kollektormicanit	0,3 ... 0,4
Steatit	1,7 ... 2,7	Glimmer-Kunstharzisolation	0,2 ... 0,3
Glas	0,8 ... 1,2	Phenolharz (Bakelit)	0,23
Quarz	1,2	Epoxydharz	0,17 ... 0,23
Asbest	ca. 0,2	Epoxydgießharz mit Quarzmehl	0,29 ... 0,33
Glimmer	0,4 ... 0,6	Ungesättigtes Polyesterharz	0,15 ... 0,20
Baumwolle, Seide, Leinen	0,04 ... 0,07	Kunstharz-Preßstoffe	0,2 ... 0,5
Lackgewebe	0,15 ... 0,3	Thermoplaste	0,1 ... 0,35
Papier	0,05 ... 0,15	Polytetrafluoräthylen (Teflon)	0,2 ... 0,24
Polyamidpapier (Nomex)	0,13	Naturkautschuk	0,13 ... 0,23
Preßspan	0,08 ... 0,2	Silikonkautschuk	0,17 ... 0,27
Papier, imprägniert	0,15 ... 0,2	Imprägnierlacke, ausgebacken	0,2 ... 0,35
Fiber	0,2 ... 0,3	Asphaltcompound	0,9 ... 1
Holz	0,14 ... 0,3	Mineralöl	0,14 ... 0,16
Hartpapier	0,23 ... 0,28	Askarels	ca. 0,10
Hartglasgewebe	0,25 ... 0,4	Silikonöle	ca. 0,15
Micaleinen, Micalacktuch	0,08 ... 0,2	Wasser	0,6 ... 0,68
Micafolium-Umpressung	0,15 ... 0,2	Luft (druckunabhängig)	0,025 ... 0,03
Braunmicanit (25% Bindemittel)	0,25 ... 0,3	Wasserstoff (druckunabhängig)	0,18

[1] Die Wärmeleitzahlen von Metallen sind temperaturabhängig. Die Werte gelten für 50 °C. Bei 100 °C erniedrigen sie sich um ca. 1 ... 2 %.

[2] Die Wärmeleitzahlen von Isolatoren und Gasen sind temperaturabhängig. Die Werte gelten für eine Temperatur von ca. 50 °C. Bei 100 °C sind die Werte ca. 10% höher.

Tabelle 27. *Längs-Wärmeleitfähigkeit λ von Dynamoblechen*

Blechsorte nach DIN 46 400	Verlustziffer V_{10} bei 50 Hz W/kp bei 10 000 Gauß	Siliziumgehalt %	λ [W/cm °C]
I Normale Dynamobleche	3,6 für 0,5 mm 8 für 1,0 mm } Dicke	0,4...0,8	0,48...0,41
II Schwach legierte Bleche	3	0,6...1,2	0,44...0,35
III Mittelstark legierte Bleche	2,3	1,8...2,3	0,30...0,26
IV Hochlegierte Bleche	1,3 für 0,35 mm 1,7 für 0,5 mm Dicke	3,6...4,2	0,20...0,18
V Spezialbleche	1,0 für 0,35 mm Dicke	ca. 5	ca. 0,15

Tabelle 28. *Quer-Wärmeleitfähigkeit λ von papier- und lackisolierten Blechpaketen in Luft und in Wasserstoff*

Isolationsart	Verlustziffer Blechstärke 3 W/kp 0,5 mm	2,3 W/kp 0,5 mm	1,7 W/kp 0,5 mm	1,3 W/kp 0,35 mm	1,0 W/kp 0,35 mm	
Papier in Luft	0,0195	0,0190	0,0185	0,0135	0,0130	λ [W/cm °C]
Papier in H_2	0,0240	0,0235	0,0230	0,0170	0,0160	
Lack in Luft	0,037	0,036	0,034	0,025	0,024	
Lack in H_2	0,060	0,057	0,053	0,040	0,036	

Nach dem Gesetz von WIEDEMANN-FRANZ gilt für reine Metalle

$$\lambda/\varkappa = k\,T. \tag{31}$$

Wenn λ in W/cm °C und $\varkappa$ in m/Ω mm² und T die absolute Temperatur in Grad Kelvin (°K) eingesetzt werden, so erhält man für k Zahlenwerte, die nur etwa zwischen $2{,}1 \cdot 10^{-4}$ und $2{,}6 \cdot 10^{-4}$ schwanken.

Ebenso wie bei der Fortleitung des elektrischen Stromes Spannungsabfälle entstehen, ergeben sich bei der Wärmeleitung *Temperaturgefälle*. Wenn also der Wärmestrom von der Wärmequelle (z. B. Wicklung) über eine Isolation an die Umgebungsluft geleitet werden muß, entstehen Temperaturgefälle, welche die Ausnützung verschlechtern. Der Weg, den man gegen diese Verschlechterung der Fortleitung des elektrischen Stromes beschreitet — indem man zur Übertragung möglichst hohe Spannungen benützt — wird vielfach auch beim Wärmestrom im allgemeinen Maschinenbau begangen, indem man auf möglichst hohe

Temperaturen übergeht. Im Elektromaschinenbau sind jedoch die Grenztemperaturen mit Rücksicht auf die Lebensdauer der Isolationsmaterialien und den größeren Widerstand des Kupfers bei höheren Temperaturen eng beschränkt, so daß man gezwungen ist, möglichst geringe Wärmewiderstände anzustreben. Man ist deshalb bei Teilen, in welchen eine Wärmeleitung erfolgt, bestrebt, möglichst Material hoher Wärmeleitfähigkeit und möglichst kurze Wärmestromwege (z. B. möglichst dünne Isolation) zu verwenden.

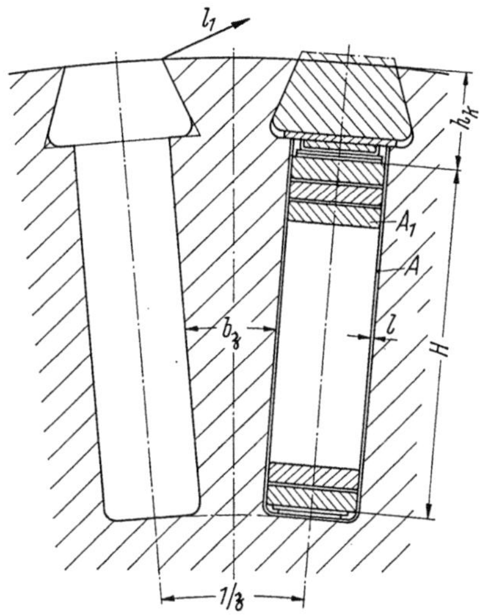

Abb. 9. Rotornut eines Turbogenerators

Die bei der thermischen Berechnung elektrischer Maschinen vorkommenden Wärmeleitprobleme sind vielfach nur eindimensional, es handelt sich um den Temperaturabfall in einer Richtung — z. B. um den Temperaturabfall von der Wärmequelle Kupferleiter durch eine Isolationsschicht.

Nach den vorigen Formeln berechnet sich das Temperaturgefälle ϑ aus

$$\vartheta = P \cdot R = \frac{P \cdot l}{A \lambda} \tag{32}$$

ϑ [°C]	Temperaturgefälle
P [W]	Wärmeleistung (Wärmestrom)
l [cm]	Dicke der Isolationsschicht
A [cm²]	Querschnitt des Wärmedurchganges
λ [W/cm °C]	Wärmeleitzahl.

Beispiel: Eine Turbonut nach Abb. 9 enthält 17 Leiter mit je einer Querschnittsfläche von $A_1 = 124{,}3$ mm². Jeder Leiter ist mit einer Stromdichte von $i = 3{,}3$ A/mm² belastet. Die Wicklung soll thermisch bis zur zulässigen Grenze $\vartheta_w = 90$ °C bei einer Frischlufttemperatur von 30 °C ausgenutzt werden. Die Verluste entsprechen damit einer Kupfertemperatur von 120 °C ($\varrho = 0{,}024\ \Omega\,\mathrm{mm}^2/\mathrm{m}$). Der Temperaturabfall ϑ durch die $l = 0{,}8$ mm dicke Isolation aus bakelisiertem Glasgewebe ($\lambda = 0{,}004$ W/cm °C) soll bestimmt werden.

Die Verluste pro Leiter und pro Nutlänge $l_1 = 1$ cm sind

$$P_L = I^2 R$$

$$I = i \cdot A_1 = 3{,}3 \cdot 124{,}3 = 410\ \mathrm{A}$$

$$R = \frac{\varrho l_1}{A_1} = \frac{0{,}024 \cdot 0{,}01}{124{,}3} = 1{,}96 \cdot 10^{-6}\ \Omega$$

$$P_L = 410^2 \cdot 1{,}96 \cdot 10^{-6} = 0{,}33\ \mathrm{W}.$$

Für 17 Leiter ist der Gesamtverlust pro cm Nutlänge

$$P = 17\, P_L = 17 \cdot 0{,}33 = 5{,}6\ \mathrm{W}.$$

Der Wärmedurchgangsquerschnitt in tangentialer Richtung beträgt nach Abb. 9 ($H = 93$ mm) pro cm Nutlänge.

$$A = 2 \cdot H \cdot l_1 = 2 \cdot 9{,}3 \cdot 1 = 18{,}6\ \mathrm{cm}^2.$$

Mit einer Isolationsstärke von $l = 0{,}8$ mm ergibt sich dann ein Temperaturabfall von

$$\vartheta = \frac{P \cdot l}{A \cdot \lambda} = \frac{5{,}6 \cdot 0{,}08}{18{,}6 \cdot 0{,}004} = \underline{6\ ^\circ\mathrm{C}.}$$

Wenn der Wärmestrom durch mehrere Schichten verschiedener Wärmeleitfähigkeit und verschiedener Dicke hindurchfließen muß, so ist

$$\vartheta = \frac{P}{A}\left(\frac{l_1}{\lambda_1} + \frac{l_2}{\lambda_2} + \cdots\right) = \frac{P}{A}\,\Sigma\,\frac{l}{\lambda}\,. \tag{33}$$

Die ideelle Wärmeleitfähigkeit einer aus mehreren Schichten bestehenden Wand ist

$$\lambda_{id} = \frac{\Sigma l}{\Sigma l/\lambda} \tag{34}$$

Wenn wir — wie es den tatsächlichen Verhältnissen ungefähr entspricht — für obiges Beispiel annehmen, daß zu der Isolationsdicke von 0,8 mm noch eine Luftschicht von 0,1 mm Dicke dazukommt ($\lambda = 0{,}25 \cdot 10^{-3}$), so ergibt sich ein wesentlich höheres Temperaturgefälle. Es ist dann für dieses Beispiel

$$\vartheta = \frac{5{,}6}{18{,}6}\left(\frac{0{,}08}{0{,}004} + \frac{0{,}01}{0{,}25 \cdot 10^{-3}}\right) = \underline{18\ ^\circ\mathrm{C}.}$$

Läuft dagegen der Turbogenerator, für dessen Nut das Beispiel gerechnet ist, in Wasserstoff (beliebigen Druckes), so wird

$$\frac{l_2}{\lambda_2} = \frac{0{,}01}{0{,}002} = 5\,\frac{\mathrm{cm}^2\ ^\circ\mathrm{C}}{\mathrm{W}}$$

und damit

$$\vartheta = \underline{7{,}5\ ^\circ\mathrm{C}.}$$

Dieses Beispiel zeigt sehr deutlich den Einfluß von Schichten schlechter Wärmeleitfähigkeit. Solchen Schichten begegnen wir im Elektromaschinenbau häufig, so z. B. bei den Stator- oder Rotorblechkörpern oder zwischen Statorblech-Außendurchmesser und Stator-Gehäusebohrung bei gekapselten Motoren, vor allen Dingen aber innerhalb von Isolationsschichten, insbesondere bei Umbandelungen von Spulenköpfen und dergleichen. Solche Luftschichten können für die Kühlung katastrophale Folgen haben. Ein wirksames Mittel gegen Lufteinschlüsse ist die Warmimprägnierung mit Lack und noch wirksamer die Imprägnierung unter Vakuum, weil die Ausfüllung von Hohlräumen mit Lack gegenüber Luft die Wärmeleitfähigkeit solcher Schichten ungefähr verzehnfacht.

Wir betrachten nunmehr *die Wärmeleitung im geschichteten Stator- oder Rotorblechkörper* aus Dynamoblech. Zunächst ist die Wärmeleitfähigkeit zu untersuchen.

Die Wärmeleitfähigkeit ist abhängig vom Siliziumgehalt der Bleche. Sie ist für die üblichen Dynamobleche zusammengestellt in Tab. 27.

Die Wärmequerleitfähigkeit der Dynamobleche selbst ist — sofern es sich nicht um sogenannte kornorientierte Bleche handelt, die nicht berücksichtigt sind — nicht verschieden von der Wärmelängsleitfähigkeit. Im geschichteten Blechpaket kommt aber der Wärmewiderstand der Blechisolation (Papier oder Lack) dazu und der Wärmewiderstand in Zwischenräumen zwischen den einzelnen Blechen, die mit Luft oder Wasserstoff gefüllt sind, je nachdem die Maschine in Luft oder Wasserstoff läuft. Die Dicke dieser Zwischenräume ist abhängig von der Qualität der Blechoberfläche und dem Preßdruck. Diese Zwischenräume gehen nur zum Teil in den Füllfaktor (vgl. S. 258) der Berechnung ein, weil sie nicht auf der ganzen Oberfläche existieren. Der Preßdruck ist normalerweise ca. 10 kp/cm². Die

Dicke des verwendeten Papieres und Klebemittels bzw. die Dicke der Lackschicht sind verschieden groß. Infolge all dieser Umstände schwankt die Wärmequerleitfähigkeit stark und in der Literatur sind die widersprechendsten Angaben zu finden. Schon allein um den Einfluß der Verwendung von Wasserstoff und der verschiedenen Blechsorten ausdrücken zu können, ist es notwendig, von gleichen und bekannten physikalischen Voraussetzungen auszugehen. Zahlreiche Messungen bestätigen, daß bei Papierisolation mit einem Zuschlag von 0,03 mm, bei Lackisolation von 0,02 mm zur Blechstärke von 0,5 mm gerechnet werden muß (gute Oberfläche und ca. 10 kp/cm² Preßdruck vorausgesetzt).

Die Tab. 28 ist mit folgenden Annahmen aus Tab. 27 entstanden:

Bei papierisolierten Blechen ist mit einer Schichtstärke von je 0,015 mm für Papier und Klebelack gerechnet worden mit Wärmeleitzahlen $\lambda = 0{,}001$ W/cm °C bzw. $\lambda = 0{,}003$ W/cm °C. Ferner wurde eine ideelle Zwischenschicht von 1 μm = = 0,001 mm, ausgefüllt mit Luft oder Wasserstoff, vorausgesetzt. Bei lackisolierten Blechen wurde eine Lackschichtstärke von 0,02 mm mit einer Wärmeleitzahl von $\lambda = 0{,}003$ W/cm °C vorausgesetzt. Der ideelle Zwischenraum wurde zu 1,5 μm = 0,0015 mm angenommen, weil die plastische Verformung beim Pressen kleiner ist.

Man kommt so auf Vergleichswerte gleicher Basis, die eine saubere Rechnungsgrundlage darstellen. Die erwähnten Werte sind „modern" und erheblich günstiger als die heute in der Praxis noch vielfach verwendeten, deren Entstehung 20 oder 30 Jahre zurückliegt. Die Fabrikationsanforderungen sind heute wesentlich größer. Dies gilt für die Abnahme der Bleche bezüglich Oberfläche, für das Pressen in vielen Etappen und schließlich auch für mehrfache Wärmebehandlung und eventuelle Lackimprägnierung nach dem Schichten.

Aus den Werten der Tab. 28 ist zu entnehmen:

a) Bei Maschinen, die in Luft laufen, ist — wegen des großen Einflusses der Luftschichten — der Einfluß der Blechverlustziffer auf die Wärmeleitfähigkeit klein, im Gegensatz zu Maschinen, die in Wasserstoff laufen.

b) Wasserstoff bewirkt — praktisch unabhängig von der Blechqualität — eine Verbesserung der Wärmequerleitfähigkeit von ca. 25% bei papierisolierten Blechen und ca. 50% bei lackisolierten Blechen.

c) Lackisolierte Blechkörper haben in jedem Falle gegenüber papierisolierten eine wesentlich bessere Wärmequerleitfähigkeit (im Mittel etwa die doppelte).

d) Die Wärmelängs- und Querleitfähigkeit ist in jedem Falle außerordentlich verschieden — bei Lauf in Luft ist die Längsleitfähigkeit je nach Blechqualität 9 bis 22 mal größer, bei Lauf in Wasserstoff 3,5 bis 7,5 mal größer und muß in jedem einzelnen Falle der Blechkörper-Wärmeberechnung deshalb in seiner wirklichen Größe berücksichtigt werden. Der Erwärmungsverlauf im Innern von Dynamoblechkörpern, in denen Ummagnetisierungsverluste erzeugt werden, errechnet sich nach Gesetzmäßigkeiten, die für Gebiete mit Wärmequellen gelten und nachfolgend behandelt werden.

Wärmeleitung in Körpern mit inneren Wärmequellen. Vielfach findet bei elektrischen Maschinen die Wärmeentwicklung nicht an der Oberfläche, sondern im Innern gewisser Gebiete statt. Hauptsächliche Wärmequellen endlicher Ausdehnung sind die Wicklungen, in denen Stromwärmeverluste entstehen, und Blechkörper mit ihren Ummagnetisierungsverlusten. Der Wärmetransport aus solchen Maschinenteilen nach wärmeabführenden Nachbargebieten hat ein inneres Temperaturgefälle zur Folge.

Aus einem quellenbehafteten Körper, in dem pro Zeit- und Volumeneinheit die Wärmemenge q erzeugt wird, sei ein langgestrecktes Gebietselement mit dem konstanten Querschnitt A und der Länge l betrachtet, dessen entwickelte Wärme nur von einer der stumpfen Begrenzungsflächen abgeführt wird (Abb. 10). Das

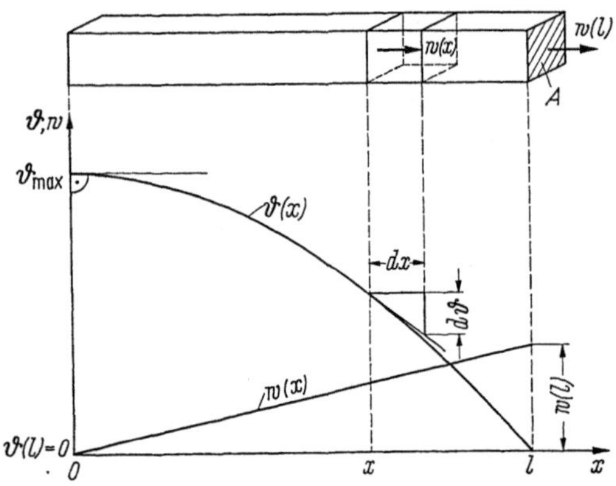

Abb. 10. Wärmefluß w und Temperaturerhöhung ϑ im Innern eines einseitig gekühlten Körperausschnittes mit Wärmequellen

Koordinatensystem habe seinen Ursprung an der entgegengesetzten Begrenzungsfläche. Die x-Achse falle in Längsrichtung des Körperausschnitts, und weist damit in Richtung des Wärmeflusses. Bei $x = 0$ ist der Wärmelängsfluß voraussetzungsgemäß gleich Null. Er wächst linear mit dem Abstand x vom Ursprung: $w_{(x)} = \frac{qAx}{A} = qx$ und verursacht an der Stelle x ein seiner Größe proportionales Temperaturgefälle:

$$q \cdot x = -\lambda \cdot \frac{d\vartheta}{dx}. \tag{35}$$

Der Proportionalitätsfaktor λ ist die Wärmeleitzahl des Körpers (vgl. S. 74). Die Integration von Gl. (35) führt zu:

$$\vartheta(x) = -\frac{q}{2\lambda} \cdot x^2 + C.$$

Hat die wärmeabführende Begrenzungsfläche bei $x = l$ die Erwärmung $\vartheta(l) = 0$, so wird die Integrationskonstante

$$C = \frac{q}{2\lambda} \cdot l^2$$

und der Temperaturanstieg im Innern des Körpers hat den parabolischen Verlauf:

$$\vartheta(x) = \frac{q}{2\lambda}(l^2 - x^2) \begin{cases} \vartheta\ [°\mathrm{C}] \\ q\ [\mathrm{W/cm^3}] \\ l,\ x\ [\mathrm{cm}] \\ \lambda\ [\mathrm{W/cm\ °C}]. \end{cases} \tag{36a}$$

Die größte innere Temperaturerhöhung erhält man für $x = 0$:

$$\vartheta(o) = \frac{q}{2\lambda} \cdot l^2 = \vartheta_{\max}. \tag{36b}$$

Beispiel 1: Ein stromführender Wicklungsstab (Abb. 11) möge in seinem Nutenabschnitt keine merkliche Wärme an die Umgebung abgeben. Praktisch alle in ihm entstehenden Verluste werden über die beidseitigen Stirnverbindungen an die kühlende Luft abgeführt. Die

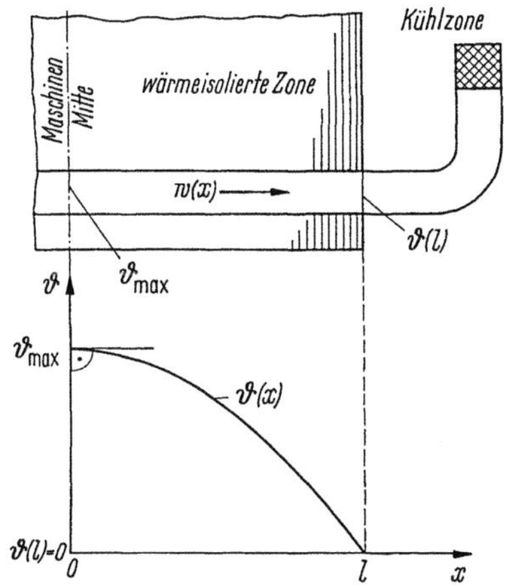

Abb. 11. Verlauf der Übertemperatur in einem isoliert eingebetteten Wicklungsstab mit Wärmeabgabe nur bei den Stirnverbindungen

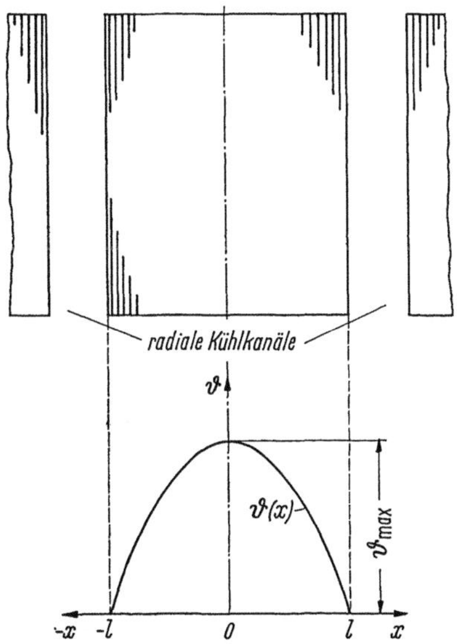

Abb. 12. Verlauf der Übertemperatur im Innern eines Dynamoblechpaketes bei Wärmeabfluß nur nach den Stirnflächen

Stromdichte beträgt $i = 4$ A/mm², die aktive Länge ist 40 cm. Um wieviel ist der Stab in Maschinenmitte wärmer als im Wickelkopf?

Bei einer mittleren Leitertemperatur von beispielsweise 100 °C betragen die Kupferverluste pro Volumeneinheit:

$$q = i^2 \cdot \varrho = 4^2 \cdot 0{,}023 = 0{,}368 \text{ W/cm}^3.$$

Aus Tab. 25 findet man für Elektrolyt-Kupfer:

$$\lambda = 3{,}9 \text{ W/cm °C}.$$

Der betrachtete Wicklungsstab ist in thermischer Hinsicht symmetrisch zur Maschinenmitte, die maßgebende Länge ist also $l = 1/2 \cdot 40 = 20$ cm. Gl. (36b) liefert die gewünschte Auskunft:

$$\vartheta_{\max} = \frac{0{,}368}{2 \cdot 3{,}9} \cdot 20^2 = \underline{19 \text{ °C}}.$$

Beispiel 2: Ein 6 cm breites Blechpaket (Abb. 12) wird beidseitig von kühlender Luft bestrichen. Es ist aus 0,5 mm dicken und papierisolierten 3 W/kp—Dynamoblechen zusammengesetzt. Pro Volumeneinheit werden in ihm 0,05 W/cm³ erzeugt. Die Verluste mögen ausschließlich durch die Stirnflächen abgeführt werden, der Wärmefluß geht also quer zur Schichtrichtung. Um wieviel ist das Blechpaket in der Mitte wärmer als an den Rändern?

Aus Tab. 28 findet man als resultierende Quer-Wärmeleitfähigkeit für das angegebene Blech $\lambda = 0{,}0195$ W/cm °C. Der Erwärmungsverlauf im Paketinnern ist symmetrisch zur Mittellinie, die maßgebende Länge beträgt daher $l = 1/2 \cdot 6 = 3$ cm.

Mit Hilfe von Gl. (36b) findet man das Resultat:

$$\vartheta_{max} = \frac{0{,}05}{2 \cdot 0{,}0195} \cdot 3^2 = \underline{11{,}5\ °C.}$$

b) Wärmestrahlung. Die Wärmeabgabe durch Wärmestrahlung spielt für die Kühlung elektrischer Maschinen — insbesondere Großmaschinen — eine untergeordnete Rolle. Von Bedeutung ist sie für jene Fälle, wo stillstehende Maschinen durch eingebauten Heizwiderstand soweit erwärmt werden, daß *Schwitzwasserbildung* vermieden wird. In diesem Falle muß für den stationären Zustand die aufzuwendende Heizleistung den Wärmeverlusten durch Wärmestrahlung entsprechen.

Zum besseren Verständnis des Begriffes der Wärmestrahlung sind kurz einige Hinweise gegeben: Bei der Wärmestrahlung wird der Energie-Inhalt eines Körpers zum Teil in strahlende Energie umgesetzt. Wärmestrahlen durchmessen den Raum ohne ihn zu erwärmen und werden erst beim Auftreffen auf einen zweiten Körper ganz oder teilweise in Wärme zurückverwandelt. Wärme- und Lichtstrahlen sind qualitativ identisch. Die unsichtbaren Wärmestrahlen haben größere Wellenlängen als die sichtbaren Lichtstrahlen. Die Wärmestrahlen breiten sich geradlinig im Raum aus.

Die Intensität der Strahlung nimmt mit dem Quadrat der Entfernung ab. Die Wärmeübertragung durch Strahlung wird beeinflußt von der Oberflächenbeschaffenheit, von der Form, Größe und gegenseitigen Lage und von der Temperatur der strahlenden und der bestrahlten Oberfläche.

Nach dem Stefan-Boltzmannschen Gesetz ist die von 1 m² Oberfläche eines Körpers sekundlich ausgestrahlte Wärmemenge

$$w = c\left[\left(\frac{T_0}{100}\right)^4 - \left(\frac{T_R}{100}\right)^4\right] \text{W/m}^2. \qquad (37\,a)$$

Hierin ist die Strahlungszahl c für den absolut schwarzen Körper 5,8 W/°K⁴m² und für die normalen wärmestrahlenden Flächen elektrischer Maschinen etwa 5 W/°K⁴m². T_0 bzw. T_R sind die absoluten Temperaturen der Oberfläche des Körpers bzw. des umgebenden Raumes in °K.

Zur praktischen Auswertung schreiben wir die pro Oberflächeneinheit abgestrahlte Wärmeleistung w in der einfachen Form

$$w = \alpha_s \vartheta \begin{cases} w\ [\text{W/cm}^2] \\ \alpha_s\ [\text{W/cm}^2\ °\text{C}] \\ \vartheta\ [°\text{C}] \end{cases} \qquad (37\,b)$$

mit $\vartheta = \vartheta_0 - \vartheta_R$ und sind uns bewußt, daß der Faktor α_s keine Konstante mehr darstellt, sondern von der jeweiligen Raum- und Übertemperatur abhängig ist. So gelten folgende Werte für die sogenannte *Wärmeabgabezahl* α_s[1].

Wärmeabgabezahl α_s $\left[\frac{\text{W}}{\text{cm}^2\ °\text{C}}\right]$	Übertemperatur ϑ 10 °C	30 °C	50 °C	
Raumtemperatur ϑ_R = 10 °C	4,65	5,17	5,73	Faktor
20 °C	5,16	5,71	6,30	$\cdot 10^{-4}$
30 °C	5,69	6,28	6,91	

[1] Nicht zu verwechseln mit der bei Konvektion auftretenden Wärmeübergangszahl α_k.

Für die Verhältnisse in elektrischen Maschinen kann überschlagsmäßig mit

$$\alpha_s = (5 \dots 7)\, 10^{-4} \, \frac{\mathrm{W}}{\mathrm{cm^2\ ^\circ C}}$$

gerechnet werden.

Bezeichnet man mit A die *abstrahlende Oberfläche*[1], so berechnet sich die *abgestrahlte Leistung* P (Wärmestrom) zu

$$P = wA = \alpha_s A \vartheta \quad \left\{ \begin{array}{l} P\,[\mathrm{W}] \\ \alpha_s\,[\mathrm{W/cm^2\ ^\circ C}] \\ A\,[\mathrm{cm^2}] \\ \vartheta\,[^\circ\mathrm{C}] \end{array} \right. \tag{38}$$

Beispiel: Eine Maschine mit einem Durchmesser von $d = 2$ m und einer mittleren totalen Länge von $l = 3$ m steht in einem Raum von $\vartheta_R = 30$ °C. Es soll die Strahlungswärme durch Stillstandsheizung zugeführt werden. Zugelassen sei eine Übertemperatur von $\vartheta = 10$ °C. Die Verlustleistung beträgt dann mit α_s aus obiger Tabelle

$$A = d\pi l = 200\pi\, 300 = 18{,}8 \cdot 10^4\ \mathrm{cm^2}$$

$$P = \alpha_s A \vartheta = 5{,}69 \cdot 10^{-4} \cdot 18{,}8 \cdot 10^4 \cdot 10 = \underline{1070\ \mathrm{W}.}$$

c) Konvektion. Die Wärmeabfuhr durch ein bewegtes flüssiges oder gasförmiges Medium nennt man Konvektion. Nach der Newtonschen Definitionsgleichung ist der Wärmestrom P (abgegebene Leistung) zwischen einer festen Wand von der Oberfläche[2] A und dem bewegten Medium, die ein Temperaturgefälle ϑ aufweisen,

$$P = \alpha_k A \vartheta \quad \left\{ \begin{array}{l} P\,[\mathrm{W}] \\ \alpha_k\,[\mathrm{W/cm^2\ ^\circ C}] \\ A\,[\mathrm{cm^2}] \\ \vartheta\,[^\circ\mathrm{C}] \end{array} \right. \tag{39}$$

Darin wird die Proportionalitätskonstante α_k als *Wärmeübergangszahl*[3] oder *Konvektionsziffer* bezeichnet. Sie ist strenggenommen keine Konstante, sondern hängt neben A noch von ϑ ab. Es wird Gegenstand der folgenden Ausführungen sein, ihre Abhängigkeit näher zu bestimmen.

Grundsätzlich muß man für die Ermittlung der Konvektionsziffer die verschiedenen Strömungsarten unterscheiden.

1. Freie Strömung. Eine *freie Strömung* nennen wir eine solche, bei der sich in der Nähe heißer Flächen eine Strömung durch Auftrieb ausbildet, wie dies bekanntlich etwa in der Nähe von Zentralheizungskörpern der Fall ist. Im Elektromaschinenbau wird diese freie Strömung zur Wärmeabfuhr praktisch nur bei gekapselten Kleinmotoren ohne Außenventilation und zur Wärmeabfuhr von geheizten[4] Großmaschinen verwendet.

Im Falle der freien Strömung, die relativ geringe Wärmeabfuhr ergibt, ist für die gesamte Wärmeabfuhr auch diejenige durch Strahlung mitzurechnen. Beide

[1] Bei „gewellten" Oberflächen, z. B. Wellbleche, Buckelbleche, ist nicht die „benetzte", sondern die projezierte Oberfläche für die Abstrahlung maßgebend.

[2] Im Gegensatz zur Strahlung ist bei der Konvektion mit der „benetzten" Oberfläche zu rechnen.

[3] Die Wärmeübergangszahl α_k bei der Konvektion hat die gleiche Dimension wie die Wärmeabgabezahl α_s bei der Strahlung.

[4] Großmaschinen werden oft im Stillstand zur Vermeidung von Kondensatbildung geheizt.

sind etwa von gleicher Größe. Die Konvektionsziffer α_k ist bei der freien Strömung — wie aus der Art, durch welche die freie Strömung zustande kommt, leicht erklärlich — von der Temperatur und der Form des Körpers abhängig. Die Temperaturabhängigkeit wurde nach den übereinstimmenden experimentellen und theoretischen Untersuchungen zahlreicher Forscher zu $\alpha_k \sim (\Delta T/T)^{1/4}$ ermittelt, wenn T die absolute Temperatur und ΔT den Unterschied von Wand- und Umgebungstemperatur bezeichnet. Für die Formabhängigkeit bestehen einigermaßen allgemeingültige Unterlagen, die im Elektromaschinenbau verwertet werden können, nur für runde Körper und Rohre. Sie müssen für genauere Untersuchungen der Spezialliteratur entnommen werden. Unter Beschränkung auf die oben angegebenen Fälle kann mit ausreichender Genauigkeit angenommen werden:

$\alpha_k = 6 \cdot 10^{-4}$ W/cm² °C für Maschinen mit Kühlrippen an der Außenoberfläche und für Großmaschinen mit Stillstandsheizung.

$\alpha_k = 7 \cdot 10^{-4}$ W/cm² °C für Maschinen ohne Kühlrippen und am Statorgehäuse innen anliegendem Blechkörper, wobei als Oberfläche A nur die zylindrische Oberfläche ohne die Stirnseiten einzusetzen ist.

In dem Beispiel für die Berechnung der Wärmeabgabe durch Strahlung für eine im Stillstand geheizte Großmaschine wurde die Wärmeabgabe durch Strahlung zu 1,1 kW ermittelt (S. 83). Für die Wärmeabgabe durch Konvektion ergibt sich für das gleiche Beispiel

$$P = 7 \cdot 10^{-4} \cdot 18{,}8 \cdot 10^4 \cdot 10 = 1315\ \text{W} = \underline{1{,}3\ \text{kW}}.$$

Die gesamte aufzubringende Heizleistung für die Wärmeabgabe durch Strahlung und Konvektion bei freier Strömung ist also

$$P = 1{,}1 + 1{,}3 = \underline{2{,}4\ \text{kW}}.$$

2. Erzwungene Strömung. Eine *erzwungene Strömung* von Gasen oder Flüssigkeiten liegt vor, wenn die Fläche, von welcher Wärme abgeführt werden soll, durch Eigen- oder Fremdventilation bzw. durch einen gelenkten Flüssigkeitsstrom gekühlt wird. Dies ist der normale Fall bei elektrischen Maschinen. Die Geschwindigkeit des Kühlmediums wird als bekannt vorausgesetzt, sei es durch Rechnung oder den Versuch. Bei der erzwungenen Strömung ist die Strömungsgeschwindigkeit von Gasen in elektrischen Maschinen meist größer als 2 bis 5 m/s, wie sie sich etwa durch den Auftrieb bei der freien Strömung je nach Temperatur ergibt. Die Strömung verläuft deshalb bei Luft und Gasen meist im Gebiete der *Turbulenz* und die Konvektionsziffer ist wegen der Geschwindigkeitsabhängigkeit von α_k bedeutend größer als bei der freien Strömung. Daher kann im Falle der erzwungenen Strömung die Strahlung vernachlässigt werden. Nur in dem Sonderfalle von gekapselten Motoren, mit absichtlich sehr schwacher Außenventilation der Gehäuseoberfläche, spielt die Wärmeabgabe durch Strahlung noch eine gewisse Rolle (z. B. Webstuhlmotoren, bei denen darauf geachtet wird, daß am Webstuhl keine störenden Luftbewegungen auftreten). Bei der erzwungenen Strömung ist die Konvektionsziffer nur wenig temperaturabhängig. Für die Konvektion bei erzwungener Strömung wurden durch umfangreiche theoretische und experimentelle Studien relativ einfache Beziehungen gefunden, die eine Berechnung der Wärmeabgabe durch Konvektion mit ziemlich guter Sicherheit gestatten. Die verschiedenen im Gebrauch befindlichen Formeln für α_k bei erzwungener Strömung haben alle ungefähr den gleichen Charakter der Funktion, sind aber durch Kennziffern — dimensionslose Größen, die den Strömungszustand ausdrücken — voneinander verschieden. Es sind mehrere solcher Kennziffern heute gebräuchlich. Ihre Kenntnis für den Elektromaschinenkonstrukteur ist deshalb unumgänglich. Die Kennziffern sind mit zwei Buchstaben — Abkürzungen der Namen verdienstvoller Forscher — bezeichnet, wie z. B. Re (Reynoldszahl). Die Bedeutung dieser Kennziffern besteht darin, daß zwei verschiedene Vorgänge bei geometrisch ähnlichen Verhältnissen nur dann auch physikalisch ähnlich sind, wenn die betreffenden Kennziffern übereinstimmen. Physikalische Ähnlichkeit bedeutet, daß auch zwischen den physikalischen Größen, wie z. B. den Geschwindigkeiten, konstante Proportionen bestehen. Man kann nun allgemein zeigen, daß sich ein physikalischer Vorgang als reine Funktion nur dieser Kennziffern darstellen läßt, etwa in der Form f (Re, Pr, Nu, ...) = 0, wobei die Zahl der Argumente ein Minimum wird. Interessiert man sich für eine bestimmte beteiligte Größe, z. B. für die Wärmeübergangszahl α_k, so wird man eine Kennziffer, welche diese Größe enthält, ausschreiben, z. B. $\mathrm{Nu} = \alpha_k l_0/\lambda$ und die Funktion nach dem gesuchten Wert auflösen, z. B. $\alpha_k = \lambda/l_0 \cdot f_i(\mathrm{Re}, \mathrm{Pr}, \ldots)$.

Die Prandtlsche Kennziffer Pr basiert allein auf Stoffwerten.

$$\mathrm{Pr} = \frac{\nu}{a} = \frac{\nu \cdot c \cdot \varrho}{\lambda} = \frac{\eta \cdot c}{\lambda} \quad (40)$$

$\nu = \frac{\eta}{\varrho}$ [cm²/s]	Kinematische Zähigkeit (Viskosität)
$\eta \left[\frac{\text{kp s}}{\text{cm}^2}\right]$	dynamische Zähigkeit
$a = \frac{\lambda}{c \cdot \varrho}$ [cm²/s]	Temperaturleitzahl
λ [W/cm °C]	Wärmeleitzahl
c [Ws/kg °C]	Spezifische Wärme[1]
ϱ [kg/cm³]	Dichte

Kurz einige Bemerkungen über die *Viskosität* oder *Zähigkeit*:

Man hat streng zu unterscheiden zwischen der *kinematischen Zähigkeit* ν in Stokes[2] (1 St = 1 cm²/s) und der *dynamischen Zähigkeit* $\eta = \nu\varrho = \nu \cdot \gamma/g$ in Poisen[2] (1 P = 1 dyn s/cm²). Im technischen Maßsystem wird die Einheit von η in kp s/m² angegeben (1 kp s/m² = 98,1 P). Für die praktische Umrechnung kann von folgender Beziehung Gebrauch gemacht werden:

$$\eta\left[\frac{\text{kp s}}{\text{m}^2}\right] = \frac{\nu[St] \cdot \gamma[\text{kp/dm}^3]}{98{,}1}$$

Im englischen Sprachgebiet wird die Einheit von η in lbs s/in² angegeben und als Reyn[2] bezeichnet (1 Reyn = 703,1 kp s/m²). Als konventionelle Einheiten für die Viskosität ν sind noch gebräuchlich:

Engler Grade (°E) auf dem europäischen Festland,
Redwood-Sekunde (R-s) in England,
Saybolt-Sekunde (S-s) in USA.

---

[1] Bei Gasen ist die spezifische Wärme c_p für konstanten Druck einzusetzen.

[2] Die Einheiten Stoke, Poise und Reyn wurden zu Ehren der bekannten Physiker STOKES, POISEUILLE und REYNOLDS gewählt.

Für die Umrechnung dieser Einheiten in Stokes kann folgende Tabelle benutzt werden (Hütte I):

St	°E	S-s	R-s
0,20	2,87	97,69	85,75
0,30	4,07	141,2	124,4*
0,40	5,33	186,0	164,3
0,50	6,67	231,8	204,7
0,60	7,93	277,9	245,3
0,80	10,54	370,3	326,6

* normales Turbinenöl (z. B. MEDIUM)

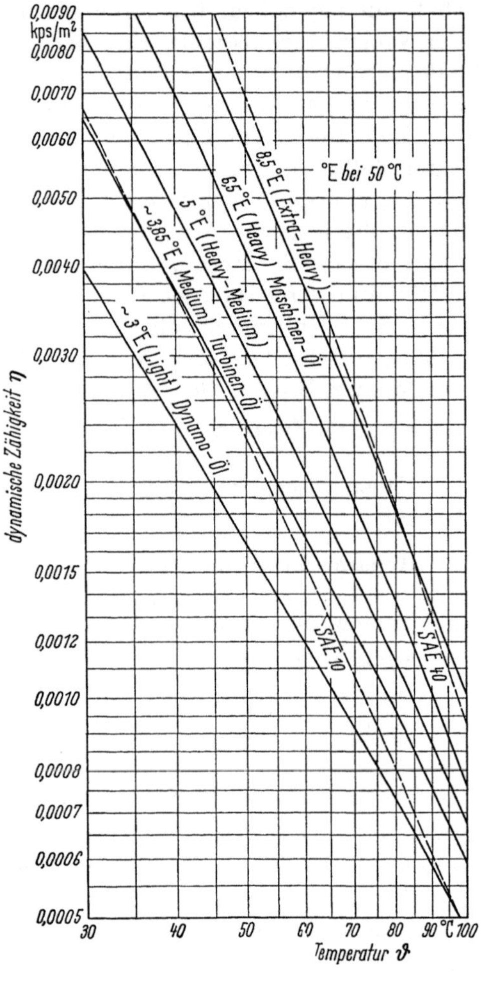

Abb. 13. Dynamische Zähigkeit η in Abhängigkeit von der Temperatur ϑ für die gebräuchlichsten Schmieröle

Die dynamische Zähigkeit η ist stark temperaturabhängig. Für die gebräuchlichsten Maschinenöle ist diese Abhängigkeit aus Abb. 13 zu ersehen. η ist die maßgebende Viskosität für Lagerberechnungen.

Die Reynoldssche Kennziffer ist

$$\mathrm{Re} = \frac{v \cdot l_0}{\nu}, \tag{41}$$

wobei v die Geschwindigkeit des Kühlmediums und ν seine kinematische Zähigkeit bedeuten. l_0 ist eine charakteristische geometrische Größe.

Die Nusseltsche Kennziffer ist $\mathrm{Nu} = \alpha_k \dfrac{l_0}{\lambda}$. (42)

Die Pécletsche Kennziffer ist $\mathrm{Pe} = \mathrm{Re} \cdot \mathrm{Pr} = \dfrac{v l_0}{\nu} \dfrac{\nu}{a} = \dfrac{v l_0}{a} = \dfrac{v \cdot l_0 \cdot c \varrho}{\lambda}$. (43)

Für längsbestrichene *ebene Flächen* schlägt GOTTER[1] im turbulenten Gebiet ($\mathrm{Re} > 5 \cdot 10^5$) für *erzwungene Luftströmung* von Atmosphärendruck die Beziehung

$$\mathrm{Nu} = \frac{\alpha_k \cdot l_0}{\lambda} = 0{,}0432\, \mathrm{Re}^{0,78} \tag{44a}$$

vor, woraus sich die Wärmeübergangszahl

$$\alpha_k = 0{,}0432\, \frac{\lambda}{l} \left(\frac{v \cdot l}{\nu}\right)^{0,78} = 0{,}0432 \left(\frac{\lambda}{\nu^{0,78} \cdot l^{0,22}}\right) v^{0,78} \tag{44b}$$

[1] GOTTER, G.: Erwärmung und Kühlung elektrischer Maschinen, Springer 1954.

gewinnen läßt, wenn $l_0 = l$ die Ausdehnung der Fläche in Richtung der Strömung bedeutet. Die Stoffwerte λ und ν sind definitionsgemäß für das algebraische Mittel $\vartheta = {}^1/_2(\vartheta_w + \vartheta_L)$ der Temperaturen von Wandfläche ϑ_w und Luftströmung ϑ_L (in genügend senkrechter Entfernung der Fläche) einzusetzen. Setzt man eine Bezugstemperatur voraus, wie sie im Elektromaschinenbau etwa vorkommt, wie $\vartheta = {}^1/_2(120 + 60) = 90$ °C, so ergeben sich für Luft von 1 ata Stoffwerte von $\lambda = 3{,}00 \cdot 10^{-4}$ W/cm °C und $\nu = 0{,}226$ cm²/s. Beschränkt man sich außerdem auf kleine Flächen mit $l = 0{,}20$ m, so führt obige Gleichung auf die spezielle Form (vgl. Abb. 14),

$$\alpha_k = 7{,}8 \cdot 10^{-4}\, v^{0{,}78} \qquad \begin{cases} \alpha_k \, [\mathrm{W/cm^2\ °C}] \\ v \, [\mathrm{m/s}] \end{cases} \tag{44c}$$

die wegen der geringen Temperaturabhängigkeit allgemein gebraucht wird und durch Versuche von NUSSELT und JÜRGES experimentell bestätigt wurde.

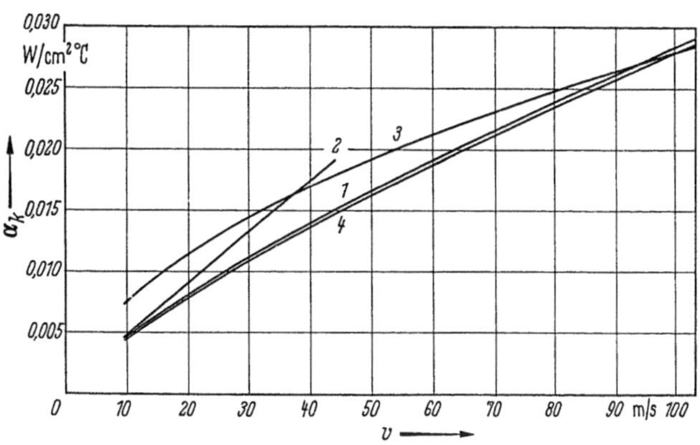

Abb. 14. Wärmeübergangszahl α_k in Abhängigkeit der Geschwindigkeit v bewegter Luft von Atmosphärendruck.
1 $\alpha_k = 7{,}8 \cdot 10^{-4} \cdot v^{0{,}78}$
2 $\alpha_k = (6{,}2 + 4{,}2v) \cdot 10^{-4}$
3 $\alpha_k = (30\sqrt{v} - 20) \cdot 10^{-4}$
4 $\alpha_k = 7{,}68 \cdot 10^{-4} \cdot v^{0{,}78}$ ($\triangleq 0{,}027\, \lambda/d \cdot \mathrm{Pe}^{0{,}78}$ bei 50 °C, $d = 1$ cm)

Vielfach rechnet man einfach für turbulente Strömung bei Geschwindigkeiten von 5...45 m/s mit

$$\alpha_k = 10^{-4}(6{,}2 + 4{,}2v) \qquad \begin{cases} \alpha_k \, [\mathrm{W/cm^2\ °C}] \\ v \, [\mathrm{m/s}] \end{cases} \tag{45}$$

oder mit der oft verwendeten Faustformel

$$\alpha_k = 10^{-4}(30\sqrt{v} - 20) \qquad \begin{cases} \alpha_k \, [\mathrm{W/cm^2\ °C}] \\ v \, [\mathrm{m/s}] \end{cases} \tag{46}$$

In Abb. 14 sind die nach obigen Angaben errechneten α_k in Abhängigkeit der Geschwindigkeit graphisch dargestellt.

Es wird absichtlich auf die Wiedergabe von Versuchen verzichtet, die an glatten und rauhen, jedoch frei rotierenden Zylindern gemacht wurden und die zu wesentlich niedrigeren Wärmeübergangszahlen geführt haben. Die Rotoren elektrischer Maschinen sind nicht frei rotierend, sondern drehen in einer sehr rauhen Statorbohrung. Es hat sich gezeigt, daß die Anwendung der Wärmeübergangszahlen nach Abb. 14 unter Einsetzung von 75% der Umfangsgeschwindigkeit den tatsächlichen Kühlungsverhältnissen recht gut entspricht. In allen jenen Fällen dagegen, bei welchen die Umgebungsluft am Mitrotieren verhindert wird (z. B. Schleiffläche von Schleifringen und Kommutatoren), muß für v die Umfangsgeschwindigkeit voll eingesetzt werden.

Praktische Messungen der Wärmeabgabeverhältnisse an Polspulen von Synchronmaschinen ergeben Wärmeübergangszahlen in Abhängigkeit von der Umfangsgeschwindigkeit des Rotors nach Abb. 15.

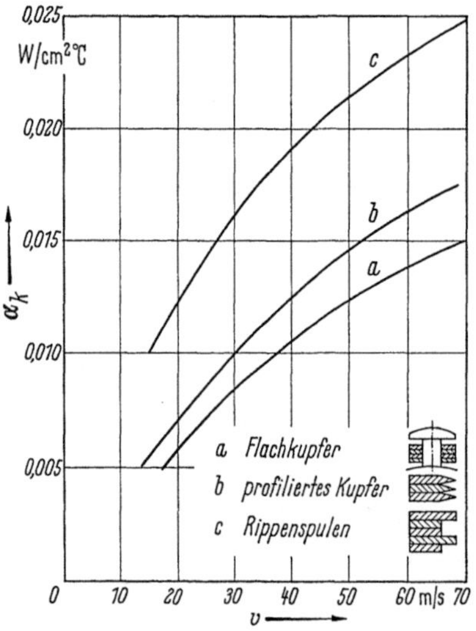

Abb. 15. Gemessene Wärmeübergangszahlen α_k von Polspulen (Synchronmaschinen) in Abhängigkeit der Rotorumfangsgeschwindigkeit v (bei 70 °C, Oberfläche als Projektion gerechnet)

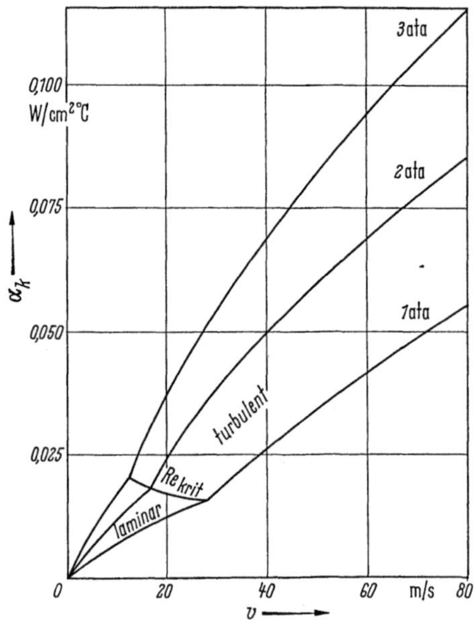

Abb. 16. Wärmeübergangszahlen α_k für H_2 in Rohren nach SCHRÖDER-PANNEN

Für die Wärmeübergangszahl in Wasserstoff verschiedenen Druckes wurde in Abb. 5 für die Umrechnung von Luft auf Wasserstoff im turbulenten Bereich die Beziehung von KRAUSSOLD

$$\bar{\alpha}_k = \frac{\alpha_k(H_2 + L)}{\alpha_k(L)} = \bar{\lambda}^{0,22} (\bar{c}_p \bar{\varrho})^{0,78}$$

verwendet (vgl. Gl. 50).

Schließlich sind in Abb. 16 noch die aus Messungen von SCHRÖDER-PANNEN[1] für Wasserstoff in Rohren ermittelten Wärmeübergangszahlen abhängig von der Geschwindigkeit gezeigt, die einen weiten Geschwindigkeitsbereich, einschließlich demjenigen für laminare Strömung, decken und höhere Werte ergeben als die mit Abb. 5 umgerechneten Werte für Luft aus Abb. 14.

Für eine *ebene Fläche*, die durch eine *Flüssigkeit* in der Richtung ihrer Ebene bestrichen wird, schlägt GOTTER für turbulente Strömung ($Re > 5 \cdot 10^5$) die Beziehung nach KRAUSSOLD[2] vor

$$Nu = 0{,}0568\ Pe^{0,78}, \tag{47a}$$

[1] SCHRÖDER-PANNEN: Direkte Leiterkühlung bei Turbogeneratoren. VDE-Fachberichte, Bd. 18 (1954).

[2] KRAUSSOLD: Der konvektive Wärmeübergang. Technik, Bd. 3 (1948) S. 205.

woraus
$$\alpha_k = 0{,}0568 \frac{\lambda}{l} \left(\frac{v \cdot l}{a}\right)^{0{,}78} = 0{,}0568\,(c \cdot \varrho)^{0{,}78} \cdot \left(\frac{\lambda}{l}\right)^{0{,}22} \cdot v^{0{,}78} \tag{47b}$$

α_k [W/cm² °C]	Wärmeübergangszahl
λ [W/cm °C]	Wärmeleitzahl
l [cm]	Länge der bestrichenen Fläche
v [cm/s]	Geschwindigkeit
$a = \frac{\lambda}{c\varrho}$ [cm²/s]	Temperaturleitzahl

hervorgeht. In Abb. 17 ist $\alpha_k(v)$ für Wasser graphisch dargestellt.

Für die Ermittlung der Wärmeübergangszahl *in Rohren* (Hohlleiter von Stator- und Rotorwicklungen) ist zunächst die Reynoldssche Kennziffer zu ermitteln, in welcher als charakteristische geometrische Abmessung l_0 der Rohrdurchmesser d bzw. der sogenannte *hydraulische Durchmesser*[1] bei Abweichung von der Kreisform einzusetzen ist. l bedeutet hier die Rotorlänge.

Für Re $<$ 2300 liegt bei Flüssigkeiten laminare Strömung vor und die Nusselt'sche Kennziffer ist nach KRAUSSOLD

$$\mathrm{Nu} = \alpha_k \frac{d}{\lambda} = c \cdot \mathrm{Pe}^{0{,}23} \left(\frac{d}{l}\right)^{0{,}5}, \tag{48}$$

wobei $c = 15$ für Heizung und $c = 11{,}5$ für Kühlung der Rohrwand einzusetzen ist.

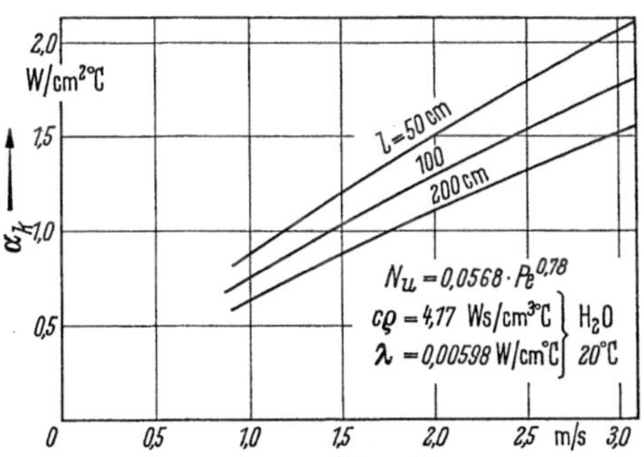

Abb. 17. Wärmeübergangszahl α_k von Wasser bei Strömung längs einer ebenen Wand

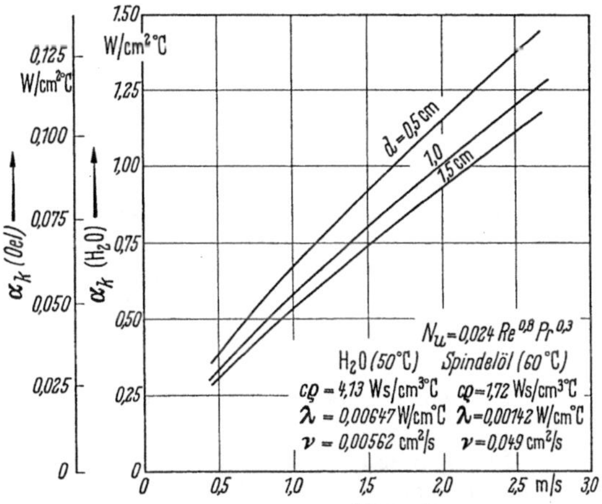

Abb. 18. Wärmeübergangszahl α_k von Wasser und Spindelöl in Hohlleitern, $(d/l = 0{,}0025 \ldots 0{,}01)$

Im *Übergangsgebiet* von laminarer zu turbulenter Strömung mit 2300 $<$ Re $<$ $<$ 10 000 existieren keine einfachen Gleichungen, und man wird am besten Zwischenwerte schätzen.

[1] Der hydraulische Durchmesser d ist definiert als $d = 4\,A/U$, wobei A die Fläche und U den Umfang des Durchflußquerschnittes bedeuten.

Für *turbulente* Strömung von *Flüssigkeiten* (Re > 10 000) gilt nach KRAUSSOLD

$$\mathrm{Nu} = \alpha_k \frac{d}{\lambda} = 0{,}032\ \mathrm{Re}^{0,8}\ \mathrm{Pr}^n \left(\frac{d}{l}\right)^{0,054} \tag{49a}$$

mit $n = 0{,}37$ für Heizung und $n = 0{,}30$ für Kühlung der Rohrwand.

Das Verhältnis d/l wird für *Hohlleiter* immer relativ klein sein, so daß man für $(d/l)/^{0,054}$ mit dem Näherungswert 0,75 rechnen kann ($d/l = 0{,}0025 \ldots 0{,}01$). Man erhält so für die Wärmeübergangszahl bei Kühlung der Rohrwand

$$\alpha_k = 0{,}024 \frac{\lambda}{d} \mathrm{Re}^{0,8}\ \mathrm{Pr}^{0,3} = 0{,}024 \cdot v^{0,8} (c \cdot \varrho)^{0,3}\ d^{-0,2}\ \lambda^{0,7}\ \nu^{-0,5} \begin{cases} \alpha_k\ [\mathrm{W/cm^2\ °C}] \\ \lambda\ [\mathrm{W/cm\ °C}] \\ d\ [\mathrm{cm}] \end{cases} \tag{49b}$$

Dieser Zusammenhang ist für Wasser und Spindelöl in Abb. 18 graphisch dargestellt.

Für *Hohlleiter* mit *Gaskühlung* kann im turbulenten Bereich folgende Beziehung von KRAUSSOLD in guter Übereinstimmung mit praktischen Ergebnissen benutzt werden.

$$\alpha_k = 0{,}027 \frac{\lambda}{d} \mathrm{Pe}^{0,78} = 0{,}027 (c_p \varrho)^{0,78} \left(\frac{\lambda}{d}\right)^{0,22} v^{0,78} \qquad \begin{cases} \alpha_k\ [\mathrm{W/cm^2\ °C}] \\ \lambda\ [\mathrm{W/cm\ °C}] \\ d\ [\mathrm{cm}] \end{cases} \tag{50}$$

Für einen hydraulischen Radius von $d = 1$ cm ist diese Abhängigkeit in der Form $\alpha_k(v)$ für Luft von 1 ata und der Bezugstemperatur von 50 °C in Abb. 14 dargestellt, $\lambda = 26{,}6 \cdot 10^{-3}$ W/m °C, $c_p \cdot \varrho = 1065$ Ws/m³ °C (Tab. 23).

1. Beispiel: Gekapselter Schleifringkörper. Zwei Schleifringe eines Turbogenerators mit den Daten: 3000 U/min, 400 mm Außendurchmesser, je 80 mm breite Schleiffläche, sind bestückt mit je 18 Bürsten auf 9 Linealen zu 2 Bürsten. Bürstenabmessungen: 32×25 mm; Bürstendruck: $p = 0{,}160$ kp/cm²; Erregerstrom: $I = 1000$ A. Die Schleifringe sind gekapselt. In die Kapselung wird durch einen Ventilator Frischluft vom Raum angesaugt und wieder in den Raum ausgeblasen. Die Luftübertemperatur ϑ_1 in der Kapselung soll 10 °C betragen. Die Schleifringübertemperatur bezogen auf die Lufttemperatur im Raum darf nach VDE 0530 den Wert von 70 °C nicht überschreiten, somit verbleibt für die Übertemperatur der Schleifringe, bezogen auf die Kapselungsluft ϑ_2 der Wert von 60 °C. Es ist zu untersuchen, ob die vorgesehene Anordnung diese Bedingungen erfüllt.

Die Stromdichte der Bürsten ist $i = \dfrac{I}{A} = \dfrac{1000}{18 \cdot 3{,}2 \cdot 2{,}5} = 6{,}95\ \mathrm{A/cm^2}$.

Der Spannungsabfall $U(i)$ bei der gewählten Stromdichte i ist nach Abb. 4 für Graphitkohlen (die für solche Schleifringe verwendet werden) $U(6{,}95) = 0{,}8$ V. Die Stromübergangsverluste pro Schleifring sind dann $P_s = IU = 1000 \cdot 0{,}8 = 800$ W. Die Umfangsgeschwindigkeit der Schleifringe ist

$$v = \frac{n \cdot \pi}{60} d = \frac{3000\pi}{60} \cdot 40 = 6300\ \mathrm{cm/s} = 63\ \mathrm{m/s}.$$

Für diese Umfangsgeschwindigkeit liegen in den Bürstenkatalogen keine sicheren Unterlagen über die Reibungskoeffizienten vor. Wir können aber aus Abb. 7 einen Wert $\mu\,(63) = 0{,}1$ extrapolieren. Die Reibungsverluste werden dann nach Gl. (29) $P_b = 9{,}81 \cdot 10^{-5} \cdot A_1 \mu p v = 9{,}81 \cdot 10^{-5} \cdot (18 \cdot 3{,}2 \cdot 2{,}5) \cdot 0{,}1 \cdot 0{,}16 \cdot 6300 = 1{,}42$ kW. Die totalen Verluste auf dem Schleifring (ohne die vernachlässigbaren I^2R-Verluste im Ring) betragen somit

$$P = P_s + P_b = 0{,}800 + 1{,}42 = \underline{2{,}22\ \mathrm{kW}}.$$

Wenn wir nur die Wärmeabgabe auf die zylinderförmige Schleiffläche $A_2 = 40 \cdot \pi \cdot 8 = 1005$ cm² rechnen, dann ist mit $\alpha_k = (30 \cdot \sqrt{63} - 20) \cdot 10^{-4} = 0{,}022$ W/cm² °C (vgl. Abb. 14) die Übertemperatur nach Gl. (39)

$$\vartheta_2 = \frac{P}{\alpha_k \cdot A_2} = \frac{2220}{0{,}022 \cdot 1005} = \underline{100\ °C.}$$

Es ist offensichtlich, daß die Wärmeabfuhr der Schleifringe ungenügend ist.

Wir versuchen zunächst, die Verluste zu vermindern, indem wir statt 18 Bürsten nur 12 aufsetzen und dann eine Stromdichte von $i = 18/12 \cdot 6{,}95 = 10{,}45$ A/cm² haben. Der Spannungsabfall ist dann 0,9 V, die Stromübergangsverluste sind $1000 \cdot 0{,}9 = 900$ W und die Reibungsverluste $1420 \cdot 12/18 = 945$ W.

Die totalen Verluste eines Schleifringes betragen somit $P = 900 + 945 = \underline{1845}$ W und es wird dann

$$\vartheta_2 = 100 \cdot \frac{1845}{2220} = \underline{83\ °C.}$$

Damit haben wir einige Aussicht auf $\vartheta_2 = 60$ °C herunterzukommen, wenn wir die Seitenflächen mit zur Wärmeabgabe hinzurechnen. Die Ringe haben eine Dicke (radial) von 50 mm. Beide Seitenflächen ergeben zusammen $A_s = 2 \cdot (40^2 - 30^2) \cdot \pi/4 = 1100$ cm². Wenn die Schleiffläche $\vartheta_2 = 60$ °C haben soll, so sind die Seitenflächen wegen des Temperaturabfalles durch Wärmeleitung ca. 15 °C kälter, haben also nur eine Übertemperatur von 45 °C. Auch α_k ist kleiner, da wir in diesem Falle nur mit 75% der Umfangsgeschwindigkeit $v = 3000\pi/60 \cdot 0{,}35 = 55$ m/s rechnen dürfen, also mit

$$\alpha_k = (30 \cdot \sqrt{0{,}75 \cdot 55} - 20)\, 10^{-4} = 0{,}017 \text{ W/cm}^2\ °C.$$

Die abführbaren Verluste durch die Seitenflächen eines Schleifringes sind dann $P_a = 0{,}017 \cdot 1100 \cdot 45 = 840$ W. Es bleiben für die Schleiffläche dann noch $1845 - 840 = 1005$ W. Damit ergibt sich ein

$$\vartheta_2 = \frac{1005}{2220} \cdot 100 = \underline{45\ °C.}$$

Wir sehen also, daß die Schleifringtemperatur gut unterhalb $\vartheta_2 = 60$ °C bleiben wird.

Es interessiert noch der Luftstrom, den wir der Schleifringkapsel zuführen müssen. Nach Gl. (19) ergibt sich mit $c_p \cdot \varrho = 1{,}134$ kWs/m³ °C (Luft, 30 °C, 1 ata, vgl. Tab. 24) für zwei Schleifringe

$$Q = \frac{P}{c_p \varrho \cdot \vartheta_1} = \frac{2 \cdot 1{,}845}{1{,}134 \cdot 10} = \underline{0{,}33\ \text{m}^3/\text{s}.}$$

2. Beispiel: Wasserstoffgekühlter Hohlleiter. Der Hohlleiter einer Rotorwicklung habe einen Kupferquerschnitt von $A_{cu} = 200$ mm², einen Kanalquerschnitt von $A_K = 100$ mm² (2 Kanäle zu je 50 mm²), eine Länge von $l = 2{,}20$ m und führe einen Strom von $I = 1200$ A. Gesucht ist die Temperaturverteilung über die aktive Länge $2\,l$ des Rotors bei einer Eintrittstemperatur des Gases von $\vartheta_0 = 30$ °C. Der Austritt des Gases erfolgt in der Mitte.

Die I^2R-Verluste betragen bei einer angenommenen mittleren Temperatur von $\vartheta = 70$ °C: $P = I^2 \varrho l/A_{cu} = 1200^2 \cdot 0{,}021 \cdot 2{,}20/200 = 330$ W. Setzt man eine Gasgeschwindigkeit von $v = 26$ m/s voraus (vgl. Beispiel 1, S. 69), so berechnet sich der Gasstrom zu $Q = v \cdot A_k = 26 \cdot (100 \cdot 10^{-6}) = 26 \cdot 10^{-4}$ m³/s. Mit einem spezifischen Wärmeinhalt von $c_p \varrho = 2/1 \cdot 0{,}998 = 2{,}00$ kWs/m³ °C (bei $\vartheta = 70$ °C und $p = 2$ ata, vgl. Tab. 23 und 24) ergibt sich eine größte Gaserwärmung entsprechend Gl. (19) von (vgl. Abb. 19)

$$\vartheta_1 = \frac{P}{c_p \varrho \cdot Q} = \frac{0{,}33}{2{,}00 \cdot (26 \cdot 10^{-4})} = 63{,}5\ °C.$$

Der Temperatursprung an der Kanalwandung beträgt nach Gl. (39) (vgl. Abb. 19)

$$\vartheta_2 = \frac{P}{\alpha_k \cdot A} = \frac{330}{0{,}033 \cdot 1180} = 8{,}5\ {}^\circ\mathrm{C},$$

wobei $A = 1180$ cm² die „benetzte" Fläche der Kanalwandung und $\alpha_k = 0{,}033$ W/cm² °C die aus Abb. 16 übernommene Wärmeübergangszahl für $v = 26$ m/s und $p = 2$ ata bedeutet. Die Temperaturverteilung über die Länge des Kupferleiters ist linear ansteigend von $\vartheta_e = \vartheta_0 + \vartheta_2 = 30 + 8{,}5 = 38{,}5$ °C am Eintritt bis $\vartheta_a = \vartheta_0 + \vartheta_1 + \vartheta_2 = 30 + 8{,}5 + 63{,}5 = 102$ °C am Austritt. Die mittlere Kupfertemperatur beträgt somit $\vartheta_m = {}^1/_2\,(\vartheta_e + \vartheta_a) = {}^1/_2\,(38{,}5 + 102) = 70{,}25 \approx 70$ °C; in Übereinstimmung mit dem anfänglich angenommenen Wert.

Anmerkung: Die obige Berechnung basiert auf der Annahme, daß alle im Rotorhohlleiter entstehenden Kupfer-Verluste über das Wasserstoffgas abgeführt werden. Ein Teil dieser Verluste wird jedoch auch über die benachbarten Rotorzähne an die Umgebung abgegeben. Dieser Einfluß macht sich besonders im Mittelbereich durch eine Temperaturerniedrigung des

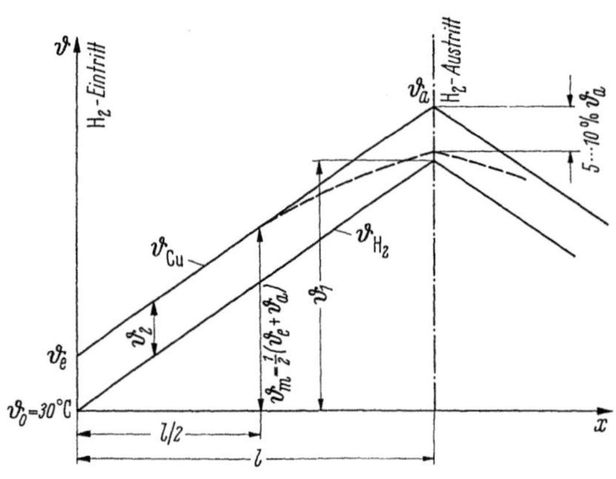

Abb. 19. Temperaturverlauf über die Länge eines Hohlleiters in einem wasserstoffgekühlten Turborotor

Kupfers bemerkbar. Zudem wird infolge der axialen Wärmeleitfähigkeit des Kupfers die Erwärmungsspitze in der Mitte des Systems gebrochen. Die Temperaturabsenkung an dieser Stelle bewegt sich in der Größenordnung von ca. 5...10% der berechneten fiktiven Erwärmung (vgl. Abb. 19).

3. *Beispiel:* Ölgekühlter Hohlleiter. Der Wicklungsstab eines ölgekühlten Stators habe folgende Daten: Kupferquerschnitt $A_{cu} = 1090$ mm², 4 Hohlkanäle zu je 3,5·10 mm, Stablänge $l = 7$ m, Strom $I = 4325$ A. Gesucht ist die Ölerwärmung und der Temperaturunterschied von Öl und Kupfer.

Die I^2R-Verluste betragen bei einer angenommenen mittleren Temperatur von $\vartheta = 60$ °C: $P = I^2 \varrho l / A_{cu} = 4325^2 \cdot 0{,}020 \cdot 7/1090 = 2400$ W. Setzt man eine Ölgeschwindigkeit von $v = 2{,}63$ m/s voraus (vgl. Beispiel 2, S. 70), so ergibt sich eine Öldurchflußmenge von $Q = v \cdot A_k = 2{,}63\,(4 \cdot 3{,}5 \cdot 10 \cdot 10^{-6}) = 0{,}368 \cdot 10^{-3}$ m³/s ($\triangleq$ 0,368 lt/s). Mit einem spezifischen Wärmeinhalt des Öles von $c\varrho = 1{,}7 \cdot 10^3$ kWs/m³ °C ($\vartheta = 60$ °C, vgl. Tab. 24) ergibt sich eine größte Ölerwärmung entsprechend Gl. (19) von

$$\vartheta_1 = \frac{P}{c_p \varrho \cdot Q} = \frac{2{,}400}{1{,}7 \cdot 10^3 \cdot 0{,}368 \cdot 10^{-3}} = \underline{3{,}8\ {}^\circ\mathrm{C}.}$$

Mit $A = 4(2 \cdot 0{,}35 + 2 \cdot 1{,}0) \cdot 70 = 7560$ cm² als benetzte Fläche der Kanalwandung und $\alpha_k = 0{,}12$ W/cm² °C nach Abb. 18 (Spindelöl, $v = 2{,}65$ m/s, $d = 0{,}5 \ldots 1$ cm) erhält man für den Temperatursprung Kupfer—Öl nach Gl. (39)

$$\vartheta_2 = \frac{P}{\alpha_k \cdot A} = \frac{2400}{0{,}12 \cdot 7560} = \underline{2{,}6\ {}^\circ\mathrm{C}.}$$

Der Temperaturverlauf ist ganz analog dem zweiten Beispiel linear ansteigend vom Eintritt bis zum Austritt des Ölkanals (vgl. Abb. 19).

Ein Sonderfall der Wärmeabgabe durch Konvektion ist die sogenannte *Thermosiphonkühlung*, die bei der Kühlung von Rotorwickelköpfen im Elektromaschinenbau eine gewisse Rolle spielt, vgl. Abb. 20. Das Kühlgas für die Belüftung der Rotorspulenköpfe von beispielsweise Turbogeneratoren durchstreicht die Kappe ohne geregelte Luftführung. Die Spulenseiten würden ohne den Thermosiphoneffekt im Windschatten liegen. Dieser Effekt ist eine Heberwirkung, die deshalb zustande kommt, weil das kalte Gas schwerer ist als das warme. Zusammen mit den außerordentlich hohen Fliehkraftbeschleunigungen — bei $n = 3000$ U/min ergeben sich im Abstand $r = 50$ cm von der Drehachse Beschleunigungen von ca. 5000 g! — resultiert ein Zwangsumlauf der Luft in den Spalten zwischen zwei

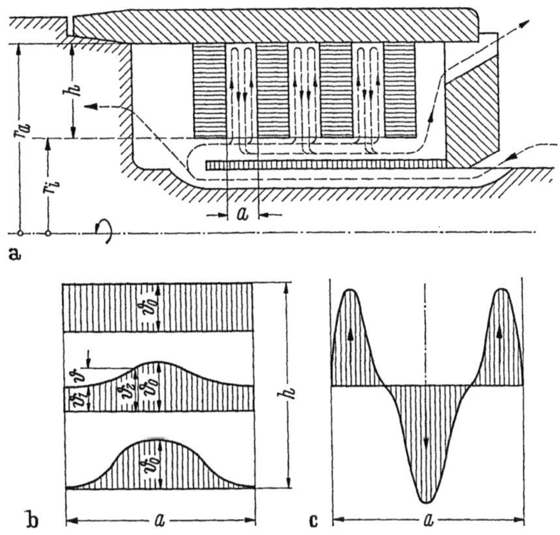

Abb. 20. Thermosiphonkühlung (schematische Darstellung der Wirkungsweise an einer Turbogenerator-Rotorkappe)
a Wickelkopf mit Kühlsystem
b Temperaturverteilung, ϑ_0 = maximale Gaserwärmung
c Geschwindigkeitsverteilung

Spulenseiten. Die folgende Behandlung des an und für sich recht komplizierten Problems soll im Rahmen einer ersten Näherung verstanden werden. In Abb. 20a ist der Abstand zweier Spulenseiten mit a und die Höhe mit h bezeichnet. Die Temperaturverteilung in drei verschiedenen Schnittebenen ergibt sich etwa nach Abb. 20b, die Geschwindigkeitsverteilung nach Abb. 20c. Bezeichnet man mit ϑ_1 den Mittelwert der Übertemperatur im Bereich der aufsteigenden und mit ϑ_2 im Bereich der absteigenden Luft, so kann $\vartheta = \vartheta_2 - \vartheta_1$ als „treibende" Temperaturdifferenz der Luftbewegung bezeichnet werden.

Ein durchgerechnetes Beispiel ergab als Mittelwerte $\vartheta_1 \approx 0{,}55\,\vartheta_0$ und $\vartheta_2 \approx 0{,}88\,\vartheta_0$, womit

$$\vartheta \approx 0{,}33\,\vartheta_0$$

wird, wenn ϑ_0 die maximale Übertemperatur des Kühlgases bedeutet.

Der durch die Fliehkraft allein erzeugte Gasdruck p beträgt bei einer Spulenkopfhöhe von $h = r_a - r_i$, einer Dichte ϱ des Kühlgases und einer Winkelgeschwindigkeit ω

$$p = \frac{\varrho}{2}\,\omega^2(r_a^2 - r_i^2) = \frac{\varrho}{2}\,\omega^2(r_a - r_i)(r_a + r_i).$$

Wird mit $r = {}^1/_2 \cdot (r_a + r_i)$ der mittlere Radius und mit $b = \omega^2 r$ die mittlere Fliehkraftbeschleunigung bezeichnet, so ist offenbar

$$p = b\varrho h.$$

Die treibende Temperaturdifferenz ϑ bedingt bei volumengleicher Zustandsänderung des Gases eine Druckerhöhung von

$$\Delta p = \frac{\vartheta}{T} p\,.$$

wenn $T = 273° + \vartheta_e$ die absolute Temperatur des eintretenden Gases bedeutet, so daß mit obigem Ausdruck für p die Beziehung

$$\Delta p = \frac{\vartheta}{T} b\varrho h$$

entsteht.

Der Strömungswiderstand ist praktisch ausschließlich durch den Stoßverlust der Umlenkung des Gasstromes um 180° gegeben. Der Druckverlust des Strömungswiderstandes ist angenähert

$$\Delta p_w = \lambda \frac{\varrho}{2} v^2.$$

(Die Stoßziffer kann zu $\lambda = 3{,}0$ angenommen werden.)

Durch Gleichsetzen von Δp mit Δp_w erhalten wir für die mittlere Geschwindigkeit des Kühlgases

$$v = \sqrt{\frac{2}{\lambda} h b \frac{\vartheta}{T}}$$

unabhängig von der Dichte des Gases.

Beispiel: Turbogeneratorrotor-Wickelkopf mit den Daten:
$n = 3000$ U/min, $\vartheta_e = 45$ °C, $\vartheta_0 = 50$ °C, $h = 0{,}12$ m, $r = 0{,}44$ m, $\lambda = 3{,}0$.

Es ist somit

$$\vartheta = 0{,}33 \cdot 50 = 16{,}5\ °\mathrm{C}$$
$$T = 273 + 45 = 318\ °\mathrm{C}$$

$$b = \left(\frac{n\pi}{30}\right)^2 r = \left(\frac{3000\,\pi}{30}\right)^2 0{,}44 = 4{,}35 \cdot 10^4\ \mathrm{m/s^2}$$

und die gesuchte Gasgeschwindigkeit

$$v = \sqrt{\frac{2}{3} \cdot 0{,}12 \cdot (4{,}35 \cdot 10^4)\,\frac{16{,}5}{318}} = \underline{13{,}4\ \mathrm{m/s}}.$$

d) Kombinierte Wärmeabgabe. Im Elektromaschinenbau handelt es sich bei der Wärmeabgabe vielfach nicht um eine alleinige Wärmeübertragung durch Strahlung, Leitung oder durch Konvektion. Vielmehr fließt die entstehende Wärme über verschieden geartete Wärmewiderstände ab, so daß hier eine kombinierte Wärmeabgabe vorliegt. Insbesondere herrscht die Kombination von Wärmeleitung und von Wärmeabgabe durch Konvektion an bewegte Luft, an Gase oder an Flüssigkeiten vor.

Der weitaus häufigste Fall ist die Wärmeabgabe aus einer Wicklung nach der Kühlluft oder dem Kühlgas im Luftspalt. Die Wärmemenge fließt meist senkrecht zur Wicklungsachse und durchquert bis zu ihrer Abfuhr durch das Kühlmittel Metallteile und Isolierschichten der Maschine. Das Kühlmedium besitzt im allgemeinen an der betrachteten Stelle eine Vorheizung, hervorgerufen durch die längs des Strömungsweges bereits aufgenommene Wärmemenge. Unter der Annahme radialer Wärmeabgabe und der ausschließlichen Wärmeableitung über die den Nuten benachbarten Zähne treten zwischen dem kalten Kühlmittel und dem in den Nuten eingebetteten Wicklungskupfer folgende Temperaturabfälle auf:

ϑ_1 = mittlere Vorerwärmung des Kühlmittels im Luftspalt,

ϑ_2 = Temperatursprung zwischen der wärmeabgebenden Oberfläche und dem Kühlmittel. Als solche Flächen kommen in unseren Fällen die Oberflächen des Rotors, des Statorinnern und die der Ventilationsschlitze vor.

ϑ_3 = Temperaturabfall im Wärmewiderstand des Zahneisens,

ϑ_4 = Temperaturabfall in der zwischen dem verlusterzeugenden Wicklungskupfer und der Nutwand befindlichen Schicht aus Isolation und Kühlmitteleinschluß.

Die mittlere Erwärmung des Wicklungskupfers beträgt somit:

$$\vartheta = \sum_{i=1}^{4} \vartheta_i.$$

ϑ_1) Die *Vorerwärmung des Kühlmittels*, bedingt durch die bis zur betrachteten Stelle aufgenommene Wärmemenge, ist umgekehrt proportional der spezifischen Wärme des Kühlmittels und damit auch umgekehrt proportional dem statischen Druck des Kühlgases. Die spezifische Wärme, bezogen auf die Volumeneinheit, ist für Luft und Wasserstoff praktisch gleich, so daß sich in einem gleichen System der Wert ϑ_1 bei Luft und Wasserstoff von Atmosphärendruck nicht merklich unterscheidet. Die Größe von ϑ_1 ist normalerweise aus Messungen an ausgeführten Maschinen oder aus sinnvollen Schätzungen zu entnehmen. Man wird im allgemeinen mit etwa $^1/_3$ der gesamten Kühlmittelerwärmung als mittlere Vorerwärmung im Luftspalt rechnen dürfen.

ϑ_2) Der *Wärmeübergang* von der *verlustabführenden Oberfläche* nach dem *Kühlmittel* hin ist ein reines Problem der Konvektion. Er bedingt den Temperatursprung ϑ_2. Als Relativgeschwindigkeit zwischen der umströmten Fläche und dem Kühlmittel, die den Wert der Wärmeübergangszahl mitbestimmt, darf man im allgemeinen ca. 75% der Rotorumfangsgeschwindigkeit wählen. Dies gilt sowohl für eine Wärmeabgabe seitens des Rotors als auch des Stators nach dem im Luftspalt befindlichen Kühlmittel hin. Die Gasgeschwindigkeit in den Kühlschlitzen ist jeweils zu berechnen.

ϑ_3) Für den Temperaturabfall ϑ_3 im *Eisen* längs des verlustfrei angenommenen Rotor- oder Statorzahns gelten die Gesetze der Wärmeleitung. Im bewickelten Zahnabschnitt liegt der besondere Fall einer kontinuierlich über die Zahnflanke verteilten Streckenlast vor. Selbst bei gleichbleibender Zahnbreite hat die Erwärmung des Eisens in diesem Abschnitt keinen geradlinigen Verlauf. Wenn man zur Vereinfachung der Rechnung eine mittlere Zahnbreite annimmt und die in der Nut entstehende Kupferwärme in einem Punkt konzentriert denkt, dann ist zur Berechnung des mittleren Temperaturanstieges ϑ_3 als ideelle Weglänge für den Wärmefluß im bewickelten Zahnteil nicht die halbe Wicklungshöhe H, sondern $^1/_3\, H$ einzusetzen, vgl. Abb. 9.

ϑ_4) Für den Temperaturabfall ϑ_4 in der *Isolation* und den Kühlgaseinschlüssen gelten ebenfalls die Gesetze der Wärmeleitung. Das bereits behandelte Beispiel auf S. 77 für den Temperaturabfall in einer Rotornut-Isolation sei nachstehend erweitert zur Berechnung der mittleren Temperaturerhöhung des Wicklungskupfers gegenüber der eintretenden Kaltluft. In ihm ist angenommen, daß alle im aktiven Teil des Rotors entstehenden Kupferverluste radial über die Rotorzähne nach dem Luftspaltgas fließen.

Vielfach haben elektrische Maschinen im Rotor und Stator radiale Kühlschlitze oder axiale Kühlkanäle. In diesen Fällen liegt kein ausschließlich radial gerichteter Wärmefluß in den festen Teilen der Maschine vor. Der Wärmefluß teilt sich entsprechend der Wärmewiderstände in den jeweiligen Richtungen auf. Ferner kann durch eine örtlich verschieden wirksame Kühlung der Wicklung ein Wärmestrom in Längsrichtung des Wicklungskupfers fließen. Wir stehen hier vor Problemen der mehrdimensionalen Wärmeströmung, deren mathematische Erfassung und numerische Auswertung einen größeren Aufwand erfordern. Zur Lösung dieser Probleme eignen sich in vorzüglicher Weise elektronische Rechenmaschinen, für die man bei häufig wiederkehrenden Aufgaben geeignete Rechenprogramme erstellen kann.

Jedoch kann man in Fällen, in denen eine geringere Genauigkeit der Resultate genügt, mit sinnvollen Näherungsmethoden die angedeuteten Wärmeströmungsverhältnisse in ausreichendem Umfange erfassen. Eine solche Methode besteht darin, die aus punktförmig angenommenen Wärmequellen herrührenden Wärmeflüsse entsprechend dem Verhältnis der thermischen Widerstände der Wege aufzuteilen und anschließende Korrekturen der eingangs gemachten Annahmen vorzunehmen.

Die *Wärmeabgabe gekapselter Maschinen* über die Rotoraußenfläche an die Umgebungskühlluft stößt durch die Vielfältigkeit der Verlustquellen und der Wege, welche die Wärmeströme nehmen, auf erhebliche Schwierigkeiten. Eine unbeschränkte Lösung, die alle auf die gesuchte Temperaturverteilung einwirkenden Einflüsse berücksichtigen soll, ist nicht möglich.

Eine Methode, die es erlaubt, mit einer für praktische Aufgaben genügenden Genauigkeit das gestellte Problem zu lösen, ist die Methode des *Wärmequellennetzes*[1]. Sie verzichtet auf die Verfolgung des Temperaturverlaufes in der Quelle und führt für die Wärmeströme entsprechende Wärmewiderstände ein und löst dann die Aufgabe nach den für elektrische Widerstände, bzw. elektrische Netze, geltenden Regeln. Sie ist somit eine Synthese der Wärme- und Kühlgasströmung. In Abb. 21 sind als Beispiel ein Teil der Querschnitte und ein Teil der Längsschnitte eines oberflächenbelüfteten Drehstrommotors dargestellt. Aus den Wärmequellen, die durch Kreise dargestellt sind, fließen entsprechende Wärmemengen über die widerstandsbehafteten Wärmewege. Aus den Abmessungen des Motors lassen sich die Wärmewiderstände der einzelnen Teile bestimmen und mit den Verlusten die Wärmeströmungen und die Temperaturverteilung des Motors berechnen. Die Aufgabe kann entsprechend den Gesetzen für die Strom- und Spannungsverteilung in einem elektrischen Netz numerisch oder graphisch gelöst werden. Die graphische

[1] WEISSHEIMER, H.: Oberflächenbelüftete Drehstrommotoren. Schrift zum 50jährigen Jubiläum der SSW, „Entwicklung der Starkstromtechnik bei den SSW", 1953.

Bestimmung der Temperaturverteilung und Wärmeströmung in dem in Abb. 21 dargestellten Wärmeschaltbild führt auf Abb. 22, das sogenannte „Wärmebild". Es setzt sich aus mehreren Rechtecken zusammen. Ein solches Rechteck gibt Auf-

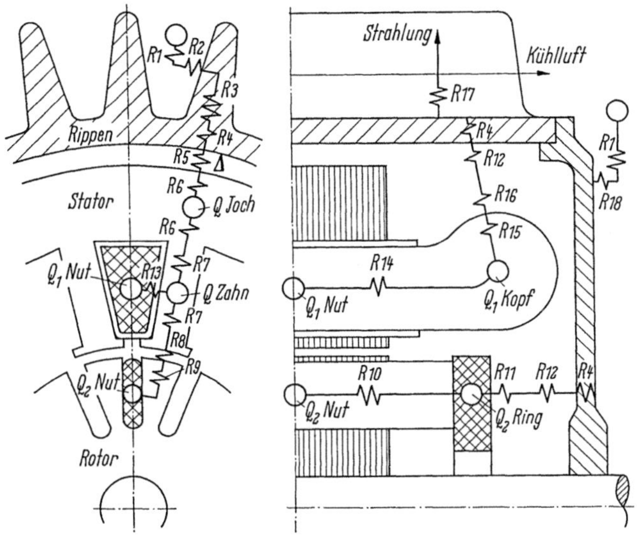

Abb. 21. Wärmeschaltbild in einem Rippenmotor

schluß über die Wärmeverhältnisse in einem Maschinenteil. Die Abszisse stellt den Wärmestrom dar, der durch den betreffenden Maschinenteil hindurchgeht, die

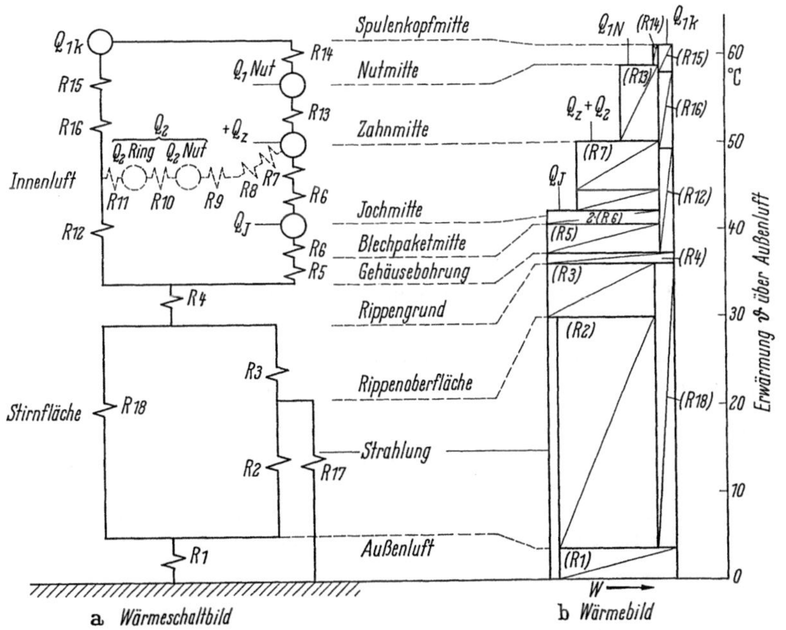

Abb. 22. Wärmebild eines Rippenmotors

Ordinate das Temperaturgefälle, das in diesen Maschinenteilen durch den Wärmestrom hervorgerufen wird. Das Verhältnis von Temperaturgefälle zu Wärmestrom ist der Wärmewiderstand. Es ist daher der Tangens des Neigungswinkels der Diagonalen in dem Rechteck ein Maß für den Wärmewiderstand. Die Wärmebilder der einzelnen Maschinenteile sind so nebeneinander und aufeinander dargestellt, wie sie im Schaltbild parallel oder in Reihe geschaltet sind. Freie horizontale Linien stellen Wärmequellen dar. Die Summe der durch die Wärmequellen zugeführten Wärmeströme entspricht den Verlusten des Motors. Die Gesamtverluste werden also durch die gesamte Breite des Wärmebildes wiedergegeben. Aus dem Wärmebild kann man anschaulich erkennen, wo die einzelnen Wärmequellen angreifen, wie hoch die Temperaturen an diesen Stellen sind, wie sich der Wärmestrom bei seinem Durchgang durch den Motor auf die einzelnen Maschinenteile verteilt und welche Erwärmung er dort hervorruft. Das Wärmebild gibt einen vollkommenen Einblick in die Wärmeströmung und die Temperaturverteilung für gekapselte Maschinen.

Für *Maschinen* großer Leistung mit *offener Bauart* oder mit Kreislaufkühlung werden vielfach verzweigte Kühlmittelströme als Ventilationsanordnung gewählt, und es ist zweckmäßig, eine sogenannte Wärmebilanz aufzustellen. Es wird damit bezweckt, an die einzelnen Wärmequellen — z. B. Statorwicklung, Rotorwicklung, Statorbleche, Preßplatten usw. — von den kalten oder vorgewärmten Kühlmedien den notwendigen Anteil mit der notwendigen Geschwindigkeit heranzubringen, derart, daß der gewünschte Kühleffekt — d. h. alle Teile in zulässigen Temperaturgrenzen zu halten — erzielt wird. Dabei geht man so vor, daß man zunächst die einzelnen Kühlmittelwege festlegt, dann die abzuführenden Verluste den vorgesehenen Strömungswegen zuteilt. Dann ordnet man den einzelnen Kühlmittelwegen eine bestimmte Kühlmittelmenge zu, die den gewünschten Kühleffekt bewirken soll. Normalerweise wird man die Kühlmittelmengen für die einzelnen Kühlmittelwege proportional den abzuführenden Verlusten ansetzen, so daß die Kühlmittelerwärmung in jedem Kühlmittelweg gleich groß ist. Die ermittelten Kühlmittelmengen führen zu bestimmten Kühlmittelgeschwindigkeiten. Gasdurchsatz und Geschwindigkeiten erlauben die Bestimmung der Wärmeabgabeziffern und zusammen mit den abzuführenden Verlusten die Ermittlung der Temperatursprünge. Wenn auf diese Weise eine gewünschte Kühlmittelverteilung errechnet wurde, ist zu kontrollieren — sei es durch detaillierte Strömungsberechnung, sei es aus Messungen an ähnlichen Konstruktionen — ob die gewünschte Kühlmittel- und Geschwindigkeitsverteilung bei der vorgesehenen Konstruktion erreichbar ist. Notfalls sind dann entsprechende Korrekturen in der eingangs vorgenommenen Formgebung der Strömunsgwege anzubringen. Im übernächsten Beispiel ist eine solche Wärmebilanz in einfacher Form dargestellt.

1. Beispiel: Kombinierter Wärmeübergang an einer Turborotor-Nut.

Wir legen die Anordnung von Abb. 9 zugrunde. Auf diese bezieht sich das auf Seite 77 angeführte Beispiel zur Bestimmung des Temperaturabfalles in der Rotornut-Isolation. Wir setzen das Beispiel fort und berechnen die mittlere Erwärmung des im aktiven Teil befindlichen Wicklungskupfers durch Bestimmung der einzelnen Temperaturabfälle.

Die Systemgrößen betragen:

Rotordurchmesser	$D = 75$ cm
Rotor-Umfangsgeschwindigkeit	$u = 118$ m/s

Rotor-Nutteilung	$1/\mathfrak{z} = 1/38$
Wicklungshöhe in der Nut	$H = 9{,}3$ cm
Zahnkopfhöhe	$h_k = 2{,}7$ cm
mittlere Zahnbreite	$b_\mathfrak{z} = 2{,}6$ cm
gesamte Kühllufterwärmung	$\vartheta_L = 25$ °C
Kupferverluste pro cm Nutlänge	$p = 5{,}6$ W/cm. (S. 77)

Die mittlere Vorerwärmung der den Luftspalt durchströmenden Kühlluft beträgt etwa

$$\vartheta_1 \approx \frac{1}{3}\,\vartheta_L = \frac{25}{3} \approx \underline{8\ °\mathrm{C}.}$$

Wegen der metallischen Rotornutkeile betrachten wir die gesamte Rotoroberfläche als wärmeabgebende Fläche. In unserem Beispiel beträgt die wärmeabgebende Oberfläche pro Nut und pro cm aktive Länge

$$A_1 = \frac{D\pi}{\mathfrak{z}} = \frac{75\pi}{38} = 6{,}2\ \mathrm{cm}^2.$$

Die wirksame Relativgeschwindigkeit zwischen Rotoroberfläche und Kühlluft sei $v = 0{,}75 \cdot u = 0{,}75 \cdot 118 = 88{,}5$ m/s.

Die Gl. (46) gibt als Wärmeübergangszahl

$$\alpha_k = 10^{-4}(30\sqrt{88{,}5} - 20) = 0{,}026\ \mathrm{W/cm^2\ °C}.$$

Der Temperatursprung ϑ_2 beträgt mit $P = 5{,}6$ W (S. 83).

$$\vartheta_2 = \frac{P}{\alpha_k\,A_1} = \frac{5{,}6}{0{,}026 \cdot 6{,}2} = \underline{35\ °\mathrm{C}.}$$

Der resultierende Wärmeströmungsweg im Rotorzahn hat die Länge

$$l_{\mathrm{Fe}} = h_k + \frac{1}{3}\,H = 2{,}7 + \frac{9{,}3}{3} = 5{,}8\ \mathrm{cm}.$$

Die mittlere Wärmedurchtrittsfläche im Zahn bei einer mittleren Breite $b_\mathfrak{z}$ eines Zahnes und der axialen Länge l_1 (= 1 cm) beträgt $b_\mathfrak{z} \cdot l_1$. Der mittlere Temperaturanstieg im Rotorzahn ist dann nach Gl. (32) und $\lambda_{Fe} = 0{,}44$ W/cm °C (Tab. 25)

$$\vartheta_3 = \frac{P \cdot l_{\mathrm{Fe}}}{b_\mathfrak{z} \cdot l_1 \cdot \lambda_{\mathrm{Fe}}} = \frac{5{,}6 \cdot 5{,}8}{2{,}6 \cdot 1 \cdot 0{,}44} = \underline{29\ °\mathrm{C}.}$$

Der Temperaturanstieg in der Rotornut-Isolation und in den dort vorhandenen Lufteinschlüssen wurde bereits ermittelt, vgl. S. 78, zu

$$\vartheta_4 = \underline{18\ °\mathrm{C}.}$$

Die mittlere Erwärmung des Wicklungskupfers im aktiven Teil beträgt also

$$\vartheta = 8 + 35 + 29 + 18 = \underline{90\ °\mathrm{C}.}$$

2. Beispiel: Wärmebilanz für einen wasserstoffgekühlten Turbogenerator mit Druckventilation.

Es soll die Verteilung der in einem Turbo-Generator entstehenden Verluste und die sinnvolle Zuordnung von Kühlmitteldurchsatz und abzuführenden Verlusten veranschaulicht werden. Abb. 23 zeigt einen schematischen Längsschnitt durch den betrachteten Generator. In ihm ist die Kühlmittelführung eingetragen.

Der betrachtete Generator ist in kühlungsmäßiger Hinsicht symmetrisch zur Mitte. Wir betrachten im folgenden nur eine Maschinenhälfte.

Der Kühlmittelstrom Q_{H_2} tritt aus dem Kühler aus und wird im Ventilator auf den notwendigen Überdruck gebracht. Hierbei entstehen die Ventilatorverluste im Ventilator, die das Gas um einen gewissen Betrag aufheizen.

Nach Austritt aus dem Ventilator teilt sich das Gas in mehrere Ströme:

Der Gasstrom Q_I durchströmt den Stirnraum des Rotors, nimmt dessen Verluste P_{Cu2s} auf und vermischt sich nach Austritt aus dem Wickelkopfraum mit dem Frischgas. Bevor das Gas also in den Statorraum und in den Luftspalt eintritt, ist es bereits durch die Verluste $P_L + P_{\mathrm{Cu2s}}$ aufgeheizt worden.

Der Kühlstrom Q_{II} tritt in den Luftspalt ein und durchfließt ihn in axialer Richtung. Auf seinem Weg spalten sich Teilströme ab, die durch die radialen Kühlschlitze im Statorblech zum Maschinenrücken gelangen. Q_{II} nimmt auf seinem Weg folgende Verluste auf: die im durchströmten Teil abgegebenen Rotorkupferverluste, die durch die Läuferrotation entstehenden Gasreibungsverluste und die nach den durchströmten Statorkühlschlitzen fließende Statorkupfer- und Blechwärme.

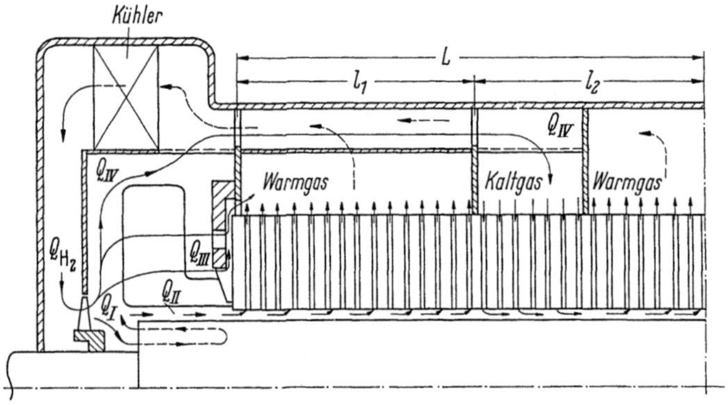

Abb. 23. Kühlgasführung in einem Turbogenerator

Der Kühlstrom Q_{III} durchströmt den Stirnraum des Stators. Er nimmt dort die Kupferverluste der Stirnverbindungen und die Wirbelstromverluste im Wickelkopfraum auf. Q_{III} vereinigt sich mit Q_{II} in der Warmgaskammer, bevor es rückgekühlt wird.

Der Kühlstrom Q_{IV} wird vom Statorblechrücken aus innerhalb einer bestimmten Zone durch die Statorkühlschlitze nach dem Luftspalt gedrückt. Dort wandert er nach der Maschinenmitte und tritt in der dortigen Zone durch die Kühlschlitze radial aus. Dieser Kühlstrom nimmt die gleichartigen Verluste wie Q_{II} auf.

Alles Warmgas wird nach Verlassen der verlustabgebenden Strömungswege gesammelt und dem Kühler zugeführt.

Die abzuführenden Einzelverluste pro Maschinenhälfte mögen folgende Größen in kW haben:

		Aktiver Teil	Statorstirnraum	Gaseintritt
Stator-Fe-Verluste	P_{Fe}	125	—	—
Stator-Cu-Verluste	P_{Cu1}	40	30	—
Rotor-Cu-Verluste	P_{Cu2a}	70	—	—
	P_{Cu2s}	—	—	25
Oberflächenreibungsverluste	P_0	30	—	—
Ventilationsverluste	P_L	—	—	15
Zusatzverluste im Statorstirnraum	P_{Zus}	—	120	—
Summe		265	150	40
Total			455	

Der Kühlstrom Q_{H_2} soll die gesamte Verlustmenge von 455 kW aufnehmen. Bei einem statischen H_2-Druck von 1,035 ata und einer gegebenen maximalen Gaserwärmung von 25 °C ergibt sich das erforderliche Q_{H_2} nach Gl. (19), wenn der zugehörige spezifische Wärmeinhalt $c_p\varrho$ bekannt ist. Für H_2 und praktisch genügend genau für 96%ige H_2-Atmosphäre, 1 ata und 40 °C, $(30 + 25/2 \approx 40)$, ist nach Tab. 24 $c_p\varrho = 1{,}088$ kWs/m³ °C; für 1,035 ata ist dann der maßgebende Wert $c_p\varrho = (1{,}035/1{,}000) \cdot 1{,}088 = 1{,}125$ kWs/m³ °C.

Der erforderliche Kühlstrom wird damit $Q_{H_2} = \dfrac{455}{1{,}125 \cdot 25} = 16$ m³/s.

Hieraus ergibt sich rückwirkend die Bestätigung für die Größe der angesetzten Ventilationsverluste. Der Ventilator besitzt bei 96%ig reinem Wasserstoff von 1,035 ata die Druckhöhe $p = 38$ mm WS. Seine Antriebsleistung beträgt dann bei einem Wirkungsgrad von $\eta_0 =$ $= 0,4$ nach Gl. (18)

$$P_L = \frac{98,1 \cdot 38 \cdot 10^{-4} \cdot 16}{0,4} \approx \underline{15 \text{ kW}}.$$

Bevor das Gas in den Luftspalt und in den Statorraum eintritt, hat es bereits die Ventilationsverluste und die Kupferverluste des Rotorwickelkopfes aufgenommen. Die hierdurch verursachte Gasvorerwärmung beträgt

$$\varDelta\vartheta_0 = \frac{40}{455} \cdot 25 = 2,2\ ^\circ\text{C}.$$

Damit die einzelnen Kühlgasströme eine maximale Erwärmung von 25 °C erfahren, verbleibt ihnen für den restlichen Weg eine zulässige Aufheizung von $\vartheta_1 = 25 - 2,2 = 22,8$ °C. Aus diesem Wert und aus der Größe der abzuführenden Verluste bestimmen wir nach Gl. (19) den notwendigen Gasdurchsatz für die einzelnen Strömungswege.

Der Kühlstrom Q_{II} hat die auf der aktiven Maschinen-Teillänge l_1 entstehenden Verluste aufzunehmen. Es sei $l_1/L = 0,5$. Damit erhalten wir

$$Q_{\text{II}} = \frac{265 \cdot 0,5}{1,125 \cdot 22,8} = 5,2 \text{ m}^3/\text{s}.$$

Für den Kühlstrom Q_{IV}, der die auf der Länge l_2 entstehenden Verluste aufnehmen soll, erhalten wir den gleichen Wert, da $l_2 = l_1$ ist, also

$$Q_{\text{IV}} = 5,2 \text{ m}^3/\text{s}.$$

Der Kühlstrom Q_{III} nimmt die Stirnraumverluste auf, so daß

$$Q_{\text{III}} = \frac{150}{1,125 \cdot 22,8} = 5,8 \text{ m}^3/\text{s}.$$

Wir haben somit den vorliegenden Kühlgasdurchsatz für die einzelnen Strömungswege aus der festgesetzten Kühlmittelerwärmung und der Größe der abzuführenden Verluste bestimmt. Die Konstruktion ist so auszuführen, daß die gewünschte Kühlmittelverteilung eintritt. Ferner sind die Gasdurchtrittsquerschnitte so zu wählen, daß die Gasgeschwindigkeiten längs den verlustabgebenden Flächen den erforderlichen Wert besitzen.

e) Instationärer Betrieb. Betriebsfälle nichtstationärer Natur sind gekennzeichnet durch das Auftreten *zeitlich veränderlicher Temperaturen.* Es gilt jederzeit, daß die einem Körper in einem Zeitelement dt zugeführte Wärmemenge $P \cdot dt$ der Summe der vom Körper abgeführten und der im Körper gespeicherten Wärmemenge gleich sein muß.

Unter der Annahme eines homogenen und isotropen Körpers erhalten wir die eindimensionale Differentialgleichung erster Ordnung

$$P\,\mathrm{d}t = \alpha_k A \vartheta\,\mathrm{d}t + c M\,\mathrm{d}\vartheta \tag{51a}$$

oder

$$P = \alpha_k A\,\vartheta + c\,M\,\frac{\mathrm{d}\vartheta}{\mathrm{d}t}.$$

P [W]	Wärmeleistung (pro Zeiteinheit erzeugte Wärmemenge)
α_k [W/cm² °C]	Wärmeübergangszahl
A [cm²]	wärmeabgebende Oberfläche des Körpers
c [Ws/kg °C]	spezifische Wärme des Körpers
M [kg]	Masse des Körpers.

Im stationären Betrieb ist die zeitliche Änderung der Temperatur $\mathrm{d}\vartheta/\mathrm{d}t$ gleich Null. Bezeichnen wir die hierbei auftretende stationäre Übertemperatur mit ϑ_s, so erhalten wir aus Gl. (51a) in Übereinstimmung mit Gl. (39)

$$\vartheta_s = \frac{P}{\alpha_k A}.$$

Mit der Abkürzung $T = \frac{cM}{\alpha_k \cdot A}$ und obigem Ausdruck für ϑ_s lautet die Differentialgleichung (51a)

$$\vartheta_s = \vartheta + T \frac{d\vartheta}{dt} \tag{51b}$$

mit der allgemeinen Lösung

$$\vartheta = \vartheta_s + A \cdot e^{-t/T} \tag{52}$$

Der Anfangszustand $(\vartheta)_{t=t_0} = \vartheta_0$ bestimmt die Integrationskonstante A und die Lösung des Anfangswertproblems lautet:

$$\vartheta = \vartheta_0 + (\vartheta_s - \vartheta_0)(1 - e^{-(t-t_0)/T}). \tag{53a}$$

Für den Fall $t_0 = 0$ vereinfacht sich die Lösung zu

$$\vartheta = \vartheta_0 + (\vartheta_s - \vartheta_0)(1 - e^{-t/T}). \tag{53b}$$

Die Abkürzung T hat die Dimension einer Zeit und ist nichts anderes als die Zeitkonstante (vgl. S. 57).

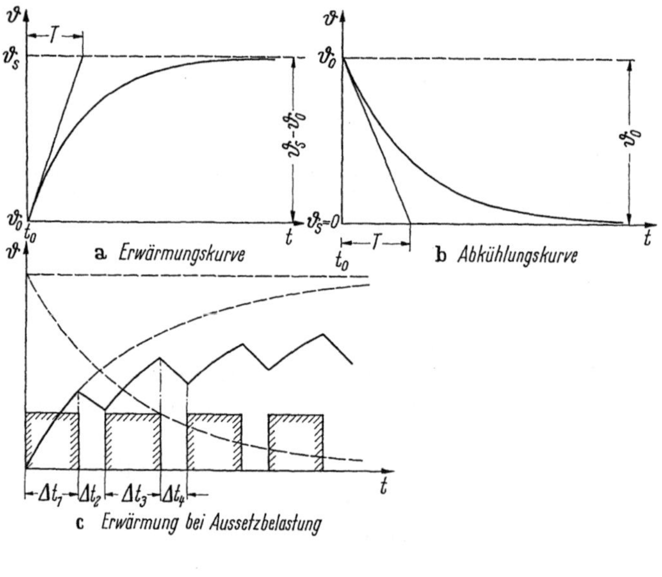

Abb. 24. Erwärmungsverlauf bei zeitlich veränderlichen Vorgängen

Die Gl. (53a) definiert den zeitlichen Verlauf der Erwärmung bei konstanter Wärmeentwicklung P. Sowohl die Aufheizungs- und Abkühlungskurve als auch Teile des zeitlichen Erwärmungsverlaufes bei kurzzeitiger oder aussetzender (intermittierender) thermischer Belastung eines Körpers sind durch sie beschrieben.

Für den Fall einer Inbetriebnahme mit *gleichbleibender Last* strebt die Übertemperatur, vom Anfangswert ϑ_0 ausgehend, dem Endwert ϑ_s zu. Wir erhalten die sogenannte Erwärmungskurve, die durch die Gl. (53b) direkt beschrieben wird, vgl. Abb. 24a.

Wird in einem warmen Körper zum Zeitpunkt $t = t_0$ die *Wärmeentwicklung abgebrochen* ($P = 0$), so nimmt der Körper mit der anfänglichen Erwärmung ϑ_0 nach genügend langer Zeit die Temperatur der Umgebung an. Die stationäre

Erwärmung ϑ_s gegenüber der Umgebung ist dann gleich Null. Wir erhalten als zeitlichen Übertemperaturverlauf die sogenannte Abkühlungskurve (Abb. 24b)

$$\vartheta = \vartheta_0 \cdot e^{-(t-t_0)/T} \tag{54a}$$

bzw. mit $t_0 = 0$

$$\vartheta = \vartheta_0 \cdot e^{-t/T}\,. \tag{54b}$$

Der Kurzzeitbetrieb (S 2) (S. 5) ist dadurch gekennzeichnet, daß die während des Betriebes entstehende Wärmemenge praktisch ganz im Körper gespeichert und in einer anschließenden langen Ruhepause insgesamt wieder an die Umgebung abgegeben wird. Gl. (53a) beschreibt auch hier wieder den zeitlichen Verlauf der Übertemperatur während der Zeit der Verlusterzeugung.

Da jedoch im Kurzzeitbetrieb nach Voraussetzung $t - t_0 \ll T$ ist, genügt zur Bestimmung des Temperaturanstieges vom Zeitpunkt $t = t_0$ an die einfachere Beziehung[1]:

$$\vartheta \approx \vartheta_0 + (\vartheta_s - \vartheta_0)\frac{t - t_0}{T} \tag{55}$$

und

$$\frac{d\vartheta}{dt} \approx \frac{\vartheta_s - \vartheta_0}{T}\,. \tag{56}$$

Die Steigung der Erwärmungskurve im Anfangsbereich ist somit praktisch konstant. Im Falle der Anfangs*temperatur* $\vartheta_0 = 0$ erhalten wir nach Einsetzen der Größen ϑ_s und T die Beziehung:

$$\frac{d\vartheta}{dt} = \frac{P}{c \cdot M}\,, \tag{57}$$

die auch direkt aus Gl. (51a) durch Vernachlässigung des ersten Gliedes der rechten Seite folgt. Sie beschreibt den Anstieg der Erwärmung bei fehlender Wärmeabgabe.

Für Durchlaufbetrieb mit *Aussetzbelastung* (S 6) ist die zeitliche Abhängigkeit der Erwärmung in Abb. 24c dargestellt. Die sägezahnartige Kurve ergibt sich durch Aneinanderreihen von Teilen der Erwärmungs- und Abkühlungskurve.

Die angegebenen Gesetzmäßigkeiten gelten voraussetzungsgemäß nur für einfachste Verhältnisse (linearer Wärmetransport; Körper von theoretisch punkt- oder schichtmäßigem Aufbau mit thermisch homogenen und isotropen Eigenschaften usw.). In Wirklichkeit handelt es sich stets um wärmeerzeugende Körper endlicher Dimensionen, die noch von andern Stoffen umgeben sind, wie alle isolierten elektrischen Leiter. Die instationären Erwärmungsvorgänge in solchen Mehrkörperverbänden sind der Rechnung nicht immer leicht zugänglich und sehr aufwendig[2]. Man hilft sich in neuerer Zeit erfolgreich mit großen Rechenautomaten. Weil aber die Wärmekapazität von Isolierstoffen hierbei von entscheidender Bedeutung ist, sind in Tab. 29 sowohl die Dichte als auch die spezifische Wärme gebräuchlicher Isolierstoffe der Vollständigkeit halber zusammengestellt.

---

[1] $\dfrac{t - t_0}{T} = \varepsilon \ll 1$

$$e^{-\varepsilon} = 1 - \frac{\varepsilon}{1!} + \frac{\varepsilon^2}{2!} - \ldots \approx 1 - \varepsilon;\ (1 - e^{-(t-t_0)/T}) = 1 - e^{-\varepsilon} \approx 1 - (1 - \varepsilon) = \varepsilon = \frac{t - t_0}{T}$$

[2] Gröber, Erk, Grigull: Grundgesetze der Wärmeübertragung, Springer 1961. Gotter, G.: Erwärmung und Kühlung elektrischer Maschinen, Springer 1954.

Tabelle 29. *Spezifisches Gewicht und spezifische Wärme von Isolierstoffen*

Isolierstoff	spez. Gew. γ [kp/dm³] Dichte ϱ [kg/dm³]	spezifische Wärme c [kWs/kg · °C]
Hartholz	1,1	1,8...2,1
Preßholz	1,4	1,8
Preßspan, Vulkanfiber	1,2...1,4	1,5...1,6
Hartpapier, Hartgewebe	1,3...1,4	1,3...1,6
Glashartgewebe	1,4...1,8	1,2...1,3
Asbest-Schichtpreßstoffe	1,5...1,8	1,2...1,3
Kollektor-Mikanit (97% Glimmer)	2,4	0,9
Braunmikanit (75% Glimmer)	2,1	1,0
Micafolium	1,4	1,2
Lackgewebe (Baumwolle)	1,2...1,4	1,3...1,6
Lack-Glasgewebe	1,3...1,6	1,2...1,4
Glimmer	2,6...3	0,86
Glasfasern	2,4...2,6	0,7...0,9
Asbest	2,2...2,6	0,85
Quarz	2,6	0,79
Kunststoffe, härtbar	1,1...2,0	1,2...1,5
Thermoplaste	0,9...2,3	1,0...2,2
Imprägnierlacke	1,0...1,3	1,4...1,6
Isolierkitte (ca. 50% Füllstoffe)	1,4...1,6	1,2...1,4

S. Die Laufruhe und das Auswuchten

a) Mechanische Unwucht. Der vorwiegend schnell drehende Rotor elektrischer Maschinen kann Ursache verschiedenster Laufruhestörungen werden. Die weitaus häufigsten sind auf eine mechanische Unwucht zurückzuführen. Fällt die Drehachse des Rotors nicht mit einer der Hauptträgheitsachsen zusammen, so wirken auf die Lager umlaufende Kräfte, die trotz kleiner Abweichung zufolge der großen Drehzahlen bedeutende Beträge erreichen können. So verursacht beispielsweise eine Masse von 1 kg in einem radialen Abstand von 50 cm von der Drehachse bei einer Drehzahl von 3000 U/min eine Störkraft von 5000 kp entsprechend einer radialen Beschleunigung von 5000 g! Anderseits kann man sich leicht überzeugen, daß es bei einem Rotor von 30 000 kp Gewicht eine Parallelverschiebung Hauptträgheitsachse—Drehachse von nur 0,0165 mm (16,5 μm) braucht, um diese Störkraft von 5000 kp zu erreichen. Unwuchten, die durch eine Massenverlagerung entstehen, sei es durch nicht zu vermeidende Herstellungsungenauigkeiten oder durch ungleichmäßige Dehnung des Materials, nennt man mechanische Unwuchten. Solche, die thermischen Ursprungs sind, indem sich etwa die Wellenachse durch ungleichmäßige Erwärmung des Rotorkörpers verkrümmt, nennt man thermische Unwuchten. Die Wirkung beider Arten auf die Lager ist dieselbe. Es entstehen immer im stationären Drehzustand umlaufende Kräfte auf die Lager, die in beliebiger radialer Richtung zeitlich periodisch verlaufen und Vibrationen erzeugen. Vorwiegend treten harmonische Schwingungen mit der Frequenz der Drehzahl auf.

Es ist daher vornehmste Pflicht der Fertigung, schnellaufende Maschinen aufs beste auszuwuchten. Die heutige Wuchttechnik ist durch die besonderen Anforderungen der Praxis zu einem selbständigen Zweig der technischen Mechanik geworden. Es kann sich für das folgende im Rahmen dieses Buches lediglich um eine

Begriffsvermittlung handeln, die insofern gerechtfertigt erscheint, als der Konstrukteur am Auswuchten indirekt beteiligt ist. Er hat die zur Wuchtung notwendigen Vorkehrungen am Rotor konstruktiv zu treffen, wie das Anbringen von Ausgleichsgewichten, eine besondere Kühlmittelführung und dergleichen. Für ein tieferes Eindringen in die Materie muß allerdings auf die Fachliteratur verwiesen werden, vgl. auch S. 507 ff.: Die Welle bei instationären Zuständen.

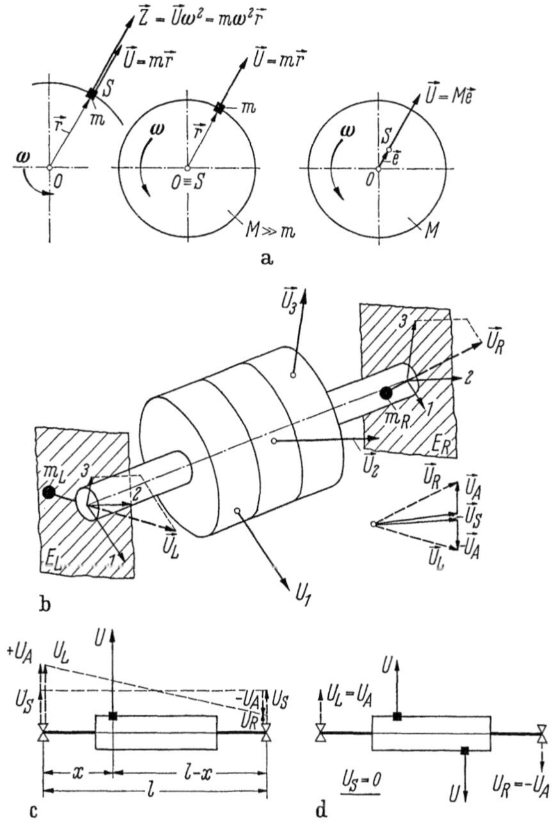

Abb. 25. Starres Wuchten

a Unwuchten durch Zusatzmasse oder Schwerpunktexzentrizität; b Wuchten eines starren Körpers durch Zusatzmassen in zwei Ebenen; c Zerlegung von Unwuchten in Lagerebenen in symmetrische und antimetrische Anteile; d Rein „Dynamische" Unwucht und ihre Wirkung auf zwei Lagerebenen (rein antimetrischer Anteil)

Z Fliehkraft
U Unwucht
O Drehpunkt
S Schwerpunkt
e Exzentrizität
ω Winkelgeschwindigkeit
m Masse
U_S statische Unwucht
U_A dynamische Unwucht

1. Starres Wuchten. Eine Masse m im Abstand $\boldsymbol{r}$ einer Drehachse, Abb. 25a, übt bei einer Rotation mit der Winkelgeschwindigkeit ω eine Zentrifugalkraft der Größe

$$\boldsymbol{Z} = m \cdot \omega^2 \cdot \boldsymbol{r} = \boldsymbol{U} \cdot \omega^2 \qquad (\boldsymbol{U} = m \cdot \boldsymbol{r}) \tag{58a}$$

auf seine Führung aus. $\boldsymbol{Z}$ ist offenbar proportional dem Produkt aus der Masse und dem Abstand, das man *Unwucht* $\boldsymbol{U}$ nennt. Die Unwucht ist die charakteristische Größe für den Vergleich der Kräftewirkung unausgeglichener Massen in rotierenden Systemen. Es kommt ihr deshalb bei der Wuchtung eine ausschlaggebende Bedeutung zu. Sie ist ihrem Wesen nach eine Vektorgröße mit der Richtung der Zentrifugalkraft und dreht wie letztere ebenfalls mit der Winkelgeschwindigkeit des Rotors. Man denke sich einen starren Rotor (Abb. 25b) in mehrere Scheiben zerlegt. Jede dieser Scheiben besitze eine Unwucht $\boldsymbol{U} = M\boldsymbol{e}$, wobei M die Masse der Scheibe und $\boldsymbol{e}$ die Exzentrizität des Schwerpunktes der Scheibe, d. h.

den radialen Abstand des Schwerpunktes von der Drehachse bezeichnet. Faßt man die einzelnen Unwuchten als Kräfte auf, so lassen sich nach den Gesetzen der Statik die einzelnen Unwuchten auf zwei beliebig gewählte Ebenen E_L und E_R reduzieren und in jeder Ebene eine Resultierende $\boldsymbol{U}_L$ und $\boldsymbol{U}_R$ bilden. Man kann diese Unwuchten dadurch kompensieren, daß man entgegengesetzt gleiche Unwuchten in den betreffenden Ebenen anbringt. Dies kann dadurch geschehen, daß man Zusatzmassen m im radialen Abstand $\boldsymbol{r}$ anbringt, derart, daß die Bedingungen

$$m_L \cdot \boldsymbol{r}_L = -\boldsymbol{U}_L$$
$$m_R \cdot \boldsymbol{r}_R = -\boldsymbol{U}_R$$

erfüllt sind, womit der starre Körper vollständig ausgewuchtet ist. Dieses Beispiel zeigt außerdem, daß es möglich ist, jeden starren Läufer durch Wuchtgewichte in zwei Ebenen vollständig auszuwuchten. Die Bestimmung der Unwucht und damit Größe und Lage der erforderlichen Wuchtgewichte muß experimentell erfolgen. Zu diesem Zweck sind Methoden ausgearbeitet und Wuchtmaschinen entwickelt worden.

Eine einzelne Unwucht kann sowohl statischen wie dynamischen Charakter haben. Man denke sich eine Unwucht U im axialen Abstand x von einer Bezugsebene E_L (Abb. 25c), die nicht notwendigerweise Lagerebene zu sein braucht. Es ist dann

$$U_L = U\,\frac{l-x}{l}\,; \quad U_R = U \cdot \frac{x}{l}\,.$$

Diese beiden Einzelunwuchten können in einen *symmetrischen* und einen *antimetrischen* Teil zerlegt werden:

$$U_S = \frac{U_L + U_R}{2} = \frac{1}{2}\,U\,; \quad U_A = \frac{U_L - U_R}{2} = \frac{1}{2}\,U\left(1 - \frac{2x}{l}\right).$$

Den symmetrischen Teil U_S nennt man *statische Unwucht*, weil sein Vorhandensein durch statische Mittel, etwa durch Auflegen auf zwei horizontale Schneiden, erkennbar ist. Der Rotor dreht sich infolge des um die Längsachse wirkenden Drehmomentes in die einzig mögliche stabile Gleichgewichtslage, bei der die Unwucht die Richtung der Erdbeschleunigung einnimmt. Die statische Unwucht U_S zweier Bezugsebenen ist unabhängig von der Lage x der Unwucht U. Den antimetrischen Teil U_A nennt man *dynamische Unwucht*, da er erst im Lauf erkennbar wird, was rasch einzusehen ist, wenn man zwei entgegengesetzte Unwuchten in einem konstanten Abstand der Lager betrachtet (Abb. 25d). Würde man einen solchen Rotor auf Schneiden legen, so würde er sich nicht drehen, da kein Drehmoment um die Längsachse wirkt. Erst beim Lauf werden zufolge der Drehbeschleunigung rotierende Kräfte auf die Lager übertragen. Die dynamische Unwucht wird erst beim Lauf wirksam. Die dynamische Unwucht U_A zweier Bezugsebenen ist im Gegensatz zur statischen Unwucht abhängig von der Lage x der Unwucht U. Die Zerlegung der resultierenden Unwuchten von $\boldsymbol{U}_L$ und $\boldsymbol{U}_R$ bei Vorhandensein von mehreren Einzelunwuchten in einen statischen $\boldsymbol{U}_S$ und dynamischen Anteil $\boldsymbol{U}_A$ zeigt Abb. 25b.

2. Elastisches Wuchten. Bei höheren Drehzahlen, insbesondere in der Nähe von kritischen Drehzahlen (vgl. S. 523ff) kann der unwuchtige Rotor nicht mehr als starr aufgefaßt werden. Er verbiegt sich elastisch, und als Folge davon gilt die Beziehung Gl. (58a) nicht mehr exakt.

Man kann sich die neue Sachlage an einem einfachen Modell klarmachen. Denken wir uns einen Rotor, bestehend aus einer einzigen Scheibe mit der Masse M in der Mitte einer elastischen Welle von der Steifigkeit c (Abb. 26). Ihre Ausbiegung sei y und die dazu erforderliche elastische Rückstellkraft somit $F = c\,y$. Sie drehe

Abb. 26.
Drehende Scheibe auf elastischer Welle
Z Fliehkraft
F Elastische Rückstellkraft (Doppelte Lagerreaktion)
U Unwucht
c Steifigkeit der Welle
W Durchstoßpunkt der Welle
ω Winkelgeschwindigkeit (konst.)

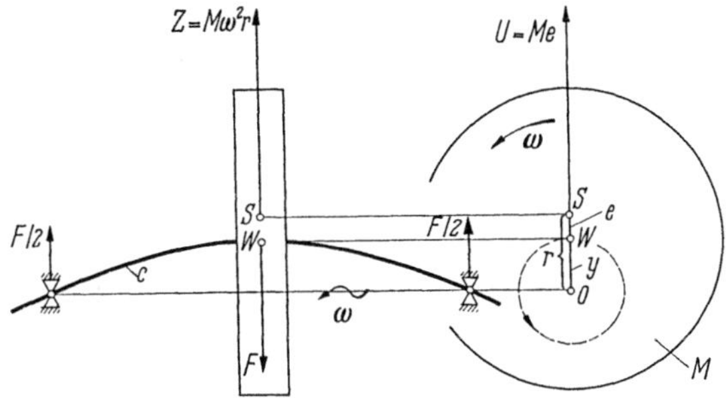

mit der konstanten Winkelgeschwindigkeit ω und die Schwerpunktsabweichung sei e. Die Summe beider Lagerkräfte ist gleich der elastischen Rückstellkraft, die aus dem Gleichgewicht an der Scheibe

$$F = Z = M \cdot \omega^2 \cdot r;\ (r = e + y) \tag{58b}$$

ermittelt wird zu

$$F = M\omega^2(e + y) = M\omega^2 e + M\omega^2 y = U\omega^2 + M\omega^2 y;\ (U = Me) \tag{58c}$$

Das erste Glied der rechten Seite ist identisch mit der durch die Schwerpunktsexzentrizität entstehenden Unwucht einer Scheibe auf unelastischer, also starrer Welle. Das zweite Glied ist allein durch die Elastizität der Welle bedingt. Durch Einsetzen von $c\,y$ an Stelle von F in obiger Gleichung kann y bestimmt werden zu

$$y = e\,\frac{(\omega/\omega_0)^2}{1 - (\omega/\omega_0)^2} \qquad \omega_0 = \sqrt{\frac{c}{M}}\,. \tag{59}$$

Mit ω_0 wird die kritische Winkelgeschwindigkeit bezeichnet, so daß $n_0 = (30/\pi) \cdot \omega_0$ die kritische Drehzahl bedeutet. Die Ausbiegung der Welle ist abhängig von der Winkelgeschwindigkeit ω, oder vom *Abstimmungsverhältnis* ω/ω_0. Gl. (59) in Gl. (58c) eingesetzt, ergibt den gesuchten quantitativen Zusammenhang

$$F = M\omega^2 e + M\omega^2 e\,\frac{(\omega/\omega_0)^2}{1 - (\omega/\omega_0)^2} = M\omega^2 e\,\frac{1}{1 - (\omega/\omega_0)^2} = U\omega^2\,\frac{1}{1 - (\omega/\omega_0)^2}\,. \tag{60}$$

Der Einfluß der Wellenelastizität auf die Lagerkräfte (Zweiter Summand) ist von der Abstimmung abhängig. Gl. (60) ist in Abb. 27 graphisch dargestellt. Wie man sieht, ist der Einfluß bei niederen Drehzahlen unbedeutend; ein niedrigtourig drehender Rotor kann als starr aufgefaßt werden. Immerhin wäre schon bei einer Drehzahl, die dem halben Wert der Kritischen entspricht, ein 33% größerer Massenausgleich erforderlich!

Besteht der Rotor aus mehreren „Scheiben" entsprechend Abb. 25b, so ändert sich am ganzen Sachverhalt nichts Wesentliches. Anstelle der Funktion von Abb. 27 tritt für die einzelne Scheibe lediglich eine Funktion mit mehreren Resonanzstellen, entsprechend den zahlreicheren Freiheitsgraden des wellenförmigen Rotors. Da die einzelnen Scheiben sich noch durch ihre gegenseitige axiale Lage unterscheiden, tritt neu hinzu, daß die notwendigen Unwuchtgewichte nicht nur von der Winkelgeschwindigkeit, sondern auch noch von der axialen Lage der zu kompensierenden Unwuchten abhängig werden.

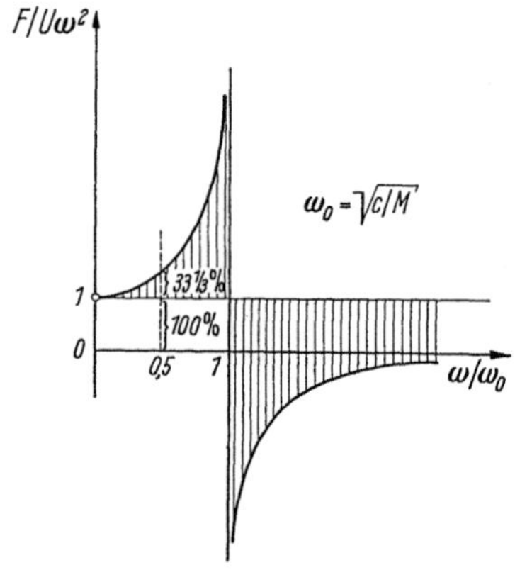

Abb. 27. Lagerreaktion F in Abhängigkeit der Abstimmung ω/ω_0
Schraffierter Bereich: Einfluß der Wellenelastizität

In Abb. 28 sind für einen wellenförmigen Rotor mehrere *Einflußlinien* aufgetragen. Sie gestatten, den Einfluß einer in Achsrichtung verschiebbaren Unwucht oder eines Wuchtgewichtes auf die linke Lagerreaktion, bei konstantgehaltener Drehzahl, zu erkennen. Zum Vergleich ist der lineare Einfluß bei starrer Wuchtung ($\omega \approx 0$) gestrichelt eingetragen. Als Beispiel sei eine Drehzahl von 1,4mal der ersten kritischen gewählt ($\omega/\omega_1 = 1{,}4$). Befindet sich eine Unwucht in der Mitte der Welle, so wäre zum Auswuchten in der linken Lagerebene eine 0,810mal kleinere Unwucht erforderlich, und zwar in der gleichen radialen Richtung (Abb. 28b).

Den Vergleich mit einem starren Rotor ($\omega/\omega_1 = 0$) zeigt Abb. 28c. Man sieht, daß die Lagerunwucht 0,500mal so groß wird und die entgegengesetzte Richtung hat. Man erkennt hier mit aller Deutlichkeit die Tatsache, daß die Gewichte in den Lagerebenen, welche den starren Rotor im vorliegenden Fall vollständig auswuchten, für eine Wuchtung im überkritischen Bereich nicht nur unnütz, sondern sogar schädlich sind. Rückt die Unwucht gegen das linke Lager, so nimmt die Lagerunwucht ab, bei $x = 0{,}220\, l$ (Abb. 28d) verschwindet sie ganz, um nahe dem Lager sich dem Zustand des starren Rotors anzugleichen.

Als wesentlichste Erkenntnis der elastischen Wuchtung muß zweifellos der schwerwiegende Satz von V. Blaess[1] über den Massenausgleich rasch umlaufender Körper angesehen werden:

„*Ein elastischer Rotor kann in zwei (oder mehreren) Ebenen nur für eine bestimmte Drehzahl gewuchtet werden, in allen übrigen Drehzahlen läuft er mehr oder weniger unruhig.*“

Sinn und Zweck der elastischen Wuchtung kann deshalb nur in einem Kompromiß bestehen, derart, daß der Rotor in der Nenndrehzahl optimal, im übrigen Bereich so gut als möglich gewuchtet wird, immerhin so, daß der Bereich ohne Gefahr für den Rotor beliebig oft durchfahren werden kann[2].

Die ideale Wuchtung ist zweifellos die, bei der die einzelnen Unwuchten in ihrer Ebene durch entgegengesetzte Unwuchten kompensiert werden. Leider gibt es keine Möglichkeit, Größe und Lage der Unwucht selbst experimentell zu bestim-

[1] Blaess, V.: Über den Massenausgleich rasch umlaufender Körper. Z. angewandte Math. Mech., Bd. 6 (1926) S. 429.

[2] Meldahl, A.: Auswuchten elastischer Rotoren. Z. angew. Math. Mech. 34 (1954) 8/9, S. 317.

men, man kann lediglich ihre Wirkung messen. Sodann ist man aus konstruktiven Gründen gezwungen, die Anzahl der Wuchtebenen zu beschränken. Die Praxis hat gezeigt, daß drei Ebenen unerläßlich sind, wenn überkritisch gefahren werden soll. Bei besonders schlanken Gebilden, wie sie etwa ein Turbo-Generator-Rotor darstellt, werden 4 bis 5 Ausgleichsebenen notwendig, je nachdem ob 2 oder 3 biegekritische Drehzahlen durchfahren werden müssen, vgl. Abb. 29.

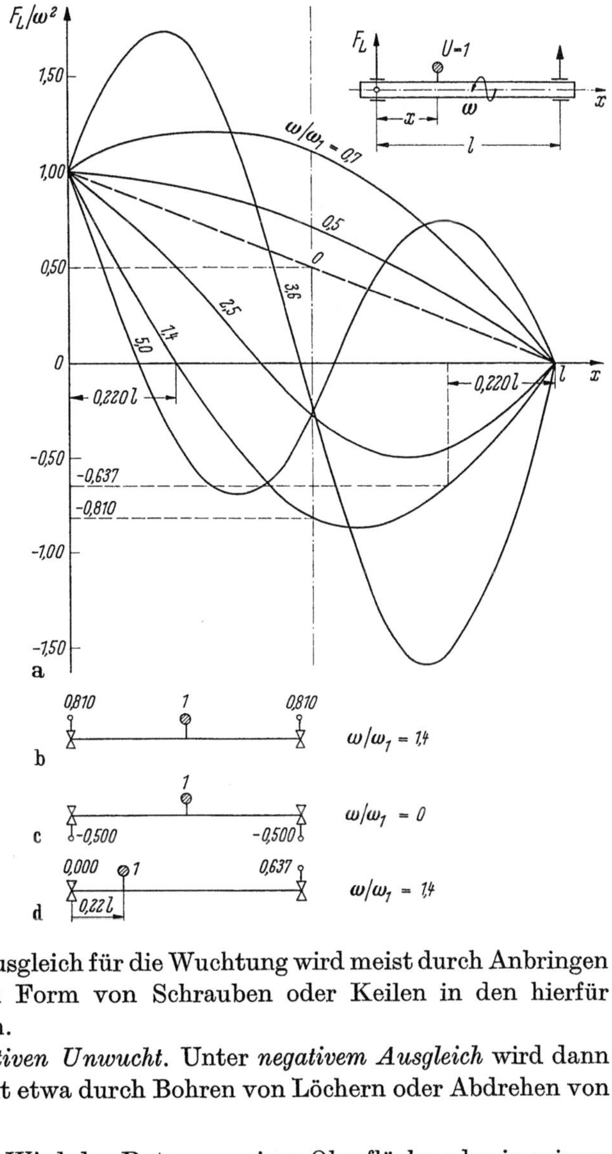

Abb. 28. Elastisches Wuchten
a Einflußlinien der linken Lagerreaktion für eine glatte Welle. Die Ordinate im Abstand x gibt den Einfluß einer Unwucht im Abstand x auf die linke Lagerreaktion an.
ω_1 ist die erste kritische Drehzahl
$\omega_n = n^2\omega_1$ ($n = 1, 2, 3\ldots$)
b, c, d Unwuchten und ihr Ausgleich in den Lagerebenen

Der notwendige Massenausgleich für die Wuchtung wird meist durch Anbringen von Ausgleichsgewichten in Form von Schrauben oder Keilen in den hierfür bestimmten Ebenen erfolgen.

Man nennt dies den *positiven Unwucht.* Unter *negativem Ausgleich* wird dann das Wegnehmen von Gewicht etwa durch Bohren von Löchern oder Abdrehen von Material verstanden.

b) Thermische Unwucht. Wird der Rotor an seiner Oberfläche oder in seinem Innern durch den Betrieb ungleich warm, etwa durch zu große Toleranzen der Kupfer- oder Isolationsquerschnitte, so wird sich die Rotorachse infolge der ungleichen Materialdehnung verbiegen. Eine solche Verbiegung thermischen

Ursprungs hat eine Massenverlagerung und damit eine mechanische Unwucht zur Folge. Es entstehen Schwingungen am Lager mit der Frequenz der Drehzahl.

Da die Temperaturdifferenzen im allgemeinen mit zunehmendem Temperaturniveau ansteigen, werden die Schwingungen abhängig von der Temperatur des Rotors und im weiteren Sinne auch von der Last. Ihre Beseitigung kann praktisch auf zwei Arten erfolgen:

Abb. 29. Turbogeneratorrotor mit fünf Ausgleichsebenen zur elastischen Wuchtung

1. Durch rein mechanisch wirkende Ausgleichgewichte in den wirksamsten Ebenen, analog zur elastischen Wuchtung. Damit ist der Rotor aber nur für ein bestimmtes Temperaturniveau oder eine konstante Last im stationären Betrieb gewuchtet. In allen anderen Fällen bleibt er unwuchtig.

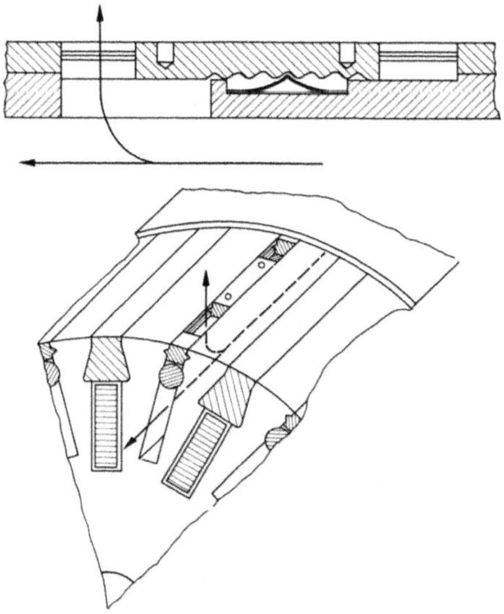

Abb. 30. Beispiel einer gelenkten Kühlmittelführung zur thermischen Wuchtung von Turbogeneratorrotoren

2. Durch *thermische Wuchtung*, indem man das Übel an der Wurzel packt und die Kühlmittelzufuhr lenkt. Dies kann durch volles oder teilweises Verschließen der Ein- oder Austrittslöcher für den Kühlmittelstrom geschehen, wodurch die Temperatur im günstigen Sinne beeinflußt werden kann. In Abb. 30 ist am Bei-

spiel eines Turbogenerators gezeigt, wie der Kühlgasaustritt (es handelt sich um Wasserstoffkühlung) durch sogenannte ,,Schublädchen" über den Umfang reguliert werden kann, wodurch eine thermische Wuchtung möglich wird.

T. Geräusch und Körperschall

a) Schwingungen und Schall. Mechanische Schwingungen und Wellen eines elastischen Mediums, gleichgültig wie auch der Aggregatzustand sei, werden als *Schall* bezeichnet, wenn die Frequenz im Hörbereich des Menschen zwischen etwa 16 Hz (tiefer Ton) und 20 000 Hz (hoher Ton) liegen. Die Ausbreitungs- oder Schallgeschwindigkeit c des Schalles ist eine Materialkonstante. Sie beträgt z. B. für Luft (bei 20 °C und bei Normaldruck 760 Torr) $c = 343$ m/s.

Das Produkt aus Frequenz f und Wellenlänge λ ist konstant und gleich der Schallgeschwindigkeit. Es gilt die bekannte Beziehung

$$\lambda f = c\,. \tag{61}$$

Die Wellenlängen für den tiefsten bzw. den höchsten Ton werden damit

$$\lambda = \frac{343}{16} = 21{,}4 \text{ m}$$

bzw.

$$\lambda = \frac{343}{20\,000} = 0{,}01715 \text{ m}\,.$$

Der Schall wird wahrgenommen, wenn die Schwingungen als Luftschall auf das menschliche Trommelfell gelangen oder über das Knochengerüst als Körperschall das Innenohr direkt anregen. Lärm wird fast ausnahmslos durch Luftschall auf das menschliche Ohr übertragen. Solange der Schall in festen oder flüssigen Körpern verläuft, ist er nur sehr wenig spürbar. Schwingungen an Maschinen können durch direkte Abstrahlung Luftschall erzeugen oder werden als Körperschall im Fundament weitergeleitet und können abseits vom Störungsherd durch größere schwingungsfähige Flächen wieder in Luftschall umgewandelt werden.

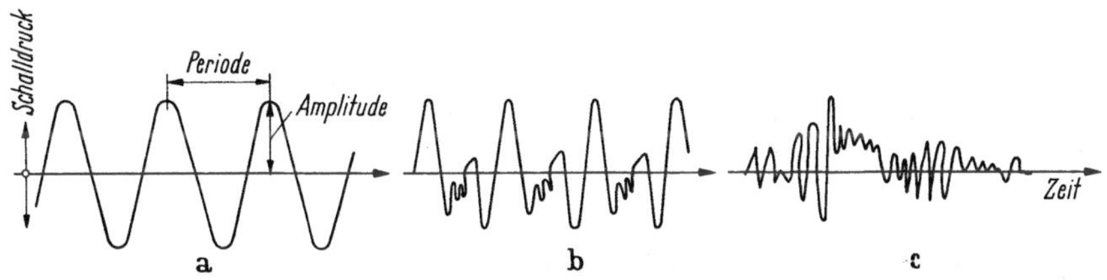

Abb. 31. Zeitlicher Verlauf des Schalldruckes
a Ton (harmonische Schwingung); b Klang (periodische Schwingung); c Geräusch

Mechanische Schwingungen und Wellen, die vom menschlichen Ohr nicht mehr wahrgenommen werden, nennt man *Infraschall* an der unteren und *Ultraschall* an der oberen Frequenzgrenze. In Luft gilt

Infraschall:	$f < \approx 16$ Hz	$\lambda > \approx 20$ m
Ultraschall:	$f > \approx 20\,000$ Hz	$\lambda < \approx 2$ cm .

b) Töne, Klänge, Geräusche. Eine harmonische (sinusförmige) Schwingung der Teilchen eines elastischen Mediums ergibt einen reinen Ton, Abb. 31 a. Alle Schallvorgänge können als eine Überlagerung verschiedener harmonischer Schwingungen dargestellt werden. Setzt sich ein Schall aus mehreren Schwingungen zusammen, deren Frequenzen zueinander in einem ganzzahligen Verhältnis stehen, so spricht man von einem Klang (periodische Bewegung der Kleinstteilchen), Abb. 31b. Unter Geräusch wird ein Schallvorgang verstanden, der sich aus zahlreichen Einzeltönen zusammensetzt, deren Frequenzen nicht im Verhältnis ganzer Zahlen stehen, Abb. 31c.

c) Schalldruck und Schallstärke. Als Maß für den Schall können der *Schalldruck* p, oder die *Schallstärke* I (früher Schallintensität) benutzt werden.

Der Schalldruck p ist der durch eine Schallschwingung hervorgerufene Wechseldruck. Es ist üblich, unter Schalldruck p den Effektivwert des Wechseldruckes zu verstehen. Er wird in Mikrobar [μb] angegeben.

$$1\ \mu\text{b} \triangleq 1\ \text{dyn/cm}^2 \triangleq 1{,}02 \cdot 10^{-6}\ \text{kp/cm}^2 .$$

Die Schallstärke I ist die Schalleistung pro Fläche. Sie wird in Mikrowatt je cm² [μW/cm²] angegeben. Die Schallstärke ändert sich mit dem Quadrat des Schalldruckes. Für Luft gilt annähernd

$$I = \frac{p^2}{400} \qquad I\,[\mu\text{W/cm}^2],\ p\,[\mu\text{b}] . \tag{62}$$

d) Hör- und Schmerzschwelle. Für die Wahrnehmung eines Schallvorganges ist das Erreichen einer bestimmten Mindestschallstärke I_0, bzw. eines bestimmten Mindestschalldruckes p_0 erforderlich. Beide Größen sind stark abhängig von der Frequenz. Für den Normalton[1] von 1000 Hz gilt

$$I_0 = 10^{-10}\ \mu\text{W/cm}^2 \qquad p_0 = 2 \cdot 10^{-4}\ \mu\text{b} .$$

Zur Wahrnehmung tiefer Töne ist eine erheblich größere Schallstärke erforderlich. In Abb. 32 ist in der untersten Kurve die Mindestschallstärke, bzw. der Mindestschalldruck für reine Töne in Abhängigkeit von der Frequenz dargestellt. Diese Kurve stellt die *Hörschwelle* dar. Nimmt die Schallstärke bzw. der Schalldruck sehr große Werte an, so tritt keine stärkere Schallwahrnehmung mehr auf, es entsteht im Ohr ein Schmerz. Die Grenze wird *Schmerzschwelle* genannt. Sie entspricht in Abb. 32 etwa der obersten Kurve. Schallstärke und Schalldruck an der Schmerzschwelle betragen für den Normalton 1000 Hz:

$$I_{00} = 100\ \mu\text{W/cm}^2 \qquad p_{00} = 200\ \mu\text{b} .$$

Das Verhältnis der Schallstärke, bzw. des Schalldruckes an der Hörschwelle zur Schallstärke bzw. zum Schalldruck an der Schmerzschwelle ist für den Normalton 1000 Hz $1 : 10^{12}$ bzw. $1 : 10^6$. Bei tiefen Tönen ist infolge der Krümmung der Hörschwellenkurve der Bereich der wahrnehmbaren Schallstärken und Schalldrücke erheblich kleiner. Für 100 Hz ist das Verhältnis nur noch $1 : 10^8$ bzw. $1 : 10^4$.

e) Lautstärke. Schallstärke und Schalldruck können nicht als Maß für die *Schallempfindung* benutzt werden, da zwischen diesen Größen und der Schallempfindung keine einfache Beziehung besteht, was man schon aus dem Verlauf der Hörschwelle erkennt, die eine starke Abhängigkeit der Empfindung von der

[1] Nicht zu verwechseln mit dem Normalstimmton DIN 1317 von 440 Hz, auch Kammerton oder Stimmgabel -a genannt.

Frequenz aufweist. Als Maß für die Schallempfindung hat man den Begriff der Lautstärke L eingeführt.

Die in Abb. 32 durch die Hör- und Schmerzschwelle sowie durch die Frequenzgrenzen (16; 20 000 Hz) eingeschlossene Fläche wird als *Hörbereich* bezeichnet. Alle Schallvorgänge, die das menschliche Ohr wahrnimmt, spielen sich innerhalb dieser Fläche ab. Die eingezeichnete Kurvenschar stellt die Kurven gleicher

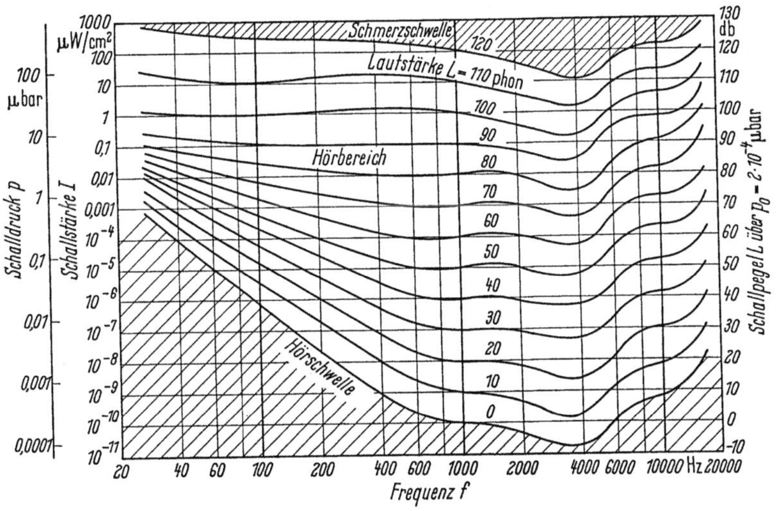

Abb. 32. Kurven gleicher Lautstärke L und die Zusammenhänge zwischen Schallstärke I (μW/cm²), Schalldruck p (μb), Lautstärke L (phon) und Schallpegel L (dB)

Lautstärke L für reine Töne dar. Jeder Punkt dieser Kurve gibt die Schallstärke bzw. den Schalldruck und die Frequenz eines Tones an. Alle auf ein und derselben Kurve liegenden Töne werden als gleichlaut empfunden. Im Gebiete kleinerer Lautstärken werden bei gleicher Schallstärke tiefere Töne weniger laut empfunden als hohe und mittlere Töne.

Im Bereich mittlerer Frequenzen wächst die Schallempfindung annähernd mit dem Logarithmus der Schallstärke an[1]. Eine gleiche prozentuale Zunahme der Schallintensität oder des Schalldruckes wird als gleiche Erhöhung der Lautstärke empfunden. Man benutzt deshalb als Maß für die Schallempfindung eine logarithmische Skala, deren Einheit das „phon" ist. Diese Skala ist für den Normalton 1000 Hz folgendermaßen festgelegt[2]:

$$L = 10\cdot\log I/I_0 = 10\cdot\log I/10^{-10} \quad \begin{cases} L\,[\text{phon}] \\ I\,[\mu\text{W/cm}^2] \end{cases} \tag{63}$$

oder

$$L = 20\cdot\log p/p_0 = 20\cdot\log p/2\cdot10^{-4} \quad \begin{cases} L\,[\text{phon}] \\ p\,[\mu\text{b}] \end{cases} \tag{64}$$

[1] Es gilt das bekannte Weber-Fechnersche Empfindungsgesetz:

Empfindung $\triangleq$ Logarithmus (Reiz).

(Das Gesetz gilt übrigens auch für andere Sinnesorgane in weiten Grenzen).

[2] Im folgenden gilt $\log x = {}^{10}\log x$.

Die so erhaltene Skala erfaßt einen Lautstärkenbereich von 0...120 phon. Dadurch ist zunächst eine Lautstärkenskala L für den Normalton festgelegt, die durch ein subjektives Meßverfahren folgendermaßen erweitert wird[1]:

Um die Lautstärke L eines beliebigen Tones, Klanges oder Geräusches zu ermitteln, vergleicht man diese mit einem Normalton von 1000 Hz. Die in Abb. 32 dargestellten Kurven gleicher Lautstärke bieten ein Beispiel für dieses subjektive Meßverfahren. Der Abstand dieser Kurven beträgt 10 phon. Eine Änderung der Lautstärke um 10 phon entspricht etwa einer Verdoppelung oder Halbierung der Größe des Lautheitseindruckes. Die Unregelmäßigkeit, die im Gebiet von 2000 ... 6000 Hz in allen Kurven vorkommt, wird durch Beugung der Schallwellen am Kopf und Ohr verursacht. Bei Messung der Schallintensität im Gehörgang verlaufen die Kurven glatt.

Zur Veranschaulichung praktisch vorkommender Lautstärkewerte können folgende Lautstärkebeispiele dienen:

0 phon	Beginn der Hörempfindung, nur unter extremen Laboratoriumsbedingungen meßbar.
10 phon	Schall, den man im üblichen Sinne als gerade eben hörbar bezeichnet.
20 phon	Leises Blätterrauschen
30 phon	Lautstärkepegel im Tonfilmatelier
40 phon	Leise Unterhaltungssprache
50 phon	Normale Unterhaltungssprache
60 phon	Lärm eines Staubsaugers
70 phon	Telephonklingel, Tischapparat in 1 m Abstand
80 phon	Sehr verkehrsreiche Straße
90 phon	Werkraum mit Drehbänken und Automaten
100 phon	Lärm in einer Baumwoll- oder Seidenweberei
110 phon	Preßluftniethämmer in der Kesselschmiede
120 phon	Verstemmen von Schweißnähten mit Preßlufthämmern bei etwa 2 m Abstand
130 phon	Schmerzschwelle überschritten. Schwere Artillerie aus nächster Nähe, Luftschutzsirene in 2 m Abstand.

Das menschliche Ohr ist, wie zahlreiche Beobachtungen ergeben haben, im allgemeinen in der Lage, Lärmpegel bis zu 85 phon jahrelang ohne Dauerschädigung zu ertragen. Hingegen zeigt die Erfahrung, daß schon geringer Lärm (ab 70 phon) den Blutkreislauf beeinflussen, die Konzentrationsfähigkeit herabsetzen und nervöse Störungen hervorrufen kann.

Der kleinste wahrnehmbare Lautstärkeunterschied beträgt etwa 1 phon. Von einer Maßnahme zur Schallminderung muß man eine Lautstärkenminderung von mindestens 5 phon verlangen. Eine Maßnahme, die eine Lautstärkenminderung um 10 phon erzielt, ist bereits sehr lohnend. Eine Maßnahme, die ein Geräusch um 20 phon leiser macht, ist als sehr gut zu bezeichnen. Um eine derartige Minderung der Lautstärke um 20 phon zu erzielen, ist es (bei größeren Laut-

[1] Einheit der Lautstärke, DIN 1318. Akustik, Allg. Benennungen, DIN 1320.

stärken) notwendig, 99% der gesamten Schalleistung zu vernichten[1]. Hieraus kann man ersehen, welche Sorgfalt bei Maßnahmen zur Schallminderung angewendet werden muß.

Bei kleinen Lautstärken unter 90 phon kann man eine Verringerung auch ohne Vernichtung von Leistung erzielen, wenn es gelingt, das Geräusch nach tiefen Frequenzen zu verschieben. Dies erklärt sich durch die Krümmung der phon-Kurven im Bereich tiefer Frequenzen und kleiner Lautstärken.

f) Gesamtlautstärke mehrerer Schallquellen. *Für größere Lautstärken als 90 phon*, bei denen die Kurven gleicher Lautstärke praktisch frequenzunabhängig verlaufen, läßt sich die Gesamtlautstärke L mehrerer Schallquellen aus den Einzelschallstärken $I_1, I_2, I_3, \ldots$ oder Einzelschalldrücken $p_1, p_2, p_3, \ldots$ annähernd berechnen, indem man zuerst die Gesamtschallstärke oder den Gesamtschalldruck nach den Formeln

$$I_g = I_1 + I_2 + I_3 + \cdots \tag{65}$$

$$p_g = \sqrt{p_1^2 + p_2^2 + p_3^2 + \cdots} \tag{66}$$

bestimmt und hernach mit den Gln. (63) oder (64) die Gesamtlautstärke ermittelt. Sind die Lautstärken der Einzelschallquellen bekannt und größer als 90 phon, so bestimmt man zuerst mit (63) oder (64) die zugehörigen Schallstärken oder Schalldrücke, so daß die Gesamtschallstärke oder der Gesamtschalldruck ermittelt werden kann, womit aus (63) oder (64) die Gesamtlautstärke hervorgeht.

Beispiel: gegeben: $L_1 = 106$ phon, $L_2 = 100$ phon

gerechnet:

aus (63)	oder (64)
$106 = 10 \log I_1/10^{-10} \rightarrow I_1 = 4\ \mu\text{W/cm}^2$	$106 = 20 \log p_1/2\cdot 10^{-4} \rightarrow p_1 = 40\ \mu b$
$100 = 10 \log I_2/10^{-10} \rightarrow I_2 = 1\ \mu\text{W/cm}^2$	$100 = 20 \log p_2/2\cdot 10^{-4} \rightarrow p_2 = 20\ \mu b$
aus (65)	oder (66)
$I_g = 4 + 1 = 5\ \mu\text{W/cm}^2$	$Pg = \sqrt{40^2 + 20^2} = 44{,}7\ \mu b$
aus (63)	oder (64)
$L_g = 10 \log 5/10^{-10} = \underline{107 \text{ phon}}$	$L_g = 20 \log 44{,}7/2\cdot 10^{-4} = \underline{107 \text{ phon.}}$

Mit Hilfe der Zahlenleitern in Abb. 32 erspart man sich das Umrechnen von Schallstärken bzw. Schalldrücken in Lautstärken und umgekehrt. Man liest zu den gegebenen Phonwerten die zugehörigen Schallstärken oder Schalldruckwerte ab, bestimmt mit (65) oder (66) die Gesamtschallstärke oder den Gesamtschalldruck und liest rückwärts die gesuchte Phonzahl ab.

Für kleinere Lautstärken als 90 phon ist die Frequenzabhängigkeit der Phonkurven bei der Zusammensetzung zu berücksichtigen. Handelt es sich beispielsweise um die Zusammensetzung zweier reiner Töne verschiedener Frequenzen, deren Schallstärken gegeben sind, so ist zur Bestimmung der Gesamtlautstärke wie folgt vorzugehen. Man ermittelt mit Hilfe des Muscheldiagramms, Abb. 32, die zugehörigen Phonwerte L_1 und L_2, geht den Kurven gleicher Phonzahlen entlang und liest beim 1000-Hz-Normalton die den Phonzahlen entsprechenden

[1] Die Rechnung ist einfach. Sind L_1, I_1 und L_2, I_2 die zugehörigen Laut- bzw. Schallstärken, so gilt

$$L_1 - L_2 = 10 \log I_1/I_0 - 10 \log I_2/I_0 = 10\,(\log I_1/I_0 - \log I_2/I_0) = 10 \log I_1/I_2 =$$
$$= 20 \longrightarrow I_1/I_2 = 100 \text{ und } (I_1 - I_2)/I_1 = (100 - 1)/100 = 99\% \text{ q. e. d.}$$

Schallstärken I_1 und I_2 ab, addiert zur Gesamtschallstärke I_g und liest umgekehrt die der Gesamtlautstärke entsprechende Phonzahl L_g beim 1000-Hz-Ton ab.

Beispiel: gegeben: $I_1 = 0{,}001\ \mu\text{W/cm}^2$ (80 Hz); $I_2 = 10^{-4}\ \mu\text{W/cm}^2$ (200 Hz)
abgelesen: $L_1 = 50$ phon; $L_2 = 50$ phon.
abgelesen oder nach (63) berechnet: $I_1 = 10^{-5}\ \mu\text{W/cm}^2$; $I_2 = 10^{-5}\ \mu\text{W/cm}^2$
berechnet: $I_g = I_1 + I_2 = 2\cdot 10^{-5}\ \mu\text{W/cm}^2$
abgelesen oder nach (63) berechnet: $L_g = \underline{53\text{ phon}}$.

Moderne Meßgeräte[1] führen solche Analysen und Synthesen des Schalles mit Hilfe eingebauter elektrodynamischer Filter automatisch und unmittelbar durch, vgl. Abschnitt g.

Bei der Addition mehrerer Lautstärken ist stets die lautere Schallquelle ausschlaggebend. In Abb. 33 ist die Gesamtlautstärke zweier Schallquellen dargestellt, von denen die eine eine gleichbleibende Lautstärke L_1 hat, während die andere ihre Lautstärke L_2 stetig ändert. Nur in einem kleinen Gebiet, in dem beide Lautstärken annähernd gleich groß[2] sind, wird die Gesamtlautstärke L_g durch beide Schallquellen bedingt. In allen anderen Fällen ist nur die jeweils lautere Schallquelle entscheidend für die Gesamtlautstärke.

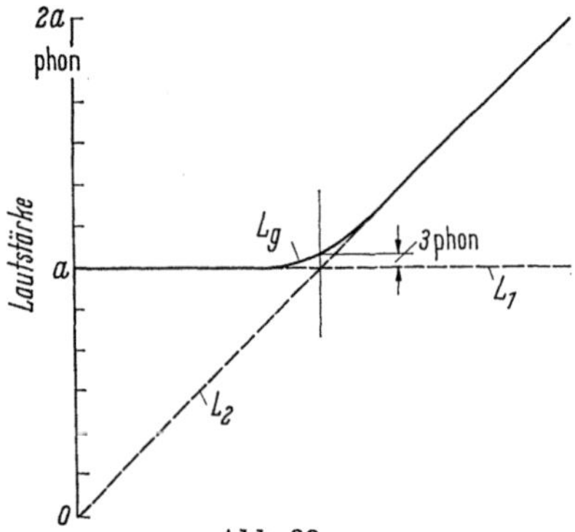

Abb. 33.
Zusammenwirken zweier Schallquellen
L_1 unveränderte Schallquelle von a phon
L_2 von 0 bis $2a$ phon linear ansteigende Schallquelle
L_g Gesamtlautstärke beim gleichzeitigen Schallen von L_1 und L_2

Die Gesamtlautstärke mehrerer gleichlauter Schallquellen kann aus folgender Tabelle ersehen werden:

Anzahl gleicher Geräuschquellen	Lautstärkezunahme in phon.
2	+ 3
3	+ 5
4	+ 6
5	+ 7
6	+ 8
7	+ 8,5
8	+ 9
9	+ 9,5
10	+ 10

Beispiel: $L_1 = L_2 = L_3 = 60$ phon
Lautstärkezunahme nach obiger Tabelle bei 3 gleichen Geräuschquellen + 5 phon.
$L_g = 60 + 5 = \underline{65\text{ phon}}$.

g) Vergleich von Schallstärken und Schalldrücken in Dezibel. In der Technik der Lärmbekämpfung wird man häufig vor die Aufgabe gestellt, zwei Schallstärken oder zwei Schalldrücke miteinander zu vergleichen. Will man z. B. die *Schalldämmung* einer Wand bestimmen, so mißt man die Schallstärke oder den Schalldruck vor und hinter der Wand. Das Verhältnis beider ist ein Maß für die Schalldämmung D. Das Lautstärkeverhältnis anzugeben wäre in einem solchen Fall nicht sinnvoll, weil es wegen der Frequenzabhängigkeit der Phonskala noch vom Absolutwert der Lautstärke abhängen und deshalb keine Konstante darstellen

---

[1] Recommendations for sound level meters, IEC 123 (1961).

[2] Zwei gleiche Schallquellen: L, $I_L \rightarrow L = 10 \log I_L/I_0 \rightarrow I_L/I_0 = 10^{L/10}$
Gesamtlautstärke: $L_g = L + \triangle L = 10 \log 2\, I_L/I_0 = 10 \log 2 \cdot 10^{L/10}$
$2\cdot 10^{L/10} = 10^{L+\triangle L/10} \rightarrow \triangle L = 10 \log 2 = 3$ phon $\underline{L_g = L + 3\text{ phon}}$.

würde. Man benutzt deshalb für die Schalldämmung ein Maß, das von der Frequenzabhängigkeit der Schallempfindung frei ist und nur auf die logarithmische Empfindlichkeit des Ohres Rücksicht nimmt. Die Einheit dieses logarithmischen Schalleistungs- oder Schalldruckverhältnisses ist das Dezibel (dB), ausgedrückt durch

$$D = 10 \cdot \log I_1/I_2; \quad D\,[\mathrm{dB}] \tag{67}$$

oder

$$D = 20 \cdot \log p_1/p_2; \quad D\,[\mathrm{dB}] \tag{68}$$

Die Dezibel-Skala unterscheidet sich von der Phon-Skala außer durch die Frequenzunabhängigkeit noch dadurch, daß in ihr grundsätzlich kein Bezugspunkt enthalten ist. Das dB ist grundsätzlich ein *relatives* Maß.

Für die Meßtechnik hingegen ist es unerläßlich, einen Bezugswert zu definieren. Das Meßgerät vergleicht dann die Schallstärke bzw. den Schalldruck mit dem definierten Bezugswert. Als Bezugswert wurde die Mindestschallstärke $I_0 = 10^{-10}\,\mu\mathrm{W/cm^2}$ bzw. der Mindestschalldruck $p_0 = 2 \cdot 10^{-4}\,\mu\mathrm{b}$ gewählt, so daß die Dezibelskala mit der Phonskala bei 1000 Hz zusammenfällt, vgl. Abb. 32. Die Definitionsgleichungen (63) und (64) gelten somit auch für L in dB. Den Meßwert in dB nennt man den *Schallpegel*. Ein Schallpegelmesser mißt grundsätzlich frequenzunabhängig. Um mit ihm Lautstärken zu messen, bedarf es des Einbaus von Filtern, um die Dezibelskala der frequenzabhängigen Phonskala anzugleichen. Man spricht dann von einem *bewerteten Schallpegel* und bringt dies dadurch zum Ausdruck, daß man einen Index, welcher den Filter bezeichnet, dem Schallpegel L hinzufügt, z. B. L_A, L_B, L_C und den Meßwert mit dB(A), dB(B), dB(C) bezeichnet. In den letzten Jahren hat man sich international[1] auf 3 Filter A, B und C geeinigt, wobei der Filter A niedere, der Filter C hohe Lautstärken der subjektiven Lautstärke besser angleicht. Allgemein stellen Schallpegelmeßwerte in dB nur eine grobe Annäherung an die subjektive Lautstärke dar, haben aber den entscheidenden Vorteil der Reproduzier- und Vergleichsbarkeit der Meßergebnisse in der ganzen Welt. Lautstärkemessungen in phon bleiben künftig subjektiven und damit weit komplizierteren Meßverfahren vorbehalten.

h) Ausbreitung des Schalles. Die von einer Schallquelle ausgehenden Schallwellen breiten sich kugelförmig aus, wenn die Wellenlänge groß ist gegen die Ausdehnung des Strahlers. Ist die Wellenlänge relativ klein, so erfolgt die Schallabstrahlung mit starker Richtwirkung. Bei Kugelwellen erfolgt die Abnahme der Schallstärke mit $1/r^2$ und die Abnahme des Schalldruckes mit $1/r$, wenn r der Abstand zwischen Schallquelle und Beobachter ist. Hieraus ergibt sich für eine Schallquelle, die im Abstand von 1 m die Lautstärke a erzeugt, folgender Verlauf der Lautstärke:

Entfernung	und Lautstärkeänderung
0,5 m	$a + 6$ dB
1,0 m	a
2,0 m	$a - 6$ dB
3,2 m	$a - 10$ dB
10,0 m	$a - 20$ dB
32,0 m	$a - 30$ dB
100,0 m	$a - 40$ dB

Für gerichtete Schallstrahlung ist die Abnahme der Lautstärken mit der Entfernung geringer.

[1] Recommendations for sound level meters. IEC-Publication 123 (1961).

i) Richtlinien für die Messung der Lautstärke elektrischer Maschinen[1]. Da im allgemeinen das Schallfeld elektrischer Maschinen zur Wellenachse symmetrisch verläuft, genügt es, in Meridianschnitten zu messen. Bei Maschinen mit horizontaler Welle wird die Lautstärke in der Höhe der Welle gemessen, bei Maschinen mit vertikaler Welle hingegen auf einem Meridianschnitt durch den Netzanschlußklemmenkasten. Die Messungen sollen in einem Abstand von 1...2 m (je nach Größe der Maschine) vom Umriß der Maschine durchgeführt werden und ihre Zahl soll mindestens 4 betragen. Kleinere Maschinen können auf einen Tisch gestellt werden, wobei Reflexionen der Tischplatte zu vermeiden sind. Überhaupt soll innerhalb der Meßentfernung eine ungestörte Ausbildung des Schallfeldes gewährleistet sein, d. h. der reflektierte Schall soll klein sein gegen den direkten Schall. Bei einer Verdoppelung der Abstände soll die Lautstärke um wenigstens 4 dB abnehmen. Die Messung erfolgt im allgemeinen bei Leerlauf erregt. Zur Feststellung der Lautstärke einer elektrischen Maschine muß die Lautstärke des Störpegels der Fremdgeräusche um wenigstens 8 dB tiefer als der niederste Meßwert liegen. Über zulässige dB(A)-Werte für Maschinen von 45 bis 1250 kW vgl. die Tabelle auf S. 234.

Bei der Beurteilung der Resultate können folgende Angaben dienen:

In einem Büro-Raum sollten 45 bis 50 dB als durchschnittlicher Lärmpegel nicht überschritten werden. Büros in Kraftwerken erreichen oft 65 und gelegentlich 75 dB. In Generatorhallen von Kraftwerken kann man durchschnittlich mit 90 bis 100 dB rechnen. In 1 m Abstand von den Generatoren wurden minimal 89, maximal 110 dB gemessen; 95 bis 100 dB sind hier übliche Werte.

k) Quellen des Geräusches elektrischer Maschinen

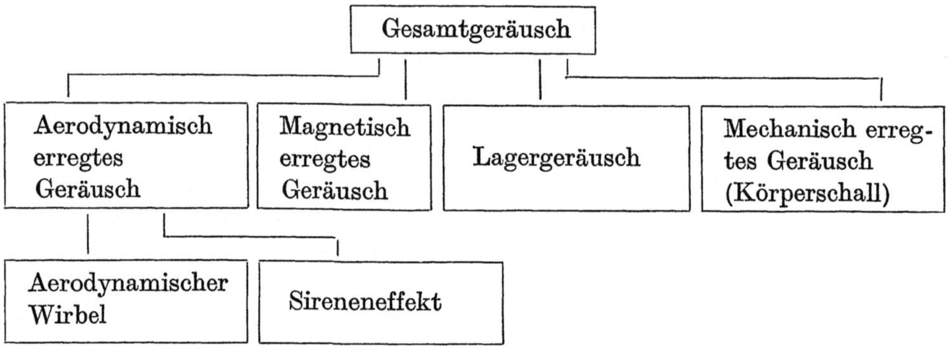

Das Gesamtgeräusch elektrischer Maschinen setzt sich im wesentlichen zusammen aus dem Hauptanteil des aerodynamisch und magnetisch erregten Geräusches sowie den geringeren Anteilen des Lagergeräusches und des Körperschalls.

1. Aerodynamisch erregtes Geräusch. Das aerodynamisch erregte Geräusch hat seinen Ursprung in der durch Rotor und Ventilator verursachten Turbulenz des umgebenden Mediums (Luft, Wasserstoff) bei rotierenden Maschinen. An der rotierenden Oberfläche sich ablösende Wirbel verursachen ein Geräusch, dessen Energie über den ganzen Hörbereich spektral verteilt ist, man spricht von einem breitbandigen Rauschen. Es ist grundsätzlich nicht vermeidbar, kann aber durch

[1] Geräuschmessung an elektr. Maschinen. Vornorm DIN 45 632 (1962).

geeignete Formgebung der Ventilatorschaufeln, Bürstenhalter, Wuchtgewichte, Einzelpole usw. in erträglichen Grenzen gehalten werden.

Dem Rauschen können vereinzelt Töne überlagert sein, die durch einen Sirenen-Mechanismus erzeugt werden.

Das Ventilatorgeräusch wird weniger durch die Fördermenge als vielmehr durch die Umfangsgeschwindigkeit bedingt. Bei großen schnellaufenden Maschinen mit Umfangsgeschwindigkeiten über 60 m/s ist der Gesamtgeräuschpegel meist durch den aerodynamischen „Wirbel" des Ventilators allein bedingt und annähernd proportional der Umfangsgeschwindigkeit[1].

Die *Sirenentöne* entstehen dadurch, daß komprimierte Luft oder Gas an feststehenden Hindernissen vorbeistreicht, wobei das Hindernis zu einem Kugelstrahler wird und Longitudinalwellen ausstrahlt. Sirenentöne von Ventilatoren lassen sich heute so weit mindern, daß sie vom unvermeidlichen Rauschen überdeckt werden. Abhilfemaßnahmen sind größerer Abstand der Schaufeln vom Hindernis (kritischer Minimalabstand) oder ungleichmäßige Anordnung der Schaufeln über den Umfang. Die Grundfrequenz eines Sirenenklanges berechnet sich aus

$$f = \frac{zn}{60} \quad \begin{cases} f \text{ (Hz) Grundfrequenz} \\ z \text{ (1) Anzahl Schaufeln pro Umfang (gleichmäßige Teilung)} \\ n \text{ (U/min) Drehzahl.} \end{cases} \tag{69}$$

2. Magnetisch erregtes Geräusch. Es hat seinen Ursprung in der Wechselwirkung der magnetischen Kraft zwischen Rotor und Stator[2]. Der Stator wird zu periodischen Schwingungen angeregt und wirkt als Schallquelle. Für die Berechnung[3] wird der Stator als schwingendes mechanisches System (elastischer Ring) aufgefaßt, der in seiner inneren Bohrung durch periodische Kräfte erregt wird. Da der Stator mit dem Fundament mehr oder weniger elastisch gekoppelt ist, ergeben sich Schwierigkeiten einer exakten Erfassung der Lagerungsverhältnisse. Kunststoffmodelle wurden teilweise mit Erfolg gebaut. Die Berechnung begnügt sich im allgemeinen mit der Feststellung der Eigenfrequenzen und Eigenformen des Stators und der Vermeidung von Resonanzerscheinungen, vgl. S. 338 und Abb. 298. Bei großen Turbogenerator-Statoren (Abb. 295) und großen Einphasengeneratoren (Abb. 70, 292) wird das Blechpaket oft durch elastische Zwischenglieder auf das Gehäuse abgestützt, um eine Übertragung der Schwingungen auf das Gehäuse zu vermeiden (vgl. auch S. 575ff).

3. Lagergeräusch. Große elektrische Maschinen werden mit Gleitlagern ausgerüstet, die im allgemeinen keinen besonderen Anlaß zur Geräuschbildung geben. Da überdies die Erregung des Lagergeräusches vorwiegend durch die Unwucht bedingt ist, wird dessen Grundfrequenz mit der Frequenz der Drehzahl übereinstimmen und nicht über 50 bzw. 60 Hz reichen; sie liegt somit im günstigen unteren Hörbereich. Bei kleinen Maschinen mit Wälzlagern kann das Lagergeräusch an Bedeutung gewinnen[4].

---

[1] HÜBNER, G.: Geräuschminderung bei großen elektrischen Maschinen, Siemens-Z. (1961) 2.

[2] LORENZEN, H. W.: Elektromagnetisch verursachte Geräusche bei Synchron- und Asynchronmaschinen, VDE-Fachberichte, Hauptversammluug Bremen 1966.

[3] JORDAN, H.: Der geräuscharme Elektromotor. Essen: Girardet 1950.

[4] UNTERBERGER, M.: Geräuschuntersuchungen an Wälzlagern in Elektromotoren. VDI-Z. 98 (1956) S. 209—212.

4. Mechanisch erregtes Geräusch. Vibrationen an den Lagern oder im Maschineninnern können durch Fortpflanzung größere Flächen des Fundamentes oder der Verschalung zum Schwingen anregen. Dieser sogenannte Körperschall wird an der bewegten Oberfläche in Luftschall umgesetzt und abgestrahlt. Ist die Ursache der Vibrationen ein schlecht gewuchteter Rotor, so handelt es sich meist um niederfrequente Geräusche, entspricht doch die untere Hörbereichsgrenze von 16 Hz schon einer Drehzahl von $\approx$ 1000 U/min.

l) Minderung des Schallpegels innerhalb der Maschine durch Kapselung. Bei Maschinen mit großen Umfangsgeschwindigkeiten kann das aerodynamisch erregte Geräusch ursächlich oft nicht hinreichend gemindert werden, besonders wenn der zu hohe Schallpegel erst nachträglich beanstandet wird. In einem solchen Fall kann man sich durch „Überdecken" des Pegels mittels einer Haube über die Maschine behelfen, der sogenannten Kapselung. Bei einer Schalldämmung durch Kapselung sind folgende Punkte zu beachten:

1. Spalten und Schlitze an Wellen- und Zuleitungsdurchführungen sind zu vermeiden. Schon Öffnungen von insgesamt einigen Quadrat-Dezimetern machen die erwartete Wirkung illusorisch. Man wird deshalb danach trachten, die Belüftung möglichst vom Fundament her zu betreiben, womit Ansaug- und Ausblasschlitze in der Haube wegfallen (Umformersätze, Turboerreger).

2. Die Hauben sind gegen das Fundament (und die Maschine) schallisoliert aufzustellen, um die Ausbreitung von Körperschall zu verhindern. Meist wird die Haube auf weiche Gummipuffer oder -bänder gelegt.

3. Um Körperschall zu vermeiden, kann auf die Haube (außen oder innen) ein festhaftender Belag aufgespritzt werden, der nach Trocknung eine elastische, jedoch biegesteife Schicht mit guter Dämpfungswirkung ergibt. Die Dicke der aufgebrachten Schicht soll im allgemeinen 2...3mal so stark sein wie das Haubenblech[1]. Allfällige durch Körperschall hervorgerufene Biegeschwingungen des Haubenbleches werden dadurch gedämpft, besonders bei hohen Frequenzen.

4. Die Wirksamkeit der Haube zur Verminderung der Schallausbreitung ist durch zwei Faktoren, Dämmung und Stau bedingt.

Die Dämmung ist grundsätzlich um so besser, je größer die Masse pro Fläche, d. h. je dicker die Haube ist. Die üblichen Haubenkonstruktionen bestehen aus Stahlblech von 1...4 mm Stärke. Es wäre jedoch unwirtschaftlich, auf größere Blechstärken überzugehen.

Der Schallstau entsteht durch Reflexion des von der Maschine ausgehenden Schalles an der Innenfläche der Haube und erzeugt im Innern der Haube einen erhöhten Schallpegel. Er wirkt damit der Dämmung entgegen. Durch Anbringen von schallabsorbierenden Materialien an der Innenseite der Verschalung kann somit eine Kapselung wesentlich verbessert werden. „Schallschluckende" Materialien, wie Mineralwolle (Steinwolle, Glaswolle), Kokosmatten, Schaumgummi und dgl., sind porös und haben eine geringe Dichte. Sie werden meist mit biegeweichem Drahtgeflecht oder Kunststoffolien auf der Innenseite der Verschalung befestigt.

[1] Oberst, H., K. Frankenfeld und G. W. Becker: Über die Dämpfung der Biegeschwingungen dünner Bleche durch fest haftende Beläge. Acustica 2 (1952), Beiheft 4, AB 181 und Acustica, Vol 4 (1954).

II. Baustoffe

Im Elektromaschinenbau werden neben den im allgemeinen Maschinenbau üblichen Baustoffen in großem Umfang noch solche verwendet, die typisch für elektrotechnische Erzeugnisse im allgemeinen und für elektrische Maschinen im besonderen geschaffen wurden. Die Anforderungen an die Baustoffe sind nicht nur mechanischer Natur, durch statische oder dynamische mechanische Beanspruchungen, sondern es treten weitere Anforderungen hinzu an thermischen Eigenschaften, insbesondere bezüglich der Wärmeeigenschaften (Leitfähigkeit, Warmfestigkeit, Wärmekapazität), an magnetischen Eigenschaften (sowohl im Sinne besonders guter magnetischer Eigenschaften als auch im Sinne eines möglichst vollkommenen Antimagnetismus), an elektrischen Eigenschaften, insbesondere hinsichtlich des spezifischen elektrischen Widerstandes und bei Isolationsmaterialien bezüglich der dielektrischen Eigenschaften.

A. Stahl und Eisen

Der Gewichtsanteil an Stahl und Eisen bei elektrischen Maschinen beträgt im Mittel etwa 80 bis 90%. Davon ist etwa die Hälfte „aktives Eisen", d. h. Eisen, das zur Leitung des magnetischen Flusses dient, und zwar sowohl in massiver Form bei Magnetjochen von Gleichstrommaschinen, Polrädern und Polen von Wechselstrommaschinen, als auch in lamellierter Form als Leiter des magnetischen Wechselflusses oder zum Zwecke der Unterdrückung von Wirbelströmen. Bei lamellierten Magnetkörpern sind zum Teil die einzelnen Bleche gegeneinander isoliert (s. auch S. 78, 258). Als Konstruktionsmaterial aus Eisen werden die verschiedenen Gußeisen und Stahlgußarten mehr und mehr durch gewalzten und geschmiedeten Stahl und insbesondere durch geschweißte Stahlblechkonstruktionen ersetzt.

Die physikalischen Eigenschaften von Stahl sind in Tab. 30 zusammengestellt.

a) Gußeisen. Die wichtigsten Gußeisensorten im Elektromaschinenbau sind in Tab. 31 zusammengestellt. Aus dieser Tabelle können die mechanischen und physikalischen Eigenschaften für Grauguß, Temperguß, duktiles Gußeisen, unmagnetisches Gußeisen und Perlitguß entnommen werden. Ein Teil dieser Gußeisensorten ist in verschiedenen Ländern genormt.

b) Stahlguß. Von den vielen herstellbaren Stahlgußsorten wird im Elektromaschinenbau nur eine beschränkte Auswahl verwendet. Die wichtigsten hiervon, die auch in verschiedenen Ländernormen genormt wurden, sind in Tab. 32 zusammengestellt. Außer diesen Stahlgußsorten wird in einzelnen Fällen auch Stahlguß mit guter Schweißbarkeit (mit einem C-Gehalt kleiner als 0,18%), hochlegierter rostfreier Stahlguß mit erhöhtem Co-Gehalt und unmagnetischer Stahlguß mit Ni legiert verwendet.

Bei der Verwendung von Stahlguß für rotierende Teile soll zur Beseitigung der inneren Spannung und zur Verbesserung des Gefüges nur geglühter Stahlguß verwendet werden.

Während früher für Magnetgehäuse von Gleichstrommaschinen in großem Umfang Stahlguß verwendet wurde, wird dieser in zunehmendem Maße durch gewalzten Stahl oder lamelliertes Blech ersetzt.

c) Gewalzter, geschmiedeter und gezogener Stahl. Gewalzter und geschmiedeter Stahl wird im Elektromaschinenbau in großem Umfang verwendet, insbesondere für Wellen, für Rotorkörper von 2- und 4 poligen Generatoren, für Pole und für Platten und Ringe (zum Aufbau von Rotorjochkörpern), für Schenkelpolmaschinen, für Wendepole von Gleichstrommaschinen und dgl. In Tab. 33 sind für die einzelnen Maschinenarten die für höhere Beanspruchungen verwendeten Wellenstahlsorten zusammengestellt, während für normal beanspruchte Wellen Baustähle nach DIN 17 100, Tab. 34, verwendet werden.

In Tab. 34 sind die wichtigsten genormten Stahlsorten angegeben. In Tab. 35 sind die wichtigsten Stahlsorten für Schmiedestücke zusammengestellt.

Für gewisse Konstruktionsteile im magnetischen Feld bzw. Streufeld wird *unmagnetischer austenitischer Stahl* verwendet. Grundsätzlich gibt es zweierlei Arten, die eine enthält 7,25 bis 8,85% Nickel, die andere ist fast nickelfrei, aber mit mehr als doppeltem Mangangehalt von 17 bis 18% als die Manganlegierung. Manganstahl neigt scheinbar weniger zu Spannungskorrosion, ist aber noch schwieriger zu bearbeiten als Ni-Stahl. Es werden aber auch beide Legierungszusätze zusammen verwendet und bei etwa 4 bis 7% Ni und 9% Mn ein guter unmagnetischer Stahl erzeugt:

austenitischer Stahl	mit Nickel	ohne Nickel
Gehalt an C	0,60...0,70%	0,40...0,50%
Si	0,25...0,55%	0,45...0,55%
Mn	7,25...8,80%	17...18%
S	0,005...0,015%	0,005...0,006%
P	0,015...0,070%	0,050...0,070%
Cr	3,10...4,55%	4,00...5,00%
Ni	7,25...8,85%	—

Das Ausgangsmaterial hat eine Streckgrenze von ca. 30 kp/mm² und wird durch Kaltreckung auf drei- bis vierfach größere Werte gebracht.

Die Eigenschaften von austenitischem unmagnetischem Stahl für Rotorkappen und Kappenplatten (Kappenböden) sind in Abb. 34 zusammengestellt.

Für Schrauben, Bolzen, Muttern und Blechteile wird der gleiche unmagnetische Stahl mit $\sigma_S = 30 \ldots 90$ kp/mm² verwendet.

Für Bandagendraht wird u. a. auch unmagnetischer Stahldraht verwendet (s. S. 129 u. Tab. 45);

In einzelnen Fällen werden Bleche und Rohre aus *korrosionsfreiem bzw. rostfreiem Stahl* verwendet — legierter Stahl von hohem Cobalt-Gehalt.

d) Stahlbleche. Außer dem in Tab. 36 angegebenen Kesselblech zur Herstellung von Gehäusen explosionsgeschützter Maschinen und Teile, bei welchen besonders gute Schweißbarkeit verlangt wird, werden gewalzte Stahlbleche ohne besondere magnetische Eigenschaften für Schweißkonstruktionen, insbesondere von Gehäusen und für lamellierte Pole, Polschuhe, lamellierte Gleichstromgehäuse und sogenannte Schichtrotoren verwendet. Die üblichen Stanzblechsorten sind in Tab. 36 zusammengestellt. Als Blechdicke für lamellierte Pole und Gehäuse werden 1 bis 2 mm, für Schichtrotoren 2 bis 4 mm verwendet.

e) Dynamobleche. Dynamobleche werden je nach Anforderungen an die Hysteresis- und Wirbelstromverlustzahlen in verschiedenen Qualitäten verwendet. Sie sind mit Silizium legiert. Die Wärme- und auch die elektrische Leitfähigkeit sinken mit zunehmendem Si-Gehalt, vgl. Tab. 27. Dadurch werden die Wirbelstromverluste verringert, allerdings sinkt gleichzeitig auch die Koerzitivkraft. Die Magnetisierbarkeit wird also etwas geringer, doch ist dieser geringe Nachteil den stark fallenden Eisenverlusten gegenüber nur von untergeordneter Bedeutung. Die zunehmende Bewertung der Verluste bei elektrischen Maschinen hat die Einführung von Blechen mit möglichst kleinen Verlustziffern, wie sie früher nur bei Transformatoren üblich waren, veranlaßt. Bei Wechselstromgeneratoren großer Leistung werden Bleche mit mehr als 1,7 W/kp Verlust bei 10 000 Gauß kaum noch verwendet. Üblich sind Bleche bis hinunter zu 1,3...1,01 W/kp bei 0,5...0,35 mm Dicke. Eine Zusammenstellung gibt die Tab. 37.

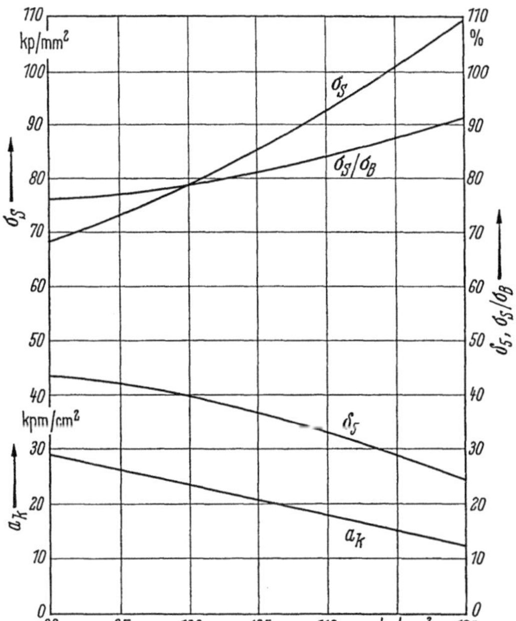

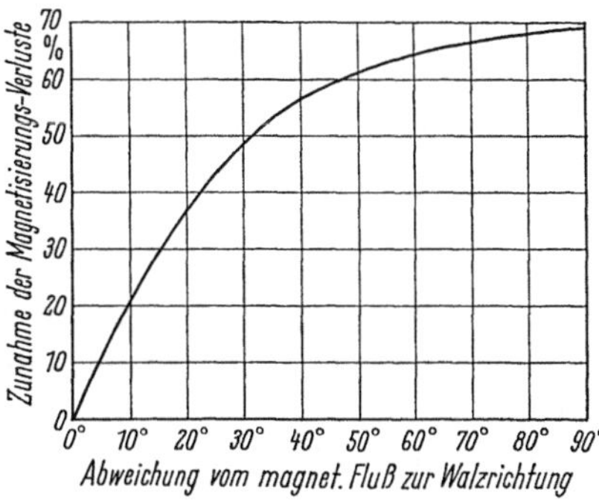

Abb. 35. Magnetisierungsverluste in Funktion des Winkels zwischen dem magnetischen Fluß und der Walzrichtung

Abb. 34. Mechanische Eigenschaften von Kappenringen aus antimagnetischem austenitischem Stahl
σ_B Zug- oder Bruchfestigkeit
σ_S Fließ- oder Streckgrenze
δ_5 Bruchdehnung
a_k Kerbschlagzähigkeit
γ Spezifisches Gewicht = $8{,}00 \cdot 10^{-3}$ kp/cm³
E Elastizitätsmodul = $1{,}8 \cdot 10^6$ kp/cm²
α_l Lineare Wärmedehnzahl = $18 \cdot 10^{-6} \cdot 1/°C$
Die Kurven sind Mittelwerte aus einer gut belegten Statistik

In neuerer Zeit findet *kornorientiertes* Dynamoblech auch im Elektromaschinenbau beschränkten Eingang. Selbstverständlich ist es nicht verwendbar für unsegmentierte Rundschnitte, weil bei kornorientiertem Blech die Verluste und die Permeabilität von der Walzrichtung abhängig sind. Die Erhöhung der Verluste in Abhängigkeit des Winkels vom magnetischen Fluß zur Walzrichtung zeigt Abb. 35. Es wird deshalb praktisch ausschließlich für große Turbogeneratoren mit hoher Verlustbewertung verwendet, und zwar mit der Kornorientierung tangential im Rücken. Man kann auf diese Weise die Eisenverluste im Rücken erheblich reduzieren oder die Induktion bei gleichen Verlusten erheblich steigern und damit den Blechaufwand, den Durchmesser und das Gewicht verringern. Praktisch wird man in jedem Fall einen Kompromiß als optimale wirtschaftliche Lösung suchen. Die Verluste sind abhängig von dem Winkel, in welchem der magnetische Fluß zur Walzrichtung verläuft. Man wird deshalb für kornorientiertes Blech mit Vorteil stets sehr kurze Segmente, also größere Segmentzahlen mit kleinerer Nutzahl pro Segment verwenden.

Die Dicke der vorwiegend amerikanischen Bleche beträgt 0,305 mm und 0,355 mm. Die Verluste, gemessen in der Walzrichtung — nach dem Stanzen bei 800 °C in Stickstoffatmosphäre geglüht — sind bei 50 Hz und 15 000 Gauß ungefähr $V_{15} = 1{,}0 \ldots 1{,}2$ W/kp. Ausführliche Angaben über Stapelfaktoren, Isolation, Glühbehandlung und genauere Angaben über die verschiedenen Qualitäten, insbesondere auch hinsichtlich der Permeabilität und der Verluste — auch bei anderen Frequenzen als 50 Hz — sind den Angaben der Lieferanten[1] zu entnehmen.

Für die Blechisolierung sind verschiedene Isolationsmittel üblich:

Phosphatieren der ungestanzten Bleche,
Papierbeklebung der ungestanzten Bleche,
Lackierung der gestanzten Bleche mit Totanin (Besa-Lack),
Lackierung der gestanzten Bleche mit synthetischem Lack,
Lackierung der gestanzten Bleche mit Kunstharzlack.

B. Nichteisenmetalle

Nichteisenmetalle finden in Elektromaschinen Verwendung als elektrische Leiter, als permanent-magnetisches Material, als Material für Abschirmung von magnetischen Feldern, als nichtmagnetisches Material und schließlich in gewissem Umfang auch als reines Konstruktionsmaterial in Form von Messing, Bronze, Leichtmetall, Lagermetall usw.

a) Permanent-magnetisches Material. Permanent-magnetisches Material wird im Elektromaschinenbau für permanent-magnetische Motoren und Generatoren in erheblichem Umfang verwendet, und zwar nicht nur für Kleinstmaschinen, wie beispielsweise Fahrraddynamos und dgl., sondern auch für Wechselstrommaschinen im Zusammenhang mit Magnetverstärker-(Transduktor-)Regulierung, für Klauenpolmaschinen, Generatoren für Pendelantriebe und dgl.

Es sind hierfür in erster Linie magnetische Nickel-Legierungen und Eisen-Cobalt-Legierungen im Gebrauch (Hütte I).

Eine Zusammenstellung der von der Permanent-Magnet-Association, Sheffield, vertriebenen permanent-magnetischen Metalle zeigt Tab. 38. In Abb. 36 ist für die 4 Gruppen von Materialien dieser Tabelle je eine charakteristische Magnetisierungskurve gezeichnet.

b) Kupfer. Kupfer ist das fast ausschließliche Leitermaterial für elektrische Maschinen. Von der gesamten Weltkupfererzeugung wird etwa die Hälfte in der Elektrotechnik und ein entsprechender Anteil im Elektromaschinenbau verwendet. Kupfer hat bei relativ niedrigem Preis hohe elektrische Leitfähigkeit — reines Elektrolytkupfer 58 m/Ωmm^2. Weil bereits Spuren von Beimengungen die Leitfähigkeit stark herabmindern, ist der handelsübliche Reinheitsgrad für die Zwecke der Elektrotechnik allein durch die elektrische Leitfähigkeit festgelegt, nämlich zu 57, mindestens jedoch 56 m/Ωmm^2.

Die noch höhere Leitfähigkeit von technischem Silber mit 61 bis 62 m/Ωmm^2 ist so wenig verschieden von derjenigen von Kupfer, daß Silber wegen des wesent-

[1] z. B. „Armco Oriented Electrical Steels“, Armco Steel Corp. Middletown, Ohio.

lich höheren Preises als Leitungsmaterial im Elektromaschinenbau ausscheidet. Aluminium liegt mit seiner Leitfähigkeit von 34 m/Ωmm² schon so beachtlich niedriger, daß es nur selten als Leiter gebraucht wird (z. B. für gegossene Kurzschlußanker-Käfige für Asynchronmotoren).

Eine weitere günstige Eigenschaft des Kupfers ist die hohe Wärmeleitfähigkeit und die weitgehende Beständigkeit gegenüber Korrosionsangriffen. Zu beachten ist aber seine Empfindlichkeit gegen Schwefel und Schwefelverbindungen, die zu einer Bildung von Sulfiden auf der Oberfläche führt.

Die wichtigsten Eigenschaften von Elektrolytkupfer sind aus Tab. 39 zu entnehmen.

Geringe Mengen Silber (0,03 bis 0,1%) erniedrigen die Leitfähigkeit des Kupfers noch wenig (um rund 0,5%) und erhöhen die Warmfestigkeit bereits merklich,

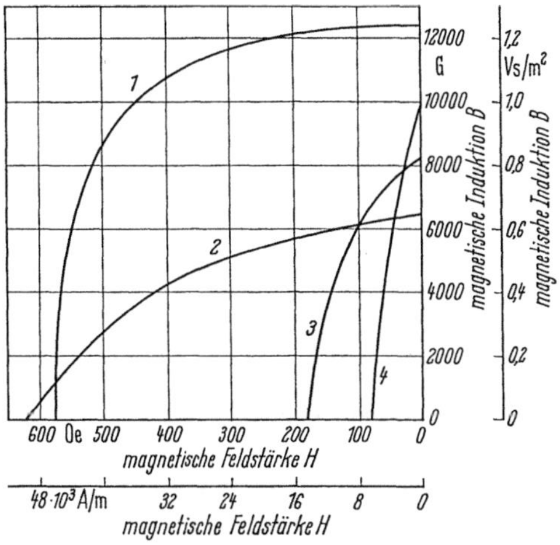

Abb. 36. Magnetisierungskurven von permanentmagnetischen Materialien
1 Alcomax II
2 Alnico (hohe Koerzitivkraft)
3 15% Co-Stahl
4 2% Co 4% Cr Stahl

ebenso die Kriechfestigkeit bei höheren Temperaturen. Derartig mit Silber legiertes Kupfer wird deshalb zunehmend für Wicklungen und Kommutatorlamellen verwendet.

Sehr günstige Eigenschaften weist Zirkonkupfer (0,06% Zr) auf. Die Leitfähigkeit liegt bei ungefähr 57 m/Ωmm², die Zugfestigkeit bei rund 30 kp/mm² bei rund 25 kp/mm² Streckgrenze und rund 20% Dehnung. Zirkonkupfer ist gegen Erweichung in Hitze wesentlich beständiger als Silberkupfer. Es erscheint als Lamellenkupfer besonders geeignet. In Abb. 37 sind die Erweichungskurven von Elektrolytkupfer, Silberkupfer und Zirkonkupfer und in Abb. 38 ist die Erweichungstemperatur in Abhängigkeit der Belastungszeit für Elektrolyt- und Silberkupfer gezeigt.

In großem Umfang wird Kupfer als Legierungsbestandteil für Messing und Bronze verwendet.

c) Messingguß, gezogenes und gewalztes Messing. 1. Messingguß wird im eigentlichen Elektromaschinenbau nur wenig verwendet, und zwar nur für Teile, an deren Festigkeit keine hohen Anforderungen gestellt werden, die aber gegen Rosten geschützt und unmagnetisch sein sollen. Das sind beispielsweise Spulenrahmen,

Polverbindungsschalter, Wicklungsabstützungen, Distanzringe, Bürstenhalter und Bürstenlineale und dgl. Man benötigt daher nur eine kleine Auswahl der handelsüblichen Sorten an Messingguß, etwa nach Tab. 40.

2. Gezogenes und gewalztes Messing wird vielfach für unmagnetische Schrauben und Bolzen sowie Rohre verwendet, ferner als Messingblech für Spulenrahmen, Dichtungs- und Lagerabstreifringe und insbesondere als Material für Kurzschluß-

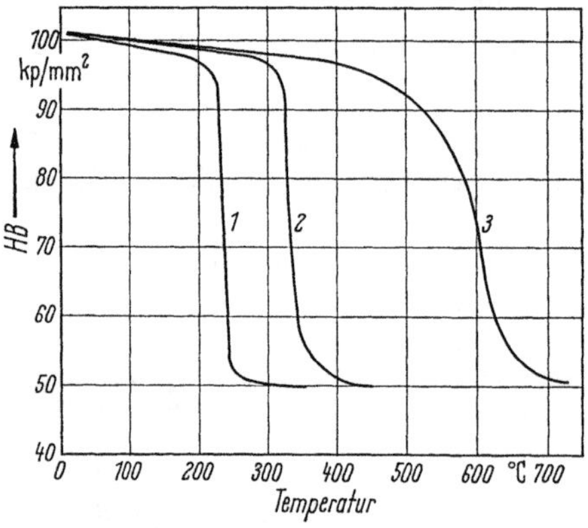

Abb. 37. Erweichungskurven verschiedener Kupfersorten
Brinellhärte bei 20 °C nach 1...2 Stunden in Funktion der Erhitzung
1 Elektrolytkupfer
2 Silberkupfer
3 Zirkonkupfer

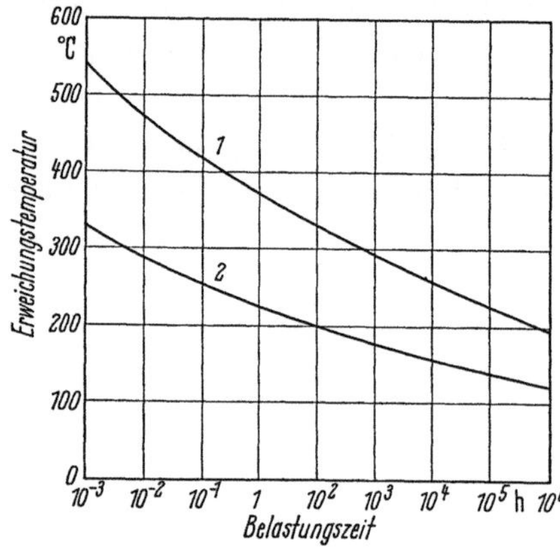

Abb. 38. Erweichungstemperatur in Abhängigkeit der Belastungszeit für Silber- und Elektrolytkupfer
1 Silberkupfer
2 Elektrolytkupfer

ankerwicklungen (Kurzschlußankerstäbe für die Anlaufwicklung in Doppelnutankern und in den lammellierten Polen von Synchronmotoren, sofern hierfür nicht Bronze verwendet wird).

Eine Zusammenstellung der im Elektromaschinenbau verwendeten üblichen Sorten zeigt Tab. 40.

d) Bronzeguß, geschmiedete, gezogene und gewalzte Bronze. Bronze wird an allen jenen Stellen verwendet, bei denen die mechanischen Eigenschaften von Messing nicht ausreichen, z. B. hoch beanspruchte Bürstenhalter und Bürstenlineale, Wicklungsträger usw. und für unmagnetische Preßplatten und Enddruckfingerplatten für Blechkörper, ferner für Stäbe und Ringe in Kurzschlußläufer-Rotoren in Asynchronmotoren oder Anlaufwicklungen für Synchronmaschinen, bei welchen ein höherer elektrischer Widerstand als derjenige von Messing gefordert wird und für Teile, bei welchen Zinkfreiheit verlangt wird, wie z. B. Schleifringe in Asynchronmotoren, sofern sie nicht aus Eisen hergestellt werden. Die üblich verwendeten Bronzen sind in Tab. 40 zusammengestellt.

e) Leichtmetalle. Die hauptsächlich verwendeten Leichtmetalle sind in Tab. 41 zusammengestellt. Sie werden verwendet für Verschalungen, Frischlufthauben und sonstige Konstruktionsteile, insbesondere aber für gegossene Kurzschlußläufer-Wicklungen und Gehäuse, die als Preßguß um Statorblechkörper herumgegossen werden.

f) Lötmetalle und metallische Überzüge. *1. Zinn.* Zinn in möglichst reiner Form (100% Sn, $\gamma = 7{,}4$ kp/dm³, Schmelztemperatur 230 °C) oder mit Zusatz von Blei wird zum Verzinnen von Kupfer-, Kupferlegierungs- und Eisenteilen verwendet, welche unter Schrauben- oder Nietendruck guten Kontakt geben sollen. Die Verzinnung dient dazu, die Verschlechterung des Kontaktes durch Oxydation zu verhüten.

Eine der wesentlichsten Forderungen an eine gute Dauer-Kontaktverbindung[1] ist, daß die Berührungsflächen metallisch blank sind. Dies läßt sich zwar vielfach vor dem Zusammenbau auf mechanischem Wege erreichen. Meistens werden aber die Kontaktflächen lange vor der Kontaktherstellung bearbeitet, so daß bis zur Kontaktherstellung die metallische Reinheit, z. B. von Kupfer oder Eisen, meistens durch Oxydation wieder beseitigt ist. Deshalb wird eine Oberflächenveredelung in der Regel durch Verzinnen, aber auch oft durch Versilbern, durchgeführt.

2. Lötmetalle. Dauer-Kontaktverbindungen werden im Elektromaschinenbau meistens durch Schweißen oder Löten hergestellt.

Unter Schweißen versteht man eine Verbindung durch örtliches Aufschmelzen arteigenen Materials.

Beim Löten wird die Trennfuge zwischen den zu verbindenden Teilen, z. B. Wicklungsende und Kommutatorfahne, mit einer niedriger schmelzenden Legierung — dem Lot — ausgefüllt, die in chemischer und physikalischer Hinsicht erheblich andere Eigenschaften aufweist.

Die Lotlegierungen lassen sich in zwei Hauptgruppen einteilen:

Weichlote mit Schmelzpunkten um etwa 300 °C abwärts und *Hartlote* mit Schmelzpunkten oberhalb etwa 600 °C. Zwischen diesen beiden Gebieten besteht, wenn man von den für Aluminiumlegierungen üblichen Lot-Legierungen absieht, eine Lücke, die bisher noch nicht befriedigend geschlossen ist.

α. Weichlote. Für die Herstellung von Weichloten stehen, nach steigender Schmelztemperatur geordnet, folgende Metalle zur Verfügung:

Iridium	Ir	156 °C
Zinn	Sn	232 °C
Wismut	Bi	271 °C
Cadmium	Cd	321 °C
Blei	Pb	327 °C
Zink	Zn	419 °C
Antimon	Sb	630 °C

Durch Mischen dieser Metalle untereinander lassen sich eine Reihe von Legierungen erzeugen, die sich durch exakt definierte Schmelzpunktminima auszeichnen (Eutektische Punkte). Zu diesen Hauptlegierungsbestandteilen kommen gelegentlich einige Zusatzmetalle (Kupfer, Silber), die auch bei niedrigen prozentuellen Anteilen bestimmte Eigenschaften des Lotes in gewissen Grenzen modifizieren können.

[1] Außer dem Dauerkontakt — einerseits Schraub- oder Klemmkontakt, anderseits metallurgisch hergestellter Kontakt durch Schweißen oder Löten und einer Kombination von beiden (verlötete Schraubenverbindungen)—, werden im Elektromaschinenbau noch Abhebe- oder Unterbrecherkontakte (z. B. Kurzschlußvorrichtungen an Schleifringen für Synchronmaschinen) und Gleit- oder Schleifkontakte (z. B. Bürsten auf Schleifringen und Kommutatoren) verwendet.

Die im Elektromaschinenbau üblichen Blei-Zinnlote (gekürzt nach DIN 1707) sind in Tab. 42 zusammengestellt.

Außer den Blei-Zinnloten werden auch Cadmium-Zinklote (mitunter auch mit einigen Prozenten Ag-Zusatz) verwendet. Sie sind praktisch die höchstschmelzenden Weichlote mit guten Beziehungseigenschaften und guter Korrosionsbeständigkeit. Ihre Festigkeitswerte liegen höher als die anderer Legierungen. Beim Zugversuch an überlappten Lötverbindungen werden Scherfestigkeiten von 9 kp/mm² erreicht gegenüber 6—7 kp/mm² bei Blei-Zinnloten. Die elektrische Leitfähigkeit von 12 bis 13 m/Ωmm² ist gleichfalls höher als bei Blei-Zinnlot mit 5 bis 7 m/Ωmm². Ihre Eignung für vakuumdichte Verlötungen und Tauchlötungen ist begrenzt. Zu beachten ist, daß alle Weichlote nur geringe Festigkeit unter Dauerlast aufweisen, weil sich Metalle so dicht unterhalb ihres Schmelzpunktes nicht mehr kalt verfestigen lassen und mechanische Spannungen durch dauerndes Kriechen abbauen. Die Belastung im Dauerbetrieb sollte deshalb nur etwa $^1/_{10}$ derjenigen Festigkeit ausmachen, die im Kurzzeitversuch erreicht wird.

β. Hartlote. Die DIN-Normen (DIN 1733 und 1734) unterscheiden Messinghartlote, Tab. 43 und Silberhartlote, Tab. 44. Für hochwertige elektrotechnische Lötungen kommen fast ausschließlich letztere in Frage. Weil reines Silber keine ausreichende Legierungsfähigkeit mit Eisen, Nickel, Kobalt, Wolfram und anderen Metallen hat, Kupfer dagegen viel leichter mit Eisen und nahezu allen Nichteisenmetallen sich legiert, wird Silber hauptsächlich in Verbindung mit Kupfer verwendet.

3. Metallische Überzüge. Als metallischer Überzug für ruhende Kontakte wird im Elektromaschinenbau manchmal Silber verwendet (aufgelötete Silberplättchen an Druckfingern für Bürstenhalter; galvanisch versilberte Dämpferwicklungen und Kontaktstellen an Kupfer-Schienen und -Klemmen; im Anriebverfahren hergestellte Versilberung von Pol- und Kontaktstellen aus Eisen; Dämpferwicklungsverbindungen aus versilbertem Kupfer).

Silber erleidet bei Raumtemperatur weder in trockener noch in feuchter reiner Luft oder in Wasserstoff irgendwelche Korrosionsangriffe. Die Anwesenheit schwefelhaltiger Stoffe führt jedoch zu sulfidischen Deckschichten.

Als Korrosionsschutz ohne Kontaktfunktionen wird außer Verzinnung vornehmlich Verzinkung, insbesondere Feuerverzinkung, und Verkadmierung verwendet.

Sowohl bezüglich der Werkstoffe für elektrische Kontakte als auch bezüglich anderen Zwecken dienender Überzüge sei auf die umfangreiche Spezialliteratur mit ihren weiteren Literaturangaben verwiesen. Gegen Verschleiß, für Notlaufeigenschaften und zur teilweisen Verbesserung der Dauerfestigkeit von Eisenlegierungen sind chemisch-thermische Oberflächenbehandlungen bekannt, wie Salzbadkohlung, Gaskohlung, Gasnitrierung, Weichnitrierung[1] usw. Es handelt sich dabei nicht um eigentliche Überzüge, obschon die oberste Metallschicht metallurgisch und chemisch verändert wird.

Eine Verbesserung der Schmierung und Notlaufeigenschaften kann auch durch Aufbringen von Molybdän-Disulfid (MoS_2) auf die gleitenden Flächen erreicht

[1] Markenbezeichnungen der Verfahren: Sulf-Inuz, Tenifer usw.

werden, das in Form einer Öldispersion oder Paste erhältlich ist[1] (unmagnetisch Reibungskoeffizient $\mu = 0{,}02$).

g) Lagermetalle. Als Lagermetalle werden im Elektromaschinenbau vornehmlich Weißmetall, und zwar hauptsächlich WM 80 mit ca. 80% Zn, 1...3% Pb, 11...13% Sb und 5...7% Cu und daneben auch Blei-Antimon-Legierungen verwendet. Für Bahnmotoren-Tatzenlager verwendet man meist Bronze-Lager oder Bronze mit Weißmetall. Außer Weißmetall auf wasserstofffreiem Stahl oder wasserstofffreiem Stahlguß werden für Spurlager Bronze oder auch Perlitguß verwendet.

C. Bandagen-Material

Die Rotorwickelköpfe von Asynchron-Schleifringläufer-Motoren, von Wechselstrom-Kollektor-Motoren einschließlich Bahnmotoren und von Gleichstrom-Maschinen werden gegen die Zentrifugalkraft zusammengehalten durch sogenannte Bandagen (s. S. 377). Diese Bandagen bestehen entweder aus unmagnetischem Stahldraht, aus Bronzedraht oder aus kunstharzimprägnierten Glasfaserbändern. Die Bandagen sind vielfach unmagnetisch mit Rücksicht auf die Kommutierung und die Verluste in der Bandage. Die verwendeten Materialien sind aus Tab. 45 und 46 zu ersehen.

D. Isolierstoffe

Die Wahl der Isolierstoffe ist für die Betriebssicherheit und für die Betriebsdauer von ausschlaggebender Wichtigkeit. Die Auswahl ist schwierig wegen der Vielzahl der Isolierstoffe, wegen der raschen Entwicklung der Isolierstofftechnik und insbesondere wegen der Verschiedenartigkeit der Anforderungen, die mit ein und demselben Material nicht gleichzeitig optimal erfüllbar sind, so daß Kompromisse notwendig werden.

Die Isolierstoffe im Elektromaschinenbau stellen meist Kombinationen verschiedener Stoffe dar, z. B. Glimmer, Trägerstoffe wie Papier oder Glasgewebe und Bindemittel (Lacke, Harze). Es müssen an die Isolierstoffe sowohl fabrikatorische und mechanische Anforderungen gestellt werden als auch elektrische, z. B. bezüglich Durchschlagsfestigkeit, Kriechstromfestigkeit, ferner thermische bezüglich Wärmeleitfähigkeit, Wärmebeständigkeit und Anforderungen bezüglich des Verhaltens bei Feuchtigkeit oder bei Anwesenheit bestimmter Gase usw. und nicht zuletzt wirtschaftliche Anforderungen hinsichtlich des Verhältnisses von Herstellungspreis zur Wertigkeit.

Von dem Elektroingenieur oder Maschineningenieur als Konstrukteur elektrischer Maschinen kann nicht erwartet werden, daß er umfangreiche chemische Kenntnisse über Isolierstoffe hat. Er muß die umfangreiche Spezialliteratur und insbesondere den Isolationsmaterial-Fachmann zur Materialwahl hinzuziehen.

Eine gewisse Hilfe bei der Auswahl von Isolierstoffen bietet die Einteilung der Isoliermaterialien in Wärmebeständigkeitsklassen nach Empfehlungen der IEC. In Tab. 11 sind die verschiedenen Isolationsklassen aufgeführt mit den entsprechenden höchstzulässigen Dauertemperaturen und Beispielen von Isolierstoffen, welche diesen Klassen üblicherweise zugeordnet werden können.

Eine weitere Hilfe bei der Auswahl bieten die Angaben über die Wärmeleitfähigkeiten in Tab. 26.

[1] Markenbezeichnung: Molykote.

Schließlich sind in Band 2, Gruppe 3 (Isolierstoffe) des VDE-Vorschriftenwerkes eine Anzahl von Leitsätzen und Regeln für die Bewertung vieler Isolierstoffe und Isoliersysteme enthalten.

Für die Spannungssicherheit ganzer Wicklungen (s. S. 47) sind die genormten Prüfspannungen in Tab. 15 und 16 angegeben.

Das Schweizerische Elektrotechnische Komitee (CES) hat im Auftrag der IEC eine Enzyklopädie der elektrischen Isolierstoffe (Klassifikation, Vergleichstabellen und Übersichten)[1] aufgestellt, in welcher alle Isolierstoffe (flüssige und gasförmige) behandelt und alle wesentlichen Eigenschaften aufgeführt sind. Diese Enzyklopädie enthält praktisch alle Isolierstoffe, also weit mehr als im Elektromaschinenbau derzeit verwendet werden. Konstrukteuren, welche sich mit Isoliermaterialfragen zu beschäftigen haben, bietet dieses Werk eine wesentliche Hilfe. In den Tab. 47 und 48 sind die Materialeigenschaften für Gase und Flüssigkeiten, die zur Kühlung im Elektromaschinenbau verwendet werden oder werden können, von denen aber gleichzeitig gewisse elektrische Eigenschaften verlangt werden, angegeben.

Die gemeinsam in einer Maschine verwendeten Isolierstoffe bilden ein Isolationssystem. Die Kombination der einzelnen Isolierstoffe, die Verfestigung und Verdichtung bei einer Imprägnierung mit Harzen und Lacken, die gegenseitige Beeinflussung der verschiedenen Stoffe, die Verarbeitung und die Einsatzverhältnisse, wobei der vorhandene oder fehlende Abschluß gegen die umgebende Atmosphäre eine wichtige Rolle spielt, bestimmen das dielektrische, thermische und mechanische Verhalten des Isolationssystems.

Die Eigenschaften des Isolationssystems lassen sich nicht einfach als Summe der Eigenschaften der einzelnen Isolationselemente erfassen.

Es ist nicht möglich, im Rahmen dieses Buches die einzelnen Isolierstoffe und die daraus aufgebauten Isolationssysteme eingehender zu behandeln. Es muß diesbezüglich auf die Fachliteratur, insbesondere auf die oben angegebene Enzyklopädie, verwiesen werden.

In der Fachliteratur ist es indessen heute vielfach nicht mehr üblich, für feste Isolierstoffe oder Isoliersysteme Durchschlagsfestigkeiten anzugeben, da die Werte der Durchschlagsfestigkeit von sehr vielen Faktoren abhängig sind (z. B. Gesamtspannung, Frequenz, Zeitdauer der Spannungsanwendung, Temperatur, Feuchtigkeit usw.).

Der Konstrukteur benötigt aber doch diesbezügliche Richtwerte und auch solche über Gewicht und mechanische Eigenschaften. Deshalb sind in Tab. 49 die wichtigsten Eigenschaften fester Isolierstoffe zusammengestellt.

E. Kühlmittel

a) Gasförmige Kühlmittel. Als Kühlmittel in elektrischen Maschinen wird in erster Linie Luft verwendet. Die Kühlluft soll frei von Staub sein, insbesondere von leitendem Staub, der sich in der Maschine absetzen kann, von Kohlebürstenstaub und von Feuchtigkeit, insbesondere Öl, welches den Staubniederschlag in eine pastenförmige Kruste verwandeln kann. Große Maschinen sind deshalb vielfach mit Kreislaufkühlung ausgerüstet. Bei Einschließung der Schleifringe und

[1] Enzyklopädie der elektrischen Isolierstoffe, Publikation CES (1960), Herausgeber: SEV, Zürich.

Kommutatoren in die Kreislaufkühlung ist die Hinausfilterung des Bürstenstaubes schwierig. Infolgedessen werden Schleifringe und Kommutatoren außerhalb des Luftkreislaufes angeordnet. Für offene Maschinen in stark staubhaltiger Umgebung ist Filterung der Luft vor dem Lufteintritt zu empfehlen. Für gewisse Maschinen ist Kühlung mit Gas, insbesondere mit Wasserstoff verschiedenen Druckes üblich (s. S. 200). Auch andere Gase (Stickstoff) werden teilweise verwendet. Elektro-negative Gase werden vorläufig wegen ihres hohen spezifischen Gewichtes kaum verwendet. Eine Zusammenstellung der physikalischen Eigenschaften gasförmiger Kühlmittel gibt die Tab. 47.

b) Flüssige Kühlmittel. Flüssigkeitskühlung wird gewöhnlich nur für einzelne Teile von Maschinen, insbesondere die Statorwicklungen, angewendet, und zwar sowohl mit Wasser als auch mit Öl.

Tab. 48 gibt eine Aufstellung der physikalischen Eigenschaften der flüssigen Kühlmittel.

F. Kohlebürsten

Die Bezeichnung „Bürste" ist in den Anfangszeiten der praktischen Elektrotechnik entstanden, als die ersten Geräte dieser Art tatsächlich Bürsten oder Pinsel waren, bestehend aus einer Anzahl gebündelter Kupferdrähte, die mit ihrem freien Ende den Kommutator oder die Schleifringe bestrichen. Diese Bezeichnung ist heute nicht mehr richtig, aber sie ist in den internationalen Sprachgebrauch eingegangen. Der Name Kohlebürsten deckt weitgehend alle Arten von Bürsten, und man bezeichnet nicht nur die ausschließlich aus Kohle bestehenden, sondern auch die mehr oder weniger metallhaltigen Bürsten so.

Je nach den benutzten Grundstoffen und der Herstellung unterscheidet man vier Gruppen von Kohlebürsten:

1. Hartkohlebürsten: Hierfür werden als Rohmaterial amorphe Kohlenstoffe, insbesondere Retortenkohle, Ruß, Petrolkoks, Teerkoks sowie auf dieser Basis gewonnene Elektrographite benutzt.

2. Naturgraphitbürsten: Sie werden überwiegend oder ausschließlich aus natürlichem Flinzgraphit hergestellt, der vornehmlich in Ceylon und Madagaskar gewonnen wird.

3. Metallbürsten: bei welchen ein hoher Prozentsatz (bis 80%) Metallpulver (vornehmlich Kupferpulver) dem hochwertigen Flinzgraphit beigemischt wird.

4. Elektrographitische Kohlebürsten: Die Kohlen sind praktisch gleich wie die Hartkohlen hergestellt, aber zusätzlich einem Elektrographitierungsvorgang unterworfen, der ihre Eigenschaften so wesentlich ändert, daß sie als gesonderte Kohlebürstengruppe gelten.

Alle 4 Gruppen werden in verschiedenen Qualitäten hergestellt, auf welche z. B. die beim Mahlvorgang vorgesehenen verschiedenen Korngrößen der einzelnen Rohmaterialien oder zusätzliche schmirgelnde, polierende, verdampfende oder sonstige Beimischungen zur Erzielung gewollter Effekte weitgehend Einfluß haben.

Die einzelnen Gruppen und Qualitäten unterscheiden sich in elektrischer Leitfähigkeit, spez. Gewicht und Härte, Bruchfestigkeit, Reibungskoeffizient, Strom-Spannungscharakteristik und Eigenschaften, die nicht oder nur teilweise physikalisch erfaßbar sind, wie z. B. das unterschiedliche polare Verhalten (Anode oder Kathode).

In allen Fällen tritt als wichtiger Faktor zum Rohmaterial ein Bindemittel, das in der Mehrzahl der Fälle der bei der Gasgewinnung anfallende Teer ist. Der Zweck des Bindemittels ist, das feinkörnig gepulverte Rohmaterial plastisch zu binden, so daß es verformt und zu Platten oder Stangen und dgl. gepreßt werden kann.

Nach einem Glühvorgang unter Luftabschluß bei Temperaturen bis ca. 1300 °C — bzw. bei Metallkohlen bis zur Sinterungsgrenze — während mehrerer Tage, bei welchem die flüchtigen Bestandteile des Bindemittels ausgeschieden werden, erhält das Material die gewünschte Festigkeit und Formbeständigkeit.

Die elektrographitischen Bürsten werden einem zweiten Glühprozeß bis ca. 2000 °C im elektrischen Widerstandsofen unterworfen, wobei die zu glühende Kohle selbst den elektrischen Leiter bildet.

In Abb. 4 ist für Graphit-, Elektrographit- und Metallbürsten der Spannungsabfall in Abhängigkeit der Stromdichte und in Abb. 7 der Reibungskoeffizient in Abhängigkeit von der Umfangsgeschwindigkeit angegeben.

Zu beachten ist, daß Kohlebürsten einen negativen Temperaturkoeffizienten haben, d. h. die elektrische Leitfähigkeit nimmt mit steigender Temperatur zu. Dies macht es notwendig, auf der gleichen Maschine nur Bürsten von gleicher elektrischer Leitfähigkeit zu verwenden, weil sonst eine eventuell heißere Bürste noch mehr Strom aufnimmt, dadurch noch heißer wird und so die Stromverteilung außerordentlich gestört wird.

G. Schmierfette für Wälzlager und Lageröl

a) Schmierfette für Wälzlager. Im allgemeinen steht den Herstellern elektrischer Maschinen die Wahl des Schmierfettes frei, mit welchem sie die Maschinen liefern; für Traktionsmotoren bestehen vielfach Vorschriften der Bahnverwaltung.

Bei Maschinengruppen, die aus mehreren Maschinen bestehen, sollen möglichst alle Lager einer ganzen Gruppe — auch wenn die einzelnen Maschinen von verschiedenen Herstellern geliefert sind — mit dem gleichen Fette geschmiert werden. Auf notwendige Ausnahmen muß bei Lieferung besonders aufmerksam gemacht werden.

Ein allen Anforderungen gerecht werdendes Fett soll folgende Eigenschaften aufweisen:

1. Schmierfähigkeit: Das Fett soll bei allen Betriebstemperaturen genügende Schmierfähigkeit haben und in vorgeschriebener Weise in das Lager eindringen, während der größte Teil des Fettes unverändert in dem das Lager umgebenden Raum verbleiben soll.

2. Beständigkeit: Das Fett soll chemisch und physikalisch möglichst beständig sein und soll eine Oxydation im Lager verhindern. Wegen der Beständigkeit sollen verschiedene Fette nicht gemischt werden, besonders dann nicht, wenn sie auf unterschiedlicher Seifenbasis aufgebaut sind.

3. Dichtungsvermögen: Die Konsistenz oder Penetration sollte so sein, daß das Fett nicht durch die Abdichtungen austritt, sondern dazu beiträgt, das Eindringen von Fremdkörpern zu verhüten.

4. Korrosionsschutz: Beim Vorhandensein von Wasser sollte das Fett rostschutzbildend wirken, ohne daß seine Konsistenz oder andere wesentliche Eigenschaften nachteilig beeinflußt werden.

5. Mechanische Verunreinigungen: Das Fett soll zur Vermeidung von Verschleiß frei von schmirgelnden Bestandteilen sein.

Es werden in der Hauptsache vier Sorten von Schmierfetten für Wälzlager verwendet:

1. Schmierfette aus Mineralölen, die mit Metallseifen verdickt wurden: Als Verdickungsmittel werden verwendet: Na, Ca, Li, Na + Ca, Ca + Pb, Li + Ca. Die Walkpenetration liegt zwischen 180 bis 380, die niedrigste Temperatur zwischen —15 bis —55 °C, Lagertemperaturen sind nur für einzelne Sorten höher als 70 bis 100 °C.

2. Schmierfette aus synthetischen Ölen, die mit Metallseifen verdickt wurden: Hierfür werden entweder synthetische Diester und dgl. oder Silikonöle verwendet und als Verdickungsmittel Na, Li, Li + Ca. Die Walkpenetration liegt zwischen 250 bis 320, die niedrigste Temperatur zwischen —30 bis —70 °C, Lagertemperatur bis 120 °C.

3. Schmierfette aus Ölen, die nicht mit Metallseifen, sondern mit kolloidaler Tonerde („Betone") oder dgl. verdickt wurden: Walkpenetration zwischen 240 bis 320, niedrigste Betriebstemperatur —20 bis —40 °C, höchste Lagertemperatur 120 °C.

4. Schmierfette mit Molybdändisulfid: Verdickungsmittel Li + MoS_2, Na, Ca, Li, Li + Pb, Ca + Pb, Na + Ca, Li + Na, Walkpenetration zwischen 200 bis 320, niedrigste Betriebstemperatur zwischen —20 bis —55 °C, höchste Lagertemperatur nur für einzelne Sorten bis 100 °C.

b) Lageröl. Mineralöle finden neben der Verwendung als Isolier- bzw. Kühlöl insbesondere Verwendung als Lagerschmieröl.

In Tab. 50 (s. S. 148) sind die Angaben über Schmieröle für die Lager elektrischer Maschinen enthalten.

c) Sonstige Schmiermittel. In einzelnen Fällen ist es notwendig, Reibungsflächen z. B. Nutenverschlußkeile in Turborotoren und dgl. zu „schmieren", so daß sie nicht anfressen. Hierfür wird in neuerer Zeit vielfach Molybdän-Disulfid (MoS_2) zusammen mit einem Fettstoff bei ausgezeichneter Bewährung verwendet.

H. Dichtungsstoffe

Wärme- und Schallisolationsstoffe für elektrische Maschinen werden an manchen Stellen, bei denen auf eine vollkommene Bearbeitung von Anschlußflächen verzichtet wird, z. B. Anbau von Kühlern an Gehäusen oder Bedienungsdeckel, Anschluß von Luftschächten usw. als Dichtungsmaterialien verwendet. Hierfür kommt in erster Linie in Frage: Hanfschnüre, Asbest-Kautschuk-Kombinationen und Kautschuk der verschiedensten Qualitäten je nach Anforderungen, insbesondere bezüglich Temperatur, und schließlich insbesondere für wasserstoffgekühlte Generatoren und explosionsgeschützte Motoren, thermoplastische Schläuche aus den verschiedensten Kautschukqualitäten und aus Platten ausgeschnittenes Preßmaterial.

Als Wärmeisolationsstoffe, die im Elektromaschinenbau äußerst selten verwendet werden, kommen Glas und die verschiedensten Sorten von Mineralwollen in Frage. Ähnliche Stoffe verwendet man auch zur Geräuschdichtung (Schallschluckstoffe).

Tabelle 30. *Physikalische Eigenschaften von Stahl (20 °C)*

Spezif. Gewicht	γ	kp/cm^3	$7{,}85.10^{-3}$
Dichte	$\varrho = \frac{\gamma}{g}$	kg/cm^3	$7{,}85.10^{-3}$
		$kp\ s^2/cm^4$	$8{,}00.10^{-6}$
Spezif. elektrischer Widerstand	ϱ_e	$\Omega\ mm^2/m$	0,1...0,25
Temperatur-Koeffizient des elektrischen Widerstandes	α	1/°C	0,003
Spezif. Wärme	c	kWs/kg°C	0,465
Wärmeleitzahl	λ	W/cm°C	0,46
Lineare Wärmedehnzahl	α_l	1/°C	11.10^{-6}
Elastizitätsmodul	E	kp/cm^2	$2{,}1.10^6$
Querzahl	ν	1	0,3
Schubmodul	$G = \frac{E}{2(1+\nu)}$	kp/cm^2	$0{,}81.10^6$
Longitudinalgeschwindigkeit	$a = \sqrt{\frac{E}{\varrho}}$	cm/s	$5{,}12.10^5$

Tabelle 32. *Wichtigste Stahlgußsorten im Elektromaschinenbau*

Stahlgußsorte			GS 38	GS 45	GS 52	GS 60
	Zugfestigkeit	kp/mm^2	38	45	52	60
	Streckgrenze	kp/mm^2	18	22	25	36
	Dehnung	%	25	22	18	15
	Kerbzähigkeit	mkp/cm^2	5	4	3	3
	Magn. Induktion bei 25 A/cm	Gauß	15 000	14 700	13 600	—
	Magn. Induktion bei 50 A/cm	Gauß	16 200	15 800	15 500	—
	Magn. Induktion bei 100 A/cm	Gauß	17 500	17 300	16 900	—
bei 20 °C	Spezif. Gewicht	kp/dm^3	7,85			
	Spezif. elektrischer Widerstand	$\Omega\ mm^2/m$	0,23			
	Temperatur-Koeffizient des elektr. Widerstandes	1/°C	0,004			
	Linearer Wärmedehnungs-Koeffizient	1/°C	11.10^{-6}			
	Spezif. Wärme	kWs/kg°C	0,46			
	Wärmleitzahl	W/cm°C	0,52			
	Schwindmaß	%	1,75			

Tabelle 31. *Wichtigste Gußeisensorten im Elektromaschinenbau*

Gußeisensorte		Grauguß		Temperguß	Duktiles Gußeisen perlitisch	Duktiles Gußeisen ferritisch	Unmagnetisches Gußeisen	Perlitguß
Zugfestigkeit	kp/mm²	15	20	36	55	40	40...50	30
Streckgrenze	kp/mm²	—	—	20	40	35	25...35	—
Dehnung	%	—	—	16	1	8	10...16	—
Brinellhärte (HB)	kp/mm²	80...120	150...200	125...180	200...280	140...200	120...150	170...220
Elastizitätsmodul	kp/cm²	$1{,}0.10^6$	$1{,}1.10^6$	$1{,}8.10^6$	$1{,}7.10^6$		$1{,}4.10^6$	$1{,}3.10^6$
Magnet. Induktion bei 25 A/cm	Gauß	6000		11 500	—		—	—
Magnet. Induktion bei 50 A/cm	Gauß	8000		12 500	—		—	—
Magnet. Induktion bei 100 A/cm	Gauß	9500		13 500	—		—	—
bei 20 °C: Spezif. Gewicht	kp/dm³	7,3		7,4	7,3		7,2	7,3
bei 20 °C: Spezif. elektrischer Widerstand	Ohm mm²/m	0,85	0,80	0,3	0,50...0,60		1,00...1,20	0,9
bei 20 °C: Temperatur-Koeffizient des elektrischen Widerstandes	1/°C	$1{,}2.10^{-3}$		$4{,}5.10^{-3}$	$1{,}2.10^{-3}$		$0{,}40...0{,}45.10^{-3}$	$1{,}2.10^{-3}$
bei 20 °C: Linearer-Wärmedehnungs-Koeffizient	1/°C	$1{,}1.10^{-5}$		$1{,}1.10^{-5}$	$1{,}1...1{,}2.10^{-5}$		$1{,}8.10^{-5}$	$1{,}1.10^{-5}$
bei 20 °C: Schwindmaße	%	1		1,8	0...0,8		—	0,8...1,2
bei 20 °C: Spezif. Wärme	kcal/kg°C	0,1		0,11	—		—	0,1
	kWs/kg°C	0,42		0,46	—		—	0,42
bei 20 °C: Wärmeleitfähigkeit	kcal/mh°C	25...30	30...35	46	30...40		10...40	30...40
	W/cm°C	0,29...0,35	0,35...0,40	0,53	0,35...0,46		0,12...0,46	0,35...0,46

Tabelle 33. *Übliche Wellenstahl-Sorten im Elektromaschinenbau für höhere Beanspruchungen*

Verwendet für	Markenbezeichnung nach DIN	Streckgrenze kp/mm²	Zugfestigkeit kp/mm²	Bruchdehnung δ_5 %	Kerbzähigkeit mkp/cm²
1. Synchronmaschinen					
Wellen bis 250 mm ∅ Wellen bis 500 mm ∅ Wellen über 500 mm ∅	C 35 Ck 35 30 Mn 5 36 Mn 5 36 CrNi 2	30...40	50...70	16...20	6
Hochtourige Maschinen Wellen bis 400 mm ∅ Wellen bis 600 mm ∅	30 Mn 5 36 Mn 5 24 Ni 4 34 Ni 5	35...45	60...70	16	5
Sonderfälle, Schiffsmaschinen Wellen bis 300 mm ∅	28 CrNiMo 4 34 CrNiMo 6	50...60	75...90	13	6
2. Asynchronmaschinen					
Kleinmotoren	St. 60	32	60...72	15	—
Wellen für mittlere und große Maschinen bis 250 mm ∅ bis 500 mm ∅	C 35 Ck 35 30 Mn 5 36 Mn 5 24 Ni 4	30...40	50...70	16...20	6
Wellen mit aufgeschweißten Stegen	24 Ni 4	30	55	24	10
Sonderfälle	34 Ni 5 30 Mn 5 36 Mn 5	35...45	60...70	16	6
3. Gleichstrommaschinen					
Wellen für Generatoren und Motoren bis 250 mm ∅ bis 500 mm ∅ über 500 mm ∅	C 35 Ck 35 30 Mn 5 36 Mn 5 36 CrNi 2	30...40	50...70	16...20	6
Maschinen mit geschweißtem Ankerstern	24 Ni 4	30	55	24	10
4. Bahnmaschinen					
Wellen für Vollbahnfahrzeuge	28 CrNiMo 4 46 CrNi 6 36 CrNiMo 4	50...55	75...90	14	4...6
Wellen für Nahverkehrsfahrzeuge	34 CrNiMo 6	55	80...95	13	7

Tabelle 34. *Festigkeitswerte einiger genormter DIN-Stähle*

		Zugfestigkeit σ_B [kp/mm²]	Streckgrenze σ_S [kp/mm²]	Wechselfestigkeit $\sigma_W = 50\% \sigma_B$ [kp/mm²]
Allgemeine Baustähle nach DIN 17 100 (40 ≦ Dicke ≦ 100 mm)				
	St 33	33... 50	—	—
	St 34	34... 42	20	15
	St 37	37... 45	22	17
	St 42	42... 50	24	19
	St 50	50... 60	28	23
	St 60	60... 72	32	27
	St 70	70... 85	35	32
Vergütungsstähle nach DIN 17 200 (40 ≦ ⌀ ≦ 100 mm)				
Unlegierte Vergütungsstähle				
	C 35, Ck 35	55... 65	33	25
	C 45, Ck 45	60... 72	36	27
	C 60, Ck 60	70... 85	44	32
Legierte Vergütungsstähle				
Manganstähle	40 Mn 4	70... 85	45	32
	30 Mn 5	70... 85	45	32
	37 MnSi 5	80... 95	55	36
	42 MnV 7	90...105	70	40
Chrom-Stähle	34 Cr 4	80... 95	55	36
	41 Cr 4	80... 95	55	36
Chrom-Molybdän-Stähle	25 CrMo 4	70... 85	45	32
	34 CrMo 4	80... 95	55	36
	42 CrMo 4	90...105	70	40
	50 CrMo 4	100...120	80	45
Chrom-Nickel-Molybdän-Stähle				
	36 CrNiMo 4	90...105	70	40
	34 CrNiMo 6	100...120	80	45
	30 CrNiMo 8	100...130	90	50
Einsatzstähle nach DIN 17 210 (⌀ ca. 30 mm)				
Unlegierte Einsatzstähle	C 10, Ck 10	42... 52	25	19
	C 15, Ck 15	50... 65	30	23
Legierte Einsatzstähle				
Chrom-Stahl	15 Cr 3	60... 85	40	27
Mangan-Chrom-Stähle	16 MnCr 5	80...110	60	36
	20 MnCr 5	100...130	70	45
Chrom-Nickel-Stähle	15 CrNi 6	90...120	65	40
	18 CrNi 8	120...145	80	54

Tabelle 35. *Wichtigste Stahlsorten für Schmiedestücke im Elektromaschinenbau*

a) Rotorballen für Turbogeneratoren und Pole von Synchronmaschinen

	Zugfestigkeit kp/mm²	Streckgrenze kp/mm²	Bruchdehnung δ_5 %	Kerbzähigkeit mkp/cm²
35 NiCr	52...60	30	≧ 19	≧ 6
45 NiCr	60...70	35	≧ 17	≧ 6
35 NiCrMo 3	60...70	40	≧ 22	≧ 12
	≧ 65	45	≧ 19	≧ 10
40 NiCrMo 3	≧ 70	50	≧ 17	≧ 10
40 NiCrMo 4	≧ 85	60	≧ 14	≧ 10
	≧ 90	70	≧ 12	≧ 8

Min. magnet. Induktion[1]: $B_{25} = 14\,000$ G; $B_{100} = 17\,000$ G

b) Platten und Ringe

St 33	33...50	—	18	—
St 34	34...42	20...21	25...27	—
St 37	37...45	22...24	23...25	—
St 42	42...50	24...26	20...22	—

[1] Ni bis ca. 4¹/₂% und Co erhöht die Induktion.

Tabelle 36. *Übliche Blechsorten im Elektromaschinenbau*

DIN-NORM Stahlbleche, gewalzt[1]			17100 St 37−2	17200 C 35	17200 C 60	17155 Kesselblech H II
Zugfestigkeit		kp/mm²	37...45	60...72	75...90	41...50
Streckgrenze (min)		kp/mm²	22	37	49	22
Dehnung		%	25...23	18	14	26...22
Kerbschlagzähigkeit[2]		mkp/cm²	(8)	(5)	(5)	(7)
Brinellhärte (HB)		kp/mm²	118	172	243	150
Spezifischer elektrischer Widerstand	bei 20 °C	Ω mm²/m	0,11	0,20	0,25	0,20
Temp.-Koeff. des elektr. Widerstandes	bei 20 °C	1/°C	0,0045	0,003	0,003	0,0045
Linearer Wärmedehnungskoeffizient	bei 20 °C	1/°C	11·10⁻⁶			
Spezif. Wärme	bei 20 °C	kcal/kg °C	0,112			
	bei 20 °C	kWs/kg °C	0,47			
Wärmeleitzahl	bei 20 °C	kcal/mh°C	35...40			
	bei 20 °C	W/cm °C	0,41...0,46			
Kohlenstoff	C	%	≦0,25	0,35	0,60	≦0,20
Silizium	Si	%	—	0,30	0,30	0,35
Mangan	Mn	%	—	0,60	0,60	0,5
Phosphor	P	%	0,075	0,045	0,04	0,05
Schwefel	S	%	0,063	0,045	0,04	0,05
Schweißbarkeit			gut	schwierig	schlecht	sehr gut

[1] Die Stähle müssen sich beim Faltversuch um 180° ohne Anrisse auf der Zugseite biegen lassen.

[2] In der Bestellvorschrift nach DIN nicht enthalten.

Tabelle 37. *Übliche Dynamoblechsorten im Elektromaschinenbau*

Art	normale Dynamobleche				schwach legierte Bleche	mittel-stark legierte Bleche	hochlegierte Bleche	
Dicke mm[1]	0,5	0,75	1,0	1,5	0,5	0,5	0,5	0,35
Spezif. Gewicht kp/dm³	7,85				7,8	7,7	7,55	7,55
Min. Biegezahl[2]	10	—	—	—	10	10	6	7
Max. Verlustzahlen[3] W/kp V_{10}	3,6	—	8	—	3,0	2,3	1,35	1,01
V_{15}	8,6	—	19	—	7,4	5,6	3,3	2,54
Alterungen in %[4] (Verlustzunahme)	9				7,5	6,5	6	5
Min. magnet. Induktion[5] in Gauß B_{25}	15 300				15 000	14 700	14 300	14 500
B_{50}	16 300				16 000	15 700	15 500	15 600
B_{100}	17 300				17 100	16 900	16 500	16 700
B_{300}	19 800				19 500	19 300	18 500	19 000

[1] Zulässige Abweichung ± 10%.

[2] Zur Beurteilung der Zähigkeit dient der Umbiegeversuch. Bei diesem Versuch wird ein in der Walzrichtung entnommener Blechstreifen von 30 mm Breite bei 20 °C zwischen Klemmbacken mit einem Rundungshalbmesser von 5 mm um 180° hin- und hergebogen. Als halbe Biegung zählt eine Biegung um 90° in jeder Richtung. Die Reihenfolge der Biegungen ist in untenstehendem Bild durch die mit Pfeil versehenen Linien festgelegt, wobei die angegebenen Ziffern die Biegezahlen bedeuten. Die Biegezahlen der Zahlentabelle geben die Mindestzahl der Biegungen bis zum Eintritt des Bruches an.

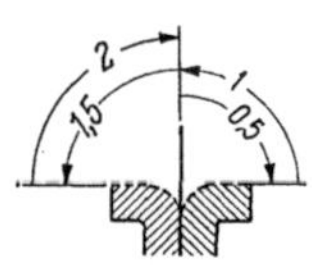

[3] Die Verlustmessung geschieht bei 20 °C durch Epstein-Apparat bei 50 Hz mit praktisch sinusförmiger Spannungskurve nach dem einfachen Wattmeter- oder Diffentialverfahren. Die Verluste sind anzugeben in Watt/kp: bei 10 000 Gauß als V_{10}
bei 15 000 Gauß als V_{15}.

[4] Die Alterung wird durch eine Erwärmung der Bleche während 600 Stunden bei einer Temperatur von 100 °C herbeigeführt.

[5] Die Bestimmung der magnetischen Induktion geschieht durch Epstein-Apparat nach Gumlich-Rogowski- oder Differentialverfahren nach Siemens & Halske. Zur Beurteilung der Magnetisierbarkeit dient die Angabe der Induktion

bei	25	50	100	300	A/cm
als	B_{25}	B_{30}	B_{100}	B_{300}	

Tabelle 38. *Werkstoffe für Permanent-Magnete*

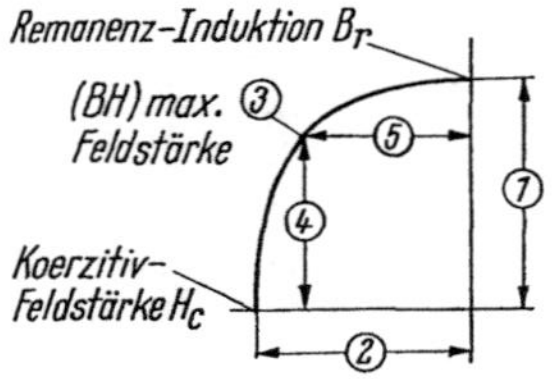

		Magnetische Eigenschaften					Physikalische Eigenschaften		
		① Remanenz Induktion B_r	② Koerzitiv.-Feldstärke H_c	③ (BH) max.	④ B bei (BH) max.	⑤ H bei (BH) max.	Spezif. Gewicht	Herstellungsart	Bearbeitbarkeit
		Gauß	Oersted	M Gauß-Oersted	Gauß	Oersted	kp/dm³		
I	Alcomax IV	11 200	750	4,3	8000	537	7,35	Gußstück	nur schleifen
II	Alcomax III	12 500	670	5,0	9680	516	7,35	(hart u. rissig)	allgemein nur schleifen, kann aber auch gebohrt werden (mit großen Schwierigkeiten)
III	Alcomax II	12 400	575	4,5	9900	455	7,35		
IV	Alnico (hohe Remanenz)	8 000	500	1,7	5200	327	7,3		allgemein nur schleifen, kann aber auch gebohrt werden (mit Schwierigkeiten)
V	Alnico (normal)	7 250	560	1,7	4700	362	7,3		
VI	Alnico(hoheKoerzitivkraft)	6 500	620	1,7	4250	400	7,3	Gußstück	
VII	Alni (hohe Remanenz)	6 200	480	1,25	4030	310	6,9	(hart u. rissig)	
VIII	Alni (normal)	5 600	580	1,25	3480	359	6,9		nur schleifen
IX	Alni (hohe Koerzitivkraft)	5 000	680	1,25	3040	411	6,9		
X	35% Cobalt Stahl	9 000	250	0,95	5930	160	8,2		Gewindeschneiden schwierig
XI	15% Cobalt Stahl	8 200	180	0,62	5250	118	7,9	gewalzt oder	geeignet für jede
XII	9% Cobalt Stahl	7 800	160	0,50	5000	100	7,8	gegossen	Bearbeitung, wenn
XIII	6% Cobalt Stahl	7 500	145	0,44	4680	94	7,75		geglüht
XIV	3% Cobalt Stahl	7 200	130	0,35	4220	83	7,7		
XV	2% Co 4% Cr Stahl	9 800	80	0,32	6275	51	7,85	gewalzt oder gegossen	geeignet für jede
XVI	6% Tungsten Stahl	10 500	65	0,30	6980	43	8,2	gewalzt	Bearbeitung, wenn
XVII	Chrom Stahl	9 800	70	0,285	6200	46	7,85	gewalzt oder gegossen	geglüht

Tabelle 39. *Elektrolytkupfer*

Spezifisches Gewicht (20 °C)	γ	kp/cm^3	$8{,}89 \cdot 10^{-3}$
Dichte (20 °C)	$\varrho = \gamma/g$	kg/cm^3 $kp\,s^2/cm^4$	$8{,}89 \cdot 10^{-3}$ $9{,}06 \cdot 10^{-6}$
Spezif. elektr. Widerstand (20 °C)	ϱ_e	$\Omega\ mm^2/m$	0,0172
Elektr. Leitfähigkeit (20 °C)	$\varkappa = 1/\varrho_e$	$m/\Omega\ mm^2$	58,1
Temp.-Koeffiz. d. elektr. Widerstandes	α	1/°C	$3{,}93 \cdot 10^{-3} =$ 1/254,5
Spezifische Wärme	c	kWs/kg °C kcal/kg °C	0,385 0,092
Wärmeleitzahl	λ	W/cm °C	3,935
Temperaturleitzahl	$a = \dfrac{\lambda}{c\varrho}$	cm^2/s	1,15
Lineare Wärmedehnzahl	α_l	1/°C mm/m 100 °C	$16{,}5 \cdot 10^{-6}$ 1,65
Elastizitätsmodul	E	kp/cm^2	$1{,}25 \cdot 10^6$
Zugfestigkeit weich hart	σ_B	 kp/mm^2 kp/mm^2	 23 40
Härte, Vickers weich hart	HV^{20}	 kp/mm^2 kp/mm^2	 35 110
Brinellhärte	HB	kp/mm^2	75...85 (Kommutator)

Tabelle 40. *Messingguß, Bronze, Messing gewalzt und gezogen*

	Material	Festigkeitswerte σ_S kp/mm²	σ_B kp/mm²	δ_5 %	Spezif. Gewicht γ kp/dm³	Zusammensetzung % Cu	Pb	Zn	Mg	Sn	Ti	Al, Si, Mn, Fe, Sn	Verwendung
Messingguß	G Ms 64	8	20	20	8,6	64	bis 3	Rest	—	—	—	—	Klemmen, Kabelschuhe, Dichtungsringe
	G-So Ms 57 FGO (Din 1709)	30	70	20	8,6	57	—	Rest	—	—	—	7,5	Polspulenabstützung
	So Ms 59 F 50	26	50...65	18	8,5							ca. 13	
Messing gewalzt und gezogen	Ms 63 Ms 80,95	—	30...70	8...45	8,5	62...65	—	Rest	—	—	—	—	Traversen für Wendepole, Rohre u. Bürstenbolzen, Dichtungsringe, Klemmen, Keilunterlagen, Abstützringe für Wicklungen, Rohrstützen, Kurzschlußstäbe
	Ms 58 bk	—	37...62	10...25	8,5	57...59	1...3	40	—	—	—	—	Büchsen, Bürstenjoch, Dichtungen, Stäbe und Ringe von Anlaufwicklungen
Bronze	G Sn Bz 10	15	28	28	8,6	90	—	—	—	10	—	—	Kabelschuhe, Kontakt und Anschlußstücke
	St Bh (Stahlbronze)	20...35	50...60	15...25	8,2								Abstützung, Klemmenflansch
	Rg 5 (DIN 1705)	10	24	18	8,5	85	3	7	5	—	—	—	Labyrinth-Dichtung, Gleitgelenke, Bürstenhalter
	CCm (El-Bronze)	28...35	38...45	18...26	8,9								Bolzen für Schleifringzuleitung und Schiene
	E Bz extra	44...55	75...90	12...20	7,6								Rotorkeile, Schrumpfringe f. Rotorwicklungen
	NBI (Ni-Bronze)	60...85	80...100	8...15	8,5								Rotorkeile
	XA (Sonderleg)	29...36	51...62	8...14	8,2								Preßplatten
	Sn Bz 2*	25	40	16	8,9	98	—	—	—	2	—	—	Schleifringe, Stäbe und Ringe von Anlaufwicklungen
	Sn Bz 10	10	16	10	9,2	Rest	10	—	10	—	—	—	Dichtungsringe für H_2-gekühlte Generatoren

* Leitfähigkeit: 18 m/Ω mm² für Sn Bz 6, Leitfähigkeit 9 m/Ω mm².

Tabelle 41. *Leichtmetalle*

	Material	Festigkeitswerte σ_S kp/mm²	σ_B kp/mm²	δ_5 %	Spezif. Gewicht γ kp/dm³	Zusammensetzung Cu	Pb	Zn	Mg	Sn	Ti	Al	Al-Si Mn-Fe Sn	Cr	Mn	Si	Ni	Verwendung
Alu-Guß	GAl Cu 4	18...22	27...35	4...9	2,75	4...5	—	—	—	—	0,1... 0,3	Rest	—	—	—	—	—	Ventilatoren, Ventilatorträger, Distanzstücke, Polabstützungen
	Tita (Alufant)	16	23	4														
	GAl Si 5 Mg	10...13	14...18	1...3	2,7	—	—	—	0,5... 0,8	—	0... 0,2	Rest	—	—	0... 0,5	4,5 ...6	—	Klemmenstücke, Stützkonsole f. Statorwicklung
	GAl Si 12 g	9...10 8	18...22 16	6...10 5	2,65	11... 13,5	—	—	—	0... 0,5	—	Rest	—	—	—	—	—	sehr gut vergießbar; Bed.-Deckel, Kabelendverschlüsse, Klemmenkastendeckel, Lüfter, Schutzkappen, Luftführungen, Tragringe, Abschlußtrichter, Verschalungen, Ölbehälter
	GD-Al Si 6 Cu 3	14...18	20...28	1...3	2,8	2...4	0,3	0,7	0,5	0,1	0,2	Rest	—	—	0,2... 0,6	5... 8	0,5	Gehäuse, Lagerschilder, Ventilatoren,
	G Al 99,5	2,5	7	25	2,7	—	—	—	—	—	—	99,5	0,9	—	—	—	0,5	Ventilatorhauben, Kurzschlußrotoren
Alu gewalzt oder gezogen	Al Mg 3 Si	8...18	18...26	4...17	2,75	0,5... 0,8	—	—	2,3... 3,5	0,3... 0,8	—	Rest	—	0... 0,3	—	—	—	Statorkeile, Gittersegmente für Rotorluftfilter, Dämpferstäbe
	Al Bz 4	—	35...63	8...30	8,4	95	—	—	—	—	—	5	—	—	—	—	—	
	Al Si Mg (vergütet)	16...25	26...30	14...8	2,65	—	—	—	0,6... 1,4	—	—	Rest	0... 0,3	—	0,6... 1,6	0,6... 1,6	—	Ventilatorschaufeln
	Al 99,5 w	2	7	40	2,7	—	—	—	—	—	—	99,4	—	—	—	—	—	Wicklungsstäbe für Kurzschlußrotoren

Tabelle 42. *Blei- und Bleizinnlote*

Benennung	Kurzzeichen	Zusammensetzung %			Arbeitstemperatur mindestens	Spez. Gew.	Verwendungsbeispiele
		Sn	Sb	Pb	°C	kp/dm³	
Bleilot 98,5	LPb 98,5			98,5	320	11,2	
Zinnlot 8	LSn 8	8	0,5	Rest	305	10,8	
Zinnlot 25	LSn 25	25	1,70	Rest	257	9,8	Nur für Flammenlötungen geeignet
Zinnlot 30	LSn 30	30	2,00	Rest	249	9,6	Spachtellötungen
Zinnlot 33	LSn 33	33	2,20	Rest	242	9,5	Schmierlötungen
Zinnlot 35	LSn 35	35	2,30	Rest	237	9,5	
Zinnlot 40	LSn 40	40	2,70	Rest	223	9,3	
Zinnlot 50	LSn 50	50	3,30	Rest	200	8,8	
Zinnlot 60	LSn 60	60	3,20	Rest	185	8,5	Verzinnung von Drähten für elektrotechnische Zwecke
Zinnlot 90	LSn 90	90	1,30	Rest	219	7,5	

Tabelle 43. *Legierungen zum Hartlöten der Schwermetalle*

Benennung	Kurzzeichen	Zusammensetzung etwa %	Arbeitstemperatur mindestens °C	Spezif. Gew. kp/dm³
Messinglot 85	LMs 85	Cu 84...86 Zn mind. 13 Si 0,2...0,4	1020	8,7
Messinglot 63	LMs 63	Cu 62...64 Zn mind. 35 Si 0,2...0,4	910	8,4
Messinglot 60	LMs 60	Cu 59...61 Zn mind. 38 Si 0,2...0,4	900	8,4
Messinglot 54	LMs 54	Cu 53...55 Zn mind. 44 Si 0,2...0,4	890	8,3
Messinglot 48	LMs 48	Cu 47...49 Zn mind. 50	870	8,2
Messinglot 42	LMs 42	Cu 41...43 Zn mind. 56	845	8,1

Tabelle 44. *Silberhartlote*

Benennung	Kurzzeichen	Zusammensetzung %	Arbeitstemperatur mindestens °C
Silberlot 8	LAg 8	Ag 7...9 Cu bis 55 Zn Rest	860
Silberlot 12	LAg 12	Ag 11...13 Cu bis 52 Zn Rest	830
Silberlot 15	LAg 15	Ag 14...16 Cd 8...12 Cu bis 49 Zn Rest	770
Silberlot 20	LAg 20	Ag 19...21 Cd 13...17 Cu bis 43 Zn Rest	750
Silberlot 25	LAg 25	Ag 24...26 Cu bis 43 Zn Rest	780
Silberlot 27	LAg 27	Ag 26...28 Cu bis 40 Mn bis 10 Ni bis 6 Zn Rest	840
Silberlot 38	LAg 38	Ag 37...39 Cu bis 42 Sn bis 4 Zn Rest	800
Silberlot 44	LAg 44	Ag 43...45 Cu bis 32 Zn Rest	730
Silberlot 50	LAg 50	Ag 49...51 Cd 3...7 Cu bis 32 Zn Rest	700

Tabelle 45. *Drahtbandagen*

Material	Einzeldraht Durchmesser Ø [mm]	Zugfestigkeit/Streckgrenze σ_B/σ_S [kp/mm²]	zulässige Wickelspannung σ_{wzul} [kp/mm²]	zulässige Wickelkraft pro Draht T_{zul} [kp]	Verwendungszweck äußerer Durchmesser Ø [mm] schnelllaufende Maschinen	langsamlaufende Maschinen
Stahldraht feuerverzinnt	1 1,5 2	180/155	90 (50% 180)	70 160 280	< 180 180...500 > 500	< 500 500...1000 > 1000
Stahldraht feuerverzinnt, antimagnet.	1,5 2	140/120	70 (50% 140)	120 220	≧ 150 ≧ 250	
Bronzedraht	1,5 2	75/67	26 (34% 75)	45 80	≧ 150 ≧ 250	

Weißblech, Dicke 0,2 mm, Breite 20 mm für Bindeschloß
Dicke 0,4 mm, Breite 20 mm für Endschloß

Bronzeblech, Dicke 0,2 mm, Breite 20 mm für Bindeschloß
Dicke 0,4 mm, Breite 20 mm für Endschloß } (nur in Verbindung mit Bronzedraht zu verwenden)

Tabelle 46. *Glasfaserarmierte Kunstharzbandagen*

Bandagen und Bänder wärmebeständig bis 150 °C, empfohlen für Isolationsklasse F		Kurzzeit-Zerreißfestigkeit σ_B [kp/mm²] 20 °C	150 °C	Bruchdehnung δ_B [%] 20 °C	Elastizitätsmodul** (für $\sigma >$ 60 kp/mm²) E [kp/mm²] 20 °C
Polyester- oder Acrylharz + 72...75 Gew. % Glas	Einzelband*	110 (P) 130 (R)	100 —	1,67 (P) 2...3 (R)	—
Marke: Poly-Glas (P) Res-i-Glas (R)	ausgehärtete Bandage	89...98	71...78	2,8...3	3200...3900
Epoxyharz + 62...65 Gew. % Glas	Einzelband*	84...85	—	2	—
Marke: Scotch 1002 U	ausgehärtete Bandage	84	50	2...2,6	3400

Lieferbreiten: 25 (1″) 19 (3/4″) 12,5 (1/2″) 9,5 mm (3/8″)

Spezifisches Gewicht: $\gamma = 1{,}8$ kp/dm³

Lineare Wärmedehnzahl in Längsrichtung der Glasfäden $\alpha_l = 6...8 \cdot 10^{-6}$/°C

* Angabe des Herstellers

** für $\sigma < 60$ kp/mm² ist E größer, für größere Temperaturen kleiner

Tabelle 47. *Physikalische Eigenschaften von Gasen*

	Chemische Formel	p Druck	ϑ Temperatur	γ Spezif. Gewicht	$\varrho = \frac{\gamma}{g}$ Dichte	$\bar{\gamma} = \frac{\gamma}{\gamma_L}$ Spez. Gewicht bezogen auf Luft	ν Kinematische Zähigkeit		λ Wärmeleitzahl	Durchschlagsfestigkeit
	–	$\frac{kp}{cm^2}$	°C	$\frac{kp}{dm^3}$	$\frac{kg}{dm^3}$	1	$\frac{m^2}{s}$	St	$\frac{W}{m\,°C}$	$\frac{kV}{cm}$
Luft	—	1	0	$1{,}251 \cdot 10^{-3}$		1	$13{,}7 \cdot 10^{-6}$	0,137	0,0232	32
Luft	—	1	50	$1{,}0576 \cdot 10^{-3}$		1	$18{,}4 \cdot 10^{-6}$	0,184	0,0266	
Wasserstoff[1]	H_2	1	0	$0{,}0870 \cdot 10^{-3}$		0,0695	$98{,}0 \cdot 10^{-6}$	0,980	0,169	19
Wasserstoff[1]	H_2	1	50	$0{,}0735 \cdot 10^{-3}$		0,0695	$126 \cdot 10^{-6}$	1,26	0,183	
96% H_2 + 4% Luft	—	1	0	$0{,}1335 \cdot 10^{-3}$		0,1067	$73{,}4 \cdot 10^{-6}$	0,734	0,156	
96% H_2 + 4% Luft	—	1	50	$0{,}1129 \cdot 10^{-3}$		0,1067	$94{,}8 \cdot 10^{-6}$	0,948	0,169	
96% H_2 + 4% Luft	—	2	0	$0{,}2670 \cdot 10^{-3}$		0,2134	$36{,}7 \cdot 10^{-6}$	0,367	0,156	
96% H_2 + 4% Luft	—	2	50	$0{,}2258 \cdot 10^{-3}$		0,2134	$47{,}4 \cdot 10^{-6}$	0,474	0,169	
Helium	He	1	0	$0{,}173 \cdot 10^{-3}$		0,138	$107 \cdot 10^{-6}$	1,07	0,142	10
Kohlendioxyd	CO_2	1	0	$1{,}912 \cdot 10^{-3}$		1,530	$7{,}2 \cdot 10^{-6}$	0,072	0,0143	29
Stickstoff	N_2	1	0	$1{,}210 \cdot 10^{-3}$		0,967	$13{,}6 \cdot 10^{-6}$	0,136	0,0232	33
Sauerstoff	O_2	1	0	$1{,}380 \cdot 10^{-3}$		1,103	$14{,}0 \cdot 10^{-6}$	0,140	0,0232	29
Schwefel-hexafluorid	SF_6	1	0	$6{,}40 \cdot 10^{-3}$		5,106				~ 80
Difluordi-chlormethan	CF_2Cl_2	1	0	$5{,}32 \cdot 10^{-3}$		4,262			0,0084	68

[1] Vgl. auch Abb. 5 und Tab. 23.

Tabelle 48. *Physikalische Eigenschaften von flüssigen Kühlmitteln*

	ϑ Temperatur	γ Spezifisches Gewicht	$\varrho = \frac{\gamma}{g}$ Dichte	η Dynamische Zähigkeit	ν Kinematische Zähigkeit	λ Wärmeleitzahl	c Spezifische Wärme	ϱ_e Spezif. elektrischer Widerstand	Flammpunkt
	°C	$\frac{kp}{dm^3}$	$\frac{kg}{dm^3}$	$\frac{kps}{m^2}$	$\frac{m^2}{s}$	$\frac{W}{m\,°C}$	$\frac{Ws}{kg\,°C}$	Ω cm	°C
Wasser	20	0,998		$102 \cdot 10^{-6}$	$1{,}01 \cdot 10^{-6}$	0,598	4181		
	40	0,992		$66{,}5 \cdot 10^{-6}$	$0{,}658 \cdot 10^{-6}$	0,627	4177	*	
	60	0,983		$47{,}9 \cdot 10^{-6}$	$0{,}474 \cdot 10^{-6}$	0,652	4193		
Leichtes Spindelöl	20	0,87		$420 \cdot 10^{-6}$	$4{,}75 \cdot 10^{-6}$		1825		120
	50	0,85		$228 \cdot 10^{-6}$	$2{,}63 \cdot 10^{-6}$		1940		
Normales Spindelöl	20	0,87		$1330 \cdot 10^{-6}$	$15{,}0 \cdot 10^{-6}$	0,144	1850		
	40	0,86		$692 \cdot 10^{-6}$	$7{,}9 \cdot 10^{-6}$	0,143	1930	$10^{10} \ldots 10^{16}$	130
	60	0,85		$425 \cdot 10^{-6}$	$4{,}9 \cdot 10^{-6}$	0,142	2020		
Transformatorenöl	20	0,87		$3240 \cdot 10^{-6}$	$36{,}5 \cdot 10^{-6}$	0,124	1890		
	40	0,85		$1450 \cdot 10^{-6}$	$16{,}7 \cdot 10^{-6}$	0,123	1990		140
	60	0,84		$745 \cdot 10^{-6}$	$8{,}7 \cdot 10^{-6}$	0,122	2090		

* Für direkte Leiterkühlung wird empfohlen: $2 \cdot 10^5 < \varrho_e < 5 \cdot 10^5\ \Omega$cm. Siehe AIEE Conf. Paper 58—278 Browing, Holley and Quinlan.

Tabelle 50. *Eigenschaften von Maschinenölen*

Eigenschaften		Maschinenöl, Dynamoöl dünnflüssig	Maschinenöl schwerflüssig
Spezif. Gewicht bei 20 °C	kp/dm³	< 0,94	< 0,95
Flammpunkt[1]	°C	> 150	> 175
kinem. Zähigkeit			
(Viskosität)[2] bei 20 °C	St	< 1,90	< 4,56
bei 50 °C	St	0,166...0,254	0,45...0,53
bei 80 °C	St	—	> 0,118
Stockpunkt	°C	< 0	0
Säurezahl	%	< 0,14	< 0,14
Asphaltgehalt	%	0	< 0
Gehalt an fetten Ölen	%	0	0
Aschegehalt	%	< 0,02	< 0,02

[1] im offenen Tiegel nach Marcurson bestimmt.
[2] vgl. S. 85.

Tabelle 49. *Feste Isolierstoffe*

Bezeichnung	spezif. Gew. [kp/dm³] oder Dichte [kg/dm³]	Mech. Festigkeit: Zug- und Biegefestigk. [kp/mm²]	Mech. Festigkeit: Druckfestigkeit [kp/mm²]	Elektr. Festigkeit Durchschlag bei 50 Hz 1 min-Wert[1] [kV/cm]: bei 20 °C	Elektr. Festigkeit: bei 90 °C	Zulässige Gebrauchstemperatur °C	Verwendung
Papiere, Folien							
Kraftpapier	1,2 ...1,35	10...13	—	150... 200	—	90	Drahtisolation, Nutauskleidung
Hadernpapier	1,2 ...1,35	8...11	—	150... 200	—	90	
Asbestpapier	0,9 ...1,2	1... 3	—	100... 120	—	130...250	
Polyamidpapier (Nomex)	0,7 ...1,0	9...11	—	150... 300	150... 300	200	
Polyesterfolie (Mylar, Hostaphan)	1,39	16	—	1500...2500	1000...2000	130	
Polyamidfolie (Kapton)	1,42	18	—	1500...2500	1500...2500	> 250	
Mehrschichtige Isolierstoffe							Nutisolationen, Phasentrennungen für kleine und mittelgroße Maschinen
Hadernpapier-Polyesterfolie	1,1 ...1,3	10...15	—	250... 400	—	120	
Asbestpapier-Polyesterfolie	1,0 ...1,3	5...10	—	150... 250	150... 250	130	
Polyamidpapier-Polyamidfolie	1,1 ...1,3	12...16	—	300... 400	300... 400	200	
Lackgewebe							Leiter- u. Wicklungsisolation, Isolieren von Verbindungen an mittelgroßen Maschinen
Öllack-Baumwolle	1,2	3... 4	—	100... 150	160... 240	90...120	
Polyurethan-Glasgewebe	1,3 ...1,45	20...25	—	100... 150	140... 200	130	
Epoxyd-Glasgewebe	1,35...1,5	20...30	—	100... 150	140... 200	155	
Silikon-Glasgewebe	1,4 ...1,5	20...25	—	100... 150	200... 300	180...200	
Schichtpreßstoffe							Abstützungen, Distanzierungen, Nutenkeile
Papier-Phenolharz	1,3 ...1,4	12...15	45	200... 250	100... 150	105...120	
Baumwolle-Phenolharz	1,2 ...1,4	6...12	27...30	200... 300	100... 150	105...120	
Asbest-Phenolharz	1,5 ...1,8	5... 8	10	50... 100	30... 50	130...155	
Schichtholz-Phenolharz	1,3	10...14	10...16	—	—	90...105	
Glas-Epoxydharz	1,6 ...1,8	20...30	45...55	100... 200	100... 150	120...155	
Glas-Silikonharz	1,6 ...1,8	20...25	18...20	100... 150	100... 150	180...200	

[1] Die elektrische Festigkeit wächst nicht streng linear mit der Dicke.

Tabelle 49 (Fortsetzung)

Bezeichnung	spezif. Gew. [kp/dm³] oder Dichte [kg/dm³]	Mech. Festigkeit Zug- und Biegefestigk. [kp/mm²]	Mech. Festigkeit Druck-festigkeit [kp/mm²]	Elektr. Festigkeit Durchschlag bei 50 Hz 1 min-Wert[1] [kV/cm] bei 20 °C	Elektr. Festigkeit bei 90 °C	Zulässige Gebrauchs-temperatur °C	Verwendung
Micanite							
Kollektor-Micanit	2,3 ...2,6	—	—	200	—	130	in Kollektoren
Flexibel-Micanit	2,0 ...2,3	—	—	180	—	130	Wicklungsisolation
Form-Micanit	2,1	—	—	150	—	130	Distanzierungen
Micafolium							Stabumpressung
Schellack-Papier	1,7 ...1,8	2... 4	—	100...150	—	130	
Asphalt-Papier	1,7 ...1,9	2... 4	—	100...150	—	130	
Epoxyd-Glasgewebe	1,75...2,05	5... 7	—	100...150	—	130... 155	
Silikon-Glasgewebe	1,8 ...2,1	5... 7	—	100...150	—	180... 200	
Glimmerbänder							Leiter-, Stab- und Spulenkopfisolation
Mica-Seide	1,9 ...2,1	2... 4	—	100...150	—	120	
Mica-Leinen	1,8 ...2,0	4... 5	—	100...150	—	120	
Mica-Glasgewebe	2,0 ...2,3	6...10	—	100...150	—	120... 200	
Glimmervlies-Glasgewebe	1,75...2,05	5... 7	—	150...200	—	120... 200	
Keramik, Gießharz							Isolierend tragende Konstruktionsteile
Steatit	2,1 ...2,2	2... 3	30...60	150...250	150... 250	1000...1700	
Porzellan	2,2 ...2,5	3... 5	40...60	250...300	250... 300	800	
Epoxyd-Quarzmehl	1,6 ...1,8	7...10	20...22	220...240	180... 200	100	

[1] Die elektrische Festigkeit wächst nicht streng linear mit der Dicke.

Zweiter Teil

Mechanischer Gesamtaufbau elektrischer Maschinen

I. Synchronmaschinen

Synchronmaschinen haben eine feste, der Polzahl bzw. Polpaarzahl zugeordnete Drehzahl, abhängig von der Frequenz. Der Zusammenhang ist gegeben durch

$$n = \frac{60 \cdot f}{p} \begin{cases} n\,[\text{U/min}] & \text{Drehzahl} \\ f\,[\text{Hz}] & \text{Frequenz} \\ p & \text{Polpaarzahl.} \end{cases} \tag{70}$$

In folgender Tabelle sind beispielsweise für eine Frequenz von 50 Hz die Drehzahlen für die wichtigsten Polzahlen angegeben.

Synchrone Drehzahlen n [U/min] *in Abhängigkeit der Polpaarzahl p bei 50 Hz*

$n =$	3000	1500	1000	750	600	500	375	300	250
$p =$	1	2	3	4	5	6	8	10	12
$n =$	214	188	167	150	125	107	94	83	75
$p =$	14	16	18	20	24	28	32	36	40

Synchronmaschinen dürfen nur in der Nähe der synchronen Drehzahl, bei Leerlauferregung und bei Übereinstimmung der Phasenfolge an das Netz geschaltet werden. Schalten in Phasenopposition erzeugt in den Statorwickelköpfen Kurzschlußkräfte bis zur vierfachen Größe derjenigen, die bei Klemmenkurzschluß entstehen, also Kräfte, denen die Statorwicklung und unter Umständen auch Welle und Kupplung nicht gewachsen sind.

Es gibt auch eine Grobsynchronisierung, bei welcher der unerregte Rotor in die Nähe des Synchronismus gebracht wird. Erst nach dem Zuschalten des Generators an das Netz wird erregt.

Synchrongeneratoren können aber eine andere, nicht an einem starren Netz liegende Synchronmaschine im sog. Frequenzanlauf hochfahren, wenn die Rotoren bei niedriger Drehzahl genügend erregt sind.

Ob eine Synchronmaschine Generator, Motor oder ganz oder teilweise Phasenschieber ist, hängt nur beschränkt von ihrer elektrischen Dimensionierung oder Konstruktion, sondern in erster Linie von ihrer Betriebs- und Erregerweise ab. In Abb. 39 ist der Zusammenhang der Betriebsweise mit der Erregung durch die Lage des Stromvektors $\boldsymbol{I}$ gegenüber der Lage des konstanten Spannungsvektors $\boldsymbol{U}$ dargestellt. Die gleiche Maschine muß oft mehreren der dargestellten Betriebs- und Erregungsweisen entsprechen, z. B. kann bei Pumpspeicherwerken die elektrische Maschine als Generator zusammen mit der Wasserturbine oder als Synchronmotor zusammen mit der Pumpe oder ganz oder teilweise als Phasenschieber arbeiten, und schließlich noch untererregt kapazitiv belastet zur Aufladung des Netzes herangezogen werden. Für das Drehmoment und die damit zusammenhängende mechanische Dimensionierung für den stationären Betrieb ist die abgegebene oder aufgenommene Wirkleistung maßgebend, für die elektrische Dimensionierung, das Gewicht und den Preis dagegen ist die Scheinleistung maßgebend (s. S. 43).

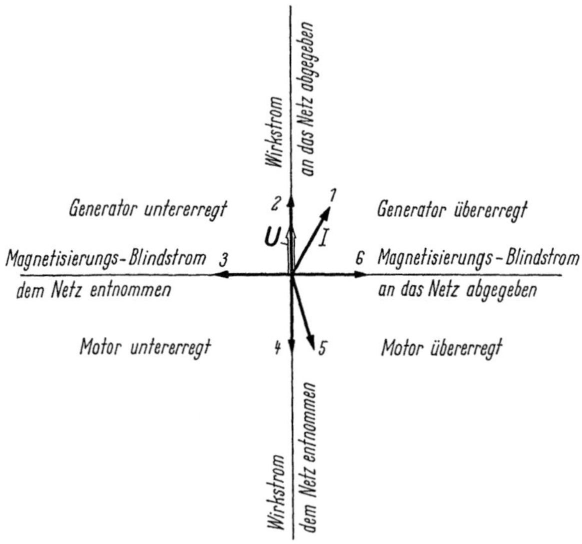

Abb. 39. Bedeutung der Lage des Stromvektors I bei vorgegebenem Spannungsvektor U

1 Z. B. Generator, der neben dem Wirkstrom einen Magnetisierungsblindstrom entsprechend $\cos \varphi = 0{,}8$ ins Netz liefert.
2 Ein auf Blindstromabgabe Null ($\cos \varphi = 1$) erregter Synchrongenerator
3 Auf $\cos \varphi = 0$ untererregter Synchrongenerator oder Motor kapazitiv belastet zur Aufladung des Netzes
4 Auf $\cos \varphi = 1$ eingestellter Synchronmotor (geringes Kippmoment)
5 Übererregter Synchronmotor (großes Kippmoment)
6 Blindstromerzeuger (Phasenschieber), mechanisch unbelastet, stark übererregt, um induktiven Blindlastbedarf des Netzes zu decken.

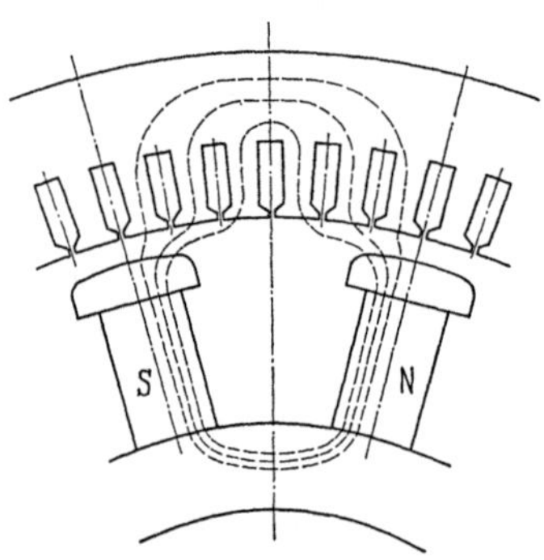

Abb. 40a. Verlauf des magnetischen Flusses in mehrpoligen Synchronmaschinen

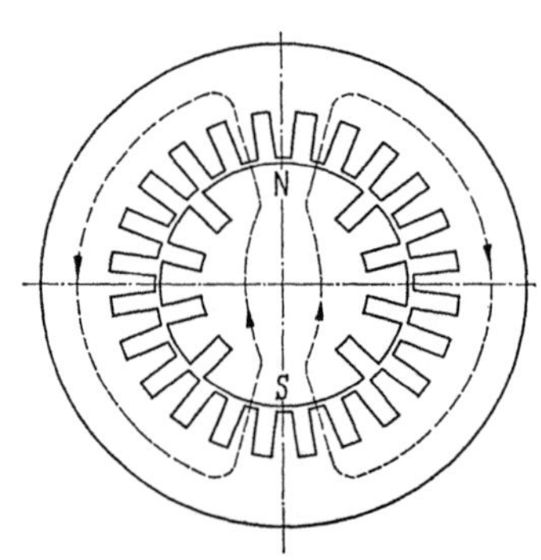

Abb. 40b. Verlauf des magnetischen Flusses in zweipoligen Synchronmaschinen

Die Erregerwicklungen auf den Polen sind untereinander so geschaltet, daß abwechselnd Nord- und Südpole entstehen. Je ein Nord- und ein Südpol bilden ein Polpaar. Die magnetischen Kraftlinien (der magnetische Fluß), die sich zwischen Nord- und Südpol, Rotorjoch, Luftspalt, Statorblechzähnen und Statorblechrücken schließen (Abb. 40), üben im Luftspalt auf die Pole und das Gehäuse radiale Kräfte doppelter Strom-Frequenz aus, die Veranlassung für Schwingungen und Geräusche sein können (s. S. 119 u. S. 338). Die radiale Zugkraft am Polschuh ist in der Größenordnung von ca. 4 kp/cm^2.

Für die Erregung des Rotors wird ein Produkt aus Ampère × Windungen benötigt. Doppelte Windungszahl bedeutet halben Erregerstrom, aber doppelte Erregerspannung. Die Aufteilung in Strom und Windungszahl ist weitgehend konstruktiv bedingt, ferner durch Rücksichtnahme auf eventuell genormte Erregerspannungen und auf die vom Erregerstrom abhängige Schleifring-Dimensionierung.

A. Synchron-Generatoren und Synchronmotoren für Zusammenarbeit mit Kolbenmaschinen

Drehstrom-Dieselgeneratoren werden zur öffentlichen Stromversorgung selten — z. B. für Spitzendeckung — verwendet, da der Preis der kWh wesentlich größer ist als der von Dampf- oder Wasserkraftwerken oder neuerdings auch als der von Nuklear-Kraftwerken. Dagegen finden sie ausgiebig Verwendung als sog. Notstromgruppen mit Leistungen von einigen 100 bis einigen 1000 kVA und relativ raschlaufenden Dieselmotoren.

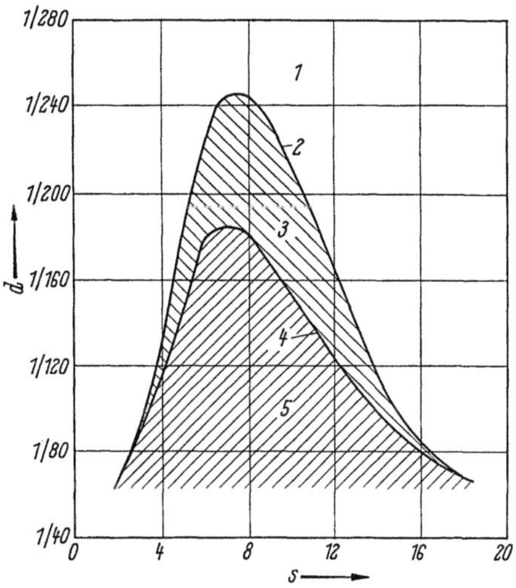

Abb. 41. Ungleichförmigkeitsgrad d in Abhängigkeit von der Zahl s der Kraftimpulse pro Sekunde
1 Flimmerfreies Licht
2 Untere Flimmergrenze
3 Grenzgebiet
4 Obere Flimmergrenze
5 Flimmerndes Licht

Die natürlichen Schwungmassen der umlaufenden Maschinenteile reichen gewöhnlich für einwandfreien Betrieb und gute Regelung des Dieselmotors nicht aus. Kolbenmaschinen haben ein innerhalb einer Wellenumdrehung änderndes Drehmoment und benötigen für den ruhigen Lauf Schwungmassen, um einen genügend kleinen *Ungleichförmigkeitsgrad*

$$d = (n_{\max} - n_{\min})/n_{\text{mittel}} \quad n[\text{U/min}]$$

zu erhalten. Die Größe der Schwungmassen muß drei Forderungen entsprechen:

1. Bei Drehzahländerung bzw. bei Laständerung müssen durch Energiespeicherung und -abgabe im Schwungrad die Antriebsmomente derartig ausgeglichen werden, daß die Regelung Zeit findet, das Drehmoment der Kolbenmaschine zu beeinflussen.

2. Liegt der Ungleichförmigkeitsgrad, der dem Mindestschwungmoment der Kolbenmaschine entspricht, nicht so tief, so daß die durch den Ungleichförmigkeitsgrad verursachten Spannungsschwankungen im Licht als Flimmererscheinungen bemerkbar sind, so ist das Schwungmoment entsprechend zu erhöhen. Der für flimmerfreien Lichtbetrieb benötigte Ungleichförmigkeitsgrad ist aus der Flimmerkennlinie (Abb. 41)[1] zu entnehmen. Die Zahl s der Kraftimpulse pro Sekunde erhält man bei gleicher Zündfolge zu

$$s[1/\mathrm{s}] = \frac{2 \cdot n[\mathrm{U/min}] \cdot \mathrm{Zylinderzahl}}{60 \cdot \mathrm{Taktzahl}}.$$

Das für flimmerfreien Parallelbetrieb erforderliche Schwungmoment ist größer als das für flimmerfreien Einzelbetrieb und muß besonders bestimmt werden.

3. Für den Parallelauf von Generatoren bei Antrieb mit Kolbenmaschinen muß noch weiterhin beachtet werden, daß keine Resonanz zwischen der Torsions-Eigenschwingung des Generators und den Arbeitsimpulsen der Arbeitsmaschine auftritt. Für überschlägige Rechnungen können die Mindestschwungmomente nach Tab. 51 empfohlen werden.

Tabelle 51. *Für Parallelbetrieb erforderliche bezogene Mindestschwungmomente bei Antrieb durch Kolbenmaschinen für 50 Hz Netzfrequenz*[1]

Viertakt-Motoren				Zweitakt-Motoren und Dampfmaschinen			
U/min	kpm²/kVA	U/min	kpm²/kVA	U/min	kpm²/kVA	U/min	kpm²/kVA
150	350	375	9,0	150	87,5	375	2,25
167	228	428	5,3	167	57	428	1,32
188	144	500	2,9	188	36	500	0,72
214	84,5	600	1,4	214	21,2	600	0,35
250	45,5	750	0,57	250	11,4	750	0,14
300	21,9	1000	0,18	300	5,5		

Das Schwungmoment wird entweder im Rotor des Generators untergebracht (Abb. 42a) oder ein Schwungrad an dem Rotor befestigt (Abb. 42b), oder aber der Rotor wird an das Schwungrad angeschraubt (Abb. 42c). Vielfach ist es auch üblich, ein Klemmschwungrad zwischen den Flanschen von Dieselmotor und Generator anzuordnen (Abb. 42d).

Generatoren für Kolbenmaschinenantrieb haben (laut Tab. 14) nur die 1,2-fache Nenndrehzahl als Schleuderdrehzahl.

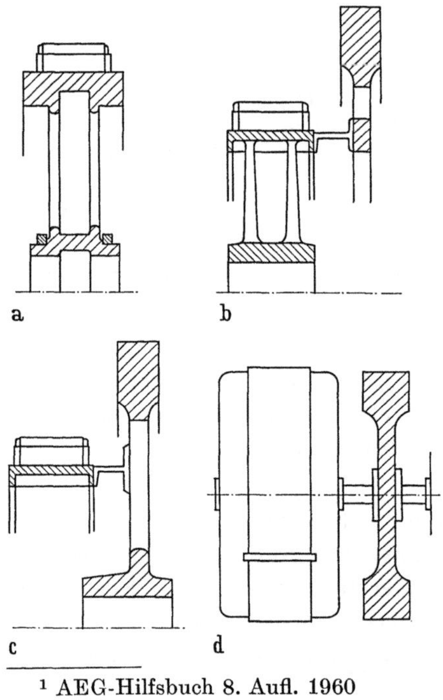

Abb. 42. Anordnung zusätzlicher Schwungmassen
a Rotor und Schwungrad vereint; b Schwungrad an Rotor befestigt; c Rotor an Schwungrad befestigt; d Schwungrad zwischen den Flanschen von Dieselmotor und Generator

[1] AEG-Hilfsbuch 8. Aufl. 1960

Die Ventilation ist entweder symmetrisch von beiden Seiten — in diesem Falle meistens durch Axialventilatoren — oder axial — in diesem Falle meistens mit einem Radialventilator. Im ersteren Falle hat der Stator-Blechkörper radiale Kühlkanäle, in welchen die vorgewärmte Kühlluft von der Pollücke her eindringt und den Blechkörper und indirekt die Statorwicklung kühlt, wobei die Statorwickelköpfe direkt im Kühlstrom der Ventilatoren liegen (Abb. 43a). Im anderen Falle wird parallel über den — eventuell in seiner Außenoberfläche durch Nuten vergrößerten — Blechrücken das Statoreisen und indirekt das aktive Statorkupfer gekühlt und durch die Pollücke direkt die Rotorwicklung. Die Wickelkopferwär-

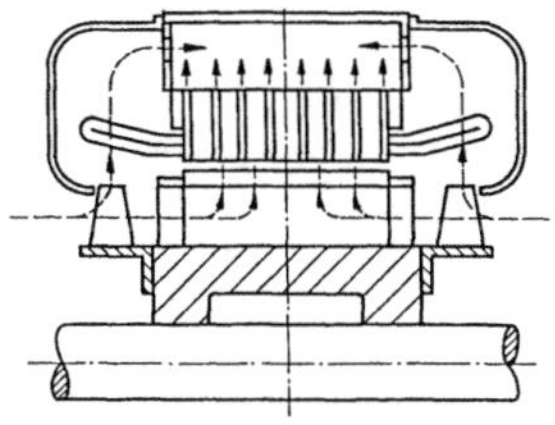

Abb. 43a. Synchronmaschine mit symmetrischer Ventilation (Prinzipbild)

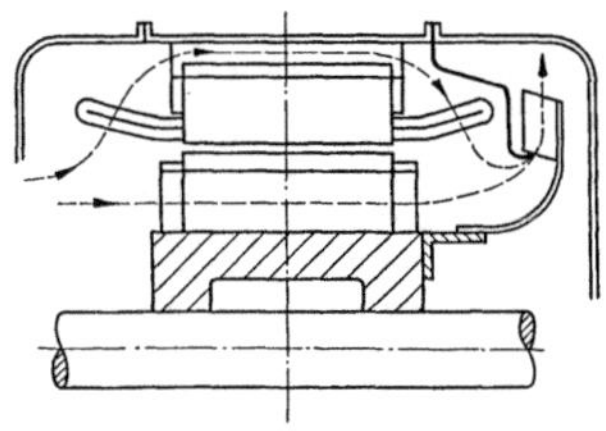

Abb. 43b. Synchronmaschine mit axialer Ventilation (Prinzipbild)

mung ist verschieden auf beiden Seiten, ungefähr um den Betrag der Lufterwärmung (Abb. 43b). Beim Vergleich der beiden Kühlsysteme ist die stark verschiedene Wärmeleitung der Statorbleche in radialer und axialer Richtung nach Tab. 27 und 28 zu beachten.

Bei symmetrischer Ventilation mit zwei Ventilatoren auf beiden Seiten benötigt jeder Ventilator nur ca. die Hälfte der Luftmenge und muß nur wenig mehr als den halben Druck überwinden. Deshalb ist der Ventilatorleistungsaufwand nur wenig größer als die Hälfte wie bei axialer Durchgangsventilation. (Vgl. auch S. 548, Ventilation.)

Diese Dieselgeneratoren relativ kleiner Leistung sind normalerweise geschützt (nach Schutzart P 22 lt. Tab. 1), haben also keine Kreislaufkühlung, es sei denn, daß sie in kleinen Räumen stehen (z. B. dieselelektrischer Schiffsantrieb), in welchen die an den Raum abgegebene Verlustwärme zu große Raumerwärmung ergäbe.

Der gesamte Generator sitzt gewöhnlich — evtl. unter Verwendung von Zwischenlagen aus Schwingmetall oder dgl. (s. S. 586) auf dem Diesel-Grundrahmen (s. Abb. 112).

Während für Landfahrzeuge (z. B. dieselelektrische Lokomotiven) oder Schiffsantriebe kleinerer Leistung nur Gleichstrom-Dieselgeneratoren verwendet werden (s. S. 213), sind für größere dieselelektrische Schiffe bis zu Leistungen von mehreren 1000 PS Drehstrom-Generatoren und Synchron-Propellermotoren — elektrisch mit Übersetzung gekuppelt — üblich.

Der *dieselelektrische Schiffsantrieb*[1] hat gegenüber direktem Dieselantrieb den Vorteil, daß wegen der elektrischen Übersetzung hohe Dieselmotoren- und damit auch hohe Generator-Drehzahlen (also leichtere Maschinen) verwendet werden

[1] El. Antriebe auf Schiffen, VDE-Buchreihe Bd. 5 (1960), VDE-Verlag GmbH, Berlin.

können. Ferner bedeutet der Wegfall der Umsteuerbarkeit des Dieselmotors bei Schiffsmanövern einen Vorteil gegenüber dem direkten Dieselantrieb, ebenso der Wegfall eines sog. Wellentunnels zugunsten von Frachtraum.

Die Generatoren und Propellermotoren (Abb. 44) für dieselelektrischen Schiffsantrieb haben gewöhnlich Kreislaufkühlung.

Abb. 44. Drehstrom-Propellermotor 3700 kW, 3 kV, 50 Hz

Bei Maschinen für Schiffsantrieb ist zu beachten, daß die Lager und ihre Schmiereinrichtung für Längs- und Quer-Schräglagen konstruiert sein müssen, und zwar ist es üblich, mit 15° Längsneigung und 30° Querneigung des Schiffes zu rechnen. Deshalb werden oft entweder große Wälzlager (Pendelrollenlager) oder Gleitlager mit festen Schmierringen verwendet.

Im Zusammenhang mit dem dieselelektrischen Schiffsantrieb ist auch die *elektromagnetische Schlupfkupplung* (Abb. 45) von Interesse. Die eine Kupplungshälfte ist als gleichstromerregtes Polrad mit im Inneren des Polrades angeordneten Polen ausgebildet, die andere als Kurzschluß-Käfigrotor. Diese Schlupfkupplungen werden hauptsächlich bei solchen Schraubenantrieben angewandt, bei denen ein oder mehrere Dieselmotoren über Getriebe auf die Schraubenwelle arbeiten. Ein Hauptzweck dieser elektromagnetischen Schlupfkupplungen ist auch, die vom Dieselmotor herrührenden pulsierenden Drehmomente von dem Getriebe fernzuhalten. Diese Kupplungen können gewissermaßen als Dämpfungsglied für Drehschwingungen aufgefaßt werden, können aber auch andere Aufgaben übernehmen. Es sei diesbezüglich auf die Spezialliteratur verwiesen.

Ein neuerdings weit verbreitetes Anwendungsgebiet von Wechselstrom-Diesel-Generatoren sind *Bordnetzgeneratoren*, welche in erster Linie Drehstromladewinden-Motoren (s. S. 234) und Asynchronmotoren für Pumpen und sonstige Schiffs-Hilfseinrichtungen speisen.

Da die Leistung dieser Generatoren klein ist im Verhältnis zu den Leistungsstößen, welchen sie beim Einschalten von Bordnetzwinden ausgesetzt sind, entsteht am Generator ein Spannungseinbruch, und es ist Aufgabe einer rasch wirkenden Spannungsregelung, diesen Einbruch in kurzer Zeit wieder auszuregeln. Deshalb werden solche Generatoren gewöhnlich eigenerregt (Transduktor-Regelung mit Stromkompoundierung). In diesem Falle haben die Generatoren keine Erregermaschine.

Die Erregungs- und Regelungseinrichtung wird entweder organisch mit dem speziell für Bordnetzzwecke elektrisch dimensionierten Generator zusammen-

Abb. 45. Elektromagnetische Schlupfkupplung, 750 PS, 375 U/min, für Schraubenantrieb

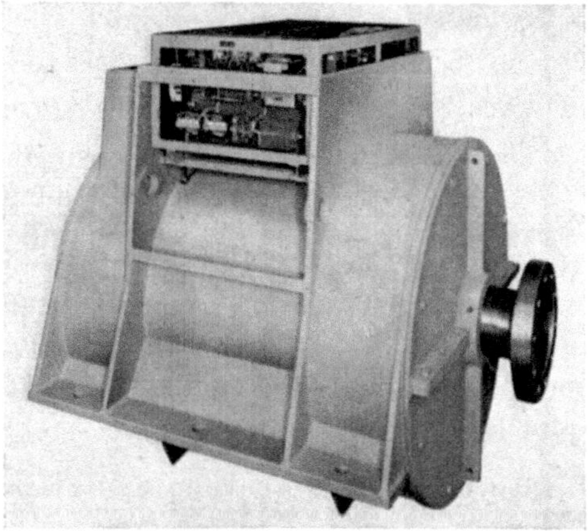

Abb. 46. Selbstregelnder Dreiphasen-Synchrongenerator, 750 kVA, 60Hz, 514 U/min, 450 V, cos $\varphi = 0{,}8$

gebaut (Abb. 46), oder es wird bei Verwendung normaler Generatoren für stationäre Zwecke die Erregungs- und Reguliereinrichtung in einem besonderen Schaltschrank montiert und auf dem Generator, oder unabhängig von diesem, aufgestellt.

Einige Firmen stellen solche Bordnetzgeneratoren auch mit rotierenden Gleichrichtern, also ohne Schleifringe und völlig bürstenlos her. In diesem Falle ist eine Wechselstrom-Erregermaschine — aber ohne Kollektor — notwendig. Es wird ihr Wechselstrom entnommen, der durch die eingebauten mitrotierenden Dioden in Gleichstrom umgewandelt wird. Siehe auch S. 206.

Synchron-Motoren für Kolbenmaschinenantrieb werden für sehr langsam laufende Hochdruck-Kompressoren bis zu einigen tausend kW-Leistung gebaut. Sie werden auch als Asynchron-Motoren hergestellt (s. S. 231); Synchron-Motoren haben aber gegenüber diesen den Vorteil des wesentlich größeren Luftspaltes. Das Gehäuse von Synchron-Motoren kann deshalb wesentlich leichter gebaut werden als dasjenige von Asynchron-Motoren (vgl. auch S. 341). Ferner haben Synchron-Motoren den Vorteil, daß sie dem Netz keinen Blindstrom entnehmen und sogar bei entsprechender Dimensionierung Blindstrom an das Netz abgeben können.

Da die Hochdruckkompressoren kleine Zylinderzahl aufweisen, müssen die Kompressormotoren ein relativ hohes Schwungmoment haben. Es handelt sich deshalb entweder um Maschinen großen Durchmessers und extrem kleiner Eisenlänge (Abb. 42a) — in extremen Fällen Maschinen mit runden Polschenkeln — oder um Maschinen normalen Durchmessers und mit natürlichem Schwungmoment mit einem zusätzlichen Schwungrad. Dabei wird mit Vorteil vermieden, das Schwungrad und den Generatorrotor getrennt auf die Welle zu setzen, sondern den Generatorrotor an das Schwungrad oder das Schwungrad an den Generatorrotor anzuflanschen (Abb. 42b und 42c). Diese Anordnung ergibt neben preislichen Vorteilen auch einen Freiheitsgrad weniger bezüglich der Torsionsschwingungen (s. S. 512).

Kompressormotoren haben in der Regel lamellierte Pole mit Dämpferwicklung und einen Stahlgußrotorkörper oder einen Schichtrotor (s. S. 370). Im letzteren Falle ist der kraftschlüssigen Befestigung der Rotor-Schichtbleche auf dem Rotorstern wegen des nicht gleichförmigen Drehmomentes Bedeutung beizumessen (s. S. 269/270 u. Abb. 187).

Die Schwungräder sind entweder gegossen und zweiteilig (s. S. 438 ff.) oder sie sind aus gewalzten Blechen in der Art eines Schichtrotors zusammengesetzt.

Die Ventilation dieser Maschinen ist einfach, da wegen der großen wärmeabführenden Oberfläche gewöhnlich einfache Luftschaufeln an den Stirnseiten des Rotors hierfür ausreichend sind und die Ventilationsverluste im Verlusthaushalt dieser Maschinen eine sehr untergeordnete Rolle spielen.

Welle und Lagerung gehören gewöhnlich zum Lieferungsumfang des Kompressorlieferanten, während die Befestigung des Rotors auf der Welle durch Tangentialkeile (Abb. 446) oder Schrumpfringe (Abb. 42a) Angelegenheit des Generatorlieferanten ist.

B. Synchrongeneratoren und Synchronmotoren für Zusammenbau mit Wasserturbinen und Pumpen

Die Elektrizitätsversorgung der Länder, die ausbauwürdige verfügbare Wasserkräfte besitzen, basiert in erster Linie auf diesen. Bei hohen Anlagekosten, aber praktisch keinen Energiekosten, ist die Wasserkraft oft wirtschaftlicher als die Dampfkraft.

Steht ein Wasserstrom $Q\,[\mathrm{m^3/s}]$, und eine nutzbare Fallhöhe $H\,[\mathrm{m}]$ zur Verfügung, so ist bei einem Wirkungsgrad η die abgegebene Leistung

$$P = Q\gamma H\cdot\eta\,. \tag{71a}$$

Mit einem spezifischen Gewicht des Wassers von $\gamma = 10^3\ \mathrm{kp/m^3}$ ergeben sich die Leistungsformeln

$$P = 13{,}3\cdot QH\eta \begin{cases} P\ [\mathrm{PS}] \\ Q\ [\mathrm{m^3/s}] \\ H\ [\mathrm{m}] \end{cases} \tag{71b}$$

$$P = 9{,}81\cdot QH\eta \begin{cases} P\ [\mathrm{kW}] \\ Q\ [\mathrm{m^3/s}] \\ H\ [\mathrm{m}] \end{cases} \tag{71c}$$

Im Leitrad der Wasserturbine bzw. in der Wasserzuführung zur Turbine wird zunächst die potentielle Energie des Wassers in kinetische Energie überführt und dann im Laufrad der Turbine in mechanische Energie und diese im Generator in elektrische Energie umgewandelt.

Bei Wasserkraftwerken unterscheidet man *Laufkraft- und Speicherkraftwerke.* Laufkraftwerke sind solche, bei denen die zur Verfügung stehende Kraft des Wassers unmittelbar in der Turbine ausgenutzt wird, andernfalls das Wasser ungenutzt abläuft. Beim Speicherkraftwerk wird aus einem höher gelegenen See, dessen Ablauf ganz oder teilweise gesperrt ist, das Wasser durch Stollen und Rohrleitungen zum Kraftwerk geführt, und erst von hier aus in den Unterlauf des Abflusses. Im Gegensatz zu einem Laufkraftwerk wird das Zuflußwasser nicht unmittelbar ausgenutzt, vielmehr kann man es in Zeiten schlechter Belastung in einem Speichersee ansammeln und dafür zu Zeiten erhöhten Energiebedarfs mehr Wasser aus dem Speicher entnehmen, als dem normalen Zufluß entspricht. Je nach Größe des Speicherbeckens unterscheidet man zwischen Jahres-, Monats-, Wochen- und Tagesspeicher.

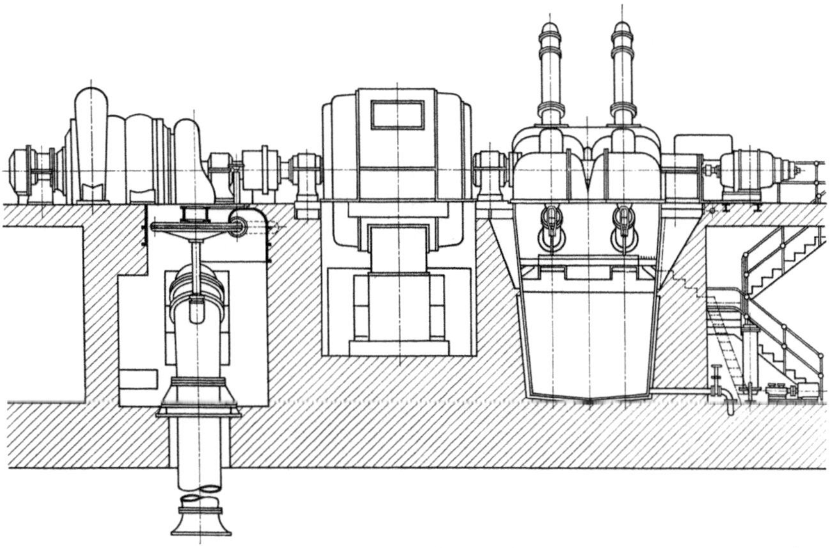

Abb. 47. Generator zwischen zwei Turbinenrädern und einer Pumpe, 29 MVA, 750 U/min

Vielfach sind Speicherkraftwerke als *Pumpspeicherwerke*[1] gebaut. Diese sind Wasserkraftwerke, bei denen jeder Maschinensatz aus einer Wasserturbine mit Generator und einer — meistens mit Flüssigkeitskupplung gekuppelten — Wasserpumpe besteht (Abb. 47). Im Turbinen- bzw. Generatorbetrieb ist die Pumpe abgekuppelt, im umgekehrten Falle bei Pumpenbetrieb ist die Turbine abgekuppelt oder vom Wasser entleert: im Pumpenbetrieb arbeitet die elektrische Maschine als Synchronmotor und treibt die mit ihr gekuppelte Pumpe an. Selbstverständlich kann die elektrische Maschine auch ganz oder teilweise als Phasenschieber benutzt werden.

In manchen Fällen werden Pumpe und Turbine in einer hydraulischen Maschine gebaut, die je nach Drehrichtung als Turbine oder Pumpe arbeitet. In diesem Falle ist auch die Synchronmaschine — insbesondere hinsichtlich ihrer Lagerung und Ventilation — für beide Drehrichtungen zu bauen, z. B. mit Fremdventilation mit Motorantrieb.

[1] Happold, H. K., O. J. Hartmann, E. Wiedemann: The present State of Pumped Storage in Europe. Power Apparatus and Systems, AIEE Paper 62—259 (1963).

Generatoren für Antrieb durch Turbinen müssen wegen den Anforderungen an die Turbinenregelung ein gewisses Schwungmoment haben. Es ist in der Regel größer als das natürliche Schwungmoment, so daß es die Dimensionierung des

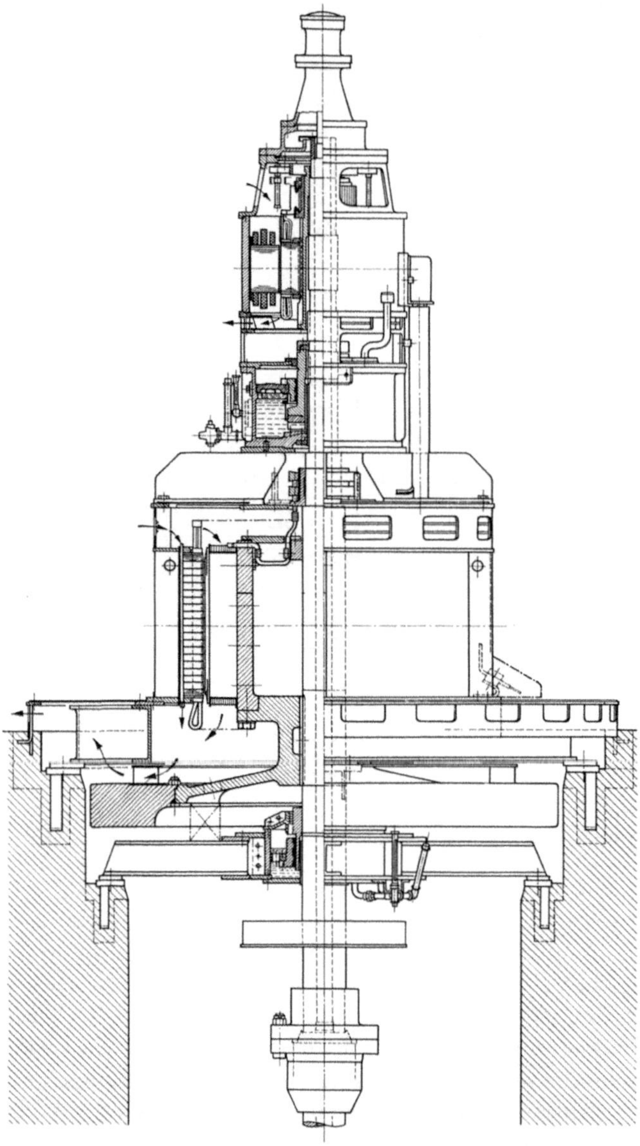

Abb. 48. Dreiphasen-Synchrongenerator
260 kVA, 520 V, 300/700 U/min, 50 Hz, mit getrenntem Schwungrad

Generators mitbestimmt. Nur in Ausnahmefällen wird der Generator unabhängig vom geforderten Schwungmoment dimensioniert und ein getrenntes Schwungrad angeordnet, wie dies in Abb. 48 zu ersehen ist. In diesem Falle ist eine Schwungradanordnung entsprechend dem Prinzip nach Abb. 42c gewählt. Die Generator-

Ventilation ist axial und entspricht prinzipiell der Abb. 43b, nur mit dem naheliegenden Unterschied, daß der Ventilator am Schwungrad angebracht ist.

Generatoren für Wasserturbinenantrieb müssen für die sog. Durchbrenndrehzahl der Turbine konstruiert sein, also für die Drehzahl, auf welche die Turbine im ungünstigsten Falle „durchbrennt“, wenn die Regel- und Absperrorgane versagen, mindestens aber für die 1,8-fache Nenn-Drehzahl. Die Beanspruchungen durch die Fliehkräfte wachsen im Quadrat der Drehzahl, d. h., daß die mechanische Konstruktion mindestens für die 3,24-fache Beanspruchung wie bei der Normaldrehzahl, manchmal bis zur 10-fachen Beanspruchung derjenigen bei der Normaldrehzahl gemacht werden muß. Der Nachweis, daß der Generator die Schleuderdrehzahl aushält, muß entweder durch die Schleuderprobe (s. S. 45) oder rechnerisch erbracht werden. Die für den letzteren Nachweis vielfach übliche Forderung, daß bei der Schleuderdrehzahl die Beanspruchung nicht mehr als z. B. 70% der Streckgrenze des verwendeten Materials betragen darf, ist ohne Zweifel übertrieben und höchstens bei der Anwendung rein konventioneller Berechnungsmethoden tragbar, die aber den Konstrukteur zwingen, sich selbst Rechenschaft über die Höchstwerte der auftretenden Beanspruchungen und deren Zulässigkeit abzulegen.

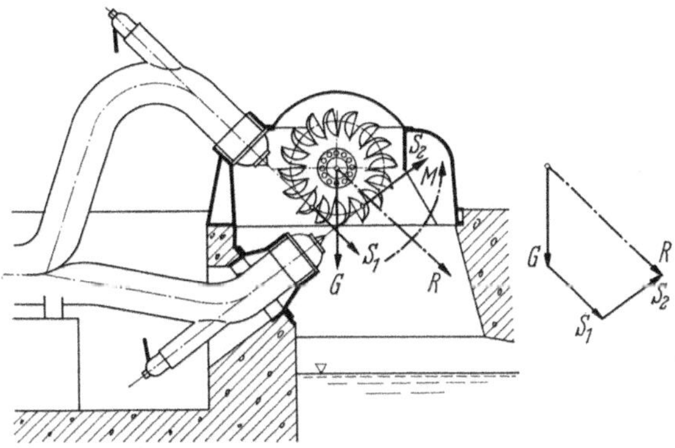

Abb. 49. Kräfte auf das Rad einer zweiseitig beaufschlagten Peltonturbine
S_1, S_2 Strahldrücke
G Gewicht des Rades
R Resultierende Kraft auf das Rad
M Resultierendes Drehmoment

a) Antrieb durch Turbinen. Für den Antrieb von Wasserkraftgeneratoren werden folgende Turbinenarten verwendet:

1. Antrieb durch horizontal gelagerte Peltonturbinen. Für mittlere und große Gefälle (ab ca. 500...600 m) kommen *Freistrahlturbinen* (Pelton-Turbinen) zur Anwendung. Diese Turbinen können mit einer oder mehreren Düsen ausgerüstet sein, deren resultierende Kraftrichtung auf die Lager bei horizontaler Anordnung meistens nicht mit der vertikalen Richtung des Rotorgewichtes übereinstimmt (Abb. 49), so daß die Lager und die Welle für die resultierende Lagerreaktion aus Gewicht und Strahldruck zu dimensionieren sind. Die Lagerreaktion durch den Strahldruck allein ist vielfach in der Größenordnung vom halben Rotorgewicht. Werden Generatoren auch für Phasenschieberbetrieb verwendet — wobei der Strahldruck wegfällt — so ist bei der Gestaltung der Lagerschalen bezüglich des Öleinlaufes Rücksicht zu nehmen.

Mechanische Bremsen werden nicht benötigt, da Freistrahlturbinen in der Regel eine Bremsdüse haben, d. h. einen Strahl auf dem Rücken der Schaufeln. Dagegen sind bei vertikaler Anordnung Abstütz- und Anhebevorrichtungen nötig wie bei anderen Turbinenarten. Vielfach ist der Generator mit zwei Pelton-Rädern halber Leistung gekuppelt. Der Generator kann in diesem Falle in der Mitte zwischen zwei Turbinen oder am Ende von beiden angebracht sein. Bei Anordnung des Generators in der Mitte oder für Aggregate mit nur einem Pelton-Rad sind die Pelton-Räder gewöhnlich fliegend auf die Generatorwelle aufgesetzt. Im Falle von zwei Turbinenrädern beidseitig des Generators muß berücksichtigt werden, daß bei vorübergehendem Betrieb mit nur einem Pelton-Rad noch eine einarmige Hebelwirkung eintritt. Die Lagerreaktion auf die Lager kann dann das 1,4- bis 2-fache des Rotorgewichtes betragen.

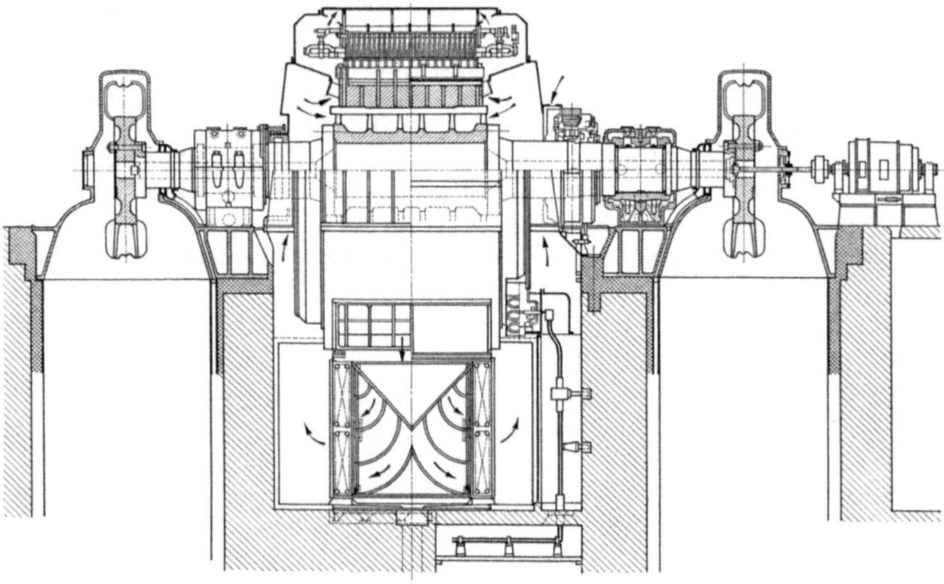

Abb. 50. Zwischen zwei Pelton-Turbinenrädern angeordneter Generator, 63 MVA, 428 U/min

Eines der beiden Lager oder die Innenseite beider Lager ist bei Anordnung nach Abb. 50 als Führungslager auszubilden, weil der Wasserstrahl der Turbine die Wellenlage nicht genügend fixiert. Bei vertikaler Anordnung hat die Freistrahlturbine den Vorzug, daß kein Wasserschub, also keine axiale Kraft vom Wasser her auf das Spurlager wirkt. Vielfach ist bei der gleichen Anordnung die Haupt-Erregermaschine innerhalb der Lager angebracht (Abb. 51a). Hilfserregermaschine und Pendelgenerator sind meistens außerhalb einer Turbine in einer Maschineneinheit zusammengefaßt und elastisch gekuppelt angeordnet (Abb. 50).

Freistrahlturbinen werden sowohl mit horizontaler Wellenlage als auch mit vertikaler Wellenlage gebaut. Ein Beispiel eines Vertikalgenerators für Pelton-Turbinenantrieb zeigt Abb. 52.

Bei Freistrahlturbinen ist der Umfang nur teilweise beaufschlagt, es wird also der Welle ein Drehmoment zugeführt, welches periodisch mit dem Produkt Drehzahl $\times$ Schaufelzahl zwischen einem Größt- und Kleinstwert variiert, also mit einer Grundfrequenz, die meistens größer als 50 Hz ist.

2. Antrieb durch horizontal oder vertikal gelagerte Francis- oder Propellerturbinen. Bei mittleren Fallhöhen (bis etwa 350 m, neuerdings sogar bis 600 m) verwendet man *Francis-Turbinen oder Propellerturbinen.* Francis- und Propellerturbinen

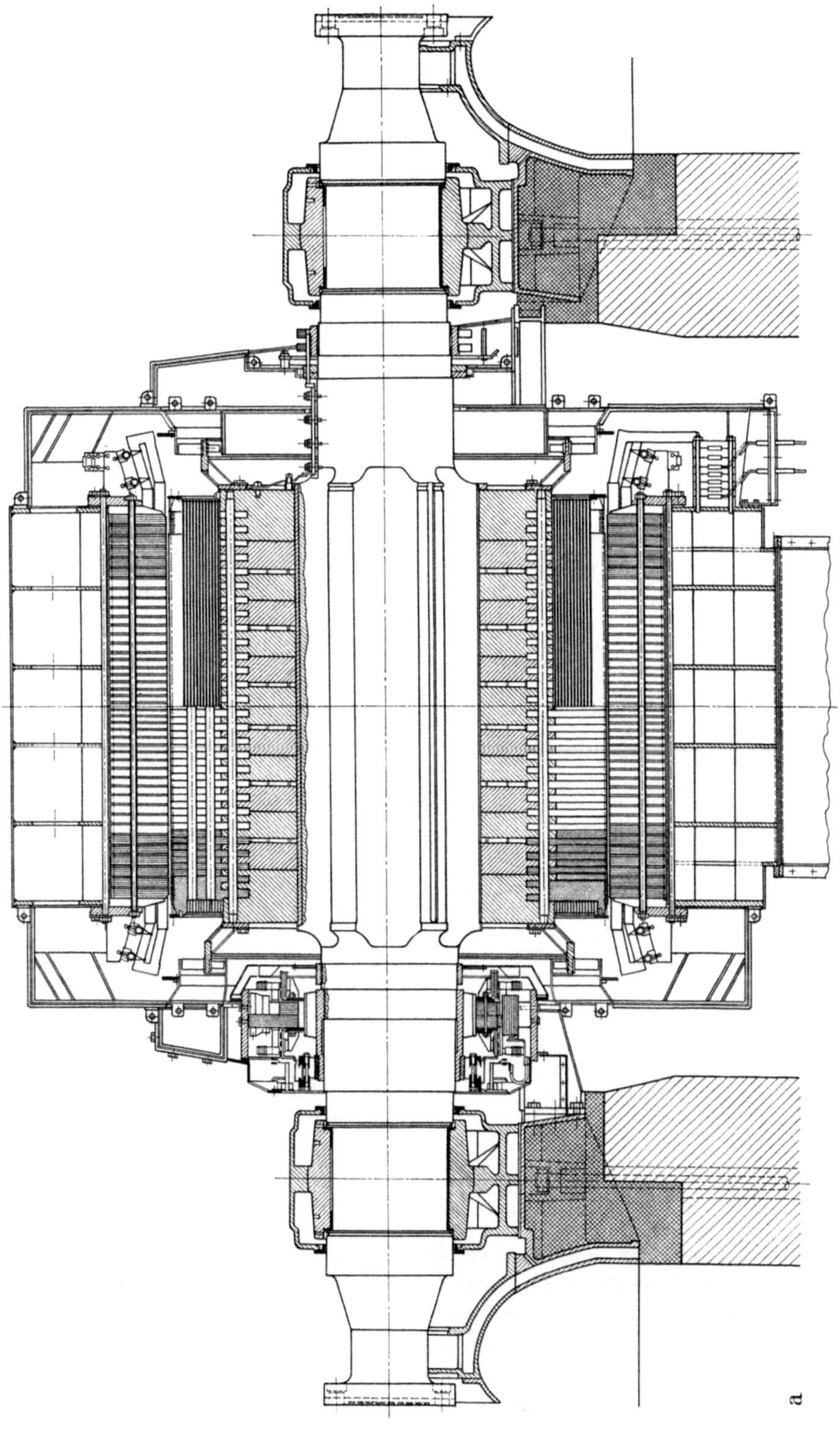

a

Abb. 51a. Längsschnitt durch einen Synchrongenerator, 70 MVA, 10 250 V, 3950 A, 500 U/min

können vertikal und horizontal gebaut werden. Sie sind voll beaufschlagt und liefern daher gleichmäßiges Antriebsmoment.

Francis- und Propellerturbinen stellen an den Generatorkonstrukteur wenige mit der Turbinenart direkt zusammenhängende konstruktive Anforderungen. Wie

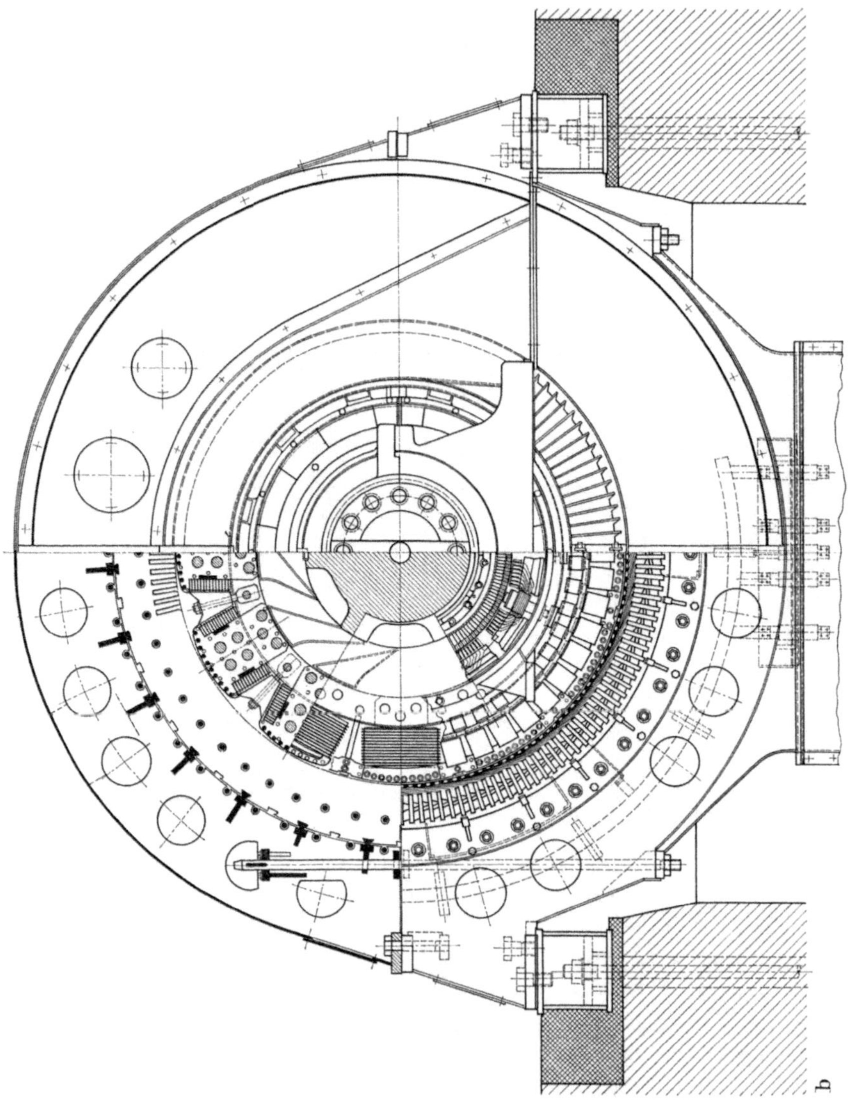

Abb. 51 b. Querschnitt durch einen Synchrongenerator, 70 MVA, 10 250 V, 3950 A, 500 U/min

auch bei Kaplanturbinen sind bei vertikaler Anordnung mechanische Bremsen vorzusehen, damit einerseits das unvermeidliche „Spaltwasser" der Turbine nicht verhindert, daß der Generator überhaupt zum Stillstand kommt, und um andererseits zu erreichen, daß der Lauf bei sehr niedriger Drehzahl, bei welcher im Spurlager keine „flüssige" Reibung mehr vorhanden ist, auf kurze Auslaufzeit beschränkt wird. Diese durch Öldruck oder Druckluft betätigten Bremsen werden gewöhnlich gebaut für Abbremsen aus 30% der Nenn-Drehzahl und 1% Drehmoment durch Spaltwasser. Sie sind gewöhnlich mit einer hydraulischen Anhebe- und Abstützvorrichtung kombiniert, um bei Arbeiten am Spurlager den Kran zum Anheben nicht benutzen zu müssen und das Gewicht des Generator- und Turbinenrotors einwandfrei abfangen zu können (s. S. 352). Manchmal betätigt man die Anhebevorrichtung auch unmittelbar vor dem Anlauf nach mehrstündigem Still-

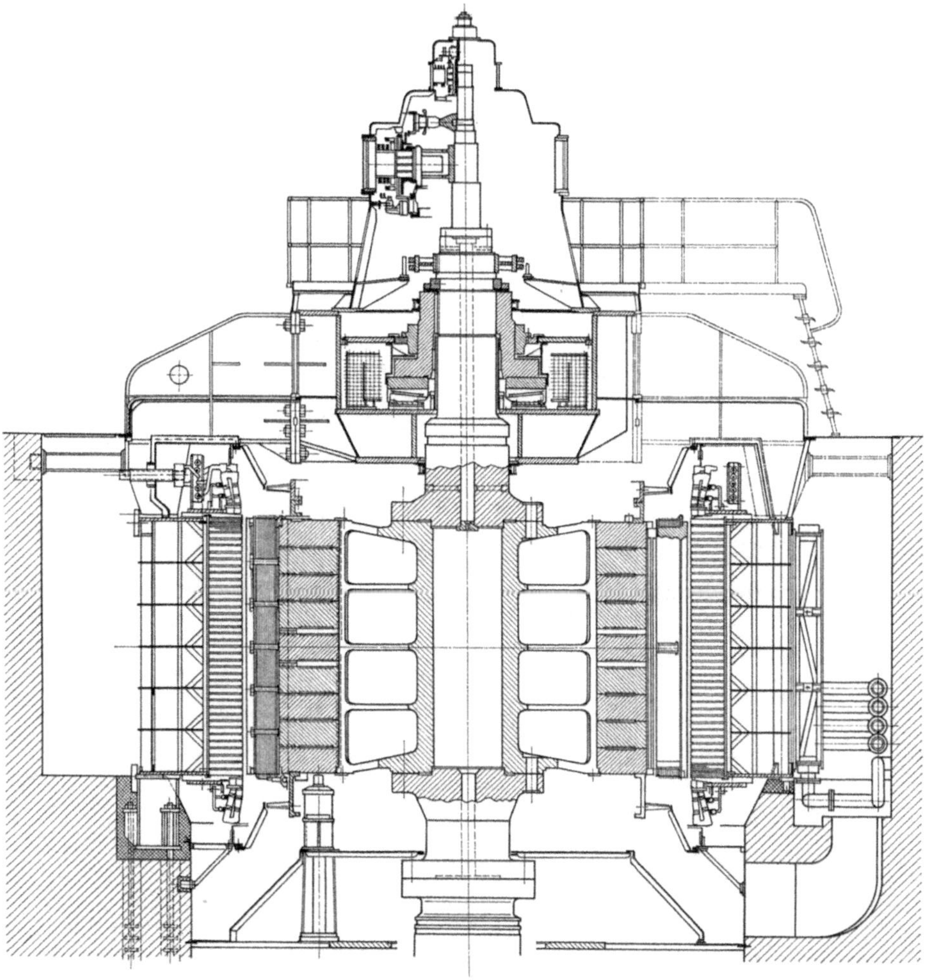

Abb. 52. Vertikalgenerator für Pelton-Turbinenantrieb, 115 MVA, 333,3 U/min

stand zur Erzielung eines Ölfilmes im Spurlager, wenn keine Druckölentlastung des Spurlagers für den Anlauf vorgesehen ist. Francis- und Propeller-Turbinen sind normalerweise nicht in Doppelanordnung gebaut und geben deshalb erhebliche Kräfte senkrecht zur Achse (Wasserschub genannt) an den Generator und dessen Lagerung ab. Spurlager von Vertikalgeneratoren und die das Spurlager tragende Konstruktion müssen also nicht nur für das rotierende Gewicht, sondern auch noch für den zusätzlichen Wasserschub gebaut werden.

3. Antrieb durch vertikal gelagerte Kaplanturbinen. Bei niedrigeren Gefällen (bis etwa 50 m), bei denen Gefälleschwankungen prozentual am Gesamtgefälle eine große Rolle spielen, werden vielfach — insbesondere in Europa — *Kaplanturbinen* verwendet, die auch bei stark schwankendem Gefälle und bei Teilbelastung dadurch einen günstigeren Wirkungsgrad ergeben, daß sie eine Doppelregelung

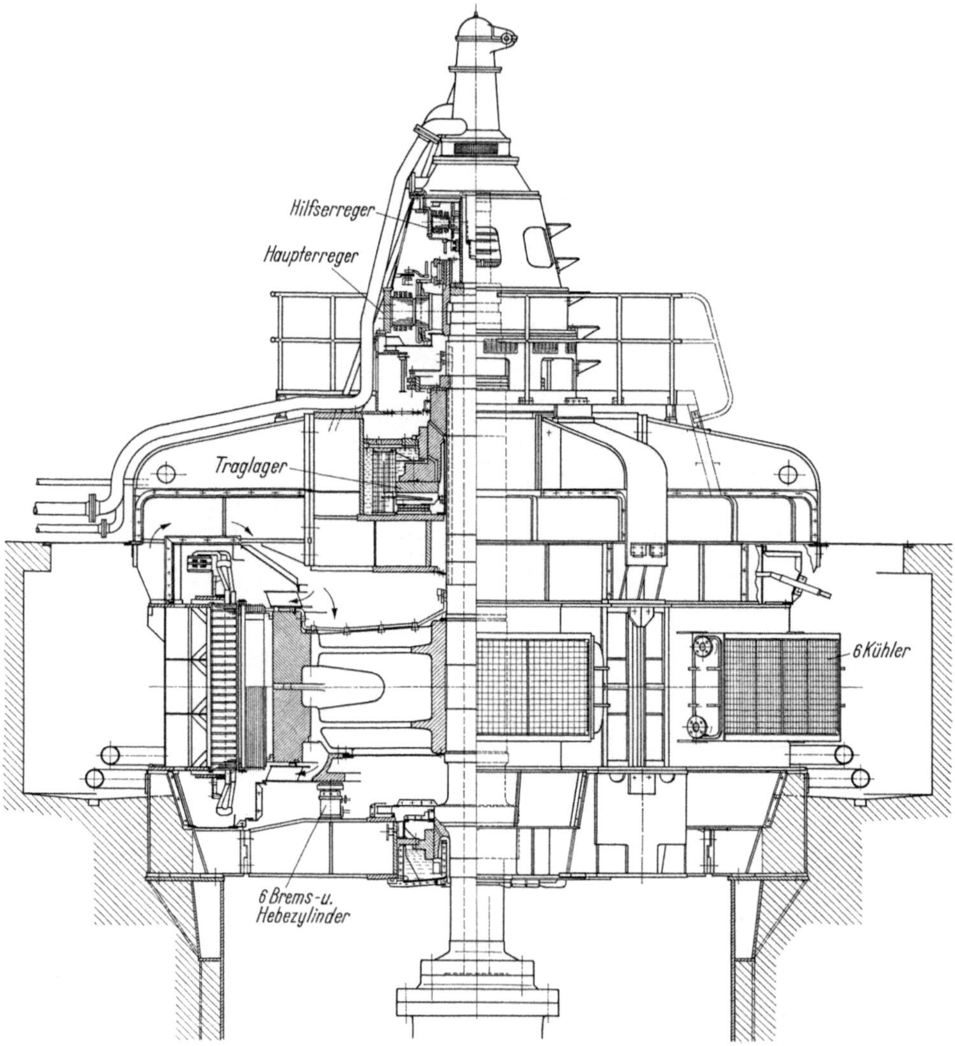

Abb. 53. Dreiphasengenerator
21 400 kVA, 10 500 V, cos φ 0,7, 50 Hz, 214/666 U/min

haben, indem nicht nur die Schaufeln des Leitapparates, sondern auch die des Laufrades verstellt werden.

Für die Laufradverstellung wird in jedem Falle — unabhängig davon, ob die Generatorwelle zum Lieferungsumfang des Generators oder der Turbine gehört — die zentrale Wellenbohrung benutzt. Wenn, wie in Abb. 53, der sog. Ölzuführungsbock oben auf dem Generator sitzt, der dem in der Turbinenwelle oder — wie im vorliegenden Falle — zwischen den Kuppelflanschen beider Wellen angeordneten

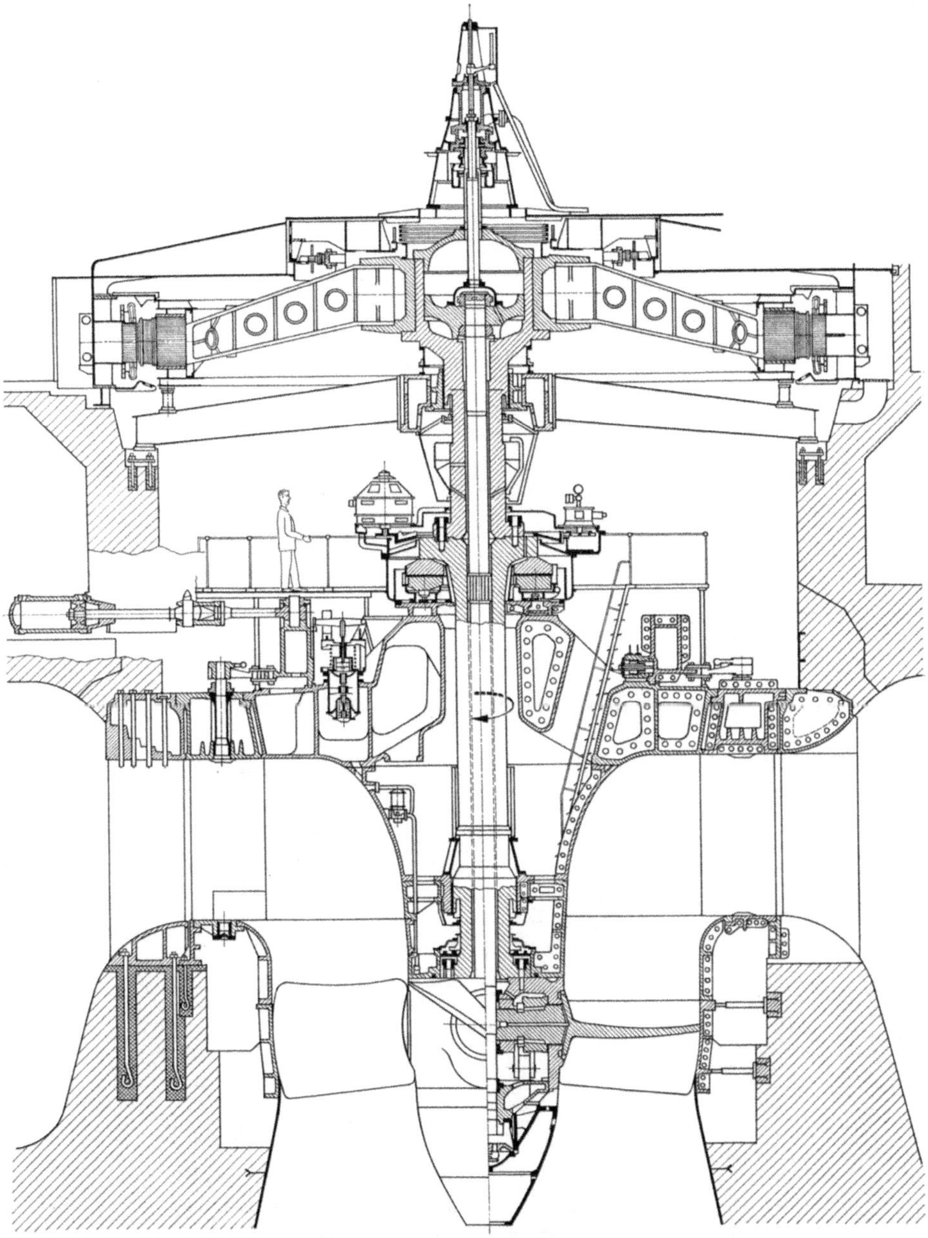

Abb. 54. Schnittbild einer vertikalen Maschinengruppe mit Generator 28 600 kVA, 68,2 U/min

Servomotorzylinder das Drucköl je nach Verstellungsrichtung über oder unter dem Kolben zuführt, so ist die Bohrung der Generatorwelle für diese Ölzuführung belegt. Wenn der Servomotorzylinder, wie in Abb. 54, das obere Ende der Generatorwelle darstellt und der Generator-Rotor auf dem Servomotor-Zylindermantel befestigt ist, so geht durch die hohle Generatorwelle das Gestänge für die Laufradverstellung hindurch. In beiden Fällen ist also die zentrale Wellenbohrung nicht benutzbar für die Schleifringzuleitung. Wenn die Schleifringe — bei konventioneller Bau-

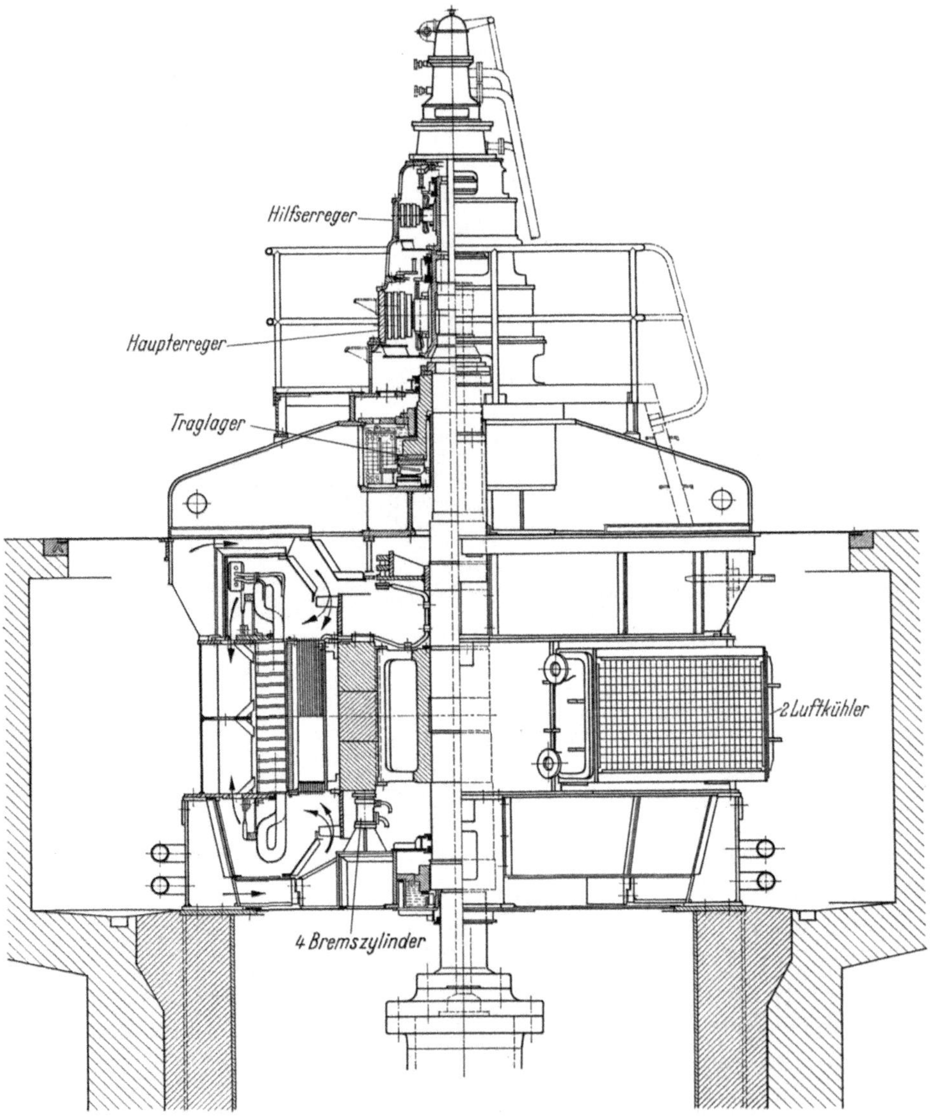

Abb. 55. Dreiphasengenerator mit kombiniertem Spur- und Führungslager
5700 kVA, 10 500 V, cos φ = 0,7, 50 Hz, 428/1290 U/min

weise — wie aus Bedienungsgründen gerne gewünscht wird, frei zugänglich über dem Generator angeordnet werden sollen, so ist dies normalerweise nur möglich, wenn für die Schleifring-Stromzuführung wie in Abb. 53 Nuten in der Welle angeordnet sind, in welchen die Zuleitungen — zur Verhinderung von Strömen in der Welle die Plus- und Minusleitung gemeinsam — verlegt werden. Andernfalls müssen die Schleifringe zwischen den Lagern, aber außerhalb des geschlossenen Luftkreislaufes — ungünstiger zugänglich — angeordnet werden, wie in Abb. 55 gezeigt. Bei der Anordnung mit Servomotorzylinder am oberen Ende der Welle und fliegendem Rotor — also Schirmbauweise des Generators — ist eine gut zugängliche Anordnung der Schleifringe über dem Generator möglich, wie in Abb. 54 ersichtlich. In diesem im Bild gezeigten Falle sind die Schleifringe des

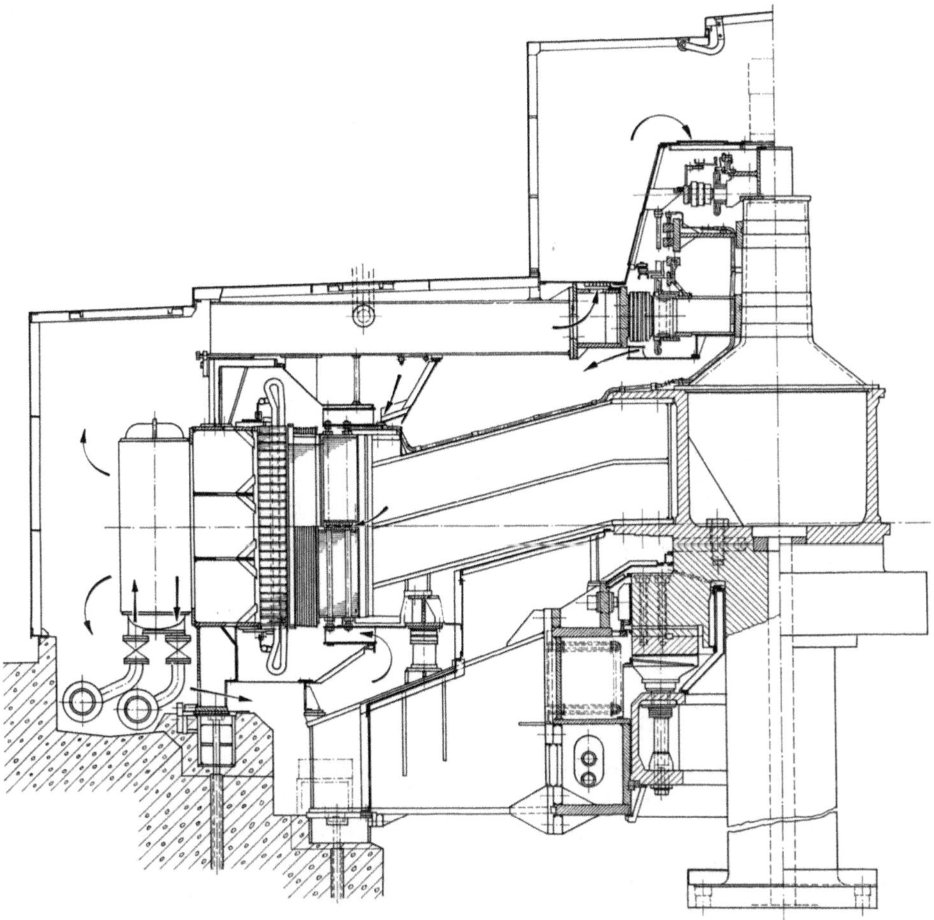

Abb. 56. Beispiel eines modernen Schirmgenerators, 60 MVA, 106 U/min

Hauptgenerators und des im oberen Tragstern eingebauten Hilfsgenerators zusammengelegt. Sie sind außerhalb des geschlossenen Generator-Luftkreislaufes und durch Öffnungen in der Maschinenplattform zugänglich.

Generatoren für Antrieb durch Kaplanturbinen — seltener für Francis-, manchmal auch für Propellerturbinen — werden vielfach als sog. *Schirmtypen* ausgeführt, bei welchen der Rotor fliegend — also ohne oberes Halslager — auf der Welle sitzt (s. Abb. 54, 56). Das Traglager — meistens mit dem unteren Halslager kombiniert — ist vielfach im unteren Tragstern eingebaut. Dies ist insbesondere in den

USA üblich, wo das Traglager und die Generatorwelle fast immer zur Generatorlieferung gehören (ähnlich Abb. 55). Es kann auch als Lieferung des Turbinenlieferanten direkt auf dem Turbinendeckel aufgesetzt werden (s. Abb. 54, 62) und ist in diesem Falle nicht mit einem Halslager kombiniert. Eine andere Ausführung ist diejenige der Abb. 57, bei welcher unmittelbar unter dem Generator-Rotor ein kombiniertes Trag- und Halslager des Turbinenlieferanten angebracht ist, das über eine „Laterne" auf dem Turbinendeckel aufgesetzt ist und bei welcher das Halslager radial innerhalb des Traglagers angeordnet ist.

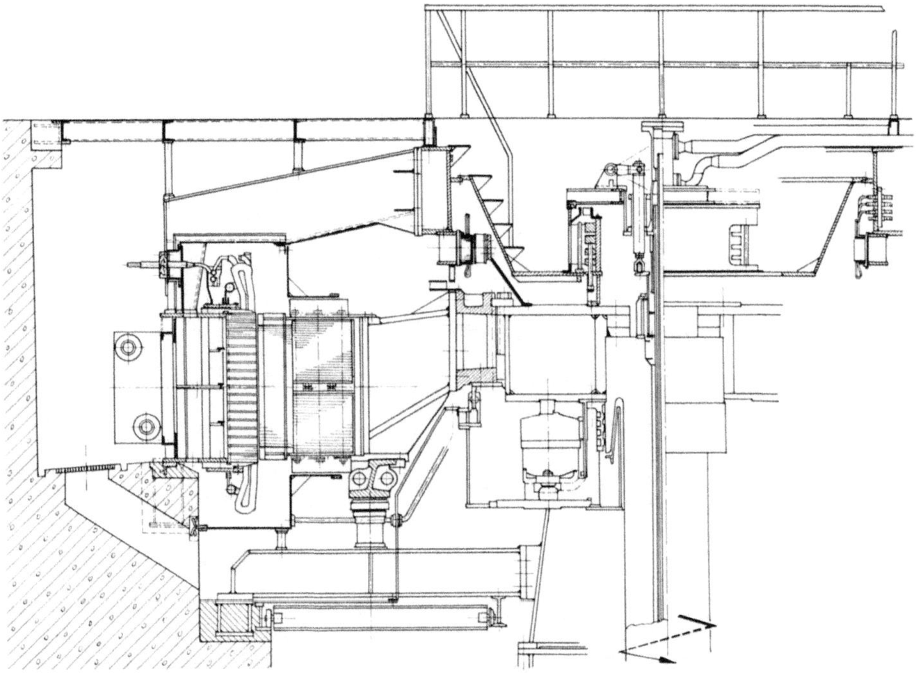

Abb. 57. Vertikaler Drehstromgenerator, 34 MVA, 128,7 U/min

4. Antrieb durch horizontal oder schräg gelagerte Rohrturbinen. Eine Sonderausführung von Propeller- und Kaplan-Turbinen stellt die *Rohrturbine* dar. Die Rohrturbine[1] ist eine Axialturbine mit festen oder verstellbaren Laufradschaufeln, deren wesentliches Merkmal ist, daß Einlauf- und Saugrohr annähernd in der Richtung der Laufradachse liegen. Das Wasser wird also entgegen den üblichen Bauarten nicht umgelenkt. Dadurch ist es zwangsläufig gegeben, daß der Rohrturbinen-Generator ebenso wie die Turbine unter dem Wasserspiegel liegt.

Grundsätzlich gibt es zwei Anordnungen von Rohrturbinenanlagen, und zwar

1. mit durchströmtem Generator

und

2. mit umströmtem Generator.

Beim *durchströmten* Generator sitzt der Rotor unmittelbar auf dem Laufrad der Turbine und wird vom Wasser durchflossen (Abb. 58). Beim *umströmten* Generator

[1] OSCHANITZKY, H.: Generatoren für Rohrturbinenanlagen. VDE-Buchreihe, Bd. 1, Sonderbauformen elektrischer Maschinen, VDE-Verlag Gmbh, Berlin 1958.

liegt dieser in der verlängerten Laufrad- bzw. Leitrad-Nabe der Turbine, die gegen das Wasser-Außenrohr durch Rippen abgestützt ist. Solche umströmten Generatoren werden sowohl mit direktem Turbinenantrieb gebaut (Abb. 59) als auch, allerdings sehr selten, mit Stirnradgetriebe (Abb. 60) oder mit konzentrischem (Planeten-) Getriebe (Abb. 61). Die Unterbringung der für die Turbinenregelung, und für die Begrenzung der Durchbrenndrehzahl benötigten Schwungmassen erfordert vielfach ein zusätzliches Schwungrad. Bei koaxialen Planetengetrieben wird zur Begrenzung der Durchbrenndrehzahl vielfach eine Schaltbremse oder eine automatisch abschaltende Kupplung verwendet. Die Bedienung der Bürsten

Abb. 58. Unterwasser-Generator-Laufrad mit Polkranz, 2150 kVA, 214 U/min, 16 2/3 Hz

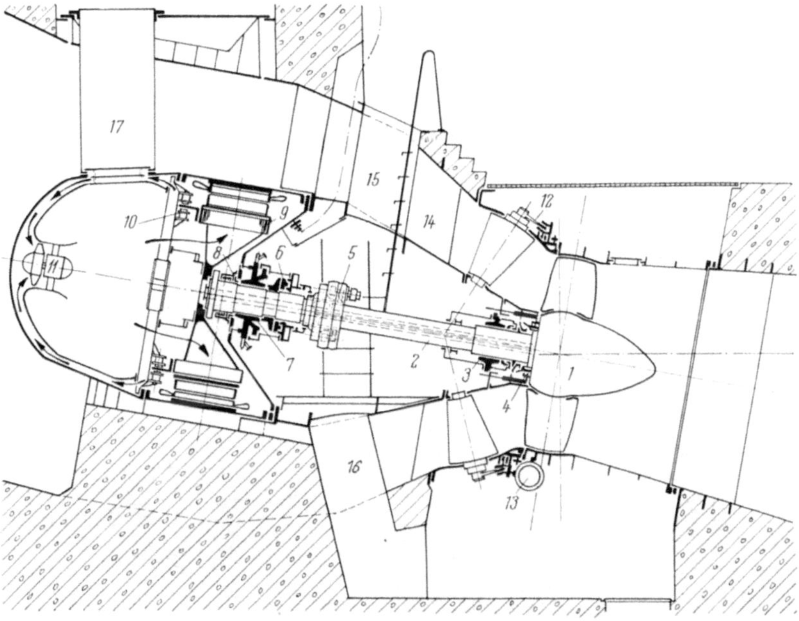

Abb. 59. Schnitt durch Rohrturbine mit umströmtem Generator und direktem Antrieb durch Turbine

1 Laufrad mit Servomotor
2 Turbinenwelle
3 Turbinenlager
4 Stopfbüchse
5 Regler (Steuerpumpen mit Öleinführung in die Welle)
6 Traglager
7 Generatorlager
8 Öldunstabdichtung
9 Generator
10 Generatorbremse
11 Kühlluftgebläse
12 Leitapparat
13 Leitradservomotor
14 Stützschaufelring
15 Turbineneinstieg
16 Rohrkanal
17 Generatoreinstieg

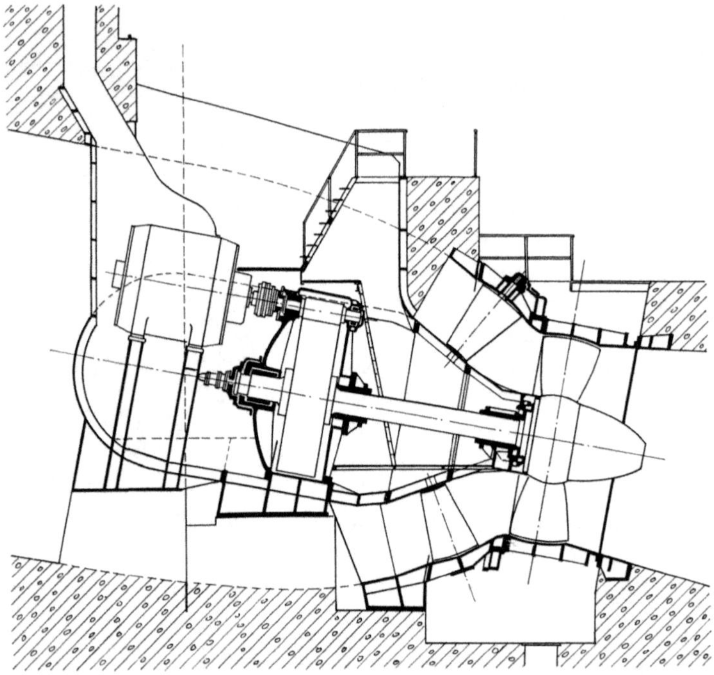

Abb. 60. Schnitt durch Rohrturbine mit umströmtem Generator, Antrieb über Stirnradgetriebe
$H = 5{,}08$ m, $Q = 100$ m³/s, $n = 80/750$ U/min, $P = 6000$ PS

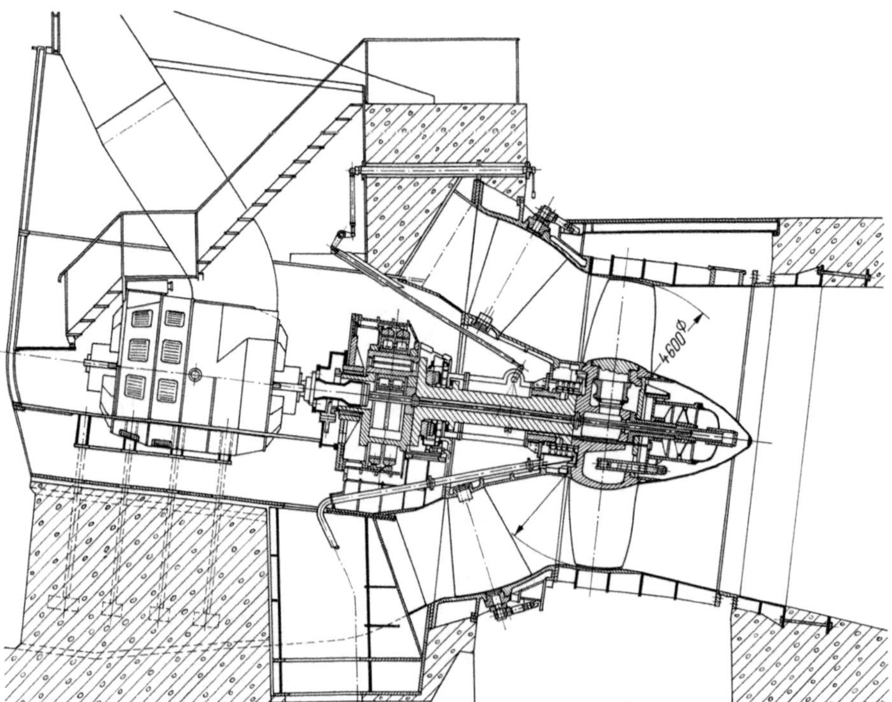

Abb. 61. Disposition einer umströmten Rohrturbine mit konzentrischem Planetengetriebe

und Lager erfordert Einstiegöffnungen durch das Wasser-Außenrohr hindurch zum Generator. Um wenigstens eine Erregermaschine zu vermeiden, deren Bedienung erschwert ist, sind selbsterregte Generatoren für Rohrturbinen besonders geeignet. Die Anordnung unter Wasser — also mit äußerem Wasserüberdruck — erlaubt ohne große Aufwendungen auch die Anwendung erhöhten inneren Luftdruckes, wodurch die Summe von Ventilations- und Luftreibungsverlusten verringert werden kann.

Die Luftreibungsverluste nehmen dabei zwar zu, weil sie der 0,8-ten Potenz des statischen Luftdruckes folgen[1]. Aber dieser Zuwachs wird übertroffen durch Einsparung an reinen Luftumwälzverlusten, die bei gleichbleibender Kühlwirkung unter Wahl eines angepaßten Ventilators umgekehrt mit dem Quadrat des statischen Luftdruckes ändern. Zur Beibehaltung einer unveränderten Kühlwirkung muß nämlich bei höherem statischen Druck der umgewälzte Luftstrom im umgekehrten Verhältnis kleiner gewählt werden. Der Druckabfall im System folgt quadratisch der Strömungsgeschwindigkeitsabnahme und wächst linear mit der Luftdichte oder dem statischen Luftdruck. Die Ventilationsverluste als Produkt aus Luftmenge und Druckabfall nehmen daher quadratisch ab mit wachsendem statischen Druck der Kühlluft.

b) Einfluß der Kraftwerkbauart auf die Konstruktion der Generatoren. Ebenso sehr wie von der Turbinenart ist die Bauweise von Wasserkraftgeneratoren von der Bauart des Kraftwerkes[2] und der Anordnung der Maschinensätze im Kraftwerk abhängig.

Bezüglich der Art des Kraftwerkes können wir unterscheiden:

1. Hochbauten mit normaler Innenaufstellung von horizontalen oder vertikalen Generatoren.

Diese Kraftwerksbauweise findet sowohl Anwendung bei Laufkraftwerken, insbesondere als Verlängerung von Stauwehren oder Schiffahrtsschleusen (zum Teil als „Nebenprodukte" der Schiffbarmachung von Flüssen), als auch bei Hochdruckanlagen mit Wasserschloß und Rohrleitungen. Meistens haben die Generatoren Kreislaufkühlung. Im Nebenschluß zur Kreislaufkühlung kann die Generator-Warmluft zur Krafthausheizung herangezogen werden. Der Luftkreislaufweg außerhalb des Generators ist zum Teil in Blechkanälen, zum Teil in Beton- bzw. gemauerten Kanälen des Fundamentes eingeschlossen. Das Luftvolumen des gesamten Kreislaufes ist sehr groß, nämlich etwa 2...4,5-mal das Luftvolumen des Generators allein. Das Luftvolumen V_{Luft} des Generators allein berechnet man am einfachsten, indem man von dem gesamten Volumen V_{ges} des als Zylinder angesehenen Generators das Materialvolumen $V_{\text{mat}} = G/\gamma$ abzieht. Es ist also

$$V_{\text{Luft}} = V_{\text{ges}} - V_{\text{mat}} = V_{\text{ges}} - \frac{G}{\gamma}. \tag{72}$$

Für das mittlere spez. Gewicht des Generators kann $\gamma = 7{,}9\ \text{t/m}^3$ eingesetzt werden. Wegen des großen Luftvolumens bzw. des großen Verhältnisses von totalem Luftvolumen zum geforderten Luftvolumen pro Zeiteinheit bis zu ca. 10 s — — d. h., daß erst alle 10 Sekunden der gesamte Luftinhalt umgewälzt ist — werden

[1] Nach S. 65 ist $\bar{P} \sim \bar{\varrho}^{0,8}\bar{\eta}^{0,2}$; nach Tab. 23, S. 64 ist $\varrho \sim p$ und η unabhängig von p; daraus folgt $P \sim p^{0,8}$.

[2] WIEDEMANN, E.: Generatorenbau und Kraftwerkgestaltung. Bulletin SEV (1960) 7.

Wasserkraftgeneratoren vielfach mit einer CO_2-Brandlöschanlage versehen, welche automatisch durch einen Thermostaten in Funktion gesetzt wird, wenn ein Wicklungsbrand entsteht. Dabei werden die eventuell vorhandenen Luftklappen für Austritt von Luft in das Maschinenhaus automatisch geschlossen und dem gesamten Luftvolumen des Generators und der Kühlkanäle etwa 2 kg CO_2 pro m^3 Luftraum zugeführt.

2. Hochbauten mit stark reduziertem Krafthausvolumen, bei welchen der vom Freien dicht abgeschlossene und unter leichtem Überdruck gehaltene Kraftwerksraum in den Generator-Luftkreislauf mit einbezogen ist. Sie sind nur für vertikale Maschinensätze bekannt.

In diesem Falle tritt hinter den an die Generatorgehäuse angebauten Kühlern die Luft zunächst in den Krafthausraum aus, vermischt sich dort mit der Raum-

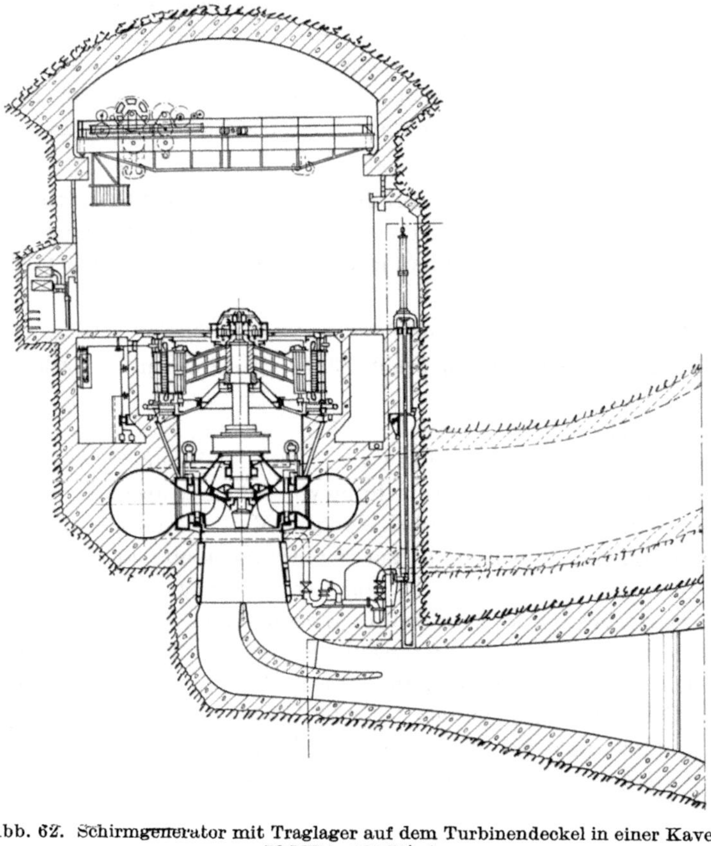

Abb. 62. Schirmgenerator mit Traglager auf dem Turbinendeckel in einer Kaverne
72 MVA, 167 U/min

luft und tritt dann wieder in den Generator ein. Durch die Regulierung des Kühlwassers wird die Raumtemperatur praktisch immer (Winter und Sommer) konstant gehalten. Die Generatoren für derartige Kraftwerke werden für besonders kleine Kranhakenhöhe gebaut und zu diesem Zwecke ohne Erregeraufbauten ausgeführt. Die Erregung wird von Erreger-Umformern geliefert und der Start des Asynchronmotors des Erregerumformers mittels Starterbatterien und besonderen Stützschaltungen autark ermöglicht. Ein bevorzugtes Mittel zur Erzielung geringer

Krafthaushöhen ist die Verwendung einschwenkbarer Wellen, auf welche nach der Wellenmontage der Rotor aufgesetzt und das Statorgehäuse um den Rotor herumgebaut wird. Es werden Schirmgeneratoren mit Traglager auf dem Turbinendeckel und Ölzufuhr für die Kaplan-Laufrad-Verstellung durch das obere Halslager radial nach der Wellenmitte verwendet.

3. Kavernen für horizontale und vertikale Generatoren (Im Fels ausgearbeitete Räume für die Maschinenanlage). Kavernen-Kraftwerke werden nur für Hochdruck-Anlagen — also große Gefälle — gebaut. Zur Geringhaltung der Kavernenkosten kommt es auch hier auf hohe Raumausnutzung der Kaverne an. Bei der Generator-Konstruktion ist deshalb auch auf geringe Kranhakenhöhe, insbesondere für die Montagevorgänge, und geringe Kavernenbreite zu achten unter Berücksichtigung der Montage, indem z. B. zweiteilige Statoren auch dann verwendet werden, wenn dies aus Transportgründen nicht nötig wäre. Ein Beispiel einer solchen Anordnung zeigt Abb. 62.

Abb. 63. Freiluft-Generatoren, 5000 kVA, 115 U/min

4. Freiluftkraftwerke. Sowohl zum Zwecke der Reduktion der Anlagekosten als auch aus Naturschutzgründen wird bisweilen bei Laufkraftwerken auf ein Maschinenhaus ganz verzichtet und die Generatoren in die Wehrbrücke eingebaut (s. Abb. 63). Auf der Wehrbrücke ist lediglich ein Freiluftkran angeordnet und eventuell ein verschiebbares Kleinmontagehaus. Solche Generatoren für Freiluftkraftwerke stellen zusätzlich gewisse Anforderungen an die Konstruktion des Generators bezüglich Witterungsschutz, Kondenswasserschutz, Begehbarkeit, Montage und dgl. Sie werden fast ausschließlich als Schirmgeneratoren gebaut. Der in Abb. 56 gezeigte Generator ist für Freiluft-Aufstellung gebaut.

c) Anordnung und Bauweise der Generatoren. Die Anordnung der Turbinen, ob horizontal oder vertikal, ist durch die baulichen Verhältnisse des Kraftwerkes bedingt — insbesondere durch die Fundamentausbildung bezüglich der Turbinenspiralen und dergl. Diese Verhältnisse bestimmen in der Regel auch den Abstand zweier Einheiten voneinander. Bei Kaplanturbinen kommt nur Vertikalausführung in Frage — ausgenommen im Zusammenhang mit Rohrturbinen.

Die bauliche Ausführung horizontaler Generatoren ist ziemlich einheitlich (Bauform D 6 oder D 12, Tab. 7). Bisweilen werden ein oder beide Füße abnehmbar gemacht und im Fundament Rollen angeordnet, auf denen der Stator für Reparaturen an der Statorwicklung verdreht werden kann (vgl. Abb. 291).

Bei Vertikal-Generatoren sind in bezug auf die Aufstellung im Kraftwerk sehr verschiedene Bauweisen üblich, z. B.:

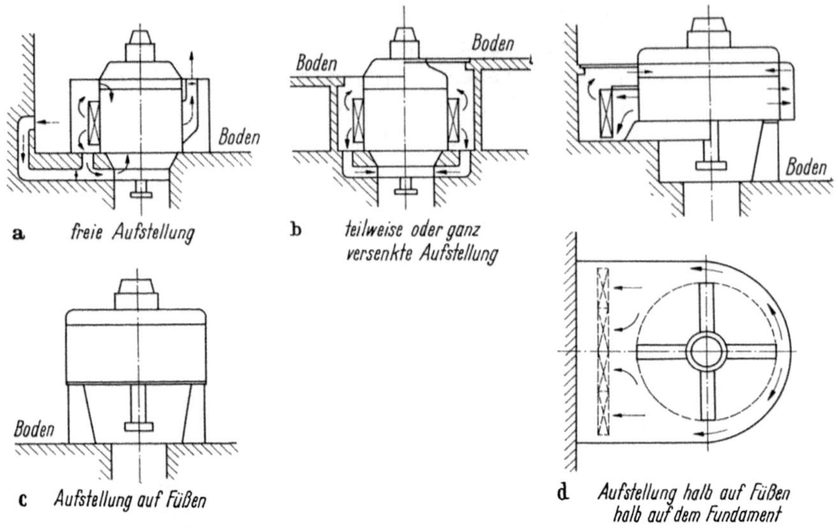

Abb. 64. Aufstellung von Wasserkraftgeneratoren im Kraftwerk

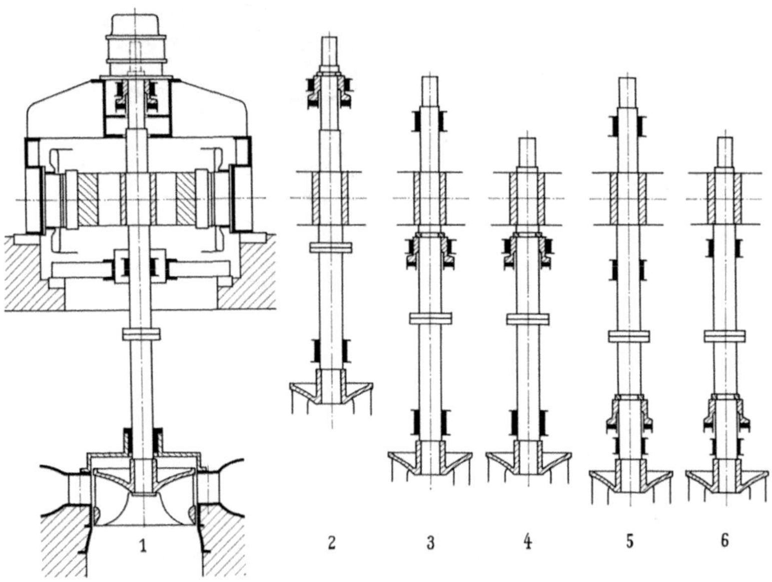

Abb. 65. Verschiedene Ausführungen für die Lagerung von Vertikalgeneratoren

1 Dreilagerige Ausführung: 2 Generator-Führungslager, 1 Turbinenlager. Traglager im oberen Lagerstern kombiniert mit Führungslager

2 Zweilagerige Ausführung: 1 Generator-Führungslager, 1 Turbinenlager. Traglager im oberen Lagerstern kombiniert mit Führungslager.

3 Dreilagerige Ausführung: 2 Generator-Führungslager, 1 Turbinenlager. Traglager im Lagerstern unterhalb Polrad kombiniert mit Führungslager.

4 Zweilagerige Ausführung: 1 Generator-Führungslager im Lagerstern unterhalb Polrad, 1 Turbinenlager. Traglager kombiniert mit Führungslager im Lagerstern unterhalb dem Polrad.

5 Dreilagerige Ausführung: 2 Generator-Führungslager, 1 Turbinenlager. Traglager auf Turbinendeckel.

6 Zweilagerige Ausführung: 1 Generator-Führungslager im Lagerstern unterhalb Polrad, 1 Turbinenlager. Traglager auf Turbinendeckel.

a. Freie Aufstellung des Stators auf einen Grundring (Abb. 64a).
b. Teilweise oder ganz versenkte Aufstellung, bei welcher der gesamte Stator im Fundament versenkt ist und die Abluftkanäle durch das Fundament gebildet werden (Abb. 64b).
c. Aufstellung auf Füßen (Abb. 64c).
d. Aufstellung halb auf Füßen und halb auf dem Fundament (Kängeruh-Ausführung, Abb. 64d).

Bezüglich der Lagerung von Vertikal-Generatoren sind ebenfalls sehr verschiedenartige Ausführungen üblich. Die wichtigsten sind in Abb. 65 gezeigt.

Der konstruktive Aufbau des Rotors ist verschieden für sog. Schnell-Läufer und für sog. Langsam-Läufer. Dabei gibt es keine klare Trennung zwischen beiden nach Leistung und Drehzahl. Vielmehr versteht man unter *Schnell-Läufer* Generatoren mit einem kompakten Rotor, also einem solchen, bei dem der Rotorkörper nicht ohne weiteres von der Welle getrennt werden kann, d. h., der Rotorkörper besteht entweder mit der Welle aus einem Stück, oder die Wellenstummel sind an einen Zentralkörper angeflanscht (z. B. Abb. 52), oder einzelne Platten sind auf die Welle aufgeschrumpft (z.B. Abb. 51a). Bei *Langsam-Läufern* dagegen ist gewöhnlich ein Rotorstern auf der Welle befestigt (Abb. 53 bis 57). Der Jochkranz kann mit dem Stern aus einem Stück bestehen (gegossene Ausführung) oder aus aufgeschrumpften Ringen oder als Schichtblechkranz ausgeführt sein. Nähere Einzelheiten über die Rotorbauweise und die Polbefestigung s. S. 367ff..

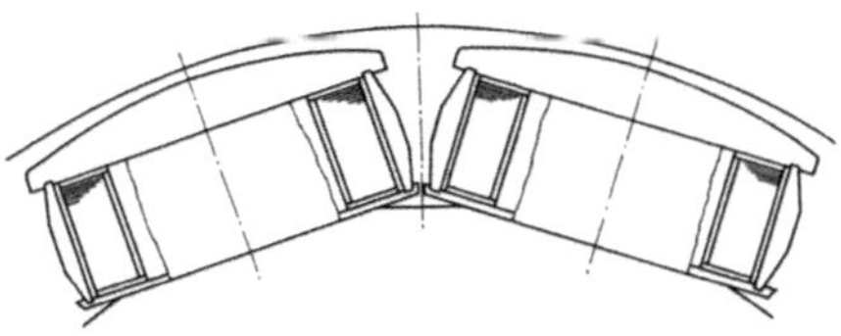

Abb. 66. An den Polen befestigte Abstützungen der Polspulen

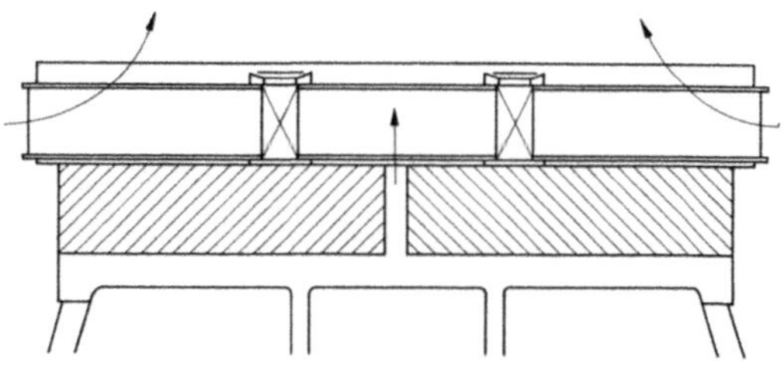

Abb. 67. Luftzufuhr in den Pollücken durch radiale Schlitze im Rotorjochring

Bezüglich der Ventilation der Wasserkraft-Generatoren gilt zunächst grundsätzlich das gleiche wie auf S. 155 für Dieselgeneratoren. Bei großen Eisenlängen sind jedoch in den Pollücken Abstützkörper gegen die Seitenkomponenten der Fliehkraft der Rotorwicklung angebracht. Es sind deshalb Vorkehrungen zu treffen, daß diese Abstützkörper den Luftdurchtritt durch die Pollücke nicht behindern. Sie sind daher entweder so auszubilden, daß sie dem Luftdurchtritt in der Pollücke keinen großen Widerstand entgegensetzen (s. z. B. Abb. 66), oder es erfolgt zusätzlich ein radialer Lufteintritt in die Pollücke (s. z. B. Abb. 67). Vielfach wird zur Verbesserung der Ventilation auch Kühlluft zwischen Polkern und Spule oder durch die in zwei Teile aufgeteilte Erregerspule hindurchgeführt. Für große Wasserkraftgeneratoren — ab etwa 80 MVA für Schnell-Läufer und ab etwa der doppelten Leistung für Langsam-Läufer — ist die direkte Wasserkühlung[1] der Rotorwicklung ein Mittel zur wesentlichen Herabsetzung der Verluste — ins-

[1] Wiedemann, E.: Direkt wassergekühlte Wasserkraftgeneratoren. ETZ-A, 87 (1966) 13.

besondere der Leerlaufverluste — und je nach Anforderung an das Schwungmoment unter Umständen auch ein geeignetes Mittel zur Verkleinerung der Abmessungen. Beim wassergekühlten Schenkelpolgenerator wird die Verlustwärme der Erregerwicklung unmittelbar durch das in Hohlleitern im geschlossenen Kreislauf fließende Wasser hoher Reinheit (s. Tab. 48) abgeführt; eine Ventilation der Pollücke ist also nicht erforderlich. Gerade daraus ergibt sich ein bedeutender Vorteil der Wasserkühlung. Die Pollücke kann weitgehend mit Erregerkupfer ausgefüllt werden, wodurch die Erregerverluste gesenkt werden. Gegen die Seitenkomponenten der Fliehkräfte können die Spulen gegeneinander durch Zwischenwände aus unmagnetischem Material und relativ dünnen Isolationsstücken abgestützt werden. Der Rest der Pollücke radial nach außen — insbesondere die Lücke zwischen den Polschuhen — kann derart ausgefüllt werden, daß der Rotor praktisch zylindrischen Außenumfang hat. Dadurch werden die Luftreibungsverluste ebenfalls bedeutend reduziert, und wenn man berücksichtigt, daß der Leistungsaufwand zur Erzielung einer Wasserströmung durch die Polspulen nur einen Bruchteil der sonst zur Verlustabfuhr notwendigen Ventilatorleistung

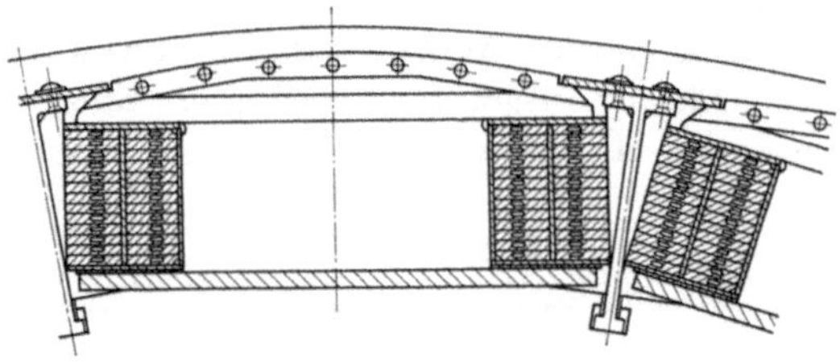

Abb. 68.
Teilschnitt eines wassergekühlten Rotors

darstellt, so ist verständlich, daß die gesamte Verlustminderung bei Generatoren von 100 MVA einige hundert Kilowatt beträgt. Einen Teilschnitt eines solchen wassergekühlten Rotors zeigt Abb. 68. Durch die geringeren Temperaturen erreicht man eine Erhöhung der Sicherheit und damit der Lebensdauer. Selbstverständlich wird man in Fällen, bei denen man für den Rotor direkte Wasserkühlung anwendet, dies auch für die Statorwicklung tun (s. S. 203).

d) Einphasen-Wasserkraft-Generatoren für Speisung von 16 2/3 Hz-Bahnnetzen, wie sie für einige europäische „16 2/3-Hz-Länder" verwendet werden, stellen einige besondere Anforderungen an die Konstruktion. Diese hängen einerseits mit der dreifachen Polteilung zusammen — also mit sehr schweren Polen — andererseits mit der einphasigen Belastung und dem damit gegebenen inversen Feld, welches eine starke Dämpferwicklung zur Verminderung der Verluste nötig macht, und schließlich mit dem pulsierenden Moment von 33 1/3 Hz (S. 578ff.). Ein pulsierendes Drehmoment von doppelter Netzfrequenz tritt auch bei Dreiphasen-Generatoren im einphasigen Kurzschluß auf und macht es nötig, die Wellenleitung in jedem Falle auf die Torsionsbeanspruchungen im Kurzschluß, bzw. torsionskritische Drehzahlen zu berechnen (s. S. 509ff.). Die Frequenz 33 1/3 Hz, mit welcher bei der Einphasen-Maschine auch im stationären Betrieb das Moment dauernd pulsiert, liegt in einem Frequenzbereich, der vielfach mit Eigenschwingungsfrequenzen normaler Konstruktionen zusammenfällt. Es ist deshalb nötig, auch andere schwingungsfähige Teile, z. B. Ventilatoren, „auf Resonanz" zu berechnen.

Da das pulsierende Moment „ im Luftspalt angreift", wirkt es in der gleichen Größe sowohl auf den Rotor wie auch auf den Stator und das Fundament. Es ist üblich, das Statorgehäuse federnd auf die Gundplatte aufzusetzen (s. S. 575 ff.).

Abb. 69 zeigt einen vertikalen 50-MVA-16 2/3-Hz-Einphasen-Generator, vierpolig für Wasserturbinen-(Pelton-Turbinen)-Antrieb mit Kamm-Konstruktion (s. S. 437) des Rotors und torsionsgefedert aufgestelltem Stator.

In Abb. 70 sind an einem Generator für Netzkupplungsumformer die lamellierten Pole mit Dämpferwicklung, die Doppel-Schwalbenschwanz-Klauenbefestigung der Pole und die Statorfederung zu sehen.

e) Anordnung der Erreger- und Hilfsmaschinen. Die Art der Erregung der Generatoren und der Antrieb des Reglerpendels der Wasserturbine sind ebenfalls von einem gewissen Einfluß auf den Gesamtaufbau von Wasserkraftgeneratoren.

Die Erregungseinrichtung liefert den Gleichstrom, mit welchem die Rotorwicklung über Schleifringe (s. S. 392) gespeist wird. Mit der Erregung wird die Klemmenspannung des Generators und damit die Netzspannung geregelt. Die Arbeitsweise von Synchronmaschinen am Netz, abhängig von der Erregung, ist kurz dargestellt in Abb. 39. Bei Selbsterregung (s. S. 3 und 157) oder bei Fremderregung wird der Generatoraufbau durch die Erregungseinrichtung selbst nicht beeinträchtigt, es sei denn, daß die Erregungseinrichtung (Umformer oder Gleichrichter) von einem sog. Wellengenerator gespeist wird, der mit dem Hauptgenerator zusammengebaut ist (s. Abb. 54 und Abb. 57), oder daß der Erregerstrom dem Rotor nicht über Schleifringe, sondern über rotierende Gleichrichter zugeführt wird (s. S. 206).

Die heute noch übliche Praxis bei Wasserkraftgeneratoren ist Eigenerregung unter Verwendung einer Erregermaschine, also eines Gleichstrom-Generators, der evtl. seinerseits wieder von einer Gleichstromquelle erregt wird (Hilfserregung), die von einer Gleichstromhilfserregermaschine oder von einer Wechselstrommaschine — teilweise als Permanentmagnetgenerator gebaut — z. B. über regelbare Gleichrichter bezogen wird. (Daß zu Regelungszwecken noch sog. Verstärker — Magnetverstärker oder Verstärkermaschinen, sog. Amplidyne — verwendet werden, ist für die Konstruktion des Generators kaum von Einfluß).

Die Erregermaschinen können auf verschiedene Weise angetrieben werden:

1. Sie sind vielfach mechanisch direkt gekuppelt am „erregerseitigen" Wellenende — meist fliegend — aufgesetzt (s. Abb. 53).

Bei Pelton-Turbinen oder bei Pumpspeicherwerksätzen, bei welchen kein freies Wellenende vorhanden ist, wird — mindestens die Haupterregermaschine (s. Abb. 51 a) — unter Umständen aber auch die Hilfserregermaschine zwischen Lagern eingebaut. Vielfach wird aus Bedienungsgründen eine Anordnung gewählt, derart, daß die Kommutatoren der Haupt- und Hilfserregermaschine und die Schleifringe des Generators räumlich benachbart sind (Abb. 56). Fast immer werden die Erregermaschinen außerhalb des geschlossenen Luftkreislaufs angeordnet, sowohl aus Bedienungsgründen als auch, um zu verhindern, daß Kohlestaub, der nur schwierig aus der Luft herauszufiltern ist, sich im Generator ablagert.

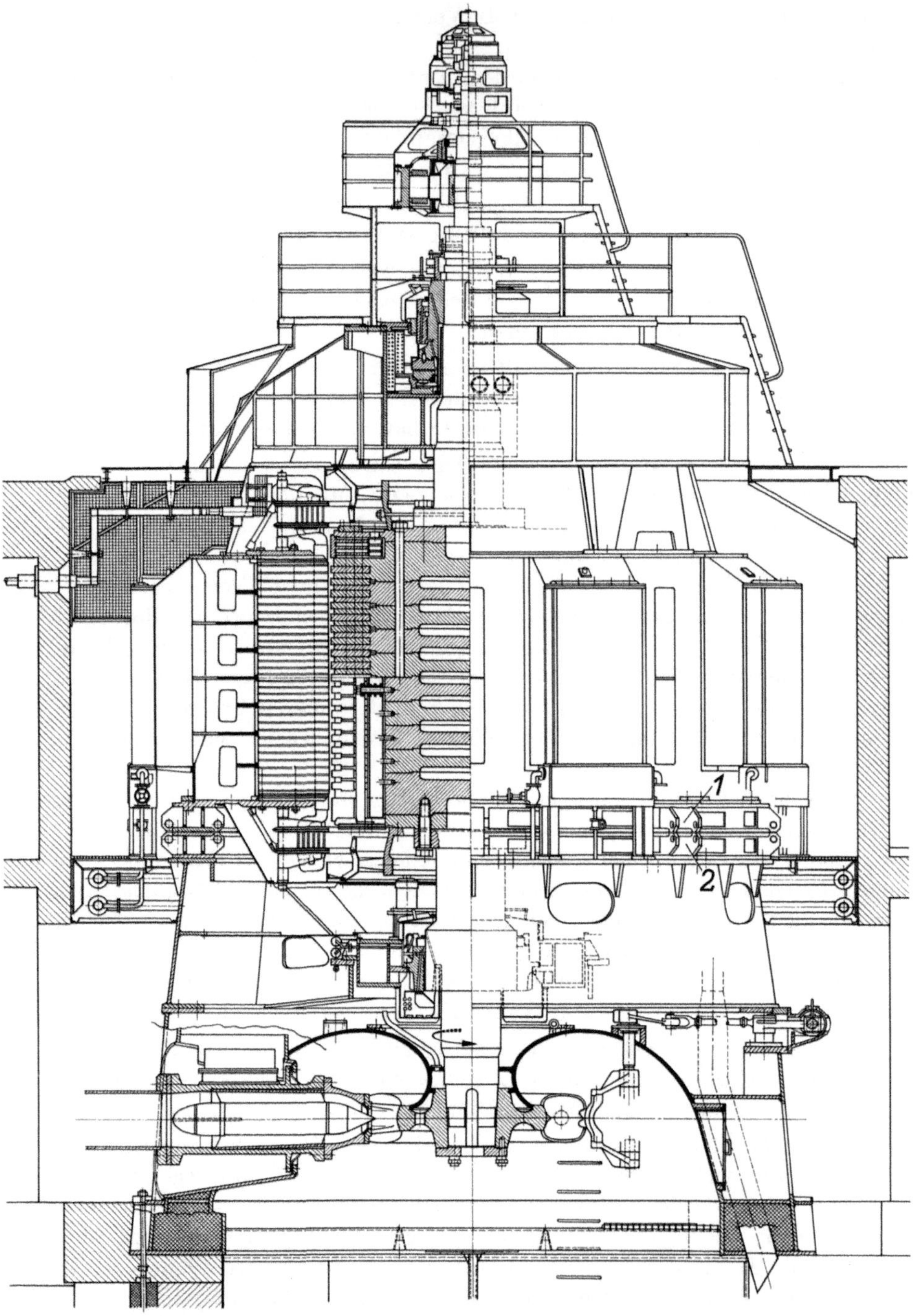

Abb. 69. Vertikaler Einphasengenerator mit torsionsgefedert aufgestelltem Stator (Lamellenfedern nicht eingebaut), 50 MVA, $16^2/_3$ Hz, 13 kV, 500 U/min

1 Oberer Stützring, verschraubt mit Stator
2 Unterer Stützring mit Fundament verbunden; Plattfedern zwischen 1 und 2 sind nicht eingezeichnet

Der direkte mechanische Antrieb der Erregermaschine über Riemen- oder Zahnrad-Übersetzung wird selten verwendet, höchstens bei Generatoren kleiner Leistung.

2. Bei elektrischer Kopplung von Generator und Erregereinrichtung kann der Erregerumformer oder der statische Gleichrichter über einen Transformator von

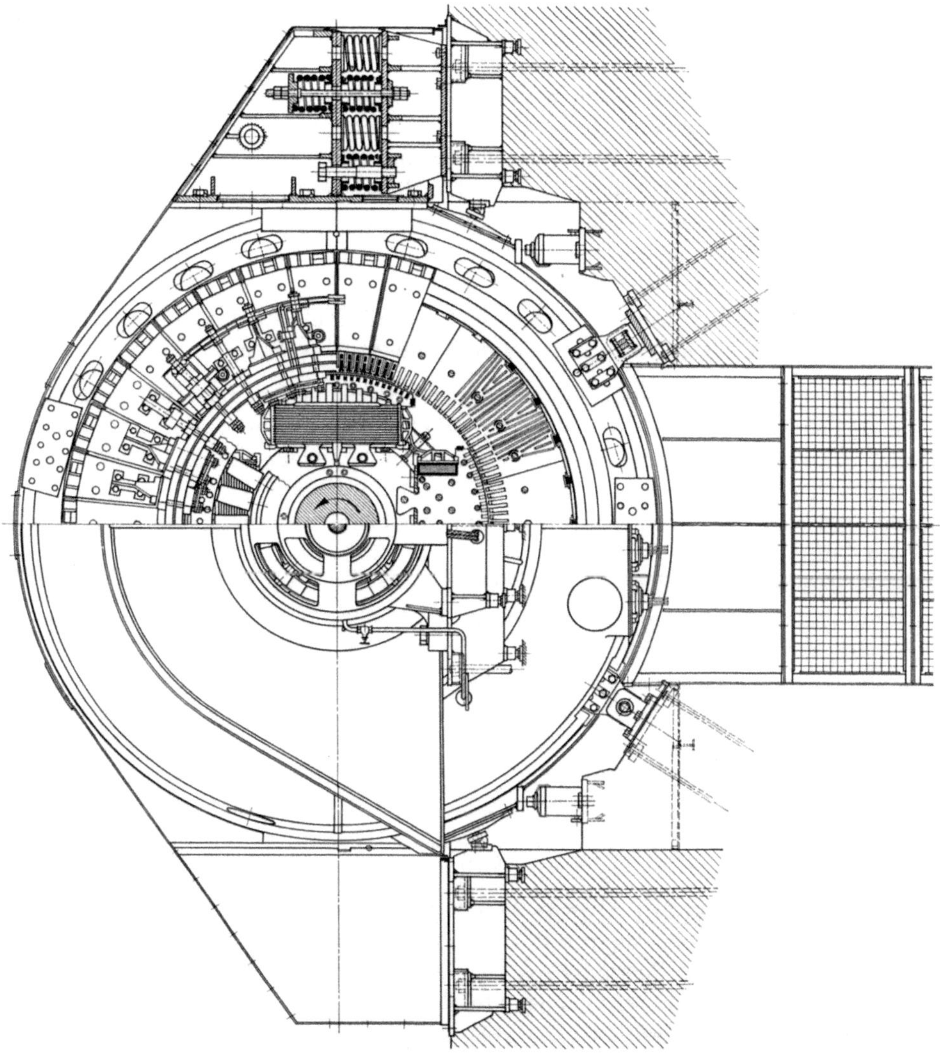

Abb. 70. Horizontaler Einphasengenerator für Netzkupplungsumformer mit gefedert aufgestelltem Stator 40 MVA, $16^2/_3$ Hz, 10 kV, $\cos\varphi = 0{,}75$, 500/625 U/min

der Generatorspannung gespeist werden. Vielfach wird jedoch autarker (Insel-) Betrieb der Generatoren, also Unabhängigkeit vom Netz oder einem Hilfsnetz, gefordert und deshalb zur Speisung des Erregerumformers oder Gleichrichters ein in den Generator eingebauter sog. *Wellengenerator* verwendet, der bei Betrieb der Erregung mit der Generatorfrequenz die gleiche Polzahl haben muß wie der Generator. Bei Verwendung eines Wellengenerators muß selbstverständlich auch dessen

Gleichstromerregung völlig gesichert sein. Dies ist der Fall bei Verwendung eigenerregter Generatoren, s. S. 3, wo die Erregung mittels einer mit dem Generator zusammengebauten, entsprechend kleinen Erregermaschine erfolgt, die z. B. über Getriebe von der Turbinenwelle aus angetrieben werden kann. Sie ist im Falle der Abb. 54 als vertikaler Permanentmagnetgenerator gebaut, der über ein Getriebe angetrieben ist und gleichzeitig auch als Generator zur Speisung des mech. Turbinen-Regler-Pendelantriebmotors dient.

Dieselbe Sicherheit, die bezüglich der Erregung verlangt wird, wird auch von den Reglern der Wasserturbine verlangt. Die früher übliche Antriebsweise des Reglerpendels mittels Riemen von der Turbinen- bzw. Generatorwelle aus ist bei großen Generatoren in neuerer Zeit weitgehend ersetzt durch elektrische Kopplungen, indem ein Permanentmagnet-Generator mechanisch direkt oder über Getriebe von der Generatorwelle angetrieben, den Permanentmagnetmotor des Pendelantriebes oder einen elektronischen Turbinenregler speist und so die einwandfreie Drehzahlübertragung zwischen Turbinen und Generator verbürgt.

C. Schenkelpol-Generatoren und Synchronmotoren für Zusammenbau mit Dampf- oder Gasturbinen und mit Turbokompressoren

Für kleine Leistungen werden Turbinen sehr hoher Drehzahl verwendet, welche eine Zwischenschaltung von Getrieben zum Antrieb der Generatoren nötig machen und bei welchen in diesem Fall vielfach vierpolige Generatoren wirtschaftlicher sind als zweipolige Turbogeneratoren. Die Anforderungen an die Schleuderdrehzahl sind weit geringer als bei Wasserkraft-Generatoren, da sie nur das 1,2-fache der Normaldrehzahl — also 1800 U/min bei 50 Hz — beträgt. Andererseits sind durch den geringeren Unterschied zwischen Betriebs- und Schleuderdrehzahl die Zentrifugalkräfte bei der Betriebsdrehzahl höher. Deshalb haben derartige Generatoren manchmal Rotorkonstruktionen für Schnelläufer, d. h. Klauenpolbefestigung oder Kammkonstruktion (s. S. 370, 428, 437). Die Lagerschmierung ist meistens an das Schmierölsystem der Turbine mit Druckölschmierung angeschlossen. Deshalb gehören die Lager oder wenigstens die Lagerschalen gewöhnlich zur Lieferung der Dampfturbine. Derartige vierpolige Generatoren können eine biegekritische Drehzahl in der Nähe der Betriebsdrehzahl haben. Die biegekritische Drehzahl ist daher zu rechnen (s. S. 523ff.) und es ist ein genügender Abstand von der Betriebsdrehzahl einzuhalten.

Infolge der relativ großen Oberfläche des einzelnen Polschuhes ist bei diesen Maschinen der magnetische Zug pro Pol relativ hoch und durch Abweichungen des Luftspaltes des einzelnen Pols oder die Größe der einzelnen Poloberflächen kann durch magnetische Kräfte Laufunruhe entstehen (s. S. 536). Diese Maschinen sind deshalb diesbezüglich mit erhöhter Sorgfalt zu bauen.

Die gleichen Maschinen werden als Synchronmotoren für Kompressorantriebe verwendet. Da diese Motoren meistens mit $\cos\varphi = 1$ arbeiten, so ist ihre Scheinleistung und damit ihr Erregerbedarf geringer als derjenige von Generatoren mit $\cos\varphi = 0{,}85$ oder kleiner und deshalb sind bei gleichem Stator weniger Erreger-Ampère-Windungen nötig. Andererseits ist es vielfach erforderlich, solche Synchronmotoren zum Anlauf mit einer Anlaufwicklung (s. S. 324) oder bei massiven Polen mit Dämpferringen, welche die Pole verbinden, zu versehen.

D. Synchronmaschinen für Umformer und Kurzschluß-Generatoren

Man unterscheidet synchrone und asynchrone Umformer.

Synchronumformer bestehen aus miteinander starr gekuppelten Synchronmaschinen, von denen der eine als Motor, der andere als Generator arbeitet. Ein Beispiel hierfür sind die Umformer der schwedischen Staatsbahnen, bei welchen die Frequenz des mit 16 2/3 Hz betriebenen Bahnnetzes in einem starren Verhältnis zum 50-Hz-Landesnetz steht. Auch in anderen Fällen wird vom Synchron-Umformer Gebrauch gemacht, wenn die als Motor laufende Maschine Blindleistung in das Primärnetz liefern soll. Laufen mehrere Synchronumformer parallel, so werden zwecks Regulierung der Wirklastverteilung (unabhängig von der Blindlast) verdrehbare Statoren angewendet.

Bei *asynchronen Umformern* sind zwei Gruppen zu unterscheiden:

1. Solche, bei welchen der asynchrone Antriebsmotor je nach Belastung sich auf seinen „*natürlichen*" Schlupf einstellt und der mit ihm gekuppelte Generator eine nicht vollkommen konstante Frequenz liefert. Bei Industrie-Anlagen macht man davon häufig Gebrauch, so z. B. bei Mittelfrequenzgeneratoren, wo es auf eine ganz genaue Frequenzkonstanz nicht ankommt (s. S. 187).

2. Asynchron-Umformer mit *regelbarem Frequenzverhältnis*, wie z. B. die elastischen Netzkupplungsumformer bei Bahnnetzen, die in keinem starren Frequenzverhältnis zum Landesnetz gehalten werden können.

Abb. 71. Elastischer Netzkupplungsumformer, bestehend aus
Einphasensynchrongenerator 33 MVA, 10,5 kV, $\cos\varphi = 0{,}75$, 500 U/min, $16\,^2/_3$ Hz
Dreiphasenasynchronmaschine 26 MVA, 5,2 kV, $\cos\varphi = 1{,}0$, 50 Hz
Scherbiusmaschine 860 kVA, 260 V, 1,75 Hz

Diese Umformer arbeiten mit einem asynchronen Antriebsmotor, der schleifringseitig von einer Drehstrom-Kommutatorhintermaschine gespeist wird. Solche Anordnungen arbeiten praktisch verlustfrei, d. h. die Frequenzdifferenz wirkt sich nicht direkt in einem Leistungsverlust aus. Gewöhnlich sind sie so eingerichtet, daß der asynchrone Antriebsmotor durch das synchrone Frequenz-Verhältnis plus und minusseitig hindurchgesteuert, d. h. mit anderen Worten über- und untersynchron mit den jeweils verlangten Schlupfwerten betrieben werden kann. Ein solcher elastischer Netzkupplungsumformer ist gezeigt in Abb. 71. In Abb. 70 ist der Querschnitt durch den Einphasen-Generator eines anderen elastischen Netzkupplungsumformers gezeigt.

Im übrigen gilt für den Einphasen-Generatorrotor das auf S. 178 Gesagte.

Abb. 72. Stator mit eingelegter Wicklung zu 4300 MVA Stoßleistungsgenerator

Kurzschluß-(Stoßleistungs)-*Generatoren* werden sowohl zweipolig als Volltrommelrotoren als auch mehrpolig als Schenkelpolmaschinen gebaut. Für sehr große Leistungen — ab mehr als etwa 3000 bis 4000 MVA Kurzschluß-Abschaltleistung — werden bei zweipoliger Turbogeneratoren-Ausführung die Stromkräfte in den Wickelköpfen außerordentlich groß und nur sehr schwer beherrschbar. Auch ist eine wirksame Stoßerregung — wenn eine solche notwendig erscheint — wegen der starken Dämpfung durch den massiven Rotorballen bei Turboausführung erschwert. Weil bei vier- und sechspoliger Ausführung als Volltrommelrotor unmagnetische Rotorkappen notwendig erscheinen, deren Fertigung nur unter außerordentlich teuerem Werkzeugaufwand möglich ist, werden bis etwa zu einer Typenleistung von 300 MVA, entsprechend einer Kurzschluß-Abschaltleistung von ca. 4000 MVA, Schenkelpolmaschinen und diese wohl immer achtpolig, gebaut werden, wobei die Blechung und Wicklung am Aufstellungsort noch ausführbar ist. Abb. 72 zeigt den Stator eines solchen 4300-MVA-Generators mit fertig eingelegter Wicklung und zum Teil montierter

Abb. 73. Rotor des 4300 MVA Kurzschlußleistungsgenerators (Abb. 72) mit angeflanschten Wellenstümpfen. (In den Rillen werden die lamellierten Pole kammartig eingesetzt

Wickelkopf-Abstützung. Der fertige Stator wiegt 390 Tonnen. Der totale Rotor wiegt 225 Tonnen. Seine mehr als 5 m langen ca. 11 Tonnen wiegenden Pole können ebenfalls erst am Montageort mit Kammbefestigung (s. S. 370, 437), in den Rillenrotor eingesetzt werden, dessen Mittelstück aus Stahlguß besteht, an welches die beiden Wellenenden angeflanscht sind (Abb. 73). Das Gesamtgewicht des Generators beträgt 680 Tonnen. Der Stator ist federnd auf dem Fundament aufgestellt, um die Laststöße elastisch abzufangen (s. auch S. 179 u. 575).

E. Blindleistungsmaschinen

Die *Blindleistungsmaschine*, auch rotierender *Phasenschieber* oder *Phasenkompensator* genannt, dient zur Spannungsregulierung in großen Netzen, d. h. bei Energietransport über lange Leitungen. Bei hohem Leistungsfluß über die Leitung wird zusätzlicher Blindstrom gefordert, weil andernfalls die Spannung lastabhängig sinken würde. Je nach der Belastung muß also die Einspeisung von Blindleistung feinstufig reguliert werden. Wäre diese Regulierung nicht notwendig, so könnte man die Blindleistungsmaschine durch eine Kondensatorenbatterie ersetzen; da man bei dieser aber nur gruppenweise Kapazität zu- oder abschalten kann, wird der rotierende Phasenschieber vielfach bevorzugt. Bei leerlaufender Fernleitung entsteht durch ihre kapazitive Wirkung die Tendenz einer Spannungserhöhung, die entweder durch Einschalten von Drosselspulen oder den untererregten Phasenschieber kompensiert werden kann. Auch hier ist aber wiederum der Phasenschieber wegen seiner kontinuierlichen Regelbarkeit überlegen.

Die Blindleistungsmaschine bedarf, da sie ja keine Wirkleistung abgibt, keines Antriebes und hat im wörtlichen Sinne eigentlich keine „Welle", sondern eine „Achse". Im normalen Betrieb werden ihre Reibungs- und sonstigen Verluste aus dem Netz gedeckt. Für das Hochfahren gibt es verschiedene Methoden:

a) Asynchroner Hochlauf über Anlaßtransformator — in diesem Falle haben die Pole vielfach eine Anlaufwicklung hoher Wärmekapazität und die Anlaufwicklung kann auch während des Hochlaufes gekühlt werden (s. auch S. 324) — und Lager Druckölentlastung für den Anlauf- oder

b) Hochlauf mit Hilfe eines Anwurfmotors, der als Gleichstrom- oder Drehstrominduktionsmotor gebaut sein kann.

Die Drehzahl des Phasenschiebers ist dem Konstrukteur freigestellt, er wird sie aus wirtschaftlichen Gründen so hoch als möglich wählen. Von Vorteil ist dabei im Vergleich mit dem Wasserkraftgenerator, daß keine Durchgangsdrehzahl zu berücksichtigen ist. Die Schleuderdrehzahl ist für diese Maschinenart allgemein nur als 1,2-fache Nenndrehzahl festgelegt. Auch hier gelten die gleichen Bemerkungen wie für die Generatoren für Dampfturbinen-Antrieb, daß wegen des geringen Unterschiedes zwischen den Fliehkräften bei Schleuderdrehzahl und denjenigen bei Betriebsdrehzahl im Normalbetrieb höhere mechanische Beanspruchungen auftreten als z. B. bei Wasserkraftgeneratoren. Dies ist bei der Wahl der Werkstoffe — insbesondere der Rotorisolation und der Rotorspulenrahmen — zu berücksichtigen. Die hohe Drehzahl führt naturgemäß zu hohen Luftreibungsverlusten. Die Einführung des Wasserstoffgases als Kühlmedium bei Phasenschiebern ist deshalb früher erfolgt als bei Generatoren. Es kam erleichternd hinzu, daß der Phasenschieber mit vollkommen geschlossenem Gehäuse, also ohne Wellendichtung, gebaut werden kann. Die Kreislaufkühlung mit Wasserstoffgas mit erhöhtem Druck ermöglicht zudem die Ausnutzung der Baugröße erheblich zu steigern. Bezüglich der für die Verluste und die Ventilation maßgebenden Eigenschaften von Wasserstoff verschiedenen Druckes und verschiedener Reinheit

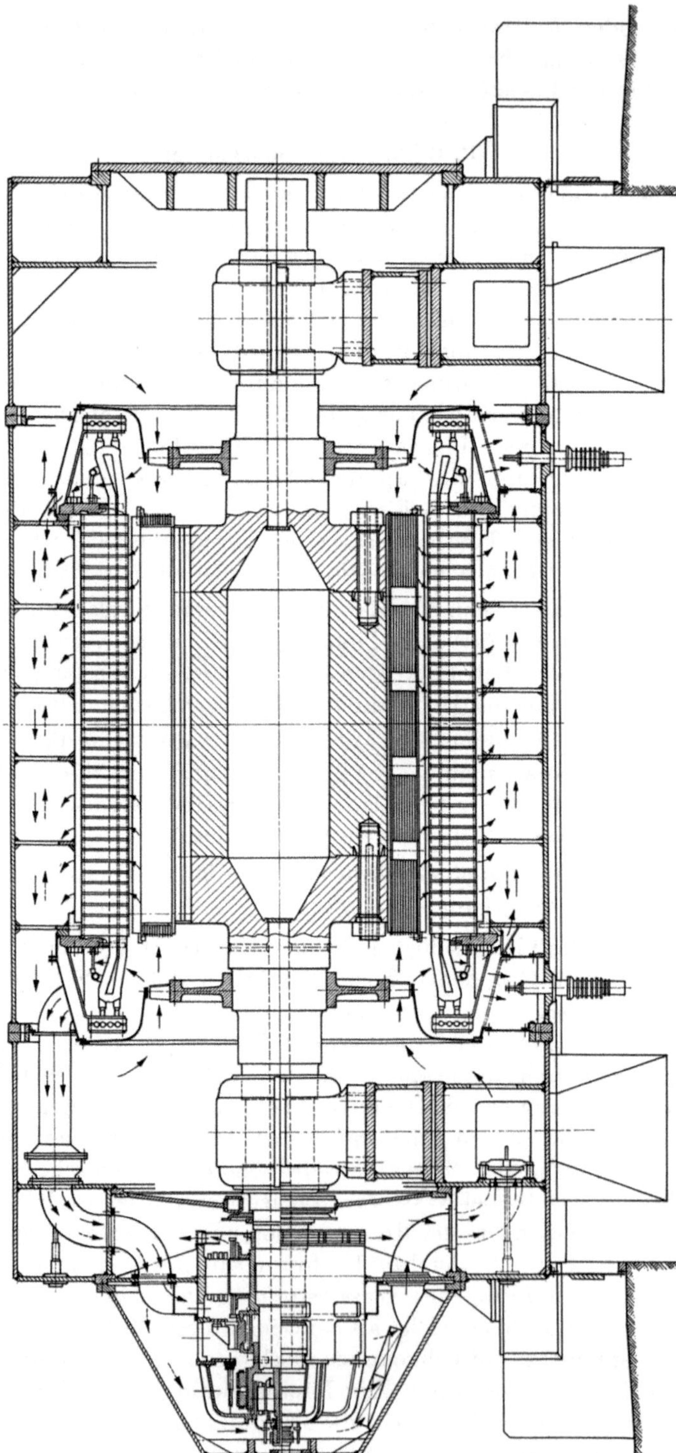

Abb. 74. Wasserstoffgekühlter Phasenschieber, achtpolig, 48 MVA, 60 Hz, 900/1125 U/min

gegenüber den Eigenschaften von Luft bei Atmosphärendruck sei auf Abb. 5 verwiesen.

Die Gehäuse, Verschalungen usw. im wasserstoffgekühlten Phasenschieber müssen explosionssicher (s. S. 7) und wasserstoffdicht gebaut sein, d. h., der Wasserstoff-Verlust pro 24 Std. soll nicht mehr als ca. $^1/_{10}$ m^3 betragen.

Für Wasserstoffkühlung ist eine Einrichtung zur Aufrechterhaltung von Druck und Reinheit und eine Spüleinrichtung mit CO_2 nötig.

In Abb. 74 ist ein wasserstoffgekühlter Phasenschieber für 48 MVA, 60 Hz, 900/1125 U/min (also achtpolig) gezeigt. Wie aus dem Bilde zu ersehen ist, sind auf einer Seite sowohl Haupt- und Hilfserregermaschine wie auch die Schleifringe so angeordnet, daß bei Bürstenwechsel nur jeweils ein verhältnismäßig kleiner Raum, der durch Schleusen vom übrigen Raum abgetrennt ist, vom Wasserstoff entleert werden muß.

Anstelle von Wasserstoff-Kühlung kann für Phasenschieber auch direkte Wasserkühlung für die Stator- und Rotorwicklung verwendet werden[1] und evtl. sogar auf die Verwendung von Wasserstoffkühlung zur Abführung der übrigen Verluste verzichtet werden, wenn teilweise indirekte Wasserkühlung für die Statorblechung verwendet wird.

Für die Kühlung des, im geschlossenen Kreislauf durch die im Phasenschieber eingebauten Rückkühler strömenden, inneren Kühlmittels kann anstelle des normalerweise verwendeten Wassers auch Luft gewählt werden, so daß die Phasenschieber unabhängig sind von der Wasserversorgung.[2]

F. Mittelfrequenzgeneratoren

Unter einem Mittelfrequenzgenerator ist eine elektrische Maschine zu verstehen, die eine Wechselspannung von etwa 500 bis 10 000 Hz erzeugt.

Mittelfrequenzgeneratoren werden ein- und dreiphasig gebaut. Hauptanwendungsgebiet der einphasigen Ausführungen ist die Induktionserwärmung.

Dreiphasige Mittelfrequenzgeneratoren speisen in ,,Schnellfrequenzantrieben" Drehstrommotoren mit hoher Drehzahl.

Für Frequenzen bis zu 800 Hz verwendet man als Schenkelpolmaschinen ausgeführte Synchronmaschinen mit ausgeprägten Polkörpern, von denen jeder eine gleichstromerregte Wicklung trägt, oder Volltrommelmaschinen mit Rotoren, die massiv oder aus genuteten Blechen geschichtet sind, wobei die Erregerwicklung in die Nuten eingebracht ist. (Abhängigkeit zwischen Frequenz und Polzahl s. S. 151).

Die Erzeugung hoher Frequenzen zwingt bei höchster Drehzahl und kleinster Polteilung zu einer der Frequenz proportionalen Vergrößerung des Rotordurchmessers, die wegen des Schwungmomentes der Maschine den Anlauf erschwert. Ferner wächst mit zunehmender Polzahl der Streublindwiderstand. Für höhere Frequenzen ist daher nur eine Maschine mit wicklungsfreiem Rotor, ein sog. *Modulationstyp* zu verwenden, der in folgender Ausführungsform gebaut wird:

---

[1] Vgl. Fußnote S. 177.

[2] Bobek, K.: Bauformen großer elektrischer Maschinen unter weitgehender Vermeidung von Kühlwasser. VDE-Buchreihe, Bd. 1, Sonderbauformen elektrischer Maschinen, VDE-Verlag GmbH, Berlin 1958.

Gleichpol- oder Homopolartyp
(Frequenzbereich etwa 500 bis 10 000 Hz);
Wechselpol- oder Heteropolartyp nach LORENZ-SCHMIDT
(Frequenzbereich etwa 500 bis 5000 Hz);
Wechselpoltyp nach GUY
(Frequenzbereich etwa 4000 bis 10 000 Hz).

Sämtlichen Ausführungen des Modulationstyps ist gemeinsam, daß der Rotorkörper wicklungsfrei, massiv oder aus Eisenblechen geschichtet aufgebaut ist und das Aussehen eines Zahnrades hat. Im Gegensatz zur Schenkelpolmaschine ist die

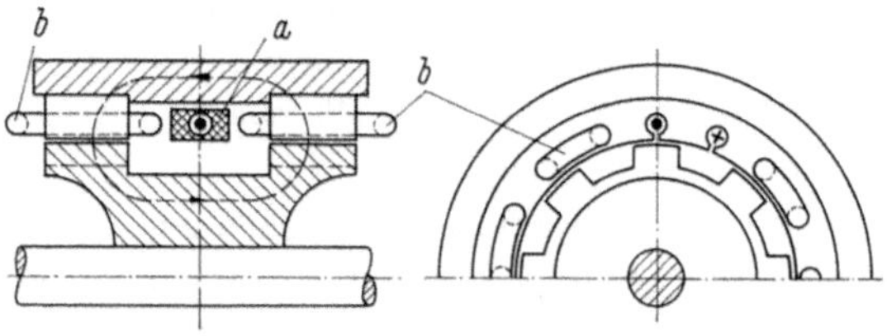

Abb. 75. Mittelfrequenzmaschine, Prinzip des Gleichpoltyps
a Erregerwicklung; *b* Arbeitswicklung

Erregerwicklung ruhend im Stator untergebracht; die Arbeitswicklungen befinden sich in halboffenen oder offenen Nuten.

Die Gleichpolmaschine (Abb. 75) enthält eine koaxial zum Stator liegende, ringförmige, gleichstromgespeiste Erregerspule. Der Stator besteht aus zwei Blechpakethälften, in denen die Arbeitswicklung untergebracht und denen je ein Rotorpolkranz zugeordnet ist. Da der gesamte Erregergleichfluß durch das Gehäuse hindurchgeht, muß dieses sehr massiv und schwer ausgeführt werden; die Spannungszeitkonstante ist daher groß. In Abb. 76 ist ein vertikaler Umformer mit Gleichpol-Mittelfrequenz-Generator im Schnitt gezeigt. Der Rotor führt im Joch Gleichfluß und ist massiv; seine Zähne werden je nach Größe der Maschine, Frequenz, Nutenform und angestrebtem Wirkungsgrad massiv oder als lamellierte Zahnkränze ausgebildet. Die Arbeitswicklung liegt in Nuten, die den gesamten Statorumfang gleichmäßig bedecken, wobei in der Regel die Spulenweite gleich der Polteilung ist.

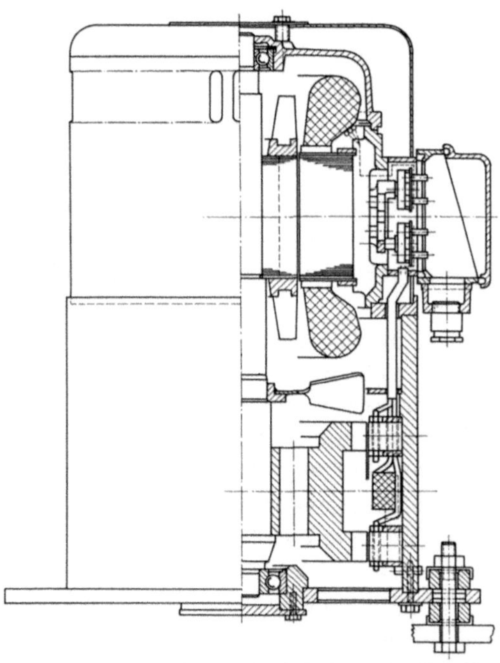

Abb. 76. Schnitt durch einen Gleichpolmonoblock-Umformer vertikaler Bauart mit Käfigankermotor

Wechselpoltyp nach Lorenz-Schmidt. Die Wechselpolmaschine nach LORENZ-SCHMIDT (Abb. 77) unterscheidet sich vom klassischen Gleichpoltyp durch die Art der Erregung. Sie enthält mehrere, am Statorumfang in besonderen Erregernuten untergebrachte Erregerspulen, deren Achsen radial gerichtet sind. So entstehen am Statorumfang segmentweise in wechselnder Folge Nord- und Südpole; der Rotor wird bei seiner Drehung mit der Erregerpolpaar-Frequenz ummagnetisiert. Aus diesem Grunde wird er aus geschichteten Blechen lamelliert aufgebaut. Der

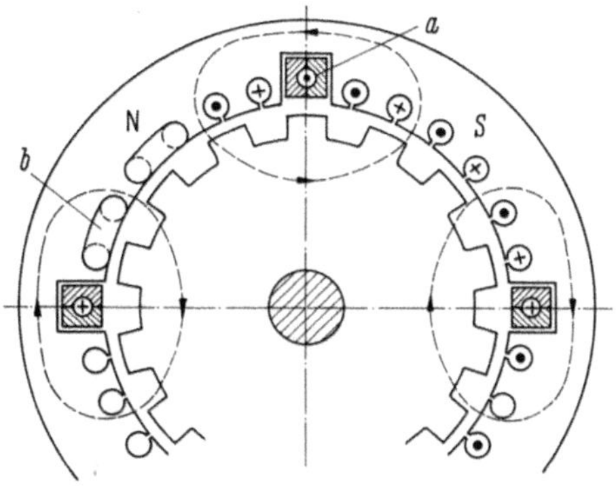

Abb. 77. Prinzip des Wechselpoltyps nach LORENZ-SCHMIDT
a Erregerwicklung; *b* Arbeitswicklung; *N* Nordpol; *S* Südpol

Stator ist ebenfalls lamelliert ausgebildet und das Maschinengehäuse kann, da es magnetisch unbelastet oder nur wenig belastet ist, leichter als bei der Gleichpolmaschine und lediglich nach mechanischen und schwingungstechnischen Gesichtspunkten bemessen werden. Die Ausnutzung der Maschine ist infolge der vorhandenen Erregerpolnuten am Bohrungsumfang etwas geringer als beim Gleichpoltyp.

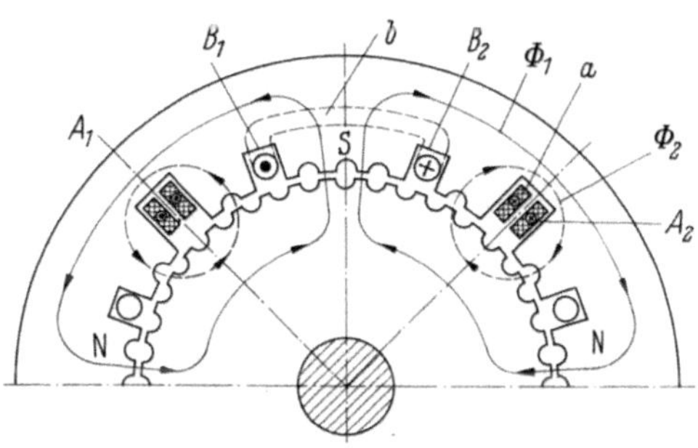

Abb. 78. Prinzip des Wechselpoltyps nach GUY (Schwingfeldmaschine)
a Erregerwicklung
b Arbeitswicklung
Φ_1, Φ_2 magn. Flüsse
A_1, A_2 Erregernuten
B_1, B_2 Arbeitsnuten

Wechselpoltyp nach Guy. Die Wechselpolmaschine nach GUY ist hinsichtlich der Erregung gleich dem Wechselpoltyp nach LORENZ-SCHMIDT ausgebildet, so daß auch hier entsprechend der Erregerpolpaarzahl Ummagnetisierungsverluste im Rotor auftreten (Abb. 78 zeigt ein Ausführungsbeispiel dieses Systems). Der Stator dieses Typs unterscheidet sich jedoch von den beiden erstgenannten Maschinenarten insofern, als er mit unbewickelten offenen Nuten wie der Rotor versehen ist und die Spulen der Arbeitswicklung in einer verhältnismäßig kleinen Anzahl von Nuten untergebracht sind, die sich zwischen den Erregernuten im Stator befinden. Eine Spule der Arbeitswicklung umfaßt mehrere Statorzähne und offene Nuten, ist also mit einem großen Fluß verkettet, und zwar im Gegensatz zu den erstgenannten Maschinentypen, wo eine Spule nur einen einzelnen Zahn umfaßt, also mit einem kleinen Fluß verkettet ist.

Durch Drehen des Rotors um eine Polteilung wird der ruhende Gleichfluß der Maschine in Schwingungen von der einen Seite der Arbeitsnut zur Gegenseite hin und umgekehrt versetzt, weshalb man diese Maschine auch gelegentlich als *Schwingfeldmaschine* bezeichnet. Hier sind also im Gegensatz zu den erstgenannten Maschinen des Modulationstyps nicht nur die Zähne und ihre unmittelbare Nachbarschaft mit Wechselfluß beaufschlagt, sondern beinahe das gesamte aktive Rotor- und Statoreisen bis auf kleine Gebiete oberhalb der Erregernuten.

G. Permanentmagnetgeneratoren

Bei Wasserkraftgeneratoren werden zur Speisung des Antriebsmotors für den Turbinenregler (S. 182) vielfach Drehstrom-Permanentmagnetgeneratoren verwendet, die bei direkter Kupplung gleiche Polzahl wie der Generator haben. Die übliche Ausführung ist ein sog. *Klauenpoltyp* (Abb. 79). Im vorliegenden Falle ist der Wasserkraftgenerator mit 84 Polen, $n = 71{,}42$ U/min, gebaut und deshalb

Abb. 79. Permanentmagnetgenerator, Klauenpoltyp 2,0 kVA, $\cos\varphi = 0{,}3$, 110 V, 50 Hz, 71,42 U/min

auch der Permanentmagnetgenerator für die gleiche Polzahl und die gleiche Schleuderdrehzahl gebaut.

Von größerem Interesse noch, speziell im Zusammenhang mit Großmaschinen, ist die Verwendung des Permanentmagnetgenerators als Wechselstrom-Hilfserregermaschine — an Stelle einer Gleichstrom-Hilfserregermaschine — für die direkte Feldspeisung des Haupterregers über geregelte Magnetverstärker. Wenn die Permanentmagnete auf dem Rotor sitzen (Abb. 80), so ist der Permanentmagnetgenerator schleifringlos. Die Nacherregung kann in diesem Fall entweder über die Stator-(Arbeits-)wicklung selbst oder mittels einer speziellen Erregerwicklung erfolgen. Bei Verlegung der Permanentmagnete in den Stator kann ebenfalls eine Hilfs-Erregerwicklung zur Nachmagnetisierung angebracht werden; die Arbeitswicklung ist jedoch im Rotor untergebracht und es sind daher Schleifringe notwendig.

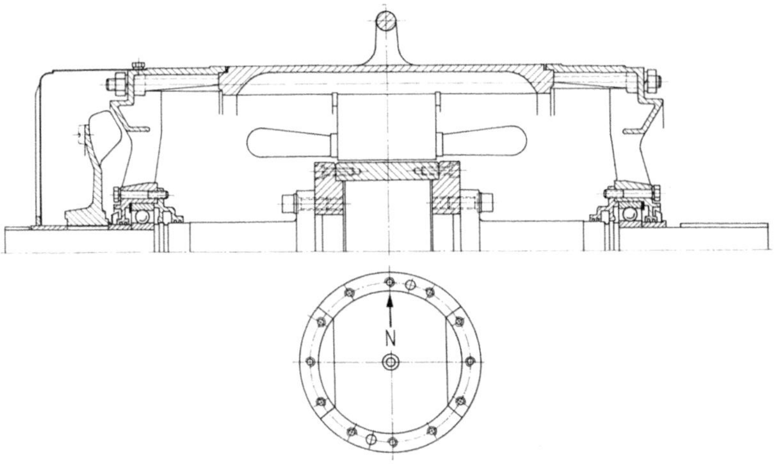

Abb. 80. Längsschnitt durch Permanentmagnetgenerator

Abb. 81a. Klauenpolgenerator für Zugsbeleuchtung

1	Ständerblechpaket
2	Drehstrom-Ständerwicklung
3	Klauenpolrad Nordpolhälfte
4	Klauenpolrad Südpolhälfte
5	Klauenpolradwelle
6, 7	Hilfsluftspalte
8, 9	Lagerhälse
10, 11	Erregerspulen
12, 13	Lagerschilde
14	Gehäuse
15, 16	Lager

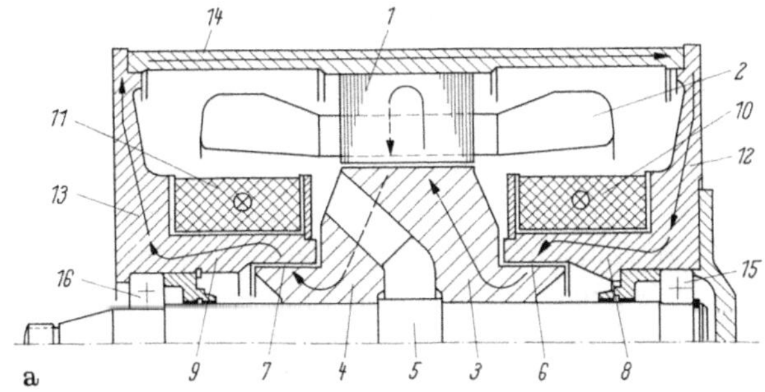

a

Abb. 81b. Klauenpolgenerator am Achsenstummel eines Wagenrades

Auch im Automobilbau hat sich neuerdings als *Lichtmaschine* der Permanentmagnet-Wechselstrom-Generator mit nachgeschalteten Gleichrichtern (Dioden) eingeführt.

Eines der vielen weiteren Anwendungsgebiete von Klauenpolgeneratoren für mittelbaren Antrieb durch beliebig angetriebene Fahrzeuge sind *Zugsbeleuchtungsgeneratoren*, die auch in mehreren anderen — aber heute fast nur noch kommutatorlosen — Ausführungen gebaut werden. Abb. 81a zeigt den Schnitt durch einen solchen Generator, der in diesem Falle an Stelle von Permanentmagneten eine im feststehenden Teil angeordnete Erregerwicklung für die Spannungsregelung aufweist. Abb. 81b veranschaulicht eine der möglichen Anordnungen am Fahrzeug.

H. Turbogeneratoren und Turbo-Synchronmotoren

Als Wechselstrom-Turbogeneratoren (Vollpolgeneratoren im Gegensatz zu Schenkelpolgeneratoren) bezeichnet man Synchronmaschinen mit am Umfang des Rotors in Nuten verteilter Erregerwicklung, die von einer Dampf- oder Gasturbine unmittelbar oder über Getriebe angetrieben werden. Generatoren mit Schenkelpolen, die in gleicher Weise angetrieben werden oder mehrpolige Generatoren für Wasserturbinenantrieb, die ausnahmsweise bei sehr hoher Durchgangs-Drehzahl oder bei Polumschaltbarkeit in Art von Turbogeneratoren gebaut werden, bezeichnet man normalerweise nicht als Turbogeneratoren.

Wechselstrom-Turbomaschinen, die ausschließlich als Synchronmotor oder als Phasenschieber betrieben werden, bezeichnet man als *Turbo-Synchronmotoren*, bzw. als *Turbo-Phasenschieber*. Sie unterscheiden sich in ihrer Konstruktion kaum von Turbo-Generatoren, es sei denn durch eine Rotordämpferwicklung. Sie werden deshalb nicht gesondert behandelt.

Bezüglich ihres Antriebes kommen für Leistungen von einigen hundert kVA bis ca. 25 MVA schnellaufende Dampf- oder Gasturbinen in Frage, mit ein- oder zweistufigem Getriebe, das auf die kleinere Drehzahl des zweipoligen Generators (3000 U/min bei 50 Hz bzw. 3600 U/min bei 60 Hz) untersetzt. Als Getriebe kommen normalerweise Stirnradgetriebe, bei kleinen Leistungen auch koaxiale Planetengetriebe in Frage. Für größere Leistungen kommen 3000 bzw. 3600-tourige Turbinen zur Anwendung, die fast ausschließlich starr mit den Generatoren gekuppelt sind. Nur für 1000-tourige 16 2/3-Hz-Generatoren bis zu Leistungen von etwa 50 MW (Abb. 292) werden wegen der geringen Generatordrehzahl auch schneller laufende Turbinen mit Getriebe verwendet.

Turbogeneratoren sind stets zweilagerig, während die Turbine bisweilen auf der Generatorseite ohne Lager gebaut wird, so daß ein Teil des Turbinengewichtes von dem antriebsseitigen Generatorlager aufgenommen werden muß. Die Kupplung

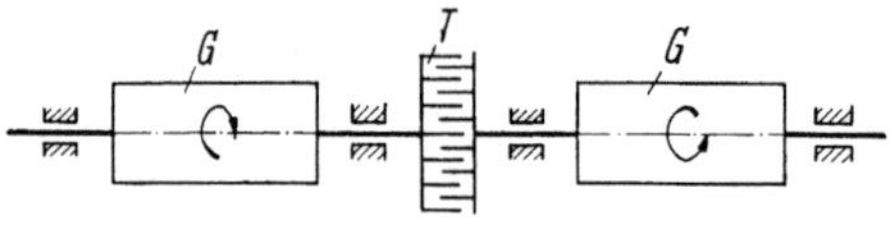

Abb. 82. Gegenlauf-Turbinen-Generator (Ljungströmturbine, Schematische Anordnung)
G Generatoren *T* Turbine

des Generators ist entweder angeschmiedet oder aufgesetzt. Bei Gegenlaufturbinen (Ljungströmturbinen) werden die Turbinenlaufzeuge fliegend auf die Generatorrotoren gesetzt (Abb. 82).

Maßgebend für die Gesamtausnutzung von Turbogeneratoren ist deren Rotorausnützung. Die Rotornuten sind in der Regel radial angeordnet (Abb. 83). Die kleinsten Rotoren von ca. 500 mm Durchmesser haben in der Regel 1/28 oder 1/36 Rotornutteilung bei 20 bzw. 24 bewickelten Nuten, also 5 bzw. 6 Rotorspulen pro Pol (vgl. auch Tab. 57, S. 373). Größere Rotoren mit Durchmessern von ca. 750 mm haben in der Regel 1/40 Rotornutteilungen bei 28 bewickelten Nuten, also 7 Rotorspulen pro Pol, und die größten Rotoren bis 1250 mm Durchmesser 1/44 Nutenteilung bei 32 bewickelten Nuten, also 8 Rotorspulen pro Pol. Es ist aber auch üblich, die Nutenteilung ungleichmäßig und zum Pol hin vergrößert zu machen und in dem Falle nur 28 bewickelte Nuten zu verwenden. Die Anzahl Windungen pro Pol, also das Produkt aus der Spulenzahl pro Pol und den Leitern pro

Nut ist bestimmend für die Erregerspannung bzw. den Erregerstrom, also auch für die Schleifringe und die Erregermaschine. Man wird also bei kleinen Rotoren eine größere Windungszahl pro Nut machen, um kleinere Erregerströme zu bekommen und bei großen Rotoren eine niedrigere Windungszahl, um nicht zu große Erregerspannungen (max. etwa 500 V) zu erhalten.

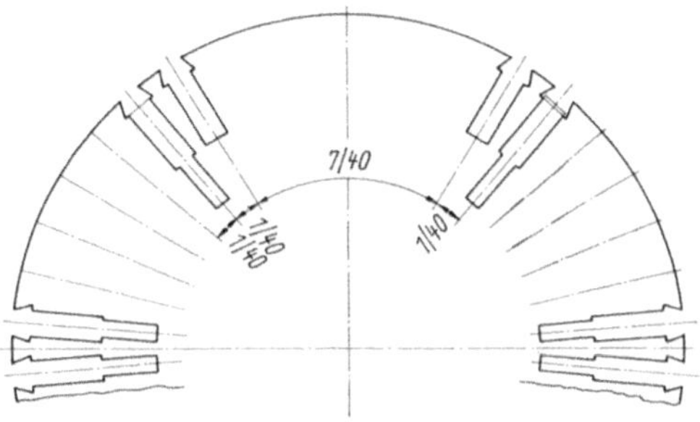

Abb. 83. Anordnung der Rotornuten in einem Vollpolrotor

Abb. 84. Dämpferwicklung eines Turbogeneratorrotors

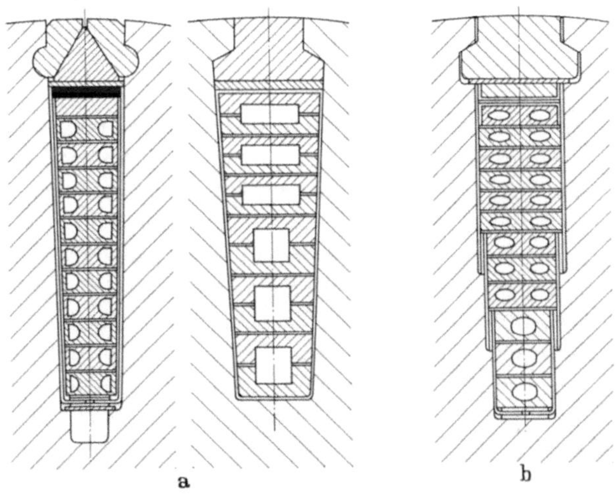

Abb. 85. Rotornuten a konisch; b gestuft

Um den magnetischen Querschnitt der Pole zu vergrößern, sind vielfach die den Polen benachbarten zwei Nuten radial flacher und ergeben dementsprechend weniger Windungen als die übrigen Nuten (Abb. 83). Für Rotoren mit Dämpferwicklung werden im unbewickelten Teil in den Polen Nuten für eine Dämpferwicklung in der normalen Rotornutteilung angeordnet. In Abb. 84 ist ein Rotorende mit einer Zweischicht-Dämpferwicklung gezeigt. Diese Dämpfernuten gehen vielfach nicht über die ganze Rotorballenlänge, sondern nur etwa 100 mm weit von den Ballenstirnseiten axial in den Rotor hinein und haben nur eine Dämpferwicklung im Wickelkopf und eine elektrisch gut leitende Verbindung zwischen Rotorballen und Rotorkappen, um Stromanbrennungen des Rotorkappensitzes bei Schieflast und Kurzschluß zu vermeiden.

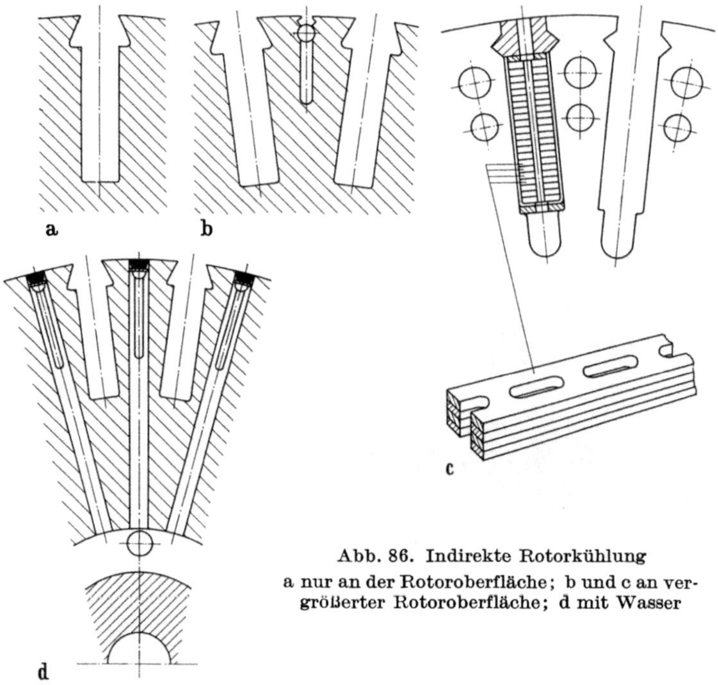

Abb. 86. Indirekte Rotorkühlung
a nur an der Rotoroberfläche; b und c an vergrößerter Rotoroberfläche; d mit Wasser

Die Nuten sind vielfach, insbesondere bei größeren Generatoren, in der radialen Höhe ein- bis dreimal gestuft oder konisch (Abb. 85). Dadurch ergeben sich verschiedene Kupferquerschnitte innerhalb jeder Nut, da normalerweise die Stromdichte aller Leiter pro Nut gleich groß gewählt wird.

Die Rotorventilation ist ausschlaggebend für die Dimensionierung. Bezüglich der Rotorventilation unterscheidet man grundsätzlich:

a) Indirekte Luftkühlung durch Ventilation von nur der zylindrischen Oberfläche des Rotors für kleine Leistungen (Abb. 86a).

b) Indirekte Luftkühlung durch Ventilation der durch Zahnnuten, Zahnlöcher oder Grundnuten vergrößerten Rotoroberfläche (Abb. 86b u. c) für mittlere Leistungen.

c) Indirekte Wasserkühlung, also Wasserkühlung der Zähne für Sonderfälle (Abb. 86d).

d) Direkte Kupferkühlung mit Luft oder Wasserstoff durch radiale Löcher oder Schlitze in der Wicklung, die aus Grundnuten gespeist werden (Abb. 86c). Für alle großen Generatoren mit Luft- und Wasserstoffkühlung verwendet man vorwiegend direkte Kupferkühlung durch Hohl- oder Profilleiter (Abb. 85, 87a, 276), die axial — einseitig oder symmetrisch — und eventuell durch Hohlleiter mit Kühlgas-Überleitung aus einem Nutengrundkanal (Abb. 87c) gespeist werden.

e) Direkte Wasserkühlung der Erregerwicklung (Abb. 87b) für Grenzleistungsgeneratoren[1] mit Hohlleitern für den sich aus der Fliehkraft des Wassers ergebenden hohen Wasserdruck[2]. Eine verbreitete direkte Kupferkühlung ist auch die sog. „air-gap-pick-up" Kühlung, bei welcher das Gas aus dem Luftspalt entnommen und letzterem wieder zugeführt wird.

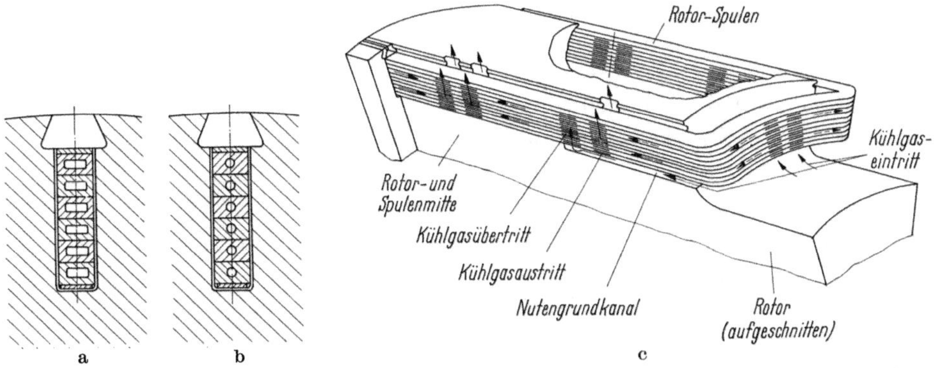

Abb. 87. Direkte Kupferkühlung
a mit Gas; b mit Wasser; c durch Kühlgasüberführung aus Nutengrundkanal

Die Rotorwickelköpfe werden heute bei allen Turbogeneratoren durch *Rotorkappen* (s. S. 374 u. 473) gegen die Fliehkraft gehalten; die Ventilation der Rotorwickelköpfe ist dadurch prinzipiell erschwert. Bei kleinerer Rotorausnützung durch indirekte Kühlung genügt gewöhnlich die Thermosyphonkühlung der Rotorwickelköpfe (s. S. 93, Abb. 20).

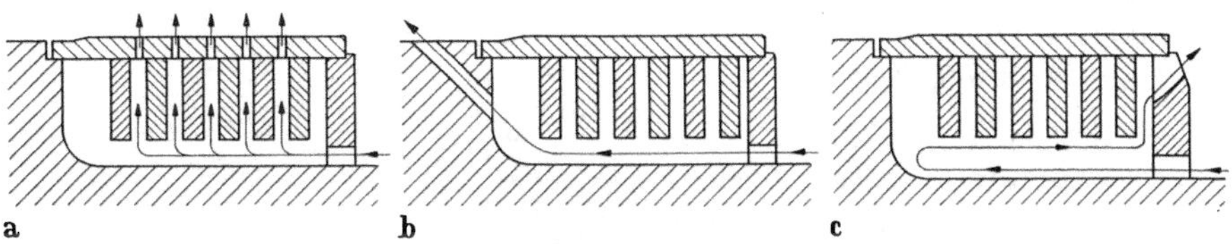

Abb. 88. Austritt des Kühlgases durch
a radiale Löcher in der Rotorkappe; b schräge Löcher im Rotorballen; c Ausströmung zurück in den Eintrittsraum

[1] Wiedemann, E.: Großturbogeneratoren mit ausschließlicher Wasserkühlung. Brown Boveri Mittlgn. 53 (1966) 9.

[2] Der Wasserdruck p beträgt bei einer Umfangsgeschwindigkeit v des radial äußersten Hohlleiters und der Dichte ϱ des Wassers, das durch eine Wellenmittelbohrung eintritt,

$$p = \varrho v^2/2.$$

Beispiel: gegeben sei der Radius des äußersten Hohlleiters $r = 50$ cm und die Schleuderdrehzahl $n_s = 1{,}2n = 1{,}2 \cdot 3000 = 3600$ U/min und $\varrho = 1{,}02 \cdot 10^{-6}$ kps²/cm⁴

$$v = \omega r = \frac{n_s \cdot \pi}{30} \cdot r = \frac{3600 \cdot \pi \cdot 50}{30} = 1{,}88 \cdot 10^4 \, \frac{\text{cm}}{\text{s}}\,; \left(\hat{=}\ 188\, \frac{\text{m}}{\text{s}}\right)$$

$$p = \frac{\varrho}{2} v^2 = \frac{1{,}02 \cdot 10^{-6} (1{,}88 \cdot 10^4)^2}{2} = \underline{188\, \frac{\text{kp}}{\text{cm}^2}}\,!$$

Für größere Rotorausnützung — also insbesondere bei direkter Kupferkühlung — ist eine Strömungskühlung der Wickelköpfe notwendig (s. Abb. 88). Der Austritt des Wickelkopf-Kühlgases in den Luftspalt erfolgt entweder durch radiale Löcher in den Rotorkappen (Abb. 88a) bzw. durch schräge Löcher im Rotorballen (Abb. 88b), oder das Wickelkopf-Kühlgas wird in den aktiven Teil des Rotors mitgeführt und tritt im Luftspalt aus. Es kann aber auch, wie Abb. 88c zeigt, axial in den Raum vor der Rotorkappe zurückgeführt werden, wo sich das Warmgas der Rotorwickelköpfe mit dem Kaltgas mischt.

Die beiden Schleifringe zur Erregerstromzuführung sind entweder auf der Nichtantriebsseite vereinigt oder bei Rotoren mit aufgesetzter Kupplung symmetrisch zu beiden Seiten des Generators (Abb. 89), aber in beiden Fällen außerhalb des Kühlmittelkreislaufes, in Luft angeordnet. Wenn sie aus Geräuschgründen oder zum Schutze gegen Berührung gekapselt sind, so ist ihnen so viel Kühlluft zuzuführen, daß die Lufterwärmung durch die Reibungs- und Stromübergangsverluste möglichst niedrig — etwa 10 °C — beträgt (s. S. 66, 90).

Die Erregung erfolgt bei kleineren Generatoren durch Gleichstromerregermaschinen, deren Rotor fliegend auf die Generatorwelle gesetzt ist. Bei größeren Generatoren ist die Erregermaschine elastisch, z. B. durch Zahnkupplung, gekuppelt. Die Kupplung wird zweckmäßig elektrisch isoliert, so daß zur Vermeidung von Lagerströmen keine weiteren Maßnahmen an den Erregermaschinen notwendig sind. Bei größeren Erregermaschinen wird diese (Haupterregermaschine) von einer mit ihr gekuppelten Hilfserregermaschine erregt.

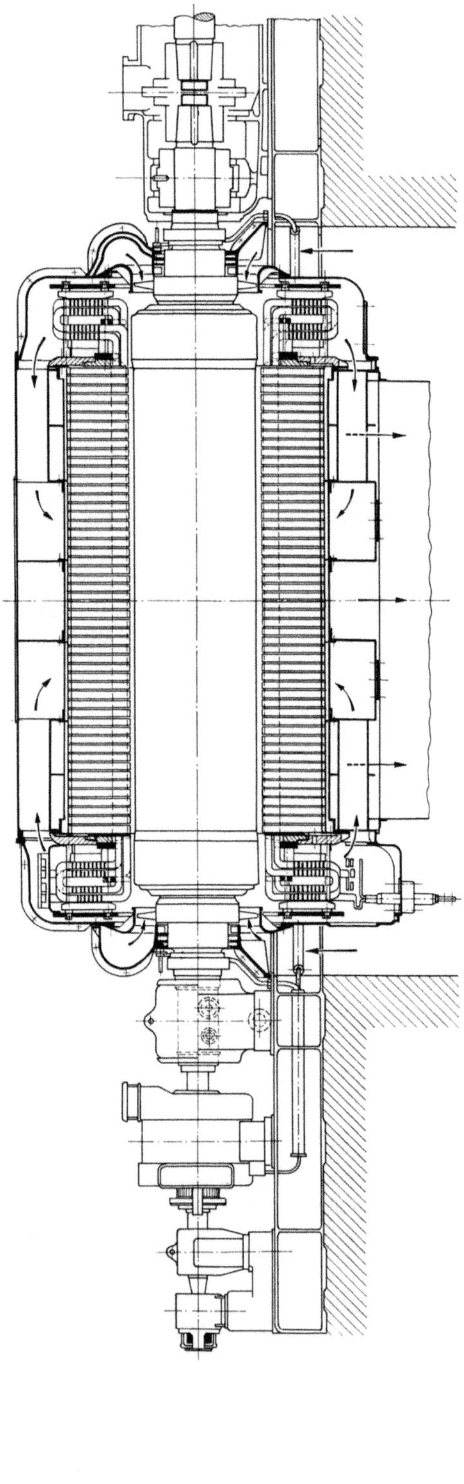

Abb. 89. Turbogenerator mit radialen Kühlkanälen im Stator „Kammerbelüftung“

Bei Leistungen in der Größenordnung über 100 bis 150 MVA werden die Erregermaschinen nicht mehr direkt gekuppelt, sondern über Getriebe mit kleinerer Drehzahl angetrieben. Als Getriebe werden sowohl konzentrische Planeten-Getriebe als auch Stirnrad-Getriebe verwendet. Bei Stirnrad-Antrieb mit übereinander angeordneten Achsen ist der Kommutator der Erregermaschine für die Bürstenbedienung besonders gut zugänglich. Die Hilfserregermaschine kann auch als normaler Wechselstromgenerator — in diesem Falle vorzugsweise mit Eigenerregung — oder als Permanentmagnetgenerator ausgeführt werden, der den Wechselstrom für die Magnetverstärker-Spannungsregelung liefert. Große Einheiten werden vielfach über Erregerumformer oder steuerbare Gleichrichter erregt. Der Wechselstrom wird in diesem Falle entweder über einen Transformator von den Generatorklemmen oder von einem mit dem Turbogenerator gekuppelten Wellengenerator geliefert. Zur Vermeidung von Schleifringen ist in einigen Fällen bereits auch Erregung mit rotierenden Gleichrichtern (Dioden) ausgeführt worden (vgl. S. 206).

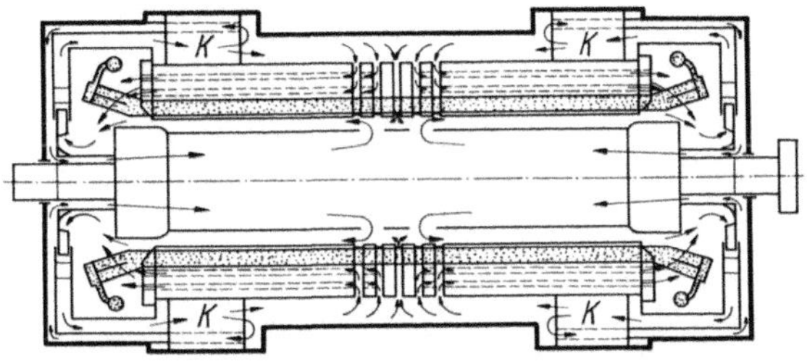

Abb. 90. Hochleistungskühlung eines Turbogenerators
K Kühler

Turbogeneratoren mit Leistungen von mehr als etwa 5000 kVA werden mit „überkritischem Rotor" gebaut, d. h. es wird die erste biegekritische Drehzahl bzw. die erste „koppelkritische" Drehzahl, die ungefähr 10% größer als die biegekritische Drehzahl des allein laufenden Generators ist, durchfahren (s. S. 532 u. Abb. 462).

Nur bei Gegenlauf-Generatoren ist es üblich, die Rotoren so zu dimensionieren, daß auch bei großen Leistungen die Generatoren „unterkritisch" laufen. Dies wird dadurch erleichtert, daß bei der Gegenlaufanordnung jeder Generator ungefähr für halbe aktive Eisenlänge dimensioniert wird.

Zur Beurteilung von Biege- und Torsionsschwingungen ist das gesamte Mehrmassensystem des Wellenstranges auch immer auf biegekritische und torsionskritische Drehzahlen zu untersuchen (s. S. 509 ff. u. 523 ff.).

Der Stator wird entsprechend der Rotorausnützung dimensioniert. Die Statorwicklung kann indirekt gekühlt sein, also durch Wärmeabfuhr über das Statoreisen — dies ist die normale Kühlung bis zu Leistungen von ca. 60...150 MVA — oder bei größeren Generatoren direkt durch Gas oder Flüssigkeit (Wasser oder Öl), (s. S. 203).

Die Statorblechung (s. auch S. 257 ff.) ist mit Dynamoblechen 1,7 bis 1 Watt Verlustziffer, 0,5 mm dick, bei sehr großen Generatoren bisweilen auch mit 0,35 mm dickem Blech niedrigerer Verlustziffer und in Ausnahmefällen — insbesondere zur Verringerung des Gewichtes — auch mit kornorientiertem Blech ausgeführt. Gewöhnlich werden die Bleche nach dem Stanzen lackiert (s. S. 258).

Der Statorblechkörper wird entweder an seiner äußeren (vergrößerten) und inneren Oberfläche gekühlt oder aber die Kühlung erfolgt über radiale (Abb. 89) oder bei großen Generatoren durch axiale Kühlkanäle (Abb. 90).

Radiale Kühlkanäle werden entweder teilweise vom Luftspalt aus radial nach außen und teilweise vom Gehäuse her radial nach innen vom Kühlmittel durchströmt (Abb. 89) oder es wird das Kühlmittel von außen her in Kühltaschen und von dort an einem Teil des Umfanges radial nach innen und am restlichen Umfang radial nach außen geführt (Abb. 91).

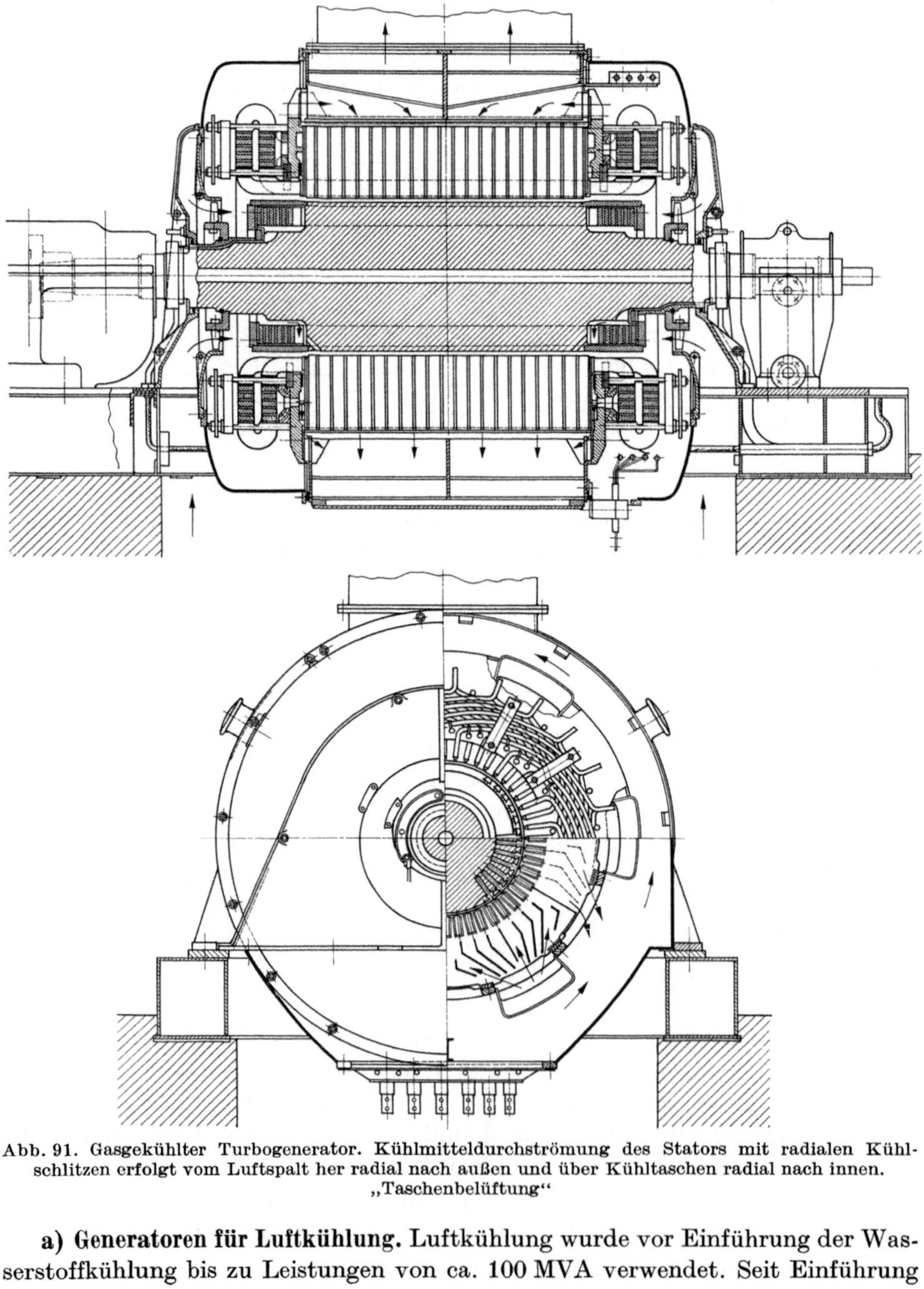

Abb. 91. Gasgekühlter Turbogenerator. Kühlmitteldurchströmung des Stators mit radialen Kühlschlitzen erfolgt vom Luftspalt her radial nach außen und über Kühltaschen radial nach innen. „Taschenbelüftung“

a) Generatoren für Luftkühlung. Luftkühlung wurde vor Einführung der Wasserstoffkühlung bis zu Leistungen von ca. 100 MVA verwendet. Seit Einführung der Wasserstoffkühlung wird sie kaum noch für größere Leistungen als ca. 50 MVA gebaut. Als genormte Leistungen gelten nach VDE 0530 die Werte der nachstehenden Tabelle.

Für fahrbare Kraftwerke oder Gasturbinen-Kraftwerke ohne Kühlwasser (stationär oder fahrbar) wird *Durchzugsventilation* mit Ansaugung vom Freien und Ausblasung ins Freie (vielfach mit Filterung der Frischluft) verwendet.

Genormte Nennleistungen luftgekühlter Turbo-Generatoren

MW	10	12	16	25	40	50
MVA	12,5	15	20	31,25	50	62,5

Für Industrie-Kraftwerke mit Gas- oder Dampfturbinen und für Kraftwerke der öffentlichen Stromversorgung wird heute selbst für relativ kleine Leistungen mit Rücksicht auf Geräusch und zur Vermeidung von Filterbedienung fast nur noch geschlossener Luftkreislauf mit eingebauten Kühlern (Wärmeaustauschern) verwendet. Die Kühler werden vielfach unter dem Generator angeordnet mit teilweise als Blechkanäle ausgeführten Luftführungen (Abb. 92). Für Gasturbinen-

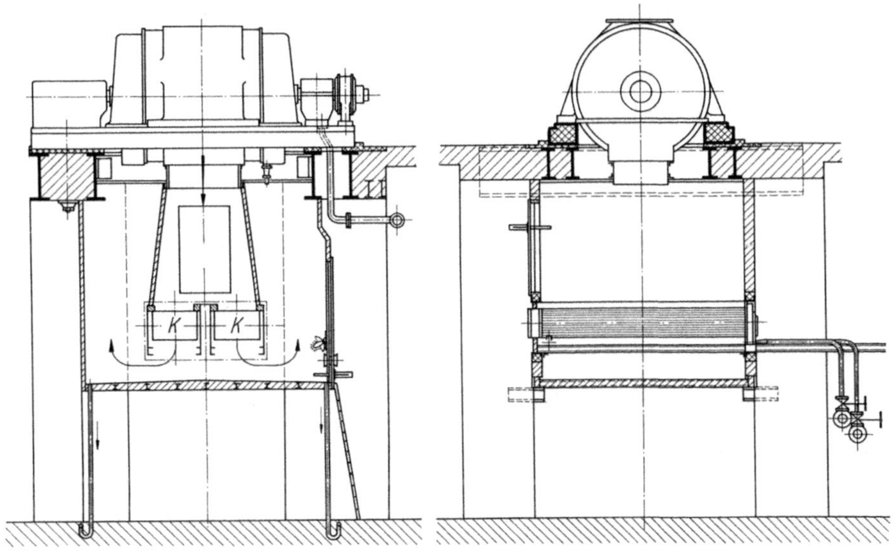

Abb. 92. Kühleranordnung unter dem Generator
K Kühler

Generatoren-Anlagen, in denen kein Kondensator-Keller vorhanden ist, und in neuerer Zeit auch für Dampfturbinen-Generatoren mit direkter Hohlleiter-Luftkühlung, baut man — unter Vermeidung von Kühlluftkanälen im Fundament — ähnlich wie bei wasserstoffgekühlten Generatoren, die Rückkühler direkt in den Generator ein (Abb. 93). Die Kühler sollen so bemessen werden, daß, wenn ein Teil zu Reinigungszwecken außer Betrieb gesetzt wird, der Generator mindestens 2/3 der Nennlast dauernd abgeben kann, ohne daß die für die Maschine zugelassenen Temperaturen überschritten werden. Die Temperatur der Kühlluft kann in diesem Falle den normalen Grenzwert von 40 °C überschreiten. Kühler sollen für eine höchste Temperatur des Wassers von ca. 32 °C an der Eintrittsstelle und für einen

Wasserüberdruck bei Betrieb von 1,75 kp/cm² bemessen sein. Sie sind einer Wasserdruckprüfung von 3,5 kp/cm² zu unterziehen. Wird der Wasserdurchlauf hinter dem Kühler geregelt, so ist der Kühler für den Betriebsdruck der Wasserversorgung zu bemessen und mit dem doppelten Wert dieses Druckes zu prüfen.

Bei geschlossenem Luftkreislauf soll durch „Erdung" des Kreislaufes, d. h. durch Verbindung des Generatorluftkreislaufes mit der Außenatmosphäre ein eindeutiger Druckverlauf im Generator hergestellt werden. Wenn diese „Erdung" — wie meistens üblich — auf der Ventilationssaugseite gemacht wird, so erreicht man, daß im ganzen Luftkreislauf ein Überdruck — abfallend vom Ventilatordruck bis auf Atmosphärendruck — herrscht, also nirgends an undichten Stellen Um-

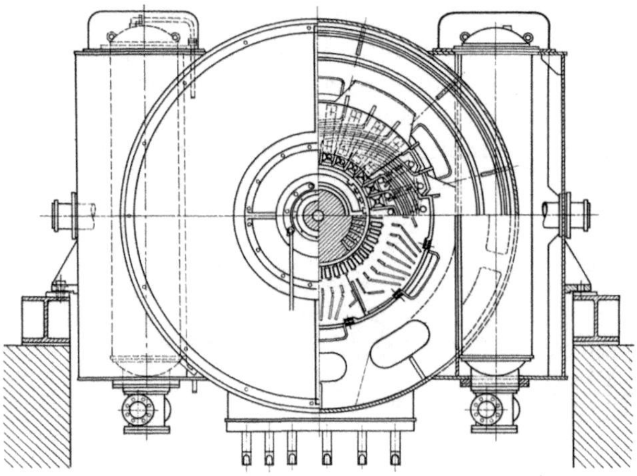

Abb. 93. Generator mit eingebautem Rückkühler

gebungsluft einströmt, sondern Generatorluft ausströmt. Diese muß durch die „Erdungsöffnung" wieder ersetzt werden. Diese Öffnungen werden mit Filtern — sog. Atmungsfiltern — versehen.

Die luftgekühlten Generatoren haben normalerweise Eigenventilation, und zwar kleinere Generatoren vielfach Axialventilation mit einem Radialventilator, während größere Generatoren mit Luftkühlung symmetrische Ventilation, also auf beiden Seiten Axialventilatoren (Abb. 91) haben. Es kommt sowohl Saug- als auch Druckventilation zur Anwendung (s. auch S. 70).

Für große luftgekühlte Generatoren wird in Ausnahmefällen auch Fremdventilation (s. S. 4) verwendet, und zwar vielfach auch mit zwei durch Motoren angetriebene Ventilatoren (Abb. 94), weil bei Verwendung von zwei Motorventilatoren mit Abschaltung eines Ventilators bei Teillast ein besserer Wirkungsgrad erzielt werden kann. In diesem Fall wird immer Saugventilation verwendet, bei welcher die Kompressionswärme der Ventilatoren (also die Ventilatorverlustleistung wegen des unmittelbar nach dem Ventilator angeordneten Kühlers) nicht in das Temperaturniveau des Generators eingeht.

b) Generatoren für Wasserstoffkühlung. Alle großen Turbogeneratoren — für 50 Hz etwa ab 50 MVA, für 60 Hz schon ab ca. 20 MVA — mit Ausnahme der Bahngeneratoren für 16 2/3 Hz haben Wasserstoffkühlung. Die Wasserstoffkühlung wird aber in einzelnen Fällen auch bei 50-Hz-Generatoren bis herunter zu ca. 30 MVA verwendet. Als genormte Nennleistungen wasserstoffgekühlter Generatoren gelten nach VDE 0530 die Werte der folgenden Tabelle. Die physikalischen Eigenschaften von Wasserstoff, abhängig von der Wasserstoffreinheit (Volumen % H_2 in Luft) sind in Abb. 5 gezeigt. Daraus ist ersichtlich, daß die Ventilations-

Genormte Nennleistungen wasserstoffgekühlter Turbo-Generatoren

MW	25	40	50	63	80	100	125	160	200	250	320	400
MVA	31,25	50	62,5	78,75	100	125	156,25	200	235	294	376	470

verluste (nach Gl. (18) u. Tab. 23 — proportional dem Druck bzw. der Dichte des Kühlmediums —) bei Wasserstoffkühlung gegenüber Luftkühlung erheblich kleiner sind und die Kühlung durch den besseren Wärmeübergang sehr verbessert wird, wodurch kleinere Abmessungen möglich sind.

Da bei Verwendung von Wasserstoff als Kühlmittel der Stator gasdicht und explosionsfest gebaut werden muß, kann praktisch ohne Mehraufwand auch Wasserstoff von erhöhtem Druck verwendet werden. Der niedrigste übliche Wasserstoffdruck ist 350 mm WS, d. h. gegenüber der Atmosphäre ist ein Überdruck von 0,035 kp/cm² vorhanden, was ungefähr der amerikanischen Praxis von 0,5 psig entspricht. Der höchste verwendete Überdruck ist ca. 4 kp/cm² (etwa 60 psig), bei Verwendung von direkt gasgekühlten Statorwicklungen unter Umständen auch 6 kp/cm². Erhöhter Wasserstoffdruck ist insbesondere wirksam bei direkter Rotor-Kupferkühlung, da die Kupferübertemperatur gegenüber der Kaltgas-Temperatur sich nur aus der Gaserwärmung und der Übertemperatur von Kupfer über Gas zusammensetzt. Die Gaserwärmung ist umgekehrt proportional der Gewichtsmenge Kühlgas, welche durch die Kühlkanäle fließt. Die Gewichtsmenge steigt proportional mit dem statischen Druck des Gases im Generator, und auch die Wärmeübergangszahl wächst — zwar etwas schwächer als linear — mit dem statischen Gasdruck. Die gleiche Wirkung wie mit erhöhtem Wasserstoffdruck kann auch durch Erhöhung der Gasgeschwindigkeit in den Kühlkanälen erreicht werden, weil auch damit eine proportional vergrößerte Gewichtsmenge Gas durch die Kühlkanäle strömt. Die größere Geschwindigkeit ergibt außerdem auch eine größere Wärmeübergangszahl (s. S. 87). Bei der bei Wasserstoffkühlung neuerdings immer verwendeten direkten Kupferkühlung wirkt der Rotor selbst als ein Radial-Ventilator mit einer Druckhöhe, die sich aus dem Gaseintritts- und Gasaustrittsdurchmesser ergibt (s. S. 550). Bei der sog. Hochleistungskühlung (super-charged cooling) wird zum Rotoreigendruck der Ventilatordruck in Serie geschaltet, so daß

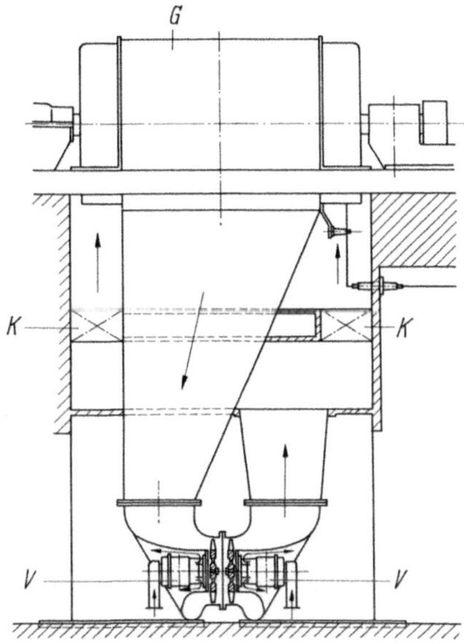

Abb. 94. Turbogenerator mit Fremdventilation
G Turbogenerator; *K* Kühler; *V* Ventilatoren

sich bei 4- bis 6fachem Gesamt-Ventilationsdruck eine 2- bis $2^1/_2$fache Gasgeschwindigkeit in den Rotorkühlkanälen ergibt. Wenngleich dieselbe Kühlwirkung durch hohen statischen Gasdruck bei niedrigen Strömungsgeschwindigkeiten oder durch hohe Geschwindigkeiten bei kleinen statischen Gasdrücken erzielt werden kann, so gibt es hinsichtlich des Leistungsaufwandes einen gewissen optimalen Gasdruck. Bei diesem günstigen Gasdruck bilden die Gasreibungsverluste an der Oberfläche rotierender Teile zusammen mit den reinen Förderverlusten ein Minimum. Bei Überschreiten des optimalen Druckes nehmen die Oberflächenreibungsverluste stärker zu als die Förderverluste abnehmen, und bei Unterschreiten des optimalen Druckes muß die Förderleistung mehr gesteigert werden als die Gasreibungsverluste abnehmen[1] (Abb. 95).

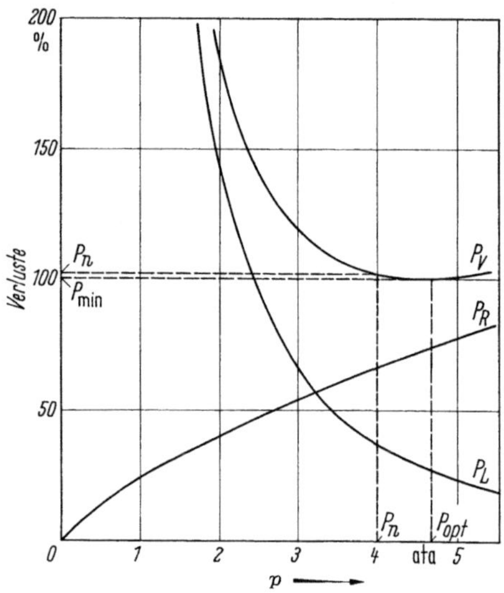

Abb. 95. Leistungsaufwand für die Kühlung der Erregerwicklung von Turbogeneratoren in Abhängigkeit vom statischen Gasdruck bei jeweils an gleichbleibende Kühlwirkung angepaßtem Gasvolumenstrom

P_R Gasreibungsverluste an der Rotoroberfläche
P_L Leistung zur Förderung des Kühlgases
$P_V = P_R + P_L$, Rotorventilationsverluste

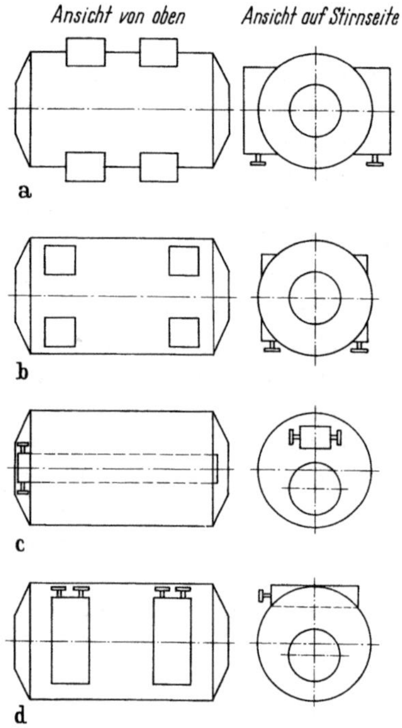

Abb. 96. Anordnung der Kühler im Gehäuse von Turbogeneratoren

a Kühler vertikal im Zylindermantel des Stators
b Kühler vertikal in den Stirnräumen des Stators
c Kühler horizontal längs im Stator
d Kühler horizontal quer im Stator

Erhöhter statischer Wasserstoffdruck beeinflußt wohl die Anforderungen an die Gasdichtheit des kompletten Generators, kaum aber die Anforderungen an die Explosionssicherheit. Die Zündung erfordert ein explosionsfähiges Gemisch von Sauerstoff mit Wasserstoff. Maximale Temperatur und damit höchster Druck ergibt sich bei 2 Volumteilen H_2 und 1 Teil O, weil dieses Gemisch restlos zu H_2O verbrennt. Jede andere Mischung hat einen nicht verbrennbaren, deshalb also hemmenden, Überschuß an H_2 oder O. Sauerstoff kann nur als Sauerstoff in Luft in den

[1] NEIDHÖFER, G.: Optimierung auf kleinste Ventilations- und Stromwärmeverluste bei gasgekühlten Läufern von Großturbogeneratoren. ETZ-A, 86 (1965) 11.

Generator gelangen, also bei ca. 20% Sauerstoff in Luft zusammen mit 80% N und CO_2. Maximal explosionsfähiges Gemisch von H_2 und Luft entsteht deshalb bei ca. 70% Luft im Wasserstoff.

Als oberste Explosionsgrenze kann man mit ca. 74...78 Vol% H_2 in Luft als unterste Explosionsgrenze mit ca. 4...8 Vol% H_2 in Luft rechnen. Der sich bei maximal zündfähigem Gemisch ohne Berücksichtigung der abkühlenden Teile ergebende Explosionsdruck ist ca. 6 kp/cm². Deshalb wurde allgemein ein Abpreß-Prüfdruck für den kompletten Stator von 10 kp/cm² festgelegt, bei welchem keine schädlichen Formänderungen auftreten dürfen. Da in einen mit Wasserstoffüberdruck gefüllten Behälter keine Luft eindringen kann, sondern erst, wenn durch Leckage der Wasserstoffdruck auf Atmosphärendruck gesenkt ist, wird allgemein kein Grund gesehen, für die Konstruktion des Stators bei Verwendung erhöhten Wasserstoffdruckes die Anforderungen an die Druckfestigkeit zu erhöhen.

Weil die Forderung nach einem Prüfdruck von 10 kp/cm² für die Steifigkeit der stirnseitigen Verschalungen ohnehin einen erheblichen Gewichtsaufwand bedeutet, ist es naheliegend, diese Verschalungen zugleich als Tragkonstruktion für die Lagerung auszubilden, also wasserstoffgekühlte Turbogeneratoren als Lagerschild-Maschinen zu bauen. Die Lagerschild-Konstruktion kann ohne erhebliche Schwierigkeiten angenähert mechanisch isotrop ausgeführt werden. Dies wirkt sich günstig auf die Laufruhe des Rotors und die Schwingungen des Statorgehäuses aus (s. S. 540).

Um außerhalb des Generators keine Kühlkanäle für 10 kp/cm² Druck ausführen zu müssen, werden normalerweise die Kühler (Wärmeaustauscher) in den Stator eingebaut. Für die Einbauweise der Kühler sind verschiedene Ausführungen üblich, vgl. Abb. 96.

Die Kühlung der Statorwicklung erfolgt bis zu Leistungen von ca. 100 MVA indirekt durch Wärmeleitung an das Statorblech und von diesem durch Konvektion an das Kühlgas.

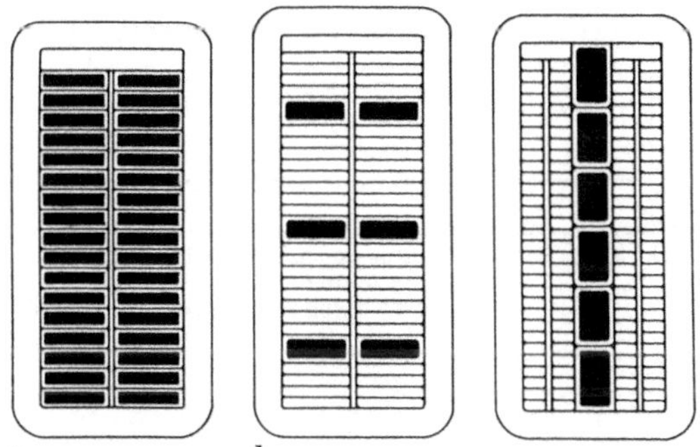

Abb. 97. Schnitt durch den Statorstab einer a und b flüssigkeitsgekühlten, c gasgekühlten Wicklung

c) Kombinierte Gas- und Flüssigkeitskühlsysteme. Bei größeren Leistungen wird direkte Statorwicklungskühlung verwendet, entweder als direkte Gaskühlung oder bei Leistungen ab ca. 150 MVA auch als Flüssigkeitskühlung (Öl oder Wasser). Die hauptsächlichst verwendeten Wicklungsquerschnitte für Gaskühlung und Flüssigkeitskühlung sind gezeigt in Abb. 97.

Für Flüssigkeitskühlung wird Öl geringer Viskosität (s. Tab. 48) oder reines Wasser mit einer Leitfähigkeit von 0,2 bis 1 Mikrosiemens verwendet.

Wasser hat gegenüber Öl bessere Kühlwirkung (Tab. 24) und bei Wassergeschwindigkeiten unter 1,5 bis 2 m/s bestehen keinerlei Gefahren für Hohlleiter und Zuführungsrohre. Öl dagegen hat Vorzüge bezüglich seiner Isoliereigenschaften, insbesonders kann noch im Stillstand bei Versagen der Kühlmittel-Umlaufeinrichtung der Generator an Spannung bleiben, während bei Wasser allein unter Spannung eine Erwärmung des stehenden Wassers erfolgt und dadurch bei Sinken

Abb. 98. Kühlflüssigkeits-Zufluß zu der Statorwicklung eines Turbogenerators

des von der Temperatur abhängigen elektrischen Wasserwiderstandes nach relativ kurzer Zeit eine Generatorabschaltung nötig wird.

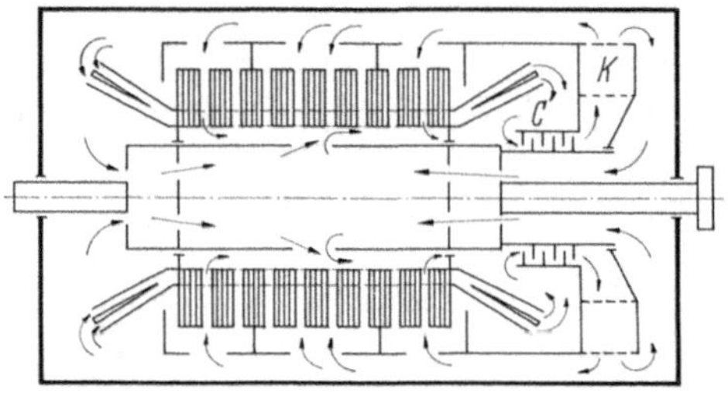

Abb. 99. Kühlschema eines Generators mit direkt gekühlter Statorwicklung und mehrstufigem Axialverdichter
K Kühler; *C* Axialverdichter

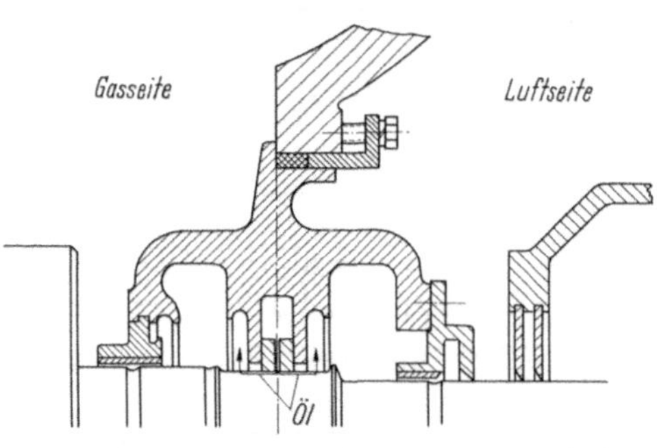

Abb. 100. Radiale Wellendichtung für wasserstoffgekühlte Generatoren

Die Zuführung der Kühlflüssigkeit zu den Statorwicklungsstäben erfolgt durch Isolationsschläuche (Teflon). Es kann jeder Stab Kühlmittel-Zu- und -Abfluß haben oder es können mehrere Stäbe in Serie gespeist werden (Abb. 98). Ein Kühlschema eines Generators mit direkt gasgekühlter Statorwicklung (Stator-Nut Abb. 97c) mit mehrstufigem Axialverdichter zur Speisung der langen Statorstäbe zeigt Abb. 99.

Ein wichtiges Konstruktionselement wasserstoffgekühlter Turbogeneratoren ist die Wellendichtung, welche die innere Wasserstoff-Füllung des Generators gegen die Atmosphäre an den Wellendurchtrittsstellen trennt.

Es werden grundsätzlich zwei verschiedene Systeme verwendet:

Radiale Dichtungen und axiale Dichtungen.

Bei den *radialen Dichtungen* (Abb. 100) wird einem stillstehenden, auf der Welle schwebenden Dichtungsring normalerweise evakuiertes Drucköl mit ca. 0,3 kp/cm² höherem Öldruck als der statische Wasserstoffdruck des Generators zugeführt. Das Dichtungsöl tritt durch den Spalt zwischen Dichtungsring und Welle axial nach beiden Seiten, also zur Wasserstoff- und Luftseite aus. Auf der Luftseite löst das Dichtungsöl Luft und auf der Wasserstoffseite Wasserstoff.

Die Löslichkeit von Wasserstoff in Öl von 0...100 °C beträgt 4...7 Vol. %, d. h. 4...7 cm³ H_2 (0 °C, 760 mm Hg) in 100 cm³ Öl und die Löslichkeit von Luft in Öl von 0...100 °C beträgt 8...10 Vol. % je nach Sorte und Temperatur des Öls. Die Menge Wasserstoff und Luft, die in das Dichtungsöl übergeht, ist proportional dem Druck. Bei erhöhtem Wasserstoffdruck ist also die im Dichtungsöl gelöste Wasserstoffmenge entsprechend größer.

Die entsprechende Beziehung für strömende Medien lautet demnach:

$$V_{H_2} = L \cdot Qp \qquad \begin{cases} V_{H_2}\ [\mathrm{dm^3/s}] \\ Q\ [\mathrm{dm^3/s}] \\ L\ [1/1\ \mathrm{kp/cm^2}] \\ p\ [\mathrm{kp/cm^2}] \end{cases} \tag{73a}$$

oder in praktischen Einheiten

$$V_{H_2} = 1{,}44 \cdot L \cdot Qp \qquad \begin{cases} V_{H_2}\ [\mathrm{m^3/24\ h}] \\ Q\ [\mathrm{lt/min}] \\ L\ [1/\mathrm{ata}] \\ p\ [\mathrm{ata}] \end{cases} \tag{73b}$$

Mit L als Proportionalitätskonstanten, wobei gilt:

H_2 in Öl	$L = 0{,}04 \ldots 0{,}07$ 1/ata
Luft in Öl	$L = 0{,}08 \ldots 0{,}10$ 1/ata

Das luft- und wasserstoffhaltige Öl wird bei den Dichtungen durch einen Beruhigungstank einem Evakuierungstank zugeführt und dort durch Vakuumpumpen entgast und dann über Kühler und Filter wieder den Dichtungen zugeführt (Abb. 101). Da die Dichtung immer — also auch beim Generatorstillstand — mit Öl versorgt sein muß (beim Generatorstillstand fließt allerdings weniger Öl durch den Spalt zwischen stillstehender Dichtung und Dichtungsring), ist es üblich, für jeden Motor und jede Pumpe eine Reserve zu haben, die automatisch beim Versagen der Hauptpumpe zugeschaltet wird.

Bei *axialen Dichtungen* (Abb. 102) ist die Dichtölzufuhr so angeordnet, daß entgegen der Zentrifugalkraft des Öles bei Betrieb des Generators nur eine minimale Ölmenge auf der Wasserstoffseite nach innen strömt, während das luftseitige Öl praktisch allein als Kühlöl wirksam ist. Diese Anordnung erlaubt eine wesentlich einfachere Dichtöl-Anlage. Dem steht allerdings gegenüber, daß die Dichtungen axial mit der Welle und deren Wärmedehnungen, die mehrere Millimeter betragen kann, beweglich sein müssen. Da eine Evakuierung des Öles bei diesem Dichtungssystem entbehrlich ist, kann die Wellendichtungs-Ölanlage wesentlich einfacher ausgeführt werden (Abb. 103).

Außer der Wellendichtungsölanlage müssen wasserstoffgekühlte Turbogeneratoren noch mit einer Wasserstoff-Anlage versehen sein, welche automatisch beim Sinken der Wasserstoff-Reinheit oder des Wasserstoffdruckes frischen Wasserstoff zuführt. Der Wasserstoffverbrauch per 24 Std. ist je nach Generatorgröße und Wasserstoffdruck zwischen 0,5 und 12 m³/24 Std. Da beim Füllen oder Entleeren die Generator-Wasserstoff-Füllung nicht mit Luft in Berührung kommen darf, wird als Zwischengas für diese Manipulation Kohlensäure (CO_2) verwendet.

Je nach Art der Füllung — im Generatorstillstand oder im Betrieb — ist die benötigte CO_2-Menge verschieden.

Ein Schema für die Wasserversorgung der Statorwicklung bei Wasserkühlung ist gezeigt in Abb. 104.

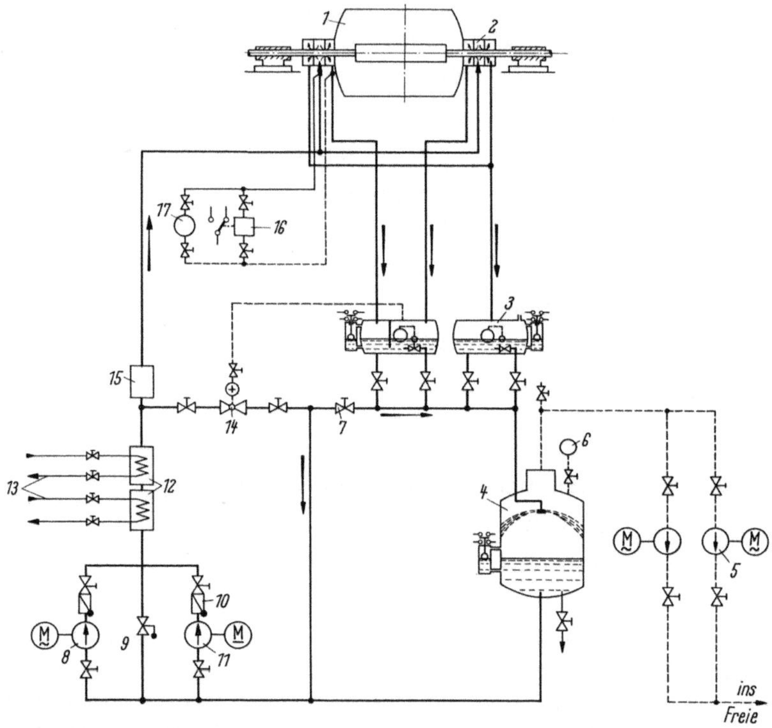

Abb. 101. Schema einer Ölanlage zu wasserstoffgekühltem Generator mit radialer Wellendichtung
1 Turbogenerator; *2* Wellendichtung; *3* Entgasungstank; *4* Vakuumtank; *5* Vakuumpumpen; *6* Vakuummeter; *7* Absperrventil; *8* Hauptpumpe; *9* Überdruckventil; *10* Rückschlagklappe; *11* Reservepumpe; *12* Kühler; *13* Kühlwasser; *14* Druckregulierventil; *15* Filter; *16* Differenzdruck-Manostat; *17* Differenzdruck-Manometer

I. Wechselstromerreger mit rotierenden Erregergleichrichtern

Der Gedanke, den Kommutator — also den mechanischen Gleichrichter — durch einen wartungsfreien statischen Gleichrichter zu ersetzen, welcher auf der Welle mitrotierend gleichzeitig auch die Schleifringe erübrigt, wurde mit der Einführung leistungsfähiger Silizium-Gleichrichter verwirklicht.

Es werden z. Z. für den gesamten Leistungsbereich von Synchrongeneratoren, vom Notstromaggregat bis zum Grenzleistungs-Turbogenerator, rotierende Halbleiter-Gleichrichter-Anordnungen von einigen kW bis zu über 2000 kW gebaut.

Die konstruktive Anordnung ergibt sich zwangsläufig aus dem Leistungsfluß auf der Welle. Für kleine bis mittlere Leistungen können Erreger und Gleichrichterring eventuell fliegend auf dem freien Wellenende montiert werden, wobei sich der Erreger nächst dem Lager, der Gleichrichterring am äußersten Wellenende befindet und direkt auf die Zuleitung zum Hauptfeld einspeist.

Der für die Schleifringe notwendige Platz kann für die Montage des Gleichrichterringes Verwendung finden.

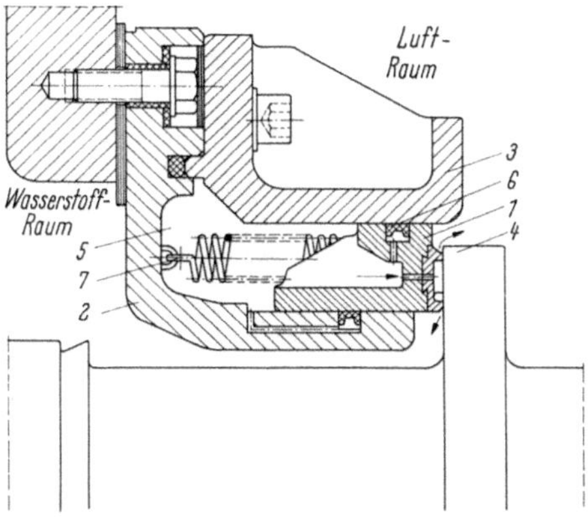

Abb. 102. Axiale Wellendichtung
1 Dichtungsring; *2* Dichtungsführung; *3* Dichtungsgehäuse; *4* Wellenbund; *5* Öldruckraum; *6* Manschette; *7* Zugfeder

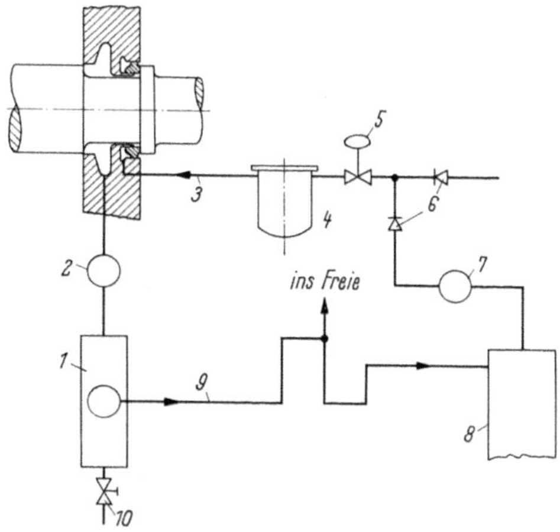

Abb. 103. Prinzipschema einer Ölanlage zu wasserstoffgekühltem Generator mit axialer Wellendichtung
1 Entgasungstank; *2* Ölschauglas; *3* Ölzufluß; *4* Filter; *5* Druckregler; *6* Rückschlagventil; *7* Ölpumpe; *8* Sammelbehälter; *9* Ölabfluß; *10* Ablaßventil

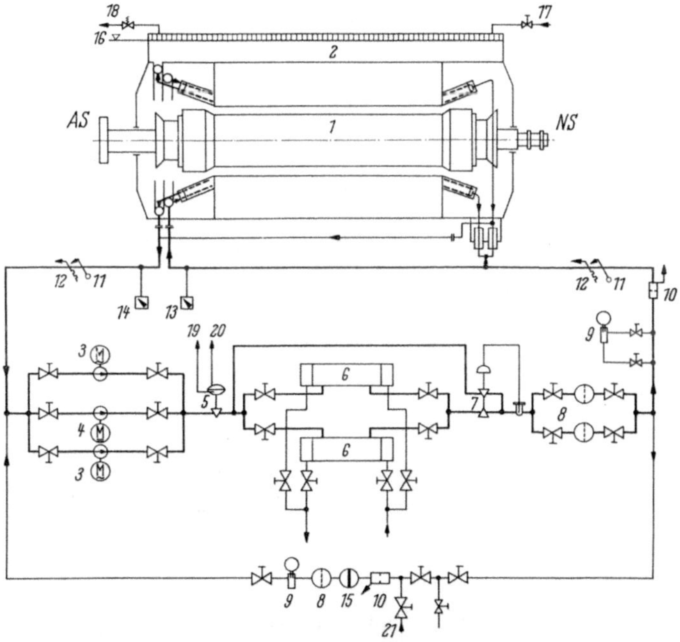

Abb. 104. Prinzipschema einer Kühlwasserversorgungsanlage
1 Generator; *2* Hochtank; *3* Wechselstrom-Pumpenaggregat; *4* Gleichstrom-Pumpenaggregat; *5* Druckregelventil; *6* Kühler; *7* Temperatur-Regelventil; *8* Filter; *9* Leitfähigkeitsmeßzelle; *10* Mengenmesser; *11* Thermometer; *12* Thermoelement; *13* Manometer-Wicklung Eingang; *14* Manometer-Wicklung Ausgang; *15* Ionenaustauscher; *16* Niveau-Anzeiger; *17* H_2O-Einlaß-Leitung; *18* H_2O-Ablaß-Leitung; *19* H_2O-Druck-Fühlerleitung; *20* H_2O-Druck-Fühlerleitung; *21* H_2O-Füllanschluß des Systems

Eine Anordnung, bei welcher die Wechselstrom-Haupterregermaschine und die Permanentpol-Hilfserregermaschine, sowie der rotierende Gleichrichtersatz einlagerig zur Kupplung mit dem Generator zusammengebaut sind, zeigen Abb. 105 u. 106.

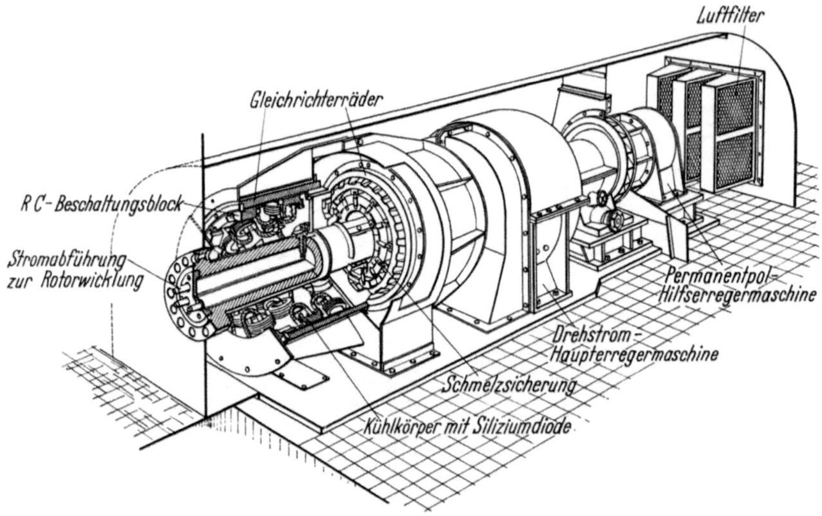

Abb. 105. 600 kW-Erregersatz mit rotierenden Gleichrichtern

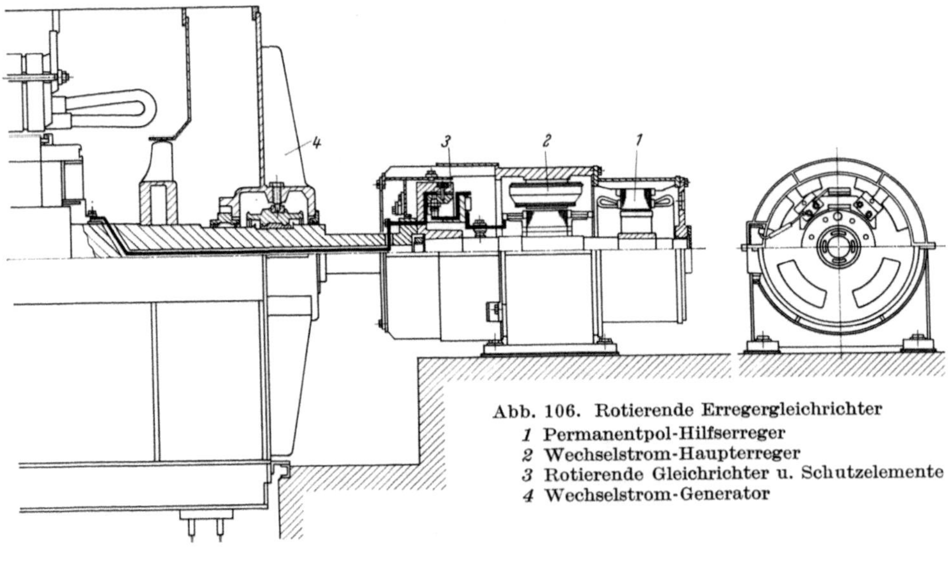

Abb. 106. Rotierende Erregergleichrichter
1 Permanentpol-Hilfserreger
2 Wechselstrom-Haupterreger
3 Rotierende Gleichrichter u. Schutzelemente
4 Wechselstrom-Generator

Eine andere Anordnung, bei welcher die Wechselstrom-Haupterregermaschine in den zweilagerigen Generator eingebaut ist und der rotierende Gleichrichtersatz fliegend angeordnet ist, zeigt Abb. 107. Diese Anordnung ist besonders günstig, wenn zur Erregung des Wechselstromerregers kein Permanentpolgenerator verwendet wird, sondern die Erregung von den Klemmen des Generators aus über steuerbare Gleichrichter erfolgt.

Der im allgemeinen 3phasige Wechselstromerreger für rotierende Gleichrichter gleicht im Gegensatz zum Wechselstromerreger für stationäre Halbleiter-Gleichrichter in seinem prinzipiellen Aufbau dem Gleichstromerreger, nur trägt er an Stelle des Kommutators den Gleichrichterring mit auf Kühlkörpern befestigten Halbleiterelementen und den dazugehörigen Schutzelementen.

Der Haupterreger wird entweder durch einen auf der gleichen Welle angeordneten Permanentmagnetpol-Generator über steuerbare Halbleiter-Ventile oder Magnetverstärker erregt; oder aber die Feldanspeisung erfolgt aus einem Hilfsnetz oder von den Klemmen des Hauptgenerators.

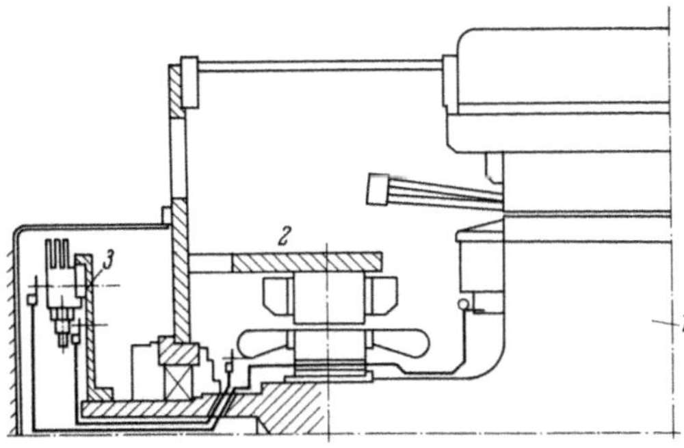

Abb. 107. Wechselstrom-Erreger mit fliegender Anordnung der rotierenden Gleichrichter
1 Hauptgenerator
2 Wechselstrom-Erreger
3 rotierende Gleichrichter und Schutzelemente

Der rotierende Gleichrichter soll folgenden Forderungen genügen:

a) beschleunigungssicherer mechanischer Aufbau

b) leichte Zugänglichkeit für Montage und Demontage (Auswechselarbeit) der Halbleiterelemente,

c) günstige Strömungsverhältnisse für Kühlluft-Ein- und Austritt,

d) minimaler Aufwand für Schaltverbindungen,

e) zweckmäßige Anordnung von Schutzelementen wie R-C-Netzwerken und Sicherungen.

Je nach Art und Drehzahl der Anlage werden von den rotierenden Halbleiterelementen Beschleunigungsfestigkeiten von einigen 100 g bis 6000 g verlangt ($g = 9{,}81\ \mathrm{m/s^2}$).

Leichtmetall-Kühlkörper, die ihrerseits in ein oder mehreren L- oder T-förmigen Trägerringen, einzeln oder zu Schaltgruppen zusammengefaßt, isoliert befestigt sind, sorgen für rasche und gleichmäßige Ableitung der Verlustwärme.

Bevorzugte Anwendung findet die mit Dioden bestückte Dreiphasen-Brückenschaltung, da sie sowohl die günstigste Ausnutzung des Erregergenerators ermöglicht, als auch die spannungsmäßige Belastung der Halbleiter in Sperrichtung auf ein Minimum reduziert. Andere Gleichrichterschaltungen sind ebenfalls denkbar. Im Besonderen kann man durch Einsetzen von gesteuerten Halbleiter-Ventilen an Stelle von Dioden, gleich wie beim Gleichstromerreger eine Energieumkehr zum raschen Abbau des Hauptfeldes des Synchrongenerators ermöglichen. Eine konstruktive Vereinfachung des Aufbaues, besonders bei kombinierter Serie — Parallelschaltung von Gleichrichterelementen, ergibt sich durch Elemente mit wahlweiser Polarität am Gehäuse.

Der rotierende HL-Gleichrichter ist elektrisch so auszulegen, daß sowohl ein Klemmen-Kurzschluß wie auch ein störungsbedingter kurzzeitiger Asynchronlauf des Hauptgenerators die Erregereinrichtung nicht gefährden. Daher sind wirksame Dämpferkreise im Hauptgenerator anzustreben.

Bei größeren Gleichrichtereinheiten werden den Halbleiterelementen angepaßte Sicherungen vorgeschaltet. Diese haben die Aufgabe, bei Verlust der Sperrfähigkeit eines Elementes den kurzgeschlossenen Zweig selektiv herauszuschalten, ohne die übrigen Zweige zu gefährden, so daß ein Betriebsunterbruch vermieden wird. Der Sicherungsausfall wird vielfach automatisch angezeigt.

II. Gleichstrommaschinen

Die Gleichstrommaschine unterscheidet sich von der Synchronmaschine grundsätzlich dadurch, daß zwischen Ankerwicklung und Netz ein Kommutator (Stromwender) geschaltet ist. Allgemein üblich ist die Außenbauart, bei welcher der Feldmagnet den Stator, der Anker den Rotor bildet. Der Stator besteht aus Hauptpolen und Wendepolen, sowie einem ringförmigen Joch. Das Joch verbindet die Pole mechanisch und magnetisch; es wird aus Stahlguß oder gewalztem und geschweißtem Stahl angefertigt, wenn an die Maschine keine besonderen dynamischen Forderungen gestellt werden, andernfalls wird das Joch aus lamelliertem Blech aufgebaut (s. S. 340). Die Hauptpole bestehen aus Polkernen und Polschuhen. In der Regel sind sie aus gestanztem Blech zusammengebaut. Die Wendepole sind entweder aus massivem, gewalztem Stahl oder aus lamelliertem Blech hergestellt. Der Rotor wird wegen des magnetischen Wechselflusses immer aus gestanztem Dynamoblech aufgebaut und ist am Umfang zur Aufnahme der Spulen der Rotorwicklung genutet.

In den Spulen der Rotorwicklung wird im Betrieb eine Wechselspannung induziert, und zwar entspricht eine Drehung des Rotors um eine Polteilung einer Halbperiode dieser Wechselspannung. Jede Spule wird mit 2 Lamellen (s. S. 307) des Kommutators verbunden. Eine Spule, die zu einem bestimmten Zeitpunkt eine positive Spannung aufweist, besitzt nach einer Drehung um eine Polteilung eine gleich große, jedoch negative Spannung. Die räumlich feststehenden Bürsten haben eine ihrer Lage zugeordnete, positive, bzw. negative Spannung. Der Kommutator mit den Bürsten wirkt zwischen der Wechselstrom führenden Rotorwicklung und dem Gleichstromnetz als mechanischer Gleichrichter.

Gleichstrommaschinen werden sowohl als Generatoren wie auch als Motoren verwendet. Generatoren und Motoren sind — nicht so sehr grundsätzlich wegen ihrer Betriebsart als wegen der verschiedenen Anforderungen durch ihre spezielle Verwendung als Generator oder Motor — in ihrer Konstruktion vielfach verschieden. Einige Verwendungsfälle von Gleichstrom-Generatoren sind durch die Einführung von Gleichrichtern in den Hintergrund getreten, so z. B. Hochstrom-Elektrolyse-Generatoren. Andererseits ist aus dem gleichen Grunde der über Gleichrichter gespeiste Gleichstrommotor vielfach an Stelle von Wechselstrom-Induktionsmotoren und Wechselstrom-Kommutatormotoren getreten.

A. Gleichstrom-Generatoren

a) Leonard-Generator. Dies sind die klassischen Gleichstrom-Maschinen für regelbare Antriebe. Er hat den einfachen Aufbau (Abb. 108), wie er obenstehend allgemein für Gleichstrommaschinen angegeben ist.

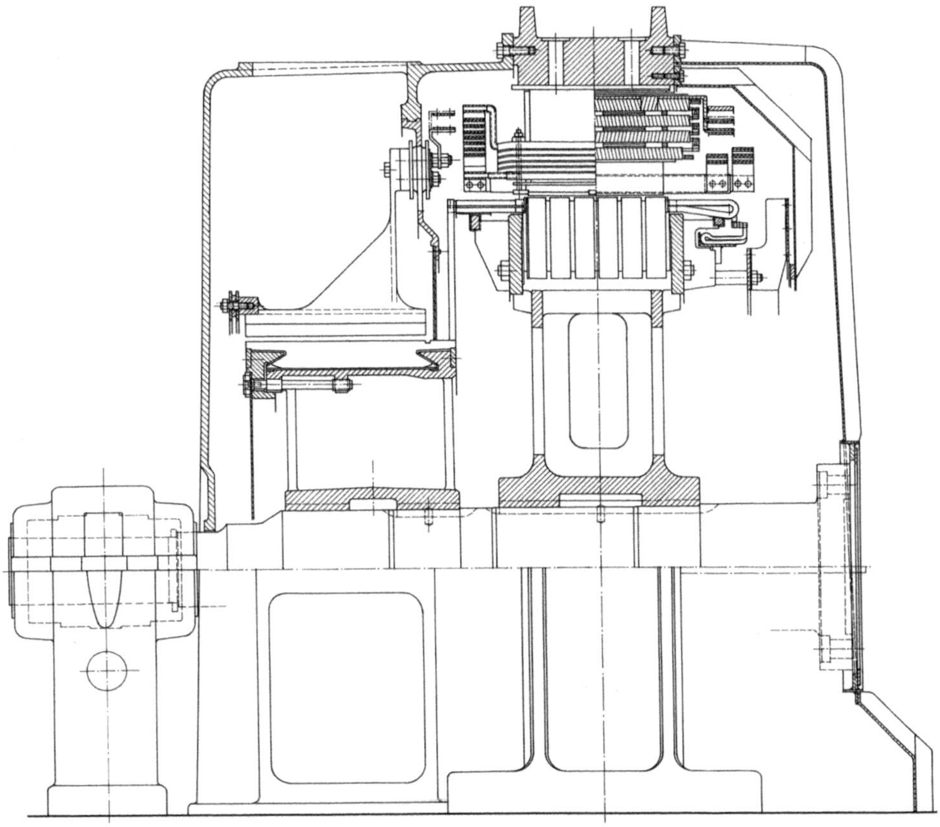

Abb. 108. Aufbau einer Gleichstrommaschine

Abb. 109. Bewickelter Stator einer kompensierten Gleichstrommaschine

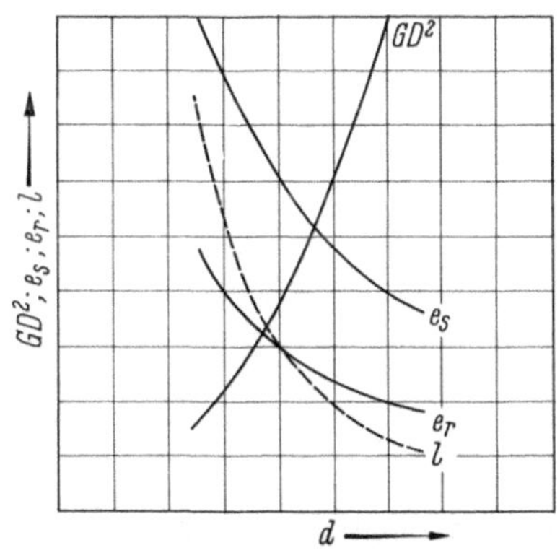

Abb. 110. Einfluß der Hauptabmessungen von kleinen und mittleren Gleichstrommaschinen auf deren Kenngrößen

$M \sim d^2 l =$ konst.

M	Drehmoment
d	Ankerdurchmesser
l	Eisenlänge
GD^2	Schwungmoment ($\sim d^4 l$)
e_s	Segmentspannung ($\sim dl$)
e_r	Reaktanzspannung ($\sim dl$)

In Fällen, wo betriebsmäßig die mittlere Lamellenspannung etwa 16...18 Volt überschreitet und gegebenenfalls bei Anwendung von Feldregelung, wird eine Kompensationswicklung in den Hauptpolen angeordnet (Abb. 109). Die Wendepolwicklung wird dann entsprechend schwächer ausgeführt.

Beim Entwurf der Gleichstrommaschine ist die Wahl der Polzahl in bestimmten Grenzen freigestellt und richtet sich nach wirtschaftlichen und technischen Gesichtspunkten. Wählt man eine kleinere Polzahl, so werden entsprechend den

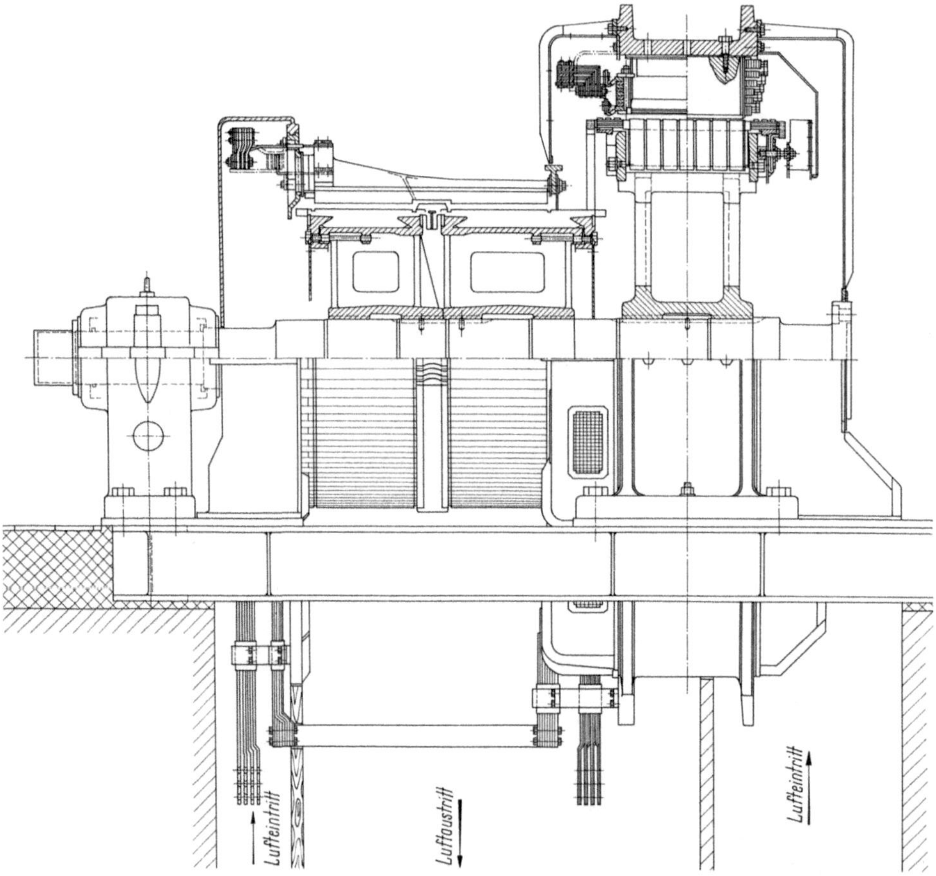

Abb. 111. Hochstrommaschine mit Doppelkommutator

großen magnetischen Kraftflüssen sowohl das Statorjoch wie das Rotorjoch radial dicker und damit schwerer und bei gegebenem Durchmesser ergibt sich auch ein größeres Schwungmoment. Eine Maschine mit hoher Polzahl ist lohnintensiver, hat aber kleineres Gewicht und, was speziell für rasch hochlaufende Antriebe mit Feldschwächung und geregelter Stoßerregung von Bedeutung ist, entsprechend kleineres Schwungmoment und kleinere transformatorische Spannungen in den kommutierenden Windungen. Hohe Polzahl ist auch vorteilhaft bei Hochstrommaschinen, da wegen der entsprechenden Vielzahl der parallelen Rotorstromzweige und Bürstenstifte der Kommutator kürzer gebaut werden kann. In Abb. 110[1] ist der Zusammenhang einiger physikalischer Größen aufgezeigt.

Die Kohlebürsten sind bei Regelbetrieb stark intermittierend belastet, weshalb vielfach Reaktionsbürstenhalter verwendet werden (s. S. 358). Die Bürstenhalter sind an Linealen oder Bürstenstiften befestigt, die entsprechend der Neigung von stromlosen Bürsten zum Rattern genügend ratterfest ausgeführt sein müssen. Die Bürsten sind normalerweise in den Hauptpolachsen angeordnet.

b) Hochstrom-Generatoren. Sie werden in erster Linie für die Elektrolyse verwendet. Sie sind weitgehend durch Kontaktumformer oder Gleichrichter ersetzt. Bei diesen Maschinen, bei denen man bis zu etwa 10000 Amp. Strom pro Bürstenlineal geht, haben normalerweise sog. Doppel-Kommutatoren, bei denen jede Lamelle des einen Kommutators mit einer Lamelle des andern Kommutators durch elastische Fahnen verbunden ist. Ein Ausführungsbeispiel zeigt Abb. 111.

c) Dieselgeneratoren. Neben Drehstrom-Dieselgeneratoren für Notstrom werden auch für den gleichen Zweck Gleichstrom-Dieselgeneratoren verwendet. Das Hauptanwendungsgebiet von Gleichstrom-Dieselgeneratoren liegt aber bei Schiffen und bei dieselelektrischen Fahrzeugen. Bezüglich Schwungmoment und bezüglich Zusammenbau mit den Dieselmotoren gelten weitgehend die Angaben von S. 153/154. Die wichtigste konstruktive Eigenheit von Gleichstrom-Dieselgeneratoren besteht darin, daß der Sitz der Rotorbleche auf der Welle oder auf dem Rotorkörper den hohen mechanisch-dynamischen Anforderungen, herrührend von den Drehmomentstößen des Dieselmotors, entsprechen muß. Man verwendet

Abb. 112. Bordnetz-Dieselsatz mit Gleichstrom-Generator; 65 kW, 1200 U/min, und Kompressor

deshalb entweder eine größere Anzahl von eingepaßten Rundkeilen gemäß Abb. 184 oder Tangentialverkeilungen gemäß Abb. 187a. Wenn auch in vermindertem Maße, so gelten doch die gleichen Grundsätze auch für die Befestigung des Kommutators und der Rotorpreßteller. Mit Vorzug wird deshalb der Kommutator am Rotorkörper befestigt und die Kommutatorfahnen (s. S. 398) mit Schnurbandagen miteinander verbunden oder mit z. B. Epoxydharz ausgegossen. Noch besser werden Kommutatorfahnen überhaupt gänzlich vermieden und die Wicklung direkt in den Kommutator eingelötet. Abb. 112 zeigt eine Bordnetz-Gleich-

[1] Lämmerhirdt, E. H.: Entwicklung moderner Gleichstrommaschinen, VDI-Fachberichte 22 (1962) S. 135.

strom-Dieselgruppe; Abb. 113 zeigt einen Bahn-Diesel-Generator bei welchem, wie vielfach bei solchen Maschinen üblich, das Gehäuse des Hilfsgenerators im Raume innerhalb des Kommutators des Hauptgenerators eingebaut ist.

Ein besonders interessantes Anwendungsgebiet von Gleichstrom-Dieselgeneratoren sind *U-Boots-Hauptmaschinen*, Abb. 114. Die Haupt-E-Maschinen stellen

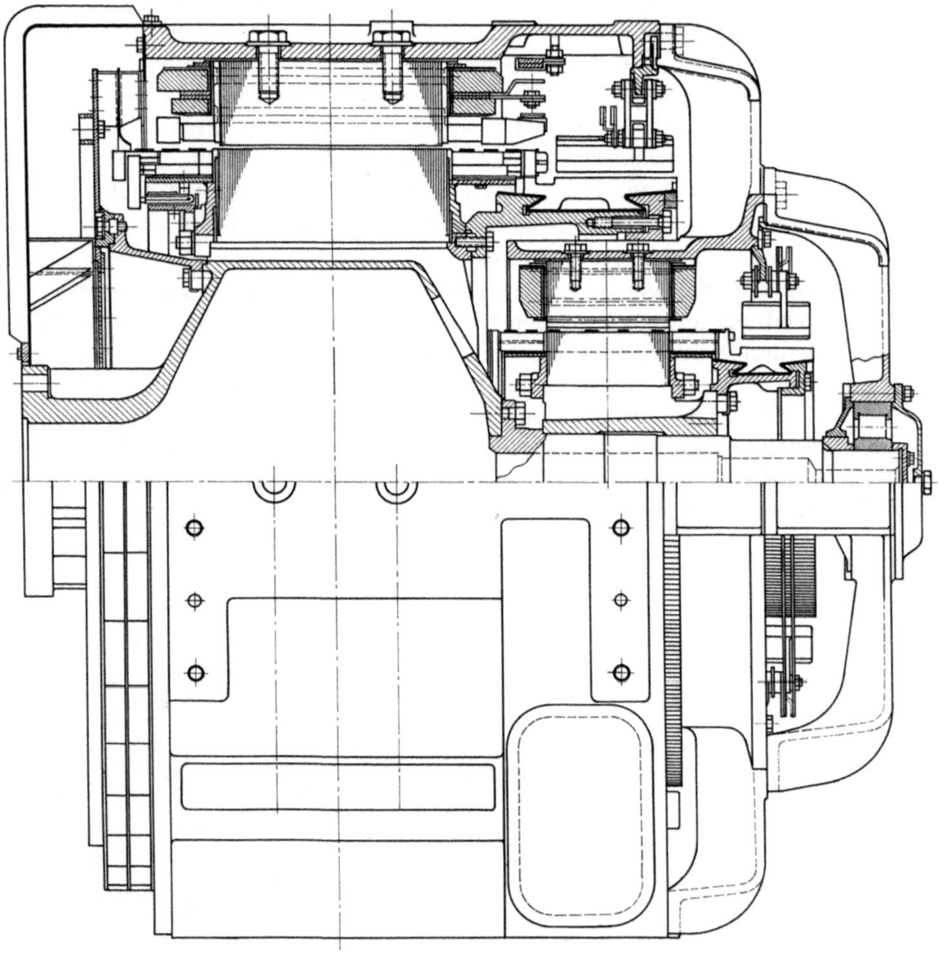

Abb. 113. Bahn-Diesel-Generator mit innerhalb des Kommutators eingebautem Hilfsgenerator

einen Teil des Propellerstranges zwischen Dieselmotor und Propeller dar. Der Durchmesser der Maschinen ist beschränkt, da 2 Maschinen nebeneinander in den Druckkörper des U-Bootes unter Berücksichtigung eines zusätzlichen begehbaren Abstandes zwischen den beiden Maschinen hineingehen müssen. Deshalb und aus Wirkungsgradgründen werden die Maschinen in der Regel als Doppelmaschinen gebaut, bei welchen je nach Drehzahl die Felder und die Rotoren parallel und in Serie geschaltet werden können. Während des Überwasserbetriebes mit den Dieselmotoren laufen die Maschinen als Generatoren zum Laden der Batterie. Bei Unterwasserfahrt laufen die Maschinen als Motoren bei abgekuppeltem Dieselmotor. In der Regel sind die Maschinen zur Vermeidung von Körperschall-Übertragung auf die Bootswand körperschallisoliert (s. S. 120) aufgestellt und zur Vermeidung von Körperschallstrahlung durch die Welle an den Propeller durch besondere Maßnahmen geräuscharm ausgebildet. Als eine derartige Maßnahme hat sich die pfeilförmige Ausbildung der Rotornuten besonders bewährt.

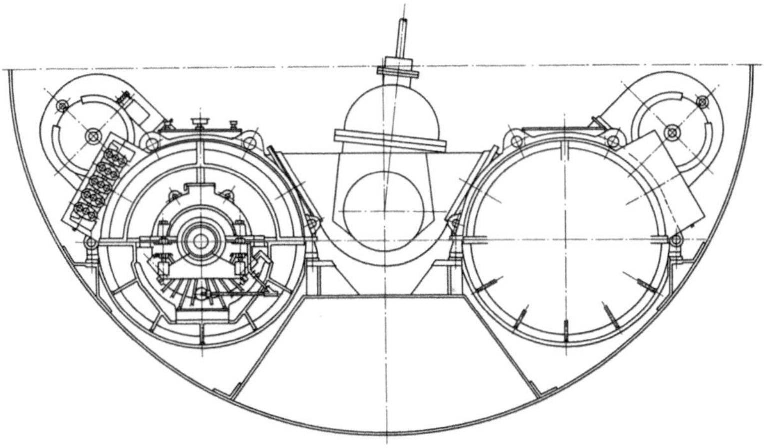

Abb. 114. Anordnung der Antriebsmotoren in einem U-Boot

d) Gleichstromgeneratoren für Turbinen-Antrieb. Gleichstromgeneratoren für Wasserturbinen (oder Windturbinen) werden sehr selten verwendet. Es werden in diesen Ausnahmefällen keine Spezialgeneratoren verwendet, sondern normale Maschinen ähnlich den Leonard-Dynamos. Der Antrieb von Gleichstromdynamos durch schnell laufende kleine Dampfturbinen dagegen ist häufig — insbesondere auf Schiffen —. Diese schnell laufenden Turbodynamos, deren Turbinen mit hoher Drehzahl über Getriebe den Generator antreiben, haben ein- oder mehrfeldrige Schrumpfringkommutatoren (s. S. 397) und Turbowicklungen (s. S. 308). Ein Beispiel eines solchen Turbodynamos zeigt Abb. 115.

e) Unipolarmaschinen. Diese sind heute weitgehend verdrängt durch Gleichrichter (vorübergehend waren für die gleichen Zwecke auch Kontaktumformer verwendet worden).

Unipolarmaschinen werden entweder angetrieben durch Drehstrommotoren und stellen somit Drehstom-Gleichstrom-Umformer dar, oder sie werden für Spezialzwecke direkt von Dampfturbinen angetrieben.

Das Prinzip: Die magnetische Struktur der Unipolarmaschine hat ungefähr die in Abb. 116 dargestellte Form. F_1 und F_2 sind Feldspulen, die konzentrisch zur Maschinenwelle angeordnet sind. Diese Feldspulen erzeugen in dem sie umgebenden magnetischen Kreis zwei einander gleiche Kraftflüsse, deren Richtung und Weg gestrichelt eingezeichnet sind. Als Ankerleiter dient der magnetisch und elektrisch leitende Rotorkörper R selbst. In den gleichen Nischen, in denen die Feldspulen F_1 und F_2 untergebracht sind, schleifen unmittelbar auf dem Rotorkörper die Bürsten b_1 und b_2, die auf dem ganzen Umfang des Rotors in beliebiger Anzahl verteilt sein können. Die Erzeugung der EMK erfolgt durch das Schneiden

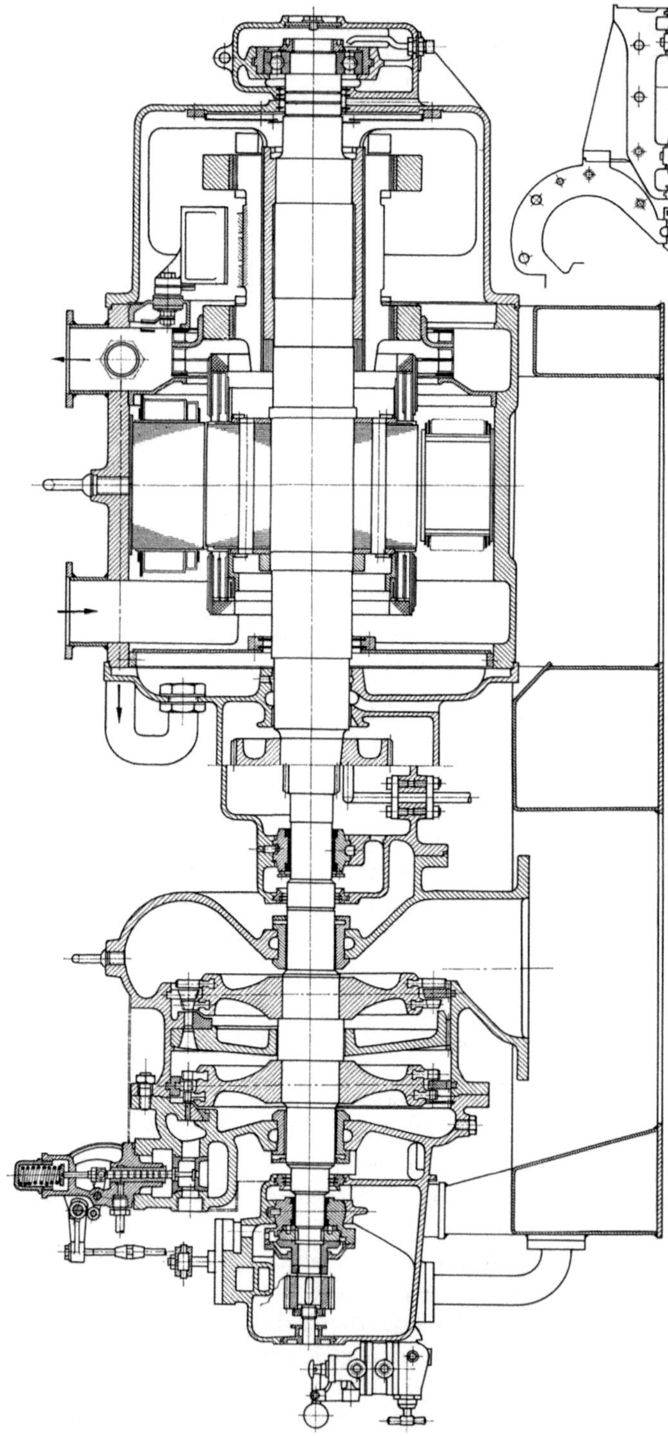
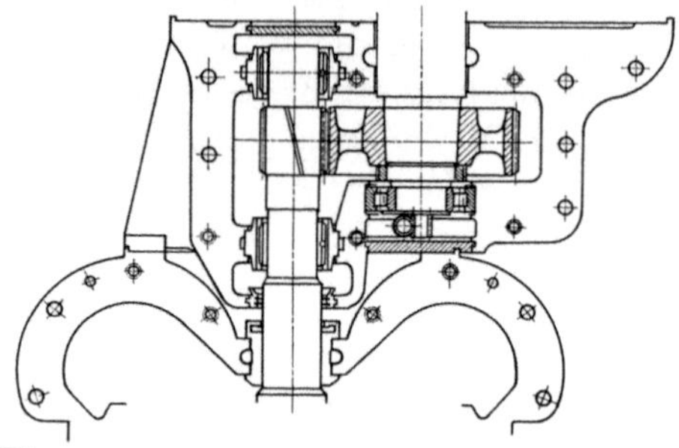

Abb. 115. Schnittzeichnung eines Turbodynamos; 100 kW, 4000 U/min, über Getriebe angetrieben von Dampfturbine

der ruhenden Kraftlinien mit dem materiellen Leiter bzw. Leitern zwischen den feststehenden Bürsten b_1 und b_2.

Der Aufbau einer solchen Maschine ist dank des Fehlens einer rotierenden Wicklung und eines Kommutators äußerst einfach und robust. Der Rotor, der zugleich der einzige induzierte Leiter ist, besteht aus einem massiven geschmiedeten Stahlstück mit angeflanschten Wellenenden. Da in demselben trotz Rotation in keinem Moment Kraftlinienwechsel oder Kraftlinienänderungen vorkommen, ent-

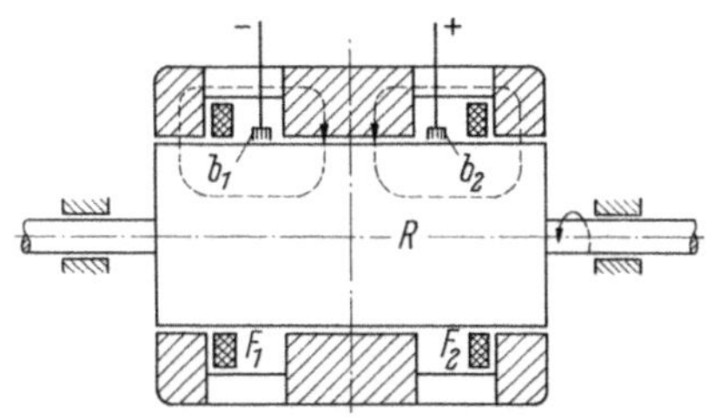

Abb. 116. Schematische Darstellung einer Unipolarmaschine
F_1, F_2 Feldspulen; b_1, b_2 Bürsten; R Rotor

Abb. 117. Unipolarmaschine für 15 V, 30 000 A (ältere Ausführung)

stehen auch im normalen Betrieb keine Eisenverluste. Die Stromwärmeverluste im Rotor sind dank des überreichlichen Querschnittes für die vorkommenden Stromstärken trotz des gegenüber Kupfer relativ großen spezifischen elektrischen Widerstandes von Stahl vernachlässigbar. Die einzigen Rotorverluste von extremer Bedeutung sind die Bürstenübergangs- und Bürstenreibungsverluste. Abb. 117 zeigt ein Beispiel älterer Ausführung, bei welchem für die Stromaufnahme Kohlebürsten verwendet werden. Neuerdings wird die Stromabnahme auch mittels flüssigem Metall (Natrium-Kalium, Quecksilber oder auch anderer Medien) zum Teil unter Schutzgas bewerkstelligt.

f) Pendel-Dynamos. Sie werden meistens als Turbo-Dynamos gebaut und haben grundsätzlich den gleichen Aufbau wie Dynamos für Dampfturbinenantrieb. Sie haben zur Erhöhung der Meßgenauigkeit durch Kleinhaltung der Lagerreibungsverluste, auch die Gehäuse in Wälzlagern gelagert und vielfach einen Vibrations- oder Rotationsantrieb der Außenringe um ruhende Reibung ganz zu vermeiden, (Abb. 118).

g) Generatoren für mittelbaren Antrieb durch Fahrzeuge. Hier handelt es sich um Lichtdynamos für Schienen- und Straßenfahrzeuge. Gleichstromgeneratoren sind auf diesem Anwendungsgebiet weitgehend ersetzt durch kommutatorlose Ausführungen durch Wechselstromgeneratoren mit nachgeschalteten Gleichrichtern (s. S. 191).

h) Schweißstromquellen. Umformer und Gleichstrom-Generatoren für Lichtbogengleichstromschweißung verlangen bei gewissen Schweißverfahren eine einstellbare, fallende, für andere Verfahren eine flache statische Strom-Spannungskennlinie.

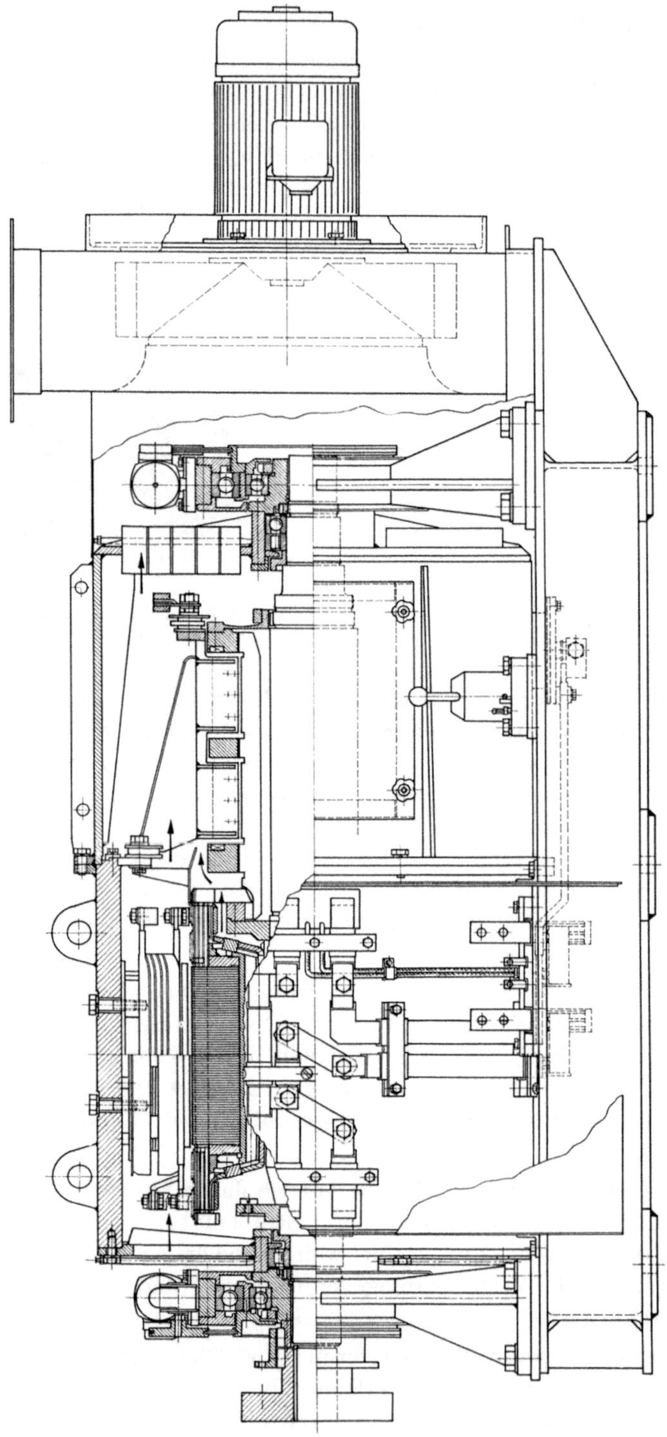

Abb. 118. Dynamometer mit Fremdbelüftung und speziellem Rotationsantrieb für die äußeren Lagerringe

Die transienten Eigenschaften der Maschine sind für die Schweißtauglichkeit von größter Wichtigkeit. Sie können z. B. durch eine spezielle Formgebung der Pole (Streuzacken), bzw. durch transient ungedämpft wirksame Gegenkompounderregung beeinflußt werden. Die Stromeinstellung (bis ca. 1:10) kann z. B. durch Bürstenverschiebung, Feldregulierung oder durch Änderung des Kompoundierungsgrades mittels Anzapfungen erfolgen.

Die Vorteile der rotierenden Schweißstromquellen gegenüber den heute oft vorgezogenen statischen Schweißgleichrichtern liegt zur Hauptsache darin, daß Netzspannungsänderungen wesentlich kleinere Schweißstromschwankungen hervorrufen. Der Schweißgenerator wird normalerweise durch einen Asynchronmotor angetrieben. Der Rotor des Asynchronmotors sitzt auf der gleichen Welle wie der Rotor des Schweißgenerators. Beide Statoren sind entweder in einem Gehäuse oder die zwei Gehäuse sind fest verschraubt. Solche Schweißumformer sind normalerweise fahrbar auf zwei Rädern oder transportabel in Aufhängeösen. In Einzelfällen, insbesondere für Baustellen, an denen kein Strom zur Verfügung steht, werden Schweißgeneratoren auch durch kleine Benzinmotoren angetrieben.

B. Gleichstrom-Motoren

a) Normal-Motoren offener und geschlossener Bauart. Die Motoren (Wechselstrom und Gleichstrom) mit Achshöhen von 56 mm bis zu 315 mm sind in den IEC-Empfehlungen 72-1[1] bezüglich ihrer Anschlußmasse genormt.

Sie umfassen für Gleichstrom-Kleinmotoren mit Achshöhen von 112 bis 315 mm einen ebenfalls in der gleichen Veröffentlichung festgelegten Leistungsbereich von etwa 5 kW bis etwa 300 kW und sind in der Regel 4polig. Kleinere Motoren (Kleinstmotoren) mit Achshöhen von 56 bis 100 mm werden in der Regel als Universalmotoren gebaut (s. S. 238). Die Leistungen sind den Baugrößen nicht international zugeordnet, aber in verschiedenen nationalen Normen, z. B. DIN 42 672, 42 673 festgelegt. Da die Außenabmessungen der Kleinmotoren identisch sind mit denen der Drehstrommotoren und aus Fabrikationsgründen weitgehend gleiche Teile verwendet werden, sind diese Motoren gemeinsam mit den Asynchron-Normal-Motoren auf S. 228 behandelt.

Motoren mittlerer Leistung von etwa 350 bis 1300 kW für Rotordurchmesser von etwa 400 bis 1000 mm und für Achshöhen von etwa 400 bis ca. 750 mm werden bis ca. 700 mm Rotordurchmesser in der Regel 6polig und darüber 8polig gebaut. In diesem Leistungsbereich werden schon häufig hohe elektrische und mechanische Anforderungen gestellt. Es ist deshalb üblich, diese Motoren in zweierlei Ausführungen, nämlich sowohl für Normalbedingungen als auch für hohe Regelbedingungen zu bauen. Wenn man sich auf zweierlei Ausführungen beschränken will, ist es zweckmäßig, den letzteren Ausführungen praktisch auch alle vorkommenden Sonderbedingungen, insbesondere Speisung durch Gleichrichter, zuzuordnen und sie sowohl mit Kompensationswicklung in den Hauptpolen als auch mit lamelliertem Statorgehäuse und lamellierten Wendepolen zu bauen. Diese mittleren Motoren werden nicht nur in elektrischen Betriebsräumen, sondern auch in indu-

[1] IEC-Publications 72-1, edition 1959. Recommendations for the dimensions and output ratings of electric motors with shaft heights between 56 and 315 millimeters ($2^5/_8$ and $12^1/_2$ inches).

striellen Räumen und mitunter für die diesbezüglich scharfen Bedingungen gebraucht, so daß neben offenen auch vollständig geschlossene Motoren zur Anwendung kommen, bei denen zum Teil ein mit dem Gehäuse kombinierter Röhrenkühler verwendet wird (s. Abb. 119). Vielfach wird auch Motor-Fremdventilation vorgesehen (s. Abb. 120), um auch bei niederer Drehzahl und im Stillstand eine wirksame Kühlung zu haben.

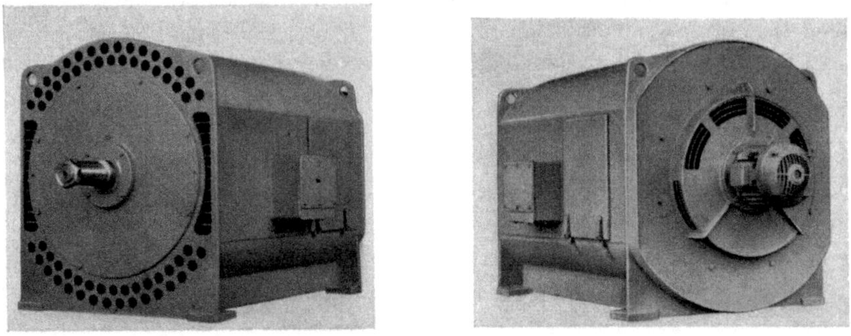

Abb. 119 a u. b. Röhrengekühlter Gleichstrommotor mit getrennt angetriebenem Ventilator

b) Turbomotoren. Für den Antrieb raschlaufender Turbokompressoren, Pumpen usw. werden sog. Turbomotoren verwendet. Diese sind in ihrem konstruktiven Aufbau praktisch identisch mit den auf S. 215 behandelten Turbodynamos, Abb. 121.

Abb. 120. Gleichstrommotor mit aufgebauter Fremdventilation und Tachodynamo

c) Walzwerksmotoren. Die hohen betrieblichen Anforderungen, wie sie von den Walzenstraßen an die Haupt- und Hilfsantriebe gestellt werden, haben entscheidenden Einfluß auf die Auslegung und Konstruktion der Antriebsmotoren.

Während früher die langsam laufenden Großmotoren immer von gesteuerten oder mit klassischen Mitteln geregelten Leonardumformern gespeist wurden, werden heute in Europa die Hauptantriebe der Schwerindustrie fast ausschließlich über Gleichrichter gespeist. Die zunehmende Automatisierung elektronisch geregelter Anlagen mit dem Ziel, den Ausstoß der Walzenstraßen zu erhöhen, bedingen eine Ausnützung der Motoren an die dynamischen und statischen elektrischen wie mechanischen Grenzen.

Es bleibt nach wie vor die primäre Aufgabe des Konstrukteurs, eine robuste, den mechanischen Anforderungen genügende Maschine zu bauen, die durch geeignete wirtschaftliche Maßnahmen den dynamischen Anforderungen Rechnung

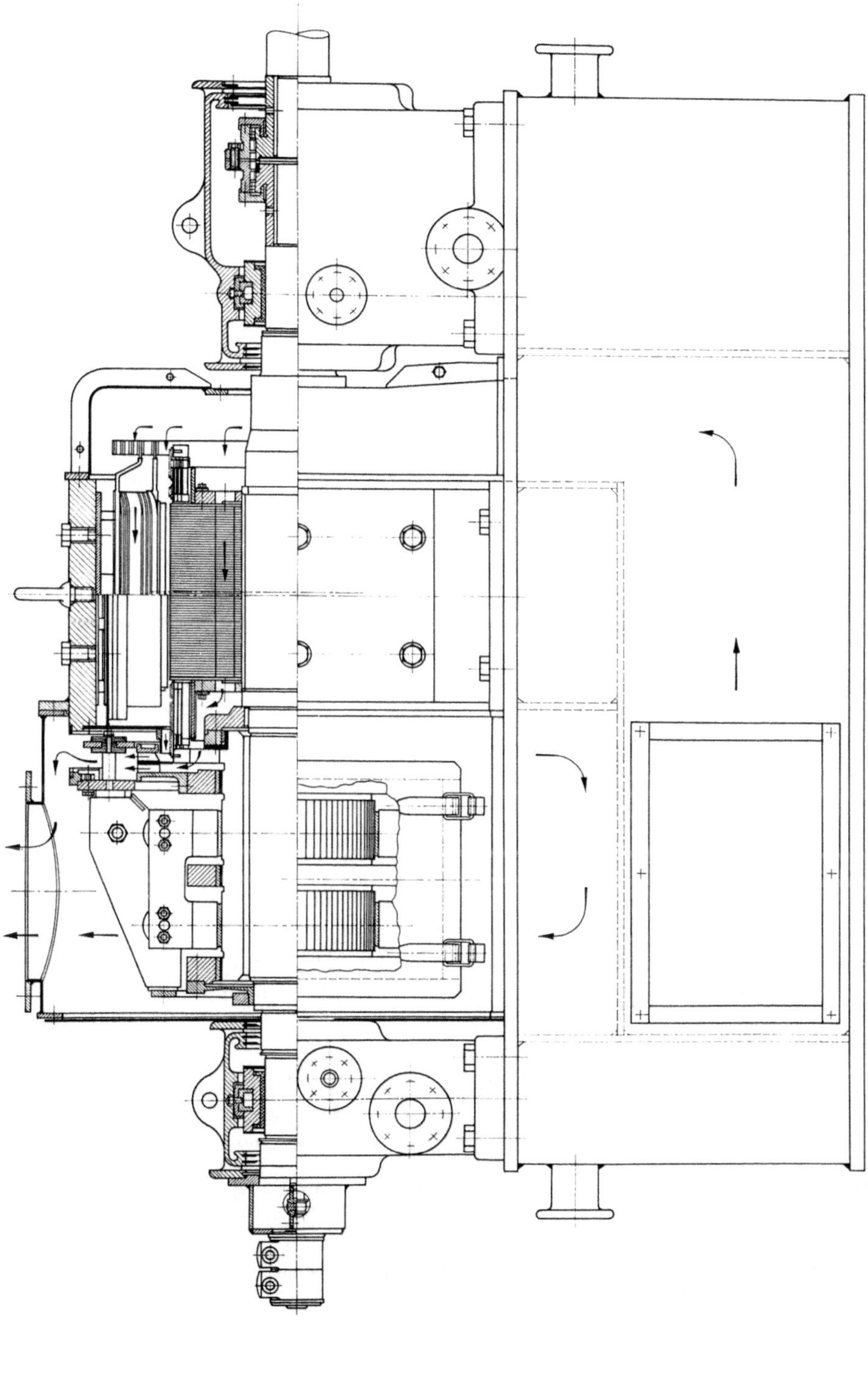

Abb. 121. Gleichstrom-Anwurfmotor und Turboerreger. Die Maschine arbeitet als Hauptstrommotor (330 kW bei 1200 U/min) zum Anwerfen der Gasturbine und nach Umschaltung im Betrieb als Turboerreger für die Speisung der Erregerwicklung des Turbogenerators. Eigenventilation durch Doppelkammer Radialventilator (je eine Ventilatorkammer für Rotor und Stator)

trägt. So werden z. B. nur kompensierte Maschinen gebaut und das magnetische Gehäuse, also der Stator und die Wendepole, ebenso wie die Hauptpole teil- oder ganzgeblecht. Damit wird gegenüber dem massiven Gehäuse die Kommutation bei transienten Vorgängen — z. B. hohe Ankerstrom-Anstieggeschwindigkeiten bei Ausregelung von Laststößen oder die je nach Aussteuerung des Gleichrichters mehr oder weniger große Ankerstromwelligkeit — ganz wesentlich verbessert.

In den meisten Fällen genügt die normale Zunderung der Bleche. Bei höchsten Anforderungen werden die Bleche durch einseitigen Lackauftrag oder Papier wie bei Wechselstrom-Bahnmotoren sorgfältig gegeneinander isoliert, und man ist auch bemüht, jede den magnetischen Flußpfad umschließende Kurzschlußwindung — etwa als Folge von Nietbefestigung — konstruktiv zu vermeiden. Isolieren der Bolzen und Schlitzen der Endplatten sind unter anderem üblich (s. Abb. 317).

Bei Walzwerksmaschinen, im besonderen bei rasch hochlaufenden Antrieben, ist das Verhältnis von Spitzenstrom zu thermischem Mittelstrom ca. 1:2,5 bis 1:3. In solchen Fällen muß der Wendeflußkreis so ausgelegt werden, daß auch beim Spitzenstrom keine Sättigung und damit keine Störung der Kommutation auftritt, was sich sonst auf den Kommutator und die Bürsten nachteilig auswirkt. Übliche Maßnahmen sind z. B. Vergrößerung des Wendepoles gegen das Joch hin, und besonders bei Großmaschinen, Verringerung des Streuflusses durch Konzentration der Wendepolwicklung gegen den Rotor hin und Errichtung eines zusätzlichen, durch Hartpapier oder geschlitzte Messingbleche ausgefüllten Luftspaltes am Joch.

Die Gleichstrommotoren für die Hauptantriebe werden von den verschiedenen Konstrukteuren mit unterschiedlicher Polzahl gebaut. Je nach Art des Antriebes wird dem Schwungmoment des Motors mehr oder weniger Bedeutung beigemessen. So kann bei durchlaufenden Antrieben ein großes Schwungmoment — z. B. Maschinen mit relativ geringer Polzahl (s. auch S. 212) — von Vorteil sein, während bei Umkehrantrieben ein kleines Schwungmoment wünschenswert, bei Hochlaufscheren sogar notwendig ist. Solche Antriebsmotoren werden manchmal als Doppelmaschinen gebaut, um die kleinen Schwungmomente und im besonderen bei Zwillingsantrieben die erforderlichen kleinen Achshöhen zu erreichen.

Bei Reversierantrieben von Brammen und Blockstraßen ist der Drehmomentübertragung zwischen Rotorblechkörper und Welle besondere Beachtung zu schenken, um den hohen mechanischen Wechselbeanspruchungen, die sonst nach Jahren zum Bruch führen könnten, Rechnung zu tragen.[1, 2]

Während für durchlaufende Antriebe die Verbindung Blechkörper-Welle mit auf der Welle aufgeschweißten Armen erfolgen kann, wird man bei den Motoren mit hoher Wechselbeanspruchung z. B. die Rondenkonstruktion (Abb. 374) oder Glockenkonstruktion (Abb. 123) vorziehen.

In Abb. 122 ist die klassische Konstruktion eines Umkehrwalzmotors mit relativ kleiner Polzahl gezeigt; insbesondere ist aus dem Querschnitt ersichtlich, daß die Rotorblechkette durch eine große Zahl Schichtbolzen verkettet ist, und

[1] Becker, O., W. Kellenberger, W. Heil: Mechanische Beanspruchungen schwerer Antriebe in den Hüttenwerken. VDE-Buchreihe, Bd. 11: Energieelektronik und geregelte Elektrische Antriebe. VDE-Verlag, Berlin 1966.

[2] Heil, W.: Drehmomente und mechanische Beanspruchungen von Walzwerkantrieben. Brown Boveri Mittlgn. 53 (1966) 9.

gegen die Stöße, herrührend vom Walzwerksbetrieb, kraftschlüssig und doch elastisch mit dem Rotorstern verbunden ist. Der Rotorstern seinerseits ist auf der Welle mit Tangentialkeilen befestigt.

In anderen Fällen werden Wellenstummel in die Rotorhohlkörper eingesetzt, um für den Transport und die Fabrikation handlichere Stücke zu bekommen (Abb. 123). Der Kommutator wird zweckmäßigerweise am Rotorkörper befestigt. Damit wird unter anderem auch die Gefahr von Relativverdrehungen zwischen Kommutator und Rotorkörper vermieden.

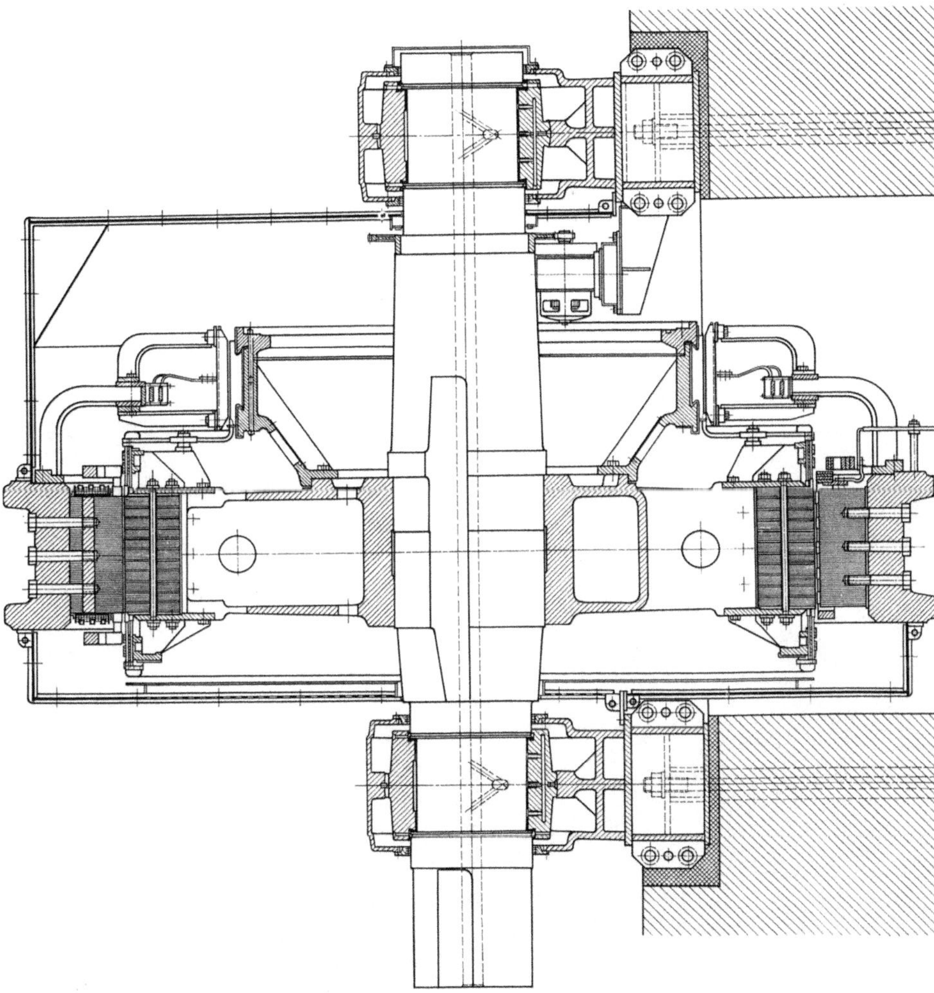

a

Abb. 122a. Längsschnitt durch einen Umkehrwalzmotor 200 mt Abschaltdrehmoment, 4700/13200 kW, 64/140 U/min, 1140 V (Querschnitt Abb. 122b)

In der neueren Zeit werden große Walzwerksmotoren häufig mit Kreislaufkühlung ausgeführt. Der Kommutator wird dabei sehr oft außerhalb des Kühlkreises gelassen, um eine Verschmutzung der Maschine durch Bürstenstaub zu verhindern. Wegen der veränderlichen Drehzahl und der Reversierung wird Fremdbelüftung ausgeführt (Abb. 124).

Eine Sonderart von Motoren für Walzwerk-Hilfsantriebe sind die sog. *Millmotoren*. Für diese Motoren gilt bezüglich der Anforderungen im Walzwerksbetrieb das gleiche, wie oben für die Hauptmotoren gesagt. Für die Abmessungen, Lei-

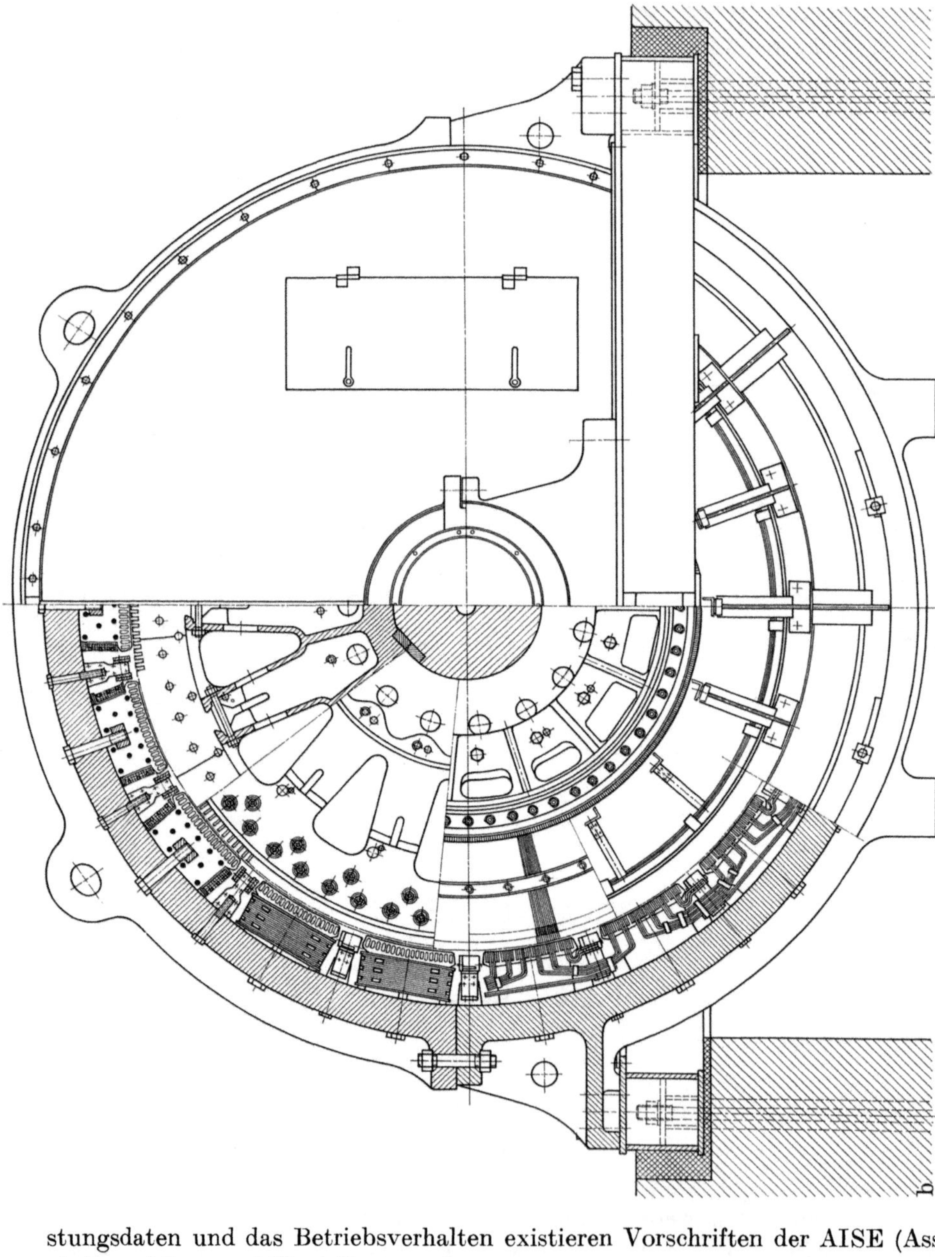

Abb. 122b Querschnitt durch einen Umkehrwalzmotor 200 mt Abschaltdrehmoment, 4700/13 200 kW, 64/140 U/min, 1140 V (Längsschnitt Abb. 122a)

stungsdaten und das Betriebsverhalten existieren Vorschriften der AISE (Association of Iron and Steel Engineers).

Es ist üblich, Millmotoren nach diesen amerikanischen Normen zu bauen, insbesondere die dort festgelegten Anschlußmaße wie Fußmaße, Achshöhe, Wellen-

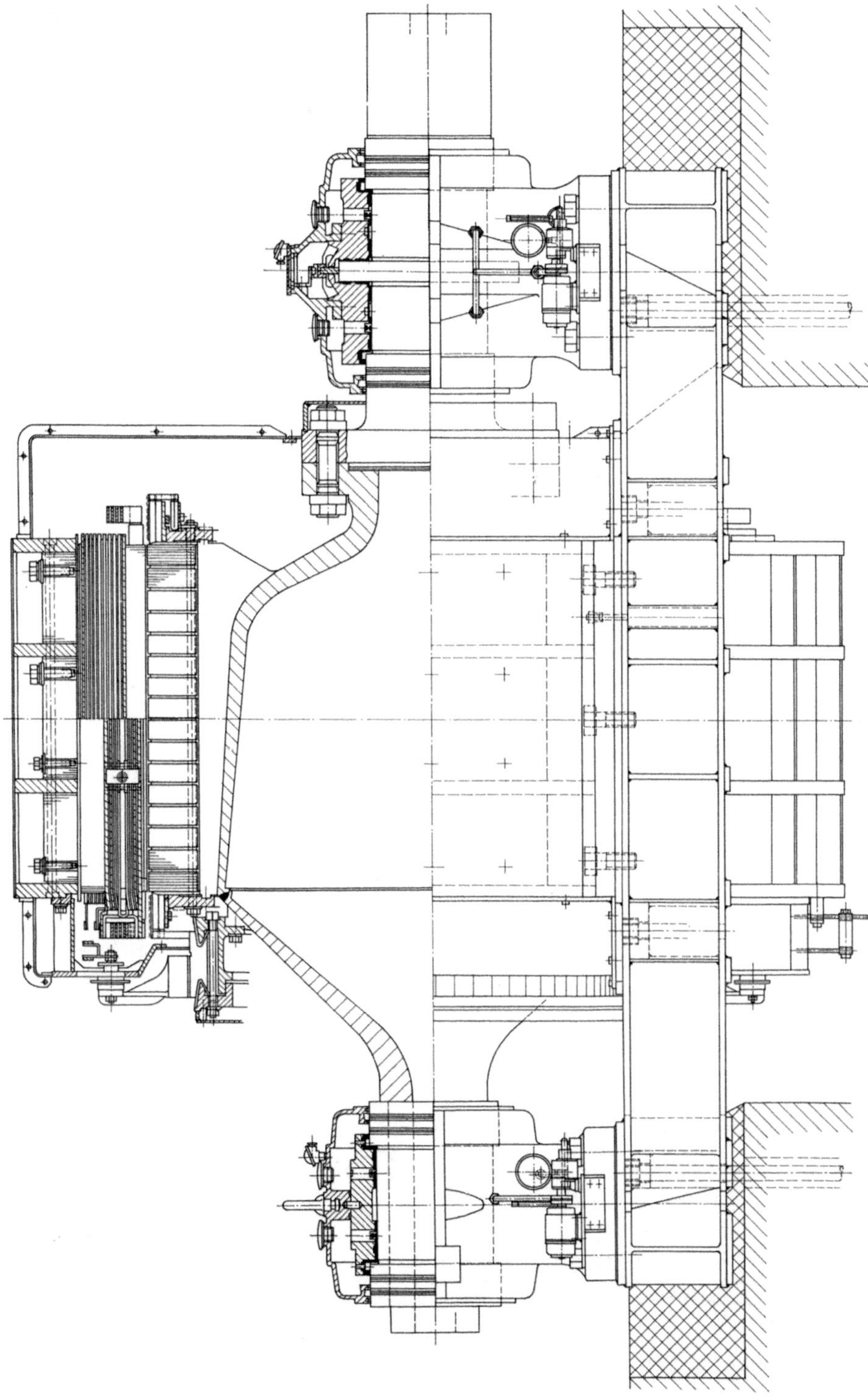

Abb. 123. Umkehrmotor mit Glockenkonstruktion des Rotors zu Zwillingsantrieb, 2 × 84 mt Abschaltdrehmoment, 1540/4300 kW, 50/100 U/min

ende einzuhalten. Die amerikanischen Normen schreiben auch eine Zweiteiligkeit des Gehäuses (Abb. 125) und Ausführung mit Isolation der Klasse H vor. Mit der Einführung der Millmotoren für gleichrichtergespeiste Antriebe, die strengsten

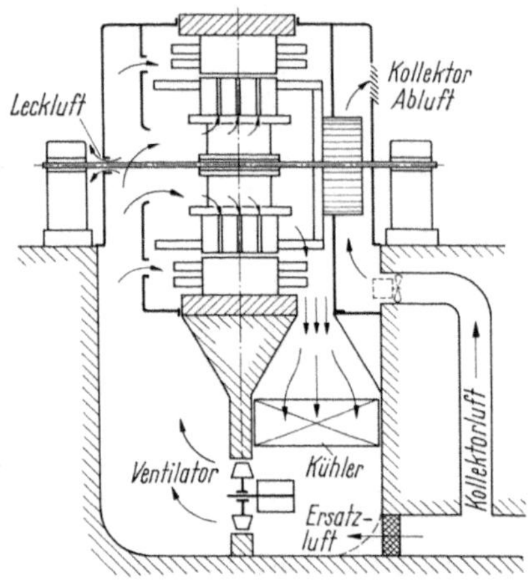

Abb. 124. Umluft für Rotor und Stator, Kommutatorluft aus Luftkanal

Abb. 125. Millmotor mit aufgeklapptem Gehäuse-Oberteil

regeltechnischen Anforderungen genügen müssen, ist man teilweise zu lamellierten Gehäusen und kompensierten Motoren übergegangen und hat dann auch aus konstruktiven Gründen auf die Zweiteilung des Gehäuses verzichtet.

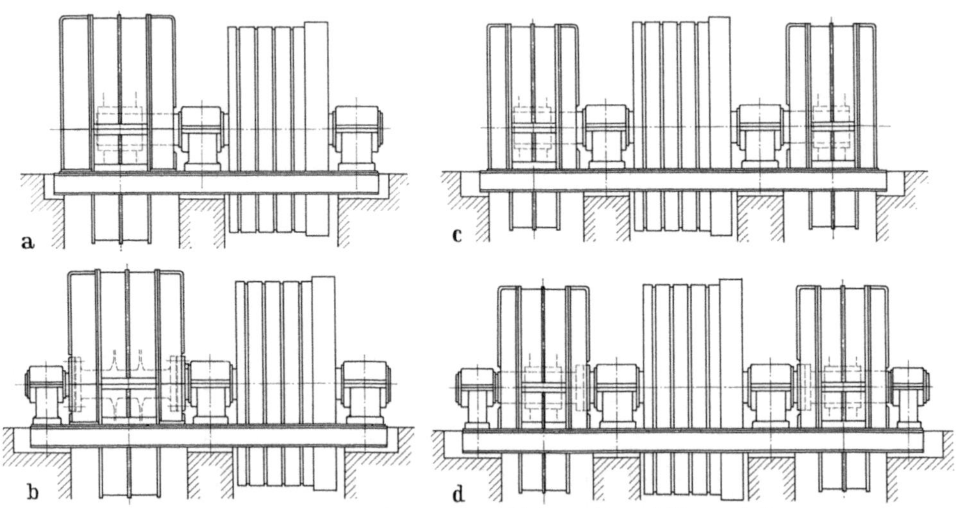

126. Verschiedene Anordnungen von Fördermotor und Koepescheibe
a Motor fliegend angebaut; b Lösung a, aber dreilagerige Anordnung
c Förderleistung auf zwei Motoren verteilt, fliegender Anbau; d Lösung c, aber vierlagerig

d) Fördermotoren. Fördermotoren sind grundsätzlich ähnlich gebaut wie Walzwerksmotoren, sie haben aber nicht solche Regel- und Kommutierungsbedingungen. Die diesbezüglichen Maßnahmen, die bei Walzwerksmotoren getroffen werden, können daher hier teilweise entfallen.

Die verschiedenen Anordnungen von Rotor und Koepescheibe zeigt Abb. 126a bis d. Es ist bei der Konstruktion von Förderanlagen besonders darauf zu achten, daß über den gesamten Geschwindigkeitsbereich keine Resonanzschwingungen — z. B. durch Nutenfrequenz oder durch das elastische Seil mit Förderkorb angeregte Torsionsschwingungen — auftreten.

III. Asynchronmaschinen (Asynchrone Induktionsmotoren)

Beim Asynchronmotor haben wir grundsätzlich 2 Bauarten zu unterscheiden: den Kurzschlußläufer-Motor und den Schleifringläufer-Motor.

Beiden Arten ist gemeinsam, daß sie eine nur wenig veränderliche Drehzahl aufweisen, die einige Prozente unter der Synchron-Drehzahl liegt. Die Abweichung vom Synchronismus, der Schlupf, ist von der Belastung abhängig. Bei steigender Überlastung wächst der Schlupf stärker an bis das sog. Kippmoment erreicht wird, bei dessen Überschreitung der Motor dann schnell zum Stillstand kommt. Während dieses grundsätzliche Verhalten im Betrieb sowohl für den Kurzschlußläufer als auch für den Schleifringläufer gilt, zeigen die beiden Motorarten hinsichtlich der Anlaufverhältnisse große Unterschiede.

Der *Kurzschlußläufer* hat beim direkten Einschalten einen hohen Blindstrombedarf; das Verhältnis des Stromes zum Anzugs-Drehmoment (auf die Einheiten Nennstrom und Nenndrehmoment bezogen) ist groß. Je nach der Rotorbauart ist es verschieden, bei Einfachkäfigrotoren am höchsten, bei Hochstab- oder Doppelkäfigrotoren niedriger, aber auch bei den letztgenannten liegt es in der Größenordnung von etwa 3,5 bis 4,5. Der aus dem Netz während des Anlaufes zu liefernde Strom ist somit relativ hoch, und das ist auch der Grund, weshalb in früherer Zeit, als die Netze noch nicht so stark ausgebaut waren, Kurzschlußläufer-Motoren nur für kleine Leistungen zugelassen wurden. Es gibt allerdings in der sog. Stern/Dreieck-Schaltung ein Mittel, das den Anlaufstrom reduziert.

Der Strom wird beim Hochlauf in Stern-Schaltung auf $^1/_3$ seines Wertes begrenzt. Das obengenannte Verhältnis von Strom zu Drehmoment bleibt aber unverändert, d. h. $^1/_3$ Strom ergibt auch nur $^1/_3$ Anzugsmoment; deshalb kann die Stern/Dreieck-Schaltung nur bei günstigen Anlaufverhältnissen angewendet werden d. h. das Gegenmoment muß kleiner sein als das der Halblast entsprechende.

Deshalb hat man heute in den meisten Fällen, namentlich in starken Industrienetzen, selbst für große Motoren die Direktschaltung trotz des hohen Anlaufstromes bevorzugt.

Der *Schleifringläufer-Motor* ist somit relativ selten geworden und wird nur noch bei schwerem Anlauf und Netzverhältnissen, welche den hohen Strom während des Hochlaufes nicht zulassen, angewendet. Ein anderes Gebiet ist dem Schleifringläufer-Motor aber noch verblieben, weil er im Betrieb eine Regelung der Drehzahl gestattet. Schließt man die Schleifringe über einen regelbaren Widerstand, so kann man die Drehzahl durch Änderung des Widerstandes beliebig einstellen. Dieses Verfahren bedingt aber einen Leistungsverlust, der dem Schlupf proportional ist, d. h. beispielsweise, daß bei halber Synchrondrehzahl im Widerstand ebensoviel an Leistung verloren wird, als der Motor an die Welle abgibt. Es gibt noch eine sog. verlustlose Regelung der Drehzahl, durch Einschalten einer *Drehstrom-Kommutator-Hintermaschine*, z. B. einer *Scherbiusmaschine*.

In vielen Fällen muß ein Motor häufig anlaufen und dabei eine verhältnismäßig große Schwungmasse beschleunigen. Entscheidend ist dabei immer das Verhältnis des angetriebenen Schwungmomentes zum Schwungmoment des Motors.

Wird eine Schwungmasse vom Stillstand bis zur vollen Drehzahl von einem Asynchronmotor angetrieben, so gilt nach dem oben Gesagten, daß zunächst beim Stillstand fast die ganze Leistung, die aus dem Netz bezogen wird, sich in der Wicklung des Rotors in Wärme verwandelt. Beim Erreichen der halben Drehzahl geht die Hälfte der zugeführten Leistung in Wärme über, während bei der vollen Drehzahl, also nach Beendigung des Beschleunigungsvorganges, nur noch ein kleiner, dem Nennschlupf entsprechender Verlustanteil im Rotor verbleibt.

Betrachtet man die ganze Hochlaufzeit, so kann man feststellen, daß die in die Schwungmasse während der Beschleunigung eingebrachte Arbeit gleich der in der Rotorwicklung in Wärme umgewandelten Arbeit ist. Man kann also die Erwärmung der Rotorwicklung durch Gleichsetzen der kinetischen Energie der Schwungmasse mit der in der Rotorwicklung gespeicherten Wärmeenergie berechnen. Die während des Hochlaufens durch Abkühlung von der Rotorwicklung abgegebene Wärmeenergie kann man im allg. vernachlässigen (s. S. 296ff.).

Sehr häufig werden Kurzschlußläufer-Motoren mit einer sog. polumschaltbaren Statorwicklung versehen. Ein *polumschaltbarer Motor* kann betriebsmäßig mit 2 oder mehreren Geschwindigkeiten laufen. Für die Fälle, in denen häufig große Massen zu beschleunigen sind, hat der polumschaltbare Motor den Vorteil eines geringeren Gesamtverlustes im Rotor. So erwärmt sich beispielsweise ein Motor mit 2 Drehzahlstufen, die im Verhältnis 1:2 stehen, beim Beschleunigen einer Schwungmasse nur halb so hoch wie ein Motor mit einer normalen, der höheren Drehzahl entsprechenden, nicht umschaltbaren Statorwicklung.

In bezug auf seine Konstruktion weist der Asynchronmotor außerordentlich zahlreiche Varianten bezüglich seiner Bau- und Schutzarten auf. Die möglichen Bau- und Schutzarten sind auf S. 7 und 16 behandelt.

A. Normalmotoren

In den IEC-Empfehlungen 72-1[1] sind die Abmessungen und Leistungen jedoch ohne Zuordnung der Leistungen zu den Abmessungen genormt. Der Sinn dieser Normung ist, daß jeder Achshöhe H (Abb. 127) die üblichen Anschlußmaße fest zugeordnet sind. Im Bereich der Achshöhen von 56 bis 315 mm sind daher Kleinmotoren, und zwar sowohl Wechsel-, als auch Gleichstrommotoren international austauschbar. In einzelnen Ländernormalien, z. B. DIN 42 672 und 42 673 sind auch die Leistungen für offene und gekapselte Drehstrommotoren den Achshöhen zugeordnet. Infolge der zahlreichen Varianten von Bau- und Schutzarten (s. S. 7 und S. 16) und durch die Tatsache, daß außer Normalmotoren im gleichen Leistungsbereich wie die IEC-Motoren auch noch zahlreiche Sonderbauarten existieren, ist es eine der vornehmsten Aufgaben des Konstrukteurs, diese zahlreichen Varianten mit einer möglichst geringen Zahl von Bauteilen (Gleichteilen) herstellen zu kön-

[1] Vgl. Fußnote S. 219.

nen. Abb. 128 zeigt ein Beispiel der Gleichteilverwendung für verschiedene Maschinenarten im sog. Baukastensystem.

Außer den Normen über die Anschlußmaße existieren noch zahlreiche Einzelnormen für Einzelteile, wie Wellenenden, Lager, Schleifringe usw. Die einzelnen Bauteile werden im Teil 3 behandelt.

Die kleinsten Baugrößen werden nur als Kurzschlußläufer-Motoren gebaut. Nach dem Stand der heutigen Normen werden die Motoren ab Baugröße 160, für

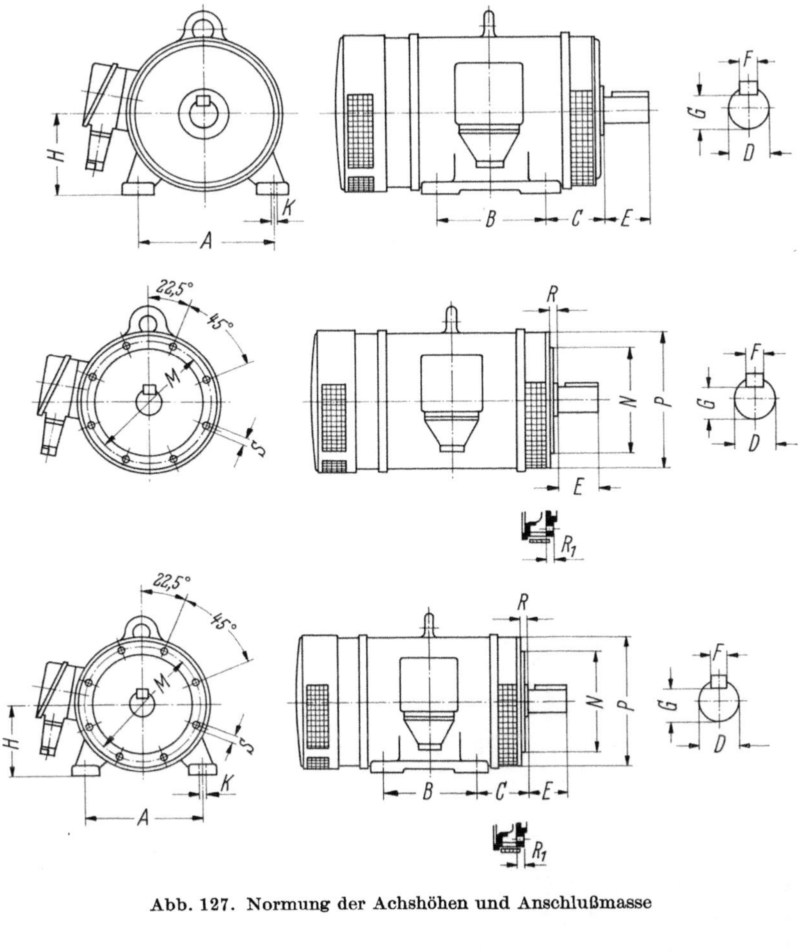

Abb. 127. Normung der Achshöhen und Anschlußmasse

spezielle Zwecke (z. B. elektrische Welle) schon bei kleineren Baugrößen, auch als Schleifringläufer, und zwar für Schleifringe mit dauernd aufliegenden Bürsten für Regelantriebe und bei größeren Leistungen auch mit Kurzschluß- und Bürstenabhebevorrichtungen ausgeführt.

Viele Firmen stellen für Netzverhältnisse, bei denen die Kurzschlußläufer-Motoren mit Stern-Dreieck-Schaltung nicht genügen, Motoren mit *Zentrifugalanlassern* (Abb. 129), Anlaßriemenscheiben und dgl. her.

Die Kurzschlußläufer-Motoren haben in der Regel Aluminiumgußwicklungen (s. Abb. 230, S. 300). Das Gießen geschieht entweder im Schleudergußverfahren oder im Preßgußverfahren.

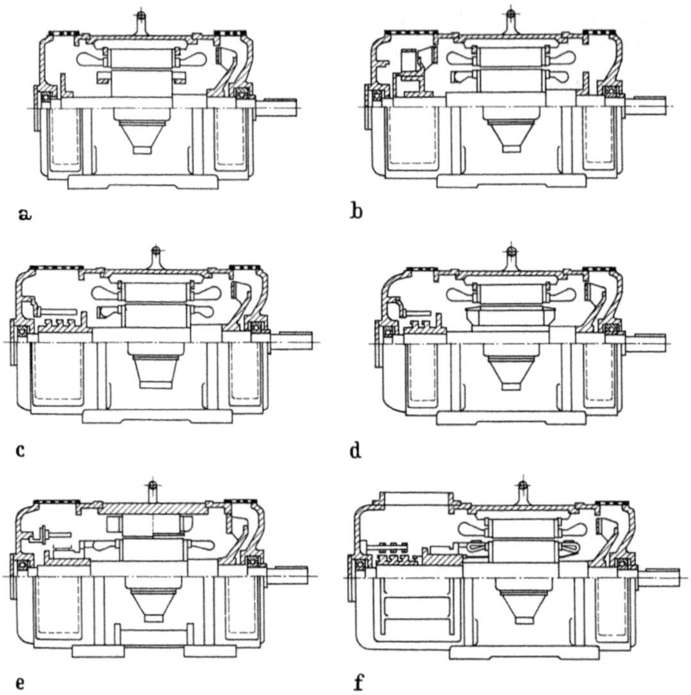

Abb. 128. Baukastensystem unter Verwendung von Gleichteilen, d. h., die Kombination gleicher Einzelteile (schraffiert) ermöglicht die Ausführung verschiedener Maschinenarten a Asynchronmaschine mit Kurzschlußrotor; b Asynchronmaschine mit Zentrifugalanlasser; c Asynchronmaschine mit Schleifringrotor; d Synchronmaschine; e Gleichstrommaschine; f Drehstromnebenschluß-Kommutatormotor

Abb. 129.
Zentrifugalanlasser zu Drehstrommotor

Mit dem gleichen Preßgußverfahren werden vielfach auch kleine Gehäuse von gekapselten Motoren gegossen. Diese Ausführung hat den Vorteil, daß die Statorbleche fest in das Gehäuse eingeschrumpft sind und dadurch eine vorzügliche Wärmeableitung vom Statorblech über das Gehäuse an die Umgebungsluft stattfindet.

B. Mittlere und große Kurzschlußläufermotoren (Käfigläufermotoren)

Kurzschlußläufermotoren mittlerer und großer Leistungen werden von einigen 100 bis etwa 10 000 kW gebaut. Es handelt sich vornehmlich um 3000tourige Motoren für den direkten Antrieb von Kesselspeisepumpen und um 1500tourige Motoren für den Antrieb von Turbokompressoren. Die größten ausgeführten zweipoligen Motoren haben eine Leistung von ca. 4500 kW. Die Festigkeit der Rotorblechkonstruktion setzt den Leistungen eine gewisse Grenze, etwa 12 000 kW für zweipolige und etwa 20 000 kW bei vierpoligen Motoren, Leistungen, die bisher noch nicht benötigt wurden.

Langsam laufende Käfigläufer-Motoren großer Leistung werden in erster Linie für den Antrieb von Kolben-Kompressoren verwendet; wegen des Nachteils, den

Abb. 130. Drehstrom-Käfigläufermotor, 4500 kW, 1500 U/min, 6000 V, in Schildlagerausführung

der hochpolige Käfigläufermotor durch einen erhöhten Blindstromverbrauch hat, wird allerdings in vielen Fällen der Synchronmotor vorgezogen (s. S. 157).

Abb. 130 zeigt einen Käfigläufermotor in Schildlagerausführung, Bauform B 3, mit zwei eingehängten Kühlern. Er leistet bei 1500 U/min. und 6 kV 4500 kW. Diese Ausführung geht bei zweipoligen Maschinen, also 3000 U/min. bis ca. 2800 kW und bei vierpoligen Maschinen bis ca. 4500 kW. Einen langsam laufenden Käfigläufermotor mit einem Stehlager, Flanschwelle und Schwungrad (Bauform D 2) mit zwei eingehängten Kühlern zeigt Abb. 131. Die Abb. 132 zeigt den Schnitt durch einen Käfigläufermotor in Schildlager, Ausführung Bauform B 3, mit Röhrenkühlung; eine Ausführung die für 1500 U/min. bis 2500 kW verwendet wird.

Für die Rotorwicklung werden die verschiedensten Stabformen verwendet (s. Abb. 230). Die Wahl des Materials für die Kurzschlußstäbe richtet sich nach der beim Anlauf zu speichernden Wärme, insbesondere für die Anlaufwicklung von Doppelnutrotoren. Es werden deshalb Spezialbronzen mit einer elektrischen Leitfähigkeit von ca. 6...12 [m/Ωmm^2] verwendet.

C. Schleifringläufermotoren

Das normale Anwendungsgebiet von Schleifringläufermotoren sind drehzahlgeregelte Asynchronmotoren, und zwar sowohl für Widerstandsregulierung als

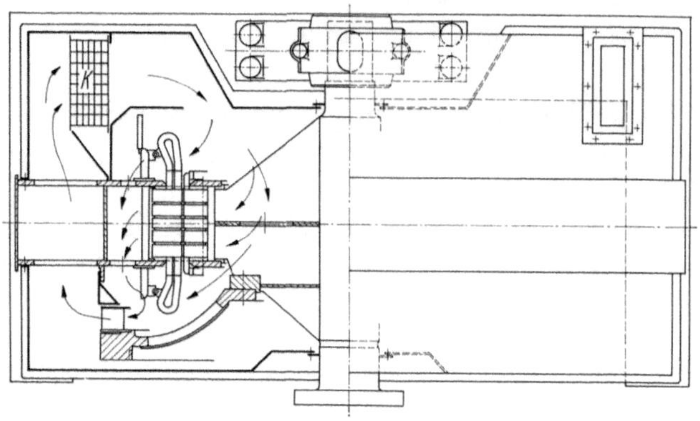

Abb. 131. Langsamlaufender Käfigläufermotor, (Kühlprinzip), *K* Kühler

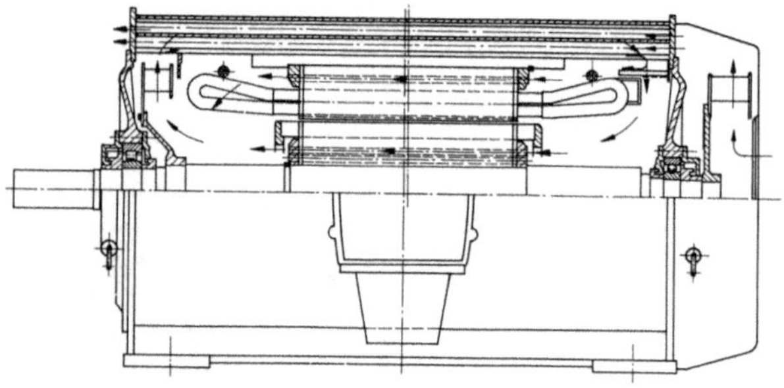

Abb. 132. Schnitt durch einen röhrengekühlten Drehstrom Käfigläufermotor, Schildlagerausführung

Abb. 133. Schleifringläufermotor 2200 kW, 6000 V, 1485 U/min, eigenventiliert durch 2 Radialventilatoren

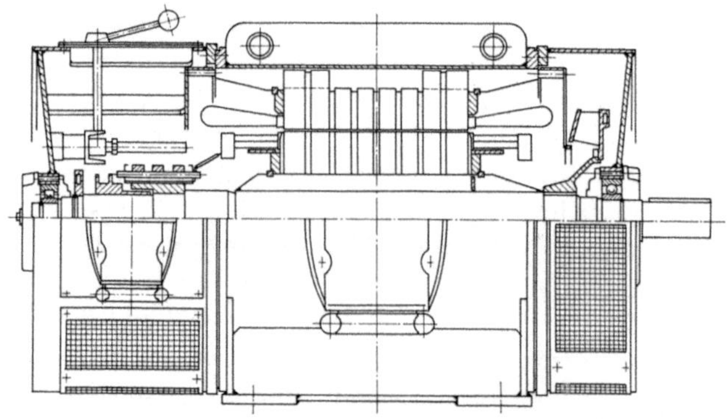

Abb. 134. Schnitt durch einen Schleifringläufermotor mit Kurzschluß- und Bürstenabhebevorrichtung

auch für verlustlose Regelung der Drehzahl mittels einer Drehstrom-Kommutator-Hintermaschine oder in neuerer Zeit auch mittels Wechselrichtern mit Gleichstromzwischenkreis.

Ein Bild eines derartigen Asynchronmotors zeigt Abb. 133. Extrem große Schleifringläufermotoren für verlustlose Drehzahlregelung werden insbesondere für elastische *Netzkupplungsumformer* verwendet. Abb. 71 zeigt einen solchen Netzkupplungsumformer für eine Leistung von 26 MVA bei 500 U/min. Aus der Abbildung sind auch die Hintermaschinen (Scherbiusmaschinen) zu ersehen.

Für schwere Antriebe, bei denen zum Hochlauf ein Kurzschlußläufermotor nicht geeignet ist, werden Schleifringläufer mit Bürstenabhebe- und Kurzschlußvorrichtungen verwendet (s. Abb. 134), bei denen die Anlaufwärme im Anlaßwiderstand aufgenommen wird. Der Bürstenapparat und die Kurzschlußvorrichtung sind im Teil 3, S. 362 und 390 behandelt.

D. Spezial-Motoren

Kleinmotoren werden sowohl elektrisch als auch mechanisch in zahlreichen Sonderausführungen gebaut, von denen nachfolgend nur auf eine beschränkte Anzahl kurz eingegangen wird.

a) Vibrationsarme Motoren. Für die Beurteilung der Schwingstärke von elektrischen Maschinen gilt nach DIN 45 665[1]:

„Die Maschine wird mit zusätzlichen Federungselementen im tief abgestimmten Zustand gemessen. Letzterer kann durch Aufhängen der Maschine an einer Feder oder durch elastisches Aufstellen erreicht werden.

Die Schwingungsmessung wird im Leerlauf und bei der sich nach kurzer Leerlaufbelastung einstellenden Temperatur durchgeführt."

Die Schwingstärke-Stufen im Frequenzbereich von 10 bis 1000 Hz für irgendeinen Ort der Maschine sind in der folgenden Tabelle angegeben. Als maßgebend wird der quadratische Mittelwert (Effektivwert) der Schwinggeschwindigkeit, v_{eff}, angesehen.

Schwingstärke-Stufen[2]		Größte Schwingstärke $v_{\text{eff max}}$ und größte äquivalente Schwinggeschwindigkeit $v_{\text{äqu max}} = \sqrt{2}\, v_{\text{eff max}}$ [mm/s] bei Nennleistung			
		0,5 bis 15 kW		über 15 bis 75 kW	
		$v_{\text{eff max}}$	$v_{\text{äqu max}}$	$v_{\text{eff max}}$	$v_{\text{äqu max}}$
normal		1,8	2,5	2,8	4,0
schwingungs-	A	0,7	1,0	1,1	1,6
arm	B	0,45	0,63	0,7	1,0
	C	0,28	0,4	0,45	0,63

b) Geräuscharme Motoren. Die Messungen des Gesamtschalldruckes von Normalmotoren sind unter Verwendung der Bewertungskurve A des Schallpegelmessers (s. S. 117) gemäß IEC-Empfehlung 123[2] auszuführen und in dB (A) anzu-

[1] Entwurf DIN 45665, April 1964, Messung und Beurteilung der Schwingstärke von elektrischen Maschinen mit 0,5 bis 75 kW Nennleistung.

[2] s. S. 117.

geben. Vgl. auch Richtlinien DIN 45632[1]. Die ermittelten Geräuschpegel dürfen die zulässigen Werte nach folgender Tabelle nicht überschreiten[2]. Sie gelten mit einer Toleranz von ± 3 dB(A).

Nennleistung		Innenkühlung Nenndrehzahl etwa				Oberflächenkühlung Nenndrehzahl etwa			
über kW	bis kW	3000 U/min dB(A)	1500 U/min dB(A)	1000 U/min dB(A)	750 U/min dB(A)	3000 U/min dB(A)	1500 U/min dB(A)	1000 U/min dB(A)	750 U/min dB(A)
—	45	85	80	78	75	89	85	80	78
45	132	90	85	82	80	94	90	88	85
132	400	95*	90	86	83	95*	93	90	88
400	1250	—	92*	90*	88*	97*	95*	93*	93*

* Diese Werte unterliegen noch internationaler Beratung.

Für geräuscharme Motoren bestehen z. Z. keine Vorschriften. Die zulässigen Werte für die Geräuschstärken können anhand obiger Tabelle für Nomalmotoren abgeschätzt werden.

c) Polumschaltbare Motoren für 2 oder 3 verschiedene Drehzahlen.

Diese können mit einer Statorwicklung (Darlander-Schaltung) oder mit mehreren Wicklungen versehen sein.

Ein besonders interessantes Anwendungsgebiet sind Motoren für Schiffswinden (s. Abb. 135). Der gezeigte *Schiffswindenmotor* ist für 3 Drehzahlen (140/725/1390 U/min) ausgelegt und hat 3 Wicklungen. Normal ist der Motor mit Klappen geschlossen und wird nur während der Bedienung der Winden in den Häfen als offener Motor mit Durchzugsventilation betrieben.

d) Motoren für intermittierenden Betrieb, insbesondere Hebezeugmotoren. Diese unterscheiden sich durch spezielle Leistungszuordnung für verschiedene Einschaltdauer (25, 40, 60% ED) DIN Blatt 42 681. Sie sind vielfach mit 2 Wellenenden (zweites WE für mechanische Bremse) und mit oben auf dem Gehäuse angeordnetem Klemmenkasten ausgeführt und haben meistens geschweißtes Gehäuse.

e) Stopmotoren für den Antrieb von Werkzeugmaschinen für Hebezeuglaufkatzen, Verstellmotoren usw. (Abb. 136). Diese Motoren werden normal eingeschaltet. Beim Ausschalten wird der konische Läufer durch Federdruck in die Bohrung hineinverschoben und die Bremse in Tätigkeit gesetzt. Solche Motoren werden für Leistungen von 0,1 bis ca. 25 PS in großen Stückzahlen gebaut.

f) Webstuhlmotoren. Hierfür besteht eine deutsche Norm (DIN 42675), in welcher die Eigenschaften und Masse für vollkommen gekapselte Motoren ohne Außenbelüftung festgelegt sind. Außer den Motoren nach dieser Norm existieren jedoch auch noch Motoren mit einer schwachen Außenventilation (Abb. 137).

g) Getriebemotoren. Solche Motoren werden insbesondere für Übersetzung ins Langsame gebaut, sowohl zum Zusammenbau mit koaxialen Planetengetrieben als auch mit exzentrischem Stirnradgetriebe und mit Schneckengetrieben (s. Abb. 138, 139).

[1] s. S. 118. [2] Regeln für elektrische Maschinen VDE 0530, Teil 1, § 54.

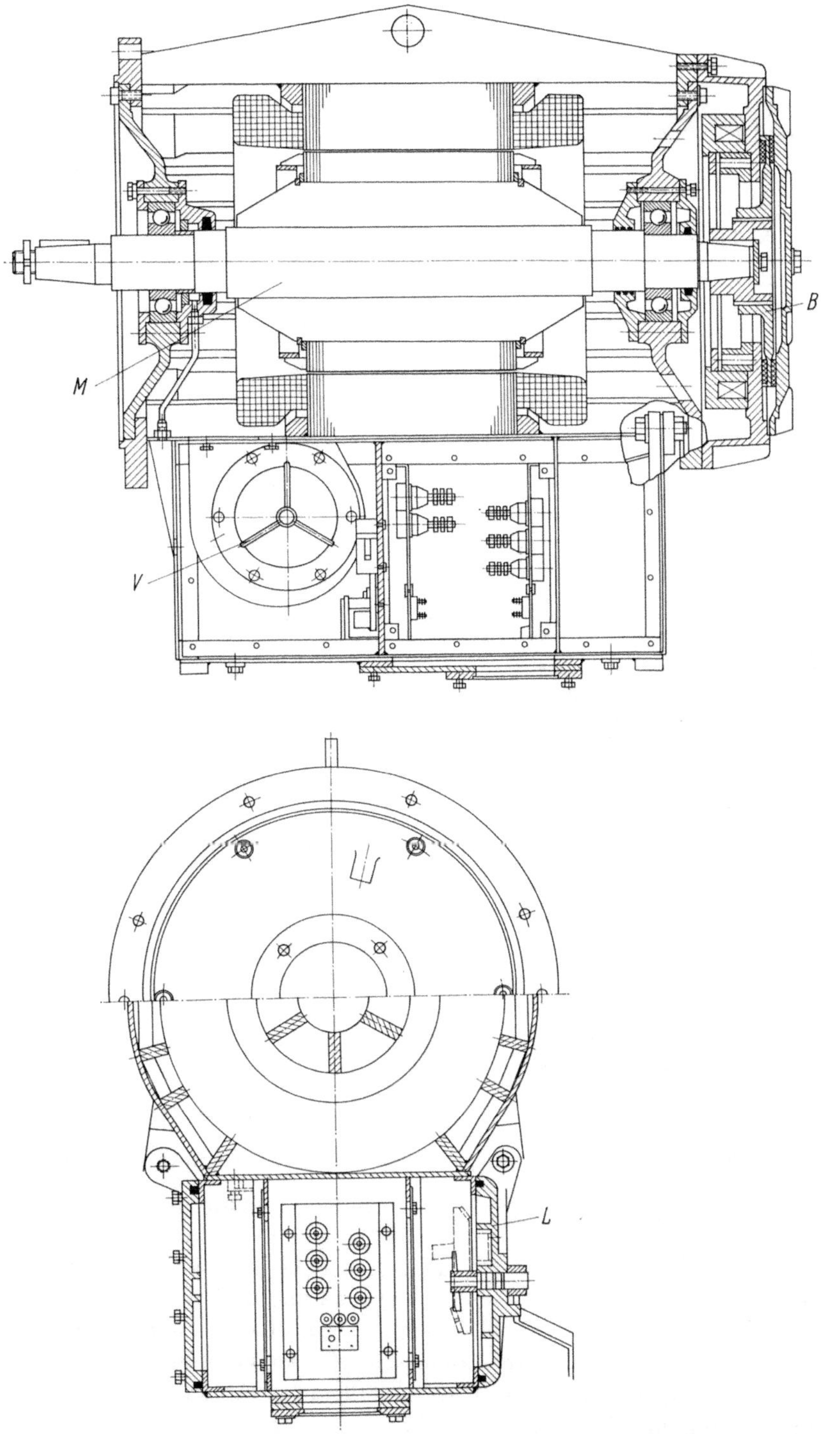

Abb. 135. Ladewindenmotor mit Fremdventilation, polumschaltbar (2 p = 36, 8, 4), 3,4 kW, 20 kW resp. 40 kW bei 40% Einschaltdauer; 140/725/1390 U/min
Die drei getrennten Wicklungen für die drei Geschwindigkeiten sind alle in einem Blechpaket eingelegt.
M Windenmotor; *V* Ventilator; *L* Ventilatorklappe; *B* gleichstromerregte Lamellenbremse

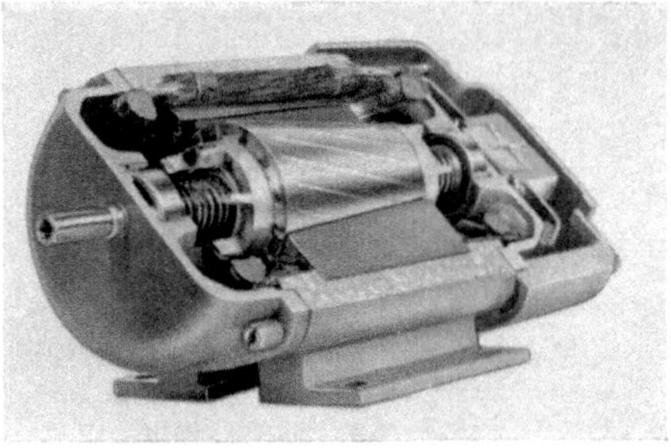

Abb. 136. Dreiphasen-Leichtmetall-Stopmotor, vollständig gekapselt, mit Außenventilator

Abb. 137. Dreiphasen-Webstuhlmotor, vollständig gekapselt, mit schwacher Außenventilation

Abb. 138. Getriebemotor mit Stirnradgetriebe

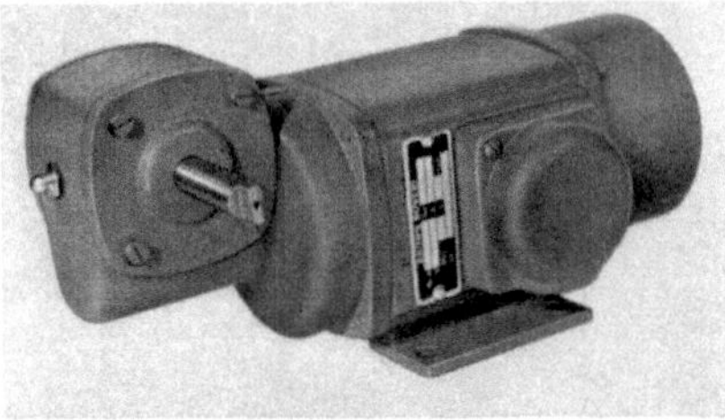

Abb. 139. Getriebemotor mit Schneckengetriebe

Abb. 140. Ventilationsmotor mit Säulenbefestigung

h) Ventilationsmotoren. Hierfür werden sowohl normale Motoren mit Säulen- oder Flächenbefestigung (Abb. 140) verwendet als auch Außenläufermotoren, bei welchen das rotierende Gehäuse mit dem Ventilator kombiniert ist.

i) Drückermotoren (Abb. 141).

k) Tauchpumpenmotoren (Abb. 142).

l) Rollgangsmotoren. Diese werden sowohl für feste Frequenz mit relativ hohen Polzahlen (4 bis 30 Polen) als auch für Frequenzsteuerung und Scherbiusregulierung gebaut. Sie haben normalerweise geschweißtes Gehäuse und konzentrische Oberflächenvergrößerung (Abb. 143). In vielen Fällen werden auch Gleichstrom-Rollgangsmotoren — oft mit Permanentmagnet-Erregung — verwendet.

m) Explosionsgeschützte Motoren für die verschiedensten Zündgemische. Motoren für druckfeste Kapselung und schlagwetterfeste Motoren nach den auf Seite 7 behandelten Vorschriften.

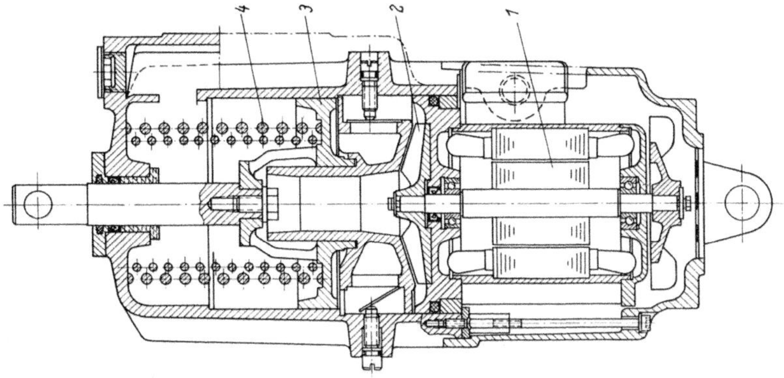

Abb. 141. Schnitt durch elektrohydraulischen Drücker mit eigenventiliertem Motor
1 Drehstrom-Motor; *2* Pumpenrad; *3* Kolben; *4* Arbeitsfeder

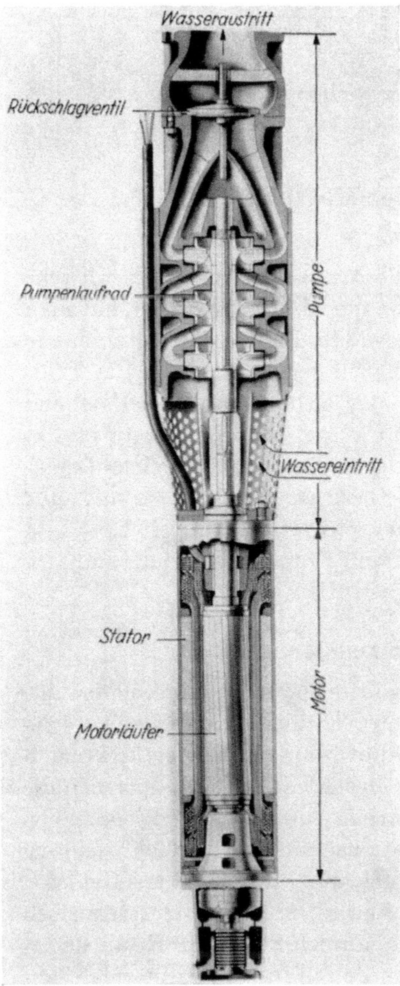

a

b

Abb. 143a. Geschlossener Rollgangsmotor mit Ringrippen in Bauform B 3, Flanschausführung

Abb. 143b. Geschlossener Rollgangsmotor mit Ringrippen in Bauform B 3, mit Füßen

Abb. 142. Unterwasserpumpe

n) Große Kurzschlußläufermotoren für schwere Anläufe mit Rotorwasserkühlung.

Die Abb. 144 und 145 zeigen eine Ausführung der CKD, Prag, bei welcher die Abführung der Anlaufwärme im Kurzschlußkäfig durch direkte Wasserkühlung

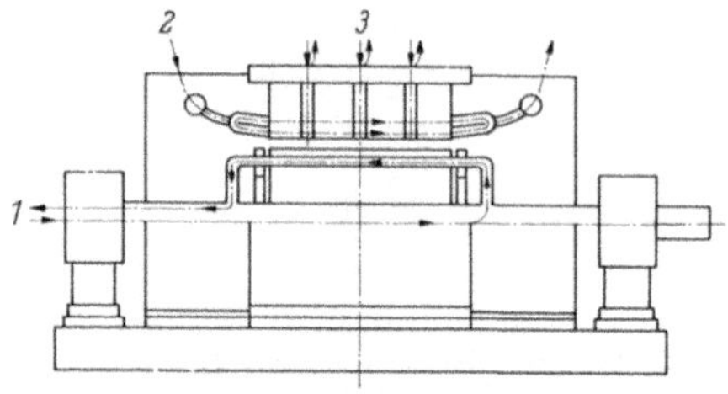

Abb. 144. Kurzschlußläufermotor mit direkter Wasserkühlung (Prinzip)
1 Rotorwasserkühlung
2 Statorlängskühlung
3 Statorquerkühlung

Abb. 145. Kurzschlußrotor mit direkter Wasserkühlung

erfolgt, unter Verwendung von Frischwasser, das nach dem Hochlauf gedrosselt oder abgestellt wird.

IV. Wechselstrom-Kommutator-Maschinen

A. Kleinstmotoren

Für die große Zahl von Kleinstmotoren für alle Arten von Antrieben mit sehr kleinen Leistungen, insbesondere im Zusammenbau mit Haushaltgeräten, hat man fast allgemein das Prinzip des *Universalmotors* gewählt. Er ist grundsätzlich wie eine Gleichstrommaschine mit Reihenschluß-Schaltung gebaut, d. h., die Feldwicklung liegt in Reihe mit der Rotorwicklung. Das Gehäuse und die Pole sind wegen der Verwendung für Wechselstrom geblecht ausgeführt. Der Motor besitzt bei Gleich- und Wechselstrom etwas voneinander verschiedene Drehzahlkennlinien; die Unterschiede werden aber bei hohen Drehzahlen gering, so daß eine Verwendung für beide Stromarten meistens ohne Schwierigkeit möglich ist. Da die Kommutation bei diesen Motoren nicht vollkommen funkenfrei erfolgt, müssen fast immer Vorkehrungen gegen Funkstörungen getroffen werden.

B. Reihenschluß-Kommutator-Motoren

Diese Motorenart wird heute allgemein für Traktionsmotoren angewendet. Sie ist im Prinzip dem Reihenschluß-Gleichstrommotor ähnlich, wird jedoch wegen des Wechselfeldes im ganzen magnetischen Haupt- und Wendefeldkreis vollkommen geblecht ausgeführt. Das Motorgehäuse enthält auf den Hauptpolen die Feldwicklung, in den Polschuhen eine Kompensations- und auf den Wendepolen eine Wendefeldwicklung; Hauptfeld-Kompensations- und Wendefeldwicklung liegen in Reihe mit der Rotorwicklung. Die Wendefeldwicklung erhält aus Gründen eines möglichst funkenfreien Laufes des Kommutators unter den Bürsten einen Widerstand parallel geschaltet. Es hat sich in jahrzehntelangen Erfahrungen gezeigt, daß der Reihenschluß-Kommutator-Motor den in früheren Entwicklungsjahren angewendeten in verschiedenen Ausführungen nach dem Repulsionsmotorprinzip (Thomsonmotor, Dérimotor, Winter-Eichberg-Motor) arbeitenden Typen hinsichtlich seiner Verwendung im Traktionsbetrieb, insbesondere wegen der Forderung nach geringerem Leistungsgewicht, überlegen ist. Wesentlicher Unterschied gegenüber der Gleichstrommaschine: höhere Polzahl, dadurch kleineren magnetischen Fluß pro Pol und kleinere transformatorische Spannung unter den Bürsten.

C. Drehstrom-Kommutator-Maschinen

a) Drehstrom-Kommutator-Motoren mit Nebenschlußcharakteristik. Diese mit Drehstrom gespeisten Motoren sind in der Drehzahl regelbar und die Drehzahlabweichung von einer jeweils eingestellten Drehzahl ist zwischen Leerlauf und Vollast gering.

Man unterscheidet zwei grundsätzlich verschiedene Bauarten:

1. Statorgespeiste und
2. Rotorgespeiste Drehstrom-Kommutator-Motoren.

1. Statorgespeister Drehstrom-Kommutator-Motor. Der Stator ist wie bei einem normalen Induktionsmotor ausgeführt. Die dreiphasige Statorwicklung wird vom Netz gespeist.

Der Rotor besitzt eine mit einem Kommutator verbundene Wicklung wie bei einem Gleichstromrotor, er hat aber je 360 elektrische Grade 3 Bürstenreihen oder ein Vielfaches davon im Gegensatz zur Gleichstrommaschine, die deren nur 2 benötigt. Die Bürsten haben eine feste Einstellung und sind mit einem Doppeldrehregler verbunden, der primär am Netz hängt. Die sekundären Klemmen des Doppeldrehreglers liefern ein dreiphasiges Spannungssystem mit einstellbarer Größe. Bei einer untersynchronen Drehzahl hält die vom Doppeldrehregler erzeugte Spannung der im Rotor entstehenden Schlupfspannung das Gleichgewicht. Von der aus dem Netz dem Stator zufließenden Leistung geht der Schlupfanteil durch den Doppeldrehregler wieder ins Netz zurück.

Im übersynchronen Betrieb fließt sowohl dem Stator als auch dem Doppeldrehregler Leistung aus dem Netz zu.

Die Einstellung der Drehzahl geschieht am Doppeldrehregler; sie erfordert bei größeren Maschinen hohe Stellkräfte, da die in den beiden Drehreglern entstehenden Drehmomente sich nicht aufheben. Gewöhnlich benutzt man Schneckengetriebe.

2. Rotorgespeister Drehstrom-Kommutator-Motor (Schrage-Motor). Der Stator besitzt auch hier eine n-phasige Wicklung ($n \geqq 3$) in offener Schaltung; sie liegt aber nicht am Netz, sondern ist mit den Anfängen und Enden ihrer n-Stränge auf je n-Bürstenreihen geschaltet, die auf dem Kommutator des Rotors sitzen.

Der Rotor besitzt 2 Wicklungen, eine ist über 3 Schleifringe mit dem Netz verbunden, die zweite, meist für eine niedrigere Spannung gebaut, ist mit einem Kommutator versehen.

Von den $2n$-Bürsten, auf 360 elektrische Grad gerechnet, bilden je 2 ein Paar, dessen beide Bürsten gegeneinander auf 2 axial nebeneinander liegenden Bahnen verschiebbar angeordnet sind. Je nach ihrer Entfernung am Kommutatorumfang voneinander ist die zwischen den Bürsten eines Paares am Kommutator abgegriffene Spannung verschieden und hält der in der Statorwicklung entstehenden

Schlupfspannung das Gleichgewicht. Je nachdem diese Bürsten in der einen oder anderen Richtung aneinander vorbeigelaufen sind, wird zwischen ihnen eine Spannung in der einen oder anderen Richtung abgegriffen. Von der Richtung dieser Spannung hängt es ab, ob der Motor in untersynchroner oder übersynchroner Richtung gesteuert wird.

Abb. 146. Drehstromkommutator-Motor

Die Drehzahl wird hier somit durch eine Bürstenverschiebung, meist unter Zuhilfenahme eines Zahnradgetriebes mit geringen Verstellkräften bewerkstelligt.

Nach dem Erfinder bezeichnet man die unter 2. genannte Ausführung auch als *Schrage*-Motor.

Bilder eines solchen Motors s. Abb. 146 und 147.

b) Drehstrom-Kommutator-Maschinen niedriger Frequenz. Diese Maschinen dienen in erster Linie als sog. Hintermaschinen bei drehzahlregelbaren Induktionsmotoren, deren Leistung über den unter a) angegebenen Bauarten von Drehstrom-Kommutator-Motoren liegt.

Solche Induktionsmotoren großer Leistung, auch Regelsätze genannt, bestehen aus einem Hauptmotor, der als Induktionsmotor mit Schleifringrotor gebaut ist, der Hintermaschine und einem Frequenzwandler.

Die Hintermaschine, nach ihren Erfindern gewöhnlich als *Scherbius*- oder *Siemens-Lydall*-Maschine bezeichnet, ist prinzipiell wie eine Gleichstrommaschine mit ausgeprägten Polen im Gehäuse und einem Kommutatorrotor gebaut, jedoch

a b c d e

Abb. 147. Drehstromkommutator-Motor in die Hauptteile zerlegt
a Lagerschild AS; b Stator; c Rotor; d Lagerschild NS mit Bürstenbrücken und Bürstenverstellmotor; e Fremdventilator

mit dem Unterschied, daß je 360 elektrische Grade 3 oder 6 Pole angeordnet sind. Die Pole werden mit Strom von Schlupffrequenz erregt. Demgemäß liefert auch der Rotor an seinen Bürsten einen Strom von gleicher Frequenz, der den Schleifringen des Hauptmotors zugeleitet wird.

Die Pole der Hintermaschine können bei untersynchroner Schaltung im Nebenschluß erregt werden, wozu Stelltransformatoren oder Stufentransformatoren mit Stufenschaltung benutzt werden. Bei Steuerung in unter- und übersynchronem Bereich wird zusätzlich ein Kommutator-Frequenzumformer benötigt, der mit dem Hauptmotor direkt gekuppelt wird. Diese Maschine ist ähnlich gebaut wie ein Einankerumformer und ersetzt 3 Schleifringe und einen Kommutator. Den Schleifringen wird eine Spannung von Netzfrequenz zugeführt; der Kommutator liefert eine Spannung von Schlupffrequenz. Die letztere wird benutzt, um den Durchgang des Hauptmotors durch den Synchronismus zu ermöglichen.

V. Bahnmotoren

Wegen der leichten Regulierbarkeit sowie der günstigen Drehzahl-Drehmoment-Charakteristik werden als elektrische Traktionsmotoren fast ausschließlich Gleichstrom- und Einphasenkommutatormaschinen verwendet, und zwar speziell

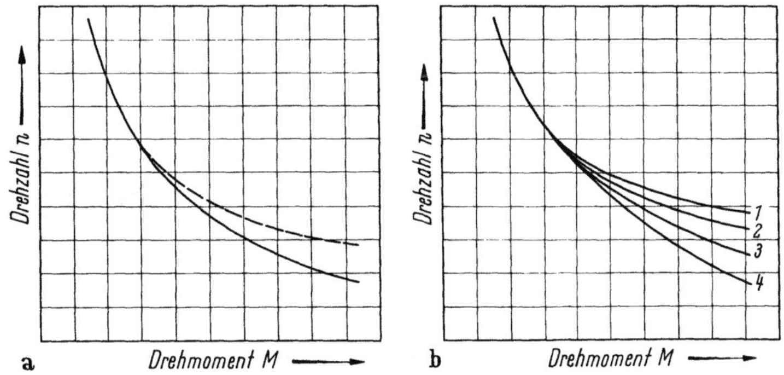

Abb. 148. a Drehmoment-Drehzahl-Charakteristik eines Bahnmotors (Reihenschlußkollektormotor) mit Sättigung (---) und ohne Sättigung (——).

$$n \sim \frac{1}{\sqrt{M}} \text{ oder } M \sim \frac{1}{n^2}$$

b Einfluß der verschiedenen Stromarten auf die Drehmoment-Drehzahl-Charakteristik eines Bahnmotors

1 Gleichstrom; *2* Mischstrom; *3* Wechselstrom 16 $^2/_3$ Hz; *4* Wechselstrom 50 Hz

Gleichstrom- und Einphasenreihenschlußmotoren. Abb. 148a zeigt die Drehmomentcharakteristik eines Bahnmotors mit und ohne Berücksichtigung der Sättigung, und aus Abb. 148b ist der Einfluß der verschiedenen Stromarten auf den Verlauf der Drehmomentkurve zu erkennen.

A. Gleichstrombahnmotoren[1]

Gleichstrombahnmotoren werden für Bahnen aller gebräuchlichen Spurweiten verwendet, sei es als Gestell- oder Tatzenlagermotoren, s. Abb. 149. Ein Querschnitt durch einen 4poligen Gleichstrombahnmotor zeigt Abb. 150. Trolleybusse werden ebenfalls von Gleichstrom-Traktionsmotoren angetrieben. Der Längsschnitt eines *Trolleybusmotors* ist aus Abb. 151 zu sehen. Ebenso kommen Gleichstrombahnmotoren auf Abraum- und Grubenbahnlokomotiven zum Einsatz. Abb. 152 zeigt einen 6poligen, gekapselten *Grubenbahnmotor* für 450 mm Spurweite. Man bemerkt, daß der gezeigte Motor wegen des Achseinschnittes nur 4 Wendepole aufweist. Es ist dies nur zulässig bei Motoren mit Wellenwicklung.

[1] Gleichstrombahnen und Gleichstromfahrzeuge. VDE-Buchreihe Band 6, VDE-Verlag GmbH, Berlin 1960.

Grundsätzlich unterscheidet sich die Konstruktion des aktiven Teils nicht von derjenigen der stationären Gleichstrommotoren. Durchwegs werden jedoch die Rotorblechpakete ohne radiale Kühlschlitze ausgeführt, und die Wendepol- und Erregerwicklungen werden nicht in einzelne Pakete aufgeteilt. Die Form des

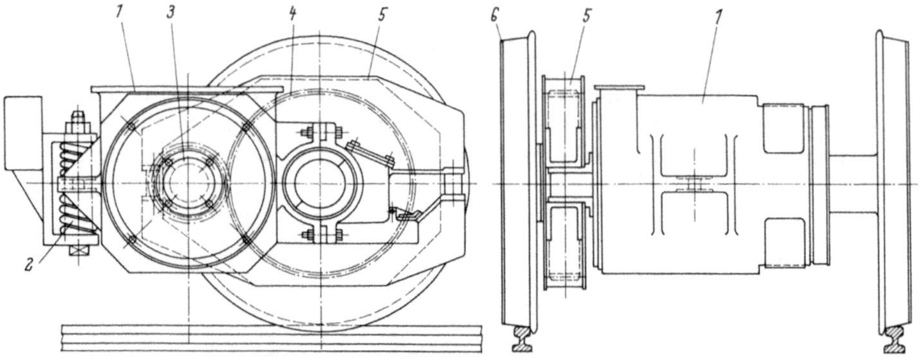

Abb. 149. Radsatz mit Tatzenlagermotor, der sich einseitig ungefedert auf die Radachse abstützt aber federnd im Drehgestellrahmen aufgehängt ist

1 Bahnmotor; *2* Elastische Aufhängung des Motors am Drehgestellrahmen mittels Stahlfedern; *3* Ritzel; *4* Großrad; *5* Radkasten; *6* Triebrad

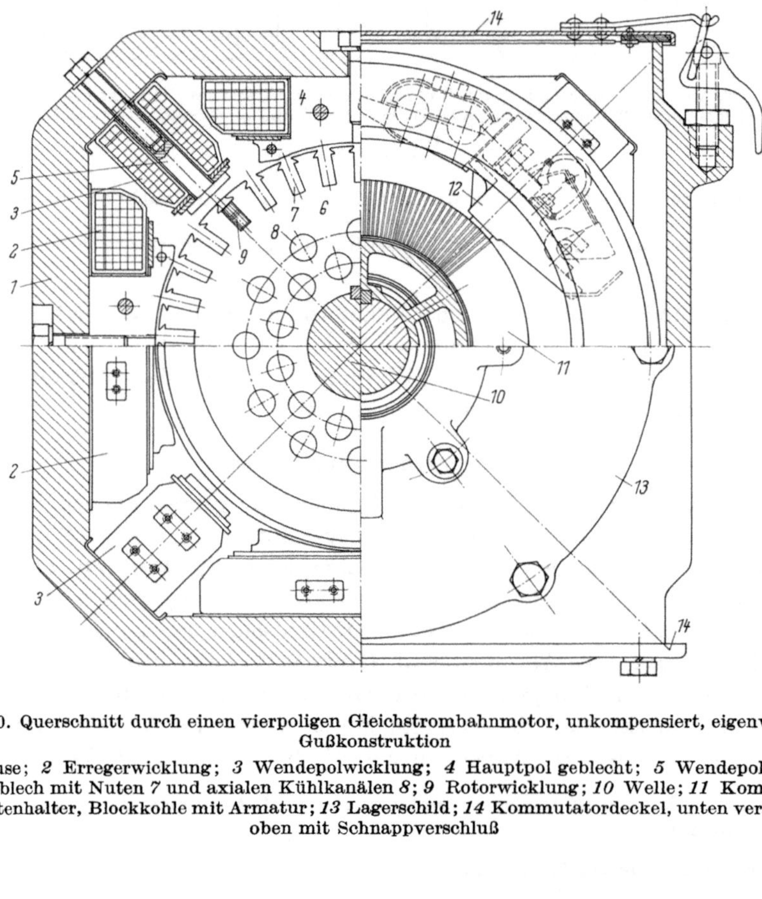

Abb. 150. Querschnitt durch einen vierpoligen Gleichstrombahnmotor, unkompensiert, eigenventiliert, Gußkonstruktion

1 Gehäuse; *2* Erregerwicklung; *3* Wendepolwicklung; *4* Hauptpol geblecht; *5* Wendepol massiv; *6* Rotorblech mit Nuten *7* und axialen Kühlkanälen *8*; *9* Rotorwicklung; *10* Welle; *11* Kommutator; *12* Bürstenhalter, Blockkohle mit Armatur; *13* Lagerschild; *14* Kommutatordeckel, unten verschraubt, oben mit Schnappverschluß

Gehäuses richtet sich nach den Einbauverhältnissen und der Antriebsart, so daß die Bahnmotoren eine unverkennbare äußere Gestalt zeigen, die ihren andersartigen Einsatz gegenüber den stationären Motoren unterstreicht. Abb. 153 zeigt die Ansicht auf einen Tatzenlagermotor mit seiner charakteristischen Achspartie.

Die geometrische Form des Gehäuses kann ein Kreis, ein Viereck, ein Sechseck oder ein Achteck sein. Runde Gehäuse werden vornehmlich in Schweißkonstruktion ausgeführt, während die vieleckigen Gehäuse aus gegossenem oder geschmiedetem Stahl bestehen. Eine gute Schweißbarkeit des Stahlgusses wird angestrebt, um Reparaturarbeiten zu erleichtern.

Gegenüber dem runden Gehäuse erreicht man mit dem vieleckigen Gehäuse eine bessere Platzausnützung der Pollücke und somit eine geringere Einbauhöhe,

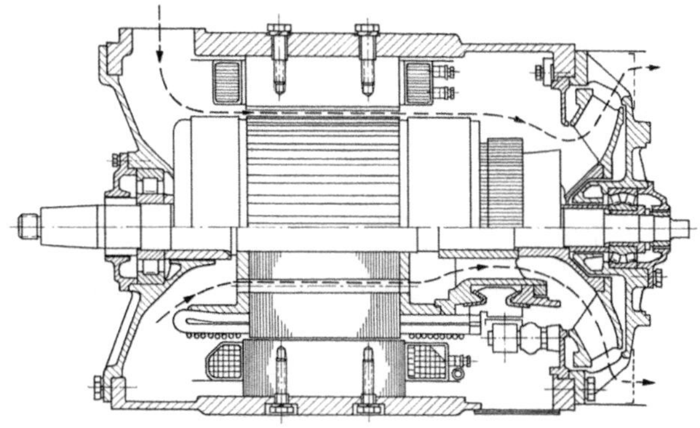

Abb. 151. Längsschnitt durch einen vierpoligen Gleichstrom-Trolleybusmotor, unkompensiert, eigenventiliert, Gußkonstruktion

s. Abb. 299a. Jedoch gestaltet sich die Bearbeitung der Auflageflächen für die Haupt- und Wendepole aufwendig. Eine bessere Platzausnützung erreicht man beim runden Motor mit Feldspulen, die nach Abb. 299c der Gehäusekontur angepaßt sind. Dafür sind höhere Kosten für die Spulenherstellung in Kauf zu nehmen.

Zahlenmäßig überwiegt der 4polige, meistens unkompensierte Motor mit Eigen- oder Fremdventilation. Er wird für Leistungen von einigen kW bis ca. 300 kW gebaut und dient für Triebfahrzeuge aller Arten und Spurweiten als Antrieb.

Für höhere Leistungen oder sehr kleine Spurweiten werden die Motoren 6polig gebaut. 2polige Motoren oder solche mit mehr als 6 Polen sind selten anzutreffen.

B. Mischstrommotoren

(Auch Wellenstrom-, Wellenspannungs- oder Gleichrichtermotoren genannt.)

In Ländern, welche die Bahnversorgung aus dem 50-Hz-Landesnetz bewerkstelligen, benützt man Trocken-Gleichrichter, vornehmlich Siliziumdioden, um den ab Fahrdraht gelieferten 50-Hz-Strom auf dem Triebfahrzeug in pulsierenden Gleichstrom umzuwandeln. Aber auch auf Strecken mit $16^2/_3$ Hz kommt der Gleichrichtermotor zur Anwendung, weil mit ihm höhere Leistungen pro Achse untergebracht werden können als mit dem $16^2/_3$-Hz-Direktmotor.

Die Mischstrommotoren sind grundsätzlich in 2 Arten zu unterteilen:

1. Man baut einen *Wellenstrommotor* mit vorgeschalteter Drosselspule und Parallelwiderstand zum Feld, so daß seine Betriebsverhältnisse dem eines Gleichstrommotors nahekommen. Das Gehäuse kann massiv ausgeführt werden, jedoch muß der Wendeflußkreis geblecht sein (s. Abb. 300).

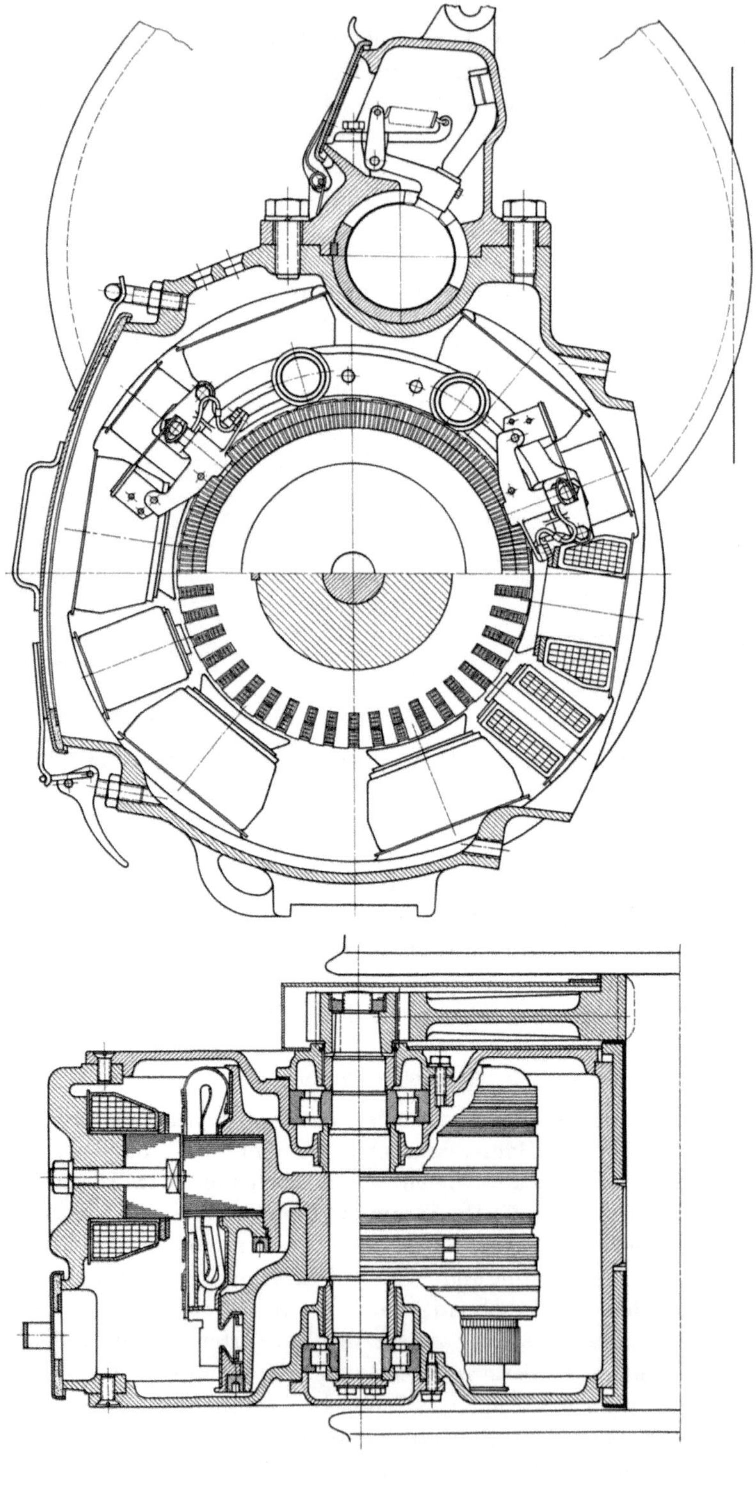

Abb. 152. Längs- und Querschnitt eines sechspoligen gekapselten Gleichstromgrubenbahnmotors

2. Der Motor wird vollkommen geblecht und arbeitet als *Wellenspannungsmotor*, dessen Dimensionen verglichen mit dem Gleichstrommotor um ca. $\sqrt{2}$ mal größer sein müssen. Dafür entfällt die Drosselspule. Parallel zum Feld und evtl. zum Wendepol sind Shuntwiderstände zu schalten, die jedoch für einen kleineren Shuntstrom als für den Wellenstrommotor zu bemessen sind.

Abb. 153. Ansicht auf die Antriebseite eines Gleichstrom-Tatzenlagermotors. Gußkonstruktion

In neuerer Zeit geht man vom Einzelachsantrieb auf Motoren über, welche für die Leistung eines ganzen Drehgestelles, also mindestens 2 Achsen, bemessen sind. Man bezeichnet sie als *Mono-Motoren* und baut sie gewöhnlich als Wellenstrommotoren mit vorgeschalteter Drosselspule. Die Anordnung eines Motors für

Abb. 154. Einmotoriges, zweiachsiges Drehgestell mit Wellenstrommotor 1900 kW Stundenleistung bei 850 V und 585 U/min. Der Motor dient zugleich als Drehgestellquerträger
1 Wellenstrommotor; *2* Drehgestellängsträger; *3* Getriebekasten; *4* Kardanantrieb mit Silentblockgelenken

2 Achsen erfordert ein Getriebe mit mehreren Zahnrädern. Große umschaltbare Getriebe für 2 Geschwindigkeiten wurden bereits ausgeführt. Ein einmotoriges Drehgestell mit dem zugehörigen Wellenstrommotor von 2580 PS Stundenleistung zeigt Abb. 154.

Mischstrommotoren werden, 4-, 6- oder 8polig gebaut, die Mono-Motoren mit entsprechend höherer Polzahl.

C. Wechselstrommotoren

Einphasenwechselstrom-Kommutatormotoren werden heute für den Antrieb von Lokomotiven praktisch nur in den Ländern verwendet, die über ein eigenes Bahnversorgungsnetz der Frequenz $16^2/_3$ Hz verfügen. In den Anfangsjahren der elektrischen Tratkion hatten die damaligen Erbauer solcher Motoren schon erkannt, daß allein durch die Wahl einer niedrigen Frequenz Motoren höherer Leistung realisierbar sind. Die transformatorische EMK, welche aus Gründen der Kommutierung einen gewissen Betrag nicht übersteigen darf, ist maßgebend für die Auslegung des Motors. Mit ihr in direktem Zusammenhang stehen Polfluß, Polleistung und Motorspannung. Je kleiner nun die Frequenz, desto größer werden die Grenzwerte der drei letztgenannten Größen und desto günstiger die Motorauslegung. — Die zentrale Entwicklung auf diesem Gebiet in Deutschland, in der Schweiz, in Österreich, in Schweden und Norwegen hat bestätigt, daß die damaligen Überlegungen richtig waren. $16^2/_3$ Hz-Direktmotoren lassen sich heute für Leistungen bauen, die bei Vollbahnlokomotiven mit 20 t Achslast eine volle Ausnützung der Adhäsion gestatten. Je nach dem Verhältnis Höchstgeschwindigkeit/Stundengeschwindigkeit lassen sich pro Achse Leistungen von 800 bis 900 kW unterbringen. Motoren mit doppelter Schleifenwicklung lassen theoretisch eine Verdoppelung des Polflusses zu und können für Leistungen über 1000 kW realisiert werden.

Die transformatorische Spannung zwischen 2 benachbarten Kommutatorlamellen wird meistens auf ca. 2,5 bis 3, höchstens 3,5 Volt limitiert. Damit lassen sich die Anfahrströme und die Kommutierung bei Nennstrom noch einwandfrei bewältigen. Je nach Betriebsbedingungen beträgt die Kommutatorlaufzeit (d. h. die Fahrstrecke, bis der Kommutator egalisiert werden muß) mehrere 100 000 km bis 1 Mio. km, und die Kommutatorlebensdauer erstreckt sich über mehrere Jahrzehnte. — Die Kommutatorumfangsgeschwindigkeit bei höchster Drehzahl wird wie bei den Gleichstrommotoren auf die erfahrungsgemäß zulässige Grenze von ca. 50 m/s begrenzt.

Um eine einwandfreie Kommutierung sicherzustellen, arbeiten die Einphasenbahnmotoren mit phasenverschobenem Wendefeld. Zu diesem Zweck wird der Wendepolwicklung ein ohmscher und fallweise noch ein induktiver Widerstand parallelgeschaltet.

50-Hz-Direktmotoren mittlerer Leistungen bis ca. 500 kW kamen in der Nachkriegszeit vor allem in Frankreich zur Anwendung. Mit dem Aufkommen der Gleichrichtermotoren scheint es jedoch nicht mehr lohnend, die Traktion mit den 50-Hz-Direktmotoren noch weiter zu entwickeln.

Als besonderes konstruktives Merkmal der Einphasen-Motoren ist der gedrängte, raumsparende Aufbau des Stators zu nennen. Verglichen mit den Gleichstrommotoren ist die Polhöhe gering, weil wegen des relativ kleinen zulässigen Polflusses entsprechend wenig Ampèrewindungen unterzubringen sind. Die Pollücke wird zum großen Teil von der Erreger- und Wendepolwicklung ausgefüllt, s. Abb. 155. Das Gehäuse, früher auch aus Stahlguß, wird heute ausschließlich

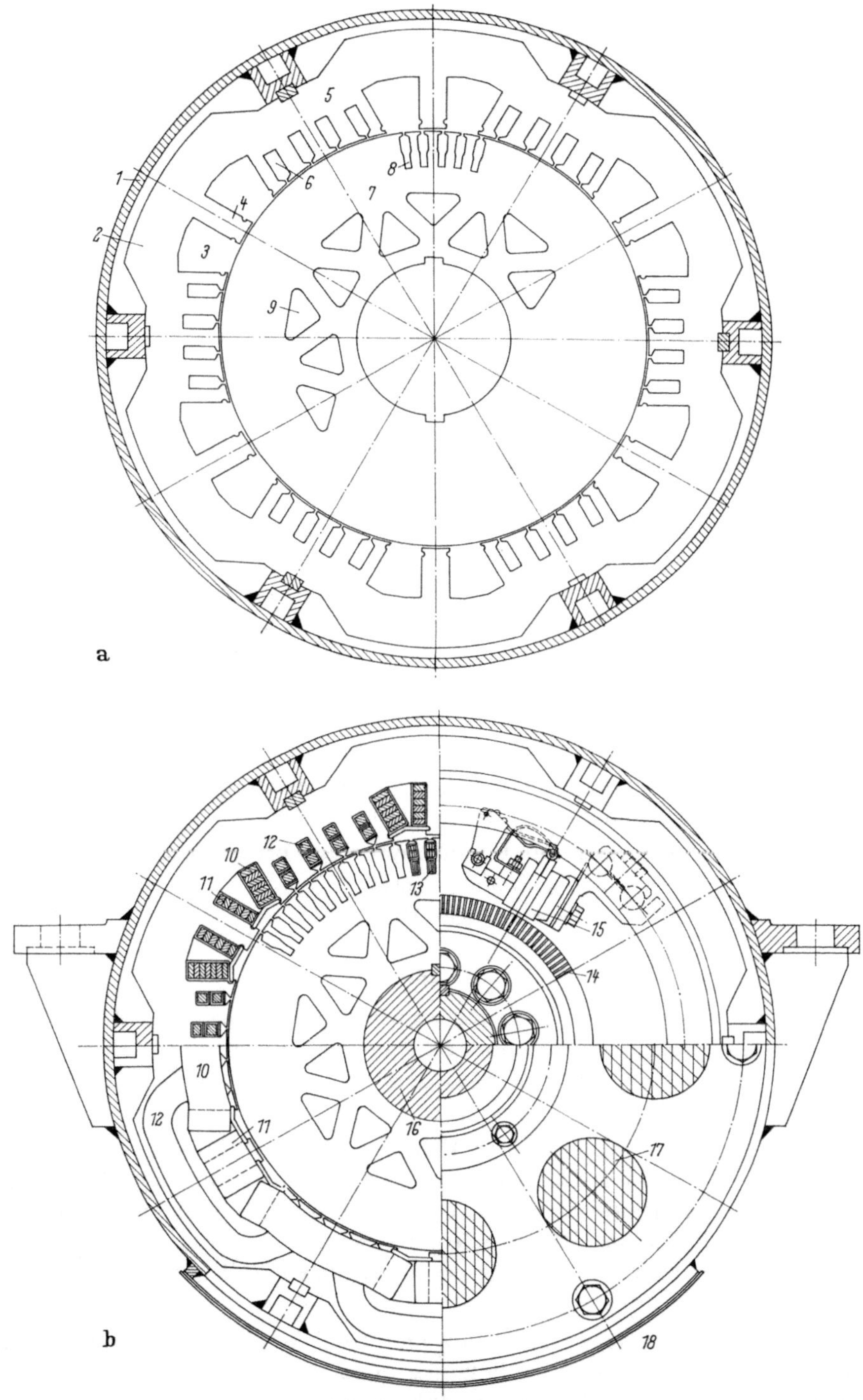

Abb. 155. Querschnitt durch einen sechspoligen Einphasenbahnmotor, unbewickelt a und bewickelt b
Frequenz $16\,^2/_3$ Hz, fremdventiliert, Schweißkonstruktion

1 Gehäusemantel
2 Statorblech
3 Pollücke
4 Wendepol
5 Hauptpol
6 Kompensationsnuten
7 Rotorblech
8 Rotornuten
9 axiale Kühlkanäle
10 Erregerwicklung
11 Wendepolwicklung
12 Kompensationswicklung
13 Rotorwicklung
14 Kommutator
15 Bürstenhalter mit armaturlosen Zwillingskohlenbürsten
16 Motorhohlwelle
17 Luftaustrittslöcher im Lagerschild
18 Kommutatordeckel

in Schweißkonstruktion mit Stahlblech ausgeführt. Der Gehäusemantel trägt den lamellierten Statorblechring. Dieser kann entweder selbsttragend zusammengestellt und vor dem Einbau in das Gehäuse bewickelt werden, oder die einzelnen Bleche werden in das Gehäuse eingeschichtet, mit Preßplatten gepreßt und anschließend bewickelt. Abb. 156a zeigt die Ansicht auf die Kommutatorseite eines

Abb. 156a. Ansicht auf Kommutatorseite eines zehnpoligen Einphasenbahnmotors für die E 41 Lokomotive der DB, Frequenz $16\,{}^2/_3$ Hz, Stundenleistung 600 kW bei 1540 U/min, Lagerschild entfernt. Man erkennt die Bürstenbrücke mit Zahnkranz, die zum Auswechseln der Kohlebürsten von außen gedreht werden kann

10poligen Einphasenmotors und Abb. 156b den Längsschnitt desselben Motors. Abb. 157a gibt den vereinfachten Schnitt durch einen 14poligen Motor wieder, und Abb. 157b zeigt den gleichen Motor in der Ansicht.

Die besondere Eigenheit der Einphasenmotoren bringt es mit sich, daß schon kleine Leistungen einen 6poligen Motor verlangen. Motoren höherer und höchster Leistung haben 8, 10, 12, 14 oder sogar 16 Pole.

D. Antriebe

Unter dem Fahrzeugantrieb verstehen wir die Gesamtheit jener Einrichtungen, deren Aufgabe es ist, das Drehmoment vom Triebmotor auf die Räder zu übertragen. Er besteht im wesentlichen aus einem Reduktionsgetriebe und einer nicht lösbaren Kupplung.

Es ist bei allen erdgebundenen Fahrzeugen das Bestreben ihrer Konstrukteure, einen möglichst großen Teil der Masse in bezug auf die Fahrbahn abzufedern. Jedes auf Rädern rollende Fahrzeug stößt im Verlaufe der Fahrt auf zahlreiche Unebenheiten. Ein ungefedertes Fahrzeug würde an sich selbst und der Fahrbahn großen Verschleiß verursachen und für die Passagiere unbequem sein.

Wenn man elektrische Triebfahrzeuge in gefederte und ungefederte Massen aufteilt, so kommt man zum Schluß, daß mindestens die Radsätze (oder ein Teil von ihnen) zur ungefederten Masse gehören müssen, während alle anderen Teile des Fahrzeuges unter Zwischenschaltung von Federn auf die Radachse abgestützt werden können. Kommutatormaschinen reagieren auf alle Arten von Stoßbeschleunigungen empfindlich. Je nach ihrem Gewicht und der Fahrzeuggeschwindigkeit müssen sie deshalb ganz oder teilweise der gefederten Masse zugeordnet

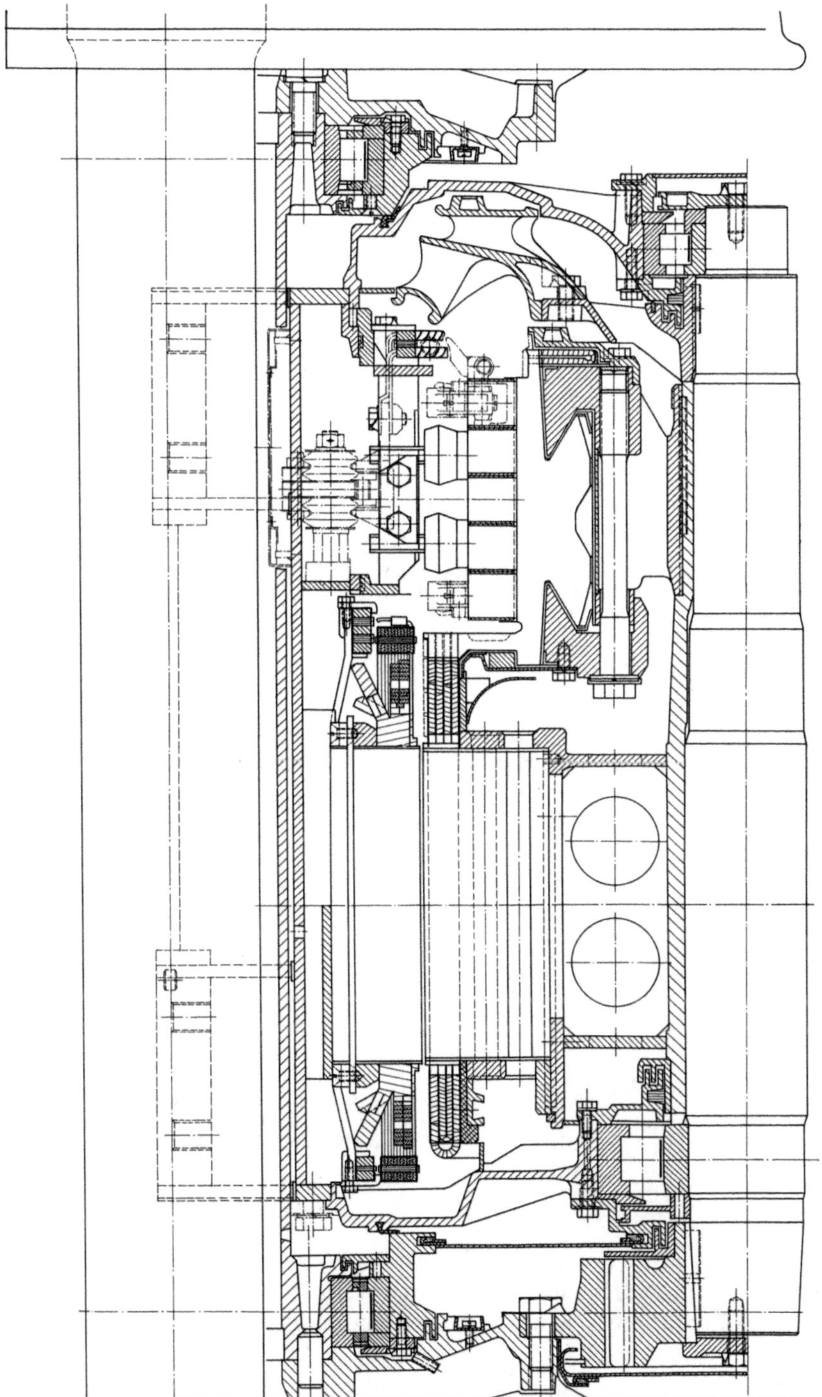

Abb. 156 b. Längsschnitt. Der Motor ist fremd ventiliert und hat zusätzlich Eigenventilation. Konstruktive Einzelheiten: Gewölbedruck-Kommutator mit geschlossenen Fahnen, deren Zentrifugalkräfte durch gesonderten Schrumpfring aufgenommen werden. Ausgleichsleiter radial an der Außenseite des Kommutators mit Kunstharz vergossen werden. Radachse und Motorachse liegen im allgemeinen windschief zueinander und ändern ihre Lage während der Fahrt dauernd. Der Antrieb als Bindeglied zwischen Motor- und Radachse muß die relative Bewegung zwischen den beiden Achsen dauernd ertragen, ohne daß die Drehmomentübertragung in Frage gestellt sein darf.

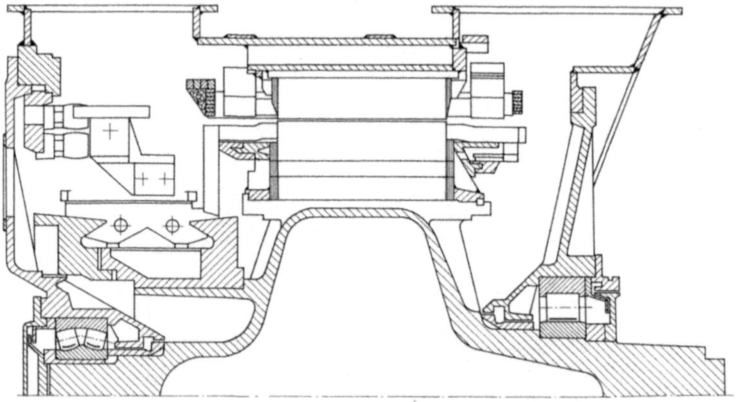

Abb. 157a. Schnittbild eines vierzehnpoligen Einphasenmotors mit Fremdventilation, Frequenz 16 2/3 Hz, Schweißkonstruktion. Stundenbetrieb 1000 PS, 390 V, 2120 A, 785 U/min. Die Stundenleistung wird bei 57% der Höchstdrehzahl abgegeben

Die Anforderungen, die an einen Antrieb zu stellen sind, lassen sich kurz in folgende Sätze zusammenfassen:

a) Der Antrieb muß so konstruiert sein, daß möglichst alle Teile außer den Radsätzen zur gefederten Masse gehören.

Abb. 157b. Antriebsmotor für die Lokomotive Co'Co', Serie Ae 6/6, Nr. 11 403 – 11 520 der Schweizerischen Bundesbahnen. Längsschnitt s. Abb. 157a

b) Der Antrieb muß *homokinetisch* sein, d. h. eine gleichförmige Drehbewegung der Räder muß auch einer solchen der Motoren entsprechen. Diese Forderung sollte sowohl im statischen als auch dynamischen Zustand des Antriebes erfüllt sein.

c) Der Antrieb soll die Elastizität der seitlichen Achsführung nicht beeinflussen, und im Falle von seitenverschiebbaren Radsätzen müssen die allenfalls vom Antrieb herrührenden Rückstellkräfte in gewissen Grenzen gehalten werden.

d) Zählt der Motor zur gefederten Masse, so muß an den als Kupplung ausgebildeten Teilantrieb die Forderung gestellt werden, daß der Antrieb der vertikalen Durchfederung der gefederten Masse einen möglichst geringen Widerstand entgegensetzen soll, d. h. die Federcharakteristik des Drehgestelles sollte vom Antrieb nicht wesentlich beeinflußt werden.

e) Der Antrieb soll drehelastisch sein, damit er unerwünschte Drehmomentspitzen vom Motor auf das Rad und umgekehrt fernhält. Die Drehfederung wird durch geeignete Bauteile aus Gummi oder Stahl oder einer Kombination der beiden gewährleistet. Zugleich soll die Kupplung schwingungsdämpfend wirken. Ein gewisser schwingungsdämpfender Effekt wohnt der Kupplung schon von Natur aus dadurch inne, daß die federnden Stahl- oder Gummielemente einen Teil der elastischen Deformationsarbeit in Wärme umwandeln.

f) Der Antrieb soll so konstruiert sein, daß sowohl bei zweiseitiger als auch einseitiger Durchfederung der gefederten Masse alle drehenden Teile zentrisch laufen, damit keine Unwuchtkräfte entstehen.

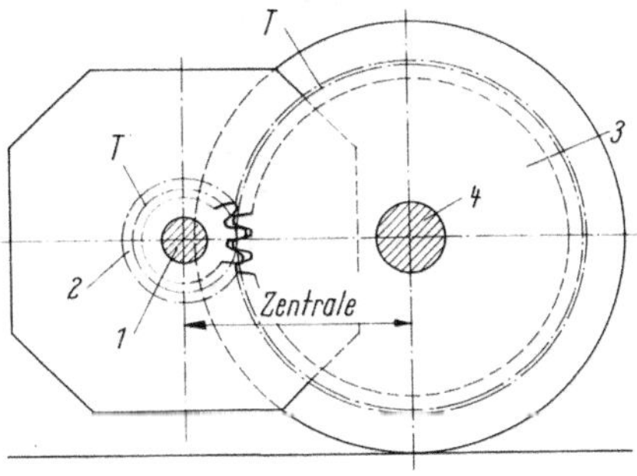

Abb. 158. Prinzip der Drehmomentübertragung vom Motor auf den Radsatz mittels Stirnradgetriebe
1 Motorachse; *2* Ritzel; *3* Großrad; *4* Radachse; *T* Ritzel- bzw. Großradteilkreis

Nachstehend einige kurze Erläuterungen wichtiger Begriffe aus der Antriebstechnik:

Die *Übersetzung des Getriebes* ist das Verhältnis der Ritzelzähnezahl zur Zähnezahl des großen Zahnrades, kurz Großrad genannt, s. Abb. 158. Der Motor dreht stets schneller als der Radsatz. Das Motorwellenende trägt deshalb immer das Ritzel, während das Großrad sich auf der Seite des Triebrades befindet.

Als *Zentrale* benennt man den Abstand Motorachse—Großradachse. Sie ist gleich der Summe der Teilkreisradien der beiden Zahnräder (Teilkreisdurchmesser = Modul × Zähnezahl).

Das *Getriebe* besteht aus Großrad und Ritzel. Praktisch kommt man immer mit einem einstufigen Getriebe aus. Antriebe mit Doppelvorgelege sind nicht häufig anzutreffen. Es kommt sowohl die gerade als auch die einfach-schräge Verzahnung zur Anwendung. Letztere gibt ruhigeren Lauf, verursacht aber einen Axialschub.

Der *Radkasten* umschließt das Getriebe, um unerwünschte Fremdkörper von der Verzahnung fernzuhalten. Ferner dient er als Schmierölbehälter.

Bei den Antrieben, bei welchen der Motor zwischen der Spur angeordnet ist, bestimmen die *Spurweite* und der *Triebraddurchmesser* die Größe des Motors bezüglich seinen *aktiven Abmessungen*.

Der *Abstand* des untersten Punktes des Radkastens von der *Schienenoberkante* darf einen gewissen Betrag nicht unterschreiten. Er soll bei ganz abgenützten Radbandagen und eingefedertem Drehgestell noch ca. 80 mm betragen.

Der *einseitige Antrieb* gibt das Drehmoment nur auf einer Seite des Triebradsatzes ab, während der *zweiseitige Antrieb* beide Seiten des Radsatzes mit je der Hälfte des Drehmomentes beaufschlagt.

Abb. 159. Ansicht von oben auf Tatzenlagermotor mit doppelter Übersetzung

1 Motor; *2* Tatzenlager; *3* Nase zur federnden Aufhängung des Motors am Gestell; *4* Motortragarme; *5* erstes Vorgelege; *6* zweites Vorgelege

Der *außenliegende Antrieb* liegt außerhalb der Triebräder und gibt sein Drehmoment von dort an die Räder ab. Der Fahrzeug- bzw. Drehgestellrahmen stützt sich dann innerhalb der Spur auf die Radachse und die Lokomotive heißt *Innenrahmen-Lokomotive*. Beim innenliegenden Antrieb werden Motor und Antrieb

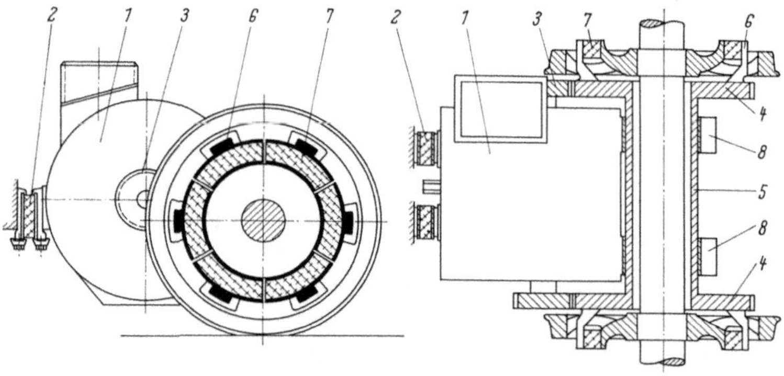

Abb. 160. Gummiringfederantrieb mit Hohlwellentatzenlagermotor (Schwebemotor). Der Motor ist einerseits federnd am Drehgestell aufgehängt und stützt sich andererseits federnd auf die Radachse

1 Hohlwellentatzenlagermotor; *2* Gummielastische Aufhängung des Motors am Drehgestell; *3* Ritzel; *4* Großrad; *5* Hohlwelle; *6* Mitnehmer; *7* Gummiringfedersegment; *8* Tatzenlager (Wälzlager)

zwischen der Spur eingebaut und der Rahmen stützt sich außerhalb der Spur auf die Achse ab: *Außenrahmenlokomotive*. Die heute gebräuchlichen Antriebe zählen zur letzten Gattung.

Die nachstehende Zusammenstellung vermittelt eine Übersicht über eine Anzahl der heute gebräuchlichen Antriebe:

1. Einzelachsantrieb mit Tatzenlagermotor

— Tatzenlagermotor mit einfacher Übersetzung, Abb. 149.

— Tatzenlagermotor mit doppelter Übersetzung, Abb. 159.

2. Einzelachsantrieb mit gefedertem Tatzenlagermotor (Hohlwellentatzenlagermotor, Schwebemotor)
— Gummiringfederantrieb, Abb. 160.

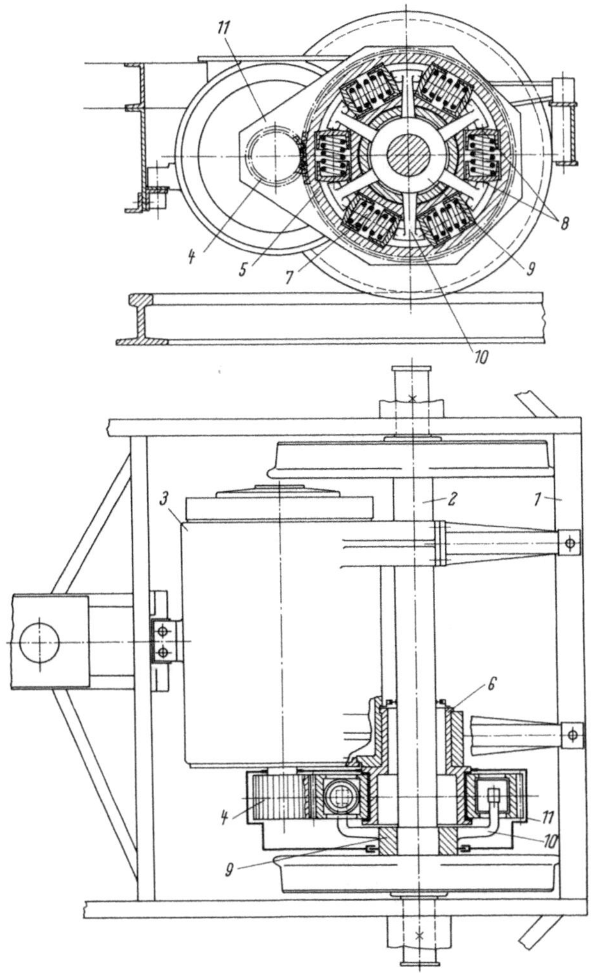

Abb. 161. Federantrieb mit freien, nicht eingespannten Federn und feststehendem Hohlwellenstummel

1 Drehgestellrahmen;
2 Radsatz;
3 vollständig gefederter Motor (Gestellmotor);
4 Ritzel;
5 Großrad, auf Hohlwellenstummel gelagert (in Wirklichkeit mit Wälzlagern);
6 Hohlwellenstummel;
7 Kupplungsfedern;
8 Federtopfboden;
9 Mitnehmer, auf Radachse aufgeschrumpft;
10 Mitnehmerarme;
11 Radkasten

Abb. 162. Ansicht auf Antriebsseite eines sechspoligen Einphasenbahnmotors mit montiertem Getriebe. Das Großrad sitzt auf dem Hohlwellenstummel und enthält in Umfangsrichtung Federn

3. Einzelachsantrieb mit vollständig gefederten, querliegenden Gestellmotoren
— Federantrieb mit feststehendem Hohlwellenstummel, Abb. 161 und 162.
— Scheibenantrieb, Abb. 163 und 164d.
— Kardanantrieb mit und ohne Motorhohlwelle, Abb. 164a und b.

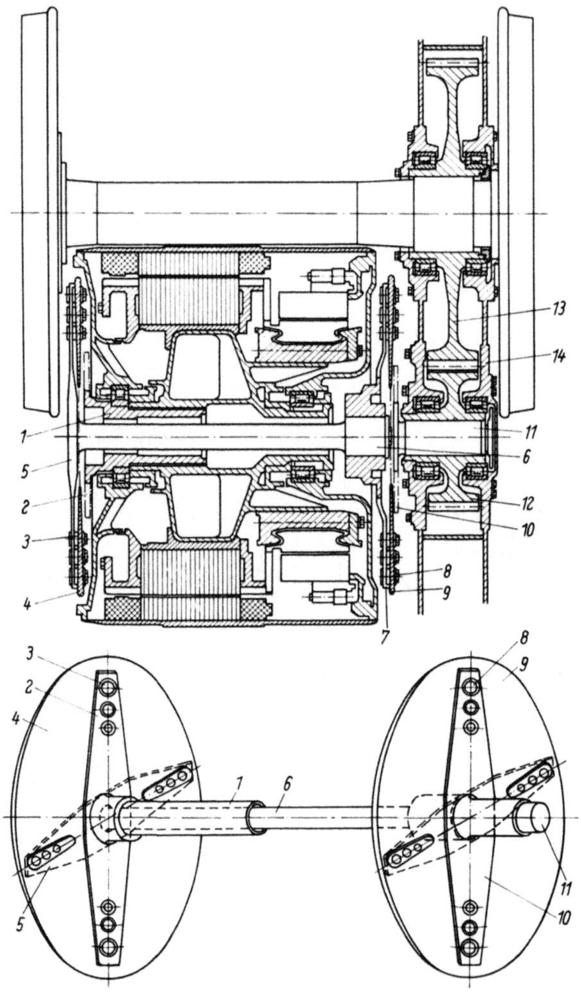

Abb. 163. Scheibenantrieb der Bo'Bo'-Lokomotive der BLS

1 Hohlwellenstummel; *2* Mitnehmer; *3* Verschraubung der Mitnehmer mit der Kupplungsscheibe; *4* Kupplungsscheibe aus Stahl; *5* Mitnehmer; *6* Torsionswelle; *7* Mitnehmer, auf Torsionswelle aufgeschrumpft; *8* s. *3*; *9* s. *4*; *10* Mitnehmer; *11* Ritzelzapfen; *12* Ritzel; *13* Großrad auf Radachse aufgeschrumpft; *14* Radkasten

— Lamellenantrieb Abb. 165.
— Gummi-Gelenk-Kardanantrieb
— Gummischeibenantrieb, Abb. 166.
— Gummiantrieb mit und ohne Hohlwelle,
— Hohlankerantrieb, Abb. 167.

4. Einzelachsantrieb mit vollständig gefederten, längsliegenden Gestellmotoren
— Kardanantrieb für Trolleybus, Abb. 164a.
— Kardanantrieb für 2achsiges Drehgestell, jede Achse von einem Motor angetrieben

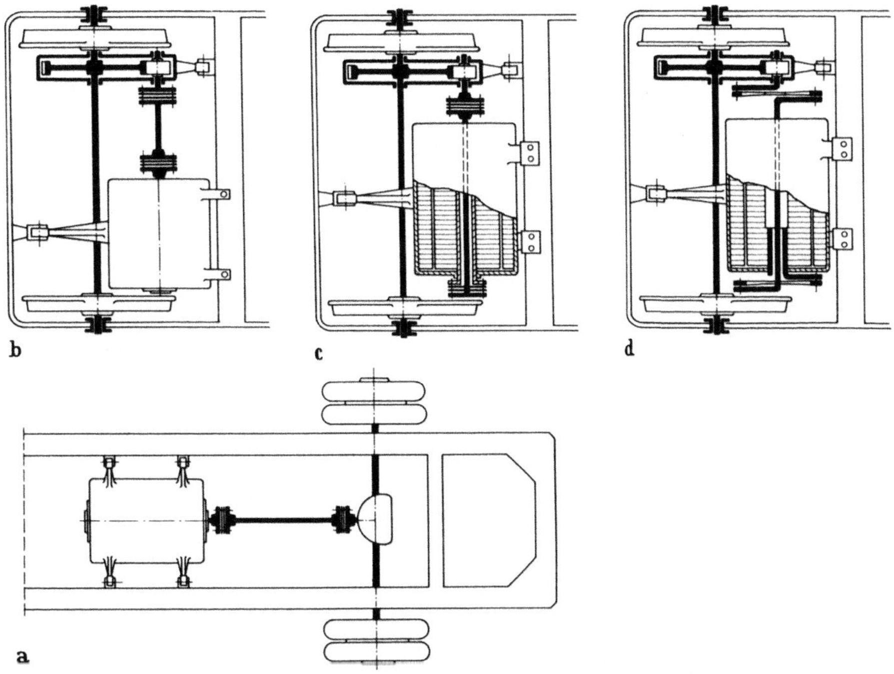

Abb. 164. Entwicklungsstufen des Scheibenantriebes
a Kardanantrieb für Trolleybus. Hardy-Scheibenkupplung oder Kreuzgelenke, Motor längsliegend; b Kardanantrieb mit querliegendem Motor. Hardy-Scheibenkupplung, kurze Kardanwelle; c Kardanantrieb mit querliegendem Motor mit Hohlwelle. Hardy-Scheibenkupplung, lange Kardanwelle; d Scheibenantrieb, querliegender Motor mit Hohlwelle, Stahlscheibenkupplung, lange Kardanwelle

Abb. 165. Lamellenantrieb

5. Gemeinsamer Antrieb der Achsen durch vollständig gefederte, querliegende Gestellmotoren
— Einmotoriges, zweiachsiges Drehgestell (Bogie monomoteur), Abb. 154.
— Ein- oder zweimotoriges, dreiachsiges Drehgestell.
6. Gemeinsamer Antrieb der Achsen durch längsliegenden Tatzenlagermotor
— Zweiachsiges Drehgestell für Straßenbahnen.
7. Stangenantrieb, kommt heute nur noch für kleine Rangierlokomotiven mäßiger Höchstgeschwindigkeit in Frage.

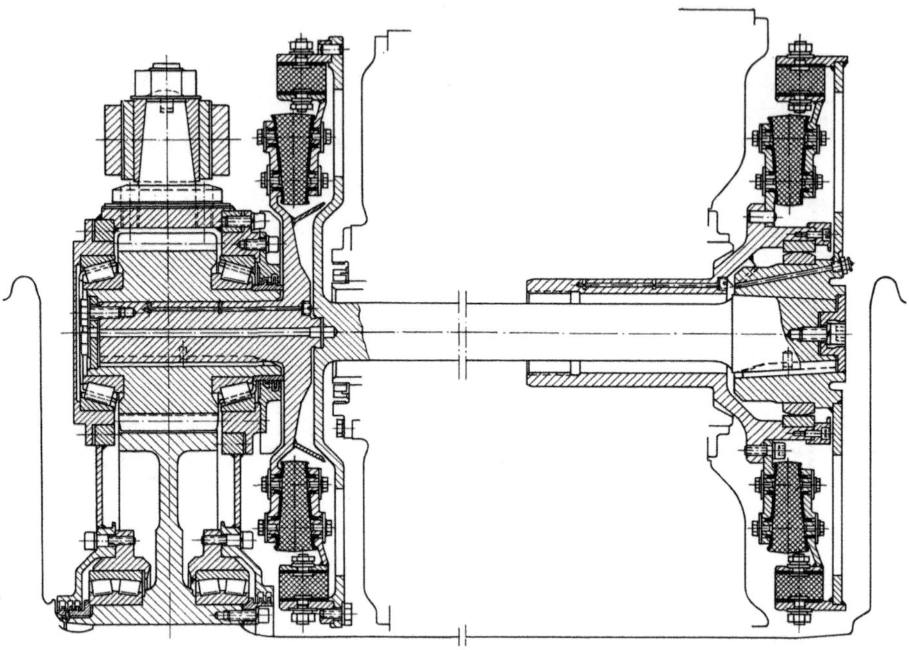

Abb. 166. Gummischeibenantrieb
Diesem Antrieb liegt der Scheibenantrieb nach Abb. 163 zu Grunde. Die Rolle der Stahlscheiben übernehmen hier Gummischeiben und -ringe

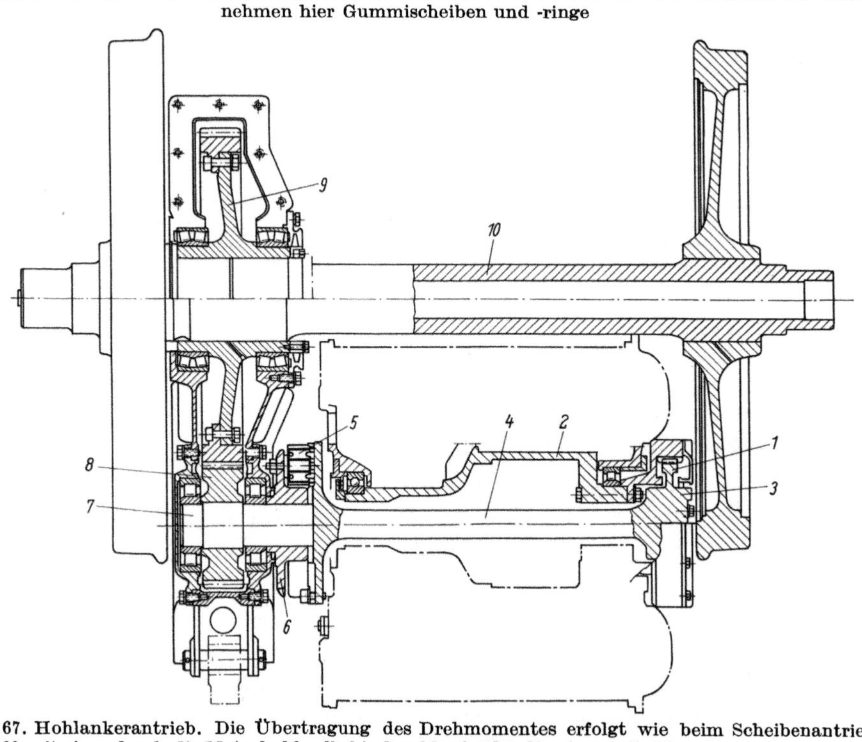

Abb. 167. Hohlankerantrieb. Die Übertragung des Drehmomentes erfolgt wie beim Scheibenantrieb Abb. 163 mit einer durch die Motorhohlwelle hindurchlaufenden Torsionswelle. Diese ist mit der Motorhohlwelle einerseits und mit dem Ritzel andererseits mit Kupplungen verbunden. *1* Ölgefüllte Zahnkupplung; *2* Motorhohlwelle; *3* Zahnrad der Torsionswelle (Zahnkupplung); *4* Torsionswelle; *5*, *6* Gummikupplung; *7* Ritzelzapfen; *8* Ritzel; *9* Großrad, aufgeschrumpft auf Radachse; *10* Hohlgebohrte Radachse

Dritter Teil

Die Bauelemente elektrischer Maschinen

I. Das Blechpaket

A. Allgemeines

Dynamobleche und Stahlbleche stellen den Hauptanteil bezüglich Gewicht und Materialkosten elektrischer Maschinen dar.

Entsprechend den Blechpaketformen werden die einzelnen Bleche gewöhnlich gestanzt und nur bei einfachen Formen, z. B. Wendepolblechen, mit der Blechschere geschnitten.

Der Brutto-Blechaufwand, der für den Preis maßgebend ist, richtet sich nach dem Ausgangs-Stanzformat und ist bei normalen Rundschnitten und Segmentschnitten, Polschnitten usw. etwa 40 bis 55% größer als das Nettogewicht unter Berücksichtigung ausgestanzter Nuten und dgl.

Eisen- bzw. Stahlbleche nach Tab. 36 werden im aktiven Teil elektrischer Maschinen an Stelle von Guß oder Schweißkonstruktionen zunehmend verwendet. Bei Gleichstrommaschinen für hohe Regelungsansprüche werden außer den Hauptpolen auch die Wendepole und die Gehäuse aus lamelliertem Blech von 0,5 bis 3 mm Dicke hergestellt (s. auch S. 274, 340). Bei Synchronmaschinen mit Schenkelpolen werden vielfach aus Preis- und Fabrikationsgründen und mit Rücksicht auf die Poloberflächenverluste — insbesondere bei Luftspalten kleiner als die Statornutöffnung — die ganzen Pole oder die Polschuhe aus lamelliertem Blech hergestellt (vgl. Abb. 196). Bei Verwendung von sog. Schicht- oder Kettenrotoren (vgl. Abb. 371), für Synchronmaschinen mit Schenkelpolen werden für die Rotorjochbleche Stahlbleche mit Dicken von 2 bis 4 mm und Streckgrenzen von 20 bis 50 kp/mm² verwendet (Tab. 36).

Bei Blechkörpern, die wechselnder Magnetisierung unterworfen sind, erfolgt der Aufbau aus *Dynamoblechen* (Tab. 37). Die Wahl der Dynamoblechqualität — also der verwendeten Verlustziffer — ist in erster Linie eine Frage der Bewertung der Eisenverluste der ganzen Maschine durch deren Verbraucher. Während die Verluste bei normalen Asynchronmotoren und normalen Gleichstrommaschinen selten bewertet werden und deshalb keinen Grund zur Verwendung besserer Bleche als solche mit einer Verlustziffer von $V_{10} = 3$ W/kp bei 50 Hz besteht, ist bei großen Generatoren und bisweilen auch bei Großmotoren eine Verlustbewertung zwischen 500 und 2000 DM/kW Verluste üblich, so daß bei solchen Maschinen normal heute 2,3 bis 1,7 W Bleche (0,5 mm dick) und bei hoher Verlustbewertung 1,3 bis 1 W Bleche (0,35 mm dick), in einzelnen Fällen bei großen Turbogeneratoren auch kaltgewalztes *kornorientiertes Blech* verwendet wird.

Bei Polen von Synchronmaschinen und insbesondere Jochen aus Eisenblech ist im allgemeinen eine Isolierung der Bleche gegeneinander nicht nötig und auch bei Polschuhen von Synchronmaschinen kann normalerweise darauf verzichtet werden.[1]

Bei Hauptpolen von Gleichstrommaschinen werden vielfach die Preßbolzen isoliert und die Endpreßplatten unterteilt, um die Wirbelströme, wie sie sich bei nicht isolierten Bolzen oder nicht unterteilten Endpreßplatten bei rascher Feldänderung ergeben, klein zu halten. Damit wird auch die Stoßerregungsleistung kleiner.

Bei Dynamoblechkörpern steigen die Ansprüche an die Güte der *Isolation* der einzelnen Bleche voneinander mit der Blechrückenhöhe, da die durch die Flußpulsation in den Blechen induzierte Spannung von der Rückenhöhe abhängig ist. Bei kleineren Maschinen und hohen Polzahlen sind die Ansprüche deshalb bescheidener als bei großen Maschinen und niedrigen Polzahlen.

Bis zu einem gewissen Grad ist die Güte der Isolation druckabhängig. Versuche mit steigendem Druck bis 400 kp/cm² zeigen eine praktisch lineare Abhängigkeit der Zunahme der Eisenverluste mit dem Druck. Bis 400 kp/cm² ist die Verlustzunahme ca. 6 bis 9% je nach Isolierung, aber bei dem üblichen Preßdruck von 7 bis 10 kp/cm² außerordentlich klein. Bei blankem Blech dagegen ist die Verlustzunahme bei 400 kp/cm² ca. 200%, und auch bei normalem Preßdruck schon ca. 50 bis 100%, bei hohem Preßdruck (eingegossene Rotorwicklungen oder Spritzgußgehäuse um das Statorblech herumgegossen) ist die Verlustzunahme unzulässig groß, so daß in diesen Fällen eine Blechisolation ratsam ist.

Als Isolation von Dynamoblechen wird für kleine Maschinen phosphatiertes Blech, für mittlere und große Maschinen sowohl Papier (aufgeklebt mit Wasserglas) als auch Lack verwendet.

Die *Papierisolation* wird vor dem Stanzen des Bleches aufgeklebt. Phosphatiertes Blech ist auch vor dem Stanzen phosphatiert.

Die *Lackisolation* wird normalerweise nach dem Stanzen und Entgraten aufgebracht, um auch die Stanzfläche zu isolieren. Für große Maschinen mit niedriger Polzahl, also hohem Blechrücken wird vielfach das Dynamoblech zweimal lackiert. Das Lackieren geschieht üblicherweise zwischen zwei Walzen. Als Lack werden die verschiedensten ofentrocknenden Lacke (Öllacke, Kunstharzlacke mit Lösungsmitteln oder in wässeriger Dispersion, u. a. auch Totaninlack auf der Grundlage von Sulfitablaugeprodukten) verwendet mit Trockentemperaturen von 170 bis 360 °C. Der beidseitige Lackauftrag ist 8 bis 25 μm gegenüber 30 μm bei Papierisolation.

Der sog. *Füllfaktor* S_F ist das Verhältnis des Gewichtes G eines mit Dynamoblechen geschichteten Stapels zum Gewicht des vollständig mit Blechmasse ausgefüllt gedachten Stapels mit gleichem Volumen V, also das Verhältnis

$$S_F = \frac{G}{V\gamma_0} \quad (S_F < 1) \tag{74a}$$

wobei γ_0 das spezifische Gewicht des Einzelbleches *ohne* Isolation bedeutet. Er dient zur Beurteilung der magnetischen Ausnützbarkeit eines Stapels. Den Füll-

[1] Wenn die Pol- oder Polschuhbleche zur Erzielung einer genaueren ebenen Schichtung gebeizt werden, ist allerdings eine Lackierung notwendig, dagegen wird auf Isolierung der Nieten, mit welchen die Pole vernietet sind, verzichtet.

faktor nicht isolierter Bleche nennt man *Stapelfaktor* S. Letzterer ist ein Maß für die Oberflächengüte des Bleches. In der DIN-Norm 46 400[1] werden folgende Minimalwerte gefordert (Pressung 10 kp/cm[2])

Blechdicke	min. Stapelfaktor S
0,35 mm	0,92
0,50 mm	0,94

Der Füllfaktor ist abhängig von der Blechdicke, der Isolation bezüglich Art und Dicke und der Stapelhöhe. Die Isolationsdicke geht nicht voll in den Füllfaktor ein, da die Isolation elastisch und plastisch deformiert wird. Als mittlerer Füllfaktor für isolierte Bleche kann gelten

Blechdicke	Mittlerer Füllfaktor S_F
0,35 mm	0,90
0,50 mm	0,93

Bezeichnet man die Blechdicke mit h, die Isolationsdicke mit i (spezif. Gewicht der Isolation γ_i), die durchschnittliche Welligkeit mit w für einen Stapel von z Blechen mit der Fläche A, so ergibt sich nach Definition (74a) ein Füllfaktor von

$$S_F = \frac{z(h\gamma_0 + i\gamma_i)A}{z(h + i + w)A\gamma_0} = \frac{1 + i\gamma_i/h\gamma_0}{1 + i/h + w/h}$$

Wegen $i\gamma_i/h\gamma_0 \ll 1$ ist $S_F \approx \dfrac{1}{1 + i/h + w/h}$ (74b)

Der Stapelfaktor ergibt sich aus dem Füllfaktor mit $i = 0$ zu $S = \dfrac{1}{1 + w/h}$; er sei 0.94 (0,5 mm Blech) woraus sich $w/h = 1/0{,}94 - 1 = 0{,}065$ berechnen läßt. Setzt man nun Lackisolation mit $i = 10\ \mu$m Dicke voraus, so ist mit $i/h = 10/500 = 0{,}02$ der theoretische Füllfaktor bei inkompressiblem Lack $S_F = \dfrac{1}{1 + 0{,}02 + 0{,}065} = 0{,}92$. Rechnet man jedoch mit kompressiblem Lack, so wäre mit einer ideellen Lackdicke $i^* < i$ zu rechnen. Setzt man z. B. $i^* = \frac{1}{2}\, i$, so wird $i^*/h = 0{,}01$ und der Füllfaktor wird bei gleichbleibender Welligkeit $S_F = \dfrac{1}{1 + 0{,}01 + 0{,}065} = 0{,}93$, was den wirklichen Verhältnissen eher entspricht.

Voraussetzung für gute Blechisolation, insbesondere bei Lackisolation, ist gute Entgratung der Schnittkanten nach dem Stanzen, bzw. die weitgehende Vermeidung von Gratbildung beim Stanzen durch geeignete Maßnahmen. Nicht gut entgratete Bleche können Eisenschlüsse und als Folge davon heiße Stellen oder sogar sog. *Eisenbrand* verursachen.

Aber schon das Stanzen allein bringt durch die plastische Verformung des Bleches entlang den Schnittkanten einen Verlustzuwachs. Dieser ist proportional der Schnittkantenlänge. Die Zusatzverluste V_{10} sind — ziemlich unabhängig von der Blechqualität — etwa 0,1 bis 0,2 W/kp bei Schnittkantenlängen von 15 bis 30 m pro kp Blechgewicht[2].

[1] DIN 46 400, Dynamo- und Transformatorenbleche.

[2] SEEGER, D.: Erhöhung der Eisenverluste von Dynamoblechen durch verschiedene Bearbeitungsvorgänge beim Bau elektrischer Maschinen. ETZ-A, 84 (1963) 19, S. 622—627.

Auch durch das Schleifen der Bleche für Zwecke des Entgratens werden die Bleche mehr oder weniger plastisch verformt und der dadurch entstehende Verlustzuwachs ist ebenfalls ca. 0,1 W/kp.

Durch geeignete Glühbehandlung können die zusätzlichen Verluste durch das Stanzen und Schleifen wieder weitgehend aufgeholt werden.

Als *Preßdruck* beim Blechen der Statoren und Rotoren wird ein Preßdruck von 7 bis 10 kp/cm² verwendet. Es ist notwendig, für große Blechschichthöhen paketweise zu pressen. Bei Kurzschlußrotoren mit gegossener Wicklung oder bei Kleinmotorenstatoren, bei welchen ein Spritzgußgehäuse um das Statorblech herumgegossen wird, ergibt sich der Preßdruck des fertigen Paketes etwa aus der Streckgrenze des Gußmaterials multipliziert mit dem Verhältnis Gußquerschnitt zu Blechfläche. Beim Pressen ergibt sich eine teils elastische, teils plastische Zusammendrückung des Blechpaketes. Der plastische Anteil ist von der Blechoberflächengüte und von der verwendeten Blechisolation abhängig. Ein gewisser elastischer Anteil ist unbedingt nötig, um ein Lockern des Blechpaketes im Betrieb zu verhindern.

Zusätzlich zur Einzelblechisolation wird vielfach noch alle 35 bis 70 mm eine 0,2 bis 0,5 mm dicke plastische Kartoneinlage oder eine zum Teil elastische Hartpapiereinlage (Elastizitätsmodul $E = 0{,}8 \ldots 1{,}0 \cdot 10^5$ kp/cm²) in die Dynamoblechkörper eingeschichtet.

Die einzelnen Bleche werden auf verschiedene Arten gestanzt, je nach Fabrikationseinrichtung, die sich u. a. nach der Anzahl der zu stanzenden Bleche richtet.

Zunächst ist zu unterscheiden:

Rundschnitt: Für Durchmesser kleiner als Blechtafel- bzw. Blechrollenbreite, also normal unter 1000 mm Durchmesser, ausnahmsweise 1100 bis 1200 mm, Herstellung auf Exzenterpresse oder Rundschere. Bei kleinen Rundschnitten werden vielfach mehrere Rondellen mit einem einzigen Pressenhub gestanzt.

Segmentschnitte: Für Durchmesser, für welche Rundschnitte nicht mehr verwendet werden können, Herstellung auf Exzenterpresse. Je nach Segmentgröße und zur Verfügung stehender Presse werden die einzelnen Segmente in einem oder mehreren Pressenhüben gestanzt.

Ferner ist zu unterscheiden:

Umrißschnitte: Es werden nur die Umrisse von (Rund- oder Segmentschnitten) gestanzt.

Komplettschnitte: Der ganze Schnitt, also Umriß und Nutung, erfolgt mit einem Pressenhub.

Teilschnitte: Mit getrenntem oder kombiniertem Werkzeug werden die einzelnen Operationen in mehrere Hübe getrennt. Pro Hub der Presse nur eine Operation.

Folgeschnitte: Mit kombinierten Werkzeugen werden gleichzeitig pro Pressenhub mehrere Teiloperationen an mehreren Teilwerkzeugen gestanzt. Von Hub zu Hub wird das Blech zur nächsten Operation weitertransportiert (Abb. 168).

Tippschnitt, auch Hackschnitt genannt: In die Rund- oder Segmentbleche werden die einzelnen Nuten oder Nutengruppen an Nutenstanzmaschinen eingetippt.

Der zum Stanzen nötige Druck der Presse oder Stanze ist abhängig von der Scherfestigkeit des Bleches, seiner Dicke und der Schnittlänge pro Hub. (Die Länge des gesamten zu stanzenden Umfanges gehört deshalb auf die Blechschnitt-

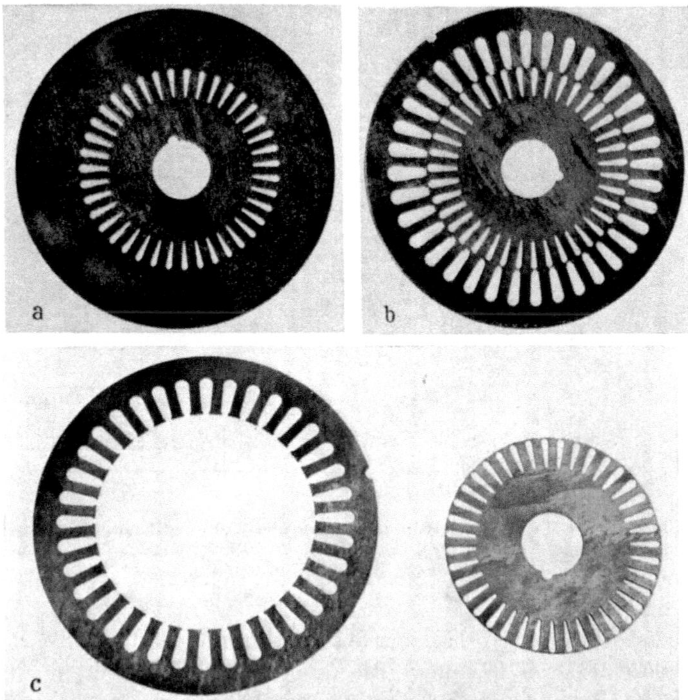

Abb. 168. Folgeschnitt für Rotor- und Statorbleche eines Kurzschlußläufer-Drehstrommotors a erster Schnitt: Statoraußen- und Wellenlochdurchmesser inkl. Rotornuten; b zweiter Schnitt: Statornuten; c dritter Schnitt: Rotor- und Statorinnendurchmesser (mit Zugabe zum Überdrehen)

zeichnung.) Gemäß diesem Zusammenhang kann der Stanzdruck ungefähr nach folgender Formel ermittelt werden:

$$F = l \cdot d \cdot \tau_B \tag{75}$$

F [kp]	Stanzdruck
l [mm]	Schnittlänge
d [mm]	Blechdicke
τ_B [kp/mm²]	Scherfestigkeit des Bleches

Für τ_B kann $0{,}7\,\sigma_B$ gesetzt werden mit σ_B als Zugfestigkeit des Bleches, z. B. $\sigma_B = 70$ kp/mm²; $\tau_B = 0{,}7\,\sigma_B = 0{,}7 \cdot 70 = 49 \approx 50$ kp/mm². Die Pressen sind im allgemeinen für die den Preßtisch ausfüllenden Bleche bezüglich Stanzdruck überdimensioniert.

B. Statorbleche für Wechselstrommaschinen

Je nach der *Ventilationsart* des Stators ist die Schichtung über die ganze Eisenlänge durchgehend und die Kühloberfläche wird durch Ventilationslöcher im Blechrücken oder in den Zähnen (Abb. 169a), durch Vornuten oder durch Vergrößerung der Außenoberfläche (Abb. 169b) erzeugt, oder die Eisenlänge ist durch radiale Ventilationskanäle in einzelne Pakete unterteilt (Abb. 170).

Die axiale Dicke des Paketes ist zum Teil abhängig von der Wärmeleitfähigkeit quer zur Blechschichtung. Diese ist bei Lackisolation besser als bei Papierisolation

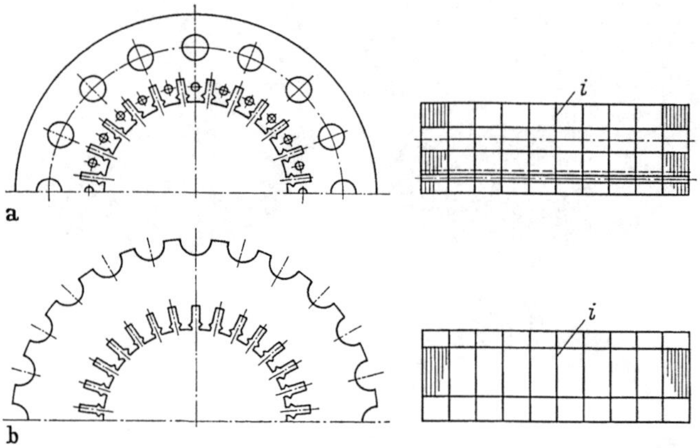

Abb. 169. Statorbleche für Wechselstrommaschinen; die Kühloberfläche wird erzeugt durch a Ventilationslöcher im Blechrücken und in den Zähnen; b Vergrößerung der Außenoberfläche; *i* Isolations-Einlagen (Karton, Hartpapier oder dgl.)

und bei Wasserstoffkühlung besser als bei Luftkühlung (s. Tab. 28). Der Verlauf der Übertemperatur axial in einem Blechpaket ist dargestellt in Abb. 12. Der Temperaturanstieg ϑ_{max} innerhalb des Blechpaketes errechnet sich mit Gl. 36b und der spezifischen Verlustleistung $q = P_v/A\,l$ [W/cm³] zu

$$\vartheta_{max} = \frac{q l^2}{2\lambda} = \frac{P_v l}{2\lambda A}$$

P_v	[W]	Verlustleistung in einem halben Paket
l	[cm]	halbe Paketbreite
λ	[W/cm °C]	resultierende Wärmeleitzahl quer zur Schichtung (Tab. 28)
A	[cm²]	Stirnfläche des Blechpaketes

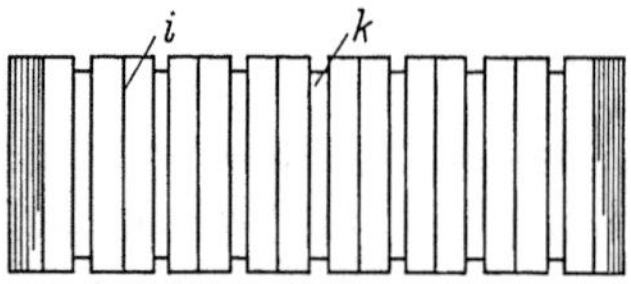

Abb. 170. Statorkörper durch radiale Ventilationskanäle in einzelne Pakete unterteilt
i Isolations-Einlagen (Karton, Hartpapier oder dgl.); *k* Kühlkanäle

Wenn bei direkter Kupferkühlung der Statorwicklung keine Wicklungsverluste über das Statorblech an den Kühlkanal abgeführt werden müssen, ist q proportional der Verlustziffer des Bleches.

Bei Verwendung verschiedener Blechsorten mit verschiedenen Werten von q und λ wird also in diesem Falle die Paketbreite für gleichen inneren Temperaturanstieg ϑ verschieden sein. Setzen wir für 3-Watt-Bleche, papierisoliert, in Luft, die Paketdicke $l_0 = 1$, so ergeben sich für andere Blechsorten in Luft und Wasserstoff mit verschiedener Blechisolation Paketbreiten laut Tab. 52.

Die Ventilationskanäle werden durch Distanzstege gebildet, die auf einer Kanalseite auf einem Endblech durch Aufnieten oder Punktschweißen befestigt sind. Die axiale Dicke der Distanzstege ist durch thermische Überlegungen be-

Tabelle. 52. *Verhältniswerte von zulässigen Blechpaketdicken als Funktion der Blechqualität und der Isolationsart sowie des Kühlmediums (Luft, H_2) bei gleicher max. Erwärmung im Paketinneren*

Isolationsart	l_i/l_0				
	3 W/kp $a_1 = 0{,}5$ mm	2,3 W/kp $a_1 = 0{,}5$ mm	1,7 W/kp $a_1 = 0{,}5$ mm	1,3 W/kp $a_1 = 0{,}35$ mm	1,0 W/kp $a_1 = 0{,}35$ mm
Papier in Luft $a_2 = 0{,}03$ mm	1	1,13	1,29	1,28	1,43
Papier in H_2 $a_2 = 0{,}03$ mm	1,11	1,25	1,44	1,43	1,59
Lack in Luft $a_2 = 0{,}02$ mm	1,38	1,56	1,75	1,74	1,95
Lack in H_2 $a_2 = 0{,}02$ mm	1,75	1,96	2,19	2,18	2,37

a_1 Blechdicke ohne Isolation.
a_2 Papierschicht inkl. Klebelack resp. Lackschicht und Luft resp. H_2-Zwischenraum.
l_i/l_0 Verhältnis der Blechpaketdicke $2\,l_i$ für isolierte Bleche in Luft oder Wasserstoff zur Blechpaketdicke $2\,l_0$ für papierisoliertes Blech der Qualität 3 W/kp in Luft.

stimmt, nämlich durch den gewünschten Wärmeübergang an das Kühlmittel (Luft oder Wasserstoff). Die pro Ventilationskanal notwendige Kühlmittelmenge ergibt sich laut Gl. 19 zu

$$Q = \frac{P_v}{c_p \cdot \varrho \cdot \vartheta_{\text{Gas}}}$$

Q	$[\mathrm{m^3/s}]$	Kühlmittelmenge
P_v	$[\mathrm{kW}]$	Verlustleistung eines Paketes
$c_p \cdot \varrho$	$\left[\frac{\mathrm{kWs}}{\mathrm{m^3\,{}^\circ C}}\right]$	spezif. Wärmeinhalt
ϑ_{Gas}	$[{}^\circ\mathrm{C}]$	angenommene Gaserwärmung

Der Temperatursprung ϑ_2 (s. Abb. 19) von der verlustabführenden Oberfläche nach dem Kühlmittel ist laut Gl. 40.

$$\vartheta_2 = \frac{P_v}{A \cdot \alpha_k}$$

ϑ_2	$[{}^\circ\mathrm{C}]$	Temperatursprung
P_v	$[\mathrm{W}]$	Verlustleistung in einer halben Paketbreite
A	$[\mathrm{cm^2}]$	einseitige Oberfläche der Kühlkanäle im Umfang
α_k	$\left[\frac{\mathrm{W}}{\mathrm{cm^2\,{}^\circ C}}\right]$	Wärmeübergangszahl s. S. 83 ff.

Bei verschiedener Konvektionsziffer, hervorgerufen durch verschiedenen Strömungswiderstand für die einzelnen Kühlkanäle, ist es vielfach zweckmäßig, deren axiale Dicke nicht über die ganze Eisenlänge gleich zu machen. Normale Dicken sind 6, 8, 10, 15 und 20 mm.

Die *Distanzstege* sind bei kleineren Maschinen ganz und bei größeren Maschinen im Bereich der niedrigeren magnetischen Induktion im Blechrücken aus Eisen und im Bereich der Zähne mit der höheren magnetischen Induktion aus Messing oder nicht metallischem Werkstoff. Die Ausbildung der Stege hat Rücksicht zu nehmen auf den Preßdruck während des Blechens (die Stege dürfen nicht aus-

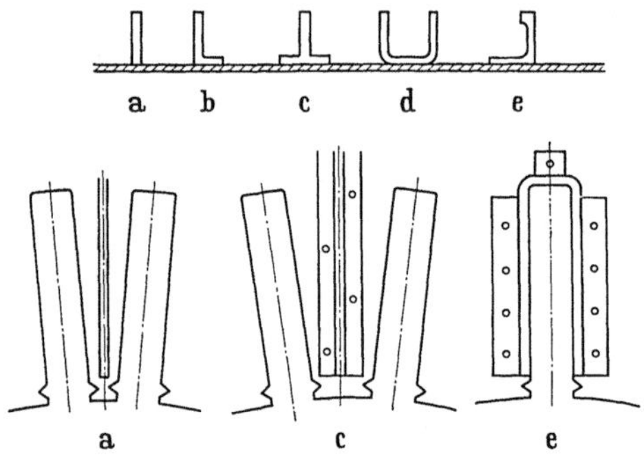

Abb. 171. Distanzstege zur Bildung radialer Ventilationskanäle

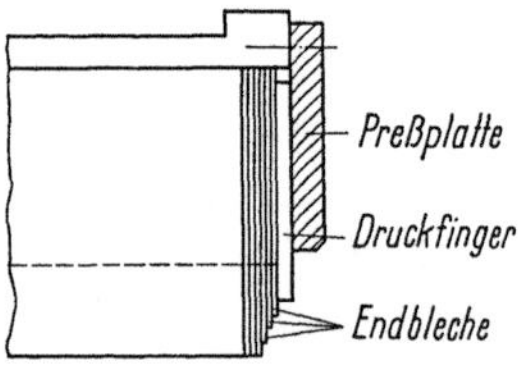

Abb. 172. Statorblechkörperabschluß

kippen) und auf niederen Kühlmittel-Strömungswiderstand und Geräusch (Abrundung von Ein- und Austrittskanten). Verschiedene Ausführungsbeispiele von Distanzstegen in Ventilationskanälen von Statorblechen zeigt Abb. 171.

Die *Endbleche* der Pakete sind, insbesondere bei großen Maschinen, zum Zwecke der „Kanalisierung" des magnetischen Stirnstreufeldes und zur Verbesserung der Kühlmittelströmung gestuft (Abb. 172).

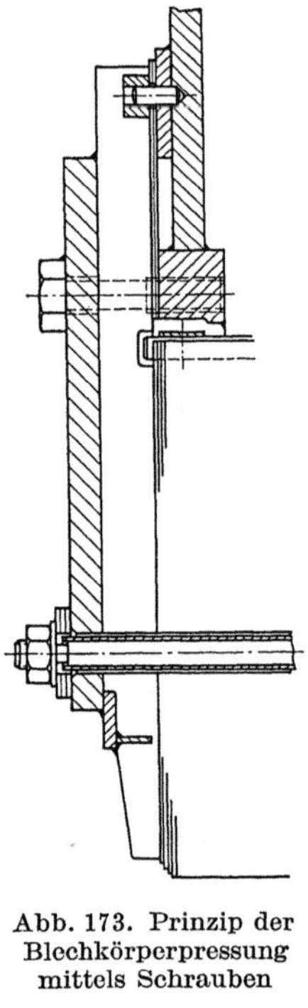

Abb. 173. Prinzip der Blechkörperpressung mittels Schrauben

Die *Enddruckfinger* sind entweder auf die Endbleche, bzw. Endblechsegmente oder die Preßplatte bzw. die Preßplattensegmente aufgenietet oder verschweißt (Abb. 172 und 173) oder zusammen mit der Preßplatte als Druckfingerplatten gegossen. Bei großen Maschinen sind die Enddruckfinger immer und vielfach auch die Preßplatten zum Zwecke der Reduktion der Wirbelstromverluste unmagnetisch (unmagnetischer Stahl bzw. Stahlguß oder Nichteisenmetall) oder magnetische Preßplatten sind mit Cu-Belag gegen das Stirnstreufeld abgeschirmt.

Die *axiale Pressung* des Blechpaketes im Gehäuse erfolgt durch Preßplatten oder Preßplattensegmente, die entweder mittels Keilen oder Schrauben am Gehäuse befestigt (Abb. 172) oder durch Preßbolzen, welche durch Löcher im Blechpaket isoliert und sattsitzend hindurchgehen (Abb. 173), zusammengehalten sind.

Die Isolierung der Zugbolzen gegen das Statoreisen ist notwendig, weil in ihnen durch das Drehfeld eine Spannung induziert wird; die Bolzen dürfen zudem auf mindestens einer Stator-Stirnseite nicht miteinander galvanisch verbunden werden, da sie sonst einen Kurzschlußkäfig bilden würden. Die induzierte Spannung ist abhängig von der radialen Lage der Bolzen im Statorjoch. Sie ist Null an der Rückenaußenkante und nimmt nach dem Nutengrund hin zu.

Die größte und für die Bolzenisolierung richtungsgebende Spannung wird in einem Bolzen induziert, der auf dem Nutengrundkreis liegen würde. Ihre Amplitude läßt sich berechnen nach:

$$U = 2\,\tau_p\, f\, B\, l$$

U	[V]	Spannungsamplitude
τ_p	[cm]	auf Mitte Luftspalt bezogene Polteilung
f	[Hz]	Frequenz
B	[Vs/cm²][1]	Induktion in Mitte Luftspalt
l	[cm]	geometrische Statorlänge

Bei Kleinmaschinen werden die geklammerten, genieteten oder verschweißten Statorblechpakete bisweilen als fertiges Paket in die Gehäuse eingepreßt, bzw. eingeschrumpft, oder das in eine Form gepreßte Statorblechpaket wird mit Leichtmetall umgossen.

Dies ergibt einen satten Blechsitz, dem besondere Bedeutung bei gekapselten Motoren mit Oberflächenkühlung zukommt.

Die *Befestigung der Bleche im Gehäuse* geschieht bei einteiligen Rundblechen mittlerer Maschinen durch Schiebesitz in den gebohrten Gehäusen oder in den einzelnen Längsbalken des Gehäuses. Die Sicherung gegen Verdrehen geschieht durch eingestanzte Rund- oder Flachkeile (Abb. 174). Die Keile müssen zur Aufnahme des vollen Kurzschlußdrehmomentes im Luftspalt ausreichen, also für ein 12- bis 18faches Normaldrehmoment.

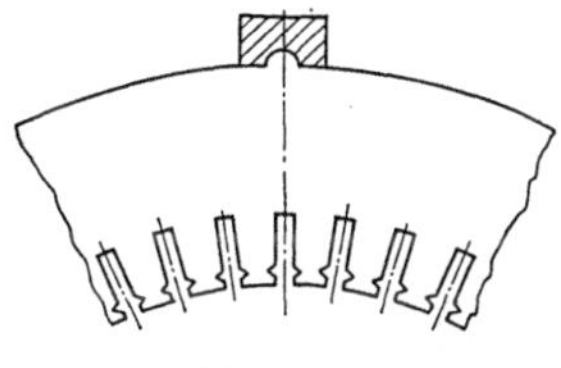

Abb. 174. Sicherung einteiliger Statorbleche im Gehäuse gegen Verdrehen

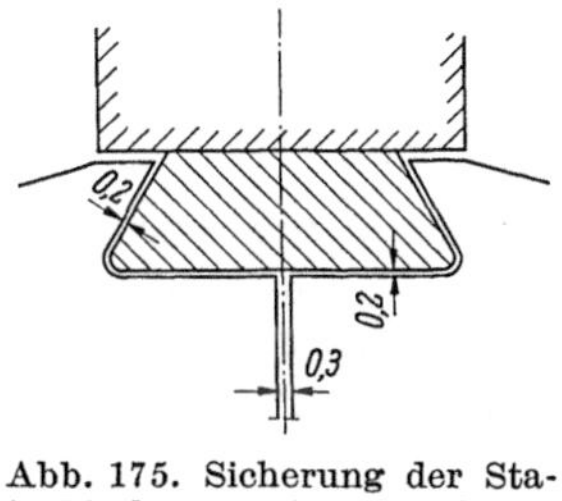

Abb. 175. Sicherung der Statorblechsegmente im Gehäuse durch Schwalbenschwanzkeile

Bei Ausführung der Statorblechung mit Segmenten, also in allen Maschinen mit Blechaußendurchmesser größer als ca. 1100 mm, erfolgt die Einschichtung der Bleche in das Gehäuse stets über Führungskeile in den Wicklungsnuten und die Befestigung der Segmente im Gehäuse — gewöhnlich in Schwalbenschwanzkeilen — muß deshalb ein gewisses Spiel aufweisen. Ausführungsbeispiel s. Abb. 175.

Bei Segmentschichtung wird normalerweise eine zweifache Verschichtung, also eine halbe Blechüberlappung verwendet. Jedes Segment ist mit zwei Schwalben-

[1] 1 Vs/cm² = 10⁸ Gauß.

schwanz- oder anderen Nuten am Außenumfang gegenüber dem Gehäuse fixiert. Dabei muß die Nutenzahl pro Segment eine ganze, gerade Zahl sein, wenn man nur einen einzigen Segmentschnitt verwenden will (Abb. 176).

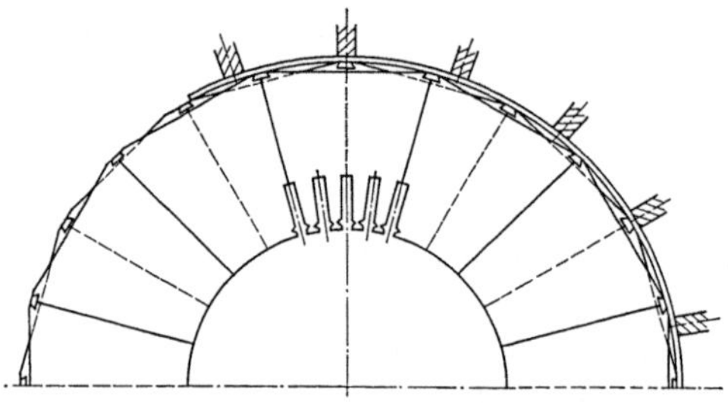

Abb. 176. Segmentschichtung, halbüberlappt

Bei Anordnung in 4 Haltenuten (Schwalbenschwänze) ist auch eine ungerade Nutenzahl pro Segment und eine andere Verschichtung, z. B. $^1/_3$, möglich (Abb. 177a und b).

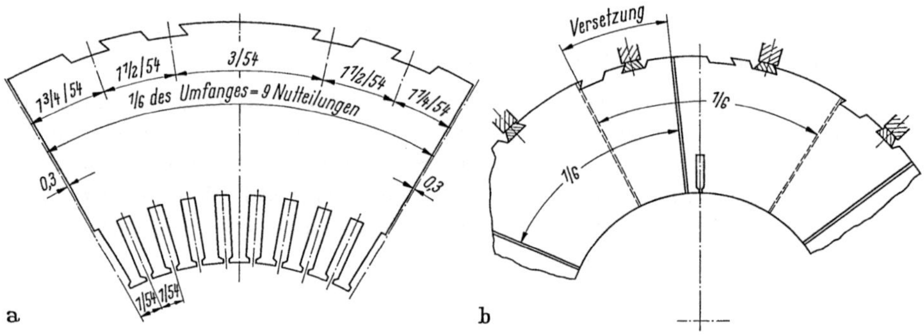

Abb. 177. a Statorblech-Segment mit 4 Haltenuten und ungerader Nutenzahl; b Schichtung der Blechsegmente mit $^1/_3$ Versetzung

Die Verschichtung wird normalerweise in jeder Blechlage gegenüber der nächsten Lage durchgeführt. Es sind aber auch Ausführungen — insbesondere für kleine Rückenhöhen — bekannt, bei welchen die Verschichtung jeweils nach einer größeren Anzahl gleichgeschichteter Lagen erfolgt.

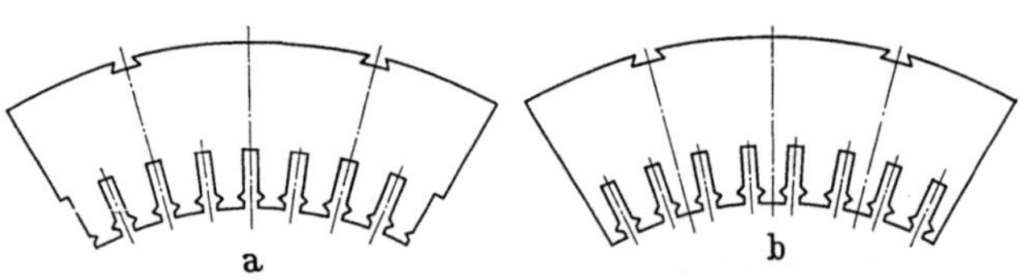

Abb. 178. Blechsegmentschnitt, begrenzt a durch Mitte Nut; b durch Mitte Zahn

Die Segmente können so gestanzt werden, daß sie durch Mitte Nut oder durch Mitte Zahn begrenzt sind (Abb. 178). Mit Rücksicht auf die verminderte Schwingungsfestigkeit der halben Zähne und die Gefahr der Beschädigung der halben Zähne beim Zusammenbau mehrteiliger Gehäuse wird gewöhnlich die Segmentbegrenzung Mitte der Nut vorgezogen. Sie hat aber den Nachteil, daß bei mehrteiligen Gehäusen die Schlußspulen erst am Montageort eingebaut werden können.

Die Schichtung kann achsparallel sein oder schräg zur Achse (Abb. 429, vgl. auch Rotorschichtkränze S. 457).

Bei mehrteiligen Gehäusen muß die Schichtung so ausgeführt sein, daß auch die halben Blechsegmente an den Teilfugen noch genügend befestigt sind.

Eine Ausbildung der Segmente nach Abb. 176, wie vielfach bei einteiligen Gehäusen verwendet, ist also bei mehrteiligen Gehäusen nicht möglich, dagegen eine solche nach Abb. 178. Bei geteilten Gehäusen wird die Blechteilfuge durch dünnen Preßspan oder dgl. isoliert, um ein Reiben der Bleche gegeneinander und dadurch Blechkurzschlüsse an den Teilfugen zu vermeiden.

Die Verbindung des Statorblechpaketes mit dem Statorgehäuse ist normalerweise starr oder quasi starr, indem nur gewisse Dehnungsmöglichkeiten — insbesondere gegen Wärmedehnung — vorgesehen sind.

Bei zweipoligen Turbogeneratoren großer Leistung wird zur Reduktion der Kräfte, die von doppeldrehzahlfrequenten Schwingungen des Blechkörpers — hervorgerufen durch das rotierende magnetische Feld — auf das Gehäuse übertragen werden, auch eine federnde Verbindung des Blechpaketes mit dem Gehäuse hergestellt, wobei die Federung um so wirksamer ist, je niedriger ihre Eigenfrequenz gegenüber der Frequenz der erzwungenen Schwingungen (100 bzw. 120 Hz für 50 bzw. 60 Hz Stromfrequenz) ist, vgl. auch S. 338.

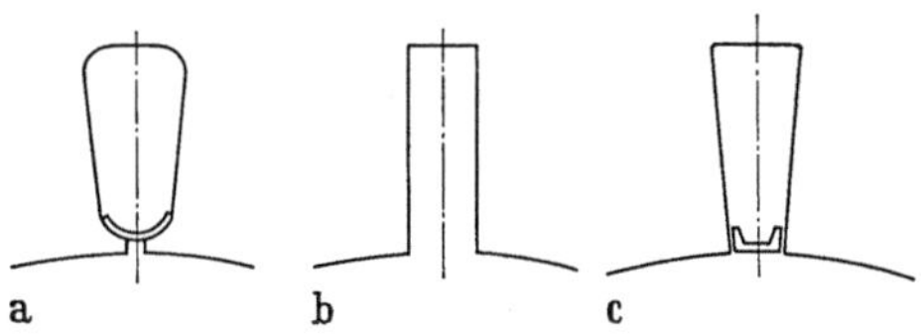

Abb. 179. Statornuten für Drahtwicklungen (Runddrähte)
a für eingeträufelte Wicklungen; b für eingepreßte und eingebackene Wicklungen; c für eingepreßte Wicklungen mit Verkeilung

Die *Statornuten* werden je nach Maschinengröße und Wicklungsart und der Art der Befestigung der Wicklung in der Nut in den verschiedensten Formen hergestellt. In den Abb. 179 und 180 sind die gebräuchlichsten Nutenarten dargestellt, in Abb. 181 die Nutung eines Statorbleches für Einphasen $16^2/_3$-Hz-Bahnmotoren und in Abb. 182 die Nutung für eine Scherbius-Maschine.

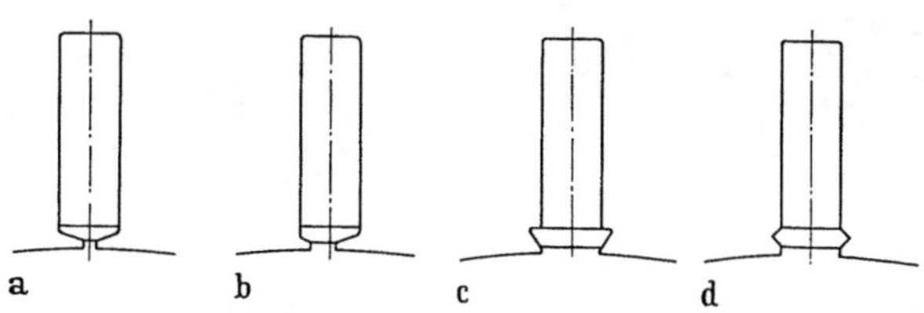

Abb. 180. Statornuten für Stab- und Spulenwicklungen
a und b halboffene Nuten für Drahtwicklungen (Profildrähte), Halbformspulen oder Stabwicklungen mit getrennten Bügeln; c und d offene Nuten für Ganzformspulen oder Stabwicklungen

In Abb. 183 sind Stator- und Rotorblechschnitte von Mittelfrequenzgeneratoren (Wechselpoltyp) gezeigt.

Offene Nuten, die für den Wicklungseinbau vorteilhaft sind, erfordern vielfach aus Verlustgründen einen relativ großen Luftspalt. Das Maximum für das Verhältnis Nutöffnung zu einseitigem Luftspalt ist etwa

für Synchronmaschinen mit massivem Rotor	1,5[1]
für Synchronmaschinen mit lamellierter Poloberfläche	2,5
für Asynchronmaschinen niedriger Polzahl	4,5
für Asynchronmaschinen hoher Polzahl	9

Mit Rücksicht auf die Herstellungstoleranzen der Werkzeuge und das Verziehen der Bleche durch freiwerdende innere Spannungen sind die Maße der gestanzten Nuten (Stanzmaß) etwas größer zu wählen, als von den Nuten des geschichteten Bleches (Wickelmaß) erwartet wird.

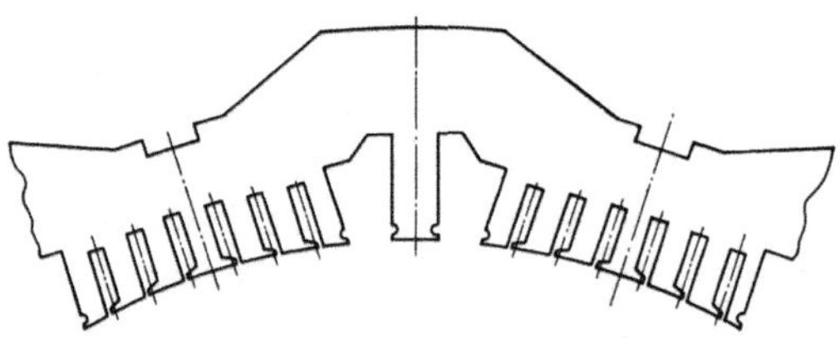

Abb. 181. Nutung eines Statorbleches für Einphasen-16 $^2/_3$ Hz-Motor

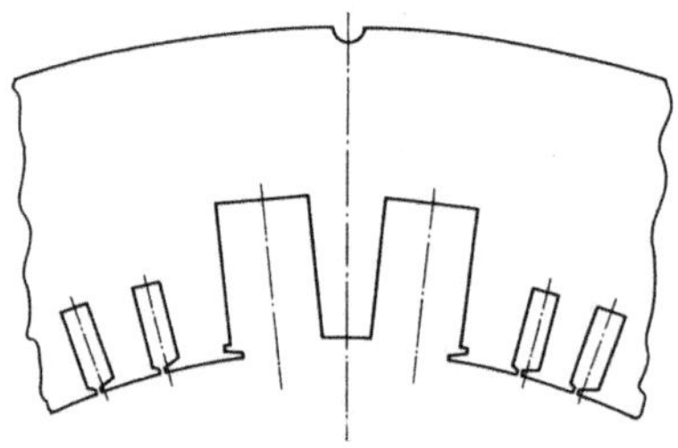

Abb. 182. Nutung eines Statorbleches für eine Scherbiusmaschine

Bei Komplettschnitt genügt als Stanzmaß das Wickelmaß mit Herstellungstoleranz der Nut als +Toleranz. Bei Tipschnitten wird je nach Nutenform für das Stanzmaß ein Zuschlag von 0,2 bis 0,3 mm zum Wickelmaß gemacht.

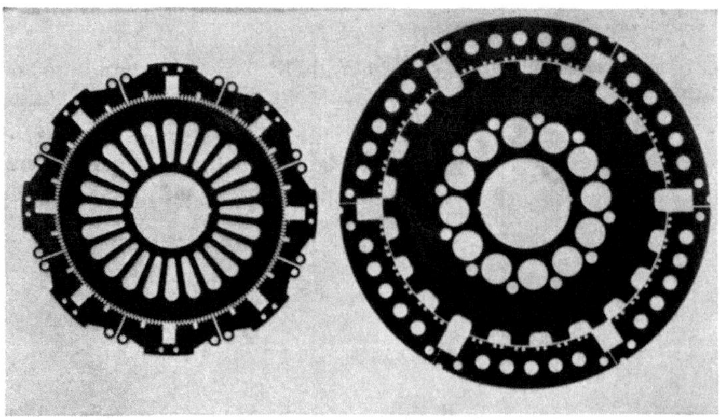

Abb. 183. Stator- und Rotorblechschnitte von Mittelfrequenzmaschinen (Wechselpoltyp)

Für die Berechnung der magnetischen Induktion der Zähne ist mit dem Stanzmaß der Nuten zu rechnen.

[1] Bei den großen Luftspalten von Synchronmaschinen sind größere Verhältniszahlen kaum notwendig.

Die *Keilhöhe* sowohl bei halboffenen als auch bei offenen Statornuten ist normalerweise nicht durch die Beanspruchung der Keile im Betrieb, sondern durch die notwendige Dicke für die Ausführung der Verkeilungen bestimmt und durch das verwendete Keilmaterial (Holz, Hartpapier, Phenolharz-Gewebe, Kunstholz[1], Gewebe- oder Faser-Kunstharz). Eine Ausnahme bilden große Generatoren und Einphasenmaschinen.

Magnetische Keile, die dem Zwecke dienen, die Vorteile der halboffenen Nuten bei Wechselstrommaschinen mit jenen der offenen zu kombinieren, werden selten verwendet, da entweder die mögliche Permeabilität zu klein ist oder die auf die magnetischen Keile wirkenden Rüttelkräfte den festen Halt der Keile in Frage stellen.

C. Rotorbleche für Wechselstrom- und Gleichstrom-Maschinen

Das Rotor-Blechpaket in Wechselstrom- und Gleichstrommaschinen hat sich selbst und die Rotorwicklung gegen Fliehkraft zu tragen, den magnetischen Fluß zu leiten und das Drehmoment in der Nutenzone auf die Welle zu übertragen.

Für die Blechisolation gelten die gleichen Gesichtspunkte wie für die Statoren in Wechselstrommaschinen.

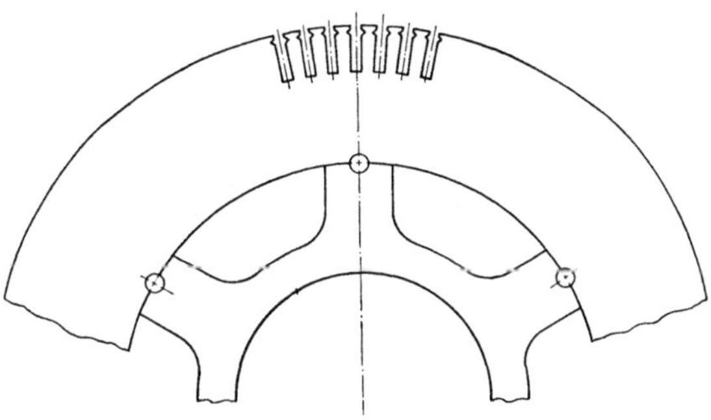

Abb. 184. Drehmomentübertragung Rotorstern/Blechkörper mittels Rundkeilen

Die mechanische Beanspruchung bei der Schleuderdrehzahl — sowohl der Zähne im Radius des Nutengrundes als auch die tangentiale Zugbeanspruchung im schwächsten Querschnitt — soll $^3/_4$ der Streckgrenze des Bleches nicht überschreiten.

Bei Kleinmaschinen wird oft auf einen Keil verzichtet und die glatte oder geriefte Welle mit Preßsitz in das Rotor-Blechpaket eingepreßt.

Einteilige Bleche in mittleren Maschinen werden entweder einzeln auf die Welle oder den Rotorstern mit Schiebesitz aufgeschoben und paketweise gepreßt oder bei raschlaufenden Maschinen paketweise vernietet, ausgebohrt und aufgeschrumpft. Die Drehmomentübertragung erfolgt über Keile.

Bei Maschinen mit starken Drehmomentschwankungen (z. B. Dieselgeneratoren beim Durchfahren torsionskritischer Drehzahlen) werden vielfach Rundkeile verwendet, die in ausgeriebene Nuten — halb in den Rotorstern und halb in das Blech eingepaßt werden (Abb. 184).

[1] Z. B. Lignostone oder Permali, Buchenholz oder Furniere, durch Pressen senkrecht zur Faserrichtung verdichtet und im Vakuum mit einem Kunstharz imprägniert, dann getrocknet und unter Druck und Wärme gepreßt.

Der Preßsitz oder das Schrumpfmaß soll bei raschlaufenden Maschinen so groß sein, daß bei Schleuderdrehzahl und warmem Blechkörper noch kein Abheben an der Welle bzw. dem Rotorstern erfolgt. In diesem Fall ist für die Beanspruchung der Bleche die Schrumpfspannung in der Bohrung bei Stillstand und kaltem Rotor maßgebend.

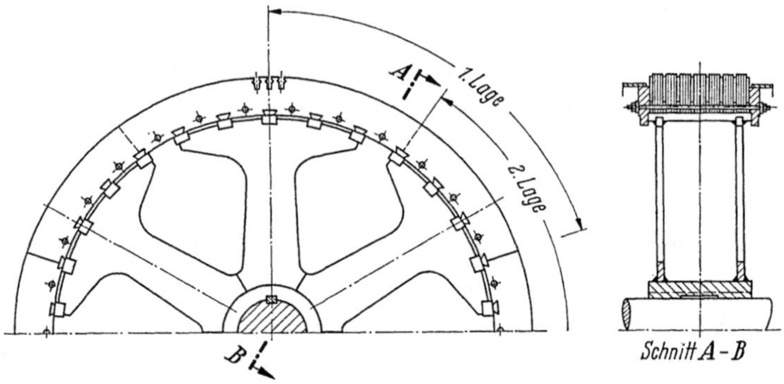

Abb. 185. Befestigung der Rotorblechsegmente durch Schwalbenschwanznuten in den Segmenten (Die Axialbolzen sind entweder isoliert oder mit Spiel eingesetzt und sind nicht auf Lochleibung beansprucht)

Segmentierte Bleche für große Durchmesser, bei welchen einteilige Bleche nicht mehr möglich sind, werden entweder einzeln auf den Rotorstern oder in getrennten Ringen geschichtet oder einzelne Ringe auf den Rotorkörper aufgeschrumpft. Beim Schichten einzelner Segmente auf den Rotor kann die Vorspannung im Blech nach beendeter Schichtung durch radiale Verkeilung (mit oder ohne Erwärmung des Bleches) erzeugt werden.

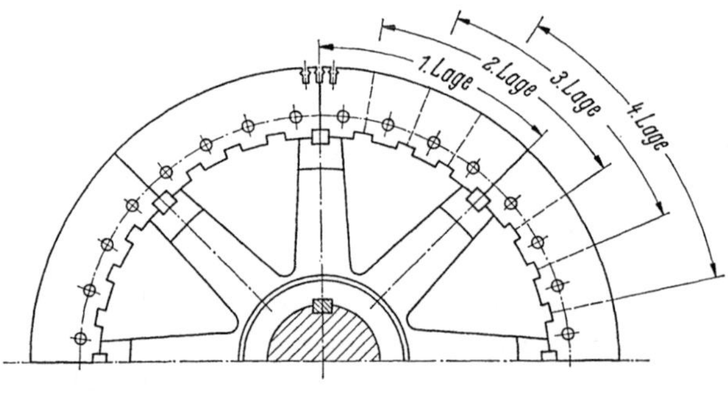

Abb. 186. Mit Preßbolzen verschichteter Blechkranz. Fixierung auf dem Tragstern mit eingepaßten Rechteckleisten

Bei langsam laufenden Maschinen kann auf die Vorspannung des Blechkörpers auf dem Rotorstern verzichtet werden. In diesem Falle werden vielfach Schwalbenschwanzbefestigungen mit Schwalbenschwanzzähnen oder Schwalbenschwanznuten in den Blechsegmenten (s. Abb. 185), oder auch nur Haltenuten und Paßfedern verwendet (Abb. 186).

Bei Maschinen mit wechselndem Drehmoment (z. B. Asynchronmotoren für Netzkupplungsumformer) oder Maschinen mit Stoßbelastung (z. B. Walzwerksmotoren) ist eine *tangentiale Verkeilung* der Bleche notwendig. Abb. 187 zeigt eine Blechbefestigung mit abwechselnder Tangential-Radialverkeilung.

Während Statorsegmentbleche in der Regel nur $^1/_2$ verschichtet werden, ist bei Rotorsegmentblechen gewöhnlich eine weitgehendere Verschichtung: $^2/_3$, $^3/_4$, $^4/_5$ oder $^5/_6$ notwendig, um die Schwächung der mechanischen Festigkeit in den

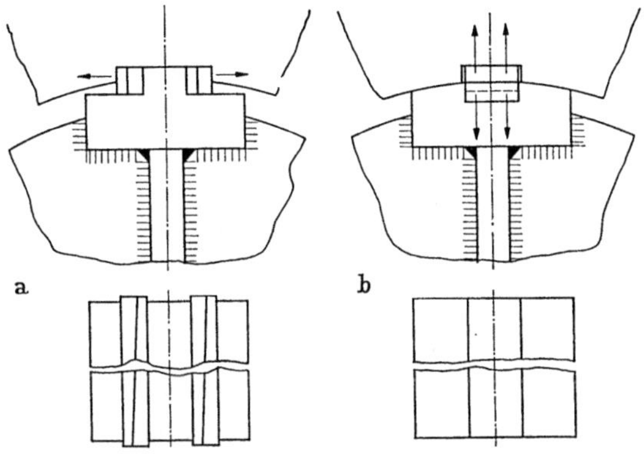

Abb. 187. Befestigung der Ankerbleche von G- und A-Maschinen durch abwechselnde Tangential- und Radialverkeilung im Umfang a Tangentialverkeilung; b Radialverkeilung

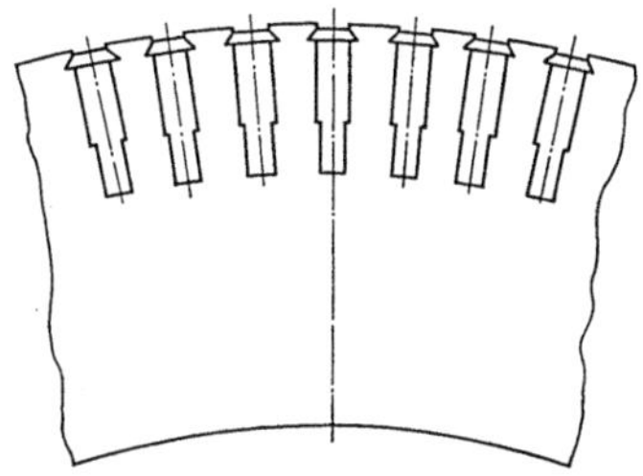

Abb. 188. Abgesetzte Nuten für hoch ausgenutzte Maschinen

Segmentteilfugen klein zu halten (Abb. 186). Über die mechanische Berechnung von Rotorschichtkränzen vgl. S. 457.

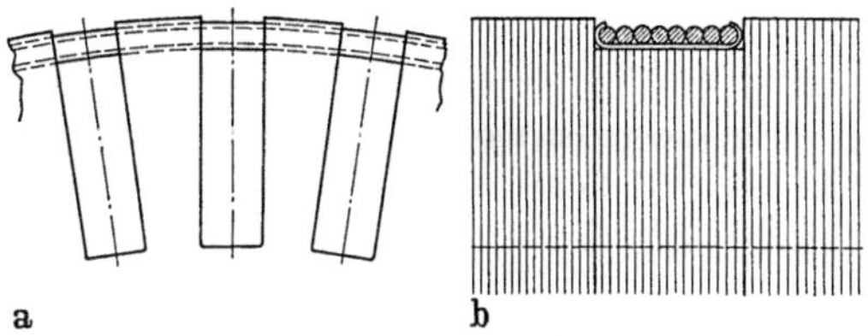

Abb. 189. Halterung der Wicklung in offenen Nuten mittels am Eisen isolierter Bandagen
a Querschnitt; b Längsschnitt

Für bewickelte *Rotornuten* werden praktisch die gleichen Nutenformen verwendet wie für Statornuten (s. Abb. 179 und 180). Für hochausgenutzte Maschinen werden jedoch auch abgesetzte Nuten (Abb. 188) verwendet. Offene Nuten für

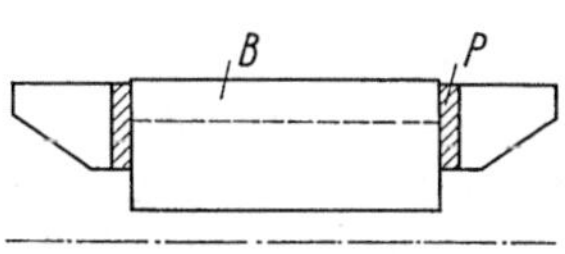

Abb. 190. Kleinmotor-Kurzschlußläufer-Rotor gepreßt durch mit der Wicklung gemeinsam gegossenen Preßringen mit Ventilationsflügeln

B Blechkörper;
P Preßring mit Ventilationsflügel

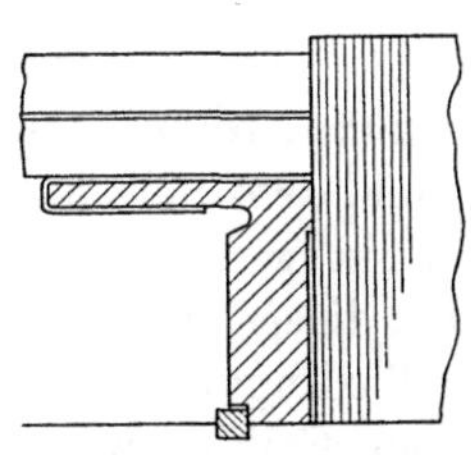

Abb. 191. Axiale Pressung des Rotorblechkörpers mittels Wicklungsträger

Rotoren von Gleichstrommaschinen werden vielfach nicht mit Keilen verschlossen, sondern die Wicklung auch auf Eisenlänge mittels am Eisen isolierter Bandagen gehalten (Abb. 189). Über die Berechnung von Bandagen vgl. S. 378. Für Asynchron-Kurzschlußrotoren existieren die verschiedensten Nutenformen, Abb. 230.

Die *axiale Pressung* der Rotorblechpakete geschieht bei Kleinmotoren-Kurzschlußankern durch gemeinsam mit der Wicklung gegossene Preßringe, an welche Ventilationsflügel angegossen sind (Abb. 190); bei anderen Maschinen nur durch vernietete oder verschweißte Preßbolzen; bei mittleren und großen Maschinen mittels Preßringen (Abb. 191), die zugleich die Wicklungsträger für die Wickelköpfe bilden und durch Schrauben gepreßt werden oder durch Halteeisen gehalten sind.

Die *Nutenverschlußkeile* der Rotorbleche müssen ihre eigene und die Fliehkraft der Nutenfüllung aufnehmen.

Normale Keile können wie Schwalbenschwanzklauen berechnet werden (s. S. 427ff.). Für den 60°-Keil gilt dann z. B. für die Vergleichsspannung[1]

$$\sigma_v = 1{,}79 \frac{Z}{l h_1}.$$

Bei sehr *breiten Keilen* mit dem Verhältnis $b/h_1 > 2$, die vorwiegend auf Biegung beansprucht werden (Abb. 420), stimmt die maßgebende Vergleichsspannung mit der Biegespannung überein und beträgt nach Gl. (151) und (152), S. 435 für den 60°-Keil

$$\sigma_v = \sigma_b = \frac{3}{4} \frac{Z \cdot b_1}{l h_1^2} = \frac{3}{4} \left(1 + \frac{h_1}{\sqrt{3} \cdot b}\right) \frac{Z b}{l h_1^2}$$

Z Fliehkraft des Keiles plus Fliehkraft der Nutfüllung
h_1 Höhe des Keiles
l Länge des Keiles
b_1 mittlere Breite des Keiles
b kleinere Breite des Keiles

Für die zulässigen Vergleichsspannungen können folgende Werte mit 10- bis 12-facher Sicherheit vorgeschlagen werden

Keilmaterial	$\sigma_{v\,zul}$ [kp/cm²]
Hartholz (Weißbuche)	50
Fiber	75
Glasfaserverstärkter Kunststoff (Hartglasgewebe od. -Matte) 20 °C...150 °C	250...120

D. Pol- und Polschuhbleche

a) Gleichstrom-, Haupt- und Wendepole. Gleichstrom-Hauptpole bestehen aus dem Polkern und dem Polschuh. Um die Eisenverluste — hervorgerufen durch die Fluß-Fluktuation wegen des genuteten Rotors — in den Polschuhen klein zu halten, werden diese immer lamelliert, während grundsätzlich für Maschinen mit leichten Regelbedingungen der Polkern massiv sein könnte. Für die Polschuhe wird in diesem Fall entweder Dynamoblech„abfall“ oder 1 bis 2 mm dickes

[1] Würde der Normalkeil nur auf Durchstanzen berechnet, so ergäbe sich mit der Schubspannung $\tau = \frac{Z/2}{l h_1}$ und der Beziehung $\sigma_v = \sqrt{3} \cdot \tau$ eine Vergleichsspannung von

$$\sigma_v = \frac{\sqrt{3}}{2} \frac{Z}{l h_1} = 0{,}87 \frac{Z}{l h_1}$$

die nur ca. die Hälfte der tatsächlichen beträgt.

ungebeiztes Blech verwendet. Eine Isolierung der Bleche ist bei ungebeizten Blechen nicht notwendig.

In der Regel verzichtet man auf die Zusammensetzung von Polkern und Polschuh und lamelliert den ganzen Hauptpol (Abb. 192). Der geschichtete lamellierte Pol wird mit ca. 20 kp/cm² gepreßt und unter der Presse vernietet oder eingesteckte Bolzen an den Enden mit den Preßplatten verschweißt. Der Querschnitt der im

Abb. 192. Lamellierter Hauptpol einer nicht kompensierten Gleichstrommaschine

Abb. 193. Lamellierter Hauptpol einer kompensierten Gleichstrommaschine

Pol möglichst gleichmäßig verteilten Nieten oder Bolzen muß so bemessen sein, daß er den Preßdruck elastisch aufnehmen kann. Als Preßplatten, in welchen die Nieten oder Schweißbolzen sitzen, werden ausgebrannte Bleche von 6 bis 12 mm Dicke, je nach Polquerschnitt und Länge verwendet oder durch eine genügende

Abb. 194. Stator einer Gleichstrommaschine mit angeschrägten Hauptpolen

Anzahl von Punktschweißungen zusammengeheftete gebeizte Polbleche. Bei der starken Pressung können die Gewinde zur Befestigung der Hauptpole am Gehäuse direkt in den lamellierten Blechkörper geschnitten werden. Die Schrauben müssen außer dem eigenen Gewicht von Pol und Wicklung noch die vom Drehmoment im Luftspalt herrührende Kraft aufnehmen und mit entsprechender Vorspannung angezogen und für diese Vorspannung bemessen sein (vgl. S. 344).

Bei kompensierten Gleichstrommaschinen werden in die entsprechend vergrößerten Polschuhe die Nuten für die Aufnahme der Kompensationswicklung eingestanzt (Abb. 193). Die Nuten für die Kompensationswicklungen können ganz geschlossen oder halb geschlossen sein. Offene Nuten werden kaum verwendet.

Abb. 195. Wendepol mit Spule

Durch das abwechselnde Ein- und Austreten der Rotornuten und Zähne unter den Polschuhzacken können bei großen Maschinen Schwingungen von Rotor und Gehäuse mit der Rotornutfrequenz, Resonanzen und Geräusche entstehen. Bei nichtgeschrägten Rotornuten — um eine Nutteilung geschrägt — werden deshalb bei solchen Maschinen zweckmäßig die Polschuhzacken des geschichteten Poles axial schräg gefräst (Abb. 194) oder der Luftspalt über die Polspitzen erweitert.

Die Wendepole, die einen größeren Luftspalt gegen den Rotor haben als die Hauptpole, können normal aus massivem Eisen bestehen. Sie werden aber bei Maschinen für hohe Regelungs-Anforderungen und für Gleichrichterspeisung, zur Erzielung einer guten Proportionalität zwischen Wendefluß und Ankerstrom auch bei raschen Ankerstromänderungen, lamelliert (Abb. 195).

Für lamellierte Wendepole, bei welchen dies keine zusätzlichen Bearbeitungskosten verursacht, wird gewöhnlich der Wendepol nach außen zum Gehäuse hin verbreitert, um dadurch eine sichere Auflage und geringere magnetische Induktion zu erhalten (Abb. 195).

Zum Zwecke der Einstellbarkeit des Wendepol-Luftspaltes werden z. B. zwischen Wendepol und Gehäuse oder auch mittels geeigneter Konstruktion am Wendepolschuh eine Anzahl Einstellbleche eingelegt.

Für das Pressen und die Befestigung am Gehäuse gilt das gleiche wie für die Hauptpole.

b) Pole und Polschuhe von Synchronmaschinen. Die Pole von Synchronmaschinen rotieren und sind ihrer eigenen und zusätzlich der Fliehkraft der Wicklung ausgesetzt. Es muß deshalb bei der Schleuderdrehzahl auf ausreichende mechanische Festigkeit in allen gefährlichen Querschnitten geachtet werden (s. S. 424). Die konstruktive Beherrschung der Fliehkräfte ist bei massiven Polen einfacher und die großen Luftspalte von Synchronmaschinen lassen vielfach ohne große Zusatzverluste auf der Polschuhoberfläche die Verwendung massiver Pole zu.

Für Synchronmotoren mit Selbstanlauf bietet der massive Polschuh genügend Wärmekapazität für den Anlauf. Die Unterbringung genügender Querschnitte in massiven Polen für eine Dämpferwicklung kann dann Schwierigkeiten liefern, wenn man von der ungünstigen Annahme ausgeht, daß keine Wärme im Anlauf abgeführt wird und die maximale Temperatur nicht über 250 °C hinausgehen soll.

Bei Maschinen, die eine Dämpferwicklung oder Anlaufwicklung haben müssen, ist jedoch die Herstellung der Pole durch Stanzen billiger als massive Pole mit eingearbeiteten Nuten. Das gleiche gilt für die *Polbefestigung* mit *Klauen*, z. B. *Schwalbenschwanz-* oder *Hammerkopfklaue*. Umgekehrt ist vielfach die Verwendung einer Dämpferwicklung zur Erzielung einer ausreichenden Dämpfung bei mechanischen Pendelungen notwendig, wenn lamellierte Pole oder Polschuhe ausgeführt werden. Ein Beispiel eines ganz lamellierten Poles mit Hammerkopfklaue zeigt Abb. 196.

Bei *eingeschraubten Polen* werden diese gewöhnlich nicht, wie es bei den ruhenden Polen von Gleichstrommaschinen manchmal üblich ist, mit Gewinden

Abb. 196.
Lamellierter Staffelpol mit Hammerkopfklaue zu Synchronmaschine

in der Lamellierung versehen, sondern mit axial durch die Pole hindurchgehenden Mutterbolzen (Abb. 362c, d).

Die Preßplatten für die lamellierten Pole bilden die Endpartien der Pole und müssen zugleich die Fliehkräfte der Spulenstirnseiten aufnehmen. Hierzu können die Rundmutterbolzen laut Abb. 362d zusätzlich zu den Preßbolzen herangezogen werden.

Die Endpreßplatten sind — je nachdem ob die Spulen viereckig oder rund gebogen sind, entsprechend ausgebildet.

Eine von einigen Firmen, insbesondere für Schnelläufer, bevorzugt verwendete Konstruktion für lamellierte Polschuhe ist die *Kammkonstruktion*, z. B. nach Abb. 367g.

Die geblechten Pole üblicher Ausführung bestehen grundsätzlich aus zwei massiven Endplatten mit Nocken, zwischen welchen die gestanzten Polbleche in der nötigen Anzahl gepreßt sind. Die Endplatten mit den Nocken dienen zur Aufnahme der Fliehkraft der Erregerwicklungs-Stirnseiten. Man ist bestrebt, die überkragenden, von den Endplatten übernommenen Kräfte auf eine möglichst große Länge der Polbefestigung zu verteilen. Dies erreicht man am besten, indem man den ganzen Pol durch Zuganker unter Druck setzt und so einen gewissermaßen kompakten Körper herstellt. Durch diese Maßnahme wird auch der Stapelfaktor des geblechten Teiles besser, was gleichzeitig auch das elektromagnetische Verhalten des Poles begünstigt.

Beim Zusammenbau verursachen auch kleine unvermeidbare Unebenheiten der Blechoberflächen (Stanzgrate müssen entfernt werden) zusammengezählt über hunderte von Polblech-Lamellen eine sichtbare Verdrehung des Poles. Die Verdrehung muß wegen Herstellung einer einwandfreien Befestigung des Poles mit dem Rotorjoch vermieden werden. Das Ausrichten geschieht mit Beilagen, die nur einen Teil der Blechoberfläche decken und nach Bedarf entlang des Poles eingesetzt werden. Die Dicke dieser Beilagen darf nicht diejenigen der gestanzten Polbleche überschreiten.

Erfahrungsgemäß soll man vor dem Anziehen der Zuganker den ganzen Blechkörper mit mindestens 50 kp/cm², umgerechnet auf die tatsächliche Blechoberfläche, vorpressen.

Für die Berechnung mechanischer Beanspruchungen einzelner Polteile ist die Kenntnis der axialen Dehnung des geblechten Polteiles in Abhängigkeit von der verwendeten Pressung notwendig. Der Zusammenhang ist nicht linear. Versuche ergeben eine annähernd exponentielle Abhängigkeit der relativen Dehnung ε vom Preßdruck p in der Form

$$p(\varepsilon) = p_0 e^{k\varepsilon} \qquad (p_0 < p < 100\ \mathrm{kp/cm^2}) \tag{76a}$$

p	[kp/cm²]	Blechpressung
p_0	[kp/cm²]	Ausgangspressung ($p(0) = p_0$) z. B. $p_0 = 10\ \mathrm{kp/cm^2}$
$e = 2{,}718$		Basis des natürlichen Log.
k	[1][1]	Koeffizient
ε	[1]	relative Dehnung

Eine dem Elastizitätsmodul entsprechende Größe ist

$$E = \frac{dp}{d\varepsilon} = p_0 k e^{k\varepsilon} = k \cdot p \tag{76b}$$

und somit keine Konstante mehr.

Anwendungsbeispiel: Unterschied in der *Restpreßkraft* eines geblechten Poles bei Anwendung von Preßbolzen bzw. Preßschrauben.

Der aus vorgepreßten Blechen bereits ausgerichtete Pol, mit eingeschobenen Preßbolzen bzw. Preßschrauben wird mit vorgeschriebener Preßkraft F_1 über die Endplatten zusammengedrückt. Die Preßbolzen werden in die festgehaltenen Endplatten ohne Vorspannung eingeschweißt, während bei Verwendung von Preßschrauben diese bei konstant gehaltener Vorpressung F_1 auf die vorgeschriebene Kraft F_2 vorgespannt werden. Dabei ist die Größe der Vorspannkraft durch Dehnungsmessung an den Schrauben zu kontrollieren (die Anwendung von Drehmomentschlüsseln ist wegen der unvermeidlichen Reibung zu unsicher). Nach Wegnehmen der Vorpressung F_1 stellt sich zwischen Blechpaket und Preßbolzen bzw. Preßschrauben ein Gleichgewichtszustand ein. Die Kraft, mit welcher das Blechpaket nun gedrückt wird, ist gleich groß wie die Kraft, mit der die Preßbolzen bzw. Preßschrauben gezogen werden.

Daten: (Pol eines Hydrogenerators)

Blechdicke	$d = 0{,}2$ cm
Effekt. Blechoberfläche	$A_B = 650\ \mathrm{cm^2}$
Blechpaketlänge	$l_B = 176$ cm
Anzahl Bolzen oder Schrauben	$z = 4$
Querschnitt eines Bolzens oder einer Schraube	$A = 8{,}04\ \mathrm{cm^2}$
Wirksame Länge der Bolzen oder Schrauben	$l_S = 196{,}5$ cm

[1] Versuche mit 2 mm dicken, nicht isolierten Blechen über einen Stapel von 1...2 m (ohne Endplatten) ergaben für $p_0 = 10\ \mathrm{kp/cm^2}$ den Koeffizienten $k = 1{,}8 \cdot 10^3$.

Elastizitätsmodul der Bolzen oder Schrauben	$E = 2{,}1 \cdot 10^6$ kp/cm²
Ausgangspressung } vgl. Gl. (76a)	$p_0 = 10$ kp/cm²
Koeffizient } vgl. Gl. (76a)	$k = 1{,}8.10^3$
Vorpreßkraft	$F_1 = 54\,000$ kp
Vorspannkraft der Bolzen	$F_2 = 0$
Vorspannkraft der Schrauben	$F_2 = 16\,000$ kp

Aus Gl. (76a) wird mit $\varepsilon = \dfrac{\Delta l_B}{l_B}$ und $p = \dfrac{F_B}{A_B}$ die Preß-Dehnungscharakteristik $F_B = f(\Delta l_B)$ des Blechpaketes

$$F_B = A_B\, p_0 e^{k \Delta l_B / l_B} = 650 \cdot 10 \cdot e^{1{,}8.10^3 \Delta l_B / 176} = 6500\, e^{10{,}23 \Delta l_B}$$

$$\begin{cases} F_B & [\text{kp}] \\ \Delta l_B & [\text{cm}] \end{cases}$$

Die Zug-Dehnungscharakteristik $F_s = f(\Delta l_S)$ der Bolzen bzw. Schrauben erfolgt aus dem Hookeschen Gesetz $\sigma = \varepsilon E$ mit $\sigma = F_S / z A$ und $\varepsilon = \Delta l_S / l_S$ zu

$$F_S = z \frac{A\, E}{l_S} \Delta l_S = 4\, \frac{8{,}04 \cdot 2{,}1 \cdot 10^6}{196{,}5}\, \Delta l_S = 3{,}44 \cdot 10^5\, \Delta l_S$$

$$\begin{cases} F_S & [\text{kp}] \\ \Delta l_S & [\text{cm}] \end{cases}$$

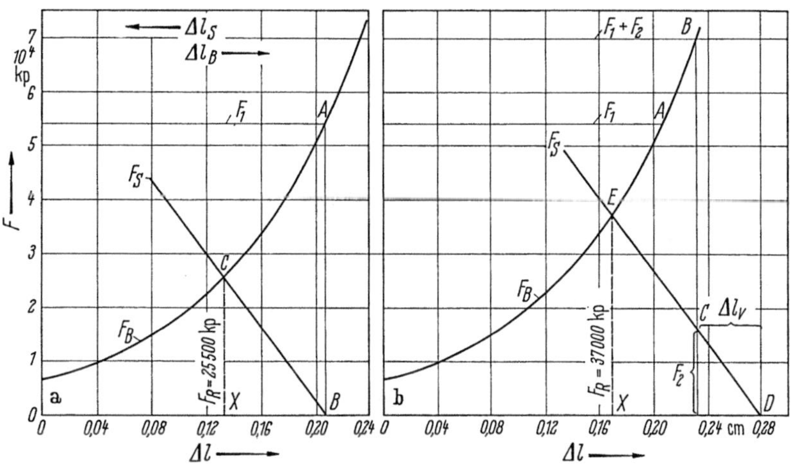

Abb. 197. Graphische Bestimmung der Restpreßkraft in einem lamellierten Pol. Zusammengepreßt mittels

a Preßbolzen; b Preßschrauben

F_B Preß-Dehnungscharakteristik des Blechpaketes
F_S Zug-Dehnungscharakteristik der Bolzen bzw. Schrauben
F_1 Vorpreßkraft
F_2 Vorspannkraft der Schrauben
F_R Restpreßkraft
$\overline{XB}$ Dehnung der Bolzen
$\overline{XD}$ Dehnung der Schrauben

Die rechnerische Lösung der Aufgabe erfolgt am zweckmäßigsten mit Hilfe eines Vorspanndiagrammes, Abb. 197, das wie folgt erläutert wird:

a) *Bolzenverbindung ohne Vorspannung*

1. Auftragen der Blechcharakteristik $F_B = f(\Delta l_B)$ und der Vorpreßkraft F_1 ergibt Schnittpunkt A.

2. Herunterloten von Punkt A auf die Abszisse ergibt Ursprungspunkt B für die Bolzencharakteristik $F_S = \mathrm{f}(\Delta l_S)$. (Die Preßbolzen sind nicht vorgespannt und werden in den gepreßt gehaltenen Blechkörper eingesteckt und mit den Endplatten verschweißt.)

3. Schnittpunkt C beider Charakteristiken definiert die gesuchte Restpreßkraft $F_R = 25\,500$ kp (F_R erzeugt im Blech Druck, in den Bolzen Zug).

b) Schraubenverbindung mit Vorspannung

1. Auftragen der Blechcharakteristik $F_B = \mathrm{f}(\Delta l_B)$ und der Vorpreßkraft F_1 ergibt Schnittpunkt A.

2. Vorspannkraft F_2 der Schrauben über F_1 aufgetragen ergibt Schnittpunkt B.

3. F_2 bewirkt eine Schraubendehnung Δl_V. Diese Dehnung wird erhalten, wenn die lineare Schraubencharakteristik $F_S = \mathrm{f}(\Delta l_S)$ durch den Punkt C (im Abstand F_2 von der Abszisse unter Punkt B) aufgetragen wird. Sie schneidet den Ursprung D auf der Abszisse heraus.

Rechnerisch ergibt sich Δl_V aus der Schraubencharakteristik zu $\Delta l_V = \frac{F_2}{3{,}44 \cdot 10^5} = \frac{16\,000}{3{,}44 \cdot 10^5} = 0{,}0465$ cm.

4. Nach Entfernen der Vorpreßkraft F_1 übernehmen die Schrauben die Preßkraft allein. Der Schnittpunkt E beider Charakteristiken bestimmt auch hier die Restpreßkraft $F_R = 37\,000$ kp. Der Vergleich beider Beispiele zeigt, daß die Restpreßkraft — gleiche Vorpressung vorausgesetzt — bei Verwendung sachgemäß vorgespannter Preßschrauben wesentlich höher liegt als bei Preßbolzen.

II. Wicklungen und Wicklungsisolationen

A. Allgemeines

Die fertig eingebauten Wicklungen elektrischer Maschinen, einschließlich ihrer Befestigung, sollten u. a. folgenden Bedingungen entsprechen:

1. Sie sollen nach den jeweils geltenden Vorschriften (s. S. 47) die vorgeschriebenen Prüfspannungen in betriebswarmem Zustand aushalten. Es ist üblich, daß der Hersteller *Spannungsproben*, z. B. zunächst an isolierten Einzelstäben oder -spulen oder an auf die Pole aufgesetzten Feldwicklungen für Synchron- und Gleichstrommaschinen, mit erhöhter Prüfspannuug macht. Diese Vorprüfspannungen sind dem Ermessen, bzw. der Erfahrung der Hersteller zu überlassen. Für Maschinen über 6 kV oder 10 kVA Leistung hat sich die Durchführung der Spannungsproben an den Statorwicklungen oder Wicklungsteilen mit folgenden auf die Abnahmeprüfspannung U_A bezogenen Werten bewährt:

Prüfung der Stäbe vor dem Einbau	ca. 135% U_A
Prüfung nach dem Einbau	ca. 115% U_A
Werkstattprüfung der fertigen Wicklung	ca. 105% U_A

Die 50-Hz-1-Minuten-Probe kann insbesondere bei der Einzelstabprüfung für Wechselstromgeneratoren durch die kurzzeitige Prüfung mit höherer *Gleichspannung* vorteilhaft ersetzt werden, da diese Prüfung die Isolation weniger stark beansprucht und dennoch dielektrisch schlechte Stäbe mit genügender Sicherheit ausscheidet. Festlegungen über den Korrelationsfaktor, welcher die einer bestimmten 50 Hz Prüfspannung äquivalente Gleichspannung festlegt, existieren jedoch nicht. Die zur Zeit verwendeten Korrelationswerte liegen zwischen 2,2 und 2,7.

Stoßspannungsprüfungen werden bei Stabwicklungen nur vereinzelt angewendet, weil die Stoßspannung so hoch gewählt werden müßte, daß bei normalen Maschinen Randüberschläge am Nutaustritt auftreten, bevor die äquivalente Beanspruchung der Nutisolation erreicht wird. Die Stoßspannungsprüfung ist dagegen geeignet zur Kontrolle der Windungsisolation von Spulenwicklungen, wobei die Höhe der Prüfspannung von der Anordnung der Serieleiter in der Spule abhängt. Für die Prüfung stehen insbesondere zwei Verfahren zur Verfügung, die einander ungefähr ebenbürtig sind:

Prüfung nach RYLANDER
Prüfung nach WELLAUER.

In beiden Fällen wird der Prüfling mit einer zweiten induktiv gekoppelten Spule verglichen und mit Hilfe eines Meßkreises festgestellt, ob der Spannungsverlauf, hervorgerufen durch die Entladung einer Kapazität über eine Funkenstrecke in beiden Spulen gleich oder verschieden ist.

2. Die Wicklungen sollen allen auftretenden *mechanischen Beanspruchungen* — insbesondere unter Fliehkraft und Kurzschluß — genügen, in dem Sinne, daß nach Lauf mit Schleuderdrehzahl und nach einem Klemmenkurzschluß noch die Prüfspannung ohne Beschädigung der Wicklung ausgehalten wird und daß auch nach wiederholtem Kurzschluß im Betrieb keine unzulässigen Lockerungen und Verlagerungen der Wicklungen auftreten. Es ist bei Generatoren in Blockschaltung üblich, die Klemmenkurzschlußprobe am Generator mit derjenigen Spannung zu machen, welche sich aus der Vorschaltung der Transformatorreaktanz ergibt. Zuschaltung von Synchronmaschinen in Phasenopposition an das Netz dagegen muß eine Wicklung nicht aushalten. Bei Maschinen, die betriebsmäßig Vibrationen oder Schlägen ausgesetzt sind, z. B. Einphasengeneratoren und Triebmotoren von elektrischen Fahrzeugen, Zugsbeleuchtungsdynamos, Dieselgeneratoren usw., müssen die Wicklungen gegenüber derartigen Beanspruchungen gesichert sein.

3. Die Wicklung, bzw. deren Isolation soll bei der ihr zugeordneten elektrischen und thermischen Belastung eine ausreichende Lebensdauer haben. Als gute Lebensdauererwartung wird für Großmaschinen eine solche von ca. 40 Jahren, für mittlere und kleine Maschinen eine solche von 30 bis 20 Jahren angesehen.

Um die Ansprüche an die Lebensdauererwartung zu erfüllen, müssen die Wicklungen *temperaturbeständig* und für Hochspannungsmaschinen *glimmfest* sein. Voraussetzung für die Temperaturbeständigkeit ist, daß ihre Grenztemperatur die in den IEC und VDE-Vorschriften festgelegten Werte nicht übersteigt. Ferner muß verlangt werden, daß der gesamte Wicklungsaufbau den normalen Temperaturspielen der Wicklung und den dadurch hervorgerufenen Relativdehnungen gerecht wird.

Eine Wicklung wird als glimmfest angesehen, wenn bei 1,2facher betriebsmäßiger Beanspruchung in verdunkeltem Raum kein nennenswertes Glimmen sichtbar ist und wenn das verwendete elektrische Isoliermaterial durch stille elektrische Entladung nicht zerstört wird.

Die Glimmfestigkeit ist in hohem Maße abhängig von der Fabrikationsgüte. Diese wird bei größeren Hochspannungsmaschinen, d. h. bei Maschinen $>$ 5 MVA und bei Spannungen von 5 bis 17 kV durch eine Ionisationskontrolle geprüft. Sie wird durchgeführt durch Messung der Ionisation mit der Scheringbrücke oder mittels eines Ionisationstesters (z. B. Renandine-Apparat). Die VDE-Vorschriften[1] schreiben eine Verlustwinkelmessung an den Stäben, bzw. Spulenseiten bei Raum-

[1] VDE 0530, § 33.

temperatur, abhängig von der Spannung vor und geben für den Anfangswert $\mathrm{tg}\ \delta_0$, die mittlere Zunahme $\frac{\mathrm{tg}\,\delta_2 - \mathrm{tg}\,\delta_0}{2}$, und die max. Zunahme $\Delta\ \mathrm{tg}\ \delta$ Grenzwerte an.

Der homogene Verlauf der Ionisationswerte in Funktion der Spannung zeugt von einwandfreier Fabrikation und ist charakteristisch für eine Isolation ohne Hohlräume. Lufteinschlüsse oder Hohlräume beginnen bei einer bestimmten Spannung zu glimmen, was sich im tg-δ-Verlauf durch den sog. Ionisationsknick zeigt.

Eine zusätzliche Messung der Temperaturabhängigkeit der dielektrischen Verluste, die in den VDE-Vorschriften nicht vorgeschrieben ist, soll zeigen, daß der bei Raumtemperatur gemessene Verlauf der tg-δ-Kurve in Funktion der Spannung vor und nach dem Aufheizen auf Temperaturen zwischen 100 bis 160 °C unverändert bleibt.

Es besteht ein gewisser funktioneller Zusammenhang zwischen Lebensdauer und Temperatur von Isolierstoffen. MONTSINGER[1] hat 1930 die Regel aufgestellt, daß die Lebensdauer bei Erhöhung der Betriebstemperatur um jeweils 8...10 °C auf die Hälfte sinkt. Spätere Untersuchungen [2,3] ergaben, daß der Zusammenhang zwischen Lebensdauer L und Temperatur T für organische Isolierstoffe noch genauer erfaßt werden kann durch das aus der chemischen Reaktionskinetik abgeleitete Gesetz von Arrhenius (a, a_1, b Konstanten)

$$L = a \cdot e^{b/T}$$

$$\text{bzw. } \ln L = a_1 + b/T \quad (a_1 = \ln a)$$

Dieser Zusammenhang ist auch weitgehend gültig für das ganze Isolationssystem einer Wicklung. Bestimmt man die Lebensdauer bei erhöhter Temperatur[4], so können die Konstanten a und b bestimmt und die Lebensdauer bei normaler Temperatur extrapoliert werden.

B. Statorwicklungen von Wechselstrommaschinen

Zunächst ist zu unterscheiden zwischen *Einschicht*-Wicklungen, Abb. 198, bei welchen in jeder Nut eine Spulenseite liegt, und *Zweischicht*-Wicklungen, Abb. 199, bei welchen in jeder Nut zwei Spulenseiten liegen.

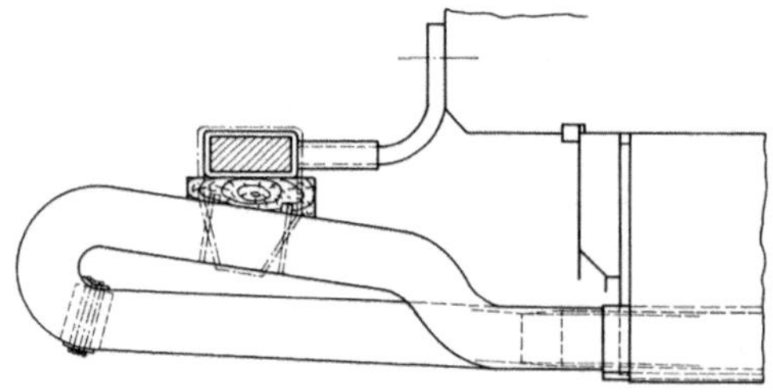

Abb. 198. Gleichspulen-Einschichtwicklung (Wickelkopf-Abstützung mit Ring von flachem Querschnitt)

Je nach Abmessungen der Einzelleiter werden für beide Wicklungsarten unterschieden zwischen *Spulenwicklungen* und *Stabwicklungen*.

---

[1] MONTSINGER, V. M.: Trans. Amer. Inst. El. Eng. 49 (1930), S. 397.

[2] BÜSSING, W.: Arch. Elektrotechn. 36 (1942), S. 333.

[3] DAKIN, T. W.: Trans. Amer. Inst. El. Eng. 67 (1948), S. 113.

[4] MICHEL, K.: Prüfung und Beurteilung der thermischen Beständigkeit von elektrischen Isolierstoffen und Isolationen. Bull. SEV, 57 (1966) 1, S. 16–26.

Bei der Einschichtwicklung können die Spulen, bzw. die Windungen von Stabwicklungen, ungleichartig sein, Abb. 200, oder gleichartig (Gleichspulen-Einschichtwicklungen, Abb. 198). Bei der Zweischichtwicklung werden stets gleiche Spulen bzw. Windungen verwendet, deren Weite immer kleiner ist als die Polteilung (verkürzter Schritt, gesehnte Wicklung).

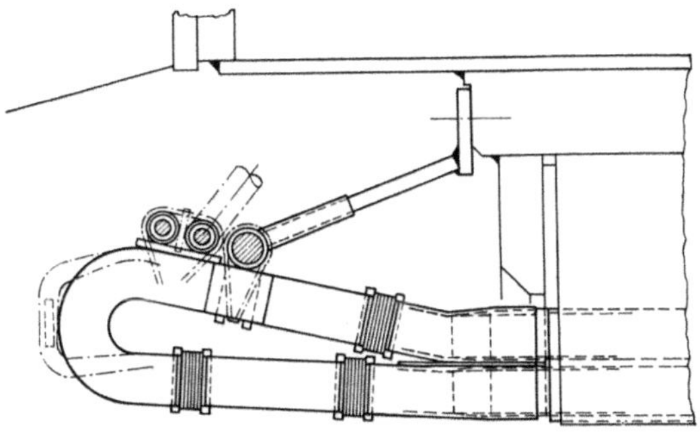

Abb. 199. Gleichspulen-Zweischichtwicklung (Wickelkopf-Abstützung mit Ring von rundem Querschnitt)

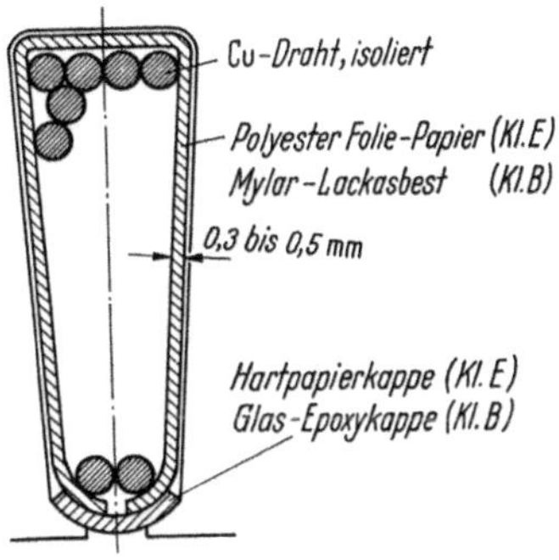

Abb. 201. Halboffene Nut mit Runddraht-Träufelwicklung und Hülse für Spannungen bis 1000 V

Bezüglich der Einbringung in die Nut ist bei den Spulenwicklungen zu unterscheiden zwischen *geträufelten, gefädelten* und *eingeschobenen* (gelöteten) Wicklungen für halboffene Nuten und *eingelegten Wicklungen für offene Nuten.*

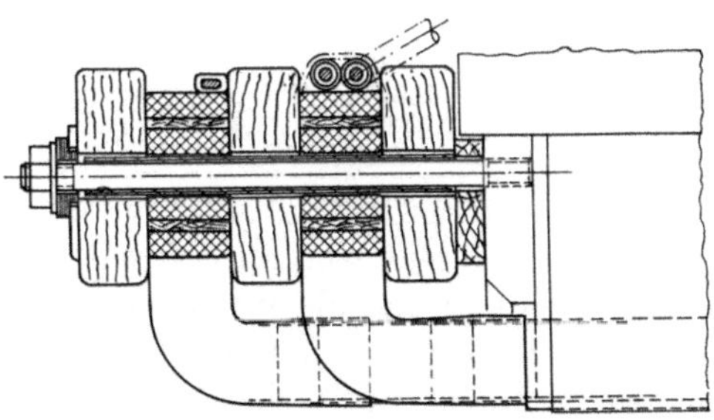

Abb. 200. Einschichtwicklung mit zwei Ebenen (Wickelkopfbefestigung mit Bolzen)

Abb. 202. Stator mit eingelegter Einschicht-Träufelwicklung

a) Geträufelte, gefädelte und eingeschobene (gelötete) Wicklungen für halboffene Nuten. Bei *geträufelten* Wicklungen werden die Spulen aus isolierten Drähten auf Schablonen hergestellt und die einzelnen Drähte jeder Spule durch den Nutenschlitz eingelegt (eingeträufelt, Abb. 201, 202). Bei dickeren Drähten und engen Nutenschlitzen werden die Leiter in parallele Drähte unterteilt und einzeln eingeträufelt.

Runddraht-Träufelwicklungen, ein- und zweischichtig, werden für Spannungen bis ca. 4000 V und für Motoren bis ca. 1000 kW verwendet, und zwar für Isolationsklasse E vorwiegend mit Lackdraht auf der Basis von Polyvinylacetal, für Isolationsklasse B mit Lackdraht auf Terephthalsäureesterbasis; für Spannungen > 1100 V werden die Runddrähte vielfach zusätzlich glasumsponnen. Neuerdings werden auch Lackdrähte der Isolationsklassen F bis H hergestellt, oder auf der Basis von verbesserten Terephthalsäureesterlacken oder aromatischen Polyamid- und Polyimidkombinationen.

Zur Verbesserung des Nutfüllfaktors, S. 309, werden vielfach die eingeträufelten Runddrahtwicklungen vor der Imprägnierung noch in die Nut eingepreßt.

Profildraht-Träufelwicklungen werden für Motoren mittlerer Leistung, bis zu Spannungen von ca. 4000 V verwendet. Sie werden der Runddrahtwicklung wegen der besseren Nut- und damit Maschinenausnützung vielfach vorgezogen.

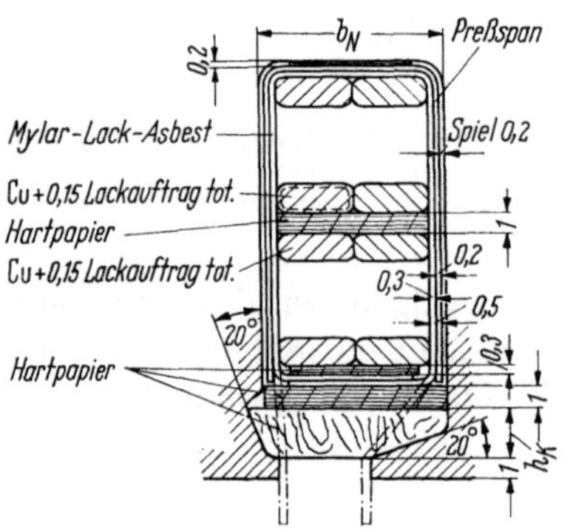

h_K	b_N
2,5	bis 8,8
3	> 8,8 ... 11,8
3,5	> 11,8 ... 14,9
4	> 14,9 ... 18,9

Abb. 203. Halboffene Statornut für Zweischicht - Profillackdraht - Träufelwicklung für 550 V

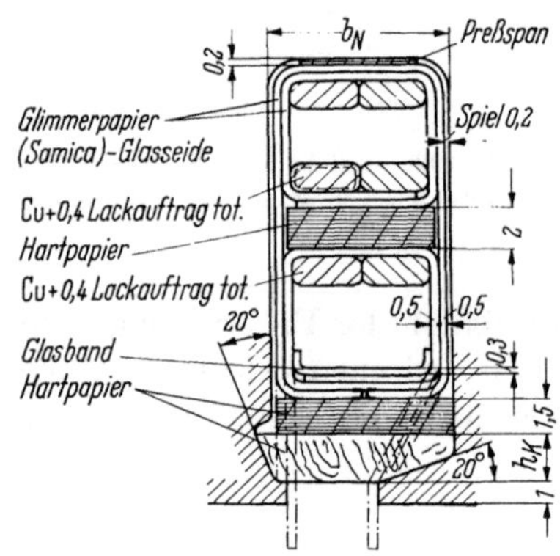

h_K	b_N
2,5	bis 8,8
3	> 8,8 ... 11,8
3,5	> 11,8 ... 14,9
4	> 14,9 ... 18,9

Abb. 204. Halboffene Statornut für Zweischicht - Profillackdraht - Träufelwicklung für 3300 Volt

Für Spannungen bis ca. 1100 V werden normalerweise Lackdrähte verwendet. Abb. 203 zeigt eine Zweischicht-Träufelwicklung mit Flachdraht für Spannungen bis 550 V. Für Spannungen größer als 1100 V bis 4000 V wird normalerweise Lackdraht mit Glasumspinnung verwendet. Einen Schnitt durch eine Zweischicht-Träufelwicklung mit Flachdraht für 3300 V zeigt Abb. 204.

Die technischen Lieferbedingungen für Lackdraht sind in DIN 46 435, Blatt 2, niedergelegt. Man unterscheidet normale Lackdrähte (L) und Doppellackdrähte ($2L$). Für die verwendeten Doppellackdrähte ist der vom Durchmesser abhängige Lackauftrag in Tab. 53 angegeben. Entsprechend sind in DIN 46 451, Blatt 1 (Entwurf) lackierte Kupferflachdrähte genormt. In der Praxis werden vielfach doppellackierte Drähte mit einem Lackauftrag von 0,15 mm beidseitig gebraucht.

Als Nutenisolation, axial 5 bis 8 mm einseitig über das Eisen vorstehend, werden Lackgewebe oder Polyesterfolien bzw. Kombinationen von solchen mit Preßspan und Leatheroid verwendet. Für Klasse B, bisweilen auch für Klasse E, werden Polyesterfolien (Mylar, bzw. Hostaphan) allein oder verklebt mit Asbestpapier, verwendet. Neuerdings wird auch statt der Verwendung von eingelegten Nutisolationen für Kleinmotoren ein Überzug der Nut mit Epoxydharz im Wirbelsinterverfahren propagiert. Dieser Epoxydharzüberzug wäre evtl. auch geeignet für Wicklungen der Isolationsklasse F. Die Dicke der Nutisolation ist bei Runddraht-Träufelwicklungen für Spannungen bis 500 V mindestens 0,3 mm. Für Runddraht-Träufelwicklungen bis ca. 3000 V ist die Dicke 1 mm. Für Flachdraht-Träufelwicklungen sind die Dicken der Nutisolation in Abb. 203 und 204 angegeben.

Tabelle 53. *Durchmesserzunahme durch die Lackisolierung bei Doppellackdrähten*

Nenndurchmesser d_1 in mm	Durchmesserzunahme $(d_2 - d_1)$ in mm			
	Nennwert	zulässige Abweichungen	Kleinstmaß	Größtmaß
über 0,2 ... 0,3	0,043	± 0,010	0,033	0,053
über 0,3 ... 0,4	0,050		0,040	0,060
über 0,4 ... 0,5	0,060	± 0,015	0,045	0,075
über 0,5 ... 0,7	0,070		0,055	0,085
über 0,7 ... 1	0,085	± 0,020	0,065	0,105
über 1 ... 2	0,100		0,080	0,120
über 2 ... 3	0,120	± 0,025	0,095	0,145

Als Nutenabschluß werden für Runddraht-Träufelwicklungen für alle Spannungen geformte Preßspankappen oder Glashartgewebekappen in einer Dicke von ca. 0,5 bis 1 mm verwendet, s. Abb. 201. Für den Nutenabschluß von Flachdraht-Träufelwicklungen werden normalerweise Holzkeile (Weißbuchenholz) oder Hartpapierkeile verwendet, in Dicken von 2,5 bis 4 mm je nach Nutenbreite.

Wenn bei Kleinmotoren gepreßte Runddrahtwicklungen mit Kunstharz in die Nut eingebacken werden, kann unter Umständen auf einen Nutenabschluß verzichtet werden. Solche Wicklungen sind nicht reparierbar.

Bei Träufelwicklungen werden die Wickelköpfe von Niederspannungs-Kleinmotoren meistens nur in der Phasentrennung durch Einschieben von Zwischenlagen aus Preßspan-Polyesterfolien-Kombinationen isoliert. Bei mittleren Motoren und Spannungen über 500 V werden vielfach die Spulen nur an der Phasentrennung mit Lackglasgewebeband auf der ganzen Länge zweimal $^1/_3$ überlappt eingebunden. Bei Flachdraht-Träufelwicklungen mit größeren Drahtquerschnitten, also verhältnismäßig festen Köpfen, wird bisweilen auf eine Isolation in der Phasentrennung verzichtet.

Die fertig gewickelten Motoren werden mit Kunstharzlacken oder lösungsmittelfreien Tränkharzen tauchimprägniert und bei ca. 135 °C mehrere Stunden im Ofen getrocknet. Für Tropenisolationen werden zusätzlich die Wickelköpfe noch mit lufttrocknenden Decklacken gespritzt. In den USA (nur selten in Europa) werden die ganzen Wickelköpfe fertig gewickelter Motoren auch mit Silikon-Kautschuküberzügen versehen.

Gefädelte Wicklungen (Durchzieherwicklungen), bei welchen die einzelnen Drähte (Rund- oder Flachdrähte) nicht in die Nut eingeträufelt werden, sondern in die geschlossenen Hartpapierhülsen eingefädelt und in der zu bewickelnden

Maschine zu Spulen geformt werden, sind praktisch aus der Neufabrikation verschwunden, behaupten aber ihre Verwendung für Reparaturen.

Bei *eingeschobenen Spulen* für den Einbau in halboffene Nuten werden die aus einzelnen Flachdrahtleitern gewickelten Spulen, die auch aus mehreren Teilleitern (Drähten) bestehen können, auf einer oder beiden Seiten aufgeschnitten. Die einzelnen Leiter können nach Abb. 205a quer zur Nut oder, wie die Abb. 205b und c zeigen, längs zur Nut gewickelt sein. Die Bewicklung nach Abb. 205a ergibt die kleinsten Spannungen zwischen benachbarten Leitern der gleichen Spule; sie hat aber im Wickelkopf entsprechend viele Übergänge von Lage zu Lage. Die Anordnung nach Abb. 205b ergibt die wickeltechnisch einfachste Spule; die Spannung

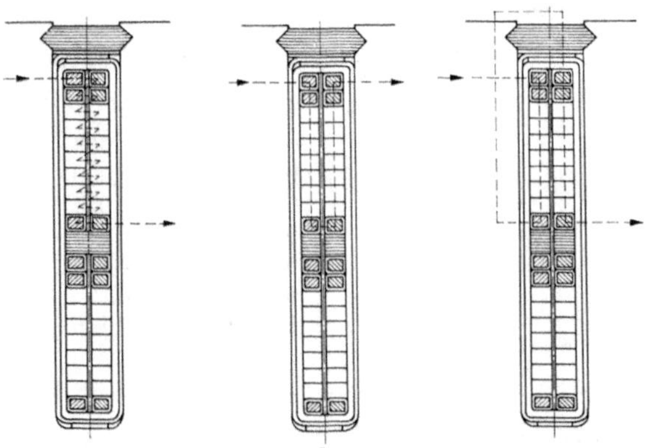

a b c

Abb. 205. Nutschnitt Zweischicht-Ganzformspule a Querbewicklung; b und c Längsbewicklung

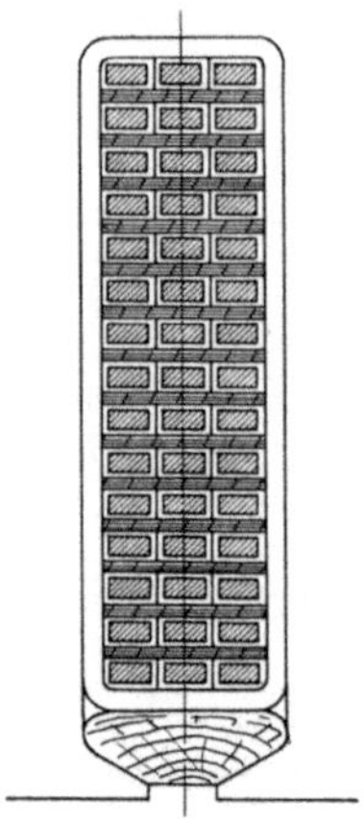

Abb. 206. Zusätzlich eingefügte Isolierstreifen zur Erhöhung der Windungs- resp. Lagenisolation

zwischen den Leitern im Nutengrund beträgt jedoch ein mehrfaches der Windungsspannung. Die Wahl für die eine oder andere Bewicklungsart gründet auf einen technisch-fabrikatorischen Vergleich.

Die im normalen Betrieb auftretenden Windungsspannungen sind klein, nämlich etwa 10 bis 150 V. Größere elektrische Beanspruchungen treten als sog. Wanderwellen bei Schaltvorgängen und atmosphärischen Störungen auf. Deshalb werden oft die Eingangsspulen verstärkt isoliert.

Die Windungsisolation (Leiterisolation) ist bei Klasse A gewöhnlich durch ein- oder mehrlagige Umbandelung mit imprägniertem Papier, evtl. zusammen mit Baumwollumspinnung hergestellt. Für Klasse B wird wegen des geringen Auftrages Glimmerseide (imprägnierte Naturseide mit Glimmersplittings), manchmal aber auch Glimmerleinen in ein- oder mehrlagiger Umbandelung verwendet. In neuerer Zeit wird auch imprägnierte Glasumspinnung oder Lackglasgewebe- oder Glas-Samica-Umbandelung für Isolationsklasse F verwendet. Die volle Windungsisolierung wird manchmal auch durch zusätzlich eventuell eingewickelten Isoliermaterialstreifen erreicht (Abb. 206).

Bei *U-Spulen* (Abb. 207) werden die auf einer Seite aufgeschnittenen Spulen auf der nicht aufgeschnittenen Seite auf Formen in ihre endgültige Lage gebracht und dann für Spannungen bis ca. 4000 V im Lackbad (z. B. ofentrocknender Ölasphaltlack) imprägniert oder für höhere Spannungen im Vakuum kompoundiert, d. h. mit einer Asphalt-Schmelzmasse imprägniert und alsdann die Hauptpolisolation aufgebracht (Abb. 208). Bei auf beiden Seiten aufgeschnittenen Halbspulen (Abb. 209) wird der Wickelkopf außerhalb der Maschine fertiggestellt, so daß nachträgliches Biegen und Isolieren bei der Montage der Wicklung entfällt.

Abb. 207 a. Drehstrom-Asynchronmotor, U-Spulen teilweise eingeschoben

Für die Hauptisolation ist die Praxis nicht einheitlich. In Europa war bisher das Aufbringen der Isolation auf dem geraden Teil der Spulen mit sog. Micafoliumumpressung am verbreitetsten. Hierfür wird breitbandiges Trägermaterial, normalerweise Papier, mit Glimmersplittings von Hand oder maschinell belegt und durch ein Bindemittel am Trägermaterial festgehalten. An Stelle von Glimmersplittings kann auch durch mechanische, thermische oder chemische Aufschliessungsverfahren in kleinste Glimmerschuppen zerlegter und wieder zu einem papierartigen Blatt vereinigter Glimmer (Samica, Romica, Micamat, Isomica

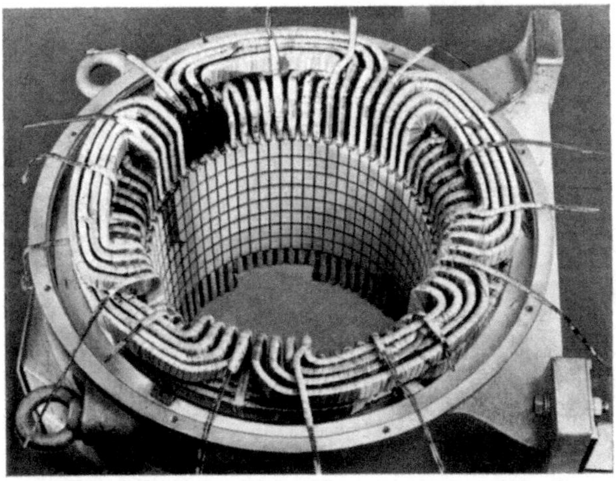

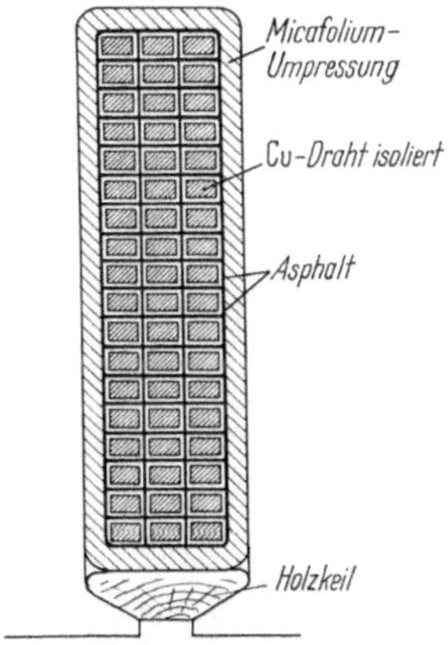

Abb. 208. Halboffene Nut mit asphaltierter Wicklung und Micafoliumumpressung für Hochspannung

usw.) verwendet werden. Als Bindemittel werden Schellack, Asphalt oder Kunstharze (Epoxyd-, Silikonharze) verwendet. In den USA und neuerdings auch in Europa wird in zunehmendem Maße eine kontinuierliche Umbandelung über dem geraden Teil und über die Wickelköpfe durchgeführt. Die umbandelte Spule wird in diesem Falle im Vakuum mit Asphalt-Compound oder im Vakuum mit Kunstharzen imprägniert und in der Warmpresse oder in Formen gepreßt, geheizt (aus-

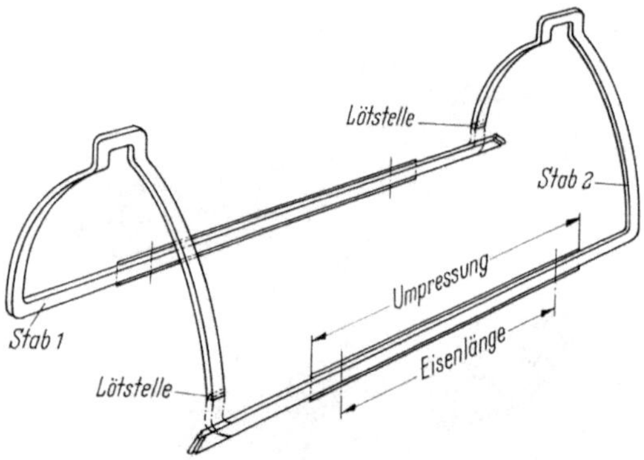

Abb. 209. Evolventen-Halbspulen-Wicklung. Wegen der besseren Zugänglichkeit beim Löten werden die Enden der in die Statornut eingeschobenen Stäbe gebogen und mit dem Bügel des korrespondierenden Stabes verlötet

polymerisiert). In neuerer Zeit werden auch Umpressungen empfohlen, für welche eine Vakuum-Imprägnierung entbehrlich erscheint (Samicatherm, Romicafil). Die Umpressungsdicke der Isolation kann nach Abb. 210 gewählt werden. Für Micafoliumpressung muß der Abstand vom Eisen bis zum Ende der Umpressung genügende Kriechstromsicherheit haben. In den Abb. 211a und 211b sind die normal

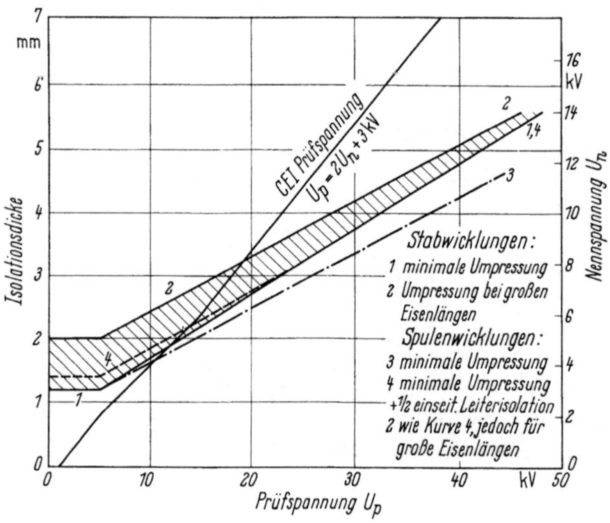

Abb. 210. Statorwicklungsisolation von mittleren und großen Dreiphasen-Synchronmotoren

üblichen Abstände, sowie Abstände der Wickelköpfe voneinander und vom Eisen angegeben. Diese Abstände setzen voraus, daß die Stoßstellen von Wickelkopf-Isolation und Micafolium-Isolation nach Abb. 212 ausgeführt sind. Bei kontinuierlich umbandelter Wicklung kann wegen des Wegfalles dieser Verbindungsstelle zweier Isolationen unter Umständen die Wicklungsausladung verringert werden.

Wenn keine kontinuierliche Isolation verwendet wird, so werden die Wickelköpfe je nach Isolationsklasse der Wicklung mit Lackband oder mit Glasglimmerband oder kunstharzimprägnierten Glasbändern oder Glasbändern mit Romica oder

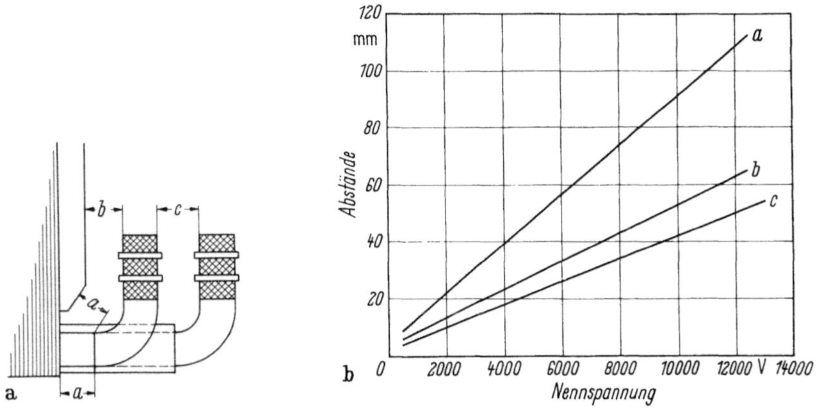

Abb. 211. a Spulenkopf mit Bezeichnung der Luftabstände
b Erforderliche Mindestwerte der Luftabstände in Abhängigkeit von der Klemmenspannung

Samica, umwickelt, wobei die getränkten Bänder meist im nassen Zustand aufgebracht werden.

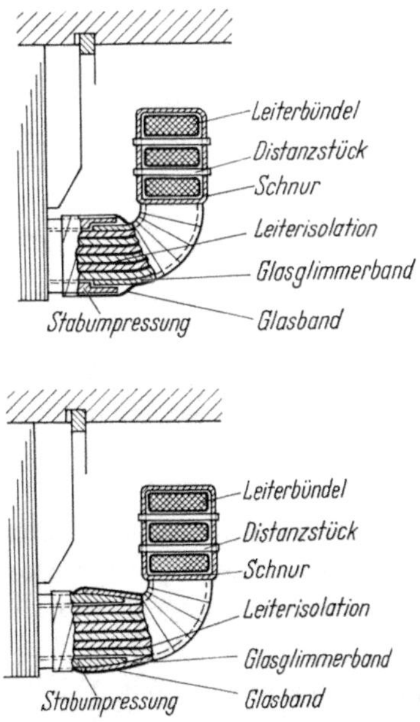

Abb. 213.
Schloßverbindungen an eingeschobener Spule

Abb. 212. Unter- und Überbandelung der Umpressung

Die Verlötung der einzelnen Windungen (Drähte) der Spulenwicklungen ist verschieden je nach Spulenart. Wenn es sich um sog. U-Spulen handelt, die aus preislichen Gründen nur noch relativ selten verwendet werden, so werden die Einzelleiter, nachdem sie auf genaue Länge angepaßt sind, mit Schweiß-Transformator-Zangen stumpf verschweißt. Nachträglich werden die einzelnen Windungen an den Lötstellen verputzt und isoliert und die Gesamtisolation von Hand aufgebracht. An Stelle von Verschweißen kann auch Hartlöten verwendet werden. In diesem Falle werden meistens sog. „Schlösser“ (Abb. 213) verwendet, welche die einzelnen Windungen mechanisch zusammenhalten und so den Hartlötvorgang erleichtern. Um das umständliche und teure Biegen der einzelnen Drähte und das Nachisolieren an dem einen Wickelkopf zu vermeiden, werden vielfach für halboffene Nuten auch sog. Halbspulen (Abb. 209) verwendet. Hier sind zwei Lötstellen pro Windung notwendig, aber die Halbspulen sind außerhalb der Maschine fertig geformt und bis knapp vor der Lötstelle isoliert. Für die Lötstellen an Halbspulen ist in Europa vielfach noch Weichlötung üblich.

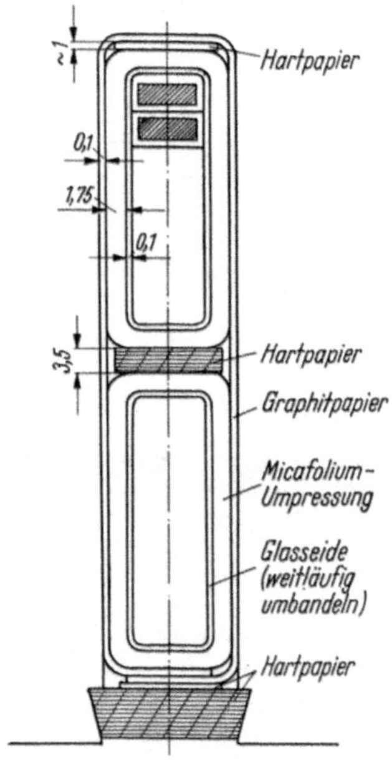

Abb. 214. Eingelegte Zweischichtwicklung für 6600 V in offener Nut

Abb. 215. Zweischicht-Ganzformspulen gewickelt und ausgezogen

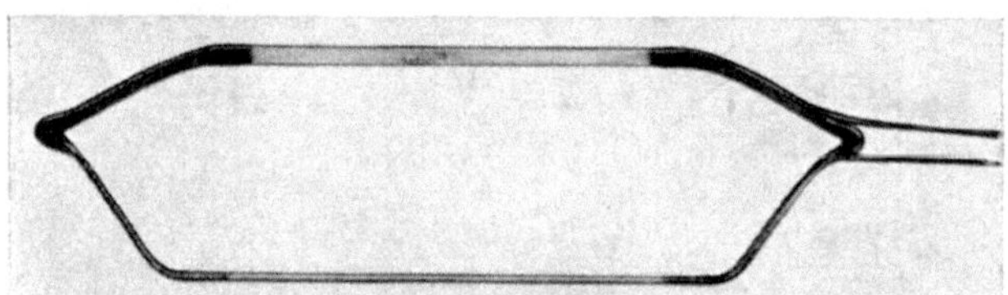

Abb. 216. Zweischicht-Ganzformspule fertig zum Einbau

b) Eingelegte Wicklungen in offenen Nuten. Für mittlere und große Wechselstrommaschinen mit Spulen- oder Stabwicklung ist die eingelegte Wicklung in offenen Nuten die weitaus am meisten verbreitete. Sie wird für Spannungen von ca. 3,3 kV bis 18 kV und neuerdings sogar bis 24 kV verwendet.

Bei den *Zweischicht-Ganzformspulen* ist die Einzelleiterisolation gleich wie bei gelöteten Spulen. Die noch nicht mit der Nutisolation versehenen Spulen werden bis ca. 4 kV gewöhnlich nur imprägniert und für größere Spannungen normalerweise im Vakuum compoundiert.

Den Schnitt durch eine Nut für Zweischicht-Spulenwicklungen zeigt Abb. 214. Die Isolation gegen die Nut besteht aus Schellack-Micafolium oder Asphalt-Micafolium oder aus Kunstharz-Glimmerisolation.

Die Wickelköpfe sind mit Ausführung der Stoßstelle gemäß Abb. 212 mit Glasglimmerbändern oder neuerdings auch mit Glas-Glimmervliesbändern naß eingebunden. An Stelle der Micafolium-Umpressung wird zunehmend auch kontinuierliche Umbandelung mit Kunstharzimprägnierung ausgeführt, bei welcher die Spule im Stator oder vor dem Einlegen in diesen im Vakuum mit Kunstharz imprägniert und ausgehärtet wird. Wenn fertig imprägnierte Spulen eingelegt werden, sind besondere Maßnahmen zur Erleichterung des Einlegens in die Nut notwendig. Es handelt sich dabei in erster Linie um eventuell extreme Verkürzung

Abb. 217. Zweischicht-Ganzformspule teilweise eingebaut

des Wicklungsschrittes und ferner um Maßnahmen, die beim Einlegen der Spulen plastische Verformungen an den Biegestellen ermöglichen, z. B. durch entsprechende Einlagen aus Silicon-Kautschuk an den Biegestellen oder durch Vorkehrungen, welche beim Imprägnieren das Eindringen des Kunstharzes in den Wickelkopf

Abb. 218. Zweischicht-Ganzformspulen im Gehäuse eingebaut

verhindern oder vermindern und schließlich eventuell um thermische Operationen, die während des Einlegens eine gewisse Plastizität ergeben. Abb. 215 zeigt eine Zweischicht-Ganzformspule gewickelt und ausgezogen, Abb. 216 zeigt die isolierte Zweischicht-Ganzformspule fertig zum Einbau, Abb. 217 zeigt solche Spulen teilweise eingebaut und Abb. 218 die komplette in den Stator eingebaute Wicklung.

Bei großen Maschinen mit ein bis drei Windungen pro Nut — vornehmlich mit zwei Windungen pro Nut — werden *Stabwicklungen* in offenen Nuten verwendet. Stabwicklungen in halboffenen Nuten sind bei den heute üblichen großen Luftspalten kaum noch üblich. Wegen der großen Leiterquerschnitte ist zur Unter-

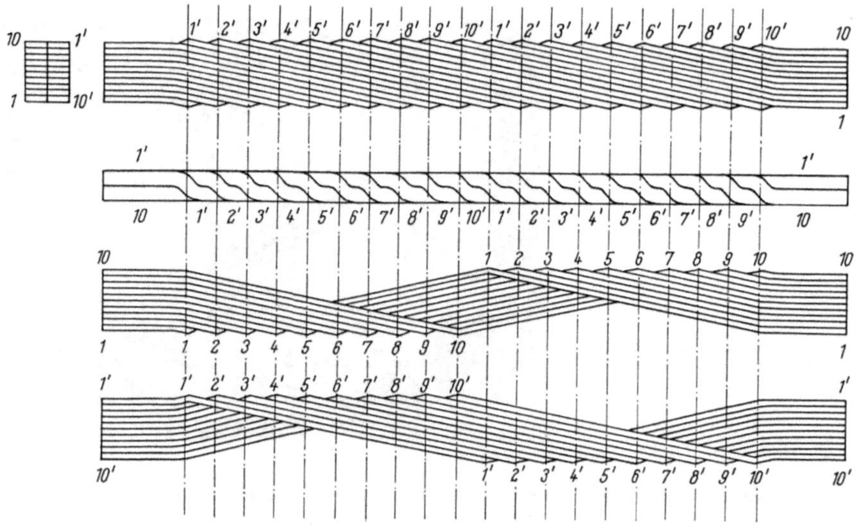

Abb. 219. Aufbau eines Roebelstabes

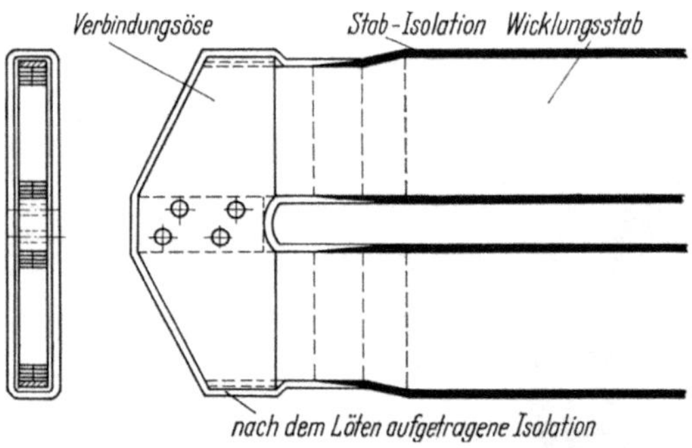

Abb. 220.

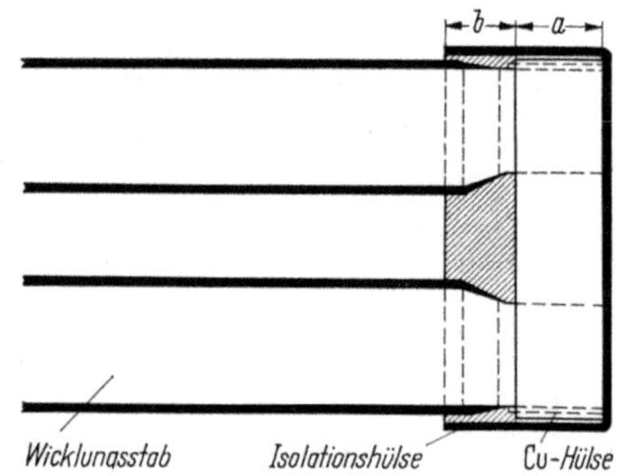

Abb. 221.

Abb. 220. Verbindung der Stator-Wickelstäbe im Kopf mit Cu-Öse, vernietet und verlötet

Abb. 221. Verbindung im Stator-Wickelkopf
Über die Stabenden ist eine Cu-Hülse aufgesetzt. Darüber wird eine temperaturfeste Isolierhülse geschoben, welche über die isolierten Enden der Stäbe reicht.
Die Höhe „*a*" wird mit Lötzinn für die elektrische Verbindung ausgegossen. Dazu wird die Lötstelle mit Mittelfrequenzheizung erwärmt und anschließend die Hülse auf Höhe „*b*" mit kalthärtendem Isolierlack bündig aufgefüllt

drückung der Stromverdrängungsverluste eine Unterteilung der Leiter in Einzelleiter und deren Kreuzung notwendig. Die übliche Ausführung solcher Stäbe sind die sog. *Roebelstäbe*, Abb. 219. Sie bestehen aus zwei Teilleiterpaketen, welche derartig verflochten sind, daß jeder Leiter innerhalb des Stabes jede Lage einnimmt; damit wird die induzierte Nutstreuspannung in jedem Teilleiter gleich groß, so daß die Teilleiter an beiden Enden durch einfache Ösen miteinander verlötet werden können. Für die Teilleiter-Isolation ist heute allgemein imprägnierte Glasumspinnung von ca. 0,1 mm Dicke üblich. Jeder Einzelleiter wird gegen alle anderen Einzelleiter normalerweise mit 110 Volt vor dem Verlöten geprüft. Die Abb. 220 und Abb. 221 zeigen zwei Verlötungsarten von Wickelstäben im Wickelkopf. In Abb. 220 erfolgt die Verbindung über eine genietete und nach dem Verlöten umbandelte Kupferhülse. Nach Abb. 221 wird die Kupferhülse auf die Stabenden aufgesetzt, mit Hochfrequenzwärme erhitzt und über einen Teil mit Zinn ausgegossen und alsdann mit kalthärtendem Gießharz aufgefüllt.

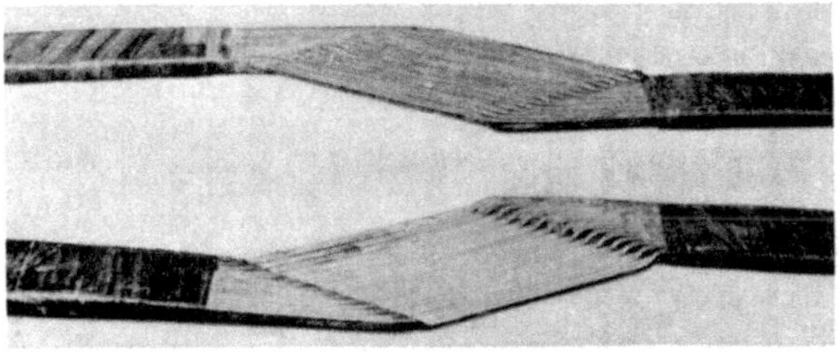

Abb. 222. Kreuzungsstelle der Teilleiterbündel

Ein Vorteil dieses Stabes ist die beliebig wählbare Höhe. Bei relativ seichten Nuten, deren Höhe angenähert gleich groß ist wie die Breite, würde die Nutausnützung wegen der Teilleiterkreuzung klein. Aus diesem Grund[1] werden in solchen Grenzfällen mit Vorteil Teilleiterbündel-Stäbe verwendet, die in der Mitte der Nut um 180° verdrillt sind, Abb. 222.

Für direkte Kupferkühlung der Roebelstäbe sind drei verschiedene Systeme üblich:

1. Jeder Teilleiter ist als Hohlleiter für Flüssigkeitskühlung ausgeführt. Die Einzelleiterhöhe ist dabei größer als diejenige normaler Roebelstäbe für indirekte Kühlung und die Stromverdrängungsverluste sind deshalb größer (Abb. 97a).

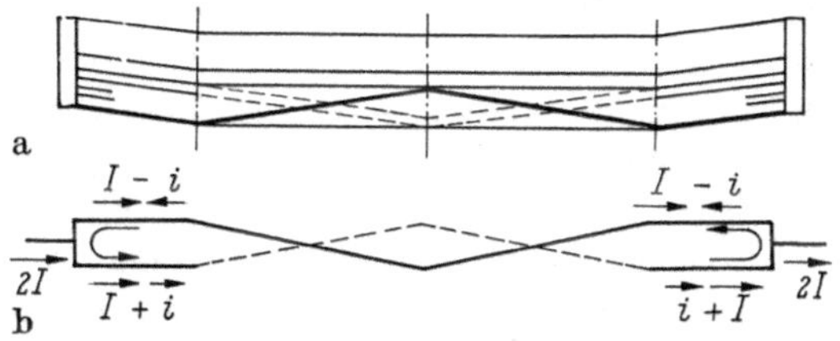

Abb. 223. Ausbildung von „Schlingströmen"
a Verlauf der Teilleiter im Roebel-Stab bei unverdrilltem Wickelkopf; b Überlagerung von Durchgangsstrom I und Schlingstrom i bei vollständig isolierten Teilleitern

2. Zwischen normalen Teilleitern sind einzelne Kühlleiter für Flüssigkeit angeordnet. Die gesamten Zusatzverluste sind niedriger, aber die Temperaturverteilung über den Roebelstab-Querschnitt ist nicht gleichmäßig (s. Abb. 97b).

3. Zwischen beiden Teilleiterbündeln sind isolierte Gaskanäle aus Widerstandsmaterial für Gaskühlung angeordnet (s. Abb. 97c).

Normalerweise werden Roebelstäbe nur auf die aktive Eisenlänge verdrillt. Bei Maschinen mit hohem Stromvolumen können in diesem Fall durch Wirbelstrombildung in den Wickelköpfen hohe zusätzliche Verluste und Erwärmungen auftreten. Bei Nuten mit vollständig isolierten Teilleitern können auf der ganzen

[1] Abegg, K.: Aus der Technologie der Wasserkraftgeneratoren: Die Statorwicklung. Bulletin SEV, (1960) 8.

Stablänge durch sog. Schlingströme zusätzliche Verluste entstehen, wenn die Stäbe durch Lötzwingen verbunden werden, die dann alle Teilleiter eines jeden Stabes von beiden Enden kurzschließen (Abb. 223)[1]. Man wird in diesem Fall, d. h. insbesonders bei großen Turbogeneratoren, auf die einfache Zwingenverbindung der Stäbe verzichten und auf Verdrillung der Teilleiter im Wickelkopf übergehen.

Die Einzelleiter der Roebelstäbe sind heute bei fast allen Firmen durch Glasumspinnung isoliert und an den Kreuzungsstellen an beiden Schmalseiten der Stäbe werden Glimmerplättchen eingeschoben. Der nackte Stab wird vor der Weiterbehandlung mechanisch durch Klebelacke (z. B. Phenollack) oder durch härtbare Klebeharze (Epoxyd-, Polyesterharze) verfestigt.

Abb. 224. Zweischicht-Faßwicklung eines Turbo-Generators von 80 MVA

Die an schmalseitigen Kreuzungsstellen der Einzelleiter entstehenden Oberflächenlücken müssen mit einer geeigneten Spachtelmasse (z. B. Zinkweiß-Bakelitpaste oder pigmentierte Epoxydharze) ausgestrichen werden, so daß die Stabisolation ohne Luftnester am Stab anliegt.

Die Stabisolation besteht aus Micafolium (Schellack- oder Asphaltmikafolium, kunstharzgebundenes Mikafolium). Für große Maschinen und Spannungen über 10 kV ist eine kontinuierliche Umbandelung mit Glimmerglasgewebebändern mit Kunstharzimprägnierung und Aushärtung in genau passenden Formen üblich. Die Dicke der Stabisolation kann nach Abb. 210 angenommen werden. Bei Verwendung von Mikafolium (bei dem eine Vakuumbehandlung nicht stattfindet) wird zur Vermeidung des Glimmens zwischen Stabisolation und Kupfer vielfach ein sog. Innenglimmschutz verwendet, wobei allerdings der Wert der $\tan\delta$-Kontrolle als Maß für die Güte der Fabrikation problematisch wird, da dieser Innenglimmschutz Lufteinschlüsse durch die $\tan\delta$-Messung nicht feststellen läßt.

Die übliche Ausführung von eingelegten Stabwicklungen in offenen Nuten ist die *Zweischicht-Faßwicklung* (Abb. 224).

Während früher die Wickelköpfe als getrennte Bügel mit den Stäben durch Verschraubung und Verlötung verbunden waren und zum Teil sogar für die Wickelköpfe ganz oder teilweise massive Bügel verwendet wurden, ist es heute üblich, die beidseitig halben Bügel gemeinsam mit den Stäben in Teilleiter unterteilt, evtl. sogar verröbelt, herzustellen. In diesem Fall liegen die Lötstellen außerhalb des größten magnetischen Streufeldes und die Lötstelle ist zudem bestens zugänglich

[1] Meyer H.: Die Isolierung großer elektrischer Maschinen, Springer 1962, S. 31.

(Abb. 225). Die Bügel werden als räumliche *Evolventen* ausgeführt, weil nur die Evolvente geometrisch gleichen Abstand über die ganze Bügellänge ergibt. Zur einfacheren Herstellung der Werkzeuge wird die Evolvente vielfach durch zwei Kreisbogen ersetzt (s. Abb. 226).

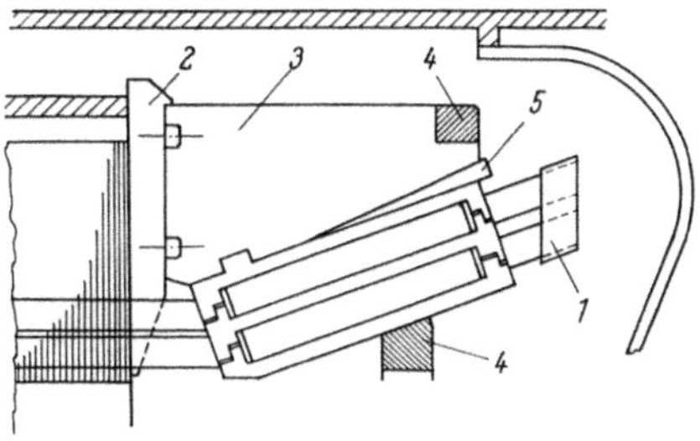

Abb. 225. Schnitt durch den Wickelkopf einer Zweischicht-Faßwicklung mit Prinzip der Abstützung. Die Stäbe, mit beidseitig halben Bügeln, sind an den Enden miteinander verlötet.
1 Lötstelle, *2* Preßring; *3* Stützplatte; *4* Stützringe; *5* Keil

Zum Übergang von Stab an Bügel werden auf der Hochkantseite — damit die Isolation der Bügelstelle gut ausgeführt werden kann — relativ große Radien (ca. 40 bis 60 mm, s. Abb. 226 und 228) verwendet; größere Radien würden die Ausladung der Wickelköpfe zu sehr vergrößern.

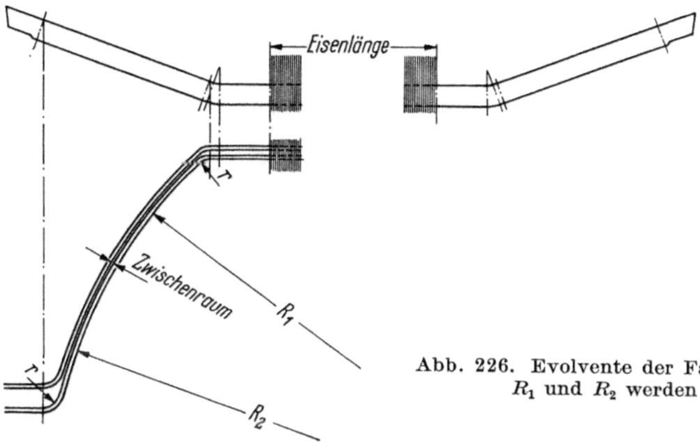

Abb. 226. Evolvente der Faßwicklung. Die beiden Radien R_1 und R_2 werden konstruktiv ermittelt.

Bei Maschinen ab 10 kV werden üblicherweise die Stäbe auf die ganze Eisenlänge und auf beiden Stirnseiten ca. 20 mm über die Eisenlänge hinaus mit gutleitendem Glimmschutz-Lackanstrich versehen. Der spezifische Widerstand[1] liegt in der Größenordnung von 5000 bis 10 000 Ω. Bei höheren Spannungen wird am Nutaustritt z. B. in Form von mehreren Stufen von Glimmschutz-Lackanstrichen mit abnehmender Leitfähigkeit oder in Form von Glimmschutzmanschetten eine Potentialsteuerung erreicht.

[1] Der spezifische Widerstand ist hier ein Oberflächenwiderstand ohne Berücksichtigung der Dicke des Glimmschutzauftrages und hat die Dimension

$$\Omega \text{ pro } \frac{\text{cm in Längsrichtung des Stabes}}{\text{cm in Umfangsrichtung des Stabes}}$$

Er ist nur abhängig vom Material des Glimmschutzes, der bei sorgfältiger Fabrikation immer gleich dick aufgetragen wird.

Die Wickelkopfausladung ist abhängig vom Abstand der Bügel gegeneinander. Dieser Abstand ist sowohl spannungsabhängig als auch belüftungsabhängig und müßte je nach der Glimmeinsatzspannung gewählt werden.

In Abb. 227 ist der Einsatz verschiedener Glimmerscheinungen[1] dargestellt. Man müßte die minimalen Luftdistanzen im Spulenkopf derartig wählen, daß bei den höchsten Betriebsspannungen keine wandernden Büschelentladungen auftreten. Eine Gefährdung der Isolation ist allerdings erst dann zu erwarten, wenn stillstehende Stielbüschel entstehen, in deren Fußpunkten derartig hohe Temperaturen auftreten, daß Perforationen der Isolation eintreten können.

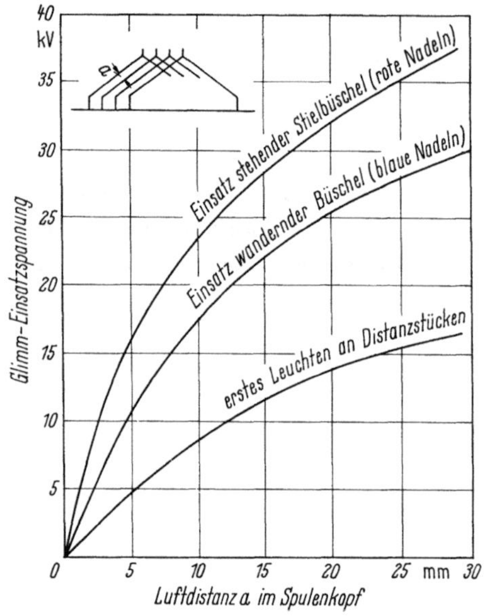

Abb. 227. Glimm-Einsatz-Spannungen in Wicklungsköpfen (asphaltimprägnierte Micaband-Isolation mit Glimmschutz-Anstrich)

Abb. 228. Wickelkopfabstützung einer ölgekühlten Stabwicklung durch Verkeilen gegen den inneren und äußeren Stützring und die Stützplatten (280 MVA, 24 000 V)

Wenn aus kühlungstechnischen Gründen, z. B. bei flüssigkeitsgekühlten Wicklungen, der gegenseitige Abstand der Bügel nur noch so groß sein muß als die Montage es verlangt, so ist es nötig, in den Phasentrennungen die Bügeldistanz mit halbleitenden Einlagen, z. B. aus Kitt, zu füllen.

Auf den in die Nuten eingebetteten Wicklungsteil werden periodisch schwingende Kräfte mit der doppelten Frequenz des im Leiter fließenden Stromes ausgeübt, die den Stab in jeder Halbwelle einmal gegen den Nutengrund drücken und in den Nulldurchgängen des Stromes verschwinden. Diese Kräfte steigen mit dem Strom quadratisch an und erreichen deshalb im Kurzschluß eine erhebliche Größe.

Solange die Wicklung fest in die Nut eingepaßt ist, und mit der Isolierung einen festen Körper darstellt, bedeuten diese Kräfte keine Gefahr für die Wicklung. Wenn aber der Kupferverband lose in der Isolation liegt und auch der Teilleiterverband gelockert ist, so kann die Isolierung von innen her zerstört werden.

Der Wickelkopf wird im Kurzschluß sehr stark mechanisch beansprucht. Die Kräfte entstehen durch die Einwirkung des magnetischen Stirnkopffeldes auf die

[1] Vgl. Fußnote S. 291.

vom Kurzschlußstrom durchflossenen Leiter $dF = I \cdot dl \cdot B$ (dF Kraftelement, I Strom, B magnet. Induktion, dl Leiterelementlänge).

Das Magnetfeld wird erzeugt durch die Ströme im Stator- und im Rotorwickelkopf. Die Kraftlinien schließen sich über verschiedene Wege, teilweise über das Statoreisen, über Verschalungen, über das Rotoreisen, teilweise über die Luft. Die Kraftliniendichte ist weder örtlich noch zeitlich konstant und nicht nur abhängig von der Form der Wicklung und der Größe der Ströme, sondern auch von der Geometrie der den Wickelkopf umgebenden Teile und deren elektrischen und magnetischen Eigenschaften. Zur Berechnung des Stirnkopf-Magnetfeldes sind verschiedene Methoden entwickelt worden [1 2 3 4].

Gegen die Kraftwirkungen im Kurzschluß muß der *Wickelkopf wirksam abgestützt* werden (s. Abb. 225 und 228).

In der Nähe des Nutaustritts, wo der Stab noch axial verläuft, sind die Stäbe vor allem gegen tangentiales Verbiegen durch einen Rechen zu sichern. Im Bereich der Querverbindungen herrschen anziehende Kräfte der Stäbe gleicher Phase untereinander und pulsierende (anziehend — abstoßende) Kräfte von nebeneinanderliegenden Stäben verschiedener Phasen. Während die Druckkräfte durch Distanzstücke und die Isolation selbst aufgenommen werden müssen, werden die abstoßenden Kräfte durch Klammern, Bandagen oder Zugbolzen aufgenommen.

Die resultierenden großen, radialen und axialen Kräfte wirken auf den ganzen so verspannten Wickelkopf-Verband, der bei Radialwicklungen mittels Bolzen und bei Faßwicklungen durch Stützringe und Platten gegen die Preßplatte abgestützt ist. Bei großen Maschinen muß die Wickelkopf-Abstützung weitgehend metallfrei sein, um unzulässige Erwärmung durch Wirbelströme zu verhindern. Bei großen Kurzschlußgeneratoren wurde auch schon der ganze Wickelkopf mit Kunstharz zu einem kompakten Kreisring vergossen, der in Stahlplatten eingefaßt an der Preßplatte angeschraubt wird.

C. Rotorwicklungen

a) Asynchron-Kurzschlußläufer. Das Material der Wicklungen von Kurzschlußrotoren kann Aluminium, Kupfer, Bronze oder Messing sein. Bei Doppelnutrotoren sind meist sogar zwei oder mehrere dieser Materialien vertreten. Die Stäbe der Kurzschlußwicklung werden im allgemeinen blank in den Rotor eingesetzt und mit ihren Kurzschlußringen verlötet. Dieser Aufbau erklärt die mechanische Robustheit und Betriebssicherheit des Kurzschlußläufers. Mit seinen Vorteilen hat er aber gegenüber dem Schleifringläufer für das gleiche Anzugsmoment einen wesentlich höheren Einschaltstrom (ca. 3,5 bis 6,5 mal Nennstrom), der seinerseits eine hohe Erwärmung des Rotors, evtl. auch des Stators hervorruft (s. auch S. 227), während der Schleifringläufer in der Drehzahl regelbar ist, weist der

[1] Florenz Ungruh: Felder und Stromkräfte in den Wickelköpfen von Turbogeneratoren ETZ — A, Bd. 84 (1963), H. 9.

[2] Oberretl, H.: Die Ermittlung von magn. Feldern, Wirbelströmen und Kräften in komplizierten Fällen durch Simulation an Gittermodellen. Archiv f. Elektrotechnik, Bd. 48 (1963), H. 5.

[3] Althammer, P.: Berechnung des magn. Feldes in den Wickelköpfen von Turbogeneratoren, Brown Boveri Mitteilungen, Bd. 51 (1964), H. 5.

[4] Tegopoulos, J. A.: Determination of the Magnetic Field in the End Zone of Turbine Generators IEEE, Trans. Pwr. Appar. and Syst. 82 (1963) pp. 562—572.

Kurzschlußläufer eine starre Drehzahl auf und erlaubt auch keine Blindstromkompensation vom Rotor her.

1. Anlauferwärmung. Nach dem auf S. 227 Gesagten, sind beim Anlauf ohne Gegenmoment die im Rotor erzeugte elektrische Verlustwärme Q_v und die zur Beschleunigung aller Schwungmassen benötigte Energie E_{kin}[1]

$$E_{\text{kin}} = 1{,}37 \cdot GD^2 \cdot \left(\frac{n}{1000}\right)^2 \quad (77)$$

- E_{kin} [kWs] kinetische Energie von Rotor u. v. angetr. Maschine
- GD^2 [kpm²] Schwungmasse v. Rotor u. v. angetr. Maschine
- n [U/min]

einander gleich. Unter GD^2 ist das Motorschwungmoment plus dem evtl. mit hochzuziehenden Schwungmoment zu verstehen. Hat die angetriebene Maschine eine andere Drehzahl als der Motor, so ist das Schwungmoment der angetriebenen Maschine im quadratischen Verhältnis der Drehzahlen umzurechnen

$$GD^2_{aM} = GD^2_a \left(\frac{n_a}{n_M}\right)^2 \quad (78)$$

- GD^2_a Schwungmoment der angetr. Maschine
- GD^2_{aM} Schwungmoment der angetr. Maschine auf Motorwelle bezogen
- n_a Drehzahl der angetr. Maschine
- n_M Drehzahl des Motors

Erfolgt der Anlauf gegen ein Lastdrehmoment M_L (Abb. 229), so errechnet man die im Rotor erzeugte elektrische Verlustwärme[2] W_v aus

$$\begin{aligned} W_v &= E_{\text{kin}} \left(1 + 2 \int_0^1 \frac{M_{L(s)}}{M_{B(s)}} s\, ds\right) \\ &= 2\, E_{\text{kin}} \cdot \int_0^1 \frac{M_{M(s)}}{M_{B(s)}} s\, ds \\ &\approx 2\, E_{\text{kin}} \sum_0^1 \frac{M_M}{M_B} s\, \Delta s \end{aligned} \quad (79)$$

- W_v Verlustwärme im Rotor
- $M_M = M_L + M_B$ Motordrehmoment
- M_L Lastdrehmoment
- M_B Beschleunigungsdrehmoment
- s Schlupf

Die Aufteilung des ganzen Summationsbereiches von $s = 0$ bis $s = 1$ erfolgt zweckmäßigerweise so, daß im Intervall Δs die Drehmomente als ausreichend

---

[1] $E_{\text{kin}} = \frac{\Theta \cdot \omega^2}{2}$ ($\Theta \to GD^2$ s. S. 50; $\omega \to n$ s. S. 598).

[2] Verlustleistung: $P_v = M_M s \omega_{\text{syn}} = M_M \omega \frac{s}{1-s}$

Verlustwärme: $W_v = \int_0^{Ta} P_v\, dt$ (Ta: Anlaufzeit).

konstant betrachtet werden können. Kommt die Lastdrehmomentkurve stellenweise sehr nahe an die Motordrehmomentkurve — letztere geht aus der elektrischen Berechnung der Maschine hervor — heran, so muß die Summation in diesem Falle durchgeführt werden. Liegen die Verhältnisse ähnlich wie in Abb. 229b, wo ins-

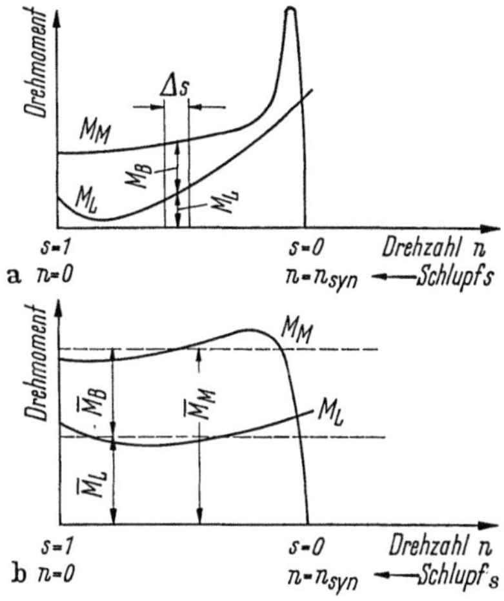

Abb. 229.
Drehmoment-Drehzahlverlauf eines Asynchronmotors
M_M Motordrehmoment; M_L Lastdrehmoment; M_B Beschleunigungsdrehmoment; $\overline{M}_B$ Beschleunigungsdrehmoment über den Hochlauf gemittelt; $\overline{M}_L$ Lastdrehmoment über den Hochlauf gemittelt; $\overline{M}_M$ Motordrehmoment über den Hochlauf gemittelt

besondere das Beschleunigungsdrehmoment etwa konstant und nicht zu klein gegenüber dem Motordrehmoment ist, dann darf für Näherungsrechnungen

$$W_v = E_{\text{kin}} \cdot \frac{\overline{M}_M}{\overline{M}_B} \qquad (79\text{a})$$

$\overline{M}_M$ Mittleres Motordrehmoment über den Hochlauf gemittelt
$\overline{M}_B$ Mittleres Beschleunigungsdrehmoment

gesetzt werden.

α. Beim *Doppelnutläufer* teilt sich die Wärmemenge W_v, abgesehen von einem im allgemeinen vernachlässigbaren Anteil im Rotorblechpaket, auf den *Außenkäfig* (Anlaufkäfig, näher beim Luftspalt) und den *Innenkäfig* (Arbeitskäfig) auf. Der im Außenkäfig umgesetzte Anteil W_a ist zunächst von den Verdrängungsverhältnissen des Stromes vom Innen- in den Außenkäfig (und dann vom Schlupf, der während des Anlaufes von 100% auf ungefähr Null abnimmt) abhängig. Das Verdrängungsverhältnis $k_v = W_a/W_v$ ist bei durchschnittlichen Ausführungen etwa 0,7 bis 0,8. Von der gesamten im Außenkäfig erzeugten Wärme bewirkt nur der Teil k_a (etwa 0,6 bis 0,8) eine Erwärmung des Käfigs. Der Rest fließt über die Staboberfläche in das Eisen ab und erwärmt dieses geringfügig. Die für die Käfigerwärmung maßgebliche Wärmemenge W_k ist also gegeben durch

$$W_k = k_v \cdot k_a \cdot W_v \qquad (80)$$

und die Erwärmung des Anlaufkäfigs für einen Anlauf ist dann sinngemäß nach Gl. (57)

$$\vartheta = \frac{W_k}{c \cdot M}$$

ϑ	[°C]	Erwärmung
W_k	[kWs]	gespeicherte Wärmemenge im Anlaufkäfig
c	$\left[\frac{\text{kWs}}{\text{kg°C}}\right]$	spezif. Wärme des Anlaufkäfigs
M	[kg]	Masse des Anlaufkäfigs

Rechenbeispiel. Eine 6polige Maschine für 155 kW, 974 U/min, mit einem mittleren Motordrehmoment von ca. 140% des Nenndrehmomentes, hat ein Schwungmoment von 23 kpm². Der Rotor hat $z = 58$ Anlaufstäbe aus Bronze von $d = 11$ mm Durchmesser und einer Länge von $l = 310$ mm (Mitte Kurzschlußring bis Mitte Kurzschlußring), die untereinander mit je einem Kurzschlußring (mittlerer Durchmesser $D = 380$ mm, radiale Höhe $p = 16$ mm und axiale Breite $q = 25$ mm) verbunden sind. Der Anlauf erfolgt gegen ein mittleres Lastdrehmoment von ca. 90% des Nenndrehmomentes und das Schwungmoment der Last auf die Motorwelle bezogen beträgt 92 kpm². Das Verdrängungsverhältnis k_v ist 0,70 und der Faktor k_a, welcher die Wärmeabgabe über die Staboberfläche an das Eisen berücksichtigt, betrage 0,7. Die spezif. Wärme von Bronze ist $c = 0{,}375$ kWs/kg °C und die Dichte $\varrho = 8{,}5$ kg/dm³. Welches ist die Erwärmung des Anlaufkäfigs beim Hochfahren?

Laut Gl. 77, 79a und 80 errechnet man die im Anlaufkäfig während des Hochfahrens gespeicherte Wärmemenge

$$W_k = k_v \cdot k_a \cdot 1{,}370 \cdot GD^2 \cdot \left(\frac{n}{1000}\right)^2 \cdot \frac{\overline{M}_M}{\overline{M}_B}$$

$$= 0{,}70 \cdot 0{,}70 \cdot 1{,}37 \cdot (23 + 92) \cdot \left(\frac{974}{1000}\right)^2 \cdot \frac{140}{140 - 90} = \underline{204 \text{ kWs}}$$

Die Masse des Anlaufkäfigs beträgt

$$M = \varrho(zld^2\pi/4 + 2D\pi pq) = 8{,}5 \cdot 10^{-3}(58 \cdot 31 \cdot 1{,}1^2 \cdot \pi/4 + 2 \cdot 38 \cdot \pi \cdot 1{,}6 \cdot 2{,}5) = 22{,}6 \text{ kg}$$

und die Staberwärmung

$$\vartheta = \frac{W_k}{cM} = \frac{204}{0{,}375 \cdot 22{,}6} = \underline{24{,}1 \text{ °C.}}$$

Die errechnete Erwärmung pro Anlauf ist im vorigen Rechenbeispiel nicht besonders groß, so daß die Maschine aus dem kalten und sogar aus dem warmen Zustand einige Male unmittelbar nacheinander angefahren werden könnte. Die Schwierigkeiten nehmen jedoch bei den schneller laufenden Maschinen, und bei größeren zu beschleunigenden Schwungmassen sehr rasch zu. Abhilfe kann meist nur geschaffen werden durch Vergrößerung der Wärmekapazität des Anlaufkäfigs (Verwendung von Material mit größerem spezifischem Widerstand und gleichzeitiger Vergrößerung des Stabquerschnittes) und bei größeren Lastdrehmomenten auch durch ein größeres Motoranlaufdrehmoment. Beide Maßnahmen erfordern jedoch meist eine Typenvergrößerung des Antriebsmotors. Sind mehrere Anläufe verlangt, so können, wenn die Maschine vorher kalt war, schon kurze Pausen zwischen den Anläufen eine wesentliche Erleichterung bringen. Weitere Möglichkeiten, die Temperaturen der Rotorwicklung bei Schweranläufen zu bewältigen, bestehen in der Verwendung von polumschaltbaren Motoren, z. B. mit Drehzahlen 1:2, bei welchen die im Läuferkäfig gespeicherte Wärmemenge etwa die Hälfte beträgt, oder auch durch Frequenzanlauf. Vielfach verwendet man auch spezielle Kupplungen (Fliehkraftkupplungen), die das volle Drehmoment erst übertragen, wenn der Motor praktisch hochgelaufen ist. Die obere Grenze der Käfigerwärmung ist weitgehend eine konstruktive Frage. Als max. zulässige Temperatur kann man bei Aluminium mit etwa 200 °C, bei Bronze (mit Leitfähigkeiten von ca. 6 bis $12 \frac{\text{m}}{\Omega\,\text{mm}^2}$) mit etwa 300 °C rechnen.

Bei Kurzschlußläufermaschinen kleiner Leistung, insbesondere bei den raschlaufenden, ist im Anlauf nicht nur die Rotorwicklung, sondern häufig die Statorwicklung der thermisch gefährdete Teil. Die Erwärmung der Statorwicklung kann überschlagsmäßig rein adiabatisch mit einem über die Anlaufzeit quadratisch gemittelten Anlaufstrom gerechnet werden.

β. *Die Verhältnisse beim Hochstabläufer* (auch Keilstab- und L-Stabläufer) liegen im Unterschied zum Doppelnutläufer beträchtlich komplizierter, weil neben der Verdrängung des Stromes vom Nutengrund zum Luftspalt hin noch ein Wärmefluß in der umgekehrten Richtung stattfindet, dessen zeitlicher Verlauf außerdem von der Dauer des Anlaufes abhängt. Die Temperaturdifferenz zwischen Ober- und Unterkante des Stabes kann je nach den Verdrängungsverhältnissen und der Anlaufzeit ein Mehrfaches einer fiktiven mittleren Erwärmung sein. Bei radial hohen und sehr schmalen Stäben kann die Erwärmung der Staboberkante bis zu etwa 5mal und bei Verwendung eines relativ breiten und radial gedrängten Stabprofiles 1,5 bis 2mal die fiktive mittlere Erwärmung betragen. Bezüglich einer genaueren Rechnung der Erwärmung sei auf die Spezialliteratur verwiesen.[1]

2. Anlaufzeit. Der Hochlauf erfordert je nach dem aus der elektrischen Berechnung hervorgehenden Anlaufdrehmoment des Motors (50 bis 250% des Nenndrehmomentes), dem Lastdrehmoment und dem totalen Schwungmoment (s. Abb. 229) eine Anlaufzeit T_a, die gegeben ist durch[2]

$$T_a = \frac{GD^2}{4g}\,\frac{\pi}{30}\int\limits_0^{n_{\text{syn}}} \frac{dn}{M_B(n)} \approx \frac{GD^2}{375}\sum_0^{n_{\text{syn}}} \frac{\Delta n}{M_B} \tag{81}$$

T_a	[s]	Anlaufzeit
GD^2	[kpm²]	Schwungmoment von Motor und Last
$M_B(n)$	[mkp]	Beschleunigungsdrehmoment
n	[U/min]	Drehzahl
$g = 9{,}81\ \text{m/s}^2$		

Ist das Beschleunigungsdrehmoment im Summationsbereich $n = 0$ bis $n = n_{\text{syn}}$ stark variabel, so kann auf die Summation nicht verzichtet werden, andernfalls (wie in Abb. 229b) kann mit einem mittleren Beschleunigungsdrehmoment $\overline{M}_B$ gerechnet werden:

$$T_a = \frac{GD^2}{375}\cdot\frac{n_{\text{syn}}}{\overline{M}_B} \tag{81a}$$

3. Nut und Stabformen für Kurzschlußläufer. Verschiedene gebräuchliche Nut- bzw. Stabformen für Kurzschlußläufer-Rotoren sind in Abb. 230 gezeigt.

Für kleine Motoren werden bevorzugt gegossene Alu-Wicklungen verwendet (Abb. 230a, c), deren Kurzschlußringe mit angegossenen Ventilatorflügeln ausgeführt sind (Abb. 231a).

Für kleine und mittlere Motoren, für welche sich die Herstellung von Alu-Gußformen nicht lohnt, werden gewöhnlich gelötete Alu-Wicklungen mit Hochstäben verwendet (Abb. 230b). Für größere Maschinen werden Stromverdrän-

[1] ROSSMAIER, V.: Der Temperaturverlauf in einem Stab eines Stromverdrängungs-Käfigläufermotors in Abhängigkeit von Ort und Zeit während des Hochlaufs. Arch. f. Elektrotechn. 32 (1938) 2, S. 124—131.

[2] Ableitung: $M_B(n) = \Theta\,\dfrac{d\omega}{dt}$ (Drallsatz), woraus $dt = \dfrac{\Theta}{M_B}\,d\omega$ und

$$T_a = \int\limits_0^{T_a} dt = \Theta \int \frac{d\omega}{M_B(\omega)}; \quad \left(\omega = \frac{\pi}{30}\,n,\ \Theta = GD^2/4g\right)$$

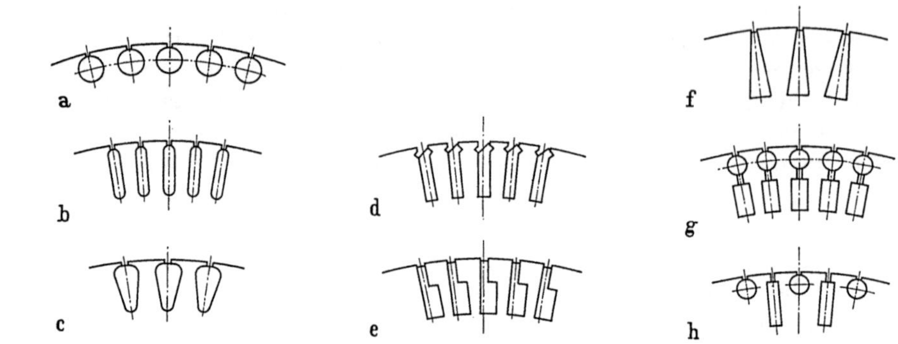

Abb. 230. Verschiedene Nut- und Stabformen für Kurzschlußläufer-Rotoren
a Rundstab für gegossene und gelötete Wicklungen aus Kupfer oder Aluminium; b Hochstab (Vielnutläufer) aus Kupfer oder Aluminium, gegossen oder gelötet; c gegossene Wicklung aus Aluminium; d gepreßte Hochstäbe aus Kupfer; e L-Stab aus Kupfer; f Keil-Stab aus Kupfer oder Bronze; g Anlaufwicklung aus Bronze, Arbeitswicklung aus Kupfer; h Doppelnutläuferrotor mit tangential versetzten Wicklungen

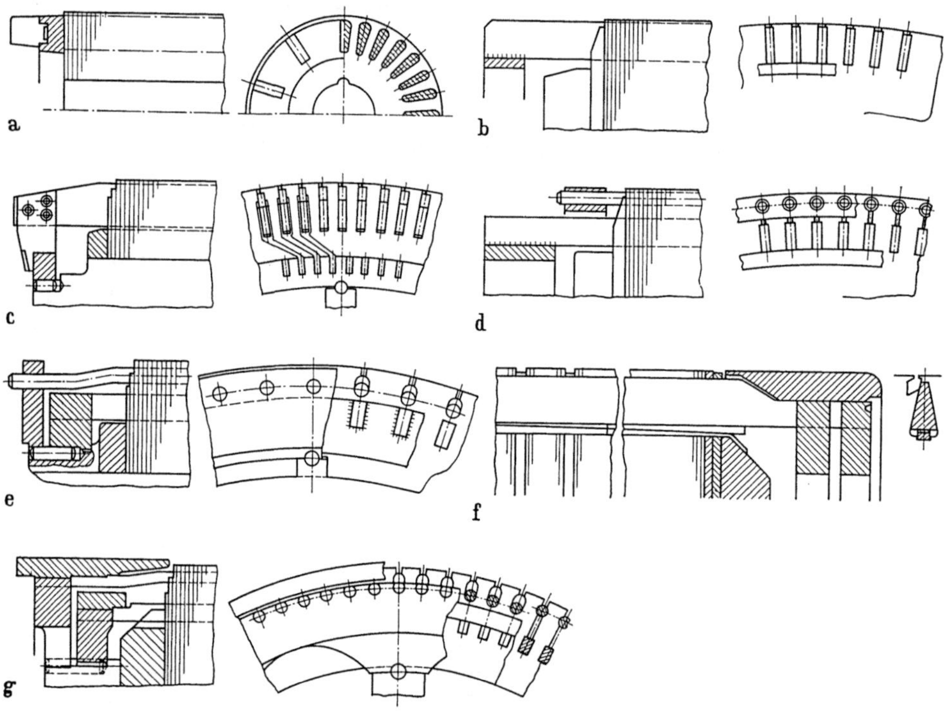

Abb. 231. Verschiedene Arten der Verbindungen zwischen den Wicklungsstäben und den Kurzschlußringen
a Gegossene Aluminium-Wicklung, deren Kurzschlußring mit den angegossenen Flügeln auch als Ventilator wirkt; b Hochstabrotor; der Kurzschlußring ist mit den einzelnen Wicklungsstäben hart verlötet; c Hochstabrotor für Schweranlauf; die Wicklungsstäbe können sich dank der elastischen Verbindung mit dem Kurzschlußring bei den auftretenden hohen Temperaturen im radial äußeren Querschnitt freier ergeben; d Doppelnutrotor; die Anlauf- wie die Arbeitswicklungen sind mit eigenen freitragenden Kurzschlußringen durch Hartlötung verbunden; e Doppelnutrotor; die Kurzschlußringe der Arbeits- und der Anlaufwicklungen sind, zur Entlastung der freien Wickelstabenden bei großen Beschleunigungen und Schlägen, gegen Verdrehen gesichert; f Rotorstabbefestigung großer Käfigläufermotoren durch Verkeilen in der Nut; g Doppelnutrotor; die Kurzschlußringe sind gegen Verdrehung gesichert und mit den Wickelstabenden zusammen durch Schrumpfringe von den Fliehkräften entlastet.

gungsläufer mit Kupferwicklungen nach Abb. 230b, d, e, f und für Schweranläufe Doppelnutkäfige nach Abb. 230g und Abb. 230h verwendet.

Die Kurzschlußwicklungen müssen außer den *thermischen* Beanspruchungen auch *mechanischen Beanspruchungen* durch die Fliehkräfte bei erhöhter Temperatur und tangentialen Beanspruchungen durch Beschleunigungsstöße gewachsen sein.

Verschiedene Arten der Verbindungen zwischen den Wicklungsstäben und den Kurzschlußringen zeigt Abb. 231.

Die tangential wirkenden Beschleunigungskräfte, hervorgerufen durch die Beschleunigung oder Verzögerung des Kurzschlußringes und der Stabenden, z. B. beim Hochlaufen oder Bremsen des Motors, beanspruchen die freien Stabenden auf Biegung. Die Größe der Tangentialkräfte errechnet sich mit Gl. 81a für den Kurzschlußring und entsprechend für die freien Stabenden (s. Abb. 232)

$$F_{ti} = \frac{GD^2{}_i \cdot n \cdot 2}{375 \cdot T_a \cdot D_s \cdot z} \quad (i = 1;2)$$

F_{t1}	[kp]	Tangentialkraft; Ring
F_{t2}	[kp]	Tangentialkraft; Stäbe
$GD^2{}_1$	[kpm²]	Schwungmoment; Ring
$GD^2{}_2$	[kpm²]	Schwungmoment; Stäbe
T_a	[s]	Anlauf- bzw. Bremszeit
D_s	[m]	mittlerer Teilungsdurchmesser
n	[U/min]	Drehzahl
z	[1]	Anzahl Stäbe im Umfang

Das für die Beanspruchung der Stabenden maßgebende Biegemoment des einseitig starr eingespannten Stabes wird

$$M_b = F_{t1}\, l_s + F_{t2}\, l_s/2 = (GD_1^2 + GD_2^2/2)\, \frac{2\, n l_s}{375 \cdot T_a \cdot D_s \cdot z} \tag{82}$$

M_b	[cmkp]	Biegemoment an der Einspannstelle
l_s	[cm]	freies Stabende

und die daraus resultierende Biegebeanspruchung wird bekanntlich

$$\sigma_b = \frac{M_b}{W} \tag{83}$$

σ_b	[kp/cm²]	Randfaserspannung
W	[cm³]	Widerstandsmoment des Stabes

Beispiel. Ein Kurzschlußläufermotor wird in 0,1 s von ca. 1500 U/min auf 1200 U/min abgebremst. Welches ist hierbei die auftretende Biegebeanspruchung, wenn die Schwungmasse $(GD_1^2 + GD_2^2/2) = 5{,}34$ kpm² und das Widerstandsmoment von einem der $z = 70$ Stäbe $W = 0{,}149$ cm³ beträgt? (Abb. 232, $D_s = 0{,}58$ m, $l_s = 6{,}6$ cm).

Nach Gl. (82) und (83) wird

$$M_b = 5{,}34\, \frac{2 \cdot 300 \cdot 6{,}6}{375 \cdot 0{,}1 \cdot 0{,}58 \cdot 70} = 13{,}9 \text{ cmkp}$$

$$\sigma_b = \frac{13{,}9}{0{,}149} = \underline{93 \text{ kp/cm}^2}$$

Bei der Beurteilung dieser Beanspruchung ist zu beachten, daß bei Buntmetallen und ganz besonders bei Kupfer und bei erhöhter Temperatur die zulässigen Festigkeitswerte erheblich zu reduzieren sind.

b) Asynchron-Schleifringläufer. Die Wicklung des Schleifringläufers wird wie die des Stators entweder als Draht- oder Stabwicklung ausgeführt. Dabei werden in einer Nut mindestens zwei Seiten verschiedener Spulen übereinander aufgebracht. Eine Spulenseite liegt immer im Nutengrund, die andere oben. In den meisten Fällen wird die Wicklung dreiphasig ausgeführt. Die Wicklungsenden werden mit den drei auf der Welle mitrotierenden Schleifringen fest verbunden und sind gegen Welle und Schleifringe isoliert.

An die Schleifringe ist ein dreiteiliger veränderlicher Widerstand (Anlasser) angeschlossen. Damit ist es möglich, den Einschaltstrom zu vermindern und man kann nach dem Anlassen die Schleifringe mittels einer sog. Kurzschlußvorrichtung kurzschließen und die Bürsten abheben, sodaß der Motor im Betrieb als Kurzschlußläufer betrieben wird. Man kann aber auch im Betrieb veränderliche Wider-

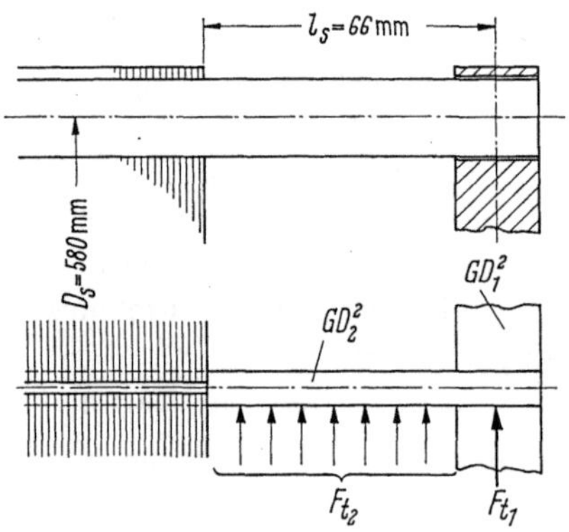

Abb. 232. Tangentiale Biegebeanspruchung der freien Stabenden durch Beschleunigungs- oder Verzögerungsvorgänge
F_{t1} Tangentialkraft vom Ring; F_{t2} Tangentialkraft vom Stabende; GD^2_1 Schwungmoment vom Ring; GD^2_2 Schwungmoment von den Stabenden

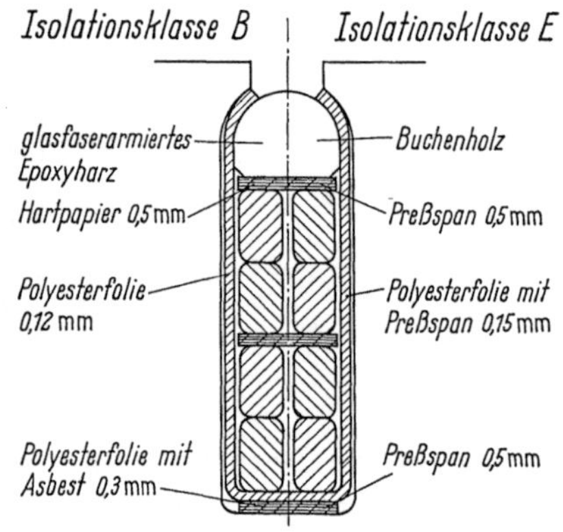

Abb. 233. Profil-Lackdraht-Träufelwicklung für Schleifringläufer-Rotor

stände zur Drehzahlregulierung benützen, wobei die Schleifringe dauernde Bürstenauflage und Stromführung haben, oder man kann die Schleifringe mit sog. Hintermaschinen zu angenähert verlustloser Drehzahlregelung verwenden (s. S. 233).

Diese verschiedenen Möglichkeiten des Betriebes von Schleifringläufern beeinflussen nur die Größe des Rotorstromes, nicht aber die Konstruktion der Rotorwicklung.

Drahtwicklungen werden normalerweise mit Lackdraht ausgeführt, wie die Drahtwicklungen von Statorwicklungen, also in Isolationsklasse E, B oder F und in halbgeschlossene Nuten eingeträufelt. Einen Nutenschnitt zeigt Abb. 233. Die Rotorspannungen für Drahtwicklungen sind etwa 45 bis 600 Volt.

Stabwicklungen werden kaum noch in Klasse A, sondern nur noch in Klasse B oder F mit Nutenschnittbild etwa nach Abb. 234 ausgeführt. Die Rotorspannungen von Stabwicklungen betragen etwa einige 100 bis 3300 Volt.

In den Wickelköpfen werden die Wicklungen je nach Isolationsklasse und Spannung umbandelt gemäß Tab. 54.

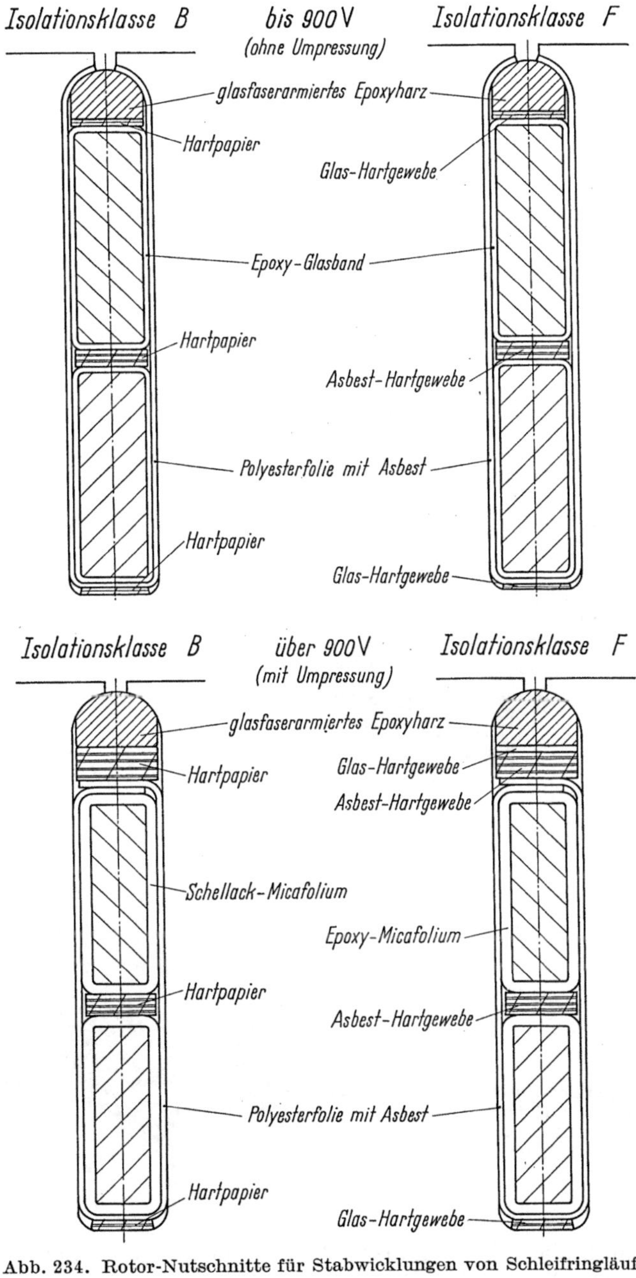

Abb. 234. Rotor-Nutschnitte für Stabwicklungen von Schleifringläufern

Während die Wickelköpfe von Drahtwicklungen gewöhnlich rolliert werden (Abb. 235), werden Stabwicklungen entweder auf der Nicht-Schleifringseite rolliert und auf der Schleifringseite weich oder hart verlötet (Abb. 236) oder die

Tabelle 54 *Zusammenstellung der Rotor-Wickelkopfisolation von Schleifringläufermotoren nach Isolationsklasse und Spannung*

Isolation	Betriebsspannung				
	< 1 kV	1 kV	1,5 kV	2 kV	3 kV
Wandstärke	0,35 mm	0,6 mm	0,7 mm	0,8 mm	1,0 mm
Material für Klasse B	1 Lage Epoxy-Glasband (0,15 dick) 1/2 überlappt	1 Lage Mica-Seideband (0,1 dick) 1/2 überlappt + 1 Lage Epoxy-Glasband (0,15 dick) 1/2 überlappt	1 Lage Mica-Seideband (0,1 dick) 2/3 überlappt + 1 Lage Epoxy-Glasband (0,15 dick) 1/2 überlappt	2 Lagen Mica-Seideband (0,1 dick) 1/2 überlappt 1 Lage Epoxy-Glasband (0,15 dick) 1/2 überlappt	2 Lagen Mica-Seideband (0,1 dick) 1/2 überlappt 1 Lage Epoxy-Glasband (0,15 dick) 2/3 überlappt
Material für Klasse F	Wie für Klasse B	Anstelle von Micaseideband: Mica-Glasgewebe- oder Micavlies-Glaswebeband. Im übrigen wie Klasse B.			

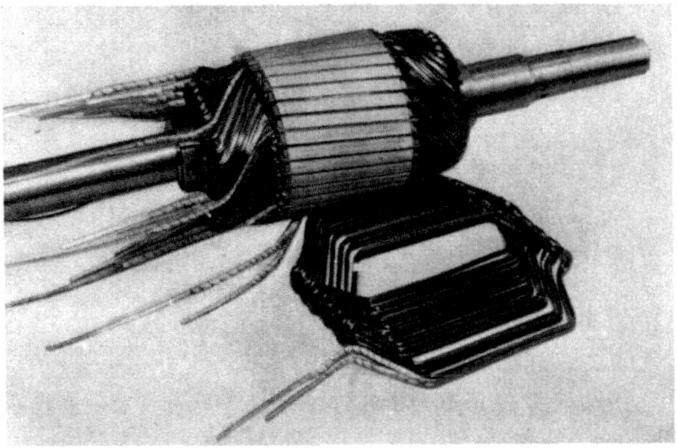

Abb. 235. Schleifringläufer-Rotor mit eingeträufelter Wicklung und beidseitig rollierten Wickelköpfen

Abb. 236. Schleifringläufer-Rotor mit eingeträufelter Wicklung und auf der Schleifringseite gelötetem und auf der Gegenseite rolliertem Wickelkopf

fertig gebogenen Stäbe mit je halbem Wickelkopf auf jeder Seite werden nach dem Einlegen hart oder weich verlötet (Abb. 237).

Bei kleineren und teilweise auch mittleren Motoren werden die Wickelköpfe vielfach freiliegend ausgeführt; bei zweipoligen Motoren und großen Motoren höherer Polzahlen werden die Wicklungen auf Rotorpreßtellern (s. auch Abb. 191) zentriert. Die Wickelköpfe werden gegen die Fliehkräfte durch Draht- oder Glasbandagen (s. S. 129 und 377 ff.) gehalten. Bei drehzahl-geregelten Rotoren mit Drahtbandagen wird — um die Wirbelstromverluste in den Bandagen zu verringern — unmagnetischer Draht verwendet.

Abb. 237. Schleifringläufer-Rotor mit eingeschobenen Wicklungsstäben bereit zum Verlöten. Auf einer Seite werden die Wicklungsstäbe erst nach dem Einschieben in die endgültige Form gebracht

Auch die Schaltverbindungen und die Ableitungen zu den Schleifringen müssen gegen Fliehkräfte und Vibrationen gesichert werden (s. Abb. 238).

Die Rotorpreßsteller sind isoliert nach Abb. 191 oder teilweise aus Isolationsmaterial ausgeführt, Abb. 239.

Abb. 238. Sicherung der Schaltverbindungen und der Ableitungen zu den Schleifringen gegen Fliehkräfte und Schwingungen

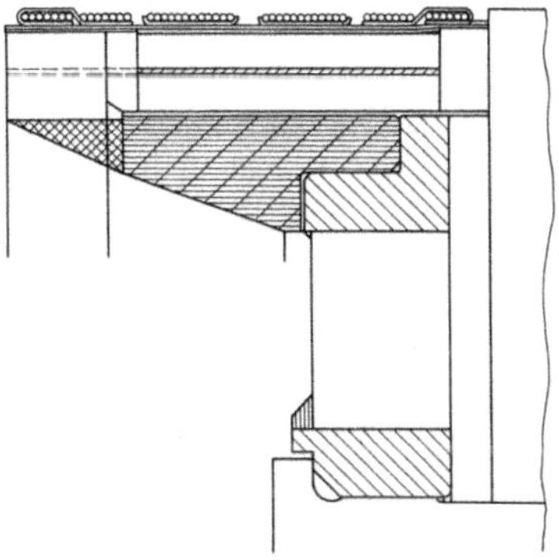

Abb. 239. Rotorpreßsteller mit Tragring aus Isoliermaterial

c) Gleichstrom- und Wechselstromkommutator-Maschine

1. Allgemeines. Gleichstrommotoren werden heute vielfach über statische Umformer — Gleichrichter, Halbleiter-Thyratrons, Transduktoren — gespeist.

Da im besonderen bei mutatorgespeisten Gleichstrommotoren wegen des besseren Wirkungsgrades der Gleichrichter-Anlage mit Vorteil höhere Betriebsspannungen gewählt werden, sind in den letzten Jahren für mittlere und große Maschinen Klemmenspannungen zwischen 500 und 1200 V üblich, was bei der Wahl der Nut- und Leiter-Isolation entsprechend zu berücksichtigen ist.

Um eine möglichst große Sicherheit in der Wicklungsisolation auch bei Überlast zu haben, werden vielfach die Maschinenwicklungen nach Klasse B ausgeführt und nach Klasse A ausgenützt. In letzter Zeit finden für besondere Anwendungen, speziell für die Traktion und auch für Antriebe der Schwerindustrie Isoliermaterialien für Klasse F und H Eingang.

Die Rotorwicklung wird entweder als *Wellenwicklung* oder *Schleifenwicklung*, ein- oder mehrgängig — wobei die mehrgängige Wellenwicklung äußerst selten verwendet wird — und mit einer oder mehreren Windungen pro Spule ausgeführt. Die Art der Wicklung ergibt sich aus der elektrischen Dimensionierung, und zwar ist einerseits zu beachten, daß zur Verhinderung von Rundfeuer die max. Lamellenspannung der belasteten Maschine begrenzt ist. Die mittlere Lamellenspannung

$$e_m = \frac{E}{k} \cdot 2p \qquad \left\{ \begin{array}{ll} e_m & \text{mittlere Lamellenspannung} \\ E & \text{induzierte EMK} \\ k & \text{Lamellenzahl} \\ p & \text{Polpaarzahl} \end{array} \right. \tag{84}$$

soll 30 ... 40 Volt nicht übersteigen. Für kompensierte Maschinen soll dieser Wert nicht größer als 20 ... 22 V, und unter Berücksichtigung der Feldverzerrung bei Belastung der unkompensierten Maschinen nicht größer als 16 ... 18 V sein.

Andererseits errechnet sich die Zahl der in Reihe geschalteten Leiter aus der Gleichung

$$\frac{z}{2a} = \frac{60 \cdot E}{n} \cdot \frac{1}{2p\Phi} \qquad \left\{ \begin{array}{lll} z & & \text{Leiterzahl} \\ a & & \text{Anzahl paralleler Stromzweigpaare} \\ n & [\text{U/min}] & \text{Drehzahl} \\ p & & \text{Polpaarzahl} \\ \Phi & [\text{Vs}] & \text{Magnetischer Fluß pro Pol} \\ E & [\text{V}] & \text{induzierte EMK} \end{array} \right. \tag{85}$$

Da der Ausdruck $2p\,\Phi$ den gesamten magnetischen Fluß darstellt und bei gleicher magnetischer Induktion im Luftspalt proportional der Ankerfläche ist, wird ersichtlich, daß bei gleichem Verhältnis E/n um so mehr Leiter in Reihe zu schalten sind, je kleiner die Maschine ist.

Bei kleinen Maschinen verwendet man deshalb fast ausschließlich die Wellenwicklung, weil bei der Schleifenwicklung u. U. so viele Windungen in Serie geschaltet werden müßten, daß eine funkenfreie Kommutierung praktisch unmöglich und im übrigen durch den entsprechenden Bedarf an Isoliermaterial die Nutausnützung zu ungünstig würde. Das gleiche gilt auch für langsamlaufende mittlere Maschinen; man wird jedoch, wenn immer möglich, die sich in der Praxis am besten bewährte 1-gängige Schleifenwicklung der Wellenwicklung vorziehen.

Vielfach wird man speziell bei Großmaschinen wegen zu großer Lamellenspannung von der 1-gängigen zur 2-gängigen Schleifenwicklung übergehen müssen. Diese hat sich, einwandfreie Ausführung vorausgesetzt, in der Praxis bestens bewährt, wenn nebst den Ausgleichsleitern erster Art durch den Rotor hindurch zusätzliche Verbindungen aufgebracht werden (s. Abb. 240d).

In der Praxis sind nebst den einfachen Ausführungen von Schleifen- und Wellenwicklungen, die normalerweise als gesehnte Wicklungen verwendet werden, viele andere Ausführungen üblich, z. B. *getreppte Schleifen-* oder *Wellenwicklung*, *Latourwicklung*, *Froschbeinwicklung*, *Turbowicklung*, s. Abb. 240.

Mit der *gesehnten Wicklung* — Wicklung mit verkürztem oder verlängertem Schritt — und vielmehr durch das „*Treppen*“ trachtet man die Unterbrechungsinduktanz der kommutierenden Windungen klein zu halten und dadurch die Kommutation günstig zu beeinflussen. Im gleichen Sinne ist auch die Latourwicklung zu bewerten, die besonders bei Traktionsmotoren häufig anzutreffen ist. Trotzdem die Herstellung und Montage dieser Wicklungen verhältnismäßig teuer ist, rechtfertigt sich bei Traktionsmotoren, Wechselstromkommutatormaschinen und bei mittleren und großen Gleichstrommaschinen ihre Anwendung.

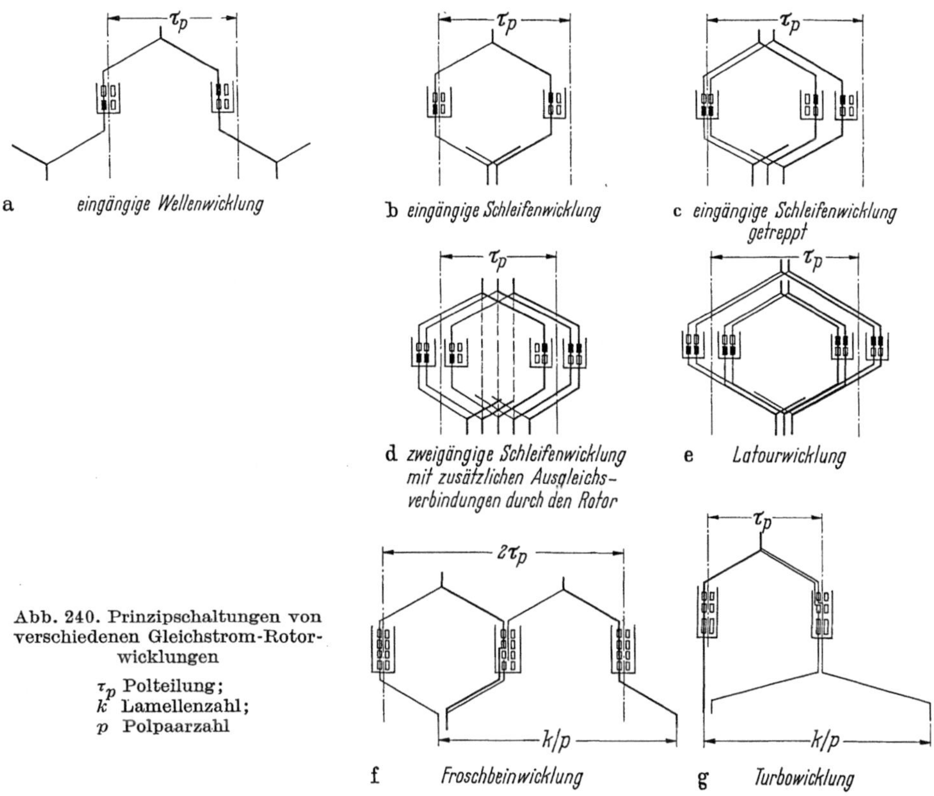

Abb. 240. Prinzipschaltungen von verschiedenen Gleichstrom-Rotorwicklungen

τ_p Polteilung;
k Lamellenzahl;
p Polpaarzahl

Da bei der Wellenwicklung die in Reihe geschalteten Spulen unter allen Polen gleichmäßig verteilt sind, werden auch bei mehrpoligen Maschinen mit verschiedenen Polflüssen die induzierten EMK der parallelen Ankerzweige gleich groß, im Gegensatz zu der Schleifenwicklung, deren Windungen eines Ankerzweiges nur immer einen Polfluß umfassen und daher bei ungleichen Polflüssen die induzierten Spannungen der einzelnen Zweige sehr unterschiedlich werden. Die Windungen theoretisch gleichen Potentials der parallelen Ankerzweige müssen deshalb bei der Schleifenwicklung mit Ausgleichsleitern untereinander verbunden werden. Es ist weitgehend eine Ermessensfrage resp. konstruktive Angelegenheit, wieviel Ausgleichleiter pro Nut man anordnen will. Nur durch die Anordnung von je einem Ausgleichsleiter pro Lamelle können die möglichen Asymmetrien der

Maschine (Fehler in der Pol-, Lamellen- oder Bürstenteilung; verschiedene Hauptpolluftspalte und damit verschiedene Hauptpolflüsse, ungleiche Wendepolflüsse) am vollkommensten ausgeglichen werden.

Um die Anordnung der Ausgleichsverbinder zu umgehen, verwendet man in vielen Fällen die sog. *Froschbeinwicklung*. Dies ist eine kombinierte Schleifen-Wellenwicklung, wobei die Wellenwicklung gleichzeitig die Funktion der Ausgleichsleiter übernimmt und damit die Ausgleichsverbinder der Schleifenwicklung wegfallen können.

Die *Turbowicklung* (Abb. 240g) ist im wesentlichen eine Froschbeinwicklung, hat aber den Vorteil, daß im Unterstab die Leiter der Wellen- und Schleifenwicklung in einen einzigen Leiter zusammengefaßt werden können und damit der Isolationsanteil in der Nut kleiner wird, wobei allerdings die größere Ausladung in Kauf zu nehmen ist. Bei Gleichstrommaschinen mit hohen Umlauffrequenzen — das heißt, Maschinen mit $f = pn/60 >$ ca. 50 Hz — hauptsächlich Generatoren, werden zur Verringerung der Zusatzverluste die Ankerstäbe in der Nutmitte gekreuzt, s. Abb. 222. (Der Unterschied liegt nur darin, daß bei Gleichstrommaschinen die Teilleiter in einem massiven Leiter zusammengefaßt sind.) Für kleinere Umlauffrequenzen werden oft die Leiter von Profildraht-Ganzspulenwicklungen aus dem gleichen Grunde in der Höhe unterteilt. Dadurch, daß der oberste Leiter der oberen Spulenseite durch das Rollieren des Wickelkopfes in der unteren Spulenseite auf den Nutengrund zu liegen kommt, wird die Summe der von den Nutstreuflüssen während der Kommutation induzierten Spannungen in den einzelnen parallelen Leitern ungefähr gleich, womit die Zusatzverluste geringer werden. Müssen die Wicklungselemente auf der Kommutatorgegenseite gelötet werden, dann ist bezüglich Zusatzverluste der unterteilte einem massiven Leiter gleichwertig und die Reduktion der Zusatzverluste kann nur durch Verringerung der Leiterhöhe oder Kreuzen in Nutmitte erreicht werden.

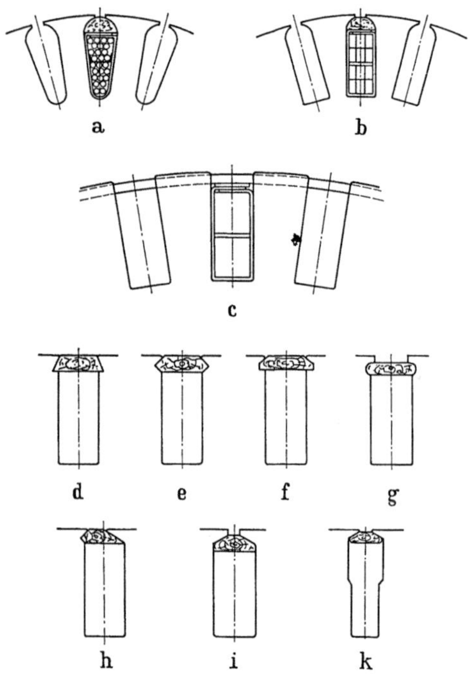

Abb. 241. Verschiedene Nutenformen für Gleichstrom- und Wechselstromkommutator-Rotoren

Die Art der Isolierung von Gleichstrom-Rotorwicklungen ist u. a. auch von der Nutenform abhängig. Abb. 241 zeigt verschiedene Nutenformen für Gleichstrom- und Wechselstromkommutatorrotoren. Während bei halboffenen Nuten die Leiter eingeträufelt werden müssen, können bei offenen Nuten die zu einer Spulenseite zusammengehörenden Leiter vor dem Einlegen gemeinsam isoliert werden.

Bei kleinen Maschinen werden fast ausnahmslos halboffene Nuten verwendet, um dadurch die Pulsationsverluste in den Polschuhen, die vom Verhältnis der Nutöffnung zum Luftspalt abhängig sind, klein zu halten.

Die mittleren und großen Gleichstrommaschinen werden mit relativ großen Luftspalten ausgeführt und erhalten meistens offene Nuten. Die Nutenbilder, Abb. 241 h, i, k, werden noch oft für Wechselstromkommutatormaschinen, die kleinere Luftspalte aufweisen als die Gleichstrommaschinen, verwendet. Durch den kleineren Luftspalt wird die Erregerwindungszahl kleiner und damit auch die für die Dimensionierung der Traktionsmotoren maßgebende Transformationsspannung.

Um möglichst viel aktives Material (Kupfer) in den Nuten unterbringen zu können, muß der Nutenraum so gut wie möglich ausgenützt werden. Die beste Ausnützung erreicht man mit Leitern von rechteckförmigem Querschnitt. Da sich Runddrähte besser verarbeiten lassen, werden Maschinen bis zu ca. 30 kW fast ausschließlich mit Runddraht bewickelt. Die Rotorzähne erhalten zweckmäßig parallele Flanken, s. Abb. 241 a, damit einerseits die Induktion im Zahnfuß nicht zu hoch und anderseits der Zahn im Zahnfuß nicht zu schwach wird. Aus mechanischen Gründen wird man den Wickeldraht im Durchmesser nicht unter 0,3 mm wählen — bei Kleinstmaschinen geht man zuweilen bis 0,1 mm — und aus wickeltechnischen Überlegungen Leiter mit Durchmesser von 2,5 mm und größer vorteilhaft in dünnere parallel geführte Drähte aufteilen. Der Nuten-Füllfaktor

$$f = \frac{\text{Anzahl Drähte} \cdot \text{isolierter Drahtquerschnitt}}{\text{Nutenwicklungsquerschnitt}}$$

beträgt bei Runddrahtwicklung ca. 50 bis 80%. Unter effektivem Nutenwicklungsquerschnitt versteht man den für die Bewicklung allein verfügbaren Raum, d. h., die gesamte Nutenfläche, abzüglich Keil, Nutenisolation, Zwischenlage usw.

Für Profildrahtwicklungen verwendet man Nuten mit parallelen Flanken (Abb. 241 ff.). Die verarbeiteten Cu-Dimensionen bewegen sich in den Grenzen von 0,8 mm Dicke bis ca. 20 mm Höhe. Die Unterteilung der Leiterhöhe in 2 parallele Leiter halber Höhe erfolgt auf Grund der Zusatzverluste, die 15 bis 25% der ohmschen Ankerwicklungsverluste nicht übersteigen sollten. Bei mittleren und großen Maschinen mit sehr tiefen Nuten werden zur Verringerung der Zahninduktion und damit der Eisenverluste auch abgestufte Nuten nach Abb. 241 k ausgeführt.

Bei offenen Nuten wird das Nutenkupfer mittels Keil oder häufig auch durch Bandage, die um den Anker herumgelegt wird, gehalten (s. Abb. 241 c) und bei halboffenen Nuten mittels Keil, während die Stirnverbindungen und Wickelköpfe durch Draht oder Glasbandagen gegen die Fliehkräfte zusammengehalten werden.

2. Technische Ausführung der Wicklung. Heute wird praktisch für alle Gleichstrommaschinen, auch für die kleinsten, nur noch die *2-Schichtenwicklung* ausgeführt, d. h., in jeder Nut gibt es 2 Seiten verschiedener Wicklungselemente. Ein Wicklungselement ist zusammengesetzt aus einer oder mehreren Spulen, die ihrerseits aus einer oder mehreren Windungen bestehen können. Jede Spule beginnt bei einer Kommutatorlamelle und endet bei der um den Lamellenschritt entfernteren Lamelle.

Bezüglich der Herstellung der Rotorwicklung unterscheidet man die *Maschinenwicklung*, die *Schablonenwicklung* und die *Stabwicklung* und hinsichtlich der Anordnung der Stirn- oder Querverbindungen unterscheidet man die *Mantelwicklung* und die *Stirnwicklung*.

Bei der *Mantelwicklung*, auch *Zylinderwicklung* genannt, liegen die Wickelteile außerhalb der Nut, — gleich wie die in der Nut eingebetteten Teile — auf einem Zylindermantel (s. z. B. Abb. 257), im Gegensatz zu der *Stirnwicklung*, wo die Querverbindungen parallel zu der Stirnseite des Rotorkörpers geführt werden. Obschon die Stirnwicklung durch die geringe Ausladung in axialer Richtung bedeutend weniger Platz beansprucht als die Mantelwicklung, wird sie

Abb. 242. Gleichstromrotor einer Kleinstmaschine mit Zweischicht-Stirnwicklung

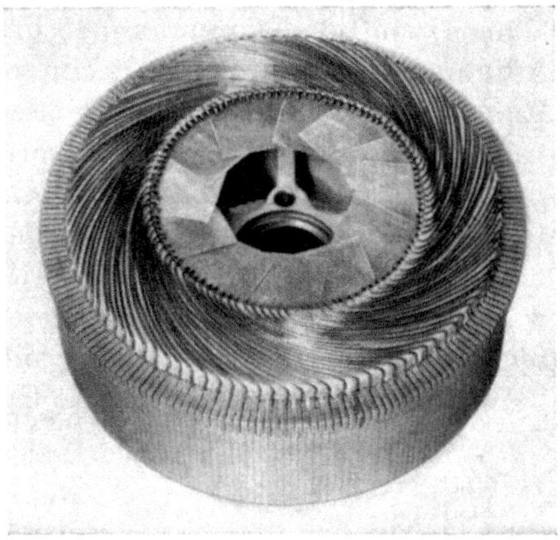

Abb. 243. Am Kommutator als Stirnwicklung angeordnete Ausgleichsverbindungen

heute nur noch für Kleinmaschinen, die von Hand oder mit der Maschine bewickelt werden (Abb. 242) angewendet und in besonderen Fällen sind auch die Ausgleichsverbinder von Schleifenwicklungen als Stirnwicklungen angeordnet (Abb. 243). Die Mantelwicklung läßt sich besser befestigen als die Stirnwicklung und hat auch wesentlich bessere Kühlverhältnisse. Stab- und Schablonenwicklungen werden stets als Mantelwicklungen ausgeführt.

α) *Maschinenwicklung*. Kleinmaschinen bis ca. 60 mm ⌀ werden auf der Maschine bewickelt, und zwar läßt man den Rotor beim Aufwickeln der Windungen, die bei diesen kleinen Maschinen sehr zahlreich sind, um eine Achse rotieren, die senkrecht zur Welle des Rotors liegt. Meistens werden die hier verwendeten Lackrunddrähte — vielfach aus mechanischen Gründen zusätzlich mit Seide umsponnen — während des Wickelns von Zeit zu Zeit in die Nut eingepreßt, um eine entsprechend gute Nutfüllung zu erhalten, andernfalls erreicht man einen Füllfaktor von nur 30 bis 40%.

β) *Schablonenwicklung*. Als Schablonenwicklung bezeichnet man alle Spulen mit einer oder mehreren Windungen, die auf der Kommutatorgegenseite nicht gelötet, sondern abgebogen oder rolliert sind.

Spulen mit einer Windung. Bei mittleren und speziell bei Großmaschinen hat man hauptsächlich Spulen mit nur einer Windung und rechteckförmigem Querschnitt. Bei Rotoren mit kleinem Durchmesser werden die Spulen mit nur einer Windung, z. B. bei Hochstrommaschinen, als Träufelwicklung mit ebenfalls rechteckförmigen Leitern, vielfach aber auch mit vielen parallel geschalteten Runddrähten ausgeführt.

Die Spule kann vor dem Einlegen in die Nut auf einer besonderen Vorrichtung fertig gebogen werden. Wenn mehrere Spulenseiten in der gleichen Nut nebeneinander liegen, so werden sie auch gemeinsam geformt und wenn sie auch denselben Nutenschritt haben, können sie bei offenen Nuten gemeinsam gegen die

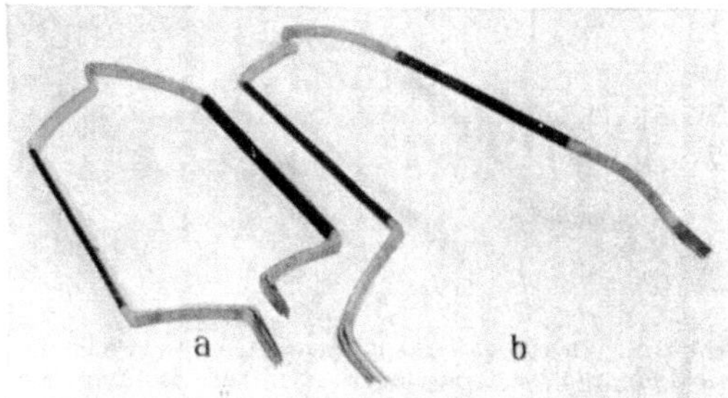

Abb. 244. Wicklungselemente mit je einer Windung a Schleifenwicklung mit zwei Lamellen pro Nut; b Wellenwicklung mit drei Lamellen pro Nut

Nut isoliert, z. B. umpreßt werden. Abb. 244 zeigt je ein Wicklungselement einer Schleifenwicklung mit 2 Spulen und einer Wellenwicklung mit 3 Spulen, und Abb. 245 zeigt das Einlegen einer Wellenwicklung.

Bei Treppenwicklungen können vor dem Einlegen der Spulen in die offenen Nuten nur die Spulenseiten gemeinsam isoliert werden, die in der Unterschicht

Abb. 245. Gleichstromrotor mit z. T. fertig eingelegter Wellenwicklung. Jedes Wicklungselement enthält zwei parallele Teilspulen

einer Nut liegen. Abb. 246 zeigt ein Wicklungselement einer Treppenwicklung mit 4 Spulen aus lackisoliertem Profildraht. Dieses Wicklungselement ist bestimmt für einen Rotor mit halboffenen Nuten und man kann in diesem Falle die Spulen nicht vor dem Einlegen gemeinsam isolieren.

Bei einer Froschbeinwicklung werden die Wickelköpfe der Schleifen- und der Wellenwicklung, durch eine Zwischenlage voneinander distanziert, ineinander rolliert, alsdann die einzelnen Spulen in entsprechenden Formen fertig gebogen. Die zusammengehörenden Spulenseiten einer Wicklung sind bei Spannungen > 600 V gemeinsam gegen die Nut und die übrigen Wicklungsschichten zu isolieren. Bei Maschinen mit kleiner Spannung (bis ca. 600 V) werden die in der Nut übereinanderliegenden Seiten je eines Wicklungselementes der Schleifen- und der Wellenwicklung einfach durch entsprechende Isolation voneinander getrennt und gemeinsam gegen die Nut und die Ober- resp. Unterschicht isoliert, s. Abb. 247, was eine sehr einfache Montage erlaubt.

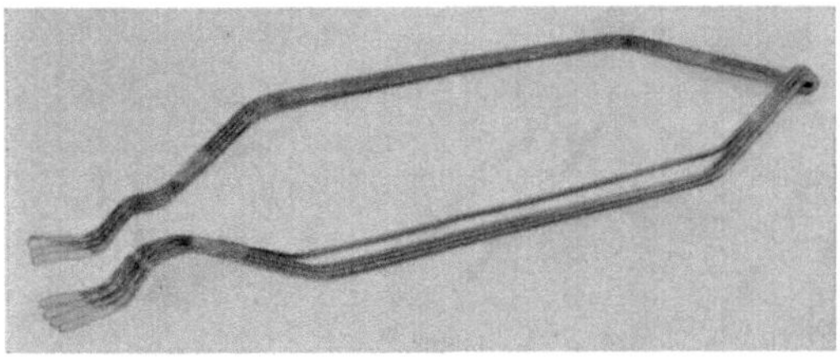

Abb. 246. Wicklungselement einer getreppten Schleifenwicklung mit vier Lamellen pro Nut für halboffene Nut

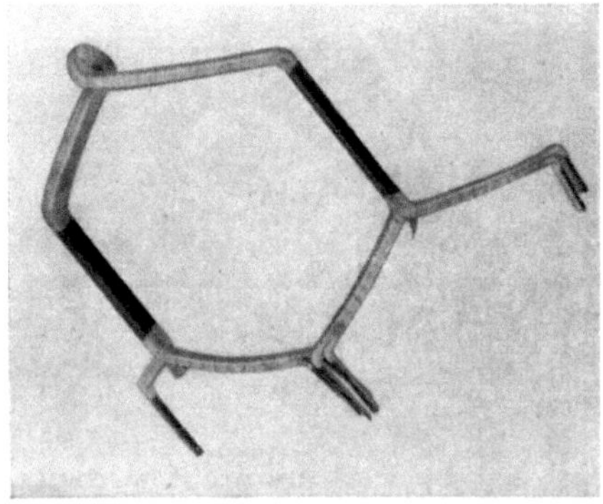

Abb. 247. Wicklungselement einer Froschbeinwicklung für 440 V Klemmenspannung. Die Schleifen-und die Wellenwicklung haben gleichen Nutenschritt

In der Höhe unterteilte parallel geschaltete Leiter zur Reduktion der Zusatzverluste werden ebenfalls gemeinsam geformt und die Wickelköpfe ineinander rolliert. Abb. 248 zeigt die Fabrikationsfolge eines Wicklungselementes mit 3 Spulen zu je 2 parallelen Teilspulen.

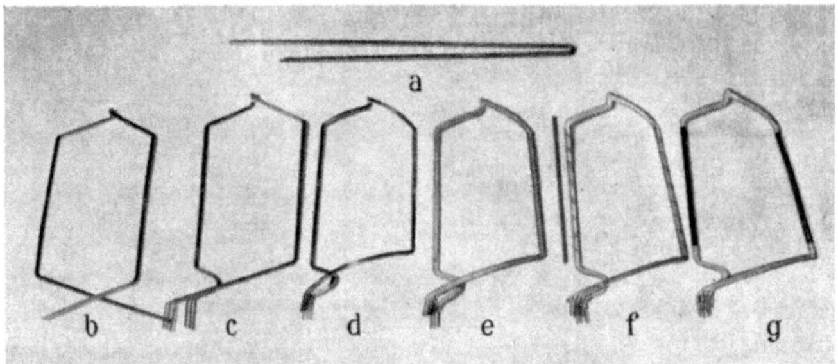

Abb. 248. Fabrikationsfolge eines Wicklungselementes von einer Schleifenwicklung mit drei Spulen zu zwei parallelen Teilspulen

a Rollieren von drei Teilspulen; b – d Formen mit der Schablone; e Isolieren der Einzelleiter und Ineinanderlegen der zwei parallelen Teilelemente, wobei zwischen oberes und unteresTeilelement ein Glashartgewebe eingefügt wird; f Isolieren des ganzen Wicklungselementes (über die Umpressungslänge nur sprungweise); g Umpressen und Isolieren der Übergangsstelle nach Abb. 264

Spulen mit mehreren Windungen. Bei Spulen mit mehreren Windungen und rollierten Wickelköpfen ergeben sich bezüglich der Lage der Spulenenden 3 verschiedene Ausführungen, wie sie in Abb. 249 dargestellt sind. Hierbei ist zu erkennen, daß nach Abb. 249a die hinteren Wickelköpfe ineinander rolliert und damit die Windungen ineinandergelegt sind, wogegen in b und c die Wickelköpfe als *Doppelwickelköpfe* ausgeführt und die Windungen übereinander angeordnet sind. Die Wickelkopfausführung nach Abb. 249a braucht etwas mehr Platz in der axialen Auslegung, hat aber entsprechend mehr Raum in der Umfangsrichtung. Bei der Doppelkopfspule, wo sich die Wickelköpfe überschneiden, besteht die Gefahr, daß die Isolation an den Kreuzungsstellen beschädigt wird. Sie werden deshalb an dieser Stelle verstärkt isoliert. Die Zahnfußbreite muß zudem so bemessen sein, daß für den Doppelkopf genügend Raum in Umfangsrichtung zur Verfügung steht. In dieser Hinsicht ist also die Ausführung nach Abb. 249a im Vorteil.

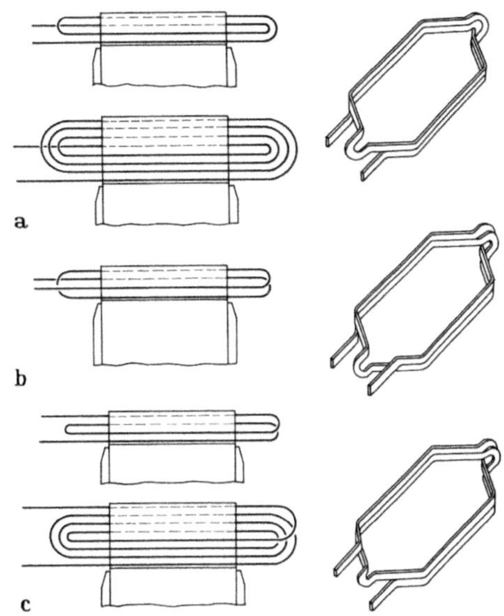

Abb. 249. Verschiedene Lagen der Spulenenden bei zwei resp. vier Windungen pro Spule

Bei der Herstellung der Schaltverbindungen jedoch ist die Anordnung nach Abb. 249c, wo die Spulenenden in den äußersten Schichten liegen, die einfachste, während bei der Wicklung nach Abb. 249a ein innerer und bei Abb. 249b sogar zwei innere Leiter zwischen den vorderen Wickelköpfen hindurchgeführt werden müssen, was die Montage erschwert. Die Anordnung nach Abb. 249b ist besonders bei Wellenwicklung sehr schwierig zu montieren und wird daher kaum ausgeführt. In sehr vielen Fällen, besonders bei tiefen Rotornuten fehlt der Platz für die Ausbildung des Doppelkopfes und die Wicklung wird gemäß Abb. 249a ausgeführt. Man führt gewöhnlich das innere Spulenende durch den Raum zwischen benachbarten Spulen zum äußeren Umfang (Abb. 250) und kann sie dann so schalten wie die Spulen, bei denen die äußeren Leiter (Abb 249c) zum Kommutator führen.

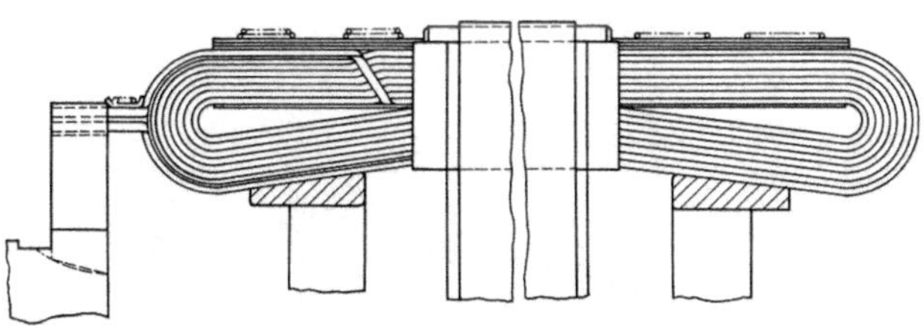
Abb. 250. Spule mit mehreren Windungen (nach Abb. 249a). Herausführung des inneren Spulenendes durch den Raum zwischen der benachbarten Spule

Abb. 251 zeigt ein Wicklungselement mit 3 Doppelkopfspulen zu 2 Windungen. Es ist hier ersichtlich, daß die Spulenenden nicht fertig geformt sind, denn nach Abb. 252 müssen bei Spulen mit mehreren Windungen die Spulenenden der obersten Lage von der Wicklungsebene weggebogen werden, damit sich die Isolation zwischen vorderem Wickelkopf und oberster Spulenlage einführen läßt. Zum Verzinnen der Enden läßt man daher gleich beide Spulenenden vor dem Einbau in Nutrichtung stehen und formt sie erst während des Einlegens.

Runddrahtwicklungen werden meistens als *Flächen-Schablonen-Spulen* (Gleichspulen) ausgeführt. Man wickelt dazu die Drähte auf eine Schablone mit entsprechender Form. Abb. 253a zeigt eine Rotorspule für eine 2polige Maschine (großer Nutenschritt) und Abb. 253b eine solche für einen 4poligen Rotor.

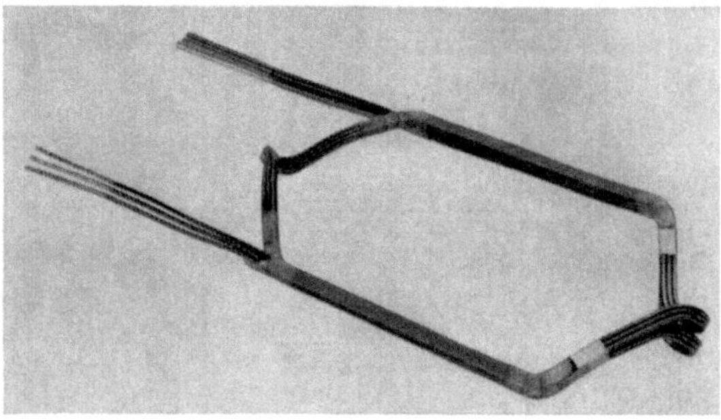

Abb. 251. Wicklungselement für 500 V mit drei Spulen zu zwei Windungen. Ausführung mit Doppelkopf nach Abb. 249c

γ) *Stabwicklung.* Im allgemeinen wird man anstreben, die Wicklungselemente soweit für die Montage vorzubereiten, daß die Leiter nur auf der Kommutatorseite mit den Lamellen oder den Fahnen verlötet werden müssen.

Bei Schleifenwicklungen, bei denen die Ausgleichsverbinder erster Art auf der Kommutatorgegenseite angeordnet werden, oder bei 2gängigen Schleifenwicklungen, wo zusätzliche Ausgleichsverbinder die Kommutatorseite der einen Schleife mit der Kommutatorgegenseite der andern Schleife verbinden, muß man die Wicklungselemente in Halbelemente auftrennen (Abb. 254) und diese auf der Kommutatorgegenseite mit einer Hülse verbinden und verlöten (Abb. 255). Bei Gleichstrommaschinen für hohe Ankerspannung (600—1200 V) sind die in einer Nut nebeneinander liegenden Leiter gemeinsam gegen die Nut isoliert, d. h. umpreßt. Dementsprechend werden auch die getreppten Wicklungen für Maschinen ab 600 Volt Klemmenspannung als Stabwicklungen ausgeführt.

Abb. 252. Gleichstrom-Rotor mit Schleifenwicklung zu zwei Windungen pro Spule beim Einlegen

Die Montage der Stabwicklung ist einfacher als die der Schablonenwicklung, doch ist das Verlöten sehr aufwendig und die Isolierung der Lötstellen untereinander erfordert besondere Aufmerksamkeit. Die Kühlverhältnisse sind bei der Stabwicklung durch die Lötverbindungen günstiger; vielfach läßt man auch z. B. jede zweite Löthülse axial vorstehen, um eine noch bessere Ventilatorwirkung zu erreichen.

Das Verlöten erfolgt bei kleinen Rotoren durch Tauchen und bei großen durch den Kolben, und in speziellen Fällen, z.B. bei Traktionsmotoren werden die Stäbe auf der Kommutatorgegenseite auch hart verlötet.

δ) *Ausgleichsverbindungen.* Äquipotentialverbindungen (Ausgleichsverbinder erster Art) die bei Schleifenwicklungen immer angewendet werden müssen — es

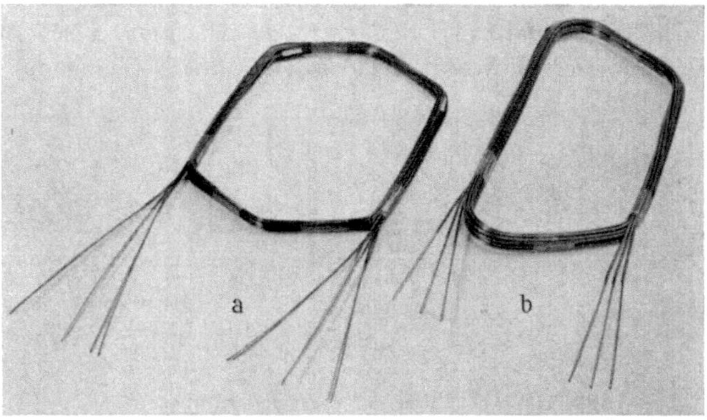

Abb. 253. Flächenspulen zu Gleichstrom-Rotor mit drei Lamellen pro Nut
a Ausführung mit zwei parallelen Leitern für zweipolige Maschine; b Ausführung für vierpolige Maschine

sei denn, man kombiniert die Schleifen- mit einer Wellenwicklung (Froschbeinwicklung) — verbinden Punkte gleichen Potentials auf der gleichen Seite des Rotors. Sie entlasten die Bürsten von den Ausgleichsströmen, die durch Asymmetrien in der Maschine (z. B. ungleiche Polflüsse) hervorgerufen werden. Da die Größe der Ausgleichsströme nicht durch den ohmschen Widerstand der Verbindungen, sondern viel mehr durch die Größe der Ungenauigkeiten der hergestellten

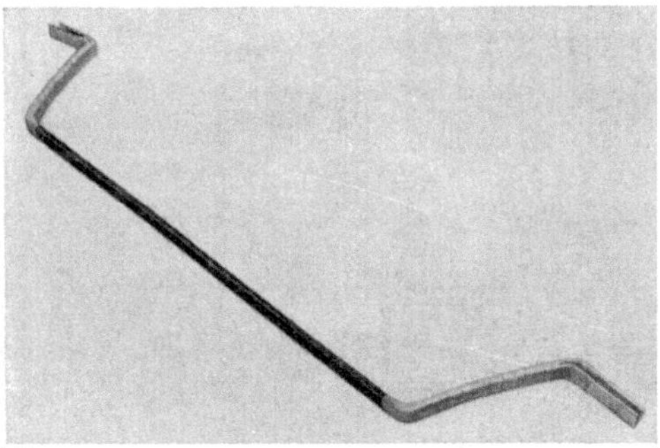

Abb. 254. Wicklungsstab mit zwei Leitern zu einer Schleifenwicklung

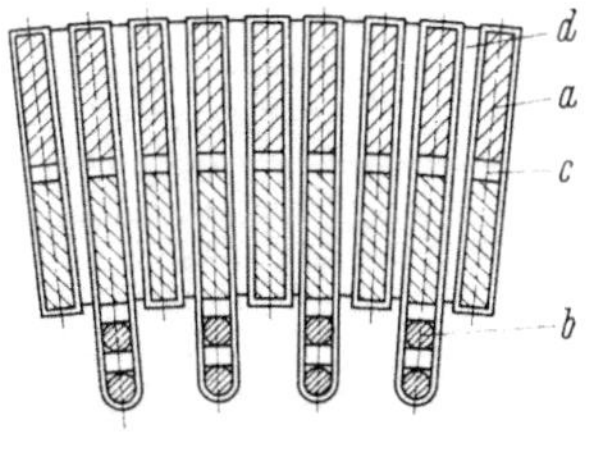

Abb. 255. Lötverbindung einer Schleifenstabwicklung mit Ausgleichsverbinder auf der Kommutatorgegenseite
a Wickelstab; *b* Ausgleichsverbinder; *c* Füllstück; *d* Distanzstück

Maschine gegeben ist, ist es nicht einfach, den Querschnitt der Ausgleichsleiter ohne weiteres anzugeben. Aus konstruktiven Gründen kann der Querschnitt der Ausgleichsverbinder nicht beliebig groß gewählt werden, und es hat sich mit Rücksicht auf die Erwärmung und einwandfreie Kommutation folgende Dimensionierungsformel bewährt:

$$A_q = (0{,}1 \ldots 0{,}15) \cdot \frac{u \cdot A_1}{u_q} \begin{cases} A_q & \text{Querschnitt des Ausgleichsleiters} \\ u & \text{Anzahl Lamellen pro Nut} \\ A_1 & \text{Querschnitt des Ankerleiters} \\ u_q & \text{Anzahl der Querverbinder pro Nut} \end{cases} \qquad (86)$$

Wird der Ankerleiter in mehrere parallele Teilleiter aufgeteilt, so ist unter A_1 der gesamte Querschnitt der parallelen Teilleiter zu verstehen.

Allgemein zeigt die Erfahrung, daß es besser ist, viele Verbindungen, wenn möglich an allen Lamellen — womit der Ausgleich der Polflüsse am vollkommen-

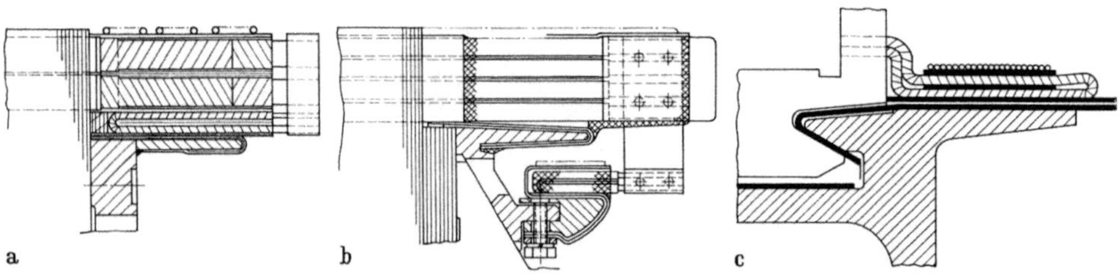

Abb. 256. Anordnung der Ausgleichsverbindungen
a unter dem Wickelkopf; b auf eigenem Wicklungsträger; c direkt am Kommutator angeschlossen

sten ist — mit kleinerem Querschnitt auszuführen als weniger Verbindungen mit großem Querschnitt.

Die Ausgleichsleiter werden meistens nach Art der Stirnverbindungen der Rotorwicklung ausgeführt, und zwar werden sie entweder unter die Spulenköpfe der Rotorwicklung angeordnet (Abb. 256a) oder auf einem Wicklungsträger nach Abb. 256b oder nach Abb. 256c und Abb. 243 am Kommutator angeschlossen.

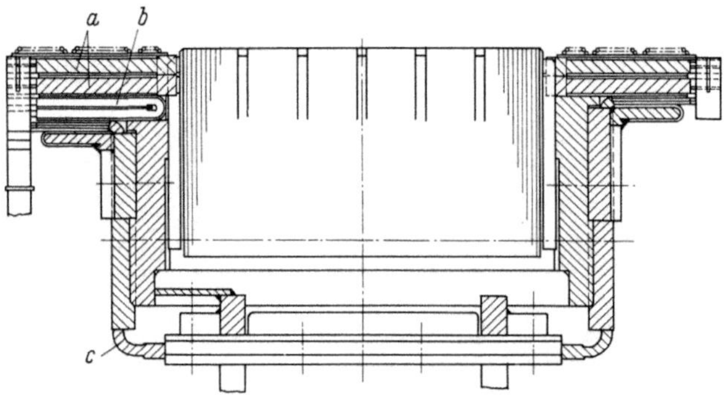

Abb. 257. Anordnung der Ausgleichsverbindungen bei einer zweigängigen Schleifenwicklung
a Rotorwicklung; *b* Ausgleichsverbindungen erster Art; *c* Ausgleichsverbindungen durch den Rotor

Die Ausgleichsverbindungen, wie sie zusätzlich bei 2-gängigen Schleifenwicklungen verwendet werden (Ausgleichsverbindungen dritter Art, auch Punga-Verbinder genannt), führt man durch den Rotor (Abb. 257) und verbindet Punkte der einen Schleifenwicklung auf der Kommutatorgegenseite mit den zwischenliegenden Lamellen der anderen Schleifenwicklung (s. auch Abb. 240d).

3. Isolierung der Gleichstromwicklungen

α) *Die Leiterisolation.* Die Isolationsstärke der Wicklungen soll nicht größer sein, als es mit Rücksicht auf die elektrische und mechanische Festigkeit erforderlich ist, andererseits ist bei Gleichstrom-Rotorwicklungen der zusätzliche Einfluß der Fliehkraft gegenüber den Wechselstrom-Statorwicklungen zu berücksichtigen.

Für Runddrahtträufelwicklungen, wie sie ausschließlich für Kleinmaschinen zur Anwendung kommen, verwendet man für Spannungen bis ca. 600 V nur lackisolierte Drähte, und zwar für Isolationsklasse E Lackdraht auf der Basis von Polyvinylacetal, für Isolationsklasse B Lackdraht auf der Basis von Terephtalsäureester. In neuerer Zeit verwendet man auch Lackdrähte für Isolationsklasse F und H.

Für Spannungen ab 600 V werden die Drähte zusätzlich ein- bis zweimal mit Glasseide umsponnen (Auftrag ca. 0,04 mm).

Für kleinere Maschinen mit halboffenen Nuten wird auch Profillackdraht verarbeitet, für mittlere und große Maschinen mit offenen Nuten blankes Kupfer, das nach dem Formen entweder mit Glimmer-Glasgewebeband 0,07 mm, gültig für Klasse B und Klasse F, halb überlappt isoliert wird. Während bei lackisoliertem Draht der innere Rollierradius im Wickelkopf mindestens einmal die Leiterhöhe betragen soll, damit der Lack nicht reißt, sind beim blanken Kupfer wesentlich kleinere Radien möglich, und zudem können die seitlichen Materialstauchungen vor dem Isolieren entfernt werden. Dazu werden jedoch oft vor dem Biegen Aussparungen nach Abb. 258 notwendig.

Bei kleinen Maschinen unterteilt man sehr oft die Leiter in parallele Teilleiter aus Gründen der besseren Verarbeitung und isoliert bei Verwendung von blankem

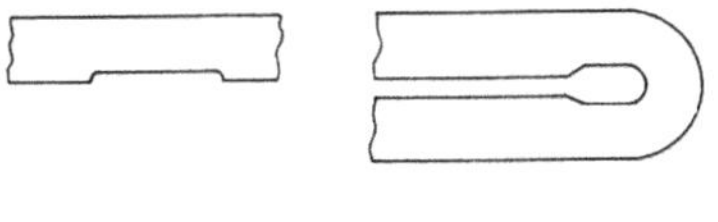

Abb. 258. Rollieren eines blanken Kupferleiters mit extrem kleinem Rollier-Radius durch vorgängiges Aussparen am gestreckten Leiter

Kupfer die nebeneinanderliegenden Teilleiter gemeinsam wie einen Einzelleiter. Bei großen Maschinen erfolgt die Unterteilung in parallele Leiter zur Herabsetzung der Zusatzverluste, und die Teilleiter werden je halb überlappt mit Glimmer-Glasgewebeband umbandelt.

Zwischen die Lagen, zum Schutz gegen das Zusammendrücken in der Nut durch die Fliehkräfte, wird ein Asbest-Glasgewebe- oder Glashartgewebeplättchen von ca. 0,2 bis 0,3 mm Dicke über die Länge der Hülse bzw. Umpressung und über die Länge der Stirnverbindungen eingelegt (s. auch Abb. 248).

Die Stirnverbindungen werden meist verstärkt isoliert, besonders die Biegestellen, und zwar mit Glasgewebeband halb überlappt.

β) *Isolation Leiter gegen Leiter.* Besteht das Wicklungselement aus mehreren Windungen, so werden diese bei Profildrahtwicklungen, wie auch Abb. 251 zeigt, übereinander angeordnet. Da die Windungsspannung kleiner ist als die Lamellenspannung, welch letztere im Maximum nicht größer als 35 bis 40 V sein wird, ist normalerweise keine zusätzliche Isolation zwischen den einzelnen Lagen notwendig, doch wird vielfach aus mechanischen und wickeltechnischen Gründen je eine Zwischenlage von 0,2 bis 0,3 mm (Abb. 259) Asbestglasgewebe oder auch Glashartgewebe eingeschoben. Zwischen benachbarten Leitern verschiedener Spulen steht im Maximum die Lamellenspannung an, was in der Nut ebenfalls keine zusätzliche Isolation erfordert, da die Leiterisolation genügt.

γ) Isolation der einzelnen Spulenseiten. Die Stärke der Isolation zwischen der Wicklung und dem Eisen richtet sich nach der Nennspannung der Maschine. Es sind aber auch mechanische Gründe maßgebend — z. B. Unebenheiten in den Nutenflächen —, welche die Isolation beschädigen können. Das Feilen der Zähne ist nicht nur kostspielig, sondern verursacht Überbrückungen der Bleche, und man erhöht dadurch die Eisenverluste. Die gefährlichsten Stellen bilden die Nutenaustrittskanten, da hier ein Einknicken des Isoliermaterials möglich ist.

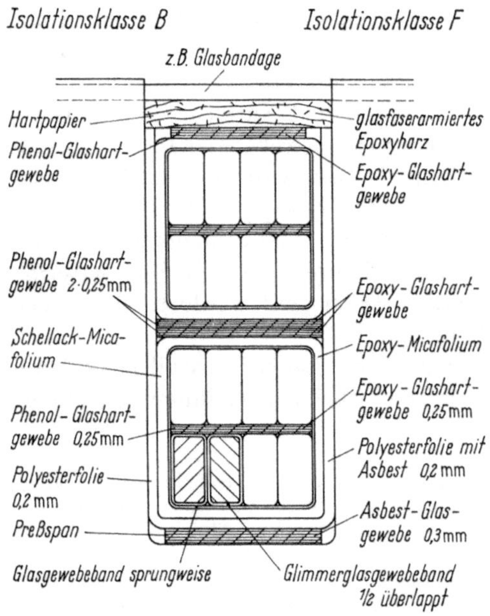

Abb. 259. Querschnitt durch die offene Nut eines Gleichstrommotors für Isol.-Klasse B und F. (Vier Spulen zu zwei parallelen Leitern pro Nut)

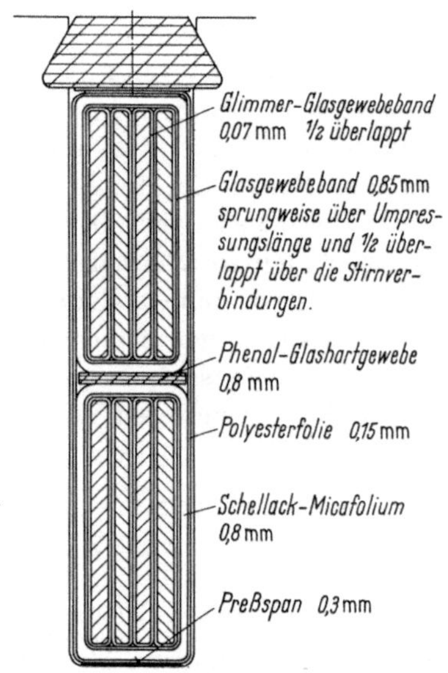

Abb. 260. Nutbild einer einfachen Wicklung mit vier Spulen pro Nut; Isol.-Klasse B, Betriebsspannung 1100 V

Bei offenen Nuten (s. Abb. 259 und Abb. 260) werden die zu einer Spulenseite zusammengehörenden Leiter mit leicht imprägniertem Glasgewebeband 0,05 mm dick über die Umpressungslänge sprungweise und über die Stirnverbindungen halb überlappt eingebunden und anschließend mit Schellack-Micafolium für Klasse B respektive Epoxy-Micafolium für Klasse F umwickelt und in speziellen Formen bei 100 bis 120 °C gepreßt bzw. bei ca. 160 ° ausgehärtet (s. auch Abb 248).

Die Dicke der Umpressung richtet sich nach der Maschinenspannung (s. Abb. 261) und steht axial gewöhnlich je 15 bis 25 mm über das Rotoreisen hinaus.

Zwischen Ober- und Unterschicht kommt eine Isolationszwischenlage von ca. 0,5 bis 1 mm aus z. B. Asbestglasgewebe. Zum Schutze der Umpressung wird vor dem Einlegen der Wicklungselemente in die Nut eine Isolation von ca. 0,1 bis 0,2 mm dicker Polyesterfolie mit Asbest oder Preßspan kombiniert für Isolationsklasse B und neuerdings Nomex-Papier für Isolationsklasse F eingelegt.

Im Nutengrund hat man gewöhnlich eine zusätzliche Einlage von ca. 0,3 mm Preßspan oder Glashartgewebe, wobei Preßspan die Unebenheiten im Nutengrund besser aufnehmen kann.

Abb. 262 zeigt den Querschnitt durch eine halboffene Nut eines Traktionsmotors für 500 V Gleichspannung in Klasse F und Abb. 263 den Nutenquerschnitt

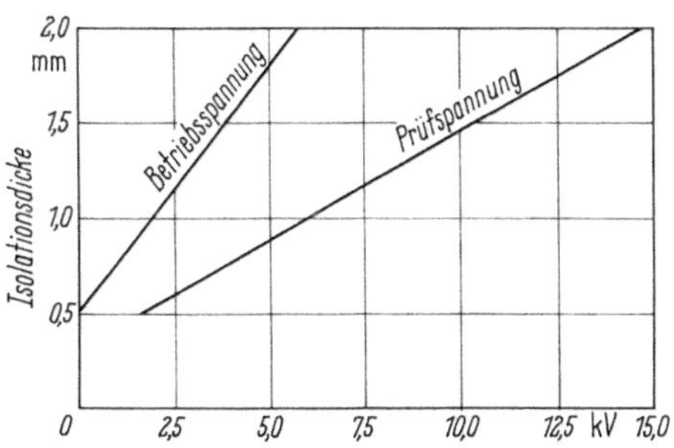

Abb. 261. Dicke der Nutisolation in Funktion der Klemmenspannung

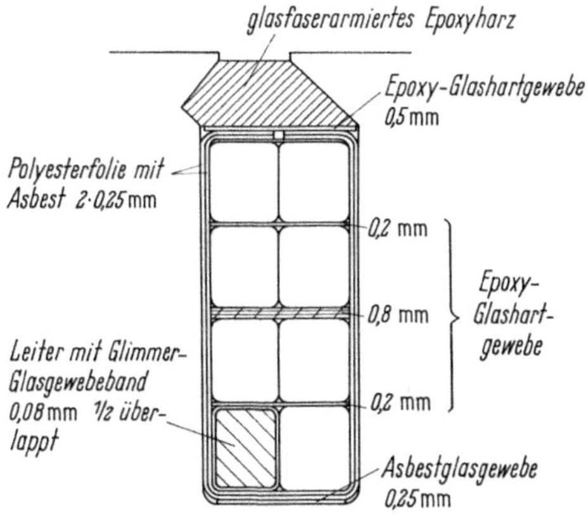

Abb. 262. Halboffene Nut für Traktionsmotor, 500 V; getreppte Schleifenwicklung mit vier Lamellen pro Nut; Isol.-Klasse F

einer Kleinmaschine mit Runddrahtträufelwicklung. Da in diesen Fällen die mechanisch widerstandsfähige Umpressung wegfällt, muß aus mechanischen und elektrischen Gründen die Nutisolation entsprechend dicker gewählt werden. Man läßt sie etwa 15 bis 25 mm axial über das Rotoreisen vorstehen, um die Leiter an den Nutaustrittskanten zu schützen.

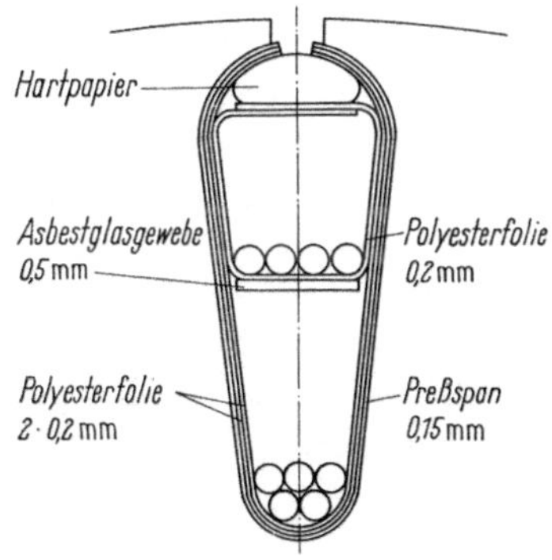

Abb. 263. Nut mit Runddrahtträufelwicklung, lackisoliert; 440 V, Isol.-Klasse B

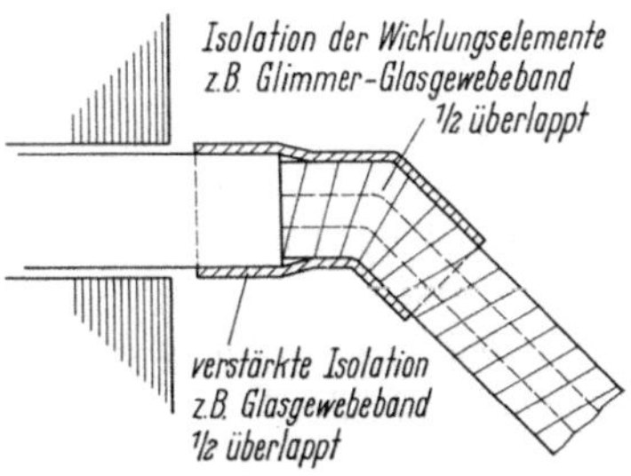

Abb. 264. Isolierung der Stirnverbindungen an der Übergangsstelle bei der Umpressung

δ) *Stirnverbindungen.* Die Stirnverbindungen von Lackdrahtwicklungen werden im allgemeinen nicht zusätzlich isoliert, während die Stirnverbindungen von Wicklungselementen mit blankem Kupfer als Ausgangsmaterial bei offenen Nuten wie erwähnt gemeinsam und bei halboffenen Nuten jeder einzelne Leiter ab Nutenisolation vor dem Einträufeln über die Leiterisolation mit leichtimprägniertem

Glasgewebeband halb überlappt umbandelt werden. Die Übergangsstellen von Umpressung zur Stirnverbindung werden normalerweise nach Abb. 264 verstärkt isoliert.

Zwischen die Ober- und Unterschicht des Wickelkopfes, wo die volle Maschinenspannung auftritt, werden über den ganzen Umfang ca. 0,5 bis 1 mm dick Glimmerglasgewebestreifen oder Asbestglasgewebe eingelegt. Vielfach werden, sofern eine einwandfreie Distanzierung möglich ist, die Wickelkopfrollierungen nicht isoliert, um eine bessere Kühlung zu erreichen.

Während die Stirnverbindungen der Unterschicht normalerweise satt aneinander liegen, müssen in der Oberschicht zur Verfestigung zwischen die einzelnen Wicklungselemente Füllstücke aus Glashartgewebe eingepaßt werden. Vor dem Bandagieren mit Drahtbandagen legt man über den ganzen Umfang der Rotorwicklung Glimmer- oder Glimmerglasgewebestreifen von ca. 0,5 mm Dicke und in Umfangsrichtung ca. 2 cm überlappt (oft auch Preßspan) und hält die Streifen gewöhnlich mit Glasgewebeband halb überlappt durch Umbinden zusammen. Bei Verwendung von Glasbandagen kann man diese direkt auf die Stirnverbindungen aufziehen, was natürlich Einsparung an Zeit und Platz bedeutet. Die Bandagierung erfolgt im allgemeinen nach dem ersten Imprägnieren.

ε) Lackieren der Rotorwicklung. Die Lackimprägnierung dient einerseits der Verfestigung der Wicklung, erhöht die Isolierfestigkeit und schützt die Wicklung vor dem Eindringen von Staub, Schmutz und Feuchtigkeit.

Der fertig bewickelte Rotor wird gewöhnlich bei ca. 40 °C in einen herkömmlichen lösungsmittelhaltigen Lack getaucht und anschließend bei ca. 130 °C getrocknet. Durch das Verflüchtigen des Lösungsmittels beim Trocknen wird auch die in der Wicklung etwa noch verbliebene Restfeuchtigkeit entfernt. Vielfach erfolgt die Imprägnierung, die je nach Anforderungen nochmals wiederholt werden kann, im Vakuum, wo der Lack in sämtliche Poren eindringen kann.

Verwendet man lösungsmittelfreie Harze, so wird der bewickelte Rotor vor dem Imprägnieren vorteilhaft bei ca. 130 °C getrocknet, und es entstehen hier im Gegensatz zum lösungsmittelhaltigen Lack nach dem Imprägnieren keine ,,Hohlräume'', womit ein guter Schutz gegen Eindringen von Feuchtigkeit erreicht und auch die Wärmeleitfähigkeit des Systems, besonders wenn man noch im Vakuum imprägniert, verbessert wird.

Stellen, die für Schmutz- und Kohlenstaubablagerungen anfällig sind, wie z. B. Wickelköpfe mit Verlötungen oder auch die Fahnenanschlüsse, streicht man nach dem ersten Imprägnieren mit speziellem Kitt aus. Neuerdings werden jedoch diese kriechweganfälligen Stellen mit Harzen ausgegossen, und man erreicht damit eine erhöhte Sicherheit.

D. Pol- und Dämpferwicklungen für Synchronmaschinen

a) Maschinen mit ausgeprägten Polen (Schenkelpolmaschinen). Nach S. 152 werden die Pole normalerweise gleichsinnig gewickelt und untereinander so elektrisch geschaltet, daß abwechselnd Nord- und Südpole entstehen. Die notwendige Amperewindungszahl kann mit wenigen Windungen höheren Stromes und entsprechender Spannung oder mit mehr Windungen niedrigeren Stromes und entsprechend höherer Spannung aufgebracht werden. Die Grenzen sind in erster

Linie durch die Erregermaschine gegeben. Als Mindesterregerspannung sieht man wegen des Einflusses der Bürstenübergangsspannung ca. 50 V für Elektrographitkohlen und ca. 30 V für Metallkohlen an. Hierdurch ist die kleinste Windungszahl nach unten bestimmt. Andererseits sind höhere Schleifringspannungen als U_E = 380 V — max. 500 V — mit Rücksicht auf die hohe Prüfspannung von 10 U_E nicht gebräuchlich. Die kleinste Dicke von Flachkupferwicklungen — wie sie mit Vorliebe ausgeführt werden — ist je nach Herstellungsverfahren beschränkt auf etwa 0,8 bis 1,2 mm.

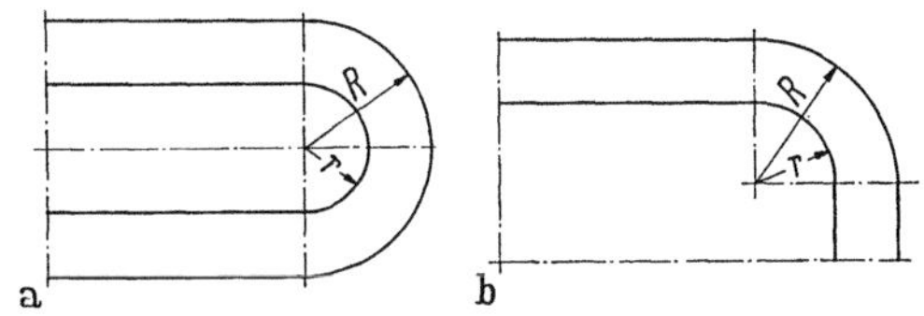

Abb. 265. Polspulen rolliert

Die Polwicklungen können ein- oder mehrlagig ausgeführt werden. Die nach IEC-Empfehlungen und nach den VDE-Vorschriften zulässige Temperatur der Polwicklungen ist außer von der Isolationsklasse auch abhängig davon, ob die Wicklung ein- oder mehrlagig ausgeführt ist (s. Tab. 12a bis c). Für einlagige Polspulen ist eine um ca. 5 bis 10 °C höhere Übertemperatur zulässig als für mehrlagige Spulen. Man wird deshalb auch wegen der besseren Wärmeabgabe an den durch die Pollücken fließenden Luftstrom im allgemeinen einlagigen Spulen den Vorzug geben, sofern die Dicke der einzelnen Windungen noch Werte ergibt, die einen ausreichenden Füllfaktor ergeben und die noch wickelbar bzw. lötbar sind. Die Polspulen können gewickelt, rolliert (Abb. 265a und b), oder sie können aus einzelnen Teilen hart zusammengelötet bzw. zusammengeschweißt werden (Abb. 266).

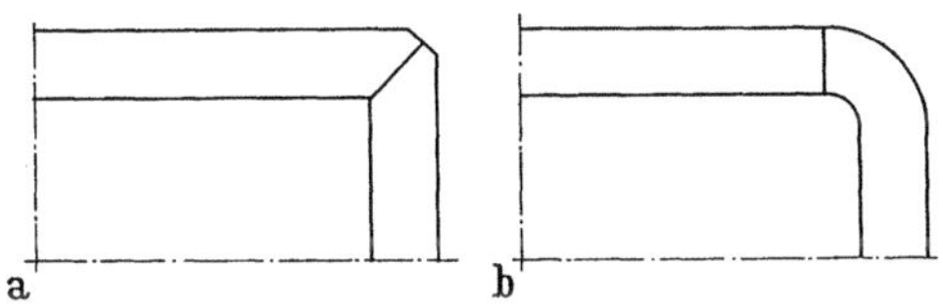

Abb. 266. Polspule aus Einzelteilen zusammengefügt und verlötet oder verschweißt

Die Spulenstirnseite nach Abb. 266b wird gewöhnlich aus Hartkupferplatten herausgearbeitet, bietet aber durch die äußere Rundung einen günstigen Lufteintritt in die Pollücken und Platz für die Abstützungen der Spulenverbindungen. Das Löten geschieht wirtschaftlich maschinell und fortlaufend auf Spezialmaschinen (Abb. 267).

Rollierte Flachkupferspulen stauchen sich am Innenradius und recken sich am Außenradius. Die Stauchung wird gewöhnlich ganz oder zum Teil nach dem Rollieren abgearbeitet. Die Stauchung und Reckung ist um so größer, je höher das Kupferprofil, bzw. je größer das Radienverhältnis R/r ist. Als wirtschaftlich noch tragbare Werte für Materialdicke gleich oder größer ca. 2 mm gelten R/r $\approx$ 2; für dünneres Kupfer wählt man vorteilhaft r 10 bis 20 mm größer als die Materialbreite.

Gelötete oder geschweißte Spulen können aus Hartkupfer, und zwar mit Dicken bis herunter zu 0,8 mm hergestellt werden.

Bei eckigen Spulen ist die Fliehkraft bei relativ schmalen Polen (vielpolige Maschinen) des über den Polquerschnitt stirnseitig hinausragenden Kupfers wesentlich kleiner als bei rollierten Spulen. Zudem läßt das Hartkupfer bezüglich der zulässigen Beanspruchungen eckige Flachkupferspulen — besonders für raschlaufende Maschinen niedriger Polzahl — für vorteilhaft erscheinen.

Die Flachkupferspulen werden unter Druck, der etwa der Fliehkraft bei normaler Drehzahl entspricht (ca. 80 bis 100 kg/cm²) gepreßt und ausgebacken. Zur Vergrößerung der Wärmeabgabe (s. auch Abb. 15) wird vielfach profiliertes Flachkupfer verwendet (Abb. 268a) oder sog. *Rippenspulen*, bei denen jeweils jede dritte bis sechste Windung je nach Kupferdicke ca. 6 bis 15 mm aus dem Wick-

Abb. 267. Hartlötanlage für das Zusammenlöten von Polspulen

lungsverband vorsteht (Abb. 268b). Zu diesem Zweck kann für die Rippenwindungen ein höheres Profil eingelötet werden, oder die Wickeleinrichtung kann so beschaffen sein, daß sich die Rippenwindungen mit entsprechend größeren Weiten wickeln lassen.

Die Erregerspulen unterliegen einerseits der Fliehkraft, welche sie an den Polschuh preßt, andererseits dem Wärmedehnungsspiel unter der Fliehkraft. Zwischen Polschuh und Spulen angeordnete Isolationsspulenrahmen (Hartpapier oder glasarmiertes Polyester müssen außer genügendem Kriechweg vom Kupfer zum Eisen je nach Prüfspannung — ca. 0,5 bis 1 mm/100 V — genügend Festigkeit gegen mechanische Beanspruchung aufweisen.

Für die Isolation der Erregerspule gegen Eisen sind Anordnungen laut Abb. 269a und b üblich.

Als Windungsisolation wird bei einlagigen Kupferspulen gewöhnlich Glas-Asbest verwendet und bei mehrlagigen Spulen besteht die Drahtisolation aus leicht imprägnierter Glasseide.

Bei langen Polspulen sind ein oder mehrere Abstützungen der Spule gegen die Seitenkomponente der Fliehkraft nötig. Ein Ausführungsbeispiel zeigt Abb. 270 (vgl. auch S. 424, Abschnitt a).

Bei großen Maschinen müssen auch die Spulenverbindungen von Pol zu Pol gegen die Fliehkraft gehalten werden. Ein Ausführungsbeispiel zeigt Abb. 271.

Bei Profildrahtwicklungen für mehrlagige Spulen werden diese gewöhnlich während des Wickelns — um schlecht wärmeleitende Lufteinschlüsse zu vermeiden — feucht mit Lack eingestrichen, gewickelt und anschließend im Ofen gebacken.

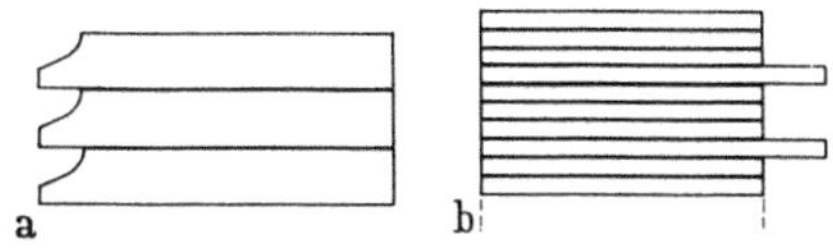

Abb. 268. Vergrößerung der Wärmeabgabe bei Polspulen, a durch profiliertes Flachkupfer; b durch hervorstehende, einzelne Windungen

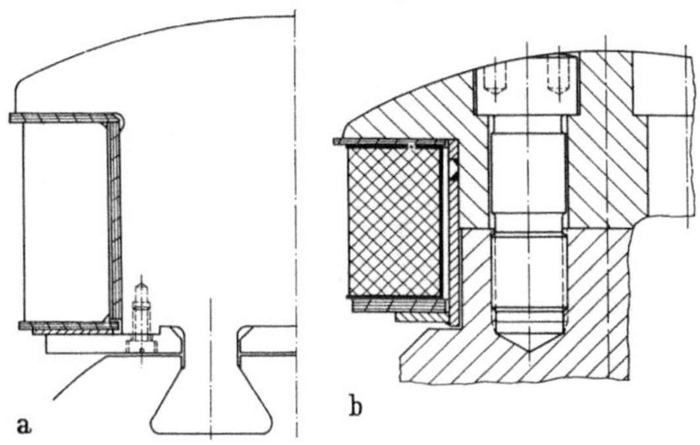

Abb. 269. a Isolation der Erreger-Spulen gegen Eisen bei größeren Generatoren b Isolation der Erreger-Spulen bei kleineren Generatoren

Rotoren mit lamellierten Polen müssen in der Regel zur Vermeidung von Pendelungen eine *Dämpferwicklung* besitzen. Diese besteht aus Rundkupferstäben in Rundnuten (Abb. 196), die oft zwecks Vermeidung der magnetischen Sättigung nach der Poloberfläche zu geschlitzt sind (Abb. 362d). Die Nutenteilung soll möglichst gleich der Statornutteilung sein, mit zulässigen Abweichungen bis max. ca. 15%. Vielfach genügt eine Dämpfung in der Längsachse, so daß

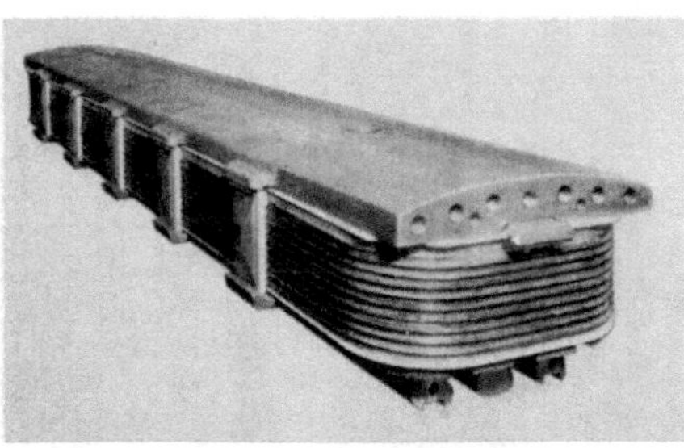

Abb. 270. Polspule mit seitlichen Abstützungen gegen die Seitenkomponente der Fliehkraft

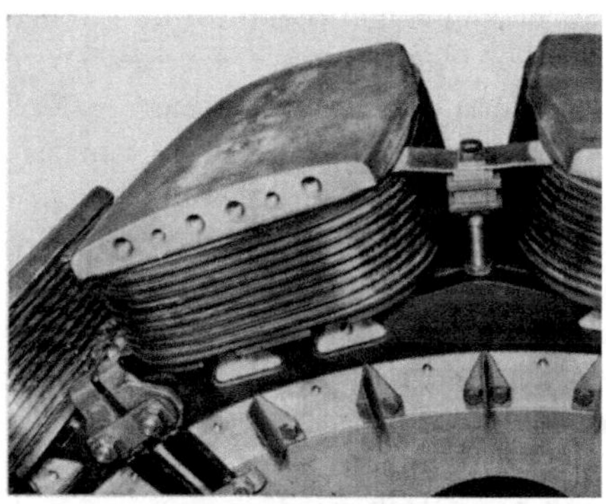

Abb. 271. Abstützung der Spulenverbindungen gegen die Fliehkraft

nur sog. *Polgitter* verwendet werden, bei welchen die Stäbe jedes Poles durch Kurzschlußsegmente verbunden sind, in welche man die Stäbe einlötet. Bei höheren Anforderungen an die Dämpfung werden die Dämpfergitter der einzelnen Pole jedoch mit Kurzschlußringen über alle Pole weg verbunden, um auch eine Dämpfung in der Querachse zu erzielen[1] (Abb. 272). In Ausnahmefällen, z. B. bei

[1] Krämer, W.: Stationäre Stromverteilung im Dämpferkäfig von Schenkelpolmaschinen. ETZ-A, 83 (1962) 5, S. 111 — 116.

manchen Einphasenmaschinen, werden sogar Dämpferstäbe in den Pollücken angeordnet (Abb. 273).

Bei Einphasenmaschinen, bei welchen die Dämpferwicklung die inverse Kompo-

Abb. 272. Verbindung der Dämpfergitter über alle Pole mittels Dämpferringen

nente der einphasigen Ankerdurchflutung abzudämpfen hat, sind große Dämpferstabquerschnitte nötig, so daß hierfür auch Profilstäbe und manchmal sogar Röbelstäbe zur Unterdrückung der Stromverdrängung bei den großen Stabquerschnitten verwendet werden. Wie die Abb. 272 und 273 zeigen, ist bei Einphasenmaschinen üblich, Dämpferstäbe, die verschiedenen Strom führen und verschieden warm werden, flexibel mit den Dämpferringen zu verbinden.

Abb. 273. Dämpferkäfig eines Einphasengenerators

Einphasengeneratoren mit massiven Polen, bei denen eine Dämpfung in der Längsachse durch die massiven Pole vorhanden ist, erhalten zur Dämpfung in der Querachse gewöhnlich an den Stirnseiten Dämpferringe, deren guter Kontakt mit den Polen durch Einlegen von Zinn oder Silberfolien oder durch Versilberung hergestellt wird.

Wenn Synchronmotoren für Selbstanlauf, deren Anlauf vielfach zweckmäßig mit massiven Polen durchgeführt wird, aus Verlust- oder anderen Gründen lamellierte Pole haben, so ist stets eine *Anlaufwicklung* nötig, deren konstruktive Anordnung gleich ist wie diejenige der Dämpferwicklung von Generatoren. Sie hat jedoch oft eine höhere Wärmekapazität nötig[1]

[1] Jordan, H. und H. W. Lorenzen: Die Stromverteilung im Dämpferkäfig von Schenkelpolmaschinen beim asynchronen Anlauf. ETZ-A, 86 (1965) 21, S. 673—684.

(Berechnung vgl. S. 296). In diesem Falle werden die Dämpferstäbe aus Bronze mit entsprechend dem spezifischen elektrischen Widerstand vergrößertem Querschnitt ausgeführt.

Bei Verwendung massiver Pole für Selbstanlauf werden vielfach zur Vergrößerung des Anlaufmomentes bei erhöhtem Anlaufstrom die massiven Pole durch Dämpferringe verbunden. (Abb. 274)

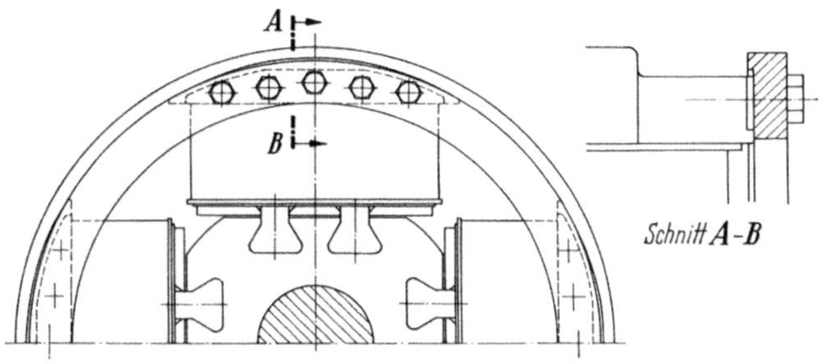

Abb. 274. Synchronmotor mit massiven Polen, die zur Erhöhung des Anlaufmomentes mit Dämpferringen verbunden sind

b) Turbogeneratoren. Die grundsätzliche Anordnung der Erregerwicklung von Turbogeneratoren in den Nuten des Rotors erfolgt nach dem auf S. 373 ff. Gesagten.

Die Anzahl der Windungen und damit auch die Leiter pro Nut richtet sich nach der zu wählenden Erregerspannung. Die Windungsspannung e ist in jedem Falle klein. Es gilt

$$e = \frac{\text{Erregerspannung}}{\text{Anzahl der in Reihe geschalteten Windungen}}$$

Die Windungsisolation ist demgemäß dünn — in der Regel 0,2 bis 0,3 mm — und ist heute allgemein aus Glasgewebe-Kunstharz. Die Nutisolation muß die

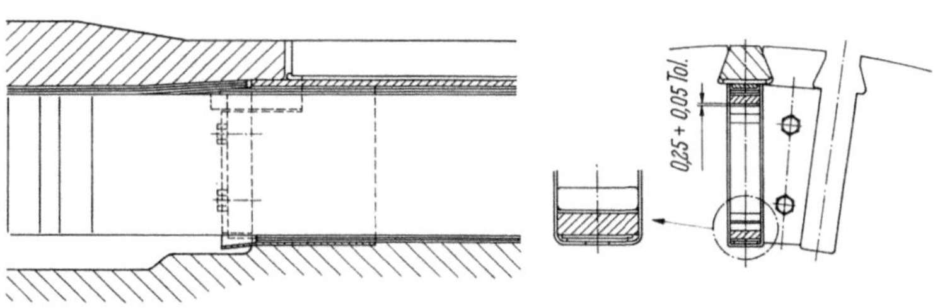

Abb. 275. Isolierung der Rotorwicklung (Isolation und Leiterzwischenlagen aus Glashartgewebe)

volle Erregerspannung und Erregerprüfspannung gegen Erde aushalten. Da die Erregerprüfspannung in Europa $10 \times$ Erregerspannung ist (Tab. 15), muß die Durchschlagsfestigkeit genügend hoch sein und genügend Kriechwege am Nutengrund und gegen die Rotorverkeilung vorhanden sein, ebenso am Nutaustritt. Die Dicke der Nutisolation — ebenfalls aus Glasgewebe-Kunstharz — ist je nach Rotorgröße bzw. Erregerspannung 0,6 bis 1,2 mm und eine Anordnung nach Abb. 275 ist üblich.

Die Form der Leiter richtet sich in erster Linie nach der Ventilationsart des Rotors. Für kleinere Rotoren mit reiner Oberflächenkühlung und solchen mit Zahnkühlung verwendet man Flachkupferdraht mit kleinen Eckenradien, um einen möglichst guten Wärmeübergang an das Eisen zu erreichen. Bei Luft- bzw. Gasdurchtritt durch die Erregerspulen, wobei das Kühlmedium aus Grundnuten zugeführt wird, werden in die Flachkupferdrähte Rund- oder Langlöcher gestanzt (Abb. 86c) oder die Spulen werden unterteilt und zwischen beiden Teilspulen, die durch eingelegte Isolationsstücke voneinander distanziert sind, das Kühlmittel durchgeführt. Größere Rotoren werden mit Profilleitern (Abb. 276a) oder Hohlleitern (Abb. 276b, s. auch Abb. 85) ausgeführt.

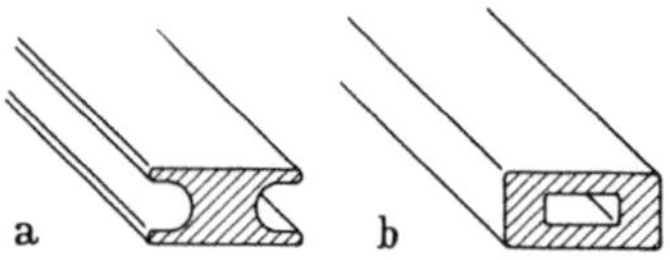

Abb. 276. Beispiele von Kupferquerschnitten für Rotorleiter
a Profilleiter; b Hohlleiter

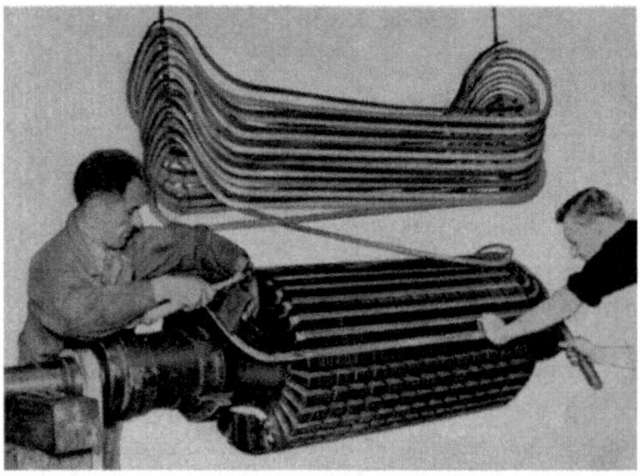

Abb. 277. Einlegen der Wicklung in kleineren Turbo-Rotor

Für das Rotorkupfer wird allgemein schwach silberlegiertes Kupfer verwendet wegen dessen größerer Dauerstandfestigkeit.

Für kleinere Rotoren werden gewöhnlich ganze Spulen mit Flach- oder Profilkupfer gewickelt und Windung für Windung in die Nuten eingelegt (Abb. 277).

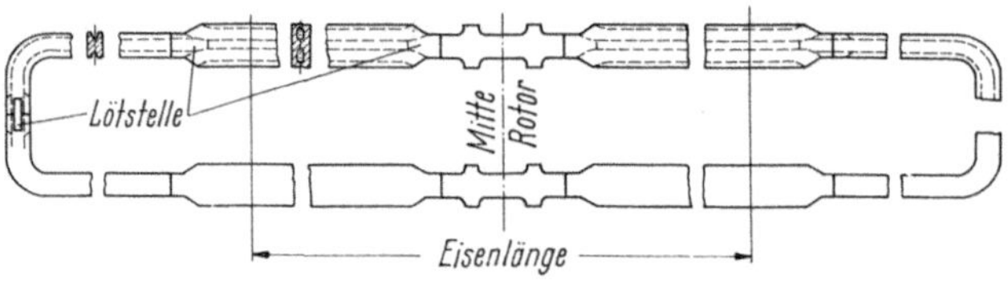

Abb. 278. Spule zur Polwicklung eines wasserstoffgekühlten Turborotors
Die Spule ist sowohl in der Mitte der Eisenlänge, wie auch im Wickelkopf hart verlötet

Für größere Rotoren werden Halbspulen oder nur halbe Windungen eingelegt. Hierfür verwendet man normalerweise kaltgezogenes, silberhaltiges Kupfer und die Leiter werden in den Wickelköpfen hart verlötet (Abb. 278).

Die axiale Ausladung der Wickelköpfe ist abhängig von der Rotornutenzahl. Die Anzahl der Wickelkopfebenen ist gleich einem Viertel der bewickelten Nutenzahl. Der Abstand der innersten Spule mit der kleinsten Spulensehne vom aktiven Eisen ist durch den Radius des Wickelkupfers und die über das Eisen vorstehende Nutisolation und evtl. verwendeten Nutenkamm gegeben. Der axiale Abstand der Spulenköpfe voneinander ist in erster Linie durch Rücksicht auf die Ventilation des Spulenkopfes gegeben. Die Ventilation kann bei kleineren Rotoren durch Thermosyphon-Kühlung (S. 93) oder durch Strömungskühlung geschehen.

Die einzelnen Spulenköpfe werden durch Isolationsstücke aus Glasfaser-Kunstharz gegeneinander und gegen den aktiven Rotor und die Kappenplatte abgestützt. Von der Rotorkappe ist der Wickelkopf durch die sog. Kappenisolation — gewöhnlich auch Glasfaser-Kunstharz in überlappten Segmenten angeordnet — isoliert. Einzelne Firmen backen die Rotorwicklung unter Stromheizung der Rotorwicklung im Stillstand oder bei Betriebsdrehzahl in den Rotor ein, um — insbesondere bei indirekter Kühlung — eine verbesserte Wärmeabgabe an das Rotoreisen zu erreichen, und um Spulentrennungen in den Wickelköpfen zu begegnen.

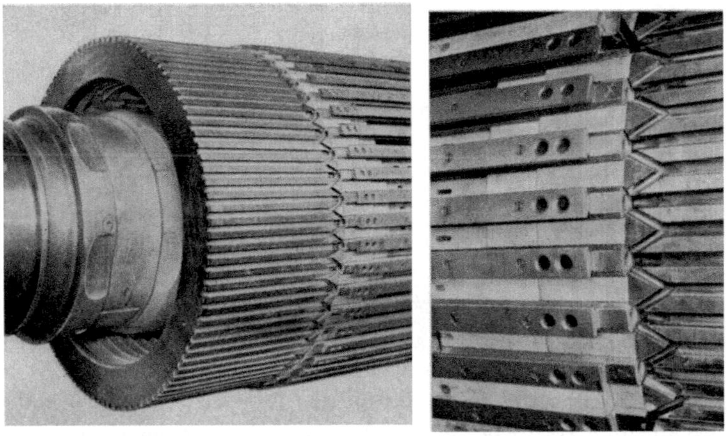

Abb. 279. Dämpferring mit herausgefrästen, in die Nut hineinragenden Dämpferfingern

Für hohe Schieflast werden bei Turbogeneratoren Dämpferwicklungen verwendet, die in erster Linie den Stromübergang von den als Dämpferwicklung dienenden Rotorkeilen zu einem Kurzschlußring unter der Rotorkappe sichern sollen. Dadurch werden Anbrennungen der Keilenden durch Stromübergang über die Zähne und Anbrennungen des Kappensitzes auf dem Rotorkörper vermieden. Beispiele solcher Dämpferwicklungen zeigen Abb. 84 und Abb. 279.

Bei großen Turbogeneratoren wird vielfach, auch ohne daß erschwerte Schieflastbedingungen vorliegen, eine Dämpferwicklung verwendet, um auch bei Kurzschluß oder asynchronem Lauf mit Sicherheit die obengenannten Anbrennungen zu vermeiden.

E. Feld- und Wendepolwicklungen für Gleichstrom-Maschinen einschließlich Kompensationswicklungen

Im Gegensatz zu den Synchronmaschinen wo die Erregerwicklung im umlaufenden Teil untergebracht ist und dementsprechend nicht nur elektrischen, sondern auch mechanischen Belangen genügen muß, werden bei Gleichstrom- und Wechselstromkommutatormaschinen die Erregerwicklungen, wie auch die Wendepol- und wenn vorhanden, die Kompensationswicklung, im Stator untergebracht.

Die Erregerwicklung muß die aus der elektrischen Berechnung hervorgehenden Amp.-Windungen aufbringen und sie wird je nach der verlangten äußeren Charakteristik der Maschine *als Nebenschlußwicklung, als Reihenschlußwicklung,* oder als eine Kombination von beiden, ausgeführt.

Für den geregelten Betrieb werden im besonderen bei der Nebenschlußmaschine vielfach noch Gegen-Ampère-Windungen aufgebracht, sei es zur Unterdrückung der Remanenz oder für die Spannungsumkehr. Oft verlangt man sowohl bei Generatoren wie bei Motoren zusätzlich Hilfswicklungen, die der Stabilisierung der Regelung dienen. Diese Hilfswicklungen, deren Windungszahl normalerweise ca. 10 bis 20 % der Erregerwindungen beträgt, müssen gewöhnlich nur nach mechanischen Gesichtspunkten dimensioniert werden.

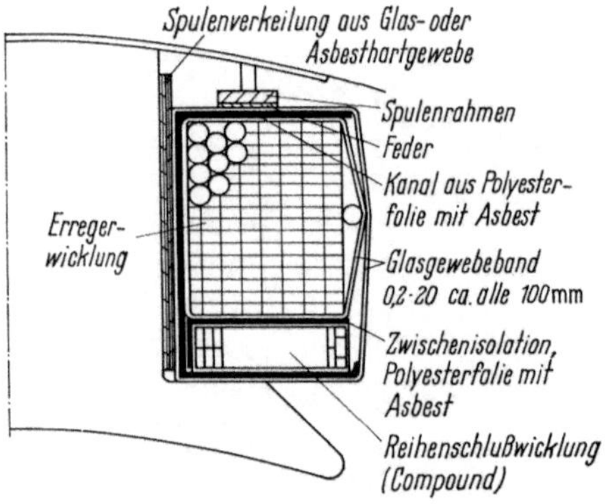

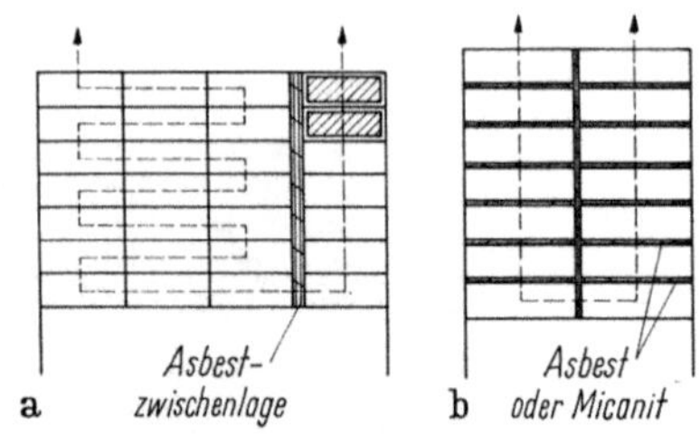

Abb. 281. Wicklungsprinzip von Flachkupferspulen a für lackisolierten Draht; b für blankes Kupfer

Abb. 280. Pol mit Nebenschluß- und Reihenschlußwicklung für kleinere Maschinen

Besondere Beachtung ist der Isolation der Erregerwicklung gegen Eisen und gegen andere auf dem Hauptpol untergebrachte Wicklungen zu schenken und auf genügend große Kriechabstände zu achten, damit die in Tab. 15 geltenden Prüfspannungen mit Sicherheit eingehalten werden.

Die *Nebenschlußwicklung* für Selbst- oder Fremderregung hat relativ viele Windungen mit entsprechend dünnem Querschnitt. Bei kleinen Maschinen verarbeitet man gewöhnlich lackisolierten Runddraht und wickelt diesen auf eine Schablone, wobei, wenn nicht aus Raumknappheit erzwungen, erst ab ca. 1,2 mm und bis ca. 3,5 mm Drahtdurchmesser einwandfrei in Lagen gewickelt wird.

Vor dem Aufschieben auf die Pole werden die Erregerspulen mit evtl. anderen auf den Pol kommenden Spulen — z. B. Gegenerregung, Reihenschlußwicklung — in einen Isolierkanal aus ca. 0,5 bis 1,0 mm Polyesterfolie mit Asbest gelegt, mit Glasgewebeband zusammengebunden und — vorzugsweise in einem lösungsfreien Harz — imprägniert. Auf dem Pol wird die Spule mit z. B. Asbesthartgewebe verkeilt (s. Abb. 280) und radial über einen Spulenrahmen federnd zusammengedrückt.

Bei mittleren und großen Maschinen wird mit wenigen Ausnahmen fast ausschließlich Flachkupfer verwendet, das nach Abb. 281 a oder b gewickelt wird, damit die Anschlüsse nach außen zu liegen kommen. Die Windungs- und Lagenisolation in Abb. 281 b, die z. B. aus Glasglimmer 0,1 bis 0,5 mm besteht, entfällt bei Verwendung von glasbandisoliertem oder auch lackisoliertem Kupfer.

Die Spulen werden vielfach quer zum Pol in Pakete von 20 bis 50 mm Höhe unterteilt, um bei axialer Ventilation eine möglichst gute Wärmeabgabe an die Kühlluft zu erreichen (s. Abb. 282). Die Distanzierung der Spulen erfolgt durch kurze Einlagen, die in gewissen Abständen eingelegt und mit Glasband an einer Spule festgebunden werden. Wie Abb. 282 zeigt, ist nur die auf dem Polschuh liegende Spule wie auch diejenige am Joch zur Vergrößerung der Kriechwege mit Glasglimmerband 0,15 mm je 1/2 bis 2/3 überlappt und darüber mit Glasgewebeband 0,15 mm 1/2 überlappt eingebunden. Am Polkern werden die Spulen z. B. durch Glasasbest isoliert und mit Asbesthartgewebe verkeilt.

Bei radialer Belüftung des Ständers unterteilt man die Erregerspulen vorteilhaft in konzentrische Wicklungen.

In sehr vielen Fällen ist der Querschnitt der bewickelten Fläche der Erregerwicklung trapezförmig (z. B. Abb. 282), da der Polabstand beim Rotor, besonders bei Maschinen kleiner Polzahl, geringer ist als am Joch. Oft müssen die Hauptpolspulen in Nähe des Polschuhes wegen der Wendepolwicklung abgeschrägt werden (z. B. Abb. 283).

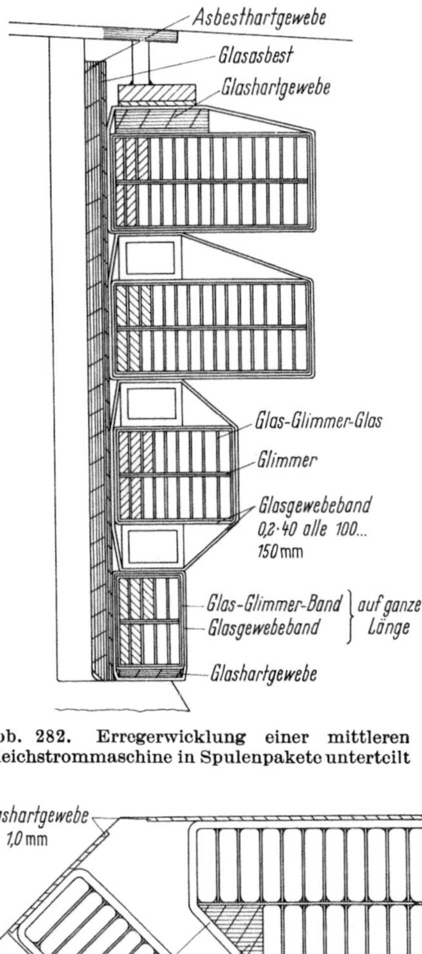

Abb. 282. Erregerwicklung einer mittleren Gleichstrommaschine in Spulenpakete unterteilt

In neuerer Zeit werden die Spulen, mit Glasbandgewebe sprungweise zusammengehalten und in speziellen Formen mit Harz vergossen, womit besonders bei relativ großer Feuchtigkeit eine erhöhte Sicherheit erreicht wird. Ein Beispiel zeigt Abb. 284.

Die *Reihenschlußwicklung* wird vom Ankerstrom durchflossen und hat dementsprechend wenig Windungen, aber großen Querschnitt. Sie besteht bei kleinen Maschinen vorwiegend aus lackisoliertem Runddraht und bei großen Maschinen meistens aus blankem oder lackisoliertem, oder glasisoliertem Flachkupfer. Die Windungs- und Lagenisolation bei blankem Wickelkupfer besteht wie bei den Nebenschlußwicklungen aus Glasglimmer.

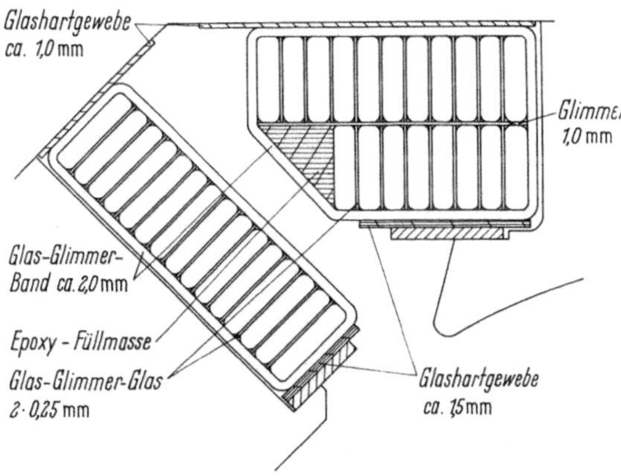

Abb. 283. Schnitt durch die Reihenschluß- und Wendepolwicklung eines nichtkompensierten Gleichstrom-Traktionsmotors (Isolationsklasse F)

Bei der Doppelschlußmaschine wird die Reihenschlußwicklung entweder wie in Abb. 280 angeordnet, oder sie kann konzentrisch auf die Nebenschlußspule aufgewickelt und von dieser durch eine Isolationszwischenlage getrennt werden.

Die Statorwicklungen von Reihenschluß-Kommutatormotoren für die Traktion werden einerseits wegen der relativ hohen thermischen Belastung wie auch zum besseren Schutz gegen Feuchtigkeit vielfach wie die Rotorwicklung für

Isolationsklasse F ausgeführt. Abb. 283 zeigt einen Querschnitt durch die Reihenschluß- und Wendepolwicklung eines nichtkompensierten Gleichstrom-Traktionsmotors. Die beiden Wicklungen sind mit Glasglimmerband eingebunden und mit lösungsmittelfreiem Harz im Vakuum imprägniert, um eine möglichst gute Wärmeableitung zu erreichen.

Die *Wendepolwicklung* ist vom Ankerstrom durchflossen und besteht mit Ausnahme von Kleinmaschinen, wo vorwiegend Rundkupfer verwendet wird, meist

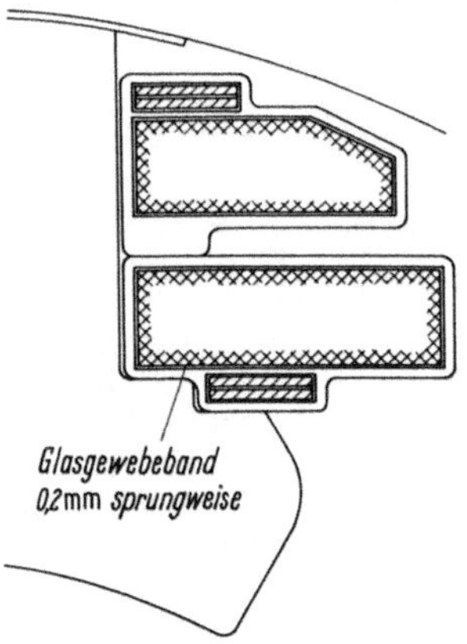

Abb. 284. Hauptpolspulen einer Gleichstrommaschine in Gießharzausführung

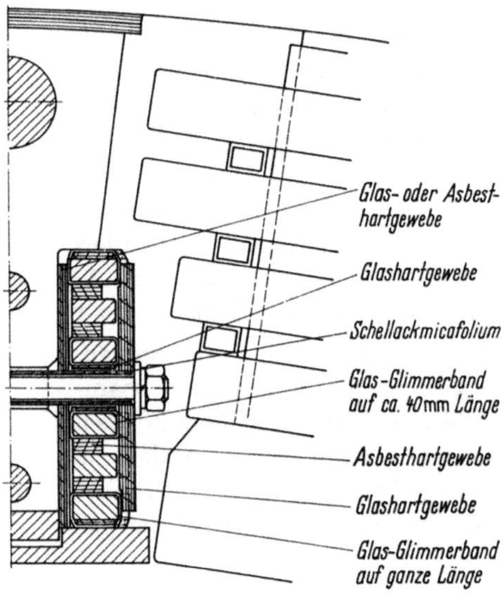

Abb. 285. Wendepolwicklung einer großen, kompensierten Gleichstrommaschine

aus blankem Flachkupfer. Es wird normalerweise hochkant gewickelt und zwischen die einzelnen Lagen Asbesthartgewebe oder Glas-Glimmer-Produkte über die ganze Kupferbreite, bei großen Maschinen jedoch nur über einen Teil der Kupferbreite, dafür entsprechend dick (Abb. 285) eingelegt. Meistens werden die untersten 1 bis 3 Windungen — evtl. mehr, je nach Kupferhöhe — und die obersten Windungen (Abb. 285) zur Erhöhung der Kriechwege verstärkt isoliert und die übrigen Windungen zur besseren Wärmeabgabe durch die Imprägnierung nur lackiert. Bei Traktionsmotoren, wo die Verschmutzungsgefahr besonders groß ist und die Feuchtigkeit besonders zu berücksichtigen ist, wird wie Abb. 283 zeigt, die Wendepolwicklung mit Glas-Glimmer oder auch Micafolium gleich wie die Serie-Erregerwicklung eingebunden und längsseitig umpreßt.

Die Erfahrung zeigt, daß die Wendepolwicklungen, die bei kompensierten Maschinen gegen den Polschuh hin konzentriert werden (Abb. 285), und zwar um die Streuflüsse klein zu halten, meistens nicht so gut gekühlt sind wie die über den ganzen Wendepol angeordnete Wicklung für unkompensierte Maschinen.

Die *Kompensationswicklung* macht man bei kleinen Maschinen aus Preis- und Platzgründen nur in speziellen Fällen, hingegen bei mittleren Maschinen sehr oft und bei Großmaschinen praktisch immer. Sie ist in Nuten, die in den Polschuhen gleichmäßig angeordnet werden, untergebracht. Sie besteht aus Flachdrähten, oder aus Flach- oder Rundkupferstäben und nur in seltenen Fällen aus Runddraht. Die Nuten sind immer halboffen oder geschlossen. Die Stäbe werden mit Micafolium umpreßt (Umpressungsstärke s. Abb. 261) und seitlich eingeschoben. Zum Schutze der Umpressung beim Einschieben wird gewöhnlich eine Nutisolation aus Polyesterfolie ca. 0,15 bis 0,2 mm eingelegt.

Abb. 286. Anordnung der Verbindungsbügel zur Kompensationswicklung

Die Kompensationsstäbe werden unter sich durch Flachkupferbügel verbunden. Ein Ausführungsbeispiel zeigt Abb. 286.

III. Der feststehende Teil

A. Gehäuse

a) Wechselstrommaschinen. Während kleine Wechselstrommaschinen manchmal ohne eigentliches Gehäuse gebaut werden und die Statorblechung — insbesondere bei gekapselten Motoren — direkt die wärmeabstrahlende Oberfläche des Gehäuses bildet (dies hat den Vorteil der Vermeidung eines die Wärmeleitung verschlechternden Luftspaltes zwischen Blech und Gehäuse), ist im allg. für alle größeren Maschinen die Verwendung eines Gehäuses üblich.

Die Aufgaben, denen das Gehäuse gerecht werden muß, sind vielseitig. Es dient u. a. jeweils mehreren der folgenden Zwecke:

1. Tragkonstruktion für die Statorblechung.
2. Aufnahme des Drehmomentes vom Stator und Übertragung auf die Füße oder Flansche.
3. Luft- oder Gasführung in der durch die Maschinenkühlungsart vorgesehenen Weise oder direkte Wärmeabgabe an die Umgebung durch Strahlung und Konvektion.
4. Explosionsschutz bei wasserstoffgekühlten, schlagwettergeschützten und anderen Maschinen, bei welchen Vorschriften bezüglich Explosionssicherheit zu beachten sind.
5. Tragkonstruktion für Lagerschilde, Armsterne u. dgl.
6. Tragkonstruktion für Kühler, Filter, Geräuschdämpfer usw.

Gehäuse werden sowohl für horizontale als auch für vertikale Aufstellung gebaut. Die verschiedenen Bauformen sind in den Tab. 4 bis 9 zusammengestellt.

Die Achshöhen von Gehäusen sind genormt (DIN-Blatt 747) und in Tab. 55 zusammengestellt. Im Bereich der Achshöhen 56 mm bis 315 mm ist in den DIN-

Normen 42 672[1] und 42 673[1] bzw. in der IEC Publikation 72-1 die Lage der Fußlöcher zum Wellenende für die verschiedenen Achshöhen festgelegt.

Tabelle 55. *Genormte Achshöhen für Maschinen*

Achshöhe h in mm								
Reihe 1	Reihe 2	Reihe 3	Reihe 4		Reihe 1	Reihe 2	Reihe 3	Reihe 4
25	25	25	25			200	200	200
			26					212
		28	28				225	225
			30					236
	32	32	32		250	250	250	250
			34					265
		36	36				280	280
			38					300
40	40	40	40			315	315	315
			42					335
		45	45				355	355
			48					375
	50	50	50		400	400	400	400
			53					425
		56	56				450	450
			60					475
63	63	63	63			500	500	500
			67					530
		71	71				560	560
			75					600
	80	80	80		630	630	630	630
			85					670
		90	90				710	710
			95					750
100	100	100	100			800	800	800
			106					850
		112	112				900	900
			118					950
	125	125	125		1000	1000	1000	1000
			132					1060
		140	140				1120	1120
			150					1180
160	160	160	160			1250	1250	1250
			170					1320
		180	180				1400	1400
			190					1500
					1600	1600	1600	1600

Bemerkungen: Die Achshöhe ist der Abstand der Wellenmitte von der Fußauflagefläche im Lieferzustand der Maschine. Unterlegbleche, die bei der Aufstellung der Maschine zum Ausrichten benötigt werden, zählen nicht zur Achshöhe. Jedoch ist die Dicke von Isolierunterlagen, die zur Maschine mitgeliefert werden, der Achshöhe zuzurechnen.

Die in der Tabelle enthaltenen Werte sind aus dem DIN-Blatt 747 resp. der ISO-Empfehlung 180 entnommen und entsprechen für die Achshöhen 56—315 mm der IEC-Publikation 72-1.

[1] Normung der Baumaße unter Zuordnung der Leistung: in DIN 42 672 für innenbelüftete und in DIN 42 673 für oberflächengekühlte Drehstrommotoren mit Käfigläufer, Bauart B 3 mit Wälzlagern.

Gehäuse, die in großen Stückzahlen hergestellt werden, bei welchen daher Form- oder Modellkostenanteile sich auf den Herstellungspreis nur bescheiden auswirken, werden in der Regel gegossen.

Für Kleinmotoren wird einerseits vielfach Leichtmetall-Spritz- oder Preßguß verwendet (s. Abb. 136), derart, daß der Statorblechkörper in Gießformen eingelegt und umgossen wird. Auf diese Weise wird bei gekapselten Motoren durch die Vermeidung eines Luftspaltes zwischen Statorblech und Gehäuse eine gute Wärmeabgabe an die Oberfläche erzielt. Auch ist die Genauigkeit des Gusses bei diesem Verfahren so groß, daß auf Bearbeitung weitgehend verzichtet werden kann.

Andererseits wird für offene bzw. spritzwassergeschützte Kleinmotoren und Kleinmotoren mit Achshöhen ab etwa 90 bis 160 mm normalerweise Grauguß verwendet (s. Abb. 137), mit Ausnahme der Gehäuse von Spezialmotoren (z. B. Hebezeugmotoren), für welche in den einschlägigen Vorschriften — z. B. VDE-Richtlinien von der Eisenhütten-Industrie für Hebezeugmotoren oder DIN 42 671 für Bergbau unter Tag — Stahlguß oder Schmiedeeisen vorgeschrieben ist. Die Wand-

Tabelle 56. *Minimale Wandstärke für Gußeisengehäuse*

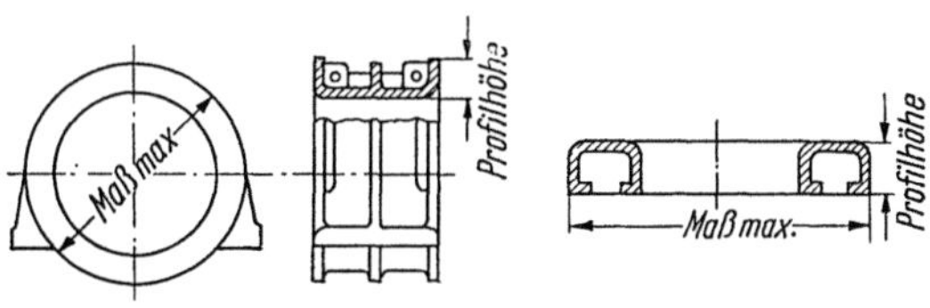

Maß in mm max.	Profilhöhe in mm												
	10	15	25	50	75	100	150	200	300	400	500	600	700
	Wandstärke in mm												
100	3	3	3										
150		3,5	3,5	4									
250			4	4	4,5								
300			4	4	4,5								
400			4	5	5	5,5	6						
500			5	5	6	6	7						
750				6	7	7	8	8					
1000				7	7	7	8	8					
1500					8	8	10	10	10				
2000						10	10	12	12	12	14		
2500							12	12	12	14	16	16	16
3000								14	14	14	16	16	18
3500								14	14	16	18	18	18
4000									16	16	18	18	20
5000											18	20	20
6000											20	22	22
7000												22	25
8000												25	28

stärken sind in erster Linie durch gießtechnische und durch bearbeitungstechnische Gesichtspunkte gegeben. Minimale Wandstärken für Gußeisengehäuse sind zusammengestellt in Tab. 56.

Gehäuse für mittlere und große Maschinen werden fast immer aus Eisenblech geschweißt (Abb. 287), wobei wegen des doppelten Elastizitätsmoduls gegenüber Gußeisen für gleiche Formänderung etwa halbe Wandstärke und damit halbes

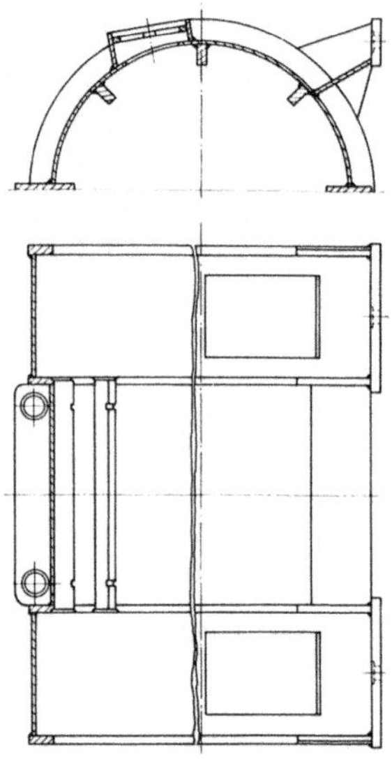

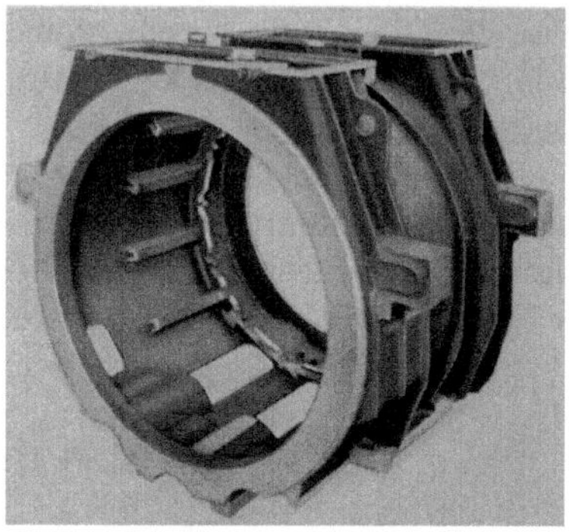

Abb. 288. Geschweißtes Bahnmotorengehäuse

Abb. 287. Geschweißtes Gehäuse einer mittleren Wechselstrommaschine

Gewicht verwendet werden können. Stahlguß, als Material für Gehäuse, wird bei Wechselstrommaschinen, bei welchen also die Gehäuse keine magnetischen Eigenschaften besitzen müssen, nur bei hohen dynamischen Beanspruchungen, insbesondere bei Bahnmotoren neben geschweißtem Eisenblech noch verwendet (s. Abb. 288).

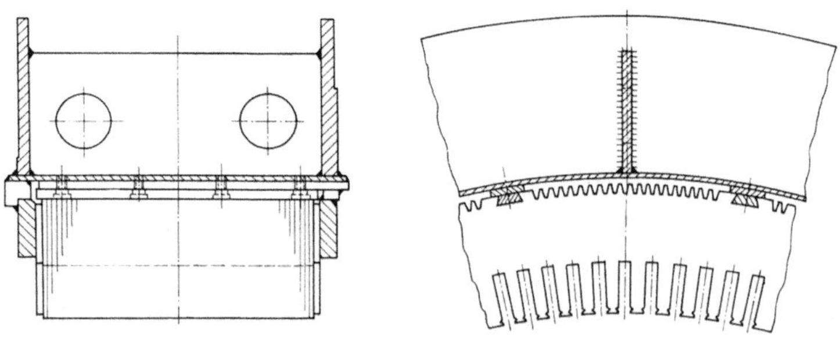

Abb. 289. Stator mit geringer Kastenhöhe

Die sog. *Kastenhöhe* als Differenz von Außenradius des Statorbleches zu Außenradius des Gehäuses ist normalerweise durch Ventilationsgesichtspunkte bestimmt, d. h., durch die vorgesehene Luft- oder Gasgeschwindigkeit im Gehäuse.

Bei Maschinen mit axialem Luftdurchtritt zwischen Blechkörper und Gehäuse und ohne radiale Kühlschlitze oder axiale Löcher (s. Abb. 169b) wird die vergrößerte Blechaußenoberfläche zur Wärmeabgabe benützt und deshalb eine kleine Kastenhöhe zur Erzielung von hohen Luftgeschwindigkeiten — ca. 10 bis 30 m/s — verwendet (Abb. 289). Für Maschinen mit radialen Kühlschlitzen im Statorblechkörper (s. Abb. 170) dagegen wird mit Rücksicht auf niedrige Luftförderverluste eine geringe Luft- bzw. Gasgeschwindigkeit im Gehäuse (ca. 2 bis 5 m/s) angestrebt (z. B. Abb. 51 a).

Die Kastenhöhe ist für das geometrische Trägheitsmoment und damit für die Gehäusesteifigkeit von maßgebendem Einfluß. Wenn also bei axialem Lufteintritt hinter dem Blechrücken eine sehr kleine Kastenhöhe verwendet wird, so muß durch Verstärkungswangen das Trägheitsmoment vergrößert werden (s. Abb. 289).

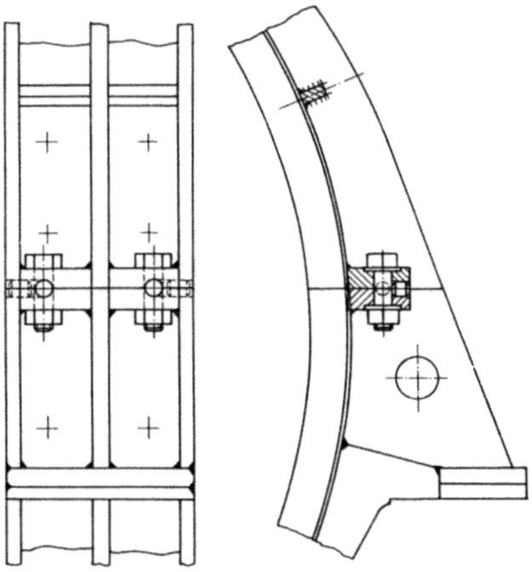

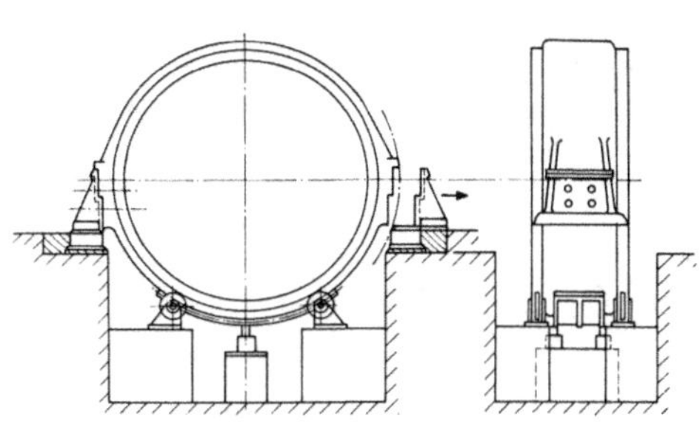

Abb. 291. Drehbares Statorgehäuse

Abb. 290. Fixierung der Teilfugen mittels Paß-Stiften

Der Zusammenhang zwischen Gehäusesteifigkeit und Gehäuseverformung ist behandelt auf S. 342.

Gehäuse großen Durchmessers müssen aus Transport- oder Montagegründen zwei- oder mehrteilig sein. Die Gehäuseteilfugen werden verschraubt und mit Paßstiften radial und axial fixiert[1] (s. Abb. 290).

In Sonderfällen wird auch gewünscht, daß das Gehäuse zu Statorwicklungsreparaturen im Statorunterteil so verdreht werden kann, daß der Gehäuseunterteil nach oben kommt, Abb. 291.

Bezüglich Gehäusebreite, also axiale Länge des Gehäuses, sind sowohl Ausführungen üblich, bei welchen die Gehäusebreite nur ganz wenig größer ist als die Eisenbreite (Abb. 51 a und 52) als auch solche, bei denen die Gehäusebreite wesentlich größer ist als die axiale Eisenlänge der Maschine (Abb. 56 und 74). Die erste Variante erleichtert das Einlegen der Wicklung und den Transport und ergibt geringeres Gewicht und geringeren Preis in denjenigen Fällen, bei welchen die Wickelköpfe nur durch leichte Verschalungen geschützt werden können. Die zweite Variante erlaubt vielfach bei Vertikalgeneratoren eine einfachere Fundamentkonstruktion (Abb. 56), weil keine Luftkanäle im Fundament vorgesehen werden müssen.

---

[1] In die Blechtrennfugen wird eine mechanisch geeignete Isolationsbeilage (transformerboard) von ca. 1/2 mm Dicke eingelegt, die beim Verschrauben der Gehäuseteilfugen die Unebenheiten ausgleicht und eine gleichmäßige Vorspannung des Blechkranzes ermöglicht.

Für horizontale Einphasen-Generatoren $16^2/_3$ Hz sind gefederte Statorfüße allgemein üblich (s. Abb. 292).

Wenn Gehäuse für Explosionssicherheit gebaut werden müssen, z. B. für Turbogeneratoren mit Wasserstoffkühlung (Abb. 293), so müssen sie nach VDE 0530,

Abb. 292. Elastisch gefederter Stator eines Einphasen-Turbogenerators, 16 200 kVA, $16^2/_3$ Hz, 1000 U/min

Abb. 293. Geschweißtes Gehäuse für Turbo-Generator mit Wasserstoffkühlung

T. 3, § 33 einem Prüfdruck von 10 kp/cm² standhalten, d. h., es darf bei dem Prüfdruck keine Beschädigung oder unzulässige Formänderung auftreten.

Die Gehäuse werden als offene Kreiszylinderschalen unter konst. Innendruck p berechnet[1]. Nach Anhang I a (dünner Ring) ist die Tangentialspannung $\sigma = pD/2h$ und somit die erforderliche Wandstärke $h = pD/2\sigma_{zul}$. Die zulässige Spannung wird nach den Vorschriften für Kesselbau mit $\sigma_{zul} = \sigma_s\, V/S$ festgelegt. Die erforderliche Wandstärke ist somit:

$$h = \frac{pD}{2\sigma_s\, V/S} \tag{87}$$

h	[cm]	Wandstärke
p	[kp/cm²]	Prüfdruck (10 kp/cm²)
D	[cm]	Gehäusedurchmesser
σ_s	[kp/cm²]	Streckgrenze des Materials
V	[1]	Wertigkeit der Schweißnaht (z. B. 0,8 für Doppel-V-Nähte)
S	[1]	Sicherheitsfaktor (1,7 mit Abnahmeprüfung des Mat.; 2 ohne Abnahme des Mat.)

Als Material wird Kesselblech ($\sigma_s = 25$ kp/mm², Tab. 36) verwendet.

Beispiel: Gehäuse $D = 3{,}8$ m (ohne Abnahme mit Doppel-V-Naht)

$$h = \frac{10 \cdot 380}{2 \cdot 2500 \cdot 0{,}8/2} = 1{,}9 \text{ cm} \mathrel{\hat{=}} 19 \text{ mm}.$$

[1] Die Berechnung der offenen Schale nimmt keine Rücksicht auf die kleinere Vergleichsspannung des geschlossenen Gehäuses unter Innendruck. Man befindet sich somit nach Gl. (87) auf der „sicheren Seite“.

Bei großen Generatoren werden die einzelnen Blechsegmente in Schwalbenschwanz- oder Rundkeilen gehalten und die Aufhängekeile für den Statorblechkörper normalerweise an im Gehäuse eingeschweißten Tragbalken aufgehängt (s. z. B. Abb. 175 und 177b).

Bei Maschinen mit sehr großen Durchmessern wird in neuerer Zeit auf die Bearbeitung der Gehäusebohrung — d. h. der eingeschweißten Tragbalken — verzichtet und Konstruktionen verwendet, bei welchen erst nach Einlegung einer Blechprobeschichtung die Keilleisten mit dem Gehäuse verschweißt werden (s Abb. 294).

Vielfach geht man in der Ersparnis der Bearbeitung noch weiter, indem man z. B. bei mehrteiligen Gehäusen die beidseitigen Gehäuseteilfugen für sich auf kleinen Werkzeugmaschinen bearbeitet und im zusammengeschraubten Zustand dann in das Gehäuse einschweißt. Nach dem Verschweißen werden die Teilfugen

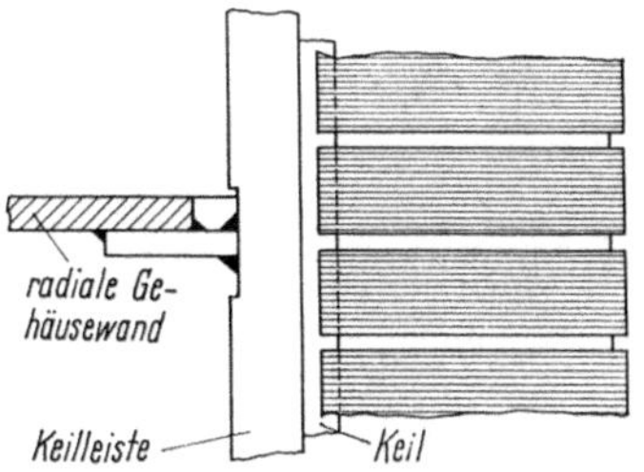

Abb. 294. Verschweißen der Keilleiste mit der Gehäusewand nach dem Einlegen einer Probeschichtung

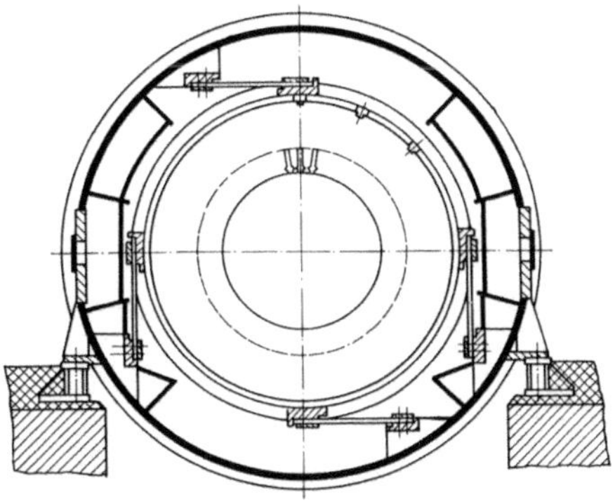
Abb. 295. Elastische Aufhängung der Ständerbleche im Statorgehäuse

wieder gelöst, so daß das Gehäuse mehrteilig ist. Ähnlich geht man für die Fußflansche und für die Auflageflächen der Tragsterne bei Gehäusen für Vertikalgeneratoren vor.

Bei großen Turbogeneratoren wird manchmal das Gehäuse radial unterteilt, indem die Blechschichtung in ein Rohr eingebracht wird, das mit dem geschichteten Blechkörper und der Wicklung in das eigentliche Gehäuse bei der Montage eingeschoben wird. Die Verbindung zwischen dem Innengehäuse und dem Außengehäuse ist dabei vielfach federnd (z. B. Abb. 295).

Auch bei kleineren Gehäusen von Wechselstrommaschinen, einschließlich Turbogeneratoren, werden heute vielfach bearbeitungssparende Bauweisen verwendet. Abb. 296 zeigt hierfür ein typisches Beispiel. Der auf einer Vorrichtung geschichtete und gepreßte Statorblechkörper hat eingestanzte Nuten, in welche die Tragbalken a eingeschweißt werden.

Bei vertikalen Wasserkraftgeneratoren hoher Polzahl, also mit niederem Statorblechrücken, besteht die Gefahr von Blechverwerfungen durch die Wärmedehnung der Bleche. Ein wirksames Mittel zur Vermeidung dieser Gefahr besteht darin, daß das Gehäuse so auf den Fundamentplatten oder dem Grundring usw. befestigt wird, daß es sich im Durchmesser dehnen kann. Eine Skizze einer diesbezüglichen prinzipiellen Anordnung des Gehäuses auf dem Fundamentring zeigt Abb. 297.

Bei Wechselstrommaschinen rotieren Magnetfelder mit der Frequenz der Drehzahl. Diese Felder versuchen den Blechkörper bei zweipoligen Maschinen in eine rotierende Ellipse, bei vierpoligen Maschinen in ein rotierendes Viereck, bei sechspoligen Maschinen in ein rotierendes Sechseck usw. zu verwandeln. Diese Blechverformungen sind mit eine Ursache für magnetische Geräusche (s. S. 118) und für Schwingungen des Statorgehäuses. Bei zweipoligen Turbogeneratoren sind diese magnetischen Felder Ursache für die mit doppelter Drehzahlfrequenz angeregten Schwingungen des Statorgehäuses.

Bei großen Turbogeneratoren ist man bestrebt, diese Schwingungen vom Fundament fernzuhalten und setzt deshalb den Statorblechkörper vielfach ge-

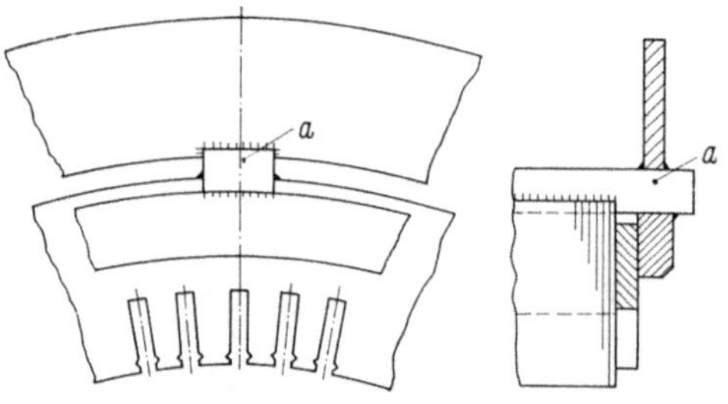

Abb. 296. Statorblechkörper mit eingeschweißten Tragbalken (a)

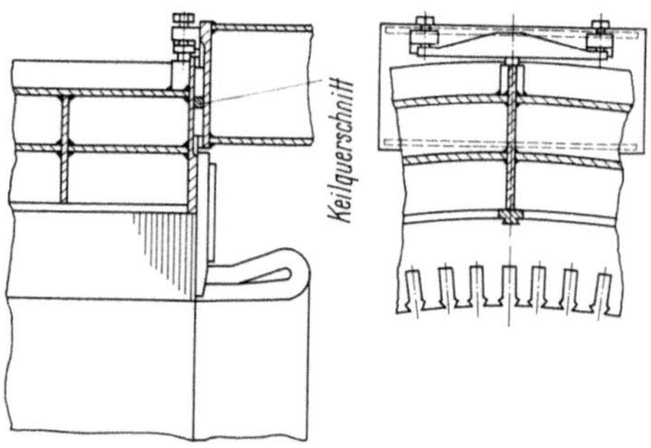

Abb. 297. Elastische Verbindung Stator-Fundament zur Aufnahme der Wärmedehnung im Statorkörper

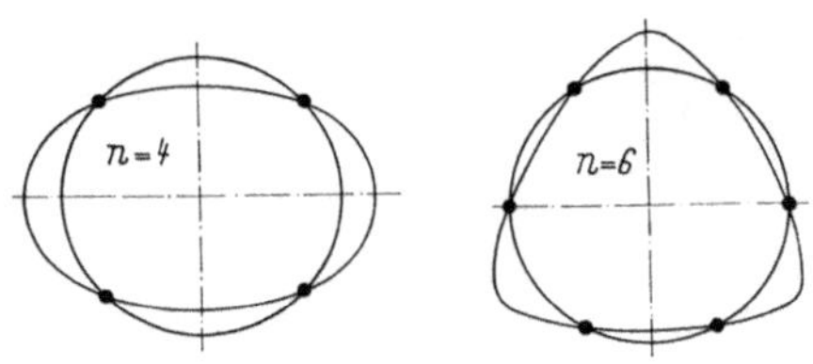

Abb. 298. Biege-Eigenschwingungsformen des elastischen Kreisringes

federt in das Statorgehäuse ein. Bei Konstruktionen, bei welchen ein separates Innengehäuse verwendet wird, wird dieses Innengehäuse gegen das äußere Statorgehäuse gefedert (z. B. Abb. 295), während bei Konstruktionen, bei welchen ein solches Innengehäuse nicht verwendet wird, die den Blechkörper tragenden Keilleisten gefedert werden.

Bei der Konstruktion von Gehäusen für Wechselstrommaschinen, die schwingungsarm sein sollen, ist es notwendig, darauf zu achten, daß das Gehäuse und der Blechkörper durch das rotierende Magnetfeld nicht zu Resonanzschwingungen angeregt werden können. Die Frequenz der Anregung entspricht der Drehzahlfrequenz mal Anzahl Pole.

Die Eigenfrequenz des Gehäuses mit seinen Versteifungen ist der Rechnung nur sehr schwer zugänglich und wird normalerweise durch Anschlagen oder durch örtliche Anregung mit einem Schwingungserzeuger bestimmt. Der Blechkörper kann für praktische Belange als geschlossener dünner[1] Kreisring betrachtet werden und die *Biege-Eigenkreisfrequenz* in der Ringebene rechnet sich wie folgt:

$$\nu_n = \frac{n\,(n^2-4)}{4\sqrt{n^2+4}} \cdot \sqrt{\frac{E I}{A r^4 \varrho}} \quad (n = 4, 6, 8, \ldots) \tag{88}$$

[1] Für dicke Ringe vgl. Kuhl, W.: Messungen zu den Theorien der Eigenschwingungen von Kreisringen beliebiger Wandstärke. Akust. Z. 7 (1942) S. 125—152.

ν_n	[1/s]	Eigenkreisfrequenz
n		Anzahl Knoten der Eigenform, s. Abb. 298
E	[kp/cm²]	Elastizitätsmodul
I	[cm⁴]	Flächenträgheitsmoment
A	[cm²]	Querschnitt
ϱ	[kp · s²/cm⁴]	Dichte
r	[cm]	Radius

b) Gleichstrommaschinen. Das Gehäuse von Gleichstrommaschinen dient unter anderem (s. S. 331) in erster Linie der Leitung des magnetischen Flusses von Haupt- und Wendepolen. Die Gehäuse von Gleichstrommaschinen sind deshalb immer aus Stahlguß, geschweißtem Stahl oder aus lamelliertem Blech her-

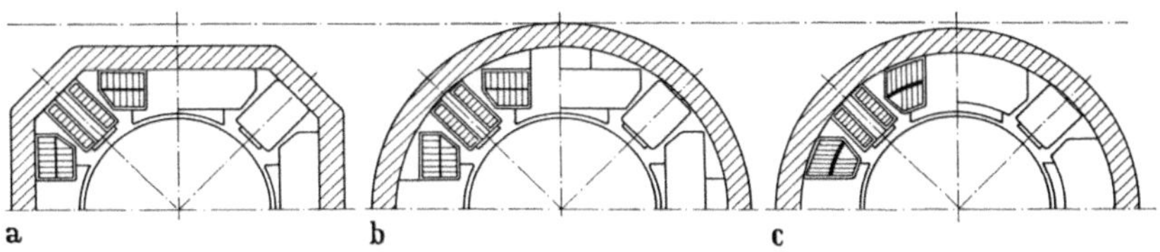

Abb. 299. Verschiedene Gleichstrom-Gehäuseformen und die Anordnung der Haupt- und Wendepolwicklungen
a gegossenes oder geschmiedetes, eckiges Gehäuse (günstige Wickelraumausnützung); b, c geschweißte, runde Gehäuse, in c mit guter Wickelraumausnützung durch Anpassen der Feldspulen an die Gehäusekontur

gestellt. Die Gehäuse-Wandstärke bzw. der Gehäuselängsschnitt ist in erster Linie nach magnetischen Gesichtspunkten für die vorbestimmte magnetische Induktion zu wählen, d. h., der magnetische Längsschnitt des Gehäuses muß ca. dem halben Hauptpolquerschnitt gleich sein. Der Gehäusedurchmesser bzw. die Differenz des Gehäuse-Innenradius und des Rotorradius ist gegeben durch den Raum für die Haupt- und Wendepole und deren Wicklungen (Abb. 299). Bei kleineren Polzahlen (4-, 6- oder 8polig) ist eine eckige Anordnung vielfach vorteilhaft (s. S. 243 u. Abb. 299a).

Abb. 300. Mischstrommotor mit geblechter Wendepolbrücke
1 Gehäuse massiv; *2* Wendepol geblecht; *3* Hauptpol, mit Wendepolbrücke *4*, geblecht

Bei aus Stahlguß gegossenen Gehäusen, z. B. bei Gleichstrom-Bahnmotoren, bei welchen geringes Gewicht eine Rolle spielt, kann der Gehäuse-Längsschnitt in den Hauptpolachsen verringert werden, weil der Flußübertritt vom Hauptpol zum Gehäuse sich über die ganze Polbreite gleichmäßig verteilt (Abb. 300).

Bei Gleichstrommaschinen mit hohen dynamischen Anforderungen an den magnetischen Kreis — z. B. statische Anspeisung, hohe Ankerstromanstiegsgeschwindigkeiten, auch rascher Feldaufbau — ist es notwendig, die Gehäuse aus lamelliertem Blech aufzubauen. Dabei kann in der Regel auf „ideale Blechung" — d. h. lamellierte Bleche 0,5 mm dick, isoliert und mit isoliertem Bolzen gepreßt — verzichtet werden und der Statorkörper aus 1 bis 2 mm dicken, unisolierten, aber ungebeizten, gestanzten halb überlappten Segmenten mit mindestens zwei Preßbolzen pro Segment hergestellt werden (s. Abb. 301). Die Segmente werden über die Bolzen geschichtet und die Bolzen mit den beidseitigen Preßringen unter Pressung verschweißt. Die Restpreßkraft soll mindestens 10 kp/cm² betragen. Weil die Bolzen sich nach dem Lösen der Pressung unter der Zug-

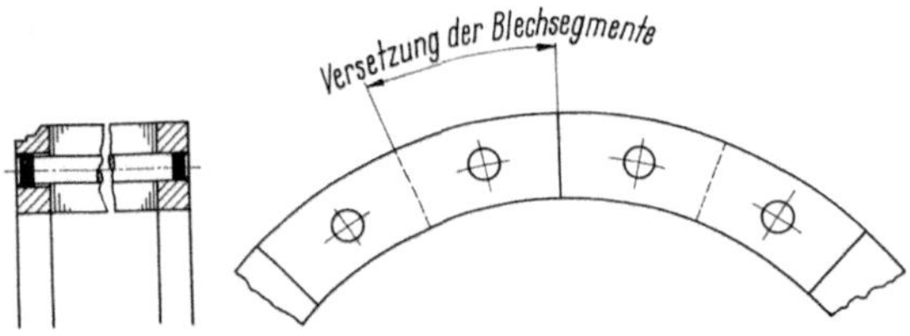

Abb. 301. Geblechter Statorkörper einer Gleichstrommaschine

beanspruchung längen, muß der Druck mit welchem auf der Presse gepreßt wird, wesentlich höher sein, in der gleichen Weise wie dies für geblechte Pole im Beispiel S. 276 dargelegt ist.

Der Teil des Gehäuses, welcher insbesondere den Kommutatorraum bildet, also nicht der Leitung des magnetischen Flusses dient und deshalb aus relativ dünnem Blech besteht, wird mit dem lamellierten Gehäuseteil verschweißt (Abb. 302a).

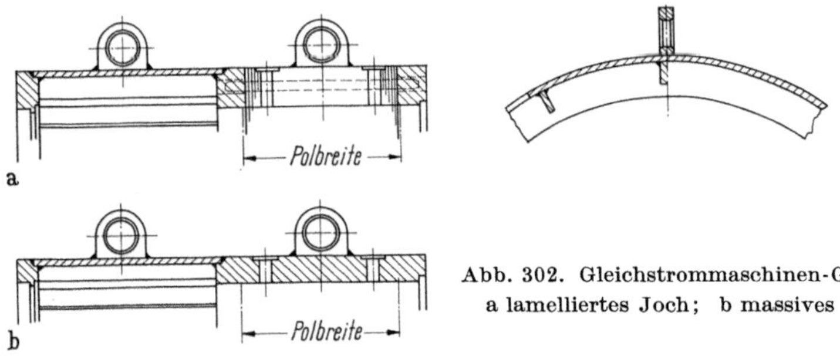

Abb. 302. Gleichstrommaschinen-Gehäuse a lamelliertes Joch; b massives Joch

Für die großen Gehäuse genügt in der Regel ein rechteckiger Längsschnitt, der nur nach magnetischen Gesichtspunkten gewählt wird, nicht mehr den Anforderungen an die Formsteifigkeit. Es ist hierfür bei massivem Gehäuse ein *profilierter* Längsschnitt (s. Abb. 303) und bei lamelliertem Gehäuse die zusätzliche Verwendung von zwei oder mehreren *Tragwangen* (s. Abb. 304), welche in die Gehäusefüße übergehen (s. Abb. 305), nötig.

Für zweiteilige Gehäuse ist eine Teilfugenverschraubung etwa nach Abb. 290 üblich.

In manchen Fällen — z. B. bei Traktionsmaschinen und Mischstrommotoren — bei welchen lamellierte Gehäuse für die erhöhten dynamischen Beanspruchungen unerwünscht erscheinen, können lamellierte Hauptpole mit *Wendepolbrücken* in das reduzierte massive Gehäuse eingebaut werden (s. Abb. 300).

Im Gegensatz zum massiven Gehäuse (Abb. 302b) ist beim lamellierten Gehäuse (Abb. 302a) das eigentliche Magnetjoch verkürzt auf Hauptpollänge

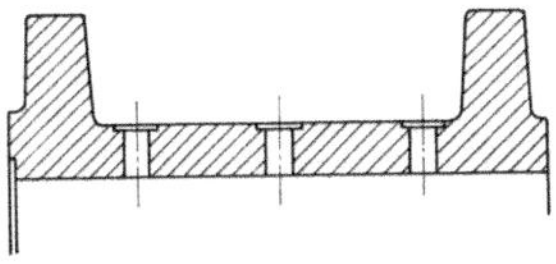

Abb. 303. Profiliertes massives Gleichstrom-Magnetgehäuse

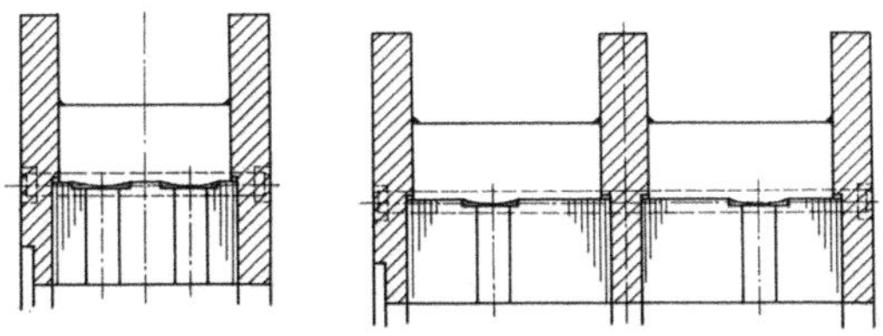

Abb. 304. Lamelliertes Gleichstrom-Magnetgehäuse mit Tragwangen versteift

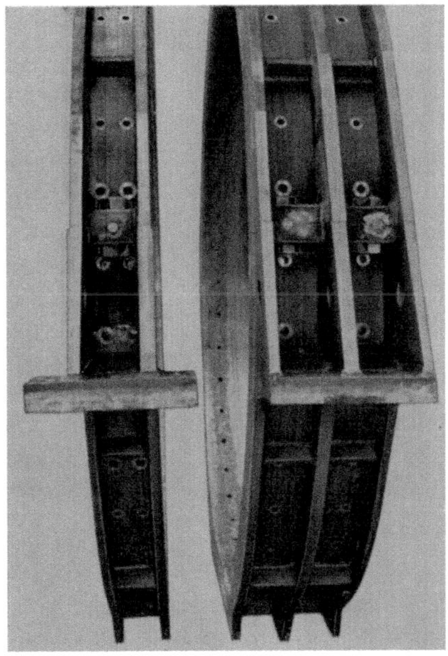

Abb. 305. Lamelliertes Magnetgehäuse zu Gleichstrommotor

(ungefähr gleich lamellierter Jochlänge). Beim massiven Gehäuse kann unter Beibehaltung des magnetischen Querschnittes das Joch dünner, über die Pole hinaus verlängert und dadurch Gewicht gespart werden (Abb. 302b).

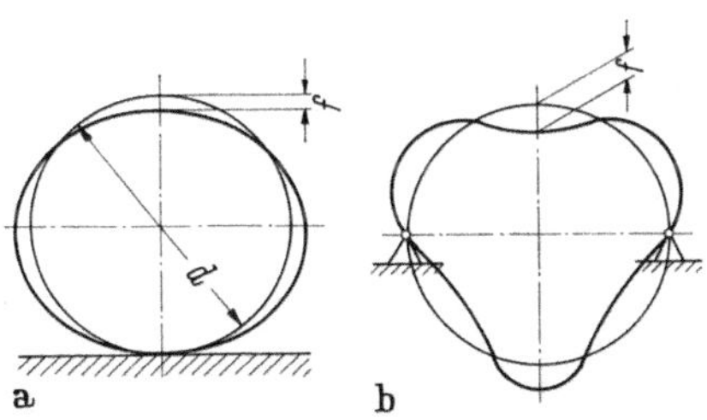

Abb. 306. Elastische Scheitelsenkung eines Stators infolge Eigengewicht

c) Berechnung. Wegen des großen Luftspaltes von Synchron- und Gleichstrommaschinen sind bei diesen Maschinen kleine Deformationen des Gehäuses normalerweise zulässig und eine eigentliche Gehäuseberechnung deshalb nicht notwendig. Es ist aber zweckmäßig und üblich, die Biegesteifigkeit der Gehäuse von Maschinen verschiedener Größe aufeinander abzustimmen.

Bei horizontalachsigen Synchronmaschinen sehr großen Durchmessers und sehr kleiner Eisenlänge, bei allen Asynchronmaschinen und bei größeren Gleichstrommaschinen — also Maschinen, welche deformationsempfindlicher sind — ist eine solche *vergleichsweise* Abschätzung der Gehäusedeformation oder der Trägheitsmomente immer nötig. Die mechanischen Spannungen sind im allgemeinen von untergeordneter Bedeutung. Die maximale radiale Deformation soll im montierten Zustand $^1/_{10}$ des Luftspaltes nicht überschreiten.

1. Näherungsformeln. Für einen Vergleich der Deformationen bezüglich *Eigengewicht* kann z. B. die *Scheitelsenkung* eines gleichmäßig mit dem Gewicht des Blechpaketes oder der Pole belasteten geschlossenen Kreisringes (Abb. 306) herangezogen werden. Sie beträgt nach der Hütte[1]

$$f = \varkappa \cdot \frac{q r^4}{EI} \tag{89}$$

mit den Bezeichnungen

$\varkappa = 0{,}0135$		Lagerung gemäß Abb. 306a
$\varkappa = 0{,}467$		Lagerung gemäß Abb. 306b
f	[cm]	Einsenkung des Scheitels
q	[kp/cm]	Gewicht pro Längeneinheit in Umfangsrichtung
r	[cm]	Radius
E	[kp/cm²]	Elastizitätsmodul
I	[cm⁴]	Trägheitsmoment
(EI	[kpcm²]	Biegesteifigkeit)

Man erkennt, daß unabhängig von der Lagerung der Ausdruck qr^4/EI für die Deformation infolge Eigengewicht maßgebend ist und somit als Kennziffer aufgefaßt werden kann. Zur Erfassung der Einflüsse von Drehmoment ($\sim P/n$) und magnetischem Zug schlägt LIWSCHITZ[2] für *Wechselstrommaschinen* eine minimale Biegesteifigkeit von

$$(EI)_{\min} = \frac{50\,000\, P r_s^2}{n\delta} \tag{90}$$

und für *Gleichstrommaschinen* einen Erfahrungswert von

$$(EI)_{\min} = 0{,}58\, D^2 \cdot l \cdot r_s^2 \tag{91}$$

vor, wobei bedeuten

P	[kW]	Leistung
n	[U/min]	Drehzahl
δ	[cm]	Luftspalt
r_s	[cm]	Schwerpunktsradius des Gehäuses
D	[cm]	Ankerdurchmesser
l	[cm]	axiale Länge des Blechpaketes
E	[kp/cm²]	Elastizitätsmodul des Gehäuses
I	[cm⁴]	Trägheitsmoment des Gehäuses

Die Werte sind für heutige Maschinen eher zu groß („sichere Seite") und somit kaum als Minimalwerte aufzufassen. Bei großen lamellierten Gleichstromgehäusen, die immer mit Tragwangen gebaut werden, rechnet man zur Bestimmung des Trägheits- bzw. Widerstandsmomentes die Tragwangen selbst und vom geblätterten Jochring nur einen Teil der axialen Länge als mittragend. Dieser axiale Anteil, welcher pro Tragwange zugeschlagen wird, ist im allgemeinen gleich der radialen Höhe des lamellierten Teiles, jedoch im Maximum insgesamt gleich der halben axialen Länge des lamellierten Teiles.

[1] Hütte IV A, 28. Aufl., S. 181.

[2] LIWSCHITZ-GLÖCKNER, Die Elektr. Masch., Bd. II, Konstruktion und Isolierung, BG. Teubner, 1931, S. 179, S. 188.

2. Genauere Berechnung. Die exakte Berechnung der Spannungen und besonders der Deformationen des Gehäuses sind recht umfangreich, zumal die Einspannverhältnisse der Füße von erheblichem Einfluß sind. Der geschlossene, auf Füße abgestützte Kreisring unter vorgegebener Belastung ist mehrfach statisch unbestimmt und seine Berechnung gehört ins Gebiet der technischen Mechanik[1]. Die Belastung des Gehäuses setzt sich zusammen aus

1. dem Gewicht des Gehäuses inklusive Pole, Wicklungen usw.,
2. dem magnetischen Zug,
3. dem Drehmoment.

Von den auf das Gehäuse wirkenden Kräften hat das Drehmoment den größten Einfluß.

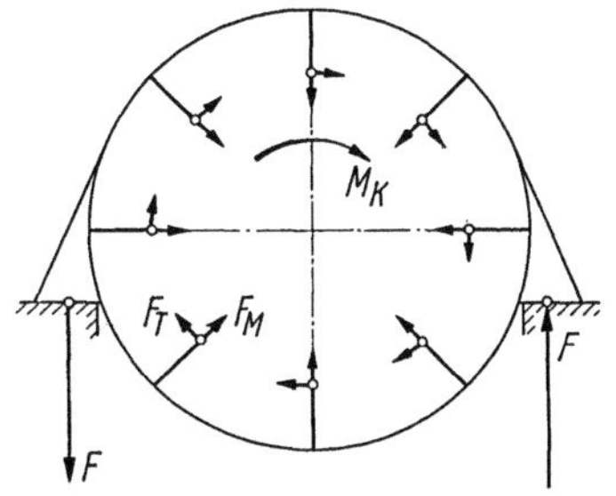

Abb. 307. Kräfte am Stator infolge von Drehmoment und magnetischem Zug

Am magnetischen Gehäuse einer Gleichstrommaschine (Abb. 307) greift das *Drehmoment* hauptsächlich in Form von Tangentialkräften F_T an den dem Rotor zugekehrten Polschuhflächen je Pol an. Die Fundamentreaktionen F halten den Tangentialkräften das Gleichgewicht. Der *magnetische Zug* wirkt in Form von radial nach innen gerichteten Einzelkräften F_M an der Polschuhfläche. Er errechnet sich pro Pol näherungsweise nach der Gleichung[2]

$$F_M = \left(\frac{B}{5000}\right)^2 l\, b_p \tag{92}$$

F_M	[kp]	Magnetische Zugkraft
B	[Gauß]	Induktion im Luftspalt
l	[cm]	Eisenlänge
b_p	[cm]	Polbogen

Er wird durch die Polschenkel auf den Jochring weitergeleitet.

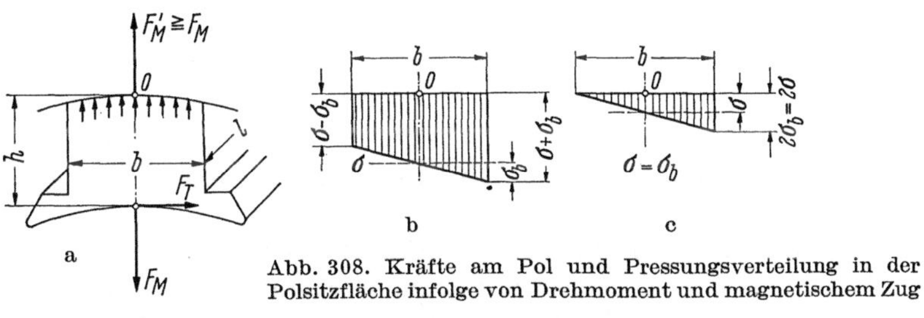

Abb. 308. Kräfte am Pol und Pressungsverteilung in der Polsitzfläche infolge von Drehmoment und magnetischem Zug

Der Einfluß des Eigengewichtes ist auf S. 346 aufgeführt.

α) *Vorspannung der Pol-Schraubenbefestigung.* Die Vorspannkraft F_V der Polschrauben erzeugt in der Polsitzfläche die Pressung

$$\sigma = \frac{F_V}{l b} \tag{93}$$

[1] Vgl. z. B. BIEZENO u. GRAMMEL, Technische Dynamik, Springer 1953, Bd. I, S. 362ff., Hütte, 28. Aufl., Bd. IVa, S. 172ff.

[2] Über den unausgeglichenen magnetischen Zug bei exzentrischer Lage von Rotor und Stator vgl. Formel (264) S. 536.

Bezüglich des Punktes O (Abb. 308a) bewirkt die Tangentialkraft F_T das statische Moment

$$M_b = F_T \cdot h \tag{94}$$

mit Biegerandspannungen der Größe

$$\sigma_b = \frac{M_b}{W} = \frac{6 F_T h}{b^2 l} \tag{95}$$

Beide Spannungen σ und σ_b sind zu überlagern, vgl. Abb. 308b.

Der magnetische Zug entfällt für die Berechnung der Schraubenkraft, denn die magnetische Klebkraft F'_M, mit welcher der Pol am Joch haftet, ist bei Eisenschluß am Joch größer als der Radialzug F_M am Polschuh. Den Klebkraftüberschuß, der die Schrauben entlastet, läßt man unberücksichtigt. Mit $F_M = F'_M$ wird die Gesamtrandpressung

$$\sigma_R = \sigma \pm \sigma_b \tag{96}$$

Damit der Pol in der Sitzfläche nicht klafft, ist zu fordern

$$\sigma - \sigma_b \geqq 0 \tag{97}$$

Für den Grenzfall $\sigma = \sigma_b$ (Abb. 308c) wird mit (93) und (95) die *minimale Vorspannkraft*

$$F_{V,\,\min} = \frac{6 F_T h}{b} \tag{98}$$

β) Kräfte infolge Drehmoment und magnetischem Zug bei vielpoligen Maschinen. Für vielpolige Maschinen und für Überschlagsrechnungen wird die Belastung ohne nennenswerten Fehler zweckmäßigerweise auf Linienlasten zurückgeführt.

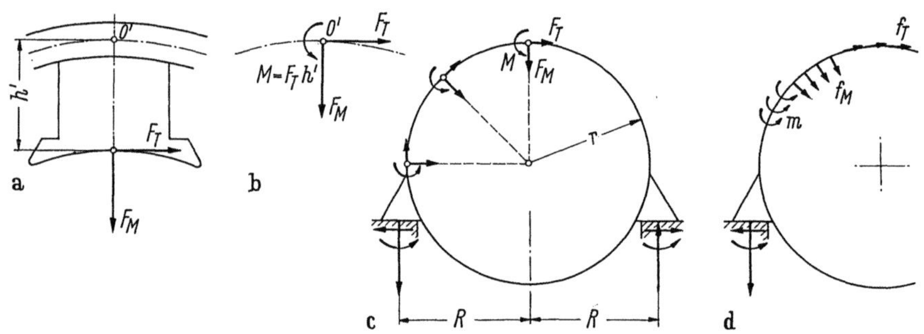

Abb. 309. Reduktion der Kräfte infolge von Drehmoment und magnetischem Zug auf Linienlasten

Nachdem man das Joch durch einen dünnen, biegesteifen Ring längs der Jochmittelfaser (neutrale Biegefaser des Jochquerschnittes) idealisiert hat, werden die Kräfte F_T und F_M auf die Punkte 0′ des Ringes (Abb. 309a) reduziert, wobei neben F_T und F_M noch das Biegemoment $M = F_T h'$ hinzutritt (Abb. 309b). Multipliziert man diese Größen mit der Anzahl z der Pole und dividiert durch den Umfang, so erhält man die gesuchten drei Linienlasten (Abb. 309d) zu

$$\begin{aligned} m &= \frac{M z}{2 r \pi} = \frac{F_T h' z}{2 r \pi} = f_T\, h' \\ f_T &= \frac{F_T z}{2 r \pi} \\ f_M &= \frac{F_M z}{2 r \pi} \end{aligned} \tag{99}$$

Neben diesen äußeren Belastungen (abgesehen vom Eigengewicht) sind noch die Reaktionen der Füße zu ermitteln, um alle Kräfte, die auf den Ring wirken, zu kennen.

Wir setzen nun einfachheitshalber[1] voraus, daß das Gehäuse auf dem Fundament statisch bestimmt gelagert sei (Abb. 310) und ermitteln die Reaktionen an den Füßen getrennt für die drei Linienlasten m, f_T und f_M. Die radial gerichtete

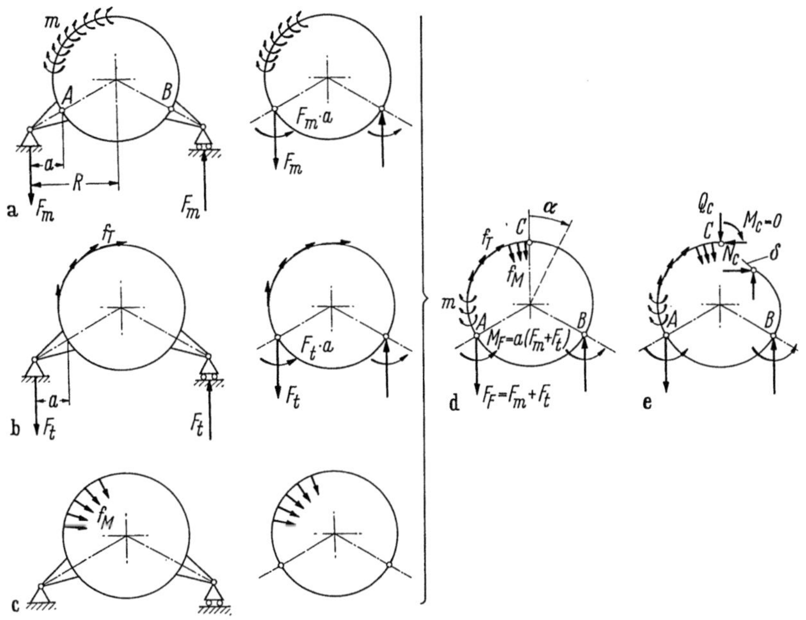

Abb. 310. Kräfte infolge von Drehmoment und magnetischem Zug am statisch bestimmt gelagerten Gehäuse mit vielen Polen

Last f_M erzeugt lediglich eine Zusammenziehung des Gehäuses ohne deren Kreisform zu ändern, Abb. 310c, es wirken keine Reaktionen auf den Kreisring. Die Last m integriert über den Kreisumfang erzeugt ein reines Moment $m 2\pi r$, das durch das Gegenmoment $F_m 2R$ des Reaktionskräftepaares kompensiert wird (Abb. 310a). Die Reaktionskräfte sind somit

$$F_m = m \cdot \frac{\pi r}{R}. \tag{100}$$

Die Last f_T ergibt ebenfalls integriert über den Umfang ein reines Moment $f_T 2\pi r^2$ das durch das Gegenmoment der Reaktionskräfte $F_t 2R$, Abb. 310b, übernommen wird. Es ist also

$$F_t = f_T \cdot \frac{\pi r^2}{R}. \tag{101}$$

[1] Für andere Einspannverhältnisse muß auf die zuständige Literatur der technischen Mechanik verwiesen werden.

Die Überlagerung und Reduktion der Lagerkräfte auf die Punkte A und B der Ringmittelfaser ergibt eine konkrete Kraft F_F und ein konkretes Biegemoment M_F, Abb. 310d, von

$$\begin{aligned} F_F &= F_m + F_t = \frac{\pi r}{R}(m + f_T\, r) \\ M_F &= (F_m + F_t)\, a = \frac{\pi r a}{R}(m + f_T\, r). \end{aligned} \tag{102}$$

Mit diesen Reaktionen sind sämtliche wirkenden Kräfte am Gehäusering bekannt.

Zur Bestimmung der Querschnittsgrößen in irgendeinem Schnitt α des Ringes, Abb. 310d, ist der Ring an irgendeiner zweckmäßigen Stelle aufzuschneiden, um ihn statisch bestimmt zu machen. Im vorliegenden Falle geschieht dies zweckmäßig im oberen Scheitelpunkt C, da hier wegen der asymmetrischen Belastung das Biegemoment verschwindet. Man hat somit noch die vorerst unbekannte

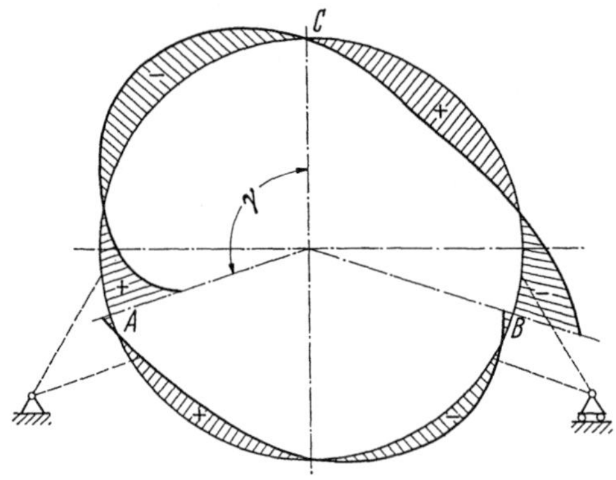

Abb. 311. Verlauf des Biegemomentes über den Umfang infolge von Drehmoment und magnetischem Zug am Gehäuse

Querkraft Q_c und die unbekannte Normalkraft N_c so zu bestimmen, daß unter den gesamten Kräften die relative Verschiebung δ der Schnittenden verschwindet. Mit den jetzt bekannten Größen Q_c und N_c können die Schnittgrößen in einem beliebigen Schnitt α berechnet werden. Es ist im allgemeinen üblich, lediglich die Biegemomente über den Umfang zu ermitteln, da Quer- und Längskräfte an der Deformation des Ringes vernachlässigbaren Anteil haben. Man gelangt so zu einer Biegemomentenverteilung wie sie in Abb. 311 dargestellt ist. Daraus läßt sich die Verformung des Ringes berechnen.

γ) *Einfluß des Eigengewichtes.* Mit der Voraussetzung statisch bestimmter Lagerung ergeben sich Auflagerdrücke an den Füßen von $F = G/2$. Die inneren Schnittkräfte werden wiederum durch Aufschneiden zweckmäßig im Scheitel (keine Querkraft aus Symmetriegründen) ermittelt. Nach ALEKSEJEW[1] kann unter dieser vereinfachten Voraussetzung über die Lagerung des Gehäuses das Biegemoment M_0 im Scheitel, M_1 an der Fußbefestigungsstelle, sowie die Durchmesseränderung f_v in vertikaler und f_h in horizontaler Richtung angegeben werden; alle

[1] ALEKSEJEW, E. A.: Konstruktion elektrischer Maschinen. Gosenergoisdat (1958), S. 379—382 (russisch).

Größen in Abhängigkeit der Parameter γ und a/r, vgl. Abb. 312. Es ist

$$\left.\begin{aligned} M_0 &= \alpha_0\, q r^2 \\ M_1 &= \alpha_1\, q r^2 \end{aligned}\right\} \quad M_{\text{pos}}\text{: außen Zug, innen Druck}$$

$$\left.\begin{aligned} f_v &= \delta_v \frac{q r^4}{E I} \\ f_h &= \delta_h \frac{q r^4}{E I} \end{aligned}\right\} \quad \delta_{\text{pos}}\text{: Verkleinerung des Durchmessers}$$

$\alpha_0, \alpha_1, \delta_v, \delta_h = f\,(\gamma, a/r)$ in Abb. 312;
q, r, E, I vgl. (89) S. 342.

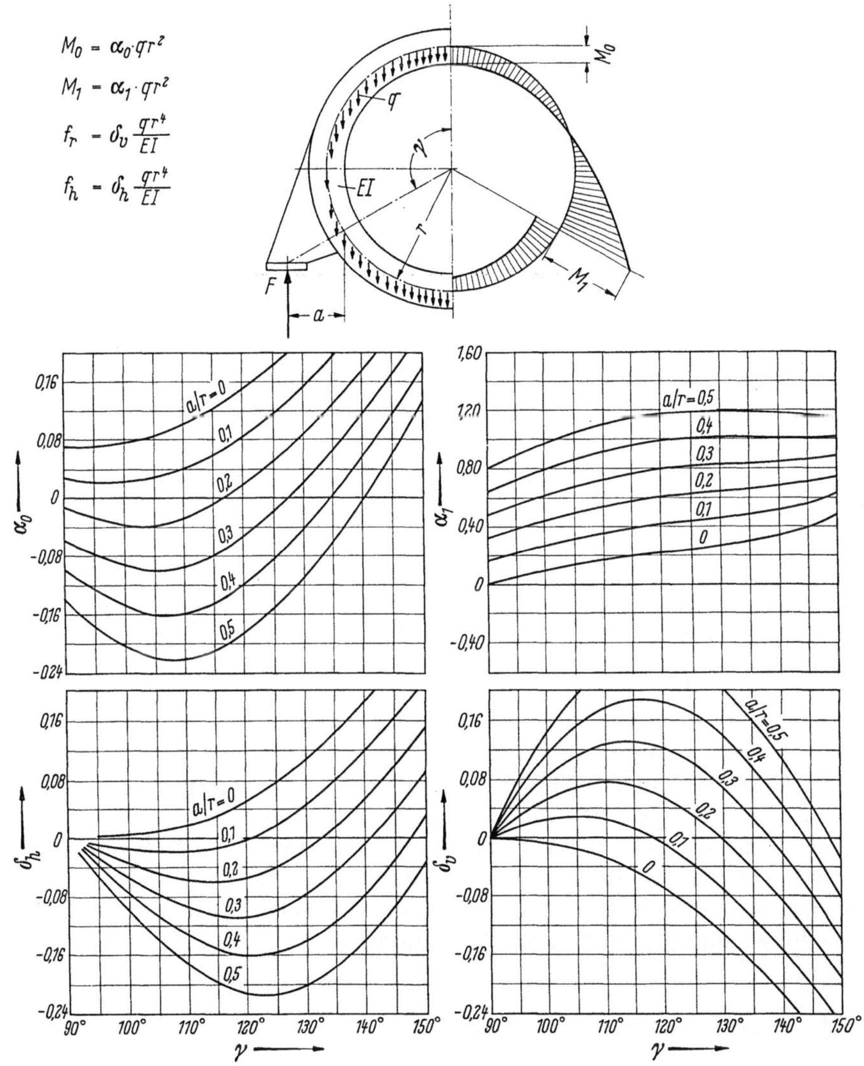

Abb. 312. Biegemomente und Deformationen am Statorgehäuse infolge des Eigengewichtes

Die Randbiegespannung im Scheitel und an der Fußbefestigungsstelle errechnet sich wie üblich mit dem entsprechenden Widerstandsmoment W aus dem Biegemoment M durch

$$\sigma = M/W$$

B. Haupt- und Wendepole von Gleichstrommaschinen

a) Hauptpole. Die *Hauptpole* werden heute wohl ausnahmslos nur noch aus lamelliertem Blech gestanzt, als Polschaft und Polschuh in einem Stück. In der Regel wird 1 mm Blech, unisoliert, jedoch ungebeizt, verwendet. Die Auflagefläche des Poles am Gehäuse ist gewöhnlich rund und deshalb auch der Polschaft. Der

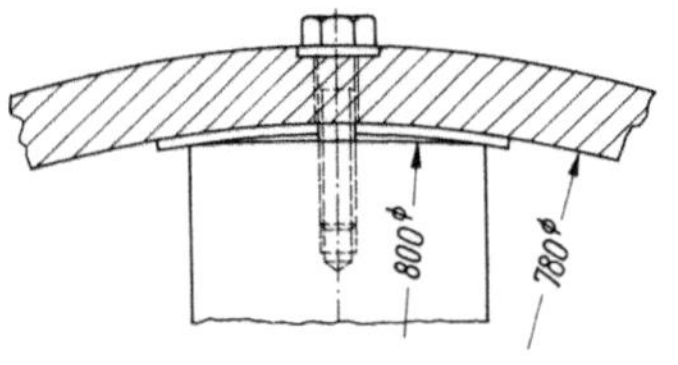

Abb. 313. Hauptpolsitz im Magnetgehäuse

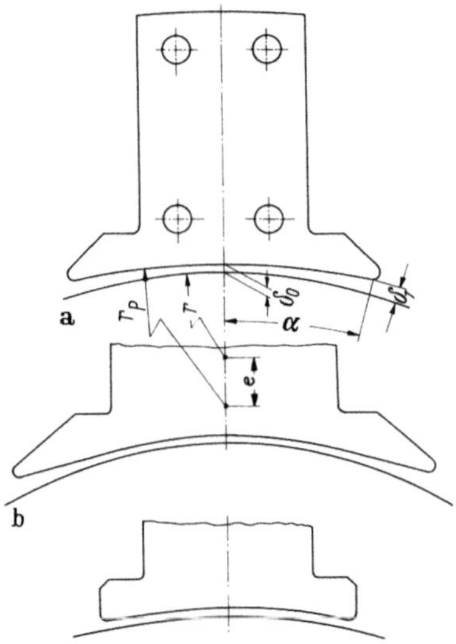

Abb. 314. Hauptpolschuhe
a mit exzentrischem Luftspalt; b mit angeschrägten und c mit abgeschnittenen Polschuhzacken

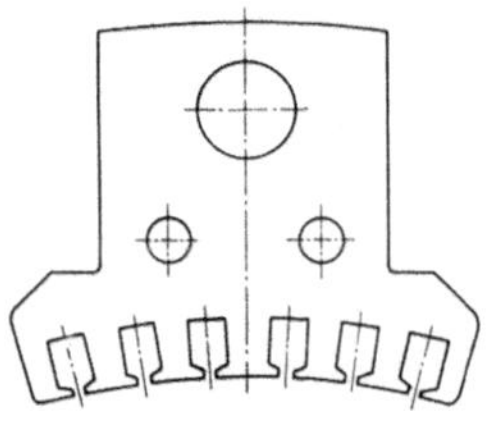

Abb. 315. Hauptpolblech mit Kompensationsnuten

Polradius ist vielfach etwas größer als der Gehäuseradius, so daß der Pol stabil am Gehäuse aufliegt (Abb. 313). Bei nicht kompensierten Maschinen werden die Polschuhe meist so ausgeführt, daß der Luftspalt von der Polmitte aus nach den beiden Polzacken hin größer wird, um einerseits die Feldverzerrung durch die Ankerrückwirkung zu verringern — damit werden auch die Lamellenspannungsspitzen kleiner — und anderseits die Einstreuung des Hauptfeldes in die Wendezone klein zu halten. Der Polschuh-Bohrungsradius für einen *exzentrischen Luftspalt* über den Polschuh errechnet sich rein geometrisch, für gegebenes δ unter Vernachlässigung kleiner Größen 2. Ordnung aus

$$r_P = r + \delta_0 + e(\delta_1) \tag{103}$$

und die Exzentrizität e ergibt sich aus

$$e(\delta_1) = \frac{(r + \delta_1)^2 - (r + \delta_0)^2}{2[r + \delta_0 - (r + \delta_1)\cos\alpha]} \,. \tag{104}$$

Die Bedeutung der Größen geht aus Abb. 314a hervor. Als Polschuhformen sind solche nach Abb. 314a, b und c üblich. Für Hauptpole mit Kompensationswicklungsnuten werden nur Polschuhformen nach Abb. 315 verwendet. Hauptpole mit Dämpfernuten, wie sie früher für Einanker-Umformer verwendet wurden (Abb. 316) sind kaum noch üblich, höchstens für Wechselstrom-Erregermaschinen zur Speisung rotierender Gleichrichter. Die Dämpfernutteilung ist wie bei den rotierenden Polen in Synchronmaschinen gleich einer Anker-Nutteilung.

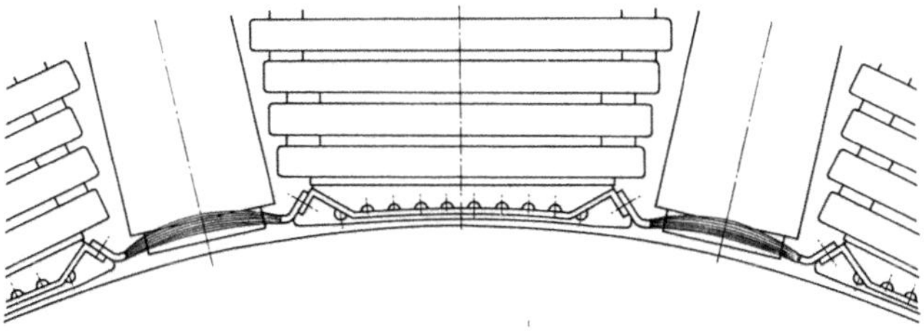

Abb. 316. Hauptpole mit Dämpfernuten (für Einankerumformer)

Auf der Polfläche werden Löcher für Nieten bzw. Schweißbolzen einigermaßen gleichmäßig verteilt angeordnet. Deren Gesamtquerschnitt muß etwa so bemessen sein, daß bei einer Polpressung von ca. 20 kp/cm² die Nieten bzw. Schweißbolzen nicht höher als mit ca. 20 kp/mm² auf Zug beansprucht sind. Um eine Endpressung von ca. 20 kp/cm² zu erhalten, muß der Preßdruck unter der Presse wesentlich höher sein, wie im Beispiel auf S. 276 angegeben.

Um den Preßdruck auf der Polfläche gleichmäßig zu verteilen, werden die Pole auf beiden Stirnseiten mit Pol-Preßplatten versehen, in welche die Nietköpfe oder die Schweißungen versenkt angeordnet werden (Abb. 193). Die Dicke der Pol-Preßplatten ist je nach Polfläche 8 bis 20 mm. Die Platte kann massiv oder aus einzelnen Blechen durch Punktschweißen zusammengesetzt sein.

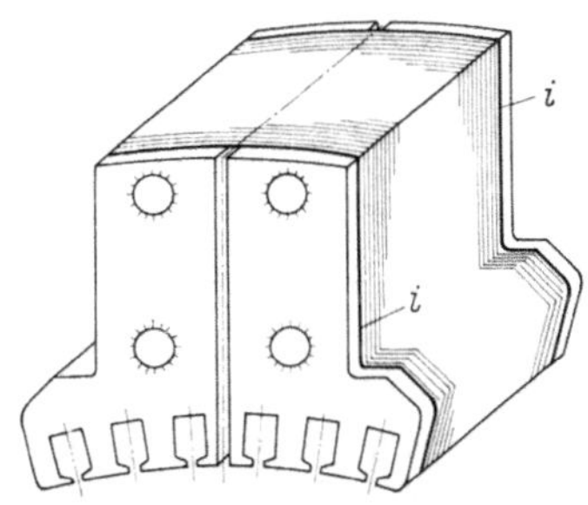

Abb. 317. Hauptpol mit unterteilten, vom Blechkörper isolierten Preßplatten, *i* Preßplattenisolierung

Bei Maschinen mit strengen dynamischen Anforderungen an den Hauptflußkreis werden oft die Pol-Preßplatten unterteilt und am Pol isoliert aufgesetzt (Abb. 317), damit die Bolzen mit den Preßplatten keine Dämpferwicklung um den Pol darstellen.

Pole für Gleichstromerregermaschinen werden vielfach mit einem „Isthmus“ versehen, um schon vom Ursprung weg eine, durch die früh einsetzende Sättigung im Hauptpol gekrümmte Leerlaufkennlinie (Ankerspannung in Abhängigkeit von den Erregeramperewindungen) zu erhalten. Damit kann mit Selbsterregung über einen großen Spannungsbereich ein stabiler Betrieb erreicht werden.

Die Pole werden immer durch Schrauben am Gehäuse befestigt, deren notwendige Vorspannung nach S. 342 gerechnet werden kann. Die Schrauben müssen außer dem Gewicht des Poles und der Polwicklung auch noch die aus dem Maschinendrehmoment errechnete Haltekraft aufnehmen (s. S. 343). Die Gewinde für diese Schrauben können direkt in die gut gepreßten lamellierten Pole eingeschnitten werden.

Wenn die Ankernuten nicht schräggestellt sind, ist es oft nötig, die Polschuhzacken schräg abzufräsen (Abb. 194), um das stoßweise Ein- und Austreten der Nuten unter dem Pol zu verhindern. Im anderen Falle können Drehimpulse im Takt der Ankernutung erzeugt werden, die bei Resonanz mit einer Torsions-Eigenschwingung der Welle zu ernsthaften Störungen führen können.

Zur Einstellung eines *gleichmäßigen* Hauptpol-*Luftspaltes* für alle Pole werden bei größeren Gehäusen zwischen Pol und Joch mehrere Bleche von 1 und 0,5 mm Dicke unterlegt. Dies gilt insbesondere bei geblechten Gehäusen, bei denen u. U. auf eine Bearbeitung der Gehäusebohrung verzichtet wird. Die Einstell-Unterlagsbleche werden bei hohen dynamischen Anforderungen an den magnetischen Hauptkreis beidseitig isoliert gewählt.

b) Wendepole. Die *Wendepole*, die bei praktisch allen Gleichstrommaschinen — eine Ausnahme bilden u. a. Tachodynamos als Drehzahlmeßwertgeber — zur Ermöglichung einer guten Kommutierung angewendet werden, sind schmal und in der neutralen Zone — also zwischen zwei Hauptpolen — angeordnet. Der Wendepol-Luftspalt ist wesentlich größer als der Hauptpol-Luftspalt. Die Wende-

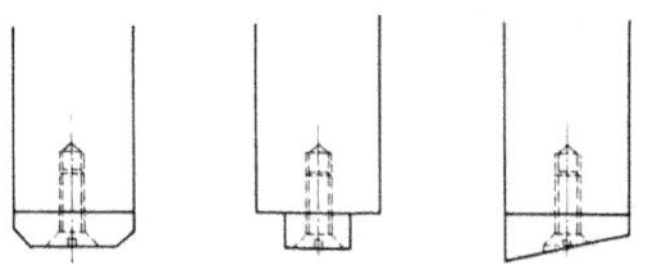

Abb. 318.
Verschiedene Wendepolschuhformen

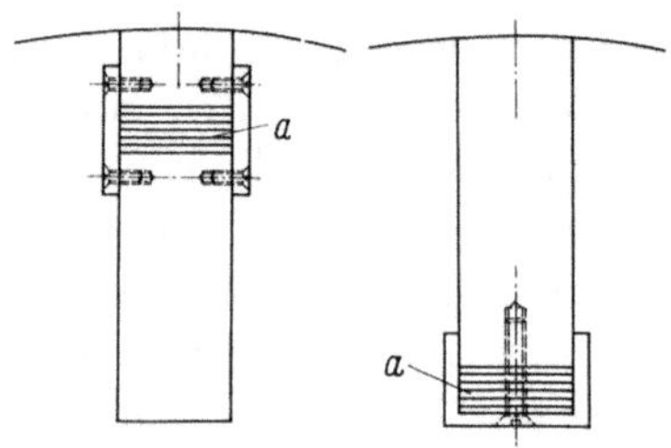

Abb. 319. „Schubladenkonstruktion" zum Einstellen des Wendepolluftspaltes
a Eisen-, Dynamo- oder Messingbleche

pole können grundsätzlich aus massivem Eisen bestehen, werden aber mit Vorteil schon bei relativ bescheidenen Anforderungen an das dynamische Verhalten des Wendeflußkreises lamelliert ausgeführt, auch wenn das Joch aus massivem Eisen besteht. Die Wendepole werden in dem Falle, wie die Hauptpole, aus gestanzten Blechen zusammengenietet.

Der Querschnitt der Wendepole wird — im besonderen bei kompensierten Maschinen, bei denen die Wendepolwicklung gegen den Anker zu konzentriert werden kann — gegen das Gehäuse hin stark verbreitert, um einerseits eine größere Auflage und damit größere Steifigkeit in Umfangsrichtung zu erhalten, andererseits um dem im allgemeinen großen Streufluß Rechnung zu tragen (Abb. 195, 285).

Die für gute Kommutation erforderliche Verteilung des Wendefeldes wird entweder durch entsprechende Abschrägung der ankerseitigen Polkanten erreicht, z. B. Abb. 283, oder durch Anschrauben besonders geformter Polschuhe (Abb. 318).

Für die Einstellung des Wendepolluftspaltes — der oft erst bei Probelauf durch Ermittlung der Grenzkurven *funkenfreier* Kommutierung endgültig festgelegt wird — werden wie beim Hauptpol Einstellbleche zwischen Gehäuse und Wendepol oder am Wendepolschuh angeordnet, die bei Maschinen für rasche Ankerstromänderung möglichst weitgehend unterteilt sein sollen. Besondere „Schubladen-Konstruktionen" für diese Einstellbleche zeigt Abb. 319.

Die Wendepolwicklung wird normalerweise direkt am Wendepol durch eine entsprechende Haltekonstruktion — aus unmagnetischem Material — befestigt (z. B. Abb. 285).

C. Lagerschilde, Tragsterne, Verschalungen

Bis zu etwa 1500 mm Gehäuseaußendurchmesser werden für elektrische Maschinen die Bauformen B, C und V (s. Tab. 5, 6, 8, S. 17, 20, 23), also Bauformen mit *Lagerschilden*, verwendet. Im Bereiche, in welchem gegossene Gehäuse verwendet werden, sind auch die Lagerschilde normalerweise gegossen, und zwar aus

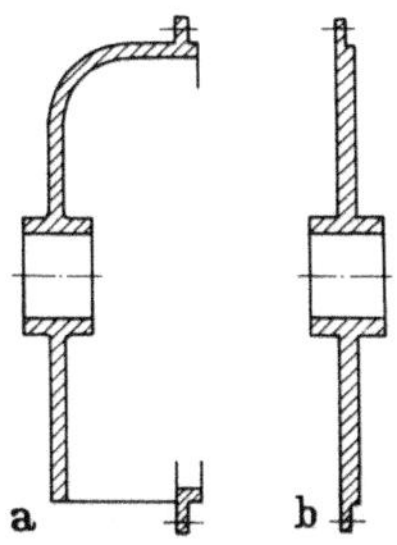

Abb. 320. Lagerschilde
a Glockenform; b Scheibenform

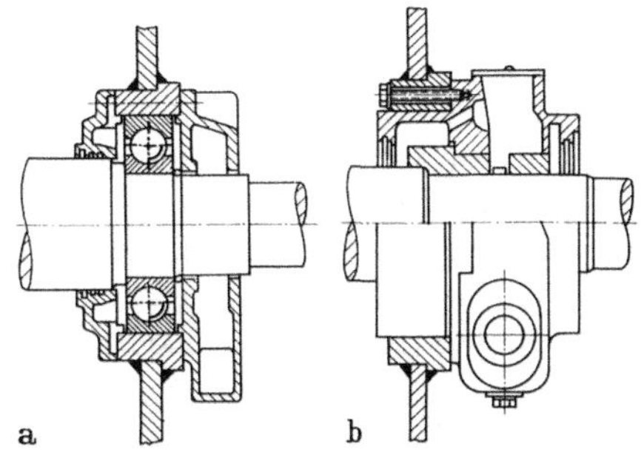

Abb. 321. Lagerschild mit eingesetztem
a Wälzlager; b Gleitlagerkopf

gleichem Material (Leichtmetall, Grauguß oder Stahlguß) wie die Gehäuse. Bei Leichtmetall-Lagerschilden ist es vielfach üblich, für den Wälzlagersitz einen Grauguß-, Stahl- oder Sintermetallring mit einzugießen. Für geschweißte Gehäuse werden üblicherweise auch die Lagerschilde geschweißt.

Die Lagerschilde werden sowohl in Glockenform als auch in Scheibenform (Abb. 320) hergestellt. Bei der Glockenform sind die Lufteintritts- und Austrittsöffnungen in den jeweiligen Schutzarten (s. Tab. 1) normalerweise im Lagerschild angebracht. Die Scheibenlagerschilde haben gewöhnlich keine Luftöffnungen, letztere sind dann im Gehäuse angeordnet.

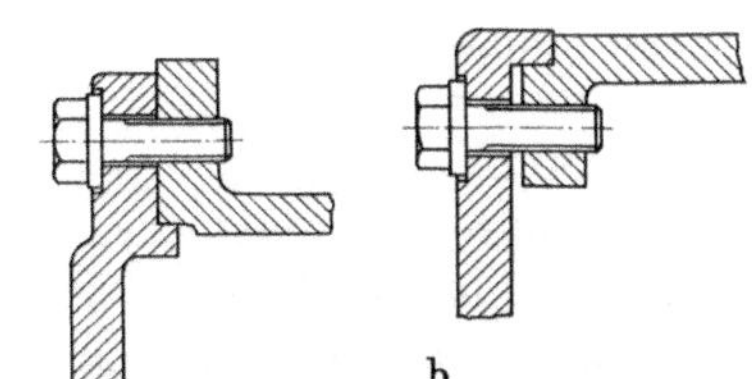

Abb. 322. Lagerschildbefestigung
a gut; b schlecht (Verspannung möglich)

Die Lagerschilde sind bevorzugt für die Aufnahme von Wälzlagern; sie werden jedoch auch — insbesondere für raschlaufende mittlere Maschinen — mit Gleitlagerköpfen gebaut, die zusammen mit dem Schild aus einem Stück gegossen werden können, oder es wird ein Gleitlagerkopf in die für Wälzlager vorgesehene Bohrung eingesetzt (Abb. 321).

Für die Herstellung von Lagerschilden ist genaue Konzentrizität der Versatzung am Gehäuse mit der Bohrung zur Lageraufnahme und Fluchtung der

Achse für den ruhigen Lauf der Maschine unerläßlich. Deshalb muß die Befestigung derart ausgeführt werden, daß durch die Befestigungsschraube das Lagerschild nicht verspannt werden kann (s. Abb. 322).

Lagerschilde für größere Mittelmaschinen sind bisweilen horizontal geteilt (Abb. 323).

Abb. 323. Lagerschild und Gehäuse geteilt

Für Turbogeneratoren mit Wasserstoffkühlung, bei welchen der Abpreßdruck von 10 kp/cm² auch für die stirnseitige Verschalung gültig ist, die also aus Druckgründen sehr steif ausgeführt werden muß, entsteht kein zusätzlicher Materialaufwand, wenn an Stelle von Endverschalungen Lagerschilde verwendet werden. Diese Schildlagerung hat gleichzeitig den Vorteil der mechanischen Isotropie und einfacher Kombination der Wasserstoff-Wellendichtung mit der Lagerung (Abb. 324).

Abb. 324. Lagerschild einer wasserstoffgekühlten Maschine mit eingebautem Gleitlager

Für größere Vertikalmaschinen, insbesondere bei vertikalen Wasserkraftgeneratoren, werden an Stelle von Lagerschilden sog. *Tragsterne* verwendet, welche die Lager tragen und sowohl die vertikalen Kräfte vom Traglager her als auch die horizontalen Kräfte, von evtl. Rotorunbalancen herrührend, aufnehmen. Sie übertragen die Kräfte entweder auf das Gehäuse (s. Abb. 53) oder unmittelbar auf das Fundament (Abb. 56).

Die unteren Tragsterne dienen auch der Aufsstellung von *Bremsen* und von *Abstützvorrichtungen* zum Abstellen des Rotors bei Arbeiten am Spurlager (s. z. B. Abb. 53 und 55). Die Tragsterne sind geschweißt. An einem Zentralkörper, in welchem das Lager eingesetzt ist, sind je nach Generatorgröße 3 bis 8 Arme befestigt, die den Zentralkörper tragen und zentrieren. Die Arme sind als *Profilträger* (Abb. 325) oder als *Kastenträger* (Abb. 326) konstruiert. An Stelle von Tragsternen, die aus Transportgründen vielfach mit ganz oder teilweise abschraubbaren Armen (Abb. 325) gebaut werden müssen, werden auch *Tragbrücken* (Abb. 327) verwendet.

Abb. 325. Tragstern in Profilbauweise

Abb. 326. Tragstern in Kastenbauweise

Für Tragsterne und Tragbrücken, welche über das Spurlager das Rotorgewicht und den hydraulischen Schub der Turbine aufnehmen müssen, wird die Durchbiegung und Armbeanspruchung unter dieser Belastung gerechnet.

Abb. 327. Tragbrücke

Die Tragsterne sind bei Vertikalgeneratoren meistens mit der Verschalung kombiniert, indem zwischen den einzelnen Armen Verschalungssegmente angeschraubt werden, wie aus Abb. 53 zu ersehen ist.

Bei horizontalen Maschinen sind die zwei- oder mehrteiligen *Verschalungen* aus Eisenblech geschweißt oder aus Aluminium gegossen. Bei großen Maschinen — insbesondere bei kleiner Polzahl — dienen die Aluminiumverschalungen außer zur Luftführung auch der Abschirmung der Stirnstreufelder durch Wirbelströme in der Verschalung. Um Anbrennungen an den Teilfugen der Verschalung zu verhüten, werden diese in den Trennfugen gewöhnlich durch Einlegen von Hartpapierstreifen isoliert, ebenso die Teilfugenschrauben. Alle Schrauben an den Verschalungen (mit Ausnahme derjenigen, mit welchen die Verschalungen an das Gehäuse ge-

Abb. 328. Innere Verschalung, aus einzelnen voneinander isolierten Segmenten zusammengesetzt

schraubt sind) müssen aus unmagnetischem Material sein, weil sich sonst das Stirnstreufeld in ihnen konzentriert und eiserne Schrauben bis zur Glut erhitzen kann.

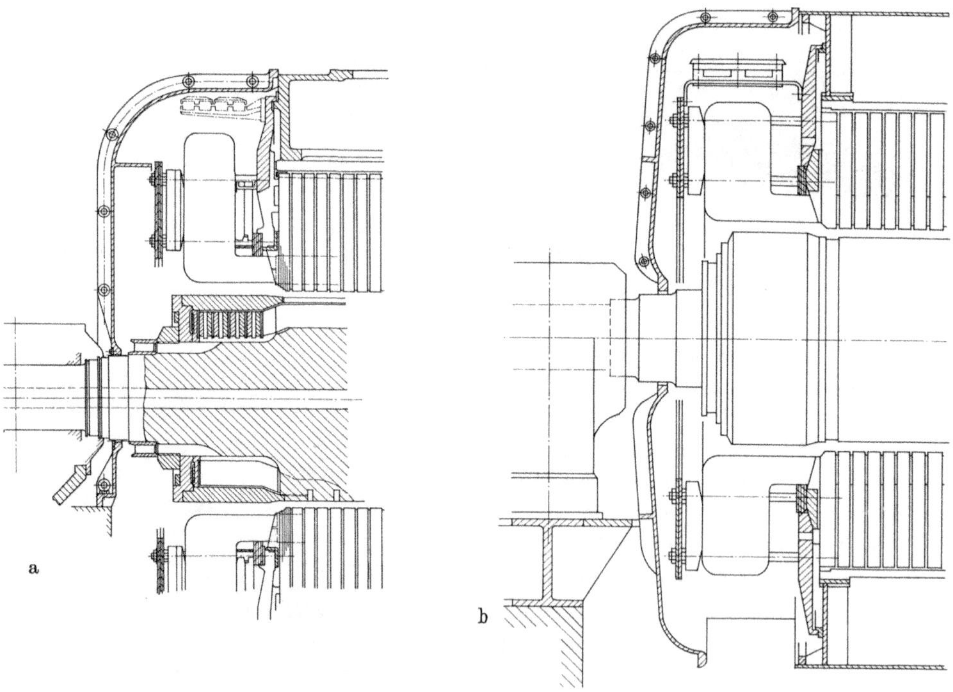

Abb. 329. Äußere Verschalung
a bis auf Fundament; b bis unterhalb Grundplatte

Für Einphasenmaschinen niedriger Polzahl werden die inneren Verschalungen auch aus schmalen, voneinander isolierten Segmenten ausgeführt (Abb. 328). Vielfach werden Verschalungen auch aus Kunststoff hergestellt, wobei jedoch darauf geachtet werden muß, daß Kunststoff keinerlei Abschirmwirkung hat.

Bei horizontalen Großmaschinen mit Kreislaufkühlung können aus Luftführungsgründen die Verschalungen im Fundament entfallen (Abb. 329a); aus Gründen der Streufeldabschirmung gegen die Grundplatte werden sie jedoch gewöhnlich auch innerhalb der Fundamente verwendet (Abb. 329b).

Einen Teil der Verschalung bilden die sog. *Frischlufthauben* (s. z. B. Abb. 91). Sie werden in der Regel vertikal geteilt, um sie bequem seitlich wegschieben zu können. Verschalungen oder Frischlufthauben werden vielfach mit *Sperrluftkammern* versehen, in welche Luft aus dem Ventilator-Druckraum eingeführt wird, um unkontrolliertes Ansaugen von Außenluft und insbesondere von Öl aus den Lagern zu verhüten (Abb. 330).

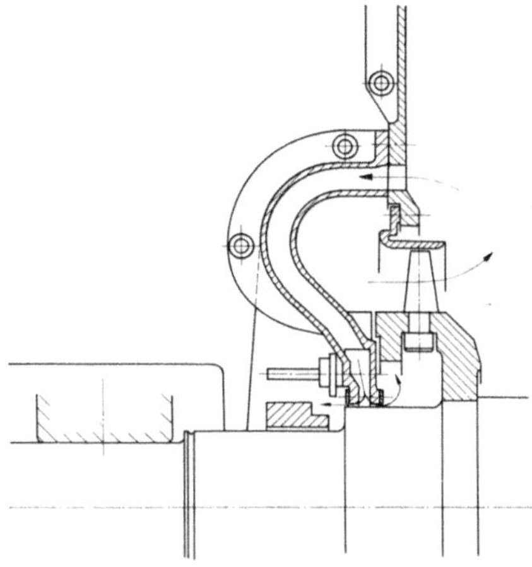

Abb. 330. Sperrluftkammer

Kommutatorverschalungen in Gleichstrommaschinen oder Wechselstom-Kommutatormaschinen sind — um die Kommutatoren überwachen zu können — vielfach mit durchsichtigen und abnehmbaren Fenstern, z. B. aus Plexiglas (Abb. 120), versehen. Bei größeren Turbogeneratoren werden sie aus Geräuschgründen oder aus Schutzgründen unter sog. Erregerhauben gesetzt, die entweder so groß sind, daß sie von innen begehbar sind (insbesondere bei Freiluftaufstellung)

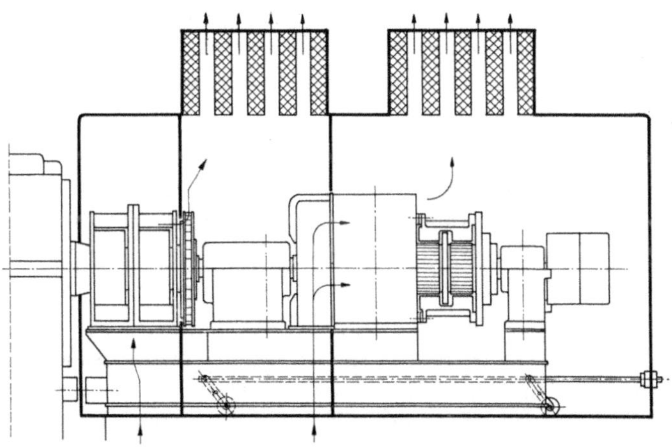

Abb. 331. Fahrbare Erregerhaube mit Schalldämpfer am Luftaustritt

oder daß sie auf Rollen leicht verschiebbar sind, um z. B. die Bürsten auswechseln zu können (Abb. 331). Wenn die Erregerhauben aus Geräuschgründen angebracht werden, so ist es zur wirksamen Geräuschbekämpfung notwendig, Luftein- und -austrittslöcher in den Erregerhauben mit Geräuschdämpfern zu versehen (z. B. Abb. 331).

D. Bürsten, Bürstenhalter und Bürstenträger

a) Bürsten. Allgemeine Angaben über Kohlebürsten sind auf S. 131 enthalten. Die Abmessungen und Toleranzen von Kohlebürsten sind in den IEC Empfehlungen 136.1 und in DIN 43 000 Bl. 1 und 2[1] festgelegt.

Die Maßbezeichnungen für Bürsten (b = Breite in Umfangsrichtung, l = axiale Länge, h = radiale Höhe) sind aus Abb. 332 zu entnehmen.

Kohlebürsten werden sowohl *armiert* als *unarmiert* verwendet. Die Armierungen dienen der Befestigung der Litzen zur Stromübertragung und können mit Nietkontakten oder mit Stampfkontakten (Abb. 333a und b) ausgeführt sein. In

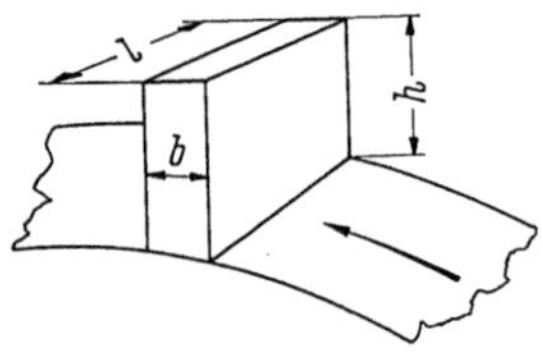

Abb. 332. Maßbezeichnungen für Bürsten

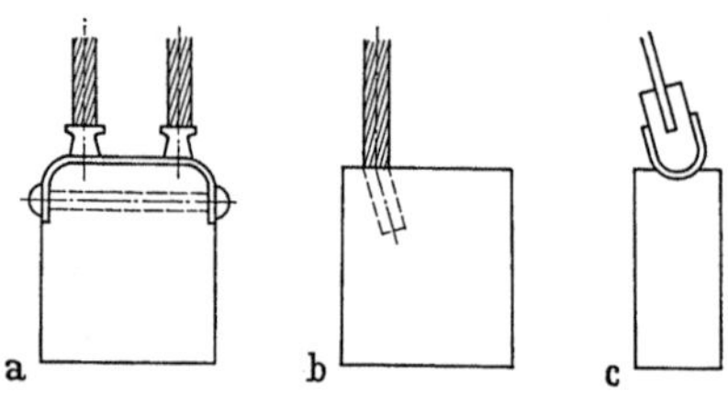

Abb. 333. Stromabnahme an den Bürsten a durch eingenietete Armatur; b durch eingestampfte Armatur; c durch Druckkontakt mit aufgelötetem Silberblech

neuerer Zeit werden, insbesondere für Bahnmotoren, aber auch für andere Maschinen, vielfach unarmierte Bürsten verwendet. Die Stromübertragung erfolgt hier durch Druckkontakte mit aufgelötetem Silberblech (Abb. 333c).

Der zu verwendende Bürstendruck, der für die Erwärmung wichtige Bürstenreibungskoeffizient und der ebenfalls für die Erwärmung wichtige Bürstenspannungsabfall (s. z. B. Abb. 4 und 7) sind den Angaben der Bürstenlieferanten zu entnehmen.

b) Bürstenhalter. Die Kohlebürsten für Schleifringe und Kommutatoren sind in Bürstenhaltern angeordnet. Die Bürstenhalter sind an Bürstenträgern (Bürstenstifte, Bürstenlineale oder Bürstenbrücken) befestigt. Die Bürstenhalter dienen gemeinsam mit ihren Trägern dem Zwecke:

a) Die Bürsten radial oder schräg sowie axial und im Umfange in festgelegter Position zu halten;

b) den Bürsten einen vorbestimmten Druck — möglichst konstant über ihren ganzen Abnutzungsbereich — zu vermitteln, sei es durch geeignete Kinematik des Halters oder durch Drucknachstellung von Hand.

c) den Strom der Bürsten (getrennt für positive und negative Bürsten) weiterzuleiten, und zwar in den oder von dem Rotor über Schleifringe oder Kommutatoren.

Der Schleifring- bzw. Kommutatorstrom ist in der Regel nicht mit einer einzigen Bürste pro Polarität zu bewältigen, da die Bürsten keinen größeren Quer-

[1] Für Fahrzeuge und Bahnen sind die Abmessungen und Toleranzen von Kohlebürsten in DIN 43 021 und die radialen Taschenbürstenhalter in DIN 43 040 enthalten.

schnitt als ca. 10 cm² haben sollen, was bei einer Stromdichte von 10 A/cm² pro Bürste höchstens 100 Amp. übertragbaren Strom ergibt. Die gesamte Bürstenfläche muß deshalb auf mehrere Bürsten und Halter aufgeteilt werden, wobei die Regel gilt, daß pro Bürstenstift oder Bürstenlineal im Maximum 1000 Amp. zulässig sind.

Bei Gleichstrommaschinen ist in Umfangsrichtung der Bürstenhalter durch die zulässige Bürstenüberdeckung (Verhältnis der gleichzeitig durch die Bürsten überdeckten Lamellen zur Lamellenteilung) festgelegt. Bei größeren Bürstenbreiten werden durch eine Unterteilung der Bürsten bessere Stromübergangs- und Kommutierungseigenschaften erreicht. Man unterscheidet, wie Abb. 334 zeigt,

a) Blockkohle in Einzel- oder Doppelhaltern,
b) Zwillingskohle (evtl. Drillingskohle)
c) Tandemkohle.

Die axiale Aufteilung der Bürstenfläche geschieht normal durch axiale Anordnung mehrerer einzelner Halter, die an den einzelnen Stiften oder Linealen so

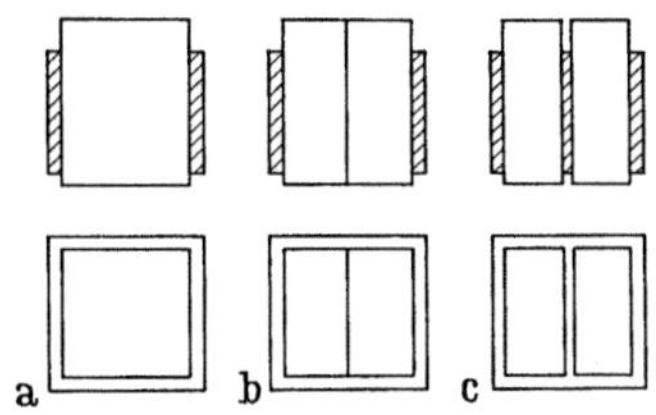

Abb. 334. Bürsten-Arten
a Blockkohle; b Zwillingskohle; c Tandemkohle

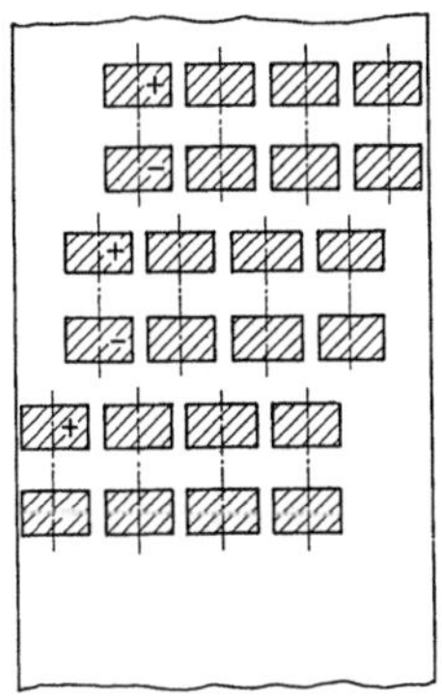

Abb. 335. Bürstenanordnung am Kollektor

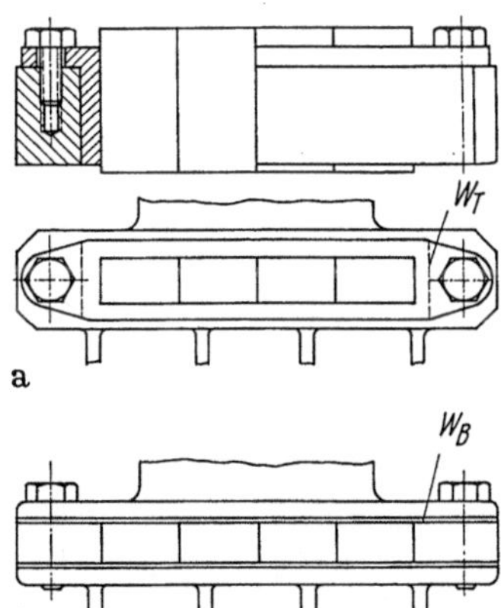

Abb. 336. Bürstenhalter für vier Bürsten
a mit Wechseltasche W_T;
b mit Wechselblechen W_B

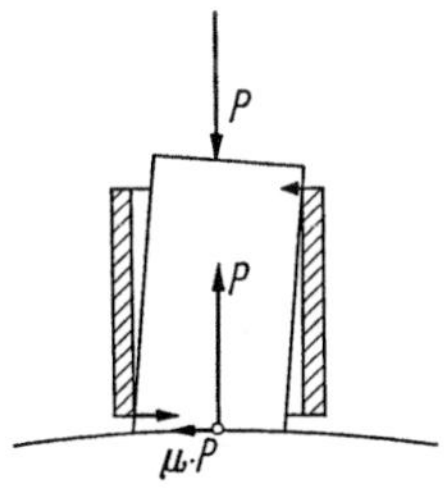

Abb. 337. Kräfteplan für einen radialen Bürstenhalter

angeordnet sind, daß sich die Laufbahnen der Bürsten überdecken (Abb. 335). Nur in Fällen sehr beeinträchtigter axialer Länge, z. B. bei Bahnmotoren, werden sog. *Reihenhalter* verwendet, bei welchen die Bürsten ohne Zwischenraum nebeneinander in axialen Kohletaschen für alle oder mehrere Bürsten eines Stiftes angeordnet sind. Nach Abnützung der Bürstenführung werden lediglich die *Wechseltaschen* oder die *Wechselbleche* dieser Halter (Abb. 336a und b) ausgewechselt.

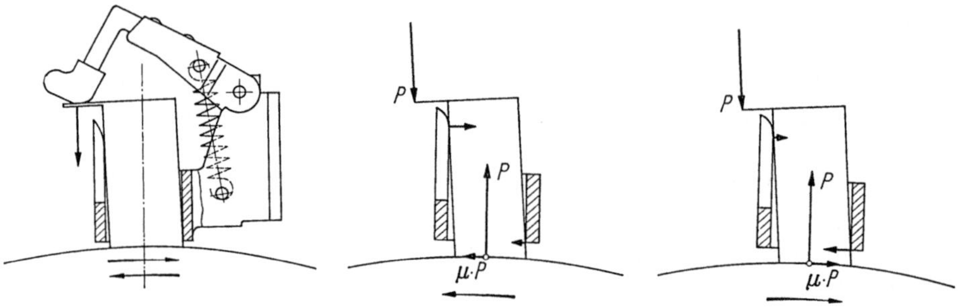

Abb. 338. Bürstenhalter mit Verspannung der Bürste

Die normale Bürstenanordnung ist radial oder um einen kleinen Winkel (2...7°) „schleppend“ schräggestellt, mit einer Kräfteverteilung auf die Bürste nach Abb. 337. Da der Reibungskoeffizient stromabhängig ist („Strom schmiert“), besteht bei Maschinen mit stark schwankendem Strom die Gefahr, daß die Bürsten

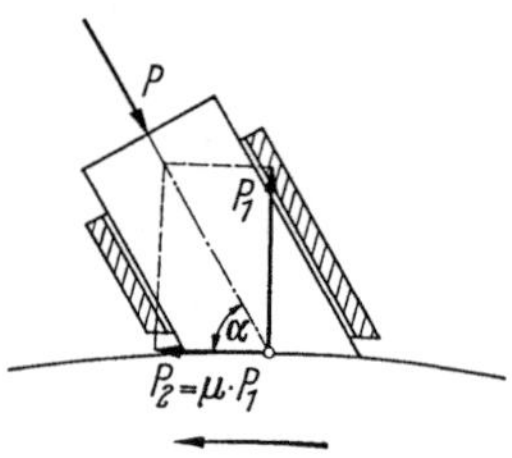

Abb. 339. Kräfteplan für Schräghalter (Darstellung des labilen Gleichgewichtes)

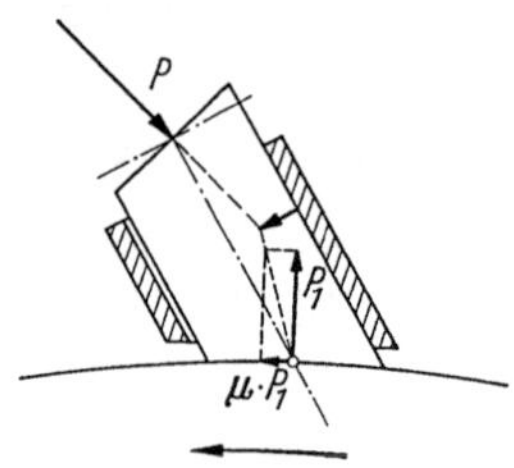

Abb. 340. Kräfteplan für Reaktionshalter (Bürste auch oben schräg)

im Halter rattern, was zu Beschädigung der Bürsten und der Bürstenhalter führen kann. Dagegen gibt es folgende Abhilfe:

a) Lange Kohleführung mit kleinen Toleranzen, so daß der mögliche Kippwinkel sehr klein ist (bei Bahnmotorenhaltern für zwei Drehrichtungen üblich),

b) gewollte Verkeilung der Bürste im Halter, z. B. gemäß Abb. 338,

c) Verwendung von *Schräg-* (Abb. 339) oder *Reaktionshaltern* (Abb. 340) mit einer Kräfteverteilung derart, daß sich bei Schräghaltern die Bürste theoretisch ohne Druck auf eine Kastenwand radial bewegen kann oder beim Reaktionshalter fest an eine Haltewand angedrückt wird. Voraussetzung für die Verwendung von Reaktionshaltern ist ein ausgezeichneter Rundlauf.

Der Bürstendruck wird je nach Kohlebürstenqualität im allgemeinen von den Kohlebürstenfirmen vorgeschrieben. Er beträgt normal 120 bis 200 p/cm². Dieser vorgeschriebene Druck gilt für stationäre Maschinen. Bahnmotoren oder andere Motoren, welche Erschütterungen ausgesetzt sind, verlangen höheren Bürstendruck — im Maximum bis zu 400 p/cm². Die Übertragung des Druckes vom Bürstenhalter auf die Bürste geschieht auf verschiedene Weise:

a) Direkter Federdruck auf die Kohlebürste durch Wendelfeder (Abb. 341) oder durch Spiraldruckfeder (Abb. 342). Bei großer zulässiger Bürstenabnützung muß die Federvorspannung nachgestellt werden. Beim Halter geschieht dies, wie in

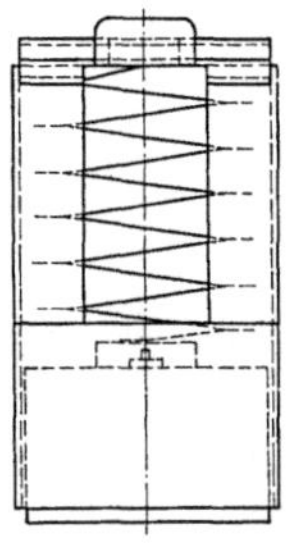

Abb. 341. Direkte Druckübertragung mittels Wendelfeder

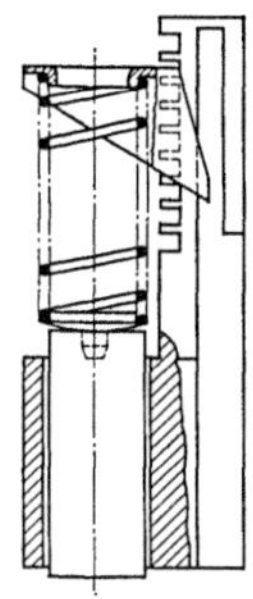

Abb. 342. Direkte Druckübertragung mittels Spiralfeder (Köcherhalter)

Abb. 342 angedeutet, durch Einhängen des Federsupports in eine nächste Halterraste. Sie kann aber auch durch Schraubenverstellung vorgenommen werden.

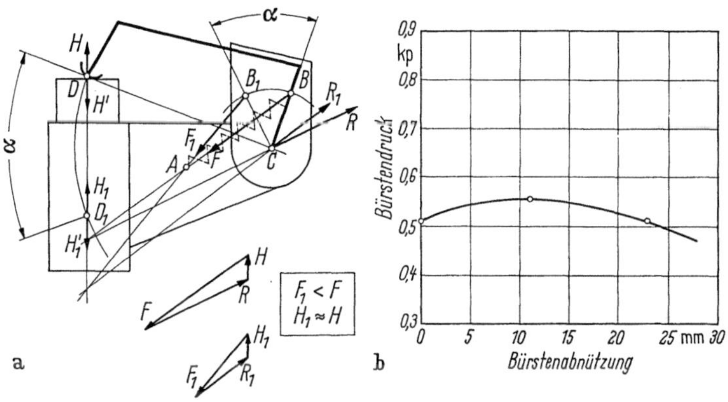

Abb. 343. Bürstendruck in Abhängigkeit der Bürstenabnützung
a graphische Ermittlung des Bürstendruckes; b Meßkurve

A	Fester Aufhängepunkt der Zugfeder am Halter
B	Beweglicher Aufhängepunkt der Zugfeder am Halter
C	Drehpunkt des Druckhebels
D	Druckkontakt
F	Federkraft
R	Reaktionskraft am Drehpunkt
H	Reaktionskraft am Druckkontakt
F, *R*, *H*	Kräfte am Druckhebel
H' (= −*H*)	Bürstendruck
Index 1	Zustand nach Bürstenabnützung

b) Hebelübertragung des Druckes, wobei der Hebel durch eine spiralförmige Zugfeder gespannt wird und die Kinematik — also die Anordnung der Gelenke — so sein muß, daß über den ganzen Abnützungsbereich die Kraft dadurch möglichst konstant ist (Abb. 343).

c) Durch Uhrfeder. Dies gibt eine absolut weiche Charakteristik wie Halter nach a). Der Halter erfordert bei großer Abnützung ebenfalls eine Nachstellung (Abb. 344).

d) Durch Rollbandfeder. Die Rollbandfeder soll über ihre ganze Aufroll-Länge gleichmäßigen Druck geben (Abb. 345).

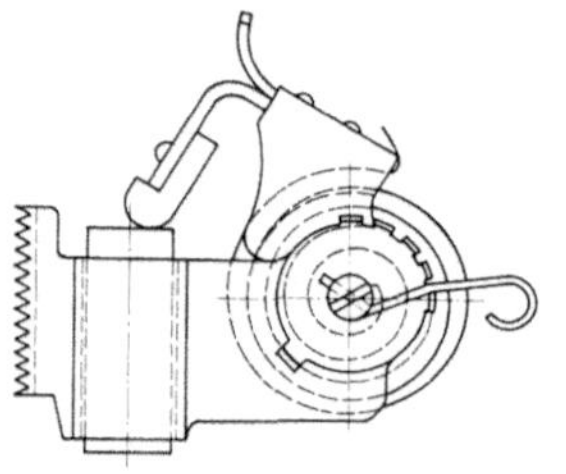

Abb. 344. Bürstenhalter mit verstellbarer Uhrfeder

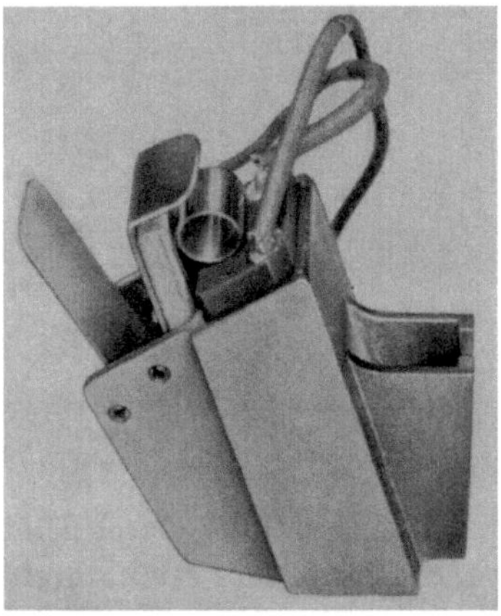

Abb. 345. Rollfederhalter

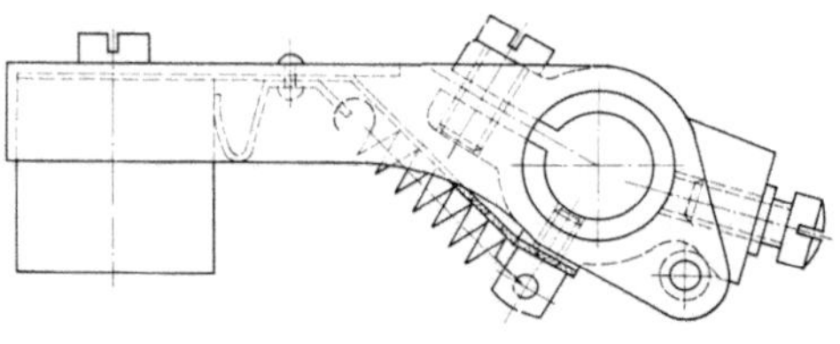

Abb. 346. Hebelbürstenhalter

e) Durch Kombination von Prinzipien a bis d.

Verschiedene solcher Bürstenhalter zeigen die Abb. 345 bis 350.

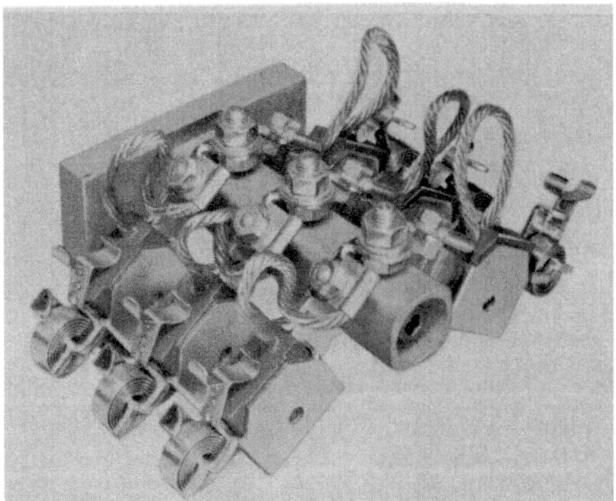

Abb. 347. Doppelbürstenhalter für Schleifringe

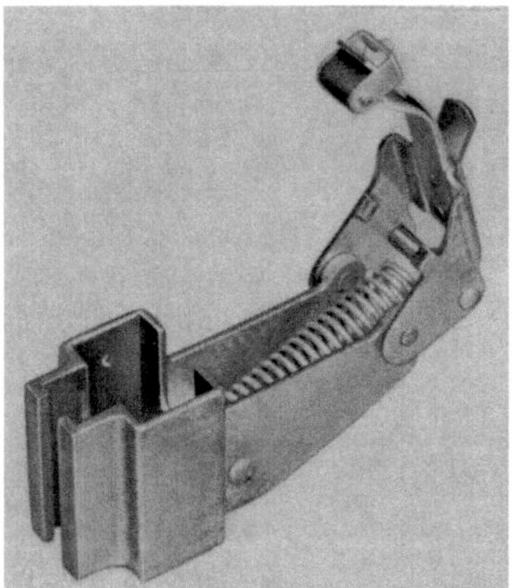

Abb. 348. Radialhalter

c) Bürstenträger. Die Bürstenhalter sind direkt oder über Klemmstücke auf *Bürstenbolzen* isoliert befestigt oder unisoliert direkt auf *Bürstenlinealen* oder *Bürstenbrücken*, die ihrerseits gegen Erde isoliert sind, montiert.

Bürstenbolzen für Wechselstrommaschinen (Asynchron- und Synchronmaschinen) sind gewöhnlich an die Lagerschilde, Lagerböcke oder Verschalungen angeschraubt (Abb. 351). Auf einem Bürstenbolzen sind pro Schleifring je ein Einfach- (Abb. 346) oder Doppelbürstenhalter (Abb. 347) angeordnet, also bei Synchronmaschinen zwei, bei Asynchronmaschinen drei Halter pro Stift (s. auch Abb. 128d und f).

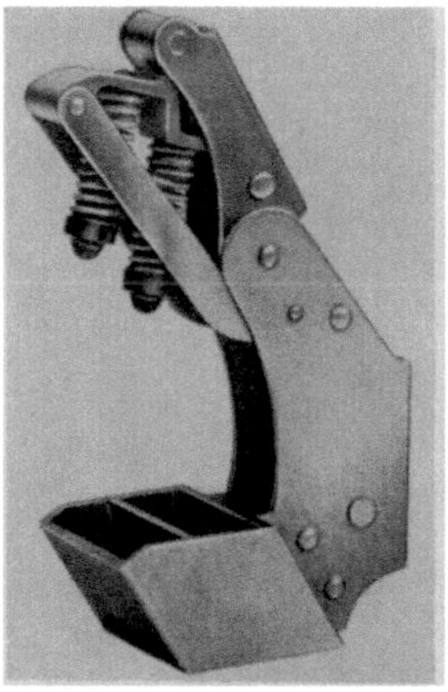

Abb. 349. Schräghalter

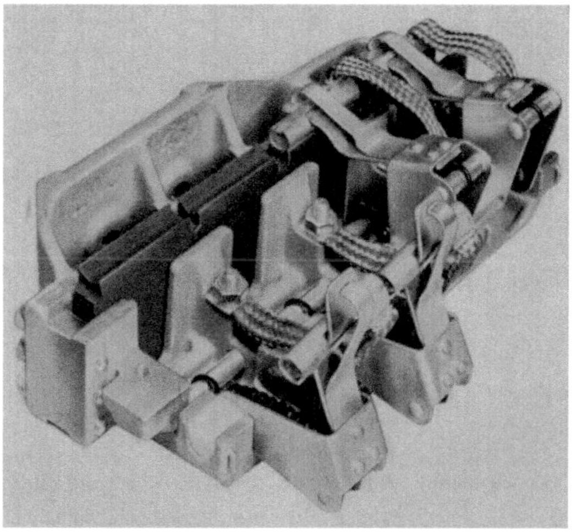

Abb. 350. Reihenhalter für Bahnmotoren mit armierungsloser Kohle (Giambonini-Halter)

Die Bürstenhalter müssen auf den isolierten Bürstenstiften entsprechend der Erreger- oder Phasenspannung gegeneinander genügenden Kriechweg haben. Dieser Kriechweg kann evtl. durch Isolationsscheiben zwischen den einzelnen Bürstenhaltern vergrößert werden. Für die Größe des Kriechweges ist zu berücksichtigen, daß sich auf den Bürstenstiften Kohlestaub — bei metallhaltigen Bürsten, die

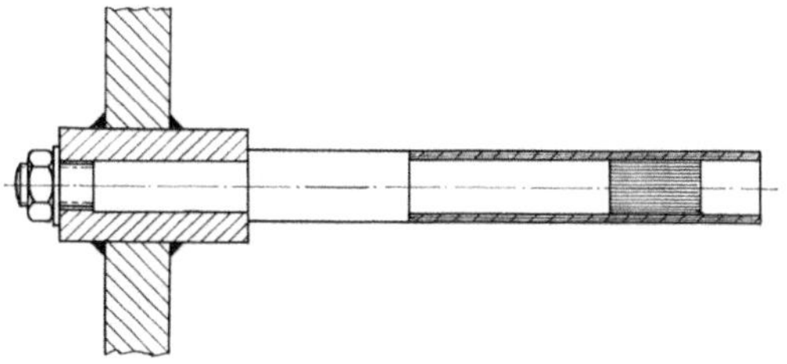

Abb. 351. Befestigung eines isolierten Bürstenbolzens

normal für Asynchronmotoren verwendet werden, metallhaltiger Kohlestaub — ablagert. Als ausreichender Kriechweg wird ca. 2,5 bis 3 mm/100 V angesetzt.

Bei Schleifringläufermotoren mit Bürstenabhebung werden drei- oder vierkantige Bürstenstifte verwendet, durch deren Verdrehung auch der Bürstenhalter verdreht und dadurch die Bürsten abgehoben werden (Abb. 352). Vielfach hebt man auch nur die Bürsten in den feststehenden Bürstenhaltern. Die Bürstenabhebung ist normal mit der Kurzschlußvorrichtung (s. auch S. 389) kombiniert.

Sie wird bei Anwurfmotoren auch ohne Kurzschlußvorrichtung verwendet, um nicht unnötige Abnützung von Bürsten oder Ringen bei dauernder Auflage zu haben.

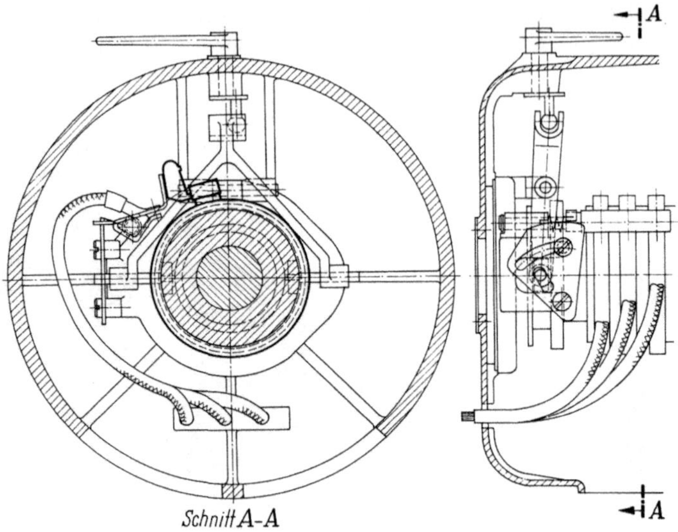

Abb. 352. Bürstenabhebevorrichtung kombiniert mit der Kurzschlußvorrichtung

Wenn bei großen Schleifringströmen ein Bürstenstift nicht ausreicht, so werden meistens mehrere Bürstenstifte z. B. auf einen ringsegmentförmigen Support angeordnet (Abb. 353), oder es werden Bürstenbrücken — gewöhnlich aus Messing — verwendet (s. Abb. 133), auf welche die Bürstenhalter unisoliert aufgeschraubt

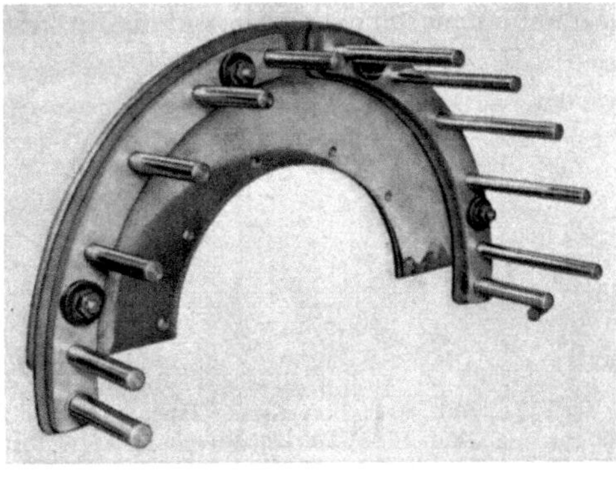

Abb. 353. Anordnung mehrerer Bürsten an ringsegmentförmigem Support

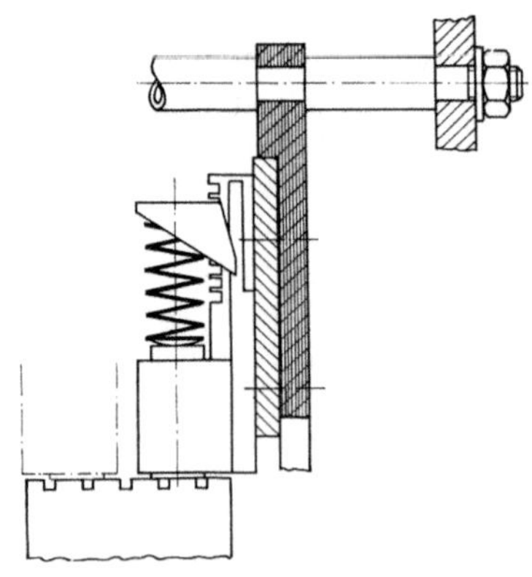

Abb. 354. Anordnung der Bürstenhalter direkt an der Bürstenbrücke

werden (Abb. 354). Die Bürstenbrücke wird gegen Erde mit ausreichendem Kriechweg isoliert. Neuerdings werden Konstruktionen verwendet, bei welchen die einzelnen Halter unter Spannung ausgewechselt werden können (Abb. 355).

Bei Gleichstrommaschinen werden Bürstenstifte in ringförmigen Bürstenbrücken (Abb. 356) oder Bürstenlineale (Abb. 357) verwendet, an welchen die Halter unisoliert angeschraubt sind. Die Lineale und Stifte sind zugleich Stromsammelschienen für die parallelen Bürsten einer Polarität. Sie sind gegen Erde isoliert an der Bürstenbrücke, die an der Verschalung angeschraubt oder auf Füßen auf die Grundplatte gesetzt ist, befestigt. Die Lineale jeder Polarität sind durch *Stromsammelringe* — normalerweise aus Kupfer — verbunden (s. Abb. 356 und 357).

Abb. 355. Bürstenhalter zum Auswechseln während des Betriebes

Der Querschnitt der Lineale ist gewöhnlich durch deren mechanische Stabilität und nicht durch die Strombelastung gegeben. Die Sammelringe können normal blank sein, wie es die Lineale ohnehin sein müssen. Nur bei Gefahr der Berührung oder Überbrückung der Sammelringe verschiedener Polarität durch Fremdkörper ist eine Isolierung (gewöhnlich durch Umbandelung) notwendig. Die Stromdichte in den Sammelringen wählt man bei Anordnung in bewegter Luft und blank zu ca. 3 A/mm² — bei isolierten Ringen und in ruhender Luft entsprechend kleiner bis zu 2 A/mm².

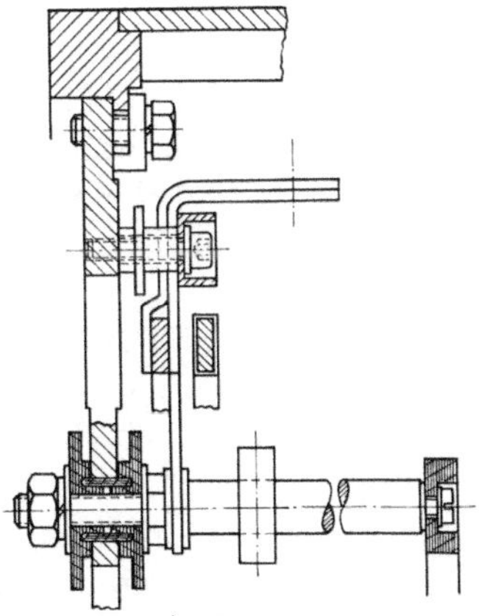

Abb. 356. Drehbare Bürstenbrücke mit Bürstenstiften

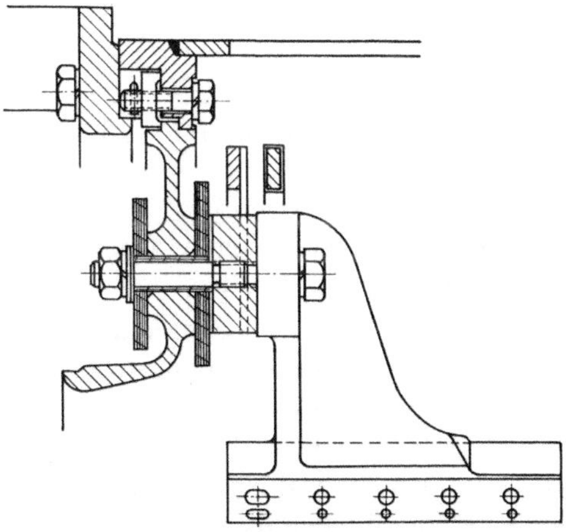

Abb. 357. Bürstenlineale an drehbarer Bürstenbrücke

E. Klemmen

Die Zu- bzw. Abführung des Stromes bei der Statorwicklung von Wechselstrommaschinen oder bei den Bürstenvorrichtungen von Synchron-, Asynchron- und Gleichstrommaschinen sowie die Zu- oder Abführungen bei den Feldwicklungen von Gleichstrommaschinen erfolgt bei kleinen und mittleren Maschinen über am Statorgehäuse angeordnete Klemmen auf Leisten oder sog. Klemmenbrettern.

Man unterscheidet *Durchführungsklemmen*, Abb. 358a und Abb. 125 (z. B. aus der Maschine in den abgedichteten Klemmenkasten), oder *Anschlußklemmen* (als isolierte Schraubenverbindungen, Abb. 358b).

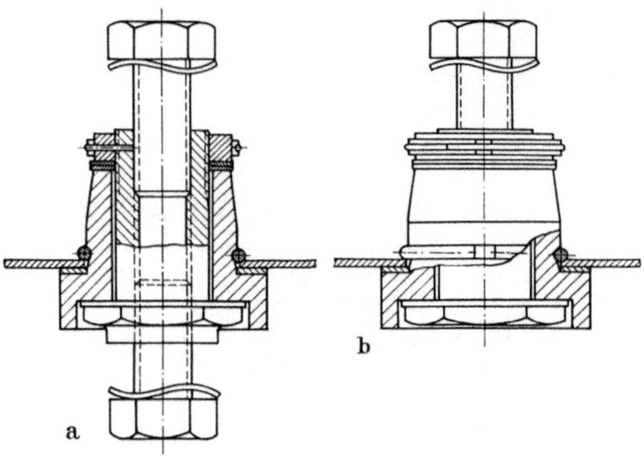

Abb. 358. a Durchführungsklemme b Anschlußklemme

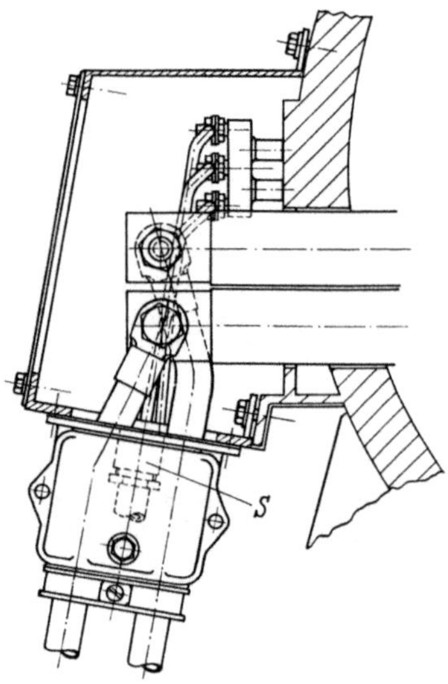

Abb. 359. Klemmenkasten
S Stopfbüchse

Klemmen für Niederspannung und Hochspannung sind — in DIN 46260 für Niederspannung und in DIN 46265 für Hochspannung — als Durchführungsklemmen und Anschlußklemmen genormt. In diesen Normen sind die Schraubenstärken in Funktion der Stromstärken, die zulässige Betriebsspannung, sowie die Bau- und Anschlußmaße festgelegt.

In VDE 0570 ist die Regel für Klemmenbezeichnungen und in VDE 0530 § 66 der Drehsinn und die Klemmenfolge festgelegt. In den Vorschriften für schlagwetter- und explosionsgeschützte Betriebsmittel (VDE 0170/0171, § 18) finden sich die Festlegungen für die Leitungsdurchführungen.

Die Klemmenbretter oder Klemmenleisten sind normalerweise in *Klemmenkasten* angeordnet, die am Gehäuse oben oder seitlich, von der Antriebsseite gesehen, angeordnet sind (Abb. 127). Ein Ausführungsbeispiel eines Klemmenkastens zeigt Abb. 359.

Die Klemmenkasten sind bei Drehstrom normalerweise zur Einführung von mehradrigen Kabeln ausgebildet und zum Teil auch direkt mit vergießbaren Kabelendverschlüssen versehen. Bei Gleichstrommaschinen werden vielfach in die Klemmenkasten Stopfbüchsen (Abb. 359) entweder für mehradrige Kabel oder für die einzelnen Anschlüsse getrennt eingeführt.

Bei Stromstärken, die für Niederspannung über 800 Amp. oder für Hochspannung über 400 Amp. hinausgehen, werden die Verbindungen an aus der Maschine herausragenden Stromschienen angeschlossen (s. z. B. Abb. 91, 93, 117, 123).

Für wasserstoffgekühlte Generatoren müssen wasserstoffdichte Durchführungsklemmen verwendet werden (Abb. 360).

Die *Kontaktstellen* von Stromanschlüssen sind stets zu verzinnen, da blankes Kupfer leicht oxydiert und den Widerstand an der Kontaktstelle erhöht. Wenn solche Kontaktstellen nur vernietet oder verschraubt sind, sollten sie mit nicht

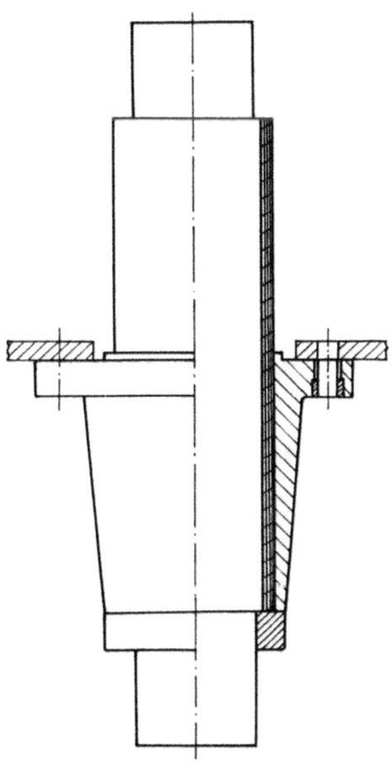

Abb. 360. Wasserstoffdichte Durchführungsklemme

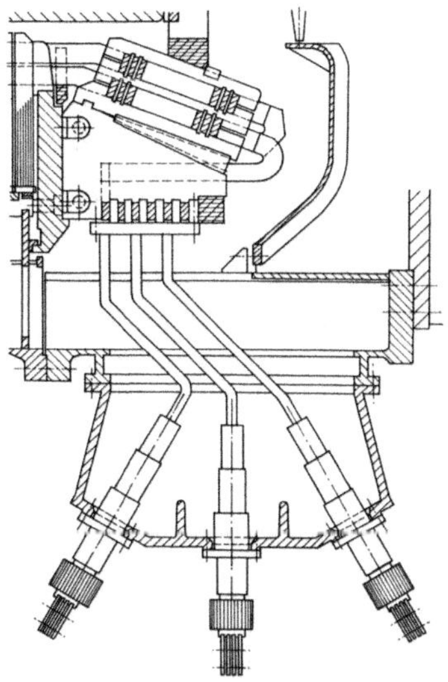

Abb. 361. Beispiel der Klemmendurchführung an einem wasserstoffgekühlten Turbogenerator

mehr als 0,35 A/mm² belastet werden. Werden sie nur weichgelötet, dann darf man die Belastung bis auf 0,4 A/mm² hinaufsetzen. Für vernietete, bzw. verschraubte und zusätzlich verlötete Verbindungen ist etwa 0,5 A/mm² die obere Belastungsgrenze. Hartgelötete oder verschweißte Kontaktstellen sind wie voller Querschnitt zu werten und somit voll belastbar.

Alu-Kontaktstellen sind unmittelbar vor der Verschraubung oder Vernietung leicht abzuschmirgeln und normal mit Silikonfett einzufetten.

Bei Drehstrommaschinen ist darauf zu achten, daß bei der Anordnung mit herausgeführten Schienen oder Durchführungsklemmen die einzelnen Phasen nicht getrennt durch je eine Öffnung im Eisen durchgeführt werden dürfen, sondern alle drei Klemmen müssen durch eine Öffnung gehen, es sei denn, die Platte für die Aufnahme der Durchführungsklemmen bestehe aus nichtmagnetischem Material. Ein Beispiel für die Ausführung eines Klemmenkastens mit Durchführungsklemmen für große Generatoren zeigt Abb. 361.

IV. Aufbau des umlaufenden Teils

A. Welle

Die Dimensionierung und die Auswahl des Materials von Wellen für elektrische Maschinen folgen nicht völlig einheitlichen Grundsätzen. Diese sind vielmehr verschieden für verschiedene Maschinengattungen.

Als Material wird je nach Beanspruchung gewöhnlicher Kohlenstoffstahl (Normalmotoren) bis zu hochlegiertem Vergütungsstahl (Bahnmotoren) verwendet, und in einzelnen Fällen ist sogar Stahlguß zulässig. Die Dimensionierung basiert in erster Linie auf der Festigkeitsberechnung, insbesondere auf der Dreh- und Biegewechselfestigkeit bei instationären Zuständen, oftmals aber auch nur auf der zulässigen Durchbiegung durch das Eigengewicht oder durch das Eigengewicht plus eventuell zusätzlich vorhandene äußere Kräfte (z. B. Riemenzug), und manchmal erfolgt sie mit spezieller Berücksichtigung der kritischen Biege- oder Torsionsdrehzahlen. Vielfach wird jedoch — z. B. bei Normalmotoren — die Welle dimensioniert, indem man vom genormten Wellenende ausgeht, das der Leistung zugeordnet ist. Zu der sich daraus konstruktiv ergebenden Welle kann dann die zulässige Belastung z. B. durch Riemenzug oder dgl. festgelegt werden.

Die mechanischen Beanspruchungen werden als Vergleichsspannungen (s. S. 415, 488) gerechnet. Richtlinien für die zulässigen Vergleichsspannungen sind auf S. 490ff. angegeben.

Als zulässige *Wellendurchbiegung* wird im allgemeinen 10% des einseitigen Luftspaltes der Maschine angesehen, sofern die zulässigen Materialbeanspruchungen und die kritischen Drehzahlen nicht von selbst kleinere Wellendurchbiegungen ergeben.

Die Durchbiegung unter Eigenlast und Fremdlast errechnet sich wie auf S. 499ff. angegeben.

Im Gegensatz zu großen Vertikalmaschinen wird bei Normalmotoren vertikaler Bauart die Durchbiegung der Welle wie bei horizontaler Lagerung gerechnet, d. h. es wird eine fiktive Kraft — das Eigengewicht der Welle in horizontaler Richtung wirkend — mitberücksichtigt.

Als Maß für die Steifigkeit der Welle kann die erste biegekritische Drehzahl der Maschine angesehen werden.

Die Biege- und Torsionseigenschwingungszahlen errechnen sich nach S. 507ff.

Biegekritische Drehzahlen sollen im allgemeinen bei Asynchronmotoren mindestens 20% höher sein als die Betriebsdrehzahl (unterkritischer Lauf). Bei *Synchron-* und *Gleichstrommaschinen* mit dem wesentlich größeren Luftspalt können biegekritische Drehzahlen *durchfahren* werden, sie sollen aber mit Sicherheit nicht in dem vom Betriebe verlangten Arbeitsbereich liegen.

Torsionskritische Drehzahlen sind nur dann zu berücksichtigen, wenn ein Wechseldrehmoment vorhanden ist, z. B. infolge des pulsierenden Drehmomentes einer Kolbenmaschine oder einer Einphasenmaschine. Auch Kurzschlüsse, unter Umständen sogar Drehmomentschwankungen durch Flußfluktuationen im Luftspalt von Maschinen, können zu beachtlichen Torsionsschwingungen führen.

Die Maschinen dürfen infolge sehr schwacher Dämpfung in keinem Falle — auch nicht für wenige Minuten — in torsionskritischen Drehzahlen laufen. *Der*

Lauf in einer Torsions-Resonanz wird normalerweise nicht durch Laufunruhe angezeigt.

Die Biegesteifigkeit und somit auch die *biegekritischen Drehzahlen* der Welle allein werden, je nach Rotorkonstruktion, durch den Rotorkörper erhöht, sei es dadurch, daß die Rotorbleche unmittelbar auf die Welle gesetzt oder einzelne Platten aufgeschrumpft sind, oder ein Rotorkörper auf die Welle aufgebracht wird. Die Versteifung der Welle durch den aufgesetzten Rotorkörper ist im allgemeinen klein. Sie muß jedoch für diejenigen Fälle abgeschätzt werden, bei denen man durch eine biegekritische Drehzahl hindurchfahren will, also überkritisch läuft.

Zur Bestimmung der torsionskritischen Drehzahlen ist es wichtig zu wissen, wie weit in einen Rotorkörper hinein die Welle als drehelastisch betrachtet werden muß. Es ist deshalb zweckmäßig, möglichst kurze definierte Sitze zu wählen.

Die *Wellenenden* sind in DIN 748 bis 750 genormt. Bis zu Drehmomenten von 163 kpm sind die Wellenenden den Leistungen (DIN 42 946 und 42 672) zugeordnet. Diese Zuordnung basiert auf Biegemomenten durch Riemenzug oder dgl. Nur Wellenenden für direkte Kupplung, die also nur auf Torsion beansprucht sind, können wesentlich kleiner dimensioniert werden, vgl. auch S. 488 und S. 491 ff. Die Wellenenden können sowohl zylindrisch als auch konisch (Steigung 1:10 nach DIN 749 und 750) ausgeführt sein.

Die *Keile* sind zugehörig zu den Wellenenden in DIN 6881 bis 6889 genormt. Außer mit normalen Keilen werden Kupplungen, insbesondere für hohe Stoßbeanspruchungen auch mit speziellen Keilverbindungen (s. S. 491 ff.) aufgesetzt oder sogar auf die Welle aufgeschrumpft und mit Lippenschweißung geschweißt.

B. Rotoren von Synchronmaschinen mit ausgeprägten Polen

a) Pole und Polbefestigung. Die Pole können ganz massiv, massiv mit lamelliertem Polschuh oder ganz lamelliert sein (Abb. 362a, b, c, und d). Der Polkern kann ganz oder teilweise am Polrad sein (Abb. 363a und b). Bei Synchronmaschinen mit offenen Statornuten sind — mit Rücksicht auf die Zahnpulsationsverluste an der Poloberfläche — lamellierte Polschuhe oder ganz lamellierte Pole vorzuziehen. Lamellierte Pole oder Polschuhe haben normalerweise eine Dämpferwicklung (s. S. 323).

Für Synchronmotoren mit schwerem Anlauf und Phasenschieber mit Selbstanlauf werden vielfach massive Polschuhe — meist mit gerillter Oberfläche — wegen ihrer hohen Wärmekapazität vorgezogen (Abb. 364).

In der Regel werden die Polschuhe in Richtung des Rotorumfanges so gekrümmt, daß sich der Luftspalt nach außen erweitert, um eine sinusförmige Feldkurve und dadurch auch sinusförmige EMK-Kurve in der Statorwicklung zu erhalten (s. Abb. 362a).

Bei Schenkelpolmaschinen ist im allgemeinen die Nutenzahl pro Pol und Phase klein. Bei Ganzlochwicklungen müssen deshalb zur Schwächung der durch die Flußfluktuationen induzierten Harmonischen in der Statorwicklung, die bei gerader Statornutung und geraden Polschuhen besonders stark sein können, spezielle Maßnahmen getroffen werden. So wird man bei lamellierten Polen in solchen Fällen die Statornutung um eine Nutenteilung schräg stellen oder die

Polschuhe um je 1/4 Nutteilung achsparallel versetzen (Abb. 365) oder als Staffelpole (Abb. 196) ausführen.

Bei massiven Polen wählt man ebenfalls Staffelpole nach Abb. 366, wo die einzelnen Polhälften achsparallel um 1/2 Nutteilung versetzt sind, oder eine ge-

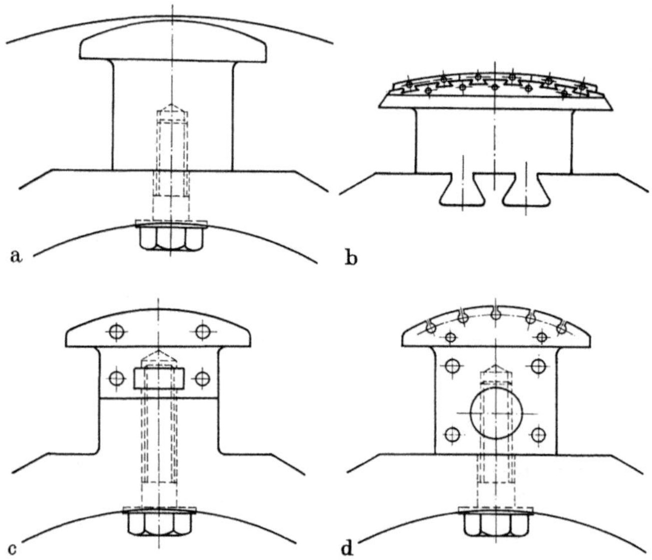

Abb. 362. Pole von Synchronmaschinen mit
a ganz massivem Pol; b und c lamelliertem Polschuh; d ganz lamelliertem Pol

brochene Polschuhform nach Abb. 271, oder man kann wie bei Gleichstrommaschinen die Polschuhkanten schräg abfräsen (s. Abb. 194). Wenn möglich, wird jedoch die Statorwicklung bei Schenkelpolmaschinen als sog. Bruchlochwicklung ausgeführt. Eventuell noch zu treffende Maßnahmen in oben genanntem Sinne müssen von Fall zu Fall entschieden werden.

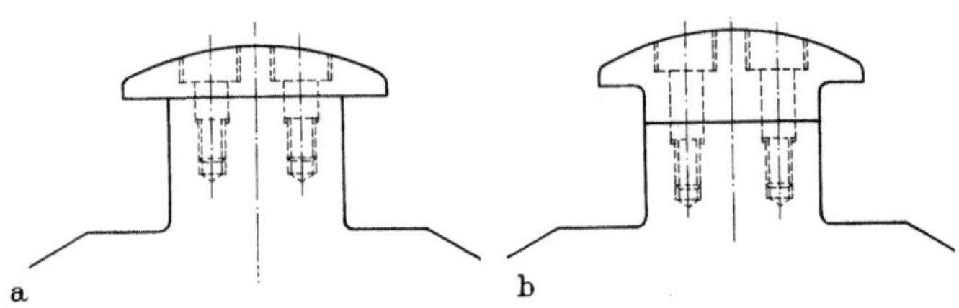

Abb. 363. Polkerne
a ganz-; b teilweise am Polrad

Die radiale Höhe der Polschuhe ist durch die Beanspruchung im gefährlichen Querschnitt $s - s$ (Abb. 413, s. S. 423) bestimmt.

Die massiven Polschuhe werden in der Regel auf den Polkern von außen aufgeschraubt (Abb. 363a, 364) und ganz massive Pole meistens von innen her am Rotorjochring durch Schrauben (Abb. 362a) oder durch Klauen (Abb. 362b) befestigt.

Verschiedene Klauenformen zeigt Abb. 367. Klauen sind als Einfach- oder Mehrfachklauen — in der Regel Doppelklauen — ausgeführt (Abb. 367c, d, e und f). Mehrfachklauen werden insbesondere bei großen Polteilungen, also kleiner Polzahl, und Einphasenmaschinen mit $16^2/_3$ Hz verwendet.

Lamellierte Polschuhe können mit Schrauben (Abb. 362c), Klauen (Abb. 362b) oder mit Kammbefestigung (Abb. 367g und Abb. 422c) gehalten werden.

Abb. 364. Gerillte Polschuhe und Dämpferringsegmente eines Phasenschiebers

Ganz lamellierte Pole können ebenfalls an das Joch geschraubt (Abb. 362d) oder mit Klauen befestigt werden wie massive Pole (Abb. 70). Dabei ist eine genügende axiale Pressung (s. S. 276) Voraussetzung. Man kann sie schließlich auch als ganze Kammpole (Abb. 51 und 422a und c) ausführen.

Die Berechnung der Pole und ihre Befestigung ist behandelt auf S. 423 bis 437.

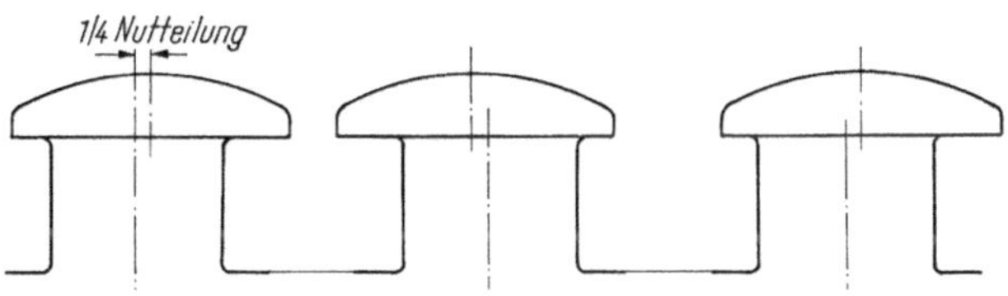

Abb. 365. Achsparallele Versetzung der Polschuhe

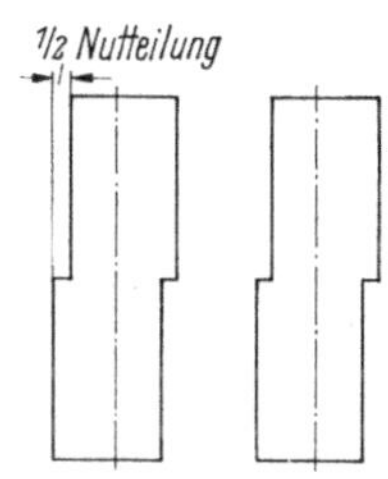

Abb. 366. Staffelpole mit massiven Polschuhen

b) Rotorkörper. Der Rotorkörper — auch Induktor genannt — kann durch die Welle selbst gebildet werden (Abb. 368). Dies ist die übliche Konstruktion für kleine Generatoren mit massiven Polen niedriger Polzahl. Bei lamellierten Polen werden in diesen Fällen die Pole mit Klauen befestigt. Bei großen 4poligen Generatoren (z. B. 500 U/min $16^2/_3$ Hz) wird ebenfalls die Welle als Rotorkörper verwendet und die Pole mit Mehrfach-Klauen befestigt (Abb. 369).

Für raschlaufende Rotoren großen Durchmessers, die aber einteilig (eventuell unter Wegnahme aller oder einzelner Pole) noch bahnprofilgängig sind, werden die *Jochringe* auf die Welle geschrumpft (Abb. 51) oder zwischen zwei Wellenenden angeordnet (Abb. 69 und 74). Die Jochringe können aus gewalzten Platten oder geschmiedeten Ringen oder aus Stahlgußringen bestehen. Aus Ventilationsgründen werden — wie bei Abb. 51 — vielfach sog. *Sternwellen* verwendet.

Bei größerem Durchmesser ist die Verwendung von auf die Welle geschrumpftem Joch zu schwer, und es ist billiger, die Jochringe auf einen sog. *Rotorstern* aufzuschrumpfen. Auch dieser Rotorstern kann — wie bei Abb. 50 oder 52 — zwischen zwei Wellenstummeln angeordnet sein.

Rotoren für großen Durchmesser werden mit *Speichenrädern* (Abb. 42a und b, Abb. 52, 53, 54, 56 und 57) oder vereinzelt auch mit *Scheibenrädern* (Abb. 48, 370)

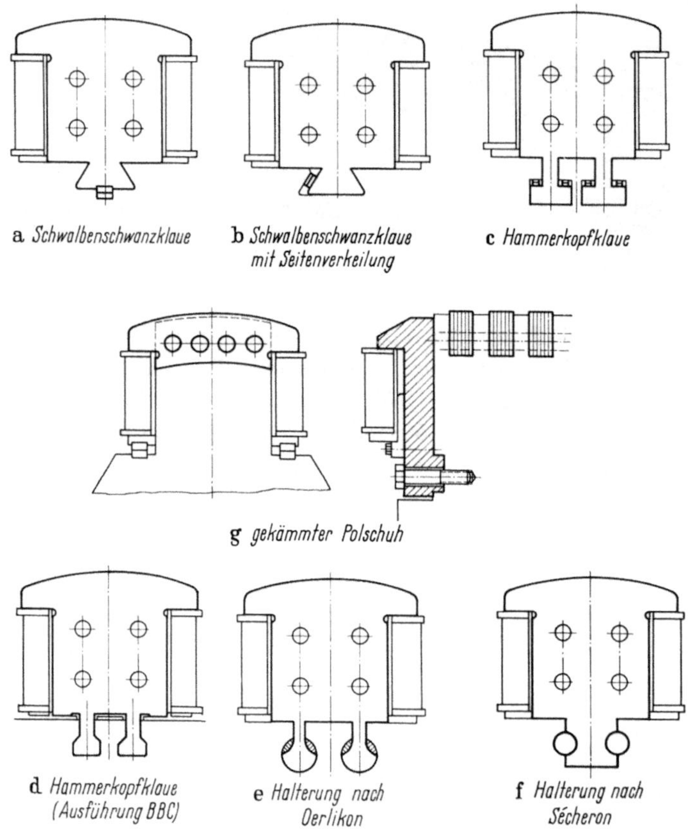

Abb. 367. Befestigungsarten für Pole

gebaut. Früher waren die — normalerweise zweiteiligen — Speichenräder für niedrige Umfangsgeschwindigkeiten aus Gußeisen oder Stahlguß gegossen, d. h. Nabe, Speichen und Kranz der Polradhälften waren aus einem Guß (Abb. 42a). Die Teilfugenverbindungen der Polradhälften wurden auf verschiedene Weise hergestellt (s. Abb. 424). Heute sind derartige Polräder praktisch ausschließlich, wie auf S. 457ff. dargelegt, als sog. *Schichtpolräder* gebaut, bei welchen auf einen Rotorstern der Jochkranz aus 2 bis 3 mm dickem Blech mehrfach überlappt aufgeschichtet wird, ähnlich wie die Dynamobleche bei Asynchron- oder Gleichstrommaschinen (Abb. 185). Derartige Schichtpolräder sind bei den Generatoren der Abb. 54, 56 und 57 verwendet. Ein Ausführungsbeispiel eines Schichtpolrades zeigt Abb. 371.

Der Schichtkranz wird aus möglichst langen Segmenten, die mehrere Polteilungen umfassen, gestanzt und um je 1 Polteilung verschichtet, so daß Verschichtungen 3/4, 4/5, 5/6 usw. entstehen. Der für die Festigkeitsrechnung maßgebliche Querschnitt ist dann 3/4, 4/5, 5/6 usw. des vollen Querschnittes. Wegen der Unterteilung der Segmente muß nicht mit einer inneren tangentialen Randspannung gerechnet werden, vielmehr kann man die Tangentialbeanspruchung

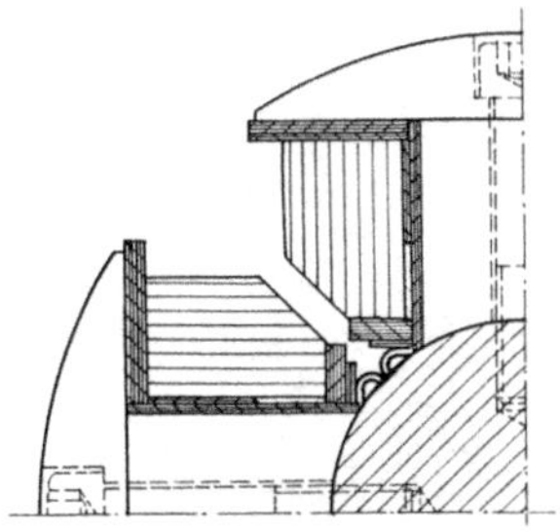

Abb. 368. Welle als Induktor bei Kleinmaschinen

Abb. 369. Vierpoliger Generator mit Mehrfachklauen-Polbefestigung

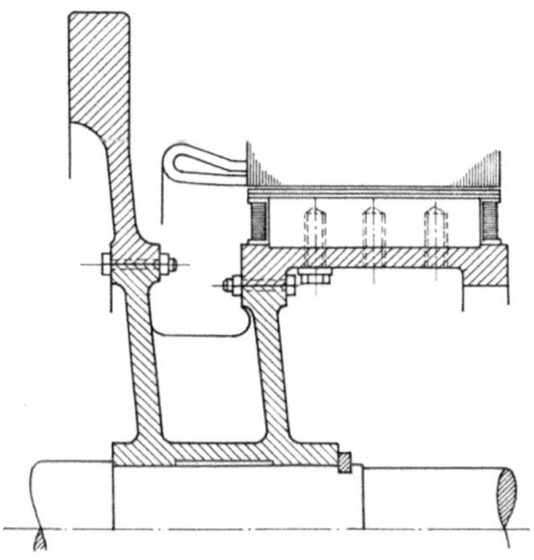

Abb. 370. Scheibenrad mit Schenkelpolen und aufgesetztem Schwungrad

gleichmäßig verteilt über den Querschnitt annehmen. Die Segmente werden durch Schichtbolzen zu einem vollen Kranz zusammengefügt. Gewöhnlich reicht die Pressung nicht für vollen Reibungsschluß bei Schleuderdrehzahl aus, so daß einzelne Bolzen als Scherbolzen in ausgeriebene Löcher oder alle Bolzen mit sehr kleinem Spiel eingesetzt und damit als tragend gerechnet werden dürfen. Die Festigkeitsberechnung muß auf der Schleuderdrehzahl basieren, und es ist üblich, für die Blechkranz-Beanspruchung nicht mehr als ca. 70 bis 75 % der Streckgrenze zuzulassen. Der Sitz des Schichtkranzes auf dem Rotorstern wird ganz verschieden gewählt. Er ist unter anderem abhängig von der Sternkonstruktion. Bei schrägen Armen von Schirmgeneratoren, die durch den Sitz des Kranzes auf Biegung beansprucht werden, wählt man einen loseren Sitz als bei sehr steifen Rotorkörpern

(z. B. Abb. 54, 56). In keinem Falle erscheint es notwendig, einen Schrumpfsitz zu verwenden, der erst bei Schleuderdrehzahl abhebt. Andererseits ist — wo irgend möglich — anzustreben, daß ein Abheben erst über der Betriebsdrehzahl stattfindet. Der Sitz kann erzeugt werden durch Aufschrumpfen des für sich geschichteten Kranzes oder durch das meistverwendete Verfahren, den auf den Stern geschichteten Kranz radial zu verkeilen. Die Berechnung der Rotorkörper ist auf S. 437ff. behandelt.

Abb. 371. Schichtpolrad
a Schichten eines Blechkranzes; b Pressen und Verschrauben des Blechkranzes vor dem Aufschrumpfen

C. Volltrommel-Rotoren für Turbogeneratoren

Die Erregerwicklungen der Rotoren sind normalerweise in radialen Nuten im Umfange des Rotors eingelegt. Nur vereinzelt werden auch Parallelnut-Rotoren hergestellt. Im aktiven Teil des Rotors wird die Wicklung durch die Rotorkeile gegen die Fliehkraft gehalten. Diese Keile sind gewöhnlich aus Bronze.

Es werden verschiedene Keilformen verwendet:

Schwalbenschwanzkeile (Abb. 9); Hammerkopfkeile (Abb. 85); Halbrundkeile, insbesondere zusammengesetzt (Abb. 85); Spitzkeile (Abb. 86c).

Die zwischen den Nuten verbleibenden Rotorzähne haben bei Rotoren für indirekte Kühlung vielfach sog. Lüftungsnuten (Abb. 86b) oder Lüftungslöcher (Abb. 86c).

Die Wicklungsnuten werden — insbesondere bei kleinen Rotoren — mit parallelen Flanken (Abb. 9) oder mit schrägen Flanken für konische Nuten (Abb. 85a) oder als gestufte Nuten (Abb. 85b) ausgeführt.

Zur Vermeidung eines magnetischen Engpasses im Pol werden oft die dem Pol benachbarten Nuten weniger tief ausgeführt als die übrigen Nuten (Abb. 83).

In der Regel sind die Rotornuten in gleichmäßigem Abstand voneinander auf 2/3 des Umfanges angeordnet. Nutenzahl und Teilung sind vom Rotordurchmesser abhängig. Normale Teilungen sind in Tab. 57 angegeben.

Tabelle 57. *Nuten-Teilungen für Turbogenerator-Rotoren*

Rotordurchmesser bis ca. ⌀ [mm]	Teilung	Anzahl bewickelter Nuten	Anzahl Wickelkopfebenen	Anzahl Dämpfernuten pro Pol
500	1/28	20	5	4
600	1/30	20	5	5
700	1/36	24	6	6
800	1/38	28	7	5
900	1/40	32	8	4
1000	1/44	32	8	6

Die Zahl der Wickelkopfebenen (Abb. 88) ist ein Viertel der Anzahl bewickelter Nuten.

Im Pol sind vielfach flache Nuten zur Aufnahme einer Dämpferwicklung angebracht (Abb. 372).

Die mechanische Berechnung der Rotorkeile und Rotorzähne ist auf S. 467ff. behandelt.

Die meisten Rotoren haben eine zentrale Bohrung zur Entfernung eventueller Seigerungsspuren, herrührend vom Herstellungsprozeß. Auch wenn zum Zwecke

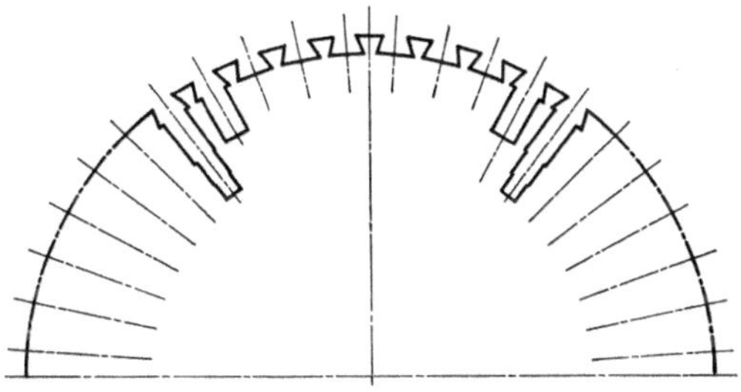

Abb. 372. Turborotor mit Dämpfernuten

der Erhöhung des magnetischen Flusses auf diese Bohrung verzichtet wird, ist es zweckmäßig, für die mechanischen Beanspruchungen mit einer Bohrung zu rechnen, da es unter Umständen notwendig wird, nach der Ultraschall-Materialprüfung nachträglich eine Bohrung — eventuell ausgefüttert — herzustellen.

Die Rotorkörper können im ganzen geschmiedet oder axial zusammengeschrumpft werden (Abb. 373). Das axiale Schrumpfmaß kann durch Schrumpfklauen an den Polen oder besser durch eine zentrale Schrumpfwelle (Abb. 373) erfolgen. Die zentrale Schrumpfwelle wird nach dem Zusammensetzen des Rotors erwärmt — z. B. mit Dampf oder elektrischem Heizstab — und dann die als Muttern ausgebildeten Wellenenden auf das vorausberechnete Schrumpfmaß angezogen. Die früher — insbesondere bei 4poligen Turbogeneratoren — verwendete

Konstruktion, bei welcher auf die Welle Rotorplatten aufgeschrumpft wurden, ist nicht mehr üblich. Bei zusammengeschrumpften Rotoren ist Bedingung für ruhigen Lauf, daß sie eine hohe *Klaffsicherheit* sowohl am Mittelballen wie am Wellenende haben. Als Klaffsicherheit bezeichnet man das Verhältnis der axialen Pressung p durch die Schrumpfkraft zur Biegebeanspruchung in der Trennfuge $\sigma_b = M_b/W$ (M_b Biegemoment, W Widerstandsmoment) infolge des Eigengewichtes eines massiven Rotors. Die Klaffsicherheit

$$k_0 = \frac{p}{\sigma_b} = \frac{pW}{M_b} \tag{105}$$

soll erfahrungsgemäß minimal eine etwa 6- bis 8fache sein. Die Auflageflächen an den Ballentrennfugen sind als relativ kleine Flächen mit hoher Flächenpressung (etwa 2000 kp/cm²) auszubilden.

Die mechanische Berechnung des Rotorballens ist auf S. 470ff. behandelt.

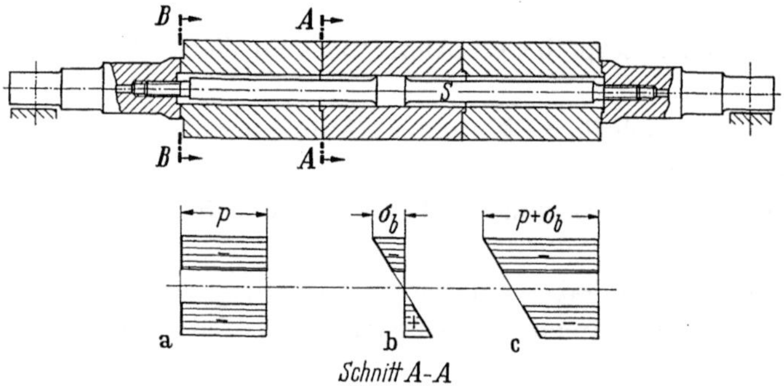

Abb. 373. Zusammengesetzter Mehrballen-Turborotor
A-A, B-B Trennfugen
a axiale Pressung infolge Schrumpf der Zentralwelle S; b Biegespannung in der Trennfuge A-A infolge Biegemoment aus Eigengewicht; c Überlagerung von a und b

Die Wickelköpfe werden durch *Rotorkappen* aus austenitischem, unmagnetischem Stahl gegen die Fliehkraft gehalten. Die Rotorkappen sind hoch beansprucht und bestimmen sozusagen die Baubarkeit in bezug auf den Durchmesser. Die hohe Beanspruchung der Kappen bedingt eine ausführliche Festigkeitsberechnung, S. 472ff.

Der einwandfreie Lauf von Turbo-Rotoren ist nicht allein vom Wuchtzustand abhängig, sondern auch von der Lage der Nenndrehzahl zu den kritischen Drehzahlen (vgl. elastisches Wuchten S. 106ff.). Es müssen deshalb die biegekritischen und torsionskritischen Drehzahlen bekannt sein, die nach S. 507ff. berechnet werden können. Als im allgemeinen biegeschwächster Teil einer Turbogruppe bestimmt der Turbo-Rotor in wesentlichem Maße die koppelkritischen Drehzahlen des ganzen Wellenstranges (s. S. 532). Bei der Ermittlung der Beanspruchung des Turbo-Rotors sind nicht nur die Fliehkräfte und Biegemomente der Welle infolge Eigengewicht und Biegeschwingungen zu berücksichtigen, sondern auch das Drehmoment infolge eines Kurzschlusses, vgl. S. 517ff. Letzterer ist in jedem Falle maßgebend für die Bestimmung der Lagerdurchmesser als torsionsschwächste Teile der „Welle".

D. Rotoren von Asynchronmaschinen und Kommutatormaschinen

Bis zu Rotordurchmessern von ca. 600 mm werden normalerweise die Rotorbleche direkt auf eine glatte Welle aufgebracht, und zwar wird entweder der komplett geschichtete und eventuell bewickelte Rotor aufgepreßt (z. B. Kurzschlußankermotoren, Abb. 128a), oder die einzelnen Bleche werden aufgeschichtet oder paketweise aufgeschrumpft (schnellaufende Maschinen und Bahnmotoren).

Der Aufbau des Blechpaketes — mit (Abb. 134) oder ohne Radialschlitze und Anordnung von axialen Ventilationslöchern (Abb. 132) — richtet sich nach der Ventilationsart des Rotors (s. S. 548). Die Verlustabfuhr durch Wärmeleitung und Konvektion ist behandelt auf S. 74ff.

Bei schnellaufenden Maschinen ist der Blechkörper auch auf mechanische Festigkeit zu berechnen, und zwar bei ganzen Blechen als Scheibenrad (s. S. 449ff.), bei segmentierten Blechen wie ein Kettenrohr (s. S. 457, 466).

Bei einteiligen Rotorblechen bis mindestens 1 m Durchmesser, die oft nicht mehr direkt auf eine glatte Welle aufgeschichtet werden, schaltet man zwischen den Blechkörper und die Welle einen Ankerkörper (Abb. 152). Das Blechpaket wird dann nur für den magnetischen Fluß dimensioniert.

Bei Kommutatormaschinen wird gewöhnlich auf den Ankerkörper auch der Kommutator aufgesetzt (Abb. 156b).

Statt der Verwendung eines Ankerkörpers kann die Welle als *Stegwelle* (Abb. 134, 135) ausgebildet werden. Sie hat gegenüber einer Vollwelle den Vorteil, daß sie mit geringer Gewichtszunahme — durch das Aufschweißen der Stege — eine erhebliche Steigerung der Biegesteifigkeit ermöglicht und gleichzeitig von innen her eine gute Ventilation des aufgesetzten Rotorkörpers gestattet. Sie wird deshalb oft für Maschinen mit sehr kleinem Luftspalt, bei denen die Welle sehr biegsteif sein muß, schon ab ca. 350 mm Rotordurchmesser gebaut.

Für größere Durchmesser wird der Blechkörper aus verschichteten Segmenten gebildet (s. Abb. 185, 186). Der Rotorblechkranz wird auf ein Speichenrad (Abb. 108 und 111) gesetzt, und zwar normalerweise so, daß er sich radial dehnen kann. Wenn dies nur in beschränktem Maße der Fall ist, wie bei der Befestigung gemäß Abb. 122b, so ist der Blechkranz nicht als freifliegend, sondern als radial nach innen am elastischen Arm gehalten zu betrachten und entsprechend als geblechter Kranz eines Speichenrades zu berechnen (s. S. 437ff.).

Bei Antriebsmotoren, die hohen mechanischen Anforderungen genügen müssen, d. h. Maschinen, die durch betriebsmäßig auftretende, pulsierende oder Stoßmomente hohen mechanischen Wechselbeanspruchungen unterworfen sind, müssen die hohen Spitzenmomente, die durch die angeregten Torsionsschwingungen des Mehrmassensystems in Welle und Rotorkörper auftreten können, berücksichtigt werden. Sie können ein Mehrfaches des Normaldrehmomentes betragen.

Eine spielfreie Verkeilung wie Abb. 187 zeigt ist besonders zu empfehlen, da ein mögliches tangentiales Verschieben des Blechkörpers auf dem Rotorkörper, z. B. bei Laststößen, zusätzliche Torsionsschwingungen anregt, die ihrerseits zu zusätzlichen und erheblichen mechanischen Beanspruchungen im Rotorkörper führen. Um die Rotorkonstruktion vor Bruchschaden zu schützen, sind die mechanischen Sicherheiten gegen Bruch von Rotorkörper und Welle, Wellenzapfen, Kupplung und Spindel im Sinne *der Koordination der mechanischen Festigkeit* aufeinander abzustimmen. Damit soll im Katastrophenfall der unvermeidliche Bruch zum Schutze der Maschine nicht irgendwo, sondern an einer vorausbestimmten Stelle eintreten können (Sollbruchstelle).

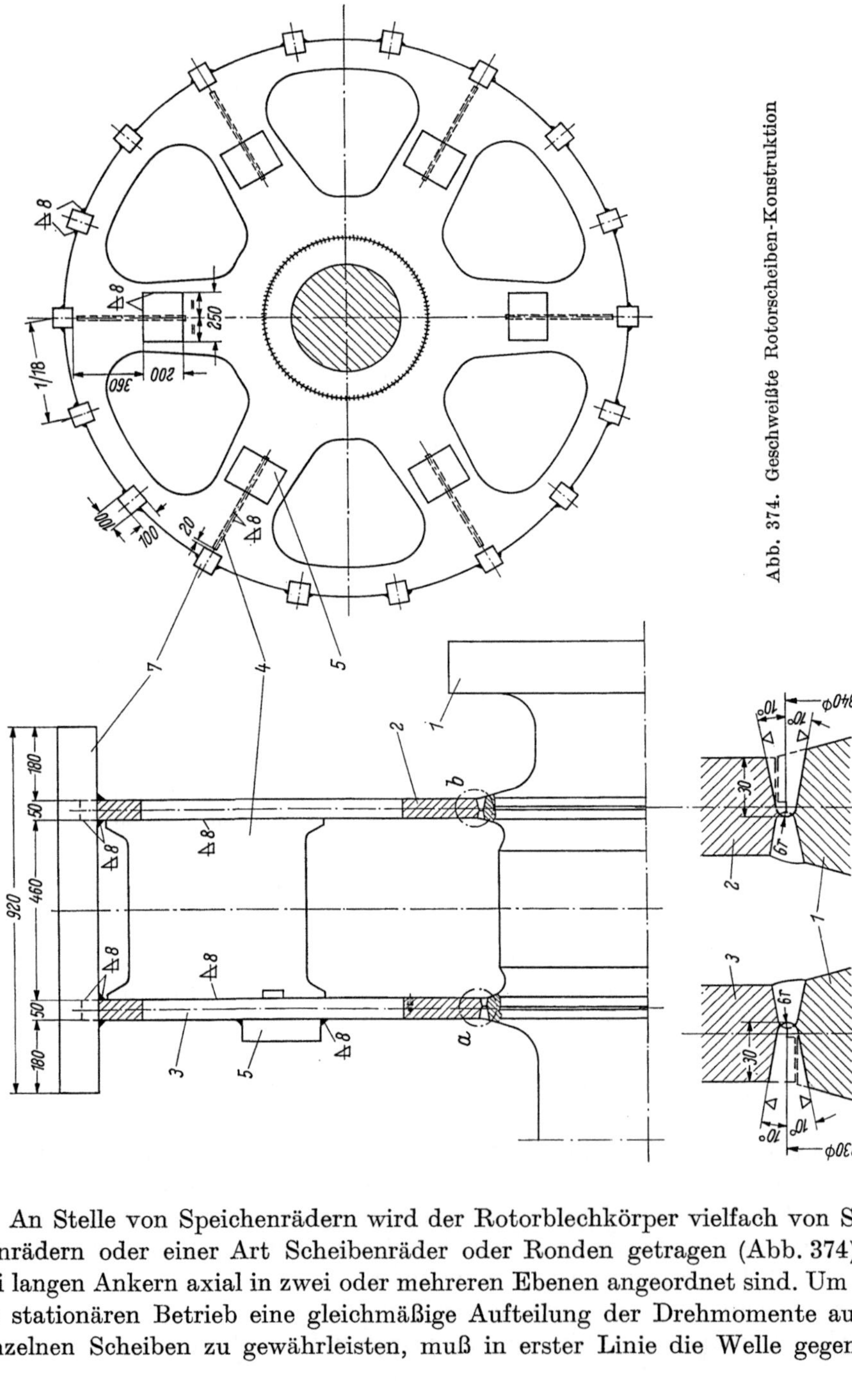

Abb. 374. Geschweißte Rotorscheiben-Konstruktion

An Stelle von Speichenrädern wird der Rotorblechkörper vielfach von Scheibenrädern oder einer Art Scheibenräder oder Ronden getragen (Abb. 374), die bei langen Ankern axial in zwei oder mehreren Ebenen angeordnet sind. Um auch im stationären Betrieb eine gleichmäßige Aufteilung der Drehmomente auf die einzelnen Scheiben zu gewährleisten, muß in erster Linie die Welle gegenüber dem geschichteten Rotorblechkörper um ein Mehrfaches drehstarrer sein, ganz besonders bei Doppelmotoren oder Doppelankermotoren. Im letzteren Fall ist zu beachten, daß die Drehsteifigkeit der Motorankerverbindungswelle um ein Mehrfaches größer ist als die der Antriebswelle oder Spindel, damit bei transienten Vorgängen eine möglichst symmetrische Energieabgabe der beiden rotierenden Rotormassen gewährleistet ist.

Eine vorteilhafte Rotorkonstruktion ist der *Trommelanker*, Abb. 123 (Glockenkonstruktion).

Die Schweißnähte von Rotorkörpern mit den genannten hohen mechanischen Anforderungen müssen dem neuesten Stand der modernen Schweißtechnik genügen.

In diesem Zusammenhange seien aus dem Schweißplan einige wichtige Fabrikationsbestimmungen erwähnt:

a) Ausdrehen der Schweißfugen (s. Detail „a" und „b" in Abb. 374); dabei ist darauf zu achten, daß alle Schlackeneinschlüsse entfernt werden.

b) Die sauber überschliffenen Verbindungsschweißnähte Welle—Scheibe sind mit Ultraschall- und Magnetpulverprüfung sowie stichprobenweise durch Röntgen zu prüfen.

c) Der fertig geschweißte und geprüfte Rotorstern ist beispielsweise folgendermaßen spannungsfrei zu glühen: Im Ofen mit 50 °C pro Stunde auf 580...600 °C aufwärmen und bei 580...600 °C 3 Stunden lang ausgleichen. Anschließend in einer Stunde auf 610...630 °C aufwärmen. Diese Temperatur ist 6 Stunden zu halten. Sodann den Ofen zunächst mit 20 °C pro Stunde auf 400 °C, danach mit 30 °C pro Stunde bis 200 °C abkühlen lassen. Unter 200 °C kann der Ofen geöffnet werden. Dauer des Glühprozesses ca. 40 Stunden.

E. Berechnung von Bandagen

a) Stahldrahtbandagen.

1. Allgemeines. Die Wickelköpfe von Gleichstrom- und Asynchronmaschinen werden gegen die Fliehkraft durch Drahtwicklungen von einer oder mehreren Lagen, sog. Bandagen (Abb. 375), gehalten. Bei kleinen Maschinen werden Bandagen nicht nur für den Wickelkopf, sondern auch im aktiven Teil an Stelle der Nutenkeile benützt. Man kann damit die Wicklung weiter radial nach außen verlegen und hat zudem eine bessere Wärmeabfuhr als mit Keilen. Die Drähte werden in geeignetem Abstand durch *Bindeschlösser* aus Blechstreifen (Abb. 376) axial geführt und am Ende durch *Endschlösser* doppelter Dicke gehalten. Drähte und Schlösser sind gut zu verzinnen, um den ganzen Verband weichlöten zu können. Das Löten bedingt bei allfälligen Reparaturen die Zerstörung der Bandage. Sog. *Patentschlösser*, die diesen Nachteil umgehen und sich beliebig lösen und anschnallen lassen, haben sich nicht bewährt. Zum Schutze gegen Wirbelströme und die dadurch hervorgerufene Wärmeentwicklung sind die einzelnen Lagen durch Isolationsmaterial (Glimmer, Glasband, Preßspan, Kunststoff usw.) gegeneinander zu isolieren. Auch in Achsrichtung der Maschine sind die Bandagen entsprechend Abb. 377 zu unterteilen, und zwar besonders in der Nähe des aktiven Eisens, wo stärkere Streufelder vorhanden sind, ist auf eine minimale Distanzierung zu achten. Man verwendet drei Sorten von Bandagendraht, vgl. Tab. 45. Der billigste und sicherste Draht ist magnetischer Stahldraht mit einer Zugfestigkeit von $\sigma_B = 180\ \mathrm{kp/mm^2}$. Muß antimagnetischer Draht verwendet werden, so nimmt man für kleinere Beanspruchungen Bronzedraht mit einer Zugfestigkeit von $\sigma_B = 75\ \mathrm{kp/mm^2}$, für höhere Beanspruchungen austenitischen Stahldraht mit einer

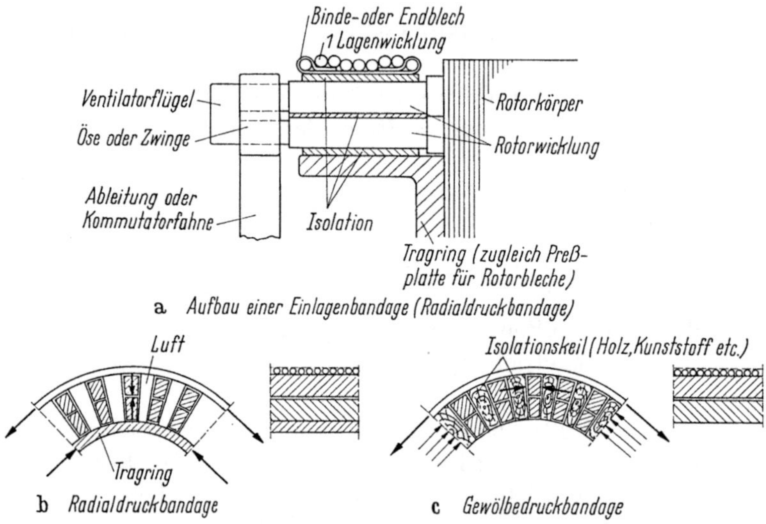

Abb. 375. Draht-Bandagen

Zugfestigkeit von $\sigma_B = 140\ \mathrm{kp/mm^2}$. Die hohe Festigkeit solcher Drähte wird durch Kaltstrecken erreicht. Besonders der antimagnetische Stahldraht ist beim Kaltverformen empfindlich auf Haarrisse quer zur Achse und wird daher mit Vorteil nicht

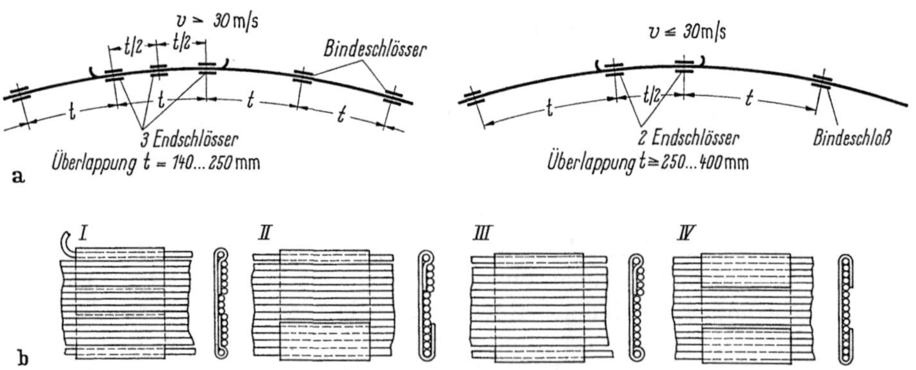

Abb. 376. Schlösser von Bandagenwicklungen

a Verteilung der Schlösser. Die Schlösser der einzelnen Bandagenlagen dürfen nicht übereinanderliegen, sie sind gleichmäßig versetzt vorzusehen

b Anzuwendende Schlösser. Bei elektr. Maschinen mit Umfangsgeschwindigkeiten $v > 30$ m/s, bei allen Erregermaschinen von Generatoren und bei allen Traktionsmotoren sind bei einlagiger Bandage oder bei der obersten Bandagenlage bei Bandagenpaketen die Endschlösser nach I und die Bindeschlösser nach III auszuführen. Bei 2- und mehrlagigen Bandagenpaketen sind in den unteren Lagen die End- und Bindeschlösser nach II auszuführen. Bei allen anderen Fällen sind die Endschlösser nach II und die Bindeschlösser nach II oder IV auszuführen

unter 1,5 mm Durchmesser angewendet. Je nachdem, ob Stahl- oder Bronzedraht verwendet wird, nimmt man für Binde- und Endschlösser Weiß- oder Bronzeblech. Die Bandage wird im Betrieb bei der Schleuderdrehzahl (125 bis 190% und mehr der Nenndrehzahl) am stärksten beansprucht. Die zulässige Zugspannung im Bandagendraht wird je nach Maschinengröße und Drehzahl zu 25% bis 40% der Zugfestigkeit gewählt. Dieser relativ niedere Wert erklärt sich durch die Unsicherheit der Bandagenlötung. Um möglichst kleine Deformationen zu haben, wird der Wickelkopf durch die Bandagen vorgespannt. Die Bandagendrähte werden unter Zug aufgewickelt und der Wickelkopf dadurch unter Druck gesetzt. Die notwendige Wickelkraft, um eine Vorspannung im ganzen Drehzahlbereich, also bis zur Schleuderdrehzahl, zu gewährleisten, kann aus dem noch zu erläuternden *Vorspann-* oder *Schrumpfdiagramm* (Abb. 378) entnommen werden. Der Wickelkopf

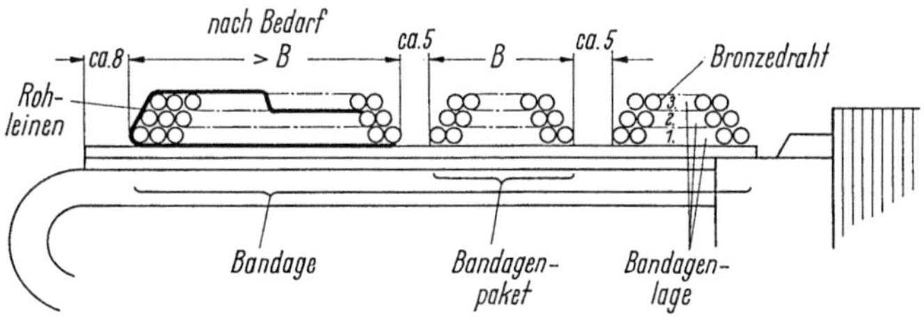

a

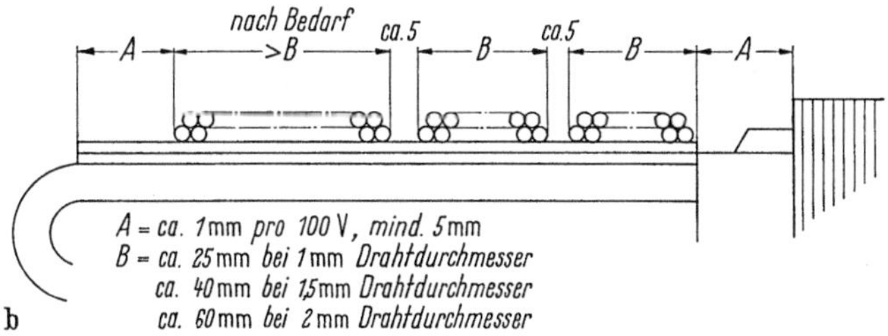

b

Abb. 377. Anordnung der Bandagen

steht im Vorspannbereich dauernd unter radialem und tangentialem Druck, was sich besonders in bezug auf die Laufruhe günstig auswirkt. Infolge des Druckes können sich die einzelnen Leiter des Wickelkopfes nicht trennen. Sie bilden einen geschlossenen Verband, womit einer möglichen Unwuchtverlagerung wirksam begegnet wird. Bei schnellaufenden Maschinen können die Fliehkräfte so groß werden, daß eine Lage Bandagendraht nicht mehr genügt; man wird mehrlagig bandagieren müssen. Jede weitere Lage, die unter Zug aufgebracht wird, hat aber zur Folge, daß die unter ihr liegenden Lagen, infolge Nachgebens der Unterlage, teilweise entspannt werden. Es ist daher notwendig, beim mehrlagigen Bandagieren die ersten (unteren) Lagen mit größerer Spannung aufzubringen als die nachfolgenden (oberen) Lagen. Die an der Wickelmaschine einzustellende Spannung soll jedoch beim Stahldraht nicht mehr als die Hälfte, beim Bronzedraht nicht mehr als ein Drittel der Zugfestigkeit betragen. Es ergeben sich so für die verschiedenen Drahtdurchmesser die in Tab. 45 aufgeführten zulässigen Wickelkräfte.

Es ist zu unterscheiden zwischen Wicklungen, welche auf einen Metallzylinder als Unterlage rein radial aufgeschnürt werden und solchen, welche den Bandagenzug durch Gewölbedruck aufnehmen. Abb. 375b zeigt Längs- und Querschnitt durch einen solchen Wickelkopfausschnitt mit einer *Radialdruckbandage*, Abb. 375c einen solchen mit einer *Gewölbedruckbandage*. Die Rotorwicklung der Gewölbedruckbandage ist radial nur durch Reibungskräfte gehalten. Für raschlaufende Maschinen ist diese Bauart wegen möglichen Unwuchtsverlagerungen nicht zu empfehlen.

2. Bandagieren mit einer Lage (Einlagenwicklung). In Abb. 378 ist mit Punkt A die radiale Lage des Bandagenringes, im folgenden Ring genannt, mit Punkt B die Lage des ungespannten Wickelkopfes, im folgenden Unterlage genannt, bezeichnet. Die Strecke $\overline{AB}$ stellt somit das radiale Schrumpfmaß dar. Dehnt sich der Ring radial um den Betrag Δr, so ist dazu die Radialkraft ΔF erforderlich. Die Steigung

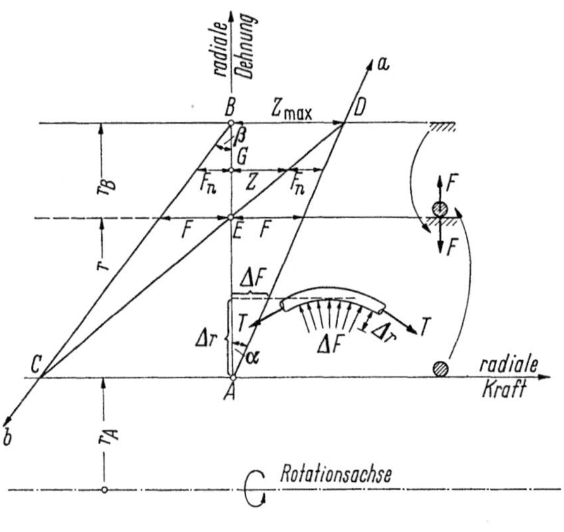

Abb. 378. Vorspanndiagramm für Einlagenbandagierung

$\overline{AB}$ radiales Schrumpfmaß
$k_a = \operatorname{ctg} \alpha$ radiale Einflußzahl des Drahtringes (Zug)
$k_b = \operatorname{ctg} \beta$ radiale Einflußzahl der Unterlage (Druck)
a, b Charakteristik des freien Drahtringes, der freien Unterlage
$\overline{CD}$ Charakteristik der vorgespannten Konstruktion
E Ruhepunkt (Gleichgewicht der Vorspannung)
$\overline{AE}$ Radiale Dehnung des Drahtringes
$\overline{BE}$ Radiale Zusammendrückung der Unterlage
F Vorspann- oder Schrumpfkraft
Z Fliehkraft von Unterlage und Drahtring
F_n Radialkraft der Unterlage im Betrieb
$Z + F_n$ Radialkraft des Drahtringes im Betrieb
Z_{max} maximal zulässige Fliehkraft im Vorspannbereich

$\operatorname{tg} \alpha$ der Geraden a gibt daher das konstante Verhältnis der Radialkraft zur Radialdehnung des Ringes, die Steigung $\operatorname{tg} \beta$ der Geraden b dasjenige der Unterlage wieder. Die Größen $\operatorname{tg} \alpha$ und $\operatorname{tg} \beta$ stellen somit etwas Ähnliches wie Elastizitätsmoduli für Ring und Unterlage dar, eine Art Steifigkeit. Es ist mitunter zweckmäßiger, mit den reziproken Werten der Steifigkeiten zu rechnen, den sog. *Einflußzahlen* $k_a = \operatorname{ctg} \alpha$ und $k_b = \operatorname{ctg} \beta$. Nach ihrer Definition stellen sie im vorliegenden Fall das Verhältnis von Radialdehnung zu Radialkraft dar. Sie sind unabhängig von Veränderungen der Kräfte oder Dehnungen während des Betriebes und stellen somit Konstanten der Konstruktion dar. Man kann die Einflußzahlen auch als Dehnungen verursacht durch Einheitslasten auffassen, was ihre Berechnung besonders anschaulich macht.

Der Schnitt der Geraden $\overline{CD}$ mit $\overline{AB}$ im Vorspanndiagramm bestimmt den Punkt E als radiale Gleichgewichtslage des vorgespannten Systems, in der Ring und Unterlage die gleichen gegenseitigen Radialkräfte F aufeinander ausüben.

Diese Radialkräfte F sind direkt proportional den Tangentialkräften von Ring und Unterlage. Es sei hier darauf aufmerksam gemacht, daß das Vorspanndiagramm (Abb. 378) nur die Beziehung zwischen radialer Dehnung und der sie erzeugenden Radialkraft darstellt, über den linearen Zusammenhang zwischen Radialkraft und Tangentialkraft jedoch nichts aussagt.

An einem beliebigen Ring mit Radius r, der Querschnittsfläche A und dem Elastizitätsmodul E gelten bekanntlich folgende Zusammenhänge zwischen Radialkraft F, Tangentialkraft T, radialer Dehnung u und radialer Einflußzahl k_p, vgl. Anhang I,

$$T = \frac{F}{2\pi} \tag{106}$$

$$u = \frac{F}{2\pi}\,\frac{r}{EA} = T\,\frac{r}{EA} \tag{107}$$

$$k_p = \frac{u}{F} = \frac{r}{2\pi EA}, \tag{108}$$

Die Gerade $\overline{CD}$ im Vorspanndiagramm der Abb. 378 gibt das elastische Verhalten des Systems im Vorspannbereich $\overline{AB}$ als Ganzes an. Die im Betrieb auftretende Fliehkraft Z (Unterlage plus Ring) bedingt eine Verlagerung des Ruhepunktes E nach Punkt G radial nach außen, wobei die Radialkraft auf die Unterlage von F auf F_n abnimmt, während die Radialkraft auf den Bandagenring von F auf $Z + F_n$ zunimmt. Man erkennt ohne weiteres, daß eine Vorspannung nur gewährleistet ist, wenn der Punkt G auf $\overline{AB}$ nicht über den Punkt B hinauswandert, somit $Z < \overline{BD}$ bleibt. Fällt Z mit $\overline{BD}$ zusammen, so ist die Ausnützung der Vorspannung eine vollständige. Zur Beurteilung des *Vorspannungsgrades* kann das Verhältnis der maximal zulässigen zur vorhandenen Fliehkraft im Vorspannbereich verwendet werden. Es wird als *Sicherheit c der Vorspannung* bezeichnet und muß stets größer als 1 sein. Aus den geometrischen Beziehungen der Abb. 378 folgt

$$c = \frac{Z_{\max}}{Z} = \frac{F}{Z}\left(1 + \frac{k_b}{k_a}\right) \geqq 1. \tag{109}$$

Ist umgekehrt c kleiner als 1, so kann die vorhandene Fliehkraft Z nicht mehr im Vorspannbereich aufgenommen werden.

Es ist ferner bemerkenswert, daß die Beanspruchung der Bandage im kalten Lauf stets etwas größer sein wird, als diejenige, die sich durch die Fliehkraft ohne Vorspannung ergäbe. Der Unterschied, bedingt durch die Radialkraft F_n, nimmt allerdings mit zunehmender Ausnützung der Vorspannung ab und verschwindet gänzlich bei voller Ausnützung ($Z = Z_{\max} = \overline{BD}$). Man könnte diesen Umstand als Schönheitsfehler der Vorspannung bezeichnen. Er fällt aber nur dann ins Gewicht, wenn übermäßig vorgespannt wird.

Die maßgebende Tangentialkraft und also die Beanspruchung im Bandagendraht ist im Stillstand aus der Radialkraft F, im kalten Lauf aus $F_n + Z$ zu berechnen. Da nach Abb. 378 $F_n + Z$ stets größer als F ist, wird die Beanspruchung der Bandage im Betrieb stets etwas größer sein als im Stillstand. Der *Vergrößerungsfaktor* kann leicht aus Abb. 378 gewonnen werden. Es ist

$$V_n = \frac{F_n + Z}{F} = 1 + \frac{Z}{F}\,k_R \geqq 1 \qquad \left(k_R = \frac{k_b}{k_a + k_b}\right) \tag{110}$$

Das Vorspanndiagramm wird aus den drei anfänglich bekannten Größen k_a, k_b und F (zulässiger Bandagenzug) konstruiert. Es ist damit eindeutig bestimmt. Man hat dann allerdings zu untersuchen, ob die Fliehkraft Z in allen Betriebszuständen im Vorspannbereich und mit genügender Sicherheit ($c \geqq 2$) aufgenommen werden kann, ohne die zulässigen Materialbeanspruchungen zu überschreiten.

Berücksichtigung der Erwärmung. Der Einfluß einer Temperaturdifferenz zwischen Unterlage und Bandage kann am einfachsten anhand eines Schrumpfdiagramms verfolgt werden. Bezeichnet man mit δ_a und δ_b die freien Dehnungen von Bandage bzw. Unterlage unter dem Einfluß erhöhter Temperatur[1], so wandern die Punkte A bzw. B im Diagramm Abb. 378 radial nach außen. Im allgemeinen wird der Wickelkopf wärmer als die Bandagendrähte, so daß $\delta_b > \delta_a$ sein wird. Das ursprüngliche Schrumpfmaß $\overline{AB}$ wird dann um den Betrag $\delta_b - \delta_a$ größer. Man hat ein neues Diagramm mit der vergrößerten Basis $(\overline{AB})_t = \overline{AB} + \delta_b - \delta_a$ zu zeichnen und erhält, da die Geraden a und b ihre Neigungen behalten (die Einflußzahlen sind temperaturunabhängig), eine zur ursprünglichen proportional vergrößerte Figur mit

$$V_t = \frac{(\overline{AB})_t}{\overline{AB}} = 1 + \frac{\delta_b - \delta_a}{F(k_a + k_b)} \tag{111}$$

mal größeren Kräften. V_t ist ein Faktor, der den Einfluß der Temperatur wiedergibt. Er ist im allgemeinen größer als 1.

3. Bandagieren mit mehreren Lagen (Mehrlagenwicklung). Ist die zulässige Wickelspannung und damit die Radialkraft F in Abb. 378 zu klein, um die vorhandene Fliehkraft Z im Vorspannbereich $\overline{AB}$ aufzunehmen, oder werden die zulässigen Beanspruchungen überschritten, so muß zur Mehrlagenwicklung übergegangen werden. Die Kraft- und Dehnungsverhältnisse werden am besten wieder graphisch aus einem Diagramm (Abb. 379) entnommen. Man beginnt wieder mit dem Aufbringen einer ersten Wicklung der Einflußzahl $k_a = \operatorname{ctg}\alpha$ auf die Unterlage mit der Einflußzahl $k_b = \operatorname{ctg}\beta$ und gelangt so zum Ruhepunkt E_1. Das elastische Verhalten der Gesamtheit wird wieder durch die Gerade $\overline{CE_1D_1}$ dargestellt. Die Radialkräfte F_1 auf Unterlage und Ring sind entgegengesetzt gleich. Wird jetzt eine zweite Lage aufgewickelt, so entspricht dies einer von außen aufgebrachten Radialkraft (in ihrer Wirkung ähnlich der Fliehkraft, vgl. Abb. 378, nur mit umgekehrtem Vorzeichen). In Abb. 379 sei zur Erläuterung eine Aufwickelkraft der zweiten Lage gewählt, die einer Radialkraft $\overline{GH}$ entspricht. Der Radialdruck auf die Unterlage steigt dann von F_1 auf $\overline{FH}$ und die für die erste Wicklung maßgebende Radialkraft wird von F_1 auf $\overline{HI}$ entspannt. Würde die zweite Lage mit dem gleichen Drahtzug, entsprechend einem Radialdruck F_1, aufgewickelt wie die erste Lage, so ergäben sich die Kräfteverhältnisse $\overline{F'G'}:\overline{G'H'}:$ $:\overline{H'I'}$, d. h. die erste Wicklung würde auf $\overline{H'I'} < F_1$ entlastet. Damit wäre die Vorspannung beider Wicklungen verschieden. Man wird den Drahtzug der zweiten und nachfolgenden Wicklungen zweckmäßig so wählen, daß die Vorspannung der

[1] Ganz allgemein ist $\delta = \alpha_l \cdot \vartheta \cdot l$, wobei α_l die lineare Wärmedehnzahl, ϑ die Temperaturdifferenz zwischen effektiver und Montagetemperatur und l die für die betrachtete Temperaturdehnung maßgebende Länge des Objektes bedeutet.

Drähte aller Lagen die gleiche[1] wird. Dann kann die mehrlagige Bandage als homogener, dünner Ring unter Vorspannung aufgefaßt und berechnet werden. Im Diagramm bedeutet das Angleichen der Kräfte die Konstruktion des Punktes E_2, was durch den Schnitt von $\overline{CD_2^*}$ mit $\overline{AB}$ geschieht. Für diesen Ruhepunkt E_2 sind die Zugkräfte in beiden Drahtwindungen gleich groß. Um dies zu erreichen, mußte die erste Lage mit einem Drahtzug entsprechend $F_1 > F_2$ aufgewickelt werden. Das Verhältnis F_2 zu F_1 hängt nur vom Verhältnis der Einflußzahlen von

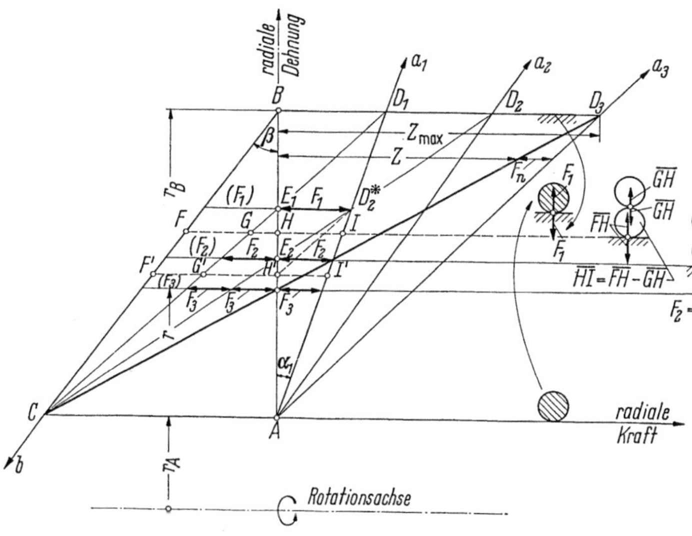

Abb. 379. Vorspanndiagramm für die Mehrlagenbandagierung Beispiel mit drei Lagen

Drahtring und Unterlage ab. Ganz analog wird bei mehr als zwei Lagen vorgegangen. In den Ruhepunkten E_i sind die Drähte mit den Zügen entsprechend F_i gleichmäßig vorgespannt. Aus dem Vorspanndiagramm ergeben sich für gleichmäßige Vorspannung von i-Lagen folgende Verhältnisse für die einzustellende Drahtspannung aufeinanderfolgender Wicklungen, wenn $v = k_a/k_b$ ($= \operatorname{ctg}\alpha/\operatorname{ctg}\beta = \operatorname{tg}\beta/\operatorname{tg}\alpha$) das Verhältnis der radialen Einflußzahlen von Bandagenring zu Wickelkopf darstellt:

$$1 : \frac{1+v}{2+v} : \frac{1+v}{3+v} : \frac{1+v}{4+v} : \ldots : \frac{1+v}{n+v}\,.$$

Die Auswertung für verschiedene v zeigt Tab. 58 auf Seite 384.

Man erkennt, daß in jedem Fall die Wickelspannung einer folgenden Lage mehr als 50% der vorhergehenden sein muß.

[1] Es ist selbstverständlich möglich, die Zugspannungen der verschiedenen Lagen so zu wählen, daß die Überlagerung mit der Fliehkraft gleiche Beanspruchung der inneren und äußeren Lagen ergibt. Da man weiß, daß ein homogener Ring größere Randspannungen an der inneren Bohrung denn an der äußeren aufweist, müßte man sinngemäß die inneren Bandagenlagen weniger vorspannen. Bei normalen Bandagen ist der Unterschied jedoch so gering, daß von einer derartigen Komplikation abgesehen werden kann.

Die Größe der Fliehkraft, die sich aus derjenigen der Unterlage und der n-lagigen Bandage zusammensetzt, darf den Wert $\overline{BD_i}$ im Diagramm der Abb. 379, für drei Lagen somit den Wert $\overline{BD_3}$, nicht überschreiten. Allgemein ist $\overline{BD_i}$ die maximal zulässige Fliehkraft im Vorspannbereich. Man baut heute dank technisch verfeinerten Wickelmaschinen und der erlernten Kunst des Vorbandagierens im Ofen, zur möglichen Vermeidung plastischer Verformungsanteile im Wickelkopf,

Tabelle 58. *Drahtwickelspannungen für Mehrlagenbandagierung*

$v = \frac{k_a}{k_b}$	Bedeutung	entspricht ungefähr	Verhältnis der Drahtwickelspannungen innen : außen
0	Unterlage ∞ weich oder fehlt	— — —	100:50:33 1/3:25:...
1	gleiche radiale Steifigkeiten	Gewölbedruck- } Ban-	100:66 2/3:50:40:...
6 2/3	— — —	Radialdruck- } dage	100:88 1/2:79:72:....
∞	Unterlage ∞ steif oder starr	— — —	100:100:100:100:..

Bandagen bis zu zehn und mehr Lagen ohne Schwierigkeiten. Es lohnt sich jedoch immer, im Einzelfalle zu überlegen, ob bei einer dermaßen großen Zahl von Bandagenlagen nicht massive Stahlkappen, die wohl teurer im Material, in der Herstellung aber einfacher und billiger sind, vorteilhafter wären.

4. Beispiel: Berechnung einer Radialdruckbandage für einen Rotordurchmesser von 415 mm.

α) Einlagenbandage

Bandage:

Stahldrahtquerschnitt (⌀ 2 mm)	A_a	$= 0{,}1^2 \cdot \pi = 3{,}14 \cdot 10^{-2}\ \mathrm{cm}^2$
Radius	r_a	$= 19{,}61$ cm
Zugfestigkeit	σ_B	$= 18\,000\ \mathrm{kp/cm}^2$
zul. Wickelspannung	$\sigma_{w\,\mathrm{zul}}$	$= 50\%\ \sigma_B = 9000\ \mathrm{kp/cm}^2$
zul. Zugspannung im Betrieb	σ_{zul}	$= 35\%\ \sigma_B = 6300\ \mathrm{kp/cm}^2$
Elastizitätsmodul	E	$= 2{,}1 \cdot 10^6\ \mathrm{kp/cm}^2$
Wärmedehnzahl	α_l	$= 11 \cdot 10^{-6}/°\mathrm{C}$
Übertemperatur	ϑ	$= 55$ °C

Wickelkopf:

radiale Höhe	h	$= 4{,}41$ cm
Wärmedehnzahl (El-Cu)	α_l	$= 17 \cdot 10^{-6}/°\mathrm{C}$
Übertemperatur	ϑ	$= 80$ °C

Büchse:

Stahlzylinderradius	r	$= 15{,}10$ cm
Wärmedehnzahl	α_l	$= 11 \cdot 10^{-6}/°\mathrm{C}$
Übertemperatur	ϑ	$= 60$ °C

Man rechnet zweckmäßig pro 1 cm Länge, also mit 5 Drähten pro Lage.

Fliehkräfte bei Schleuderdrehzahl (gegeben):

Unterlage (Wickelkopf)	$Z_b = 5685$ kp
Ring (Bandage aus 5 Drähten)	$Z_a = 415$ kp
	$Z = 6100$ kp

Wickelkraft pro Draht:

Wir können die zulässige Wickelspannung nicht ausnützen und wählen

$$\sigma_w = 5400\ \text{kp/cm}^2 = 30\%\ \sigma_B$$
$$T = A_a \sigma_w = 3{,}14 \cdot 10^{-2} \cdot 5400 = 170\ \text{kp}.$$

Radialkraft des Ringes im Stillstand (5 Drähte):

$$F = 5 \cdot 2\pi\, T = 5 \cdot 2\pi \cdot 170 = 5330\ \text{kp (Vorspannung kalt)}$$

Einflußzahlen:

Ring (vgl. Anhang I, S. 588)

$$k_a = \frac{r_a}{2\pi\, E \cdot 5 \cdot A_a} = \frac{19{,}61}{2\pi \cdot 2{,}1 \cdot 10^6 \cdot 5 \cdot 3{,}14 \cdot 10^{-2}} = 9{,}45 \cdot 10^{-6}\ \text{cm/kp}$$

Unterlage (vorausgesetzt) $k_b = 1{,}42 \cdot 10^{-6}$ cm/kp.

Hilfsgrößen:

$$k_R = \frac{k_b}{k_a + k_b} = \frac{1{,}42 \cdot 10^{-6}}{(9{,}45 + 1{,}42)\,10^{-6}} = 0{,}131; \qquad v = \frac{k_a}{k_b} = \frac{9{,}45 \cdot 10^{-6}}{1{,}42 \cdot 10^{-6}} = 6{,}65.$$

Vergrößerungsfaktor der Ringspannung im kalten Lauf:

$$V_n = 1 + \frac{Z}{F} k_R = 1 + \frac{6100}{5330} \cdot 0{,}131 = 1{,}15.$$

Sicherheit der Vorspannung im kalten Lauf:

$$c = \frac{F}{Z}\left(1 + \frac{k_b}{k_a}\right) = \frac{5330}{6100}\left(1 + \frac{1}{6{,}65}\right) = 1{,}01 \begin{cases} > 1 \\ < 2 \end{cases}$$

Wärmedehnungen:	α_l	ϑ	r_a	h	r	δ	
δ_a: Ring	$11 \cdot 10^{-6}$	55 °C	19,61				0,01185
δ_b: Wickelkopf	$17 \cdot 10^{-6}$	80 °C		4,41		0,00600	0,01595
δ_b: Stahlbüchse	$11 \cdot 10^{-6}$	60 °C			15,10	0,00995	
							$\delta_b - \delta_a = 0{,}0041$ cm

Vergrößerungsfaktor der Ringspannung infolge Erwärmung:

$$V_t = 1 + \frac{\delta_b - \delta_a}{F(k_a + k_b)} = 1 + \frac{0{,}0041}{5330\,(9{,}45 + 1{,}42)\,10^{-6}} = 1{,}071.$$

Maximale Beanspruchung: (der warme Lauf ist maßgebend)

$$\sigma_{\max} = \sigma_w \cdot V_n \cdot V_t = 5400 \cdot 1{,}15 \cdot 1{,}071 = \underline{6650\ \text{kp/cm}^2} > 6300\ \text{kp/cm}^2 = \sigma_{\text{zul}}.$$

Man erkennt, daß die zulässige Spannung um $5^1/_2\%$ überschritten wird. Ein neuer Versuch mit kleinerer Vorspannung würde daran scheitern, daß die Fliehkraft nicht mehr im Vorspannbereich aufgenommen werden könnte, wie man am Faktor c (≈ 1) erkennt. Will man die zulässige Spannung nicht von $35\%\ \sigma_B$ auf $40\%\ \sigma_B = 7200$ kp/cm² erhöhen, so ist man gezwungen, eine Mehrlagenbandagierung vorzusehen.

β) *Bandage mit 3 Lagen.* Es gelten die Konstanten des Beispieles α, insbesondere sei wieder für die Wickelspannung der ersten Lage $\sigma_w = 5400$ kp/cm² $= 30\%$ σ_B angenommen und die zulässige Zugspannung im Betrieb mit $\sigma_{\text{zul}} = 35\% \, \sigma_B =$ $= 6300$ kp/cm² festgelegt.

Fliehkräfte bei Schleuderdrehzahl (pro cm axiale Länge):

Unterlage (Wickelkopf)	$Z_b = 5685$ kp
Ring (Bandage mit $3 \cdot 5 = 15$ Drähten)	$Z_a = 1245$ kp
	$Z_3 = 6930$ kp.

Abstufung der Wickelspannung für drei aufeinanderfolgende Lagen:

$$1 : \frac{1+v}{2+v} : \frac{1+v}{3+v} = 1 : \frac{1+6{,}65}{2+6{,}65} : \frac{1+6{,}65}{3+6{,}65} = 1 : 0{,}885 : 0{,}793.$$

Ringkraft pro Draht nach Montage im Stillstand:

$$T_3 = 0{,}793\, T = 0{,}793 \cdot 170 = 135 \text{ kp}.$$

Ringspannung aller drei Lagen nach Montage im Stillstand:

$$\sigma_3 = 0{,}793\, \sigma_w = 0{,}793 \cdot 5400 = 4280 \text{ kp/cm}^2.$$

Radialkraft des Ringes im Stillstand ($3 \cdot 5 = 15$ Drähte):

$$F_3 = 15 \cdot 2\pi \cdot T_3 = 15 \cdot 2\pi \cdot 135 = 12\,700 \text{ kp}.$$

Einflußzahlen:

Als Einflußzahl k_{a3} ist diejenige einzusetzen, die einem homogenen Ring aus drei Lagen zu fünf Drähten entspricht (Gerade a_3 der Abb. 379), während k_b unverändert bleibt

$$k_{a3} = {}^1/_3 k_a = {}^1/_3 \cdot 9{,}45 \cdot 10^{-6} = 3{,}15 \cdot 10^{-6} \text{ cm/kp},$$

$$k_b = \qquad = 1{,}42 \cdot 10^{-6} \text{ cm/kp}.$$

Hilfsgrößen:

$$k_{R3} = \frac{k_b}{k_{a3} + k_b} = \frac{1{,}42 \cdot 10^{-6}}{(3{,}15 + 1{,}42)\, 10^{-6}} = 0{,}311$$

$$v_3 = \frac{k_{a3}}{k_b} = \frac{3{,}15 \cdot 10^{-6}}{1{,}42 \cdot 10^{-6}} = 2{,}22.$$

Vergrößerungsfaktor der Ringspannung im kalten Lauf:

$$V_{n3} = 1 + \frac{Z_3}{F_3} k_{R3} = 1 + \frac{6930}{12\,700} \cdot 0{,}311 = 1{,}17.$$

Sicherheit der Vorspannung im kalten Lauf:

$$c_3 = \frac{F_3}{Z_3}\left(1 + \frac{k_b}{k_{a3}}\right) = \frac{12\,700}{6930}\left(1 + \frac{1{,}42 \cdot 10^{-6}}{3{,}15 \cdot 10^{-6}}\right) = 2{,}66 > 2.$$

Vergrößerungsfaktor der Ringspannung infolge Erwärmung:

$$V_{t3} = 1 + \frac{\delta_b - \delta_a}{F_3 (k_{a3} + k_b)} = 1 + \frac{0{,}0041}{12\,700 (3{,}15 + 1{,}42)\, 10^{-6}} = 1{,}071.$$

Maximale Beanspruchung (Bandagenspannung im warmen Lauf für alle 3 Lagen):

$$\sigma_{3\,\max} = \sigma_3 V_{n3} V_{t3} = 4280 \cdot 1{,}17 \cdot 1{,}071 = \underline{5370 \text{ kp/cm}^2} < 6300 \text{ kp/cm}^2 = \sigma_{\text{zul}}.$$

Die Beanspruchung des Bandagendrahtes ist zulässig und die Vorspannung mit ausreichender Sicherheit gewährleistet.

b) Kunstharzimprägnierte Glasfaserbandagen. In neuerer Zeit finden Kunstharz-Glasbandagen immer mehr Eingang in die Konstruktionspraxis. Als Vorteil gegenüber der Stahldrahtbandage werden genannt:

1. Günstigerer Preis für Material und insbesondere für die einfachere Herstellung.

2. Kunstharzbandagen sind elektrisch isolierend, es entfällt die Isolation zwischen Wicklung und Bandage.

3. Sie haben keine Eigenverluste und erwärmen sich selbst nicht.

4. Das spezifische Gewicht ist geringer als Stahl, was die Eigenfliehkraft reduziert.

5. Die Unsicherheit des Schlosses als schwächstes Glied der Stahldrahtbandage entfällt. Bei einer Havarie entsteht weniger Sekundärschaden als bei einer geborstenen Stahldrahtbandage.

Es gibt Kunstharzglasbandagen, die bis 155 °C (Isolationsklasse F) wärmebeständig sind. Der Festigkeitsberechnung ist stets die Zeitstandsfestigkeit zugrunde zu legen. Für die in Tab. 46 aufgeführten, bewährten Bandagenbänder mit 72 bis 75 Gewichtsprozent Glasgehalt werden folgende Festigkeitswerte für den einwandfrei hergestellten Bandagenverband zur Dimensionierung empfohlen:

Festigkeit der Bandage	Betriebstemperatur		
	< 60 °C	60...130 °C	130 ... 155 °C
	kp/mm²	kp/mm²	kp/mm²
Kurzzeitfestigkeit σ_B	95	85	75
Zeitstandsfestigkeit $\sigma_T \approx 0{,}9\,\sigma_B$	85	75	65

Für die Zugkräfte pro Windung ergeben sich dann mit einer mittleren Banddicke von $h = 0{,}3$ mm folgende Festigkeiten:

Bandbreite ($h = 0{,}3$ mm) b [mm]	Kurzzeitfestigkeit eines Bandes $F = \sigma_B \cdot bh$ [kp]			Zeitstandsfestigkeit eines Bandes $F_T = \sigma_T \cdot bh$ [kp]		
Betriebstemperatur	< 60 °C	60 bis 130 °C	130 bis 155 °C	< 60 °C	60 bis 130 °C	130 bis 155 °C
25 (1″)	710	640	560	640	560	490
19 (3/4″)	540	480	430	480	430	370
12,5 (1/2″)	360	320	280	320	280	240
9,5 (3/8″)	270	240	210	240	210	190

Maßgebend für die Berechnung ist die Schleuderdrehzahl. Mit Rücksicht auf den neuartigen Charakter der Bandage und die Streuung in der Fabrikation erscheint uns vorläufig eine minimale Sicherheit gegenüber der Beanspruchung in der Schleuderdrehzahl von

$$c_{\min} = 4 \ldots 5$$

als angemessen. Damit ergeben sich durchaus vernünftige Dimensionen der Bandage auch bei stark ausgenützten Maschinen mit großem Bandagendurchmesser (Traktionsmotoren).

Die zulässige Zugbeanspruchung in der Schleuderdrehzahl beträgt mit dem minimalen Sicherheitskoeffizienten $c_{\min}$ und der Zeitstandsfestigkeit σ_T für den maßgebenden Temperaturbereich folgerichtig

$$\sigma_{\text{zul}} = \frac{\sigma_T}{c_{\min}} . \tag{112}$$

Damit ist die Dimensionierung der Bandage gegeben. Da im allgemeinen weniger der Gesamtquerschnitt der Bandage als vielmehr die erforderliche Anzahl Bandwindungen interessiert, kann die erforderliche Anzahl Windungen n zur Aufnahme der Fliehkraft Z von Bandage und Wickelkopf aus

$$n_{erf} = \frac{cZ}{2\pi F_T} \quad (c \geqq 4 \ldots 5) \tag{113}$$

berechnet werden.

Bezüglich Vorspannung bei Kunstharzbandagen ist zu sagen, daß die bleibende Vorspannung in der ausgehärteten Bandage weitgehend vom Bandagenzug während des Wickelns abhängig ist. Es wird zur Herstellung einer möglichst homogenen Bandage empfohlen, mit einem Wickelzug von ca. 100 kp/cm Bandbreite zu arbeiten und wenn möglich, das Band unmittelbar vor dem Aufwickeln zu wärmen (Infrarotheizung) und/oder auf einen warmen Rotor zu bandagieren. Für die Aushärtung der gewickelten Bandage sind die Vorschriften der Lieferfirma einzuhalten. Bei optimal hergestellten Bandagen können bis 60 % der Wickelspannung als Vorspannung wirken. Da jedoch Größe und Bestand der Vorspannung noch recht unsicher ist, scheint es gerechtfertigt, für die Dimensionierung von Vorspanneffekten vorläufig abzusehen.

Ein entschiedener Nachteil der Kunstharz-Glasbandage ist die relativ große Dehnung, die sich im relativ kleinen Elastizitätsmodul äußert. Letzterer ist mit $E = 4000$ kp/mm² bei betriebsmäßiger Beanspruchung ca. fünfmal kleiner als derjenige von Stahl ($E = 21\,000$ kp/mm²). Für genaue Dehnungsberechnungen ist es unerläßlich, die Abhängigkeit des E-Moduls von Belastung und Temperatur zu berücksichtigen.

Beispiel: Die Stahldrahtbandage im Beispiel β (S. 386) soll durch eine Kunstharz-Glasbandage ersetzt werden.

gegeben:

Bandagenbreite (axial)	$l = 125$ mm
Bandbreite (gewählt)	$b = 25$ mm
mechanische Sicherheit	$c = 5$
Betriebstemperatur	60...130 °C
Fliehkraft des Wickelkopfes bei Schleuderdrehzahl	$Z'_b = l \cdot Z_b = 12{,}5 \cdot 5685 = 71\,100$ kp

gesucht:

Anzahl Bandwindungen	n
Dicke der Bandage (radial)	d

berechnet:

Die Eigenfliehkraft der KG-Bandage bei Schleuderdrehzahl reduziert sich gegenüber der Stahldrahtbandage im Verhältnis der Querschnitte und der spezifischen Gewichte.

Reduktionsfaktor (Dicke der KG-Bandage geschätzt auf $d = 6$ mm)

$$\frac{d \cdot \gamma_{KG}}{15 \cdot A_a \cdot \gamma_{St}} = \frac{0{,}6 \cdot 1{,}8 \cdot 10^{-3}}{15 \cdot 3{,}14 \cdot 10^{-2} \cdot 7{,}85 \cdot 10^{-3}} = 0{,}292$$

$$Z'_a = 0{,}292 \cdot l \cdot Z_a = 0{,}292 \cdot 12{,}5 \cdot 1245 = 4550 \text{ kp}$$

Totale Fliehkraft

$$Z'_b = 71\,100 \text{ kp}$$
$$Z'_a = 4\,550 \text{ kp}$$
$$\overline{Z' = 75\,650 \text{ kp}}$$

Erforderliche Anzahl Windungen

$$n_{erf} = \frac{cZ'}{2\pi F_T} = \frac{5\cdot 75\,650}{2\pi\cdot 560} = \underline{107} \qquad (F_T \text{ aus Tab. S. 387}).$$

Bei der konstruktiv vorgesehenen Breite l der Bandage und der gewählten Bandbreite b ergeben sich $l/b = 125/25 = 5$ Bänder pro Lage. Es sind somit $107/5 = 21{,}5 \approx 22$ Lagen erforderlich. Die Bandage wird somit ca.

$$d = 22\cdot 0{,}3 = \underline{6{,}6 \text{ mm}}$$

dick.

Die Stahldrahtbandage ergab bei 3 Lagen Stahldraht von ⌀ 2 mm eine radiale Dicke von $d = 3\cdot 2 = 6$ mm. Mit Rücksicht auf die bei KG-Bandagen überflüssige Isolation zwischen Wickelkopf und Bandage kann die Stahldrahtbandage auch geometrisch durch die KG-Bandage ersetzt werden.

F. Schleifringe

a) Schleifringe für Asynchronmaschinen. Man unterscheidet:

a) Schleifringe für *dauernde Bürstenauflage,* für drehzahlgeregelte Schleifringankermotoren.

b) Schleifringe mit *Kurzschluß- und Bürstenabhebevorrichtung.*

Sie werden nur verwendet für Schleifringläufermotoren, die über vorgeschaltete Widerstandsstufen hochgefahren werden. Dadurch ergibt sich gegenüber Kurzschlußläufermotoren ein stark verminderter Anlaßstrom während des Hochfahrens. Nach beendetem Hochlauf wird die Rotorwicklung über die Schleifringe kurzgeschlossen und die Bürsten abgehoben.

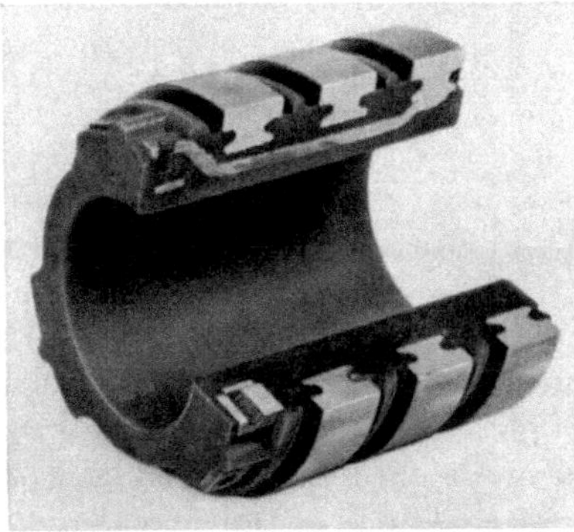

Abb. 380. Schleifringe in Kunstharz eingegossen

Für die Schleifringe wird normalerweise Bronze (möglichst frei von Zink, weil zinkhaltige Legierungen, also Messing, zur Riefenbildung neigen) oder Eisen (nitrierter oder einsatzgehärteter Stahl) verwendet.

Für Kleinmotoren werden die Ringe mit ihren aufgelöteten Ableitungen häufig

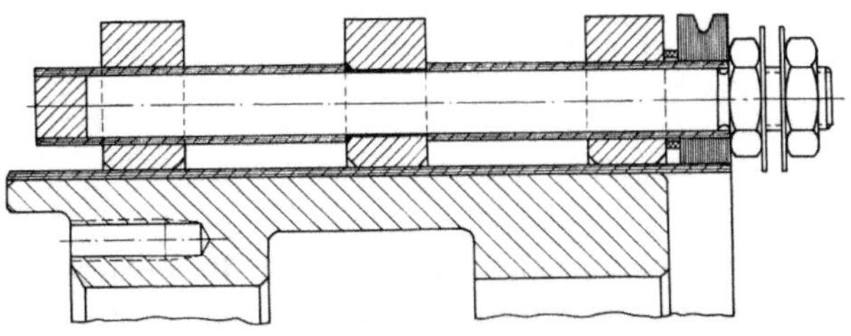

Abb. 381. Schleifringbüchse mit aufgeschrumpften Ringen

in Kunstharz eingegossen (Abb. 380). Für mittlere Maschinen werden die Ringe auf eine Schleifringbüchse isoliert aufgeschrumpft (Abb. 381). Als Isolationsmaterial wird Glimmer oder Hartpapier oder neuerdings auch Kapton verwendet. Die Stromzuführung erfolgt entweder durch angelötete Ableitungen wie bei Abb. 380 oder durch in je einen Ring eingeschraubte oder eingelötete Bolzen, Abb. 381, die durch die anderen Ringe isoliert hindurchgeführt sind. Der Abstand der Schleifringe wird durch den notwendigen Kriechweg bestimmt (Abb. 382).

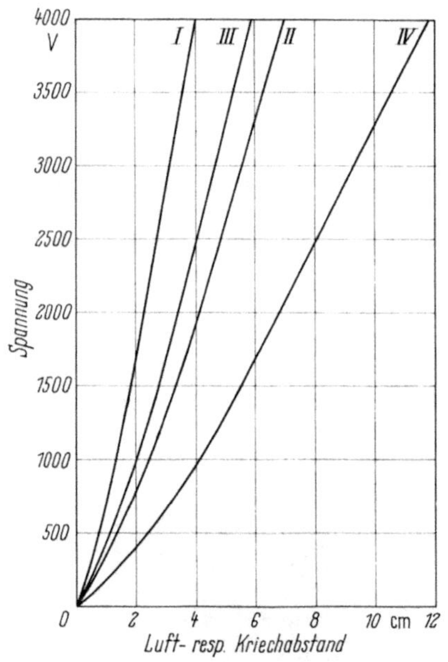

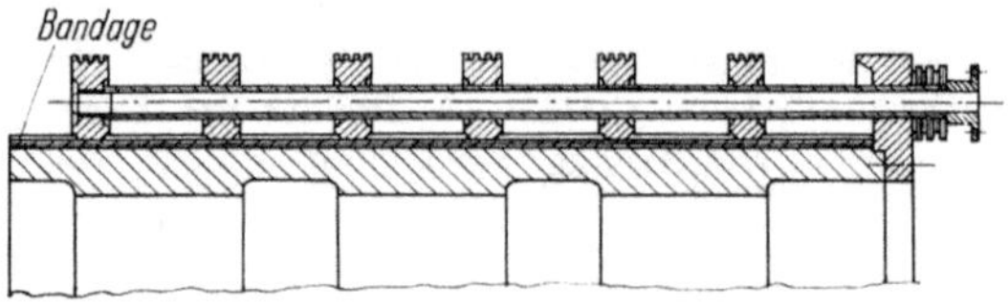

Abb. 383. Konstruktionsbeispiel mit sechs Schleifringen (offene Schaltung)

Abb. 382. Luftabstände und Kriechwege für Schleifringe und Bürstenträger

I Luftabstand für Schleifringe mit Kurzschlußvorrichtung
II Kriechweg für Schleifringe mit Kurzschlußvorrichtung
III Luftabstand für Schleifringe ohne Kurzschlußvorrichtung
IV Kriechweg für Schleifringe ohne Kurzschlußvorrichtung

Für Großmotoren — z. B. für den Asynchronmotor des Netzkupplungsumformers nach Abb. 71 — ist ein Konstruktionsbeispiel mit 6 Schleifringen (offene Schaltung) in Abb. 383 gezeigt, bei welchem die Schleifringe auf Preßmicanit aufgeschrumpft sind und das Preßmicanit mit Glasbandagen gegen die Fliehkraft gehalten ist. Die Schleifringe sind zum Zwecke der Vermehrung der Kontaktpunkte und zur verbesserten Kühlung spiralförmig gerillt.

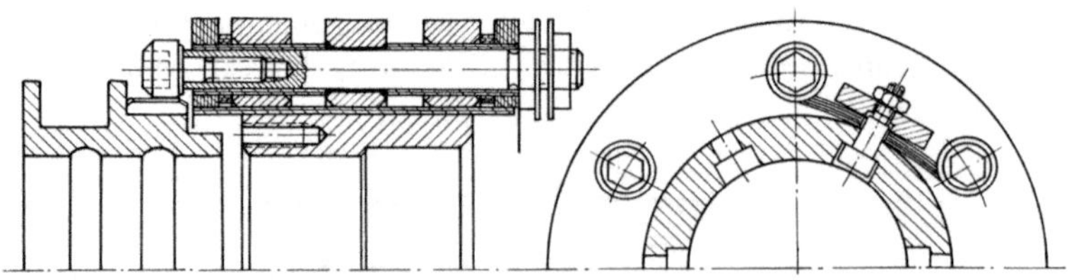

Abb. 384. Schleifringe mit Kurzschlußvorrichtung

Für Motoren mit Kurzschluß- und Bürstenabhebevorrichtung gemäß Abb. 134 können wegen der nur kurzzeitigen thermischen Beanspruchung schmalere Schleifringe verwendet werden als für dauernde Bürstenauflage.

Ein Beispiel eines Schleifringes mit Kurzschluß- und Bürstenabhebevorrichtung zeigt Abb. 352, und die entsprechende Kurzschlußvorrichtung zeigt Abb. 384.

Die Kurzschlußkontakte werden beim Kurzschließen unter normalem Rotorstrom geschaltet. Sie müssen für diesen Strom dimensioniert werden. Die Kontakte werden bei Kupferkontakten für eine Stromdichte von ca. 0,2 A/mm², bei Bronzekontakten für ca. 0,1 A/mm² bemessen. Es sind verschiedenartige Kontakte üblich (Abb. 385). Durchmesser und Breite der Schleifringe sind nach DIN 42 965 genormt, Tab. 59.

Tabelle 59. *Schleifringe (Durchmesser und Längen)*

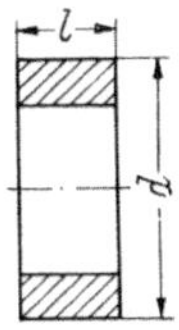

Schleifring-Durchmesser *d* [mm]

20	40	80	160	320	640
22	45	90	180	360	720
25	50	100	200	400	800
28	56	112	225	450	
32	64	125	250	500	
36	72	140	280	560	

Schleifring-Länge *l* [mm]

6,4	8	10	12,5	16	20	25	32	40	50[1]	64[1]	80[1]

[1] Nur für doppelte Bürstenbestückung.

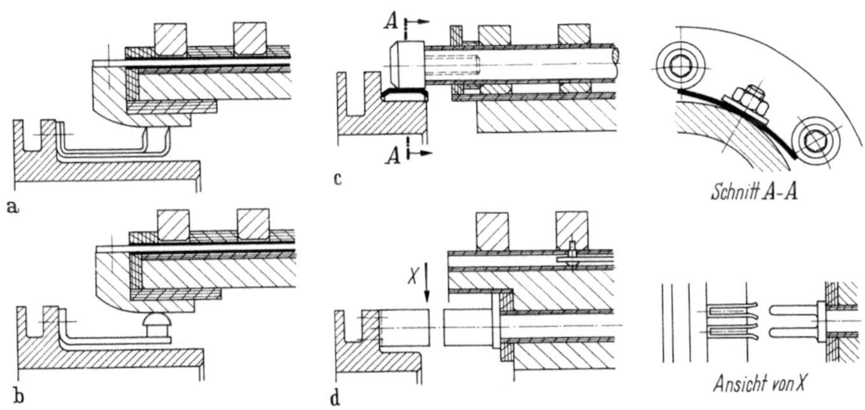

Abb. 385. Kontaktarten von Schleifring-Kurzschlußvorrichtungen
a Beilkontakt; b Hammerkontakt; c Federkontakt; d Messerkontakt

Die Erwärmung der Schleifringe kann sinngemäß nach dem Beispiel auf S. 90 gerechnet werden.

Da die Bürstenabnützung von der Temperatur abhängig ist, sind möglichst niedrige Erwärmungen anzustreben. Die Schleifringe werden deshalb bisweilen mit Kühlflügeln oder Kühlschlitzen versehen.

b) Schleifringe für Synchronmaschinen. Die Schleifringe für Synchronmaschinen sind mit Gleichstrom gespeist. Man hat also entsprechend den beiden Polaritäten einen kathodischen und einen anodischen Ring. Meistens werden Stahlringe verwendet. Sie werden entweder isoliert auf eine Schleifringbüchse (Abb. 386) oder isoliert direkt auf die Welle (Abb. 387) aufgeschrumpft. Als Isolation wird

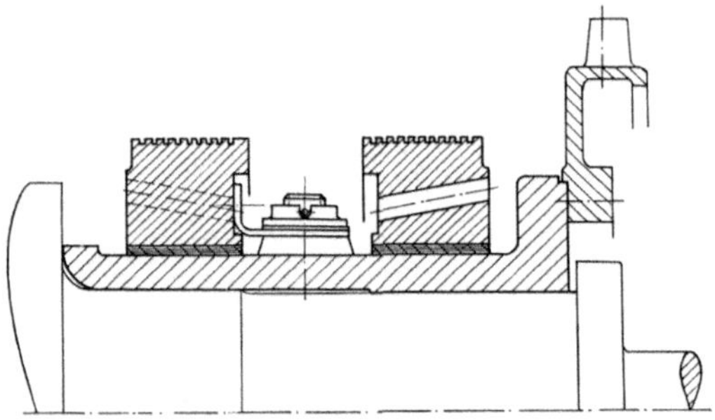

Abb. 386.
Schleifringe auf Büchse aufgeschrumpft

praktisch ausnahmslos Preßmica verwendet. Der erzielbare Kriechweg ist dabei sehr klein; deshalb wird die Isolation und der Schleifring stirnseitig noch mit gut haftendem, zähem Lack gestrichen. Der Schleifring wird beim Aufziehen etwa auf 500 °C erwärmt und preßt beim Erkalten zunächst die Preßmicaschuppen zu-

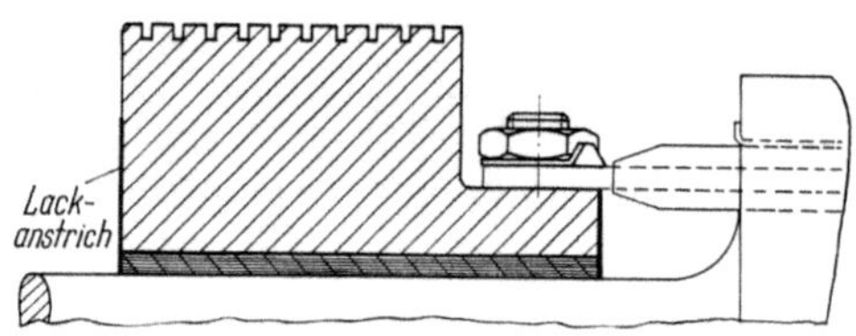

Abb. 387.
Schleifring direkt auf Welle aufgeschrumpft

sammen, wobei er sich reckt und automatisch ein Restschrumpfmaß entsprechend ca. 200 °C, also etwa 2‰ erhält. Bei großen Schleifringen (Abb. 388) wird zunächst das Preßmica durch einen Vorschrumpfring mit etwa 3,5‰ Schrumpf über die Glimmerisolation auf die Welle geschrumpft, dann wird dieser Vorschrumpfring

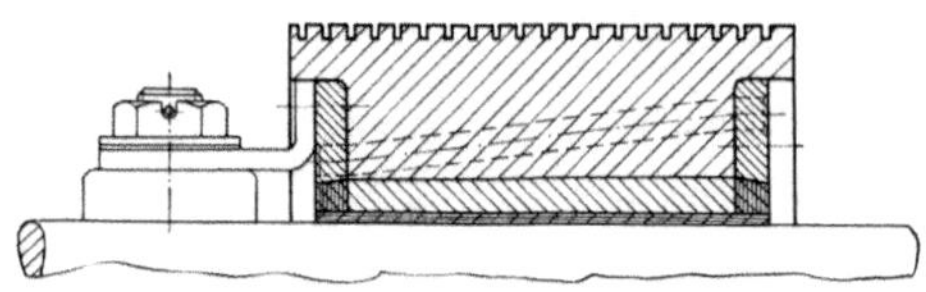

Abb. 388.
Schleifring auf Vorschrumpfring aufgeschrumpft

abgedreht und der Schleifring mit etwa 2‰ Schrumpfmaß auf den Vorschrumpfring aufgeschrumpft. Derartige Schleifringe sind auf mechanische Festigkeit (tangentiale Randspannung) zu rechnen, und zwar mit Hilfe der Beziehungen für den dünnen Ring, s. Anhang I und Abb. 505 oder genauer als aus Einzelscheiben (-ringen) zusammengesetztes Scheibenrad, s. S. 449ff., Abb. 425 und Tab. 63.

Turbogeneratoren-Schleifringe werden praktisch ausnahmslos spiralförmig gerillt, womit nebst einer verbesserten Kühlung durch die stetige Erneuerung der Bürstenkontaktfläche eine bessere Stromaufteilung erreicht wird. Vielfach werden zur verbesserten Wärmeabfuhr Maßnahmen getroffen, z. B. Kühllöcher angeordnet, wie in Abb. 386 und 388, gezeigt. Beim Schleifring nach Abb. 388 erfolgt die Stromableitung nicht unmittelbar vom Schleifring, sondern über einen zwischengeschalteten Kontaktring aus Kupfer (versilbert), um eine gleichmäßigere Strombelastung des Ringes über den Umfang zu erwirken.

Beim Turbogenerator mit Luftkühlung wird aus Symmetriegründen je ein Schleifring auf beiden Rotorseiten (Abb. 89, 91) angeordnet. Bei wasserstoffgekühlten Generatoren liegen beide Schleifringe außerhalb des nichtantriebsseitigen Lagers in Luft und sind zur Lärmreduktion und zur Vermeidung von fahrlässiger Berührung meistens durchzugsbelüftet und gekapselt (ähnlich wie bei Abb. 331).

Bei wasserstoffgekühlten Phasenkompensatoren (Abb. 74) liegen die Schleifringe in Wasserstoff (der Phasenkompensator hat keine Antriebswelle). Für die Wasserstoffatmosphäre haben sich Hartkupfer-Schleifringe am besten bewährt.

Bei Wasserkraftgeneratoren sind verschiedene Arten von Schleifringen üblich (s. Abb. 48, 51 a, 52, 53, 55, 57, usw.).

G. Der Kommutator (Stromwender, Kollektor)

a) Allgemeines aus der Konstruktion. Der Kommutator besteht aus einem aktiven Teil und einer Haltekonstruktion.

Der aktive Teil besteht aus den stromführenden Lamellen (in der Regel Kupfer, nur in Ausnahmefällen Eisen) und der Lamellenisolation (in der Regel Glimmer). Der aktive Kommutator ist gegen die Tragkonstruktion (d. h. gegen Erde) isoliert. Die Isolation gegen Erde hat auf Verschmutzung Rücksicht zu nehmen. Für die Kriechwege können etwa die Angaben von Abb. 382 benützt werden.

Die stromführenden Lamellen sind mit den Anfängen und Enden der Wicklung verbunden.

Als Material für die Lamellen wird normalerweise Elektrolytkupfer, kalt gezogen oder kalt gewalzt, verwendet.

Das *Lamellenkupfer* hat dann folgende Eigenschaften:

		Breite $s_1 \leqq 6$ mm	Breite $s_1 \geqq 6$ mm
Zugfestigkeit (minimal)	σ_B	30 kp/mm²	27 kp/mm²
Streckgrenze (minimal)	$\sigma_{S(0,2)}$	25 kp/mm²	20 kp/mm²
Dehnung (minimal)	δ_5	5%	6%
Brinellhärte (minimal)	HB	85	80
Spezifisches Gewicht	γ	$8{,}9 \cdot 10^{-3}$ kp/cm³	
Elastizitätsmodul	E	$1{,}25 \cdot 10^{6}$ kp/cm²	
Lineare Wärmedehnzahl	α_l	$17 \cdot 10^{-6}$/°C	

Für erhöhte mechanische und thermische Ansprüche wird Silberkupfer (ca. 0,10% Ag) und in neuerer Zeit auch Zirkonkupfer (ca. 0,06% Zr) verwendet. Diese beiden hochleitfähigen Kupferlegierungen haben einen erhöhten Erweichungspunkt, bessere Zeitstandsfestigkeit bei erhöhter Temperatur sowie höhere Streckgrenze bei allerdings wenig verschiedener Zugfestigkeit (vgl. auch Teil I, Baustoffe).

Die Profilformen, Maße und zulässigen Abweichungen sind genormt in DIN 42 963.

Das *Lamellenisolationsmaterial* besteht aus lackarmem Preßglimmer mit einem max. Lackgehalt von ca. 3 bis 5%, bekannt unter dem Namen Micanit oder Amberit mit nachstehenden Eigenschaften:

Spezifisches Gewicht	γ	$= 2{,}6 \cdot 10^{-3}$ kp/cm³
Elastizitätsmodul (bei $p = 600$ kp/cm²)	E	$= 0{,}05 \cdot 10^{6}$ kp/cm²
Lineare Wärmedehnzahl senkrecht zur Schichtrichtung	α_l	$= (3 \ldots 18)\, 10^{-6}$/°C

Statt Preßmica, bestehend aus Spalt-Glimmerplättchen und Schellack als Bindemittel wird bisweilen auch Semica verwendet (besteht aus Schellack und Glimmerpapier, das seinerseits aus pulverisiertem Glimmer und entsprechendem Bindemittel hervorgeht).

Als Isolation zwischen dem aktiven Kommutatorkörper und der Tragkonstruktion wird bei kleinen Kommutatoren, bei denen der Tragkörper aus Gießharz

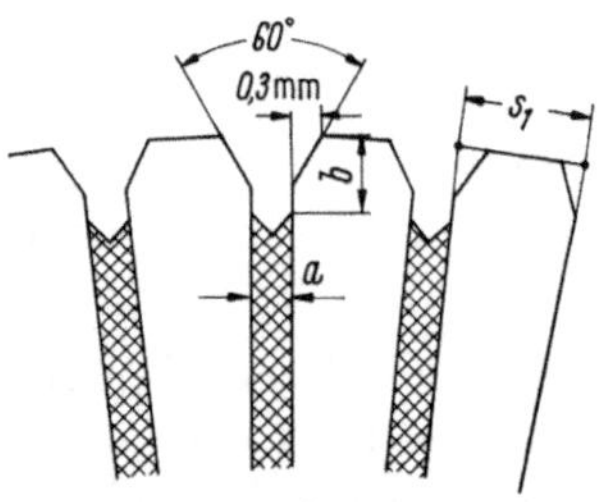

Micadicke a mm	Anfräsungstiefe b mm
0,6	1,0 ± 0,2
0,8 ... 1,0	1,5 ± 0,2
1,2 ... 1,5	2,0 ± 0,2

Abb. 389.
Ausfräsen der Lamellenisolation

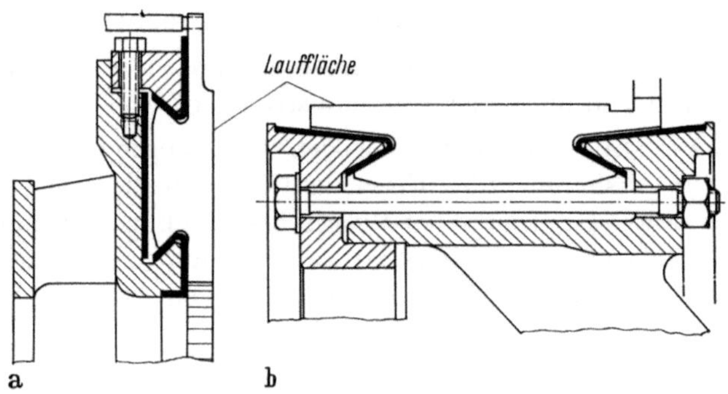

Abb. 390.
a Scheibenkommutator; b Trommelkommutator

besteht, das Gießharz selbst verwendet. Bei größeren Kommutatoren verwendet man Micaringe, die entweder in ganzen Ringen in Formen gepreßt oder aus überlappten Segmenten aufgebaut sind. Diese Micaringe sind in der Regel „weicher" als die Lamellenisolation und weisen einen Lackgehalt von ca. 7 bis 10% auf.

Die Glimmerisolation muß von der Kommutator-Schleiffläche radial zurückstehen, um einerseits die Rundfeuergefahr, begünstigt durch elektrische Brückenbildung von Lamelle zu Lamelle, zu verringern, andererseits, um nicht die weicheren Kohlebürsten anzugreifen. Übliche Maße für die Tiefe der Ausfräsung sind in Abb. 389 angegeben. Normalerweise werden auch die Lamellenkanten, wie in Abb. 389 gezeigt, gebrochen.

Man unterscheidet entsprechend der Stellung der Bürstenlauffläche zwei Hauptgruppen von Kommutatoren.

Beim *Scheibenkommutator* (Abb. 390a) steht die Lauffläche der Lamelle in einer Ebene senkrecht zur Achse, während beim *Trommelkommutator* (Abb. 390b) die Lauffläche einen Kreiszylindermantel parallel zur Achse darstellt. Die heute gebräuchlichste Form des Kommutators ist der Trommelkommutator.

Je nach dem Prinzip wie der Lamellenring gehalten wird, unterscheidet man vier Gruppen des Trommelkommutators:

1. Der Gießharzkommutator. Bei diesem ist der aktive Lamellenkörper, dessen Bohrung die verschiedenartigsten Haltekonstruktionen aufweisen kann, in Gießharz eingegossen (Abb. 391).

2. Der Gewölbedruckkommutator (Abb. 392a). Die Flanken des schwalbenschwanzförmig ausgedrehten aktiven Lamellenkörpers werden unter Zwischenschaltung von V-förmigen oder lamellenförmigen Isolierringen durch Preßringe so gepreßt, daß der Druck auf die Flanken einen Gewölbedruck im Lamellenring

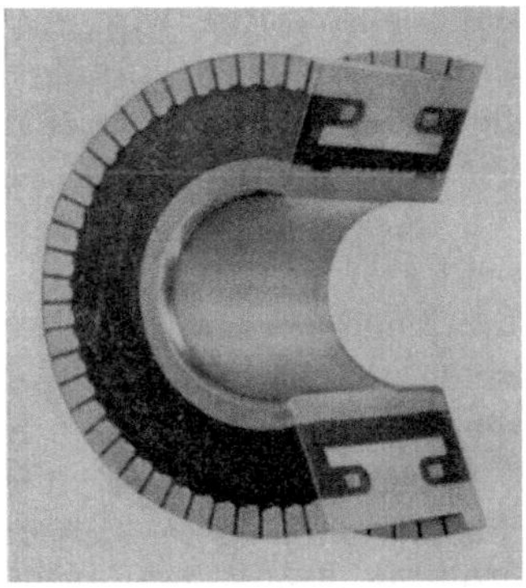

Abb. 391. Gießharzkommutator

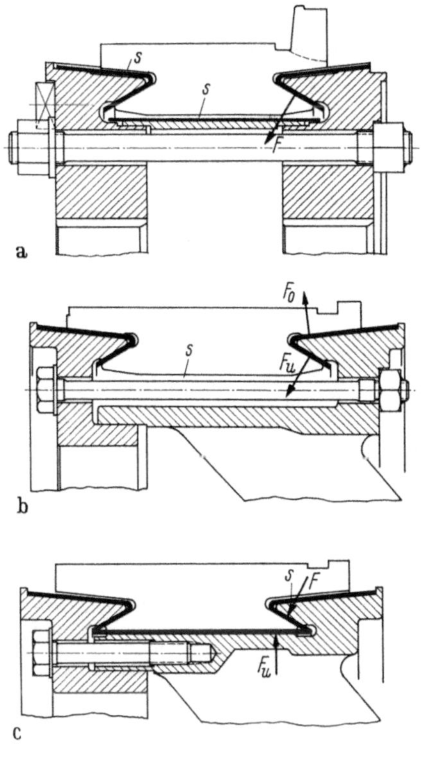

Abb. 392. a Gewölbedruckkommutator; b Kommutator mit keilförmiger Einspannung; c Kommutator mit innen aufliegenden Lamellen (S = Spiel)

erzeugt. In diesem Fall muß unbedingt ein Spiel *S* zwischen der Ausdehnung am aktiven Lamellenring und dem äußeren Isolationsringdurchmesser vorhanden sein. Die Gewölbedruckkonstruktion ist die weitverbreitetste für thermisch und mechanisch höher beanspruchte Kommutatoren.

Bei Kommutatoren der Gewölbedruckbauart können die axialen Kräfte durch Dehnungsschrauben (Abb. 392a) oder im einfacheren Falle durch Ringmuttern (Abb. 393b) aufgenommen werden.

3. Bauart ohne ausgeprägten Gewölbedruck mit zweiseitig aufliegenden Lamellen

α) *Bauart mit keilförmiger Einspannung* (Abb. 392b). Bei dieser Konstruktion wird der aktive Lamellenkörper beidseitig schwalbenschwanzförmig ausgedreht und unter Zwischenschaltung von 2 V-förmigen Micanit- oder Hartpapierringen mittels zweier ebenfalls V-förmig gestalteter Preßringe zusammengehalten.

β) Bauart mit innen aufliegenden Lamellen. Die Konstruktion unterscheidet sich von der unter 2. dadurch, daß die Lamellen durch die Preßringe auf die Kommutatorbüchse gedrückt werden (s. Abb. 392c), so daß kein oder nur ein undefinierter schwacher Gewölbedruck entsteht.

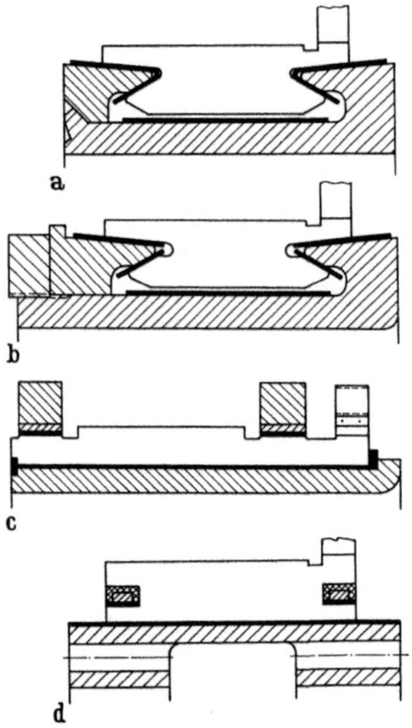

Abb. 393. Kleinkommutatoren a gebördelt; b mit Ringmutter, verschraubt; c als Schrumpfringkommutator auf Büchse aufgezogen; d als Schrumpfringkommutator mit eingesetzten Schrumpfringen

Die axialen Kräfte können durch Dehnungsschrauben (Abb. 392a bis c) oder im einfacheren Fall durch Vernietung aufgenommen werden.

4. Der Schrumpfringkommutator (Turbokommutator). Er wird für Umfangsgeschwindigkeiten von 40 bis etwa 70 m/s verwendet. Der aktive Kommutatorlamellenkörper wird durch Schrumpfringe über eine Isolation zusammengeschrumpft, ähnlich und mit etwa gleichen Schrumpfmaßen wie auf S. 392 für Schleifringe angegeben; vielfach wird ein Zwischenschrumpfring verwendet.

Für kurze Turbokommutatoren begnügt man sich meistens damit, den zusammengeschrumpften Lamellenkörper nach leichtem Anwärmen auf eine Kommutatorbüchse aufzuschrumpfen (Abb. 393c). Für längere, insbesondere mehrfeldrige Schrumpfringkommutatoren (s. Abb. 395) ist eine axiale Dehnungsmöglichkeit, welche der Kommutator, Abb. 393c, nicht aufweist, erforderlich. Der Lamellenkörper wird deshalb nur auf der Ankerseite auf die Büchse geschrumpft und ist auf der Lagerseite durch eine Membran zentriert, Abb. 395. Die Membran oder die Membranarme können die axiale Wärmedehnung elastisch aufnehmen. Die Membran wird um die halbe zu erwartende Wärmedehnung vorgespannt. In extremen Fällen wird der ganze Schrumpfringkommutator über den innersten Kommutatorschrumpfring am ankerseitigen Preßring zentriert und innen belüftet (Abb. 394). Für kleine Maschinen werden oft die Schrumpfringe, wie Abb. 393d zeigt, in den Lamellenring eingesetzt.

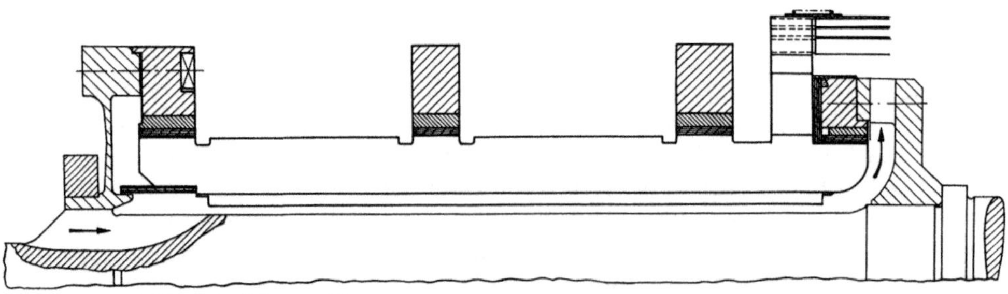

Abb. 394. Schrumpfringkommutator mit Membrane und Innenbelüftung

Die Verbindung der Kommutatorlamellen mit der Wicklung kann bei kleinem Durchmesserunterschied zwischen Ankerdurchmesser und Kommutatordurchmesser dadurch geschehen, daß die Kommutatorlamellen bis zum Ankerdurchmesser hochgezogen werden (*Kammkommutator*, Abb. 392a). Bei dieser Konstruktion werden wahlweise die Zentrifugalkräfte der radialen Lamellenpartien durch einen eigenen Schrumpfring aufgenommen (Abb. 156b). Bei kleinen Maschinen mit

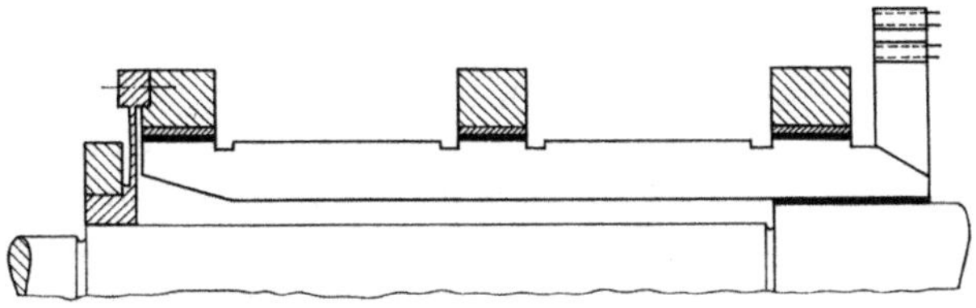

Abb. 395. Schrumpfringkommutator mit Membrane und Innenzentrierung

Runddrahtwicklung, deren Windungsenden gewöhnlich direkt in die eingefrästen Lamellen eingelegt sind (Abb. 396), erfolgt die Verlötung meistens im Tauchverfahren; anschließend wird der Kommutator überdreht.

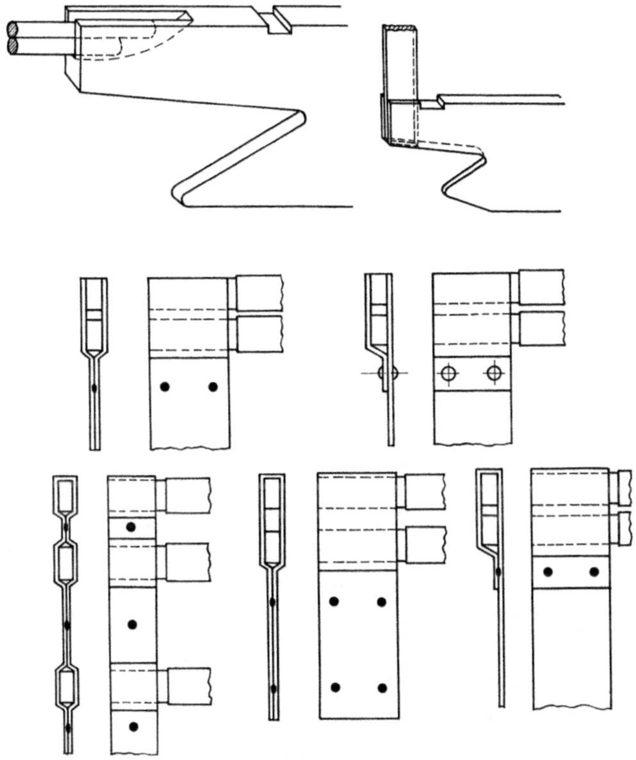

Abb. 396. Verschiedene Verbindungsarten von Zwingen und Fahnen

In den meisten Fällen, insbesondere für große Durchmesserunterschiede von Anker zu Kommutator, werden jedoch die Lamellen mit der Rotorwicklung durch sog. *Kommutatorfahnen* verbunden. Die Lamellen werden am ankerseitigen Ende eingefräst, und zwar meist vor dem Zusammenbau, selten im zusammengesetzten

Lamellenring. In diese Schlitze werden die Kommutatorfahnen normalerweise weich eingelötet. Die Fahnen bestehen aus Flachkupferband, ca. 0,5 bis 1,5 mm dick, und sind verzinnt. Am Wicklungsende erfolgt die Verbindung mit der Wicklung durch *Zwingen*. Einige Ausführungsformen solcher Zwingen zeigt die Abb. 396 (s. auch Abb. 245 und 252). Lange Fahnen werden, wenn möglich, aus Gründen einfacherer Herstellung und Montage, in der Länge unterteilt, d. h. der mit dem Kommutator verlötete Unterteil der Fahne wird nach dem Zusammenbau mit dem mit der Ankerwicklung verlöteten Oberteil der Fahne durch eine *Schiebehülse* verlötet, wie Abb. 397 zeigt. Sie müssen zudem z. B. durch Verschnüren in Abständen von 150 bis 200 mm versteift werden. Bei Maschinen mit Wechseldrehmomenten sind lange Fahnen mit Vorteil abzustützen.

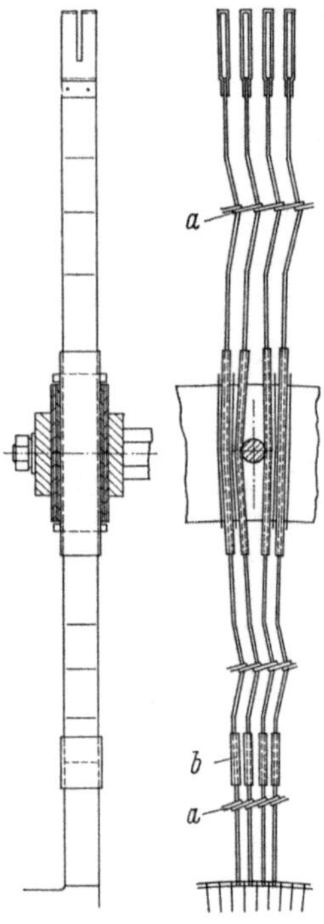

Abb. 397. Fahnenabsteifung *a* **Verschnürung;** *b* **Löthülse (Schiebehülse) zum Verlöten von Ober- und Unterteil der Fahne nach dem Zusammenbau**

b) Berechnung des Gewölbedruckkommutators (Abb. 392a): Die Erfahrung lehrt, daß sich das ganze Bestreben, einen guten Kommutator zu konstruieren, danach richten muß, einen möglichst formbeständigen Verband, bestehend aus Kupferlamellen, Isolationszwischenlagen, Spannringen und Schrauben, zu erzielen, der sich in jedem Betriebszustand als einheitliches Ganzes, also wie „aus einem Guß", verhält. Dieser Forderung wird offenbar durch den Kunstgriff der Vorspannung in vorbildlicher Weise nachgekommen. Wie auch aus S. 426/7 hervorgeht, kann ganz allgemein durch ein zweckmäßiges Vorspannen die Verformung einer Konstruktion unter Fliehkräften wesentlich reduziert werden, ohne gleichzeitig die Beanspruchung merkbar zu erhöhen. In der Tat ist die Größe der Vorspannung von entscheidender Bedeutung für den einwandfreien mechanischen Lauf des Kommutators. Die Vorspannung muß so gewählt werden, daß die Lamellen über den ganzen Betriebsbereich und während ihrer ganzen Betriebszeit in ihrer Lage unverrückbar festgehalten bleiben. Um diese Kraft-Verformungsverhältnisse quantitativ zu erfassen, muß der ganze Verband als elastisches System aufgefaßt werden. Daß der genauen Bearbeitung und Einhaltung der Maßtoleranzen größte Aufmerksamkeit zu schenken ist, dürfte in diesem Zusammenhang einleuchten.

Die Berechnung gliedert sich in zwei Teile auf. Der erste Teil befaßt sich mit der Bestimmung der Kräfte für die verschiedenen Betriebsbedingungen (Stillstand kalt, Stillstand warm, Lauf kalt, Lauf warm), und der zweite Teil hat die Ermittlung der Verformung und Beanspruchung für jedes Element, also die Berechnung der Dehnungen und mechanischen Spannungen durch die Kräfte zum Inhalt. Wir beschränken uns hier auf die Berechnung des meist verwendeten Trommel-Gewölbedruckkommutators und weisen am Schluß auf die bei der Berechnung der übrigen Bauarten zu treffenden Änderungen hin.

Am Anfang der Berechnung ist eine Reihe von unbekannten Größen vorhanden, die sich nicht ohne weiteres errechnen lassen. Man ist daher gezwungen, eine Anzahl von Größen aus eigener Erfahrung abzuschätzen und mit ihnen die Berechnung in einem ersten Arbeitsgang durchzuführen. Anhand der Resultate wird man prüfen, ob noch ein zweiter Rechengang mit verbesserten Werten erforderlich wird. Die Kompliziertheit des Kommutatoraufbaues bedingt ferner, daß gewisse Annahmen gemacht werden müssen, die mehr oder weniger zutreffen, wodurch die Resultate den Charakter einer Näherung erhalten. Durch sie wird eine quantitative Behandlung aber erst möglich. Es ist dann vornehmste Pflicht und Aufgabe des Konstrukteurs zu erkennen, in welchem Bereich die gewonnenen Resultate gültig sind.

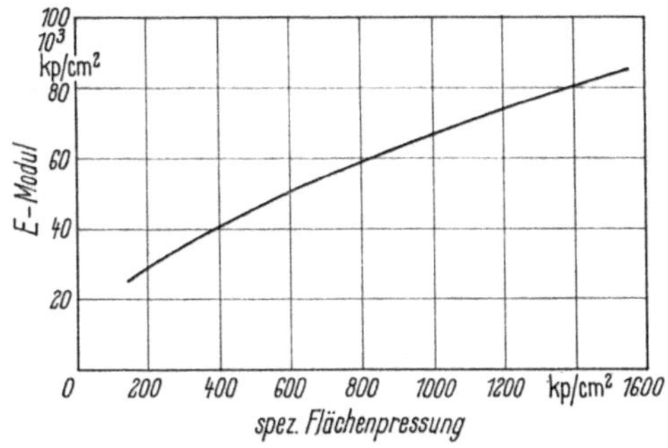

Abb. 398. Elastizitätsmodul von Amberit in Abhängigkeit der spezifischen Pressung (bei 160 ° ausgebacken und gepreßt)

Die wohl gewichtigste Annahme besteht darin, daß alle mechanisch beanspruchten Teile vollkommen elastisch im Sinne des Hookeschen Gesetzes seien. Daraus ergibt sich die wichtige Eigenschaft der Proportionalität zwischen Kraft und Verformung. Nun erleiden in Wirklichkeit die in die Kraftübertragung eingeschalteten Isolationen neben rein elastischen auch plastische Anteile der Deformation, die trotz geringer Isolationsdicke zu berücksichtigen sind. Der nach Entlastung dauernd zurückbleibende Teil der Deformation wird allerdings mit wachsendem Druck relativ kleiner.

Die Annahme der vollkommenen Elastizität gilt auch für die Isolation. Dem erwähnten Umstand eines damit verbundenen Fehlers kann aber dadurch begegnet werden, daß der Elastizitätsmodul der Isolation als eine Funktion der spezifischen Pressung aufgefaßt wird. Die Abb. 398 zeigt z. B. den steigenden Elastizitätsmodul für Amberit mit zunehmender spezifischer Flächenpressung.

1. Bestimmung der Kräfte — Schrumpfdiagramm

Bezeichnungen

$Z = Z_L + Z_R = Z_{tot}/2$	Halbe Fliehkraft von Lamellen- und Spannringen[1]
Z_L	Halbe Fliehkraft des Lamellenringes[1]
Z_R	Fliehkraft eines Spannringes
$a = Z/Z_L$	Abkürzung
$\mu = \operatorname{tg} \varrho$	Reibungskoeffizient
α	Flankenwinkel des Schwalbenschwanzes
c_g	Sicherheitskoeffizient gegen Gleiten
c_k	Sicherheitskoeffizient gegen Klaffen
(k_{Lr}, k_{La})	Einflußzahlen des Lamellenringes
(k_{Rr}, k_{Ra})	Einflußzahlen des Spannringes (inkl. Preßschrauben für k_{Ra})
$k = \dfrac{k_{Rr}}{k_{Rr} + k_{Lr}}$	Abkürzung

[1] Aus Symmetriegründen ist nur eine Hälfte zu betrachten.

$F(F_r, F_a)$	Führungskraft, Stillstand kalt	
$F_t(F_{tr}, F_{ta})$	Führungskraft, Stillstand warm	
$F_n(F_{nr}, F_a)$	Führungskraft, Lauf kalt	
$F_{tn}(F_{tnr}, F_{ta})$	Führungskraft, Lauf warm	
$N(N_r, N_a)$	Normaldruck in der Berührungsflanke des Schwalbenschwanzes	
N_{tn}	Normaldruck in der Berührungsflanke des Schwalbenschwanzes im Lauf, warm	
$\delta_L(\delta_{Lr}, \delta_{La})$	Wärmedehnung des Lamellenringes	
$\delta_R(\delta_{Rr}, \delta_{Ra})$	Wärmedehnung des Spannringes	
(W_r, W_a)	Thermische Vergrößerungsfaktoren	
(R_L, F_a)	Kraft am Lamellenring	Lauf kalt
(R_R, F_a)	Kraft im Spannring	Lauf kalt
(R_{Lt}, F_{ta})	Kraft im Lamellenring	Lauf warm
(R_{Rt}, F_{ta})	Kraft im Spannring	Lauf warm

Indices

L	Lamelle	a	axial	n	Lauf
R	Ring	r	radial	t	warmer Zustand

α) *Betriebszustand: Stillstand kalt — Formierung.* Wir gehen nun dazu über, die Kraftverhältnisse an der Berührungsfläche Spannring — Lamellenring zu verfolgen. In Abb. 399 drückt der Spannring auf die Flanke der Kupferlamellen und

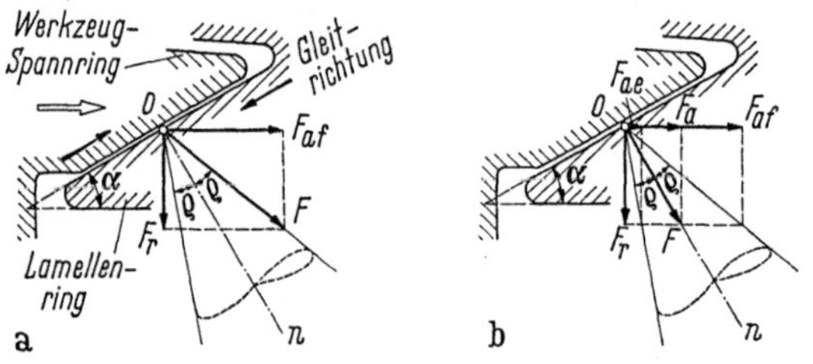

Abb. 399. Formierung des Kommutators a Axiale Pressung durch Werkzeug (Schrauben lose); b Werkzeug nach Anziehen der Schrauben entfernt; die Schrauben übernehmen einen Teil der axialen Pressung; Ausgangslage ($F \parallel n$) für Berechnung

erzeugt den für die Gewölbevorspannung nötigen Druck (der Isolationsring ist der Übersichtlichkeit wegen weggelassen). Dieser Druck ist seinem Wesen nach eine Führungskraft F, deren Lage bezüglich der Berührungsflächen verschieden sein wird, je nachdem ob eine Reibung wirkt oder nicht. Ist die Reibung zu vernachlässigen, so wird F senkrecht auf der Fläche stehen. Wird die Reibung berücksichtigt, so muß F innerhalb des Reibungskegels mit dem Öffnungswinkel 2ϱ (Reibungskoeffizient $\mu = \operatorname{tg}\varrho$) liegen. Beim Aufbringen der Vorspannung, beim sog. „*Formieren*", wird mit Hilfe eines Werkzeuges der Spannring mit dem V-förmigen Schnabel mit einer solchen Kraft axial gegen den Lamellenring gestoßen, daß letzterer auf dem Spannring radial nach innen gleitet. Die Führungskraft stellt sich dabei an die der Bewegungsrichtung entgegengesetzte Mantellinie des Reibungskegels, Abb. 399a. Werden in diesem Moment die Schrauben angezogen und der äußere Formierungsdruck weggenommen, so wird der Spannring entsprechend der Dehnung der Schrauben zurückweichen, wodurch sich F ins Innere des Reibungskegels dreht, Abb. 399b. Die ganze Kunst des Formierens besteht nun darin, den Kraftvektor F in eine für den Lauf günstige Ausgangslage zu bringen. Dies kann durch mehrmaliges statisches Formieren im kalten und warmen Zustand sowie durch dynamisches Formieren beim Schleudern geschehen[1]. Trotz aller Erfahrung und Finessen in der Fabrikation von Kommutatoren wird man für die endgültige Ausgangslage von F mit einer gewissen Unsicherheit und Zufälligkeit rechnen müssen. Man wird hier neben der Voraussetzung vollkommener Elastizität zu einer zweiten wesentlichen Annahme gezwungen. Es ist vernünftig anzunehmen, daß die Ausgangslage von F mit der Achse des Reibungskegels zusammenfalle, also senkrecht auf der Berührungsfläche stehe. Damit ist aber die Lage von F im Stillstand fixiert. Es bleibt noch die Frage offen, wie groß erstens die beim Formieren vom Werkzeug ausgeübte Axialkraft F_{af}, Abb. 399b, sein muß, um die gewünschte Vorspannung F zu erzeugen, und zweitens wie groß die von den Schrauben nach weggenommenem Werkzeug ausgeübte Axialkraft F_{ae} minimal sein muß, um F im Reibungskegel zu erhalten. Aus der Abb. 399b folgt nach kurzer Zwischenrechnung mit Rücksicht darauf, daß in beiden Fällen die Radialkraft erhalten bleibt:

$$F_{af} = F_a \frac{\operatorname{tg}\alpha + \mu}{\operatorname{tg}\alpha(1 - \mu \operatorname{tg}\alpha)} \, (F_{af} > F_a). \tag{114a}$$

2. Zur Erhaltung der Vorspannung:

$$F_{ae} = F_a \frac{\operatorname{tg}\alpha - \mu}{\operatorname{tg}\alpha\,(1 + \mu \operatorname{tg}\alpha)} \, (F_{ae} < F_a). \tag{114b}$$

Die für die Ausgangslage „Stillstand kalt“ maßgebende Vorspannkomponente F_a wird nachfolgend ermittelt.

β) Betriebszustand: Stillstand warm. Es kann vorkommen, daß der Lamellenring aus Kupfer gegenüber den Spannringen aus Stahl eine Wärmedifferenz aufweist. Dies ist z. B. der Fall beim Stillsetzen der warm gewordenen Maschine. Wir fragen nach der Größe der Führungskraft $F = F_t$ für den warmen Kommutator, bzw. für die Änderung infolge der Temperaturdifferenz. Die Ermittlung der Kräfte am Kommutator ist ein Problem der Vorspannung. Wir benützen deshalb mit Vorteil das bei der Berechnung der Bandagen verwendete Vorspanndiagramm. Weil es sich hier um eine in der Ebene beliebig orientierte Führungskraft handelt, wird für die Berechnung die Zerlegung in eine radiale und axiale Komponente erforderlich. Demgemäß haben wir auch zwei Vorspanndiagramme, z. B. b und c in Abb. 400, beide für den kalten Stillstand. In den Diagrammen b und c bezeichnen die Basen s_r und s_a das radiale bzw. das axiale Schrumpfmaß. Die Elastizität von Lamelle inkl. Isolationsring bzw. Spannring in radialer Richtung wird durch die *Einflußzahlen* k_{Lr} bzw. k_{Rr} und in axialer Richtung durch k_{La} bzw. k_{Ra} ausgedrückt[2]. Sie bestimmen die Neigung der Federgeraden im Vorspanndiagramm. Aus den Diagrammen b und c kann man die Vorspannung, d. h. die beiden Kom-

[1] Rauhut, P.: Berechnung von Kommutatoren auf innere Reibung. Schweizer Archiv für angewandte Wissenschaft u. Technik 12 (1946) H. 4 u. 5, S. 120 u. S. 148.

[2] Die Einflußzahlen sind definiert als das Verhältnis von Verschiebung zur Kraft in einer bestimmten Richtung. So bedeutet z. B. k_{Lr} die radiale Verschiebung der Lamelle an der Kraftangriffsstelle unter der Wirkung einer radialen Kraft der Größe eins. Im Vorspanndiagramm ist die Neigung α_L der Federgeraden durch $\alpha_L = \operatorname{ctg} k_{Lr}$ gegeben. Je „weicher“ das Material ist, um so kleiner ist demnach die Neigung der Federgeraden. Vgl. entsprechendes über Bandagen, S. 380.

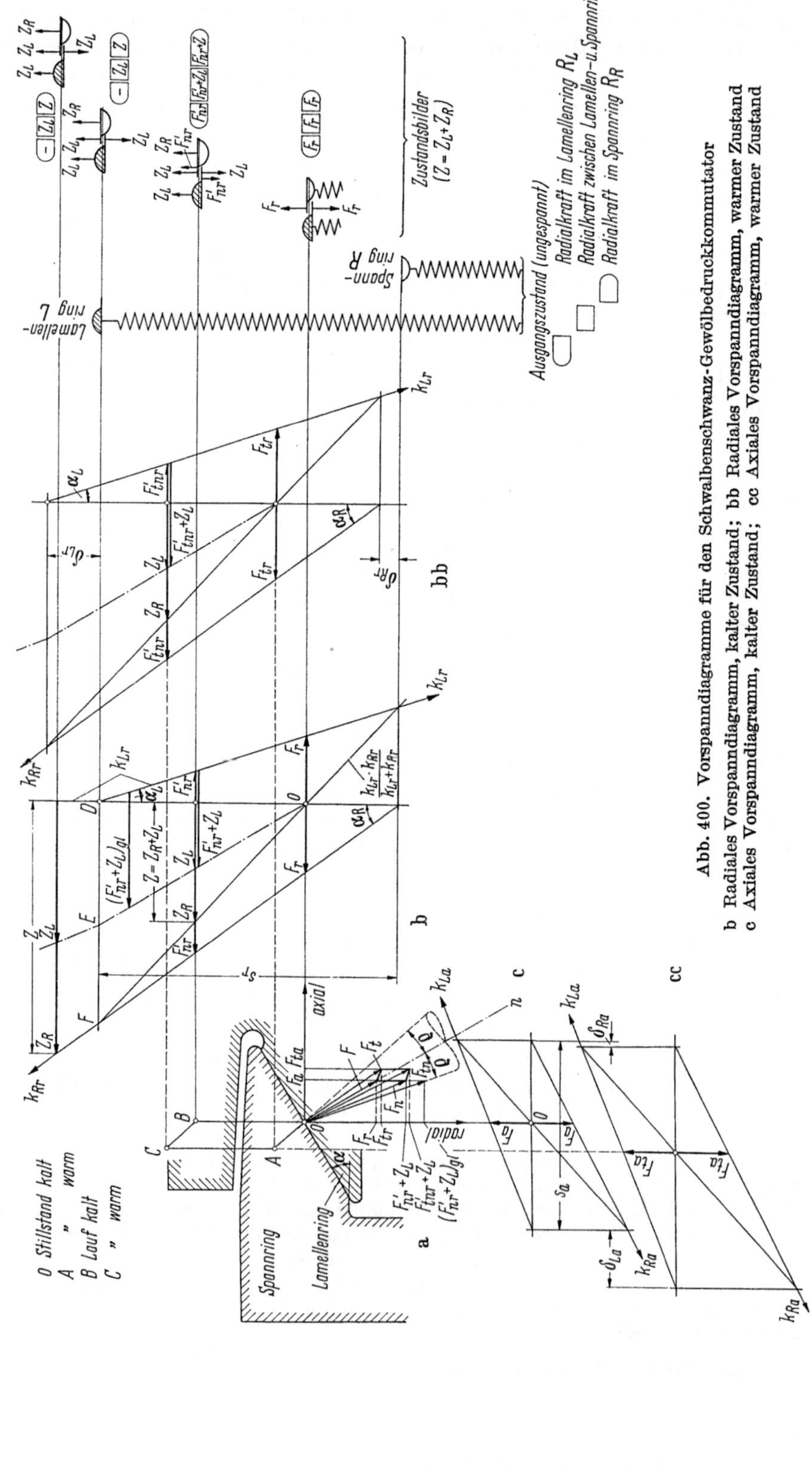

Abb. 400. Vorspanndiagramme für den Schwalbenschwanz-Gewölbedruckkommutator

b Radiales Vorspanndiagramm, kalter Zustand; bb Radiales Vorspanndiagramm, warmer Zustand
c Axiales Vorspanndiagramm, kalter Zustand; cc Axiales Vorspanndiagramm, warmer Zustand

ponenten der Führungskraft F, also F_r und F_a, entnehmen und im Punkte 0 zum Vektor F (F_r, F_a) zusammensetzen. Er liegt im kalten Zustande nach Voraussetzung auf der Normalen zur Ebene. Wird jetzt der Kommutator aus irgendeinem Grunde warm, so dehnen sich offenbar Lamelle und Ring mit Preßschrauben im fiktiven, ungespannten, also freien Zustand um die Beträge δ_L (δ_{Lr}, δ_{La}) und δ_R (δ_{Rr}, δ_{Ra}), deren Komponenten aus Wärmedehnzahl und Temperaturdifferenz leicht berechnet werden können. Es sind neue Diagramme *bb* und *cc* zu konstruieren, aus denen sich die Komponenten der neuen, durch die Erwärmung bedingten Führungskraft F_t (F_{tr}, F_{ta}) konstruieren lassen. Übertragen nach Punkt 0 und zusammengesetzt ergibt sich Größe und Lage von F_t, die im allgemeinen größer als F ausfällt und nicht mehr die Richtung von F aufweist. F_t muß, damit kein Gleiten eintritt, innerhalb des Reibungskegels liegen. Für die analytische Berechnung ist es zweckmäßig, Vergrößerungsfaktoren W für die Kraftkomponenten zu berechnen. Aus der Geometrie der Vorspanndiagramme ergibt sich

$$F_t \begin{cases} F_{tr} = W_r F_r; \; W_r = 1 + \dfrac{\delta_{Lr} - \delta_{Rr}}{F_r(k_{Lr} + k_{Rr})} \\ F_{ta} = W_a F_a; \; W_a = 1 + \dfrac{\delta_{La} - \delta_{Ra}}{F_a(k_{La} + k_{Ra})} \end{cases}. \tag{115}$$

Die Bedingung, daß kein Gleiten im warmen Stillstand eintritt, lautet, wenn mit $\mu = \operatorname{tg}\varrho$ der Reibungskoeffizient und mit α die Neigung des Schwalbenschwanzes bezeichnet wird,

$$\operatorname{tg}(\alpha - \varrho) \leqq \frac{F_{ta}}{F_{tr}} \leqq \operatorname{tg}(\alpha + \varrho)$$

oder mit (115)

$$\frac{\operatorname{tg}\alpha - \mu}{\operatorname{tg}\alpha(1 + \mu \operatorname{tg}\alpha)} \leqq \frac{W_a}{W_r} \leqq \frac{\operatorname{tg}\alpha + \mu}{\operatorname{tg}\alpha(1 - \mu \operatorname{tg}\alpha)}. \tag{116}$$

γ) *Betriebszustand: Lauf kalt.* Durch die steigende Drehzahl und die hierdurch bedingte wachsende Fliehkraft wird die vorhandene Vorspannung allmählich abgebaut. Die Verhältnisse lassen sich übersichtlich anhand der Vorspanndiagramme und Zustandsbilder verfolgen. In Abb. 400 ist durch eine strichpunktierte Gerade die (halbe) total wirksame Fliehkraft $Z = Z_L + Z_R$ in die Anteile des Lamellen- und Spannringes aufgeteilt. Man muß nun im Lauf unterscheiden zwischen den resultierenden Kräften auf Lamelle und Ring, die für deren Beanspruchung maßgebend werden, und der resultierenden Kraft in der Trennung von Lamellen- und Spannring, der sog. Führungskraft, deren Normalkomponente die Pressung bestimmt. Durch den kalten Lauf werden die Axialkomponenten nicht geändert. Hingegen reduziert sich die Radialkomponente der Lamelle von F_r auf F'_{nr}. Die Radialkomponente des Ringes ändert sich von F_r auf $R_R = F'_{nr} + Z$, diejenige der Führungskraft von F_r auf $F_{nr} = F'_{nr} + Z_L$, wobei sich letztere im Reibungskegel dreht. Man erkennt aus Abb. 400 unmittelbar, daß bei stärkerer Neigung der strichpunktierten Geraden als der Geraden k_{Lr} entspricht, ein Drehen der Führungskraft F gegen die innere Mantellinie des Reibungskegels erfolgt; ist die strichpunktierte Gerade parallel der Geraden k_{Lr}, so bleibt die Führungskraft im kalten Lauf konstant, während bei schwächerer Neigung die Drehung nach der äußeren Mantellinie erfolgt. In den praktisch vorwiegenden Fällen wird sich die

Führungskraft nach innen drehen, so daß kurz nach Erreichen der inneren Mantellinie des Reibungskegels die Lamellen nach außen gleiten. Die Bedingung dafür, daß dies nicht eintritt, lautet analytisch, wie man sich durch Ableiten aus den Vorspanndiagrammen überzeugen kann:

$$\frac{F_a}{Z} > \frac{1-ak}{a} \cdot \frac{1}{\left[\frac{1+\mu\,\mathrm{tg}\alpha}{\mathrm{tg}\alpha-\mu} - \frac{1}{\mathrm{tg}\alpha}\right]} = \frac{1-ak}{a} \cdot \frac{\sin\alpha\,(\sin\alpha - \mu\cos\alpha)}{\mu} \tag{117a}$$

mit der verwendeten Voraussetzung (Gleiten nach außen)

$$\frac{Z_L}{Z_R} > \frac{k_{Rr}}{k_{Lr}} \quad \text{oder} \quad ak < 1.$$

Der zweite Faktor von (117a) ist in Abb. 401 graphisch dargestellt. Im allgemeinen ist die Fliehkraft Z gegeben, und gefragt wird nach der notwendigen axialen Vorspannkomponente F_a, um Z aufzunehmen, ohne daß Gleiten eintritt.

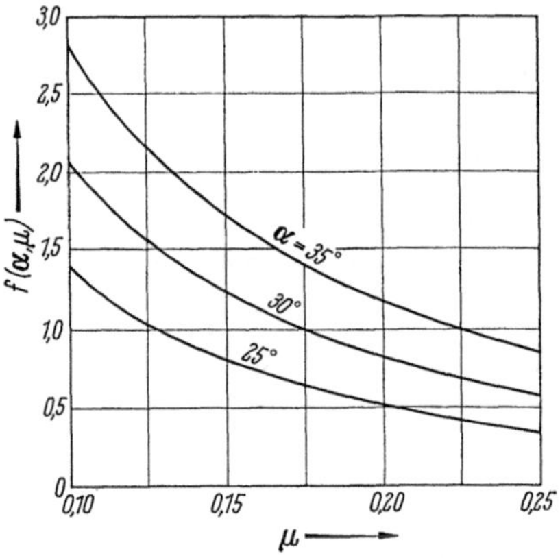

Abb. 401.

$$f(\alpha,\mu) = \frac{1}{\frac{1+\mu\,\mathrm{tg}\,\alpha}{\mathrm{tg}\,\alpha-\mu} - \frac{1}{\mathrm{tg}\,\alpha}} = \frac{\sin\alpha\,(\sin\alpha-\mu\cos\alpha)}{\mu}$$

Die Bedingung (117a) ist für das einwandfreie Verhalten des Kommutators im kalten Lauf notwendig aber nicht hinreichend, da sie lediglich eine Schranke für die Richtung der Führungskraft, aber nicht für deren zulässige Größe darstellt.

Denkt man sich in Abb. 400 beispielsweise den Reibungskegel erweitert, so kann die radiale Komponente $F_{nr} = F'_{nr} + Z_L$ der Führungskraft F_n sehr wohl den Wert $\overline{DE}$ erreichen, wobei F'_{nr} verschwindet, ohne daß F_n aus dem Reibungskegel dreht. Ist aber $Z_L = \overline{DE}$ oder $Z = \overline{DF}$, so ist das radiale Schrumpfmaß s_r abgebaut, der Lamellenring sitzt als totes Gewicht auf dem Spannring auf (er besitzt keine tangentiale Zugfestigkeit), die Lamellen trennen sich, der „Lamellenring“ klafft. Man wird also eine zweite Forderung stellen müssen, um auch das Klaffen im kalten Lauf zu verhindern. Die Bedingung $Z < \overline{DF}$ führt, wie sich aus dem axialen Vorspanndiagramm ableiten läßt, auf die Forderung

$$\frac{F_a}{Z} > k \cdot \mathrm{tg}\alpha \tag{118a}$$

Die schärfere der beiden Bedingungen (117) und (118) ist schließlich maßgebend für die erforderliche axiale Vorspannung im kalten Lauf. Werden mit c_g bzw. c_k

noch Sicherheitsfaktoren gegen Gleiten bzw. Klaffen eingeführt, so ist die erforderliche axiale Vorspannkraft

$$\begin{aligned} F_a &= c_g (F_a)_{\min} \qquad (F_a)_{\min} \text{ aus (117a)} \\ \text{bzw.} \quad F_a &= c_k (F_a)_{\min} \qquad (F_a)_{\min} \text{ aus (118a)} \end{aligned} \tag{119}$$

zu wählen, wobei der größere der beiden Werte maßgebend ist.

Die radiale Komponente

$$F_r = F_a / \operatorname{tg}\alpha \tag{120}$$

interessiert wenig, da nur in axialer Richtung aktiv vorgespannt wird.

Die radialen Kräfte R_L des Lamellenringes bzw. R_R des Spannringes betragen im kalten Lauf (Ableitung aus den Vorspanndiagrammen)

$$\left. \begin{aligned} R_L &= F'_{nr} = Z\left(\frac{F_a}{Z \cdot \operatorname{tg}\alpha} - k\right) \\ R_R &= F'_{nr} + Z = Z\left(\frac{F_a}{Z \cdot \operatorname{tg}\alpha} + 1 - k\right), \end{aligned} \right\} \tag{121a}$$

und die radiale Komponente der Führungskraft lautet

$$F_{nr} = F'_{nr} + Z_L = Z\left(\frac{F_a}{Z \cdot \operatorname{tg}\alpha} + \frac{1}{a} - k\right). \tag{122a}$$

δ) *Betriebszustand: Lauf warm.* Für den warmen Lauf gilt bezüglich der Kräfte ähnliches wie für den warmen Stillstand. Ausgangszustand sind wiederum die Vorspanndiagramme Abb. 400bb) und cc) des warmen Stillstandes. Die radialen und axialen Vorspannkräfte werden um die Faktoren W_r und W_a größer, die Fliehkraft bleibt jedoch konstant. Die (117a) und (118a) entsprechende Gleit- bzw. Klaffbedingung lautet alsdann im warmen Lauf

$$\frac{F_a}{Z} > \frac{1 - ak}{a} \frac{1}{\left[\frac{W_a(1 + \mu \operatorname{tg}\alpha)}{\operatorname{tg}\alpha - \mu} - \frac{W_r}{\operatorname{tg}\alpha}\right]} \tag{117b}$$

$$\frac{F_a}{Z} > \frac{k \cdot \operatorname{tg}\alpha}{W_r} \tag{118b}$$

Im allgemeinen Falle — $W_a > W_r > 1$ — sind die Bedingungen (117b) und (118b) schwächer als (117a) und (118a) und somit nicht maßgebend, m. a. W. im warmen Lauf sind Gleit- und Klaffbedingungen automatisch erfüllt, wenn sie im kalten Lauf eingehalten werden. Hingegen sind mit $W_r > 1$ die radialen Kräfte R_{Lt} bzw. R_{Rt} des Lamellen- bzw. Spannringes sowie die Radialkomponente F_{tnr} größer als im kalten Lauf, nämlich

$$\left. \begin{aligned} R_{Lt} &= Z\left(\frac{F_a W_r}{Z \operatorname{tg}\alpha} - k\right) \\ R_{Rt} &= Z\left(\frac{F_a W_r}{Z \operatorname{tg}\alpha} + 1 - k\right) \end{aligned} \right\} \tag{121b}$$

$$F_{tnr} = Z\left(\frac{F_a W_r}{Z \operatorname{tg}\alpha} + \frac{1}{a} - k\right). \tag{122b}$$

Die Normalkomponente der Führungskraft ist maßgebend für die Pressung des Isolierringes im Schwalbenschwanz. Sie beträgt entsprechend Abb. 400 im warmen Lauf als maßgebender Betriebszustand

$$N_{tn} = F_{tnr} \cos\alpha + F_{ta} \sin\alpha \tag{123}$$

ε) *Praktisches Vorgehen zur Ermittlung der Kräfte.* Bei geg. $Z = Z_L + Z_R$ wird man vorerst die Voraussetzung $ak < 1$ prüfen, die den Bedingungen (117a), (118a) und (119) zugrunde liegen. Aus (119) wird hernach die erforderliche axiale Vorspannkraft F_a ermittelt, so daß Z im kalten Lauf mit Sicherheit ohne Gleiten und Klaffen aufgenommen werden kann. Mit F_r aus (120) ist dann die radiale Komponente der Führungskraft im Stillstand bekannt. Die thermischen Vergrößerungsfaktoren geben im Falle $W_a > W_r > 1$ Gewähr dafür, daß die Bedingungen (117a) und (118a) in (117b) und (118b) enthalten sind. Alsdann ist noch zu prüfen, ob die thermische Gleitbedingung (116) für den warmen Stillstand eingehalten wird. Der Maximalwert für die Erzeugung der axialen Vorspannung kann (114a) entnommen werden. Der Minimalwert interessiert nicht. Die Kräfte des Lamellen-, Spann- und Isolationsringes für die verschiedenen Betriebszustände sind durch (115), (121a), (121b), (122a), (122b) und (123) zugänglich. Mit den berechneten Kräften ist man in der Lage, die Beanspruchungen (Spannungen) zu bestimmen. Sind die zulässigen Werte überschritten, wird man den Rechengang mit entsprechend abgeänderten Daten wiederholen müssen. Besondere Beachtung ist dem druckabhängigen E-Modul der Isolation zu schenken. Man beginnt mit einem geschätzten Wert und vergleicht mit dem Ergebnis der Rechnung (sukzessive Approximation). Vgl. auch das Beispiel in η.

ζ) *Atmungswege.* Die Schrumpfringdiagramme gestatten, die elastische Verformung des Punktes 0 in allen Betriebszuständen zu verfolgen. Im warmen Stillstand verschiebt sich 0 nach A. Man nennt $\overline{OA}$ den *thermischen Atmungsweg.* Läuft die Maschine kalt hoch, so verschiebt sich O nach B. $\overline{OB}$ ist der *mechanische Atmungsweg.* Im warmen Lauf hat sich O nach C verschoben, wobei irgendein Weg im Parallelogramm $OBCA$ durchlaufen wird, je nachdem ob sich der Kommutator beim Hochlauf rasch oder langsam erwärmt. Es ist selbstverständlich, daß ein guter Kommutator möglichst kleine Atmungswege aufweisen soll, da entgegen unserer Annahme immer noch plastische Anteile der Verformung auftreten, die einer bleibenden Formveränderung Vorschub leisten. Man erkennt aus den Diagrammen auch eindeutig, daß eine große Vorspannung die Atmungswege verkleinert und deshalb anzustreben ist.

η) *Beispiel.* Berechnung eines Gewölbedruckkommutators nach Abb. 392a.

Gegeben sind folgende Daten eines Trommel-Gewölbedruckkommutators in Schwalbenschwanzbauweise (Lamellenlänge 28,6 cm, Durchmesser 85 cm, Schleuderdrehzahl $n =$ 1125 U/min):

Halbe Fliehkraft des Lamellenringes	$Z_L = 90{,}5 \cdot 10^3$ kp
Fliehkraft des Spannringes	$Z_R = 69{,}5 \cdot 10^3$ kp
Halbe Fliehkraft von Lamellenring und Fliehkraft von einem Spannring	$Z = 160 \cdot 10^3 \text{kp} = \dfrac{Z_{tot}}{2}$
Schwalbenschwanz-Flankenwinkel	$\alpha = 30°$
Reibungskoeffizient	$\mu = 0{,}12$
Einflußzahlen	$k_{Lr} = 0{,}368 \cdot 10^{-6}$ cm/kp
	$k_{Rr} = 0{,}034 \cdot 10^{-6}$ cm/kp
	$k_{La} = 0{,}023 \cdot 10^{-6}$ cm/kp
	$k_{Ra} = 0{,}230 \cdot 10^{-6}$ cm/kp
Wärmedehnungen	$\delta_{Lr} = 0{,}0358$ cm
(entsprechend einer Übertemperatur im Spannring	$\delta_{Rr} = 0{,}0191$ cm
von 50 °C und im Lamellenring von 70 °C)	$\delta_{La} = 0{,}0212$ cm
	$\delta_{Ra} = 0{,}0097$ cm

Sicherheitskoeffizient $c_g = 1,2$

$c_k = 2$

Mittlerer Radius des Lamellenringes $r_L = 39,0$ cm

Mittlere Umfangsgeschwindigkeit des Lamellenringes

$$v = r_L \cdot \frac{\pi n}{30} = 39,0 \frac{\pi \cdot 1125}{30} = 4600 \text{ cm/s}$$

Dichte des Lamellenringes $$\varrho_L = \frac{\gamma_L}{g} = \frac{7,45 \cdot 10^{-3}}{981} = 7,60 \cdot 10^{-6} \frac{\text{kps}^2}{\text{cm}^4}$$

Axiale Querschnittsfläche des Lamellenringes $A_L = 150 \text{ cm}^2$

Mittlerer Radius der Isolierringe $r_I = 37,1$ cm

Druckbreite der Isolierringe $b = 3,6$ cm

Man berechnet mit Vorteil die Hilfsgrößen

$$a = \frac{Z}{Z_L} = \frac{160 \cdot 10^3}{90,5 \cdot 10^3} = 1,77$$

$$k = \frac{k_{Rr}}{k_{Rr} + k_{Lr}} = \frac{0,034}{0,034 + 0,368} = 0,0848$$

$$ak = 1,77 \cdot 0,0848 = 0,150$$

$$\begin{array}{llll} \sin\alpha = 0,500 & \mu \operatorname{tg}\alpha & = 0,12 \cdot 0,577 & = 0,069 \\ \cos\alpha = 0,866 & \operatorname{tg}\alpha + \mu & = 0,577 + 0,12 & = 0,697 \\ \operatorname{tg}\alpha = 0,577 & \operatorname{tg}\alpha - \mu & = 0,577 - 0,12 & = 0,457 \\ & 1 + \mu \operatorname{tg}\alpha & = 1 + 0,069 & = 1,069 \\ & 1 - \mu \operatorname{tg}\alpha & = 1 - 0,069 & = 0,931 \end{array}$$

$$\frac{1 + \mu \operatorname{tg}\alpha}{\operatorname{tg}\alpha - \mu} - \frac{1}{\operatorname{tg}\alpha} = \frac{1,069}{0,457} - \frac{1}{0,577} = 0,61;$$

$$\frac{1}{0,61} = 1,64 \quad \text{(vgl. Abb. 401)}$$

Vorspannung in axialer Richtung

$$\left.\begin{array}{ll} F_a = Z \cdot 1,2 \cdot \frac{1 - 0,15}{1,77} \cdot 1,64 = Z \cdot 0,945 = 160 \cdot 10^3 \cdot 0,945 = \underline{151 \cdot 10^3 \text{ kp}} & (117\text{a}) \\ F_a = Z \cdot 2 \cdot 0,0848 \cdot 0,577 = Z \cdot 0,098 = 160 \cdot 10^3 \cdot 0,098 \quad = \underline{15,7 \cdot 10^3 \text{ kp}} & (118\text{a}) \end{array}\right\} \quad (119)$$

Die Voraussetzung für die Gültigkeit dieser Formeln ist durch $ak = 0,150 < 1$ gegeben. Maßgebend ist offenbar die Bedingung gegen Gleiten.

Vorspannung in radialer Richtung

$$F_r = F_a/\operatorname{tg}\alpha = 151 \cdot 10^3/0,577 = 262 \cdot 10^3 \text{ kp}. \quad (120)$$

Die Führungskraft oder Vorspannung im kalten Stillstand ist somit

$$F = \sqrt{F_r^2 + F_a^2} = \sqrt{(262 \cdot 10^3)^2 + (151 \cdot 10^3)^2} = \underline{302 \cdot 10^3 \text{ kp}}.$$

Thermische Vergrößerungsfaktoren

$$\left.\begin{array}{l} W_r = 1 + \frac{0,0358 - 0,0191}{262 \cdot 10^3 (0,368 + 0,034)\, 10^{-6}} = 1,159 \\ W_a = 1 + \frac{0,0212 - 0,0097}{151 \cdot 10^3 (0,023 + 0,230)\, 10^{-6}} = 1,301. \end{array}\right\} \quad (115)$$

Man stellt fest, daß $W_a > W_r$ und $W_r > 1$ ist, somit sind die Bedingungen gegen Gleiten und Klaffen im warmen Lauf nicht maßgebend.

Bedingung gegen Gleiten im warmen Stillstand

$$\frac{0,457}{0,577 \cdot 1,069} < \frac{1,301}{1,159} = \frac{W_a}{W_r} < \frac{0,697}{0,577 \cdot 0,931} \quad (116)$$

$$0,742 < 1,122 < 1,296 \quad .$$

Die Bedingung ist offenbar erfüllt.

Erforderliche Axialkomponente zur Erzeugung bzw. Erhaltung der Vorspannung

$$F_{af} = 151\cdot 10^3\cdot 1{,}296 = 196\cdot 10^3\,\text{kp} \tag{114a}$$

Vorspannung im warmen Stillstand

$$F_t \begin{cases} F_{tr} = 1{,}159\cdot 262\cdot 10^3 = 304\cdot 10^3\,\text{kp} \\ F_{ta} = 1{,}301\cdot 151\cdot 10^3 = 197\cdot 10^3\,\text{kp} \end{cases} \tag{115}$$

Kalter Lauf

Kräfte auf den Lamellenring

$$R_L = Z\left(\frac{151\cdot 10^3}{160\cdot 10^3\cdot 0{,}577} - 0{,}0848\right) = Z\cdot 1{,}55 = 160\cdot 10^3\cdot 1{,}55 = 248\cdot 10^3\,\text{kp}$$

$$F_a = 151\cdot 10^3\,\text{kp}.$$

Kräfte auf den Preßring (121a)

$$R_R = Z\left(\frac{151}{160\cdot 0{,}577} + 1 - 0{,}0848\right) = Z\cdot 2{,}55 = 160\cdot 10^3\cdot 2{,}55 = 408\cdot 10^3\,\text{kp}$$

$$F_a = 151\cdot 10^3\,\text{kp}.$$

Führungskraft

$$F_n \begin{cases} F_{nr} = Z\left(\dfrac{151}{160\cdot 0{,}577} + \dfrac{1}{1{,}77} - 0{,}0848\right) = Z\cdot 2{,}115 = 160\cdot 10^3\cdot 2{,}115 = 338\cdot 10^3\,\text{kp} \\ F_a = 151\cdot 10^3\,\text{kp}. \end{cases} \tag{122a}$$

Warmer Lauf

Kräfte auf den Lamellenring

$$R_{Lt} = Z\left(\frac{151\cdot 1{,}159}{160\cdot 0{,}577} - 0{,}0848\right) = Z\cdot 1{,}81 = 160\cdot 10^3\cdot 1{,}81 = 290\cdot 10^3\,\text{kp} \tag{121b}$$

$$F_{ta} = 197\cdot 10^3\,\text{kp}.$$

Kräfte auf den Preßring

$$R_{Rt} = Z\left(\frac{151\cdot 1{,}159}{160\cdot 0{,}577} + 1 - 0{,}0848\right) = Z\cdot 2{,}81 = 160\cdot 10^3\cdot 2{,}81 = 450\cdot 10^3\,\text{kp} \tag{121b}$$

$$F_{ta} = 197\cdot 10^3\,\text{kp}.$$

Führungskraft

$$F_{tn} \begin{cases} F_{tnr} = Z\left(\dfrac{151\cdot 1{,}159}{160\cdot 0{,}577} + \dfrac{1}{1{,}77} - 0{,}0848\right) = Z\cdot 2{,}37 = 160\cdot 10^3\cdot 2{,}37 = 380\cdot 10^3\,\text{kp} \\ F_{ta} = 197\cdot 10^3\,\text{kp}. \end{cases} \tag{122b}$$

Normaldruck im kalten Stillstand und warmen Lauf

$$\begin{aligned} N &= F = 302\cdot 10^3\,\text{kp (Min.)} \\ N_{tn} &= 380\cdot 10^3\cdot 0{,}866 + 197\cdot 10^3\cdot 0{,}500 = 428\cdot 10^3\,\text{kp (Max.)}. \end{aligned} \tag{123}$$

Spezifische Pressung der Isolierringe im warmen Lauf

$$p_{tn} = \frac{N_{tn}}{2\pi r_I b} = \frac{428\cdot 10^3}{2\pi\cdot 37{,}1\cdot 3{,}6} = 510\,\text{kp/cm}^2\ \text{(Max.)}.$$

Gewölbedruck im Stillstand kalt und warm und im Lauf kalt und warm (für ganzen Lamellenquerschnitt)

$$T = \frac{2F_r}{2\pi} = \frac{F_r}{\pi} = \frac{262\cdot 10^3}{\pi} = 83{,}5\cdot 10^3\,\text{kp}$$

$$T_t = \frac{F_{tr}}{\pi} = \frac{304\cdot 10^3}{\pi} = 96{,}8\cdot 10^3\,\text{kp (Max.} \approx 100\%)$$

$$T_n = \frac{R_L}{\pi} = \frac{248\cdot 10^3}{\pi} = \underline{79{,}0\cdot 10^3\,\text{kp}}\ (\text{Min.} \approx 82\%)$$

$$T_{tn} = \frac{R_{Lt}}{\pi} = \frac{290\cdot 10^3}{\pi} = 92{,}5\cdot 10^3\,\text{kp}.$$

Der minimale Gewölbedruck tritt offenbar im kalten Lauf, der maximale im warmen Stillstand auf.

Spezifischer Gewölbedruck im kalten Lauf und warmen Stillstand

$$\left.\begin{aligned} p_n &= \frac{T_n}{A_L} = \frac{79{,}0\cdot 10^3}{150} = 527\ \text{kp/cm}^2 \\ p_t &= \frac{T_t}{A_L} = \frac{96{,}8\cdot 10^3}{150} = 645\ \text{kp/cm}^2 \end{aligned}\right\}\ \text{Mittelwert } 586\ \text{kp/cm}^2.$$

Der Mittelwert ist maßgebend für den anfangs vorauszusetzenden druckabhängigen E-Modul der Isolation. Vgl. Abb. 398 und folgenden Abschnitt über die Dehnung durch die Kräfte. Bei stärkerer Abweichung ist die Rechnung zu wiederholen.

2. Bestimmung der Formänderungen und Beanspruchungen

α) *Formänderungen.* Es bleibt in jedem Fall zu prüfen, ob die im 1. Teil der Rechnung ermittelten Kräfte keine Überbeanspruchung der Elemente des Kommutators zur Folge haben. Die Spannungen müßten dabei nicht unbedingt zum Bruch führen, das Auftreten von bleibenden Dehnungen einzelner Teile würde genügen, um die Voraussetzungen der Berechnung und damit die Rechnung selbst in Frage zu stellen. Das Verbleiben im elastischen Bereich muß sichergestellt sein. Die Ermittlung der Spannungen ist daher unerläßlich und jeweils für den maßgebenden Betriebszustand durchzuführen. Eine ausführliche Spannungsbestimmung findet sich bei BAUD[1]. Wir wollen uns hier damit begnügen, eine allgemeine Richtlinie anzugeben, die eine Rechnung im elementaren Sinne erlaubt.

Zunächst zur Frage der *Dehnungen infolge Temperaturdifferenzen.* Im Beispiel des vorangegangenen Abschnittes sind die freien Dehnungen von Druck und Lamellenring in zwei rechtwinkeligen Koordinaten angegeben. Ihre Berechnung erfolgt aus

$$\delta_{ik} = \alpha_i \vartheta_k l_{ik} \quad (i = L,\ R;\ k = a,\ r;\ \text{s. S. } 400)\,, \tag{124}$$

wobei α_i die lineare Wärmedehnzahl, ϑ_k die Temperaturdifferenz zwischen warmem und kaltem Kommutator (Montagetemperatur) und l_{ik} die betreffende radiale oder axiale mittlere Abmessung des Ringes darstellt.

Die *Dehnungen durch die Kräfte* in zwei Richtungen sind deshalb einfach zu berechnen, weil die Kräfte bereits in axialer und radialer Richtung getrennt vorliegen. Die Einflußzahlen können als Dehnung infolge von Einheitskräften aufgefaßt werden und sind wie folgt zu bestimmen:

k_{La}: Man berechnet die axiale Dehnung des Lamellenringes (mit Isolationsring) unter der axialen Druckkraft $F_a = 1$ kp im Angriffspunkt O. Als Elastizitätsmodul ist eine geeignete Kombination aus den Elastizitätsmoduli des Kupfers und der Isolation einzusetzen

$E_{Cu} = 1{,}25\cdot 10^6$ kp/cm²

$E_{Is} = 0{,}05\cdot 10^6$ kp/cm² für $p = 600$ kp/cm²; (Druckabhängigkeit vgl. Abb. 398).

k_{Lr}: Man berechnet die radiale Dehnung des Lamellenringes (mit Isolationsring) unter der radialen Druckkraft $F_r = 1$ kp im Angriffspunkt O. Der Gewölbe-

[1] BAUD, R. V.: Zur Berechnung der Kollektoren elektrischer Maschinen. Schweizer Archiv für angewandte Wissenschaft und Technik 6 (1940) 11, S. 313—323; 12, S. 351—356; 7 (1941) 1, S. 11—19.
Photoelastische und mechanische Modellversuche an Kollektorlamellen. Schweizer Archiv für angewandte Wissenschaft und Technik 7 (1941) 6, S. 174—182.

druck im Lamellenring (erzeugt durch 2 Spannringe) beträgt dann allgemein (Anhang I)

$$T = \frac{2F_r}{2\pi} = \frac{F_r}{\pi}$$

und die radiale Verkürzung (Anhang I)

$$u = r\,\frac{T}{EA_L}\,, \tag{125}$$

wobei unter E wiederum eine Kombination aus den Elastizitätsmoduli von Kupfer und Isolation zu verstehen ist.

k_{Ra}: Man berechnet die axiale Dehnung des Spannringes an der Kraftangriffsstelle O unter der gleichgerichteten Zugkraft $F_a = 1$ kp.

Sie setzt sich zusammen aus der Dehnung des Ringes und der größeren Dehnung der Schrauben.

Die Vorspannkraft F_a auf die Flanken des elastischen Ringes wirkend, hat zusätzlich eine Umstülpung des Ringes und damit zusätzliche axiale und radiale Verformungen zur Folge, Abb. 402. Die Berechnung des Ringes durch ein Umstülpmoment kann nach den Formeln im Anhang II erfolgen.

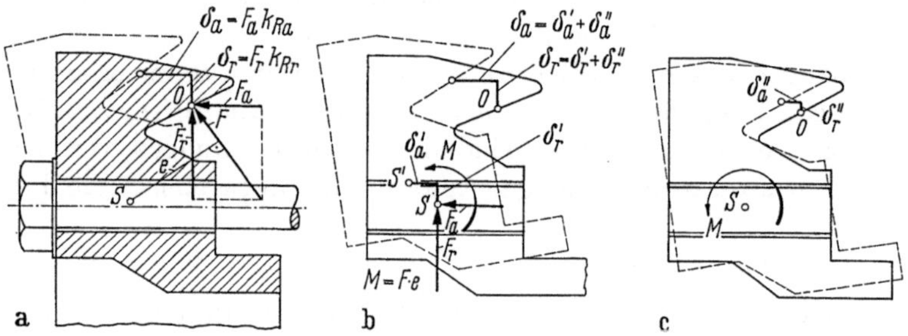

Abb. 402. Verformung eines Kollektor-Spannringes

a Verschiebungen des Angriffspunktes O durch die Führungskraft F (F_r, F_a) am Spannring; b Reduktion von F auf den Schwerpunkt S des Spannringes; δ_r', δ_a': Verschiebungen infolge Translation von S; c Verschiebungen des Punktes O infolge eines Umstülpmomentes; δ_r'', δ_a'': Verschiebungen infolge Rotation um S

Im normalen Falle wird der Anteil der axialen Dehnung des Spannringes ungefähr die Hälfte derjenigen der Schrauben ausmachen. Man kann daher in erster Näherung den Ring auch als starr auffassen und die Dehnung der Schrauben mit dem anderthalbfachen Wert in Rechnung setzen.

k_{Rr}: Man berechnet die radiale Dehnung des Spannringes an der Kraftangriffsstelle O unter der gleichgerichteten Kraft $F_r = 1$ kp. Sie setzt sich ebenfalls aus zwei Teilen zusammen. Ein Teil ist durch die Umstülpung des Flansches bedingt, während der andere Teil die radiale Dehnung des Ringes unter F_r darstellt, Abb. 402. F_r erzeugt den Gewölbezug $T = F_r/2\pi$ und die radiale Dehnung δ_r'

$$\delta_r' = r \cdot \frac{T}{E \cdot A_R}\,, \tag{126}$$

wobei A_R eine mittlere axiale Querschnittsfläche des Ringes darstellt. Im normalen Falle sind beide Teile annähernd von gleicher Größe. Man kann daher in erster Näherung den Einfluß der Umstülpung δ'' vernachlässigen und den Ring auch diesbezüglich als starr auffassen und die radiale Aufweitung durch F_r mit zwei multiplizieren.

β) *Spannungsnachweis. Die Schrauben* müssen die maximale axiale Vorspannkraft F_{ta} übernehmen können und danach dimensioniert werden. Maßgebend für die Spannung ist selbstverständlich der Kernquerschnitt. Um klare Verhältnisse zu schaffen, die der Theorie zugänglich sind, sollen die Schraubengewinde stets geschmiert werden. Die Reibungszahl des Schmiermittels kann ein für allemal ermittelt werden. Um die Vorspannung genau dosieren zu können, ist das Drehmoment zu messen mit dem die Schrauben angezogen werden. Es sei

K Kraft am Schraubenschlüssel
r_k Hebelarm, an dem K angreift
r_m mittlerer Radius des Gewindes
α Steigungswinkel des Gewindes
ϱ Reibungswinkel
S Zugkraft einer Schraube.

Die erforderliche Kraft am Schraubenschlüssel, um die Zugkraft S in der Schraube zu erreichen, ist dann

$$K = S \frac{r_m}{r_k} \operatorname{tg}(\alpha + \varrho). \tag{127}$$

Die Preßringe werden einerseits durch die Umstülpung, andererseits durch den Gewölbezug beansprucht. Beide Arten der Beanspruchung führen auf tangentiale Zugspannungen in den Ringen. Bei der Bestimmung des Gewölbezuges ist darauf zu achten, daß im allgemeinen der maßgebende Betriebszustand der warme Lauf ist. Der Radialzug beträgt im warmen Lauf R_{Rt}, vgl. (121b). Es ist dann der Gewölbezug bzw. die tangentiale Zugspannung im Ring mit der axialen Querschnittsfläche A_R

$$T = \frac{R_{Rt}}{2\pi} \qquad \sigma = \frac{T}{A_R}.$$

Der Einfluß der Umstülpung auf die Zugspannung im Ring kann bedeutend sein, vgl. Anhang II.

Für die Beanspruchung des *Lamellenringes* ist im allgemeinen der warme Stillstand maßgebend. In axialer Richtung erzeugt die Vorspannkomponente F_{ta} Druckspannungen. In radialer Richtung bewirkt die Kraft $2F_{tr}$ (2 Konusflächen) einen Gewölbedruck, der von den Isolationslamellen aufgenommen werden muß und den anfänglich angenommenen Elastizitätsmodul der Isolation bestimmt (druckabhängig). Außerdem ist die Biegespannung im Lamellenkonus nachzuweisen. Der Lamellenkonus kann als Schwalbenschwanzklaue (ebenes Problem), s. S. 427ff., oder als einseitig eingespannte Kreiszylinderschale (Anhang V) aufgefaßt werden.

Zweifellos ist die genaue Ermittlung der Beanspruchung der am Kommutator beteiligten Elemente eine Aufgabe der höheren Elastizitätstheorie. Solange jedoch die beteiligten Kräfte nicht mit genügender Konstanz ausgewiesen werden können, man denke u. a. an die der „Alterung“ unterworfenen Materialkonstanten, dürften Näherungsmethoden in der Beurteilung der Spannungen vollauf genügen. Dies gilt um so mehr, wenn dabei auch das Gefühl und die Erfahrung des Konstrukteurs, die man gemeinhin als Kunst des Konstruierens bezeichnet, mitbeteiligt sind.

c) Schwalbenschwanzkommutator ohne ausgeprägten Gewölbedruck.

1. Bauart mit innen aufliegenden Lamellen (Abb. 392c). Die zylindrische Kommutatorbüchse hat mit der Isolation ein Übermaß gegenüber der Bohrung des kalten Lamellenverbandes. Dadurch ist im kalten Zustand ein tangentiales „Spiel" zwischen den Lamellen gewährleistet. Dieses Spiel ist für die Aufnahme der betriebsmäßigen tangentialen Wärmedehnung der Lamellen bemessen. Die Lamellen sind also praktisch nur radial zwischen Preßringe und Büchse eingespannt, deren Isolation daher möglichst homogen sein muß. Da die tangentialen Wärmespannungen weitgehend ausgeschaltet sind, ist die Konstruktion leichter und billiger. Sie hat einen guten Wärmeübergang an die Büchse und eignet sich zum Einlöten der Wicklung im Zinnbad. Die Konstruktion ist vorzüglich geeignet für besonders lange Schwalbenschwanzkommutatoren. Bei mäßigen Geschwindigkeiten ($v_{max} \leqq 35$ m/s) kann das Gleiten der Lamellen auf dem Ring meist noch mit kurzen Schrauben an Stelle von langen Dehnschrauben verhindert werden.

Der Unterschied in der Berechnung erfolgt aus dem Umstand, daß kein nennenswerter Gewölbedruck im Lamellenring entsteht. Da im Lamellenring auch bei Erwärmung keine nennenswerten tangentialen Kräfte übertragen werden, ist die Beanspruchung der Lamellen eine ebene. Die Einzellamelle wird dauernd als Scheibe beansprucht, wobei allerdings die Beanspruchung mit der Erwärmung steigt.

2. Bauart mit keilförmiger Einspannung (Abb. 392b). Für die Zusammenstellung des Lamellenverbandes werden Zwischenisolationen ohne Vorpressung verwendet, und der Werkzeugring wird nur so stark gespannt, als zum Ausdrehen der Bohrung und der Konus-Einstiche gerade notwendig ist. Nach der Fassung der Lamellen zwischen die Preßringe wird der ganze Kommutator auf ca. 150 °C erwärmt, wodurch ein beträchtlicher Gewölbedruck entsteht, welcher die Dicke der Zwischenisolationen bleibend um einen Betrag vermindert, der ausreicht, innerhalb der betriebsmäßigen Erwärmung die tangentiale Wärmedehnung der Lamellen aufzunehmen. Im betriebsmäßigen Temperaturbereich ist daher dieser Kommutator praktisch gewölbedruckfrei und daher zum Einlöten der Wicklung im Zinnbad verwendbar. Da die Lamellen — wie bei Abb. 392c — nur radial eingespannt sind, sind auch hier möglichst homogene Isolierringe erforderlich. Wegen der Biegungsbeanspruchung der Lamellenlappen ist der Gewinn an Werkstoffaufwand gegenüber dem Gewölbedruckkommutator (Abb. 392a) nur gering. Die Konstruktion eignet sich auch wie jene nur für begrenzte Lamellenlänge. Die Beanspruchung der Lamellen ist wie nach Abb. 392c eine ebene, da praktisch keine tangentialen Kräfte auf den Lamellenring übertragen werden. Hingegen werden die Spannringe im Stillstand nur axial, nicht aber radial beansprucht, weil kein Gewölbedruck übertragen wird. Die Führungskräfte an beiden Flanken eines Preßringes haben zusammen aus Gleichgewichtsgründen keine radiale Komponente.

d) Turbokommutator. Der Turbokommutator nach Abb. 394, 395 kann ähnlich behandelt werden wie der Gewölbedruckkommutator (Abb. 392a), wobei nur das radiale Vorspanndiagramm erforderlich ist. Das Aufschrumpfen der Stahlringe auf den Lamellenverband soll so geschehen, daß der Lamellenverband auf die ganze axiale Länge möglichst die gleiche Druckvorspannung aufweist.

Bei Konstruktionen, wo der Lamellenring und die darüber liegenden Schrumpfringe teilweise frei und zur Zentrierung auf einer Seite teilweise auf der isolierten Welle aufliegen, Abb. 395, wird die radiale Vorspannung verschieden ausfallen.

Die Vorausbestimmung des notwendigen Schrumpfmaßes für jeden Schrumpfring setzt die Kenntnis der örtlichen Einflußzahl des Lamellenverbandes voraus. Ist der (druckabhängige) Elastizitätsmodul des Isolationsmateriales bekannt, so kann die Einflußzahl nach der Theorie der Kreisringscheibe (Tab. 63) berechnet und anhand eines Schrumpfdiagramms das nötige Schrumpfmaß an der betrachteten Stelle ermittelt werden. Es darf in jedem Betriebszustand mit Sicherheit kein Abheben erfolgen. Die Schrumpfringe können mit Gewinden oder Keilbahnen in Umfangsrichtung versehen werden, um notwendig werdende Wuchtgewichte anbringen zu können.

V. Festigkeitsberechnung des umlaufenden Teils

A. Allgemeines über mechanische Beanspruchung und Sicherheit

a) Mechanische Spannungszustände. Wird ein fester Körper *äußeren* Kräften unterworfen, zu denen auch Volumenkräfte wie Eigengewicht, magnetische Kräfte und dgl. gehören, so wirken in einem beliebig gewählten Schnitt $s - s$ des Körpers *innere* Kräfte dF, die einer Verformung entgegenwirken, Abb. 403a. Die Schnitt-

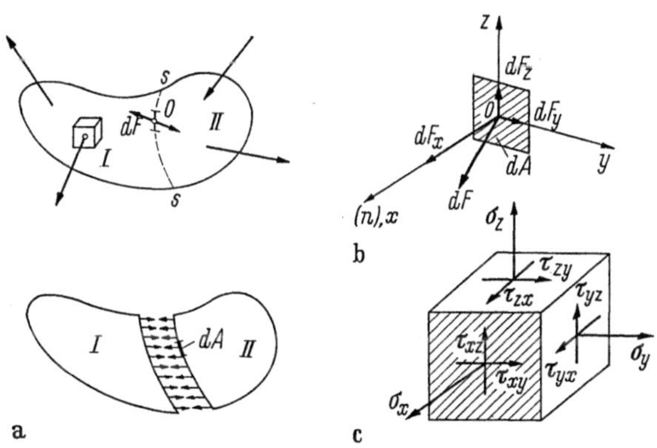

Abb. 403. Spannungen in einem Punkt eines festen Körpers für gegebene Richtung

kräfte am Teil II bedeuten dann die Wirkung des Teiles I auf den Teil II und umgekehrt. War der Körper somit vor dem Schnitt im Gleichgewicht, so wird er es auch nach dem Schnitt sein, woraus folgt, daß die Schnittkräfte und damit alle *inneren Kräfte paarweise* auftreten. Greifen wir in einem Punkte O der Schnittfläche ein Flächenelement dA heraus, so muß durch dA eine Kraft dF übertragen werden, die im allgemeinen nicht mit der Normalen n des Flächenelementes zusammenfällt. Verwendet man ein rechtwinklig-rechtshändiges Koordinatensystem derart, daß die x-Achse mit der Normalen n und der Ursprung mit dem Punkt O des Flächenelementes zusammenfällt, Abb. 403b, so läßt sich die Kraft dF zerlegen in eine Komponente dF_x senkrecht zur — und zwei Komponenten dF_y

und $\mathrm{d}F_z$ in der Ebene des Flächenelementes. Man bezeichnet dann die Differentialquotienten

$$\frac{\mathrm{d}F_x}{\mathrm{d}A} = \sigma_x \qquad \frac{\mathrm{d}F_y}{\mathrm{d}A} = \tau_{xy} \qquad \frac{\mathrm{d}F_z}{\mathrm{d}A} = \tau_{xz}$$

als mechanische Spannungen und insbesondere σ_x als *Normal-* und τ_{xy}, τ_{xz} als *Schubspannungen*[1]. Analog lassen sich für zwei senkrecht zu $\mathrm{d}A$ stehende Flächenelemente die Spannungen definieren, wodurch man zu den 3 vorhandenen noch 6 weitere Spannungen am Volumenelement $\mathrm{d}x\,\mathrm{d}y\,\mathrm{d}z$ gewinnt, Abb. 403c. Aus den drei Gleichgewichtsbedingungen gegen Drehen um die Achsen folgt $\tau_{zy} = \tau_{yz}$, $\tau_{xz} = \tau_{zx}$ und $\tau_{yx} = \tau_{xy}$, d. h. es gilt der Satz von der *Gleichheit zugeordneter Schubspannungen*. Damit entfallen von den 9 Spannungen deren 3 und es verbleiben noch 6 unabhängige Spannungen am Volumenelement, nämlich 3 Normalspannungen σ_x, σ_y, σ_z und 3 Schubspannungen τ_{xy}, τ_{yz}, τ_{zx}. Unter einem *dreidimensionalen* oder *räumlichen* Spannungszustand im Punkte O versteht man dann diese 6 Spannungen, die von der Lage oder Orientierung des Volumenelementes abhängen. Nun gibt es in jedem Punkt eines festen Körpers eine ausgezeichnete Lage des Volumenelementes, für welche alle drei Schubspannungen verschwinden. Man nennt diesen speziellen Spannungszustand *Hauptspannungszustand* und die verbleibenden drei Normalspannungen σ_x, σ_y, σ_z die *Hauptspannungen* und ersetzt die Indices x, y, z durch 1, 2 und 3. Der allgemeine Hauptspannungszustand ist somit gekennzeichnet durch die Normalspannungen σ_1, σ_2, σ_3.

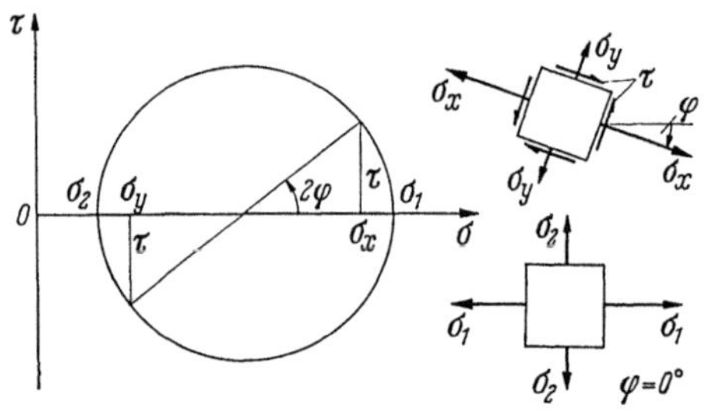

Abb. 404. Ebener Spannungszustand und Mohrscher Spannungskreis

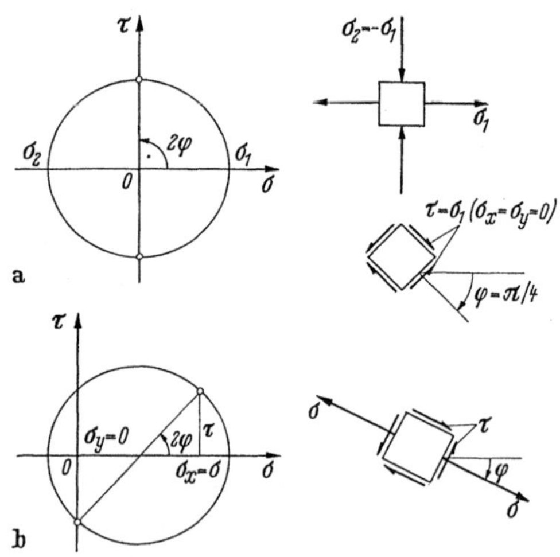

Abb. 405.
a Reiner Schubspannungszustand;
b Biegespannungszustand

Unter einem *zweidimensionalen-* oder *ebenen Spannungszustand* versteht man einen Zustand, bei dem in einer der drei Ebenen keine Spannungen wirken. Er ist durch die Spannungen σ_x, σ_y, τ bzw. σ_1, σ_2 gekennzeichnet. Die Umrechnung der Spannungen für verschiedene Lagen des Volumenelementes kann recht übersicht-

[1] Zur Unterscheidung der Schubspannungen ist es üblich, als ersten Index die Fläche, in der sie liegt, und als zweiten Index die Richtung, in der sie wirkt, anzugeben.

lich mit Hilfe des *Mohrschen Spannungskreises* erfolgen, Abb. 404. Liegt ein spezieller ebener Hauptspannungszustand $\sigma_1 = -\sigma_2$ vor, Abb. 405a, so verschwinden die Normalspannungen bei einer Drehung um 45° — und es verbleibt ein sog. *reiner Schubspannungszustand* mit $\tau = \sigma_1 = -\sigma_2$. Der *Biegespannungszustand* ist dadurch gekennzeichnet, daß eine der Normalspannungen verschwindet, z. B. $\sigma_y = 0$, Abb. 405b.

Ein *einachsiger* oder *linearer Spannungszustand* entsteht dann, wenn alle Spannungen für Flächenelemente parallel zu einer Richtung verschwinden. Es verbleibt dann die Normalspannung σ in der betreffenden Richtung als einziges Bestimmungsstück.

b) Vergleichsspannung. Die Festigkeitsberechnung gibt in Form errechneter Spannungen Aufschluß über die Beanspruchung des untersuchten Maschinenelementes. Um eine Aussage dieser Form beurteilen zu können, brauchen wir einen Vergleichsmaßstab, an dem wir die „Gefährlichkeit" der Beanspruchung ermessen können. Beim einfachen Spannungszustand des einachsigen Zuges ist dieser Maßstab rasch gefunden. In der Materialprüfung kann ein Probestab auf Zug beansprucht, Proportionalitäts-, Fließ- und Bruchgrenze festgestellt und damit das mechanische Verhalten experimentell nachgebildet werden. Aber schon im Falle des reinen Schubes oder des ebenen Spannungszustandes ist die experimentelle Nachbildung erschwert. Man hat deshalb im Laufe der Zeit nach einer aus den verschiedenen Spannungen sich zusammensetzenden *Vergleichsspannung* gesucht, die mit der des gezogenen Probestabes so verglichen werden kann, daß die gleiche „Gefährlichkeit" oder *Anstrengung* resultiert. Über Jahre sich erstreckende Diskussionen und Versuchsreihen haben zu den verschiedensten *Bruch-* und *Fließhypothesen* geführt, die je nach Material (spröd, zäh, viskos) mehr oder weniger zutreffen[1]. Diese *Anstrengungshypothesen,* wie sie zusammenfassend genannt werden, geben unter vereinfachten Annahmen über die Materialeigenschaften wie Homogenität, Isotropie usw. an, bei welcher Vergleichsspannung das Fließen oder der Bruch eintritt. Für hoch beanspruchte Maschinenteile werden in der Regel zäh-plastische Stähle mit ausgesprochener Fließgrenze verwendet. Für solches Material hat sich heute die *Hypothese der konstanten Gestaltänderungsarbeit* von Huber-von Mises-Hencky, kurz GE-Hypothese genannt, durchgesetzt und bewährt. Sie beruht darauf, daß die um die Volumenänderungsenergie verminderte Formänderungsenergie, die sog. Gestaltänderungsarbeit, bei allen möglichen Spannungszuständen den gleichen Betrag nicht überschreiten soll. Neben einer relativ einfachen Formulierung besitzt sie den Vorteil, daß sie das Verhalten des Stoffes über die Fließgrenze hinaus bis kurz vor dem Bruch richtig wiedergibt.

Von Mises hat auf einem anderen Wege — über das Studium der Invarianten des dreidimensionalen Spannungszustandes — seine nach ihm benannte Fließbedingung abgeleitet, die mit der GE-Hypothese übereinstimmt. Für Stoffe, die ein von idealen Stählen abweichendes Verhalten zeigen, gilt die nach der GE-Hypothese ermittelte Vergleichsspannung in guter Näherung. Es ist zu fordern,

[1] Roš, M., Eichinger, A.: Anstrengung und Bruchgefahr fester Körper. Schweiz. Bauzeitung (1949) 28/29.

Kollbrunner, C. F., Meister, M.: Anstrengungshypothesen. Mitteilungen über Forschung und Konstruktion im Stahlbau der AG Conrad Zschokke, Döttingen, Verlag Gebr. Lehmann & Co., Zürich — Leipzig.

daß die Vergleichsspannung σ_v die Fließ- oder Streckgrenze σ_S, bei spröden Stoffen die Bruchgrenze σ_B nicht erreicht, also

$$\sigma_v < \sigma_S \leqq \sigma_B \tag{128}$$

1. Dreidimensionaler Spannungszustand (räumlicher Spannungszustand). Die Vergleichsspannung nach der Hypothese der konstanten Gestaltänderungsarbeit lautet allgemein[1] (Abb. 403c)

$$\sigma_v = \sqrt{\sigma_x^2 + \sigma_y^2 + \sigma_z^2 - \sigma_x\sigma_y - \sigma_y\sigma_z - \sigma_z\sigma_x + 3(\tau_{xy}^2 + \tau_{yz}^2 + \tau_{zx}^2)}\,. \tag{129}$$

Handelt es sich nur um Hauptspannungen (Normalspannungen), so gilt

$$\sigma_v = \sqrt{\sigma_1^2 + \sigma_2^2 + \sigma_3^2 - \sigma_1\sigma_2 - \sigma_2\sigma_3 - \sigma_3\sigma_1}\,. \tag{130}$$

Man erkennt, daß im Falle eines hydrostatischen Spannungszustandes $\sigma_1 = \sigma_2 = \sigma_3 = \pm\sigma$ die Vergleichsspannung σ_v verschwindet. Man schließt daraus richtig, daß die Überlagerung eines allseitigen Druckes oder Zuges die Vergleichsspannung nicht beeinflußt bzw. die Anstrengung nicht erhöht. Dieser Umstand stimmt, mindestens bezüglich des Druckes, mit der Erfahrung überein.

2. Zweidimensionaler Spannungszustand (ebener Spannungszustand). Die Vergleichsspannung lautet (Abb. 404)

$$\sigma_v = \sqrt{\sigma_x^2 + \sigma_y^2 - \sigma_x\sigma_y + 3\tau^2} \tag{131}$$

für Hauptspannungen wird

$$\sigma_v = \sqrt{\sigma_1^2 + \sigma_2^2 - \sigma_1\sigma_2}\,. \tag{132}$$

Die entscheidende Frage, unter welchen Kombinationen von σ_1 und σ_2 das Material zu fließen beginnt, kann anhand dieses einfachen ebenen Spannungs-

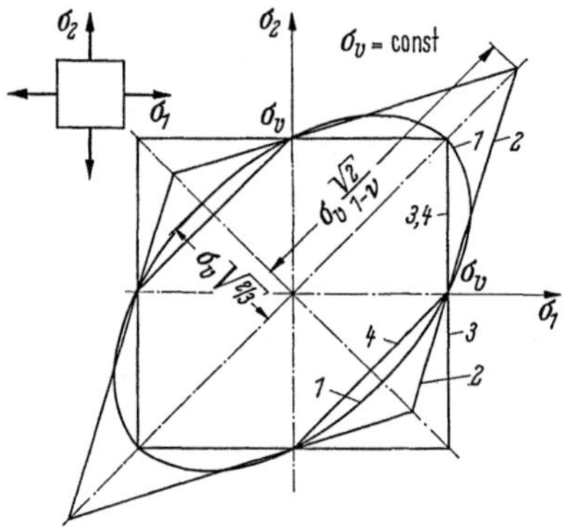

Abb. 406. Vergleich verschiedener Fließhypothesen für den ebenen Hauptspannungszustand

Kurve
1 Konst. Gestaltänderungsarbeit (Huber, v. Mises, Hencky)
2 Max. Dehnung (de St. Venant)
3 Max. Hauptspannung (Rankine)
4 Max. Schubspannung (Guest, Mohr)

zustandes anschaulich dargestellt werden, wobei sich zugleich ein Vergleich mit anderen bekannten Fließhypothesen aufdrängt. Denkt man sich in einer σ_1, σ_2-Ebene (Abb. 406) diejenigen Spannungswertepaare σ_1, σ_2 als Koordinaten aufgetragen, für die das Material eine konstante Vergleichsspannung σ_v erreicht hat (z. B. die Fließ- oder Bruchgrenze), so ergeben sich entsprechend den verwendeten Hypothesen verschiedene Kurven. Aus Gleichung (132) ist leicht einzusehen, daß

[1] Die Normalspannungen σ sind mit dem entsprechenden Vorzeichen einzusetzen. Im allgemeinen wird Zug positiv, Druck negativ bezeichnet. Die Vergleichsspannung selbst ist ihrer Definition nach stets positiv zu verstehen.

alle Wertepaare konstanter Vergleichsspannung auf einer Ellipse mit unter 45° geneigten Hauptachsen liegen. Bemerkenswert ist, daß z. B. die beiden verschiedenen Spannungszustände $\sigma_1 = \sigma_2 = \sigma$ und $\sigma_1 = \sigma$, $\sigma_2 = 0$ bei drei verschiedenen Hypothesen als gleichwertig erscheinen und die Vergleichsspannung $\sigma_v = \sigma$ ergeben.

α) *Biegespannungszustand.* Der für die Balkenbiegung maßgebende ebene Spannungszustand $\sigma_y = 0$, $\sigma_x = \sigma$ liefert nach der GE-Hypothese entsprechend Gl. 131 die Vergleichsspannung (Abb. 405b)

$$\sigma_v = \sqrt{\sigma^2 + 3\tau^2}\,. \tag{133a}$$

Nach der Hypothese der maximalen Schubspannung würde sich ergeben

$$\sigma_v = \sqrt{\sigma^2 + 4\tau^2}\,, \tag{133b}$$

während die Hypothese der maximalen Dehnung für eine Querzahl von $\nu = 0{,}3$ (Stahl)

$$\sigma_v = 0{,}35\sigma + 0{,}65\sqrt{\sigma^2 + 4\tau^2} \tag{133c}$$

liefern würde, was mit der aus älteren Veröffentlichungen bekannten Formel von Bach übereinstimmt.

β) *Reiner Schubspannungszustand.* Die Vergleichsspannung wird mit $\sigma_x = \sigma_y = 0$ nach (131) oder mit $\sigma_1 = -\sigma_2 = \sigma = \tau$ nach (132) und Abb. 405a

$$\sigma_v = \sqrt{3}\,\tau = 1{,}73\tau. \tag{134}$$

Diese Vergleichsspannung liegt zwischen $\sigma_v = 1{,}3\tau$ (Hypothese der maximalen Dehnung) und $\sigma_v = 2\tau$ (Hypothese der maximalen Schubspannung).

3. Sicherheiten. Mit der Vergleichsspannung kann die Frage nach der *mechanischen Sicherheit der Konstruktion* theoretisch einfach beantwortet werden. Die Sicherheit ist offenbar das Verhältnis von „gefährlicher" zu „vorhandener" Belastung, und da im elastischen Bereich Proportionalität zwischen Belastung und Spannung besteht, kann die Sicherheit im elastischen Bereich auch als Verhältnis von Spannungen definiert werden. Weil wir im Elektromaschinenbau große bleibende Dehnungen unter allen Umständen verhindern müssen, ist die Fließgrenze grundsätzlich als gefährlich zu betrachten. Als vorhandene Spannung dürfen wir die Vergleichsspannung in Rechnung setzen. Es ist dann zweckmäßig, von folgender Definition Gebrauch zu machen:

Mechanische Sicherheit gegen Fließen

$$S_S = \frac{\text{Fließgrenze im einachsigen Zugversuch } \sigma_S}{\text{größte vorhandene Vergleichsspannung } \sigma_v}\,.$$

Für Materialien, die keine ausgesprochene Fließgrenze aufweisen, z. B. spröde Stoffe wie Gußeisen und Bronce, fließfähige Stoffe mit großer innerer Reibung wie verschiedene Isolationsmaterialien und Kunststoffe, wird als Fließgrenze diejenige Spannung angesehen, bei der eine bleibende Dehnung von 0,2% nach Entlastung entsteht. Unter Proportionalitätsgrenze wird dann diejenige Spannung verstanden, bei der die bleibende Dehnung nur 0,02% beträgt. Nun spielt sich die heutige Konstruktionspraxis nicht mehr nur innerhalb der Fließgrenze ab, man ist durch die in den letzten Jahren sprunghaft angestiegene Leistungssteigerung, speziell für Grenzleistungsmaschinen, gezwungen, auch plastische Formänderungen, wenn auch nur örtlich und von stabilem Charakter, in Kauf zu nehmen. Dadurch drängt sich zwangsläufig eine Erweiterung der Definition der mechanischen Sicherheit auf elastisch-plastische Zustände auf. Diese Forderung ist aber nicht neu. Wendet man beispielsweise die übliche, sagen wir klassische Definition der mechanischen Sicherheit auf eine Spannungskerbe an (man denke etwa an den einfachen, gelochten Zugstab), so müßte man aus der Tatsache, daß die Vergleichsspannung die Fließgrenze übersteigt, auf ein Versagen der Konstruktion schließen. Daß dieser Schluß nicht richtig ist, beweist die Praxis mit ihren endlosen Fällen nicht zu umgehender Spannungskerben. Wohl wird das Material an den Kerben zu fließen beginnen, jedoch nur örtlich, und da das Material zäh-plastisch ist, wird sich ein neuer stabiler elastisch-plastischer Gleichgewichtszustand einstellen; man spricht auch von einer Selbsthilfe des Materials. In einem solchen Fall wird man zweckmäßigerweise die mechanische Sicherheit auf die *Tragfähigkeit* beziehen, die dann erschöpft sein wird, wenn der ganze Querschnitt vollplastisch geworden ist und die Konstruktion zu fließen beginnt. Eine solche Sicherheit läßt sich nicht mehr nur durch Vergleich von zwei Spannungen an einem bestimmten Punkt ausdrücken, sondern muß sich auf Kräfte beziehen, mit der die Konstruktion beansprucht wird. Man gelangt dann zwangsläufig zu folgender Definition:

Mechanische Sicherheit gegen Bruch

$$S_B = \frac{\text{Bruchlast } F_B}{\text{vorhandene Last } F_v}\,.$$

Die Ermittlung der Bruchlast im speziellen Fall setzt aber eine gründliche theoretische wie praktische Kenntnis des elastisch-plastischen Verhaltens der Konstruktion voraus, trotzdem findet sie unter dem Namen *Gestaltfestigkeit* langsam Eingang in die Konstruktionspraxis. Inwieweit allerdings plastische Anteile der Formänderungen im Hinblick auf die geforderten kleinen Toleranzen elektrischer Maschinen zugelassen werden dürfen, muß im Einzelfall entschieden werden. Durch diese Einschränkung kommt der Sicherheit gegen Bruch keine allgemeine Bedeutung zu. Man kann auf sie verzichten und an der leichter zu handhabenden Sicherheit gegen Fließen festhalten, wenn man das plastische Formänderungsvermögen[1] der Konstruktion und des Werkstoffes als stille Reserve betrachtet. Die Beurteilung der tatsächlichen Sicherheit muß dann allerdings dem „Gefühl" des Konstrukteurs überlassen werden.

Eine dritte Art von Sicherheit ist diejenige gegen das Überschreiten der mechanischen Stabilitätsgrenze der Konstruktion. Sie bezieht sich ebenfalls auf die wirkenden Kräfte und kann folgendermaßen definiert werden:

Mechanische Sicherheit gegen Stabilität

$$S_K = \frac{\text{kritische Last } F_K}{\text{vorhandene Last } F_v}\,.$$

Unter der kritischen Last ist eine Knicklast, Kipplast oder Beullast zu verstehen, je nachdem es sich um das Ausknicken von Stäben, das Kippen von Trägern oder das Ausbeulen von Platten und Schalen handelt. Die kritischen Lasten liegen im allgemeinen weit unter den Bruchlasten und können durch kleine

[1] Als Maß für das Formänderungsvermögen des Werkstoffes kann etwa die Kerbschlagzähigkeit angesehen werden, während für die Prüfung der Schweißbarkeit Falt- und Aufschweißbiegproben üblich sind.

unvermeidbare Exzentrizitäten des Lastangriffs oder geringe Abweichungen von der theoretischen Form stark herabgesetzt werden.

Als Mindestsicherheiten wird man ungefähr folgende Werte ansetzen, wenn nicht andere Vorschriften bestehen:

$$S_S = 1{,}5 \qquad S_B = 2 \qquad S_K = 3.$$

4. Dauerfestigkeit, Zeitfestigkeit und Zeitstandfestigkeit. Handelt es sich nicht um eine statische, d. h. zeitlich konstante, sondern um eine dynamische, d. h. zeitlich veränderliche Beanspruchung mit periodischem Charakter, so nimmt die Festigkeit eines Baustoffes im allgemeinen ab. Man hat für den sich ergebenden

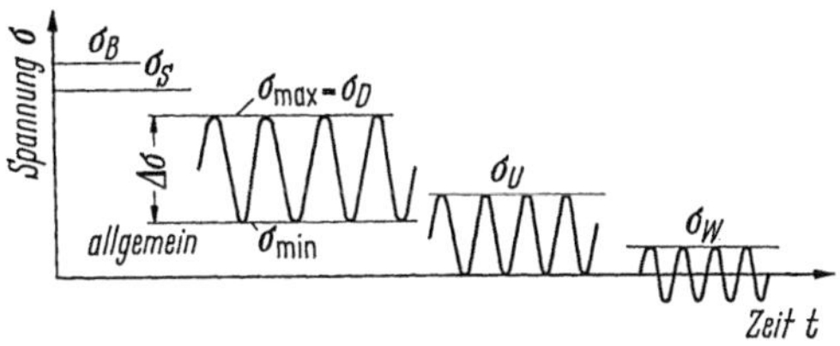

Abb. 407. Dauerfestigkeiten
σ_D Dauerfestigkeit; σ_B statische Festigkeit (Bruchgrenze); σ_S Streckgrenze (Fließgrenze); σ_U Ursprungsfestigkeit (Schwellfestigkeit); σ_W Wechselfestigkeit (Schwingfestigkeit)

kleineren Wert den Begriff der *Dauerfestigkeit* σ_D, auch *Arbeitsfestigkeit* oder *Ermüdungsfestigkeit* geprägt. Die Dauerfestigkeit ist diejenige Spannung (Abb. 407), die bei einem gegebenen Spannungsverhältnis $\sigma_{min}/\sigma_{max}$ beliebig oft ertragen werden kann. Wöhler hat anhand seiner empirisch ermittelten Kurven, welche die Festigkeit in Abhängigkeit der Lastwechsel darstellen (Abb. 408), gezeigt, daß eine Spannung, die einige millionenmal wiederholt wird, beliebig oft ertragen werden kann. Praktisch wird die Dauerfestigkeit meist für 2 bis 4 Millionen Last-

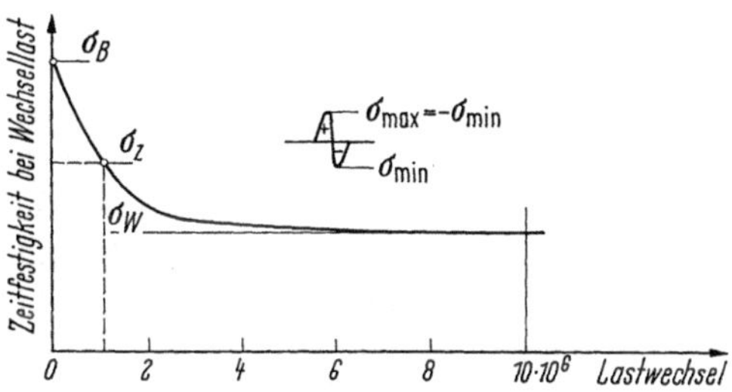

Abb. 408. Wöhlerkurve für Wechselfestigkeit
σ_B Bruchfestigkeit; σ_Z Zeitfestigkeit; σ_W Wechselfestigkeit (Spezialfall der Dauerfestigkeit)

wechsel bestimmt. Der Verlauf der Dauerfestigkeit kann recht übersichtlich in Diagrammen dargestellt werden, wobei besonders zwei Arten gebräuchlich sind. An Abb. 409a ist die obere Grenzspannung über dem Mittelwert und in Abb. 409b über der unteren Grenzspannung aufgetragen. Die beiden Darstellungen sind in ihrer Aussage gleichwertig. Abb. 409a ist etwas anschaulicher, während Abb. 409b für die Auswertung geeigneter erscheint. Meist kennt man aus der Festigkeitsberechnung die Verhältniswerte der Spannungen und findet auf dem entsprechenden Strahl durch den Nullpunkt die gesuchte Dauerfestigkeit. Es lassen sich drei charakteristische Werte unterscheiden:

1. Statische Festigkeit (Bruchgrenze) σ_B, ($\sigma_{max} = \sigma_{min}$).
2. Ursprungs- oder Schwellfestigkeit σ_U, ($\sigma_{min} = O$).
3. Wechsel-Festigkeit σ_W, ($\sigma_{max} = -\sigma_{min}$).

Zur Vermeidung bleibender Formänderungen sind beide Diagramme mit der Streckgrenze σ_S abgeschnitten. σ_B und σ_S sind im einachsigen Zugversuch, σ_U und σ_W im Pulsationsversuch zu bestimmen. Für zähe Metalle gilt annähernd[1]

$$\sigma_B : \sigma_U : \sigma_W = 100:85:50.$$

Unter *Zeitfestigkeit* versteht man die etwas höhere Festigkeit für kleinere Lastwechselzahl als derjenigen, die der Dauerfestigkeit entspricht und zwischen Bruch- und Dauerfestigkeit liegt. Es sind mit anderen Worten die Festigkeiten im abfallenden Teil der Wöhlerkurve, vgl. Abb. 408. Die Angabe der Zeitfestigkeit erfordert stets auch die Angabe der Anzahl Lastwechsel (als Index). Sie gibt bei Beanspruchungen über der Arbeitsfestigkeit somit Aufschluß über die Lebensdauer.

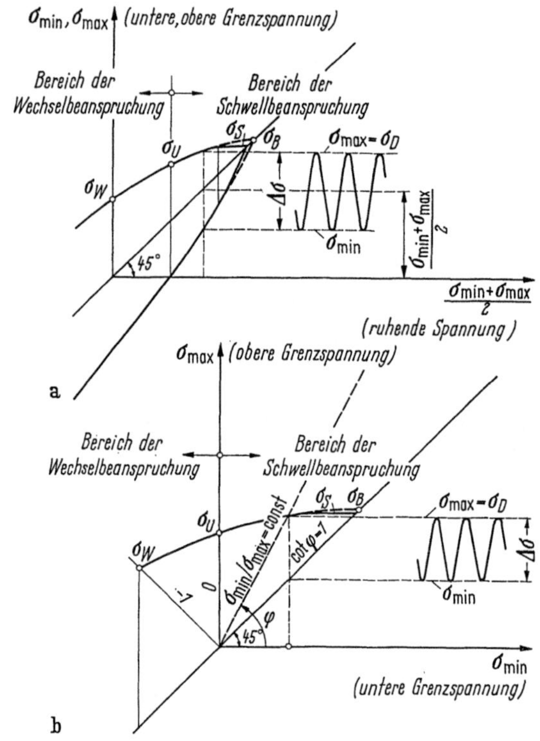

Abb. 409. Darstellung der Dauerfestigkeiten
a Untere und obere Grenzspannung in Funktion des Mittelwertes; b obere Grenzspannung in Funktion der unteren Grenzspannung

Die Beurteilung der mechanischen Sicherheit von Konstruktionen mit vornehmlich oft wiederholten Beanspruchungen hat anhand der Dauerfestigkeit ev. Zeitfestigkeit zu erfolgen. Es sei noch erwähnt, daß Konstruktionen mit vielen Spannungskerben besonders empfindlich sind auf Wechselbeanspruchungen.

Der Begriff der *Zeitstandfestigkeit*[2] — wie er im Thermomaschinenbau schon längst bekannt ist — findet durch die vermehrte Anwendung von Kunststoffen und Kunstharzen im Elektromaschinenbau (Nuten, Keile, Bandagen, Isolationen) immer mehr Eingang in die Konstruktionspraxis. Unter dem Einfluß hoher Temperaturen verlieren die Konstruktionswerkstoffe an Festigkeit, und die Formänderungen nehmen unter konstanter Last zu; das Material kriecht. Der Unterschied zwischen Metallen und Kunststoffen liegt vor allem in der Höhe der Kriechtemperaturen. Bei Stählen handelt es sich um Temperaturen von 400 bis 700 °C, während bei Kunststoffen die untere Grenze schon bei Raum-

[1] Hänchen, R.: Dauerfestigkeitsbilder für Stahl und Gußeisen. Carl Hanser Verlag, München 1963, Betriebsbücher 4.

[2] Früher verwendete man auch den Begriff der Dauerstandfestigkeit und verstand darunter diejenige Spannung, bei der das Kriechen bei einer bestimmten Temperatur gerade noch zum Stehen kommt. Diese Eigenschaft ist nicht bei allen Stählen und bei Kunststoffen erst recht nicht ausgebildet, so daß bei letzteren keine Dauerstandfestigkeit definiert werden kann.

temperatur liegt. Unter Zeitstandfestigkeit versteht man diejenige Spannung, die bei gegebener Temperatur nach einer bestimmten Zeit eine gegebene Kriechdehnung oder den Bruch erzeugt. Es hat sich eingebürgert, die Zeitstandfestigkeit σ_T über die Zeit t in logarithmischen Maßstäben aufzutragen, also in der Form $\log \sigma_T = f\,(\log t)$, und als Parameter die Prüftemperatur und, wenn nötig, die Kriechdehnung anzugeben, vgl. Abb. 410.

5. Kerbwirkung, Formzahl und Kerbwirkungszahl. Maschinenelemente mit plötzlichen Querschnittänderungen oder Kerben (abgesetzte Wellen, Keilnuten, Schmierlöcher, Gewinde) zeigen bei Belastung am Kerbgrund oft sehr hohe Spannungen, sog. *Kerbspannungen*, die bei spröden Werkstoffen wie Grauguß zu vorzeitigem Bruch führen können. Bei zähen Werkstoffen werden solche Spannungsspitzen bei ruhender Belastung ausgereckt, d. h. die örtlich hoch beanspruchten Stellen werden plastisch gedehnt und die Spannungsspitzen dadurch auf Kosten der Umgebung abgebaut. Bei Wechsellast dagegen können lokale Spannungsspitzen auch bei zähem Werkstoff nicht mehr in gleichem Maße abgebaut werden und sind daher schädlich. Im elastischen Bereich sind bei statischer Beanspruchung die Spannungserhöhungen nur von der Form abhängig und können grundsätzlich berechnet oder durch Versuche bestimmt werden. Es ist üblich, die so bestimmten Spannungen in der Weise anzugeben, daß man sie mit einer so einfach wie möglich definierten Vergleichsspannung, der sog. *Nennspannung* σ_n vergleicht. Das Verhältnis der wirklichen Spannung zu dieser Vergleichsspannung wird *Formzahl*, oft auch Kerbfaktor genannt und mit α_k bezeichnet. Zu jeder Formzahl gehört die Angabe der Nennspannung. Es ist also die wirkliche maximale Spannung das Produkt aus Nennspannung und Formzahl

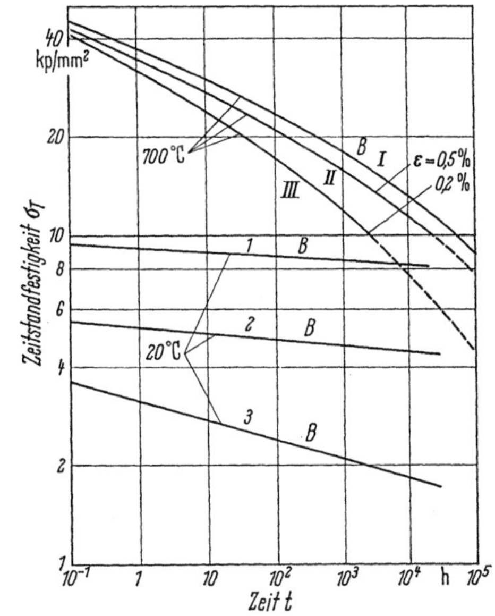

Abb. 410.
Zeitstandfestigkeit von Stahl und Kunststoff
I, II, III Stahl, Super Sirius HT, 700 °C
Kunststoffe, 20 °C { 1 Leguval N 30, 40% Glasfasern; 2 Makrolan; 3 Novodur W }
B Bruch ε Kriechdehnung

$$\sigma_{\max} = \alpha_k \cdot \sigma_n \,(\alpha_k > 1). \tag{135}$$

Verschiedene Belastungsarten wie Zug, Biegung und Torsion ergeben im allgemeinen für eine und dieselbe Form verschiedene Formzahlen. In Abb. 411 sind einige der gebräuchlichsten Formzahlen aus der Hütte[1] aufgeführt. Für weitere Diagramme vergleiche die Spezialliteratur[2].

[1] Hütte, 28. Aufl., Bd. I, S. 962—964.

[2] z. B. Neuber, H.: Kerbspannungslehre. 2. Aufl., Springer 1958.

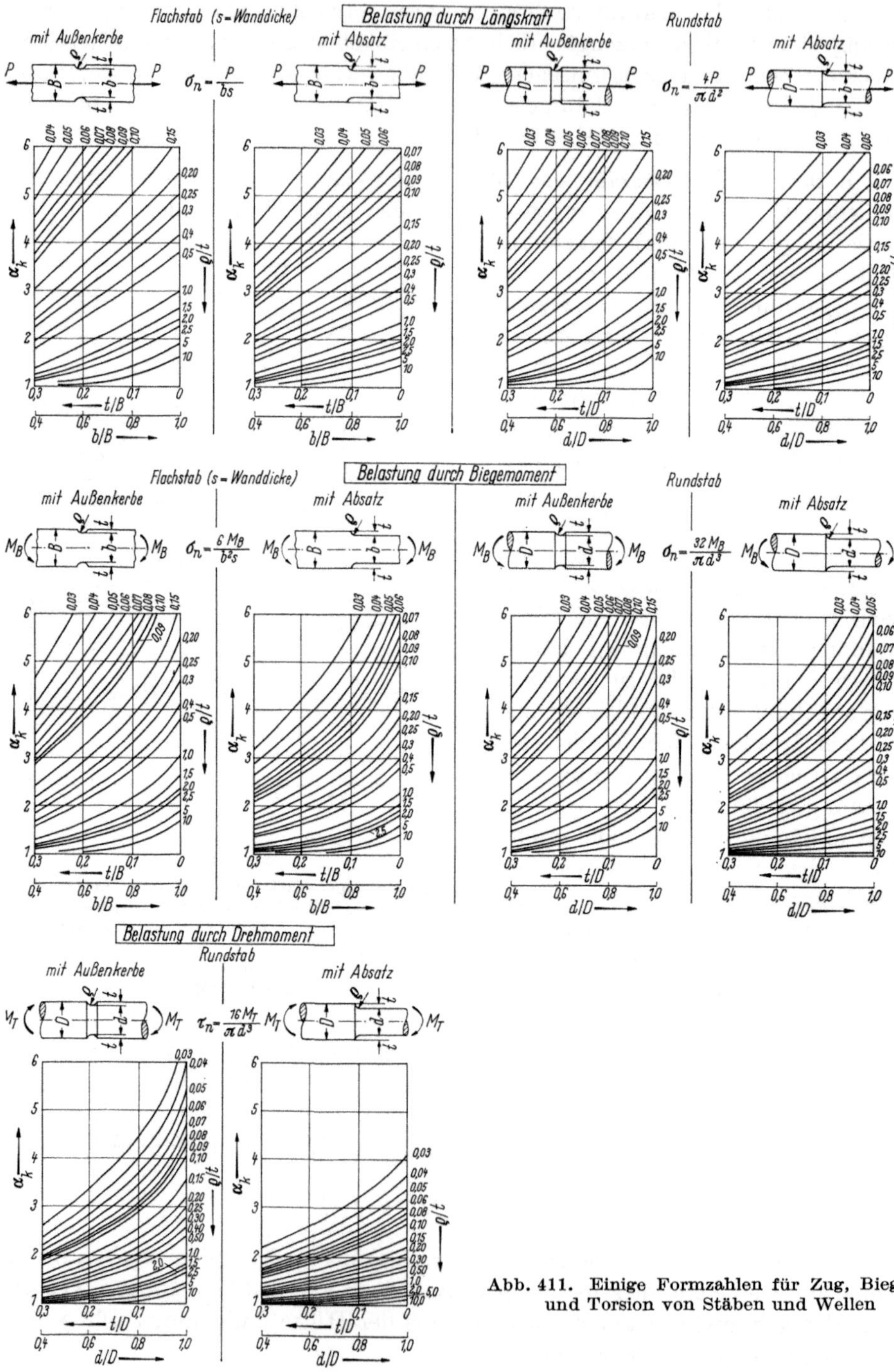

Abb. 411. Einige Formzahlen für Zug, Biegung und Torsion von Stäben und Wellen

Bei *wechselnder Beanspruchung* ist der Einfluß von Kerben auf die Festigkeit nicht gleich wie bei statischer Beanspruchung. Die Erfahrung hat gezeigt, daß die Dauerfestigkeit zäher Werkstoffe nicht so stark zurückgeht, wie der Formzahl entsprechen würde. Man hat als Verhältnis der Wechselfestigkeit des ungekerbten zum gekerbten Stab den Begriff der *Kerbwirkungszahl* β_k geschaffen. Die Wechselfestigkeit eines gekerbten Stabes ist somit

$$(\sigma_W)_k = \sigma_W/\beta_k \;\; (1 < \beta_k < \alpha_k)\,, \tag{136}$$

woraus man die Kerbspannung für Wechsellast

$$\sigma_k = \beta_k \cdot \sigma_n \;\; (\sigma_k \leqq \sigma_W) \tag{137}$$

ableitet. Die Angabe der Kerbwirkungszahl verlangt wie die Formzahl die Angabe der Nennspannung σ_n. Sie ist zudem abhängig von Kerbform, Belastungsart und evtl. Festigkeit des Materials, vgl. Abb. 412, und liegt stets zwischen 1 und α_k.

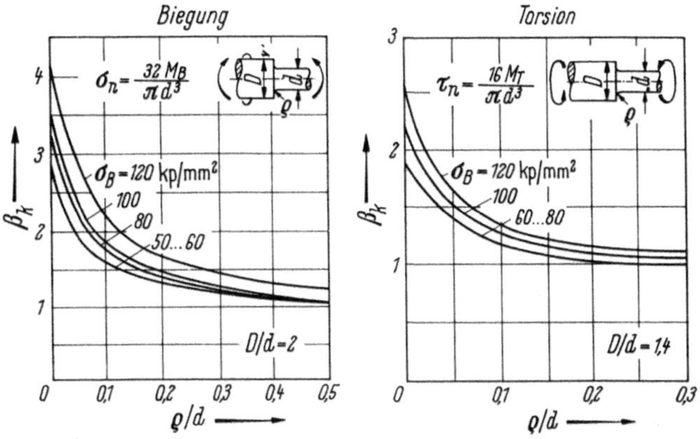

Abb. 412. Kerbwirkungszahlen für Biegung und Torsion einer abgesetzten Welle

Es ist verschiedentlich versucht worden, den Begriff der Kerbwirkungszahl auch auf beliebige Dauerfestigkeiten $\sigma_D = f\,(\sigma_{\max}/\sigma_{\min})$ zu übertragen. Ersetzt man in Zweifelsfällen die Kerbwirkungszahl durch die Formzahl, so befindet man sich festigkeitsmäßig auf der „sicheren Seite".

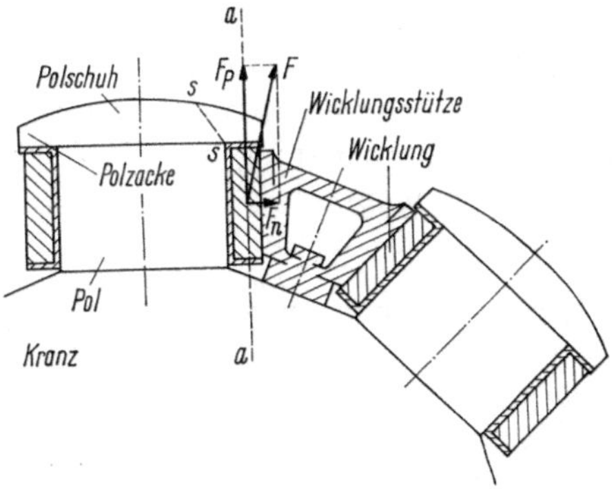

Abb. 413. Wirkung der Fliehkraft auf die Polwicklung bei parallelen Wicklungsflanken

B. Berechnung des Rotors der Synchronmaschine mit Einzelpolen

a) Die Pole und die Wicklung

Die *Pole* als solche werden einzig durch Eigenfliehkräfte und im allgemeinen nur schwach beansprucht. Hingegen sind die *Polschuhenden* oder Polzacken (Abb. 413), die außerdem noch die Wicklung tragen, stärker beansprucht. Die Berechnung kann im Sinne eines einseitig eingespannten Kragträgers mit dem „gefährlichen" Schnitt $s - s$ erfolgen, analog derjenigen für die Klauenbefestigung (s. S. 427ff.).

Die *Wicklung* erleidet durch die seitliche Komponente F_n der Eigenfliehkraft F (Abb. 413) eine Biegebeanspruchung um ihre „schwächere“ Achse $a - a$, entsprechend Abb. 414. Die Polwicklungsstützen II entlasten dabei die Wicklung I wesentlich. Das System kann als feldweise belasteter Träger über mehreren Stützen mit einer „Einspannung“ am Ende, die keine Querkraft übertragen kann, Abb. 414b, aufgefaßt werden und ist somit mehrfach statisch unbestimmt. Die

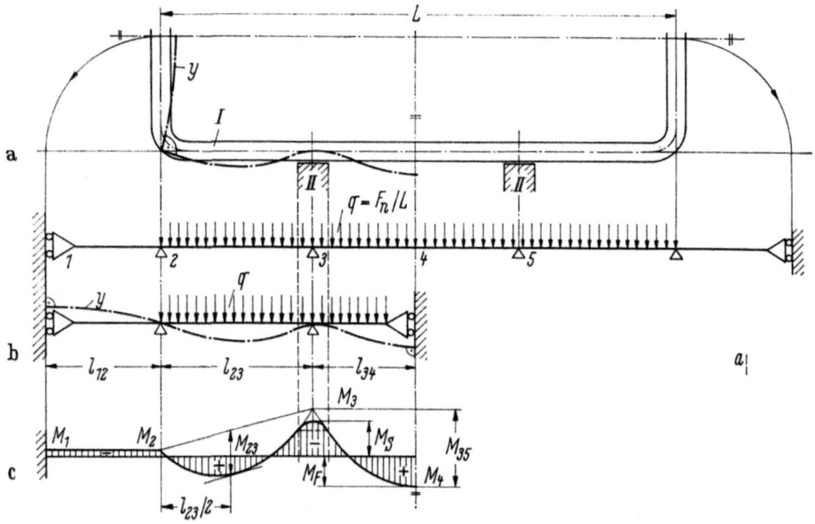

Abb. 414. Biegebeanspruchung der Wicklung durch die seitliche Fliehkraftkomponente
a *I* **Wicklung,** *II* **Polwicklungsstützen; b System, y-Biegelinie; c Biegemomentenfläche,** M_F **Feldmoment,** M_S **Stützenmoment**

Berechnung der Biegemomente, Abb. 414c, kann grundsätzlich mit Hilfe einer Dreimomentengleichung (s. S. 497) erfolgen, wobei mit Vorteil Symmetrie-Eigenschaften ausgenützt werden, um die Anzahl der statisch unbestimmten Stützenmomente herabzusetzen. Die Randbedingung am Ende erfordert eine Korrektur der Dreimomentengleichung, da letztere nur für frei drehbare Lager gilt. Die statisch unbestimmten Stützenmomente für einen Endstrang bzw. Normalstrang sind aus den folgenden Momentengleichungen zu entnehmen:

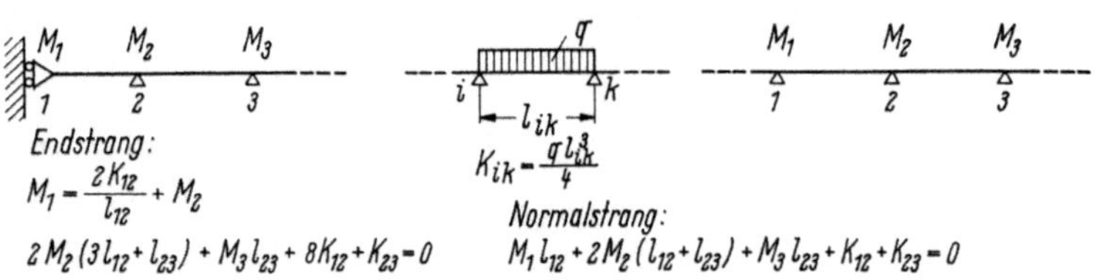

Der Abstand der Stützen ist zwecks bester Materialausnützung vorteilhaft so zu wählen, daß Stützen- und Feldmomente annähernd gleich groß werden. Bei der beschriebenen Berechnungsweise wird die durch die Belastung F_P (Abb. 413) entstehende Reibungskomponente, welche F_n entgegenwirkt vernachlässigt, der Isolation zwischen Polschuh und Wicklung also eine schmierende Eigenschaft zugeordnet.

Beispiel:
gegeben: System der Abb. 414 mit

$$l_{12} = 2l;\ l_{23} = 3l;\ l_{34} = 2l$$

gesucht: Biegemomentfläche der Wicklung
a) Statisch bestimmte Feldmomente

$$M_{23} = q\,\frac{l_{23}^2}{8} = +\,1{,}125\,ql^2$$

$$M_{35} = q\,\frac{l_{35}^2}{8} = +\,2{,}0\,ql^2$$

b) Statisch unbestimmte Stützenmomente
Belastungsglieder

$$K_{12} = 0;\quad K_{23} = q\,\frac{l_{23}^3}{4} = \frac{27}{4}\,ql^3;\quad K_{34} = q\,\frac{l_{34}^3}{4} = 2\,ql^3$$

Momentengleichung für Endstrang links bzw. rechts (Mittelstrang entfällt)

$$\left\{\begin{array}{ll} 2M_2(3l_{12} + l_{23}) + M_3 l_{23} + 8K_{12} + K_{23} = 0; & M_1 = M_2 \\ 2M_3(3l_{34} + l_{23}) + M_2 l_{23} + 8K_{34} + K_{32} = 0; & M_4 = \dfrac{2K_{34}}{l_{34}} + M_3 \end{array}\right.$$

$$\left\{\begin{array}{ll} 72M_2 + 12M_3 = -\,27ql^2; & M_1 = M_2 \\ 12M_2 + 72M_3 = -\,91ql^2; & M_4 = 2ql^2 + M_3 \end{array}\right.$$

Die Auflösung der zwei Gleichungen mit den zwei Unbekannten M_2, M_3 liefert

$\underline{M_2 = M_1 = -\,0{,}169ql^2;\quad M_3 = -\,1{,}235ql^2;\quad M_4 = +\,0{,}765ql^2}$ (vgl. Abb. 414c).

b) Die Polbefestigung. 1. Schrauben. Bei Schraubenverbindungen ist streng darauf zu achten, daß die Schrauben nur auf Zug, nicht aber auf Biegung beansprucht werden. Dies gilt insbesondere für Befestigungen mit nur einer Schraube oder Schraubenreihe in Umfangsrichtung, Abb. 362a, c, d.

Für die Berechnung der Spannungen ist der (tragende) Kernquerschnitt maßgebend. Um ein Klaffen, d. h. ein Abheben im Betrieb möglichst zu vermeiden, werden die Schrauben vorgespannt. Die Beanspruchung bei Nenndrehzahl braucht dann nicht notwendigerweise größer zu sein als ohne Vorspannung, entgegen der noch immer anzutreffenden Auffassung, daß sich zur Beanspruchung durch die Fliehkraft diejenige der Vorspannung addiere. Die Verhältnisse sind in Abb. 415 schematisch dargestellt. Schraube S und Pol P werden als elastische Federn vorausgesetzt. Durch das Vorspannen verlängert sich die Schraube entsprechend ihrer Elastizität um den Betrag $\overline{AB}$ und der Pol verkürzt sich um den Betrag $\overline{CB}$[1]. Die Schraube wird dabei schon im Stillstand auf Zug, der Pol auf Druck beansprucht. Die Kräfte sind innerhalb der Elastizitätsgrenze stets den Dehnungen proportional. Mit zunehmender Drehzahl nimmt die gemeinsame radiale Verschiebung von Pol und Schraube zufolge der Fliehkraft immer stärker zu, während die gegenseitige Pressung oder Schrumpfkraft zwischen Pol und Schraube abnimmt. Es wird die Kurve BK durchlaufen. Bei K ist keine gegenseitige Beeinflussung mehr vorhanden. Wird die Drehzahl noch mehr gesteigert, so trennen sich Schraube und

[1] Die Zusammendrückung des Poles $\overline{CB}$ wird im allgemeinen gegenüber der Dehnung $\overline{AB}$ der Schraube vernachlässigbar sein. Mit Rücksicht auf andere Schrumpfverbindungen soll hier das Prinzip erläutert werden. Der Grenzfall $\overline{CB} \to 0$ (Dehnschraube) ist als Spezialfall im vorliegenden inbegriffen.

Pol. Es entsteht ein Spiel, ein Luftspalt zwischen beiden; man spricht von einem Klaffen der Verbindung. Die Schraube „läuft" dem Pol davon. Die K zugeordnete Drehzahl n_K nennt man Abhebedrehzahl.

Würden sich Schraube und Pol unter dem Einfluß der Fliehkraft unabhängig voneinander dehnen können, so würden sich die Dehnungen von Schraube und Pol unterscheiden. Die Schraube würde sich infolge des daran hängenden Pol-

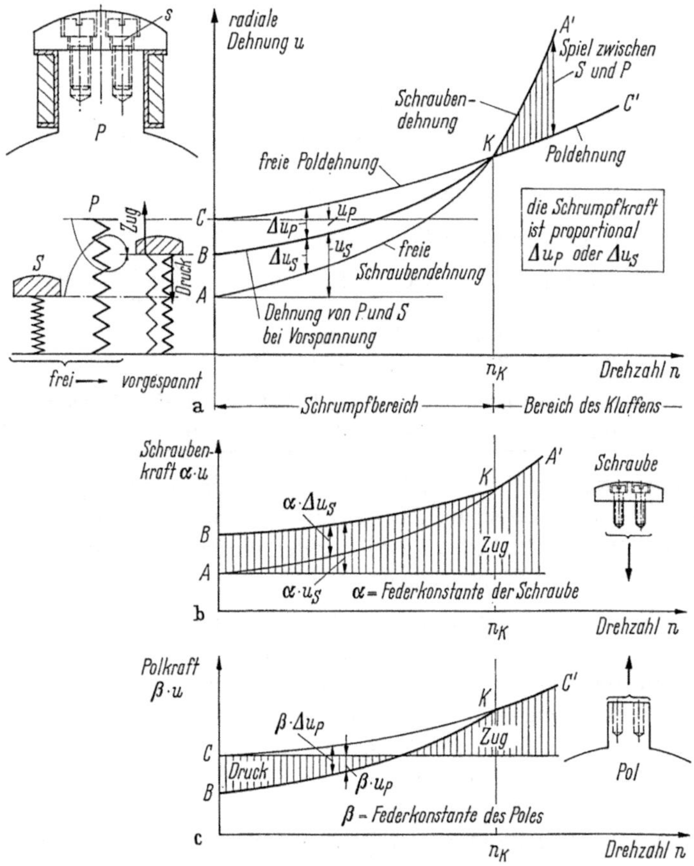

Abb. 415. Verhältnisse bei Vorspannungs- oder Schrumpfvorgängen an rotierenden Maschinen am Beispiel der Schraubenverbindung zwischen Pol und Polschuh

a Dehnungen in Funktion der Drehzahl; b Schraubenzug in Funktion der Drehzahl; c Polkraft (Zug oder Druck) in Funktion der Drehzahl

schuhes inklusive Wicklung stärker dehnen als der Pol, wodurch bei verschiedenen Ausgangspunkten A und C von Schraube und Pol eine Überschneidung der Dehnkurven entstehen würde, vergleiche die quadratischen Parabeln AKA' für die Schraube und CKC' für den Pol. Im Schnittpunkt K wäre für Schraube und Pol die Dehnung die gleiche. Der Punkt K wird nun auch bei der Schrumpfverbindung erreicht und bedeutet das Ende des Schrumpfbereiches. Bei der Abhebedrehzahl sind folglich Dehnung und Beanspruchung gleich groß, wie wenn nicht vorgespannt wäre. Der einzige Unterschied besteht darin, daß der Luftspalt um den Betrag der Montagedehnung $\overline{AC}$, dem sog. Schrumpfmaß, kleiner wird als ohne Vorspannung.

Die Beanspruchung von Schraube und Pol in Funktion der Drehzahl bis zum Eintritt des Klaffens kann anhand der Kurve BK in Abb. 415b und c ersehen werden. Man erkennt, daß im Falle der Schraube eine entsprechend $\Delta u_S(n)$ größere Zugkraft einwirkt, als wenn nicht vorgespannt würde. Weil $\Delta u_S(n)$ mit zunehmender Drehzahl abnimmt und bei n_K verschwindet, ist beim Eintritt des Klaffens kein Unterschied im Schraubenzug mehr festzustellen. Die totale Beanspruchung der Schraube ist der totalen radialen Dehnung u_S proportional und in Abb. 415b dargestellt. Im Falle des Poles wird eine entsprechend $\Delta u_P(n)$ große Druckkraft durch das Schrumpfen aufgebracht, die langsam bis zur Abhebedrehzahl auf Null abfällt. Die totale Beanspruchung des Poles ist proportional der totalen radialen Dehnung u_P und in Abb. 415c herausgezeichnet. Die gegenseitige Pressung der Schrumpfkraft ist proportional Δu_P oder Δu_S. Man wird aus dem beschriebenen Verhalten schließen, daß ein *vernünftiges Vorspannen* der Schrauben das *Klaffen*, welches durch ungleiche Dehnung infolge der Fliehkräfte entsteht, sogar *verhindern*, sicher aber *herabsetzen* wird, und dies, was besonders betont werden muß, ohne Vergrößerung der maximalen Schraubenbeanspruchung. Darin liegt der große Vorteil der Vorspannung an rotierenden Objekten. Die Verhältnisse gelten übrigens ganz allgemein für alle Schrumpfvorgänge an rotierenden Maschinen, wo Fliehkräfte wirken, wie beispielsweise für geteilte Pol- und Schwungräder, Kappen an Turbogeneratoren oder Bandagen und Kommutatoren bei Gleichstrommaschinen.

2. Klauen und Keile. Eine einfache, zweckmäßige und vielverbreitete Befestigungsart[1], die allerdings genaueste Bearbeitung voraussetzt, ist die *Schwalbenschwanz-* und *Hammerkopfbefestigung* (Abb. 367 und Abb. 416). In neuerer Zeit wird der Hammerkopf wegen seiner geringeren Verschiebung in Kraftrichtung gern vorgezogen. Die Berechnung der Beanspruchung in Klauen kann elementar erfolgen, indem erstens unter Annahme eines starren Körpers alle Kräfte links eines interessierenden Schnittes auf dessen Querschnittsschwerpunkt reduziert werden und zweitens mit den Voraussetzungen der klassischen Balkenbiegetheorie (Ebenbleiben der Querschnitte) die Spannungen unter Annahme eines elastischen Körpers an der Schnittebene bestimmt werden. Man kann deshalb unter diesen sehr weitgehenden Voraussetzungen mit dieser Schnittmethode keine große Genauigkeit und Differenzierung der Resultate erwarten. Es kann sich nur um Richt- und Vergleichswerte handeln. Genauere Resultate sind nur über die verfeinerten Methoden oder den Versuch zugänglich.

α) *Maßgebende Vergleichsspannung am Schwalbenschwanz und Hammerkopf.* Die auf die Klaue wirkende Belastung Z (Abb. 416) setzt sich bei rotierenden Maschinen aus der Eigenfliehkraft der Klaue und der Fremdlast — z. B. der Fliehkraft des Poles — zusammen. Bei den üblichen Ausbildungsformen ist die Halsbreite b größer oder gleich der maßgebenden Höhe h_1 der Klaue[2] und die Länge c der tragenden Flanke größer oder gleich $0{,}4\,h_1$. Die maßgebende Vergleichsspannung σ_v tritt dann in einem Schnitt $s - s$ auf, der von der Einschnürung ausgeht

[1] Andere Befestigungsarten vgl. Abb. 367, S. 370.

[2] Für $b < 2h_1$, vgl. Abschnitt γ.

und mit dem Klauenfuß einen Winkel β bildet. Zur Berechnung von σ_v ist die Belastung Z in die beiden gleich großen Reaktionen Z_n zu zerlegen. Z_n ist die einzige Kraft links vom Schnitt $s - s$ (Abb. 416 und 417 a). Reduziert auf den Schwer-

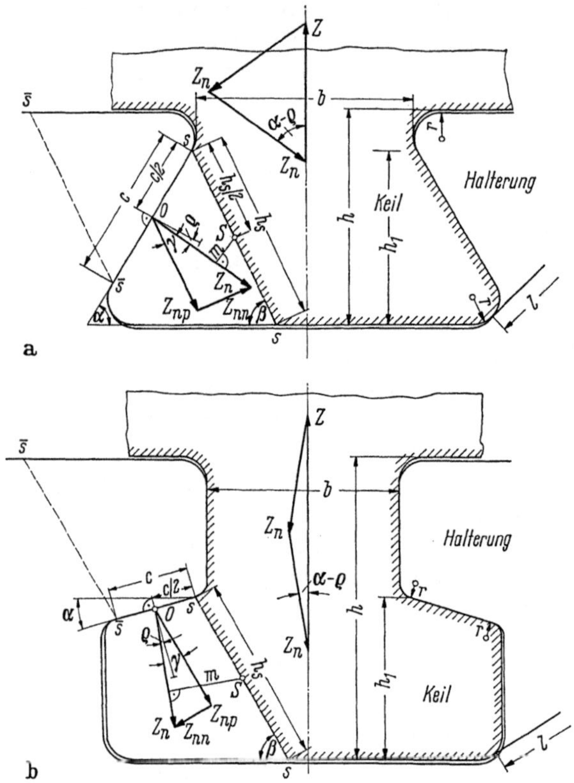

Abb. 416. Maßgebende Größen zur Klauenberechnung
a Schwalbenschwanzklaue; b Hammerkopfklaue

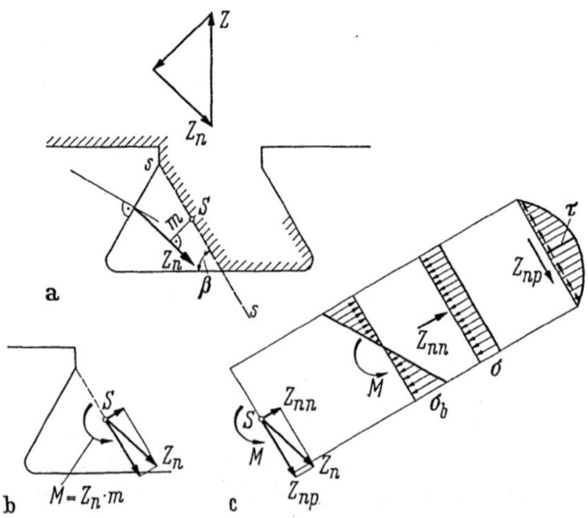

Abb. 417. Schnittmethode beim Schwalbenschwanz

punkt S des Schnittes entsteht zusätzlich das Biegemoment $M = Z_n m$ (Abb. 417 b). Z_n kann in die Komponenten Z_{nn} und Z_{np} zerlegt werden. M und Z_{nn} erzeugen Normal-, Z_{np} dagegen Schubspannungen. Ihr Verlauf über den Querschnitt ist aus Abb. 417c ersichtlich. Aus den Teilspannungen kann eine Vergleichsspannung gebildet werden. Die Bestimmung der 3 Schnittgrößen M, Z_{nn} und Z_{np} kann *graphisch* erfolgen, wobei der Neigungswinkel β des Schnittes $s - s$ variiert wird, um den maßgebenden Schnitt mit der größten Vergleichsspannung zu finden. Der besseren Vergleichsmöglichkeiten wegen sind im folgenden die Formeln einer *analytischen* Behandlung aufgeführt. Ihre Ableitung ist elementar:

gegeben sind:

Z Belastung der Klaue
Z_S Belastung an der Fließgrenze
Z_B Belastung beim Bruch
β Schnittwinkel
α Keilwinkel (Anzug)
ϱ Reibungswinkel (Reibungskoeffizient $\mu = \operatorname{tg}\varrho$)
h_1 Wirkhöhe der Klaue
h Klauenhöhe (steht durch eine geometrische Beziehung in direktem Zusammenhang mit h_1)
r Rundungsradius
l Klauenlänge
l_s Länge des Schnittes $s - s$
b Halsbreite der Klaue ($h_1 \leqq b < 2h_1$)
c Länge der tragenden Flanke ($c \leqq 0{,}4 h_1$)[1]
σ_S Fließ- oder Streckgrenze
σ_B Zug- oder Bruchfestigkeit
δ_5 Dehnung eines Probestabes mit dem Durchmesserlängenverhältnis 1:5

gesucht wird:

σ_b Biegerandspannung
σ Normalspannung
τ Schubspannung in Schnittmitte
σ_v max. Vergleichsspannung im Querschnitt (es genügt dabei Rand- und Mittelfaser zu untersuchen, also σ_{vR} und σ_{vM} zu berechnen)

Es ist aus Gleichgewichts- und geometrischen Gründen

$$Z_n = Z \cdot \frac{1}{2\cos(\alpha - \varrho)} \tag{138a}$$

$$Z_{nn} = Z_n \cdot \sin\gamma = -Z_n \cdot \cos(\alpha + \beta - \varrho) \tag{138b}$$

$$Z_{np} = Z_n \cdot \cos\gamma = Z_n \cdot \sin(\alpha + \beta - \varrho) \tag{138c}$$

$$\gamma = \alpha + \beta - \varrho - \frac{\pi}{2} \tag{138d}$$

$$h_s = \frac{h_1}{\sin\beta} \tag{138e}$$

nach den Formeln der Balkenstatik wird

$$\sigma = \frac{Z_{nn}}{A} \qquad A = l \cdot h_s \qquad M = Z_n \cdot m \tag{139}$$

$$\tau = \frac{3 \cdot Z_{np}}{2A} \qquad W = l h_s^2/6 \tag{140}$$

$$\sigma_b = \frac{M}{W} \qquad m = \frac{c}{2} \cdot \cos\varrho - \frac{h_1 \cdot \sin\gamma}{2 \cdot \sin\beta} = \frac{c}{2} \cdot \cos\varrho + \frac{h_1 \cos(\alpha + \beta - \varrho)}{2 \cdot \sin\beta} \tag{141}$$

[1] Das Verhältnis c/h_1 soll für normale Hammerkopfklauen nicht kleiner als 0,4 gewählt werden, da sonst die örtliche Druckspannung an der Flanke zu groß wird.

Für den symmetrischen Schwalbenschwanz und Hammerkopf (Schnitt $s - s \triangleq \bar{s} - \bar{s}$) gilt allgemein

$$\frac{h}{h_1} = 2 - \frac{c}{h_1} \cdot \sin\alpha. \tag{142}$$

Für den Schwalbenschwanz gilt mit $r = h/8$ speziell

$$c = \frac{h}{\sin\alpha}\left[1 - \frac{1}{4}(1 + \cos\alpha)\right] \text{ in (142) eingesetzt:} \tag{143}$$

$$h_1 = h\left[1 - \frac{1}{8}(1 + \cos\alpha)\right] \tag{144}$$

und somit

$$\frac{c}{h_1} = \frac{1 - \frac{1}{4}(1 + \cos\alpha)}{\sin\alpha\left[1 - \frac{1}{8}(1 + \cos\alpha)\right]}. \tag{145}$$

Die Vergleichsspannungen ergeben nach der GE-Hypothese

$\sigma_{vR} = |\sigma| + |\sigma_b|$ für die maßgebende Randfaser und nach (133a)

$\sigma_{vM} = \sqrt{\sigma^2 + 3\tau^2}$ für die Mittelfaser. (146)

Für die Spannungen lassen sich bei gegebenen Formen und Schnitten geschlossene Formeln angeben. So entsteht z. B. für einen 60°-Schwalbenschwanz und einen 15°-Hammerkopf folgende Gegenüberstellung:

Gegenüberstellung der Spannungswerte für eine 60° Schwalbenschwanz- und 15° Hammerkopfklaue

Symmetrische Klauen		Schwalbenschwanz	Hammerkopf	
gegeben:	α	60°	15°	
gewählt:	β	65°	50°	90°
angenommen:	ϱ	6°	6°	
	r/h	0,125	—	
	c/h_1	—	0,5	
Berechnet nach den aufgeführten Formeln der Schnittmethode:	h_1/h	0,813	0,535	
	c/h_1	0,888	—	
$\sigma = k_{1n}\, Z/lh_1$	k_{1n}	0,37	0,20	0,08
$\tau = k_{1s}\, Z/lh_1$	k_{1s}	1,01	(0,51)	0,75
$\sigma_b = k_{1b}\, Z/lh_1$	k_{1b}	0,74	1,04	(0,52)
$\sigma_{vR} = k_{1R}\, Z/lh_1$	k_{1R}	1,11	1,24	(0,60)
$= k_R\, Z/lh$	k_R	1,37	2,33	(1,11)
$\sigma_{vM} = k_{1M}\, Z/lh_1$	k_{1M}	*1,79*	(0,90)	*1,30*
$= k_M\, Z/lh$	k_M	*2,20*	(1,68)	*2,43*

(Die Werte in runden Klammern sind nicht maßgebend und nur zum Vergleich aufgeführt.)

Die Schnittebenen β sind absichtlich so gewählt worden, daß die Vergleichsspannungen ein Maximum annehmen, somit maßgebend sind. Die maßgebende Lage kann entweder durch Probieren, indem man mehrere Schnitte legt und die Spannungen berechnet, oder aber anylatisch aus den vorstehenden Formeln mittels Extremalrechnung bestimmt werden. Beim Schwalbenschwanz ist wegen der relativ kleinen Biegerandspannung nur die Vergleichsspannung σ_{vM} in der Schnittmitte von Bedeutung, während beim Hammerkopf die Vergleichsspannung σ_{vR} (am Rand) und σ_{vM} (in der Mitte) annähernd die gleiche Größe erreichen. Die Maxima von σ_{vR} und σ_{vM} fallen beim Schwalbenschwanz in die gleiche Ebene ($\beta = 65°$), beim Hammerkopf in zwei verschiedene Ebenen ($\beta = 50°$, bzw. $\beta = 90°$). Bei den hier gewählten Verhältnissen wird am Hammerkopf die Mittelfaser maßgebend, also die Kombination aus Normal- und Schubspannung wie beim Schwalbenschwanz. Daß diese Verhältnisse trotz der elementaren Berechnungsmethode tatsächlich zutreffen, zeigen die Abb. 418a und b. Erstere zeigt an einem 60°-Schwalbenschwanz den gefährdeten Schnitt unter 65° durch Reiß-

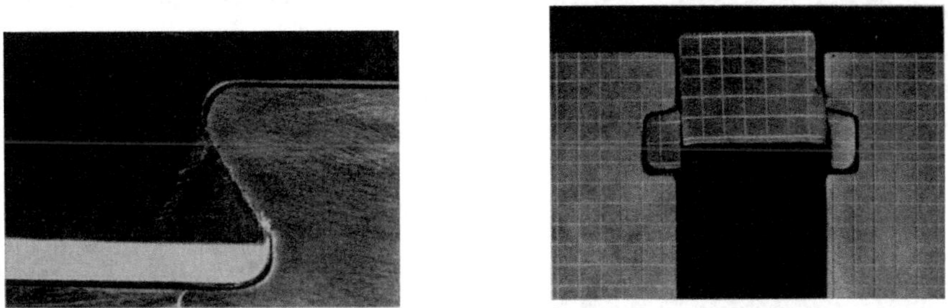

a b

Abb. 418. Gefährdeter Schnitt
a einer 60°-Schwalbenschwanzklaue durch Reißlacklinien sichtbar gemacht; b eines 15°-Hammerkopfes

lacklinien sichtbar gemacht, während letztere einen 15°-Hammerkopf nach dem Bruch darstellt. Die Bruchflächen stehen unter dem Winkel $\beta = 90°$ in Übereinstimmung mit der Theorie.

Man erkennt ferner, daß die maßgebende Vergleichsspannung für den Schnitt $s - s$ im Keil sich durch die Formeln

$$\underline{\sigma_v = k_1 \frac{Z}{l h_1}} \qquad \text{und} \qquad \underline{\sigma_v = k \frac{Z}{l h}} \tag{147, 148}$$

darstellen lassen, wobei k_1 und k die Bedeutung von dimensionslosen Formfaktoren annehmen. k_1 ist neben dem Reibungswinkel ϱ nur abhängig vom Keilwinkel α, während k noch zusätzlich vom Verhältnis h_1/h abhängt. Die zweite Form ist zweckmäßig für den Vergleich verschiedener Keilformen gleicher Höhe h. Für übliche Klauenformen mit der Halsbreite, welche die Bedingung $h_1 \leqq b < 2h_1$ erfüllt, ist die Vergleichsspannung unabhängig von der Halsbreite. Erst bei sehr schlanken Hälsen übertrifft die *Zugspannung im Hals* des Keiles

$$\sigma = \frac{Z}{l b} \tag{149}$$

die Vergleichsspannung σ_v im Schnitt $s - s$. Um die Kerbwirkung am Rand des Halses auf ein möglichst erträgliches Maß herunterzubringen, sind genügend große Rundungsradien vorzusehen.

Vom Nachweis der *Flankenpressung* kann im allgemeinen auch beim Hammerkopf abgesehen werden, wenn $c \geqq 0{,}4\, h_1$ gewählt wird. Ist diese Bedingung nicht erfüllt, so muß die Flankenpressung

$$\sigma = \frac{Z_n \cdot \cos \varrho}{l c} = \frac{Z}{l c} \, \frac{\cos \varrho}{2 \cos(\alpha - \varrho)} \tag{150}$$

nachgewiesen werden.

Die Gegenüberstellung der maßgebenden Vergleichsspannungen läßt den 60°-Schwalbenschwanz gegenüber dem 15°-Hammerkopf gleicher Höhe im rein elastischen Bereich festigkeitsmäßig etwas günstiger erscheinen. Ein Vergleich mit dem 70°-Schwalbenschwanz (gleiches Verhältnis h_1/h vorausgesetzt) würde jedoch ein umgekehrtes Ergebnis zeigen. Die Unterschiede sind in Anbetracht der gemachten Voraussetzungen für die Berechnung als unbedeutend zu werten. Man wird daher im Rahmen dieser elementaren Theorie kaum einen Unterschied in der Festigkeit von Schwalbenschwanz und Hammerkopf gleicher Höhe feststellen, solange man sich im elastischen Bereich befindet. Selbstverständlich ist es möglich, durch verfeinerte Methoden wie Übergang auf ebene Koordinaten der Elastizitätstheorie, photoelastische Untersuchungen usw. einen tieferen Einblick in die tatsächliche Spannungsverteilung an Klauen zu gewinnen[1]. Nicht unerwähnt bleiben darf der Umstand, daß die Größe des effektiven Reibungswinkels, d. h. die Art der Kräftewirkung zwischen Klaue und Halterung kaum durch theoretische Überlegungen gefunden werden kann, so daß dem Experiment diesbezüglich eine besondere Bedeutung zukommt[2].

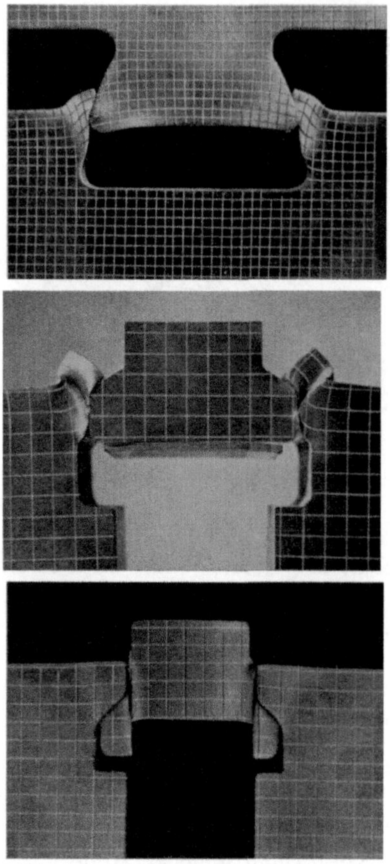
a b c

Abb. 419. Zerstörungsbilder von Klauen
a Keil und Halterung aus gleichem Material; b Keil aus besserem Material; c Keil aus schlechterem Material

β) Versuche an Klauen. Die Belastung Z wurde bis Z_B, d. h. bis zum „Bruch", also dem Versagen der Konstruktion durch Herausgleiten der Klauen gesteigert (Abb. 419). Gleichzeitig wurde die Deformation gemessen. Das so ermittelte Kraft-Verformungsdiagramm zeigte besonders beim Schwalbenschwanz erstaunlicherweise eine ausgesprochene Fließgrenze, ganz analog dem Spannungs-Dehnungsdiagramm des Grundmaterials im Zugversuch. Die rechnerische Vergleichsspannung an der Streckgrenze kann daher

[1] Coker, E. G.: Photo-elasticity. Journal of the Franklin Institute, 199 (1925) 3, S. 289–331.
Schmalz, H.: Spannungsermittlung in Rotoren mit ausgeprägten Polen. Elektrotechnik und Maschinenbau, 45 (1927) 16, S. 313–317.

[2] Zschokke, H.: Das Verhalten einer Polbefestigung bei Überbeanspruchungen. Brown Boveri Mitteilungen, 32 (1945) 6, S. 195–206.
Haimann, G.: Bestimmung der Reibungskräfte bei Keilflächen durch ausgeführte Versuche. ETZ 45 (1924) 36, S. 955–956.
Jäger, E.: Eine neue Rundlochklauen-Polbefestigung für schnellaufende Synchrongeneratoren mit ausgeprägten Polen. Bulletin Oerlikon, (1934) S. 161–162.

Tabelle 60. *Vergleich von Messung und Theorie bei Klauen*

Belastung und Form		Material						Messung								Theorie				Abweichung
		Halterung			Keil			gegeben						berechnet						
$\varrho = 6°$ ($\mu = 0{,}1$)	α	σ_S Mp/cm²	σ_B Mp/cm²	δ_5 %	σ_S Mp/cm²	σ_B Mp/cm²	δ_5 %	h cm	h_1 cm	h_1/h 1	Z_S/l Mp/cm	Z_B/l Mp/cm	Z/l [1] Mp/cm	k_1 [2] 1	k [3] 1	k_1 [2] 1	k [3] 1	β		[4] %
1. Versuchsreihe 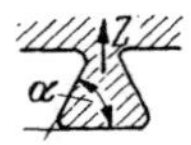 Versagen der Halterung		Stg 50.97			Stg 50.97															
	70°	2,86 (55%)	5,21 (100%)	22,9	2,86 (55%)	5,21 (100%)	22,9	8,73	7,50	0,859	11,0 (57%)	19,2 (100%)	—	1,95	2,27	2,18	2,54	58°		−11
2. Versuchsreihe 		Stg 560 TS			MS 58 Al															
	70°								2,30	0,822	6,78 (69%)	9,78 (100%)	2,60	1,90	2,32	2,18	2,65	58°		−12
	45°								1,67	0,598	6,77 (63%)	10,75 (100%)	5,00	1,38	2,32	1,50	2,51	70°		− 8
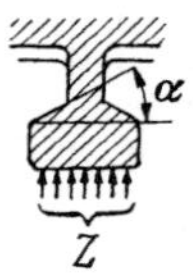	30°	5,97 (81%)	7,38 (100%)	19,7	5,62 (66%)	8,50 (100%)	14,0	2,80	1,56	0,558	6,00 (58%)	10,25 (100%)	4,47	1,43	2,62	1,38	2,47	82°	$c/h_1 = 0{,}5$	+ 6!
	10°								1,45	0,518	5,56 (64%)	8,67 (100%)	5,70	1,46	2,83	1,30	2,50	90°		+13!
Versagen des Keiles	0°								1,40	0,50	5,56 (64%)	8,70 (100%)	5,60	1,41	2,82	1,30	2,60	90°		+ 8!

[1] bei 0,55 mm Verschiebung

[2] $k_1 = \dfrac{\sigma_S}{Z_S/l h_1}$

[3] $k = \dfrac{\sigma_S}{Z_S/l h}$

[4] Abweichung der Messung von der Theorie.

direkt mit der Streckgrenze σ_S des Grundmaterials verglichen werden. Einige Resultate sind in Tab. 60 wiedergegeben. Bei der ersten Versuchsreihe am Schwalbenschwanz war die Halterung und der Keil aus demselben Material. Das Versagen erfolgte durch Herausgleiten des Keiles aus der Halterung ohne Bruch. Bei der zweiten Versuchsreihe am Schwalbenschwanz und Hammerkopf war das Material der Halterung etwas besser als das des Keiles. Das Versagen ist primär auf den Keil zurückzuführen.

Theoretische und gemessene Werte auf gleiche Klauenhöhe bezogen, überschneiden sich zwischen $\alpha = 30°$ und $\alpha = 45°$. Bei hohen α-Werten, also gegen die Schwalbenschwanzseite hin, ergibt die Schnittmethode zu große Werte; man befindet sich also auf der „sicheren Seite". Bei niederen α-Werten, also flachen Hammerköpfen, ergibt die Theorie zu kleine Werte; man befindet sich damit auf der „unsicheren Seite". Der Unterschied macht im vorliegenden Versuch bis 13% aus. Man beachte jedoch, daß die Reserve bis zum Versagen der Konstruktion mindestens gleich groß ist wie diejenige des Grundmaterials (im vorliegenden Versuch $\sigma_S = 55$ bis $66\%\ \sigma_B$, Reserve 33%), so daß noch keine Havarie zu befürchten ist, wenn von den theoretischen Werten ausgegangen wird.

Bezüglich der Dehnung ist zu sagen, daß sich Schwalbenschwänze bei gleicher Last doppelt so stark dehnen wie Hammerköpfe gleicher Höhe, vergleiche die Werte Z/l bei gleicher Dehnung in Tab. 60, was für das gute Einpassen in die Halterung wohl ein Vorteil, im übrigen aber nur nachteilig sein kann.

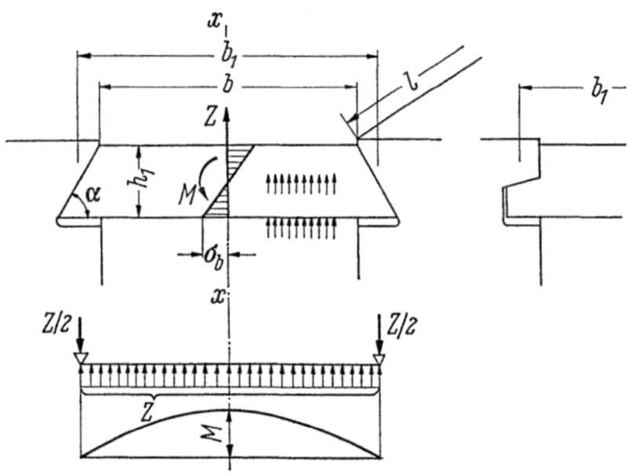

Abb. 420. Maßgebende Beanspruchung beim breiten Keil $b > 2h_1$

γ) *Breite Klauen oder Keile.* Bei sehr breiten Klauen $b > 2h_1$, wie man sie häufig als *Keile* antrifft (Abb. 188, 241 d, e, f, g), geht der gefährdete Schnitt ($s - s$ in Abb. 416) nicht mehr von der Einschnürung aus, sondern fällt mit der Symmetrieebene $x - x$ zusammen, vgl. Abb. 420, wobei die Biegespannung σ_b überwiegt und als Vergleichsspannung maßgebend wird. Man rechnet mit praktisch ausreichender Genauigkeit, wenn man den Keil als gleichmäßig belasteten, an den Enden aufliegenden Träger auffaßt. Wird unter Z wie bisher die auf den Keil wirkende Fremdlast inklusive einer evtl. Eigenfliehkraft des Keiles verstanden, so berechnet sich das Biegemoment im Schnitt $x - x$ aus

$$M = \frac{Z\,b_1}{8},$$

wobei b_1 die mittlere Breite des Keiles bedeutet. Die maßgebende Biegespannung wird dann mit dem Widerstandsmoment

$$W = \frac{l h_1^2}{6}$$

zu

$$\sigma_b = \frac{M}{W} = \frac{3}{4} \frac{Z b_1}{l h_1^2}. \tag{151}$$

Beim $\alpha = 60°$-Keil ist

$$b_1 = b + \frac{h_1}{\sqrt{3}},$$

so daß

$$\sigma_b = \frac{3}{4}\left(1 + \frac{h_1}{\sqrt{3}\, b}\right) \cdot \frac{Z b}{l h_1^2} \qquad \left(\frac{b}{h_1} > 2\right) \tag{152}$$

wird.

δ) *Maßgebende Vergleichsspannung der Halterung.* Die Klauen übertragen ihre Belastung auf die Halterung. Die Halterung ist als Passung ebenfalls schwalbenschwanz- oder hammerkopfförmig ausgebildet und wird nach dem Reaktionsgesetz mit den gleichen äußeren Kräften Z_n (Abb. 416) belastet wie die Klauen selber. Man denke sich Abb. 416 um den Punkt O um 180° gedreht, der Schnitt $\bar{s} - \bar{s}$ deckt sich dann mit dem Schnitt $s - s$, und es ist leicht einzusehen, daß die Vergleichsspannungen der Halterung sinngemäß mit den Formeln für die Klauen berechnet werden können. Man beachte immerhin den Unterschied in der Belastung, die wir bei den Klauen mit Z bezeichnet haben. Die Belastung der Halterung durch die anliegenden Klauen beträgt (Abb. 421 und 432)

$$Z_z = 2 Z_n \cos(\alpha - \varrho - \varphi). \tag{153}$$

Mit der bereits abgeleiteten Beziehung s. Gl. (138a)

$$Z_n = Z \frac{1}{2\cos(\alpha - \varrho)}$$

wird

$$Z_z = Z \frac{\cos(\alpha - \varrho - \varphi)}{\cos(\alpha - \varrho)} \tag{154}$$

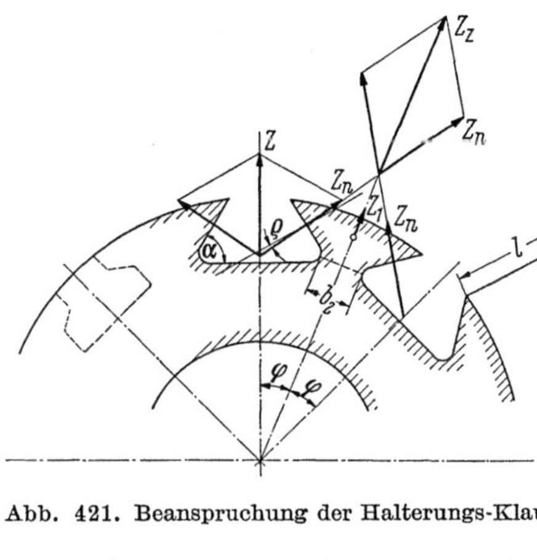

Abb. 421. Beanspruchung der Halterungs-Klaue

im allgemeinen größer als Z ausfallen. Der Einfluß ist, wie deutlich aus Abb. 421 hervorgeht, auf die ungleiche Winkellage von Klaue und Halterung zurückzuführen. Tabelle 61 zeigt den Einfluß numerisch.

Die Belastung der Halterung, sofern letztere rotiert, setzt sich dann aus Z_z und der Eigenfliehkraft Z_1 der Halterungsklaue (Ringzacke) zusammen. Der Hals der Halterung wird mit der Zugspannung

$$\sigma = \frac{Z_z + Z_1}{l b_2} \tag{155}$$

beansprucht. Beim Hammerkopf können Klaue und Halterung eine unterschiedliche Halshöhe aufweisen, welche durch verschiedene Materialfestigkeiten bedingt sein kann, wenn sie festigkeitsmäßig voll ausgenützt werden.

3. Kämme. Eine dritte gebräuchliche Polbefestigung ist die sog. *Kammkonstruktion.* Sie besteht, wie ihr Name sagt, aus kammartig durchgebildeten Pol- oder Polschuhwurzeln (Abb. 51, 422), welche in die Zwischenräume eines dazu passenden Rotorkörpers eingeschoben werden. Durch die runden Löcher der Zacken wird ein Verbindungsbolzen gesteckt, so daß die Verbindung kraftschlüssig wird. Die Pole und der Rotorkörper können aus Blechpaketen bestehen oder

Tabelle 61. *Werte von* $\frac{\cos(\alpha - \varrho - \varphi)}{\cos(\alpha - \varrho)}$ *für einige Parameter* α, ϱ *und* φ

Anzahl Pole oder Nuten n			4	6	8	10	12
$\varphi = \frac{360°}{2n}$			45°	30°	$22^1/_2$°	18°	15°
Schwalbenschwanz	$\alpha=60°$	$\varrho=6°$	1,680	1,554	1,450	1,376	1,322
		$\varrho=8°$	1,612	1,506	1,414	1,346	1,297
Hammerkopf	$\alpha=30°$	$\varrho=6°$	1,022	1,088	1,094	1,089	1,081
		$\varrho=8°$	0,993	1,068	1,078	1,076	1,070

Anzahl Pole oder Nuten n			22	28	30	34	36	38	40	44	50
$\varphi = \frac{360°}{2n}$			$8^2/_{11}$°	$6^3/_7$°	6°	$5^{147}/_{500}$°	5°	$4^{14}/_{19}$°	$4^1/_2$°	$4^1/_{11}$°	$3^3/_5$°
Schwalbenschwanz	$\alpha=60°$	$\varrho=6°$	1,186	1,148	1,138	1,123	1,115	1,110	1,104	1,095	1,084
		$\varrho=8°$	1,172	1,137	1,128	1,114	1,108	1,102	1,096	1,088	1,079
	$\alpha=70°$	$\varrho=6°$	1,282	1,223	1,210	1,184	1,175	1,168	1,157	1,143	1,128
		$\varrho=8°$	1,257	1,205	1,191	1,168	1,158	1,153	1,144	1,130	1,116
Hammerkopf	$\alpha=30°$	$\varrho=6°$	1,053	1,044	1,042	1,037	1,035	1,034	1,032	1,029	1,026
		$\varrho=8°$	1,047	1,039	1,037	1,033	1,031	1,030	1,029	1,026	1,011

massiv ausgeführt sein. Die Übertragung der Fliehkräfte durch die Bolzen erfolgt durch Schub und Lochleibung. Es ist üblich, den Spannungsnachweis für beide Beanspruchungsarten zu führen.

Wenn die Gesamtbelastung des Poles F ist und pro Pol n Zacken im Eingriff sind und m Bolzen an der Kraftübertragung teilnehmen, so beträgt die mittlere Schubspannung bzw. Vergleichsspannung im *Bolzen* mit dem Durchmesser D und dem Querschnitt $A = \pi D^2/4$

$$\tau = \frac{F}{2mnA} \tag{156}$$

$$\sigma_{vA} = \sqrt{3}\cdot\tau = \frac{1{,}73\cdot 4\cdot F}{2\pi mnD^2} = \frac{F}{mnD}\cdot\frac{1{,}1}{D}\,. \tag{157}$$

Der mittlere[1] Lochleibungsdruck auf Bolzen und Zacke mit der Zackendicke d kann direkt als Vergleichsspannung betrachtet werden und beträgt

$$\sigma_L = \frac{F}{mnD} \cdot \frac{1}{d} = \sigma_{vL}\,. \tag{158}$$

Die maßgebende Beanspruchung des Bolzens ist offenbar durch das Verhältnis D/d bestimmt, wie man dem Vergleich von σ_{vA} und σ_{vL} entnimmt. Für $D/d = 1{,}1$ werden unter den gemachten Angaben die Vergleichsspannungen für Abscheren und Lochleibung gleich groß. Die Zugbeanspruchung in der *Kammzacke* ist im geschwächten Schnitt $s - s$ maßgebend und nachzuweisen. Ist A_s die zum Schnitt $s - s$ gehörende Querschnittsfläche, so wird die mittlere Zugspannung

$$\sigma = \frac{F}{nA_s} = \sigma_v. \tag{159}$$

Sie kann zugleich als Vergleichsspannung aufgefaßt werden. Bei Verbindungen mit zwei Bolzen (Abb. 422a und b) kann dann rechnerisch von Kerbwirkungen in den Zacken abgesehen werden, wenn folgende zwei geometrische Bedingungen erfüllt sind:

$$h \geqq 0{,}7\,D; \quad c \geqq 2a.$$

Bei Verbindungen mit mehr als zwei Bolzen (Abb. 422c) ist die Kraft, die auf einen Bolzen entfällt, statisch unbestimmt. Wenn trotzdem mit einer gleichmäßig aufgeteilten Bolzenkraft F/mn gerechnet wird, so bedingt das neben präziser Bearbeitung ein gutes elastisches Ausgleichsvermögen der ganzen Verbindung. Bolzen und Grundmaterial sind bezüglich der Materialeigenschaften aufeinander abzustimmen.

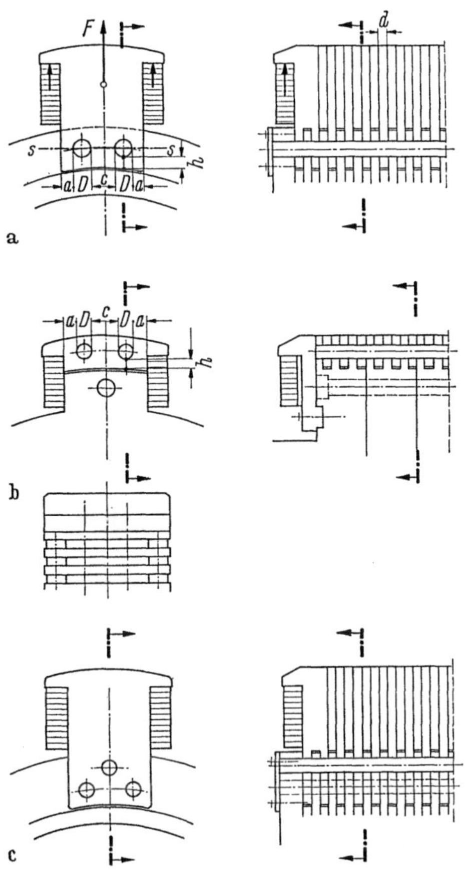

Abb. 422. Kammbolzen-Konstruktionen zur Polbefestigung
a und b zwei Bolzen, statisch bestimmt; c drei Bolzen, statisch unbestimmt

C. Räder und Kränze

a) Speichenräder. Der Rotorkörper kann, wenn er nicht durch die Welle selbst oder durch auf die Welle aufgeschrumpfte Scheiben gebildet wird, als Speichenrad aufgefaßt werden (vgl. auch S. 370). Am Speichenrad, Abb. 423, sind Nabe, Arme oder Speichen und Radkranz oder Jochring zu unterscheiden. Heute baut man vorwiegend zusammengesetzte Räder (Abb. 52, 53, 108, 111), wobei der Radkranz auf dem Radstern (Nabe mit Armen) durch einen Schrumpfsitz oder eine Verkeilung

[1] Bei parabelförmiger bzw. halbsinusförmiger Verteilung des Lochleibungsdruckes über den Bolzendurchmesser ist die maximale Lochleibung 1,5 bzw. 1,57mal größer als der Mittelwert σ_L.

(Abb. 187b) in der Weise aufgebracht wird, daß bei Nenndrehzahl kein Abheben des Kranzes vom Stern erfolgen kann. Bei Abhebung muß durch mindestens 3 Keile im Umfang eine Zentrierung gewährleistet sein. Die Vorteile zusammengesetzter Konstruktionen sind bedeutend. Erstens kann durch Unterteilung des

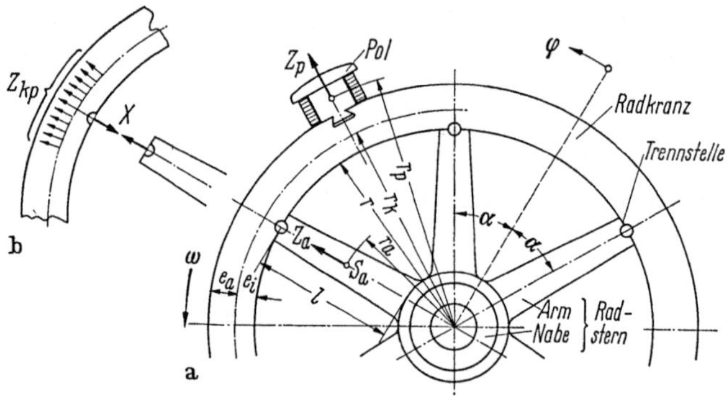

Abb. 423. Bezeichnungen am Speichenrad

großen Stückes in kleinere oft der Stahlguß erst ermöglicht, sicher aber zufolge gleichmäßigerer Wandstärken der Einzelstücke spannungsfreier gestaltet werden. Zweitens besteht die Möglichkeit, zwei verschiedene Materialien zu verwenden, die in ihrer Festigkeit abgestuft und dem tatsächlichen Spannungsverlauf besser

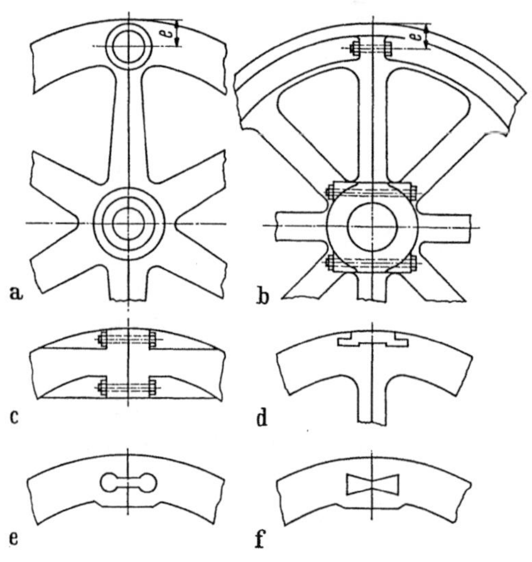

Abb. 424. Verbindungen diametral getrennter Speichenräder
a Schrumpfringe; b und c Schrauben; d, e und f Schrumpfklammern (veraltet)

angeglichen werden können. So wird für den Kranz oft Stahlguß oder geschmiedeter Stahl, für den Radstern billigerer Grauguß verwendet. In der Regel wird heute ein lamellierter, aus überlappt angeordneten Blechen gebildeter Schichtkranz verwendet, vgl. z. B. Abb. 371, und der Radstern aus Blechen zusammengeschweißt. Die Größe massiver Räder kann auch eine Trennung in diametralem Sinne erfordern, so daß zwei Halbkreisstücke tangential zusammengehalten werden müssen, was entweder durch Schrauben oder Schrumpfringe geschehen kann. Einige Möglichkeiten der Verbindung sind in Abb. 424 dargestellt.

1. Bezeichnungen:

$\omega = \frac{\pi n}{30}$	[1/s]	Winkelgeschwindigkeit
n	[U/min]	Drehzahl
2α	[rad]	Speichenwinkel
$a = \pi/\alpha$	[1]	Anzahl Arme
b	[1]	Anzahl Pole
r, r_k, r_a, r_p	[cm]	Radius der Trennstelle, Schwerpunktradius des Kranzes, Schwerpunktradius eines Armes, Schwerpunktradius eines Poles
E_k, E_a	[kp/cm²]	Elastizitätsmodul des Kranzes, — der Arme
A_k	[cm²]	Querschnitt des Kranzes
$A_{k0} (< A_k)$	[cm²]	Querschnitt des Kranzes durch Polklaue
A_{si}	[cm²]	Querschnitt der Nabenschrumpfringe bzw. Schrauben
A_{sa}	[cm²]	Doppelter Querschnitt der Kranzverbindungsschrumpfringe, bzw. Querschnitt der Schrauben
$A_a = \frac{A_{ai} + A_{aa}}{2}$	[cm²]	Mittlerer Armquerschnitt
A_{ai}, A_{aa}	[cm²]	Armquerschnitt an der Nabe (maximal) — an der Kranztrennstelle (minimal)
I_k	[cm⁴]	Trägheitsmoment des Kranzes
e_i, e_a	[cm]	Abstand des innern, — des äußern Kranzrandes von der neutralen Achse
e	[cm]	Abstand der Schrumpfring- oder Schraubenmitte vom äußern Kranzrand
$W_{ki} = \frac{I_k}{e_i}$	[cm³]	Widerstandsmoment des Kranzquerschnittes für die innere Randfaser[1]
$W_{ka} = \frac{I_k}{e_a}$	[cm³]	Widerstandsmoment des Kranzquerschnittes für die äußere Randfaser[1]
M_φ, M_α, M_0	[cmkp]	Biegemoment im Kranz infolge X für Schnitt φ, $\varphi = \alpha$ und $\varphi = 0$. (M positiv, wenn innere Randfaser gezogen)
N_φ, N_α, N_0	[kp]	Normalkraft im Kranz infolge X für Schnitt φ, $\varphi = \alpha$ und $\varphi = 0$ (N positiv für Zug)
N	[kp]	Normalkraft im Kranz infolge Z_{kp} (positiv für Zug)
X	[kp]	Kraft zwischen Kranz und Arm (positiv für Zug)

[1] Das Flächenträgheitsmoment I_k und die Widerstandmomente $W_{ki} = I_k/e_i$ bzw. $W_{ka} = I_k/e_a$ sind auf die Hauptschwerachse senkrecht zur Kranzebene des betreffenden Kranzquerschnittes (neutrale Achse, Krümmungseinfluß vernachlässigt) zu beziehen. Für den Rechteckquerschnitt sind wegen $e_i = e_a$ die Widerstandsmomente gleich groß. Im allgemeinen ist der Abstand der neutralen Achse vom Zentrum verschieden vom (Massen-) Schwerpunktsradius r_k des Kranzes.

Z_{kp}, Z_a, Z_p	[kp]	Fliehkraft des Kranzes mit Polen, Fliehkraft eines Armes, Fliehkraft eines Poles
G_{kp}, G_a, G_p	[kp]	Gewicht des Kranzes mit Polen, Gewicht eines Armes, Gewicht eines Poles
$g = 981$	[cm/s²]	Erdbeschleunigung
u_s	[cm]	radiales Schrumpfmaß Kranz—Armstern
$u_t = \alpha_l r \vartheta$	[cm]	Radiusdifferenz der Trennstelle bei einer Temperaturdifferenz von Armstern und Kranz (positiv für wärmeren Kranz)[1]
α_l	[1/°C)]	lineare Wärmedehnzahl von Armstern und Kranz
ϑ	[°C]	Temperaturdifferenz Kranz—Armstern
u_{kz}, u_{kx} u_{az}, u_{ax}	[cm]	Radiale Dehnung an der Kranztrennstelle (positiv in Richtung der sie erzeugenden Kräfte)
α_{kx}, α_{ax}	[1]	Einflußzahlen der Dehnungen
$k_{\varphi m}(\varphi, \alpha)$, $k_{\alpha m}(\alpha)$ $k_{0m}(\alpha)$, $k_{\varphi n}(\varphi, \alpha)$ $k_{\alpha n}(\alpha)$, $k_{0n}(\alpha)$	[1]	Einflußzahlen der Schnittkräfte (tabelliert)
$c_n(\alpha)$, $c_m(\alpha)$	[1]	Hilfsfunktionen (tabelliert)
$f(l/r_a)$	[1]	Hilfsfunktion
l	[cm]	Armlänge
σ_{ki}, σ_{ka}	[kp/cm²]	Innere —, äußere Randspannung im Kranzquerschnitt (positiv für Zug)
σ_{ai}, σ_{aa}	[kp/cm²]	Normalspannung im Armquerschnitt an der Nabe, — an der Trennstelle (positiv für Zug)
σ_{si}	[kp/cm²]	Zugspannung in den Schrumpfringen bzw. an den Schrauben der Nabenverbindung bei diametraler Trennung
σ_{sa}	[kp/cm²]	Zugspannung in den Schrumpfringen bzw. an den Schrauben der Kranzverbindung bei diametraler Trennung

2. Beanspruchung im stationären Betrieb (konstante Winkelgeschwindigkeit). Die Berechnung der durch die *Fliehkräfte* bedingten Beanspruchung gilt sowohl für zusammengesetzte als auch für einteilige Räder. Man denke sich im letzteren Falle den Kranz vom Stern getrennt, Abb. 423b. Die Wirkung der Arme auf den Kranz kann durch radiale Kräfte X ersetzt werden, die in entgegengesetzter Richtung auch auf die Arme wirken und in dieser Eigenschaft die Wirkung des Kranzes auf die Arme darstellen (positives X erzeuge Zug im Arm).

[1] Für ungleiche Wärmedehnzahlen von Armstern und Kranz (ungleiche Materialien) ist für u_t die Differenz

$$u_t = (\alpha_{lk}\vartheta_k - \alpha_{la}\vartheta_a)r$$

einzusetzen, wobei sich die Indices k und a auf Kranz und Arm beziehen und ϑ_k bzw. ϑ_a die betreffenden Temperaturdifferenzen, bezogen auf die Montagetemperatur, bedeuten. Für $\alpha_{lk} = \alpha_{la} = \alpha_l$ wird wie oben

$$u_t = \alpha_l(\vartheta_k - \vartheta_a)r = \alpha_l \vartheta r.$$

Der *Kranz* wird durch das Eigengewicht und dasjenige der aufsitzenden Pole mit der totalen Fliehkraft[1]

$$Z_{kp} = \frac{G_{kp}}{g}\,\omega^2 r_k \tag{160}$$

belastet. Sie erzeugt eine Normalzugkraft im Kranz von der Größe[2]

$$N = \frac{1}{2\pi} Z_{kp} \tag{161}$$

und eine radiale Dehnung des ganzen Kranzes von

$$u_{kz}(\omega) = Z_{kp}\,\frac{r_k}{E_k A_k\, 2\pi}\,. \tag{162}$$

Die noch zu bestimmende Kraft X erzeugt im Kranz eine von φ abhängige Normalkraft[3] (positives N erzeuge Zug im Kranz)

$\underline{\varphi:}$ $\quad \underline{N_\varphi = -X k_{\varphi n}(\varphi, \alpha)}$ $\quad \left(k_{\varphi n} = \frac{\cos\varphi}{2\sin\alpha}\right)$ (163a)

$\underline{\varphi = 0:}$ $\quad N_0 = -X k_{0n}(\alpha)$ $\quad \left(k_{0n} = \frac{1}{2\sin\alpha}\right)$ (163b)

$\underline{\varphi = \alpha:}$ $\quad N_\alpha = -X k_{\alpha n}(\alpha)$ $\quad \left(k_{\alpha n} = \frac{\operatorname{ctg}\alpha}{2}\right).$ (163c)

(Die Einflußzahlen k_{0n} und $k_{\alpha n}$ sind in Tab. 62 für verschiedene Armzahlen a aufgeführt.)
und ein von φ abhängiges Biegemoment (positives M erzeuge im Kranz innen Zug, außen Druck)

$\underline{\varphi:}$ $\quad \underline{M_\varphi = X r_k k_{\varphi m}(\varphi, \alpha)}$ $\quad \left(k_{\varphi m} = \frac{\sin\alpha - \alpha\cos\varphi}{2\alpha\sin\alpha}\right)$ (164a)

$\underline{\varphi = 0:}$ $\quad M_0 = X r_k k_{0m}(\alpha)$ $\quad \left(k_{0m} = \frac{\sin\alpha - \alpha}{2\alpha\sin\alpha}\right)$ (164b)

$\underline{\varphi = \alpha:}$ $\quad M_\alpha = X r_k k_{\alpha m}(\alpha)$ $\quad \left(k_{\alpha m} = \frac{\sin\alpha - \alpha\cos\alpha}{2\alpha\sin\alpha}\right).$ (164c)

(Die Einflußzahlen k_{0m} und $k_{\alpha m}$ sind ebenfalls in Tab. 62 für verschiedene Armzahlen a aufgeführt.)
sowie eine radiale Verschiebung an der Stelle $\varphi = \alpha$ an der X angreift, von

$$\underline{u_{kx} = X\alpha_{kx}} \tag{165a}$$

$$\left(\alpha_{kx} = \frac{r_k}{E_k A_k}\,c_n(\alpha) + \frac{r_k^3}{E_k I_k}\,c_m(\alpha)\right) \tag{165b}$$

$$\left(c_n = \frac{\alpha + \cos\alpha\sin\alpha}{4\sin^2\alpha} \approx \frac{1}{2\alpha}\right) \tag{165c}$$

$$\left(c_m = \frac{\alpha^2 - 2\sin^2\alpha + \alpha\cos\alpha\sin\alpha}{4\alpha\sin^2\alpha}\right). \tag{165d}$$

(Die Beiwerte c_n und c_m sind in Tab. 62 für verschiedene Armzahlen a aufgeführt).

[1] Für den Fall, daß sich der Schwerpunktsradius r_p der Pole vom Schwerpunktsradius r_k des Kranzes merklich unterscheidet, ist mit G_{kp} nicht das Gewicht G_k des Kranzes und bG_p der Pole zu verstehen, sondern ein ideelles Gewicht $G_{kp} = bG_p \frac{r_p}{r_k} + G_k$.

[2] N ist die Resultante der Tangentialspannungen, die über den Querschnitt konstant vorausgesetzt sind, was exakt nur für einen im Verhältnis zum Radius dünnen Kranz zutrifft.

[3] Ableitung der folgenden Formeln vgl. Anhang III.

Tabelle 62. *Einflußzahlen zur Berechnung von Speichenrädern*

Armzahl	α		k_{on}	$k_{\alpha n}$	k_{om}	$k_{\alpha m}$	c_n	c_m
a	$\frac{180°}{a}$	rad	$\frac{1}{2\sin\alpha}$	$\frac{\operatorname{ctg}\alpha}{2}$	$\frac{1}{2}\left(\frac{1}{\alpha}-\frac{1}{\sin\alpha}\right)$	$\frac{1}{2}\left(\frac{1}{\alpha}-\operatorname{ctg}\alpha\right)$	$\frac{1}{4}\left(\frac{\alpha}{\sin^2\alpha}+\operatorname{ctg}\alpha\right)$	$\frac{1}{4}\left(\frac{\alpha}{\sin^2\alpha}-\frac{2}{\alpha}+\operatorname{ctg}\alpha\right)$
2	90	$\frac{\pi}{2}=1{,}5708$	0,500	0,000	— 0,1817	0,3183	0,393	0,07439
4	45	$\frac{\pi}{4}=0{,}7854$	0,707	0,500	— 0,0705	0,1366	0,643	0,00608
5	36	$\frac{\pi}{5}=0{,}6283$	0,851	0,688	— 0,0549	0,1076	0,799	0,00298
6	30	$\frac{\pi}{6}=0{,}5236$	1,000	0,866	— 0,0451	0,0889	0,957	0,00168
8	$22^1/_2$	$\frac{\pi}{8}=0{,}3927$	1,307	1,207	— 0,0333	0,0661	1,274	0,00069
10	18	$\frac{\pi}{10}=0{,}3142$	1,618	1,539	— 0,0265	0,0527	1,592	0,00035
12	15	$\frac{\pi}{12}=0{,}2618$	1,932	1,866	— 0,0220	0,0438	1,910	0,00020
16	$11^1/_4$	$\frac{\pi}{16}=0{,}1963$	2,563	2,514	— 0,0164	0,0328	2,547	0,000085

Der *Arm* wird einerseits beansprucht durch die Eigenfliehkraft

$$Z_a = \frac{G_a}{g}\,\omega^2 r_a, \tag{166}$$

welche die radiale Dehnung[1]

$$u_{az}(\omega) = Z_a \frac{l}{E_a A_a} f(l/r_a) \quad (167\,\mathrm{a}) \qquad \left(f = \frac{1}{2}\left(1 + \frac{l}{6 r_a}\right)\right) \quad (167\,\mathrm{b})$$

am äußern Radius r des Armes, also an der Stelle, an der X angreift, hervorruft, andererseits durch die zentrisch angreifende Kraft X mit der Dehnung

$$u_{ax} = X \alpha_{ax} \quad (168\,\mathrm{a}) \qquad \left(\alpha_{ax} = \frac{l}{E_a A_a}\right) \quad (168\,\mathrm{b})$$

am Angriffsort von X.

Um den lückenlosen Zusammenhang zwischen Arm und Kranz zu gewährleisten, muß offenbar folgende Bedingung gelten, die sog. Elastizitätsbedingung des einfach unbestimmten Problems

$$u_s - u_t = u_{kz} - u_{kx} - u_{az} - u_{ax} \quad , \tag{169}$$

wobei die linke Seite der Gleichung den Unterschied der Radien von Kranz und Radstern an der Trennstelle bedeutet. Speziell ist durch u_s das Schrumpfmaß im Längenmaßstab bei gleicher Temperatur von Kranz und Stern bezeichnet, während u_t den Radienunterschied der Trennstelle bei einer nur um ϑ höheren Kranztemperatur bedeutet[2]. Durch u_t ist somit ein eventueller Einfluß der Temperatur erfaßt.

Drückt man die Verschiebungen u_{kx} und u_{ax} durch die sie erzeugende Kraft X nach den angeschriebenen Beziehungen aus, so führt die Elastizitätsbedingung zu folgender Gleichung für die Unbekannte X

$$X = \frac{u_t - u_s + u_{kz} - u_{az}}{\alpha_{kx} + \alpha_{ax}}\,. \tag{170}$$

Bei geschrumpften Konstruktionen tritt ein *Abheben* des Kranzes vom Stern dann ein, wenn X das Vorzeichen wechselt, also Null wird. Zugkräfte zwischen Kranz und Arm können ja nicht aufgenommen werden, so daß ein *Klaffen* eintritt. Umgekehrt kann die Bedingung $X = 0$ des Abhebens dazu benutzt werden, den für eine bestimmte Abhebedrehzahl notwendigen Schrumpf zu ermitteln. Man hat lediglich die von der Winkelgeschwindigkeit ω abhängigen Dehnungen u_{kz} und u_{az} einzuführen, den Zähler der rechten Seite der Gl. (170) Null zu setzen und nach u_s aufzulösen. Dies führt auf

$$u_s = u_t + \frac{\omega^2}{g}\left[\frac{G_{kp} r_k^2}{E_k A_k\, 2\pi} - \frac{G_a r_a l}{E_a A_a} f\left(\frac{l}{r_a}\right)\right] \quad \left(\omega = \frac{n\pi}{30}\right). \tag{171}$$

Der für die Abhebedrehzahl n_0 erforderliche Schrumpf ist damit gefunden.

Mit der Kenntnis von X können sämtliche Kräfte berechnet und die Spannungen wie folgt ermittelt werden:

Im *Kranz* gilt für die innere bzw. äußere Randspannung im Schnitt φ[3]

$$\sigma_{ki,\varphi} = \frac{N + N_\varphi}{A_k} + \frac{M_\varphi}{W_{ki}} \quad (172\,\mathrm{a}) \qquad \sigma_{ka,\varphi} = \frac{N + N_\varphi}{A_k} - \frac{M_\varphi}{W_{ka}}\,. \quad (172\,\mathrm{b})$$

[1] Ableitung vgl. Anhang VI. — Die Nabe wird starr vorausgesetzt.

[2] Vgl. Fußnote S. 440.

[3] Fällt der Schnitt φ mit einer Polklaue zusammen, so ist für A_k, W_{ki} und W_{ka} ein um die Polklauenhöhe reduzierter Wert einzusetzen, z. B. A_{ko} statt A_k.

Im allgemeinen ist der Querschnitt $\varphi = \alpha$ beim Arm maßgebend und speziell für einteilige Konstruktionen die innere, für zusammengesetzte Konstruktionen vor dem Abheben die äußere Faser spannungsmäßig nachzuweisen.

Im *Arm* gilt vor dem Abheben am inneren Querschnitt bei der Nabe

$$\sigma_{ai} = \frac{X + Z_a}{A_{ai}} \tag{173a}$$

und am äußeren Querschnitt der Trennstelle Arm-Kranz

$$\sigma_{aa} = \frac{X}{A_{aa}}. \tag{173b}$$

Für einteilige Konstruktionen ist X positiv, für zweiteilige im allgemeinen negativ.

Bei einteiligen Rädern ist die Beanspruchung in der Schleuderdrehzahl nachzuweisen.

Bei Rädern mit aufgeschrumpftem Kranz muß unterschieden werden zwischen erstens dem geschrumpften Zustand (Drehzahl Null), zweitens dem Zustand in der Nenndrehzahl, drittens dem Zustand in der Abhebedrehzahl und viertens dem Zustand in der Schleuderdrehzahl. Bei diametraler Trennung der Räder müssen die Verbindungselemente die vollen Schnittkräfte an den Trennstellen übertragen. So ergeben sich z. B. bei Verwendung von Schrumpfringen nach Abb. 424a an der Kranzverbindungsstelle eine Zugspannung von

$$\sigma_{sa} = \frac{-N_\alpha}{A_{sa}} + \frac{M_\alpha}{e A_{sa}} \tag{174a}$$

und an der Nabenverbindungsstelle eine Zugspannung von

$$\sigma_{si} = \frac{a(X + Z_a)}{2\pi A_{si}} \tag{174b}$$

in den Schrumpfringen.

Neben der ausschließlich durch Fliehkräfte bedingten Beanspruchung muß im stationären Betrieb noch das *Nenndrehmoment* zwischen Nabe und Kranz über die Arme übertragen werden, was eine zusätzliche Beanspruchung, hauptsächlich der Arme auf Biegung, zur Folge hat. Diese zusätzlichen Spannungen durch das Nenndrehmoment sind für Maschinen, die keinem pulsierenden oder Wechseldrehmoment ausgesetzt sind, im allgemeinen klein. Ihre Berechnung kann analog der für das Kurzschlußdrehmoment erfolgen, vgl. S. 447.

Numerisches Beispiel:

Polrad eines Wechselstromgenerators mit $a = 8$ Armen und folgenden Daten:
Nenndrehzahl $n = 375$ U/min
Schleuderdrehzahl $n_s = 2 \cdot 375 = 750$ U/min

$G_{kp} = 11\,900$ kp	$l = 68$ cm
$G_a = 123$ kp	$e_a = 18{,}4$ cm
$E_k = E_a = 2{,}1 \cdot 10^6$ kp/cm²	$e_i = 20{,}1$ cm
$A_k = 1210$ cm²	$e = 19$ cm
$A_{k0} = 1065$ cm²	$\vartheta = 10$ °C
$A_{aa} = 240$ cm²	$\alpha_l = 1{,}23 \cdot 10^{-5}$ 1/°C
$A_{ai} = 330$ cm²	$u_t = 1{,}23 \cdot 10^{-5} \cdot 107 \cdot 10 = 1{,}32 \cdot 10^{-2}$ cm
$A_a = \dfrac{240 + 330}{2} = 285$ cm²	$W_{ka} = \dfrac{1{,}5 \cdot 10^5}{18{,}4} = 8{,}16 \cdot 10^3$ cm³

$I_k = 1{,}5 \cdot 10^5 \text{ cm}^4$

$r_k = 127 \text{ cm}$

$r_a = 71 \text{ cm}$

$r = 127 - 20{,}1 \approx 107 \text{ cm}$

$$W_{ki} = \frac{1{,}5 \cdot 10^5}{20{,}1} = 7{,}47 \cdot 10^3 \text{ cm}^3$$

Damit berechnet man bzw. entnimmt den Tafeln

$c_n = 1{,}274$ $\qquad k_{0m} = -0{,}0333$

$c_m = 0{,}00069$ $\qquad k_{\alpha n} = 1{,}207$

$k_{0n} = 1{,}307$ $\qquad k_{\alpha m} = 0{,}0661$

$$\alpha_{kx} = \frac{127 \cdot 1{,}274}{2{,}1 \cdot 10^6 \cdot 1210} + \frac{127^3 \cdot 0{,}00069}{2{,}1 \cdot 10^6 \cdot 1{,}5 \cdot 10^5} = 6{,}37 \cdot 10^{-8} + 0{,}45 \cdot 10^{-8} = 6{,}82 \cdot 10^{-8} \qquad (165\text{b})$$

$\left(\text{Biegemomentanteil nur } \frac{0{,}45}{6{,}37} = 7{,}5\%\,!\right)$

$$\alpha_{ax} = \frac{68}{2{,}1 \cdot 10^6 \cdot 285} = 11{,}35 \cdot 10^{-8} \qquad (168\text{b})$$

$$f\left(\frac{68}{71}\right) = \frac{1}{2}\left(1 + \frac{68}{6 \cdot 71}\right) = 0{,}58. \qquad (167\text{b})$$

1. Variante:

Der Kranz wird auf den Radstern aufgeschrumpft. Vorgeschrieben ist die Abhebedrehzahl

$$n_a = 1{,}6\, n = 1{,}6 \cdot 375 = 600 \text{ U/min.}$$

Der für die Abhebedrehzahl erforderliche Schrumpf ist

$$u_s = 1{,}32 \cdot 10^{-2} + \frac{(600\pi)^2}{30^2 \cdot 981}\left(\frac{11\,900 \cdot 127^2}{2{,}1 \cdot 10^6 \cdot 1210 \cdot 2\pi} - \frac{123 \cdot 71 \cdot 68 \cdot 0{,}58}{2{,}1 \cdot 10^6 \cdot 285}\right) = 5{,}90 \cdot 10^{-2} \text{ cm} \qquad (171)$$

$$\frac{u_s}{r} = \frac{5{,}90 \cdot 10^{-2}}{107} = 0{,}55\,‰.$$

Mit diesem Schrumpf ergeben sich folgende maximale Beanspruchungen im *Stillstand* nach der Montage. Es ist mit

$$u_t = 0 \qquad u_{kz} = 0 \qquad u_{az} = 0$$

$$X = -\frac{5{,}90 \cdot 10^{-2}}{6{,}82 \cdot 10^{-8} + 11{,}35 \cdot 10^{-8}} = -\,3{,}25 \cdot 10^5 \text{ kp} \qquad (170)$$

$$N_\alpha = -(-3{,}25 \cdot 10^5)\,1{,}207 = +3{,}92 \cdot 10^5 \text{ kp} \qquad (163\text{c})$$

$$M_\alpha = -3{,}25 \cdot 10^5 \cdot 127 \cdot 0{,}0661 = -27{,}3 \cdot 10^5 \text{ cm/kp}. \qquad (164\text{c})$$

Im Arm (Gl. 173b): $\sigma_{aa} = -\frac{3{,}21 \cdot 10^5}{240} = \underline{-1355 \text{ kp/cm}^2}.$

Im Kranz an der Armeintrittsstelle $\varphi = \alpha$

$$\sigma_{ka} = \frac{3{,}92 \cdot 10^5}{1210} - \frac{(-27{,}3 \cdot 10^5)}{8{,}16 \cdot 10^3} = 324 + 335 \approx \underline{660 \text{ kp/cm}^2}. \qquad (172\text{b})$$

Bei *Nenndrehzahl* wird mit

$$u_s = 5{,}90 \cdot 10^{-2} \text{ cm}$$

$$u_t = 1{,}32 \cdot 10^{-2} \text{ cm}$$

$$Z_{kp} = \frac{11\,900}{981}\left(\frac{375\pi}{30}\right)^2 127 = 2{,}37 \cdot 10^6 \text{ kp} \qquad (160)$$

$$Z_a = \frac{123}{981}\left(\frac{375\pi}{30}\right) 71 = 1{,}37 \cdot 10^4 \text{ kp} \qquad (166)$$

$$u_{kz} = \frac{2{,}37 \cdot 10^6 \cdot 127}{2{,}1 \cdot 10^6 \cdot 1210 \cdot 2\pi} = 1{,}88 \cdot 10^{-2} \text{ cm} \qquad (162)$$

$$u_{az} = \frac{1{,}37 \cdot 10^4 \cdot 68 \cdot 0{,}58}{2{,}1 \cdot 10^6 \cdot 285} = 0{,}09 \cdot 10^{-2} \text{ cm} \qquad (167\text{a})$$

$$X = \frac{(1{,}32 - 5{,}90 + 1{,}88 - 0{,}09)\,10^{-2}}{(6{,}82 + 11{,}35)\,10^{-8}} = -1{,}535 \cdot 10^5 \text{ kp} \qquad (170)$$

$$N = \frac{2{,}37 \cdot 10^6}{2\pi} = 3{,}77 \cdot 10^5 \text{ kp} \qquad (161)$$

$$N_\alpha = -(-1{,}535 \cdot 10^5)\,1{,}207 = 1{,}855 \cdot 10^5 \text{ kp} \qquad (163\,\text{c})$$

$$M_\alpha = (-1{,}535 \cdot 10^5)\,127 \cdot 0{,}0661 = -12{,}90 \cdot 10^5 \text{ cmkp.} \qquad (164\,\text{c})$$

Im Arm: $$\sigma_{ai} = \frac{-1{,}535 \cdot 10^5 + 1{,}37 \cdot 10^4}{330} = -424 \text{ kp/cm}^2 \qquad (173\,\text{a})$$

$$\sigma_{aa} = \frac{-1{,}535 \cdot 10^5}{240} = \underline{-640 \text{ kp/cm}^2.} \qquad (173\,\text{b})$$

Im Kranz: $$\sigma_{ka,\alpha} = \frac{3{,}77 \cdot 10^5 + 1{,}855 \cdot 10^5}{1210} - \frac{(-12{,}90 \cdot 10^5)}{8{,}16 \cdot 10^3} = 465 + 158 \approx \underline{625 \text{ kp/cm}^2.} \qquad (172\,\text{b})$$

Bei *Schleuderdrehzahl*, also mit freiliegendem Kranz ($X = 0$) wird mit

$$Z_{kp} = \frac{11\,900}{981}\left(\frac{750\pi}{30}\right)^2 127 = 9{,}50 \cdot 10^6 \text{ kp} \qquad (160)$$

$$Z_a = \frac{123}{981}\left(\frac{750\pi}{30}\right)^2 71 = 5{,}50 \cdot 10^4 \text{ kp} \qquad (166)$$

$$N = \frac{9{,}50 \cdot 10^6}{2\pi} = 1{,}511 \cdot 10^6 \text{ kp.} \qquad (161)$$

Im Arm: $$\sigma_{ai} = \frac{5{,}50 \cdot 10^4}{330} = \underline{166 \text{ kp/cm}^2} . \qquad (173\,\text{a})$$

Im Kranz: $$\sigma_{ka} = \frac{1{,}511 \cdot 10^6}{1210} = \underline{1250 \text{ kp/cm}^2} \quad (\text{unabhängig von } \varphi). \qquad (172\text{b})$$

Im Schnitt durch die Polklaue:

$$\sigma_{ka} = \frac{1{,}511 \cdot 10^6}{1065} = \underline{1420 \text{ kp/cm}^2.}$$

2. Variante:

Das ganze Rad ist *einteilig*, die Verbindung der Arme mit Nabe und Kranz also fest. Maßgebend ist die Schleuderdrehzahl. Es ergeben sich mit

$$\begin{aligned} u_s &= 0 \\ u_t &= 1{,}32 \cdot 10^{-2} \text{ cm} \\ Z_{kp} &= 9{,}50 \cdot 10^6 \text{ kp} \\ Z_a &= 5{,}50 \cdot 10^4 \text{ kp} \\ N &= 1{,}511 \cdot 10^6 \text{ kp} \end{aligned} \quad \left.\right\} \text{ wie Variante 1}$$

$$u_{kz} = \frac{9{,}50 \cdot 10^6 \cdot 127}{2{,}1 \cdot 10^6 \cdot 1210 \cdot 2\pi} = 7{,}55 \cdot 10^{-2} \text{ cm} \qquad (162)$$

$$u_{az} = \frac{5{,}50 \cdot 10^4 \cdot 68 \cdot 0{,}58}{2{,}1 \cdot 10^6 \cdot 285} = 0{,}36 \cdot 10^{-2} \text{ cm} \qquad (167\,\text{a})$$

$$X = \frac{(1{,}32 - 0 + 7{,}55 - 0{,}36)\,10^{-2}}{6{,}82 \cdot 10^{-8} + 11{,}35 \cdot 10^{-8}} = 4{,}68 \cdot 10^5 \text{ kp} \qquad (170)$$

$$N_\alpha = -4{,}68 \cdot 10^5 \cdot 1{,}207 = -5{,}65 \cdot 10^5 \text{ kp} \qquad (163\,\text{c})$$

$$M_\alpha = 4{,}68 \cdot 10^5 \cdot 127 \cdot 0{,}0661 = 39{,}3 \cdot 10^5 \text{ cm kp.} \qquad (164\,\text{c})$$

Im Arm: $$\sigma_{ai} = \frac{4{,}68 \cdot 10^5 + 5{,}50 \cdot 10^4}{330} = 1580 \text{ kp/cm}^2 \qquad (173\,\text{a})$$

$$\sigma_{aa} = \frac{4{,}68 \cdot 10^5}{240} = \underline{1950 \text{ kp/cm}^2.} \qquad (173\,\text{b})$$

Im Kranz: $$\sigma_{ki,\alpha} = \frac{1{,}511\cdot 10^6 - 5{,}65\cdot 10^5}{1210} + \frac{39{,}3\cdot 10^5}{7{,}47\cdot 10^3} = 785 + 525 = \underline{1310\,\text{kp/cm}^2.} \qquad (172\,\text{a})$$

Diese Spannung im Kranz (Armeintrittsstelle) bei der Schleuderdrehzahl ist größer als die entsprechende für die 1. Variante mit aufgeschrumpftem Kranz. Allerdings handelt es sich hier um eine Randspannung, während es sich dort um den Mittelwert einer Spannung über den Kranzquerschnitt handelte (freifliegender Kranz). Letztere muß im Hinblick auf die Tragfähigkeit ungleich gefährlicher eingeschätzt werden.

3. Variante:

Das ganze Rad ist *diametral getrennt.* Die Verbindung von Nabe und Kranz erfolgt durch Schrumpfringe gemäß Abb. 424a.

Die Berechnung der Spannungen in Kranz, Nabe und Arm erfolgt ohne Rücksicht auf die Trennung wie für eine einteilige Konstruktion, vgl. 2. Variante. Die Beanspruchung in den *Verbindungs*-Schrumpfringen wird mit den gegebenen Werten

$$A_{sa} = 4\cdot 8\cdot 9 = 288\ \text{cm}^2$$
$$A_{si} = 2\cdot 10\cdot 12 = 240\ \text{cm}^2$$
$$e = 19\ \text{cm}.$$

Im Kranzschrumpfring:

$$\sigma_{sa} = \frac{-(-5{,}65\cdot 10^5)}{288} + \frac{39{,}3\cdot 10^5}{19\cdot 288} = 1960 + 720 = \underline{2680\ \text{kp/cm}^2.} \qquad (174\,\text{a})$$

Im Nabenschrumpfring:

$$\sigma_{si} = \frac{8(4{,}68 + 0{,}55)\,10^5}{2\pi\cdot 240} = \underline{2780\ \text{kp/cm}^2.} \qquad (174\,\text{b})$$

3. Beanspruchungen im instationären Betrieb (Kurzschluß). Im instationären Betrieb muß mit einem zusätzlichen, zeitlich veränderlichen Drehmoment (Torsionsmoment) auf das Rad gerechnet werden. Wären die Arme starr, so müßte das volle Drehmoment vom Kranz über die Arme auf die Nabe oder umgekehrt übertragen werden. Im allgemeinen sind die Arme jedoch biegeelastisch und bilden zusammen mit dem Schwungmoment des Kranzes ein torsionselastisches Schwingungssystem, so daß das zu übertragende Drehmoment von den Systemkonstanten (Massen und Steifigkeiten) und der zeitlichen Abhängigkeit des äußeren Drehmomentes abhängt. Als ungünstigster Fall ist das durch einen Kurzschluß ausgelöste Drehmoment in Rechnung zu setzen. Die Bestimmung des durch die Armelastizität bedingten Reduktionsfaktors für das Kurzschlußdrehmoment ist Gegenstand einer Torsionsschwingungsberechnung, wie sie für einen Wellenstrang im Kapitel über Torsionsschwingungen (S. 509ff.) durchgeführt ist. Es ist nun, von Ausnahmen abgesehen, üblich, auf eine Berechnung des Reduktionsfaktors zu verzichten und das volle Kurzschlußdrehmoment in Rechnung zu setzen.

Ergänzende Bezeichnungen:

M_k	[cm/kp]	Kurzschlußdrehmoment (Spitzenwert)
W_{aa}, W_{ai}	[cm³]	Widerstandsmoment des Armes am äußeren, — inneren Radius
$\lambda = l/r_k$	[1]	Verhältniswert
$f_k(\lambda)$, $f_n(\lambda)$	[1]	Hilfsfunktionen

(übrige Bezeichnungen wie für stationären Betrieb).

Mit der Voraussetzung, daß das Trägheitsmoment des Armes gegenüber demjenigen des Kranzes zurücktritt, gilt für das auf die Speiche und den Kranz ausgeübte Drehmoment an der Verbindungsstelle Arm-Kranz[1]

$$M_a = \frac{M}{a} f_k(\lambda) \qquad \left(f_k = \frac{\lambda\left(1 - \frac{2}{3}\lambda\right)}{2\left(1 - \lambda + \frac{1}{3}\lambda^2\right)} \right) \tag{175a}$$

und für das auf die Speiche und Nabe ausgeübte Drehmoment an der Verbindungsstelle Arm-Nabe

$$M_i = \frac{M}{a} f_n(\lambda) \qquad \left(f_n = \frac{\lambda\left(1 - \frac{1}{3}\lambda\right)}{2\left(1 - \lambda + \frac{1}{3}\lambda^2\right)} \right). \tag{175b}$$

Es wirken somit am äußeren bzw. inneren Armquerschnitt die Biegerandspannungen

$$\sigma_{aa} = \pm \frac{M_a}{W_{aa}} \quad (176\text{a}) \qquad \sigma_{ai} = \pm \frac{M_i}{W_{ai}} \quad (176\text{b})$$

und im Kranz die Biegerandspannungen

$$\sigma_{ka} = \pm \frac{M_a}{W_{ka}} \quad (177\text{a}) \qquad \sigma_{ki} = \pm \frac{M_a}{W_{ki}}. \quad (177\text{b})$$

Die Beanspruchung in der Nabe ist unbedeutend.

Numerisches Beispiel: Wechselstromgenerator wie im Beispiel für den stationären Betrieb, Netzfrequenz 50 Hz.

$$\begin{aligned} W_{aa} &= 900\ \text{cm}^3 \\ W_{ai} &= 1310\ \text{cm}^3 \\ \lambda &= 68/127 = 0{,}535 \\ f_k\,(0{,}535) &= 0{,}31 \\ f_n\,(0{,}535) &= 0{,}39, \end{aligned}$$

ferner:

$$\begin{aligned} P &= 7200\ \text{kW} && \text{(Leistung)} \\ \eta &= 0{,}94 && \text{(Wirkungsgrad)} \\ x_d'' &= 17{,}3\% && \text{(Subtransiente Reaktanz)} \\ n &= 375\ \text{U/min} && \text{(Nenndrehzahl).} \end{aligned}$$

Das Normaldrehmoment (Scheinmoment) an der Welle beträgt, vgl. auch Gl. 4a,

$$M = \frac{97\,400\,P}{\eta n} = \frac{97\,400 \cdot 7200}{0{,}94 \cdot 375} = 1{,}99 \cdot 10^6\ \text{cmkp} \qquad \left\{ \begin{array}{l} M\,[\text{cmkp}] \\ P\,[\text{kW}] \\ n\,[\text{U/min}]\,. \end{array} \right.$$

Bei einem Klemmenkurzschluß zwischen zwei Phasen wirkt ein von der Zeit abhängiges Drehmoment an der Welle, das in guter Näherung durch folgende Formel ausgedrückt werden kann, vgl. S. 518, Gl. (230), mit $k = 1$ (3-Phasen-Generator)

$$M_k(t) = \frac{M}{x_d''}\left[\sin(2\pi \cdot 50t) - \frac{1}{2}\sin(2\pi \cdot 100t)\right].$$

Mit dem größten Klammerausdruck von 1,30 wird der Spitzenwert des Kurzschlußdrehmomentes

$$M_k = M\,\frac{1{,}30}{0{,}173} = M \cdot 7{,}50 = 1{,}99 \cdot 10^6 \cdot 7{,}50 = 1{,}49 \cdot 10^7\ \text{cmkp}$$

und

[1] Betreffend Ableitung der folgenden Formeln vgl. Anhang IV.

$$M_a = \frac{1{,}49 \cdot 10^7}{8}\, 0{,}31 = 5{,}79 \cdot 10^5 \text{ cmkp} \tag{175a}$$

$$M_i = \frac{1{,}49 \cdot 10^7}{8}\, 0{,}39 = 7{,}28 \cdot 10^5 \text{ cmkp.} \tag{175b}$$

Die gesuchten Randspannungen infolge Kurzschluß betragen im Arm

$$\sigma_{aa} = \pm \frac{5{,}79 \cdot 10^5}{900} = \underline{\pm\, 645 \text{ kp/cm}^2} \tag{176a}$$

$$\sigma_{ai} = \pm \frac{7{,}28 \cdot 10^5}{1310} = \underline{\pm\, 555 \text{ kp/cm}^2} \tag{176b}$$

und im Kranz

$$\sigma_{ka} = \pm \frac{5{,}79 \cdot 10^5}{8160} = \underline{\pm\, 71 \text{ kp/cm}^2} \tag{177a}$$

$$\sigma_{ki} = \pm \frac{5{,}79 \cdot 10^5}{7470} = \underline{\pm\, 78 \text{ kp/cm}^2.} \tag{177b}$$

Die entsprechenden Werte für das Nenndrehmoment sind offenbar 7,5mal kleiner.

b) Scheibenräder. Direkt auf der Welle aufgeschrumpfte oder zwischen zwei Wellenenden angeordnete Rotorplatten können als Scheibenrad betrachtet werden. Im Gegensatz zu den Speichenrädern besteht die Verbindung Kranz-Nabe demnach nicht aus einzelnen Armen, sondern aus einem vollen Scheibenring, Abb. 425, indem das Rad aus einzelnen Teilscheiben unterschiedlicher Dimensionen zusammengesetzt gedacht werden kann (Abb. 42d, 48, 69, 370).

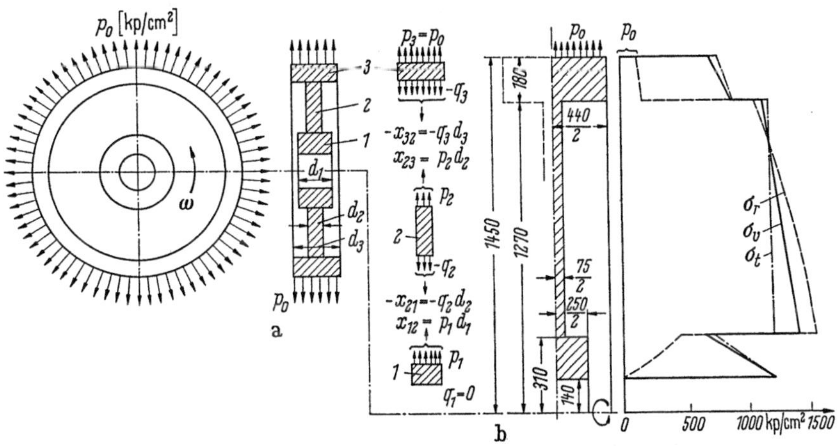

Abb. 425. Aus Kreisringscheiben zusammengesetztes Scheibenrad

1. Bezeichnungen:

G_p	[kp]	Gewicht der Pole
r_p	[cm]	mittlerer Radius der Pole
Z_p	[kp]	Fliehkraft der Pole
r_a, r_i	[cm]	äußerer —, innerer Radius einer Kreisringscheibe
d	[cm]	Dicke einer Kreisringscheibe
$(p \equiv \sigma_{ra})$, $q(\equiv \sigma_{ri})$	[kp/cm²]	randäußere —, randinnere Belastung (Radialspannung) einer Kreisringscheibe

X_{mn}	[kp/cm]	Radialkraft pro Längeneinheit zwischen zwei anstoßenden Kreisringscheiben der Nummer m und n
$\sigma_a (\equiv \sigma_{ta})$, $\sigma_i (\equiv \sigma_{ti})$	[kp/cm²]	Tangentialspannung am äußeren, — inneren Rande einer Kreisringscheibe
σ_v	[kp/cm²]	Vergleichsspannung
α_{jk}[1]	[1]	Einflußzahl der Tangentialspannung
β_{jk}[1]	[cm³/kp]	Einflußzahl der radialen Dehnung
u_{jk}[1]	[cm]	radiale Dehnung
$k = r_i/r_a$	[1]	Abkürzung
$c = \gamma\omega^2/g = \varrho\omega^2$	[kp/cm⁴]	Abkürzung
$\gamma/g = \varrho$	[kps²/cm⁴]	Materialdichte
$\omega = n\pi/30$	[1/s]	Winkelgeschwindigkeit
n, n_s	[U/min]	Nenndrehzahl, Schleuderdrehzahl
E	[kp/cm²]	Elastizitätsmodul
ν	[1]	POISSONsche Querzahl (Stahl $\nu = 0{,}3$)

2. Der Scheibenring oder die Kreisringscheibe konstanter Dicke mit gleichmäßig verteilter Belastung am Umfang. Die Belastung eines Scheibenringes der Dicke d, Tab. 63, bestehe aus den radial gerichteten Lasten p und q sowie aus seiner Eigenfliehkraft z bei der Winkelgeschwindigkeit ω. Die Tangentialspannungen sowie die radialen Dehnungen u am inneren und äußeren Rand sind nach den Formeln der Tab. 63 des ebenen Spannungszustandes zu berechnen. Die einzelnen Einflüsse (p, q, z) können in ihrer Wirkung überlagert werden.

Numerisches Beispiel: Rotierende Kreisringscheibe aus Stahl mit gegebener Belastung am Außenrand.

Gegeben ist:

$p = 178$ kp/cm² $\quad n = 750$ U/min
$q = 0$ $\quad \gamma = 7{,}85 \cdot 10^{-3}$ kp/cm³
$r_a = 127$ cm $\quad E = 2{,}1 \cdot 10^6$ kp/cm²
$r_i = 31$ cm $\quad \nu = 0{,}3$
$d = 7{,}5$ cm

berechnet wird:

$$k = \frac{r_i}{r_a} = \frac{31}{127} = 0{,}244 \qquad \omega = \frac{750\pi}{30} = 78{,}5\ 1/s$$

$$c = \frac{\gamma\omega^2}{g} = \frac{7{,}85 \cdot 10^{-3} \cdot 78{,}5^2}{981} = 0{,}0492\ \text{kp/cm}^4$$

nach Tab. 63:

$$\sigma_i = \alpha_{ip}p + \sigma_{iz} \qquad u_i = \beta_{ip}p + u_{iz}$$

$$\sigma_a = \alpha_{ap}p + \sigma_{az} \qquad u_a = \beta_{ap}p + u_{az}$$

$$\alpha_{ip} = \frac{2}{1-k^2} = \frac{2}{1-0{,}244^2} = 2{,}13$$

$$\alpha_{ap} = \frac{1+k^2}{1-k^2} = \frac{1+0{,}244^2}{1-0{,}244^2} = 1{,}13$$

$$\sigma_{iz} = cr_i^2 \frac{1}{4}\left(\frac{3+\nu}{k^2} + 1 - \nu\right) = 0{,}0492 \cdot 31^2 \frac{1}{4}\left(\frac{3+0{,}3}{0{,}244^2} + 1 - 0{,}3\right) = 663\ \text{kp/cm}^2$$

---

[1] Index j bedeutet: i, a; Index k bedeutet: p, q, z.

Tabelle 63. *Spannungen, Dehnungen und Einflußzahlen der Kreisringscheibe (ebener Spannungszustand)*

$$k = \frac{r_i}{r_a} \qquad c = \frac{\gamma}{g}\,\omega^2$$

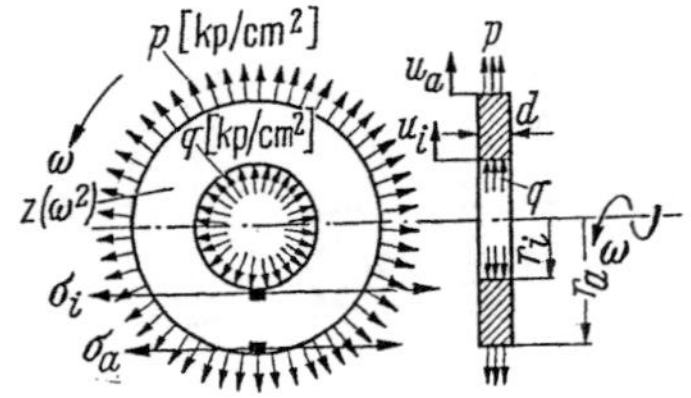

Spannungen	Dehnungen
+ Zug, − Druck	positiv nach außen
$\sigma_i = \alpha_{ip}\,p + \alpha_{iq}\,q + \sigma_{iz}$	$u_i = \beta_{ip}\,p + \beta_{iq}\,q + u_{iz}$
$\sigma_a = \alpha_{ap}\,p + \alpha_{aq}\,q + \sigma_{az}$	$u_a = \beta_{ap}\,p + \beta_{aq}\,q + u_{az}$

Belastung	Innenrand	Außenrand	Innenrand	Außenrand
p (Außenrand)	$\alpha_{ip} = \frac{2}{1-k^2}$	$\alpha_{ap} = \frac{1+k^2}{1-k^2}$	$\beta_{ip} = \frac{r_i}{E}\,\frac{2}{1-k^2}$	$\beta_{ap} = \frac{r_a}{E}\left(\frac{1+k^2}{1-k^2} - \nu\right)$
q (Innenrand)	$\alpha_{iq} = \frac{1+k^2}{1-k^2}$	$\alpha_{aq} = \frac{2k^2}{1-k^2}$	$\beta_{iq} = \frac{r_i}{E}\left(\frac{1+k^2}{1-k^2} + \nu\right)$	$\beta_{aq} = \frac{r_a}{E}\,\frac{2k^2}{1-k^2}$
z (Fliehkraft)	$\sigma_{iz} = c r_i^2 \frac{1}{4}\left(\frac{3+\nu}{k^2} + 1 - \nu\right)$	$\sigma_{az} = c r_a^2 \frac{1}{4}[(3+\nu)k^2 + 1 - \nu]$	$u_{iz} = \frac{c r_i^3}{E}\,\frac{1}{4}\left(\frac{3+\nu}{k^2} + 1 - \nu\right)$	$u_{az} = \frac{c r_a^3}{E}\,\frac{1}{4}[(3+\nu)k^2 + 1 - \nu]$

$$\sigma_{az} = c r_a^2 \frac{1}{4}[k^2(3+\nu)+1-\nu] = 0{,}0492\cdot 127^2\,\frac{1}{4}[0{,}244^2(3+0{,}3)+1-0{,}3] = 177\,\text{kp/cm}^2$$

$$E\beta_{ip} = r_i \frac{2}{1-k^2} = 31\,\frac{2}{1-0{,}244^2} = 66\,\text{cm}$$

$$E\beta_{ap} = r_a\left(\frac{1+\text{k}^2}{1-\text{k}^2}-\nu\right) = 127\left(\frac{1+0{,}244^2}{1-0{,}244^2}-0{,}3\right) = 105\,\text{cm}$$

$$E u_{iz} = c r_i^3 \frac{1}{4}\left(\frac{3+\nu}{\text{k}^2}+1-\nu\right) = 0{,}0492\cdot 31^3\,\frac{1}{4}\left(\frac{3+0{,}3}{0{,}244^2}+1-0{,}3\right) = 20\,500\,\text{kp/cm}$$

$$E u_{az} = c r_a^3 \frac{1}{4}[(3+\nu)k^2+1-\nu] = 0{,}0492\cdot 127^3\,\frac{1}{4}[(3+0{,}3)0{,}244^2+1-0{,}3] = 22\,550\,\text{kp/cm}$$

$$\sigma_i = 2{,}13\cdot 178 + 663 = \underline{1040\,\text{kp/cm}^2}$$

$$\sigma_a = 1{,}13\cdot 178 + 177 = \underline{380\,\text{kp/cm}^2}$$

$$E u_i = 66\cdot 178 + 20\,500 = 32\,250\,\text{kp/cm}$$

$$E u_a = 105\cdot 178 + 22\,550 = 41\,250\,\text{kp/cm}$$

$$u_i = \frac{32\,250}{2{,}1\cdot 10^6} = \underline{0{,}0153\,\text{cm}}$$

$$u_a = \frac{41\,250}{2{,}1\cdot 10^6} = \underline{0{,}0196\,\text{cm.}}$$

3. Das aus Einzelscheiben konstanter Dicke zusammengesetzte Scheibenrad mit gleichmäßig verteilter Belastung am Umfang. Man denke sich an den Stellen veränderlicher Dicke das Rad in Einzelringscheiben konstanter Dicke zerlegt. Der Einfluß der angrenzenden Ringe kann durch radiale Kräfte X über den Umfang ausgedrückt werden. Diese Randkräfte sind anfänglich unbekannt (statisch unbestimmtes Problem). Man braucht als weitere Beziehung die radiale Verformung der Ringe an den Trennstellen unter dem Einfluß der beteiligten Kräfte. Für n Einzelscheiben ergeben sich so $n-1$ Gleichungen, die zur Auflösung der $n-1$ Unbekannten X genügen. Mit Hilfe der Zusammenstellung in Tab. 63 gestaltet sich die Rechnung einfach und übersichtlich. Als Beispiel diene ein Scheibenrad, das aus drei Einzelscheiben mit Nummern 1, 2 und 3 zusammengesetzt gedacht werden kann und am äußeren Rand die Belastungsspannung p_0 als Wirkung der Pole auf das Rad tragen soll. An den zerlegten Scheiben greifen die Umfangsspannungen p_i und q_i, $i = 1, 2, 3$ an[1], Abb. 425. Aus Gleichgewichtsgründen sind die längs des Umfangs wirkenden Radialkräfte zweier anstoßender Ringe entgegengesetzt gleich, so daß man folgende Gleichungen anschreiben kann:

$$\left.\begin{aligned} X_{12} &= -X_{21} \\ X_{23} &= -X_{32} \end{aligned}\right\} \tag{178}$$

oder

$$\left.\begin{aligned} X_{12} &= p_1 d_1 = -q_2 d_2 \\ X_{23} &= p_2 d_2 = -q_3 d_3 \end{aligned}\right\} \tag{179}$$

oder auch

$$\begin{aligned} p_1 &= \frac{X_{12}}{d_1} \qquad & q_2 &= -\frac{X_{12}}{d_2} \\ p_2 &= \frac{X_{23}}{d_2} \qquad & q_3 &= -\frac{X_{23}}{d_3}\,. \end{aligned} \tag{180}$$

[1] Die Indices beziehen sich auf die Nummern der Einzelscheiben.

Ferner müssen die radialen Dehnungen der angrenzenden Ringe an den Übergangsstellen 1—2 und 2—3 gleich groß sein. Es gelten die Dehnungsgleichungen

$$\begin{aligned} u_{a1} &= u_{i2} \\ u_{a2} &= u_{i3} \end{aligned} \tag{181}$$

oder ausgeschrieben (s. Tab. 63)

$$\beta_{ap1} p_1 + \beta_{aq1} q_1 + u_{az1} = \beta_{ip2} p_2 + \beta_{iq2} q_2 + u_{iz2} \tag{182}$$

$$\beta_{ap2} p_2 + \beta_{aq2} q_2 + u_{az2} = \beta_{ip3} p_3 + \beta_{iq3} q_3 + u_{iz3}. \tag{183}$$

Zusammen mit den Gleichgewichtsbedingungen und den zuständigen Randbedingungen

$$p_3 = p_0 \qquad\qquad q_1 = 0$$

ergibt sich folgendes Gleichungssystem zur Bestimmung der zwei unbestimmten Radialkräfte X_{12} und X_{23}

$$\left(\beta_{ap1}\frac{1}{d_1} + \beta_{iq2}\frac{1}{d_2}\right) X_{12} \qquad - \beta_{ip2}\frac{1}{d_2} X_{23} = u_{iz2} - u_{az1} \tag{184}$$

$$-\beta_{aq2}\frac{1}{d_2} X_{12} + \left(\beta_{ap2}\frac{1}{d_2} + \beta_{iq3}\frac{1}{d_3}\right) X_{23} = u_{iz3} - u_{az2} + \beta_{ip3} p_0 . \tag{185}$$

Damit können die Beanspruchungen der einzelnen Scheibenringe nach den Formeln der Tab. 63 berechnet werden. An den ideellen Trennstellen der Ringe kann die Vergleichsspannung entsprechend der GE-Hypothese nach der Formel

$$\sigma_v = \sqrt{\sigma_r^2 + \sigma_t^2 - \sigma_r \sigma_t}$$

für den ebenen Normalspannungszustand berechnet werden, wenn für σ_r die Radialspannung p bzw. q und für σ_t die entsprechende Tangentialspannung eingesetzt werden. Die vorstehende Methode ist einfach, sie bedingt im wesentlichen das Auflösen von linearen Gleichungssystemen und eignet sich im allgemeinen gut für Scheibenräder aus wenigen Scheibenringen. In ihrer Meridianebene beliebig geformte symmetrische Räder, Abb. 426, können zur Berechnung durch passend umschriebene, treppenförmige Kurven in Scheibenräder umgeformt werden. Die Näherung ist um so genauer, je besser die Treppen der tatsächlichen Form angeglichen sind.

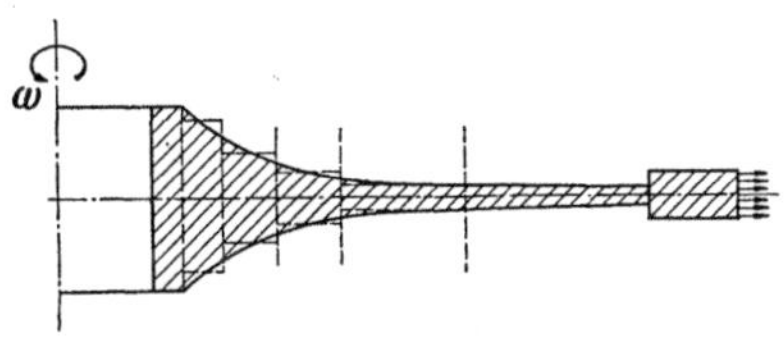

Abb. 426. Scheibenrad veränderlicher Dicke

Für Scheibenräder aus vielen Einzelscheiben sowie beliebig geformte symmetrische Räder sind nach der beschriebenen Methode größere Gleichungssysteme zu lösen, eine Aufgabe, die mit Vorteil Rechenautomaten überlassen wird. Für spezielle Scheibenformen mit analytisch gegebenen Meridiankurven sind zweckmäßigere Rechenmethoden entwickelt worden[1].

Numerisches Beispiel: Rotierendes 3-Ring-Scheibenrad aus Stahl folgender Dimensionen und Daten, Abb. 425b, (gleichmäßige Belastung am äußeren Umfang durch die Zentrifugalkraft der Pole vorausgesetzt).

$r_p = 152$ cm	$d_1 = 25$ cm	$G_p = 6580$ kp
$r_a = 145$ cm	$d_2 = 7{,}5$ cm	$n_s = 750$ U/min
$r_{i3} = r_{a2} = 127$ cm	$d_3 = 44$ cm	$E = 2{,}1\cdot 10^6$ kp/cm²
$r_{i2} = r_{a1} = 31$ cm		$\nu = 0{,}3$
$r_{i1} = 14$ cm		$\gamma = 7{,}85\cdot 10^{-3}$ kp/cm³.

[1] Biezeno, C. B., Grammel, R.: Techn. Dynamik, 2. Aufl., Bd. I u. II, Springer 1953.

Damit wird

$$\omega = \frac{750\pi}{30} = 78{,}5\ {}^1/_s$$

$$c = \frac{7{,}85 \cdot 10^{-3}}{981} 78{,}5^2 = 0{,}0492\ \mathrm{kp/cm^4}$$

$$Z_p = \frac{G_p}{g}\,\omega^2\,r_p = \frac{6580}{981}\,78{,}5^2 \cdot 152 = 6{,}27 \cdot 10^6\ \mathrm{kp}$$

$$p_0 = \frac{Z_p}{2 r_{a3} \pi d_3} = \frac{6{,}27 \cdot 10^6}{2 \cdot 145 \pi 44} = 156\ \mathrm{kp/cm^2} = p_3$$

$$k_1 = \frac{14}{31} = 0{,}452 \qquad k_1^2 = 0{,}204$$

$$k_2 = \frac{31}{127} = 0{,}244 \qquad k_2^2 = 0{,}0596$$

$$k_3 = \frac{127}{145} = 0{,}877 \qquad k_3^2 = 0{,}767$$

und mit Tab. 63

$\alpha_{ip1} = 2{,}51$	$\alpha_{ap1} = 1{,}51$	—	$E\beta_{ap1} = 31 \cdot 1{,}21 =$ $= 37{,}5$ cm
$\alpha_{ip2} = 2{,}13$	$\alpha_{ap2} = 1{,}13$	$E\beta_{ip2} = 31 \cdot 2{,}13 =$ $= 66{,}0$ cm	$E\beta_{ap2} = 127 \cdot 0{,}83 =$ $= 105{,}4$ cm
$\alpha_{ip3} = 8{,}59$	$\alpha_{ap3} = 7{,}59$	$E\beta_{ip3} = 127 \cdot 8{,}59 =$ $= 1091$ cm	—
$\alpha_{iq2} = 1{,}13$	$\alpha_{aq2} = 0{,}13$	$E\beta_{iq2} = 31 \cdot 1{,}43 =$ $= 44{,}3$ cm	$E\beta_{aq2} = 127 \cdot 0{,}13 =$ $= 16{,}5$ cm
$\alpha_{iq3} = 7{,}59$	$\alpha_{aq3} = 6{,}59$	$E\beta_{iq3} = 127 \cdot 7{,}89 =$ $= 1002$ cm	—
$\sigma_{iz1} = 9{,}65 \cdot 4{,}22 =$ $= 40{,}6\ \mathrm{kp/cm^2}$	$\sigma_{az1} = 47{,}2 \cdot 0{,}34 =$ $= 16{,}05\ \mathrm{kp/cm^2}$	—	$Eu_{az1} = 14\,640 \cdot 0{,}34$ $= 4980$ kp/cm
$\sigma_{iz2} = 47{,}2 \cdot 14 =$ $= 662\ \mathrm{kp/cm^2}$	$\sigma_{az2} = 791 \cdot 0{,}22 =$ $= 174\ \mathrm{kp/cm^2}$	$Eu_{iz2} = 1464 \cdot 14 =$ $= 20\,500$ kp/cm	$Eu_{az2} = 1{,}024 \cdot 10^5 \times$ $\times 0{,}22 =$ $= 22\,550$ kp/cm
$\sigma_{iz3} = 791 \cdot 1{,}25 =$ $= 989\ \mathrm{kp/cm^2}$	$\sigma_{az3} = 1030 \cdot 0{,}807 =$ $= 833\ \mathrm{kp/cm^2}$	$Eu_{iz3} = 1{,}024 \cdot 10^5 \times$ $\times 1{,}25 =$ $= 128\,000$ kp/cm	—

Die entsprechenden Größen in das Gleichungssystem für X eingesetzt, führen auf

$$\left(\frac{37{,}5}{25} + \frac{44{,}3}{7{,}5}\right) X_{12} - \frac{66{,}0}{7{,}5} X_{23} = 20\,500 - 4980 \tag{184}$$

$$-\frac{16{,}5}{7{,}5} X_{12} + \left(\frac{105{,}4}{7{,}5} + \frac{1002}{44}\right) X_{23} = 128\,000 - 22\,550 + 1091 \cdot 156\,. \tag{185}$$

Die Auflösung des Gleichungssystems liefert die Radialkräfte

$$X_{12} = 11\,800\ \mathrm{kp/cm}$$

$$X_{23} = 8\,190\ \mathrm{kp/cm}$$

und folglich die Radialspannungen

$$p_1 = \frac{11\,800}{25} = 470\ \mathrm{kp/cm^2} \qquad p_2 = \frac{8190}{7{,}5} = 1090\ \mathrm{kp/cm^2}$$

$$q_2 = -\frac{11\,800}{7{,}5} = -\,1570\ \mathrm{kp/cm^2} \qquad q_3 = -\frac{8190}{44} = -\,185\ \mathrm{kp/cm^2}\,. \tag{180}$$

Damit können die Tangentialspannungen berechnet werden

$$\sigma_{i1} = 2{,}51 \cdot 472 + 40{,}6 \quad = 1230\ \text{kp/cm}^2$$
$$\sigma_{a1} = 1{,}51 \cdot 472 + 16{,}05 = 730\ \text{kp/cm}^2$$
$$\sigma_{i2} = 2{,}13 \cdot 1092 + 1{,}13(-1572) + 662 = 1210\ \text{kp/cm}^2$$
$$\sigma_{a2} = 1{,}13 \cdot 1092 + 0{,}13(-1572) + 174 = 1200\ \text{kp/cm}^2$$
$$\sigma_{i3} = 8{,}59 \cdot 156 \quad + 7{,}59(-\ 186) + 989 = \ 920\ \text{kp/cm}^2$$
$$\sigma_{a3} = 7{,}59 \cdot 156 \quad + 6{,}59(-\ 186) + 833 = \ 790\ \text{kp/cm}^2\,.$$

Die Vergleichsspannungen ergeben alsdann aufgerundet

		σ_t kp/cm²	σ_r kp/cm²	σ_v kp/cm²
Scheibe Nr. 1	Innenrand	1230	0	1230
	Außenrand	730	470	640
Scheibe Nr. 2	Innenrand	1210	1570	1425
	Außenrand	1200	1090	1150
Scheibe Nr. 3	Innenrand	920	185	885
	Außenrand	790	155	725

Der Verlauf der Spannungen ist in Abb. 425b eingetragen.

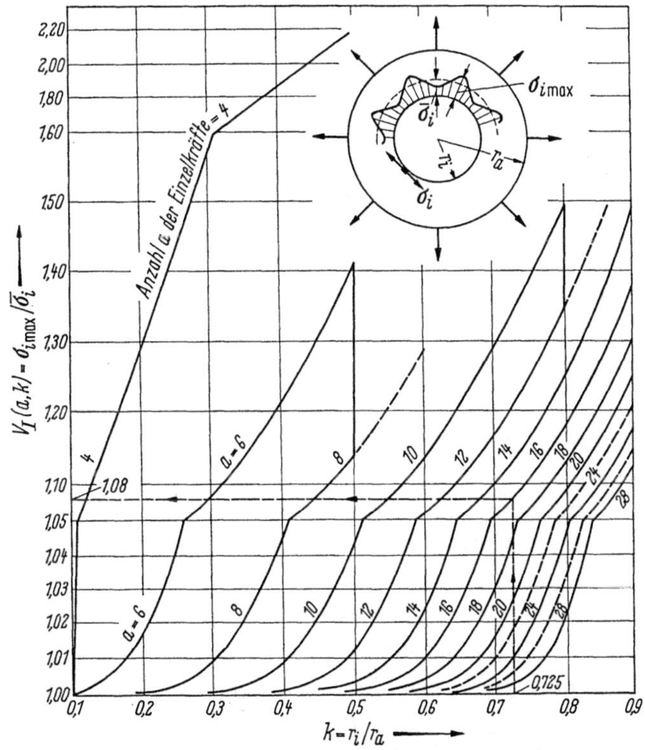

Abb. 427. Kreisringscheibe mit Belastung durch Einzelkräfte am äußeren Umfang

4. Der Scheibenring oder die Kreisringscheibe konstanter Dicke mit ungleichmäßig verteilter Belastung am Umfang. Die Belastung eines rotierenden Polrades erfolgt im allgemeinen ungleichmäßig über den Umfang, indem die Fliehkraft der Pole in der Art von Einzelkräften, Abb. 427, oder mindestens in der Art von einzelnen Streckenlasten, Abb. 428, am äußern Umfang des Polrades angreifen. Dies hat zur Folge, daß die maßgebende Tangentialspannung an der inneren Bohrung nicht mehr konstant über den Umfang verläuft, sondern von der Winkellage zwischen den Polen abhängt. Wird das Polrad als Kreisringscheibe aufgefaßt, so kann man[1] die maximal auftretende Tangentialspannung dadurch erhalten,

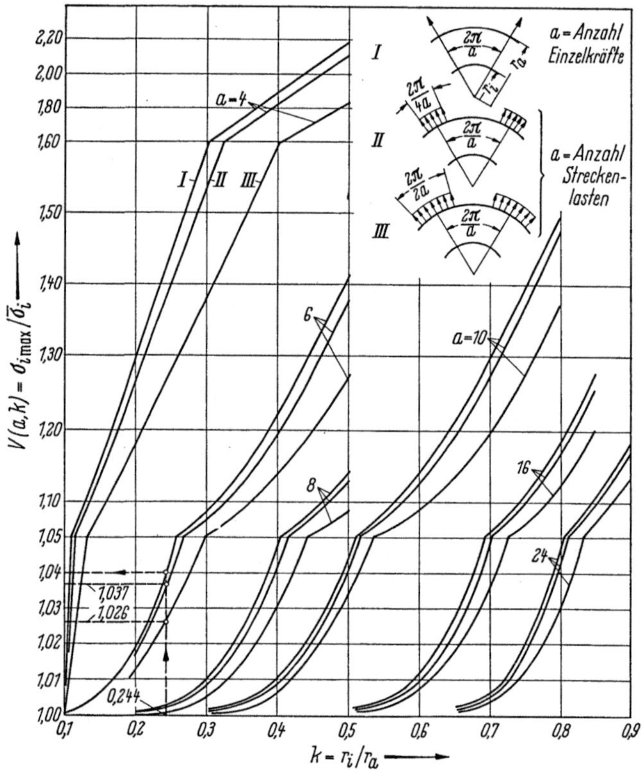

Abb. 428. Kreisringscheibe mit verschiedenen periodischen Lasten am äußeren Umfang

daß man einen Vergrößerungsfaktor V berechnet, mit dem die mittlere Tangentialspannung $\sigma_i = \bar{\sigma}_i$ zu multiplizieren ist, um die maximale Spannung $\sigma_{i\,\max}$ zu erhalten. Es ist dann:

$$\sigma_{i\,\max} = V \cdot \bar{\sigma}_i. \tag{186}$$

$\bar{\sigma}_i$ ist die Spannung, die man erhält, wenn die Polkräfte als gleichmäßig verteilt über den Umfang angenommen werden, ist also nach Tab. 63 mit

$$\bar{\sigma}_i = \alpha_{ip}\, p \quad \left(\alpha_{ip} = \frac{2}{1 - (r_i/r_a)^2}\right) \tag{187}$$

zu bestimmen. Der Faktor $V(a, k)$, der das Verhältnis der maximalen zur mittleren Spannung ausgedrückt, ist in Abb. 427 für Einzellasten und in Abb. 428 zu-

[1] KELLENBERGER, W.: Tabelle der größten Randspannung einer Kreisringscheibe mit äquidistanten Einzellasten. Schweiz. Bauzeitung 76 (1958) 40, S. 598—600, und 76 (1958) 44, S. 661.

sätzlich für zwei Typen von Streckenlasten berechnet. Er hängt verständlicherweise von der Anzahl Lasten a sowie vom Radienverhältnis $k = r_i/r_a$ der Kreisringscheibe ab.

Numerisches Beispiel: Die rotierende Kreisringscheibe im Beispiel des Abschnittes 2, S. 450, werde an Stelle der gleichmäßig verteilten Außenlast p durch 6 Einzelkräfte beansprucht.

Mit $k = r_i/r_a = 0{,}244$ entnimmt man aus Abb. 427 oder 428 einen Vergrößerungsfaktor von

$$V_I(6;0{,}244) = 1{,}040.$$

Der Einfluß der Belastung durch Einzelkräfte an Stelle von gleichmäßig verteilter Belastung ist nur 4,0%. Würde man Streckenlasten nach Typ II bzw. III in Rechnung setzen, so ergäben sich nach Abb. 428 die Vergrößerungsfaktoren

$$V_{II}(6;0{,}244) = 1{,}037 \qquad V_{III}(6;0{,}244) = 1{,}026.$$

Der geringe Einfluß in allen 3 Fällen ist auf das günstige Radienverhältnis zurückzuführen.

Die maßgebende Tangentialspannung an der inneren Bohrung der rotierenden Kreisringscheibe wird im Falle von Einzelkräften am Umfang, vgl. Beispiel Abschnitt 2,

$$\sigma_i = V_I(6;0{,}244)\alpha_{ip}p + \sigma_{iz} = 1{,}040 \cdot 2{,}13 \cdot 178 + 663 = \underline{1060\ \text{kp/cm}^2},$$

wobei das zweite Glied den Einfluß der Eigenfliehkraft (63%) der Scheibe ausdrückt. Verglichen mit dem Resultat für gleichmäßig verteilte Belastung am Umfang $\sigma_i = 1040$ kp/cm² ist der Unterschied für den vorliegenden Fall belanglos.

c) Berechnung der Rotor-Schichtkränze aus einzelnen Segmenten (Kettenbauart)

1. Bezeichnungen:

s	[cm]	Segmentlänge
u	[cm]	Überlappung
$\bar{u} = u/s;\ (< 1)$	[1]	Verschichtung (relative Überlappung)
z. B. $\bar{u} - 1/2,\ 2/3,\ 3/4, \ldots 3/5,\ 5/7 \ldots$		
$\ddot{u} = s - u$	[cm]	Überkragung
$A_u\ (\approx \ddot{u}h)$	[cm²]	Überkragungsfläche
d	[cm]	Blechstärke
h_0	[cm]	Blechhöhe (radial)
$h\ (< h_0)$	[cm]	tragende Blechhöhe
b_0	[cm]	effektive Kranzbreite
$b = dz$	[cm]	rechnerische Kranzbreite
z_0	[1]	effektive Anzahl Blechschichten
$z = nm$	[1]	rechnerische Anzahl Blechschichten
(n: ganze Zahl)		
$A_0 = dz_0h_0$	[cm²]	effektiver Querschnitt des Kranzes
$A = dzh$	[cm²]	rechnerischer Querschnitt des Kranzes
$A^* = \bar{u}A$	[cm²]	tragender Querschnitt des Kranzes
$(\bar{u} < 1 \rightarrow A^* < A)$		
D	[cm]	Bolzendurchmesser
$A_B = D^2\pi/4$	[cm²]	Querschnitt eines Bolzens
α	[1]	Anzahl Bolzenreihen pro Überkragung
β	[1]	Anzahl Bolzen im radialen Strahl (Reihe)
$T = zK$	[kp]	Zugkraft im Kranz (Tangentialkraft)
F	[kp]	max. Zugkraft im Blech
S	[kp]	max. Schubkraft im Bolzen
L	[kp]	max. Lochleibungskraft im Blech und Bolzen

σ	[kp/cm²]	max. Zugspannung im Blech
$\tau = \frac{4S}{\pi D^2}$	[kp/cm²]	max. Schubspannung im Bolzen
$\sigma_l = \frac{L}{Dd}$	[kp/cm²]	max. Lochleibungsdruck im Blech und Bolzen
μ	[1]	Reibungskoeffizient zwischen den Blechen

2. Synchronmaschinen. Für Schichtkränze von Synchronmaschinen mit ausgeprägten Polen, Abb. 371, werden Stahlplatten von 1 mm, meist aber 2 mm Stärke verwendet. Die einzelnen Platten, die sog. Segmente, werden um je $1/2$, 1, 2, (3), meist aber um 1 Polteilung versetzt, Abb. 429a. Ihre Versetzung kann fortlaufend erfolgen, so daß die Stoßkurve am Umfang eine spiralförmige Treppenkurve darstellt, oder alternierend vor- und rückwärts, so daß am Umfang eine zickzackförmige Treppenkurve entsteht, Abb. 429b. Die zweite Versetzungsart ist bezüglich Herstellung teurer, da sie mehr Aufmerksamkeit und daher längere Montagezeit erfordert. Die Platten, aus denen die Segmente gestanzt werden, haben größte Abmessungen von 2 m × 5 m. Um einen wirtschaftlichen Schnitt mit wenig Abfall zu ermöglichen, sind die Segmentlängen auf 2 m beschränkt, Abb. 429c. Die Mindestlänge soll, um eine genügende Biegesteifigkeit des Kranzes zu gewährleisten, zwei Polteilungen nicht unterschreiten. Für den Zusammenbau der Segmente zum Kranz werden blanke Stahlbolzen verwendet. Für *kleinere und langsamlaufende Maschinen* werden Zugbolzen in die ins Blech gestanzten Löcher eingebaut und bei der Montage das Blechpaket unter axiale Vorspannung gebracht. Die Fliehkraft kann so allein durch die Reibung der blanken Bleche aufgenommen werden, wobei Reibungskoeffizienten von $\mu = 0{,}1 \dots 0{,}2$ gemessen wurden. Bei *großen und raschlaufenden Maschinen* genügt die Reibung zur Aufnahme der Fliehkräfte nicht mehr, und es müssen Paßbolzen verwendet werden, die bei fehlender Reibung auf Abscherung und Lochleibung beansprucht werden. Es ist üblich, bei ungenügendem Reibungsschluß die Berechnung vollständig auf die Tragfähigkeit der Paßbolzen zu stützen und den Reibungsschluß als „stille" Reserve zu betrachten. Bei der letzteren sicheren Betrachtungsweise sind denn auch hohe Beanspruchungen für Blech und Bolzen zugelassen. Es gelten etwa folgende Werte:

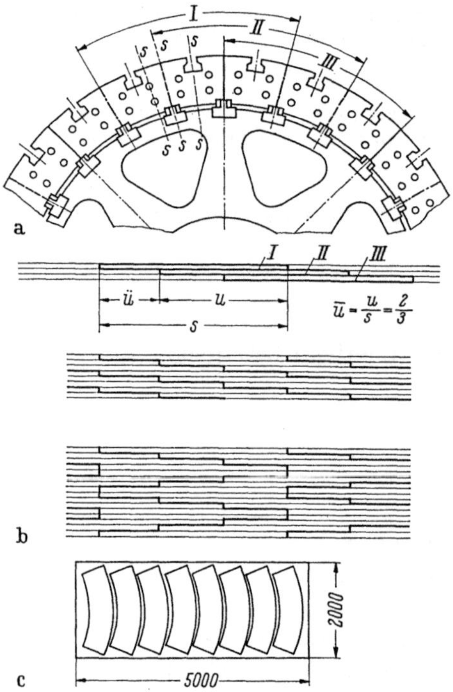

Abb. 429. Schichtpolrad
a Verschichtung; b fortlaufende und alternierend-symmetrische Verschichtung; c Blechschnitt

zulässige Zugfestigkeit im Blech $\sigma_{\text{zul}} = 0{,}75\,\sigma_S$

zulässige Lochleibung in Blech und Bolzen $\sigma_{l\,\text{zul}} = 1{,}0\,\sigma_S$

zulässige Scherspannung im Bolzen $\tau_{\text{zul}} = 0{,}2\,\frac{\sigma_S}{\sqrt{3}}$

Für die Zugbeanspruchung im Blech ist der schwächste Querschnitt $s - s$ maßgebend, Abb. 429a. Die Schwächung ist bedingt entweder durch die Polklaue oder durch die radiale Bolzenreihe oder durch den Einschnitt für die tangentiale Verkeilung von Arm und Kranz.

Die Kräfteverhältnisse bei der Übertragung des tangentialen Zuges Z im Kranz, hervorgerufen durch die Fliehkräfte von Polen und Kranz, sind in Abb. 430 dargestellt. Der Reibungsschluß ist dabei vernachlässigt. Einfachheitshalber sind nur m Bleche bei einer Verschichtung von $\bar{u} = (m - 1)/m$ dargestellt. Bei $z = nm$ (n = ganze Zahl) Schichten wiederholt sich das Kräftespiel n mal. Ist n keine ganze Zahl, so sind die Verhältnisse leicht gestört. Praktisch ist n stets eine große Zahl, so daß die „überzähligen" Bleche ohne nennenswerten Verlust rechnerisch unberücksichtigt bleiben können.

Beispiel: Die Verschichtung betrage $\bar{u} = 2/3$; also $m = 3$. Es werden $z_0 = 158$ Blechschichten verwendet; daraus wird $n_0 = z_0/m = 158/3 = 52{,}7$ (ungerade Zahl). Man setzt $n = 52$, wodurch $z = nm = 52 \cdot 3 = 156$ Schichten für die Berechnung in Frage kommen. 2 überzählige Bleche bleiben somit sicherheitshalber unberücksichtigt.

Für z Schichten sind die sich ergebenden max. Zugkräfte im Blech, Schubkräfte im Bolzen und Lochleibungskräfte in Tab. 64 übersichtlich zusammengestellt. Sind im radialen Strahl β Bolzen vorhanden, so reduzieren sich Schub- und Lochleibungskraft um den Faktor $1/\beta$.

Aus Abb. 430 und Tab. 64 sind folgende bemerkenswerte Eigenschaften zu erkennen:

1. Der dargestellte Kräfteverlauf gilt unter der Voraussetzung, daß (zwischen zwei Bolzen) durchgehende Blechschichten gleiche Kraftanteile übertragen und die Bolzen sich somit nicht schräg stellen.

2. Wie man sich anhand der Abb. 430 leicht überzeugen kann, ist die Voraussetzung 1 erfüllt, solange nicht mehr als 2 Bolzenreihen pro Überkragung vorhanden sind. In jedem Schnitt ist die Zugkraft in den Blechschichten gleich groß, wodurch bei gleicher Blechstärke auch gleiche Dehnungen resultieren.

3. Sind mehr als 2 Bolzenreihen pro Überkragung vorhanden, so werden nicht alle Bolzen gleich belastet. Mit zunehmender Steifigkeit der Bolzen übernehmen die Randbolzen mehr und entlasten die mittleren, wobei sich nebeneinanderliegende Blechabschnitte entsprechend der in ihnen wirkenden ungleichen Kräfte verschieden dehnen und ein Schrägstellen der Bolzen bewirken, vgl. Abb. 430 ($\bar{u} = 1/2, \alpha = 3$). Im Grenzfalle starrer Bolzen tragen nur die beiden äußeren, die inneren Bolzen sind wirkungslos und könnten weggelassen werden. Man wird daher selten mehr als drei Bolzen pro Überkragung vorsehen. Es ist üblich, bei mehreren Bolzen pro Überkragung so zu rechnen, als ob nur zwei Bolzen vorhanden wären, mit anderen Worten, starre Bolzen vorauszusetzen und die leichte Überdimensionierung als Reserve zu betrachten.

4. Der tragende Blechquerschnitt A^* ist gleich der Verschichtung $\overline{u}$ mal dem vorhandenen Querschnitt A; im Minimum somit die Hälfte —, im Maximum bei sehr großer Verschichtung gleich dem eines Vollquerschnittes oder massiven

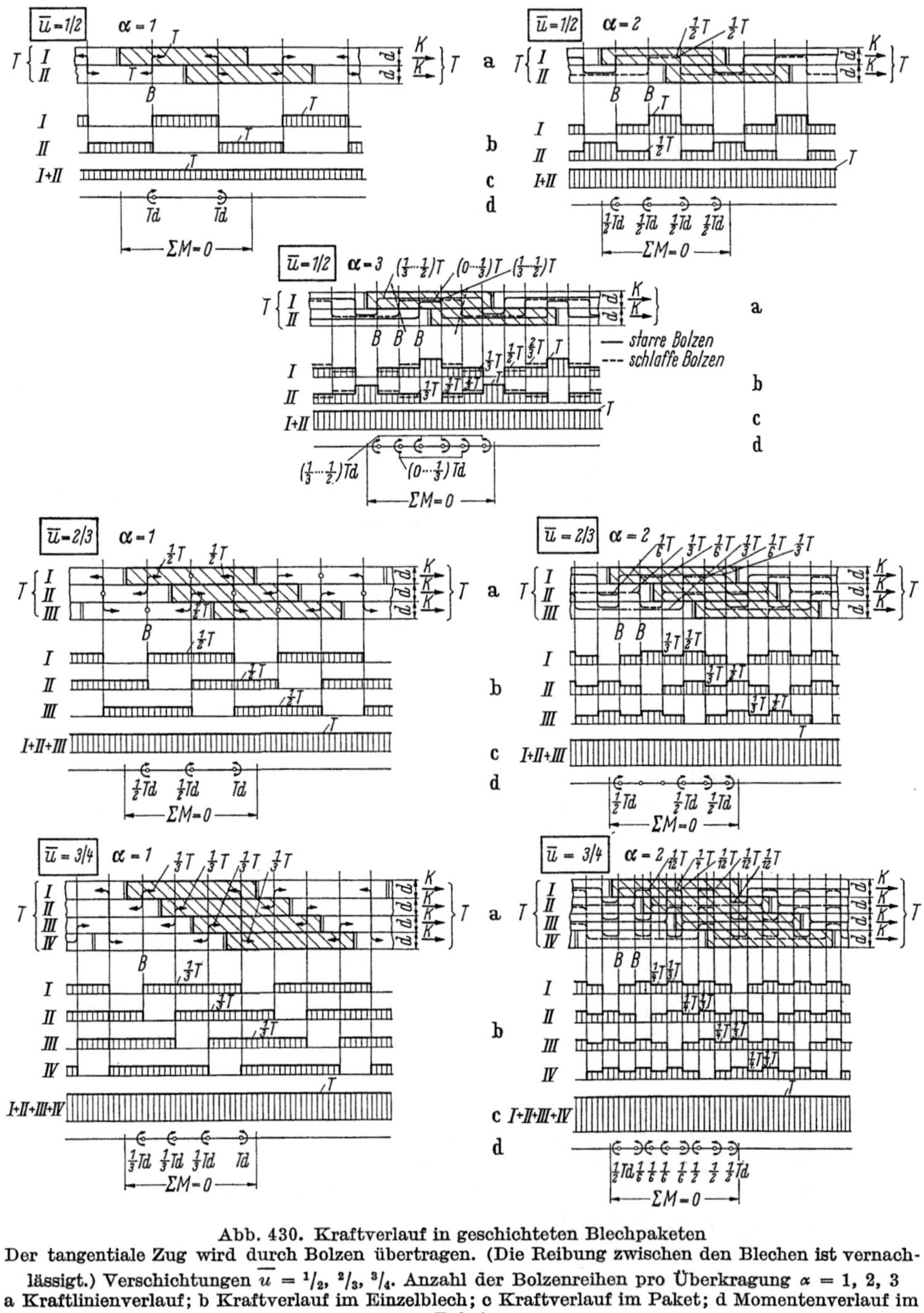

Abb. 430. Kraftverlauf in geschichteten Blechpaketen
Der tangentiale Zug wird durch Bolzen übertragen. (Die Reibung zwischen den Blechen ist vernachlässigt.) Verschichtungen $\overline{u}$ = $^1/_2$, $^2/_3$, $^3/_4$. Anzahl der Bolzenreihen pro Überkragung α = 1, 2, 3
a Kraftlinienverlauf; b Kraftverlauf im Einzelblech; c Kraftverlauf im Paket; d Momentenverlauf im Paket

Tabelle 64. *Kräfteverhältnisse im Schichtkranz bei variabler Verschichtung und Bolzenzahl* (vgl. Abb. 430)

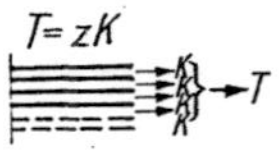	Anzahl Bolzen pro Überkragung $\ddot{u}$ α	Tragender zu vorhand. Blechquerschnitt A^*/A	Max. Zugkraft im Blech F				Max. Schubkraft im Bolzen S und max. Lochleibungskraft L			
Anzahl Blechschichten			$z=2$		$z=n\cdot 2$		$z=2$		$z=n\cdot 2$	
$\ddot{u}=1/2\ (m=2)$ 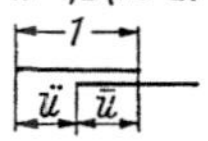	1						T	$2K$	$\frac{2T}{z}$	$2K$
	2	$^1/_2$	T	$2K$	$\frac{2T}{z}$	$2K$	$\frac{1}{2}T$	K	$\frac{T}{z}$	K
	3						$\left(\frac{1}{3}\dots\frac{1}{2}\right)T$	$\left(\frac{2}{3}\dots 1\right)K$	$\left(\frac{2}{3}\dots 1\right)\frac{T}{z}$	$\left(\frac{2}{3}\dots 1\right)K$
	α						$\left(\frac{1}{\alpha}\dots\frac{1}{2}\right)T$	$\left(\frac{2}{\alpha}\dots 1\right)K$	$\left(\frac{2}{\alpha}\dots 1\right)\frac{T}{z}$	$\left(\frac{2}{\alpha}\dots 1\right)K$
			$z=3$		$z=n\cdot 3$		$z=3$		$z=n\cdot 3$	
$\ddot{u}=2/3\ (m=3)$ 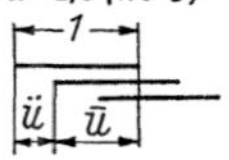	1						$\frac{1}{2}T$	$\frac{3}{2}K$	$\frac{3}{2}\frac{T}{z}$	$\frac{3}{2}K$
	2	$^2/_3$	$\frac{1}{2}T$	$\frac{3}{2}K$	$\frac{3T}{2z}$	$\frac{3}{2}K$	$\frac{1}{3}T$	K	$\frac{T}{z}$	K
	3						$\left(\frac{1}{4}\dots\frac{1}{3}\right)T$	$\left(\frac{3}{4}\dots 1\right)K$	$\left(\frac{3}{4}\dots 1\right)\frac{T}{z}$	$\left(\frac{3}{4}\dots 1\right)K$
	α						$\left(\frac{1}{\alpha+1}\dots\frac{1}{3}\right)T$	$\left(\frac{3}{\alpha+1}\dots 1\right)K$	$\left(\frac{3}{\alpha+1}\dots 1\right)\frac{T}{z}$	$\left(\frac{3}{\alpha+1}\dots 1\right)K$
							Bei β Bolzen im radialen Strahl sind S und L durch β zu teilen			

Fortsetzung S. 462

Tabelle 64 (Fortsetzung)

	Anzahl Bolzen pro Überkragung $\ddot{u}$ α	Tragender zu vorhand. Blechquerschnitt A^*/A	Max. Zugkraft im Blech F				Max. Schubkraft im Bolzen S und max. Lochleibungskraft L			
			$z = 4$		$z = n \cdot 4$		$z = 4$		$z = n \cdot 4$	
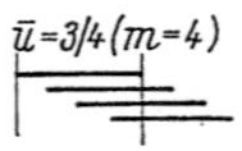	1	$^3/_4$	$\frac{1}{3} T$	$\frac{4}{3} K$	$\frac{4T}{3z}$	$\frac{4}{3} K$	$\frac{1}{3} T$	$\frac{4}{3} K$	$\frac{4}{3} \frac{T}{z}$	$\frac{4}{3} K$
	2						$\frac{1}{4} T$	K	$\frac{T}{z}$	K
	3						$\left(\frac{1}{5} \cdots \frac{1}{4}\right) T$	$\left(\frac{4}{5} \ldots 1\right) K$	$\left(\frac{4}{5} \ldots 1\right) \frac{T}{z}$	$\left(\frac{4}{5} \ldots 1\right) K$
	α						$\left(\frac{1}{\alpha+2} \cdots \frac{1}{4}\right) T$	$\left(\frac{4}{\alpha+2} \ldots 1\right) K$	$\left(\frac{4}{\alpha+2} \ldots 1\right) \frac{T}{z}$	$\left(\frac{4}{\alpha+2} \ldots 1\right) K$
			$z = m$		$z = n \cdot m$		$z = m$		$z = n \cdot m$	
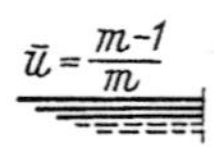	1	$\frac{m-1}{m}$	$\frac{T}{m-1}$	$\left(\frac{m-1}{m}\right) K$	$\left(\frac{m}{m-1}\right) \frac{T}{z}$	$\left(\frac{m}{m-1}\right) K$	$\left(\frac{1}{m-1}\right) T$	$\left(\frac{m}{m-1}\right) K$	$\left(\frac{m}{m-1}\right) \frac{T}{z}$	$\left(\frac{m}{m-1}\right) K$
	2						$\frac{1}{m} T$	K	$\frac{T}{z}$	K

Bei β Bolzen im radialen Strahl sind S und L durch β zu teilen

Kranzes. Die max. Zugkraft F im Blech oder die max. Zugspannung ist somit im Maximum doppelt so groß wie diejenige im massiven Kranz.

5. Max. Schubkraft im Bolzen S und max. Lochleibungskraft L sind gleich groß. Für 2 Bolzenreihen pro Überkragung ($\alpha = 2$) betragen sie $S = L = T/\beta z$ unabhängig von der Verschichtung $\bar{u}$, während sie im ungünstigsten Falle für eine Bolzenreihe ($\alpha = 1$) bei halber Verschichtung ($\bar{u} = 1/2$) den doppelten Betrag, nämlich $2\,T/\beta z$, erreichen.

6. Wie aus Abb. 430 hervorgeht, sind die Drehmomente für Biegung aus der Kranzebene — hervorgerufen durch die unsymmetrische Krafteinleitung in die Bolzen — über die Länge eines Segmentes aufgehoben. Damit wird der Kranz durch die Fliehkraft auch bei fortlaufender Verschichtung nicht aus seiner Ebene gedreht.

Bei sehr großen Polzahlen sind neben Verschichtungen $(m-1)/m$ auch solche der Art $\frac{m-2}{m}$, $\frac{m-3}{m}$, z. B. $\frac{3}{5}$, $\frac{4}{7}$ möglich, jedoch weniger üblich.

Handelt es sich um *reinen Reibungsschluß*, werden also die Bolzen nur zur axialen Vorspannung benutzt, so beträgt die durch Reibung zu übertragende erforderliche Kraft

$$N_{erf} = \frac{m}{m-1} \cdot \frac{T}{z}. \tag{188}$$

Sie ist gleich der max. Zugkraft F im Blech bei reiner Paßbolzenverbindung, wie man leicht aus Abb. 430 für eine Bolzenreihe ($\alpha = 1$) erkennt, da ja an Stelle der Bolzenverbindung die Reibungskraft tritt.

Die max. vorhandene Reibungskraft bei einer gegebenen axialen Bolzenvorspannung σ_B und gegebenem Reibungskoeffizienten μ beträgt[1]

$$N_{vorh} = \mu \sigma_B A_B \alpha \beta, \tag{189}$$

wobei $A_B \alpha \beta$ den gesamten Bolzenquerschnitt pro Überkragungsfläche bedeutet. Für reine Reibungsübertragung wird gefordert

$$N_{vorh} > N_{erf}.$$

Beispiel: Polradkranz in Schicht- oder Kettenbauart für Wechselstromgenerator.

Der massive Kranz aus Beispiel S. 444 (Speichenräder) soll durch einen Schichtkranz ersetzt werden.

Gegebene Daten:

Nenndrehzahl	$n \quad = 375$ U/min (16 Pole bei 50 Hz)
Schleuderdrehzahl	$n_s \quad = 2 \cdot 375$ U/min $= 750$ U/min
Gewicht des Kranzes inkl. Pole	$G_{kp} = 11\,900$ kp
Fliehkraft des Kranzes inkl. Pole bei n_s	$Z_{kp} = 9{,}5 \cdot 10^6$ kp
Tangentialer Zug im Kranz infolge Z_{kp} bei n_s	$T \quad = \frac{Z_{kp}}{2\pi} = 1{,}511 \cdot 10^6$ kp.

[1] Die axiale Zugkraft in den $\alpha \cdot \beta$ Bolzen der Überkragungsfläche A_u beträgt $\sigma_B A_B \alpha \beta$. Die Kraft auf das Blech pro Überkragungsfläche bei einem spezifischen Druck p beträgt $p A_u$. Das Gleichsetzen der Kräfte liefert $\sigma_B A_B \alpha \beta = p A_u$, woraus $p = \sigma_B A_B \alpha \beta / A_u$ wird. Mit diesem spezifischen Druck und dem Reibungskoeffizienten μ kann pro Blechschicht eine max. Tangentialkraft von

$$\mathrm{N} = \mu p A_u = \mu \sigma_B A_B \alpha \beta$$

übertragen werden.

Ergänzende Daten:

Blechstärke	$d \;= 0{,}2$ cm
Blechhöhe	$h_0 = 38{,}5$ cm
Kranzbreite	$b_0 = b = 157\cdot 0{,}2 = 31{,}4$ cm
Effektiver Kranzquerschnitt	$A_0 = b_0 h_0 = 31{,}4\cdot 38{,}5 = 1210$ cm²
äußerer Kranzradius	$R \;= 143{,}5$ cm
Streckgrenze des Bleches und der Bolzen	$\sigma_S = 4000$ kp/cm²
Reibungskoeffizient der Bleche	$\mu \;= 0{,}12.$

1. Verschichtung und Anzahl Bolzen. Mit 16 Polen kommen nur 8 oder 4 Segmente pro Umfang in Frage. Versetzt man wie üblich um eine Polteilung, so ergeben sich Verschichtungen

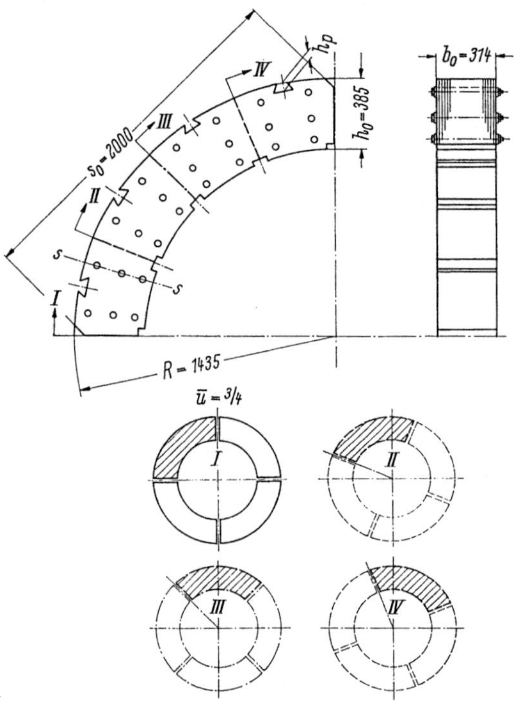

Abb. 431. Schichtkranz, zum Beispiel auf S. 463

von $\bar{u} = 1/2$ bzw. $3/4$. Wir wählen 4 Segmente pro Umfang und damit eine Verschichtung von

$$\bar{u} = 3/4 \rightarrow m = 4.$$

Bei einem Umfang des Kranzes von $U = 2R\pi = 2\cdot 143{,}5\cdot\pi = 900$ cm resultiert eine Bogenlänge von $U/4 = 900/4 = 225$ cm. Die entsprechende Sehne ergibt die Segmentlänge $s = \sqrt{2}\,R = \sqrt{2}\cdot 143{,}5 = 203$ cm. Um trotzdem mit handelsüblichen 2 m breiten Blechtafeln auszukommen, brechen wir die Spitzen der Segmente, vgl. Abb. 431.

Ferner setzen wir voraus

2 Bolzenreihen pro Überkragung oder Polteilung	$\alpha = 2$
3 Bolzen im radialen Strahl, d. h. pro Reihe	$\beta = 3$
Bolzendurchmesser	$D = 4$ cm
Bolzenquerschnitt	$A_B = \dfrac{D^2\pi}{4} = \dfrac{4^2\pi}{4} = 12{,}55$ cm²
axiale Vorspannung der Bolzen	$\sigma_B = 1000$ kp/cm² $= 25\%\,\sigma_S.$

2. Anzahl Blechschichten. Bei einer Kranzbreite b_0 und einer Blechstärke von d ergeben sich $z_0 = b_0/d = 31{,}4/0{,}2 = 157 = 4 \cdot 39 + 1 = mn + 1 = 156 + 1$ Blechschichten. Es ist also $\underline{z = 156}$ und $\underline{n = 39.}$

3. Reibungsschluß.

Nach (188) $$N_{erf} = \frac{m}{m-1} \cdot \frac{T}{z} = \frac{4}{3} \cdot \frac{1{,}511 \cdot 10^6}{156} = 12\,900 \text{ kp},$$

nach (189) $$N_{vorh} = \mu \sigma_B A_B \alpha \beta = 0{,}12 \cdot 1000 \cdot 12{,}55 \cdot 2 \cdot 3 = 9040 \text{ kp}.$$

Wegen $N_{vorh} < N_{erf}$ genügt der Reibungsschluß nicht. Wir betrachten ihn als stille Reserve und vernachlässigen ihn für die weitere Rechnung.

4. Blechbeanspruchung. Die max. Zugkraft in einem Blech beträgt nach Tab. 64 für $\overline{u} = 3/4\,(m = 4)$, $z = 156$

$$F = \frac{4T}{3z} = \frac{4 \cdot 1{,}511 \cdot 10^6}{3 \cdot 156} = 12\,900 \text{ kp}.$$

Der maßgebende radiale Schnitt $s - s$ geht durch die Bolzenreihe, wobei

$$h = h_0 - \beta D = 38{,}5 - 3 \cdot 4 = 26{,}5 \text{ cm}.$$

Die max. Zugspannung im Blech ist folglich

$$\sigma = \frac{F}{dh} = \frac{12\,900}{0{,}2 \cdot 26{,}5} = \underline{2440 \text{ kp/cm}^2} = 61\%\,\sigma_S < \sigma_{zul} = 75\%\,\sigma_S.$$

Die max. Lochleibungskraft beträgt nach Tab. 64 für $\overline{u} = 3/4\,(m = 4)$, $z = 156$, $\alpha = 2$, $\beta = 3$

$$L = \frac{T}{z\beta} = \frac{1{,}511 \cdot 10^6}{156 \cdot 3} = 3230 \text{ kp}$$

und der max. Lochleibungsdruck

$$\sigma_l = \frac{L}{dD} = \frac{3230}{0{,}2 \cdot 4} = \underline{4040 \text{ kp/cm}^2} \approx \sigma_S.$$

5. Bolzenbeanspruchung. Die max. Schubkraft im Bolzen ist nach Tab. 64 gleich der Lochleibungskraft

$$S = L = 3230 \text{ kp}.$$

Die max. Schubspannung im Bolzen wird somit

$$\tau = \frac{S}{A_B} = \frac{3230}{12{,}55} = 257 \text{ kp/cm}^2 < \tau_{zul} = \frac{0{,}2 \cdot 4000}{\sqrt{3}} = 460 \text{ kp/cm}^2.$$

Der max. Lochleibungsdruck ist der gleiche wie im Blech. Als weitere wirkende Spannung im Bolzen ist die Vorspannung σ_B zu beachten. Eine Vergleichsspannung im Bolzen zu bilden ist im Rahmen unserer Näherung zwecklos, solange σ_l und τ ohne Reibungsschluß ermittelt werden. Mit steigendem σ_B fallen σ_l und τ, d. h. die größere Vorspannung reduziert, durch besseren Reibungsschluß, Lochleibung und Schub.

6. Klauenbeanspruchung. Die symmetrische Schwalbenschwanzklaue mit einem normalen Keilwinkel von 60° trägt die Fliehkraft eines Poles. Der Anteil aller Polfliehkräfte an der gesamten Fliehkraft Z_{kp} beträgt 38%. Es ergibt sich daraus eine Fliehkraft für den Einzelpol bei n_S von

$$Z_p = \frac{0{,}38 \cdot Z_{kp}}{16} = \frac{0{,}38 \cdot 9{,}5 \cdot 10^6}{16} = 226 \cdot 10^3 \text{ kp}.$$

Mit einer Klauenhöhe $h_p = 5{,}5$ cm und einer rechnerischen Kranzbreite von $b = dz = 0{,}2 \cdot 156 = 31{,}2$ cm ergibt sich nach Tabelle S. 430 (Polbefestigung) eine Vergleichsspannung in der Flanke des Bleches von

$$\sigma_v = 2{,}20\,\frac{Z_p}{b h_p} = \frac{2{,}20 \cdot 226 \cdot 10^3}{31{,}2 \cdot 5{,}5.} = \underline{2900 \text{ kp/cm}^2} = 73\%\,\sigma_S < \sigma_{zul} = 75\%\,\sigma_S.$$

Sie ist somit kleiner als der max. Lochleibungsdruck, der allerdings ohne die Reserve des Reibungsschlusses ermittelt wurde.

3. Asynchron- und Gleichstrommaschinen. Im Gegensatz zu den blanken Blechen der Synchronmaschinen sind die Dynamobleche, vgl. Tab. 27 und 37, der A- und G-Maschinen im allgemeinen nur 1/2 mm dick, isoliert und der Reibungsschluß durch die Isolierung sehr problematisch. Aus diesem Grunde wird heute fast ausschließlich ohne Reibung gerechnet.

Bei *kleineren und langsamlaufenden Maschinen* wird die Fliehkraft direkt durch eingestanzte Klauen, meist Schwalbenschwänze, im Blech von der inneren Tragkonstruktion (Welle, Tragstern) übernommen, Abb. 185. Es sind mindestens 2 Klauen pro Segment für eine einwandfreie Befestigung erforderlich. Die Festigkeitsberechnung der Klaue ist auf S. 427ff. behandelt. Sind die Schwalbenschwanzleisten gut eingepaßt, so übernehmen sie zum Teil die Funktion von Paßbolzen im Schichtkranz. Dieser entlastende Effekt wird zusammen mit dem unsicheren, aber oft vorhandenen Reibungsschluß als Reserve aufgefaßt. Bei vorgegebenen Dimensionen der Klauen und des Reibungskoeffizienten kann diese Reserve nach den Angaben im Abschnitt 2 berechnet werden.

Bei *mittleren und größeren Maschinen* ist die Aufnahme der Fliehkraft durch Klauen nicht mehr möglich. Es werden wie für Synchronmaschinen blanke Paßbolzen für die Verschichtung des Blechkranzes verwendet. Sie sollen allerdings nur am inneren Rand des Blechpaketes angeordnet werden, um möglichst außerhalb des Magnetflusses zu liegen, Abb. 185 und 186. Um einen biegesteifen Verband in der Ringebene zu gewährleisten, sind pro Segment mindestens 2, besser mehr Bolzen vorzusehen. Die Bolzenlöcher können nach innen geschlitzt sein, um bei einer allfälligen Biegung in der Kranzebene nicht aufzureißen und den magnetischen Fluß um den Bolzen herum zu verhindern. Die Bemessung und Berechnung des Schichtkranzes kann entsprechend derjenigen der Synchronmaschinen, Abschnitt 2, erfolgen. Im Gegensatz zu den Synchronmaschinen werden die Polkränze von A- und G-Maschinen im allgemeinen nicht oder nur schwach auf Welle oder Tragstern geschrumpft. Für die Festlegung des Blechschnittes sind einige Richtlinien zu beachten.

1. Die max. Segmentlänge richtet sich nach handelsüblichen Blechtafelgrößen für Dynamobleche. Sie sind im allgemeinen $1\,\mathrm{m} \times 2\,\mathrm{m}$ groß, womit die max. Segmentlänge begrenzt ist (meist 1 m).

2. Es ist wirtschaftlicher, eine einzige, einheitliche Segmentform zu stanzen als zwei oder mehr verschiedene Formen. Dies kann unter Umständen bedingen, daß Bolzenlöcher und Aussparungen für die Befestigung am Tragkörper in allen Segmenten ausgestanzt werden müssen, auch wenn sie bei einzelnen Segmenten nicht erforderlich wären. Die Stoßfugen der Segmente sollen auf Mitte Nut fallen, um den Steg nicht zu schwächen.

3. Um einen einheitlichen Blechschnitt verwenden zu können, ist ein bestimmter Zusammenhang zwischen Nutenzahl bzw. Bolzenzahl und Segmentzahl mit Verschichtung zu beachten. Es ist leicht einzusehen, daß bei einem geforderten, lückenlosen Zusammenhang der verschichteten Bleche über den Umfang die Anzahl Nuten oder Bolzen im Segment ein ganzzahliges Vielfaches der Zahl m sein muß, wobei m die Anzahl Versetzungen im Segment bei einer Verschichtung $\bar{u} = \frac{m-1}{m}$

angibt, vgl. Abschnitt 2. Das Verhältnis der Anzahl Nuten oder Bolzen im Segment dividiert durch m muß deshalb eine ganze Zahl sein oder auf S Segmente, N Nuten und B Bolzen pro Rotor bezogen gilt

$$\left.\begin{array}{l} \frac{N}{Sm} = \frac{N(1-\bar{u})}{S} \\ \frac{B}{Sm} = \frac{B(1-\bar{u})}{S} \end{array}\right\} \text{ganze (gerade oder ungerade) Zahl.} \quad (190)$$

Beispiel: $N = 252$ (12 Segmente zu 21 Nuten)
$S = 12$
$B = 36$ (3 Bolzen pro Segment)
$\bar{u} = {}^2/_3$ $(m = 3)$

entweder $\frac{N}{Sm} = \frac{252}{12 \cdot 3} = 7; \quad \frac{B}{Sm} = \frac{36}{12 \cdot 3} = 1$

oder $\frac{N(1-\bar{u})}{S} = \frac{252(1-2/3)}{12} = 7; \quad \frac{B(1-\bar{u})}{S} = \frac{36(1-2/3)}{12} = 1.$

D. Der Turborotor

a) Die Rotorzähne und -keile. Die *Nutenverschlußkeile* (Abb. 432) haben, von wenigen gebauten Ausnahmen abgesehen (Abb. 85a, 86c), die Form von Schwalbenschwänzen oder Hammerköpfen. Der Spannungsnachweis ist derselbe wie für die entsprechenden Polklauen. Nach der für die Polbefestigung durchgeführten Rechnung ist die im Schnitt $s - s$ maßgebende Vergleichsspannung für die üblichen Schwalbenschwänze bzw. Hammerköpfe mit Gl. (147), S. 431

$$\sigma_{vk} = k_1 \frac{Z}{l h_1} \quad (191)$$

	Schwalbenschwanz		Hammerkopf	
$\sphericalangle\,\alpha$	60°	70°	15°	30°
k_1	1,79	2,18	1,30	1,38

Auf den *Zahnkopf* stützt sich die Belastung Z des Keiles in Form der Komponenten Z_n ab (Abb. 432). Die für den Schnitt $\bar{s} - \bar{s}$ maßgebenden Spannungen berechnen sich dann prinzipiell gleich wie für den Keil. Es ist lediglich an Stelle von h_1 die radiale Höhe h_2 des Zahnkopfes einzusetzen[1], also

$$\sigma_{vz} = k_1 \frac{Z}{l h_2}\,. \quad (192)$$

Die beiden auf den Zahnkopf wirkenden Komponenten Z_n setzen sich nach (154) S. 435 zu einer resultierenden Zahnbelastung

$$Z_z = 2 Z_n \cos(\alpha - \varrho - \varphi) = Z \frac{\cos(\alpha - \varrho - \varphi)}{\cos(\alpha - \varrho)} \quad (193)$$

zusammen, die beim Turborotor stets etwas größer als Z ausfällt. Der Einfluß ist, wie schon auf S. 435 gezeigt, auf die ungleiche Winkellage zweier benachbarter Nuten zurückzuführen, bleibt aber praktisch klein. So z. B. wird für eine 22er bzw. 44er Nutteilung mit $\alpha = 60°$ und $\varrho = 6°$ $Z_z = 1{,}053\,Z$ bzw. $Z_z = 1{,}029\,Z$ (vgl. Tab. 61, S. 436).

[1] Der kleine Anteil der Eigenfliehkraft Z_0 des Zahnkopfes kann vernachlässigt werden.

Der *Zahnhals* wird durch die Fliehkraftbelastung Z_z der Nutenfüllung als auch durch seine eigene Fliehkraft beansprucht. Es ist bei Zähnen mit stark veränderlichen Querschnitten vorteilhaft, den Hals in mehrere Teilabschnitte zu zerlegen und für jeden Abschnitt die Fliehkraft Z_i und ihren Schwerpunkt S_i für sich zu bestimmen. So läßt sich durch Bildung der Querkraftsfläche von außen nach innen (Abb. 432b) die maßgebende Fliehkraft

$$Z_m = Z_z + \sum_0^m Z_i \tag{194}$$

für jeden Schnitt $h - h$ des Zahnes ermitteln. Durch Division mit dem ent-

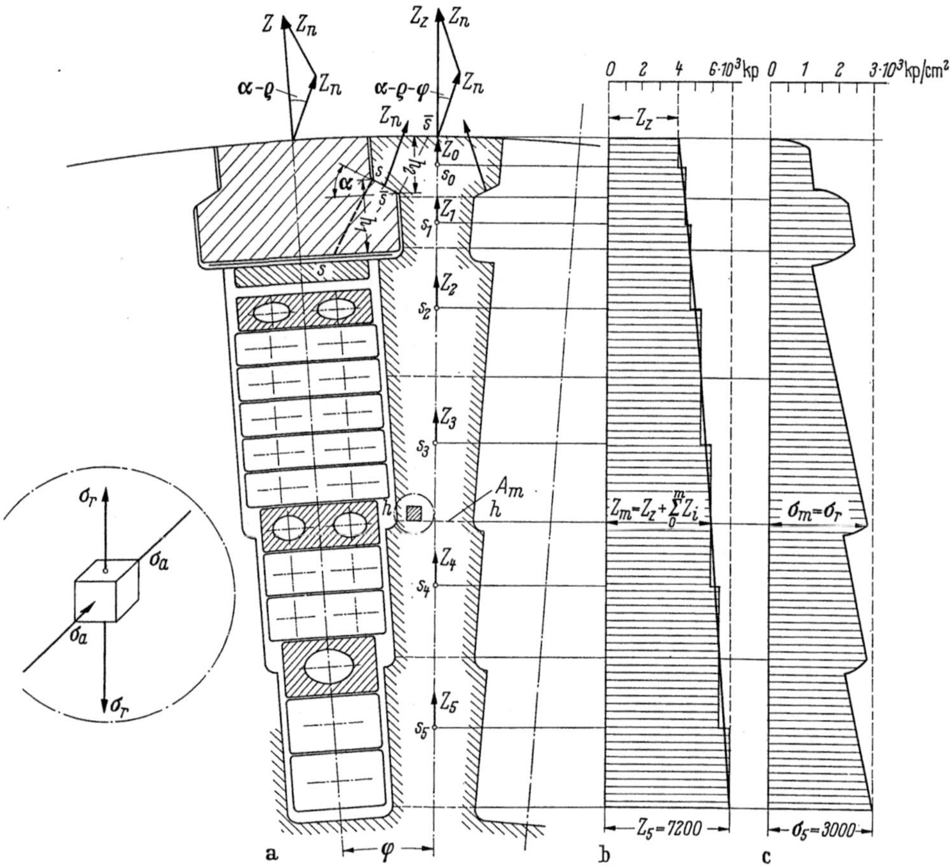

Abb. 432. Beanspruchung der Zähne von Turbogeneratoren im Lauf
a Zahn, Keil und Nutfüllung; b Fliehkraft am Zahn; c Radialspannung am Zahn

sprechenden Querschnitt A_m geht aus der Fliehkraft die mittlere radiale Zugspannung

$$\sigma_m = \frac{Z_m}{A_m} = \sigma_r \tag{195}$$

hervor (Abb. 432c). Bei Verwendung von zähem Konstruktionsmaterial und sorgfältiger, formgerechter Ausbildung der Querschnittübergänge kann von Kerb wirkungen abgesehen werden, so daß σ_m zugleich die zur Bildung der Vergleichsspannung σ_v maßgebende Radialspannung bedeutet. In axialer Richtung wirkt noch auf ein Volumenelement des Zahnhalses (Abb. 432) die von der Durchbiegung des Rotors infolge Eigengewicht und magnetischem Zug hervorgerufene axiale Normalspannung σ_a, so daß die Vergleichsspannung durch den Ausdruck

$$\sigma_v = \sqrt{\sigma_r^2 + \sigma_a^2 - \sigma_r \sigma_a} \qquad (196)$$

gegeben ist. Maßgebend ist offenbar die Druckfaser mit negativem σ_a. Der dritte Summand unter der Wurzel wird dann positiv, so daß eine größere Vergleichsspannung resultiert als für die Zugzone. Bei axial vorgespannten, zusammengesetzten Konstruktionen überlagert sich der Biegespannung σ_a noch ein durch die Vorspannung erzeugter Axialdruck, der die Vergleichsspannung weiterhin erhöht.

Beispiel: Turborotor von 165 MW, zusammengesetzte, axial geschrumpfte Bauart (vgl. Abb. 373).

Gegeben ist:

$n_s = 1{,}25 \cdot 3000 = 3750$ U/min	$\alpha = 30°$
$h_1 = 2{,}0$ cm	$\varrho = 6°$ ($\mu = \operatorname{tg}\varrho = 0{,}1$)
$h_2 = 1{,}6$ cm	$\varphi = 360/44 = 8\,^2/_{11}\,°$
$l = 1$ cm	$Z = 3800$ kp

berechnet wird:

$$\sigma_{vk} = 1{,}38 \cdot \frac{3800}{1 \cdot 2{,}0} = 2620 \text{ kp/cm}^2 \qquad (191)$$

$$\sigma_{vz} = 1{,}38 \cdot \frac{3800}{1 \cdot 1{,}6} = 3280 \text{ kp/cm}^2 \qquad (192)$$

$$Z_z = 3800 \cdot \frac{\cos(30° - 6° - 8\,^2/_{11}\,°)}{\cos(30° - 6°)} = 3800 \cdot 1{,}053 = 4000 \text{ kp}. \qquad (193)$$

Der Faktor 1,053 kann der Tab. 61, S. 436 entnommen werden.

Aus Abb. 432c ist zu entnehmen, daß die größte radiale Zugspannung an der Zahnwurzel

$$\sigma_r = \sigma_5 = 3000 \text{ kp/cm}^2$$

beträgt. Bei einer maximalen Biegedruckspannung[1] infolge Eigengewicht und magnetischem Zug von

$$\sigma_b = 255 \text{ kp/cm}^2$$

sowie einem axialen Druck durch die axiale Vorspannung (s. S. 374) von

$$\sigma_d = -1840 \text{ kp/cm}^2$$

wird die axiale Normalspannung im ungünstigsten Falle

$$\sigma_a = \sigma_b + \sigma_d = -255 - 1840 = -2095 \text{ kp/cm}^2.$$

Die maßgebende Vergleichsspannung für die axiale Faser an der Zahnwurzel des Rotorkörpers ergibt somit

$$\sigma_v = \sqrt{3000^2 + (-2095)^2 - 3000(-2095)} = \underline{4450 \text{ kp/cm}^2}. \qquad (196)$$

Dies entspricht 55,5% der Streckgrenze eines legierten Vergütungsstahles mit $\sigma_s = 80$ kp/mm².

In Fällen von Zahnformen, die von der hier beschriebenen Art abweichen, vgl. Abb. 85a1, 86c, ist ganz sinngemäß vorzugehen. Bei Konstruktionen wo die Zähne zur Vergrößerung der Rotoroberfläche (verbesserte Kühlung) mit axial verlaufenden Luftschlitzen versehen sind (s. Abb. 86b), kann durch die Unsymmetrie auf den durch die Einfräsung am Zahnkopf geschwächten Querschnitt ein beachtliches

[1] σ_b ist streng genommen eine Wechselspannung. Die Berechtigung, sie mit „statischen“ Spannungen zu einer Vergleichsspannung zu vermischen, liegt in ihrem sehr geringen Einfluß.

Biegemoment ausgeübt werden, wenn die Abschlußkeile in den Luftschlitzen nicht festsitzen oder auch schon, wenn z. B. der unbewickelte Rotor ohne die Abschlußkeile in den Luftschlitzen und Nuten geschleudert wird.

b) Der Rotorkörper. Der Rotorkörper kann in erster Näherung als rotierende Kreisringscheibe aufgefaßt werden[1], wobei die von den Zähnen ausgeübten Radiallasten am äußeren Umfang der Scheibe angreifend anzunehmen sind, Abb. 433. Die größten Spannungen solcher Kreisringscheiben treten in Form von tangentialen Zugspannungen an der inneren Bohrung auf. Für die Berechnung der inneren

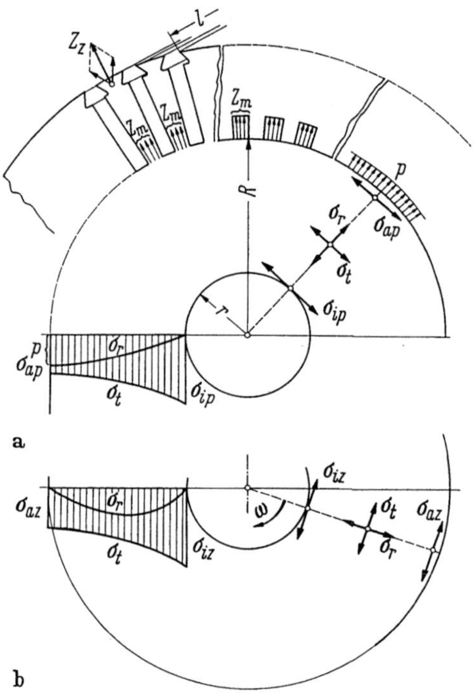

Abb. 433. Beanspruchung des Rotorkörpers von Turbo-Generatoren

a infolge Fliehkraft der Nuten und Zähne; b infolge Eigenfliehkraft der Scheibe

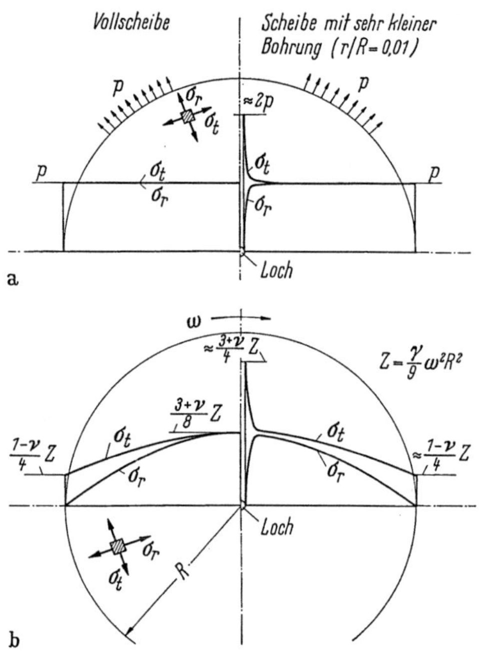

Abb. 434. Vergleich der Spannungen in der Vollscheibe und der Scheibe mit sehr kleiner Bohrung (innerhalb der Elastizitätsgrenze)

a infolge äußerer Randlast; b infolge Eigenfliehkraft

Randspannung ist es zulässig, die am äußeren Rande intermittierend angreifenden Zahnbelastungen Z_m gleichmäßig über den äußeren Umfang verteilt anzunehmen, da ihre Wirkung als Streckenlasten nach dem Prinzip von DE SAINT VENANT an der inneren Bohrung bereits abgeklungen ist, sofern der Abstand der m Zähne gegenüber der radialen Breite $R - r$ des Körpers klein bleibt, vgl. Abb. 427 und 428.

[1] Die Vereinfachung des Systems auf eine aus dem langen Rotorkörper herausgeschnittene Scheibe setzt ein Ebenbleiben der Querschnitte voraus. Diese Bedingung ist, sofern gleichmäßig verteilte Lasten am Umfang in Frage kommen, tatsächlich erfüllt. Die nach einem ebenen Spannungszustand ermittelten Tangential- und Radialspannungen erzeugen nämlich zusammen an allen Punkten des Scheibenquerschnittes dieselbe Querdehnung, obschon keine Axialspannungen wirken. Bei Belastung durch die Eigenfliehkraft ist der verursachte Fehler immerhin vernachlässigbar klein.

Bezeichnet man mit
$$p = \frac{mZ_m}{2\pi Rl} \tag{197}$$
die gleichmäßig über den Umfang $2\pi R$ verteilte äußere Belastung der Scheibe (die Polzone ist dabei wie die neutrale Zone genutet zu denken), so lautet nach Tab. 63 die Tangentialspannung am inneren und zum Vergleich am äußeren Rand
$$\sigma_{ip} = \frac{2}{1-(r/R)^2}\cdot p; \quad (198\,\mathrm{a}) \qquad \sigma_{ap} = \frac{1+(r/R)^2}{1-(r/R)^2}\cdot p. \quad (198\,\mathrm{b})$$

Man erkennt, daß in allen praktischen Fällen, wo $0 < r/R < 1$ ist, die Tangentialspannungen größer werden als die Radialspannung p am Außenrand. Im Grenzfalle einer unendlich kleinen Bohrung ($r/R = 0$) werden die Tangentialspannungen an den Rändern $\sigma_{ip} = 2p$ und $\sigma_{ap} = p$, vgl. auch Abb. 434a.

Durch die Eigenfliehkraft entstehen nach Tab. 63 folgende Tangentialspannungen am inneren, bzw. äußeren Rand
$$\sigma_{iz} = \frac{\gamma\omega^2}{g} R^2\left[\frac{3+\nu}{4} + \frac{1-\nu}{4}\left(\frac{r}{R}\right)^2\right] \tag{199a}$$
$$\sigma_{az} = \frac{\gamma\omega^2}{g} R^2\left[\frac{1-\nu}{4} + \frac{3+\nu}{4}\left(\frac{r}{R}\right)^2\right]. \tag{200a}$$

Wird mit $n = 30\,\omega/\pi$ die Anzahl Umdrehungen pro Minute bezeichnet und die für Stahl geltenden Werte $\gamma = 7{,}85\ 10^{-3}$ kp/cm³, $\nu = 0{,}3$ sowie $g = 981$ cm/s² in obige Formeln eingesetzt, so entstehen die Ausdrücke
$$\left.\begin{aligned}\sigma_{iz} &= 8{,}775\cdot 10^{-8} n^2 R^2[0{,}825 + 0{,}175(r/R)^2] \quad (199\,\mathrm{b})\\ \sigma_{az} &= 8{,}775\cdot 10^{-8} n^2 R^2[0{,}175 + 0{,}825(r/R)^2] \quad (200\,\mathrm{b})\end{aligned}\right\}\ \begin{cases}\sigma\,[\mathrm{kp/cm^2}]\\ R,\ r\ [\mathrm{cm}]\\ n\,[\mathrm{U/min}]\end{cases}$$

Die Tangentialspannungen an der inneren Bohrung bzw. am äußeren Rand betragen somit
$$\sigma_{ti} = \sigma_{ip} + \sigma_{iz} \tag{201}$$
$$\sigma_{ta} = \sigma_{ap} + \sigma_{az} \tag{202}$$

Die Vergleichsspannung σ_v setzt sich zusammen aus Tangential-, Radial- und Axialspannung und ist im allgemeinen nur an den Rändern nachzuweisen. Es gilt für den inneren bzw. äußeren Rand
$$\sigma_{vi} = \sqrt{\sigma_{ti}^2 + \sigma_a^2 - \sigma_{ti}\sigma_a} \tag{203a}$$
$$\sigma_{va} = \sqrt{\sigma_{ta}^2 + p^2 + \sigma_a^2 - \sigma_{ta}p - p\sigma_a - \sigma_a\sigma_{ta}}\ , \tag{203b}$$
wenn σ_a eine eventuell vorhandene Axialspannung bedeutet.

Bei *Rotorkörpern ohne Bohrung* können die Spannungen nach den Formeln für die Vollscheibe berechnet werden. Am Außenrand gilt für die Tangential- bzw. Radialspannung
$$\sigma_{ta} = \sigma_{ap} + \sigma_{az} = p + \frac{1-\nu}{4}\frac{\gamma}{g}\omega^2 R^2 \tag{204a}$$
$$\sigma_{ra} = p. \tag{205a}$$

Im Mittelpunkt der Scheibe, wo keine ausgesprochene Richtung mehr definiert werden kann, sind Tangential- und Radialspannung identisch
$$\sigma_{ti} = \sigma_{ip} + \sigma_{iz} = p + \frac{3+\nu}{8}\frac{\gamma}{g}\omega^2 R^2 \tag{204b}$$
$$\sigma_{ri} = \sigma_{ti}. \tag{205b}$$

Der Verlauf der Spannungen über den Scheibenradius ist in Abb. 434 (linke Seite) eingetragen.

Hier drängt sich ein Vergleich mit der Scheibe von sehr kleiner innerer Bohrung auf, Abb. 434 (rechte Seite). Das sehr kleine Loch bewirkt eine Tangentialspannung an der Bohrung, die zweimal so groß ist wie die der Vollscheibe (vgl. σ_{ip} und σ_{iz} auf S. 471 für den Grenzübergang $r/R \to 0$). Der Verlauf über den Radius zeigt jedoch, daß es sich in der Nähe des Loches um eine ausgesprochene Spannungsspitze handelt, die bei Überbeanspruchung durch Fließen abgebaut wird, wobei sich der Spannungszustand dem der Vollscheibe annähert. Im Bruchzustand, d. h. nachdem die mit zunehmender Last von innen nach außen wandernde Plastizitätszone den äußeren Rand erreicht hat, ist dann auch kein Unterschied mehr festzustellen zwischen Voll- und Lochscheibe mit sehr kleinem Loch. Beide Scheiben zersprengen bei der gleichen Last. Für die Tragfähigkeit und Sicherheit gegen Bruch ist somit ein zentrales, kleines Loch in einer Scheibe belanglos. Die Sicherheit gegen Fließen ist bei der Vollscheibe jedoch doppelt so groß. Die Fließgrenze wird bei der Scheibe mit sehr kleinem Loch bei der halben Belastung erreicht. Bei einer durch reine Eigenfliehkraft beanspruchten Scheibe ist die Drehzahlreserve vom Erreichen der Fließgrenze bis zur vollen Plastifizierung 17% bzw. 60% für die Vollscheibe bzw. die Scheibe mit sehr kleinem Loch[1].

Beispiel: Turbo-Generatorrotor von 165 MW des vorangegangenen Beispiels mit den zusätzlichen Daten

$$R = 37{,}8\ \text{cm} \qquad m = 44$$
$$r = 17{,}5\ \text{cm} \qquad \sigma_a \approx \sigma_d = -1840\ \text{kp/cm}^2\ (\sigma_b \text{ vernachlässigt})$$

Der Abb. 432 kann eine Zahnbelastung von $Z_5 = 7200$ kp pro cm Länge entnommen werden. Es ist dann

$$(r/R)^2 = (17{,}5/37{,}8)^2 = 0{,}215 \qquad p = \frac{44 \cdot 7200}{2\pi \cdot 37{,}8 \cdot 1} = 1330\ \text{kp/cm}^2$$

$$\sigma_{ip} = \frac{2}{1-0{,}215} \cdot 1330 = 3390\ \text{kp/cm}^2 \qquad \sigma_{ap} = \frac{1+0{,}215}{1-0{,}215} \cdot 1330 = 2060\ \text{kp/cm}^2 \tag{198ab}$$

$$\sigma_{iz} = 8{,}775 \cdot 10^{-8} \cdot 3750^2 \cdot 37{,}8^2 [0{,}825 + 0{,}175 \cdot 0{,}215] = 1525\ \text{kp/cm}^2 \tag{199b}$$

$$\sigma_{az} = 8{,}775 \cdot 10^{-8} \cdot 3750^2 \cdot 37{,}8^2 [0{,}175 + 0{,}825 \cdot 0{,}215] = 620\ \text{kp/cm}^2 \tag{200b}$$

$$\sigma_{ti} = 3390 + 1525 = 4915\ \text{kp/cm}^2 \tag{201}$$

$$\sigma_{ta} = 2060 + 620 = 2680\ \text{kp/cm}^2. \tag{202}$$

Die Vergleichsspannungen betragen am inneren und äußeren Rand

$$\sigma_{vi} = \sqrt{4915^2 + (-1840)^2 - 4915(-1840)} = \underline{6050\ \text{kp/cm}^2} \tag{203a}$$

$$\sigma_{va} = \sqrt{2680^2 + 1330^2 + (-1840)^2 - 2680 \cdot 1330 - 1330(-1840) - (-1840)2680} = \underline{4020\ \text{kp/cm}^2} \tag{203b}$$

Die maßgebende Vergleichsspannung an der inneren Bohrung entspricht 76% der Streckgrenze eines legierten Vergütungsstahles mit $\sigma_S = 80$ kp/mm².

c) Festigkeitsberechnung der Wicklungskappe. 1. Allgemeines und Bezeichnungen. Die Kappen von Turbogeneratoren (Abb. 435) bestehen aus einem *Kappenring I* und einer *Kappenplatte* oder -scheibe II, im folgenden kurz Ring bzw. Platte genannt. Sie haben die Aufgabe, die aus dem Rotorkörper heraustretenden, im sog. Wickelkopf zusammengefaßten Stromleiter III zusammenzuhalten und gegen

[1] NADAI, A.: Stress distribution in rotating disks of ductil material after the yieldpoint has been reached. Trans. Amer. Soc. Mech., Engrs. (1920) APM-15-16, S. 173.

Verschiebungen zu sichern. Sie werden besonders bei der Schleuderdrehzahl sehr stark beansprucht. Beim heutigen Stand der Technik ist außerdem der Ring der

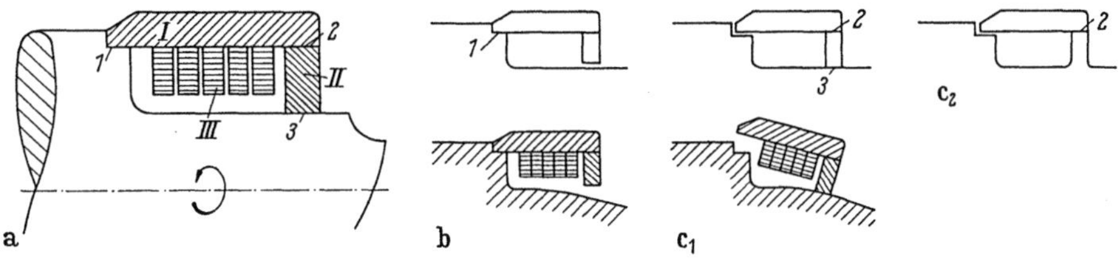

Abb. 435. Verschiedene Ausführungen von Rotorkappen

I Kappenring
II Kappenplatte
III Aus einzelnen Kupferleitern bestehender Wickelkopf

1 Sitz des Kappenringes auf dem Rotorkörper
2 Sitz des Kappenringes auf der Kappenplatte
3 Sitz der Kappenplatte auf dem Wellenende

mechanisch am stärksten beanspruchte Teile eines Turbogeneratorrotors. Man ist deshalb auf eine eingehende Festigkeitsberechnung der Kappen angewiesen[1].

Grundsätzlich können drei verschiedene Befestigungsarten der Kappen unterschieden werden. Die für kleinere Generatortypen gebräuchliche Art besteht darin, daß zuerst der Kappenring auf die Kappenplatte und hernach Ring und Kappe zusammen auf den Rotor aufgeschrumpft werden. So entstehen Preßsitze an den Stellen 1, 2 und 3 (Abb. 435). Das Wellenende kann sich nicht mehr frei durchbiegen, sondern wird durch die Kappe versteift, was sich erfahrungsgemäß auf den Lauf des Rotors nicht immer günstig auswirkt, indem die axiale Symmetrie durch den Schrumpfvorgang trotz aller Vorsicht verlorengehen kann. Man ist daher dazu übergegangen, für größere Typen den Sitz der Kappe auf dem Rotorkörper so zu gestalten, daß die Kappe nur an einer Stelle aufliegt, entweder am Rotorkörper (Abb. 435b) oder auf dem Wellenende (Abb. 435c). Damit sitzt die Kappe spannungsfreier und „statisch bestimmt“ auf dem Rotor, und eine Beeinflussung der Biegesteifigkeit des Rotors durch die Kappe und umgekehrt ist ausgeschlossen. Der Nachteil der Ausführung c_1 gegenüber b besteht darin, daß bei einer Durchbiegung des Rotors durch die starke Krümmung des Wellenzapfens unmittelbar neben dem Rotorkörper eine stärkere relative Verschiebung des

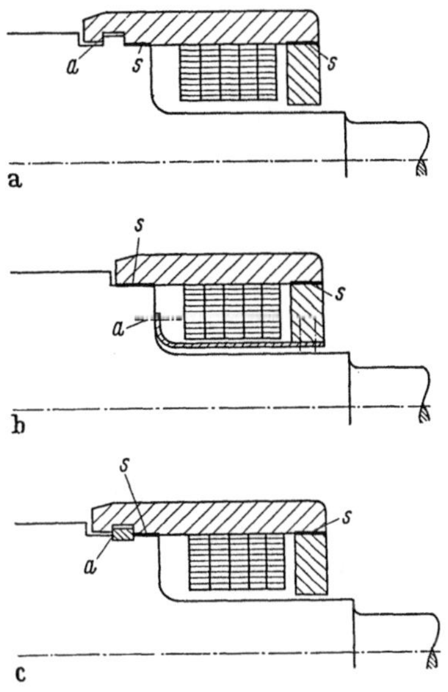

Abb. 436. Typen von Kappenbefestigungen am Rotorkörper

S Schrumpfsitz; *a* Aufnahme axialer Zugkräfte

[1] Schwerin, E.: Zur Festigkeitsberechnung massiver Wicklungskappen elektr. Masch., Elektrotechn. Z. 48 (1931) 2, S. 40.

Moldenhauer, F.: Die Beanspruchung der Induktorkappen von Turbogeneratoren. Elektrotechn. u. Maschinenbau 60 (1942) 23/24, S. 246.

Ryan, J. J.: On the design of rotor-coil support rings. Trans. Amer. Soc. Mech. Engrs. 2 (1951) S. 163—166.

Wickelkopfes in sich stattfindet, da der Wickelkopf durch die Kappe mit dem Rotorkörper bzw. mit dem Wellenende verbunden ist. Als Vorteil der Ausführung *c* kann gelten, daß sie die Variante c_2 einschließt, bei der die Kappenplatte aus dem Vollen gedreht ist, wobei ein größerer Flanschdurchmesser der Kupplung möglich wird als bei den Ausführungen *a* und *b*, bei denen die Kappenplatte über den Flansch geschoben werden muß.

Ein konstruktives Problem bildet die Aufnahme axialer Kräfte an der Kappe. Im Lauf werden axiale Kräfte — verursacht durch thermische Veränderungen der Wicklung — über Reibung zwischen Wickelkopf und Ring auf die Kappe übertragen, die durch geeignete, konstruktive Maßnahmen in den Rotorkörper eingeleitet werden müssen. Abb. 436 zeigt 3 ausgeführte Typen von Kappenbefesti-

Abb. 437. Beispiel einer Generatorrotorkappe mit Sitz auf dem Rotorkörper (Bajonettverschluß)

gungen für größere Rotoren und Abb. 437 den Typ *a* mit Bajonettverschluß. Bei kleineren Typen genügt es vielfach, die axialen Kräfte durch sog. Schlösser oder Muttern (Abb. 329a) aufzunehmen.

Das bevorzugte Material für Kappenringe ist austenitischer, hochlegierter Stahl, wobei zwei Varianten bestehen, eine mit und eine ohne Nickel, vgl. S. 122.

Der Stahl ist antimagnetisch, um elektrische Verluste durch ein zusätzliches Magnetstreufeld im Bereich der Kappen zu vermeiden. Die Streckgrenze des Grundmaterials beträgt etwa 30 kp/mm²; dieser Wert läßt sich durch Kaltrecken um den Faktor 3 bis 4 erhöhen, wobei Dehnung und Kerbzähigkeit immer noch beachtliche Werte aufweisen. Streckgrenze und Zugfestigkeit liegen allerdings eng beieinander. Der Zusammenhang einiger maßgebender Werte der Materialprüfung ist in Abb. 34 dargestellt. So hat beispielsweise ein Kappenring bei einer Zugfestigkeit von 117 kp/mm² eine Streckgrenze von 104 kp/mm² oder 89% der Zugfestigkeit. Die Dehnung beläuft sich dabei immer noch auf $\delta_5 = 27\%$ und die spezifische Kerbschlagzähigkeit auf 14 mkp/cm². Ein solches Werkstück läßt sich allerdings schlecht bearbeiten. Ferner darf wegen der Gefahr einer Umkristallisierung des Gefüges und etwaiger Ausscheidung von Carbid bei einer Temperatur von ca. 600 °C der Kappenring nicht zu stark erwärmt werden. Dem Warmaufziehen wird dadurch eine obere Grenze gesetzt. Ein Nachteil der Kaltreckung sind die dabei entstehenden inneren Spannungen, sog. Eigenspannungen, welche oft bedeutende Werte annehmen können und im Betrieb nicht unbedingt abgebaut oder kompensiert werden. Ein weiterer Umstand, der Beachtung verdient, ist der gegenüber Schmiedestahl oder Stahlguß rund 14% kleinere Elastizitätsmodul und die 64% größere lineare Wärmedehnzahl, womit größere Verformungen als bei jenen Materialien verbunden sind. Schließlich darf die Gefährdung austenitischer Stähle durch sog. Spannungskorrosion nicht unerwähnt bleiben, wobei besonders die nickelhaltige Legierung anfälliger gegen Spannungskorrosion zu sein scheint als die manganhaltige. Dieses Phänomen ist allerdings noch nicht genügend geklärt[1].

Alle diese Nachteile wiegen jedoch den Vorteil der großen Festigkeit, des weitgehend linearen elastischen Verhaltens und des starken Arbeitsvermögens dieses vorgereckten, austenitischen Stahls bei der Verwendung für Kappenringe schnelllaufender Turbogeneratoren nicht auf.

Wir halten uns bei der folgenden Berechnung an den Typ *b* der Abb. 435 mit alleinigem Sitz der Kappe auf dem Rotorkörper und Spiel zwischen Kappenplatte und Welle. Die übrigen Ausführungsformen lassen sich — mit sinngemäß abgeändertem Rechengang — prinzipiell gleich behandeln. Der Kappenring wird als dünne Kreiszylinderschale konstanter Wandstärke, die Kappenplatte als Kreisringscheibe gleicher Dicke aufgefaßt.

Bezeichnungen: Der Index 1 bezeichnet die Sitzstelle (Schrumpfsitz) des Kappenringes auf dem Rotorkörper, der Index 2 jene auf der Kappenplatte. Die Indices *R*, *P*, *K* bezeichnen den Kappen*r*ing, die Kappen*p*latte und den Rotor*k*örper, die wir kurz Ring, Platte und Körper nennen wollen. Bei fehlendem Buchstabenindex ist der Ring gemeint, oder die Bedeutung geht aus dem Text hervor.

$L = 2l$	[cm]	Länge des Ringes (in axialer Richtung)
r	[cm]	mittlerer Radius des Ringes
r_a	[cm]	äußerer Radius der Platte ($\equiv$ innerer Radius des Ringes)
r_i	[cm]	innerer Radius der Platte
h, h_p	[cm]	Dicke des Ringes, —der Platte
b	[cm]	Schrumpfsitzbreite
w, w_0	[cm]	radiale Dehnung des Ringes, freie Dehnung des Ringes
u, u_0	[cm]	radiale Dehnung der Platte, freie Dehnung der Platte
$s = \bar{s} r_a$	[cm]	radiales Schrumpfmaß
$\bar{s} = s/r_a$	[1]	bezogenes radiales Schrumpfmaß
E_R	[kp/cm²]	Elastizitätsmodul des Ringes
E_0	[kp/cm²]	Elastizitätsmodul der Platte und des Körpers
ν	[1]	POISSONsche Querzahl (Stahl: $\nu = 0{,}3$)
$\varrho = \gamma/g$	[kps²/cm⁴]	Dichte
g_R	[kp/cm²]	Fliehkraftbelastung des Ringes infolge Eigengewicht
p	[kp/cm²]	Fremdlast des Wickelkopfes
$p + g_R$	[kp/cm²]	Gesamte Fliehkraftbelastung des Ringes
$\omega = \pi n/30$	[1/s]	Winkelgeschwindigkeit
n, n_n, n_s	[U/min]	Drehzahl, Nenndrehzahl, Schleuderdrehzahl

[1] GIBB, C.: Report on investigation into the failure of two 100-MW-turbogenerators. Proc. Instn. Mech. Engrs. 169 (1955) 29, S. 511—538.

LISSNER, O.: An interesting case of stress corrosion. ASEA-Journ. 30 (1957) 5, S. 85—91. Corrosion in alternator end-bells. Elect. Journ. 26 (1956), S. 1948—1949.

n_1, n_2	[U/min]	Abhebedrehzahlen
q, X	[kp/cm]	Randquerkräfte der Kreiszylinderschale (Ring)
m_0	[kpcm/cm ≡ kp]	Biegemoment in axialer Mitte der Kreiszylinderschale (Ring)
t	[kp/cm]	Tangentialkraft der Kreiszylinderschale (Ring)
σ	[kp/cm²]	Tangentialspannung
σ_b	[kp/cm²]	tangentiale Biegerandspannung in axialer Ringmitte
σ_r	[kp/cm²]	Radialspannung
σ_v	[kp/cm²]	Vergleichsspannung
α_l	[1/°C]	lineare Wärmedehnzahlen
ϑ	[°C]	Differenz zwischen effektiver und Montagetemperatur

2. Beanspruchung des Kappenringes im Stillstand. Der Ring wird bei Nenndrehzahl durch seine Eigenfliehkraft und den Wickelkopf als sog. Fremdlast radial belastet, wodurch er sich aufweitet und an seinen Sitzstellen ein gewisses Spiel erzeugt. Um dieses Spiel, das der Laufruhe sehr abträglich ist, in erträglichen Grenzen zu halten, schrumpft man den Ring bei der Montage auf. Durch den Schrumpf entstehen aber Radialkräfte, die entgegengesetzt auf Sitz und Ring wirken und letzteren schon im Stillstand kräftig beanspruchen. Wir machen hier zur Erleichterung der Berechnung die erste Voraussetzung, daß die Beanspruchung durch die Schrumpfkräfte sowie auch die Verformung des Ringes und seiner Sitzstellen zentrisch symmetrisch zur Längsachse sein sollen, was allerdings nicht genau zutrifft (man denke etwa an den Sitz auf dem Rotorkörper, wo der Ring auf die über den Umfang unsymmetrisch genuteten Zähne abgesetzt wird und die radialen Eindrückungen nicht zentrisch symmetrisch sind). Der Unterschied ist jedoch gering und die Voraussetzung als Näherung durchaus brauchbar.

Bei der Montage wird der Ring in einem ersten Arbeitsgang auf die Platte aufgeschrumpft und hernach der ganze Verband in einem zweiten Arbeitsgang als Kappe auf den Körper aufgezogen. Für die Berechnung der Schrumpfkräfte spielt diese Unterteilung keine Rolle. Man kann rechnen, als ob der Ring gleichzeitig auf Körper und Platte aufgezogen würde. Der Grund liegt einfach darin, daß die beiden Zustände in ihrer Wirkung überlagert werden dürfen, solange das Material nicht über die Streckgrenze beansprucht wird.

Im Endzustand wirken an den Sitzstellen des Ringes Radialkräfte X sowohl auf den Ring als auch auf Körper und Platte. Sie haben den Ring an den Sitzstellen um w_1 bzw. w_2 aufgeweitet, den Körper um u_1 und die Platte um u_2 zusammengedrückt. Mit dem Schrumpfmaß s_1 bzw. s_2 gelten folgende Beziehungen:

$$s_1 = u_1 + w_1 \qquad (206)$$
$$s_2 = u_2 + w_2.$$

Die Verschiebungen und Kräfte sind linear abhängig. Mit den Konstanten α_i und β_{ik} gilt

$$u_1 = \alpha_1 X_1 \qquad w_1 = \beta_{11} X_1 + \beta_{12} X_2 \qquad (207)$$
$$u_2 = \alpha_2 X_2 \qquad w_2 = \beta_{21} X_1 + \beta_{22} X_2 \quad .$$

Man bezeichnet die Proportionalitätskonstanten in diesem Zusammenhang auch als Einflußzahlen. So gibt z. B. β_{12} den Einfluß der Kraft X_2 auf die Dehnung an der Sitzstelle 1 an (1. Index Ort, 2. Index Wirkung), vgl. Abb. 438. Die Einflußzahlen hängen neben den Elastizitätskonstanten noch von der Geometrie des

Gegenstandes ab. Für den Ring gilt aus Symmetriegründen einerseits $\beta_{11} = \beta_{22}$ und nach dem Reziprozitätssatz der Elastizitätslehre anderseits $\beta_{12} = \beta_{21}$[1]. β_{11} und β_{12} sind in den Abb. 439 und 440 angegeben und (für $h/r = 0{,}1182$) in Abhängigkeit

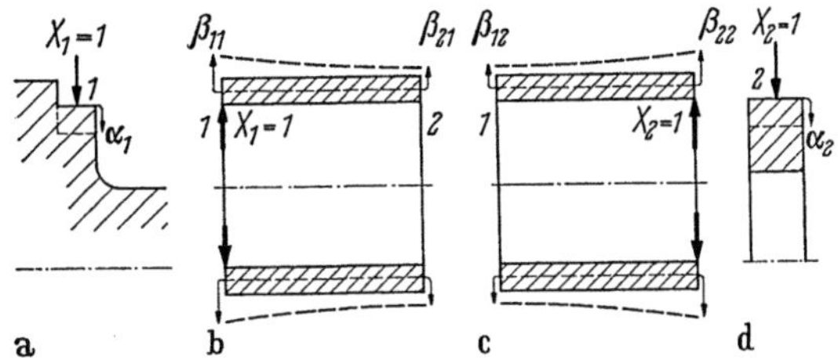

Abb. 438. Einflußzahlen und ihre Bedeutung für die rotationssymmetrisch belastete Rotorkappe

Dicke Pfeile: Querkräfte (über den Umfang konst.); Dünne Pfeile: Dehnungen (über den Umfang konst); *1* Sitzstelle am Rotorkörper; *2* Sitzstelle an der Kappenplatte

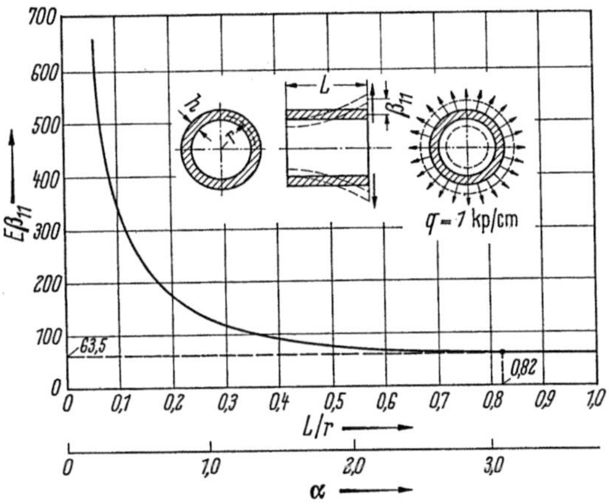

Abb. 439. Einflußzahl β_{11} für die biegesteife, rotationssymmetrisch belastete Kreiszylinderschale $h/r = 0{,}1182$; $\nu = 0{,}3$

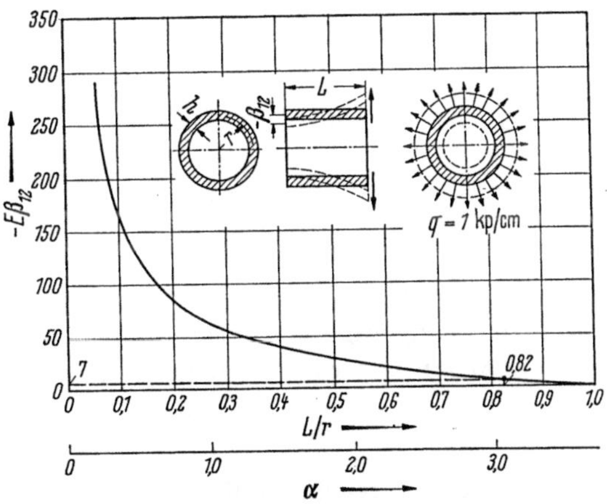

Abb. 440. Einflußzahl β_{12} für die biegesteife, rotationssymmetrisch belastete Kreiszylinderschale $h/r = 0{,}1182$; $\nu = 0{,}3$

von der bezogenen Ringlänge L/r graphisch dargestellt. Die Einflußzahl α_2 für die Platte kann aus Tab. 63 entnommen werden. Es ist dann

$$E_0 \alpha_2 = \frac{r_a}{h_p}\left(\frac{1 + k^2}{1 - k^2} - \nu\right) \quad \left(k = \frac{r_i}{r_a}\right), \tag{208}$$

[1] Die Herleitung der Einflußzahlen aus der Differentialgleichung der Kreiszylinderschale findet man im Anhang V.

während α_1 als radiale Einsenkung u_1 unter $X_1 = 1$ aus dem Aufbau des Körpers zu berechnen ist und für diesen allgemeinen Fall als gegeben betrachtet werden muß[1].

Die Gln. (206) und (207) führen auf ein inhomogenes Gleichungssystem für die beiden Unbekannten X_1 und X_2. Die Auflösung bringt

$$X_1 = \frac{1}{N}[(\beta_{11} + \alpha_2)s_1 - \beta_{12}s_2]$$
$$X_2 = \frac{1}{N}[(\beta_{11} + \alpha_1)s_2 - \beta_{12}s_1] \qquad N = (\beta_{11} + \alpha_1)(\beta_{11} + \alpha_2) - \beta_{12}^2 \tag{209}$$

Damit sind nach Gl. (207) die radialen Verschiebungen bekannt. Die Tangentialkraft t im Ring, Abb. 510 beträgt dann

$$t = \frac{E_R h}{r} w$$

und die Tangentialspannung

$$\sigma = \frac{t}{h} = \frac{E_R}{r} w. \tag{210}$$

Das Biegemoment in Ringmitte errechnet sich mit der Einflußzahl λ aus

$$m_0 = \lambda(X_1 + X_2),$$

weil die beiden Teilbelastungen $q = X_1$ und $q = X_2$ überlagert werden dürfen[2].

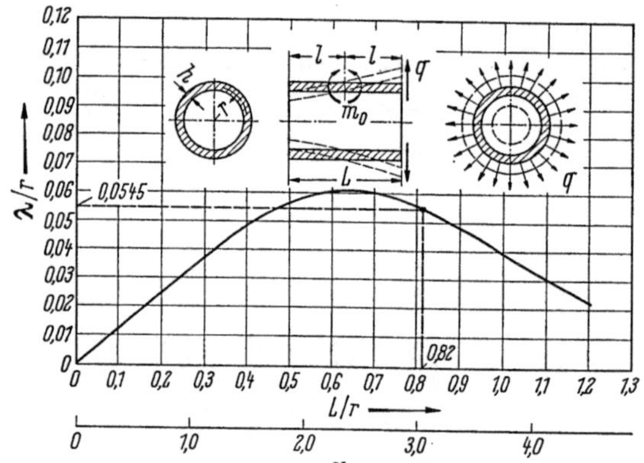

Abb. 441. Axiales Biegemoment in der Mitte einer biegesteifen, rotationssymmetrisch belasteten Kreiszylinderschale $m_0 = \lambda q$; $h/r = 0{,}1182$; $\nu = 0{,}3$

λ ist in Abb. 441 aufgeführt und (für $h/r = 0{,}1182$; $\nu = 0{,}3$) in Abhängigkeit der bezogenen Ringlänge graphisch dargestellt.

Die tangentiale Biegerandspannung wird dann

$$\sigma_b = \frac{6m_0}{h^2} = \pm\frac{6\lambda(X_1 + X_2)}{h^2}. \tag{211}$$

[1] Es wäre z. B. falsch, den Körper als Vollscheibe aufzufassen, weil damit der Einfluß der Nutung unterschlagen würde. Man kann eine Unterteilung des Körpers in eine innere Zone ohne Nuten und eine äußere mit Nuten vornehmen und die Wirkung beider Zonen im Sinne zweier hintereinandergeschalteter Federn überlagern. Schwieriger ist die Abschätzung der wirksamen Scheibenbreite der Zonen. Einfacher und genauer ist eine Messung am Objekt.

[2] Sind beide Schrumpfkräfte X_1 und X_2 gleich groß, so handelt es sich dabei um die absolut größte Biegerandspannung im geschrumpften Zustand. Sind sie annähernd gleich, was praktisch wohl meistens der Fall sein wird, so verschiebt sich das Maximum nicht wesentlich aus der Mitte, so daß Gl. (211) eine gute Näherung für den Maximalwert darstellt.

Die maßgebende Vergleichsspannung σ_v und damit die größte Beanspruchung des Ringes im Stillstand tritt bei normalen Kappenlängen an den Sitzstellen auf. Sie wird nach der GE-Hypothese wie folgt aus der Tangentialspannung σ und der Radialspannung

$$\sigma_r = -\frac{X}{b} \tag{212}$$

an beiden Sitzstellen gebildet

$$\sigma_v = \sqrt{\sigma^2 + \sigma_r^2 - \sigma\sigma_r}. \tag{213}$$

3. Einfluß der Erwärmung im Stillstand. Eine Temperaturerhöhung von Ring, Platte und Körper gegenüber der Montagetemperatur kann dadurch berücksichtigt werden, daß das Schrumpfmaß s um die Differenz der radialen Dehnungen von Ring und Sitzstelle vergrößert in Rechnung gestellt wird. Es ist dann lediglich in den Formeln der Gl. (209) an Stelle von s die Größe $(s)_t$ für jede Sitzstelle einzusetzen, also

$$\begin{aligned}(s_1)_t &= s_1 + r_a(\alpha_{lK}\vartheta_K - \alpha_{lR}\vartheta_R)\\ (s_2)_t &= s_2 + r_a(\alpha_{lP}\vartheta_P - \alpha_{lR}\vartheta_R),\end{aligned} \tag{214}$$

während die übrigen Gleichungen ihre Richtigkeit behalten. Wegen der großen linearen Wärmedehnzahl α_{lR} des Ringes aus antimagnetischem Stahl wird im allgemeinen der Klammerausdruck in (214) negativ, somit $(s)_t < s$, d. h. die Erwärmung verkleinert den Schrumpf im allgemeinen.

Beispiel zu 2 und 3: Gegeben sind folgende Größen einer Rotorkappe für einen Turbogenerator mit ca. 170 kVA Scheinleistung

$L = 2l = 45$ cm	$\bar{s}_1 = 2{,}7\,^0/_{00}$
$r = 55$ cm	$\bar{s}_2 = 2{,}0\,^0/_{00}$
$r_a = 52$ cm	$\sigma_B = 100$ kp/mm²
$r_i = 33$ cm	$\sigma_S = 78{,}5\%\ \sigma_B = 78{,}5$ kp/mm²
$h = 6{,}5$ cm	$E_0\alpha_1 = 13{,}9$ (gegeben)
$h_p = 5{,}0$ cm	$E_0 = 2{,}1\cdot 10^6$ kp/cm²
$b_1 = 2{,}8$ cm	$E_R = 1{,}8\cdot 10^6$ kp/cm²
$b_2 = 2{,}6$ cm	$\nu = 0{,}3.$

Berechnet wird:

$$s_1 = \frac{2{,}7\cdot 52}{1000} = 0{,}1403 \text{ cm}$$

$$s_2 = \frac{2{,}0\cdot 52}{1000} = 0{,}1040 \text{ cm}$$

$$L/r = 45/55 = 0{,}82$$

$$h/r = 6{,}5/55 = 0{,}118$$

$$k = r_i/r_a = 33/52 = 0{,}635$$

$$E_0\alpha_2 = \frac{52}{5{,}0}\left(\frac{1+0{,}635^2}{1-0{,}635^2} - 0{,}3\right) = 21{,}3 \tag{208}$$

Abb. 439 $\quad E_R\beta_{11} = 63{,}5$[1] $\quad E_0\beta_{11} = \frac{2{,}1}{1{,}8}\cdot 63{,}5 = 74{,}1$

[1] Würde man den Kappenring — wie vielfach noch üblich — nicht als Kreiszylinderschale, sondern als zwei voneinander unabhängige Ringe auffassen, die einzeln auf Platte und Körper geschrumpft würden, so müßte man ihre virtuelle Länge kennen. Entsprechend den Einflußzahlen $\beta_{11} = \beta_{22}$ ergäben sich nach den Formeln im Anhang I Ringlängen von

$$l = \frac{r}{h}\,\frac{r}{E_R\beta_{11}} = \frac{1}{0{,}1182}\,\frac{55}{63{,}5} = 7{,}33 \text{ cm}.$$

Fortsetzung S. 480

Abb. 440 $E_R\beta_{12} = -7{,}0 \qquad E_0\beta_{12} = \frac{2{,}1}{1{,}8}\cdot(-7{,}0) = -8{,}17$

Abb. 441 $\lambda/r = 0{,}0545$

$$E_0^2 N = (74{,}1 + 13{,}9)\,(74{,}1 + 21{,}3) - (-8{,}17)^2 = 8333 \qquad (209)$$

$$X_1 = \frac{2{,}1\cdot 10^6}{8333}[(74{,}1 + 21{,}3)0{,}1403 - (-8{,}17)0{,}1040] = 3590\ \text{kp/cm}$$

$$X_2 = \frac{2{,}1\cdot 10^6}{8333}[(74{,}1 + 13{,}9)0{,}1040 - (-8{,}17)0{,}1403] = 2600\ \text{kp/cm}$$

$$\sigma_{r1} = -\frac{3590}{2{,}8} = -1280\ \text{kp/cm}^2 \qquad \sigma_{r2} = -\frac{2600}{2{,}6} = -1000\ \text{kp/cm}^2 \qquad (212)$$

$$E_0 w_1 = 74{,}1\cdot 3590 - 8{,}17\cdot 2600 = 2{,}45\cdot 10^5\ \text{kp/cm} \qquad (207)$$
$$E_0 w_2 = -8{,}17\cdot 3590 + 74{,}1\cdot 2600 = 1{,}63\cdot 10^5\ \text{kp/cm}$$

$$\sigma_1 = \frac{1{,}8}{2{,}1}\,\frac{2{,}45\cdot 10^5}{55} = 3780\ \text{kp/cm}^2 \qquad \sigma_2 = \frac{1{,}8}{2{,}1}\,\frac{1{,}63\cdot 10^5}{55} = 2540\ \text{kp/cm}^2 \qquad (210)$$

$$\sigma_b = \frac{6\cdot 0{,}0545\cdot 55}{6{,}5^2}(3590 + 2600) = \pm 2640\ \text{kp/cm}^2\ \text{(Ringmitte)} \qquad (211)$$

$$\left.\begin{aligned} \sigma_{v1} &= \sqrt{3780^2 + (-1280)^2 - 3780(-1280)} = \underline{4570\ \text{kp/cm}^2 = 58\%\ \sigma_S} \\ \sigma_{v2} &= \sqrt{2540^2 + (-1000)^2 - 2540(-1000)} = 3160\ \text{kp/cm}^2 \end{aligned}\right\}\ \text{(Ringenden).} \qquad (213)$$

Die axial gerichtete Biegerandspannung in Ringmitte ist nicht maßgebend! Maßgebend ist die Vergleichsspannung am rotorkörperseitigen Ringende.

Einfluß der Erwärmung:
gegeben ist:

$$\alpha_{lR} = 18\cdot 10^{-6}/^\circ\text{C} \qquad \vartheta_R = 60\ ^\circ\text{C}$$
$$\alpha_{lP} = \alpha_{lK} = 11\cdot 10^{-6}/^\circ\text{C} \qquad \vartheta_P = 50\ ^\circ\text{C}$$
$$\vartheta_K = 80\ ^\circ\text{C}$$

berechnet wird:

$$\left.\begin{aligned} (s_1)_t &= 0{,}1403 + 52(11\cdot 80 - 18\cdot 60)10^{-6} = 0{,}130\ \text{cm} \\ (s_2)_t &= 0{,}1040 + 52(11\cdot 80 - 18\cdot 50)10^{-6} = 0{,}103\ \text{cm} \end{aligned}\right\} \qquad (214)$$

$$(X_1)_t = 3340\ \text{kp/cm} \qquad (X_2)_t = 2550\ \text{kp/cm} \qquad (209)$$

$$(\sigma_{v1})_t = \underline{4250\ \text{kp/cm}^2 = 54\%\ \sigma_S} \qquad (\sigma_{v2})_t = 3140\ \text{kp/cm}^2 \qquad (213)$$

Die Erwärmung erniedrigt die Schrumpfkräfte und die Vergleichsspannung um ca. 7%.

4. Beanspruchung des Kappenringes im Betrieb. Im stationären Betrieb wirken Fliehkräfte auf den Ring, die beträchtliche radiale Dehnungen zur Folge haben. Der Ring wird nicht nur durch seine Eigenfliehkraft g_R, sondern auch durch den Wickelkopf als Fremdlast p belastet. Seine Aufgabe besteht ja gerade darin, diesen Wickelkopf während des Laufes zusammenzuhalten. Er liegt praktisch ohne Spiel auf der Innenseite des Kappenringes auf (Abb. 435). Die gesamte Belastung besteht also aus dem Anteil $p(\omega^2)$ des Wickelkopfes als Fremdlast und der Eigenfliehkraft $g_R = \varrho r h \omega^2$. Beide Anteile sind proportional dem Quadrat der Winkelgeschwindigkeit ω bzw. der Drehzahl $n = 30\,\omega/\pi$.

Fortsetzung von S. 479

Durch das Unabhängigsein der Ringe würde jedoch der gegenseitige Einfluß der Schrumpfkräfte auf die Sitzstellen, ausgedrückt durch die Einflußzahl β_{12} vernachlässigt. Man könnte diesem Umstand wenigstens teilweise dadurch begegnen, daß man eine Ringlänge von

$$l = \frac{r}{h}\,\frac{r}{E_R(\beta_{11} - \beta_{12})} = \frac{1}{0{,}1182}\,\frac{55}{(63{,}5 - 7{,}0)} = 8{,}23\ \text{cm}$$

in Rechnung stellen würde, was exakt nur für gleiche Schrumpfmaße an beiden Sitzstellen gilt. Bei ungleichen Schrumpfmaßen — wie sie die Regel bilden — können solche Überlegungen, die zu einfacheren Rechenmethoden führen sollen, nur den Sinn von Näherungen haben.

Die über die ganze Ringlänge konstante Radialdehnung des Ringes mit freien Rändern infolge p und g_R beträgt dann nach Gl. (330) im Anhang V

$$w_0(\omega^2) = \frac{p(\omega^2)\,r^2}{E_R h} + \frac{\varrho\,\omega^2 r^3}{E_R}. \tag{215}$$

Die freien Dehnungen der beiden Sitzstellen von Körper und Platte sind ebenfalls proportional ω^2 und werden sinngemäß mit $u_{10}(\omega^2)$ und $u_{20}(\omega^2)$ bezeichnet.

Handelt es sich beispielsweise bei der Kappenplatte um eine Kreisringplatte konstanter Dicke mit dem Radienverhältnis $k = r_i/r_a$, so ist nach Tab. 63

$$u_{20}(\omega^2) = \frac{\varrho_p\,\omega^2 r_a^3}{E_0}\,\frac{1}{4}\,[1 - \nu + k^2(3 + \nu)]. \tag{216}$$

Denkt man sich nun den Kappenring ohne Zwang und Spiel auf den Rotorkörper und die Platte aufgeschoben und in Rotation versetzt, so müssen, damit die

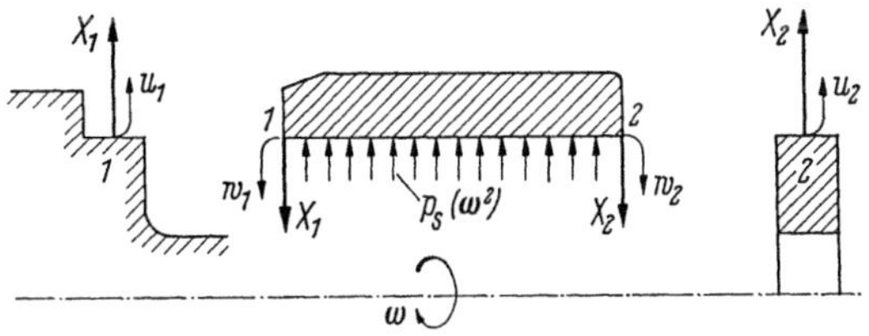

Abb. 442. Kräfte und Verschiebungen am biegesteifen, rotationssymmetrisch belasteten Kappenring und an seinen Sitzstellen im Betrieb

1 Rotorkörperseitige Sitzstelle; *2* Kappenplattenseitige Sitzstelle

Sitzstellen nicht klaffen, wiederum Kräfte X in radialer Richtung über den Umfang wirken (Abb. 442). Im Gegensatz zum Schrumpfvorgang sind es diesmal Zugkräfte[1]. Die Haftbedingungen lauten für diesen Fall

$$u_1 + w_1 = 0 \qquad u_2 + w_2 = 0,$$

während die Dehnungsgleichungen ergeben:

$$\begin{aligned} u_1 &= u_{10} + \alpha_1 X_1(\omega^2) \qquad & w_1 &= -w_0 + \beta_{11} X_1(\omega^2) + \beta_{12} X_2(\omega^2) \\ u_2 &= u_{20} + \alpha_2 X_2(\omega^2) \qquad & w_2 &= -w_0 + \beta_{21} X_1(\omega^2) + \beta_{22} X_2(\omega^2). \end{aligned} \tag{217}$$

Haftbedingungen und Dehnungsgleichungen führen über ein System von zwei Gleichungen zu den zwei Unbekannten

$$\begin{aligned} X_1(\omega^2) &= \frac{1}{N}\,[(w_0 - u_{10})(\beta_{11} + \alpha_2) - (w_0 - u_{20})\beta_{12}] \\ X_2(\omega^2) &= \frac{1}{N}\,[(w_0 - u_{20})(\beta_{11} + \alpha_1) - (w_0 - u_{10})\beta_{12}] \\ N &= (\beta_{11} + \alpha_1)(\beta_{11} + \alpha_2) - \beta_{12}^2. \end{aligned} \tag{218}$$

Diese Zugkräfte $X(\omega^2)$ müssen den im vorigen Abschnitt berechneten Druckkräften X infolge Schrumpfens überlagert werden. Sie sind mit ω^2 auch dem Quadrat der Drehzahl proportional; trägt man sie in einem Diagramm[2] als Parabeln über n auf (Abb. 443) und zeichnet gleichzeitig die Druckkräfte der Schrumpfberechnung ein, so erhält man im Schnitt beider Kurven diejenige Drehzahl $n = n_i$ ($i = 1{,}2$), bei der sich beide Kräfte aufheben, also keine Kraftwirkung mehr vom Sitz auf den Ring und umgekehrt erfolgt. Man nennt sie die Abhebedrehzahl. Steigert man die Drehzahl nämlich weiter, so müßten an den Sitzstellen

[1] Man beachte den Unterschied im Vorzeichen von X, u und w der Abb. 438 und 442.

[2] Man kann diesem Kräftediagramm der Schrumpfverbindungen ein ähnliches Diagramm für die Dehnungen gegenüberstellen, vgl. hierzu Abb. 415.

Zugkräfte wirksam werden, um einen Kontakt auch bei höheren Drehzahlen zu gewährleisten, was aber aus konstruktiven Gründen nicht möglich ist. Dann trennen sich also die beiden Teile, es tritt ein sog. Abheben oder *Klaffen* an den Sitzstellen auf; der Ring wird „freifliegend". Er hebt sich aber im allgemeinen nicht an beiden Sitzstellen gleichzeitig ab. Maßgebend ist der erste Schnittpunkt zusammengehörender X-Kurven. In unserem Beispiel (Abb. 443) betrifft dies die Sitzstelle 2 auf der Kappenplatte. Interessiert man sich auch noch für die Abhebedrehzahl der anderen Sitzstelle, so ist zu berücksichtigen, daß die Voraussetzungen

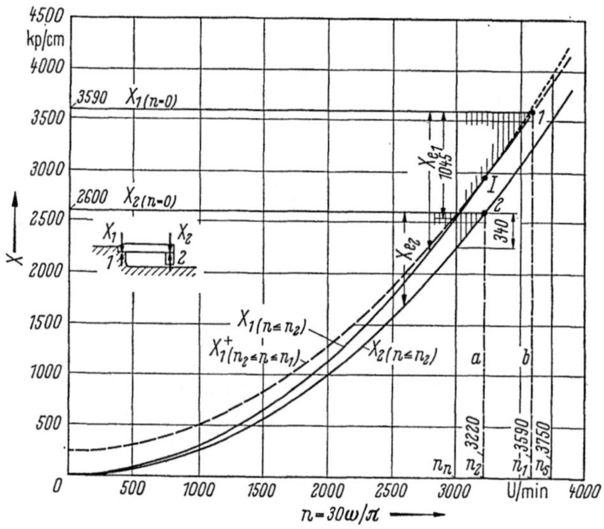

Abb. 443. Radialkräfte an den Sitzstellen in Abhängigkeit von der Drehzahl beim rotationssymmetrisch belasteten Kappenring – Diagramm zur Bestimmung der Abhebedrehzahl

$X_{(n=0)}$	Schrumpfkraft im Stillstand	n_1, n_2	Abhebedrehzahlen
X_e	Schrumpfkraft im Lauf	a	Abhebebeginn Sitzstelle 2
n_n	Nenndrehzahl	b	Abhebebeginn Sitzstelle 1
n_s	Schleuderdrehzahl		

der bisherigen Rechnung nicht mehr ganz erfüllt sind. Für den in Abb. 443 gezeigten Fall ist für $X_2(\omega^2)$ bei $n \geqq n_2$ nunmehr ein konstanter Wert, der gleich dem „Schrumpfwert" X_2 im Stillstand ist, einzusetzen. In den vorstehenden Formeln (217) ist dann $X_1(\omega^2)$ durch $X_1^*(\omega^2)$ zu ersetzen, wobei

$$X_1^*(\omega^2) = \frac{w_0(\omega^2) - u_{10}(\omega^2) - \beta_{12} X_2}{\beta_{11} + \alpha_1} \tag{219}$$

wird. Für $n = n_2$ (Punkt I) ergeben beide Parabeln $X_1(\omega^2)$ und $X_1^*(\omega^2)$ identische Werte. Für $n > n_2$ gilt dann die Parabel $X_1^*(\omega^2)$, und im Schnittpunkt mit dem Schrumpfwert X_1 im Stillstand (Punkt 1) ergibt sich die gesuchte zweite Abhebedrehzahl n_1 der Sitzstelle 1, also rotorkörperseitig. Für alle noch höheren Drehzahlen $n > n_1$ ist der Kappenring freifliegend im symmetrischen Belastungszustand. Die effektiven Druckkräfte X_{e1} und X_{e2} sind beim „Hochfahren" durch den Abstand der Begrenzungen der schraffierten Felder in Abb. 443 gegeben. Sie nehmen quadratisch vom Stillstand bis zu den Abhebedrehzahlen ab. Mit der Kenntnis von X_e ist nach den vorstehenden Formeln (217) auch die Radialdehnung w berechenbar, indem X durch X_e zu ersetzen ist. Mit den Gln. (210), (211) und (212) sind auch die Spannungen σ, σ_b und σ_r für beliebige Drehzahlen bis zum vollständigen Abheben bekannt.

Für die freifliegende Kappe verschwindet mit X auch die Biegespannung σ_b sowie die nach Gl. (212) zu berechnende Radialspannung σ_r infolge X. Die verbleibende Tangentialspannung für die auf der ganzen Ringfläche konstante Radialdehnung $w_0(\omega^2)$ beträgt

$$\sigma = E_R w_0(\omega^2)/r \qquad (220)$$

und die zugehörige Radialspannung am inneren Radius durch den Wickelkopf

$$\sigma_r = -\sigma h/r_a. \qquad (221)$$

Als Vergleichsspannung kann auch hier diejenige aus Gl. (213) verwendet werden.

5. Einfluß der Erwärmung im Betrieb. Der Einfluß der Erwärmung im Betrieb kann numerisch erhalten werden, indem die freien Dehnungen von Ring, Körper und Platte um die konstanten Anteile der Wärmedehnung erweitert werden. Es gilt dann an Stelle von (215) und (216)

$$\begin{aligned}(w_0)_t &= w_0(\omega^2) + \alpha_{lR}\vartheta_R r\\ (u_{10})_t &= u_{10}(\omega^2) + \alpha_{lK}\vartheta_K r_a\\ (u_{20})_t &= u_{20}(\omega^2) + \alpha_{lP}\vartheta_P r_a.\end{aligned} \qquad (222)$$

Alle übrigen Gleichungen bleiben unverändert, wenn an Stelle von w_0, u_{10}, u_{20} die entsprechenden Werte von (222) verwendet werden. Die Erwärmung kann unter Umständen eine empfindliche Absenkung der Abhebedrehzahlen zur Folge haben.

Beispiel zu 4 und 5: Die gegebenen Größen des vorigen Beispiels sind noch durch folgende ergänzt:

$n_n = 3000$ U/min
$n_s = 125\%\ n_n = 3750$ U/min
$\gamma_R = 8{,}00\cdot 10^{-3}$ kp/cm³
$\gamma_p = 7{,}85\cdot 10^{-3}$ kp/cm³
$p = 1{,}93\cdot 10^{-5}\, n^2$ kp/cm2
$E_0 u_{10} = 5{,}02\cdot 10^{-3}\, n^2$ kp/cm

berechnet wird:

$$\varrho_R\omega^2 = \frac{\gamma_R}{g}\left(\frac{n\pi}{30}\right)^2 = \frac{8{,}00\cdot 10^{-3}\pi^2 n^2}{981\cdot 30^2} = 8{,}93\cdot 10^{-8} n^2$$

$$\varrho_P\omega^2 = \frac{\gamma_P}{g}\left(\frac{n\pi}{30}\right)^2 = \frac{7{,}85\cdot 10^{-3}\pi^2 n^2}{981\cdot 30^2} = 8{,}77\cdot 10^{-8} n^2$$

$$E_0 u_{20} = 8{,}77\cdot 10^{-8} n^2 52^3 \frac{1}{4}[1 - 0{,}3 + 0{,}635^2(3 + 0{,}3)] = 6{,}26\cdot 10^{-3} n^2 \qquad (216)$$

$$E_R w_0 = \left(\frac{1{,}93\cdot 10^{-5}\, 55^2}{6{,}5} + 8{,}93\cdot 10^{-8} 55^3\right) n^2 = (8{,}98 + 14{,}88)\,10^{-3} n^2 = 23{,}9\cdot 10^{-3} n^2 \text{ [1]} \qquad (215)$$

$$E_0 w_0 = \frac{2{,}1}{1{,}8}\, 23{,}9\cdot 10^{-3} n^2 = 27{,}9\cdot 10^{-3} n^2$$

$$X_1(\omega^2) = \frac{10^{-3} n^2}{8333}[(27{,}9 - 5{,}02)(74{,}1 + 21{,}3) - (27{,}9 - 6{,}26)(-8{,}17)] = 2{,}83\cdot 10^{-4} n^2 \qquad (218)$$

$$X_2(\omega^2) = \frac{10^{-3} n^2}{8333}[(27{,}9 - 6{,}26)(74{,}1 + 13{,}9) - (27{,}9 - 5{,}02)(-8{,}17)] = 2{,}51\cdot 10^{-4} n^2$$

$$X_1^*(\omega^2) = \frac{(27{,}9 - 5{,}02)\,10^{-3} n^2 - (-8{,}17)\,2600}{74{,}1 + 13{,}9} = 2{,}60\cdot 10^{-4} n^2 + 240. \qquad (219)$$

[1] Der Anteil der Eigenfliehkraft ist mit 14,88/23,9 = 62,5% bedeutend. Eine Verstärkung des Kappenringes durch Vergrößern der Dicke h wäre deshalb wenig wirksam.

Bestimmung von n_2 und n_1:

$X_2\ (\omega^2) = X_2 \qquad 2{,}51\cdot 10^{-4} n^2 = 2600 \rightarrow n_2 = 3220$ U/min

$X_1^*(\omega)^2) = X_1 \qquad 2{,}60\cdot 10^{-4} n^2 + 240 = 3590 \rightarrow n_1 = 3600$ U/min.

Kontrolle:

$$(X_1)_{n_2} = 2{,}83\cdot 10^{-4}\cdot 3220^2 = 2930 \text{ kp/cm}$$

$$(X_1^*)_{n_2} = 2{,}60\cdot 10^{-4}\cdot 3220^2 + 240 = 2930 \text{ kp/cm.}$$

Effektive Schrumpfkräfte bei Nenndrehzahl ($n = n_n$):

$$X_{e1} = X_1 - X_1(\omega^2) \qquad (X_{e1})_{n_n} = 3590 - 2{,}83\cdot 10^{-4}\cdot 3000^2 = 1045 \text{ kp/cm}$$

$$X_{e2} = X_2 - X_2(\omega^2) \qquad (X_{e2})_{n_n} = 2600 - 2{,}51\cdot 10^{-4}\cdot 3000^2 = 340 \text{ kp/cm.}$$

Dehnungen bei Nenndrehzahl ($n = n_n$):

$$(E_0 w_1)_{n_n} = -27{,}9\cdot 10^{-3}\cdot 3000^2 + 74{,}1\cdot 1045 - 8{,}17\cdot 340 = -1{,}76\cdot 10^5 \text{ kp/cm}$$

$$(E_0 w_2)_{n_n} = -27{,}9\cdot 10^{-3}\cdot 3000^2 - 8{,}17\cdot 1045 + 74{,}1\cdot 340 = -2{,}34\cdot 10^5 \text{ kp/cm} \qquad (217)$$

Spannungen bei Nenndrehzahl ($n = n_n$):

$$(\sigma_1)_{n_n} = \frac{1{,}8}{2{,}1}\,\frac{1{,}76\cdot 10^5}{55} = 2740 \text{ kp/cm}^2 \qquad (\sigma_1 = 3780 \text{ kp/cm}^2)$$

$$(\sigma_2)_{n_n} = \frac{1{,}8}{2{,}1}\,\frac{2{,}34\cdot 10^5}{55} = 3650 \text{ kp/cm}^2 \qquad (\sigma_2 = 2540 \text{ kp/cm}^2) \qquad (210)$$

$$\sigma_{r1} = -\frac{X_{e1}}{b_1} \qquad (\sigma_{r1})_{n_n} = -\frac{1045}{2{,}8} = -370 \text{ kp/cm}^2$$

$$\sigma_{r2} = -\frac{X_{e2}}{b_2} \qquad (\sigma_{r2})_{n_n} = -\frac{340}{2{,}6} = -130 \text{ kp/cm}^2 \qquad (212)$$

$$(\sigma_{v1})_{n_n} = \sqrt{2740^2 + (-370)^2 - 2740(-370)} = 2940 \text{ kp/cm}^2$$

$$(\sigma_{v2})_{n_n} = \sqrt{3650^2 + (-130)^2 - 3650(-130)} = \underline{3710 \text{ kp/cm}^2 = 47\%\ \sigma_S.} \qquad (213)$$

Dehnungen und Spannungen bei Schleuderdrehzahl ($n = n_s$, frei fliegender Ring):

$$(w_0)_{n_s} = \frac{23{,}9\cdot 10^{-3}\cdot 3750^2}{1{,}8\cdot 10^6} = 0{,}186 \text{ cm}$$

$$(\sigma)_{n_s} = \frac{23{,}9\cdot 10^{-3}\cdot 3750^2}{55} = 6100 \text{ kp/cm}^2 \qquad (220)$$

$$(\sigma_r)_{n_s} = -\frac{6100\cdot 6{,}5}{52} = -760 \text{ kp/cm}^2 \qquad (221)$$

$$(\sigma_v)_{n_s} = \sqrt{6100^2 + (-760)^2 - 6100(-760)} = \underline{6500 \text{ kp/cm}^2 = 83\%\ \sigma_S.} \qquad (113)$$

Zusammenstellung der Kappenring-Beanspruchung für verschiedene Betriebszustände:

Max. Beanspruchung		σ_v [kp/cm²]	in % der Streckgrenze $\sigma_S = 78{,}5$ kp/mm²	in % der Zugfestigkeit $\sigma_B = 100$ kp/mm²
Stillstand	kalt	4570	58	46
	warm	4250	54	43
Lauf $n_n = 3000$ U/min	kalt	3710	47	37
	warm	<3710	<47	<37
Lauf $n_s = 3750$ U/min	kalt, warm	6500	83	65

Einfluß der Erwärmung: Mit den Daten von S. 480 und 483 wird

$$(E_0 w_0)_t = 27{,}9\cdot 10^{-3} n^2 + 2{,}1\cdot 10^6\cdot 18\cdot 10^{-6}\cdot 60\cdot 55 = 27{,}9\cdot 10^{-3} n^2 + 12{,}45\cdot 10^4 \text{ kp/cm} \qquad (222)$$

$$(E_0 u_{10})_t = 5{,}02\cdot 10^{-3} n^2 + 2{,}1\cdot 10^6\cdot 11\cdot 10^{-6}\cdot 80\cdot 52 = 5{,}02\cdot 10^{-3} n^2 + 9{,}61\cdot 10^4 \text{ kp/cm}$$

$$(E_0 u_{20})_t = 6{,}26\cdot 10^{-3} n^2 + 2{,}1\cdot 10^6\cdot 11\cdot 10^{-6}\cdot 50\cdot 52 = 6{,}26\cdot 10^{-3} n^2 + 6{,}00\cdot 10^4 \text{ kp/cm}$$

$$[X_2(\omega^2)]_t = \frac{1}{8333}[(27{,}9\cdot 10^{-3}n^2 + 12{,}45\cdot 10^4 - 6{,}26\cdot 10^{-3}n^2 - 6{,}00\cdot 10^4)\times \tag{218}$$
$$\times(74{,}1 + 21{,}3) - (27{,}9\cdot 10^{-3}n^2 + 12{,}45\cdot 10^4 - 5{,}02\cdot 10^{-3}n^2 -$$
$$- 9{,}61\cdot 10^4)(-8{,}17)] = (2{,}51\cdot 10^{-4}n^2 + 708)\text{ kp/cm}.$$

Bestimmung von n_2:

$$[X_2(\omega^2)]_t = X_2 \qquad 2{,}51\cdot 10^{-4}n^2 + 708 = 2600 \to n_2 = \underline{2750\text{ U/min!}}$$

Die erste Abhebedrehzahl n_2 wird durch die Erwärmung von 3220 U/min auf 2750 U/min, d. h. um $14^1/_2$% abgesenkt und liegt damit unterhalb der Nenndrehzahl. Bevor man an eine Neu-Dimensionierung herantritt, wird man versuchen, die Abhebedrehzahl durch Erhöhung des Schrumpfes an der Sitzstelle 2 (Platte-Ring) über die Nenndrehzahl zu bringen. Eine prinzipiell andere Möglichkeit zur Hebung der Abhebedrehzahl wäre, eine Platte aus austenitischem Stahl wie der Ring zu verwenden, d. h. mit einer 18/11 = 1,64mal größeren Wärmedehnzahl und einem 1,8/2,1 = 0,86mal kleinerem Elastizitätsmodul. Die Platte könnte dem Ring dann nicht nur thermisch, sondern auch mechanisch besser folgen.

6. Beanspruchung der Kappenplatte. Im *kalten Stillstand* wird die Platte als Kreisringscheibe durch die radialen Schrumpfkräfte am äußeren Radius auf Druck beansprucht. Nach Tab. 63 berechnet man mit

$$p = -\frac{X_2}{h_p}$$

die Tangentialspannungen am äußeren bzw. inneren Radius zu

$$\sigma_a = p\frac{1+k^2}{1-k^2} \qquad \sigma_i = p\frac{2}{1-k^2} \qquad (k = r_i/r_a).$$

Die Vergleichsspannungen folgen aus

$$\sigma_{va} = \sqrt{p^2 + \sigma_a^2 - p\sigma_a} \qquad \sigma_{vi} = \sigma_i.$$

Im warmen Stillstand ist σ_v im Verhältnis $(X_2)_t/X_2$ kleiner, also

$$(\sigma_v)_t = (X_2)_t/X_2\cdot\sigma_v.$$

Beispiel:

$$p = -\frac{2600}{5} = -520\text{ kp/cm}^2$$

$$\sigma_a = -520\frac{1+0{,}635^2}{1-0{,}635} = -1220\text{ kp/cm}^2$$

$$\sigma_i = -520\frac{2}{1-0{,}635^2} = \underline{-1740\text{ kp/cm}^2}$$

$$\sigma_{va} = \sqrt{(-520)^2 + (-1220)^2 - (-520)(-1220)} = 1060\text{ kp/cm}^2 < \sigma_a!$$

$$(\sigma_{vi})_t = \frac{2550}{2600}1740 = 1710\text{ kp/cm}^2.$$

Maßgebend wird die innere tangentiale Druckspannung im kalten Stillstand!

Im *Lauf* ist die Schleuderdrehzahl maßgebend. Nachdem keine Schrumpfkräfte mehr wirken, ist die Platte als freirotierende Kreisringscheibe zu berechnen. Die Beanspruchung wird ein Maximum an der inneren Bohrung. Nach Tab. 63 wird die maßgebende Tangentialzug- und zugleich Vergleichsspannung

$$\sigma_{vi} = \sigma_i = \varrho_P\,\omega^2 r_i^2\frac{1}{4}\left(\frac{3+\nu}{k^2} + 1 - \nu\right); \quad \left(k = \frac{r_i}{r_a}\right).$$

Die Erwärmung hat für den freirotierenden Ring keinen Einfluß auf die Beanspruchung mehr.

Beispiel:

$$(\varrho_P \omega^2) n_s = 8{,}77 \cdot 10^{-8} \cdot 3750^2 = 1{,}233 \text{ kp/cm}^4$$

$$\sigma_{vi} = 1{,}233 \cdot \frac{33^2}{4} \left(\frac{3 + 0{,}3}{0{,}635^2} + 1 - 0{,}3 \right) = \underline{2980 \text{ kp/cm}^2}.$$

7. Beanspruchung des Rotorkörpers durch die Kappe. Im *kalten Stillstand* bewirken die Schrumpfkräfte X_1 radiale Druckspannungen über den Umfang des Rotorkörpers an der Sitzstelle, welche die Rotorzähne auf ihre ganze Länge bis zur Wurzel beanspruchen. Die radiale Druckspannung auf die Zähne am Ort des Schrumpfsitzes beträgt

$$\sigma_K = -\frac{X_1}{b_1 \varkappa},$$

wobei $\varkappa$ das Verhältnis der tatsächlichen Schrumpfsitzfläche zur theoretischen Fläche $2\pi r_a b_1$ darstellt. Die tatsächliche Schrumpfsitzfläche ist wegen der Nutung in der neutralen Zone kleiner ($\varkappa < 1$). Im *warmen Stillstand* ist σ_K im Verhältnis $(X_1)_t / X_1$ kleiner, also

$$(\sigma_K)_t = \frac{(X_1)_t}{X_1} \sigma_K.$$

Beispiel:

$$\varkappa = 0{,}6$$

$$\sigma_K = \frac{3590}{2{,}8 \cdot 0{,}6} = 2140 \text{ kp/cm}^2$$

$$(\sigma_K)_t = \frac{3340}{3590} \cdot 2140 = 1990 \text{ kp/cm}^2.$$

Im *Lauf* ist die Schleuderdrehzahl maßgebend. Nachdem bei Schleuderdrehzahl der Schrumpf verschwunden ist, hat die Kappe keinen Einfluß mehr auf den Rotorkörper und damit wird auch der Einfluß der Erwärmung bedeutungslos.

8. Zusätzliche Beanspruchung der Kappe durch Abweichungen vom kreissymmetrischen Belastungszustand. Gleich zu Beginn der Berechnung haben wir zur Erleichterung die Voraussetzung getroffen, daß sowohl für die Beanspruchung im Stillstand als auch im Lauf die Symmetrie bezüglich der Achse gewahrt bleibe. Dies hatte zur Folge, daß die Beanspruchungen von der Winkellage im Umfang unabhängig blieben. In Wirklichkeit wird man aber am Rotor und besonders am Wickelkopf eine Polebene I und eine Neutralebene II unterscheiden können, vgl. Abb. 444a (die Namen beziehen sich auf das Magnetfeld im Eisen). In Abb. 444b sind die einzelnen Stromleiter, aus denen sich der Kopf zusammensetzt, abgewickelt über den Zylindermantel dargestellt. Man erkennt ohne weiteres, daß in den Bereichen *AA* (Polebene, äußerer Rand) und *BB* (Neutralebene, innerer Rand) durch die Fliehkräfte der Kupferleiter Lastkonzentrationen auftreten, wodurch sich die Fliehkräfte über Umfang und Länge des Ringes ungleichmäßig verteilen, vgl. Abb. 444c.

Die ungleichmäßige Belastung auf den Ring im Lauf hat zwei Auswirkungen. Erstens wird der Ring an denjenigen diametralen Stellen, welche die größere Last zu übernehmen haben, früher abheben als im Falle einer gleichmäßig verteilten Last. Dafür ist allerdings an den um 90° dazu versetzten Diametralstellen ein Druck des Ringes auf die Unterlage, also eine gewisse Zentrierwirkung entstanden, die um so stärker ist, je mehr der Ring abhebt. Man kann diesen Umstand dahin ausnützen, daß an den Druckstellen Bolzen eingepaßt werden, die ein Verschieben des Ringes beim Abheben verhindern und damit eine genaue Lage des Ringes auch im Lauf gewährleisten. Zweitens wird der ursprünglich kreisrunde Ring durch die unsymmetrische Belastung zu einem Oval, einer Art Ellipse verformt, wodurch Biegespannungen in Umfangsrichtung entstehen. Es ist einleuchtend, daß diese Biegespannungen, die sich den Tangentialspannungen durch die

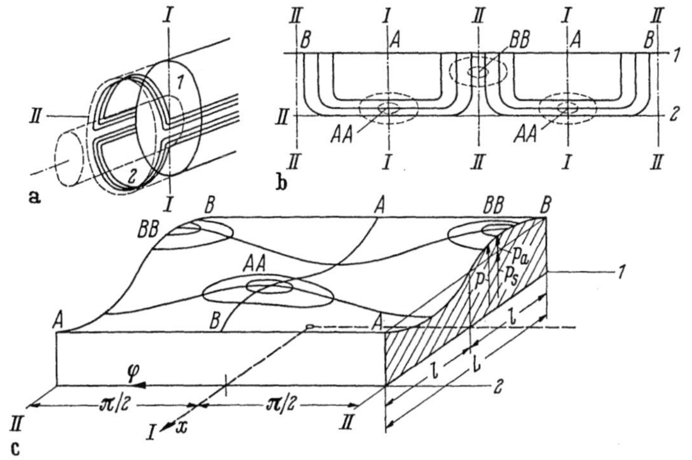

Abb. 444. Aufteilung der Wickelkopfbelastung in einen symmetrischen und einen antimetrischen Anteil
p_s Symmetrischer Anteil-, p_a antimetrischer Anteil der Wickelkopfbelastung
AA Belastungshügel, kappenplattenseitig
BB Belastungshügel, rotorkörperseitig
1 Rotorkörperebene, *2* Kappenplattenebene
I Polebene, *II* Neutralebene

Fliehkraft überlagern, dann klein gehalten werden können, wenn das Abheben möglichst verhindert wird, so daß keine wesentliche Abweichung von der Kreisform stattfinden kann. Das wirksamste Mittel, ein Abheben zu verhindern, ist die Erhöhung des Schrumpfes. Die zusätzliche Biegespannung im Ring ist deshalb weitgehend vom gewählten Schrumpf abhängig. Bei normalen Schrumpfmaßen wird der Einfluß 10% der Totalbeanspruchung nicht überschreiten[1].

Aber auch im Stillstand, nach dem Aufziehen der Kappe, kann der Ring mindestens rotorkörperseitig eine von der Kreisform abweichende, ovale Form annehmen. Die Abweichung kommt daher, daß die Nutung am Rotorkörper in der Hauptsache auf die neutrale Zone beschränkt ist. Die radiale Steifigkeit wird deshalb in der Polzone größer sein, als in der neutralen Zone, wo der Radialdruck der Schrumpfkräfte durch die Zähne aufgenommen werden muß. Man hat mit einer größeren, radialen Einsenkung in der neutralen Zone zu rechnen. Der größere Radius des Ringes im Stillstand wird in der Polebene gemessen werden.

Man ist in neuerer Zeit dazu übergegangen, aus Gründen besserer Laufruhe (doppelfrequente Schwingungen, vgl. S. 540) einen Ausgleich der Trägheitsmomente

[1] KELLENBERGER, W.: Zur Festigkeitsberechnung der Rotorkappen von Turbogeneratoren, Brown Boveri Mitt. 45 (1958) 3, S. 113.

für Pol- und Neutralachse u. a. dadurch zu erreichen, daß die Nutung über den vollen Umfang ausgeführt wird. (Die Nuten in der Polachse können nachträglich durch Füll-Eisen geschlossen werden.) In diesem Falle ist dann selbstverständlich ein runder Ring auch nach dem Aufschrumpfen noch rund.

E. Die Welle im Normalbetrieb

a) Spannungsnachweis an Wellen. Die Welle im Normalbetrieb wird hauptsächlich beansprucht auf

1. Torsion infolge des Nenndrehmomentes, das im wesentlichen Schubspannungen in Ebenen senkrecht zur Achse erzeugt.

2. Biegung infolge des Eigengewichtes bei Horizontalmaschinen, die Biegespannungen in Achsrichtung erzeugen, sowie bei kleineren Maschinen Biegung durch eventuellen Riemenzug.

3. Zug oder Druck infolge Eigengewicht bei Vertikalmaschinen und Wasserdruck bei vertikalen Wasserkraftgeneratoren. Sie erzeugen Zug- oder Druckspannungen in Achsrichtung.

Die Formeln für die Berechnung der Spannungen in der Welle lauten nach den elementaren Formeln der Festigkeitslehre[1]:

Schubspannung (infolge Torsion)

$$\tau(r) = \frac{M_t}{J} r; \qquad \tau\left(\frac{D}{2}\right) = \tau = \frac{M_t}{W_p}; \quad \left(W_p = \frac{2J}{D}\right).$$

Biegespannung

$$\sigma_b(r) = \frac{M_b}{I} r; \qquad \sigma_b\left(\frac{D}{2}\right) = \sigma_b = \frac{M_b}{W}; \quad \left(W = \frac{2I}{D}\right).$$

Zugspannung $$\sigma_z = \frac{Z}{A}$$

τ	[kp/cm²]	Schub-Randspannung	
σ_b	[kp/cm²]	Biege-Randspannung	
M_t	[cm kp]	Normaldrehmoment (wenn Leistung P und Tourenzahl n gegeben ist, vgl. Gl. (4a), S. 43)	
M_b	[cm kp]	Biegemoment aus Eigengewicht	vgl. Tab. 65
J	[cm⁴]	Polares Flächenträgheitsmoment	vgl. Tab. 65
I	[cm⁴]	Axiales Flächenträgheitsmoment	vgl. Tab. 65
W_p	[cm³]	Polares Widerstandsmoment	vgl. Tab. 65
W	[cm³]	Axiales Widerstandsmoment	vgl. Tab. 65
Z	[kp]	Zug- oder Druckkraft aus Eigengewicht bei Vertikalmaschinen, hydraulischem Schub usw.	
D	[cm]	Äußerer Wellendurchmesser	
A	[cm²]	Querschnittsfläche, vgl. Tab. 65	

Die Spannungsverteilungen an der Welle sind in Abb. 445 qualitativ dar-

[1] Die durch die Querkraft hervorgerufenen Schubspannungen, welche parabolisch über den Querschnitt verlaufen und in der neutralen Faser ein Maximum erreichen, sind nicht von Bedeutung, da der Spannungsnachweis in der Randfaser maßgebend wird.

gestellt. Die Vergleichsspannung am Rande nach der GE-Hypothese (vgl. Gl. (133a), S. 417) wird[1]

$$\sigma_v = \sqrt{(\sigma_b + \sigma_z)^2 + 3\tau^2}\,.$$

Tabelle 65. *Querschnittswerte von Wellen*

Querschnittswerte	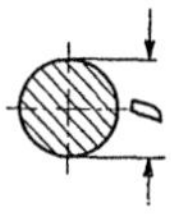	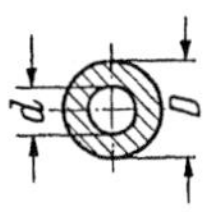	
Fläche A	$\frac{\pi}{4} D^2$	$\frac{\pi}{4} (D^2 - d^2)$	$\frac{\pi}{4} = 0{,}7854$
Axiales Flächenträgheitsmoment I	$\frac{\pi}{64} D^4$	$\frac{\pi}{64} (D^4 - d^4)$	$\frac{\pi}{16} = 0{,}1964$
Polares Flächenträgheitsmoment $J = 2I$	$\frac{\pi}{32} D^4$	$\frac{\pi}{32} (D^4 - d^4)$	$\frac{\pi}{32} = 0{,}09817$
Axiales Widerstandsmoment $W = \frac{2I}{D}$	$\frac{\pi}{32} D^3$	$\frac{\pi}{32} (D^4 - d^4)/D$	$\frac{\pi}{64} = 0{,}04909$
Polares Widerstandsmoment $W_p = \frac{2J}{D} = 2W$	$\frac{\pi}{16} D^3$	$\frac{\pi}{16} (D^4 - d^4)/D$	

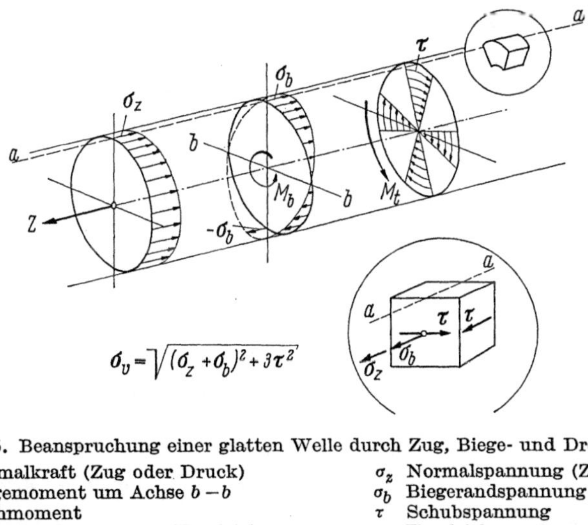

Abb. 445. Beanspruchung einer glatten Welle durch Zug, Biege- und Drehmoment

Z	Normalkraft (Zug oder Druck)	σ_z	Normalspannung (Zug oder Druck)
M_b	Biegemoment um Achse $b-b$	σ_b	Biegerandspannung
M_t	Drehmoment	τ	Schubspannung
$a-a$	maßgebende Faser für Vergleichsspannung	σ_v	Vergleichsspannung

[1] Die früher oft verwendete Vergleichsspannung nach der Hypothese der maximalen Schubspannung (Guest-Mohr) bedingt an Stelle der 3 unter dem Wurzelzeichen eine 4 und ergibt deshalb bei reinem Schub eine $4/3 = 1{,}15$ mal größere Vergleichsspannung. Die Hypothese der maximalen Dehnung hingegen liefert für reinen Schub eine $1{,}30/\sqrt{3} = 0{,}75$ mal kleinere Vergleichsspannung und stimmt für eine Querzahl von $\nu = 0{,}3$ mit der immer noch anzutreffenden Formel von Bach überein.

Maßgebend ist im allgemeinen die Randfaser, für die σ_b und σ_z gleiches Vorzeichen haben.

In der Beurteilung der zulässigen Vergleichsspannung muß der zeitlichen Veränderung der Spannungen Rechnung getragen werden. Sie darf keinesfalls größer sein als die Dauerfestigkeit (vgl. S. 419), wenn plastische Formänderungen verhindert werden sollen. Die Schubspannung ändert mit dem Drehmoment, ist also für viele rotierende Maschinen im Nennbetrieb annähernd konstant. Die Zugspannung ist durch das konstante Eigengewicht und den nahezu gleichbleibenden hydraulichen Schub ebenfalls als konstant zu betrachten. Hingegen ändert bei Horizontalmaschinen die Biegespannung aus Eigengewicht bei jeder halben Drehung der Welle das Vorzeichen, ist also eine reine Wechselbeanspruchung. Da bei einer Welle im allgemeinen die Schubspannung dominiert, darf die Vergleichsspannung in vielen Fällen mit der Streckgrenze verglichen werden. Bei Maschinen mit zeitlich veränderlichem Drehmoment im Nennbetrieb (Einphasenmaschinen, Walzwerkantriebe) oder Maschinen, die häufig angefahren werden (Werkzeugmaschinenantriebe, Hebezeuge, Zentrifugen), ist die Vergleichsspannung mit Rücksicht auf die zeitliche Veränderlichkeit zu bilden (vgl. die folgenden Beispiele) und mit einer Dauerfestigkeit, z. B. Ursprungsfestigkeit oder Wechselfestigkeit, zu vergleichen.

In Tab. 33 sind für übliche Wellenstahlqualitäten Festigkeitswerte angegeben. Sie gelten für *glatte Wellen*. In Tab. 34 sind Wechselfestigkeiten einiger genormter DIN-Stähle nach HÄHNCHEN[1] aufgeführt und Tab. 35 zeigt die wichtigsten Stahlsorten für geschmiedete Wellen. Bei kombinierter statischer und dynamischer Beanspruchung ist die Dauerfestigkeit σ_D $(\sigma_W \leqq \sigma_D < \sigma_S)$ maßgebend.

Bei *abgesetzten Wellen*, also solchen, bei denen der Wellendurchmesser nicht konstant ist, treten bei statischer Beanspruchung durch die Kerbwirkung an den Übergangsstellen Spannungserhöhungen auf, vgl. S. 421, die nach der elementaren Festigkeitslehre nicht berechnet werden können. Ihre Bestimmung erfolgt im statischen Fall mit der Formzahl α_k (Abb. 411). Es ergibt sich dann die Forderung

$$\sigma_v(\alpha_k, \sigma_n) \leqq \sigma_S.$$

Bei reiner Wechselbeanspruchung abgesetzter Wellen ist die Vergleichsspannung mit der Kerbspannung zu bilden und mit der Wechselfestigkeit zu vergleichen (s. S. 423.)

$$\sigma_v(\beta_k, \sigma_n) \leqq \sigma_W.$$

Beispiele:

a) glatte Wellen

1. Vertikale Hydrogeneratorwelle aus Maschinenbaustahl St 50, $\sigma_S = 30$ kp/mm².

Gegeben:

$\sigma_b = 0$ $\quad\quad$ $\sigma_z = +580$ kp/cm² $\quad\quad$ $\tau = 310$ kp/cm²

berechnet: $\sigma_v = \sqrt{\sigma_z^2 + 3\tau^2} = \sqrt{580^2 + 3 \cdot 310^2} = 796 \text{ kp/cm}^2 = 27\%\ \sigma_S.$

Sicherheit gegen Fließen $S_S = \dfrac{\sigma_S}{\sigma_v} = \dfrac{3000}{796} = 3{,}8.$

2. Horizontale Turbogeneratorwelle aus legiertem Vergütungsstahl 35 NiCrMo 3, $\sigma_B = 60$ kp/mm², $\sigma_S = 40$ kp/mm²,

$\sigma_W \approx 0{,}5\,\sigma_B = 30$ kp/mm².

Gegeben: $\sigma_b = \pm 320$ kp/cm² $\quad\quad$ $\sigma_z = 0$ $\quad\quad$ $\tau = 550$ kp/cm².

[1] Fußnote S. 420.

Die statische Beanspruchung überwiegt. Wir vergleichen σ_v mit σ_S. Um die Wechselbeanspruchung zu berücksichtigen, multiplizieren wir σ_b mit $\sigma_S/\sigma_W > 1$

$$\sigma_v = \sqrt{\left(\sigma_b \frac{\sigma_S}{\sigma_W}\right)^2 + 3\tau^2} = \sqrt{\left(320 \frac{40}{30}\right)^2 + 3\cdot 550^2} = 1045 \text{ kp/cm}^2 = 26\%\ \sigma_S.$$

3. Sehr oft angefahrener, horizontaler Motor, Welle aus Maschinenbaustahl St 34, $\sigma_B = 34$ kp/mm², $\sigma_S = 21$ kp/mm², $\sigma_U \approx \sigma_S = 21$ kp/mm², $\sigma_W = 15$ kp/mm².

Gegeben:

$$\sigma_b = \pm 85 \text{ kp/cm}^2 \qquad \sigma_z = 0 \qquad \tau = 0...280 \text{ kp/cm}^2.$$

Die Schwellenbeanspruchung überwiegt. Wir vergleichen σ_v mit σ_U (Schwell- oder Ursprungsfestigkeit). Um die Wechselbeanspruchung zu berücksichtigen, multiplizieren wir σ_b mit $\sigma_U/\sigma_W > 1$

$$\sigma_v = \sqrt{\left(\sigma_b \frac{\sigma_U}{\sigma_W}\right)^2 + 3\tau^2} = \sqrt{\left(85\cdot \frac{21}{15}\right)^2 + 3\cdot 280^2} = 500 \text{ kp/cm}^2 = 24\%\ \sigma_U.$$

b) abgesetzte Wellen

4. Wie Beispiel 1 (α_k aus Abb. 411 für $d/D = 0{,}8$; $\varrho/t = 0{,}5$, für Biegung bzw. für Torsion).

Gegeben:

$$\sigma_b = 0 \qquad \sigma_{zn} = 580 \text{ kp/cm}^2 \qquad \alpha_k = 2{,}2 \quad \sigma_{z\max} = \alpha_k \sigma_{zn} = 2{,}2\cdot 580 = 1275 \text{ kp/cm}^2$$

$$\tau_n = 310 \text{ kp/cm}^2 \qquad \alpha_k = 1{,}5 \quad \tau_{\max} = \alpha_k \tau_n = 1{,}5\cdot 310 = 465 \text{ kp/cm}^2$$

berechnet:

$$\sigma_v = \sqrt{\sigma_{z\max}^2 + 3\tau_{\max}^2} = \sqrt{1275^2 + 3\cdot 465^2} = 1510 \text{ kp/cm}^2 = 50\%\ \sigma_S.$$

Sicherheit gegen örtliches Fließen $S_S = \dfrac{3000}{1510} = 2{,}0.$

5. Welle von Umkehrwalzwerkantrieb aus unlegiertem Vergütungsstahl C 35, $\sigma_B =$ $= 55$ kp/mm², $\sigma_S = 33$ kp/mm², $\sigma_W = 25$ kp/mm².

β_k entnehmen wir für $D/d = 1{,}4$ u. $\varrho/d = 0{,}1$ aus Abb. 412. In Ermangelung von β_k-Werten für Biegung und Zug bei $D/d = 1{,}4$ ist der Fehler tragbar, wenn man die β_k-Werte durch die größeren α_k-Werte ersetzt. Aus den Größen $D/d = 1{,}4$ und $\varrho/d = 0{,}1$ errechnet man $d/D = 1/1{,}4 = 0{,}715 \approx 0{,}7$; $\varrho/t = \varrho/d\cdot 2/(D/d-1) = 0{,}1\cdot 2/(1{,}4 - 1) = 0{,}5$ und entnimmt die α_k-Werte der Abb. 411.

Gegeben:

$$\sigma_{bn} = \pm 80 \text{ kp/cm}^2 \qquad \beta_k < \alpha_k = 1{,}6 \quad \sigma_{bk} \approx \alpha_k \sigma_{bn} = 1{,}6\cdot 80 = 128 \text{ kp/cm}^2$$

$$\sigma_{zn} = \pm 10 \text{ kp/cm}^2 \qquad \beta_k < \alpha_k = 2{,}0 \quad \sigma_{zk} \approx \alpha_k \sigma_{zn} = 2{,}0\cdot 10 = 20 \text{ kp/cm}^2$$

$$\tau_n = \pm 620 \text{ kp/cm}^2 \qquad \beta_k = 1{,}2 \quad \tau_k = \beta_k \tau_n = 1{,}2\cdot 620 = 745 \text{ kp/cm}^2$$

$$\sigma_v = \sqrt{(\sigma_{bk} + \sigma_{zk})^2 + 3\tau_k^2} = \sqrt{(128 + 20)^2 + 3\cdot 745^2} = 1300 \text{ kp/cm}^2 = 52\%\ \sigma_W.$$

Sicherheit gegen Ermüdungsbruch $S_B = \dfrac{\sigma_W}{\sigma_v} = \dfrac{2500}{1300} = 1{,}9.$

(Der Einfluß der Normalspannungen ist vernachlässigbar klein, mit $\sigma_b = \sigma_z = 0$ wird $\sigma_v = \sqrt{3}\ \tau_k = \sqrt{3}\cdot 745 = 1290$ kp/cm². Der Fehler ist kleiner als 1%).

b) Wellenenden — Keile. Die *Wellenenden* für Maschinen sind genormt, s. S. 367. Die Normung umfaßt den Bereich von 6 bis 650 mm Durchmesser. Das zylindrische Wellenende wird meistens für kleine Drehzahlen und Leistungen gebaut, das konische Ende gibt eine viel genauere und leichter lösbare Zentrierung und dient im allg. für große Leistungen, stark wechselnde Belastung und hohe Drehzahlen. Der Konus ist einheitlich 1:10. Die Länge der Nabe ist für zylindrische und konische Ausführung gleich. Zur Aufkeilung der Kupplungsnabe dienen im wesentlichen 2 Arten von *Keilen*: Rechteckkeile und Rundkeile. Der *Federkeil* ohne Anzug (Abb. 446a) wird dort angewendet, wo genaues

Rundlaufen Bedingung ist oder wo die Nabe zusätzliche Spannungen durch Keilanzug nicht erlaubt. Sie sind geeignet für Wälzlagerkonstruktionen, weil Schläge beim Aufkeilen nicht zulässig sind, oder dort, wo Anzugskeile infolge knapper Platzverhältnisse nicht in Frage kommen. Die Übertragung des Drehmomentes erfolgt durch die Seitenfläche des Keiles. Ist die Keilbelastung bei nur einem Keil zu groß, so werden zwei oder mehr Keile verwendet (Abb. 446b). Mehrere Keile begünstigen die Zentrierung und den dynamischen Ausgleich. Bei *Treibkeilen* mit Anzug (Abb. 446c) ist ein Anzug von

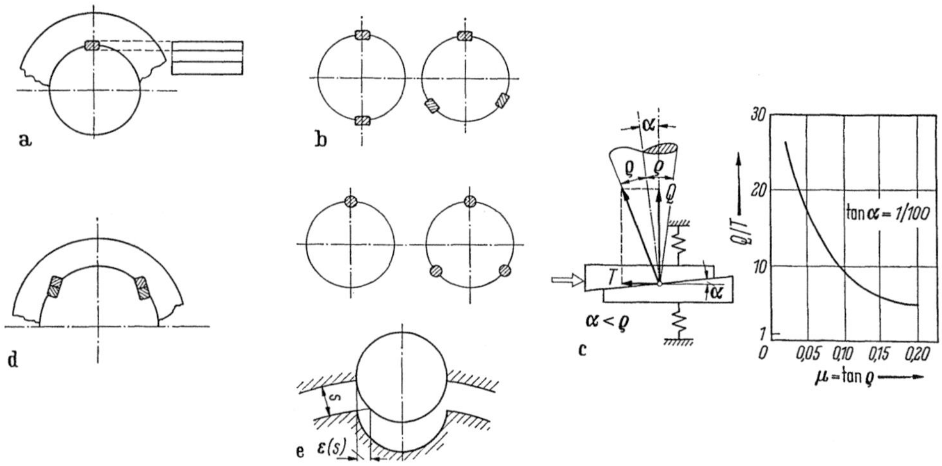

Abb. 446. Verschiedene Keilformen
a einfacher Keil; b Mehrfach-Keile; c Treibkeil mit Anzug; d Tangentialkeile; e Rundkeile

$\operatorname{tg}\alpha = 1\%$ üblich. Sie werden für stark belastete und Wechselbetriebe benützt. Die Verbindung ist selbsthemmend, solange der Reibungskoeffizient $\mu = \operatorname{tg}\varrho$ größer ist als $\operatorname{tg}\alpha$; axiale Verschiebungen sind dann nur unter Kraft möglich. Ein Rundlaufen ist wegen der radialen Verspannung der Nabe nicht sicher. Die Nabe erhält durch den Anzug zusätzliche Spannungen. Der Keil wird nicht nur an den Seitenflächen, sondern auch an den Bauch- und Rückenflächen beansprucht. *Der Tangentialkeil* (Abb. 446d) wird bei schlagartigem und schwerem Wechselbetrieb (Fördermaschinen, Walzwerksantriebe) an Stelle von oder zusätzlich zu Mehrfachkeilen oder an Stelle von Preß- bzw. Schrumpfsitzen verwendet. Ein Rundlaufen ist wegen der radialen und tangentialen Verspannung der Nabe unsicher. Oft wird der *Rundkeil* an Stelle des Rechteckkeiles ohne Anzug verwendet, Abb. 446e. Sein oft entscheidender Vorteil ist eine billigere Bearbeitung bei gleicher Herstellungsgenauigkeit oder Passung. Seine Nachteile sind rasch ansteigendes Tangentialspiel beim Abheben der Nabe von der Welle, Abb. 446e, und zusätzliche Radialkraftkomponente infolge eines Drehmomentes, hervorgerufen durch eine Art Keilwirkung des Halbkreises, Abb. 447.

Verbindungen von Wellen und Naben ohne Keile, also reine Schrumpfverbindungen, erfordern eine genaue Bearbeitung, was erfahrungsgemäß nur bei größeren Wellendurchmessern mit genügender Genauigkeit gewährleistet ist.

Berechnung der Keile: Für den *Rechteckkeil* beträgt die mittlere Keilpressung σ infolge eines Drehmomentes M, wenn n Keile tragen

$$\sigma = \frac{2M}{nAD},$$

wobei A die halbe (tragende) Seitenfläche des Keiles einer Welle vom Durchmesser D bedeutet, Abb. 447a.

Für die Rechteckkeile wird im allgemeinen Federstahl St 50 K verwendet. Die Pressung σ soll 1200 kp/cm² im Nennbetrieb und 3000 kp/cm² im Kurzschluß

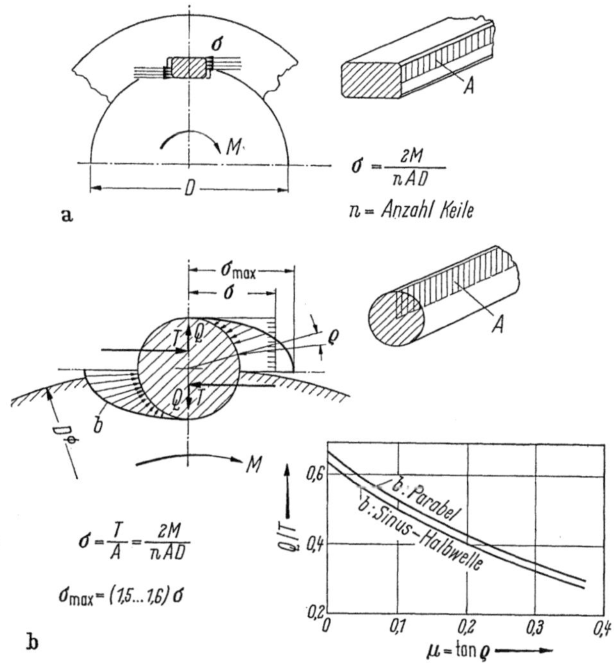

Abb. 447. Beanspruchung der Keile durch ein Drehmoment
a Rechteckkeil; b Rundkeil

nicht überschreiten. Man beachte, daß die Pressung nicht nur auf den Keil, sondern ebenso auf Welle und Nabe wirkt. Beim Eintreiben eines Keiles mit Anzug ist darauf zu achten, daß schon kleine axiale Kräfte große radiale Spreizkräfte zur Folge haben. Während des Gleitens neigt sich die Führungskraft an die Mantellinie des Reibungskegels, Abb. 446c und das Verhältnis von Treib- zu Spreizkraft wird

$$\frac{Q}{T} = \frac{1 - \mu\,\mathrm{tg}\alpha}{\mathrm{tg}\alpha + \mu} \quad (\mu = \mathrm{tg}\varrho > \mathrm{tg}\alpha).$$

Es ist in Abb. 446c für $\mathrm{tg}\alpha = 1\%$ über dem Reibungskoeffizienten μ aufgetragen.

Die mittlere Pressung σ des *Rundkeiles* berechnet sich analog der des Rechteckkeiles. Der Spitzenwert hingegen ist wegen der ungleichen Spannungsverteilung über den Radius des Keiles größer, Abb. 447b. Für eine parabel- bzw. sinusförmige Spannungsverteilung ergeben sich Spitzenwerte von

$$\sigma_{\max} = (1{,}50\ldots 1{,}57)\ \sigma = (1{,}50\ldots 1{,}57)\,\frac{2M}{nAD},$$

wenn hier A die halbe Projektionsfläche des Rundkeiles bedeutet. Die radial gerichtete Kraftkomponente Q, die durch das Drehmoment und infolge der Spannungsverteilung am Rundkeil entsteht, ist abhängig vom Reibungskoeffizienten μ und beträgt

$$Q = \varkappa T = \varkappa \frac{2M}{nD}.$$

Das Verhältnis $\varkappa = Q/T$ ist in Abb. 447b in Abhängigkeit von μ für zwei verschiedene Spannungsverteilungen aufgetragen.

c) Biegemomente querbelasteter Wellen. Um sich ein rasches Bild über die durch verschiedene Belastung und Lagerung sich ergebenden Biegemomente,

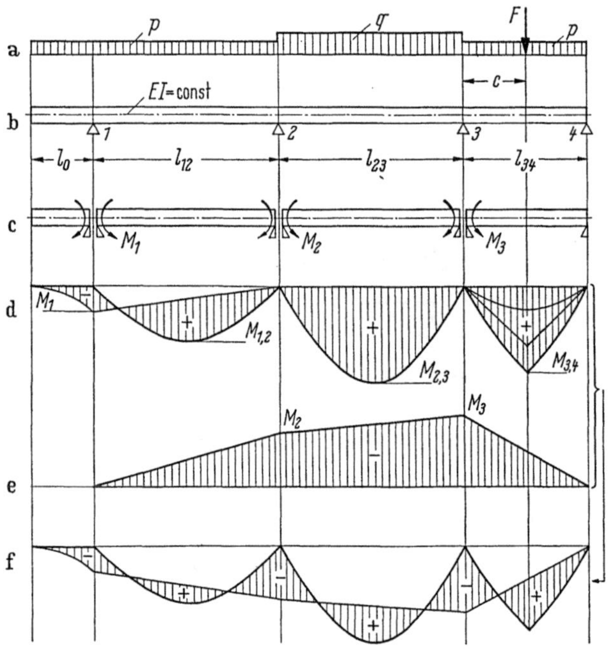

Abb. 448. Mehrfach gelagerte Welle a Belastung; b Welle statisch unbestimmt gelagert; c statisch unbestimmte Stützenmomente; d statisch bestimmte Momentenfläche; e Flächen der Stützenmomente; f gesuchte Momentenfläche (Überlagerung von d und e)

Querkräfte und Durchbiegungen, in Wellen zu verschaffen, sind in Tab. 66 einige einfache Fälle aufgeführt.

Die Berechnung eines statisch unbestimmten Systems, wie sie Wellen über mehreren Lagern darstellen, soll anhand eines Beispieles anschließend gezeigt werden. Kompliziertere Wellenformen und Lagerungen müssen im Einzelfalle graphisch oder analytisch (vgl. Abschnitt d, S. 499) bestimmt werden. Im übrigen wird auf das umfangreiche Schrifttum und auf die zuständigen Lehrbücher der technischen Mechanik[1] verwiesen.

Beispiel eines statisch unbestimmt gelagerten Systems — Clapeyron*sche Gleichung.* Gesucht wird die Biegemomentenfläche der in Abb. 448 dargestellten Welle über 4 Lager mit der skizzierten Belastung. Das Problem ist zweifach statisch un-

[1] Vgl. Literaturverzeichnis.

Tabelle 66. *Auflagedrücke, Biegemomente und Durchbiegungen von Balkenträgern oder Wellen*
a) konstante Biegesteifigkeit EI

Nr.	Typ	Auflagedruck	Biegemoment	Durchbiegung
I	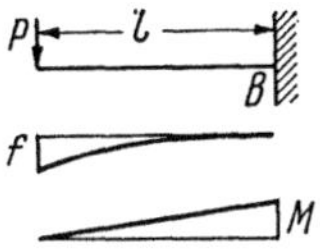	$B = P$	$M = Pl$	$f = \frac{Pl^3}{3EI}$
II	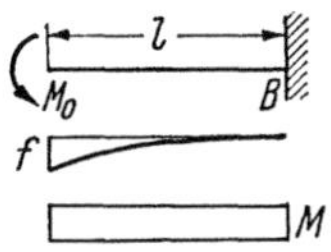	$B = O$	$M = M_0$	$f = \frac{M_0 l^2}{2EI}$
III	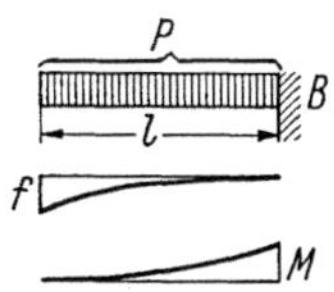	$B = P$	$M = \frac{Pl}{2}$	$f = \frac{Pl^3}{8EI}$
IV	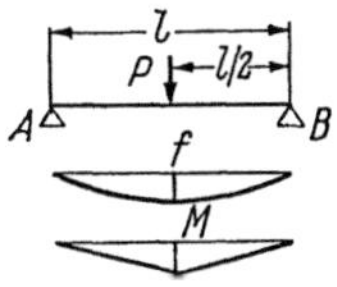	$A = B = \frac{P}{2}$	$M = \frac{Pl}{4}$	$f = \frac{Pl^3}{48EI}$
V	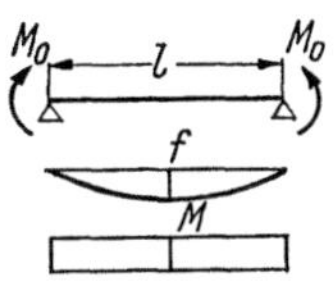	$A = B = O$	$M = M_0$	$f = \frac{Ml^2}{8EI}$
VI	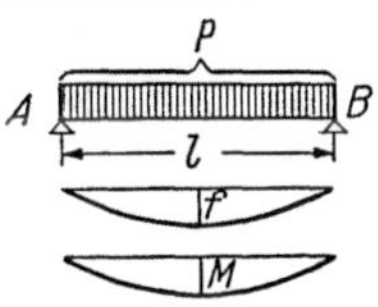	$A = B = \frac{Pl}{2}$	$M = \frac{Pl}{8}$	$f = \frac{5\,Pl^3}{384EI}$
VII	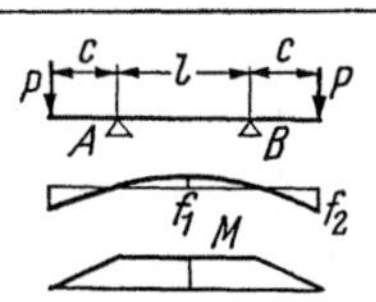	$A = B = P$	$M = Pc$	$f_1 = \frac{Pl^3}{8EI}\left(\frac{c}{l}\right)$ $f_2 = \frac{P}{EI}\,\frac{c^3}{3}\left(l + \frac{3l}{2c}\right)$
VIII	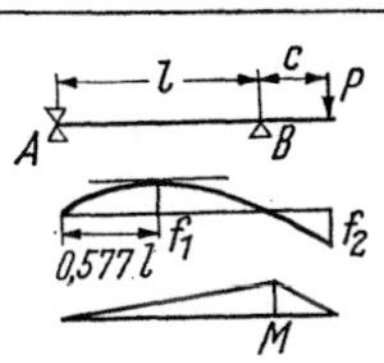	$A = -\frac{Pc}{l}$ $B = \frac{P(l+c)}{l}$	$M = Pc$	$f_1 = \frac{P}{EI}\,\frac{l^2c}{9\sqrt{3}}$ $f_2 = \frac{P}{EI}\,\frac{(l+c)c^2}{3}$

Fortsetzung S. 496

Tabelle 66 (Fortsetzung)

Nr.	Typ	Auflagedruck	Biegemoment	Durchbiegung
IX	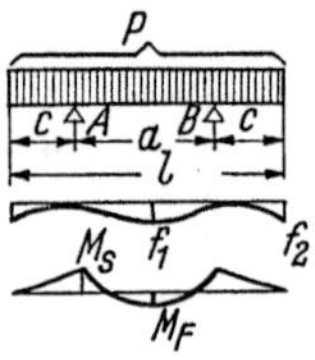	$A = B = \frac{P}{2}$	$M_F = \frac{P}{2}\left(\frac{l}{4} - c\right)$ $M_S = -\frac{Pc^2}{2l}$	$f_1 = \frac{Pa^3 5}{EI 384} \times$ $\times \left(\frac{a}{l} - \frac{24c^2}{5al}\right)$ $f_2 = \frac{Pa^3}{EI\,24} \frac{c}{l} \times$ $\times \left[1 - \left(\frac{c}{a}\right)^2 + 3\left(\frac{c}{a}\right)^3\right]$
X	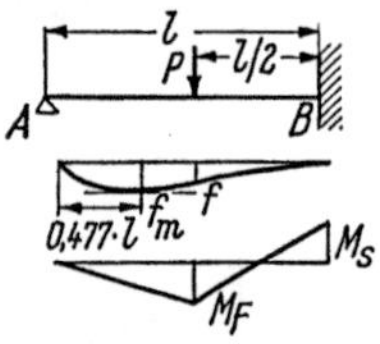	$A = \frac{5}{16} P$ $B = \frac{11}{16} P$	$M_F = \frac{5}{32} Pl$ $M_S = -\frac{3}{16} Pl$	$f_m = \sqrt{\frac{1}{5}} \frac{Pl^3}{48EI}$ $f = \frac{7\,Pl^3}{768EI}$
XI	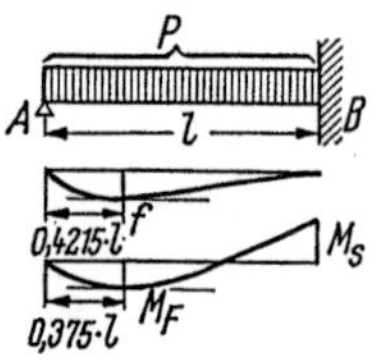	$A = \frac{3}{8} P$ $B = \frac{5}{8} P$	$M_F = \frac{9}{128} Pl$ $M_S = -\frac{Pl}{8}$	$f = \frac{Pl^3}{185EI}$
XII	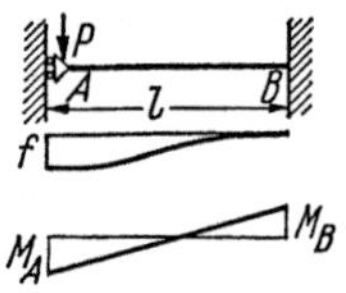	$A = 0$ $B = P$	$M_A = \frac{Pl}{2}$ $M_B = -\frac{Pl}{2}$	$f = \frac{Pl^3}{12EI}$
XIII	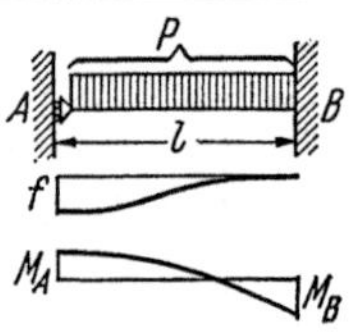	$A = 0$ $B = P$	$M_A = \frac{Pl}{6}$ $M_B = -\frac{Pl}{3}$	$f = \frac{Pl^3}{24\,EI}$
XIV	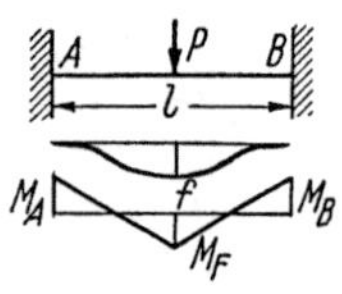	$A = B = \frac{P}{2}$	$M_F = \frac{Pl}{8}$ $M_A = M_B = -\frac{Pl}{8}$	$f = \frac{Pl^3}{192EI}$
XV	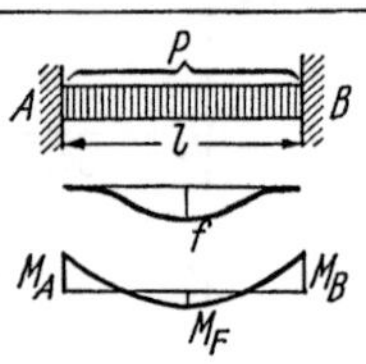	$A = B = \frac{P}{2}$	$M_F = \frac{Pl}{24}$ $M_A = M_B = -\frac{Pl}{12}$	$f = \frac{Pl^3}{184EI}$

Tabelle 66 (Fortsetzung)

XVI	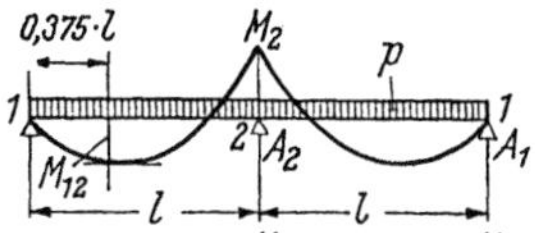	$A_1 = 0{,}3750\,pl$ $A_2 = 1{,}2500\,pl$ $M_{12} = 0{,}0703\,pl^2$ $M_2 = -\,0{,}1250\,pl^2$
XVII	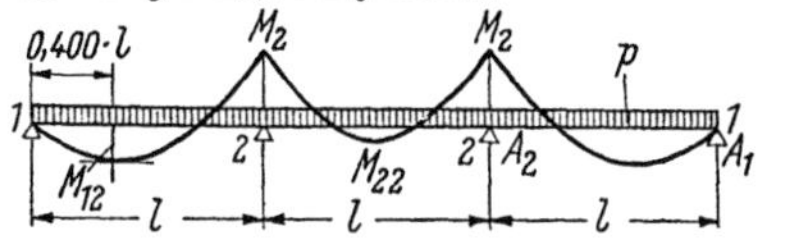	$A_1 = 0{,}4000\,pl$ $A_2 = 1{,}1000\,pl$ $M_{12} = 0{,}0800\,pl^2$ $M_{22} = 0{,}0250\,pl^2$ $M_2 = -\,0{,}1000\,pl^2$
XVIII	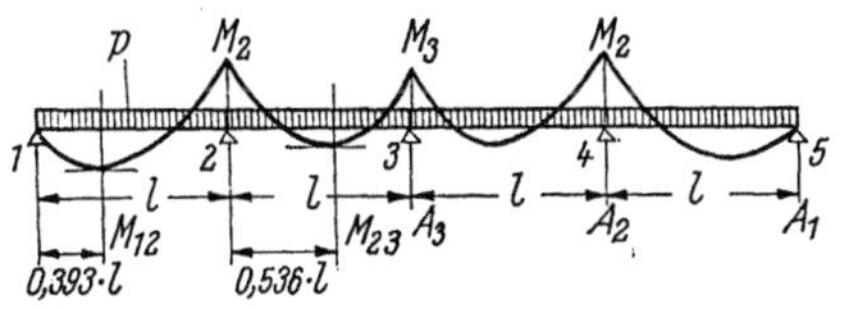	$A_1 = 0{,}3929\,pl$ $A_2 = 1{,}1428\,pl$ $A_3 = 0{,}9286\,pl$ $M_{12} = 0{,}0772\,pl^2$ $M_{23} = 0{,}0364\,pl^2$ $M_2 = 0{,}1071\,pl^2$ $M_3 = 0{,}0714\,pl^2$

b) abgesetzte Welle

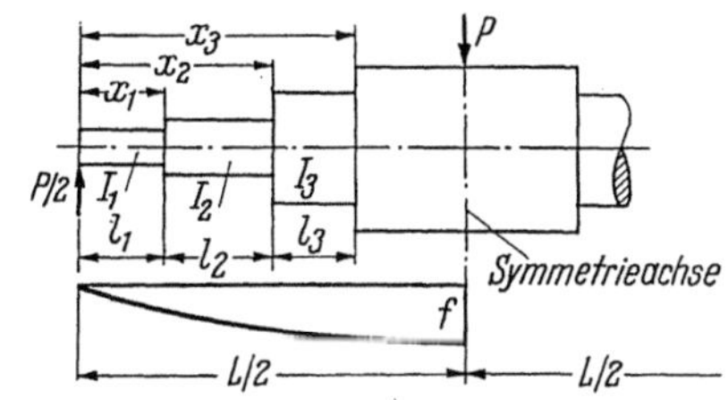

$$f = \frac{P}{6EI}\left[x_1^2 l_1 + (x^2 + x_1 x_2 + x_2^2)\, l_2 \frac{I_1}{I_2} + (x_2^2 + x_2 x_3 + x_3^2)\, l_3 \frac{I_1}{I_3} + \ldots\right]$$

bestimmt, da z. B. zur Bestimmung der 4 Auflagedrücke nur zwei Gleichungen (Kräfte- und Momentengleichgewicht) zur Verfügung stehen.

Mit den Voraussetzungen:

1. Konstantes Trägheitsmoment der Welle;
2. Einzellasten oder feldweise konstante Streckenlasten;
3. Vertikal starre, jedoch frei drehbare Lager

kann man dieses oder ähnliche Probleme rasch mit Hilfe der vereinfachten *Drei-Momentengleichung von* CLAPEYRON lösen[2]. Man denke sich die Welle an den Lagern aufgeschnitten, wodurch das System statisch bestimmt wird und ermittle dafür die Momentenfläche. Es sind mit

$p = 0{,}4$ kp/cm	$l_0 = 20$ cm
$q = 0{,}7$ kp/cm	$l_{12} = 60$ cm
$F = 20$ kp	$l_{23} = 60$ cm
	$l_{34} = 40$ cm
	$c = 20$ cm

[2] Die CLAPEYRONsche Gleichung ist erweiterungsfähig auf: 1. Feldweise beliebige Belastung und Biegesteifigkeit; 2. Stützensenkung und Temperaturänderung; 3. Elastisch senkbare und elastisch drehbare Lager. Vgl. z. B. STÜSSI, F.: Baustatik, Bd. II, Birkhäuser 1954.

die statisch bestimmten Momente

$$M_1 = -\frac{pl_0^2}{2} = -\frac{1}{2}(0{,}4\cdot 20^2) = -80\ \text{cmkp}$$

$$M_{12} = \frac{pl_{12}^2}{8} = \frac{1}{8}(0{,}4\cdot 60^2) = 180\ \text{cmkp}$$

$$M_{23} = \frac{ql_{23}^2}{8} = \frac{1}{8}(0{,}7\cdot 60^2) = 315\ \text{cmkp}$$

$$M_{34} = \frac{pl_{34}^2}{8} + \frac{Fl_{34}}{4} = \frac{1}{8}(0{,}4\cdot 40^2) + \frac{20\cdot 40}{4} = 80 + 200 = 280\ \text{cmkp}\ .$$

Um aus dem statisch bestimmten System das wirkliche System zu erhalten, sind an den Lagern 2 oder 3 die statisch unbestimmten Stützenmomente M_2 und M_3 anzubringen. Sie können aus den elastischen Eigenschaften des Systems berechnet werden, indem man die Drehwinkel über den Stützen von links und rechts her gleichsetzt. Man gelangt so zur Dreimomentengleichung, in der drei aufeinanderfolgende Stützenmomente in folgender Beziehung zueinander stehen, Abb. 449.

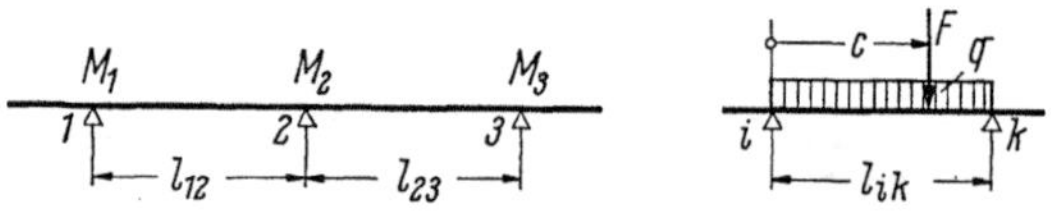

Abb. 449. Zur Clapeyronschen Gleichung

$$\underline{M_1 l_{12} + 2M_2(l_{12} + l_{23}) + M_3 l_{23} + K_{12} + K_{23} = 0}$$
$$\left(K_{ik} = \frac{ql_{ik}^3}{4} + \frac{Fc}{l_{ik}}(l_{ik}^2 - c^2)\right) \qquad (223)$$

Die Gleichung zweimal angewendet auf das vorliegende Beispiel ergibt

$$M_1 l_{12} + 2M_2(l_{12} + l_{23}) + M_3 l_{23} + \frac{pl_{12}^3}{4} + \frac{ql_{23}^3}{4} = 0$$

$$M_2 l_{23} + 2M_3(l_{23} + l_{34}) + 0 + \frac{ql_{23}^3}{4} + \frac{pl_{34}^3}{4} + \frac{Fc}{l_{34}}(l_{34}^2 - c^2) = 0,$$

wobei M_1 als statisch bestimmtes Einspannmoment des Kragarmes bekannt und berechnet ist.

Nach Einsetzen der bekannten Größen in die obigen Gleichungen entsteht ein System von zwei Gleichungen für die beiden unbekannten Stützenmomente M_2 und M_3

$$24M_2 + \ \ 6M_3 = -5{,}46\cdot 10^3$$
$$6M_2 + 20M_3 = -5{,}62\cdot 10^3.$$

Die Lösung führt auf

$$\underline{M_2 = -230\ \text{cmkp} \qquad M_3 = -170\ \text{cmkp}.}$$

Werden diese Stützenmomente der statisch bestimmten Momentenfläche überlagert, so entsteht die gesuchte Momentenfläche für die Welle über vier Stützen, Abb. 448f. Analog sind für 5 bzw. n Stützen 3 bzw. n — 2 lineare Gleichungen zu lösen.

d) Verformungen der Welle – Biegelinien. Neben dem Spannungsnachweis ist der Nachweis der elastischen Verformung zu erbringen. Die Welle darf sich im Betrieb nicht unzulässig durchbiegen, da durch den verhältnismäßig kleinen Luftspalt zwischen dem feststehenden und dem umlaufenden Teil elektrischer Maschinen, Unsymmetrien im magnetischen Feld und damit ein einseitiger magnetischer Zug, sowie Ausgleichsströme hervorgerufen werden können. Ausgleichsströme führen zu örtlichen Erwärmungen und verschlechtern den Wirkungsgrad sowie die Kommutierung bei Kommutatormaschinen. Als zulässige Wellendurchbiegung kann 1,5 bis 10% des einseitigen Luftspaltes angesehen werden (s. S. 366ff.), je nachdem, ob es sich z. B. um zweipolige Turbos mit parallelen Wicklungen oder um Maschinen mit ausgeprägten Polen handelt.

Eine rasche Orientierung über die größte Durchbiegung für einfache, idealisierte Fälle kann anhand der Tab. 66 erfolgen. Durchbiegungen komplizierterer Wellenformen und Lagerungen sind nicht mehr in geschlossener Form darstellbar. Es stehen dafür alte bewährte graphische und analytische Methoden[1] zur Verfügung, die der „Handrechnung" zugänglich sind.

Für komplizierte, abgesetzte Wellenstränge über sehr vielen elastischen Lagern, wie sie z. B. bei Turbogruppen auftreten, ist die Handrechnung nicht nur unwirtschaftlich, sondern zufolge der Rechenungenauigkeit nicht mehr möglich. Der Einsatz von elektronischen Rechenmaschinen ist in solchen Fällen unerläßlich. Bei einfacheren Fällen, für raschen Überblick und zu Kontrollzwecken haben indessen die „klassischen Methoden" nach wie vor ihre Bedeutung behalten. Es werden im folgenden zwei klassische Methoden auf das gleiche Beispiel angewandt. Es handelt sich um eine abgesetzte, statisch bestimmt gelagerte Welle mit überkragenden Enden.

1. Graphische Methode. Abb. 450 zeigt eine zweifach gelagerte, abgesetzte Welle mit überkragenden Enden. Es soll die Biegelinie unter dem Eigengewicht der Welle ermittelt werden. Allfällig zu berücksichtigende Einzellasten sind ganz analog zu behandeln. Das Prinzip der Methode beruht auf einer möglichen Trennung der zuständigen Differentialgleichung 4. Ordnung in zwei Differentialgleichungen 2. Ordnung (vgl. S. 527)

$$\left.\begin{array}{ll} M'' & = p \\ \downarrow & \ \downarrow \\ y'' & = M/EI \end{array}\right\} \quad (EI\,y'')'' = p.$$

Striche bedeuten Ableitungen nach der Wellenachse. y ist die Durchbiegung, p die Belastung, M das Biegemoment und EI die Biegesteifigkeit der Welle. Die Lösung der ersten Gleichung erfordert die Bestimmung der Momentenfläche aus der Belastung, was einer zweimaligen Integration gleichkommt. Die zweite Gleichung kann in Analogie zur ersten dahin aufgefaßt werden, daß die Durchbiegungen y einer Welle bestimmt werden können als Biegemomente $M = y$ zur Belastung $p = M/EI$. Die zweimalige Integration jeder Gleichung kann graphisch mit Hilfe eines Seilpolygons geschehen. Auf die Randbedingungen ist besonders zu achten, da sie die Analogie nicht einschließen. Sie sind für die beiden Gleichungen verschieden.

---

[1] Vgl. Lehrbücher der Techn. Mech., Literaturverzeichnis.

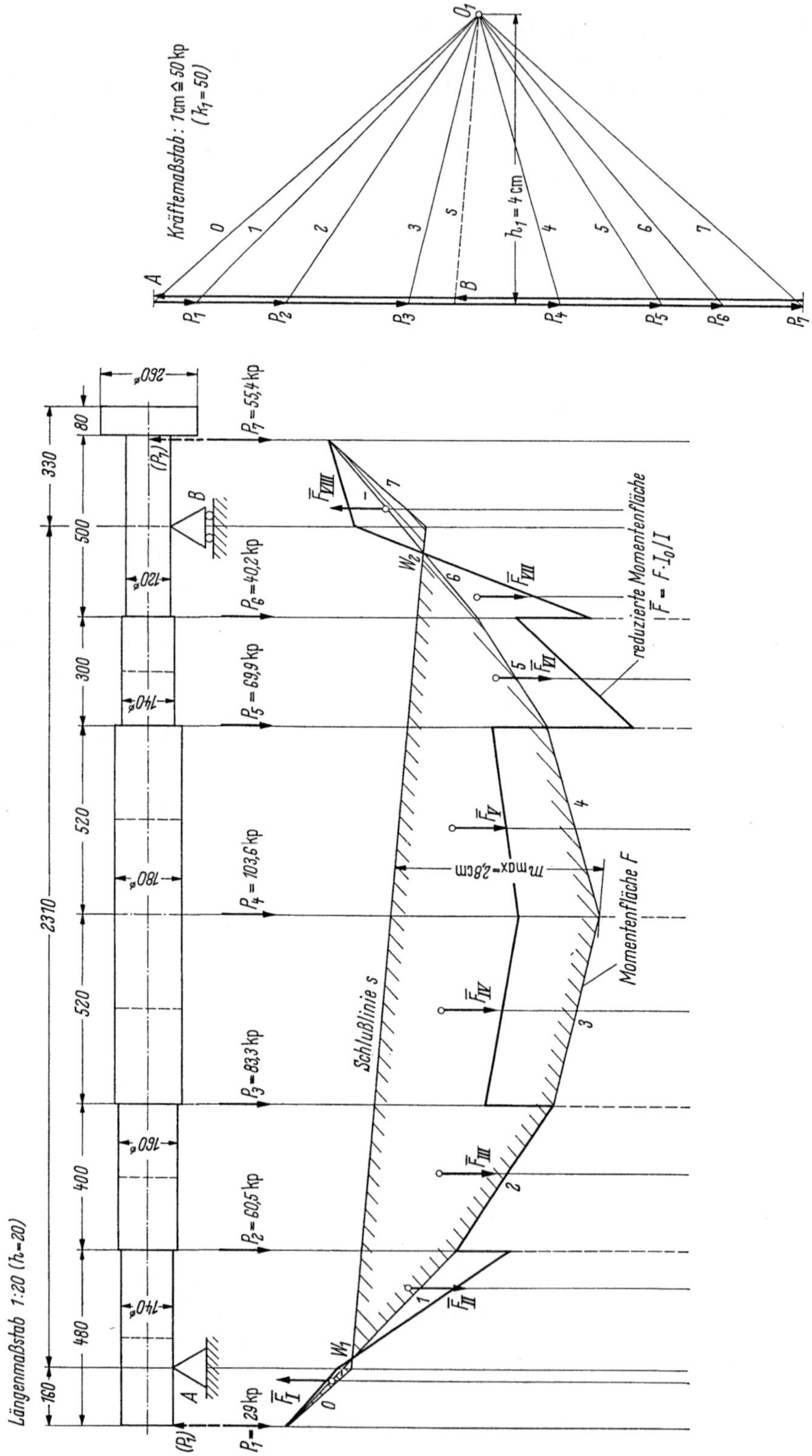
Kräftemaßstab: 1cm ≙ 50 kp
(λ_1=50)
O_1
h_1 = 4 cm
Längenmaßstab 1:20 (λ=20)
P_1 = 29 kp
P_2 = 60,5 kp
P_3 = 83,3 kp
P_4 = 103,6 kp
P_5 = 69,9 kp
P_6 = 40,2 kp
P_7 = 55,4 kp
2310
Schlußlinie s
m_{max} = 2,8 cm
Momentenfläche F
reduzierte Momentenfläche
$\bar{F} = F \cdot I_0/I$

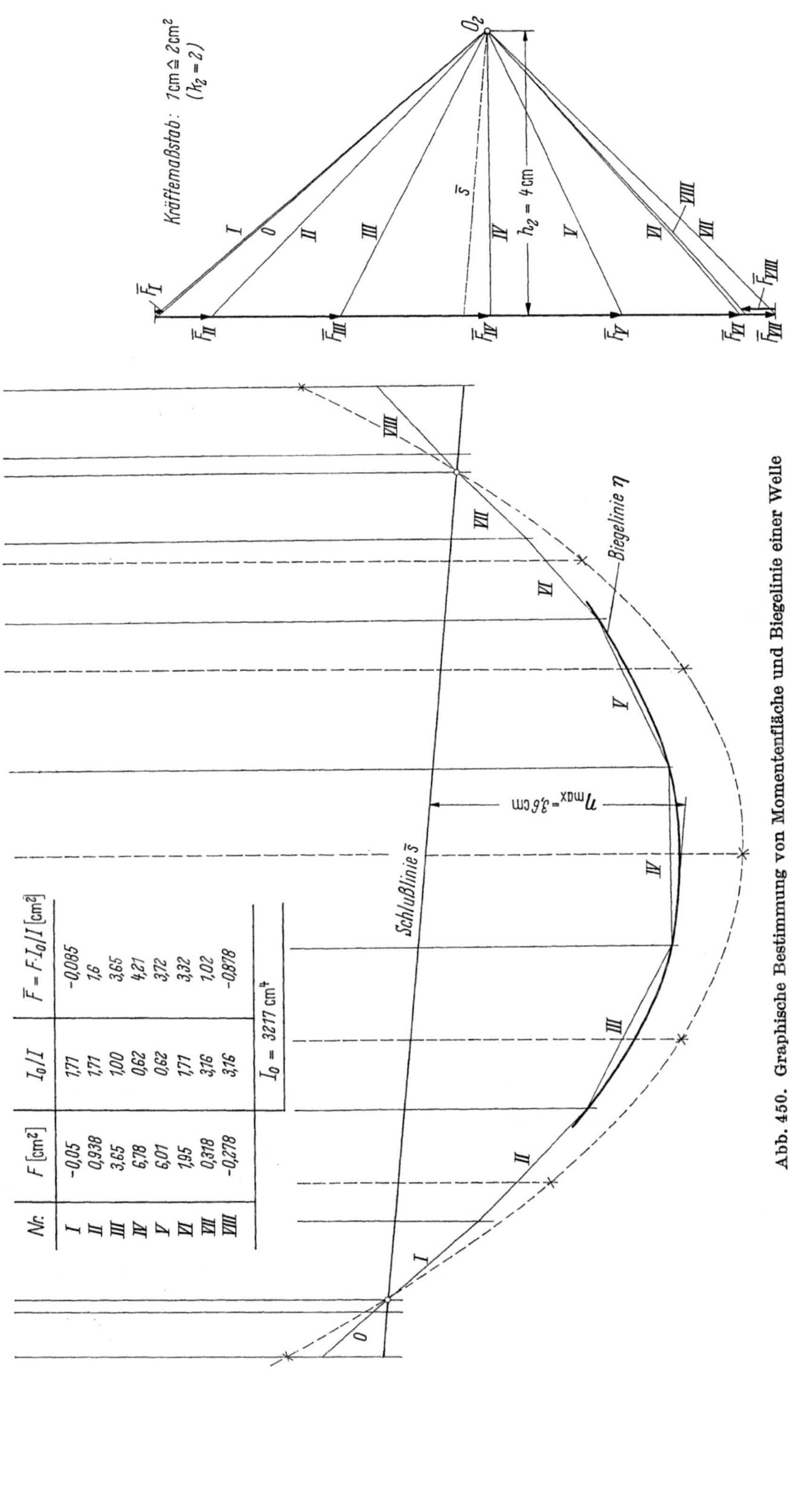

Nr.	F [cm²]	I_0/I	$\bar{F} = F \cdot I_0/I$ [cm²]
I	-0,05	1,71	-0,085
II	0,938	1,71	1,6
III	3,65	1,00	3,65
IV	6,78	0,62	4,21
V	6,01	0,62	3,72
VI	1,95	1,71	3,32
VII	0,318	3,16	1,02
VIII	-0,278	3,16	-0,878

$I_0 = 3217$ cm⁴

Abb. 450. Graphische Bestimmung von Momentenfläche und Biegelinie einer Welle

Der Berechnungsgang ist folgender:

1. Man unterteile die Welle im Längenmaßstab h durch Schnitte in mehrere annähernd gleiche Stücke und bestimme die in den Schwerpunkten der Teilstücke angreifenden Einzellasten. (Im vorliegenden Beispiel sind die Teillasten im Hinblick auf die nachfolgende analytische Bestimmung der Biegelinie auf die Stellen der Querschnittsänderungen bezogen.)

2. Man zeichne das Kräftepolygon 0_1 (Kräfteplan) mit einem beliebigen Polabstand h_1 und einem beliebigen Kräftemaßstab k_1.

3. Man konstruiere das Seilpolygon (Lageplan) und ziehe die Schlußlinie s als Verbindungslinie der beiden Schnittpunkte, gebildet aus dem Schnitt des ersten Strahles 0 mit der Wirkungslinie von A bzw. des letzten Strahles 7 mit der Wirkungslinie von B. Die Auflagekräfte A und B sowie die Biegemomente sind damit bestimmt. Man beachte die negativen Stützenmomente sowie die beiden Momentennullpunkte W_1 und W_2, die nicht mit A und B zusammenfallen.

4. Man ermittle die Flächeninhalte F (in cm^2) und reduziere diese Flächen mit I_0/I, wobei I_0 ein beliebig gewähltes Trägheitsmoment bedeutet. In der Regel wählt man für I_0 ein mittleres I der vorhandenen Welle.

5. Man ermittle die Schwerpunkte der mit I_0/I reduzierten Momentenflächenanteile (Dreiecke und Trapeze), die durch Trennung an den Stellen der Querschnittübergänge entstehen.

6. Man zeichne das „Kräfte"-Polygon aus den reduzierten Flächenteillasten $\overline{F}$ mit beliebigem Polabstand h_2 und beliebigem Kräftemaßstab k_2.

7. Man konstruiere das Seilpolygon und die Schlußlinie $\overline{s}$ als Verbindungslinie der beiden Schnittpunkte, gebildet aus dem Schnitt des Strahles I mit der Wirkungslinie von A bzw. des Strahles VII mit der Wirkungslinie von B (die Strahlen I und VII gehören zu den reduzierten Flächenlasten unmittelbar links von A und B). Man beachte den Unterschied in der Schlußlinie von s und $\overline{s}$! Das über die Ecken gerundete Seilpolygon ist die gesuchte elastische Linie bezogen auf $\overline{s}$ als Abszisse.

8. Aus der Zeichnung ist zu entnehmen $m_{\max} = 2{,}80$ cm; $\eta_{\max} = 3{,}60$ cm. Das größte Biegemoment ist

$$M_{\max}\,[\text{cmkp}] = m_{\max}\,[\text{cm}]\,h h_1 k_1 = 2{,}80 \cdot 20 \cdot 4 \cdot 50 = \underline{\underline{11\,200\ \text{cmkp}}}.$$

Die größte Durchbiegung ist

$$y_{\max}\,[\text{cm}] = \eta_{\max}\,[\text{cm}]\,\frac{h^3 h_1 h_2 k_1 k_2}{(E I_0)\,[\text{cm}^2\,\text{kp}]} = 3{,}60\,\frac{20^3 \cdot 4 \cdot 4 \cdot 50 \cdot 2}{2{,}1 \cdot 10^6 \cdot 3220} = \underline{\underline{0{,}0068\ \text{cm}}}.$$

2. Analytische Methode. Um einen Vergleich mit der graphischen Methode zu haben, sei die Welle von Abb. 450 gewählt. Es ist die Biegelinie infolge Eigengewicht zu bestimmen. Das Prinzip der Lösung bleibt sich gleich. Man bestimmt die Momentenfläche der reduzierten Flächenlasten, die ihrerseits aus den Momentenflächen der tatsächlichen Wellenteilgewichte hervorgehen. Die Differentialgleichung $M'' = p$ wird zerlegt in zwei Differentialgleichungen, die hintereinander integriert werden.

Es ist dann

$$\frac{\Delta Q}{\Delta x} = P \to Q = \Sigma P$$

und

$$\frac{\Delta M}{\Delta x} = Q \rightarrow M = \Sigma Q \Delta x = \Sigma(\Sigma P) \Delta x = \Sigma(\Delta x \Sigma P),$$

wobei P eine Einzellast als das Gewicht des Wellenabschnittes Δx und Q die Querkraft bedeutet. Der Erfüllung der Randbedingungen (Ziehen der Schlußlinie) ist besondere Sorgfalt zu schenken. Der Rechnungsgang ist aus Tab. 67 zusammen mit Abb. 450 ersichtlich. Dazu ist folgendes zu bemerken:

1. Die Teilgewichte der Welle sind bei der analytischen Bestimmung der Biegelinie zweckmäßig an Orte von Querschnittsänderungen zu verlegen.

2. Die Kolonne 2 stellt die Querkräfte der Lasten dar. Die Kolonnen 3 und 4 dienen zur Ermittlung der Auflagerdrücke A und B nach den angeschriebenen Gleichgewichtsbedingungen. In Kolonne 5 werden die Querkräfte aus den Lasten den Auflagerdrücken überlagert. Die Überlagerung liefert die tatsächliche Querkraftsfläche.

3. In Kolonne 7 werden die Biegemomente berechnet. Sie müssen an den Stellen der äußersten Kräfte Nr. 1 und 7 verschwinden. Meist wird dies an der Stelle Nr. 7 infolge Rechenschieberungenauigkeit nicht exakt der Fall sein. Man setzt daher diesen Wert willkürlich gleich Null.

4. Die Berechnung wiederholt sich mit neuen Lasten $\overline{F}$ aus den reduzierten Momentenflächen. Die Lasten $\overline{F}$, Kolonne 10, sind auch an den Querschnittsübergängen der Welle zu bestimmen. Die reduzierten Momente, Kolonne 9, besitzen an diesen Stellen naturgemäß einen Sprung. Die Flächenlast $\overline{F}$ ist somit am Ort der Trennstelle zweier Trapeze zu bestimmen, was zweckmäßig mit der sog. Trapezformel, Tab. 67, geschieht.

5. Es genügt, die Querkräfte in Kolonne 11 als Lastensumme zu berechnen, da die Auflagerkräfte der reduzierten Momentenflächenbelastung nicht interessieren. Kolonne 11 entspricht Kolonne 2.

6. Die in Kolonne 13 ermittelten Biegemomente aus den Lasten $\overline{F}$ entsprechen nach der Analogie der Durchbiegung unter den tatsächlichen Lasten P mit der Einschränkung, daß die Randbedingungen noch zu erfüllen sind. Die erste Bedingung, das Verschwinden der Durchbiegung an der Stelle A, kann durch eine Parallelverschiebung der Kurve M, Kolonne 13, erfolgen, was zur Kolonne 14 führt. Das endgültige Ziehen der Schlußlinie ist in Kolonne 15 und 16 durchgeführt. In Kolonne 16 ist ein der Achslänge proportionales Biegemoment so berechnet, daß es im Punkte A Null und im Punkte B den Wert der Kolonne 14 ergibt. Kleine Unterschiede im Punkte B sind Rechenschieberfehlern zuzuschreiben. Die Differenz beider Werte führt zu Kolonne 17, der gesuchten EI_0fachen Durchbiegung[1].

7. Die Rechnung liefert (Tab. 67):

größtes Biegemoment $M_{\max} = 11\,308$ cmkp $\approx$ 11 300 cmkp,

größte Durchbiegung $EI_0 y_{\max} = 4485$ cm³kp

$$y_{\max} = \frac{EI_0 y_{\max}}{EI_0} = \frac{4485}{2{,}1 \cdot 10^6 \cdot 3220} = 0{,}0067 \text{ cm}.$$

[1] Das Ziehen der Schlußlinie hätte man auch so durchführen können, daß man dem Moment der Kolonne 13 ein der Achse proportionales Moment, das durch den Punkt A und B der Kolonne 13 geht, überlagert hätte.

Tabelle 67. *Analytische Berechnung einer elastischen Linie*

Nr.	1	2	3	4	5	6	7	8	9	10	11	12	13	14	15	16	17
	$\boldsymbol{P}$	ΣP	Δx	$\Delta x \Sigma P$	$\boldsymbol{Q}$	$Q_{\Delta x}$	$\boldsymbol{M}$ $\Sigma Q_{\Delta x}$	I_0/I	$M \frac{I_0}{I}$	$\frac{\boldsymbol{P}}{F}$	$\frac{\boldsymbol{Q}}{\Sigma F}$	$Q_{\Delta x}$	$M_I = \Sigma Q_{\Delta x}$	$\overline{M}_I$	ΔM_{II}	$M_{II} = \Sigma \Delta M_{II}$	$\boldsymbol{M} = EI_0 y$ $M_{II} - \overline{M}_I$
	kp	kp	cm	cmkp	kp	cmkp	cmkp	1	cmkp	cm²kp	cm²kp	cm³kp	cm³kp	cm³kp	cm³kp	cm³kp	cm³kp
										10^2	10^2	10^4	10^4	10^4	10^4	10^4	10^4
1	29,0						0		0	− 21,2			0	3,4		−1113	−1116
		29,0	16	464	− 29	− 464		1,71			−21	−3,4			1113		
A	—						− 464		− 793 / − 793	341			−3,4	0		0	0
		29,0	32	928	174,8	5590		1,71			320	102			2230		
2	60,5						5 126		8 760 / 5 126	2222			99	102		2230	2128
		89,5	40	3 580	114,3	4570		1			2542	1018			2785		
3	83,3						9 696		9 696 / 6 010	3287			1 117	1 120		5015	3895
		172,8	52	8 990	31,0	1612		0,62			5829	3030			3620		
4	103,6						11 308		7 010 / 7 010	3355			4 147	4 150		8635	4485
		276,4	52	14 400	− 72,6	−3780		0,62			9184	4775			3620		
5	69,9						7 528		4 660 / 12 880	2982			8 922	8 925		12255	3330
		346,3	30	10 400	−142,5	−4275		1,71			12166	3650			2090		
6	40,2						3 253		5 560 / 10 240	1882			12 572	12 575		14345	1770
		386,5	25	9 660	−182,7	−4560		3,15			14048	3515			1740		

Tabelle 67 (Fortsetzung)

Nr.	1	2	3	4	5	6	7	8	9	10	11	12	13	14	15	16	17
	P	ΣP	Δx	$\Delta x \Sigma P$	Q	$Q_{\Delta x}$	M $\Sigma Q_{\Delta x}$	I_0/I	$M \frac{I_0}{I}$	$\frac{P}{F}$	$\frac{Q}{\Sigma F}$	$Q_{\Delta x}$	$M_I = \Sigma Q_{\Delta x}$	$\overline{M}_I$	ΔM_{II}	$M_{II} = \Sigma \Delta M_{II}$	$M = EI_0 y$ $M_{II} - \overline{M}_I$
	kp	kp	cm	cm kp	kp	cm kp	cm kp	1	cm kp	cm² kp	cm² kp	cm³ kp	cm³ kp	cm³ kp	cm³ kp	cm³ kp	cm³ kp
B	—						−1 307		−4 115 / −4 115	− 259			16 087	16 090		16085	(−5) →0
		386,5	25	9 660	+ 55,4	+1385		3,15			13789	3445			1740		
7	55,4						(+78) →0		0	− 172			19 532	19 535		17825	−1710
	441,9	441,9	272	58 082	0						13617						

Kol. 3 u. 4. — *Auflagedrücke*

$A(l + l_b) + B l_b = \Sigma(\Delta x\ \Sigma P) \quad l + l_b = 231 + 25 = 256$ cm

$A \qquad + B \quad = \Sigma P \qquad\qquad l_b = 25$ cm

$$\left.\begin{aligned} 256\,A + 25\,B &= 58\,082 \\ A + B &= 441{,}9 \end{aligned}\right\} \quad \begin{aligned} A &= 203{,}8 \text{ kp} \\ B &= 238{,}1 \text{ kp} \\ & \overline{441{,}9 \text{ kp}} \end{aligned}$$

Kol. 5. — *Querkraft*

$$Q = \begin{cases} -\Sigma P \text{ (vor } A) \\ A - \Sigma P \text{ (} A \text{ bis } B) \\ (A + B) - \Sigma P \text{ (nach } B) \end{cases}$$

Kol.10. — *Trapezformel*

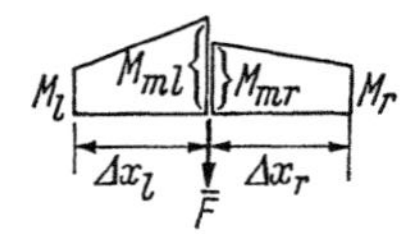

$$6\overline{F} = \Delta x_l (M_l + 2 M_{ml}) + \Delta x_r (2 M_{mr} + M_r)$$

Kol. 14, 15, 16. — *Ziehen der Schlußlinie*

Kol. 14 $\quad \overline{M}_I = M_I - M_I(A) = M_I + 3{,}4 \cdot 10^4$

Kol. 15, 16 $\quad \Delta M_{II} = M_I(B)\,\Delta x / l$

$$\frac{M_I(B)}{l} = \frac{16\,090 \cdot 10^4}{231} = 69{,}7 \cdot 10^4 \text{ kp}$$

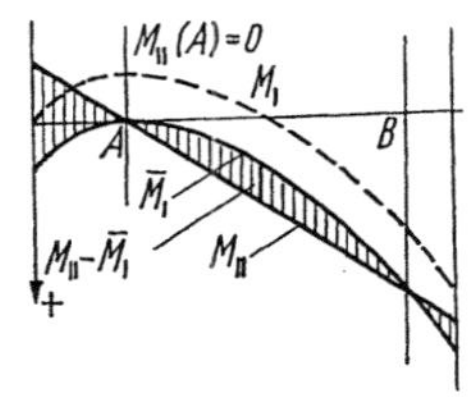

Die geringen Unterschiede gegenüber den Werten der graphischen Methode sind auf Rundungsfehler und Ortsabweichungen zurückzuführen.

Erwähnt sei noch, daß die Genauigkeit der Methoden durch vermehrte Unterteilung der Welle nur unwesentlich verbessert wird.

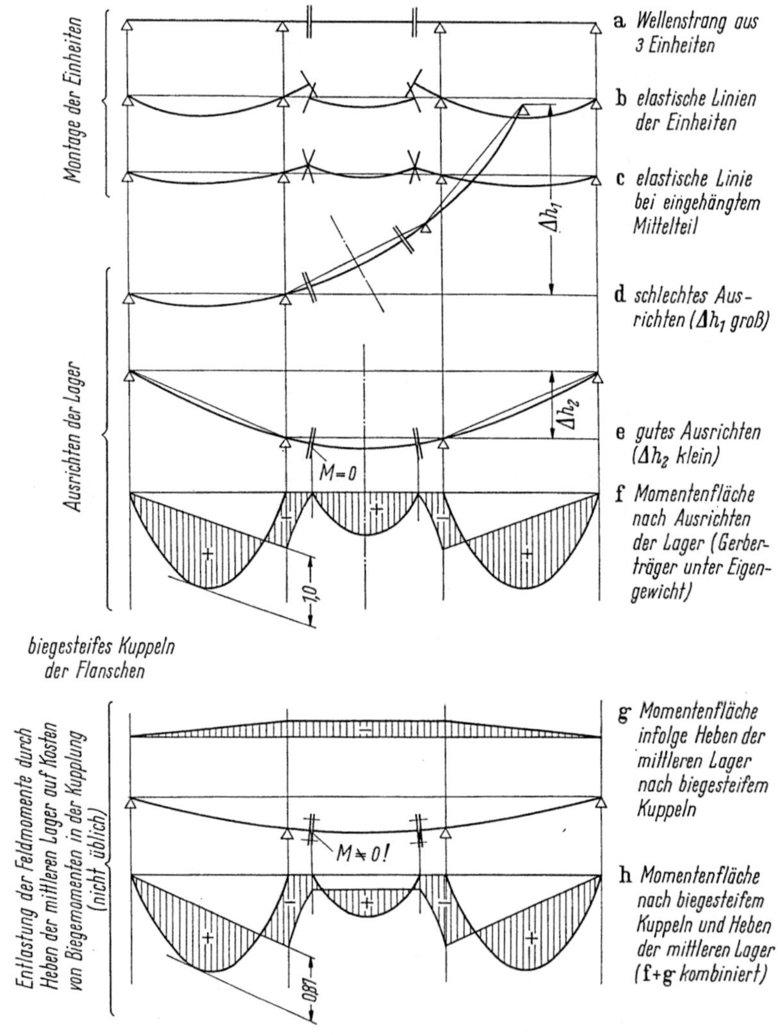

Abb. 451. Montage von Wellensträngen

e) Montage von Wellensträngen. Die Montage eines Wellenstranges bestehend aus mehreren Einzelwellen oder Einheiten (Turbogruppe) hat so zu erfolgen, daß durch gegenseitiges Heben oder Senken der einzelnen Wellenteile die anstoßenden Kupplungsscheiben plan-parallel zu liegen kommen (Abb. 451). Nur auf diese Weise lassen sich die Einheiten ohne Zwang verbinden, und nur so können die Löcher für die Verbindungsschrauben bei „starren“ (biegesteifen) Kupplungen ausgerieben werden. Die Montage bedingt, daß die verschiedenen Lager eines

Wellenstranges ungleich hoch liegen. Praktisch wird so gerichtet, daß die beiden äußersten Lager auf möglichst gleiche Höhe zu liegen kommen. Gegenüber der Anordnung Abb .451d läßt sich damit eine Einsparung an Höhendifferenz von $\Delta h_1 - \Delta h_2$ erzielen. Für die Vorausberechnung der richtigen Höhenlage ist zu beachten, daß die Drehwinkel der elastischen Linie an den Übergangsstellen gleichzusetzen sind. Das System als solches ist für die Berechnung der Biegelinie aus Eigengewicht statisch bestimmt. Es handelt sich um einen sog. Gerberträger. In den Kupplungsstellen kann nur eine Querkraft, jedoch kein Biegemoment übertragen werden. Vgl. Momentenfläche und Biegelinie Abb. 451f.

Die Lager werden im allgemeinen für den Betrieb in ihrer unterschiedlichen Höhe beibehalten, wodurch eine eventuell notwendig werdende Demontage erleichtert wird. Dies gilt sowohl für flexible als auch für starre Kupplungen.

Die Beanspruchung des Wellenstranges durch die Biegemomente infolge Eigengewicht ist nach erfolgter Montage für flexible wie für starre Kupplungen gleich, da der Wellenstrang noch als Gerberträger wirkt. Insbesondere sind die Biegespannungen als Wechselbeanspruchung bei rotierender Welle aus der Momentenfläche des Gerberträgers zu berechnen, unabhängig davon, ob die Kupplung biegesteif verbunden wird oder flexibel bleibt. Hingegen besteht im nachfolgenden Betrieb ein wesentlicher Unterschied. Während ein Strang mit flexiblen Kupplungen sich nach wie vor wie ein Gerberträger verhält, können starre Kupplungen nunmehr Biegemomente übertragen. Der Strang mit starren Kupplungen verhält sich im Betrieb wie eine durchgehende Welle. Dies ist von wesentlicher Bedeutung für die Berechnung von Biegeschwingungen und kritischen Drehzahlen, vgl. S. 523.

Beim Wellenstrang der Abb. 451 mit starren Kupplungen bestünde eine einfache Möglichkeit, die großen positiven Biegemomente infolge Eigengewicht in den Endfeldern zu verkleinern. Man könnte nach erfolgter Montage die beiden mittleren Lager etwas heben, was auf den nunmehr biegesteifen Strang negative Biegemomente, wie sie in Abb. 451g gezeichnet sind, ausüben würde. Die Überlagerung mit der bestehenden Momentenfläche (Gerberträger) ergäbe kleinere Endfeldmomente, Abb. 451h. Man verzichtet auf solche Entlastungen, weil Biegemomente in den Kupplungen unerwünscht sind.

F. Die Welle bei instationären Zuständen

a) Allgemeines über instationäre Zustände, insbesondere über Schwingungen von Wellen. Die Dimensionierung der Wellen elektrischer Maschinen richtet sich vornehmlich nach dem zu übertragenden Drehmoment im instationären Zustand. Das stationäre Drehmoment ist durch die Leistung der Maschine (vgl. S. 43ff.) gegeben. Arbeiten mehrere Maschinen als Generatoren oder Motoren auf die gleiche Welle, so ist sinngemäß die Differenz der Leistungen für das Drehmoment zwischen zwei Maschinen einzusetzen. Neben den stationären Zuständen gibt es eine Reihe instationärer Zustände, die unter Umständen größere Materialbeanspruchungen in der Welle hervorrufen können und für die Dimensionierung maßgebend werden. Zu diesen instationären Zuständen wie Anfahren und Abbremsen gehören vorwiegend schwingungstechnische Erscheinungen, die durch den mechanischen Lauf (ungleichmäßiger Antrieb, Lagereinflüsse, Unwuchten) oder durch elektrodynamische Einflüsse (einseitiger magnetischer Zug, Kurzschluß) verursacht werden können. Alle diese Zustände einzeln behandeln zu wollen, würde den Rahmen dieses Buches sprengen. Wir beschränken uns deshalb auf die wichtigsten Erscheinungen, die *mechanische Resonanz* und die mechanische Auswirkung des Kurzschlusses auf die Welle und behandeln als erstes die Torsionsschwingungen und die *torsionskritischen Drehzahlen*, dann die Auswirkungen des Kurzschlusses auf die Welle und anschließend die Biegeschwingungen und *biegekritischen Drehzahlen*. Die Rechnung wird in elementarster Form durchgeführt. Für eingehendere Untersuchungen und Nebeneinflüsse muß auf das zuständige Schrifttum[1] verwiesen werden.

Die Welle einer elektrischen Maschine kann als elastisches Gebilde aus Stahl zu mechanischen Schwingungen angeregt werden. Man unterscheidet einerseits Biegeschwingungen, bei denen sich die Wellenachse aus ihrer Gleichgewichtslage heraus verbiegt, und andererseits Torsionsschwingungen, bei denen sich benachbarte Querschnitte gegenseitig um einen Winkel verdrehen, die Wellenachse ihre Lage jedoch beibehält. In beiden Fällen handelt es sich um zeitlich periodische Lageänderungen von einer gegebenen Gleichgewichtslage aus. Ferner unterscheidet man zwischen *Eigenschwingungen* und *erzwungenen Schwingungen*. Eigenschwingungen können ausgelöst werden, wenn durch irgendeinen äußeren Umstand eine kurzfristige Kraftwirkung auf die Welle erfolgt. Die Energie, die dabei von der Welle übernommen wird, äußert sich in bestimmten Schwingungen der Welle, die solange anhalten, bis die Energie durch die stets vorhandene Dämpfung aufgebraucht ist. Es werden dabei nur ganz bestimmte Schwingungsformen und Frequenzen, sog. *Eigenformen* und *Eigenfrequenzen* beobachtet, welche unabhängig von der Anregung sind und ein Charakteristikum des Wellensystems darstellen. Erzwungene Schwingungen hingegen werden dann angeregt, wenn die Kraftwirkung periodisch, d. h. über eine größere Zeitspanne in gleichen Zeitabständen erfolgt. Man erkennt die erzwungenen Schwingungen daran, daß ihre Frequenzen denen der Erregung entsprechen[2]. Wenn man einen elastischen Körper an einer beliebigen Stelle durch eine zeitlich periodische Kraft anregt, so wird man an einer beliebigen anderen Stelle Schwingungen der gleichen Periode feststellen. Erfolgt die Anregung mit einer Frequenz, die zwangsläufig oder zufällig mit einer Eigenfrequenz übereinstimmt[3], so spricht man von Resonanz. Bei Systemen ohne Dämpfung wachsen die Amplituden der Schwingungen beim Verweilen in der Resonanz mit der Zeit unbeschränkt an, was zu schweren Erschütterungen und Überbeanspruchungen der Welle führen kann, während in Systemen mit Dämpfung in der Resonanz wohl maximale, aber endliche Amplitudenwerte zu erwarten sind. Da man bei Wellen elektrischer Maschinen erfahrungsgemäß nicht mit großer Dämpfung rechnen darf, muß der Resonanz besondere Beachtung geschenkt werden. Man wird durch geeignete Gestaltung der Welle bestrebt sein, die Eigenfrequenzen in Bereiche zu legen, in denen keine Gefahr einer Anregung

[1] Biezeno, C. B., R. Grammel,: Techn. Dynamik. 2. Aufl., Bd. I u. II, Springer 1953.
Klotter, K.: Techn. Schwingungslehre. 2. Aufl., Bd. I u. II, Springer 1960.
Timoshenko, S.: Schwingungsprobleme der Technik. Deutsch von J. Malkin und E. Helly, Springer 1932. (3. Englische Aufl. 1955, Van Nostrand).
Den Hartog, J. P.: Mech. Schwingungen, Deutsch v. G. Mesmer, Springer 1952.
Dimentberg, F. M.: Flexural Vibrations of Roating Shafts. Butterworths, London 1961.

[2] Es gibt scheinbare Ausnahmen, vgl. S. 540, β.

[3] Bei vorhandener schwacher Dämpfung ist die Resonanzfrequenz wenig kleiner als die Eigenfrequenz.

besteht. In der Nähe der Resonanz genügen kleinste Anregungen, um in entsprechender Zeit ein störendes Aufschaukeln der Schwingungsamplituden zu bewirken. Man wird in vielen Fällen gezwungen sein, die Dimensionierung der Welle nicht nach der vorhandenen Beanspruchung (Spannungsproblem), sondern nach den Eigenfrequenzen (Verformungsproblem) zu richten. Ist eine Welle beispielsweise auf ihrer ganzen Länge für ein stationäres Drehmoment ausgelegt und liegen die Eigenfrequenzen ungünstig, so hat man für die Änderungen der Eigenfrequenzen grundsätzlich zwei Möglichkeiten: 1. Man schwächt die Welle, wodurch eine Absenkung der Eigenfrequenzen erfolgt, oder 2. Man verstärkt die Welle, wodurch das Gegenteil erreicht wird. Praktisch scheidet der erste Fall aus, weil damit eine Überbeanspruchung der Welle verbunden ist. Somit bleibt nur noch die Verstärkung und damit das Anbringen von „totem Gewicht" an der Welle. In Wirklichkeit wird man noch einen gewissen Spielraum zur Verfügung haben, weil eine Welle kaum über ihre ganze Länge festigkeitsmäßig ausgenützt werden kann. Für Wasserkraftgeneratorwellen ist im allgemeinen die Dimensionierung nach Eigenfrequenzen die Regel. Man wird die Frequenz der Drehzahl zwischen die Eigenfrequenzen legen müssen, um Resonanzen zu vermeiden. Wird die periodische Anregung durch die drehende Welle erzeugt, so entspricht die Frequenz der Anregung der Drehfrequenz der Welle.

Nennt man die den Eigenfrequenzen entsprechenden Drehzahlen *kritische Drehzahlen*, so kann man unterscheiden zwischen Maschinen, bei denen die erste kritische Drehzahl tiefer und solchen, bei denen sie höher als die Nenn- oder Arbeitsdrehzahl liegt, und spricht im ersten Fall von *tiefer-*, im zweiten Fall von *hoher mechanischer Abstimmung*. Wasserkraftgeneratoren größerer Leistung sind im allgemeinen bezüglich Torsionsschwingungen tief, bezüglich Biegeschwingungen hoch abgestimmt. Turbogeneratoren großer Leistung sind bezüglich beider Schwingungstypen tief abgestimmt.

In vielen Fällen interessiert man sich wenig oder gar nicht für die Amplituden der erzwungenen Schwingungen, als vielmehr für die kritischen Drehzahlen zur Vermeidung der Resonanzen. Viele Ursachen erzwungener Schwingungen sind von Zufälligkeiten der Konstruktion und Herstellung abhängig und daher nicht genügend bekannt. Zudem dient der an den Schluß jeder Fertigung gehörende Wuchtprozeß dazu, auch die letzten Ursachen erzwungener Schwingungen nach Möglichkeit zu beseitigen. Voraussetzung für die Wuchtdrehzahl ist allerdings, daß keine Resonanznähe vorliegt. In der Resonanz kann man nicht wuchten, nur messen.

Eine numerische Schwingungsberechnung — also nicht nur die Berechnung der Eigenfrequenzen — ist nur dann sinnvoll, wenn die Ursache der Schwingung nach Größe und Phase numerisch bekannt ist. Dies ist z. B. der Fall beim elektrischen Kurzschluß.

b) Torsionsschwingungen. Im stationären Betrieb wird die Welle in der Mehrzahl der Fälle durch ein zeitlich konstantes Drehmoment angetrieben. Ein solches kann keine erzwungenen Schwingungen erzeugen. Trotzdem wird man dafür sorgen müssen, daß die kritischen Drehzahlen der Welle nicht mit der Nenndrehzahl übereinstimmen. Der Grund liegt darin, daß es praktisch kaum möglich ist, über eine Kupplung, sei sie nun „starr" oder flexibel, ein rein konstantes Drehmoment zu übertragen. Man hat immer mit schwingenden Anteilen der Drehzahlfrequenz zu rechnen, die dem zeitlich konstanten Drehmoment überlagert sind und Resonanz erzeugen können.

Aus einer ähnlichen Überlegung wird man danach trachten, die elektrischen Frequenzen, eingeschlossen ihre höheren Harmonischen, zu meiden, um allfälligen Anregungen mit Sicherheit zu entgehen. In Fällen, bei denen namhafte und vor allem bekannte oszillierende Drehmomente durch elektromagnetische Wirkungen zwischen Rotor und Stator übertragen werden, wie bei allen Einphasenwechselstrommaschinen oder Dreiphasenwechselstrommaschinen im unsymmetrischen Betrieb, ist die Vermeidung von Resonanzen eine dringende Notwendigkeit.

1. Beispiel einer analytischen Berechnung von Torsionsschwingungen einer Welle — Freie und erzwungene Torsionsschwingungen eines Zweimassensystems.

Bezeichnungen:

Θ [cmkps²] Polares Massenträgheitsmoment einer Drehmasse

In der Technik wird vielfach statt des Massenträgheitsmomentes das Schwungmoment G^*D^{*2} benützt, wobei G^* das Gewicht des Körpers und $D^* = 2r_i$ sein Trägheitsdurchmesser bedeutet. Es gilt dann nach S. 50 die Beziehung $\Theta = \frac{G^*D^{*2}}{4g}$.

Für eine Vollscheibe konstanter Dicke mit Durchmesser D ist nach Tab. 17

$$r_i = \frac{D}{2}\frac{\sqrt{2}}{2} = 0{,}707\,\frac{D}{2} \qquad \text{und} \qquad \Theta = \frac{G^*D^{*2}}{4g} = \frac{G^*D^2}{8g}.$$

φ [rad] Drehwinkel (Verdrillung)

c [cmkp] Drehfederzahl (große bzw. kleine Werte c entsprechen harten bzw. weichen Federn)

Für ein Kreiszylinderwellenstück mit Durchmesser D und Länge l ist

$$c = \frac{GJ}{l} = \frac{\pi}{32}\frac{D^4G}{l},$$

wobei G der Schubmodul und $J = \pi D^4/32$ das polare Flächenträgheitsmoment eines Kreisquerschnittes bedeutet, vgl. Tab. 65.

Drehfederzahlen für abgesetzte Wellenstücke können durch „Hintereinanderschalten" der Federzahlen der einzelnen Teilstücke ermittelt werden. Es ist dann

$$\frac{1}{c} = \sum_i \frac{1}{c_i}.$$

$T = \Theta\ddot{\varphi}$ [cmkp] Massenträgheitstorsionsmoment ($\ddot{\varphi} = d^2\varphi/dt^2$)

$F = c\varphi$ [cmkp] Elastisches Torsionsrückstellmoment (proportional dem Drehwinkel)

$M(t)$ [cmkp] Äußeres Torsionsmoment.

In Abb. 452 ist eine masselose, aber torsionselastische Welle mit zwei Drehmassen an den Enden dargestellt. Am rechten Ende wirke ein äußeres Torsionsmoment als Antrieb. Zur Beurteilung der Drehrichtungen sind Drehwinkel und -momente mit Doppelpfeilen im Sinne freier Vektoren bezeichnet. Wir formulieren die Gleichgewichtsbedingungen jeweils für die Schnittkräfte eines Schnittes rechts der Drehmasse. Nach dem Prinzip von D'ALEMBERT gelten für die im Schnitt 1 bzw. 2 angreifenden Torsionsmomente folgende Gleichgewichtsbedingungen (Drallsätze):

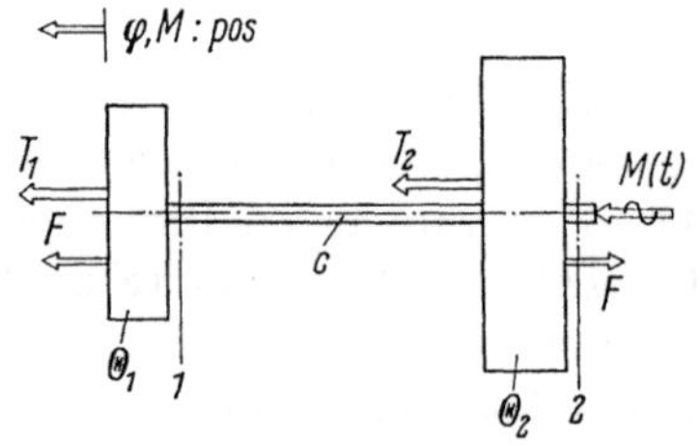

Abb. 452. Zwei-Massen-Torsionssystem

$$\begin{aligned}&+T_1+F=0\to+\Theta_1\ddot{\varphi}_1+c(\varphi_1-\varphi_2)=0\\&+T_2-F+M(t)=0\to+\Theta_2\ddot{\varphi}_2-c(\varphi_1-\varphi_2)+M(t)=0.\end{aligned}\tag{224}$$

Dividiert man die erste Gleichung durch Θ_1, die zweite durch Θ_2 und subtrahiert die zweite von der ersten Gleichung, so entsteht mit den Abkürzungen

$$\eta=\varphi_1-\varphi_2\qquad\beta=\frac{c}{\Theta_1}+\frac{c}{\Theta_2}=c\,\frac{\Theta_1+\Theta_2}{\Theta_1\cdot\Theta_2}\tag{225}$$

die lineare Differentialgleichung zweiter Ordnung mit konstanten Koeffizienten (Schwingungsdifferentialgleichung) für die Differenz der Drehwinkel beider Drehmassen

$$\ddot{\eta}+\beta\eta=\frac{M(t)}{\Theta_2}.\tag{226}$$

Setzt man noch folgende Zeitabhängigkeit des äußeren Drehmomentes voraus, nämlich

$$M(t)=\overline{M}+\Delta M\sin\omega t,\tag{227}$$

wobei $\overline{M}$ ein zeitlich konstantes Drehmoment und $\Delta M\sin\omega t$ ein mit der Kreisfrequenz ω zeitlich harmonisch schwingender Anteil des Drehmomentes darstellt, so kann die allgemeine Lösung der Gl. (226) in der Form

$$\eta=A\sin\nu t+B\cos\nu t+\frac{\overline{M}}{\nu^2\Theta_2}+\frac{\Delta M\cdot\sin\omega t}{(\nu^2-\omega^2)\Theta_2};\ (\nu=\sqrt{\beta}\neq\omega)\tag{228a}$$

angegeben werden. A und B sind beliebige Integrationskonstanten, welche durch zwei Anfangsbedingungen festgelegt werden können. Setzt man voraus, daß zur Zeit $t=0$ das System die Winkelverdrehung η_0 und die Winkelverdrehungsgeschwindigkeit $\dot{\eta}_0$ haben, so lauten die Anfangsbedingungen

$$\eta(0)=\eta_0\qquad\dot{\eta}(0)=\dot{\eta}_0\ .\tag{228b}$$

Durch Einsetzen von (228a) in (228b) entstehen die Gleichungen

$$\eta_0=B+\frac{\overline{M}}{\nu^2\Theta_2}\qquad\dot{\eta}_0=\nu A+\frac{\Delta M\omega}{(\nu^2-\omega^2)\Theta_2}$$

zur Bestimmung der Konstanten A und B. Die allgemeine Lösung des vorliegenden Anfangswertproblems (226, 227) und (228b) lautet dann

$$\eta=\left(\frac{\dot{\eta}_0}{\nu}-\frac{\Delta M\omega}{\nu(\nu^2-\omega^2)\Theta_2}\right)\sin\nu t+\left(\eta_0-\frac{\overline{M}}{\nu^2\Theta_2}\right)\cos\nu t+\frac{\overline{M}}{\nu^2\Theta_2}+\frac{\Delta M\sin\omega t}{(\nu^2-\omega^2)\Theta_2}\ (\omega\neq\nu).\tag{228c}$$

Die ersten beiden Glieder von (228a) bzw. (228c) sind zeitlich harmonische Schwingungen mit der Kreisfrequenz ν. Man nennt sie *Eigenschwingungen* und die zugehörige Kreisfrequenz $\nu=\sqrt{\beta}=\sqrt{\frac{c}{\Theta_1}+\frac{c}{\Theta_2}}=\sqrt{c\,\frac{\Theta_1+\Theta_2}{\Theta_1\Theta_2}}$ die *Eigenkreisfrequenz des Systems*, da sie eine reine Systemkonstante ist. Die Eigenschwingungen sind im allgemeinen gedämpft[1] und klingen mit der Zeit ab. Das dritte Glied ist zeitlich betrachtet eine Konstante und stellt die elastische Verdrehung beider Massen durch das konstante äußere Drehmoment $\overline{M}$ dar. Das vierte Glied ist ein mit der Kreisfrequenz ω schwingender Anteil, verursacht durch den schwingenden Anteil $\Delta M\sin\omega t$ des äußeren oder erregenden Drehmomentes.

[1] Die Dämpfung wurde in der Rechnung vernachlässigt.

Es besitzt die gleiche Kreisfrequenz wie die Erregung und wird auch *erzwungene Schwingung* genannt.

Die Gl. (228c) gilt, solange die erregende Kreisfrequenz ω von der Eigenkreisfrequenz ν des Systems verschieden ist. Im Falle $\omega = \nu$ ist (228a) und (228c) nicht mehr allgemeine Lösung der Differentialgleichung (226, 227), da letztere die Form

$$\ddot{\eta} + \omega^2 \eta = \frac{1}{\Theta_2} (\overline{M} + \Delta M \sin \omega t) \tag{229a}$$

annimmt. Die allgemeine Lösung von (229a) lautet für diesen Fall

$$\eta = A \sin \omega t + B \cos \omega t + \frac{\overline{M}}{\omega^2 \Theta_2} - t \frac{\Delta M}{2 \cdot \omega \Theta_2} \cos \omega t; \quad (\omega = \nu). \tag{229b}$$

Das vierte Glied in (229b) als Ausdruck der erzwungenen Schwingung ist nicht mehr rein harmonisch und die allgemeine Lösung nicht mehr rein periodisch. Die „Amplitude" der erzwungenen Schwingung nimmt linear mit der Zeit t zu und wächst (ohne Dämpfung) über alle Grenzen, man spricht von *Resonanz*. Mit den Randbedingungen (228b) lautet die der Gleichung (228c) entsprechende Lösung des Anfangswertproblems im Falle der Resonanz

$$\eta = \left(\frac{\dot{\eta}_0}{\omega} + \frac{\Delta M}{2\omega^2 \Theta_2}\right) \sin \omega t + \left(\eta_0 - \frac{\Delta M}{\omega^2 \Theta_2}\right) \cos \omega t + \frac{\overline{M}}{\omega^2 \Theta_2} - t \frac{\Delta M}{2\omega \Theta_2} \cos \omega t. \tag{229c}$$

Ist der schwingende Anteil des Drehmomentes durch ungleichmäßigen Antrieb verursacht, indem bei jeder Umdrehung der Welle die gleiche Abweichung vom konstanten Wert des Drehmomentes eintritt, dann fällt die erregende Kreisfrequenz ω mit der Winkelgeschwindigkeit der Welle zusammen. Um eine derartige allfällige Resonanzgefahr auszuschließen, darf folglich die Winkelgeschwindigkeit der Welle nicht mit der Eigenkreisfrequenz ν des Systems zusammenfallen. Die Kenntnis der Eigenfrequenz des Systems ist also unerläßlich. Im vorliegenden Fall ergab die einfache Rechnung

$$\nu = \sqrt{\beta} = \sqrt{c \frac{\Theta_1 + \Theta_2}{\Theta_1 \Theta_2}}$$

als Eigenkreisfrequenz der Torsionsschwingung. Man nennt im Hinblick auf die mögliche Resonanzgefahr die Winkelgeschwindigkeit $\omega = \nu$ die kritische Winkelgeschwindigkeit der Welle bezüglich Torsionsschwingungen, kurz *torsionskritische Drehzahl*. Bei mehreren Drehmassen würde man mehr als eine Eigenkreisfrequenz erhalten. Allgemein entsprechen n freien Drehmassen $n - 1$ Eigenkreisfrequenzen, man spricht auch von $n - 1$ Freiheitsgraden.

Einen Katalog von Resultaten verschiedener Drehmassensysteme zeigt Tab. 68. In den ersten beiden Beispielen ist auch der Einfluß der Drehmasse Θ_F der torsionssteifen Welle auf die Eigenkreisfrequenz näherungsweise berücksichtigt.

Die Eigenkreisfrequenzen sind nur abhängig von den Systemkonstanten Θ und c, nicht aber von der Art der Erregung. Bei mehreren Freiheitsgraden wird die soeben verwendete „klassische Berechnung" über die zuständige Differentialgleichung umständlich.

Dies gilt insbesondere dann, wenn man sich nur für die kritischen Drehzahlen, nicht aber für Drehwinkel und Drehmomente interessiert. Zur Bestimmung kri-

Tabelle 68. *Torsions-Eigenkreisfrequenzen ν verschiedener Systeme*

1. Endscheibe an Drehfeder	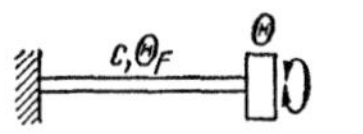		$\nu^2 = \dfrac{c}{\Theta + \dfrac{\Theta_F}{3}}$ $(\Theta_F < \Theta)$
2. Endscheiben an beiden Enden der Drehfeder	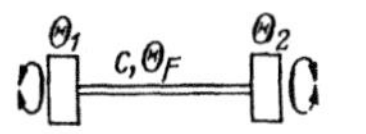	c: Drehfederzahl[1]	$\nu^2 = c\dfrac{\Theta_1 + \Theta_2}{\Theta_1\Theta_2\left[\dfrac{1+\Theta_F}{3(\Theta_1+\Theta_2)}\right]}$ $(\Theta_F < \Theta)$
3. Endscheiben an Drehfedern durch Übersetzung verbunden. Θ_2 dreht n mal so schnell als Θ_1	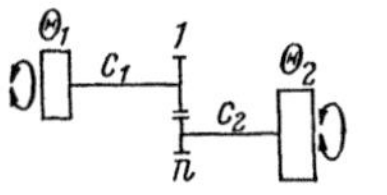	Θ: polares Massenträgheitsmoment[2]	$\nu^2 = \dfrac{1}{\dfrac{1}{c_1} + \dfrac{1}{n^2 c_2}} \cdot \dfrac{\Theta_1 + n^2\Theta_2}{\Theta_1 n^2 \Theta_2}$
4. Drei Scheiben an Drehfedern	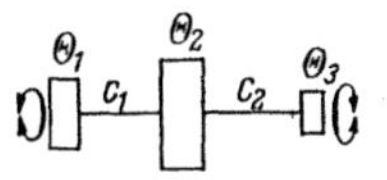		$\nu^2 = \dfrac{1}{2}(A \pm \sqrt{A^2 - B})$ $A = \dfrac{c_1}{\Theta_1} + \dfrac{c_2}{\Theta_3} + \dfrac{c_1 + c_2}{\Theta_2}$ $B = \dfrac{4c_1c_2}{\Theta_1\Theta_2\Theta_3}(\Theta_1+\Theta_2+\Theta_3)$
5. Einseitig eingespannter Torsionsstab mit prismatischem Querschnitt	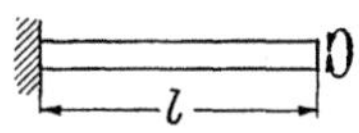 $cl = GJ$ Torsionssteifigkeit $\vartheta = \varrho \cdot J$ polares Massenträgheitsmoment pro Längeneinheit $\varrho = \gamma/g$ Dichte J polares Flächenträgheitsmoment		$\nu = \left(k - \dfrac{1}{2}\right)\pi\sqrt{\dfrac{GJ_t}{\vartheta l^2}}$ $(k = 1, 2, 3, \ldots)$ Kreis- oder Kreisringquerschnitt $J_t = J$ Quadratischer Querschnitt: $J_t/J = 0{,}842$

---

[1] *Drehfederzahl* (Torsionssteifigkeit des Wellenstückes der Länge l)

a. Für Kreisquerschnitt $c = \dfrac{\pi G D^4}{32 l}$

b. Für Kreisringquerschnitt $c = \dfrac{\pi G (D^4 - d^4)}{32 l}$ $\Big\}\ c = \dfrac{GJ}{l}$

c. Für quadratischen Querschnitt $c = \dfrac{GJ_t}{l} = \dfrac{Ga^2}{l} \cdot 0{,}140$

d. Für abgesetztes Wellenstück $1/c = \Sigma\, 1/c_i$

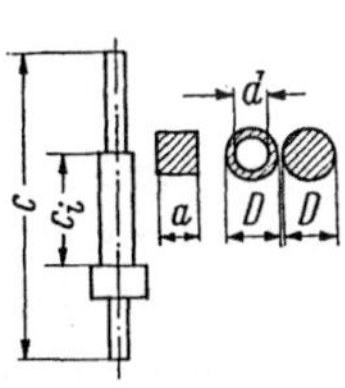

[2] *Polares Massenträgheitsmoment* (Drehmasse, Schwungmasse)

Für Vollscheibe konstanter Dicke, Durchmesser D und Gewicht G^* $\quad \Theta = \dfrac{G^* D^2}{8g}$

oder mit $G^* D^{*2}$ als Schwungmoment (D^* Trägheitsdurchmesser) $\quad \Theta = \dfrac{G^* D^{*2}}{4g}$

tischer Drehzahlen einfacher Systeme stehen uns eine ganze Anzahl bewährter Näherungsmethoden zur Verfügung, vgl. Schrifttum Fußnote S. 508. Wir behandeln hier als einzige diejenige von HOLZER[1].

In den letzten Jahren hat der Drang nach Rationalisierung dazu geführt, die Berechnung kritischer Drehzahlen weitgehend modernen Rechenautomaten zu überlassen. Gerade das HOLZER-Verfahren mit seinen oft zu wiederholenden, monotonen Rechenoperationen hat sich für eine digitale, elektronische Berechnung als besonders geeignet erwiesen. Es wird in erweiterter Form auch für die Berechnung biegekritischer Drehzahlen verwendet, vgl. S. 532.

2. Das Verfahren von Holzer zur Ermittlung von Eigenkreisfrequenzen für Torsionsschwingungen bei mehreren Drehmassen. Die Idee des Verfahrens ist die folgende: Man nimmt an, daß das ganze System eine Drehschwingung mit der Kreisfrequenz ω ausführt. Wäre ω eine Eigenkreisfrequenz ν, so könnte die Schwingung ohne äußeres Drehmoment als Eigenschwingung erfolgen. Wenn dagegen ω keine Eigenkreisfrequenz ist, so kann die Schwingung nur aufrechterhalten werden, wenn an einem Ort des Systems ein äußeres Drehmoment der Frequenz ω angreift, d. h. wenn eine erzwungene Schwingung vorliegt. Man beginnt mit einem vernünftig geschätzten Wert ω an einem Ende und prüft, ob ein Drehmoment am anderen Ende zur Aufrechterhaltung der Schwingung erforderlich ist. Wenn ja, beginnt man von neuem mit einem anderen Wert ω usf., bis man durch systematisches Probieren den gesuchten Wert $\omega = \nu$ gefunden hat.

In Abb. 453 schwinge die Drehmasse Θ_1 am linken Rande der Welle mit dem beliebig angenommenen Drehwinkel $\tilde{\varphi}_1 = \varphi_1 \sin \omega t$. Zur Aufrechterhaltung der Schwingung muß ein Drehmoment $\Delta \tilde{M}_1 = -\Theta_1 \ddot{\tilde{\varphi}}_1 = \Delta M_1 \sin \omega t$ mit der Amplitude $\Delta M_1 = \Theta_1 \omega^2 \varphi_1$ auf die Drehmasse wirken.

Dieses Drehmoment kann nur vom Wellenstück rechts von Θ_1 übertragen werden. Wenn dieses Wellenstück bis zur Drehmasse Θ_2 eine Drehfederzahl c_1 aufweist, so ist die Amplitude des Drehwinkels $\Delta \varphi_1 = \Theta_1 \omega^2 \varphi_1 / c_1$. Die Amplitude des Drehwinkels von Θ_2 ist daher $\varphi_2 = \varphi_1 - \Delta \varphi_1 = \varphi_1 - \Theta_1 \omega^2 \varphi_1 / c_1$. Um die Drehmasse Θ_2 mit dieser Amplitude schwingen zu lassen, ist ein wirksames Drehmoment notwendig, dessen Amplitude durch $\Delta M_2 = \Theta_2 \omega^2 \varphi_2 = \Theta_2 \omega^2 (\varphi_1 - \Theta_1 \omega^2 \varphi_1 / c_1)$ gegeben ist. Dieses Drehmoment entsteht als Differenz der beiden rechts und links von Θ_2 wirksamen Wellenmomente. Da das Wellendrehmoment M_1 bekannt ist, berechnet man das Drehmoment M_2 aus $M_2 = M_1 + \Delta M_2 = \Theta_2 \omega^2 \varphi_1 + \Theta_1 \omega^2 (\varphi_1 - \Theta_2 \omega^2 \varphi_1 / c_1)$.

Die Rechnung schreitet auf diese Weise fort, wobei zu beachten ist, daß man jeweils die sog. Zustandsgrößen φ_k, M_k rechts einer Drehmasse aus den berechneten φ_i, M_i des vorangegangenen Abschnittes vermittels einer linearen Beziehung berechnen kann. Man gelangt so auf die rechte Seite der letzten Drehmasse, wo keine Welle mehr vorhanden ist, um das für die Drehbewegung nötige Drehmoment zu liefern. Zur Aufrechterhaltung der Schwingung muß man also rechts der letzten Drehmasse ein äußeres Drehmoment M anbringen, dessen Größe sich aus der Rechnung ergibt. Nur wenn ω zufällig eine Eigenkreisfrequenz ist, verschwindet dieser Wert. Größe und Vorzeichen von M sind deshalb ein Maß dafür, wie weit

[1] Vgl. z. B. DEN HARTOG, J. P.: Mech. Schwingungen. Deutsch von G. MESMER, Springer 1952.

man mit der Annahme von ω noch von der Eigenfrequenz ν entfernt ist. Man wiederholt die Rechnung für verschiedene ω, wobei sich verschiedene $M(\omega)$ ergeben, die man zweckmäßigerweise in einem Koordinatensystem aufträgt, Abb. 453c. Die Nulldurchgänge der Kurve $M(\omega)$ sind dann die Eigenkreisfrequenzen (Methode der Endmomente).

Die numerische Rechnung wird man der Übersicht wegen in Tabellenform durchführen, vgl. Abb. 453b. Es werden zuerst die Spalten 1 und 6 ausgefüllt.

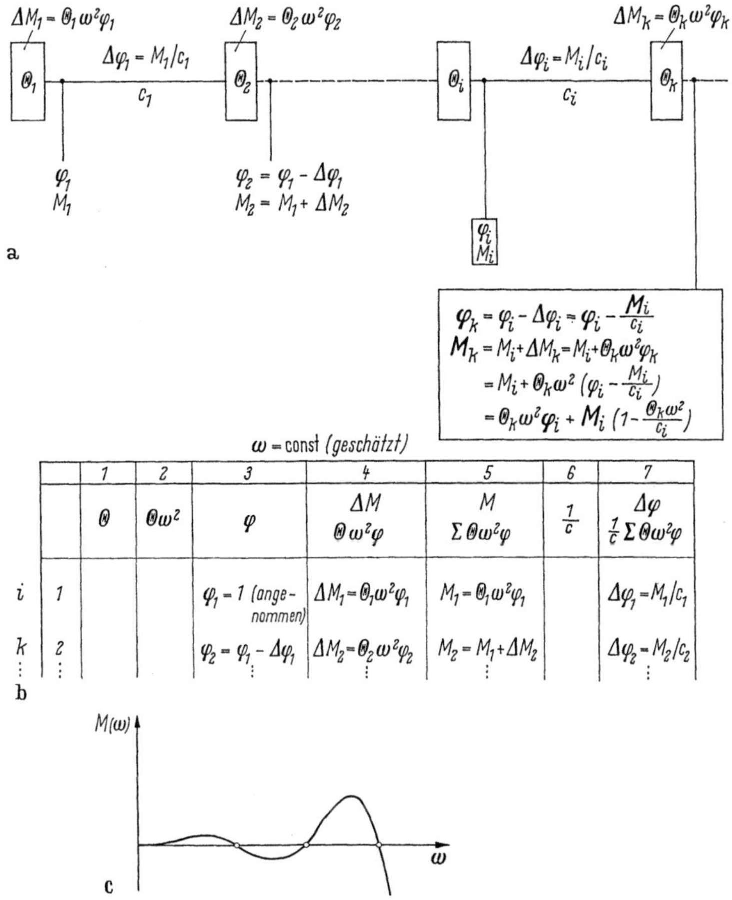

Abb. 453. Schema zur Berechnung von Eigenschwingungen torsionselastischer Systeme nach Holzer
a Rechenschema; b tabellarische Auswertung; c graphische Bestimmung der Eigenkreisfrequenzen

Mit einem vernünftig geschätzten ω-Wert ergibt sich Spalte 2 und mit einer in Spalte 3 willkürlich gewählten Amplitude, z. B. $\varphi_1 = 1$ schreitet die Rechnung dann schrittweise längs der ersten Reihe nach rechts fort. Wie zu rechnen ist, geht aus dem Schema der Abb. 453b deutlich hervor. Schließlich erhält man in Spalte 5 das gesuchte Torsionsmoment $M(\omega)$.

Beispiel: Welle eines Kurzschlußgenerators zur Prüfung von Schaltern, Abb. 454.

Im Kurzschluß wirken bei einer Drehzahl der Welle von $n = 3000$ U/min $\triangleq$ 50 Hz zwei pulsierende Drehmomente mit den Frequenzen 50 und 100 Hz auf die Welle, vgl. Abschnitt 3, S. 518. Um Resonanzen zu vermeiden, müssen die Eigenfrequenzen genügend weit davon entfernt sein. Die Originalwelle wird durch ein 6-Massensystem ersetzt. Es ergeben sich folglich 5 Eigenkreisfrequenzen. Zur Abschätzung eines ersten, rohen Näherungswertes für die niederste Eigenkreisfrequenz kann man das 6-Massensystem noch weiter auf ein 3-Massensystem reduzieren, Abb. 454c, für welches der Tab. 68 eine geschlossene Formel für beide Eigenkreisfrequenzen entnommen werden kann. Mit den vorerst abgeschätzten Werten

$\Theta_1 = 7{,}65$ cmkps² $\qquad c_1 = 241 \cdot 10^4$ cmkp[1]

$\Theta_2 = 2270$ cmkps² $\qquad c_2 = 310 \cdot 10^4$ cmkp

$\Theta_3 = 61{,}25$ cmkps²

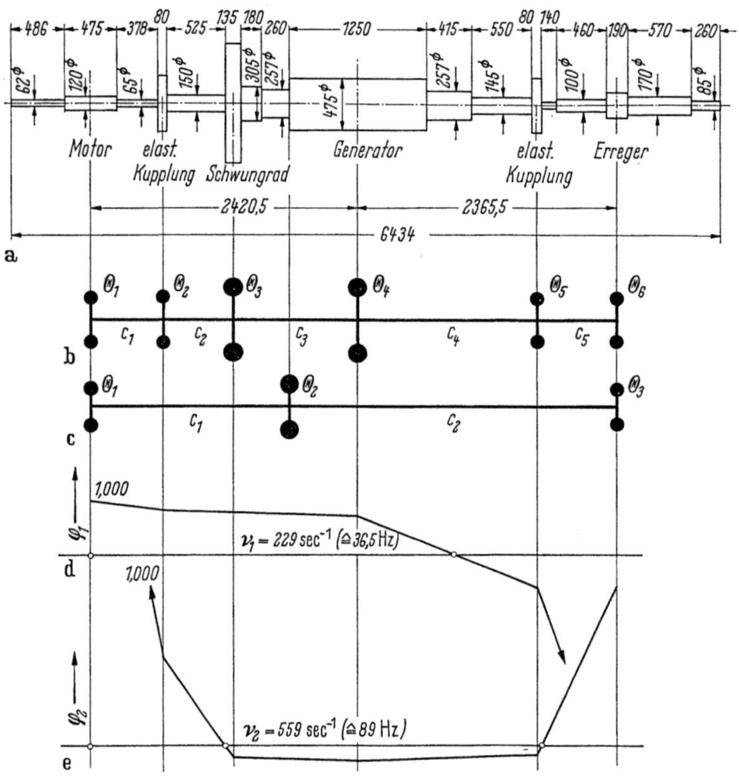

Abb. 454. Systeme und Eigenschwingungsformen zur Berechnung torsionskritischer Drehzahlen einer Kurzschlußgenerator-Welle
a Wellenstrang mit Motor, Schwungrad, Generator und Erreger; b Rechenmodell mit 6 Drehmassen; c Ersatzmodell mit 3 Drehmassen; d Eigenform der Grundschwingung; e Eigenform der 1. Oberschwingung

wird

$$A = \frac{c_1}{\Theta_1} + \frac{c_2}{\Theta_3} + \frac{c_1 + c_2}{\Theta_2} = \frac{241 \cdot 10^4}{7{,}65} + \frac{310 \cdot 10^4}{61{,}25} + \frac{(241 + 310)\,10^4}{2270} = 36{,}80 \cdot 10^4\ 1/\mathrm{s}^2$$

$$B = \frac{4 c_1 c_2}{\Theta_1 \Theta_2 \Theta_3}(\Theta_1 + \Theta_2 + \Theta_3) = \frac{4 \cdot 241 \cdot 310 \cdot 10^8}{7{,}65 \cdot 2270 \cdot 61{,}25}(7{,}65 + 2270 + 61{,}25) = 6{,}58 \cdot 10^{10}\ 1/\mathrm{s}^2$$

$$\nu^2 = \frac{1}{2}\left(A \pm \sqrt{A^2 - B}\right) = \frac{1}{2}\left(36{,}80 \cdot 10^4 \pm \sqrt{36{,}80^2 \cdot 10^8 - 6{,}58 \cdot 10^{10}}\right) = \begin{cases} 31{,}6 \cdot 10^4\ 1/\mathrm{s}^2 \\ 5{,}2 \cdot 10^4\ 1/\mathrm{s}^2 \end{cases}$$

$$\underline{\nu_1 = 228\ 1/\mathrm{s}} \quad \left(n_1 = \frac{30}{\pi}\nu_1 = 2180\ \mathrm{U/min};\ f_1 = \frac{\nu_1}{2\pi} = 36{,}3\ \mathrm{Hz}\right).$$

Man wird den ersten Versuch mit $\omega = 230$ beginnen.

---

[1] Die Drehfederzahlen werden vorwiegend durch die elastischen Kupplungen beeinflußt.

Grundschwingung: 1. Versuch $\omega = 230$ ($\omega^2 = 52\,900$)

		1	2	3	4	5	6	7
		Θ	$\Theta\,\omega^2$	φ	$\Theta\,\omega^2\,\varphi$	$\Sigma\Theta\,\omega^2\,\varphi$	$1/c$	$1/c\,\Sigma\Theta\omega^2\varphi$
			10^4		10^4	10^4	10^{-8}	
1		7,65	40,45	1,0000	40,45	40,45	40,18	0,1623
2	$\Sigma \approx 2270$	47,2	250,0	0,8377	209,1	249,6	1,28	0,0319
3		1542	8155	0,8058	6580	6829	0,108	0,0736
4		638	3375	0,7322	2470	9299	1,472	1,3700
5		47,2	250,0	− 0,6378	− 159,5	9140	30,72	28,10
6		61,2	324,0	−28,74	−9300	$-160 = M\,(230)$		

Das notwendige Drehmoment zur Aufrechterhaltung der Schwingungsamplitude 1 der ersten Drehmasse ist negativ, hat also einen umgekehrten Drehsinn wie die ersten 5 Massen. Hieraus kann man schließen, daß die wirkliche erste Eigenkreisfrequenz kleiner als 230 ist. Man wird für den zweiten Versuch etwa $\omega = 200$ wählen.

Grundschwingung: 2. Versuch $\omega = 200$ ($\omega^2 = 40\,000$)

	1	2	3	4	5	6	7
	Θ	$\Theta\,\omega^2$	φ	$\Theta\,\omega^2\,\varphi$	$\Sigma\Theta\,\omega^2\,\varphi$	$1/c$	$1/c\,\Sigma\Theta\omega^2\varphi$
		10^4		10^4	10^4	10^{-8}	
1	7,65	30,60	1,0000	30,60	30,6	40,18	0,1229
2	47,2	188,8	0,8771	165,6	196,2	1,28	0,0251
3	1542	6168	0,8520	5255	5451	0,108	0,0589
4	638	2552	0,7931	2024	7475	1,472	1,100
5	47,2	188,8	− 0,307	− 55,8	7419	30,72	22,79
6	61,2	244,8	−23,10	−5655	$1764 = M\,(200)$		

Die Annahme von ω war offenbar wesentlich zu klein. Der richtige Wert liegt vermutlich nahe bei $\omega = 230$. Die erste Schätzung war zufällig sehr gut. Man wird nun eine dritte Rechnung mit $\omega = 220$ durchführen. Im ganzen verfügt man dann über drei Punkte $M(\omega)$ der Endmomentenkurve in der Nähe des ersten Nulldurchganges, welche erlauben, die Kreisfrequenz der Grundschwingung graphisch und mit genügender Genauigkeit zu bestimmen. Es ergibt sich

$$\omega = \nu_1 = 229\ 1/\mathrm{s}\ (f_1 = 36{,}5\ \mathrm{Hz}).$$

Man schreitet nun zur Bestimmung der nächsten, zweiten Eigenfrequenz, die man bei $\nu_2 = 561\ 1/\mathrm{s}$ ($f_2 = 89{,}5$ Hz) finden wird. Sie liegt somit nur 10% unterhalb der zu meidenden Erregerfrequenz 100 Hz, während ν_1 genügend weit von 50 Hz entfernt ist. Man wird sich in einem solchen Falle ernstlich fragen müssen, ob man die Rechnung in Anbetracht des kleinen Abstandes der zweiten Eigenfrequenz von der Erregerfrequenz 100 Hz nicht mit abgeänderten Dimensionen neu beginnen soll. Die verbleibenden drei höheren Eigenkreisfrequenzen ν_3, ν_4 und ν_5 sind nicht mehr interessant, da keine störenden Erregerkräfte über 100 Hz mehr vorkommen.

Die HOLZERtabellen erlauben auch die Schwingungsformen der Eigenschwingungen, die sog. *Eigenformen* anzugeben. Aus Spalte 3 sind die Drehwinkel φ zu entnehmen und über den betreffenden Drehmassen mit dem richtigen Vorzeichen aufzutragen. Die Verbindung der so entstehenden Punkte stellt die elastische Verdrillung der Welle bei der betreffenden kritischen Drehzahl und somit die Eigenform dar, vgl. Abb. 454d, e. Sie sind nur bis auf einen willkürlichen Faktor bestimmt und in unserem Falle „normiert“ auf $\varphi_1 = 1$. Jede höhere Eigenform hat einen Nulldurchgang oder *Knoten* mehr als die vorhergehende.

3. Beanspruchung einer Welle im Kurzschluß. Ursache oder Erzeuger von erzwungenen Schwingungen im Kurzschluß ist der Generator. Wir gehen aus von einem 3-Massensystem, bei dem der Generator eine äußere Drehmasse, d. h. eine Drehmasse am Rande der Welle darstellen soll, Abb. 455. Bei einer anderen Anzahl Drehmassen sowie bei einem Antrieb durch eine Zwischenmasse bleibt die Rechnung sinngemäß gleich. Man überlege sich immer zuerst, ob eine Reduktion auf ein Ersatzsystem mit wenigen Massen zulässig ist. Dies ist meist dann der Fall, wenn einige Drehmassen oder Drehfederzahlen gegenüber benachbarten anderen hervortreten. Im Gegensatz zu den Biegeschwingungen ist oft bei Torsionsschwingungen durch die Reduktion eines Systems ein geringerer Rechenaufwand mit tragbarer Einbuße der Genauigkeit möglich.

Dazu ist zu bemerken, daß der heutige Einsatz elektronischer Rechenautomaten im allgemeinen keine Reduktion der Freiheitsgrade mehr erfordert, da ein für allemal ein Strang mit genügend Freiheitsgraden programmiert wird, der durch Spezialisierung dem vorliegenden Problem angepaßt werden kann. Außerdem erlaubt die elektronische Rechnung Nebeneinflüsse wie die Dämpfung im erregenden Moment als auch im System selbst zu berücksichtigen.

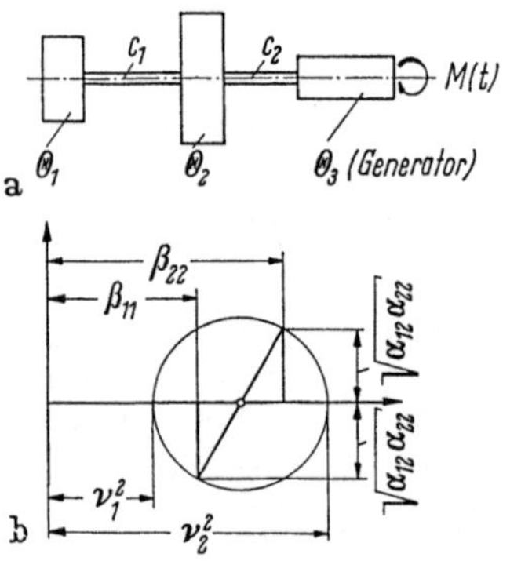

Abb. 455. Drei-Massen-Torsionssystem und Mohrscher Frequenzkreis

An einer vereinfachten Rechnung für ein 3-Massensystem soll ein Einblick in das mechanische Verhalten beim Kurzschluß gewonnen werden.

α) *Ersatzsystem und erregendes Torsionsmoment.* Es wird das System der Abb. 455 zu Grunde gelegt. Die Bezeichnungen sind die gleichen wie im Abschnitt 1. Gegeben sind die Massenträgheitsmomente Θ, die Drehfederzahlen c und das erregende Torsionsmoment $M(t)$.

Die Zeitabhängigkeit des Torsionsmomentes ist von der Art des Kurzschlusses abhängig. Es ist üblich, denjenigen Fall zu berechnen, der die größte Drehmomentenspitze erzeugt; für dreiphasige Synchrongeneratoren somit den einphasig-zweisträngigen Klemmen-Kurzschluß im ungünstigsten Zeitpunkt, bei dem die Spannung durch Null geht. Letzteres gilt auch für einphasige Synchrongeneratoren. Vom Zeitpunkt $t = 0$ an gilt dann folgender Ausdruck in guter Näherung

$$M(t) = M_0 \frac{k}{x_d''} \left(\sin \omega t - \frac{1}{2} \sin 2\omega t\right); \quad (t \geqq 0) \tag{230}$$

$$k = 1 \text{ für 3 phasen-Generatoren}$$

$$k = \sqrt{3} \text{ für 1 phasen-Generatoren}$$

M_0 ist das (Schein-)Nenndrehmoment im stationären Zustand, x_d'' die Stoßkurzschlußreaktanz[1] (subtransiente Reaktanz in der Längsachse) und ω die gegebene elektrische Kreisfrequenz.

Der Verlauf von $M(t)$ ist für $k = 1$ in Abb. 456b graphisch dargestellt. Es handelt sich infolge der Näherung um eine periodische Funktion. In Wirklichkeit

[1] 3 phasen-Generator	Turbomasch.	$x_d'' \approx 12\%$ (10 ... 27%)
	Schenkelpolmasch.	$x_d'' \approx 20\%$ (10 ... 25%)
1 phasen-Generator		$x_d'' \approx 15\%$ (12 ... 30%).

klingt sie zufolge Dämpfung leicht ab[2]. Der Fehler ist von geringer Bedeutung, da die Zeitkonstanten für das Abklingen der Sinuswellen in (230) die Größenordnung von einigen Zehntelsekunden aufweisen, während die maßgebenden Beanspruchungsspitzen im allgemeinen in die ersten Hundertstelsekunden fallen, wie wir noch sehen werden.

β) *Differentialgleichungen.* Bezeichnet man wieder mit φ den Drehwinkel der Massen, wie im Beispiel der Torsionsschwingungen eines Zweimassensystems, so ergeben sich jetzt nicht mehr zwei, sondern entsprechend drei Gleichungen in φ als Ausdruck der Gleichgewichtsbedingungen der Momente in Schnitten unmittelbar rechts der Drehmassen

$$\begin{aligned} \Theta_1 \ddot{\varphi}_1 &= -c_1(\varphi_1 - \varphi_2) \\ \Theta_2 \ddot{\varphi}_2 &= +c_1(\varphi_1 - \varphi_2) - c_2(\varphi_2 - \varphi_3) \\ \Theta_3 \ddot{\varphi}_3 &= \qquad\qquad\qquad\quad + c_2(\varphi_2 - \varphi_3) - M(t). \end{aligned} \tag{231}$$

Dividiert man nacheinander die 1., 2. und 3. Gleichung mit Θ_1, Θ_2 und Θ_3 und subtrahiert die 2. von der 1. und die 3. von der 2. Gleichung, so erhält man mit folgenden Abkürzungen

$$\frac{c_1}{\Theta_1} = \alpha_{11} \qquad \frac{c_2}{\Theta_2} = \alpha_{22} \qquad \alpha_{11} + \alpha_{12} = \beta_{11} \qquad \varphi_1 - \varphi_2 = \eta_1$$

$$\frac{c_1}{\Theta_2} = \alpha_{12} \qquad \frac{c_2}{\Theta_3} = \alpha_{23} \qquad \alpha_{22} + \alpha_{23} = \beta_{22} \qquad \varphi_2 - \varphi_3 = \eta_2$$

das gesuchte Differentialgleichungssystem für die Relativverdrehung η der Drehmassen:

$$\boxed{\begin{aligned} \ddot{\eta}_1 + \beta_{11}\eta_1 - \alpha_{22}\eta_2 &= 0 \\ \ddot{\eta}_2 - \alpha_{12}\eta_1 + \beta_{22}\eta_2 &= M(t)/\Theta_3 \end{aligned}} \tag{232}$$

γ) *Lösung des Differentialgleichungssystems.* Die allgemeine Lösung setzt sich aus der allgemeinen homogenen und einer partikulären Lösung zusammen.

Die *homogene* Lösung erhält man mit dem Ansatz

$$\eta_i^h = A_i \sin\nu t + B_i \cos\nu t \quad (i = 1, 2). \tag{233}$$

Geht man damit in obiges System (232) ein, so erhält man ein homogenes Gleichungssystem für die Konstanten A_i und B_i. Damit von Null verschiedene Lösungen existieren, muß die Koeffizientendeterminante verschwinden (Verträglichkeitsbedingung)

$$\text{Det} = \begin{vmatrix} \beta_{11} - \nu^2 & -\alpha_{22} \\ -\alpha_{12} & \beta_{22} - \nu^2 \end{vmatrix} = (\beta_{11} - \nu^2)(\beta_{22} - \nu^2) - \alpha_{12}\alpha_{22} = 0.$$

Daraus errechnet man die zwei Eigenkreisfrequenzen (2 Freiheitsgrade für 3 Drehmassen) zu

$$\nu_{1,2}^2 = \frac{1}{2}\left\{(\beta_{11} + \beta_{22}) \pm \sqrt{(\beta_{11} + \beta_{22})^2 - 4(\beta_{11}\beta_{22} - \alpha_{12}\alpha_{22})}\right\} \tag{234}$$

[2] Das erste Glied der Klammer in (230) wird durch den Gleichstromanteil des Stator-Kurzschlußstromes hervorgerufen und klingt bei endlichem Widerstand ab. Das zweite Glied der Klammer wird vom Wechselstromanteil des Stoßkurzschlußstromes verursacht; es klingt im allgemeinen langsamer ab als das Glied mit der einfachen Frequenz. Gl. (230) gilt für eine „symmetrische" Maschine $x_d'' = x_q''$ (gleiche Längs- und Querreaktanz).

was auch graphisch mit Hilfe des *Mohrschen Frequenzkreises* geschehen kann, Abb. 455b.

Die *partikuläre* Lösung erhält man dann mit dem Ansatz

$$\eta_i^p = C_i \sin \omega t + D_i \sin 2\omega t \quad (i = 1{,}2). \tag{235}$$

Geht man damit in (232) ein, so erhält man ein inhomogenes Gleichungssystem von zwei Gleichungen für die vier Unbekannten C_i, D_i $(i = 1{,}2)$. In diesem System treten die Ausdrücke $\sin \omega t$ und $\sin 2\omega t$ als Faktoren auf. Durch Koeffizientenvergleich gewinnt man je ein zweiteiliges System für C_i und D_i.

C_1	C_2	
$\beta_{11} - \omega^2$	$-\alpha_{22}$	0
$-\alpha_{12}$	$\beta_{22} - \omega^2$	$\dfrac{M_0}{x_d'' \Theta_3}$

D_1	D_2	
$\beta_{11} - 4\omega^2$	$-\alpha_{22}$	0
$-\alpha_{12}$	$\beta_{22} - 4\omega^2$	$-\dfrac{M_0}{2 x_d'' \Theta_3}$

Aus diesen Gleichungen werden die Konstanten C_i und D_i berechnet.

Die gesamte Lösung für ein beliebiges η erhält man aus der Überlagerung der homogenen und der partikulären Lösung

$$\eta_i = \eta_i^h + \eta_i^p = A_{i1} \sin \nu_1 t + A_{i2} \sin \nu_2 t + B_{i1} \cos \nu_1 t + B_{i2} \cos \nu_2 t \tag{236}$$
$$+ C_i \sin \omega t + D_i \sin 2\omega t \quad (i = 1{,}2).$$

Die Konstanten A_i und B_i sind nun noch durch die Anfangsbedingungen festzulegen. Zur Vereinfachung werden die Verdrehungen φ beim Kurzschluß relativ zu den Verdrehungen des stationären Betriebes betrachtet, so daß man folgende Anfangsbedingungen vorzuschreiben hat

$$\eta_i(0) = 0 \quad \dot{\eta}_i(0) = 0 \quad (i = 1{,}2). \tag{237}$$

Wegen der ersten Bedingung verschwinden alle B_i. Die zweite Bedingung liefert zwei Gleichungen für vier Unbekannte

A_{11}	A_{12}	A_{21}	A_{22}	
ν_1	ν_2	0	0	$-\omega(C_1 + 2D_1)$
0	0	ν_1	ν_2	$-\omega(C_2 + 2D_2)$

Zwei weitere Gleichungen sind dem homogenen System (232, 233) zu entnehmen und lauten

$$\frac{A_{21}}{A_{11}} = \frac{\beta_{11} - \nu_1^2}{\alpha_{22}} = \frac{\alpha_{12}}{\beta_{22} - \nu_1^2}$$
$$\frac{A_{22}}{A_{12}} = \frac{\beta_{11} - \nu_2^2}{\alpha_{22}} = \frac{\alpha_{12}}{\beta_{22} - \nu_2^2}\,.$$

Mit diesen Gleichungen lassen sich zwei Unbekannte, z. B. A_{21} und A_{22} eliminieren und das Gleichungssystem für A_{11} und A_{12} lautet dann

A_{11}	A_{12}	
ν_1	ν_2	$-\omega(C_1 + 2D_1)$
$\nu_1 A_{21}/A_{11}$	$\nu_2 A_{22}/A_{12}$	$-\omega(C_2 + 2D_2)$

δ) Beanspruchung der Welle. Das Torsionsmoment $M(t)$ für ein beliebiges i, d. h. für irgendein Wellenstück zwischen zwei Drehmassen, lautet für die formulierten Randbedingungen

$$M_i = c_i \eta_i \quad (i = 1{,}2). \tag{238}$$

Da η_i nach (236) keine periodische Funktion mehr darstellt (ν_1, ν_2 und ω stehen im allgemeinen nicht in einem rationalen Verhältnis zueinander), ist auch das Torsionsmoment M_i keine periodische Funktion mehr.

Die maximale Schubspannung ergibt sich an der Stelle — und zur Zeit des größten Torsionsmomentes. Im Falle eines Kreisquerschnittes der Welle mit Durchmesser D gilt

$$\tau_{\max} = \frac{16 M_{\max}}{\pi D^3}. \tag{239}$$

Ist die Welle zwischen zwei Drehmassen abgesetzt, so wird das Stück mit dem kleinsten Durchmesser maßgebend.

ε) Numerisches Beispiel. Turbogenerator: Scheinleistung 85,4 MVA, Frequenz 50 Hz, $n = 3000$ U/min, gegeben sind die Größen

$$\Theta_1 = \Theta_2 = 1{,}035 \cdot 10^4 \text{ cmkps}^2 \qquad c_1 = 1{,}41 \cdot 10^9 \text{ cmkp}$$
$$\Theta_3 = 19{,}1 \cdot 10^4 \text{ cmkps}^2 \qquad c_2 = 1{,}51 \cdot 10^9 \text{ cmkp}$$
$$k_1 = 1 \text{ (3phasen-Generator)} \qquad x_d'' = 12\% = 0{,}12$$
$$M_0 = 97\,400 \frac{85\,400}{3000} = 2{,}77 \cdot 10^6 \text{ cmkp} \qquad \omega = 2\pi 50 = 314 \text{ 1/s}$$

damit werden die Abkürzungen

$$\alpha_{11} = 13{,}62 \cdot 10^4 \text{ 1/s}^2 \qquad \alpha_{22} = 14{,}6 \cdot 10^4 \text{ 1/s}^2 \qquad \beta_{11} = 27{,}24 \cdot 10^4 \text{ 1/s}^2$$
$$\alpha_{12} = \alpha_{11} \qquad \alpha_{23} = 0{,}792 \cdot 10^4 \text{ 1/s}^2 \qquad \beta_{22} = 15{,}39 \cdot 10^4 \text{ 1/s}^2.$$

Die Eigenfrequenzen ergeben sich analytisch oder graphisch zu

$$\nu_1 = 246 \text{ 1/s} \qquad f_1 = \frac{\nu_1}{2\pi} = 39{,}2 \text{ Hz}$$
$$\nu_2 = 605 \text{ 1/s} \qquad f_2 = \frac{\nu_2}{2\pi} = 96{,}3 \text{ Hz}$$

Die Gleichungssysteme für die Konstanten der partikulären Lösung lauten

C_1	C_2	
$17{,}37 \cdot 10^4$	$-14{,}6 \cdot 10^4$	0
$-13{,}62 \cdot 10^4$	$5{,}52 \cdot 10^4$	121

D_1	D_2	
$-12{,}24 \cdot 10^4$	$-14{,}6 \cdot 10^4$	0
$-13{,}62 \cdot 10^4$	$-24{,}1 \cdot 10^4$	$-60{,}5$

woraus

$$C_1 = -17{,}15 \cdot 10^{-4} \text{ cm} \qquad D_1 = -9{,}20 \cdot 10^{-4} \text{ cm}$$
$$C_2 = -20{,}4 \cdot 10^{-4} \text{ cm} \qquad D_2 = 7{,}70 \cdot 10^{-4} \text{ cm}.$$

Die Gleichungen zur Bestimmung der Konstanten für die homogene Lösung lauten

$$\frac{A_{21}}{A_{11}} = 1{,}45 \qquad \frac{A_{22}}{A_{12}} = -0{,}64$$

A_{11}	A_{12}	
$2{,}46 \cdot 10^2$	$6{,}05 \cdot 10^2$	1,116
$2{,}46 \cdot 10^2 \cdot 1{,}45$	$6{,}05 \cdot 10^2 \cdot (-0{,}64)$	0,157

woraus

$$A_{11} = 16{,}9 \cdot 10^{-4}\ \text{cm} \qquad A_{21} = 24{,}6 \cdot 10^{-4}\ \text{cm}$$
$$A_{12} = 11{,}55 \cdot 10^{-4}\ \text{cm} \qquad A_{22} = -\,7{,}40 \cdot 10^{-4}\ \text{cm}.$$

Die vollständige Lösung lautet mit t in s somit

$$\eta_1[\text{cm}] = +\,16{,}9 \cdot 10^{-4} \sin(246t) + 11{,}55 \cdot 10^{-4} \sin(605t) - 17{,}15 \cdot 10^{-4} \sin(314t) - 9{,}20 \cdot 10^{-4} \sin(628t)$$

$$\eta_2[\text{cm}] = +\,24{,}6 \cdot 10^{-4} \sin(246t) - 7{,}40 \cdot 10^{-4} \sin(605t) - 20{,}4 \cdot 10^{-4} \sin(314t) + 7{,}70 \cdot 10^{-4} \sin(628t).$$

Die graphische Überlagerung der einzelnen Glieder ist in Abb. 456a bis 0,05 s durchgeführt.

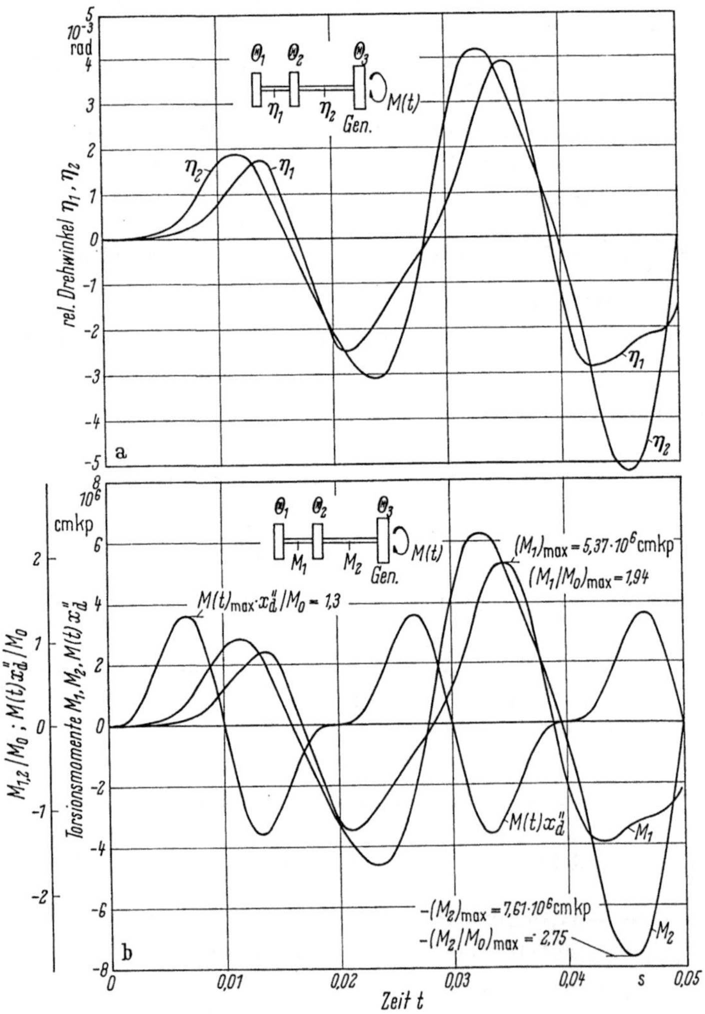

Abb. 456 a. Zeitlicher Verlauf der rel. Drehwinkel im Kurzschluß eines Drei-Massen-Torsionssystems
b. Zeitlicher Verlauf der Torsionsmomente im Kurzschluß eines Drei-Massen-Torsionssystems

Die Torsionsmomente in den zwei Wellenabschnitten werden

$$M_1\,[\text{cmkp}) = +\,2{,}38\cdot 10^6 \sin(246t) + 1{,}63\cdot 10^6 \sin(605t) - 2{,}42\cdot 10^6 \sin(314t) - 1{,}30\cdot 10^6 \sin(628t)$$

$$M_2\,[\text{cmkp}] = +\,3{,}72\cdot 10^6 \sin(246t) - 1{,}12\cdot 10^6 \sin(605t) - 3{,}08\cdot 10^6 \sin(314t) + 1{,}16\cdot 10^6 \sin(628t).$$

Die Torsionsmomente sowie deren Verhältnisse zum Normaldrehmoment sind in Abhängigkeit der Zeit von $t = 0$ bis $t = 0{,}05$ s in Abb. 456b aufgetragen. Die maximalen Werte werden nach ca. 0,04 s erreicht und betragen

$$(M_1)_{\max} = 5{,}37\cdot 10^6 \text{ cmkp} = 1{,}94\, M_0$$
$$(M_2)_{\max} = 7{,}61\cdot 10^6 \text{ cmkp} = 2{,}75\, M_0 \text{ (neg.)}.$$

Vergleicht man diese Werte mit der Spitze des erregenden Torsionsmomentes im Kurzschluß nach Gl. (230)[1]

$$[M(t)]_{\max} = \frac{1{,}3}{0{,}12} M_0 = 10{,}83\, M_0 = 30{,}0\cdot 10^6 \text{ cmkp},$$

so erkennt man, daß durch das mechanische System, bestehend aus Drehmassen und Drehelastizitäten eine wesentliche Verminderung der Beanspruchungsspitze eintritt. Immerhin ist mit 1,94 bzw. 2,75mal größerer Beanspruchung im Kurzschluß als im Normalbetrieb zu rechnen. Die größten Schubspannungen an der Welle bei einem minimalen Durchmesser $d = 30$ cm werden nach Gl. (239)

$$(\tau_1)_{\max} = 1010 \text{ kp/cm}^2$$
$$(\tau_2)_{\max} = 1290 \text{ kp/cm}^2.$$

c) Biegeschwingungen. 1. Einleitung. Wird der Rotor einer elektrischen Maschine auch noch so sorgfältig hergestellt, so bleiben doch immer noch gewisse Schwerpunktsverlagerungen bestehen, die im Lauf einseitige Fliehkräfte erzeugen und zeitlich veränderliche Lagerkräfte hervorrufen können. Damit wird der Lauf unruhig und möglicherweise die Lebensdauer der Maschine beeinträchtig. Aber nicht nur konstruktiv oder fabrikatorisch bedingte Massenverlagerungen, sondern auch solche, die durch eine Verkrümmung des Rotors infolge unausgeglichener Temperaturverteilung im Werkstoff bedingt sind, geben Anlaß zu unruhigem Lauf. Besonders bei gas- oder flüssigkeitsgekühlten Maschinen ist die sog. thermische Unwucht oft dominierend. Man wird nun bestrebt sein, die erregenden Kräfte so gut als möglich auszugleichen, sei es durch Anbringen von Zusatzmassen oder durch örtliche Änderung der Kühlmittelströmung, also durch mechanisches oder thermisches Wuchten (vgl. S. 104ff.). Leider ist es heute noch nicht möglich, trotz modernster Auswuchtverfahren, einen vollständigen Ausgleich zu schaffen, so daß immer noch gewisse, wenn auch kleinste Restunwuchten verbleiben. Ihre Wirkung ist normalerweise über gewisse Drehzahlbereiche gering, steigt jedoch in unmittelbarer Nähe biegekritischer Drehzahlen rasch an. Wird schließlich in der biegekritischen Drehzahl gefahren, so ist die Resonanzbedingung erfüllt. Die zeitlich variablen Lagerkräfte bleiben auch bei kleinsten Restunwuchten nur wegen der stets vorhandenen Dämpfung beschränkt. Um den Resonanzerscheinungen mit all ihren unliebsamen Folgen auszuweichen, ist es notwendig, einen möglichst großen Abstand der Betriebsdrehzahl von den biegekritischen Drehzahlen anzustreben[2]. Die Bestimmung der biegekritischen Drehzahlen ist deshalb besonders bei raschlaufenden Maschinen unerläßlich.

[1] Der Klammerausdruck in Gl. (230) erreicht ein Maximum von 1,30.

[2] Da die gleiche Forderung sinngemäß auch für torsionskritische Drehzahlen gilt, hat man darauf zu achten, daß bei einer Änderung der Biegekritischen, z. B. durch Änderung der Wellendurchmesser, auch die Torsionskritische beeinflußt wird. Die beiden Forderungen sind voneinander abhängig.

Es gibt verschiedene Methoden zur Berechnung *biegekritischer Drehzahlen.* Sie sind in den zahlreichen Lehrbüchern über technische Schwingungslehre ausführlich behandelt[1]. Eine Unterteilung der Wellen bezüglich kritischer Drehzahlen läßt sich nach zwei verschiedenen Gesichtspunkten durchführen.

1. Unterteilung nach Anzahl der Freiheitsgrade. Die Welle wird einerseits als masselos, aber biegesteif betrachtet. Auf ihr sitzen querschwingende Massen. Die Anzahl Massen bestimmen die Anzahl Freiheitsgrade und auch die Anzahl möglicher Eigenschwingungen. Andererseits kann die Welle als kontinuierlich mit Masse belegt betrachtet und im Sinne der Kontinuumsmechanik aufgefaßt werden. Es sind dann unendlich viele Freiheitsgrade und Eigenschwingungen möglich.

2. Unterteilung nach Anzahl der Lager. Mehrere Wellen auf je zwei Lagern können flexibel oder biegesteif zusammengekuppelt werden, wodurch ein Wellenstrang mit mehr als zwei Lagern entsteht, vgl. S. 508. Man unterscheidet an einem Wellenstrang zwischen den Einzelkritischen eines Wellenstückes auf zwei Lagern und den sog. *Koppelkritischen,* d. h. den kritischen Drehzahlen des ganzen Stranges als System. Die Lager können starr oder elastisch mit oder ohne Zusatzmassen aufgefaßt werden.

Die Berechnung der biegekritischen Drehzahl des Wellenstranges einer Turbogruppe auf 5 bis 6 Lagern erfordert heute beispielsweise die Berücksichtigung der Lagerelastizität, der kontinuierlichen Massenverteilung und die Abtastung eines Drehzahlbereiches, der doppelt so groß ist wie die Nenndrehzahl. Eine solche Berechnung ist von Hand mit dem Rechenschieber nicht mehr tragbar, sie kann mit der erforderlichen Genauigkeit nur auf einem Rechenautomaten nach dem Analogie- oder Digitalprinzip durchgeführt werden.

Mitunter erfordert die genaue Berechnung biegekritischer Drehzahlen auch die Berücksichtigung sekundärer Einflüsse, wie die rotatorische Trägheit, den Schub, die Kreiselwirkung, den magnetischen Zug, Drehmomente, Axialkräfte, Dämpfungen und dgl. Wir behandeln davon nur die (für elektrische Maschinenwellen wohl wichtigste) Beeinflussung der kritischen Drehzahl durch den magnetischen Zug. Im übrigen ist festzustellen, daß die erste kritische Drehzahl mit den zahlreichen Näherungsmethoden oft erstaunlich genau erfaßt werden kann. Die höheren kritischen Drehzahlen hingegen entziehen sich hartnäckig einfacheren Rechenmethoden.

Die folgenden Abschnitte geben einen beschränkten Einblick in das vielgestaltige Problem der biegekritischen Drehzahlen und der damit aufs engste verbundenen Laufunruhe.

2. Kritische Winkelgeschwindigkeit und Eigenkreisfrequenz einer masselosen Welle auf starren, aber frei drehbaren Lagern mit Einzelmasse in der Mitte.

In Abb. 26 ist eine Masse M auf einer biegsamen Welle der Federzahl c skizziert, die mit einer konstanten Winkelgeschwindigkeit ω umläuft.

Nach Gl. (59), S. 107 wird die Auslenkung y der Welle unbeschränkt für $\omega = \omega_0 = \sqrt{c/M}$. Man bezeichnet diese Winkelgeschwindigkeit, die offenbar einen kritischen Zustand einleitet, als kritische Winkelgeschwindigkeit der (ausgebogenen) rotierenden Welle und die entsprechende Drehzahl kurz als biegekritische Drehzahl. Man beachte, daß es sich um eine „statische" Auslenkung der Welle in einer

---

[1] Vgl. Fußnote S. 508.

Ebene durch die Achse handelt, die mit ω um die Achse rotiert, also unabhängig ist vom Drehwinkel. An Stelle von biegekritischen Drehzahlen spricht man oft kürzer von kritischen Drehzahlen, wenn keine Verwechslung mit torsionskritischen Drehzahlen entstehen kann.

Würde man die gleiche Masse zu Querschwingungen in einer Ebene durch die Achse anregen, indem man sie z. B. um einen kleinen Betrag aus ihrer Gleichgewichtslage auslenkt und sich dann selbst überläßt, so wird die Gleichgewichtsbedingung nach dem d'Alembertschen Prinzip folgende Form annehmen, wenn y die Bewegungsrichtung quer zur Achse bezeichnet

$$M\ddot{y} + cy = 0. \tag{240}$$

Mit der allgemeinen Lösung dieser homogenen Schwingungsdifferentialgleichung

$$y = A \sin\nu t + B \cos\nu t \tag{241}$$

wird $\ddot{y} = -\nu^2 y$, so daß mit (240) die Eigenkreisfrequenz[1] den bestimmten Wert

$$\nu = \sqrt{\frac{c}{M}} \tag{242a}$$

annimmt. *Der Vergleich von ω_0 mit ν zeigt, daß die kritische Winkelgeschwindigkeit mit der Eigenkreisfrequenz der Querschwingung übereinstimmt.* Die Übereinstimmung gilt nun, wie man zeigen kann, ganz allgemein auch für Systeme mit mehreren Freiheitsgraden, sofern man von sekundären Einflüssen absieht. Es ist daher möglich, von der Eigenfrequenz der Querschwingung einer Welle auf die kritische Drehzahl zu schließen.

Ein anderer Zusammenhang ist ebenfalls beachtenswert. Bezeichnet man mit f die Durchbiegung der horizontalen Welle unter dem Gewicht der Masse M, so wird im statischen Gleichgewichtszustand die Federkraft cf der Welle dem Eigengewicht Mg der Masse Gleichgewicht halten. Es ist also $cf = Mg$. Führt man diese Beziehung in die Gleichung für die kritische Winkelgeschwindigkeit ω_0 ein, so wird

$$\omega_0 = \sqrt{\frac{g}{f}}\,. \tag{242b}$$

Da die Erdbeschleunigung g in diesem Zusammenhang als konstant anzusehen ist, hängt die kritische Drehzahl offensichtlich nur von der statischen Durchbiegung einer Welle unter ihrer Last ab. Setzt man noch den Zahlenwert $g = 981\ \mathrm{cm/s^2}$ in obige Formel ein und rechnet mit der Beziehung $\omega_0 = \pi n_0/30$ auf die kritische Tourenzahl pro Minute n_0 um, so entsteht die bekannte Formel

$$n_0 = \frac{30}{\pi}\sqrt{\frac{g}{f}} \rightarrow n_0 = \frac{299}{\sqrt{f}} \approx \frac{300}{\sqrt{f}} \quad \begin{cases} n_0\ [\mathrm{U/min}] \\ f\ [\mathrm{cm}] \end{cases} \tag{243}$$

Sie gilt exakt nur für eine Punktmasse an einer masselosen Welle, für eine solche aber unabhängig von der Art der Lagerung, vgl. Tab. 69, Nr. 1, 2, 3. Ist die Masse kontinuierlich über die Welle verteilt, so gilt die Formel nur näherungsweise. Für eine glatte Welle auf frei drehbaren Lagern wäre z. B. die Zahl 299 durch 336 zu ersetzen (vgl. den folgenden Abschnitt 3). Die kritische Drehzahl

[1] Eigenfrequenzen oder biegekritische Drehzahlen von einfachen Wellen mit Einzelmassen und unterschiedlichen Lagerungen sind in Tab. 69 aufgeführt. Durch einfache Energiebetrachtungen gelingt es, auch den Einfluß der Wellenmasse auf die Grundschwingung wenigstens näherungsweise anzugeben.

Tabelle 69. *Eigenkreisfrequenzen und kritische Drehzahlen für Biegeschwingungen glatter Wellen*

P Gewicht d. konzentrierten Masse oder der Welle P_w Gewicht der Welle l Länge der Welle EI Biegesteifigkeit der Welle g Erdbeschleunigung, 981 cm/s² μ Masse der Welle pro Längeneinheit			Durchbiegung $f = \delta \frac{Pl^3}{EI}$ [cm]	Eigenkreisfrequenz $\nu = \lambda \sqrt{\frac{EIg}{Pl^3}} = \lambda \sqrt{\frac{EI}{\mu l^4}}$ $(P = \mu g l)$ [1/s]	Krit. Drehzahl[2] $n_0 = \frac{\varkappa}{\sqrt{f}}$ [U/min]
Nr.	**Lagerung**	**System**	δ	λ	$\varkappa$
1	beidseitig frei-drehbar		$\frac{1}{48} = 0{,}0208$	$\sqrt{48} = 6{,}93$	299
2	beidseitig eingespannt	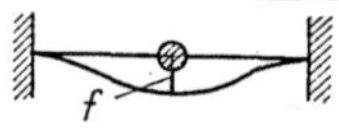	$\frac{1}{192} = 0{,}0052$	$\sqrt{192} = 13{,}86$	299
3	eingespannt-frei	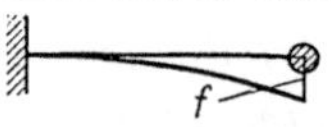	$\frac{1}{3} = 0{,}3333$	$\sqrt{3} = 1{,}73$	299
4	beidseitig frei-drehbar		$\frac{5}{384} = 0{,}0130$	$\pi^2 = 9{,}87$ [1] $4\pi^2 = 39{,}48$ $9\pi^2 = 88{,}83$	336 — —
5	beidseitig eingespannt	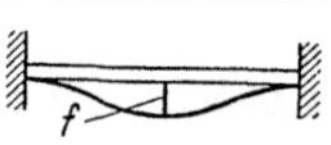	$\frac{1}{384} = 0{,}0026$	22,37 [1] 61,67 120,90	342 — —
6	frei-frei			22,37 [1] 61,67 120,90	
7	eingespannt-frei		$\frac{1}{8} = 0{,}1250$	3,52 [1] 22,03 61,70	372 — —
8	eingespannt frei-drehbar	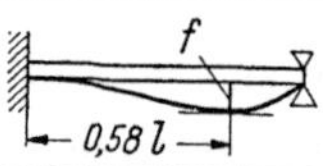	0,00542	15,42 [1] 49,96 104,24	340 — —
9	beidseitig frei-drehbar	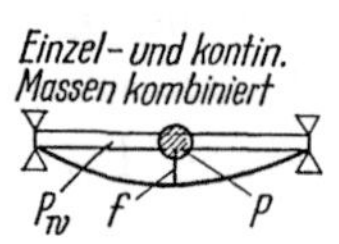	$\frac{1}{48} + \frac{5}{384} \frac{P_w}{P}$	$\approx \sqrt{\frac{48}{1 + 0{,}5 \frac{P_w}{P}}}$ $(P_w < P)$	
10	eingespannt-frei	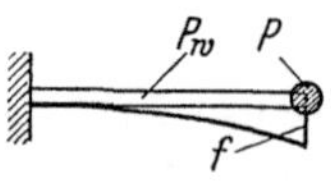	$\frac{1}{3} + \frac{1}{8} \frac{P_w}{P}$	$\approx \sqrt{\frac{3}{1 + 0{,}23 \frac{P_w}{P}}}$ $(P_w < P)$	

[1] Grundschwingung, 1. und 2. Oberschwingung.

[2] Vielgebrauchte Näherungsformel: $n_0\,[\mathrm{U/min}] = \frac{300}{\sqrt{f\,[\mathrm{cm}]}}$

ist somit 12% größer als die Näherungsformel ergibt. In Tab. 69 ist die bekannte und verbreitete Beziehung zwischen dem Biegepfeil f und der kritischen Drehzahl n_0 in der Form $n_0 = \varkappa/\sqrt{f}$ für verschiedene Massenverteilungen und Lagerbedingungen analytisch und in Abb. 457 graphisch dargestellt.

3. Eigenfrequenzen der glatten Welle auf zwei Lagern. In Abb. 458 ist ein Element der Länge dx einer seitlich ausgelenkten Welle herausgezeichnet und die

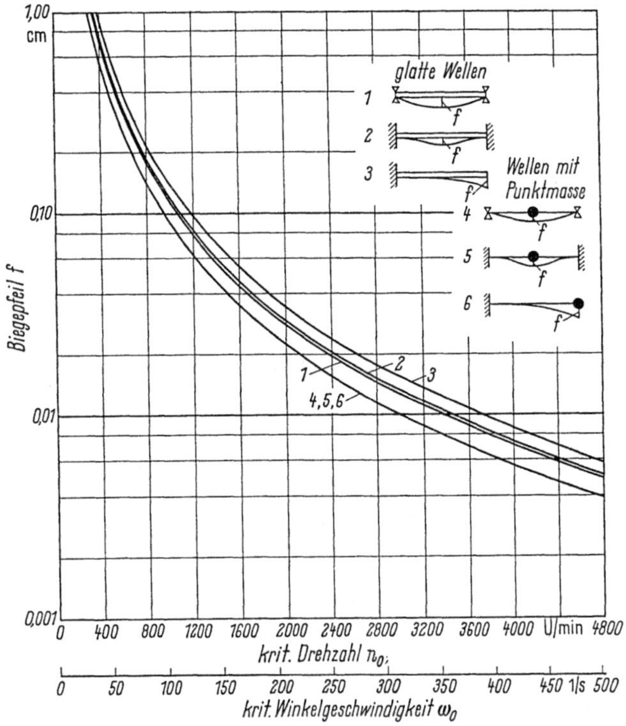

Abb. 457. Beziehung zwischen dem (statischen) Biegepfeil und der (ersten) kritischen Winkelgeschwindigkeit bzw. der kritischen Drehzahl für einfache Wellen

äußeren Kräfte auf das Element, nämlich Streckenlast p, Querkraft Q und Biegemoment M eingetragen.

Die Gleichgewichtsbedingungen am Element lauten

$$\left.\begin{aligned} \mathrm{d}Q &= p\,\mathrm{d}x \quad \text{oder} \quad & Q' &= p \\ \mathrm{d}M &= Q\,\mathrm{d}x \quad \text{oder} \quad & M' &= Q \end{aligned}\right\} M'' = p \tag{244}$$

wenn mit Strichen wie bisher Ableitungen nach der Stabachse x bezeichnet werden. Für kleine Auslenkungen y der Welle gilt außerdem die bekannte lineare Beziehung zwischen Biegemoment M und „Krümmung"[1] y''

---

[1] Als Krümmung wird der reziproke Krümmungsradius

$$\frac{1}{\varrho} = \pm \frac{y''}{(1 + y'^2)^{3/2}}$$

verstanden. Setzt man kleine Auslenkungen y voraus, so gilt wegen $y'^2 < 1$ die Näherung $1/\varrho = \pm y''$. Das Vorzeichen in (245) ist in Übereinstimmung mit Abb. 458 so gewählt, daß zu positiven Momenten negative Durchbiegungen, also positive zweite Ableitungen gehören.

$$M = EI\,y'' \tag{245}$$

mit EI als Biegesteifigkeit. Beide Gleichungen zusammen ergeben

$$p = (EI\,y'')''. \tag{246}$$

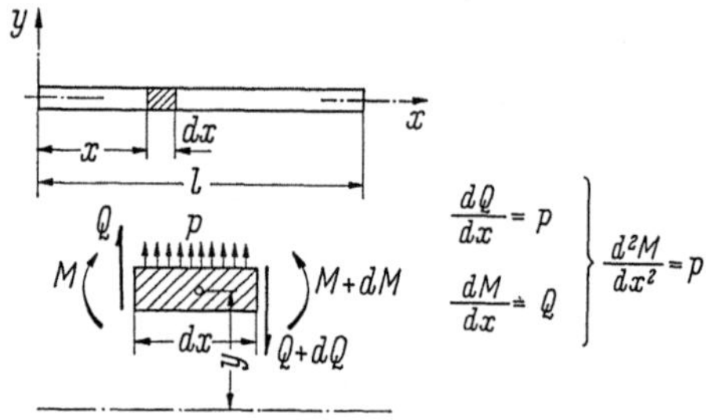

Abb. 458. Schnittkräfte am seitlich ausgelenkten Wellenelement

Rotiert die Welle mit der Winkelgeschwindigkeit ω und der Auslenkung y um ihre ursprüngliche Achse, so wirkt die Fliehkraft

$$p\,\mathrm{d}x = \mu\,\mathrm{d}x\,\omega^2 y \tag{247}$$

auf das Element der Länge $\mathrm{d}x$, wenn μ die Masse pro Längeneinheit bedeutet. Setzt man noch voraus, daß die Biegesteifigkeit der Welle über x konstant ist, so wird aus (246) und (247) eine bekannte homogene Differentialgleichung vierter Ordnung für die rotierende, glatte Welle

$$y^{\mathrm{IV}} - \lambda^4 y = 0; \quad \left(\lambda^4 = \frac{\mu\omega^2}{EI}\right). \tag{248}$$

Die allgemeine Lösung kann in der Form

$$y = A\sin\lambda x + B\cos\lambda x + C\sinh\lambda x + D\cosh\lambda x \tag{249}$$

geschrieben werden. Die vier freien Integrationskonstanten $A \ldots D$ lassen sich durch die Randbedingungen an den Lagerstellen bestimmen. So gilt z. B. für die beidseitig frei drehbar aufgelegte Welle

$$\begin{array}{ll} y\,(0) = 0 & y\,(l) = 0 \\ y''(0) = 0 & y''(l) = 0 \end{array} \tag{250}$$

da sowohl die Auslenkung y als auch das Biegemoment $M = EI\,y''$ an beiden Lagern verschwinden müssen. Aus den Gln. (249) und (250) gewinnt man somit 4 homogene Gleichungen für die 4 unbekannten Integrationskonstanten. Aus den zwei ersten Gleichungen von (250) folgt $B = D = 0$ und aus den letzten beiden Gleichungen

$$\begin{aligned} \sin(\lambda l)A + \sinh(\lambda l)C &= 0 \\ -\sin(\lambda l)A + \sinh(\lambda l)C &= 0 \end{aligned}$$

was nur endliche Werte A und C ergeben kann, wenn die Koeffizientendeterminante verschwindet. Es gilt also die Verträglichkeitsbedingung

$$\mathrm{Det} = 2\sinh\lambda l\,\sin\lambda l = 0.$$

Weil $\sinh\lambda l > 0$ ist für $\lambda l > 0$ lautet (abgesehen von der trivialen Lösung $\lambda l = 0$) die gesuchte Frequenzgleichung und ihre Lösung

$$\sin\lambda l = 0 \rightarrow \lambda l = n\pi; \quad (n = 1, 2, 3, \ldots). \tag{251}$$

Nach Einsetzen der Abkürzung λ ergeben sich die gesuchten kritischen Winkelgeschwindigkeiten ω_0 der glatten Welle auf frei drehbaren Lagern zu

$$(\omega_0)_n = (n\pi)^2 \sqrt{\frac{EI}{\mu l^4}}; \quad (n = 1, 2, 3, \ldots). \tag{252}$$

Sie stehen im Verhältnis $1:n^2$, also $1:4:9\ldots$ zueinander. Für anders gelagerte Wellen ergeben sich auch andere transzendente Frequenzgleichungen und somit andere kritische Winkelgeschwindigkeiten, vgl. Nr. 4...8 der Tab. 69.

Die erste kritische Drehzahl glatter Wellen läßt sich ähnlich wie Systeme mit Einzelmassen auf die bekannte Form (vgl. Gl. 243)

$$(n_0)_1 = \frac{\varkappa}{\sqrt{f}} \approx \frac{300}{\sqrt{f}} \quad \begin{cases} n_0\,[\text{U/min}] \\ f\,[\text{cm}] \end{cases} \tag{253}$$

mit f als Biegepfeil bringen. Im Falle der frei drehbar gelagerten Welle ist nach Tab. 69 die Durchbiegung in der Mitte infolge des Eigengewichtes $G = \mu l g$

$$f = \frac{5}{384}\,\frac{G l^3}{EI} = \frac{5}{384}\,\frac{\mu l^4 g}{EI}. \tag{254}$$

Die genaue Zahl $\varkappa$ folgt aus den Gln. (252) bis (254) mit $g = 981$ cm/s² zu

$$\varkappa = \frac{30}{\pi}\,\nu\sqrt{f} = \frac{30}{\pi}\,\pi^2\sqrt{\frac{EI}{\mu l^4}}\,\sqrt{\frac{5}{384}\,\frac{\mu l^4 g}{EI}} = 336.$$

Es gilt also für die glatte Welle auf frei drehbaren Lagern

$$(n_0)_1 = \frac{336}{\sqrt{f}} \quad \begin{cases} n_0\,[\text{U/min}] \\ f\,[\text{cm}] \end{cases}. \tag{255}$$

$\varkappa$-Werte für zwei andere Lagerverhältnisse sind in Tab. 69 aufgeführt.

4. Eigenfrequenzen der abgesetzten Welle auf zwei Lagern. Energiemethode von Kull-Rayleigh. Man betrachte eine abgesetzte Welle auf zwei Lagern, Abb. 459, welche eine Eigenschwingung in der Vertikalebene um ihre horizontale statische Gleichgewichtslage ausführt. Erfolgt die Schwingung mit der Eigenkreisfrequenz ν, so kann die Bewegung irgendeines Punktes i der Welle durch

$$\tilde{y}_i = y_i \sin\nu t$$

und die Geschwindigkeit durch $\dot{\tilde{y}}_i = \nu y_i \cos\nu t$ ausgedrückt werden. Beim Durchgang durch die Gleichgewichtslage erreicht die Geschwindigkeit mit $v_i = \nu y_i$ ein Maximum. Die Gesamtenergie einer Teilmasse M_i beträgt dann

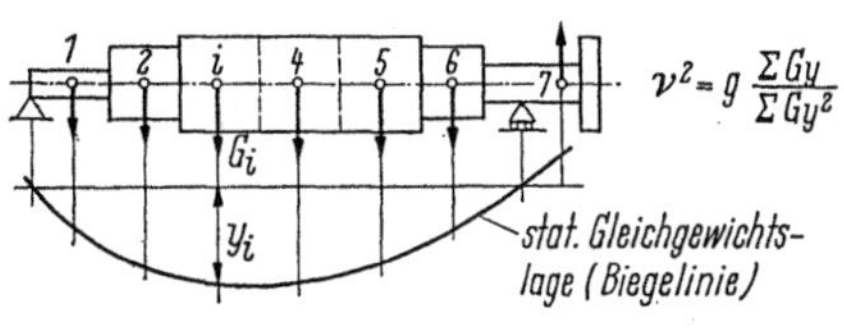

Abb. 459. Abgesetzte Welle auf zwei Lagern

$$E_{i\,\text{kin}} = \frac{M_i v_i^2}{2} = \frac{G_i}{g}\,\frac{(\nu y_i)^2}{2}, \tag{256}$$

da die potentielle Energie verschwindet. Am Ort der größten Auslenkung im Umkehrpunkt der Schwingung verschwindet dann die kinetische Energie und die potentielle Energie erreicht ein Maximum als Formänderungsarbeit

$$E_{i\,\text{pot}} = G_i\,\frac{y_i}{2}. \tag{257}$$

Da jederzeit und an jedem Ort die Summe der beiden Energieformen konstant bleiben muß, lautet die Energiebilanz $E_{i\text{pot}} + 0 = 0 + E_{i\text{kin}}$ integriert über die ganze Welle

$$\frac{1}{2}\sum_i G_i y_i = \frac{\nu^2}{2g}\sum_i G_i y_i^2, \tag{258}$$

so daß die Eigenkreisfrequenz ν aus

$$\nu^2 = g \frac{\Sigma G_i y_i}{\Sigma G_i y_i^2} \tag{259}$$

berechnet werden kann. Die unbekannte erste Eigenschwingungsform, ausgedrückt durch die Ausschläge y_i wird jetzt durch die statische Biegelinie ersetzt. Die y_i haben somit die Bedeutung von statischen Durchbiegungen unter den Lasten G_i. Im Falle überkragender Wellenenden sind die Kräfte, d. h. die Teilgewichte außerhalb der Lager für die Bestimmung der Biegelinie nach aufwärts zu richten, also mit negativem Vorzeichen zu berücksichtigen, während in der Formel (259) alle G_i und y_i als positiv in die Rechnung eingehen. Die Genauigkeit der einfachen Formel ist erstaunlich gut und steigt bis zu einer bestimmten Grenze mit der besseren Unterteilung.[1] Prüft man die Formel am Spezialfall der masselosen Welle mit Einzelmasse in der Mitte, so entsteht, wenn für y die Durchbiegung f der Masse eingesetzt wird (vgl. Gl. 242)

$$\nu = \sqrt{\frac{gGf}{Gf^2}} = \sqrt{\frac{g}{f}}$$

in vollkommener Übereinstimmung mit dem Resultat des Abschnittes 2. Die Genauigkeit für Wellen mit verteilter Masse läßt sich gut am Beispiel der glatten Wellen ermessen. Wählt man vergleichshalber eine sehr grobe Unterteilung von zwei gleich großen Längen mit den Gewichten $G/2$, so ist die Durchbiegung unter den betreffenden Teilschwerpunkten $3f/4$, da die statische Biegelinie eine Parabel mit dem Pfeil $f = \frac{5}{384} \frac{Gl^3}{EI}$ darstellt, vgl. Tab. 69. Die Kull-Rayleighsche Formel ergibt sodann

$$\nu^2 = g \frac{2 \frac{G}{2} \frac{3}{4} f}{2 \frac{G}{2} \left(\frac{3}{4} f\right)^2} = g \frac{4}{3f}$$

und mit $G/g = \mu l$

$$\nu = \sqrt{\frac{4 \cdot 384 \cdot EI}{3 \cdot 5 \cdot \mu l^4}} = 10{,}1 \sqrt{\frac{EI}{\mu l^4}}\,.$$

Verglichen mit dem exakten Wert der Gl. (252), (Faktor π^2 statt 10,1), ergibt die Näherung einen Fehler von $+\,2{,}3\%$. Wäre die Unterteilung doppelt so fein gewesen, hätte man also die immer noch grobe Unterteilung in vier Stücke gewählt, so wäre der entstehende Fehler von $0{,}07\%$ praktisch bedeutungslos geworden.

In vielen Fällen wird man die statische Biegelinie einer Welle auf zwei Lagern wegen der zulässigen Durchbiegung bereits graphisch oder analytisch bestimmt haben. Die Formel von Kull-Rayleigh gestattet in diesem Fall die Resultate direkt zu verwerten, indem man die Durchbiegungen y_i unter den Teillasten G_i in eine Tabelle überträgt und auswertet.

[1] Der Fehler der Kull-Rayleighschen Formel ist stets positiv, d. h., die Eigenfrequenzen bzw. die kritischen Drehzahlen werden etwas größer als die exakten Werte. Der Grund liegt darin, daß mit dem Ersatz der Eigenform durch die statische Biegelinie die Freiheitsgrade der Welle eingeschränkt werden. Dieser Zwang führt zu einer ideell steiferen Welle und damit zu leicht erhöhten kritischen Drehzahlen. Es ist daher verständlich, daß auch bei beliebig feiner Unterteilung der exakte Wert nicht erreicht wird, solange die Eigenform von der statischen Biegelinie abweicht.

Beispiel: Es sei die Welle der Abb. 450 gewählt. Aus der abgeänderten Biegelinie (die Gewichte P_1 und P_7 der überhängenden Enden sind in ihrer Wirkung nach aufwärts zu richten), die in Abb. 450 gestrichelt eingezeichnet ist, lassen sich unter den Gewichten P_i die Durchbiegungen η_i abstechen. Es entsteht so folgende Tabelle

	i	P kp	η cm	η^2 cm²	$P\eta$ cmkp	$P\eta^2$ cm²kp
A	1	29,0	1,35	1,82	39,2	53
	2	60,5	2,10	4,41	127,0	267
	3	83,3	3,80	14,40	317,0	1200
	4	103,6	4,50	20,25	466,0	2100
	5	69,9	3,40	11,55	237,5	807
B	6	40,2	1,90	3,61	76,2	145
	7	55,4	2,30	5,29	127,4	293
					$\Sigma = 1390{,}3$	$\Sigma = 4865$

Die Formel von Kull-Rayleigh ergibt mit den Werten obiger Tabelle

$$\nu^2 = g\frac{\Sigma G y}{\Sigma G y^2} = g\frac{\Sigma P\eta}{\Sigma P\eta^2}\,\frac{1}{\dfrac{h^3 h_1 h_2 k_1 k_2}{E I_0}} = 981\,\frac{1390{,}3}{4865}\,\frac{2{,}1\cdot 10^6\cdot 3220}{20^3\cdot 4\cdot 4\cdot 50\cdot 2} = 148\,400\ 1/\mathrm{s}^2$$

Eigenkreisfrequenz, Eigenfrequenz und kritische Drehzahl folgen aus

$$\nu = \sqrt{148\,400} = 385\ 1/\mathrm{s} \qquad f_e = \frac{385}{2\pi} = 61{,}3\,\mathrm{Hz} \qquad \underline{n_0} = 61{,}3\cdot 60 = \underline{3680\ \mathrm{U/min}}$$

Würde man die sicher weniger genaue Näherungsformel mit dem Biegepfeil verwenden, so ergäbe sich

$$f = \eta_{\max}\,\frac{h^3 h_1 h_2 k_1 k_2}{E I_0} = 4{,}50\,\frac{20^3\cdot 4\cdot 4\cdot 50\cdot 2}{2{,}1\cdot 10^6\cdot 3220} = 0{,}0085\ \mathrm{cm}$$

$$n_0 = \frac{300}{\sqrt{f}} = \frac{300}{\sqrt{0{,}0085}} = 3250\ \mathrm{U/min}$$

einen 12% zu kleinen Wert für die kritische Drehzahl[1]. Daß dieser niederere Wert den Messungen oft besser entspricht, ist vorwiegend durch die elastische Lagerung bedingt, welche die kritische Drehzahl absenkt. Daß aber der Einfluß der elastischen Lagerung oft gerade die Ungenauigkeit der Pfeilformel erreicht, muß als Zufall bezeichnet werden.

5. Eigenkreisfrequenzen der glatten Welle auf mehreren Lagern. Das Problem hat mehr theoretischen als praktischen Wert, da im allgemeinen Wellen über mehrere Lager keinen konstanten Querschnitt aufweisen. In Abb. 460 ist für drei verschiedene Systeme mit drei und vier Lagern die erste Eigenkreisfrequenz oder kritische Winkelgeschwindigkeit in Abhängigkeit des Spannweitenverhältnisses nach Holba[2] graphisch dargestellt.

6. Kritische Drehzahlen abgesetzter Wellen auf mehreren Lagern. Wellenstränge über mehreren Lagern findet man hauptsächlich bei Dampf- und Gasturbogruppen zur Stromerzeugung als auch bei Umformergruppen für ein- und dreiphasigen Wechselstrom. Die einzelnen Sätze der Gruppe wie Nieder-, Mittel-, Hochdruckteil

[1] Mit dem genauen Wert $n_0 = 336/\sqrt{f}$ für eine glatte Welle nach Tab. 69 würde $n_0 = 336/\sqrt{0{,}0085} = 3640$ U/min.

[2] Holba, J. J.: Berechnungsverfahren zur Bestimmung der kritischen Drehzahlen von geraden Wellen. Springer 1936 (vergriffen).

der Turbine und Generator oder Ein- und Dreiphasenmaschinen mit Regelsätzen werden biegesteif zu einem durchlaufenden Wellenstrang verbunden. Bei der Bestimmung kritischer Drehzahlen muß unterschieden werden zwischen den sog. *Einzelkritischen*, den biegekritischen Drehzahlen der Einzelmaschinen, und den sog. *Koppelkritischen*, d. h. biegekritischen Drehzahlen des starr gekuppelten Wellenstranges. Für das Auswuchten der Einzelmaschine ist die Einzelkritische, für den Lauf der ganzen Gruppe jedoch nur die Koppelkritische von Bedeutung. Da bis heute kein eindeutiger Zusammenhang zwischen Einzelkritischen und Koppelkritischen bekannt ist, werden beide unabhängig voneinander berechnet.

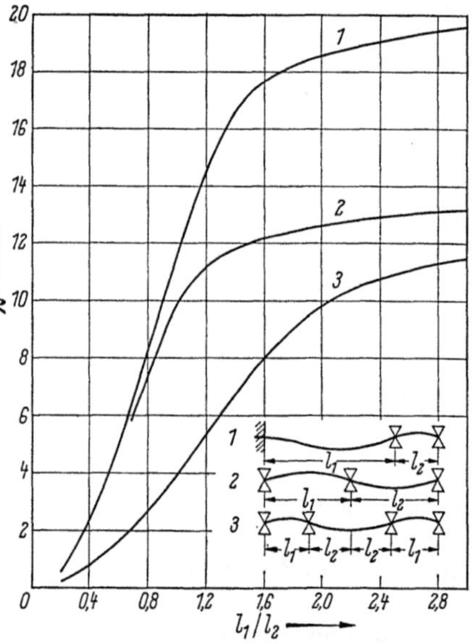

Abb. 460. Erste Biege-Eigenkreisfrequenz ν der mehrfach gelagerten, glatten Welle $\nu = \lambda\sqrt{\frac{EI}{\mu l_1^4}}$; EI Biegesteifigkeit; μ Masse pro Längeneinheit

Die Berechnung biegekritischer Drehzahlen abgesetzter Wellen über mehrere Lager wird, wie erwähnt, der erforderlichen Genauigkeit und des langwierigen Rechenprozesses wegen mit Rechenautomaten durchgeführt. Das Verfahren, das bei digitalen Automaten zur Anwendung gelangt, ist eine Abart des Holzerverfahrens für torsionskritische Drehzahlen. Es wurde erstmals von MYKLESTAD[1] vorgeschlagen. Die Welle wird zunächst ähnlich wie in Abb. 450 in eine geeignete Anzahl Abschnitte unterteilt. Für jeden Schnitt sind wie beim Holzerverfahren Schnittkräfte und Verformungsgrößen zu unterscheiden, die man zusammen Zustandsgrößen nennt. Waren es bei den Torsionsschwingungen zwei, entsprechend dem zweiten Grade der Differentialgleichung, nämlich das Torsionsmoment M und der Drehwinkel φ, so sind es hier vier Größen, entsprechend dem vierten Grade der Differentialgleichung, nämlich das Biegemoment $M = EIy''$, die Querkraft $Q = M' = EIy'''$, die Auslenkung y und die Neigung y'. Man kann wiederum über eine lineare Beziehung die Zustandsgrößen eines Schnittes aus denjenigen des vorangegangenen Schnittes berechnen. Man

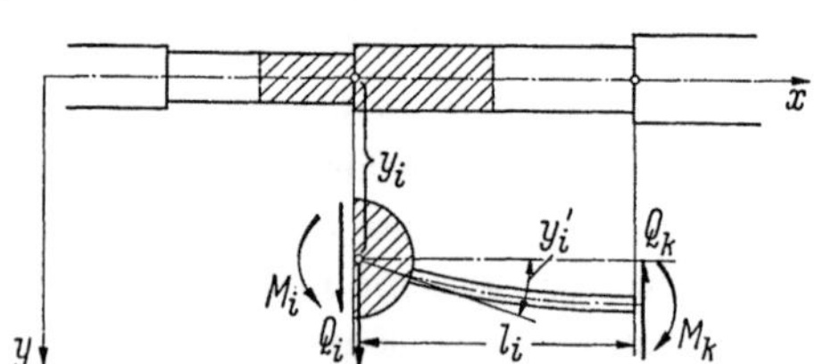

Abb. 461. Vereinfachtes System eines Wellenabschnittes zur Berechnung biegekritischer Drehzahlen

denke sich die Masse eines Abschnittes je zur Hälfte als konzentrierte Einzelmasse m in den Teilpunkten angebracht und die Welle zwischen den Teilpunkten masselos, jedoch biegesteif, vgl. Abb. 461. Für den Abschnitt der Länge l gilt dann

[1] MYKLESTAD, N. O.: A new method of calculating natural modes of uncoupled bending vibrations of airplane wings and other types of beams. Journ. of the Aeronautical Sciences 11 (1942) 2, S. 153—162.

$$
\begin{aligned}
Q_k &= Q_i + m_i \omega^2 y_i \\
M_k &= M_i + Q_i l_i + y_i m_i \omega^2 l_i \\
y_k' &= y_i' + \frac{M_k l_i}{EI} - \frac{Q_k l_i^2}{2EI} \\
y_k &= y_i + y_i' l_i + \frac{M_k l_i^2}{2EI} - \frac{Q_k l_i^3}{3EI}
\end{aligned} \tag{260}
$$

wobei die ersten beiden Gleichungen die dynamischen Gleichgewichtsbedingungen des Abschnittes für die Winkelgeschwindigkeit ω und die letzten beiden Gleichungen die Verformungsgleichungen für einen links eingespannten Träger unter den Lasten Q_k und M_k darstellen. Setzt man die Werte Q_k und M_k aus den oberen beiden Gleichungen in die untern beiden ein, so lassen sich alle Zustandsgrößen im Schnitt k aus denjenigen des Schnittes i über eine lineare Beziehung bestimmen.

$$
\begin{aligned}
y_k &= \left(1 + \frac{m_i \omega^2 l_i^3}{6EI}\right) y_i + l_i y_i' + \frac{l_i^2}{2EI} M_i + \frac{l_i^3}{6EI} Q_i \\
y_k' &= \ldots \\
&\vdots
\end{aligned} \tag{261}
$$

die man übersichtlich durch eine Matrizenmultiplikation darzustellen pflegt.

$$
\begin{pmatrix} y_k \\ y_k' \\ M_k \\ Q_k \end{pmatrix} = \begin{pmatrix} \left(1 + \frac{m_i \omega^2 l_i^3}{6EI}\right) & l_i & \frac{l_i^2}{2EI} & \frac{l_i^3}{6EI} \\ \left(1 + \frac{m_i \omega^2 l_i^2}{2EI}\right) & 1 & \frac{l_i}{EI} & \frac{l_i^2}{2EI} \\ m_i \omega^2 l_i & 0 & 1 & l_i \\ m_i \omega^2 & 0 & 0 & 1 \end{pmatrix} \cdot \begin{pmatrix} y_i \\ y_i' \\ M_i \\ Q_i \end{pmatrix} \tag{262}
$$

oder in abgekürzter Schreibweise

$$z_k = A_i z_i,$$

wobei die Komponenten des Vektors z die Zustandsgrößen und die Matrix A die Koeffizienten des linearen Gleichungssystems enthält. Die Zustandsgrößen an einer Stelle n werden so durch fortlaufende Matrizenmultiplikationen aus denjenigen der Stelle 0 gewonnen, wie folgende formale Rechnung zeigt

$$
\begin{aligned}
z_1 &= A_0 z_0 \\
z_2 &= A_1 z_1 = A_1 A_0 z_0 \\
&\vdots \\
z_n &= A_{n-1} A_{n-2} \ldots A_0 z_0 = A z_0 \quad (A = A_{n-1} A_{n-2} \ldots A_0).
\end{aligned} \tag{263}
$$

Die Berechnung erfolgt im Prinzip gleich wie bei der Holzermethode für Torsionsschwingungen. Man beginnt mit einer vorgegebenen Winkelgeschwindigkeit ω. Da im allgemeinen nur zwei Randbedingungen an einem Wellenende zur Verfügung stehen (z. B. bei frei drehbarer Lagerung $y = 0$, $M = 0$), jedoch vier Zustandsgrößen vorhanden sind, so ergeben sich anfänglich zwei Unbekannte, die mit der Rechnung über den Wellenstrang mitzuführen und am anderen Wellenende oder Zwischenlager durch zwei weitere Rand- oder Übergangsbedingungen festgelegt sind. Man erhält so am Ende des Wellenstranges eine von ω abhängige Zustandsgröße. Wählt man in Anlehnung an die Holzermethode für letztere das Biegemoment M, so kann $M(\omega)$ über ω aufgetragen und die kritische Winkelgeschwindigkeit, z. B. bei frei drehbarer Lagerung, aus den Nulldurchgängen der

Kurve bestimmt werden. Man kennt diese Methode deshalb auch unter dem Namen: „*Methode der Endmomente*“.

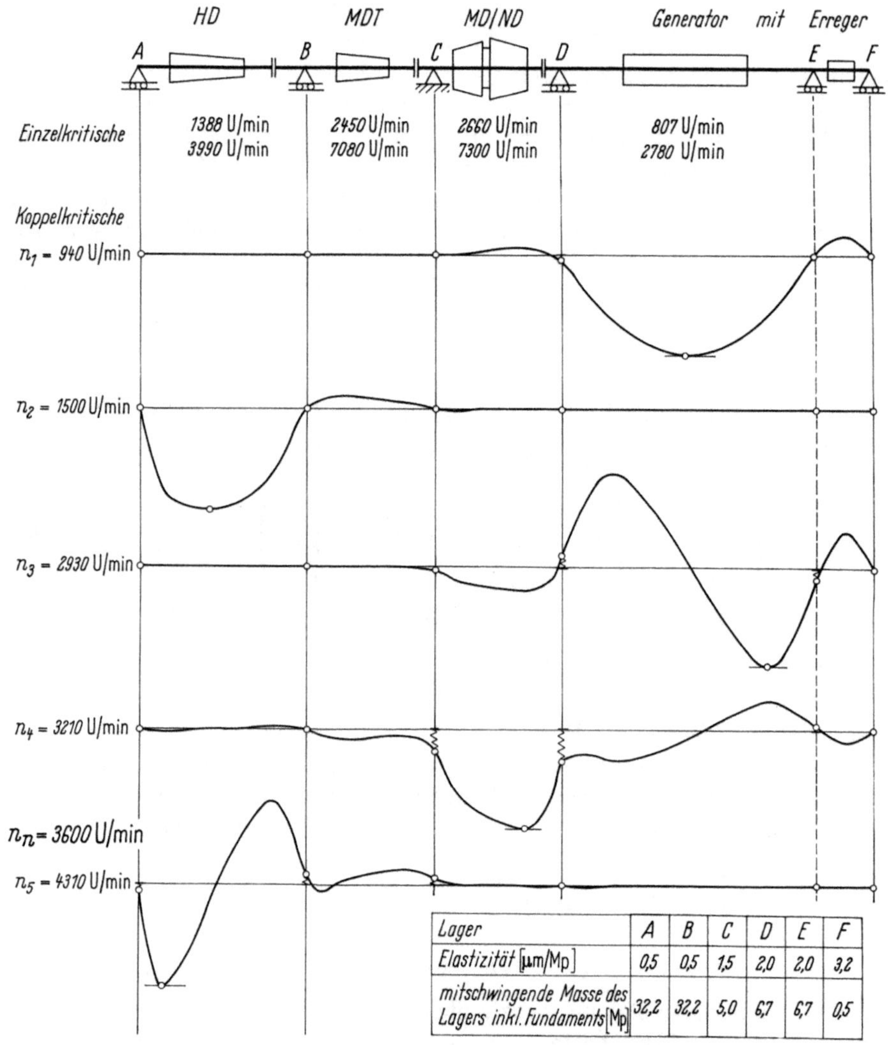

Lager	A	B	C	D	E	F
Elastizität [µm/Mp]	0,5	0,5	1,5	2,0	2,0	3,2
mitschwingende Masse des Lagers inkl. Fundaments [Mp]	32,2	32,2	5,0	6,7	6,7	0,5

Abb. 462. Erste biegekritische Drehzahlen und ihre Eigenformen, 170 MW Turbo-Gruppe, 60 Hz (Normierung der Eigenformen nach maximaler Wegamplitude)

Das Verfahren ist nicht an die Reduktion der Welle auf Punktmasse gebunden[1]. Man erhält damit lediglich einfachere Matrizen und die Erfahrung zeigt, daß bei genügender Unterteilung (ca. 10 bis 20 Abschnitte pro Lagerabstand) die Näherung vollauf genügt. Sekundäre Einflüsse wie Dämpfung, rotatorische Träg-

[1] THOMSON, W. T.: Matrix solution for the vibration of nonuniform beams. Journ. Appl. Mech. 17 (1950) 3, S. 337–339.

heit, Schubverformung, Kreiselwirkungen und dgl. lassen sich ebenfalls in die Rechnung einbauen. Es wird dadurch lediglich die Ordnung der Matrizen erhöht. Elastische Lagerung und zusätzliche Lagermassen können mit Hilfe sog. Punktmatrizen[1] berücksichtigt werden.

Das Resultat einer Berechnung mit Berücksichtigung von Lagerungselastizität und mitschwingender Lagerungsmasse ist für eine 170 MW Turbogruppe mit 3600 U/min in Abb. 462 dargestellt. Die Rechnung wurde auf einem Digitalcomputer mit einem Routineprogramm durchgeführt. Man erkennt im wesentlichen folgendes:

1. Die erste Koppelkritische wird vorwiegend durch den Generator bestimmt, sowohl bezüglich Eigenform als auch Größe der biegekritischen Drehzahl.

Abb. 463. Analogie-Computer zur Bestimmung biegekritischer Drehzahlen abgesetzter Wellen

2. Die erste Koppelkritische ist wenig höher als die erste Einzelkritische des Generators, d. h., die tiefste Einzelkritische der Gruppe überhaupt.

3. Die Nenndrehzahl liegt zwischen der vierten und fünften Koppelkritischen.

4. Die Nenndrehzahl liegt genügend weit von der nächsten, d. h. von der vierten Koppelkritischen entfernt.

Neben der digitalen Rechnung biegekritischer Drehzahlen besteht die Möglichkeit der Bestimmung mittels elektrisch-mechanischer *Analogie*. Bekanntlich besteht zwischen einem mechanischen Schwingungssystem mit Masse, Elastizität und Dämpfung und einem elektrodynamischen Schwingungskreis mit Induktivität, Kapazität und Widerstand eine formale Übereinstimmung. An Stelle des Digital-Computers kann ein speziell zur Berechnung kritischer Drehzahlen geschalteter Analogie-Computer verwendet werden. Der in Abb. 463 gezeigte Automat[2] wurde nach den Vorschlägen von RUSSEL und MAC NEAL[3] aus Induktivitäten

[1] ZURMÜHL, R.: Berechnung von Biegeschwingungen abgesetzter Wellen mit Zwischenbedingungen mittels Übertragungsmatrizen. Ing. Arch. 24 (1958) 6.

[2] BELLENOT, C., L. S. DZUNG, E. ERNI: Bestimmung der kritischen Drehzahlen raschlaufender Wellen. Brown Boveri Mittlgn. 44 (1957) 4/5, S. 234–238.

[3] RUSSEL, W. T., R. H. MAC NEAL: An improved electrical analogy for the analysis of beams in bending. Journ. Appl. Mech. 20 (1953) 3, S. 349–354.

und Kapazitäten gemäß Abb. 464 geschaltet und erlaubt die Berechnung kritischer Drehzahlen biegesteifer Wellen über mehrere Felder mit im ganzen 75 Abschnitten. Der Vorteil eines Analogiegerätes besteht vor allem darin, daß die Wirkung notwendig werdender Änderungen der Welle durch Umstecken der Elemente sofort ersichtlich ist, im Gegensatz zur digitalen Rechnung, die mit neuen Konstanten von vorne beginnen muß. Der Nachteil liegt in der u. U. schwierig einzuhaltenden Genauigkeit.

Schließlich sei noch die Methode der *Modelle* erwähnt. Man kann von einem Wellenstrang ein kleines maßstäbliches Modell herstellen und durch einen elektromagnetischen Vibrator in Schwingungen versetzen. Die kritischen Drehzahlen können so meßtechnisch bestimmt werden. Damit zur Bestimmung der Eigenschwingungsformen meßbare Werte entstehen, sind die Maßstäbe für Längen und Durchmesser verschieden zu wählen, wobei die Gesetze der mechanischen Ähnlichkeit eingehalten werden müssen. Es kann mit Modellen auch die Elastizität und die Masse der Lager nachgebildet werden.

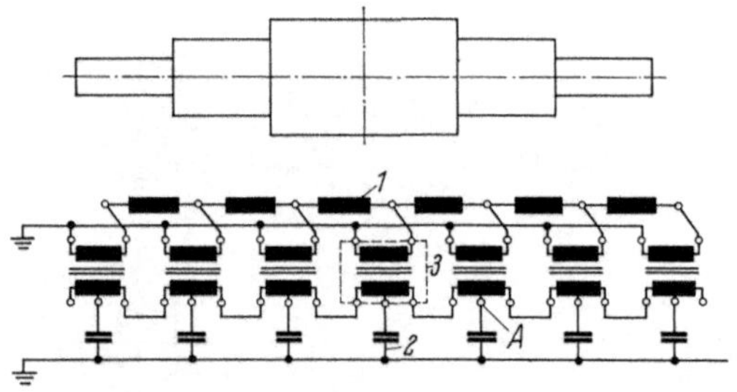

Abb. 464. Analogie-Modell von RUSSELL und MAC NEAL zur Bestimmung biegekritischer Drehzahlen abgesetzter Wellen
1 Induktivität; *2* Kapazität; *3* Transformator; *A* = Meßpunkt zur Bestimmung der elastischen Linie

7. Der Einfluß des magnetischen Zuges auf die biegekritische Drehzahl und den mechanischen Lauf elektrischer Maschinen. Dreht der Rotor im Stator einer elektrischen Maschine aus irgendeinem Grunde exzentrisch[1], ist also die Achse des Rotors gegenüber derjenigen der Statorbohrung um ein Maß e versetzt, so wirkt auf den Rotor eine resultierende Radialkraft P in Richtung des kleinsten Luftspaltes. Diese Radialkraft ist die Wirkung unausgeglichener magnetischer Radialkräfte zwischen Rotor und Stator bei erregter Maschine. Die Größe dieses sog. unausgeglichenen magnetischen Zuges kann für einen Rotor mit Länge L, Durchmesser D, Luftspalt[2] δ, Exzentrizität e und Induktion B näherungsweise durch die Formel

$$F = \beta \pi D L \left(\frac{B}{5000}\right)^2 \frac{e}{\delta} \quad \left\{ \begin{array}{l} (F \text{ [kp]} \\ D, L, e, \delta \text{ [cm]} \\ B \text{ [Gauß]} \end{array} \right. \tag{264}$$

wiedergegeben werden, wobei β einen Faktor darstellt, der verschiedene Einflüsse wie Maschinenart, Feldverteilung, Sättigung, Nutung, Dämpfung und Wicklungsausführung erfassen soll. Als Mittelwerte aus Literatur und Messung dürften folgende Zahlen gelten

Turbomaschinen	$\beta = 0{,}2$
Gleichstrom und Schenkelpolmaschinen	$\beta = 0{,}5$
Asynchronmaschinen	$\beta = 0{,}3$

zu setzen.

[1] Exzentrischer Einbau, ungleiche Setzung des Fundamentes, Verbiegung der Welle infolge Unwucht, usw.

[2] Eine besondere Beachtung verdient in diesem Zusammenhang die Asynchronmaschine mit ihrem sehr kleinen Luftspalt δ.

Nach (264) kann das Verhältnis des magnetischen Zuges zur Exzentrizität e im Sinne einer *negativen* Federkonstanten k der Welle von der Größe

$$k = \frac{F}{e} = \beta\pi \left(\frac{B}{5000}\right)^2 \frac{DL}{\delta} \qquad \begin{cases} k \,[\mathrm{kp/cm}] \\ D, L, \delta \,[\mathrm{cm}] \\ B \,[\mathrm{Gau\ss}] \end{cases} \tag{265}$$

aufgefaßt werden.

Die Auswirkungen des magnetischen Zuges auf den Lauf der Maschine sind grundsätzlich verschieden, je nachdem die Welle rund oder unrund läuft.

α) Bei einer *rundlaufenden Welle*, welche um die örtlich und zeitlich konstante Exzentrizität $\boldsymbol{e}_0$ im Stator dreht, wird der magnetische Zug in erster Näherung ebenfalls die zeitlich konstante Richtung von $\boldsymbol{e}_0$ haben und der Größe nach konstant bleiben, Abb. 465a. Man denke sich eine starre Welle mit exzentrischem Einbau oder eine ideal gewuchtete, elastische Welle mit exzentrischem Einbau. Bei letzterer wird der magnetische Zug lediglich eine örtlich und zeitlich konstante Durchbiegung der rotierenden Welle zur Folge haben.

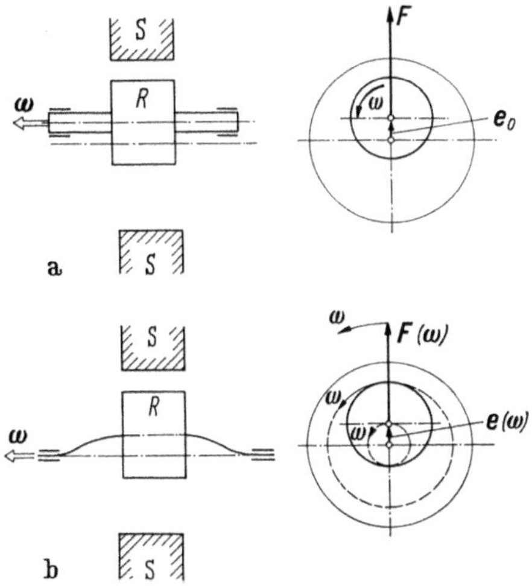

Abb. 465. Wirkung des unausgeglichenen magnetischen Zuges auf den drehenden Rotor

a Exzentrisch in den Stator eingebauter Rotor mit starrer Welle; e_0 statische Exzentrizität; $\boldsymbol{F}$ örtlich konstanter magnetischer Zug; b Zentrisch eingebauter, unwuchtiger Rotor auf elastischer Welle; $e(\omega)$ mit der Winkelgeschwindigkeit ω drehende Exzentrizität; $\boldsymbol{F}(\omega)$ mit ω drehender magnetischer Zug

Besitzt die Welle die Querfederzahl c, so beträgt die durch den magnetischen Zug hervorgerufene Durchbiegung $y_F = F/c$. Bezogen auf die gegebene Exzentrizität e_0 wird nach Gl. (265)

$$\frac{y_F}{e_0} = \frac{F}{c e_0} = \frac{k}{c}. \tag{266}$$

β) Wenn die *Welle unrund läuft*, sei es zufolge einer ursprünglichen Verbiegung oder einer Verbiegung durch mechanische oder thermische Unwucht im Lauf, so wird sich mit dem Rotor auch der Ort des kleinsten Luftspaltes und damit der magnetische Zug drehen, Abb. 465b. In bezug auf den Rotor wirkt sich das so aus, als ob der elastischen Rückstellkraft der Welle eine ihr entgegengesetzte, ebenfalls dem Ausschlag proportionale Kraft entgegenwirkt. Der magnetische Zug wirkt also wie eine Feder mit negativer Federkonstanten der Größe k. Nach Abschnitt 2 ist die kritische Winkelgeschwindigkeit einer Welle mit der Federkonstanten c und der Masse m angenähert

$$\omega_0 = \sqrt{\frac{c}{m}}. \tag{267}$$

Mit Rücksicht auf den magnetischen Zug ist an Stelle von c die Größe $c - k$ einzusetzen, so daß die kritische Winkelgeschwindigkeit

$$\omega_0^* = \sqrt{\frac{c-k}{m}} = \sqrt{\frac{c}{m}}\sqrt{1 - \frac{k}{c}} = \omega_0 \sqrt{1 - \frac{k}{c}} \tag{268}$$

wird. Das Verhältnis der kritischen Winkelgeschwindigkeiten oder Drehzahlen mit und ohne magnetischen Zug ist dann durch

$$\frac{\omega_0^*}{\omega_0} = \frac{n_0^*}{n_0} = \sqrt{1 - \frac{k}{c}} \tag{269}$$

gegeben. Dies gilt sowohl für horizontal- als auch für vertikaldrehende Wellen mit und ohne „statischer" Exzentrizität e_0 des Einbaus. Für die maßgebende Größe k/c läßt sich ein übersichtlicher Ausdruck ableiten. Es ist nach Gl. (267)

$$c = \omega_0^2 m = \left(\frac{\pi n_0}{30}\right)^2 \frac{G}{g}\,. \tag{270}$$

Für das Gesamtgewicht G des Rotors kann man mit dem fiktiven spezifischen Gewicht γ schreiben

$$G = \gamma \frac{D^2 \pi}{4} L, \tag{271}$$

so daß mit Gl. (265) das Verhältnis k/c unabhängig von L wird

$$\frac{k}{c} = 4\beta \left(\frac{B}{5000}\right)^2 \left(\frac{30}{\pi}\right)^2 \frac{1}{\varrho \delta D n_0^2} \quad \left\{ \begin{array}{l} \beta\ [1] \\ k/c\ [1] \\ B\ [\text{Gauß}] \\ \varrho = \gamma/g\ [\text{kp}\,\text{s}^2/\text{cm}^4] \\ \delta, D\ [\text{cm}] \\ n_0\ [\text{U/min}] \end{array} \right. \tag{272}$$

Man erkennt aus Gl. (269) und (271), daß der magnetische Zug die kritische Drehzahl um so stärker absenkt, je kleiner die Welle ist (δD klein) und je niedriger ihre kritische Drehzahl n_0 liegt.

Auf S. 539 sind 2 numerische Beispiele aufgeführt.

γ) Wie im Abschnitt α erwähnt, ist der magnetische Zug nicht exakt proportional der Exzentrizität e, sondern in geringem Maße auch noch abhängig von der Winkellage des Rotors (Pol oder Pollücke neben kleinstem Luftspalt). Als Folge davon können Lagerschwingungen mit mehrfacher Drehzahlfrequenz angeregt werden. Ein $n$poliger Rotor führt dabei auf Schwingungen mit genau $n$facher Drehzahlfrequenz. So kann z. B. ein zweipoliger Rotor mit der Drehzahl 3000 U/min Schwingungen mit der Frequenz 100 Hz erzeugen. Daneben sind instabile Laufeigenschaften, hervorgerufen durch den magnetischen Zug, bei sehr schlanken Rotoren mit minimaler äußerer Dämpfung bekannt.[1]

8. Verschiedene sekundäre Einflüsse und Störungen. Dem Bewegungszustand der Welle und der Berechnung kritischer Drehzahlen liegen — sofern nichts Gegenteiliges erwähnt — im allgemeinen folgende Voraussetzungen zu Grunde

1. starre Lager oder isotrop-elastische Lager,
2. kreis- oder kreisringförmiger Querschnitt,
3. Welle aus ~~homogen-iso~~tropem Material, das dem Hookeschen Gesetz gehorcht,
4. keine — oder geschwindigkeitsproportionale Dämpfungskräfte.

Unter diesen Voraussetzungen ist dann auch der Bewegungszustand der Welle sehr einfach: stabiler Lauf im ganzen Drehzahlbereich; Auslenkungen in den kritischen Drehzahlen ohne Dämpfung unbeschränkt, mit Dämpfung relativ groß, aber beschränkt. Die durch die Unwucht ausgebogene Welle rotiert mit der Winkelgeschwindigkeit ω um die statische Gleichgewichtslage, Abb. 466.

[1] Kellenberger, W.: Der magnetische Zug in Turbogeneratorrotoren als Ursache einer Instabilität des mechanischen Laufes, Archiv für Elektrotechnik, 50 (1966) 4, S. 253–265.

2 Beispiele: mittlerer und großer Synchrongenerator; Einfluß des magnetischen Zuges

		Synchrongenerator 1,12 MVA $\cos\varphi = 0{,}8$ 50 Hz $n = 1500$ U/min (4 ausgeprägte Pole)	Turborotor 125 MVA, $\cos\varphi = 0{,}8$ 50 Hz $n = 3000$ U/min
gegeben:			
β	[1]	0,5	0,2
B	[Gauß]	7000	8000
D	[cm]	55,5	106,0
L	[cm]	49	560
δ	[cm]	0,75	5,25
G	[kp]	1350	47 140
n_0	[U/min]	2200	1090
berechnet:			
$\gamma = \frac{4G}{D^2 L \pi}$ nach Gl. (271)	[kp/cm³]	$11{,}4 \cdot 10^{-3}$	$9{,}53 \cdot 10^{-3}$
k/c nach Gl. (272)	[1]	0,153	0,0291
n_0^*/n_0 nach Gl. (269)	[1]	0,920	0,985
n_0^*	[U/min]	2025	1075
Absenkung der krit. Drehzahl			
$n_0 - n_0^*$	[U/min]	175	15
$(1 - n_0^*/n_0)$	[%]	*8*	*1,5*
Kontrolle Durchbiegung:			
$f \approx (300/n_0^*)^2$ nach Gl. (243)	[cm]	0,022	0,078
f/δ	[%]	3 [1]	1,5

Der Vergleich der kritischen Drehzahlen zeigt, daß der Einfluß des magnetischen Zuges bei mittleren Maschinen größer als bei großen Maschinen ist. Er kann u. U. bei kleinen Maschinen bis zu 50% und mehr ausmachen und kann u. U. bei Turbogeneratoren vernachlässigt werden (vgl. jedoch Abschnitt γ).

Bei vertikalen Maschinen ist unter der Gleichgewichtslage die vertikale Verbindungsgerade der Lager, bei horizontalen Maschinen die statische Biegelinie zu verstehen.

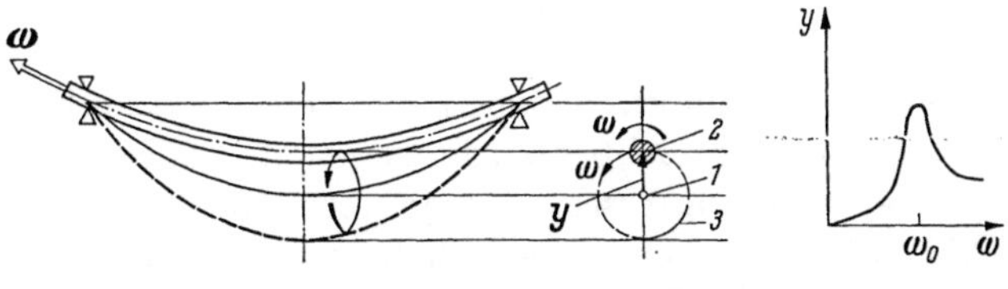

Abb. 466. Starr gelagerte, horizontal rotierende Welle mit Unwucht
1 statische Gleichgewichtslage; *2* Wellenmittelpunkt; *3* Bahn des Wellenmittelpunktes im Lauf; $y = |\boldsymbol{y}|$ Amplitude des Schwingungszeigers $\boldsymbol{y}$; ω Winkelgeschwindigkeit der Welle; ω_0 biegekritische Winkelgeschwindigkeit der Welle

Sind nun die gemachten Annahmen nur zum Teil oder gar nicht erfüllt, so treten naturgemäß Abweichungen vom „normalen" Schwingungsverhalten ein.

[1] Bei elektrischen Maschinen soll die max. Durchbiegung 1/10 des einseitigen Luftspaltes nicht übersteigen, vgl. S. 366.

Es sind eine Reihe unangenehmer Erscheinungen bekannt, wie zusätzliche Resonanzlagen, instabile Zustände, Selbsterregung und dgl. Wir wollen kurz auf einige der bekanntesten eingehen.

α) Einfluß der anisotropen elastischen Lagerung. Ist die Elastizität eines Lagers in horizontaler Richtung verschieden von derjenigen in vertikaler Richtung, so spalten sich die biegekritischen Drehzahlen auf in je zwei. Die eine entspricht dabei der Eigenschwingung in einer horizontalen Ebene, die andere der Eigenschwingung in einer vertikalen Ebene. Der Wellenmittelpunkt beschreibt dann keinen Kreis mehr, sondern eine Ellipse, vgl. Abb. 467. Normale Bocklager sind „weicher" in horizontaler als in vertikaler Richtung; die tiefste kritische Drehzahl wird deshalb durch die Lagerelastizität in horizontaler Richtung bestimmt. Würde man

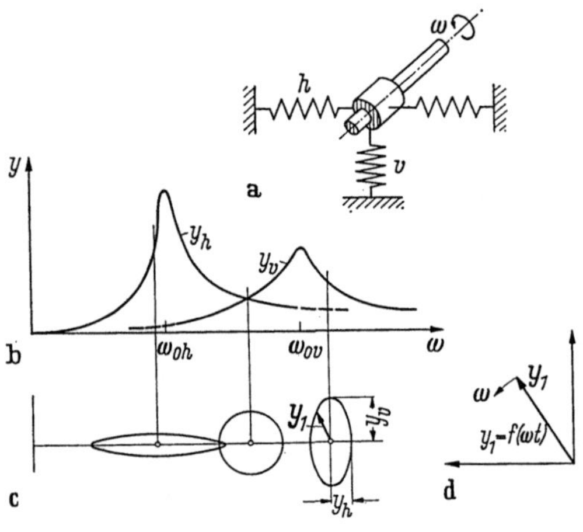

Abb. 467. Anisotrop-elastisch gelagerte, rotierende Welle mit Unwucht
a anisotrop-elastische Lagerung; b Schwingungsamplituden über der Winkelgeschwindigkeit ω; c Bahnen des Wellenmittelpunktes; d Zeigerdiagramm der Wellenbewegung; y_h, y_v horizontale, vertikale Schwingungsamplitude; ω_{0h}, ω_{0v} biegekritische Winkelgeschwindigkeiten

bei horizontal laufenden Maschinen noch zusätzlich eine eventuelle Unrundheit der Welle berücksichtigen, so ergäben sich weitere kritische Drehzahlen und zusätzlich instabile Bereiche. Man vermeidet solche unübersichtlichen Schwingungszustände durch Verwendung von Schildlagern, die eine weitgehend isotrope Lagerung gewährleisten.

β) Einfluß einer unrunden Welle in horizontaler Lage. Der Querschnitt einer unrunden Welle[1] besitzt zwei senkrecht aufeinanderstehende Hauptträgheitsachsen durch den Schwerpunkt, denen zwei verschiedene Flächenträgheitsmomente zugeordnet sind, vgl. Abb. 468. Es lassen sich daher zwei verschiedene Biegesteifigkeiten der Welle unterscheiden, je nachdem ob sie „hochkant" oder „flach" liegt, Abb. 468c. Die Lage wiederholt sich nach einer halben Wellenumdrehung. Es entsteht so eine Schwingungsanregung der Welle durch die Schwere, welche die doppelte Frequenz derjenigen der Umdrehung hat. Diese sog. doppelfrequenten Schwingungen haben Resonanzen bei Drehzahlen, welche ziemlich genau der Hälfte der kritischen Drehzahlen infolge Unwucht entsprechen — kleine Unterschiede der Biegesteifigkeiten vorausgesetzt. Mit zunehmendem Unterschied der Biegesteifigkeit spalten sich die doppelfrequenten Resonanzen in je zwei

[1] Wie sie etwa bei einem Turbogenerator durch die ungleiche Nutung über den Umfang oder durch eine einseitige Keilbahn entsteht.

benachbarte auf[1]. Die Bahn des Wellenmittelpunktes ist dann im allgemeinen eine Epizykloide, Abb. 468d. Doppelfrequente Schwingungen lassen sich durch Auswuchten nicht beseitigen. Das wirksamste Mittel dagegen besteht im Angleichen der Biegesteifigkeiten. Dies kann z. B. bei einer Welle mit Keilnut dadurch geschehen, daß zwei weitere Nuten im Winkel von 120° eingefräst werden, Abb. 468a. Im Falle des Turbogenerators kann das Angleichen entweder durch gleichmäßige Nutung über den Umfang und eventuell nachträgliches Ausfüllen der Polnuten mit Weicheisen oder durch Einfräsen von Querschlitzen in der Polzone geschehen, Abb. 468b.

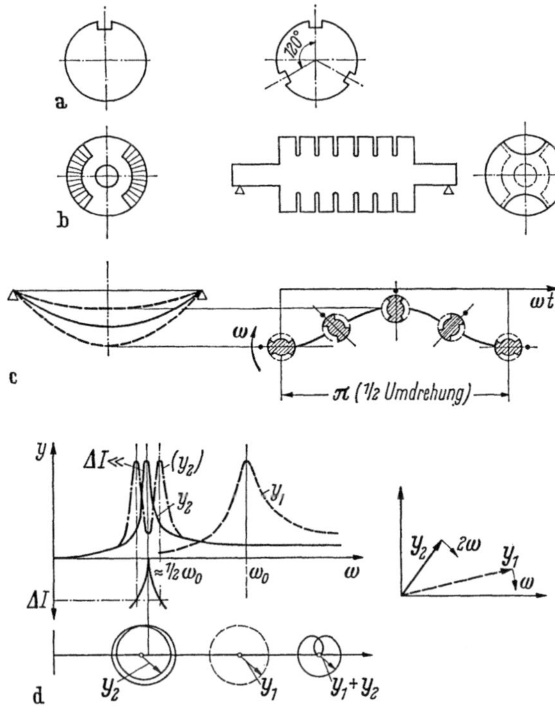

Abb. 468. Rotierende, horizontal gelagerte Welle mit zwei ungleichen Biegesteifigkeiten

a Welle mit Keilnut und deren Ausgleich
b Turborotor mit ungleicher Nutung und deren Ausgleich
c Durchbiegung der Welle während $^1/_2$ Umdrehung
d Schwingungsamplituden und Bahnen des Wellenmittelpunktes während einer Umdrehung (qualitativ) in Funktion der Winkelgeschwindigkeit ω für kleines ΔI
y_2 Schwingungszeiger der doppelfrequenten Schwingung;
$\omega_0/2$ Resonanzlage für doppelfrequente Schwingung;
ΔI Unterschied der Trägheitsmomente

γ) *Einfluß der Materialdämpfung.* Die glatte Welle auf starren Lagern rotiert bei einer festen Drehzahl im ausgebogenen Zustand um ihre statische Gleichgewichtslage. Der Wellenmittelpunkt beschreibt dabei einen Kreis, mit einer Winkelgeschwindigkeit, die derjenigen der Welle entspricht. Ist die Welle vertikal gelagert, so rotiert die ausgebogene Welle gewissermaßen als starres Ganzes um die Vertikale durch die Lager. Die einzelnen Fasern der Welle erleiden während der Drehung keine Längenänderung. Anders liegt der Fall bei der horizontal gelagerten Welle, bei der die statische Gleichgewichtslage eine gebogene elastische Linie darstellt, Abb. 466. Bei der Rotation um diese Kurve sind die einzelnen Fasern gezwungen, ihre Länge dauernd zu ändern. Ein und dieselbe Faser befindet sich einmal unten, wird also gezogen und einmal oben wird also gedrückt. Die Fasern erleiden eine Wechselspannung mit einer Frequenz, die der Drehzahlfre-

[1] Kellenberger, W.: Biegeschwingungen einer unrunden rotierenden Welle in horizontaler Lage. Ing. Arch. 26 (1958) 4, S. 302—318.

quenz der Welle entspricht. Durch die ständige Formänderung wird im Material Wärme erzeugt, also Energie vernichtet. Man spricht auch von einer Materialdämpfung. Sie kann mit einer zeitabhängigen Spannungs-Dehnungsbeziehung, also einer Abweichung vom Hookeschen Gesetz erklärt werden, Abb. 469. Der schraffierte Inhalt der Hysterese-Schleife ist ein Maß für die dissipierte Energie pro Periode. Als Folge davon kann ein unruhiger Lauf oberhalb der ersten kritischen Drehzahl eintreten. Die innere „Dämpfung" wirkt unterhalb der ersten kritischen Drehzahl stabilisierend, oberhalb labilisierend, im Gegensatz zur äußeren Dämpfung wie Luftreibung usw., die über den ganzen Drehzahlbereich eine stabilisierende Wirkung auf den Lauf ausübt. Glücklicherweise ist die innere Dämpfung

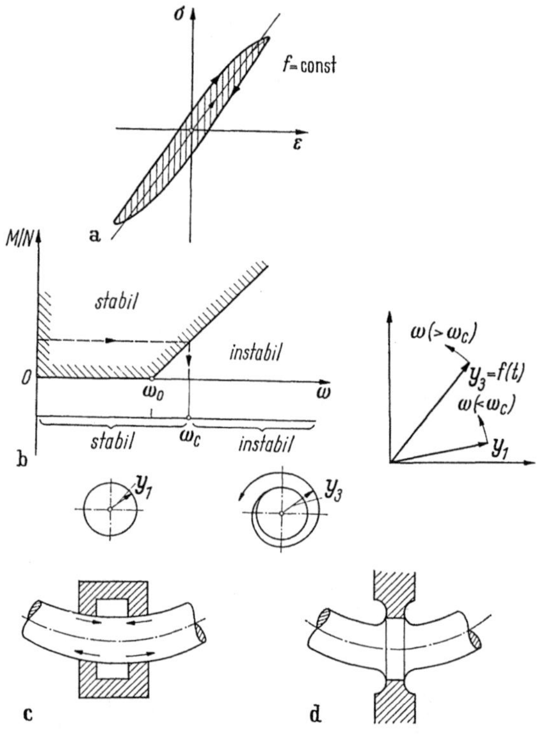

Abb. 469. Einfluß der inneren Dämpfung auf die rotierende Welle (mechanische Hysteresis)

a) Abhängigkeit von Spannung σ und Dehnung ε bei konstanter Frequenz f (mech. Hysteresiskurve)
b) Stabilität der rotierenden Welle mit isotroper Lagerung in Abhängigkeit der Winkelgeschwindigkeit ω und des Verhältnisses von äußerer (M) zu innerer (N) Dämpfung; ω_0 kritische Winkelgeschwindigkeit; ω_c charakteristische Winkelgeschwindigkeit (Grenze zwischen stabilem und instabilem Lauf)
c) Schlechter Schrumpfsitz (große innere Reibung im Lauf)
d) Guter Schrumpfsitz (kleine innere Reibung im Lauf)

von Stahlwellen gering; sie kann allerdings bei stark bewickelten Rotoren elektrischer Maschinen durch ein Isolationsmaterial mit großer innerer Reibung verstärkt werden. Der Effekt ist nicht auf horizontale Maschinen beschränkt[1]. Durch Störung des dynamischen Gleichgewichtes kann der ausgelenkte Wellenmittelpunkt eine andere Bahnfrequenz der Umdrehung erhalten, so daß innere Verformungen der vertikal drehenden Welle erzwungen werden.

Ähnliche Erscheinungen sind bei losen Schrumpfverbindungen beobachtet worden, indem die sich biegende Welle Reibung auf langen Schrumpfflächen erzeugen kann. Man wird deshalb mit Vorteil Schrumpfsitze auf elastischen Wellen

[1] KELLENBERGER, W.: Die Stabilität schnellaufender und anisotrop gelagerter Wellen mit äußerer und innerer Dämpfung. Brown Boveri Mittlgn. 50 (1963) 11/12.

nicht nach Abb. 469c, sondern nach Abb. 469d ausführen (Schrumpfsitze an Turbokappen, Schleifringe an Turbogeneratoren).

δ) *Einfluß des Ölfilms — Trockene Reibung.* Die Lagerkräfte rotierender Maschinen werden durch die Lagerzapfen über einen Ölfilm, dessen Dicke die Größenordnung von 1/10 bis 1/100 mm erreicht, auf die Lager übertragen. Trotz der sehr geringen Stärke des Filmes hat das Öl im allgemeinen einen elastisch-dämpfenden Einfluß auf die Schwingungen der Welle. Es gibt jedoch bei schnelllaufenden Maschinen Zustände, bei denen die Dämpfung eher negativ wirkt und einen labilisierenden Einfluß auf den Lauf ausüben kann, so daß sogar zusätzliche sekundäre kritische Drehzahlen und instabile Bereiche entstehen können. Diese

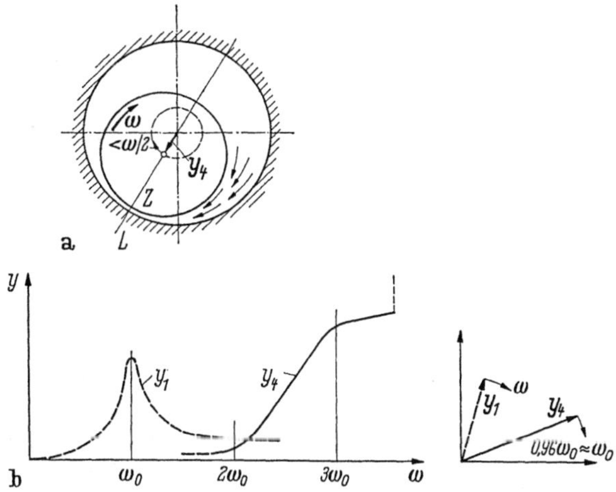

Abb. 470. Ölfilmerregte Schwingungen der rotierenden Welle (Wellenklettern, "oilfilm-whirl")
a) Lage von Wellenzapfen Z und Lagerschale L
b) Auslenkung der Welle in Abhängigkeit der Winkelgeschwindigkeit ω; ω_0 kritische Winkelgeschwindigkeit; y_4 Schwingungsanzeiger der ölfilmerregten Schwingung

Erscheinungen sind unter dem Namen Wellenklettern, lagererregte Schwingungen, Ölfilmkritische, „Oilfilm-whirl", „Fluid-whirl" usw. bekannt. Bei einer Drehzahl, die ungefähr der doppelten kritischen Drehzahl entspricht, werden durch das viskose Verhalten des Ölfilms periodische Kräfte angeregt, und zwar mit Frequenzen, die der halben Drehzahlfrequenz entsprechen. Die Welle wird damit in ihrer niedersten Eigenschwingung angeregt. Diese Selbsterregung ist dann von instabilem Charakter, wenn die äußeren Dämpfungseinflüsse die selbsterregte Energie nicht mehr zu kompensieren vermögen. Dies ist ungefähr praktisch dann der Fall, wenn die Drehzahl den dreifachen Wert der kritischen Drehzahl erreicht. Die durch den Ölfilm erzwungenen oder selbsterregten Schwingungen zeichnen sich dadurch aus, daß sie unabhängig von der Drehzahl die Frequenz der (niedersten) Welleneigenschwingung aufweisen, Abb. 470.

Die Abhilfe kann betriebsmäßig durch Änderung der Art oder der Temperatur des Schmiermittels, evtl. durch Druckänderung der Speisepumpe oder konstruktiv durch Vergrößerung der spezifischen Belastung, Verkleinerung des Verhältnisses von tragender Länge zu Durchmesser des Lagers, Änderung des Lagerspieles oder Änderung der Lagerform (Zitronenspiellager, Taschenlager, Dreikeillager, s. S. 568)erfolgen. Ist kein genügender Ölfilm mehr vorhanden, so können selbsterregte Schwingungen durch „trockene Reibung" entstehen. Sie zeichnen sich dadurch aus, daß sie einen mehr zufälligen Charakter haben und ihr Auftreten unabhängig von kritischen Drehzahlen, spontan, erfolgen kann. Man hat sie bei zu großem Lagerspiel, als auch beim An- und Auslauf von Maschinen beobachtet. Der Unterschied gegenüber den vom Ölfilm erregten Schwingungen liegt u. a, darin, daß die Umlaufbewegung des Wellenzapfens entgegengesetzt zu derjenigen der Welle erfolgt, während bei ölfilmerregten Schwingungen beide Drehsinne übereinstimmen, Abb. 471.

d) Gütemaßstäbe für die Beurteilung von Maschinenschwingungen. Neben gut reproduzierbaren Meßmethoden, Meßgeräten und Prüfbedingungen, welche den mechanischen Lauf einer elektrischen Maschine schwingungstechnisch festzulegen gestatten, ist die Beurteilung der den Lauf charakterisierenden Größen von Wichtigkeit. Von dieser Überzeugung geleitet, hat sich der VDI zur Herausgabe von Beurteilungsmaßstäben für Maschinenschwingungen entschlossen[1] und dient damit sowohl dem Hersteller als auch dem Benutzer von Maschinen. Die Beurteilungsmaßstäbe lehnen sich an die schon im Jahre 1939 in den USA veröffentlichten Kurven von RATHBONE[2] an.

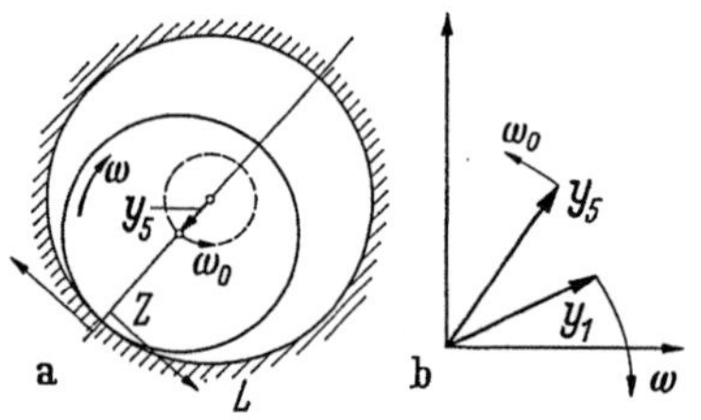

Abb. 471. Selbsterregte Schwingung der rotierenden Welle infolge „trockener Reibung" im Lager

a) Lage von Wellenzapfen Z und Lagerschale L; b) Zeigerdiagramm der Wellenbewegung; ω Winkelgeschwindigkeit der Welle; ω_0 kritische Winkelgeschwindigkeit; y_s Schwingungszeiger der selbsterregten Schwingung

Für die bei *harmonischen* — also sinusförmigen Schwingungen in Frage kommenden Größen

1. Schwingweg
   $y = y_0 \sin \omega t$, Amplitude: y_0
2. Schwinggeschwindigkeit (Schnelle)
   $v = \dot{y} = y_0 \omega \cos \omega t$, Amplitude: $y_0 \omega = v_0$
3. Schwingbeschleunigung
   $b = \ddot{y} = -y_0 \omega^2 \sin \omega t$, Amplitude: $y_0 \omega^2 = b_0$

wurde die Amplitude (Scheitelwert) $v_0 = y_0 \omega$ der Schwinggeschwindigkeit als maßgebende Größe zur Beurteilung des mechanischen Laufes gewählt. Einerseits wurde damit der subjektiven Beurteilung Rechnung getragen, indem Schwingungen verschiedener Frequenzen, aber gleichen Schwinggeschwindigkeiten im Frequenzbereich über ungefähr 10 Hz als gleich stark empfunden werden; andererseits lehren die Modellgesetze, daß beim Vergleich verschieden großer, jedoch geometrisch ähnlicher, werkstoffgleicher Maschinen die Beanspruchungen (mechanische Spannungen) die gleichen sind, wenn gleiche Schwinggeschwindigkeiten vorliegen. Als günstiger Umstand dieser Wahl kann zudem vermerkt werden, daß die Schwinggeschwindigkeit beim heutigen Stand der elektrischen Meßtechnik leicht mit einfachen handelsüblichen Geräten entweder direkt gemessen werden kann (Tauchspulengeber) oder mittelbar über eine der beiden anderen Größen durch eine einzige Operation, entweder durch Differentiation aus dem Weg oder durch Integration aus der Beschleunigung zu gewinnen ist. Durch die einzig festgelegte Bezugsgröße der Schwinggeschwindigkeits-Amplitude ist die Phase der Schwingung für die Beurteilung als bedeutungslos zu betrachten.

---

[1] Beurteilungsmaßstäbe für mech. Schwingungen von Maschinen. VDI Richtlinien 2056.

[2] RATHBONE, T. C.: Vibration Tolerance. Power Plant Engineering 43 (1939) S. 721—724.

Bei nichtharmonischen, aber *periodischen* Schwingungen wurde von den in Frage kommenden Verfahren zur Ermittlung einer die Schwingungen charakterisierenden Größe

1. des arithmetischen Mittels der Absolutbeträge der Schwinggeschwindigkeit (Mittelwertbildung nach Gleichrichtung),
2. des quadratischen Mittels der Augenblickswerte der Schwinggeschwindigkeit (Effektivwert im elektrotechnischen Sinne),
3. des Spitzenwertes im zeitlichen Verlauf des Schwingweges oder der Schwinggeschwindigkeit,
4. der Frequenzanalyse mit Angabe der Amplituden von Schwingweg oder Schwinggeschwindigkeit

das quadratische Mittel der Schwinggeschwindigkeit über die Periode T gewählt, nach der Formel

$$v_{eff} = \sqrt{\frac{1}{T}\int_0^T v^2(t)\,\mathrm{d}t}\,. \tag{273}$$

Dieser Vergleichswert kann mittels elektrischer Meßgeräte direkt als Effektivwert gemessen werden. Er ist als einziger der unter 1 bis 3 aufgeführten Werte unabhängig von der Phasenlage der einzelnen Anteile des Schwingungsgemisches. Für einen analysierten Schwingungsverlauf mit den Kreisfrequenzen $\omega_1, \omega_2, \dots \omega_n$ und den entsprechenden Amplituden der Schwingwege $y_1, y_2, \dots y_n$ bzw. der Schwinggeschwindigkeiten $v_1, v_2 \dots v_n$ ergibt sich der maßgebende äquivalente Vergleichswert der Schwinggeschwindigkeit zu

$$v_{eff} = \sqrt{\frac{1}{2}(y_1^2\omega_1^2 + y_2^2\omega_2^2 + \dots y_n^2\omega_n^2)} = \sqrt{\frac{1}{2}(v_1^2 + v_2^2 + \dots v_n^2)} = \tag{274}$$
$$= \sqrt{v_{1eff}^2 + v_{2eff}^2 + \dots v_{neff}^2} \qquad (\omega_1 \neq \omega_2 \neq \dots \omega_n).$$

Man beachte, daß die Schwingungen mit der Wertigkeit ω^2 in den Wert v_{eff} eingehen!

Beispiel:

gegeben: $y = y_1 \sin\omega_1 t - y_2 \cos\omega_2 t \quad \left(y_2 = \frac{1}{2}\,y_1;\ \omega_2 = 2\,\omega_1\right)$

gesucht: v_1, v_2, v_{eff}

gerechnet: $v_1 = y_1\omega_1 = v_0;\ v_{1eff} = \frac{v_1}{\sqrt{2}} = \frac{v_0}{\sqrt{2}}$

$$v_2 = y_2\omega_2 = \frac{1}{2}\,y_1 2\omega_1 = y_1\omega_1 = v_0;\ v_{2eff} = \frac{v_2}{\sqrt{2}} = \frac{v_0}{\sqrt{2}}$$

$$v_{eff} = \sqrt{\frac{1}{2}(v_1^2 + v_2^2)} = \sqrt{\frac{1}{2}(v_0^2 + v_0^2)} = v_0$$

oder

$$v_{eff} = \sqrt{v_{1eff}^2 + v_{2eff}^2} = \sqrt{\frac{v_0^2}{2} + \frac{v_0^2}{2}} = v_0.$$

Bei *Schwebungen* kann an die Stelle der Bestimmung von v_{eff} die Beziehung

$$v_{eff} = \sqrt{\frac{1}{4}(v_{\max}^2 + v_{\min}^2)} = \sqrt{\frac{1}{2}(v_{eff\max}^2 + v_{eff\min}^2)} \tag{275}$$

treten, wobei $v_{\max}$ bzw. $v_{\min}$ die maximale bzw. minimale Schwinggeschwindigkeitsamplitude darstellt.

Der größte an funktionswichtiger Stelle, insbesondere an den Lagern gemessene oder nach den vorstehenden Formeln ermittelte Effektivwert der Schwinggeschwindigkeit wird als *Schwingstärke* bezeichnet.

Zur Aufstellung von Gütemaßstäben wurden 6 Gruppen von Maschinen mit unterschiedlichem Betriebsverhalten für die Beurteilung unterschieden.

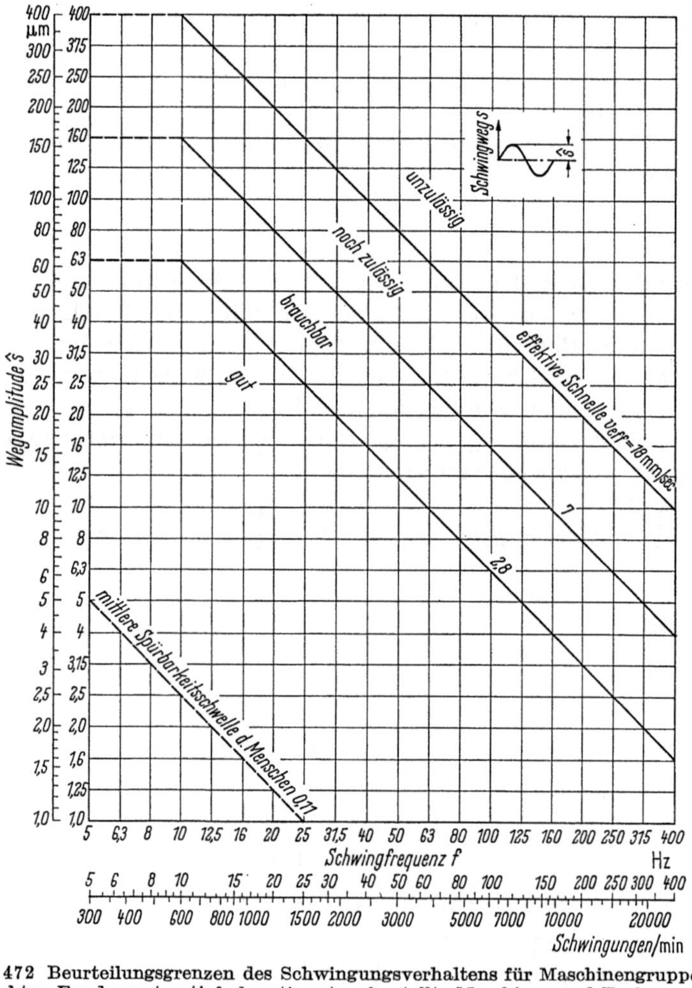

Abb. 472 Beurteilungsgrenzen des Schwingungsverhaltens für Maschinengruppe T: Auf leichten Fundamenten tief abgestimmt aufgestellte Maschinen und Turbomaschinen

Gruppe K: Einzelne Triebwerksteile von Kraft- und Arbeitsmaschinen, die im Betriebszustand mit der gesamten Maschine fest verbunden sind, insbesondere serienmäßig hergestellte Elektromotoren bis etwa 15 kW.

Gruppe M: Mittlere Maschinen, insbesondere Elektromotoren von 15 bis 75 kW Leistung, ohne besondere Fundamente. Außerdem fest aufgestellte Triebwerksteile und Maschinen (bis etwa 300 kW) mit nur umlaufenden Teilen auf besonderen Fundamenten.

Gruppe G: Auf hochabgestimmten, starren oder schweren Fundamenten aufgestellte größere Maschinen, größere Kraft- und Arbeitsmaschinen mit nur umlaufenden Massen.

Gruppe T: Auf tiefabgestimmten Fundamenten aufgestellte größere Kraft- und Arbeitsmaschinen mit nur umlaufenden Massen, z. B. Turbogruppen, insbesondere solche mit nach Leichtbau-Richtlinien gestalteten Fundamenten.

Gruppe D: Hochabgestimmt aufgestellte („starr gelagerte") Maschinen und Triebwerke mit nicht ausgleichbaren Massenwirkungen.

Gruppe S: Tiefabgestimmt aufgestellte („elastisch gelagerte") Maschinen und Triebwerke mit nicht ausgleichbaren Massenwirkungen; auch Maschinen mit umlaufenden, lose befestigten Massen, wie Schlägerwellen von Mühlen, und schließlich Maschinen mit nicht ausgleichbaren, veränderlichen Unwuchten, die ohne Anschlußteile freistehend arbeiten können, wie Zentrifugen, Schwingsiebe, dyn. Materialprüfmaschinen, Schwingmaschinen der Verfahrenstechnik.

In Tab. 70 sind die Beurteilungsstufen für die vier ersten Gruppen angegeben und in Abb. 472 sind für die Gruppe T Wegamplituden in μm ($\triangleq$ 1/1000 mm) über der Frequenz für reine sinus-Schwingungen und konstante effektive Schwinggeschwindigkeiten dargestellt.

Tabelle 70. *Schwingstärkestufen und Beurteilungsbeispiele für Kleinmaschinen (Gruppe K), mittlere Maschinen (Gruppe M), Großmaschinen (Gruppe G) und Turbomaschinen (Gruppe T)*

Schwingstärke-Stufen: Stufen-Bezeichnung	Schwingstärke-Stufen: Effektive Schnelle v_{eff} in mm/s an den Stufengrenzen	Äquivalente Amplituden an den Stufengrenzen: Äquivalente Schnelle-Amplitude $\hat{v}_{äqu}$ in mm/s	Äquivalente Amplituden an den Stufengrenzen: Zu 50 Hz gehörige äquivalente Wegamplitude $\hat{s}_{50\,äqu}$ in μm	Beispiele der Beurteilungsstufen für einzelne Maschinengruppen: Gruppe K	Gruppe M	Gruppe G	Gruppe T
0,28				gut	gut	gut	gut
	0,28	0,4	1,25				
0,45							
	0,45	0,63	2				
0,71							
	0,71	1,0	3,15				
1,12				brauchbar			
	1,12	1,6	5				
1,8					brauchbar		
	1,8	2,5	8				
2,8				noch zulässig		brauchbar	
	2,8	4,0	12,5				
4					noch zulässig		brauchbar
	4,5	6,3	20				
7,1				unzulässig		noch zulässig	
	7,1	10	31,5				
11,2					unzulässig		noch zulässig
	11,2	16	50				
18						unzulässig	
	18	25	80				
28							unzulässig
	28	40	125				
45							
	45	63	200				
71							

VI. Ventilatoren (Lüfter)

A. Systeme, Kühlluftstrom, Druckbedarf

Die Aufgabe der Ventilatoren in elektrischen Maschinen, sowohl bei Frischluftkühlung als auch bei Kreislaufkühlung, ist es, einen bestimmten Luft- bzw. Gasstrom gegen den Strömungswiderstand der elektrischen Maschine selbst und eventuell noch gegen den Strömungswiderstand im Kühler, Filter und Kanälen hindurchzudrücken — *Druckventilation* — oder hindurchzusaugen — *Saugventilation.* Dies kann durch Eigenventilation (Eigenkühlung, s. S. 4) oder durch Fremd-

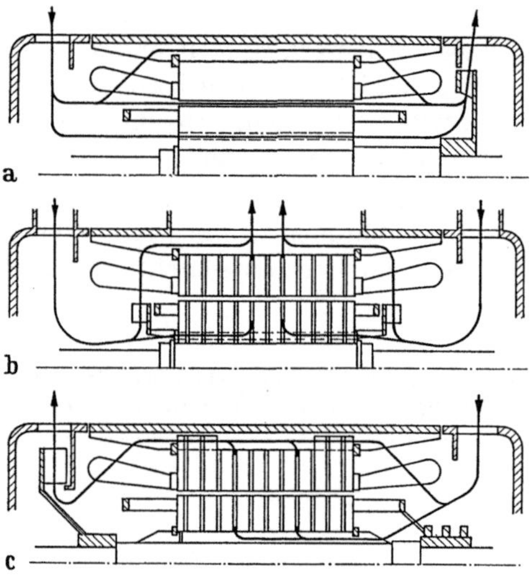

Abb. 473. Ventilationsarten
a Axialventilation; b symmetrische Ventilation; c kombinierte Ventilation

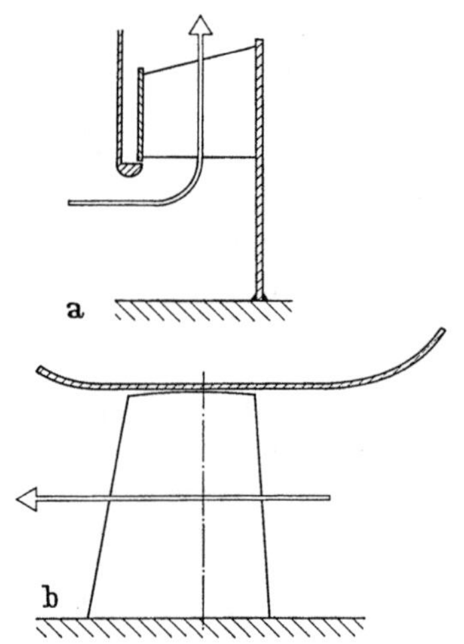

Abb. 474. Ventilatoren
a Radialventilator; b Axialventilator

ventilation (Fremdkühlung, s. S. 4) geschehen. Fremdventilatoren werden gewöhnlich nicht vom Hersteller der elektrischen Maschinen gebaut und fallen deshalb nicht unter die nachstehenden Betrachtungen, ebenfalls nicht die Selbstkühlung, s. S. 4, bei welcher keine Ventilatoren zur Anwendung kommen.

Der Ventilator kann entweder auf einer Maschinenseite (einseitige Ventilation) angebracht werden, wobei die Luftführung in der Maschine axial, Abb. 473a, oder kombiniert axial-radial, Abb. 473c, sein kann. Oder die Ventilatoren können auf beiden Maschinenseiten (beidseitige oder symmetrische Ventilation), Abb. 473b, angeordnet werden. Im allgemeinen ist der Strömungswiderstand bei beidseitiger Ventilation kleiner, also ein kleinerer Ventilatordruck nötig. Damit ergibt sich ein kleinerer Ventilatordurchmesser und dementsprechend geringeres Geräusch. Als Ventilatoren werden sowohl *Radial-Ventilatoren* (Abb. 474a) als auch *Axial-Ventilatoren* (Abb. 474b) verwendet.

Parallele Luftwege innerhalb elektrischer Maschinen haben oft sehr verschiedene Strömungswiderstände, so daß für die richtige Dosierung der Luftmengen für jeden Zweig ein eigener Ventilator vorgesehen wird, Abb. 121 und 156b. Bei einem gemeinsamen Ventilator ließe sich die geforderte Luftverteilung nur durch verlustreiche Drosselung der Luftwege kleinen Widerstandes erzielen.

Die geforderte Luftmenge oder Gasmenge ist abhängig von der abzuführenden Verlustwärme P_v und der zulässigen Luft- bzw. Gaserwärmung (s. S. 66, Gl. (19)

$$Q = \frac{P_v}{c_p \varrho \vartheta} .$$

Da die Maschinen in ihrem konstruktiven Aufbau und in ihren Ventilationsprinzipien sehr verschiedenartig sind, lassen sich nur allgemein gültige Richtwerte für die Berechnung der Strömungswiderstände angeben[1]. Wegen der zu treffenden vereinfachenden Voraussetzungen kann das Ergebnis der Berechnungen nur eine mehr oder weniger grobe Annäherung an die tatsächlichen Druckabfälle sein.

Sichere Werte erhält man durch Versuche an einer ausgeführten Maschine, wobei die Meßergebnisse unter Umständen auch auf die Druckabfälle in größeren oder kleineren Maschinen derselben Type schließen lassen.

Wenn Meßergebnisse nicht vorliegen, ist für die praktischen Belange mit Vorteil eine Berechnung durchzuführen. Im Hinblick auf die Beurteilung der einzelnen Luftwege bezüglich Druckabfall, Strömungsgeschwindigkeit und Temperaturzunahme werden die Strömungsquerschnitte bestimmt, die Druckabfälle abgeschätzt und die Strömungsgeschwindigkeit berechnet (s. S. 68ff.). Die Druckabfälle setzen sich aus Rohrreibungsverlusten im geraden Teil, Verluste durch Umlenkungen, Querschnittsveränderungen und Verluste des Ein- und Austrittes zusammen[1]. Wenn *Kühlluftstrom* und *Druckbedarf* festliegen, kann ein Ventilator ausgelegt werden.

B. Theoretische Grundlagen

a) Ventilatorleistung. Das Drehmoment, das an der Welle aufzubringen ist, läßt sich mit dem Drallsatz als zeitliche Ableitung der Dralldifferenz zwischen Austritt und Eintritt am Laufrad bestimmen, ohne daß man die Strömung im Rad selbst kennt. Mit den Umfangskomponenten c_{1u} und c_{2u} der Absolutgeschwindigkeit im radialen Abstand r_1 und r_2 am Ein- und Austritt des Laufrades ergibt die Dralldifferenz für ein Massenelement dm des Stromes

$$\mathrm{d}\Theta = \mathrm{d}m\,(r_2 c_{2u} - r_1 c_{1u}) .$$

Das Drehmoment an der Ventilatorwelle beträgt dann

$$M = \frac{\mathrm{d}\Theta}{\mathrm{d}t} = \frac{\mathrm{d}m}{\mathrm{d}t}\,(r_2 c_{2u} - r_1 c_{1u}) = Q\varrho\,[r_2 c_{2u} - r_1 c_{1u}] \tag{276}$$

wenn $Q\,[\mathrm{m^3/s}]$ den Volumenstrom und $\varrho = \gamma/g\,[\mathrm{kps^2/m^4};\ \mathrm{kg/m^3}]$ die Dichte darstellt ($\mathrm{d}m/\mathrm{d}t = Q\varrho$).

Die Leistung an der Ventilatorwelle ist $P = M\omega$ und mit $r\omega = u$ als Umfangsgeschwindigkeit, sowie Gl. (276) wird die gesuchte Leistung

$$P = Q\varrho\,[u_2 c_{2u} - u_1 c_{1u}] \quad \left\{ \begin{array}{lllll} P & [\mathrm{mkp/s}] & \text{bzw.} & P & [\mathrm{W}] \\ Q & [\mathrm{m^3/s}] & & Q & [\mathrm{m^3/s}] \\ \varrho & [\mathrm{kps^2/m^4}] & & \varrho & [\mathrm{kg/m^3}] \\ u, c & [\mathrm{m/s}] & & u, c & [\mathrm{m/s}] \end{array} \right. \tag{277}$$

b) Druckerzeugung. Die Nutzleistung eines Ventilators ist gleich dem Produkt aus Volumenstrom Q und Druckdifferenz p. Berücksichtigt man die Ventilator-

[1] Vgl. z. B. S. 67ff. und Hütte I., 28. Aufl. S. 785—790.

verluste durch einen Wirkungsgrad η, so ergibt sich für die Wellenleistung

$$P = \frac{Qp}{\eta} \tag{278}$$

oder

$$P = 9{,}81\,\frac{Qp}{\eta} \quad \begin{cases} P & [\mathrm{W}] \\ Q & [\mathrm{m^3/s}] \\ p & [\mathrm{kp/m^2}] \end{cases}$$

Setzt man die Leistungen von Gl. (276) und (278) einander gleich, so ergibt sich die bekannte Beziehung für den Ventilatordruck[1]

$$p = \eta\varrho\,(u_2 c_{2u} - u_1 c_{1u}) \tag{279a}$$

oder

$$p = \frac{1}{9{,}81}\,\eta\varrho\,(u_2 c_{2u} - u_1 c_{1u}) \quad \begin{cases} p & [\mathrm{kp/m^2}] \\ \varrho & [\mathrm{kg/m^3}] \\ u, c & [\mathrm{m/s}]\,. \end{cases}$$

Bei drallfreiem Eintritt in den Ventilator verschwindet wegen $c_{1u} = 0$ das zweite Glied in der Klammer und Gl. (279a) vereinfacht sich zu

$$p = \eta\varrho\,u_2 c_{2u} \tag{279b}$$

Die vorstehenden Betrachtungen gelten sowohl für Radial- wie für Axialventilatoren.

Die Größenordnung des Wirkungsgrades ist folgender Übersicht zu entnehmen:

1.	Als Ventilator wirkende, rotierende Maschinenteile	$\eta = 0{,}1$
2.	Ventilatoren einfachster Ausführung in elektrischen Maschinen oder Ventilatoren mit ungünstigem Einbau	$\eta = 0{,}1\ldots0{,}3$
3.	Ventilatoren in normale elektrische Maschinengehäuse eingebaut	$\eta = 0{,}3\ldots0{,}6$
4.	Optimal ausgelegte Ventilatoren für elektrische Maschinen	$\eta = \ldots0{,}85$

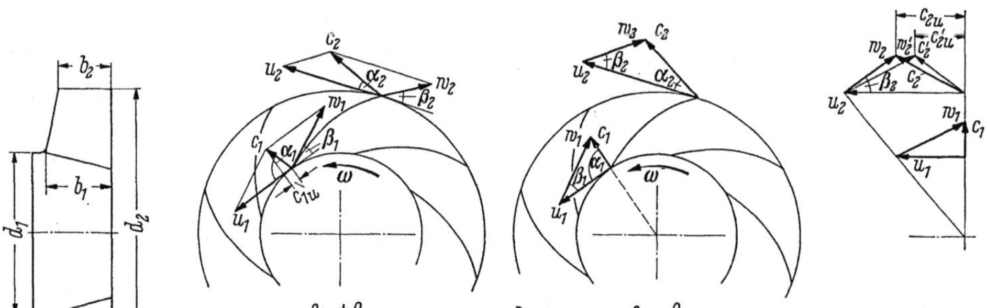

Abb. 475. Bezeichnungen und Geschwindigkeitsdreiecke an einem Radialventilator mit rückwärts gekrümmten Schaufeln. u = Umfangsgeschwindigkeit; c = Absolutgeschwindigkeit w = Relativgeschwindigkeit; $\zeta_0 = c'_{2u}/c_{2u}$ Minderleistungsfaktor

c) Geschwindigkeitsdreiecke. Bei Ventilatoren unterscheidet man grundsätzlich zwischen Absolut-, Relativ- und Führungsgeschwindigkeit: $\boldsymbol{c}$, $\boldsymbol{w}$ und $\boldsymbol{u}$. Die Absolutgeschwindigkeit des Stromes ist bezogen auf ein ruhendes System, die

[1] In der älteren Literatur trifft man oft auf die Formel $p = \eta\varrho\,(u_2^2 - u_1^2)$ für Radialräder. Sie läßt sich formal aus Gl. (279a) mit $c_{1u} = u_1$ und $c_{2u} = u_2$ gewinnen, d. h. für genau radial gestellte Flügel, wie sie etwa für Maschinen mit 2 Drehrichtungen verwendet werden.

Relativgeschwindigkeit ist bezogen auf das rotierende Laufrad und die Führungsgeschwindigkeit ist die Umfangsgeschwindigkeit des Laufrades für den betrachteten Radius. Die Absolutgeschwindigkeit ist die vektorielle Summe von Relativ- und Umfangsgeschwindigkeit: $\boldsymbol{c} = \boldsymbol{w} + \boldsymbol{u}$.

Die Addition liefert Geschwindigkeitsdreiecke, Abb. 475, die zur Darstellung der Strömungsverhältnisse am Ein- und Austritt der Lauf- und Leiträder dienen. Absolut- und Relativgeschwindigkeiten sind jedoch nur als Mittelwerte des Stromes aufzufassen. Die tatsächlichen örtlichen Geschwindigkeiten können von diesen Mittelwerten erheblich abweichen.

d) Kennlinien und Kennzahlen. Jeder Ventilator kann bei gleicher Drehzahl und unveränderter Dichte des geförderten Gases unterschiedliche Volumenströme fördern und dabei verschiedene Drücke erzeugen. Der jeweilige Betriebspunkt, der durch einen bestimmten Volumenstrom und durch eine bestimmte Druckerzeugung gekennzeichnet ist, ändert sich mit der Größe des vor- oder nachgeschalteten Strömungswiderstandes. Die Spur des Betriebspunktes, die sich im $p(Q)$-Diagramm ergibt, wenn man den Widerstand ändert, d. h. den Ventilator drosselt, wird als Kennlinie oder Drosselkurve bezeichnet, Abb. 476. Trägt man zu dem Druck noch den Wirkungsgrad $\eta = P_{Nutz}/P$ als Verhältnis von Nutzleistung zu Wellenleistung über dem Volumenstrom auf, so zeigt sich, daß diese Kurve ein Maximum hat. Bei der Auslegung eines Ventilators ist dafür zu sorgen, daß der Betriebspunkt im Bereich besten Wirkungsgrades liegt.

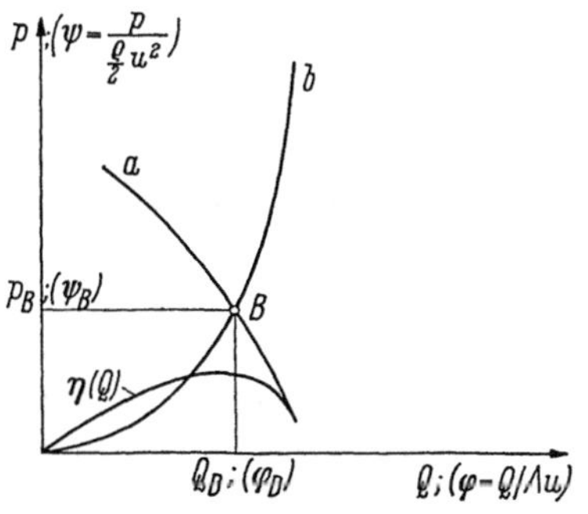

Abb. 476. Kennlinie a eines Ventilators und b eines Widerstandes. B Betriebspunkt; $\eta\,(Q)$ Wirkungsgrad

Ein Ventilator hat für jede Drehzahl und für jede Dichte im $p\,(Q)$-Diagramm eine besondere Kennlinie. Diese Kennlinien fallen alle zu einer einzigen Kennlinie zusammen, wenn man sie in einem $\psi\,(\varphi)$-Diagramm aufträgt. Das Diagramm vereinigt außerdem noch die Kennlinie sämtlicher Ventilatoren, die durch maßstäbliche Vergrößerung oder Verkleinerung aller Abmessungen aus diesem Ventilator hervorgehen.

Dimensionsloser Druck, sog. *Druckzahl:*

$$\psi = \frac{p}{\frac{\varrho}{2} u^2}\,.$$

Dimensionsloser Volumenstrom, sog. *Lieferzahl:*

$$\varphi = \frac{Q}{Au}$$

wobei A einen definierten Durchflußquerschnitt darstellt. Wird die Drehzahl n eines Ventilators geändert, so kann man jeden Kennlinienpunkt nach folgenden Beziehungen umrechnen:

$$\text{Volumenstrom } Q:\ \text{Druck } p:\ \text{Leistung } P = n : n^2 : n^3\,.$$

In den meisten Strömungswiderständen ist der Druckabfall proportional dem Quadrat des Volumenstromes. Ist der Ventilator mit einem solchen Widerstand zusammengeschaltet, dann kann auch der Betriebspunkt bei geänderter Drehzahl nach den angegebenen Beziehungen umgerechnet werden.

e) Auslegung der Ventilatoren. Zunächst wird geprüft werden, ob Messungen an einem geeigneten ausgeführten Ventilator vorliegen, so daß der Entwurf sich auf geometrisch ähnliche Verkleinerung oder Vergrößerung des früher ausgeführten Ventilators zur Anpassung an die geforderten Betriebsdaten beschränkt. Liegen keine Meßwerte vor, so sind sämtliche geometrischen Parameter derart zu bestimmen, daß der geforderte Volumenstrom bei einem bestimmten Druck mit möglichst kleiner Leistung gefördert wird. Im folgenden wird die Vorgehensweise bei der Bestimmung der Hauptabmessungen aufgezeigt. Die Zahlenangaben können zu einem ersten Entwurf dienen.

Für viele Betriebsfälle können sowohl Axial- als auch Radialventilatoren verwendet werden. Abhängig von den Betriebsbedingungen verwendet man vorzugsweise für hohe Drücke und für kleinere Volumenströme Radialventilatoren, für kleine Drücke und große Volumenströme Axialventilatoren. Oft sind die Einbaubedingungen für die Wahl der Ventilatorbauart maßgebend. Für eine Umlenkung der Strömung aus axialer Richtung in radiale Richtung ist ein Radialventilator zweckmäßig. Ein Axialventilator erfordert für gleiche Druckerzeugung eine größere Umfangsgeschwindigkeit. Deshalb erzeugt ein Axialventilator gewöhnlich mehr Lärm als ein Radialventilator. Axialventilatoren lassen sich mit größerer Sicherheit vorausberechnen als Radialventilatoren. Nur bei Axialventilatoren können die Flügel verstellbar angeordnet werden, so daß eine nachträgliche Anpassung an die Betriebsbedingungen möglich ist.

1. Radialventilatoren. Da bei Ventilatoren elektrischer Maschinen praktisch nur die statische Druckdifferenz nutzbar ist, kann man mit Druckzahlen $\psi \leqq 0{,}5$ rechnen. Daraus läßt sich mit gegebenem Druck und festliegender Drehzahl der Außendurchmesser bestimmen. Eintrittsdurchmesser, Laufradbreite und Schaufelwinkel am Eintritt werden so gewählt, daß der Ringquerschnitt zwischen Welle und Laufradeintritt um ca. 10...20% größer ist als der Durchtrittsquerschnitt des Laufrades. Für Ventilatoren elektrischer Maschinen ergeben sich Durchmesserverhältnisse $d_1/d_2 = 0{,}6 \ldots 0{,}75 \ldots (0{,}9)$. Die Eintrittswinkel der Schaufeln betragen $\beta_1 = 15 \ldots 30°$, wobei die kleineren Winkel für die größeren Durchmesserverhältnisse gelten. Es ist zweckmäßig, den Eintrittswinkel um $2 \ldots 3°$ größer zu wählen als es sich aus dem Eintrittsdreieck für den Auslegepunkt ergibt. Eintrittswinkel von 90°, wie sie für Ventilatoren der Maschinen mit zwei Drehrichtungen verwendet werden, sind wegen der großen Verluste ungünstig. Für hohe Drücke sind konische Deckscheiben zu empfehlen (z. B. $b_2/b_1 = d_1/d_2$).

Der Austrittswinkel $\beta_2 = 20° \ldots 40° \ldots (90°)$ der Schaufeln hat großen Einfluß auf die Leistung des Ventilators. Die Schaufelzahl kann man so wählen, daß sich die Schaufeln etwa zu 50% überdecken. Die Schaufelzahl nimmt mit dem Durchmesserverhältnis und dem Schaufelaustrittswinkel zu. Es ist darauf zu achten, daß die Relativgeschwindigkeit im Schaufelkanal wegen der Gefahr der Strömungsablösung nicht zu stark verzögert wird ($w_2/w_1 > 0{,}6$). Man wählt gerade Schaufeln oder Kreisbogenschaufeln.

Nachrechnung der Druckerzeugung. Man zeichnet die Geschwindigkeitsdreiecke für Ein- und Austritt in einem geeigneten Maßstab auf. Dabei ist zu berücksichtigen, daß der Volumenstrom, der durch den Ventilatorspalt in den Saugraum eintritt, zusätzlich gefördert werden muß. Der Bypassstrom kann 10% des Volumenstromes im Auslegepunkt betragen.

Die folgende Gleichung unterscheidet sich von Gl. (279b) dadurch, daß die Verluste nicht durch einen allgemeinen Wirkungsgrad berücksichtigt sind, sondern einzeln berücksichtigt werden.

$$p = \zeta_0 \varrho u_2 c_{2u} - \zeta_1 \frac{\varrho}{2} c_2^2 - \zeta_2 \frac{\varrho}{2} w_m^2 \quad \left(w_m = \frac{w_1 + w_2}{2} \right). \tag{280}$$

Der Minderleistungsfaktor ζ_0 ($\zeta_0 c_{2u} = c'_{2u}$) berücksichtigt, daß der Strömungswinkel β_2 am Radaustritt kleiner ist als der Schaufelwinkel, Abb. 475b. ζ_0 ist abhängig von Schaufelzahl und Austrittswinkel. Für die übliche Überdeckung der Schaufeln kann mit $\zeta_0 = 0{,}85 \dots 0{,}9$ gerechnet werden. Das zweite Glied stellt den Austrittsverlust dar. Bei elektrischen Maschinen ohne Nachleitrad und Spiralgehäuse ist mit dem vollen Verlust, d. h. mit $\zeta_1 = 1$ zu rechnen. Das dritte Glied berücksichtigt die Verluste im Schaufelkanal. $\zeta_2 = 0{,}25 \dots 0{,}3$. Die Geschwindigkeiten c_{2u}, c_2 und w_m werden im Geschwindigkeitsdreieck abgemessen.

Konstruktionshinweise. Die Zuströmung zum Ventilator soll beschleunigt sein, d. h., der Strömungsquerschnitt verjüngt sich in Strömungsrichtung. Am Eintritt in den Ventilator sind Abrundungen der Deckscheibe des Laufrades und der stillstehenden Eintrittsverschalung vorzusehen, um eine Strömungsablösung zu vermeiden. Wichtig ist die Ausbildung des Spaltes, da durch den Spaltluftstrom zusätzliche Verluste durch Strömungsablösung entstehen. Die Schaufelkanäle sollen glatt sein. Da die Reibungsverluste im rotierenden Kanal ohnehin ein Vielfaches der Verluste im ruhenden Kanal betragen, sollen Schraubenköpfe und Auswuchtgewichte nicht in Ventilatorkanälen angeordnet werden. Am Laufradaustritt kann die kinetische Energie der Strömung durch ein Leitrad oder durch ein Spiralgehäuse nutzbar gemacht werden; auch ein großes konzentrisches Gehäuse hat noch einen Druckgewinn zur Folge. Wenn der Raum in radialer Richtung beengt ist, soll aus Geräuschgründen doch ein gewisser Mindestabstand zwischen Radaustritt und Gehäuse, Rippen oder Stegen eingehalten werden (ca. 50 mm).

2. Axialventilatoren. Bei der Auslegung eines Axialventilators werden zunächst die Hauptabmessungen, wie Außendurchmesser und Nabendurchmesser bestimmt, dann erst können die Flügel ausgelegt werden. Die Berechnung erstreckt sich auf einstufige, leitradlose Ausführungen mit axialem Eintritt, wobei die Austrittsenergie als Verlust betrachtet wird.

Als Kriterium für die Bestimmung der Hauptabmessungen, Abb. 477, wird der empirisch bestimmte Grenzwert für die Verzögerung der Relativgeschwindigkeit an der Nabe herangezogen, $w_2/w_1 > 0{,}6$ (eingeschlossener Winkel $\beta_2 - \beta_1 < < 24°$). Die Flügel kann man nach verschiedenen Methoden auslegen, je nachdem man von einem Gitter mit großer Schaufelzahl ausgeht oder die Tragflügeltheorie auf die rotierenden Flügel des Ventilators anwendet. Beide Methoden sind verwendbar. Im folgenden wird die Vorgehensweise für die Auslegung als

Tragflügel aufgezeigt. Auf eine verfeinerte Betrachtungsweise ist an dieser Stelle verzichtet, es wird auf die Fachliteratur verwiesen[1].

Ein Axialventilator wird im Ringraum zwischen Nabe und Gehäuse auf unterschiedlichen Radien durchströmt. Die Laufradflügel haben an der Nabe eine

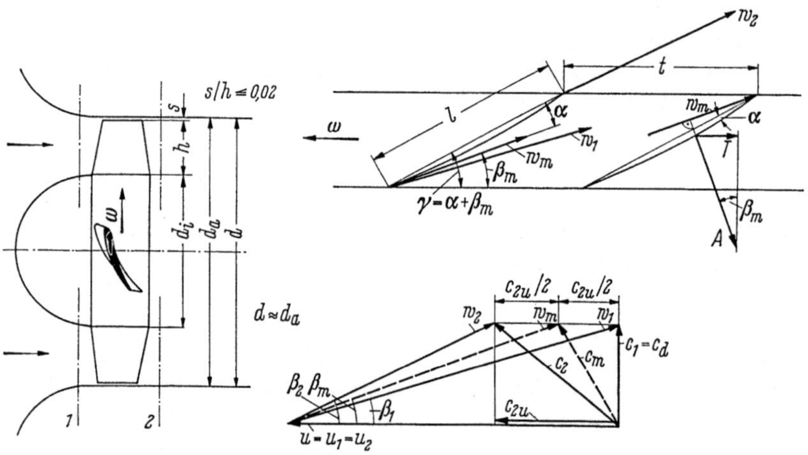

Abb. 477. Bezeichnungen und Geschwindigkeitsdreiecke an einem Axialventilator ($c_{1u} = 0$)

kleinere Umfangsgeschwindigkeit als an der Spitze. Demnach kann der Strömung an der Nabe weniger Energie zugeführt werden als an den Flügelspitzen. Die Strömungsverhältnisse an der Nabe begrenzen die Druckerzeugung des Ventilators wegen Ablösung der Strömung an der Flügeloberseite.

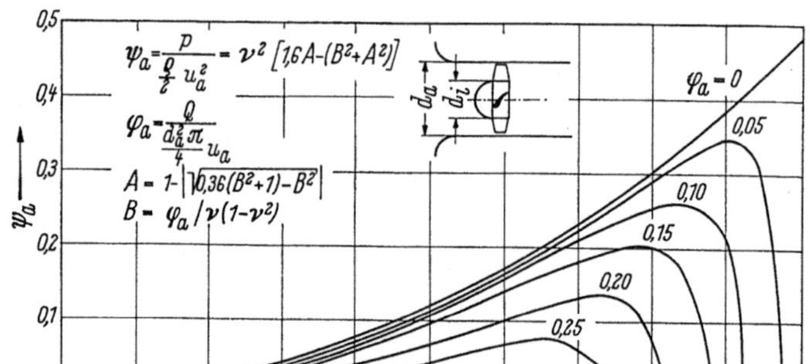

Abb. 478. Grenzkurven für Axialventilatoren mit freiem Ausblasen für ein Geschwindigkeitsverhältnis an der Nabe $w_2/w_1 = 0{,}6$ und einen Laufradwirkungsgrad $\eta_L = 0{,}8$ in Abhängigkeit vom Durchmesserverhältnis $\nu = d_i/d_a$

Hohe Druckzahlen erfordern große Durchmesserverhältnisse d_i/d_a, Abb. 477. Gleichzeitig ergeben sich wegen der kleineren Durchtrittsfläche kleinere Durchflußzahlen. In Abb. 478

[1] Traupel, W.: Thermische Turbomaschinen, Bd. 1, Springer 1958.
Eckert, B. und E. Schnell: Axial- und Radialkompressoren, Springer 1961.
Eck, B.: Ventilatoren, 4. Aufl., Springer 1962.

sind die Grenzkurven von Axialventilatoren für unterschiedliche Lieferzahlen φ_a für eine Verzögerung der Strömung $w_2/w_1 = 0{,}6$ und für einen Laufradwirkungsgrad $\eta_L = 0{,}8$ aufgezeichnet. Durch den unvermeidlichen Spalt zwischen Flügel und Gehäuse fließt ein Ausgleichsstrom, der die Durchströmung des Laufrades empfindlich stören kann. Daher soll der Spalt möglichst klein sein ($s/h \leqq 0{,}02$, vgl. Abb. 477). Wegen konstruktiv bedingter großer Spalte ist bei großen Durchmesserverhältnissen ein Axialventilator häufig nicht verwendbar.

Bestimmung der Hauptabmessungen und der Geschwindigkeitsdreiecke. Außer Volumenstrom Q, Druckdifferenz p und Drehzahl n liegt bei Eigenventilatoren meist noch der größte Ventilatordurchmesser d_a fest.

Daraus berechnet man die Umfangsgeschwindigkeit u_a am äußeren Durchmesser d_a zu

$$\underline{u_a = \frac{2\pi n}{60} \cdot \frac{d_a}{2}} \quad \begin{cases} u_a & [\mathrm{m/s}] \\ n & [\mathrm{U/min}] \\ d_a & [\mathrm{m}] \end{cases} \tag{281}$$

und die Kennzahlen ψ_a und φ_a für den äußeren Durchmesser aus

$$\begin{aligned} \psi_a &= \frac{p}{\frac{\varrho}{2} \cdot u_a^2} \\ \varphi_a &= \frac{Q}{\frac{d_a^2 \pi}{4} \cdot u_a}. \end{aligned} \tag{282}$$

Liegt der so ermittelte Betriebspunkt in einem Diagramm $\psi = f(\nu)$, Abb. 478, über der entsprechenden Grenzkurve für φ_a, so ist ein größerer Durchmesser oder statt des Axialventilators ein Radialventilator zu wählen. Liegt der Betriebspunkt weit unterhalb der Grenzkurve, so kann ein kleinerer Außendurchmesser gewählt werden. Es ist zweckmäßig, eine Druckzahl ψ_a etwa 20% unterhalb der Grenzkurve zu wählen, damit der Betriebspunkt auf der Kennlinie genügend weit von der Abreißgrenze entfernt ist. Aus dem Diagramm kann man auch das günstigste Durchmesserverhältnis bestimmen. Mit $\nu = d_i/d_a$ ergibt sich die mittlere axiale Durchtrittsgeschwindigkeit c_d zu

$$c_d = \frac{Q}{\pi(d_a^2 - d_i^2)/4} = \frac{\varphi_a u_a}{1 - \nu^2}. \tag{283}$$

Aus Gl. (279b) ergibt sich mit einem Laufradwirkungsgrad η_L ($\eta_L = 0{,}7 \ldots 0{,}9$) und mit Berücksichtigung des vollen Austrittsverlustes $\frac{\varrho}{2} c_2^2$ die Gleichung

$$p = \eta_L \varrho u c_{2u} - \frac{\varrho}{2} c_2^2. \tag{284}$$

Aus dem Geschwindigkeitsdreieck, Abb. 477, ist zu entnehmen

$$c_2^2 = c_d^2 + c_{2u}^2.$$

Beide Beziehungen führen auf eine quadratische Gleichung für c_{2u} mit der uns interessierenden Lösung

$$c_{2u} = \eta_L u - \left| \sqrt{\eta_L^2 u^2 - c_d^2 - \frac{2p}{\varrho}} \right|. \tag{285}$$

Mit c_d, c_{2u} und u kann man die Geschwindigkeitsdreiecke für irgend einen Radius des Duchflußquerschnittes aufzeichnen, wenn man voraussetzt, daß die Durchtrittsgeschwindigkeit c_d auf allen Radien gleich groß ist und die Umlenkung c_{2u} entsprechend $c_{2u} r =$ konst. abnimmt. Die Abnahme der Relativgeschwindigkeit von w_2 auf w_1 darf nicht zu stark sein ($w_2/w_1 > 0{,}6$). Die Geschwindigkeitsdreiecke werden außer für den Nabendurchmesser mindestens für den mittleren Durchmesser und für den Außendurchmesser aufgezeichnet.

Bestimmung der Flügelzahl und der Flügelabmessungen. Nach der Tragflügeltheorie ist bei reibungsfreier Strömung der Auftrieb pro Flügel, vgl. Abb. 477,

$$A = c_a \frac{\varrho}{2} w_m^2 l h \quad \left(w_m = \frac{w_1 + w_2}{2}\right) \tag{286}$$

mit c_a ($c_a = 0{,}9 \ldots 1{,}1$) als Auftriebsbeiwert. Die Kraftkomponente in Umfangsrichtung ist somit

$$T = A \sin \beta_m\,. \tag{287}$$

Die gleiche Kraft beträgt als zeitliche Ableitung des Impulses in Umfangsrichtung[1]

$$T = h t \varrho c_1 c_{2u} \quad \left(c_m = \frac{c_1 + c_2}{2}\right). \tag{288}$$

Durch Gleichsetzen von (287) und (288) erhält man mit Rücksicht auf (286) und der Beziehung $w_m = c_1/\sin\beta_m$, Abb. 477, die Gleichung

$$\frac{c_a l}{t} = \frac{2 c_{2u}}{w_m}\,.$$

Die Werte c_{2u} und w_m entnimmt man den Geschwindigkeitsdreiecken. Flügelteilung t und Flügellänge l wählt man so, daß für größere Druckzahlen $l/t \approx 1$ gilt. Aus Flügelteilung und Umfang ergibt sich angenähert die Flügelzahl z (z muß ganzzahlig sein)

$$\underline{z = \frac{d \cdot \pi}{t}\,.} \tag{289}$$

Es bleiben noch *Flügelform* und *Anstellwinkel* zu bestimmen. Für gute Wirkungsgrade in einem großen Betriebsbereich, sowie bei hohen Umfangsgeschwindigkeiten, sind Tragflügelprofile zweckmäßig, deren Koordinaten, Anstellwinkel und Auftriebsbeiwerte aus der Fachliteratur entnommen werden können. Dabei ist darauf zu achten, daß die Angaben, die gewöhnlich für endliche Flügelbreite niedergelegt sind, auf unendliche Flügelbreite umgerechnet werden. Die Ventilatorflügel werden an den Enden nicht frei umströmt, da sie durch Nabe und Gehäuse begrenzt sind. Aus Herstellungsgründen verwendet man in elektrischen Maschinen oft Blechflügel mit Kreisbogenprofil. Für diese Profile können Auftriebsbeiwert c_a und Anstellwinkel α in Abhängigkeit von der Krümmung des Flügels einem Diagramm[2], Abb. 479, entnommen werden. Die Auslegung soll so erfolgen, daß möglichst kleine *Gleitzahlen* ε ($\operatorname{tg} \varepsilon = c_w/c_a =$ Verhältnis von Widerstands- zu Auftriebsbeiwert) erreicht werden.

[1] $T = dI_u/dt$; $dI_u = dm \cdot c_{2u}$; $dm/dt = Q\varrho$; $Q = ht \cdot c_1$.

[2] Nach Eck, B.: Ventilatoren, 4. Aufl., S. 221, Springer 1962.

Damit können die Flügelabmessungen in Abhängigkeit vom Radius endgültig festgelegt werden. Der Winkel γ zwischen Flügelsehne und Umfangsrichtung ist gleich der Summe aus dem Eintrittswinkel β_m der Bezugsgeschwindigkeit w_m im Geschwindigkeitsplan und dem Anstellwinkel α, vgl. Abb. 477.

Konstruktionshinweise. Eine ausreichende Beschleunigung vor dem Eintritt in das Axialrad zur Erzielung einer gleichmäßigen Zuströmung ist hier noch wichtiger als beim Radialventilator. Dies wird durch Nabenverkleidungen, Einlauftrichter und genügend weite Zuströmkanäle erreicht. Die Verengung des Querschnitts

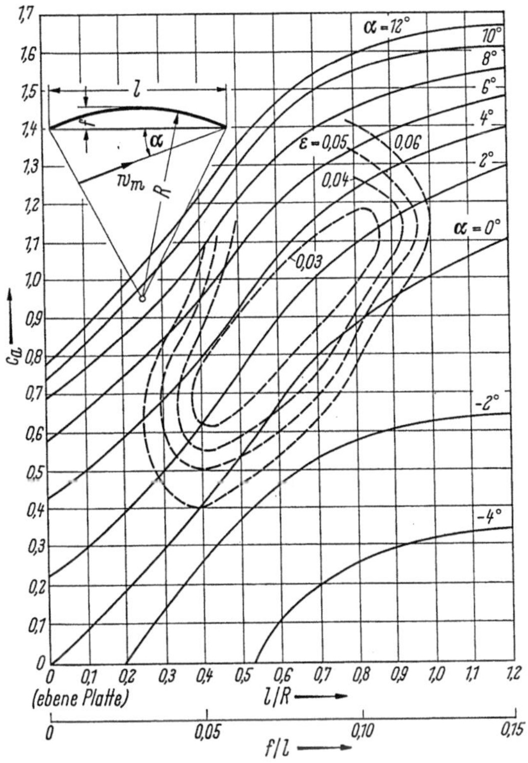

Abb. 479. Aerodynamische Eigenschaften von Kreisbogenprofilen
c_a Auftriebsbeiwert
ε Gleitzahl

zum Laufrad hin soll stetig erfolgen. Unvermeidliche Stützen, Streben und Tragsterne sollen vor der Querschnittsverengung angeordnet werden.

Die Spalte zwischen Laufradflügeln und äußerer Verschalung, als auch zwischen Flügeln und Nabe bei Ventilatoren mit verstellbaren Flügeln, ist klein zu halten. Dies gilt besonders bei großen Druckzahlen und kurzen Flügeln (an einem Ventilator, der einen Luftspalt von 7,5% der Flügellänge hatte, konnte durch Verkleinern des Spaltes der maximale Druck um 90% gesteigert werden). Feststehende Leiträder sind bei mehrstufigen Axialventilatoren erforderlich. Ventilatoren mit verstellbaren Flügeln ermöglichen eine nachträgliche Anpassung des Volumenstromes an den Kühlluftbedarf. Damit läßt sich die Leerlaufleistung einer Maschine erheblich beeinflussen. Eine ungünstige Anpassung des Ventilators an den Maschinenwiderstand kann durch Flügelverstellung meist nicht korrigiert werden.

VII. Die Lagerung

A. Allgemeines

Die Lagerung elektrischer Maschinen unterscheidet sich nicht grundsätzlich von derjenigen anderer Maschinen. Der große Drehzahlbereich elektrischer Maschinen, deren hohe elektrische Wirkungsgrade und die große Variantenzahl an Bauweisen machen es jedoch notwendig, die Lagerung zusammenfassend zu behandeln, ohne indessen auf die Berechnung der Lager näher einzugehen, für letztere sei auf die zahlreiche Spezialliteratur verwiesen[1]. Über Lagerreibungs-

Abb. 480. Arten und Anwendungen von Wälzlagern

Lagerart		Anwendung f. Belastungsrichtung b. Achslage		für Belastung		für Drehzahl
		horizontal	vertikal	radial	axial	
Rillenkugellager		nur radial, nur axial, radial und axial	nur axial, nur radial, axial und radial	klein und mittel	klein und mittel	hoch und mittel
Schrägkugellager		nur axial, radial und axial	nur axial, axial und radial	klein und mittel	mittel und größer	hoch und mittel
Zylinderrollenlager		nur radial	nur radial	mittel und größer		hoch und mittel
Zylinderrollenlager mit Winkelring		nur radial, radial und axial		mittel und größer	klein	hoch und mittel
Pendelrollenlager	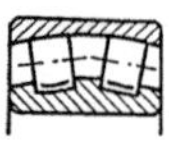	nur radial, radial und axial	nur radial	groß	mittel	mittel und klein
Axial-Rillenkugellager			nur axial		mittel	mittel und klein
Axial-Pendelrollenlager	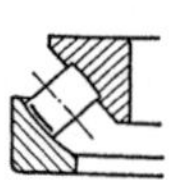		axial und radial	mittel	groß	mittel und klein

verluste s. S. 60. Man unterscheidet nach dem Aufbau zwischen *Wälzlagern* (Rollen- und Kugellager) und *Gleitlagern,* nach der Führungseigenschaft zwischen *Längslagern* (Belastung radial) und *Querlagern* (Belastung axial) und nach ihrer Funktion zwischen *Trag-* und *Führungslagern.* Für Querlager sind auch die Namen *Spurlager, Kammlager* und *Traglager* (für vertikale Wellen) gebräuchlich.

[1] Vgl. Fußnote S. 561

Wälzlager werden hauptsächlich für kleine und mittlere Lager gebaut. Sie besitzen kleine Lagerspiele und kleine Reibungszahlen von 0,002 bis 0,003 und kleine Anfahrreibung, die 20 bis 50% höher angenommen werden kann als im Betrieb. Ein weiterer Vorteil ist die weitgehende Wartungsunabhängigkeit, insbesondere bei Fettschmierung.

Als Nachteile sind die begrenzte Lebensdauer — der Werkstoff wird oberhalb seiner Dauerfestigkeit beansprucht — die Stoßempfindlichkeit bei Stillstand und die Geräuschbildung zu werten. In Abb. 480 sind die wichtigsten Arten von Wälzlagern und ihre Anwendungen aufgeführt.

Die *Gleitlager* werden in allen Größen hergestellt. Sie haben bei richtiger Auslegung und Wartung unbegrenzte Lebensdauer, sind stoßdämpfend und geräuscharm im Lauf. Ihr Nachteil ist die relativ hohe Anfahrreibung und ihr relativ großes Lagerspiel. Die Reibungszahlen von Gleitlagern im Betrieb liegen in der Größenordnung der Werte von Wälzlagern. Sie betragen etwa 0,002 bis 0,004. Dagegen muß beim Anfahren mit Reibungszahlen von max. 0,1 bis 0,2 gerechnet werden.

Als Sonderbauarten von Gleitlagern werden für schwach belastete Lager auch sog. Sinterlager verwendet, die an Stelle von Wälzlagern in den gleichen Raum eingebaut werden können. Ferner werden für Tatzlager in Bahnmotoren dochtgeschmierte Lager verwendet (Abb. 153).

a) Zusammenhang zwischen Antriebsart und Lagerkräften. In Abb. 481 ist unterschieden zwischen Antrieb über freifliegendes Antriebsrad, über elastische Kupplung und über starre Kupplung mit einlageriger oder zweilageriger Maschine. Auf den Schwerpunkt „A“ des Rotors wirken im ungünstigsten Falle das Gewicht, Unwucht und Stoßkräfte und im Falle einer Verlagerung von Stator und Rotorachse ein einseitig magnetischer Zug. In „B“ wirken außer dem Eigengewicht und der Unwucht der Kupplungsteile, die durch den Antrieb bedingten Kräfte, also Vorspannkräfte des Riemens, radial oder axial wirkender Zahndruck oder Wasserdruck bei Turbinenrädern. Stoßkräfte treten nur bei Fahrzeugmotoren auf. Diese, sowie die unvermeidliche Unwucht des Rotors, werden bei der Berechnung von Wälzlagern durch Faktoren, mit denen das Rotorgewicht multipliziert werden muß, berücksichtigt.

b) Anforderungen an die Lagerung elektrischer Maschinen. Bei elektrischen Maschinen ist eine *gute Abdichtung* der Lagerstellen gegen Öl- bzw. Fettverluste an die aktiven Teile erforderlich, ebenso wie gegen Eindringen von Staub in die Lager. Da beim Großteil der elektrischen Maschinen die entstehende Verlustwärme durch eine intensive Belüftung abgeführt werden muß, ist an den Lagerstellen, insbesondere auch durch eingebaute Ventilatoren, eine mehr oder weniger kräftige Saugwirkung vorhanden. Diese muß entweder durch die Lagerdichtung selbst (Abb. 486) oder durch erzwungene Gegenströmung der Luft durch Stauscheiben oder Sperrluftkanäle (s. Abb. 91 und Abb. 330) kompensiert werden.

Die in elektrischen Maschinen erzeugten Geräusche haben verschiedene Ursachen (s. S. 118) und können bei Wälzlagermaschinen zum Teil durch die Lager hervorgerufen werden, s. S. 119. Die Lagergeräusche wachsen etwa proportional mit der Maschinengröße, stellen aber meist nur bei kleinen Maschinen ein ins Gewicht fallendes Teilgeräusch dar, dessen Herabsetzung sich als notwendig

Abb. 481. Kräfte in elektrischen Maschinen, welche die Lager beanspruchen

Achslage	Antriebsart	Kräfte in *A*		Kräfte in *B*	
		radial	axial	radial	axial
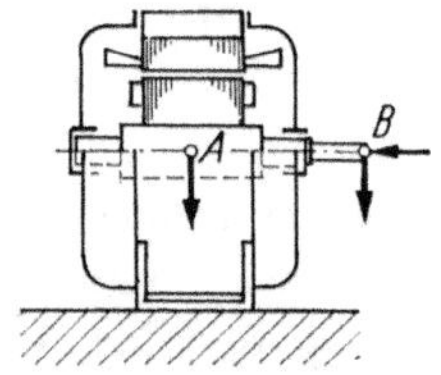 *Horizontalmaschinen* 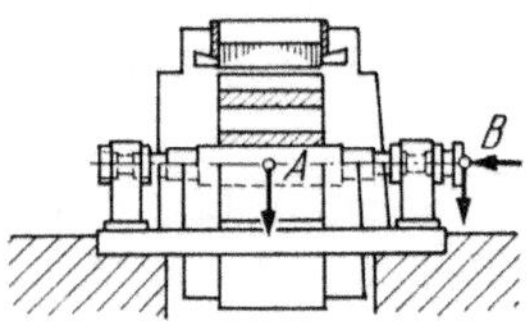	Freiliegendes Antriebsrad z.B. Zahnrad, Riemenscheibe, Turbinenrad Elastische Kupplung Starre Kupplung mit einlageriger Maschine Starre Kupplung mit zweilageriger Maschine	Gewicht des Rotors, Unwucht des Rotors, Einseitiger magn. Zug, Stoßkräfte bei Fahrzeugmotoren	Stoßkräfte bei Fahrzeugmotoren	Gewicht, Unwucht, Vorspannkraft, Zahndruck, Wasserdruck d. Antriebsrades Gewicht d. Kupplung, Unwucht Gewichtsanteil und Unwucht der gekuppelten Maschine	Schub aus Schrägverzahnung oder Wasserdruck über Kupplung übertragene Axialkraft Axialkräfte von gekuppelter Maschine z. B. Wasserschub
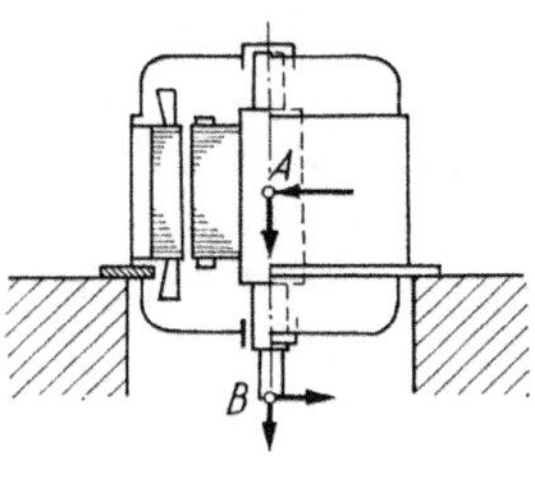 *Vertikalmaschinen* 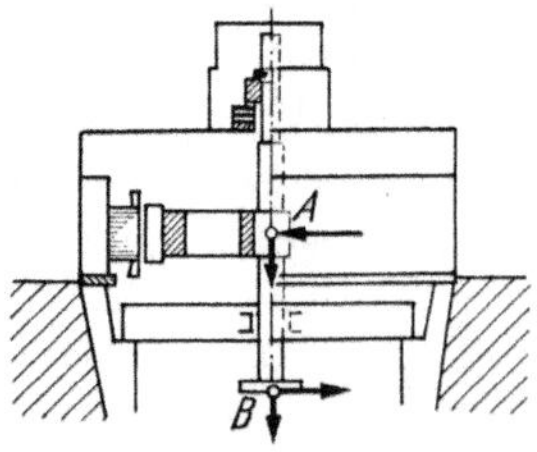	Freiliegendes Antriebsrad z. B. Riemenscheibe, Zahnrad Elastische Kupplung Starre Kupplung mit einlageriger Maschine Starre Kupplung mit zweilageriger Maschine	Unwucht des Rotors, Einseitiger magn. Zug	Gewicht des Rotors, Stoßkräfte bei Fahrzeugmotoren	Unwucht des Antriebsrades, Vorspannkraft für Riemen bzw. Zahndruck Unwucht der Kupplung Unwucht der gekuppelten Maschine	Gewicht des Antriebsrades Schub aus Schrägverzahnung Gewicht der Kupplung über Kupplung übertragene Axialkraft Axialkräfte von gekuppelter Maschine z. B. Rotorgewicht od. Wasserschub

erweist. Geräuscherzeugende Schwingungen entstehen beim Wälzlager durch die elastischen Verformungen der Berührungsflächen von Rollbahn und Rollkörper und sind um so größer, je größer die Formfehler und sonstigen Ungleichmäßigkeiten des Lagers sind. Man ist auf eine einwandfreie Bearbeitung der Lagersitze angewiesen.

c) Grundlagen für die Berechnung und Auslegung der Lager. Die theoretischen Grundlagen für die Berechnung der Wälz- und Gleitlager liegen heute eindeutig in einer Darstellung vor, die dem Konstrukteur die Auslegung eines Lagers leicht macht. Die Folgerungen aus den theoretischen Erkenntnissen und zahlreiche experimentelle Untersuchungen haben auch für die richtige konstruktive Gestaltung genügend Hinweise gegeben, daß grundsätzliche Fehler vermieden werden können. Wir verweisen auf dem Gebiet der Wälzlager auf 3 Bücher[1] mit weiteren Literaturangaben und für Gleitlager auf 2 Bücher und eine Publikation[2] mit Konstruktionstabellen für Längsgleitlager und Segmentquerlager.

B. Wälzlager

a) Lagerungsart. Die Art der Kupplung und die Lagerart kann für die Wahl von Wälz- oder Gleitlagern entscheidend sein, vgl. Abb. 482. Das Lagerspiel eines

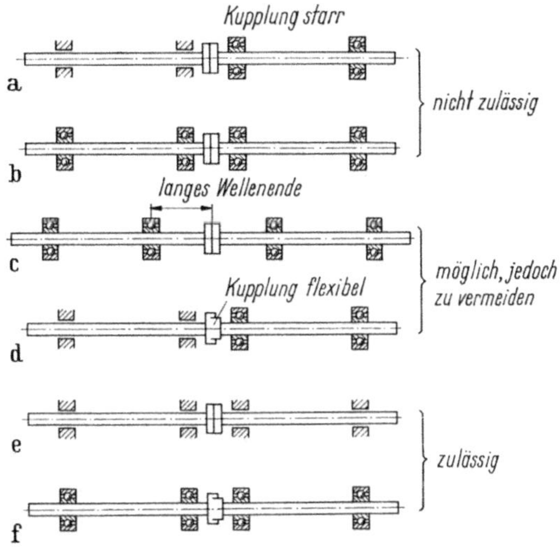

Abb. 482. Beurteilung einiger Kombinationen der Lagerungsarten und der Kupplungstypen

Gleitlagers verhält sich zu dem des entsprechenden Wälzlagers wie etwa 7:1. Würde man eine Wälzlagermaschine mit einer Gleitlagermaschine nach Abb. 482a starr kuppeln, so ist es einleuchtend, daß man über die die Lager wirklich bean-

[1] Jürgensmeyer, W.: Die Wälzlager, Berlin Springer 1937.

Palmgren, A. Grundlagen der Wälzlagertechnik. 2. Aufl. Stuttgart: Francksche Verlagshandlung 1954.

Eschmann, P., L. Hasbargen u. R. Weigand: Die Wälzlagerpraxis. München: R. Oldenburg 1953.

[2] Schmid, E. u. R. Weber: Gleitlager, Springer 1953.

Vogelpohl, G.: Betriebssichere Gleitlager, Springer 1958.

Boyd, J., A. A. Raimondi: Applying Bearing Theory to the Analysis and Design of Journal Bearings-I and -II, Journ. appl. Mech., Sept. 1951, S. 298–316.

Raimondi, A. A., J. Boyd: Applying Bearing Theory to the Analysis and Design of Pad-Type Bearings. Transactions of the ASME, April 1955, S. 287–309.

spruchenden Kräfte nichts Zuverlässiges aussagen kann, zumal das Wellenmittel des Gleitlagers je nach Drehzahl eine andere Lage einnimmt. Sicher ist, daß das Lager mit kleinerem Spiel zusätzliche Kräfte aufnehmen muß, die es erheblich über das zulässige Maß beanspruchen können. Aber auch zwei Wälzlagermaschinen nach Abb. 482b starr zu kuppeln, ist besonders bei kurzen Wellenenden nicht zulässig, da eine so einwandfreie Ausrichtung, wie sie das kleine Lagerspiel erfordert, kaum möglich ist. Ebenso sollte man Gleit- und Wälzlagermaschinen auch über eine flexible Kupplung, wie in Abb. 482d dargestellt, in der Regel nicht verbinden. Eine gewisse Verspannung der Kupplung ist bei der Drehmomentübertragung meist vorhanden und damit auch die Gefahr, daß zusätzliche Kräfte auf das Wälzlager übertragen werden.

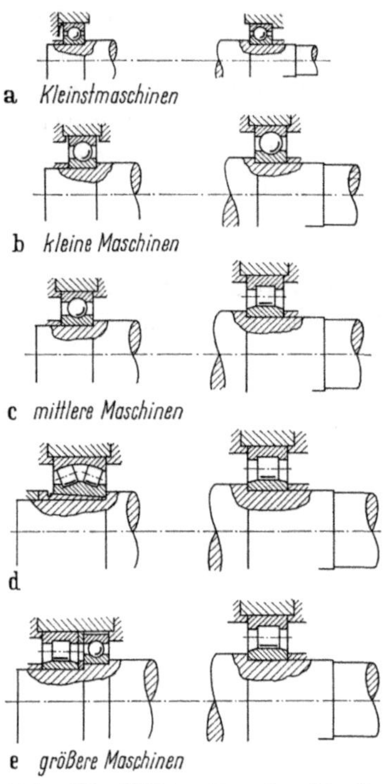

Abb. 483. Übliche Lagerkombinationen bei elektrischen Maschinen mit horizontaler Achse

In Abb. 483 sind die üblichen Lagerkombinationen von Wälzlagern bei elektrischen Maschinen in *horizontaler Bauart* dargestellt. Kleine Maschinen werden mit zwei Rillenkugellagern versehen. Da bei Kleinmotoren die Wellenenden den Leistungen zugeordnet genormt sind, sind auch die Wälzlagerbohrungen festgelegt. Es werden praktisch ausschließlich Lager der sog. mittleren Reihen verwendet. Damit ist die zulässige Lagerbelastung als Funktion der Lebensdauer bestimmt und es wird der zulässige Riemenzug oder Zahndruck danach ermittelt. Bei Kleinstmaschinen ist das eine Lager mit Rücksicht auf Geräusche zweckmäßig durch einen Federring vorgespannt, Abb. 483a. Bei kleinen Maschinen übernimmt das eine Rillenlager die axiale Führung. Der Außenring des zweiten Lagers hat axiale Verschiebungsmöglichkeiten, Abb. 483b. Bei höheren Leistungen ist auf der Antriebsseite meist ein Zylinderrollenlager als „loses" Lager eingebaut. Bei nicht zu hohen Drehzahlen und großen Lagerkräften ist die Kombination mit Pendelrollenlagern häufig. An Stelle des Pendellagers sieht man bei großen Axiallasten auch gerne ein Zylinderrollenlager für die Radiallast und ein Rillenkugellager ohne radialen Sitz für die Axiallast vor (Abb. 483e).

Abb. 484 zeigt die Lagerung von *vertikalen Maschinen*. Kleinste und kleine Maschinen können im allgemeinen mit den für horizontale Maschinen vorgesehenen Lagern ohne weiteres ausgerüstet werden. Das Festlager ist bei diesen in der Lage, das Eigengewicht mit aufzunehmen. Bei mittleren Maschinen und größeren Axiallasten kommt man meist noch mit einem Schrägkugellager aus (Abb. 484c). Mit größer werdender Leistung muß man bei mittleren und hohen Drehzahlen notfalls zwei Rillen- oder Schrägkugellager übereinander anordnen. Diese Kombination setzt aber voraus, daß zwei ausgewählte Lager gleichen axialen Spiels verwendet werden. Besser ist es, durch zwischen den Außenringen angeordnete, zweckmäßig dimensionierte Federn für gleichmäßige Lastaufnahmen zu sorgen (Abb. 484d); dann können auch normale Lager eingebaut werden. Bei niedrigen Drehzahlen kann ein Axial-Rillenkugellager mit einem Rillenkugellager, das ausschließlich die

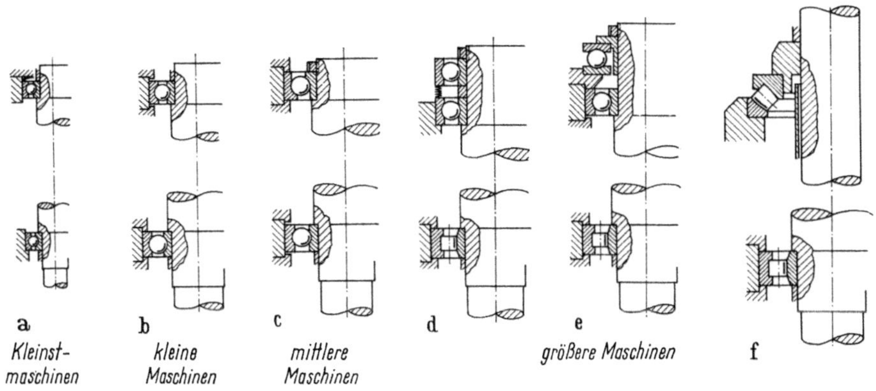

Abb. 484. Übliche Lagerkombinationen bei elektrischen Maschinen mit vertikaler Achse

Radiallast aufnehmen muß, kombiniert werden, Abb. 484e. Das Kegelrollenlager oder Axial-Pendelrollenlager (Abb. 484f) werden nur bei niedrigen Drehzahlen eingesetzt und können große Axiallasten gleichzeitig mit Radiallasten aufnehmen. Um bei einem eventuellen Anheben des Rotors ein Abheben des Rotorringes und Anschmierungen der Laufbahn zu vermeiden, werden zweckmäßig unter dem unteren Ring Federn eingebaut. Als lose Lager werden je nach Radialbelastung Zylinder- oder Pendelrollenlager vorgesehen.

Bei *Fahrmotoren* sind die Kombinationen nach Abb. 485 üblich. Bei einseitigem Antrieb wird ein Zylinderrollenlager mit Winkelring oder auf der Nichtantriebsseite ein Pendelrollenlager vorgesehen, das für die Aufnahme der relativ kleinen Axialkräfte ausreicht. Bei doppelseitigem Antrieb kommen zwei Zylinderrollenlager mit einseitiger Führung zur Anwendung.

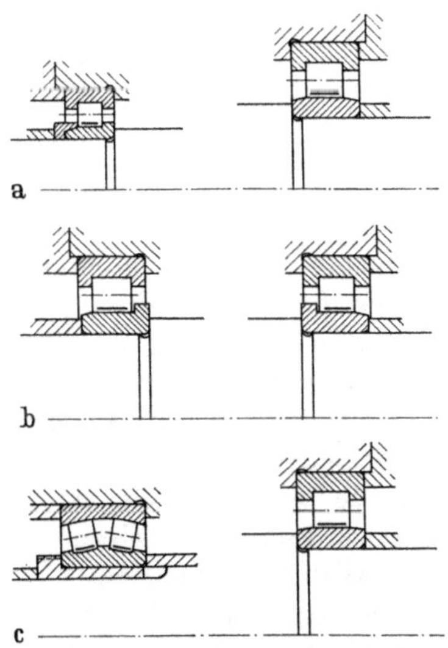

Abb. 485. Lagerkombinationen für Fahrmotoren
a einseitiger Antrieb; b doppelseitiger Antrieb; c einseitiger Antrieb mit Pendelrollenlager

b) Schmierung und Abdichtung der Wälzlager. Die im Elektromaschinenbau verwendeten Wälzlager werden in den meisten Fällen mit Fett geschmiert (Wälzlagerfette s. S. 132). Die Wartung ist einfach und kann in größeren Zeitabständen erfolgen. Auch ist der Eintritt von Schmutz und Staub erschwert, weil die Zwischenräume an den Wellenaustrittstellen durch das Fett verschlossen werden. Die Abdichtung fettgeschmierter Wälzlager geschieht bei kleinen Maschinen mit an das Lager selbst angebauten Staubdeckeln, hauptsächlich jedoch durch schleifende oder nichtschleifende Dichtungen. Letztere sind als Rillen- und Labyrinthdichtungen ausgeführt, Abb. 486d und e.

Bei kleineren Maschinen mit etwa 50 mm Lagerdurchmesser und nicht zu hoher Drehzahl begnügt man sich mit einfachen Lagerdeckeln, die zur Erneuerung des Schmierfettes entfernt werden müssen. Die Schmierfristen bei solchen Maschinen liegen bei etwa 1 bis 2 Jahren, sind also größer als die Zeitspannen, in denen die elektrischen Maschinen sowieso nachgesehen werden müssen. Für größere und

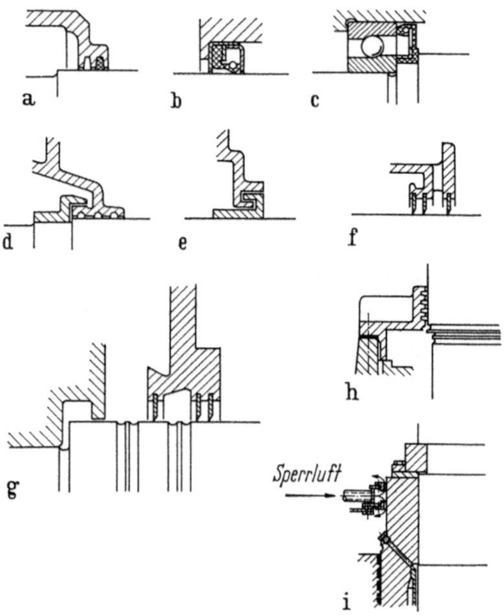

Abb. 486.
Dichtungen für Fett- und Ölschmierung
a Filzdichtung; b Manschettendichtung (Simmering); c Axialwellendichtung; d Ölspritzring mit Fangrillen; e Labyrinthdichtung; f, g, h, i Dichtungen für ölgeschmierte Gleitlager

schnellaufende Motoren ergeben sich entsprechend kleinere Schmierfristen, deren Größe dafür entscheidend ist, ob man noch eine einfache, gekapselte Lagerung oder eine Durchgangsschmierung vorsehen kann.

Bei *Durchgangsschmierung* werden auf der einen Seite des Lagers zur Aufnahme einer größeren Menge des verbrauchten Fettes Hohlräume vorgesehen und Schmiernippel angebracht, die das verbrauchte Schmiermittel nach außen befördern. Abb. 487 zeigt zwei Lagerstellen, die mit Fettmengenreglern ausgerüstet sind. Das Fett wird hierbei durch zur inneren Lagerkammer (*1*) führende Öffnungen gepreßt, vom Wälzlager (*2*) erfaßt und im Lager verteilt. Das verbrauchte Fett wird mit seinen harzigen Rückständen in die äußere Kammer (*3*) gedrückt und sobald es mit der Scheibe des Fettmengenreglers (*4*) in Berührung kommt, durch diesen nach außen geschleudert. Es tritt dann durch die an der Unterseite des Lagers liegende Öffnung (*5*) aus. Man kann das Fett auch in einem leicht zu entleerenden Behälter auffangen.

Ölschmierung wird vor allem angewendet, wenn mit einer höheren Lagertemperatur gerechnet werden muß, sei es, daß die elektrische Maschine an einem Aufstellungsort mit höheren Raumtemperaturen laufen muß, bzw. daß sie von einer äußeren Wärmequelle aufgeheizt wird, oder daß bei hohen Umfangsgeschwindigkeiten die Lagerreibungsverluste zu groß sind. Auch wenn sich zu kleine

Schmierfristen ergeben, wird Ölschmierung in Betracht gezogen. Durch Öl kann die Schmiermittelmenge besser dosiert und vor allem die Wärmeabfuhr verbessert werden.

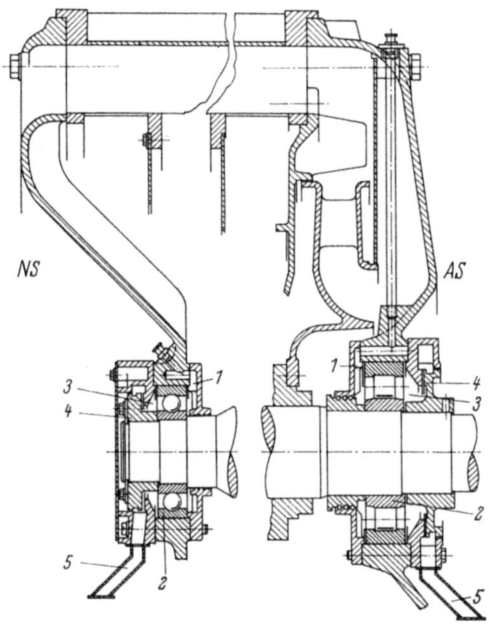

Abb. 487. Wälzlager mit Fettmengenregler
1 Innere Lagerkammer
2 Wälzlager
3 Äußere Lagerkammer
4 Scheibe des Fettmengenreglers
5 Austrittsöffnung

In Abb. 488 ist ein mit Öl geschmiertes Zylinderrollenlager eines Vertikalmotors dargestellt. Das Öl wird durch die kegelige Förderscheibe nach oben gefördert und gelangt durch Bohrungen des Lagergehäuses auf eine Verteilscheibe.

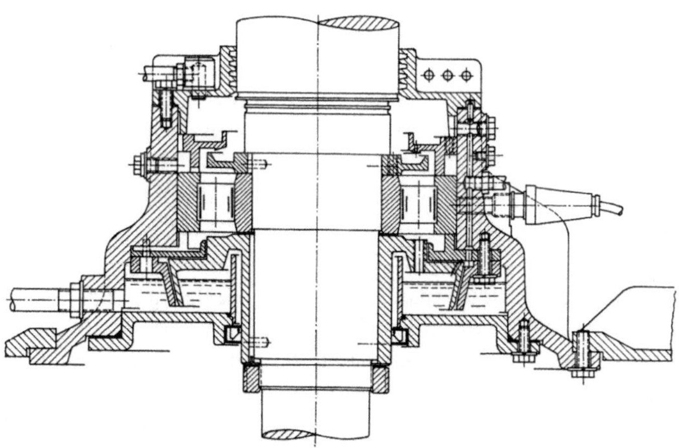

Abb. 488. Ölgeschmiertes Wälzlager eines vertikalen Motors

Von hier tropft es durch Öffnungen auf einen mitlaufenden Ring, der das Öl an die Innenwand eines stillstehenden Ringes schleudert. Es läuft dann über die Rollenkörper wieder in den unteren Ölsammelbehälter zurück. Die Ölmenge kann durch eine Einstellschraube reguliert werden. Ein in der Mitte der senkrechten Bohrung angeschlossenes Manometer dient zur Kontrolle der Ölförderung. Man könnte das Öl auch in einfacher Weise durch die kegelige Förderscheibe von unten direkt an das Lager heranbringen. Die dargestellte Anordnung wurde jedoch gewählt, um bei dem zu erwartenden langen Auslauf auch bei kleiner Umdrehungszahl noch eine Notschmierung aus der gefüllten Verteilscheibe zu gewährleisten. Auch beim Anlauf steht sofort Öl aus dem umlaufenden Ring zur Verfügung.

c) Lebensdauer und Anwendungsbereich der Wälzlager. Bei den im Elektromaschinenbau vorkommenden Leistungen und Drehzahlen ist die Grenze der gängig geführten Wälzlager hinsichtlich ihrer Tragfähigkeit und der maximal zulässigen Drehzahl (in den Kugellager-Katalogen angegeben) bei der geforderten Lebensdauer bald erreicht. Man rechnet bei Haushaltgeräten mit einer Lebensdauer von etwa 2000 Stunden, bei mittleren Motoren mit etwa 15 000 bis 20 000 Stunden, bei Maschinen für Versorgungsbetriebe mit 50 000 bis 100 000 Stunden.

Bei 3000tourigen Motoren können Rillenkugel- und Zylinderrollenlager bis zu einem Lagerdurchmesser von etwa 80 mm, bei 1500tourigen Maschinen bis zu einem Lagerdurchmesser von 140 mm verwendet werden. Die entsprechenden Leistungen sind etwa 280 bis 1500 kW. Im ganzen Bereich höherer Leistungen und niedriger bis hoher Drehzahlen findet man im Elektromaschinenbau fast ausschließlich Gleitlager.

C. Gleitlager

a) Gleitlager für horizontale Wellen. Bei elektrischen Maschinen sind die Lagerkräfte vom Standpunkt der Lagerauslegung in ihrer Größe und Richtung unveränderlich. Die im Elektromaschinenbau üblichen Flächenpressungen betragen für horizontale Traglager etwa 8 bis 25 kp/cm² (für vertikale Traglager bis 40 kp/cm²) im Dauerbetrieb.

Sind *Schildlagermaschinen* mit Gleitlagern ausgerüstet, so wird das Lagergehäuse meist nicht mehr an den Lagerschild angegossen oder angeschweißt, sondern man verwendet sog. *Einsatzlager*, die an den Schild angeschraubt werden (s. Abb. 321). Diese konstruktive Lösung wird bevorzugt, weil der Schild wahlweise für Wälzlagereinbau oder für Gleitlager verwendet werden kann. Die einteiligen Lagerköpfe haben nach der Motorseite zu einen gedrehten Ansatz, der in die Lagerschildbohrung paßt. Die Lagerschalen haben oft eingegossene Wasserkühlschlangen.

Bei kleineren Lagerdurchmessern werden *einteilige* Bronzebuchsen, bzw. Schalen mit Weißmetall in einteiligen Lagerköpfen vorgesehen, bei größeren zweiteilige mit Weißmetall ausgegossene Schalen in *zweiteiligen* Lagerköpfen. Die Schalen werden mit tragenden Längen von 0,8 bis 1,2 d (d = Durchmesser des Lagerzapfens) ausgeführt und kegelig oder auf einer verhältnismäßig schmalen Ringfläche gelagert, so daß eine gewisse Einstellmöglichkeit gegeben ist. Das *Bocklager* mit zweiteiligen Lagerschalen und abnehmbarem Lagerdeckel ist die normale Lagerform für alle großen bis größten Leistungen. Nur bei Turbogeneratoren mit 3000 bzw. 3600 U/min und Leistungen über 100 MVA wird mit Rücksicht auf die bessere Laufruhe *Schildlagerung* vorgesehen (vgl. Abb. 324). Bei Turbogeneratoren mit Wasserstoffkühlung sind die Schildlager funktionell gegeben, da das Gehäuse sowieso explosionssicher ausgeführt werden muß und damit die Tragfunktion übernehmen kann (vgl. auch S. 352).

Die übliche Schmierungsart für horizontale Lager ist die *Tauchringschmierung* mit losen Schmierringen. Feste Schmierringe werden im Elektromaschinenbau selten und nur dort verwendet, wo bei möglichen Schräglagen (also z. B. in Maschinen für Schiffe) ein Hängenbleiben des losen Ringes zu befürchten ist.

Reicht die Lageroberfläche zur Wärmeabfuhr nicht mehr aus, so wird Spülölschmierung, seltener *Wasserkühlung* durch in der unteren Lagerschale eingegossene Wasserkühlschlangen vorgesehen. Man kann die Grenze für die Anwendungsmöglichkeit der Ringschmierung nach oben verschieben durch Vergrößerung der Lageroberfläche in Form angegossener bzw. angeschweißter Rippen oder durch Verbesserung der Wärmeabfuhr mittels eines über den Lagerkopf gelenkten Luftstromes.

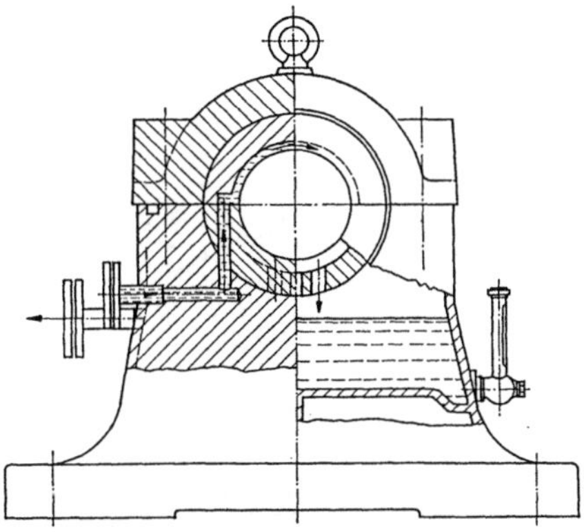

Abb. 489. Prinzip der Spülölschmierung

Bei *Spülölschmierung* wird Öl zur intensiveren Kühlung der Lagerstelle herangezogen, indem es durch eine in der nichttragenden Lagerschale befindlichen und in Umfangsrichtung verlaufenden Nut über die Welle geleitet wird (Abb. 489). Die Welle holt sich von dem zugeführten gekühlten Öl den für den Schmierfilm notwendigen Anteil; der größere Teil des Öles dient der unmittelbaren Kühlung der Welle. Ein großer Öldruck ist nicht in der Lage, mehr Schmiermittel in den Schmierspalt zu bringen, dagegen können sich dadurch Abdichtungsschwierigkeiten ergeben. Man sollte daher mit dem Öldruck bei Spülölschmierung nicht über 0,5 atü gehen und für reichlichen Querschnitt des Ölablaufrohres, d. h., für den 4- bis 5fachen des Zulaufrohres sorgen. Das Öl wird in besonderen wasserdurchflossenen Ölkühlern rückgekühlt.

Große Gleitlager mit mehr als 16 kp/cm² Flächenpressung oder solche mit häufiger Drehrichtungsumkehr, wie es z. B. bei Antriebsmotoren von Walzenstraßen der Fall ist, erhalten sog. *Druckölentlastungen* beim Anfahren (s. Abb. 122a). Es wird beim Anfahrvorgang in der Druckzone der unteren Lagerschale Schmieröl mit einem Druck von etwa 50 bis 200 atü zugeführt, so daß die Zeit, während der das Lager mit Grenzreibung fährt, stark verkürzt und außerdem die Anfahrreibung verringert wird.

Müssen horizontale Gleitlager gleichzeitig Axiallasten aufnehmen, so wird bei kleineren Lagern an die Lagerköpfe ein Zusatzgehäuse mit einem Rillenkugellager angebaut. Man kann auch einen etwas vergrößerten Wellenbund einfach anlaufen lassen, sofern die Flächenpressung nicht mehr als 5 kp/cm² beträgt. Bei großen Axiallasten werden die Gleit-Radiallager mit einem einseitig oder beidseitig tragenden Segmentspurlager kombiniert, auf das noch bei der Behandlung des vertikalen Gleitlagers zurückgekommen wird.

Ein großes Bocklager für eine Radiallast von 122 t und eine Axialbelastung von 140 t bei 600 U/min zeigt Abb. 490. Der Spurring ist in der Mitte des Lagers zwischen den zwei Schalen für die Radiallast angeordnet. Man erkennt die Ausnehmungen in den oberen Lagerschalen durch die das Spülöl strömt. Das Axiallager ist als in beiden Richtungen tragendes Segmentspurlager ausgeführt. Das Öl gelangt über eine in den Schalen befindliche Ringnut durch Düsen zwischen die Segmente. Die Lagerschalen sind mit Druckölentlastung für den Anfahrvorgang ausgerüstet. Der Bock steht zur Unterbindung von Lagerströmen auf einer Hartpapierplatte. Die Befestigungsschrauben sind mittels Hartpapierrohren und Scheiben gegen den Bock isoliert.

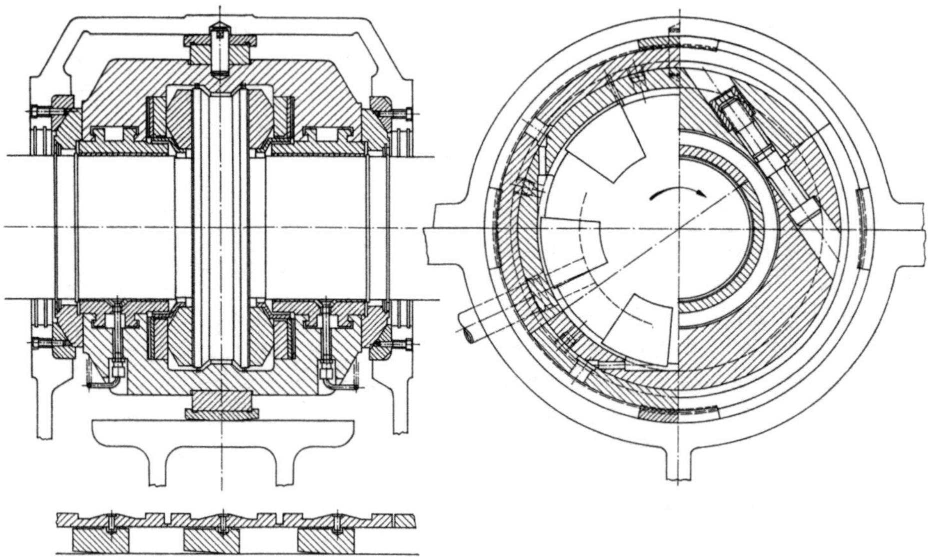

Abb. 490. Bocklager, kombiniertes Radial- und Axiallager

Gleitlager arbeiten im Bereich reiner Flüssigkeitsreibung. Der für die Ausbildung eines voll tragfähigen hydrodynamischen Schmierfilms erforderliche Druck wird durch keilförmige Anlaufbahnen erzeugt. Der entstehende Tragkeil wird durch exzentrischen Lauf des Zapfens im Lager automatisch erzeugt oder ist durch konstruktive Mittel zu erzwingen.

Hochtourige Maschinen mit kleinen Belastungen haben kleine relative Lager-Exzentrizität und müssen mit ausreichendem Lagerspiel versehen werden, um die Reibungszahl klein zu halten. Dann besteht aber die Gefahr, daß die Welle keine stabile Lage einnimmt und unruhig läuft (s. S. 543). Man sieht dann an Stelle einer zylindrischen Bohrung Lager mit sog. Zitronenspiel oder Dreiflächen-Gleitlager vor, wodurch die Welle zwischen zwei bzw. drei Druckberge eingespannt wird. Beim Lager mit *Zitronenspiel*, das bei 1500- und 3000tourigen Maschinen angewendet wird, ist das Spiel in senkrechter Richtung kleiner als in waagrechter, was dadurch erreicht wird, daß beim Bearbeiten der Schalenbohrung Beilagen in die horizontale Teilfuge gelegt und nachher wieder entfernt werden.

In Abb. 491 ist ein schematischer Schnitt durch ein *Dreiflächengleitlager* (Dreikeillager) dargestellt. Die Schalenbohrung ist mit drei linear angeschrägten Keilflächen versehen, die zwischen zylindrischen Rändern der Schale liegen. Dadurch wird der Ölabfluß nach den Seiten erschwert. In Umfangsrichtung gesehen folgt auf jede Keilfläche eine zylindrische Gleitfläche. Die Welle ruht im Stillstand auf der unten liegenden zylindrischen Gleitfläche, die auch die Eintrittsöffnung für die Druckölentlastung enthält. Das Schmieröl tritt bei *A* in den äußeren Ringraum ein und gelangt über die drei radialen Öffnungen der Schale vor die Keilflächen. Das Dreiflächengleitlager läuft auch bei kleiner Exzentrizität sehr stabil und ist in der Lage, hohe Belastungen aufzunehmen. Es wird bei großen 3000- bzw. 3600tourigen Turbogeneratoren verwendet.

Die *Abdichtung* der Lager an der Wellendurchtrittsstelle geschieht je nach den Erfordernissen in verschiedener Weise. In Abb. 486 sind einige Ausführungen

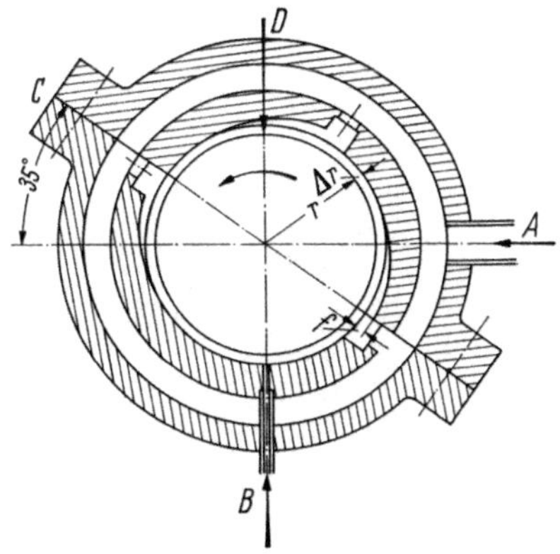

Abb. 491. Horizontales Dreiflächengleitlager (Dreikeillager)
A Ölversorgung; B Druckölentlastung; C Montagetrennfläche; D Belastung des Lagerzapfens

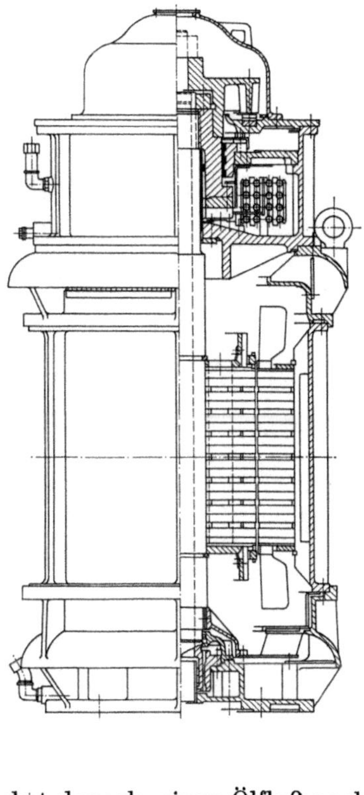

Abb. 492. Hohlwellenmotor

dargestellt. In allen Fällen trachtet man zunächst danach, einen Ölfluß nach der Dichtungsstelle zu vermeiden, indem man umlaufende Rillen in die Welle oder Spritzringe andreht, an deren Kanten das Öl abgeschleudert wird. Es genügt dann meist noch eine Filzdichtung bei langsam laufenden oder bei schneller laufenden Maschinen mehrere hintereinander geschaltete Ölabstreifringe aus Messing vorzusehen. Ist mit einer Saugwirkung von außen zu rechnen, so wird eine Druckausgleichskammer nach Abb. 486f. vorgesehen, d. h., eine Kammer, die durch eine Bohrung mit der Außenluft verbunden ist. Noch besser ist es, der Kammer Luft etwas höheren Druckes — also z. B. aus dem Maschinengehäuse hinter dem Ventilator — zuzuführen, Abb. 330 und 486i. Sie wirkt dann als Überdruckkammer und erzeugt einen Gegendruck auch gegen das Lagerinnere.

b) Gleitlager für vertikale Wellen. Vertikalachsige mittlere Motoren und kleine Generatoren können bis zu Leistungen von etwa 1500 kW und Drehzahlen bis 1500 U/min noch größtenteils mit Axialwälzlagern ausgerüstet werden, weil bei diesen — über eine elastische Kupplung mit der Arbeitsmaschine verbundenen — Motoren nur das Rotorgewicht als Axiallast aufzunehmen ist.

Eine Ausnahme stellen z. B. sog. Hohlwellenmotoren dar, die über ihre hohle Welle das Antriebsgestänge tief in der Erde liegender Pumpen mittragen müssen und mit Segmenttraglagern ausgerüstet sind, Abb. 492.

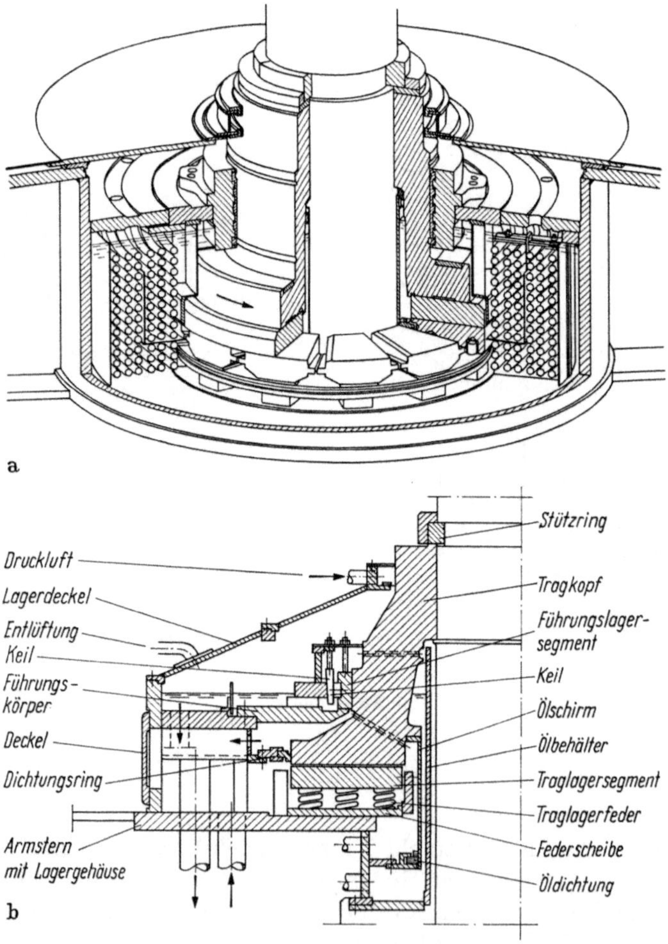

Abb. 493. Beispiele kombinierter Segmenttrag- und Führungslager

Elektrische Maschinen mit vertikaler Welle und größerer Leistung werden alle mit *Segmenttraglagern* (Spurlagern, Abb. 493a u. b) ausgerüstet. Hauptbedingung dieser Lager — deren konstruktive Gestaltung übrigens sehr unterschiedlich sein kann — ist, daß alle Segmente gleichmäßig zum Tragen herangezogen werden und daß die Segmente eine möglichst optimale Schräglage zur Erzielung eines keilförmigen Schmierspaltes einnehmen können. Sie sind deshalb im allgemeinen exzentrisch kippbar gelagert. Die erste Forderung wird erfüllt durch möglichst symmetrische Ausbildung der Tragkonstruktion, um gleichmäßige Durchbiegung zu erreichen, und durch Lagerung der Spurklötze auf eine entweder durch Schrauben einstellbare Unterlage (s. Abb. 56) oder auf elastische oder plastisch-elastische Zwischenglieder. Elastische Zwischenglieder können Schrauben- oder Tellerfedern sein oder mehrere übereinanderliegende dünne Blechlagen sowie Federplatten sehr hoher Festigkeit. Plastisch-elastische Zwischenglieder sind Fiber- oder Kunststoffplatten und Weicheisenringe, in die sich gehärtete Kalotten eindrücken. Für die Gleitflächen werden folgende Werkstoffe verwendet:

Laufring		*Segmente*
Stahl	und	Stahl mit Weißmetallaufguß
Perlitguß	und	Perlitguß
Stahl	und	Perlitguß.

Zur radialen Führung dienen *Führungslager*, die bei großen Durchmessern auch als Segmentlager ausgeführt werden. Abb. 493 zeigt den Aufbau eines kombinierten Trag- und Führungslagers. Die Welle stützt sich über den Tragring, den Tragkopf und den Laufring auf die Tragsegmente ab[1]. Die Tragsegmente ruhen auf einem Paket kalibrierter Ringe aus dünnen Messingblechen, die mit den dazwischen befindlichen Ölschichten eine gleichmäßige Belastung der einzelnen Segmente gewährleisten. Durch die exzentrische Unterstützung der Segmente wird das Kippen zur Erzielung des keilförmigen Schmierfilmes erleichtert. Das erwärmte Öl wird durch die rotierenden Teile nach außen bewegt. Bei kleinen und mittleren Drehzahlen erhält der Spurring radiale Bohrungen; bei höheren Drehzahlen genügt die Pumpwirkung der umlaufenden Oberflächen. Durch geeignete Leitbleche wird das Öl so geführt, daß es alle Rohre der eingebauten Wasserkühlschlange umspült, vielfach ist der Kühler nicht eingebaut, sondern außenliegend, Abb. 493b. Unterhalb der Segmente wird das kalte Öl dann wieder in den inneren Ringraum gesaugt und gelangt von da über die zwischen den Segmenten befindlichen Zwischenräume in den Schmierspalt. Laufringe und Tragsegmente des dargestellten Lagers sind aus Perlitguß hergestellt, bei einer mittleren Flächenpressung von 37 kp/cm². Das selbstschmierende Führungslager stützt den mit einer Gleitfläche versehenen Tragkopf über eine Zwischenplatte gegen das Spurlagergehäuse ab, das in diesem Falle den Mittelteil der Tragbrücke darstellt.

Die Wirkungsweise des *selbstschmierenden Führungslagers* geht aus Abb. 494 hervor. Die mit ihrem unteren Drittel in das Öl eintauchende Führungslagerschale besitzt in Drehrichtung schräg nach oben geführte Nuten, durch die der umlaufende, an die Welle angeschmiedete Laufring das Öl in eine obere Ringnut fördert. Überschüssiges Öl kann über aus der Ringnut führende, radiale Bohrungen abfließen. Auch hier sind im Öltopf wieder Leitbleche vorgesehen, die eine zu starke Ölbewegung durch die umlaufenden Teile und Schäumen des Öls verhindern. Die Lagerschale besitzt eingegossene Wasserkühlschlangen.

Bei Spurlagern für sehr hohe Lasten werden die Segmentabmessungen sehr groß. Um die Durchbiegung der Segmente in zulässigen Grenzen zu halten, müssen sie relativ dick ausgeführt werden. Auch die Werkstattgenauigkeit reicht bei der

[1] Bei Abb. 493b ist kein Laufring vorhanden.

Herstellung ebener Flächen mit zunehmender Größe der Segmente nicht mehr aus, um im Betrieb bei der erzielten Schmierschichtdicke eine Berührung der Flächen mit Sicherheit zu vermeiden. Man sieht dann zweckmäßig *zweireihige Segment-Traglager* nach Abb. 495 vor. Bei diesen sind zwei Segmentreihen konzentrisch angeordnet. Je zwei radial nebeneinanderliegende Segmente stützen sich gegen einen gemeinsamen Balken ab, der in seiner Mitte so unterstützt ist, daß die zwei Segmente gleichmäßig zum Tragen herangezogen werden.

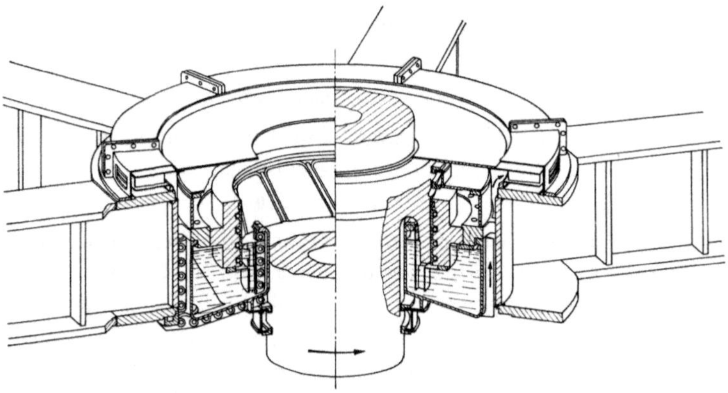

Abb. 494. Selbstschmierendes Führungslager

Die Entwicklung der letzten Jahrzehnte im Wasserkraftgeneratorbau, die auch auf Verringerung der *Maschinenbauhöhe* hinzielt, hat auch auf die Lagergestaltung und Lageranordnung Einfluß genommen. Das Traglager wird nur noch bei kleinen Maschinen mit niedriger Tragsternhöhe in einem eigenen Gehäuse untergebracht. Bei großen Generatoren ist es in das als Traglagergehäuse ausgebildete Mittelstück des Tragsterns eingebaut, so daß an Bauhöhe fast die ganze Lagerhöhe gewonnen wird.

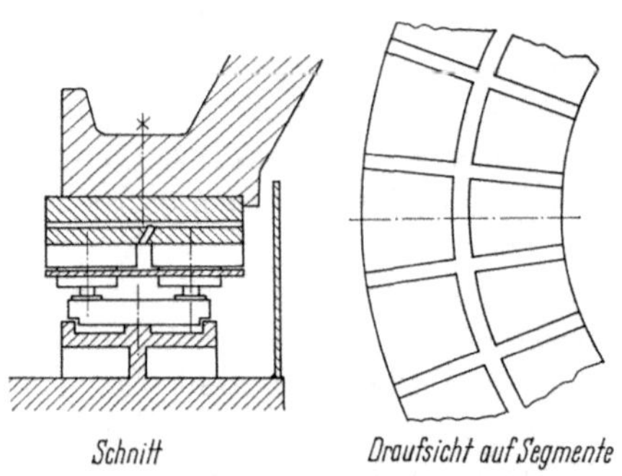

Abb. 495. Prinzip eines Segmenttraglagers mit zwei konzentrischen Segmentreihen

In Abb. 65 sind die gebräuchlichsten Lageranordnungen gezeigt. Bei der klassischen Bauform ist das Trag- und Führungslager auf bzw. im oberen Tragstern, also über dem Rotor des Generators angeordnet (Abb. 52, 53, 55). Günstiger in bezug auf die Kraftübertragung der Lagerlasten auf das Fundament ist es, das kombinierte Trag- und Führungslager unterhalb des Rotors oder Turbinendeckels in den unteren Tragstern zu setzen und die Welle durch ein im oberen Stern liegendes Führungslager zu führen. In bestimmten Leistungs- und Drehzahlbereichen kann man den Generatorrotor auch fliegend, d. h. ohne ein darüberliegendes Führungslager anordnen. Solche sog. *Schirmtypen* zeigen Abb. 54 und 56.

Die ständig wachsenden Forderungen der Kraftwerksunternehmungen nach hohen Generatorwirkungsgraden haben auch zur Überlegung geführt, wie die

Traglagerverluste gesenkt werden können. Bei einem Generator von 50 MW macht der Anteil der Spurlagerverluste bei voller Beaufschlagung etwa 0,5%, also 250 kW aus, ein Wert, dessen Herabsetzung durchaus interessant ist. Zwei Möglichkeiten dazu, die allerdings noch in voller Entwicklung stecken, sind die magnetische Spurlagerentlastung und das hydrostatische Lager.

Bei der *magnetischen Traglagerentlastung* wird durch den Zug eines Elektromagneten dem Gewicht des Rotors derart entgegengewirkt, daß eine Entlastung des Traglagers resultiert[1]. Ist die Entlastung eine vollständige, indem der Zug des Magneten so stark bemessen wird, daß der Rotor von den Tragsegmenten abhebt, so läuft der Rotor gegen eine Gegenspur. Bei Teilentlastung vermindern sich die Verluste nicht proportional mit der Belastungsabnahme, sondern mit deren Wurzel (s. Gl. (15), S. 62).

Läßt man dagegen den Rotor bei Vollentlastung der Tragsegmente mit relativ kleiner Kraft an eine Gegenspur, jedoch mit der üblichen spezifischen Flächenpressung[2] anlaufen und sorgt durch eine Regelung dafür, daß diese Belastung unabhängig von der Wasserlast konstant bleibt, so verhalten sich die Reibungsverluste bei Betrieb ohne, zu Betrieb mit magnetischer Entlastung etwa wie Hauptlast zu Gegenspurlast.

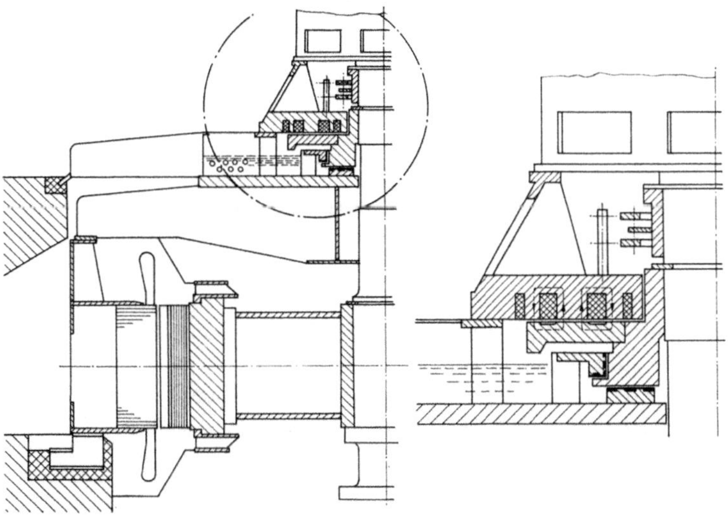

Abb. 496. Traglager mit magnetischer Traglagerentlastung

Abb. 496 zeigt die Anordnung einer magnetischen Traglagerentlastung mit Gegenspur. Die Gegenspur wird von einer Reihe von Kippsegmenten an der Unterseite der Führungslagerschale gebildet. Im Tragstern ist der Magnetkörper mit der Erregerwicklung eingebaut. Der Fluß schließt sich über die umlaufende Ankerscheibe. Die außen sichtbare Kompensationswicklung soll verhindern, daß sich zusätzliche Streuflüsse über die Welle schließen. Die Belastung an der Gegenspur kann in der Größenordnung von wenigen Tonnen, z. B. durch magneto-

[1] Tittel, J.: Magnetische Entlastung der Spur- und Traglager bei Vertikalmaschinen. ETZ-A, 86 (1965) 10.

[2] Die Reibungsverluste nehmen mit zunehmender Flächenpressung ab.

elastische Druckmeßdosen auch bei Veränderung des Wasserschubes konstant gehalten werden. Die Erregerverluste des Magneten betragen ca. 30 W/Mp Zugkraft.

Beim *hydrostatischen Traglager* wird im Gegensatz zum hydrodynamisch geschmierten Lager, bei dem der zum Tragen der Last notwendige Druck im Schmiermittel durch die Bewegung der Welle erzeugt wird, die Schmierflüssigkeit durch eine besondere Pumpe mit so hohem Druck zwischen die Gleitflächen gedrückt, daß keine Berührung eintreten kann. Abgesehen von der Notwendigkeit, eine für den erforderlichen Druck geeignete Hochdruckpumpe von ungefähr 200 kp/cm² Druck zu verwenden, besitzt das hydrostatische Lager folgende Vorteile:

1. geringere Reibungsleistung,
2. keine Festkörperberührung auch beim An- und Auslauf, also geringeres Anfahrmoment und völlige Vermeidung von Verschleiß,
3. stärkerer Öldurchsatz und daher bessere Wärmeabfuhr.

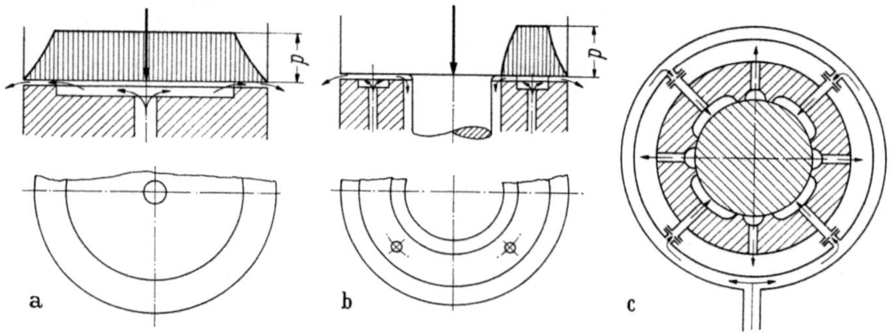

Abb. 497. Hydrostatische Lager (schematisch)
a einfaches Traglager; b ringförmiges Traglager; c radiales Führungslager

Die geringere Reibungsleistung bewirkt trotz zusätzlichem Leistungsaufwand für die Hochdruckpumpe eine beachtliche Reduktion der totalen Lagerverluste gegenüber dem Keillager.

In Abb. 497a und b sind zwei Typen hydrostatischer Axiallager skizziert. Das ringförmige Lager der Abb. 497b eignet sich für größere Ausführungen. Das hydrostatische Prinzip kann auch auf Radiallager angewendet werden, wie Abb. 497c zeigt.

D. Lagerströme

Der Vermeidung von *Lagerströmen* ist besondere Aufmerksamkeit zu schenken. Lagerströme werden in elektrischen Maschinen durch elektromagnetische Flußschwankungen hervorgerufen, die durch Unsymmetrien (z. B. Teilfugen bei geteiltem Gehäuse) entstehen. Der sich über die Pole einer Synchronmaschine schließende Polfluß ändert seine Größe während der Drehung des Polrades, je nachdem, ob er sich über eine ungeteilte Stelle des Stators schließt oder über eine Teilfuge mit größerem magnetischem Widerstand. Die durch die Flußänderung in der Welle induzierte Spannung hat einen Strom in Achsrichtung zur Folge, der sich über die Lager und die Grundplatte schließt. Hierbei tritt der Strom durch die Oberfläche der aufeinander gleitenden oder abrollenden Teile hindurch und verursacht Störungen an den Oberflächen. Zur Vermeidung von Lagerströmen werden einzelne Lager isoliert. Man kann auch sog. Erdungsbürsten vorsehen, die auf der Welle schleifen und die Ströme ableiten. In Abb. 498a und b ist der Weg der Lagerströme und die Stellen, die normalerweise isoliert werden, angedeutet. Lagerströme können aber auch durch einen unipolaren Fluß auftreten. Hierbei tritt ein Fluß, der z. B. durch axiale Magnetisierung der Welle entstehen kann, über die Lagerstelle. Die am ganzen Umfang radial in die Welle eintretenden Kraftlinien induzieren eine Spannung, so daß sich ein Stromkreis innerhalb eines Lagers über die Lauffläche schließt. Solche Lagerströme können durch Schwächung des unerwünschten Flusses mittels unmagnetischen Materials vermieden werden.

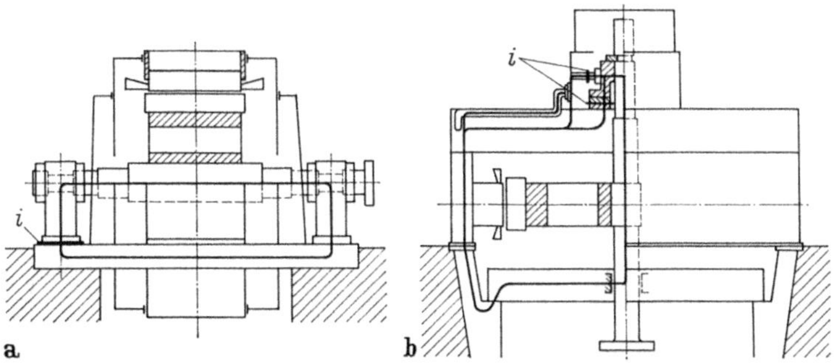

Abb. 498. Schematische Darstellung der Lagerstromwege
a Bocklagermaschine; b vertikaler Drehstrom-Generator; i = Isolierstelle

VIII. Federnde Aufstellung elektrischer Maschinen

a) Allgemeiner Fall. Die federnde Aufstellung elektrischer Maschinen erlaubt grundsätzlich eine Ausbreitung von störenden Vibrationen auf die Umgebung zu mindern und wirkt daher bei fachgerechter Ausführung wie ein mechanischer Isolator. Der Wunsch nach einem möglichst lokalisierten Störungsherd liegt auf der Hand. Bei Großmaschinen können die durch die Lager oder den Stator übertragenen periodischen Kräfte zur Schädigung des Fundamentes und zu einer Verkürzung der Lebensdauer der Maschine führen. Bei Kleinmaschinen sind die Kräfte im allgemeinen unbedeutend, hingegen können die Vibrationen oft die Quelle lästiger Lärmausbreitung werden. Selbstverständlich wird man als erstes die Ursache der Störung zu beseitigen versuchen und die Maschine so gut als möglich auswuchten. Es gibt jedoch Fälle, wo diese Maßnahme nicht möglich ist. So wird beispielsweise bei Einphasenmaschinen für die Bahntraktion[1] die Leistung pulsierend abgegeben. Es entstehen zeitlich periodisch ändernde Drehmomente zwischen Rotor und Stator, welche durch den Stator auf das Fundament übertragen werden müssen. Eine federnde Lagerung des Stators, Abb. 69, 70 und 292, erlaubt dann die Auswirkung der Kräfte zu begrenzen. Die Wirksamkeit einer solchen Maßnahme ist einerseits abhängig vom zeitlichen Verlauf der ursächlichen Schwingungserregung, andererseits von der geeigneten Wahl der federnden Zwischenlage und kann durch letztere weitgehend beeinflußt werden.

Es zeigt sich bei näherer Betrachtung, daß nur die tiefe Abstimmung Aussicht auf Erfolg verspricht, d. h., die Eigenfrequenz des Stators auf dem Fundament

[1] MÜLLNER, F.: Einphasengeneratoren für Bahnstrom. El. Bahnen 23 (1952) 9.

muß niedriger sein als die Frequenzen der erregenden Kräfte. Um einen Überblick zu gewinnen, wählen wir das denkbar einfachste Schwingungssystem (Abb. 499a), bestehend aus einer Masse m als Stator I, welche über eine Feder II mit der Federzahl c auf dem Fundament III ruht. Der Stator werde mit der Kraft $F(t) = F_0 \sin \omega t$ als Auswirkung irgendeiner Unwucht periodisch belastet. Die dynamische Gleichgewichtsbedingung des Systems liefert die bekannte Schwingungsdifferentialgleichung

$$\underline{m\ddot{x} + cx = F(t)} \qquad [F(t) = F_0 \sin \omega t] \tag{290}$$

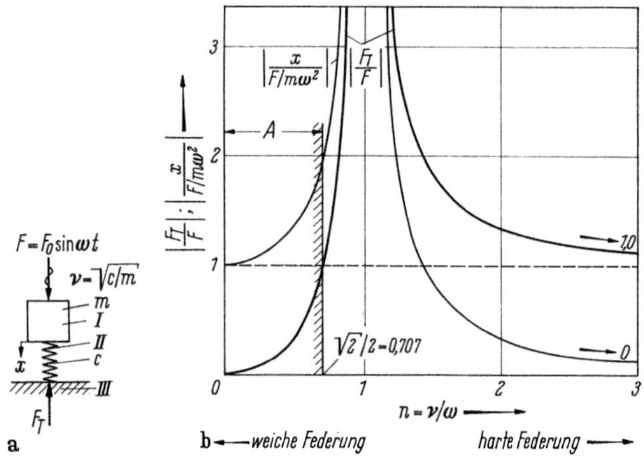

Abb. 499. Mechanische Isolation

a) Modell
b) $F_T/F = n^2/(n^2-1)$ Übertragungsfunktion der Kräfte;
$\dfrac{x}{F/m\omega^2} = \dfrac{1}{n^2-1}$ Übertragungsfunktion der Ausschläge;
A Bereich der wirksamen Isolation;
ν Eigenkreisfrequenz des Modells

mit x als Ausschlag des Stators. Sie besitzt bekanntlich die inhomogene Lösung

$$x(t) = \frac{F_0 \sin \omega t}{c - m\omega^2} = \frac{F_0 \sin \omega t}{m\left(\frac{c}{m} - \omega^2\right)} = \frac{F_0 \sin \omega t}{m(\nu^2 - \omega^2)}; \quad \left(\nu = \sqrt{\frac{c}{m}}\right) \tag{291a}$$

als Ausdruck der erzwungenen Schwingung durch die Erregerkraft $F(t)$. Resonanz tritt bei $\omega = \nu$ auf, wobei ν die Eigenkreisfrequenz des Systems bedeutet. Mit dem Verhältnis von Eigenfrequenz zu Erregungsfrequenz $n = \nu/\omega$ hat (291a) die Form

$$x(t) = x_0 \sin \omega t; \quad x_0 = \frac{F_0}{m\omega^2} \cdot \frac{1}{n^2 - 1}; \quad \left(n = \frac{\nu}{\omega}\right). \tag{291b}$$

Der Absolutwert des Faktors $\dfrac{1}{n^2 - 1}$ ist in Abb. 499b über n aufgetragen.

Die Fundamentkraft F_T ergibt sich durch Multiplikation mit der Federzahl c. Es ist $F_T = cx$. Vergleicht man diese Kraft mit $F = F_0 \sin \omega t$, also mit derjenigen Kraft, die sich ergäbe, wenn der Stator starr mit dem Fundament verbunden würde, oder mit andern Worten mit derjenigen Kraft, die auf das Fundament übertragen würde, wenn keine Federung wirksam wäre, so kann das zeitunabhängige Verhältnis

$$\frac{F_T}{F} = \frac{c\,x(t)}{F_0 \sin \omega t} = \frac{\nu^2}{\nu^2 - \omega^2} = \frac{n^2}{n^2 - 1} \qquad (292)$$

als Wirkung des mechanischen Isolators angesehen und als Übertragungsfunktion der Kräfte bezeichnet werden. Der Absolutwert dieses Ausdruckes ist in Abb. 499b graphisch aufgetragen. Man erkennt, daß eine wirksame Isolierung der Fundamentkräfte nur im schraffierten Gebiet $n < \sqrt{2}/2 = 0{,}707$, also bei tiefer Abstimmung, zu erwarten ist, denn nur dort ist die Fundamentkraft mit Feder kleiner

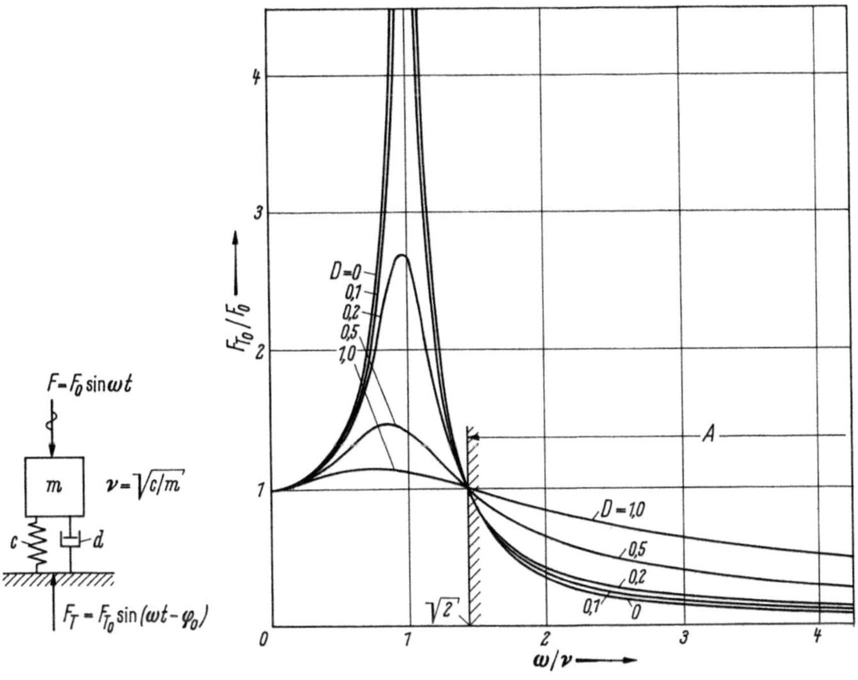

Abb. 500. Einfluß der Dämpfung auf die mechanische Isolation
F_{T_0}/F_0 Übertragungsfunktion der Kräfte; A Bereich der wirksamen Isolation; $D = d/2\sqrt{cm}$ LEHRsches Dämpfungsmaß; ν Eigenkreisfrequenz des ungedämpften ($d = 0$) Modells

als ohne Feder und damit die erhoffte Wirkung der gefederten Aufstellung gewährleistet. Man wird deshalb für eine wirksame Aufstellung des vorliegenden Systems fordern müssen

$$\nu = \sqrt{\frac{c}{m}} < 0{,}707\,\omega\,. \qquad (293)$$

Die Darstellung der Übertragungsfunktion in Abb. 499b hat den Nachteil, daß der Bereich der wirksamen Federung nur einen stark beschränkten Bereich der Abszissenachse einnimmt. Man kann dies dadurch verbessern, daß der reziproke Wert von $n = \nu/\omega$, also das Verhältnis ω/ν, die sog. *Abstimmung* auf der Abszissenachse aufgetragen wird. Dies führt zur Darstellung der

Abb. 500, in der zusätzlich der Einfluß einer geschwindigkeitsproportionalen Dämpfungskraft $d\dot{x}$ durch den Parameter $D = d/2\sqrt{cm}$, das sog. LEHRsche Dämpfungsmaß, dargestellt ist[1]. Man erkennt aus Abb. 500, daß erstens der Bereich der wirksamen Isolation durch die Dämpfung nicht beeinflußt wird — alle Kurven verschiedener Dämpfung D gehen für $\omega/\nu = 2/\sqrt{2} = \sqrt{2}$ durch ein und denselben Punkt — und zweitens, daß die Dämpfung im wirksamen Isolationsbereich für jedes $D > 0$ größere Fundamentkräfte zur Folge hat. Daraus folgt, daß die geschwindigkeitsproportionale Dämpfung für eine mechanische Isolation unerwünscht ist.

b) Stationärer Lauf von Maschinen mit pulsierendem Drehmoment (Einphasenmaschinen). Prinzipiell ähnlich wie im Abschnitt a sind die Verhältnisse beim stationären Betrieb von Maschinen mit pulsierendem Drehmoment. In Abb. 501 ist ein Stator einer Einphasenmaschine skizziert, man denke z. B. an einen $16^2/_3$ Hz Bahnstromgenerator, der beidseitig auf Federn gelagert ist, Abb. 70, 292. Das polare Massenträgheitsmoment[2] sei mit Θ, die einseitige Federzahl mit c und der

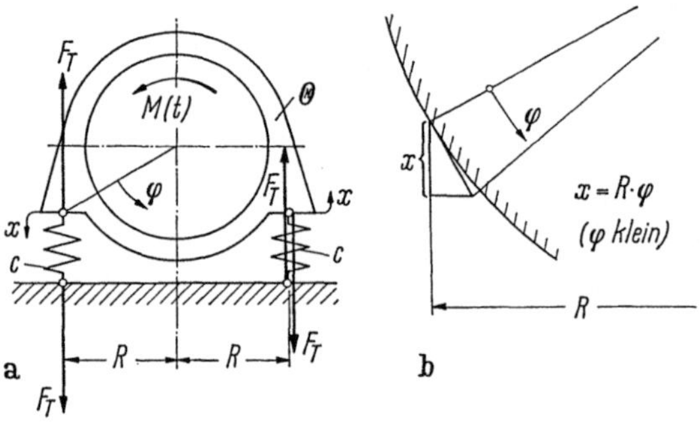

Abb. 501. System eines gefederten Stators

Abstand der Federn mit $2R$ bezeichnet. Man gelangt zur Bewegungsdifferentialgleichung durch Formulierung der dynamischen Gleichgewichtsbedingung. Wird der Drehwinkel des Stators mit φ und die einseitige Elongation der Feder mit x bezeichnet, so ist das Massenträgheitsdrehmoment durch $M_T = \Theta\ddot{\varphi}$ und das elastische Rückstellmoment durch $M_F = 2F_T R$ gegeben, wobei $F_T = cx$ die einseitige elastische Rückstellkraft bedeutet. Die Kraft F_T wird direkt auf das Fundament übertragen, so daß man sie auch als Fundamentkraft bezeichnen kann. Aus der Geometrie der Abb. 501 b ist noch die Beziehung $x = \varphi R$ für kleine Drehwinkel φ zu entnehmen. Das Momentengleichgewicht liefert dann als einzige Gleichgewichtsbedingung

$$M_T + M_F = M(t),$$

wenn mit $M(t)$ das äußere Drehmoment auf den Stator bezeichnet wird. Es entsteht so die folgende Schwingungsdifferentialgleichung in φ

$$\Theta\ddot{\varphi} + 2cR^2\varphi = M(t)$$

[1] Die Differentialgleichung (290) hat mit geschwindigkeitsproportionaler Dämpfung die Form

$$m\ddot{x} + \mathrm{d}\dot{x} + cx = F(t).$$

[2] Vgl. S. 510.

oder

$$\ddot{\varphi} + \nu^2 \varphi = M(t)/\Theta \qquad \left(\nu = \sqrt{\frac{2cR^2}{\Theta}}\right). \tag{294}$$

Nun ist das stationäre mechanische Drehmoment der Einphasenmaschine gegeben durch den analytischen Ausdruck[1]

$$\overline{M} - M_0 \cos(2\omega t - \varphi_e) = M(t). \tag{295}$$

Es setzt sich zusammen aus einem zeitlich konstanten Drehmoment $\overline{M}$ und einem Wechseldrehmoment der doppelten Netzfrequenz mit der Amplitude M_0

$$\overline{M} = 97\,400 \frac{UI \cos\varphi_e}{n}; \qquad M_0 = 97\,400 \frac{UI}{n}$$

$$(\overline{M},\ M_0 [\mathrm{cm\,kp}];\ UI\ [\mathrm{kVA}];\ n\ [\mathrm{U/min}],\ \text{vgl. S. 43}).$$

Mit dem Ausdruck (295) ist die Differentialgleichung (294) explizite lösbar. Wir interessieren uns nur für die durch $M(t)$ erzwungene Schwingung, deren Lösung[2] lautet

$$\varphi(t) = \frac{\overline{M}}{2cR^2} - \frac{M_0 \cos(2\omega t - \varphi_e)}{\Theta[\nu^2 - (2\omega)^2]} = \overline{\varphi} - \frac{M_0 \cos(2\omega t - \varphi_e)}{(2\omega)^2 \Theta (n_2^2 - 1)}; \tag{296}$$

$$\left(n_2 = \frac{\nu}{2\omega}\right),$$

wie man durch Einsetzen in (294) erkennt. Sie besteht wie $M(t)$ aus einem zeitlich konstanten Glied $\overline{\varphi} = \overline{M}/2cR^2$ verursacht durch $\overline{M}$ und einem mit der doppelten Netzfrequenz 2ω schwingenden Glied, verursacht durch den ebenfalls mit der Kreisfrequenz 2ω schwingenden Drehmomentenanteil.

Im vorliegenden Zusammenhang interessiert das zeitlich konstante Glied $\overline{\varphi}$ nicht. Es bedeutet lediglich eine um den Winkel $\overline{\varphi}$ gedrehte Ausgangslage („Nullpunkts"-Verschiebung) des Stators. Wir setzen deshalb im folgenden $\overline{\varphi} = 0$.

Vergleicht man die Fundamentkraft $F_T = cx(t) = cR\varphi(t)$ mit derjenigen, die sich ergäbe, wenn die Verbindung des Stators mit dem Fundament starr wäre[3], also mit $F = M(t)/2R = -M_0 \cos(2\omega t - \varphi_e)/2R$, so entsteht ein Verhältnis der Kräfte von

$$\frac{F_T}{F} = \frac{2cR^2 \varphi(t)}{M(t)} = \frac{2cR^2}{\Theta[\nu^2 - (2\omega)^2]} = \frac{n_2^2}{n_2^2 - 1}; \quad \left(n_2 = \frac{\nu}{2\omega}\right) \tag{297}$$

unabhängig von der Zeit. Diese Übertragungsfunktion der Kräfte deckt sich formal mit jener des Modells, Gl. (292). Ihr Absloutwert kann auch der Abb. 499 entnommen werden, wenn n durch n_2 ersetzt wird. Um eine wirksame Isolation im *stationären Betrieb* zu gewährleisten, muß $|F_T/F| < 1$ sein, d. h., es ist zu fordern $\nu/\omega < \sqrt{2}$ oder

$$\nu = \sqrt{\frac{2cR^2}{\Theta}} < 1{,}414\,\omega. \tag{298}$$

---

[1] Spannung $u = U\sqrt{2}\sin\omega t$, Strom $i = I\sqrt{2}\sin(\omega t - \varphi_e)$ — $U[V]$; $I[A]$, Effektivwerte von Spannung und Strom

Momentanleistung $P = ui = 2UI \sin\omega t \sin(\omega t - \varphi_e) = UI[\cos\varphi_e - \cos(2\omega t - \varphi_e)$ $= UI\cos\varphi_e - UI\cos(2\omega t - \varphi_e)$.

[2] Partikuläres Integral der inhomogenen Gleichung.

[3] Die starre Verbindung kann theoretisch auch als Grenzwert für unendlich steife Federung ($c \to \infty$) aufgefaßt werden. Es gilt somit $F = \lim_{1/c \to 0} F_T$.

So z. B. müßte für einen $16^2/_3$ Hz Bahnstromgenerator die Eigenfrequenz des Stators kleiner als $1{,}414 \cdot 16^2/_3 = 23{,}5$ Hz sein. Daß diese Forderung für praktische Verhältnisse viel zu weit gefaßt ist, wird sich bei der folgenden Behandlung des Stoßkurzschlusses zeigen.

Vorgängig noch eine Bemerkung zu den Federwegen oder Schwingungsausschlägen. Große Federwege erfordern wegen der damit bedingten großen Relativbewegung von Stator und Fundament elastische (Strom-) Zuführungen. Wird der Federweg $x(t) = R\varphi(t)$ mit der zweiten Form von (296) ausgedrückt ($\overline{\varphi} = 0$), so ist

$$x(t) = \frac{M_0 R}{\Theta(2\omega)^2} \cdot \frac{1}{n_2^2 - 1} \cdot \cos(2\omega t - \varphi_e); \quad \left(n_2 = \frac{\nu}{2\omega}\right). \tag{299}$$

Interessiert man sich für die Federwege bei verschiedenen Federn, d. h., für ungleiche Federzahlen c und sonst gleichbleibende übrige Größen, insbesondere bei einer gegebenen Netzkreisfrequenz ω, so genügt es offenbar, den Faktor $\frac{1}{n_2^2 - 1}$ zu variieren. Er ist auch in Abb. 499 als Absolutwert über $n = 2n_2$ eingetragen. Man erkennt, daß im schraffierten Bereich der wirksamen Isolation die Schwingungsausschläge größer sind als im Bereich sehr harter Federung. Man darf füglich behaupten, daß der Preis für eine Verminderung der Fundamentkräfte die Zulassung größerer Federwege darstellt. Umgekehrt erreicht man mit harter Lagerung wohl kleine Ausschläge, muß jedoch relativ große Fundamentkräfte in Kauf nehmen.

c) Instationärer Lauf (einphasig-zweisträngiger Stoßkurzschluß). Die federnde Aufstellung elektrischer Maschinen hat nicht nur den stationären Zuständen zu

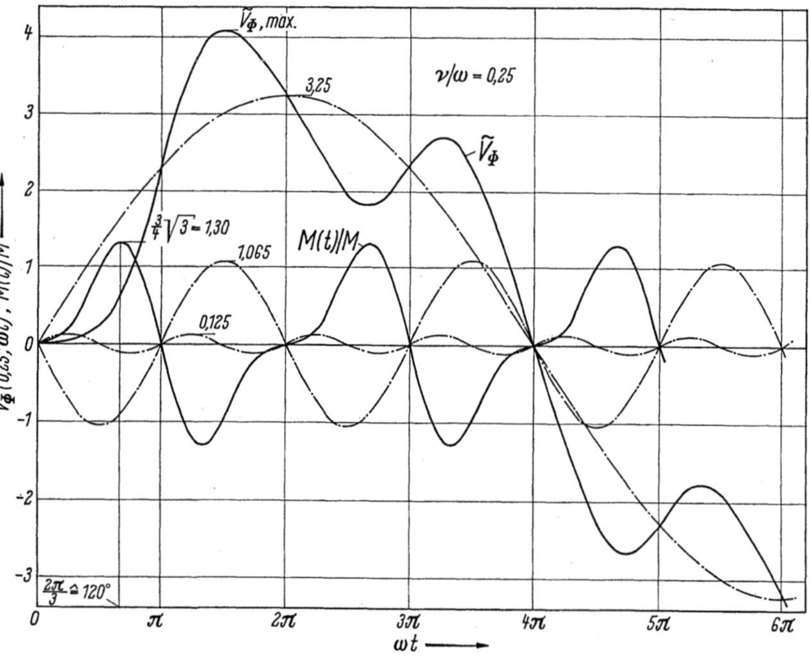

Abb. 502. Zum einphasig-zweisträngigen Stoßkurzschluß bei gefederter Aufstellung des Stators

genügen, sondern soll auch vorübergehenden instationären Zuständen gewachsen sein. Als wichtigster instationärer Zustand ist in diesem Zusammenhang der einphasig-zweisträngige Kurzschluß zu werten. Das maßgebende Drehmoment lautet nach Gl. (230), S. 518 für diesen Fall

$$M(t) = M\left(\sin\omega t - \frac{1}{2}\sin 2\omega t\right)\,; \quad M = M_0\frac{k}{x_d''}\,;\ (t \geqq 0)\,. \tag{300}$$

Der Klammerausdruck ist in Abb. 502 graphisch dargestellt. Er besitzt ein Maximum von 1,30 bei $\omega t = 2\pi/3 \mathrel{\hat{=}} 120\,°$. Aus der generellen Form der Gl. (294) ist mit (300) eine bestimmte Differentialgleichung geworden. Zusammen mit den folgenden Anfangsbedingungen (zu Beginn des Kurzschlusses sei der Stator in Ruhe)

$$\varphi(0) = 0 \quad \dot{\varphi}(0) = 0 \tag{301}$$

ist das Problem als eine Anfangswertaufgabe definiert. Die allgemeine Lösung von (294), (300) lautet

$$\varphi(t) = A\sin\nu t + B\cos\nu t + \frac{M\sin\omega t}{\Theta(\nu^2-\omega^2)} - \frac{M\sin 2\omega t}{2\Theta[\nu^2-(2\omega)^2]}$$

und mit eingesetzten Integrationskonstanten A und B, welche durch die Anfangsbedingungen (301) festgelegt werden

$$\varphi(t) = \frac{M}{\Theta\omega^2}\cdot\frac{1}{n^2}\left[A_\nu(n)\sin\nu t + A_\omega(n)\sin\omega t + A_{2\omega}(n)\sin 2\omega t\right] = \frac{M}{\Theta\omega^2}\cdot\tilde{V}_\Phi(n,\omega t)$$

$$\left(\begin{array}{l} A_\nu(n) = \dfrac{3n}{(n^2-1)(n^2-4)}\,,\quad n = \dfrac{\nu}{\omega} \\ A_\omega(n) = \dfrac{n^2}{n^2-1}\,,\quad A_{2\omega}(n) = -\dfrac{n^2}{2(n^2-4)} \end{array}\right). \tag{302}$$

Die Schwingung besteht somit aus einer Eigenschwingung mit der Eigenkreisfrequenz ν und einer erzwungenen Schwingung mit der einfachen und doppelten Netzkreisfrequenz ω. Da ν und ω im allgemeinen nicht in einem rationalen Verhältnis zueinander stehen, ist die Schwingung im allgemeinen nicht periodisch. In Abb. 502 ist der Verlauf von $\tilde{V}_\Phi(n,\omega t)$ für $n = 0{,}25$ (periodischer Verlauf) dargestellt. Maßgebend sind die ersten Spitzen der Funktion, da die Schwingungen durch die hier vernachlässigte Dämpfung, sowohl des mechanischen Systems als auch der elektrisch bedingten Erregung, abklingen. Man wird mit dem Ausdruck

$$V_\Phi(n) = \frac{1}{n^2}\left(|A_\nu| + |A_\omega| + |A_{2\omega}|\right) > |\tilde{V}_\Phi(n,\omega t)|_{\max}$$

an Stelle von $\tilde{V}_\Phi(n,\omega t)$ in (302) eine obere Grenze des maximalen Schwingungsausschlages erhalten. Die Funktion $V_\Phi(n)$ ist in Abb. 503 graphisch dargestellt.

Um die Wirkung der Federung auf die Fundamentkräfte zu erkennen, wird man wiederum die dynamische Fundamentkraft $F_T = cR\varphi(t)$ mit derjenigen Kraft F vergleichen müssen, welche bei starrer Verbindung des Stators mit dem Fundament aufträte. Nach Gl. (300) und Abb. 502 beträgt der maximale Wert des erregenden Momentes $M(t)_{\max} = \frac{3\sqrt{3}}{4}M$, so daß die Kraft ein Maximum von $F_{\max} = \frac{M(t)_{\max}}{2R} = \frac{3\sqrt{3}\,M}{4\cdot 2R}$ beträgt. Das Verhältnis der Fundamentkräfte wird dann

$$\frac{F_T}{F_{\max}} = \frac{8cR^2}{3\sqrt{3}\,M}\varphi(t) = \frac{4}{3\sqrt{3}}[A_\nu(n)\sin\nu t + A_\omega(n)\sin\omega t + A_{2\omega}(n)\sin 2\omega t]$$
$$= \tilde{V}_F(n, \omega t)\,.$$

Eine obere Grenze für das Verhältnis $\tilde{V}_F(n, \omega t)$ der Fundamentkräfte wird durch den Ausdruck

$$V_F(n) = \frac{4}{3\sqrt{3}}(\,|A_\nu| + |A_\omega| + |A_{2\omega}|\,) > |\tilde{V}_F(n, \omega t)|_{\max} \tag{304}$$

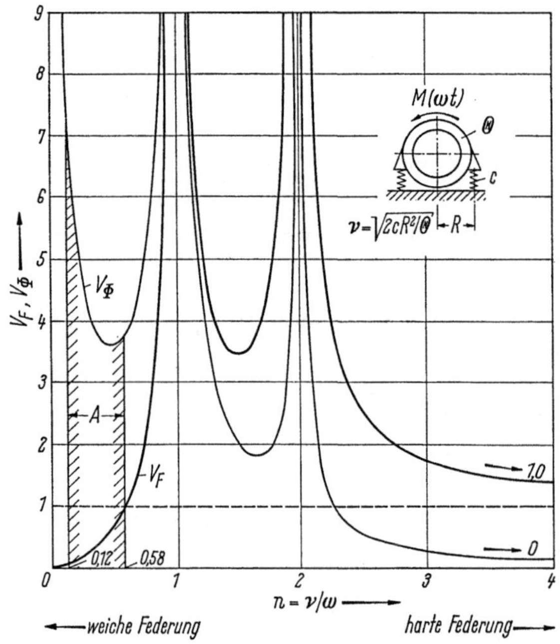

Abb. 503. Übergangsfunktionen für Fundamentkräfte V_F und Ausschläge V_Φ im einphasig-zweisträngigen Stoß-Kurzschluß
A Bereich der wirksamen und praktisch verwertbaren mechanischen Isolation

gewonnen. Er ist in Abb. 503 fett dargestellt. Man entnimmt der Abbildung, daß nur für $n < 0{,}58$ das Verhältnis kleiner als 1 wird. Eine wirksame Federung ist deshalb nur für

$$\nu = \sqrt{\frac{2cR^2}{\Theta}} < 0{,}58\,\omega \tag{305}$$

zu erwarten. Dies bedeutet z. B. für $16^2/_3$-Hz- bzw. 50-Hz-Strom eine Eigenfrequenz der Statoraufstellung von weniger als 9,6 bzw. 29 Hz. Diese Bedingung ist bedeutend schärfer, als sie sich für den stationären Betrieb einer Maschine ergibt (vgl. Gl. (298)), ist aber im Hinblick auf die durchaus reale Möglichkeit von Kurzschlüssen für die mechanische Isolierung von Statoren elektrischer Maschinen als maßgebend zu betrachten, will man durch die Federung die Isolation auch für den Kurzschlußfall wirksam gestalten.

Aus dem Verlauf der Kurve $V_F(n)$ erkennt man die viel bessere Wirksamkeit der mechanischen Isolation durch sehr tiefe Abstimmung. Der Ausnützung ist jedoch durch die Federwege eine Grenze gesetzt. Vergleicht man mit der Kurve

$V_\Phi(n)$, die im wesentlichen die Ausschläge bei verschiedenen Abstimmungen darstellt, so erkennt man deutlich, daß erstens die Abschirmung auch hier ganz allgemein durch große Ausschläge zu erkaufen ist und zweitens, diese Ausschläge bei einem Verhältnis von ungefähr $n < 0{,}12$ so rasch ansteigen, daß dieser Bereich technisch unbrauchbar wird (Zuführungen der Statorwicklung). Auf Grund dieser Überlegungen gelangt man zum Schluß, daß die wirksamste, technisch noch verwertbare Abstimmung im Bereich

$$\underline{0{,}12\omega < \nu = \sqrt{\frac{2cR^2}{\Theta}} < 0{,}58\omega} \tag{306}$$

z. B.

$$\omega = 16^2/_3\ \text{Hz}: \quad 2\ \text{Hz} < \nu/2\pi < 9{,}6\ \text{Hz}$$
$$\omega = 50\ \text{Hz}: \quad 6\ \text{Hz} < \nu/2\pi < 29\ \text{Hz}$$

liegen muß, um eine wirksame Isolation auch im Kurzschlußfalle zu garantieren. Das Ausschwingenlassen des Stators im Kurzschluß bedingt wegen des hohen Arbeitspunktes der Federcharakteristik materialmäßig aufwendige und teure Federn. Man behilft sich oft dadurch, daß man die Ausschläge im Kurzschluß durch Puffer begrenzt (Normalbetrieb bleibt unberührt), wobei allerdings die Kräfteverhältnisse gestört werden.

d) Beispiele: Federnde Aufstellung eines horizontalachsigen Einphasengeneratorstators für $16^2/_3$ Hz Bahnstrom.

gegeben:

Spannung	U	$= 10\,500$ V
Strom	I	$= 3175$ A
Leistungsfaktor	$\cos\varphi_e$	$= 0{,}75$
Nenndrehzahl	n	$= 500$ U/min
Stoßkurzschlußreaktanz	x''_d	$= 14{,}5\%$ ($k = \sqrt{3}$)
Statorgewicht	G	$= 177{,}4 \cdot 10^3$ kp
Stator-Schwungmoment	GD^2	$= 2{,}54 \cdot 10^3\ \text{Mpm}^2 \mathrel{\hat=} 2{,}54 \cdot 10^{10}\ \text{kpcm}^2$
Federabstand	$2R$	$= 640$ cm
Anzahl Federn pro Seite	a	$= 25$
Federzahl einer Feder	c_F	$= 1143$ kp/cm

gerechnet:

Nenn-(Schein-)leistung $UI = 10{,}5 \cdot 3{,}175 \cdot 10^6 = 33\,300$ kVA

Wirkleistung $UI\cos\varphi_e = 33\,300 \cdot 0{,}75 = 25\,000$ kW

Drehmomente

$$\left.\begin{aligned} \overline{M} &= 97\,400\,\frac{UI\cos\varphi_e}{n} = 97\,400\,\frac{25\cdot10^3}{500} = 4{,}87\cdot10^6\ \text{cmkp} \\ M_0 &= 97\,400\,\frac{UI}{n} = 97\,400\,\frac{33{,}3\cdot10^3}{500} = 6{,}49\cdot10^6\ \text{cmkp} \end{aligned}\right\} \tag{295}$$

$$M = M_0\,\frac{k}{x''_d} = 6{,}49\cdot10^6\,\frac{\sqrt{3}}{0{,}145} = 77{,}5\cdot10^6\ \text{cmkp} \tag{300}$$

$$M(t)_{\max} = 1{,}3\,M = 1{,}3\cdot77{,}5\cdot10^6 = 100{,}5\cdot10^6\ \text{cmkp}$$

$$(M(t)_{\max}/M_0 = 15{,}5; \quad M(t)_{\max}/\overline{M} = 20{,}7).$$

Polares Massenträgheitsmoment

$$\Theta = \frac{GD^2}{4g} = \frac{2{,}54\cdot10^{10}}{4\cdot981} = 6{,}48\cdot10^6\ \text{cmkps}^2 \text{ (vgl. S. 50).}$$

Netzkreisfrequenz $\omega = 2\pi \cdot 16^2/_3 = 104{,}5$ 1/s.
Federzahl pro Seite $c = ac_F = 25 \cdot 1143 = 28{,}6 \cdot 10^3$ kp/cm.
Eigenkreisfrequenz des Stators

$$\nu = \sqrt{\frac{2cR^2}{\Theta}} = \sqrt{\frac{2 \cdot 28{,}6 \cdot 10^3 \cdot 320^2}{6{,}48 \cdot 10^6}} = 30{,}5 \text{ 1/s } (\mathrel{\hat{=}} 4{,}8 \text{ Hz}). \tag{298}$$

Abstimmung ω/ν

$$n = \frac{\nu}{\omega} = \frac{30{,}5}{104{,}5} = 0{,}288; \quad n^2 = 0{,}0830$$

$$n_2 = \frac{\nu}{2\omega} = 0{,}144; \quad n_2^2 = 0{,}02075$$

a) Eigengewicht

Einsenkung infolge Druckvorspannung

$$x_g = \frac{G/2}{c} = \frac{177{,}4 \cdot 10^3}{2 \cdot 28{,}6 \cdot 10^3} = 3{,}1 \text{ cm!}$$

(Ein Teil des Eigengewichtes könnte z. B. durch Rollen oder dgl. aufgenommen werden.)

b) Stationärer Betrieb $M(t) = \overline{M} - M_0 \cos(2\omega t - \varphi_e)$

1. infolge $\overline{M}$: zeitlich konstante Kraft pro Seite

$$\underline{\overline{F}} = \frac{\overline{M}}{2R} = \frac{4{,}87 \cdot 10^6}{2 \cdot 320} = \underline{7{,}60 \cdot 10^3 \text{ kp}}$$

zeitlich konstanter Ausschlag

$$\underline{\overline{x}} = \frac{\overline{F}}{c} = \frac{7{,}60 \cdot 10^3}{28{,}6 \cdot 10^3} = \underline{0{,}266 \text{ cm}}$$

2. infolge $M_0 \cos(2\omega t - \varphi_e)$:
Verhältnis der Kraftamplituden

$$\frac{F_T}{F} = \frac{n_2^2}{n_2^2 - 1} = \frac{0{,}02075}{0{,}02075 - 1} = -0{,}0212 \tag{292}$$

(vgl. Abb. 499. Es wird nur 2% der Kraft auf das Fundament übertragen).
Kräfte:

$$F_{\max} = \frac{M_0}{2R} = \frac{6{,}49 \cdot 10^6}{2 \cdot 320} = 10{,}13 \cdot 10^3 \text{ kp}$$

$$F_{T\max} = 0{,}0212 \cdot 10{,}13 \cdot 10^3 = \underline{215 \text{ kp } (\pm)}.$$

Maximaler Ausschlag (Amplitude)

$$x_{\max} = \frac{F_{T\max}}{c} = \frac{215}{28{,}6 \cdot 10^3} = \underline{0{,}0075 \text{ cm}} = 75\,\mu\text{m! } (\pm)$$

c) Einphasig-zweisträngiger Kurzschluß

$$M(t) = M\left(\sin\omega t - \frac{1}{2}\sin 2\omega t\right).$$

Verhältnis der Kraftamplituden:

$$\frac{F_T}{F_{\max}} \approx V_F(0{,}288) = \frac{4}{3\sqrt{3}}\left(\left|\frac{3 \cdot 0{,}288}{(0{,}083 - 1)(0{,}083 - 4)}\right| + \left|\frac{0{,}083}{0{,}083 - 1}\right| + \right. \tag{303}$$

$$\left. + \left|-\frac{0{,}083}{2(0{,}083 - 4)}\right|\right) = 0{,}262$$

(vgl. Abb. 503. Es wird 26% der Kraft auf das Fundament übertragen).
Kräfte:

$$F_{\max} = M(t)_{\max}/2R = \frac{100{,}5 \cdot 10^6}{2 \cdot 320} = 157 \cdot 10^3 \text{ kp}$$

$$F_T \approx 0{,}262 \cdot 157 \cdot 10^3 = \underline{41{,}2 \cdot 10^3 \text{ kp } (\pm)}.$$

Maximaler Ausschlag (Summe der Amplituden):

$$\underline{x_{\max}} = \frac{F_T}{c} = \frac{41{,}2\cdot 10^3}{28{,}6\cdot 10^3} = \underline{1{,}44 \text{ cm } (\pm)}.$$

e) Unerwünschte Freiheitsgrade. Erfolgt die Schwingungsisolation z. B. durch vertikal angeordnete Federn zu beiden Seiten des Statorfußes, so sind im günstigsten Falle[1] noch theoretisch 2 Freiheitsgrade der Bewegung des starren Rotors möglich, nämlich erstens die erwünschte Rotation um die horizontale Maschinenachse und zweitens eine vertikale Translation. Letztere ist unerwünscht und kann sich in Form einer vertikalen Schwingung äußern. Die Eigenkreisfrequenz des Systems für eine vertikale Schwingung beträgt nach Abb. 499, wenn für die Federzahl $2c$ (2 Füße) eingesetzt wird, $\nu_T = \sqrt{\frac{2c}{m}}$. Die Eigenkreisfrequenz für die Drehschwingung ist (294) zu entnehmen und ergibt mit r_i als Trägheitsradius $\nu_R = \sqrt{\frac{2cR^2}{\Theta}} = \sqrt{\frac{2cR^2}{r_i^2 m}}$. Das Verhältnis beider Eigenkreisfrequenzen ist folglich

$$\frac{\nu_T}{\nu_R} = \frac{\sqrt{\frac{2c}{m}}}{\sqrt{\frac{2cR^2}{r_i^2 m}}} = \sqrt{\frac{r_i^2}{R^2}} = \frac{r_i}{R}. \tag{307}$$

Nun ist im allgemeinen $r_i < R$, so daß wegen $\nu_T < \nu_R$ die Eigenfrequenz für die vertikale Schwingung kleiner als diejenige der Drehschwingung ist.

Beispiel: (Vgl. gegebene Daten von Beispiel S. 583)

gegeben: $G = 177{,}4\cdot 10^3$ kp
$2R = 640$ cm
$\Theta = 6{,}48\cdot 10^6$ cm kp s^2,

gerechnet:

$$r_i^2 m = \Theta = r_i^2 \cdot \frac{G}{g} \to r_i = \sqrt{\frac{\Theta g}{G}} = \sqrt{\frac{6{,}48\cdot 10^6\cdot 981}{177{,}4\cdot 10^3}} = 189{,}2 \text{ cm}$$

$$\frac{\nu_T}{\nu_R} = \frac{r_i}{R} = \frac{189{,}2}{320} = 0{,}592 \approx \underline{0{,}6}.$$

Wird das Kurzschlußmoment durch die Federn voll elastisch übernommen, so ist für eine wirksame Isolation ν_R nach der Forderung (306) sowieso kleiner als ω und ν_T erst recht, wodurch eine Resonanzgefahr $\omega = \nu_T$ ausgeschlossen ist. Wird das Kurzschlußmoment jedoch zur Hauptsache durch Begrenzungsanschlag aufgefangen und ist die Isolation lediglich für den stationären Betrieb der Einphasenmaschine vorgesehen, so kann nach der viel sanfteren Forderung (298) ν_R größer als ω sein, so daß durchaus ν_T mit ω zusammenfallen kann. Diese Resonanz der vertikalen Translation ist deshalb auszuschließen, weil stets mit der Anregung einer drehzahlfrequenten Kraft in vertikaler Richtung gerechnet werden muß.

[1] Dies trifft bei einer Feder zu, die keine seitliche Elastizität aufweist, z. B. breite Balkenfedern, Abb. 504b. Spiralfedern haben eine verhältnismäßig große seitliche Elastizität und ein sie belastender starrer Stator hat theoretisch 6 Freiheitsgrade der Bewegung: 3 Translationen in Richtung der - und 3 Rotationen um die 3 Hauptachsen. Man wird somit gezwungen, die übrigen 5 Freiheitsgrade so gut wie möglich durch konstruktive Maßnahmen zu unterbinden, z. B. durch Anschläge, Führungen, Rollen und dgl.

Sie kann z. B. durch unausgeglichene magnetische Kräfte entstehen, die mit der Welle umlaufen und somit vertikal schwingende Komponenten aufweisen.

Man kann dieses Problem dadurch umgehen, daß man die Bewegungsfreiheit in vertikaler Richtung blockiert, etwa indem man Führungsrollen, Halterungen und dgl. einbaut, vgl. Abb. 70. Werden die Rollen noch teilweise zur Aufnahme des Stator-Eigengewichtes herangezogen und belastet, so kann die Vorspannung der Tragfeder und damit ihr Preis gesenkt werden.

f) Ausführungsarten. Über die Ausführungsart der federnden Aufstellung und besonders über die Art der Feder läßt sich nur sagen, daß sich verschiedene Mög-

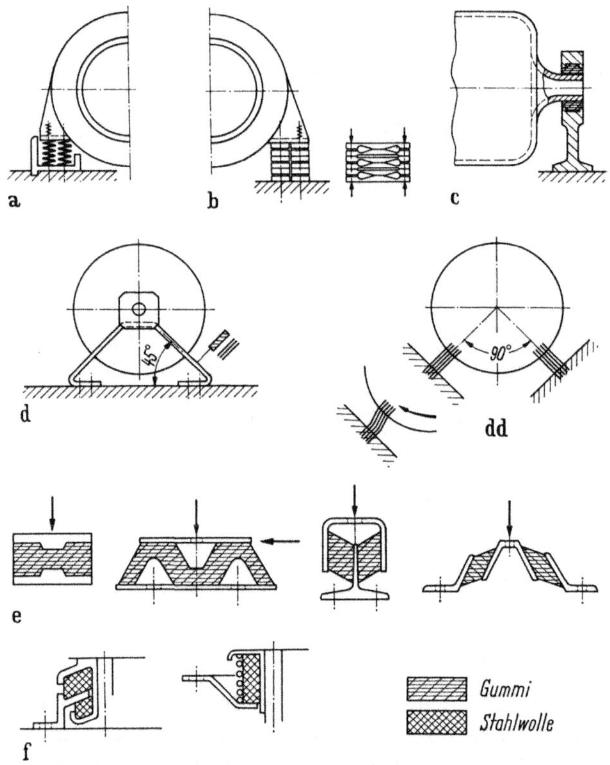

Abb. 504. Federnde Aufstellung von Statoren
a Spiralfedern; b Balkenfedern; c Gummilagerung; d Elastisch-isotrope Lagerung; dd radial-isotrope elastische Lagerung; e Schwingmetallschienen (Gummizwischenlage); f Schwingmetalltöpfe (Stahlwolle-Zwischenlage), ohne und mit Spiralfederarmierung

lichkeiten verwirklichen lassen. Hier ist dem Konstrukteur noch ein weiter Spielraum belassen. In Abb. 504 sind einige der gebräuchlichsten Arten schematisch skizziert. Die Anordnung a) mit Schraubenfedern eignet sich für alle mittleren bis großen Maschinen, vgl. auch Abb. 70 und 292. Die Lager des Rotors sind nicht mit dem Stator verbunden, sondern starr auf der Grundplatte befestigt. Die Anordnung b) mit auf Biegung beanspruchten Federstahlbalken bleibt großen Maschinen vorbehalten. Für kleine Maschinen eignet sich der Schildlagertyp c), bei dem der Stator über einen dicken Gummiring im Lagerbock drehelastisch gelagert ist. Es ist darauf zu achten, daß der Gummiring in Längsrichtung so eingekapselt wird, daß er nicht seitlich herausquellen kann. Er ist dann sehr steif in radialer Richtung, während er in Umfangsrichtung die erwünschte Weichheit für die Drehfederung aufweist[1]. Die Anordnung d findet man bei Maschinen mittlerer Größe. Das Prinzip wurde in einer etwas abgeänderten Form auch schon bei Stoßkurzschlußgeneratoren angewendet. Es besteht darin, daß das Lager auf einem Streifen aus Bandstahl befestigt ist, der so gebogen wird, daß er zwei unter 45° geneigte Teile aufweist, deren Mittellinien sich in der Lagerachse schneiden. Der Streifen ist dabei gleichzeitig Feder und Stützfuß. Senkrechte und waagrechte Verschiebungen des Lagers können nur erfolgen, wenn die Streifen sich in ihrer Längsrichtung dehnen oder verkürzen. Drehungen des Lagers aber beanspruchen die Streifen nur auf Biegung. Man wählt die Abmessungen der Streifen so, daß ihre Biegesteifigkeit klein, ihre Längssteifigkeit jedoch groß wird. In Spezialfällen sind parallele Plattfedern günstig, Abb. 504dd. Der rechte Winkel ermöglicht eine sog. radial-isotrope, elastische Lagerung, d. h., das Lager verschiebt sich unter dem Einfluß einer horizontalen Kraft um den gleichen Betrag horizontal, wie unter einer gleich großen vertikalen Kraft vertikal. Diese Eigenschaft ist für die Laufruhe von einiger Bedeutung, vgl. S. 540.

Für die federnde Aufstellung kleiner bis mittelgroßer Maschinen finden sog. *Schwingungsisolatoren*, Abb. 504e, bekannt unter dem Namen Schwingmetall[2] usw., immer mehr Eingang in die Konstruktionspraxis. Diese elastischen Zwischenglieder bestehen aus zwei Stahlprofilen, die über eine Gummizwischenlage zusammenhalten. Der Gummi ist durch ein besonderes Vulkanisierverfahren mit dem Metall innig verbunden. Man hat dann nur die eine Schiene mit der Maschine und die andere mit dem Fundament zu verbinden, was konstruktiv besonders einfach ist. Schwierig ist die günstigste Wahl von Profilform, Anzahl und Anordnung der Isolatoren für eine spezielle Maschine. Man wird auch hier danach trachten müssen, die Eigenfrequenz möglichst tief unter die Erregerfrequenz (oder Frequenzen) zu bekommen, denn nur im überkritischen Lauf ist eine befriedigende Schwingungsisolation gewährleistet, da die Dämpfung nicht in jedem Falle ausreicht. Die Gummizwischenlage bildet zusätzlich eine gute elektrische Isolation gegen Erde. Ein neues Konstruktionsprinzip, Federungs- und Dämpfungseigenschaft zu vereinen, und zwar ohne Verwendung von Gummi- oder Kunststoff, stellen Schwingungsisolatoren aus Cr-Ni-Stahlwolle-Kissen[3] dar. Die Stahlwollepakete oder-schläuche können auch zusätzlich durch Spiralfedern „armiert" sein. Die Elastizität wird durch Biegung, die Dämpfung durch die innere Reibung (inkl. Materialhysterese) des feinstgezogenen Drahtgeflechtes erreicht, Abb. 504f.

Zu dieser Art federnder Aufstellung gehören auch jene meist patentierten Einrichtungen, die von Firmen unter den Bezeichnungen „Schwingungstod",

[1] Gummi ist sehr widerstandsfähig gegen Volumänderungen, jedoch empfindlich auf Gestaltänderungen. Da sich die Formänderung aus Volum- und Gestaltänderung zusammensetzt, ist sie relativ klein, wenn z. B. durch konstruktive Maßnahmen eine Gestaltänderung verhindert wird (hydrostatischer Spannungszustand), jedoch groß, wenn die Formänderung ohne Volumänderung erfolgen kann (Schubspannungszustand).

[2] Schwingmetall ist ursprünglich eine Firmenbezeichnung der Firma Continental, Gummiwerke AG, Hannover.

[3] Z. B. Robinson Technical Products Inc. USA; Vibrachoc SA, Paris.

„Vibrationspest" und dgl. angepriesen werden. Das federnde Element ist „gummiähnliches" Material, wie Filz, Kork, Kunststoffe und dgl., das zusätzlich meist unerwünschte plastische und dämpfende Eigenschaften in bestimmten Frequenzbereichen aufweist. Eine allfällige Berechnung erfordert die Berücksichtigung des plastischen Verhaltens und der Materialdämpfung. Für eine geschwindigkeitsproportionale Dämpfungscharakteristik ist beispielsweise im überkritischen Bereich (tiefe Abstimmung) die Dämpfung schädlich und deshalb unerwünscht, vgl. Abb. 500. Vielfach ist ein Versuch mit einem künstlichen Schwingungserreger die einzig mögliche Garantie für die Wirksamkeit solcher schwingungsdämmender „Wundermittel".

IX. Anhang I—VII

Anhang I: Berechnung eines Ringes

a) Der dünne Ring ($h \ll r$).

1. Gleichmäßige Belastung über den Umfang.

Mit den Bezeichnungen, Abb. 505

r	cm	Radius
h	cm	Dicke
l	cm	Länge
$A = hl$	cm²	Querschnittfläche
E	kp/cm²	Elastizitätsmodul
p	kp/cm²	radiale Flächenlast
$\overline{p} = pl$	kp/cm	radiale Streckenlast
$P = 2\pi r p l = 2\pi \overline{p} r$	kp	Radialkraft
σ	kp/cm²	Tangentialspannung
$T = \sigma A$	kp	Tangentialkraft
u	cm	radiale Dehnung
$k_p = u/p$	cm³/kp	Einflußzahlen
$k_{\overline{p}} = u/\overline{p}$	cm²/kp	Einflußzahlen
$k_P = u/P$	cm/kp	Einflußzahlen
$\varrho = \gamma/g$	kps²/cm⁴	Dichte
$\omega = \frac{\pi}{30} n$	1/s	Winkelgeschwindigkeit
n	U/min	Tourenzahl

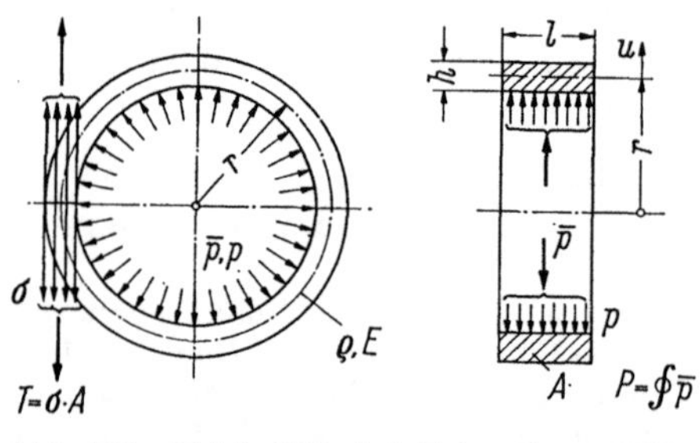

Abb. 505. Gleichmäßig belasteter dünner Ring

ergeben sich folgende Formeln für die Spannung, die Dehnung und die Einflußzahl des dünnen Ringes, je nachdem ob man Flächen- oder Einzellasten einführt.

Gegeben:		
Flächenlast p	Streckenlast $\bar{p}$	Einzellast P
gesucht:		
$\sigma = \frac{plr}{A} = \frac{pr}{h}$	$\sigma = \frac{\bar{p}r}{A}$	$T = \frac{P}{2\pi}$
$u = \frac{plr^2}{EA} = \frac{pr^2}{Eh} = \frac{\sigma r}{E}$	$u = \frac{\bar{p}r^2}{EA} = \frac{\sigma r}{E}$	$u = \frac{P}{2\pi}\frac{r}{EA} = T\frac{r}{EA}$
$k_p = \frac{lr^2}{EA} = \frac{r^2}{Eh}$	$k_{\bar{p}} = \frac{r^2}{EA}$	$k_P = \frac{r}{2\pi EA}$

Besteht die Last aus der Eigenfliehkraft des Ringes bei der Winkelgeschwindigkeit ω, so ist mit

$$\bar{p} = \varrho A \omega^2 r \tag{308}$$

die tangentiale Zugspannung bzw. die radiale Dehnung

$$\sigma = \varrho \omega^2 r^2 \quad (309\,\text{a}) \qquad u = \frac{\varrho \omega^2 r^3}{E}. \quad (310\,\text{a})$$

Umgerechnet auf die Tourenzahl n wird

$$\left.\begin{aligned} \sigma &= 0{,}010966\ \varrho r^2 n^2 \\ u &= 0{,}010966 \frac{\varrho r^3 n^2}{E} \end{aligned}\right. \quad \left(\begin{aligned} &\sigma, E\ [\text{kp/cm}^2] \\ &u, r\ [\text{cm}] \\ &\varrho\ [\text{kps}^2/\text{cm}^4] \\ &n\ [\text{U/min}] \end{aligned}\right) \quad \begin{aligned} (309\,\text{b}) \\ (310\,\text{b}) \end{aligned}$$

und für *Stahl* mit $\varrho = 8{,}00 \cdot 10^{-6}\ \text{kps}^2/\text{cm}^4$; $E = 2{,}1 \cdot 10^6\ \text{kp/cm}^2$ wird

$$\left.\begin{aligned} \sigma &= 8{,}77 \cdot 10^{-8} r^2 n^2 \\ u &= 8{,}77 \cdot 10^{-8} \frac{r^3 n^2}{E} \end{aligned}\right. \quad \left(\begin{aligned} &\sigma, E\ [\text{kp/cm}^2] \\ &u, r\ [\text{cm}] \\ &n\ [\text{U/min}] \end{aligned}\right) \quad \begin{aligned} (309\,\text{c}) \\ (310\,\text{c}) \end{aligned}$$

2. Einzellasten.

Betreffend Berechnung des dünnen Ringes mit Einzellasten vgl. Anhang III.

b) Der dicke Ring (Scheibe).

a) Betreffend den dicken Ring mit gleichmäßiger Belastung über den Umfang vgl. Tab. 63, S. 451.

b) Betreffend den dicken Ring mit Einzellasten bzw. periodisch verteilten Streckenlasten vgl. Abb. 427 bzw. 428, S. 455/456.

Anhang II: Berechnung loser und fester Flansche — Umstülpung eines Kreisringes durch ein äußeres Moment

a) Loser Flansch (Ring)[1]. Bezeichnet man mit m [cmkp/cm = kp] das äußere Umstülpmoment (pro Längeneinheit des Umfanges), das die Belastung des Flansches darstellt, so ist der Drehwinkel ϑ [rad] des schraffierten Querschnittes in Abb. 506

$$\vartheta = \frac{12ma}{Eh^3 \ln(d/c)} \tag{311a}$$

[1] Timoshenko, S.: Strength of materials, part II, S. 177ff., D. Van Nostrand Comp. Inc., New York 1953.

und die maximale tangentiale Spannung an der inneren Bohrung des Flansches

$$\sigma_t = \frac{6ma}{h^2 c \ln(d/c)} \tag{312a}$$

ist der Flansch ringähnlich, so daß $b \ll c$ ist, ergeben sich wegen der Beziehungen

$$\ln\frac{d}{c} = \ln\left(\frac{a+b/2}{a-b/2}\right) \approx \ln 1 + \frac{b}{a} \approx \frac{b}{a} \quad \begin{pmatrix} d = a+b/2 \\ c = a-b/2 \end{pmatrix}$$

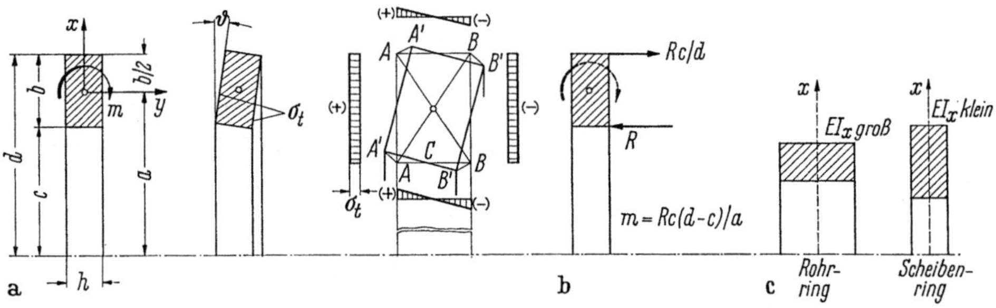

Abb. 506. Umstülpung eines Ringes (loser Flansch)

einfachere Formeln für den Drehwinkel und die maximale Spannung des Flansches, nämlich

$$\vartheta = \frac{ma^2}{EI_x} \quad \left(I_x = \frac{bh^3}{12}\right) \tag{311b}$$

$$\sigma_t = \frac{may}{I_x} \quad \left(y = \frac{h}{2}\right). \tag{312b}$$

Wird das auf den Flansch wirkende Umstülpmoment durch ein Kräftepaar im Umfang erzeugt, Abb. 506b, so ist darauf zu achten, daß bei einer Belastung R [kp/cm] (pro Längeneinheit im Umfang) an der inneren Bohrung, die an der äußeren Bohrung wirkende Linienlast aus Gleichgewichtsgründen die Größe $R\,c/d$ haben muß. Das Drehmoment berechnet sich dann aus

$$m = R\frac{c}{a}(d-c). \tag{313}$$

Zur Spannungsverteilung ist zu bemerken, daß die Winkeldrehung ϑ ungleichmäßige, und zwar tangentiale Spannungen über den Querschnitt erzeugt, Abb. 506a. Die Punkte A und B nehmen nach der Drehung die Lage A' und B' ein. Da A' auf einem etwas größeren Radius als A und B' auf einem etwas kleineren Radius als B liegt, wird die Faser in A auf tangentialen Zug und die Faser in B auf tangentialen Druck beansprucht. Der Punkt C zwischen A und B hat keine radiale Komponente der Verschiebung und wird deshalb auch nicht beansprucht (Spannungsnullpunkt). Es entsteht eine geradlinige Spannungsverteilung über die axiale Ausdehnung h des Ringes und somit eine ähnliche Spannungsverteilung wie bei der Balkenbiegung um die neutrale Achse x. Der scheibenähnliche Ring hat somit einen kleineren Umstülpwiderstand als der rohrähnliche Ring, Abb. 506c.

b) Fester Flansch. Der feste Flansch werde durch ein äußeres Umstülpmoment m [kp] (pro Längeneinheit im Umfang) belastet, Abb. 507. Der aus einem L-Profil bestehende feste Flansch läßt sich durch einen Schnitt s—s in einen Scheibenring und in einen Rohrring oder eine Kreiszylinderschale trennen. Im Schnitt sind die Schnittkräfte, ein Biegemoment M_0 [cmkp/cm = kp] und eine Querkraft P_0 [kp/cm] (beide pro Längeneinheit im Umfang) einzuführen. Mit der Annahme, daß der Flansch radial starr sei, muß die radiale Dehnung beider Teile verschwinden, während die Drehung ϑ der Schnittstellen beider Teile gleich groß sein muß.

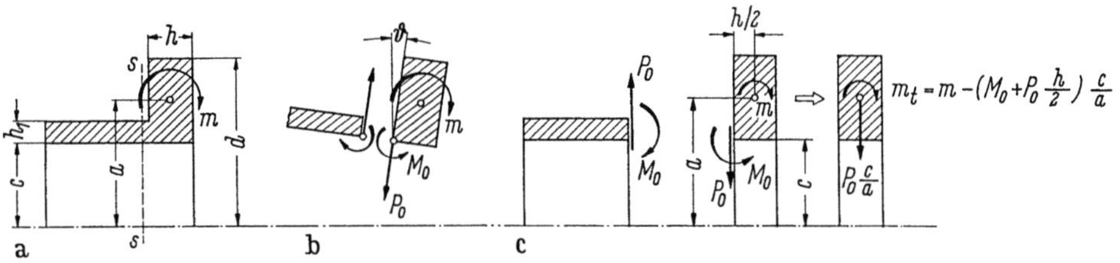

Abb. 507. Umstülpung des festen Flansches

Aus diesen beiden Forderungen lassen sich die Schnittkräfte bestimmen zu

$$P_0 = \beta M_0 \qquad \beta = \sqrt[4]{\frac{3(1-\nu^2)}{c^2 h_1^2}} \tag{314}$$

$$M_0 = m \frac{a/c}{1 + \frac{\beta h}{2} + \frac{1-\nu^2}{2\beta c}\left(\frac{h}{h_1}\right)^3 \ln\frac{d}{c}} \tag{315}$$

Die Bestimmung der Beanspruchung des Flansches hat für beide Teile getrennt zu erfolgen. Der Scheibenring wird durch ein Moment m_t (Abb. 507c) von der Größe

$$m_t = m - \left(M_0 + P_0 \frac{h}{2}\right)\frac{c}{a} = m - M_0 \frac{c}{a}\left(1 + \frac{h}{2}\beta\right) \tag{316}$$

belastet. Die Beanspruchung durch die auf den Schwerpunkt des Ringes reduzierte Kraft $P_0\, c/a$ kann vernachlässigt werden, da radiale Starrheit vorausgesetzt wird.

Die Tangentialspannung im Scheibenring kann nach den Formeln (312) berechnet werden.

Der Rohrring hingegen wird an der Schnittstelle durch ein Moment M_0 und eine Kraft P_0 beansprucht. Die entstehenden Spannungen können mit Hilfe der Einflußzahlen für eine Kreiszylinderschale im Anhang V berechnet werden.

Anhang III: Beanspruchung und Verformung eines Radkranzes unter dem Einfluß von Armkräften

Man denke sich das statisch unbestimmte System, Abb. 508, durch radiale Schnitte s zwischen den Armen in statisch bestimmte Kreisbogenstücke getrennt. An den Schnittstellen sind dann die Schnittkräfte, nämlich die Normalkraft N_0 und das Biegemoment M_0 als Wirkung der Nachbarbogenstücke einzuführen. Eine Querkraft Q_0 entfällt aus Symmetriegründen.

Das Gleichgewicht der Kräfte am Bogenstück liefert sofort die vom Bogen φ abhängigen Schnittkräfte

$$\begin{aligned} N(\varphi) &= N_0 \cos\varphi \\ Q(\varphi) &= N_0 \sin\varphi \\ M(\varphi) &= M_0 + N_0 r(1-\cos\varphi) \end{aligned} \qquad \left(N_0 = \frac{X}{2\sin\alpha}\right). \tag{317}$$

Die Unbekannte M_0 muß über eine Elastizitätsbedingung ermittelt werden. Der Drehwinkel des Bogenstückes an der Stelle $\varphi = 0$ muß identisch verschwin-

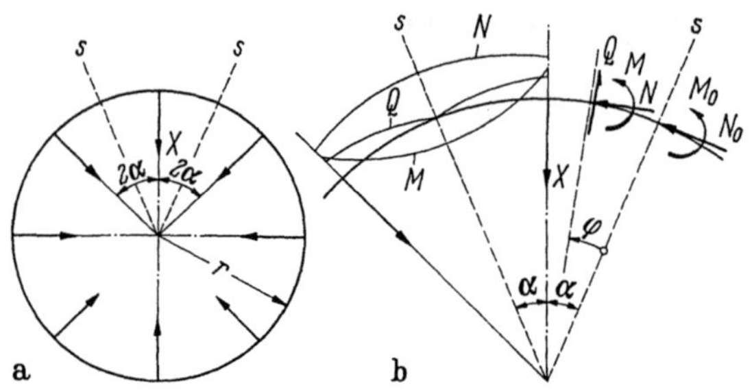

Abb. 508. Radkranz mit Armkräften

den. Zweckmäßigerweise berechnet man den Drehwinkel als die nach M_0 abgeleitete Formänderungsarbeit U. Es gilt also

$$\frac{\partial U}{\partial M_0} = 0.$$

Unter Vernachlässigung des relativ geringen Schubeinflusses ist mit I als Trägheitsmoment und A als Querschnittsfläche des Bogens

$$U = 2\int_0^\alpha \frac{M^2(\varphi)\,r\,d\varphi}{2EI} + 2\int_0^\alpha \frac{N^2(\varphi)\,r\,d\varphi}{2EA}. \tag{318}$$

Die Rechnung liefert

$$\frac{\partial U}{\partial M_0} = \frac{r}{EI}\left[2M_0\alpha + \frac{Xr}{\sin\alpha}(\alpha - \sin\alpha)\right] \tag{319}$$

(der Einfluß der Normalkraft entfällt) und somit das gewünschte M_0 zu

$$M_0 = X\frac{r}{2}\left(\frac{1}{\alpha} - \frac{1}{\sin\alpha}\right) \tag{320}$$

womit alle Schnittkräfte am Bogenstück und damit im Radkranz bekannt sind

$$N(\varphi) = X\frac{\cos\varphi}{2\sin\alpha}\,;\quad Q(\varphi) = X\frac{\sin\varphi}{2\sin\alpha}\,;\quad M(\varphi) = X\frac{r}{2}\left(\frac{1}{\alpha} - \operatorname{ctg}\varphi\right). \tag{321}$$

Der qualitative Verlauf der Schnittkräfte über den Bogen φ ist in Abb. 508b angedeutet. Die radiale Dehnung $\delta = u_{kx}$ an der Stelle $\varphi = \alpha$, d. h., am Angriffspunkt von X, wird unmittelbar durch Ableitung der Formänderungsarbeit U nach X bestimmt. Ohne Rücksicht auf den relativ geringen Schubeinfluß wird

$$\delta = \frac{\partial U}{\partial X} = \frac{rX}{EA}\,\frac{1}{4}\left(\frac{\alpha}{\sin^2\alpha} + \operatorname{ctg}\alpha\right) + \frac{r^3X}{EI}\,\frac{1}{4}\left(\frac{\alpha}{\sin^2\alpha} - \frac{2}{\alpha} + \operatorname{ctg}\alpha\right) \tag{322}$$

wobei der erste Summand auf der rechten Seite der Gleichung den Einfluß der Normalkraft und der zweite Summand den Einfluß des Biegemomentes darstellt.

Anhang IV: Beanspruchung eines Rad-Armes durch ein äußeres Drehmoment

M_t sei das von außen auf den Kranz oder die Nabe durch a Speichen zu übertragende Drehmoment, Abb. 509. Man denke sich wiederum den Kranz vom Armstern getrennt. An der Trennstelle wirkt dann ein Drehmoment M und eine Querkraft Q auf den in der Nabe voll eingespannten Arm. Mit der Voraussetzung, daß die Biegesteifigkeit EI eines Armes gegenüber der Biegesteifigkeit des Kranzes zurücktritt, kann man die Arme auch im Kranz voll eingespannt denken. Es gelten

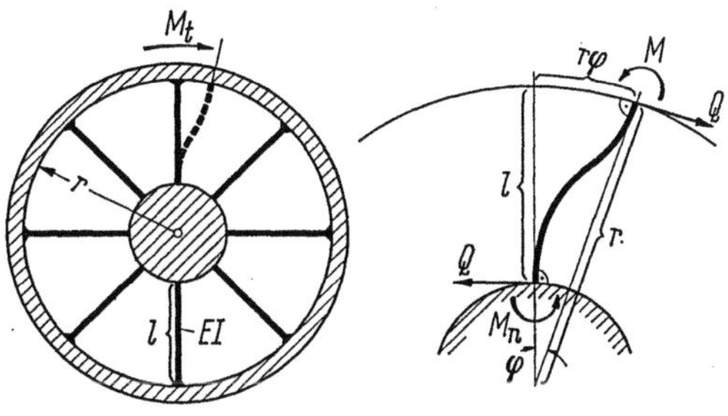

Abb. 509. Speichenrad mit äußerem Drehmoment

dann nach der elementaren Festigkeitslehre folgende Beziehungen zwischen der Winkeldrehung φ und der Verschiebung φr eines Armes und der sie verursachenden Kräfte Q und M

$$\varphi = \frac{Ql^2}{2EI} - \frac{Ml}{EI} \tag{323}$$

$$\varphi r = \frac{Ql^3}{3EI} - \frac{Ml^2}{2EI}. \tag{324}$$

Das Momentengleichgewicht am Radstern fordert ferner

$$\frac{M_t}{a} = Qr - M. \tag{325}$$

Diese drei Gleichungen genügen zur Bestimmung der drei Unbekannten φ, Q und M. Das gesuchte Moment M an der Einspannstelle beim Kranz wird mit der Abkürzung $l/r = \lambda$

$$M = \frac{M_t}{a} \frac{\lambda\left(1 - \frac{2}{3}\lambda\right)}{2\left(1 - \lambda + \frac{1}{3}\lambda^2\right)}. \tag{326}$$

Das Biegemoment an der Nabe ist offenbar verschieden und beträgt

$$M_n = Ql - M = \frac{M_t}{a} \frac{\lambda\left(1 - \frac{1}{3}\lambda\right)}{2\left(1 - \lambda + \frac{1}{3}\lambda^2\right)}. \tag{327}$$

Im extremen Falle $\lambda = 1\,(l = r)$ wird

$$M = \frac{1}{2}\frac{M_t}{a} \qquad M_n = \frac{M_t}{a} \tag{328}$$

d. h., das Biegemoment an der kranzseitigen Einspannstelle des Armes ist die Hälfte des auf die a Speichen aufgeteilten äußeren Drehmomentes.

Anhang V: Einige Einflußzahlen für die biegesteife Kreiszylinderschale mit rotationssymmetrischer Belastung

Die Differentialgleichung für die radiale Dehnung u der mit einem Radialdruck p belasteten und mit der Winkelgeschwindigkeit ω um ihre Achse rotierenden dünnen Kreiszylinderschale konstanter Wandstärke lautet[1]

$$\frac{d^4u}{dx^4} + 4\beta^4 u = \frac{p}{D} + \frac{\varrho\omega^2 r h}{D} \qquad \left(\beta^4 = \frac{Eh}{4Dr^2}\right) \tag{329}$$

wobei

$$D = \frac{Eh^3}{12(1-\nu^2)}$$

die Biegesteifigkeit der Schale bedeutet (Abb. 510). Die vollständige Lösung mit

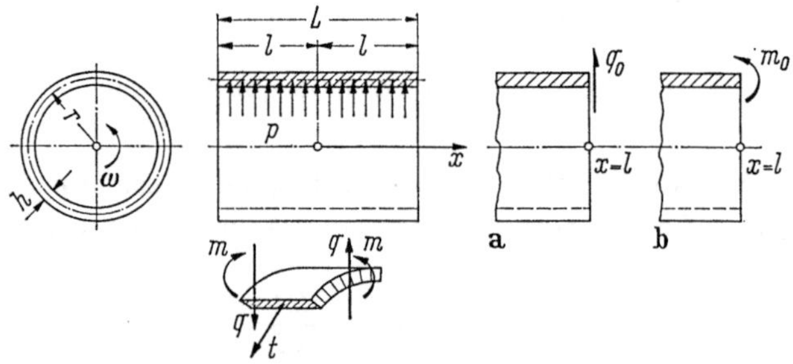

Abb. 510. Die biegesteife Kreiszylinderschale mit rotationssymmetrischer Radialbelastung
ω Winkelgeschwindigkeit; p Radialbelastung; q Querkraft; m Biegemoment; t Tangentialkraft

den vier Integrationskonstanten $C_1 \ldots C_4$ schreibt man zweckmäßig in der Form[2]

$$u = \frac{pr^2}{Eh} + \frac{\varrho\omega^2 r^3}{E} + C_1 \sinh\beta x \sin\beta x + C_2 \cosh\beta x \sin\beta x + \\ + C_3 \sinh\beta x \cos\beta x + C_4 \cosh\beta x \cos\beta x\,. \tag{330}$$

Wird der Koordinatennullpunkt als in der Schalenmitte liegend gewählt, so lauten die 4 erforderlichen Randbedingungen für den uns vorerst interessierenden Fall, bei dem die einzige Belastung der Schale eine Querkraft q_0 (pro Längeneinheit im Umfang) an einem Schalenende sein soll, Abb. 510a,

$$\begin{aligned} q(-l) &= 0 \qquad & m(-l) &= 0 \\ q(l) &= q_0 \qquad & m(l) &= 0 \end{aligned} \tag{331}$$

m ist das Biegemoment (pro Längeneinheit im Umfang), das um eine Achse senkrecht zu einer Axialebene dreht. Querkraft und Biegemoment stehen in der bekannten Beziehung zur Radialverschiebung u:

$$q = D\frac{d^4u}{dx^4} \qquad m = D\frac{d^2u}{dx^2}\,. \tag{332}$$

Die Gln. (330), (331) und (332) ergeben nach der Differentiation zusammen vier lineare Gleichungen zur Bestimmung der gesuchten vier Integrationskonstanten C. Wir interessieren uns für die Verschiebung u an den Enden und auch für das

[1] Biezeno, C. B. und R. Grammel: Technische Dynamik, 2. Aufl., Bd. I, Springer 1953.
[2] Die ersten beiden Ausdrücke entsprechen denen des dünnen Ringes, vgl. Anhang I.

Biegemoment m in der Mitte der Schale. Die Rechnung liefert nach einigen Umformungen mit der Abkürzung

$$\alpha = \frac{2l}{r}\sqrt[4]{\frac{3(1-\nu^2)}{(h/r)^2}}$$

folgende Ausdrücke

$$u(l) = \beta_{11} q_0 ;\; \beta_{11} = \frac{2\sqrt[4]{3(1-\nu^2)}}{E\sqrt{(h/r)^3}} \, \frac{\sinh\alpha\cosh\alpha - \sin\alpha\cos\alpha}{\sinh^2\alpha - \sin^2\alpha}$$

$$u(-l) = \beta_{12} q_0 ;\; \beta_{12} = -\frac{2\sqrt[4]{3(1-\nu^2)}}{E\sqrt{(h/r)^3}} \, \frac{\cosh\alpha\sin\alpha - \sinh\alpha\cos\alpha}{\sinh^2\alpha - \sin^2\alpha} \qquad (333)$$

$$m(0) = \lambda q_0 ;\; \lambda = \frac{r\left(\frac{2l}{r}\right)}{\alpha}\left[\frac{\sinh\frac{\alpha}{2}\sin\frac{\alpha}{2}\left(\cosh\alpha\sin\alpha - \sinh\alpha\cos\alpha\right)}{\sinh^2\alpha - \sin^2\alpha} - \frac{\sinh\alpha\sin\alpha\left(\cosh\frac{\alpha}{2}\sin\frac{\alpha}{2} - \sinh\frac{\alpha}{2}\cos\frac{\alpha}{2}\right)}{\sinh^2\alpha - \sin^2\alpha}\right]$$

Interessiert man sich für den Belastungsfall, bei dem als einzige Belastung der Schale ein Biegemoment m_0 (pro Längeneinheit im Umfang) am äußeren Rand $x = l$ angreift, Abb. 510b, so lauten die entsprechenden Randbedingungen

$$\begin{aligned} q(-l) &= 0 \qquad & m(-l) &= 0 \\ q(l) &= 0 \qquad & m(l) &= m_0 \,. \end{aligned} \qquad (334)$$

Die Rechnung führt dann auf die Größen

$$u(l) = \gamma_{11} m_0 ;\; \gamma_{11} = \frac{2\sqrt{3(1-\nu^2)}}{Eh(h/r)} \, \frac{\sinh^2\alpha + \sin^2\alpha}{\sinh^2\alpha - \sin^2\alpha}$$

$$u(-l) = \gamma_{12} m_0 ;\; \gamma_{12} = -\frac{4\sqrt{3(1-\nu^2)}}{Eh(h/r)} \, \frac{\sinh\alpha\sin\alpha}{\sinh^2\alpha - \sin^2\alpha} \qquad (335)$$

$$m(0) = \zeta m_0 ;\; \zeta = \frac{2\sinh\frac{\alpha}{2}\sin\frac{\alpha}{2} + \left(\sinh\frac{\alpha}{2}\cos\frac{\alpha}{2} - \cosh\frac{\alpha}{2}\sin\frac{\alpha}{2}\right)(\cosh\alpha\sin\alpha + \sinh\alpha\cos\alpha)}{\sinh^2\alpha - \sin^2\alpha}$$

Zur praktischen Berechnung ist folgendes zu bemerken[1]:

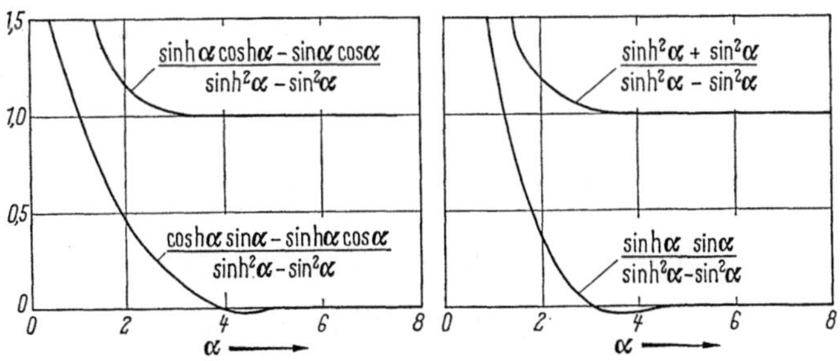

Abb. 511. Einflußfunktionen

Die zu den Einflußzahlen β_{11}, β_{12} und γ_{11}, γ_{12} gehörenden Funktionen von α sind in Abb. 511 dargestellt. Man entnimmt den Kurven, daß für $\alpha > 3$ die Funk-

[1] BIEZENO, C. B. und R. GRAMMEL,: Technische Dynamik. 2. Aufl., Bd. I, S. 514, Springer 1953.

tionen unbedenklich gleich Null oder eins gesetzt werden können. Weil die Ungleichheit $\alpha > 3$ für $\nu = 0{,}3$ (Stahl) gleichbedeutend ist mit

$$\frac{L}{\sqrt{hr}} > \sqrt[4]{\frac{27}{3(1-\nu^2)}} = 2{,}34\,, \tag{336}$$

so bedeutet das nach (333) und (335), daß bei jedem Zylinder, dessen Länge $L > 2{,}34\,\sqrt{hr}$ ist, die Randbelastung sich nur über einen Abstand $2{,}34\,\sqrt{hr}$ von ihrem Angriffsquerschnitt an gerechnet, bemerkbar macht, und daß der übrige Teil des Zylinders praktisch verzerrungsfrei und damit auch spannungsfrei bleibt.

Die Einflüsse von p, ω, q_0 und m_0 können wegen dem linearen Aufbau der Differentialgleichung (329) überlagert werden. Die Tangentialkraft t im Ring (Abb. 510) beträgt

$$t = \frac{Eh}{r}\,u\,, \tag{337}$$

wobei dem positiven Vorzeichen die Bedeutung von Zug zukommt.

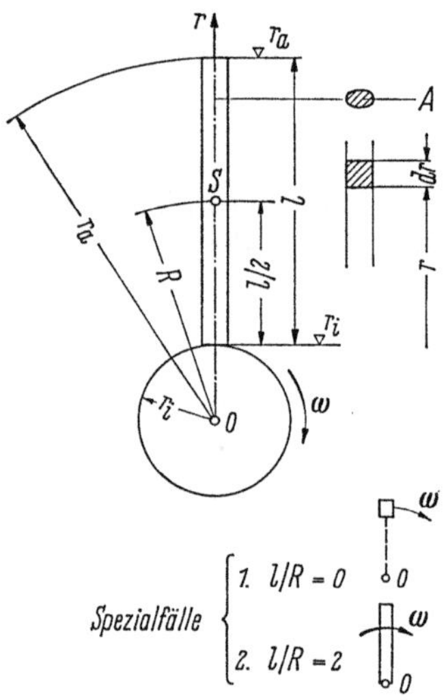

Abb. 512.
Rotierender elastischer Arm

Anhang VI: Radiale Dehnung am äußeren freien Ende eines rotierenden elastischen Radarmes

Ein Arm eines Speichenrades, Abb. 512, sei an seinem inneren Ende in der als starr angesehenen Nabe fest eingespannt. Bei der Rotation verlängert sich der elastische Arm unter der Wirkung der Eigenfliehkraft und es wird nach der Dehnung am freien äußeren Ende des Armes gefragt. (Man denke sich den Kranz vom Arm gelöst.) Mit der Voraussetzung eines konstanten Armquerschnittes A beträgt die Fliehkraft $\mathrm{d}Z$ eines Arm-Elementes der Länge $\mathrm{d}r$ im Abstand r vom Drehpunkt 0

$$\mathrm{d}Z = A\,\mathrm{d}r\,\varrho\,\omega^2 r\,, \tag{338}$$

wenn ω die konstante Winkelgeschwindigkeit und $\varrho = \gamma/g$ die Dichte des Arm-Materials bezeichnet. Am Armquerschnitt wirkt dann im Abstand r von 0 die Fliehkraft

$$Z(r) = \int_r^{r_a} \mathrm{d}Z = A\varrho\omega^2 \int_r^{r_a} r\,\mathrm{d}r = \frac{A\varrho\omega^2}{2}(r_a^2 - r^2), \tag{339a}$$

wodurch sich die totale Fliehkraft des Armes an der Einspannstelle $r = r_i$ zu

$$Z(r_i) = Z_0 = \frac{A\varrho\omega^2}{2}(r_a^2 - r_i^2) \tag{339b}$$

ergibt. Diese Formel läßt sich etwas anschaulicher darstellen. Bezeichnet man mit R den Abstand des Arm-Schwerpunktes S vom Drehpunkt 0 und mit $l = r_a - r_i$ die Länge des Armes, so wird

$$Z_0 = A\,l\,\varrho\,\omega^2 R = \frac{G}{g}\,\omega^2 R\,, \tag{339c}$$

wenn $G = g\,A\,l\varrho$ das Gewicht des Armes bezeichnet. Man erkennt, daß die an der

Nabe wirkende Fliehkraft des Armes gleich groß ist wie die Fliehkraft des starr aufgefaßten Armes.

Die radiale Dehnung du eines Elementes im Abstand r von 0 beträgt nach dem HOOKEschen Gesetz

$$\mathrm{d}u = \frac{\sigma(r)}{E}\,\mathrm{d}r \tag{340}$$

wenn σ die im Abstand r wirkende Spannung und E der Elastizitätsmodul bedeutet. Diese Spannung wird durch die Fliehkraft erzeugt, so daß gilt

$$\sigma(r) = Z(r)/A. \tag{341}$$

Die totale Dehnung am äußeren Ende $r = r_a$ des Armes beträgt dann

$$u(r_a) = u_a = \int\limits_{r_i}^{r_a} \frac{Z(r)}{EA}\,\mathrm{d}r = \frac{\varrho\,\omega^2}{2E} \int\limits_{r_i}^{r_a} (r_a^2 - r^2)\,\mathrm{d}r = \frac{\varrho\,\omega^2}{6E}(2r_a^3 - 3r_a^2 r_i + r_i^3) \tag{342}$$

oder mit R und l an Stelle von r_i und r_a ausgedrückt

$$u_a = \frac{\varrho\,\omega^2 l^2 R}{2E}\left(1 + \frac{l}{6R}\right) = \frac{Z_0 l}{EA}\,\frac{1}{2}\left(1 + \frac{l}{6R}\right) = \frac{Z_0 l}{EA} f\left(\frac{l}{R}\right);$$

$$f\left(\frac{l}{R}\right) = \frac{1}{2}\left(1 + \frac{l}{6R}\right). \tag{343}$$

Der Ausdruck $Z_0 l/EA$ kann als Dehnung eines Armes aufgefaßt werden, der auf seiner ganzen Länge l mit einer Kraft Z_0 belastet wird.

Um die praktischen Grenzen des Faktors $f(l/R)$ zu erkennen, sind zwei Spezialfälle zu betrachten (Abb. 512):

1. $l/R = 0$ $\quad f(0) = {}^1/_2(1 + 0) = {}^1/_2 = 0{,}500$
2. $l/R = 2$ $\quad f(2) = {}^1/_2(1 + {}^2/_6) = {}^2/_3 = 0{,}667$.

In allen praktischen Fällen bleibt somit f in den Grenzen $0{,}500 < f < 0{,}667$. Die Variation ist gering. Die Dehnung am äußeren freien Rand des Armes beträgt etwas mehr als die Hälfte der Dehnung, die sich ergeben würde, wenn der Arm auf seiner ganzen Länge durch die Fliehkraft Z_0 belastet würde.

Anhang VII: Beziehungen zwischen Größen, welche den zeitlichen Verlauf harmonischer Schwingungen beschreiben

Die nachfolgenden Größen

ν	[1/s]	Kreisfrequenz	der Schwingung
f	[Hz; 1/s]	Frequenz	der Schwingung
τ	[s]	Periode (Schwingdauer)	der Schwingung
ω	[rad/s; 1/s]	Winkelgeschwindigkeit	des Schwingungszeigers[1]
n	[U/min]	Tourenzahl	des Schwingungszeigers[1]

welche den zeitlichen Verlauf harmonischer Schwingungen beschreiben, stehen untereinander in folgendem Zusammenhang.

	$\nu = \omega$	f	τ	n	
$\nu = \omega$		$\nu = 2\pi f$	$\nu = \frac{2\pi}{\tau}$	$\nu = \frac{\pi}{30} n$	$2\pi = 6{,}28319$; $\frac{1}{2\pi} = 0{,}15915$
f	$f = \frac{1}{2\pi} \nu$		$f = \frac{1}{\tau}$	$f = \frac{1}{60} n$	$\frac{\pi}{30} = 0{,}10472$; $\frac{30}{\pi} = 9{,}54930$
τ	$\tau = \frac{2\pi}{\nu}$	$\tau = \frac{1}{f}$		$\tau = \frac{60}{n}$	$\frac{1}{60} = 0{,}01667$
n	$n = \frac{30}{\pi} \nu$	$n = 60 f$	$n = \frac{60}{\tau}$		

[1] Rotiert der Schwingungszeiger synchron mit der Welle — z. B. infolge von Unwuchten — so kann unter ω bzw. n auch die Winkelgeschwindigkeit bzw. die Tourenzahl der Welle verstanden werden.

Literaturverzeichnis

1. IEC Publikationen

34 Recommendations for rotating electrical machinery (excluding machines for traction vehicles).
34-1 (1960) Part 1.
34-2 (1960) Part 2. Determination of efficiency of rotating electrical machinery.
34-3 (1962) Part 3. Ratings and characteristics of 3-phase 50 Hz (c/s) turbinetype generators.

45 (1958) Recommendations for steam turbines. Part 1. Specification.

48 (1961) Rules for electrical traction motors.

72 Recommendations for the dimensions and output ratings of electric motors.
72-1 (1959) Part 1. Foot-mounted induction motors with shaft heights between 56 and 315 mm ($2^5/_8$ and $12^1/_2$ in.).
72-2 (1960) Part 2. Dimensions of mounting flanges for electric motors.

85 (1957) Recommendations for the classification of materials for the insulation of electrical machinery and apparatus in relation to their thermal stability in service.

101 (1958) Rules for auxiliary machines on motor vehicles (electric motors and generators).

102 (1958) Rules for the electric transmission of vehicles diesel engines (main d. c. motors and generators).

123 (1961) Recommendations for sound level meters.

136 Dimensions of brushes and brush-holders for electrical machinery.
136-1 (1962) Part 1. Principal dimensions and tolerances.

165 (1963) Rules for the testing of electric rolling stock on completion of construction and before entry into service.

2. Bücher

LIWSCHITZ, M. und M. GLÖCKNER: Die elektrischen Maschinen, Bd. II, Konstruktion und Isolierung. B. G. Teubner; 1931 (vergriffen).

v. DOBBELER, C.: Konstruktion und Festigkeitsberechnungen elektrischer Maschinen. Moeller-Werr, Leitfaden der Elektrotechnik, III, B. G. Teubner, 1962.

ALEKSEJEW, E. A.: Konstruktion elektrischer Maschinen. Gosenergoisdat (1958), (russisch).

Hütte I, 28. Aufl., Ernst & Sohn 1955, S. 962—964.

Hütte IVa, 28. Aufl., (Elektrotechnik), Ernst & Sohn, 1957.

Siemens Formel und Tabellenbuch für Starkstrom-Ingenieure. Siemens-Schuckertwerke AG, 1960.

AEG-Hilfsbuch für elektrische Licht- und Kraftanlagen. Allg. Elektricitäts-Ges., 8. Aufl., 1960.

Die Entwicklung der Starkstromtechnik bei den Siemens-Schuckert-Werken. Herausgeber: SSW, Berlin 1953.

Sonderbauformen elektrischer Maschinen. VDE Buchreihe Bd. 1, VDE-Verlag GmbH, 1958.

Gleichstrombahnen und Gleichstromfahrzeuge. VDE Buchreihe Bd. 6, VDE-Verlag GmbH, 1960.

Elektrische Antriebe auf Schiffen. VDE-Buchreihe Bd. 5, VDE-Verlag GmbH, 1960.

Werkstoff-Handbuch Stahl und Eisen. Verlag Stahleisen-GmbH, Düsseldorf.

Werkstoff-Handbuch Nichteisenmetalle. VDI-Verlag, Düsseldorf.

VDI-Wärmeatlas 1953, Berechnungsblätter für den Wärmeübergang. VDI-Verlag GmbH, Düsseldorf.

BIEZENO, C. B. und R. GRAMMEL: Technische Dynamik, 2. Aufl., I. u. II, Springer 1953.
DEN HARTOG, J. P.: Mechanische Schwingungen. Deutsch v. G. Mesmer, Springer 1952 (in englisch: 4. Aufl. 1956 McGraw Hill, New York).
DIMENTBERG, F. M.: Flexural Vibrations of Rotating Shafts. Butterworths, London 1961.
GOTTER, G.: Erwärmung und Kühlung elektrischer Maschinen. Springer 1954.
GRÖBER, ERK, GRIGULL: Grundgesetze der Wärmeübertragung. 3. Aufl. Springer 1961.
HÄNCHEN, R.: Dauerfestigkeitsbilder für Stahl und Gußeisen. C. Hanser 1963, Betriebsbücher 4.
KEIL, A.: Werkstoffe für elektrische Kontakte. Springer 1960.
KLOTTER, K.: Technische Schwingungslehre, Bd. I u. II. Springer 1951 u. 1960.
KOZESNIK, J.: Maschinendynamik. C. Hanser 1966.
MEYER, H.: Die Isolierung großer elektrischer Maschinen. Springer 1962.
NEUBER, H.: Kerbspannungslehre, 2. Aufl. Springer 1958.
NEUKIRCHEN, J.: Kohlebürsten. Oldenbourg, 1934.
PETERSON, R. E.: Stress Concentration Factors. John Wiley and Sons, Inc. New York 1953.
RICHTER, H.: Rohrhydraulik. Springer 1958.
SZABO, I.: Einführung in die technische Mechanik. 3. Aufl. Springer 1958.
SZABO, I.: Höhere technische Mechanik. Springer 1956.
TEN BOSCH, M.: Berechnung der Maschinenelemente. Springer 1953.
TIMOSHENKO, S.: Strength of Materials. 2. Aufl., Bd. I u. II. D. van Nostrand Comp. Inc., New York 1953.
TIMOSHENKO, S.: Schwingungsprobleme der Technik. Deutsch v. J. Malkin und E. Helly. Springer 1932 (in englisch: Comp. Inc., New York), 3. Aufl., D. van Nostrand, 1955.
TONDL, A.: Some Problems of Rotor Dynamics. Publishing House of the Czechoslovak Academy of Sciences 1965.

3. Zeitschriften (im Text als Fußnoten)

Sachverzeichnis

Verzeichnis der Tabellen

Quellenangabe der Abbildungen

AEG	Abb. 44, 45, 98, 119. 130, 131, 132, 273, 364
ASEA	Abb. 167, 493 b
CKD	Abb. 144, 145
Elin	Abb. 51 a, 51 b, 122 a, 122 b, 327
Escher-Wyss	Abb. 59
Häny	Abb. 142
MFO	Abb. 50, 54, 69
Sécheron	Abb. 62, 165
SSW	Abb. 72, 73, 81 a, 81 b, 105, 106, 112, 160, 279, 326, 496
Voith	Abb. 60

Die übrigen Abbildungen stammen aus dem Brown Boveri-Konzern.

Mercedes-Druck, Berlin 61

GPSR Compliance

The European Union's (EU) General Product Safety Regulation (GPSR) is a set of rules that requires consumer products to be safe and our obligations to ensure this.

If you have any concerns about our products, you can contact us on ProductSafety@springernature.com

In case Publisher is established outside the EU, the EU authorized representative is:

Springer Nature Customer Service Center GmbH
Europaplatz 3
69115 Heidelberg, Germany

Batch number: 10684222

Printed by Printforce, the Netherlands